人类科学史三大经典

数学原理

自然哲学

之

（英）艾萨克·牛顿 ◎ 著

余亮 ◎ 译

北京时代华文书局

图书在版编目（CIP）数据

自然哲学之数学原理 / （英）艾萨克·牛顿著；余亮译. -- 北京 ：北京时代华文书局，2020.6

（人类科学史三大经典 / 周连杰主编）

ISBN 978-7-5699-3676-6

Ⅰ．①自… Ⅱ．①艾… ②余… Ⅲ．①牛顿力学Ⅳ. ①03

中国版本图书馆 CIP 数据核字（2020）第 065594 号

人 类 科 学 史 三 大 经 典　　自 然 哲 学 之 数 学 原 理

RENLEI KEXUE SHI SAN DA JINGDIAN　　ZIRAN ZHEXUE ZHI SHUXUE YUANLI

著　　者｜〔英〕艾萨克·牛顿

译　　者｜余　亮

出 版 人｜陈　涛

选题策划｜王　生

责任编辑｜周连杰

封面设计｜刘　艳

责任印制｜刘　银

出版发行｜北京时代华文书局 http://www.bjsdsj.com.cn

　　　　　北京市东城区安定门外大街136号皇城国际大厦A座8楼

　　　　　邮编：100011　电话：010-64267955　64267677

印　　刷｜三河市金泰源印务有限公司　　电话：0316-3223899

　　　　　（如发现印装质量问题，请与印刷厂联系调换）

开　　本｜889mm×1194mm　1/32　印　张｜15　字　数｜474千字

版　　次｜2020 年 7 月第 1 版　　印　　次｜2020 年 7 月第 1 次印刷

书　　号｜ISBN 978-7-5699-3676-6

定　　价｜198.00元（全 3 册）

第一版序言

因为古人（如帕普斯所说）认为力学是研究自然界万事万物的关键，而当代人却忽视实质物体及物体本身的秘密特性，试图以数学定律来解释自然现象，所以我在本书中将着力探讨和研究与哲学相关的数学。古人研究力学时关注两件事：一为理性，强调精确地推导与运算；二为应用性，各种人工劳作和技艺皆属于应用力学的范畴，力学亦因此得名。然而，工匠们的工作存在瑕疵，导致几何学中衍生出力学，更为精准的知识归属为几何学，而那些精准性较差的则归为力学。但是，其中的误差不是技术造成的，而是工匠为之。其中工作准确性不够的人是功夫不到家，而能做到百分之百准确的人才算是完美的工匠，这是因为画圆形、画直线虽然是几何学的基础，但画得好坏却属于力学。我们在几何学中学不到如何画好这些线条，它却要求画出完美的图形，因为初学者在研究几何学前先要学会绘图，而且必须精准，然后才能学会运用绘图去解决问题。因此，画好直线和圆是个问题，但不是几何学问题。人们需要用力学来解决这些问题，只有在解决之后，才能用几何学来分析它、解释它。几何学从其他学科借用极少的原理，就能解决诸多疑难问题，这正是几何学的优势。因此可以说，几何学的基础不是别的学科，而是应用力学，是通用力学原理中可精确归纳并展示度量的那部分。然而，由于技术通常应用于物体运动，因此几何学往往研究的是物体的属性，而力学研究的是物体的运动。从这个角度来说，力学是一门可推理的学科，研究力所产生的运动，以及各种运动所需要的力，这两方面都可以分析和演示。古人曾研究过部分力学问题，这些研究涉及与技术相关的五种力，古人认为相较于这五种力，即使是重力（自然的，不需要人工施加的力），也只能表现在以人力搬运重物的过程中。但我在本文中思考的是学术而非技术，研究的不是人力而是自然力，主要是与重力、浮力、弹力、流体阻力和其他包括引力和斥力在内相关的问题。所以，本文讨论的是属于学术范畴的数学原理，而这门学术的难点在于以运动现象为基础来研究自然力，再以自然力去推导其他现象，因此，我在本书的第 1 编和第 2 编推导出了多个普遍命题。而在第 3 编，我展示了如何将它们应用于宇宙体系中，结合第 1 编和第 2 编用数学证明的命题，运用天文现象推导出物体、太阳和其他行星的引力，再结合其他数学命题，运用这些引力推导出行星、彗星、月球和海洋的运动。我希望力学原理能推导出其他的自然现象，有诸多原因让我们估计这些现象与力相关。因为一些目前为止尚未知晓的原因，这些力促使物体的粒子彼此靠近，聚合成规则的形状，或互相排斥、离散。哲学家们完全不知道这些力的存在，所以他们对自然的研究始终徒劳无功，然而我期待本书确立的原理能有助于形成确实有效的哲学研究方法。

埃德蒙·哈雷（Edmund Halley）先生是我认识的最聪慧、最渊博的学者，他在本书出版过程中不仅帮助我审校排版错误，制作几何插图，而且正是在他的大力支持下本书才得以出版。他得知我证明了天体轨道形状后，一起督促我将它提交给皇家学会。然后，在皇家学会工作人员的善意鼓励与请求之下，我才决定将本书付梓。但是，在思考月球运动的均差，与重力和其他力的规律和度量相关的部分情形，按照已知定律物体在引力作用下的轨迹形状，不同物体间的相互运动，在有阻力的介质中的物体运动，介质的阻力、密度和运动，彗星的轨道等问题之后，我推迟了本书的出版。直到我研究了所有这些问题，并且能把它们放在一起进行分析后，才决定正式出版本书。我将与月球运动相关的内容（考虑到其尚有欠缺）收入了命题 66 的推论中，从而避免分析和阐述一些必要前提，否则会破坏其他问题的连贯性，并且，这些前提过于繁杂、冗长，有悖于本书主旨。至于在此之后，我发现的遗漏之处，只能安排在一些不太恰当的地方进行补充说明，避免再改变命题和引理的序号。烦请读者阅读本书时保持耐心，能体察我为这个疑难课题付出的心力，对纠正错漏之处时勿过于苛求。

艾·牛顿

剑桥，三一学院

1686 年 5 月 8 日

第二版序言

在《自然哲学之数学原理》一书的第二版中，我做了很多修正与补充。第 1 编第 2 章中，对于确定使物体在指定轨道上运动的力绘制了示意图，也补充了内容。对第 2 编第 7 章的流体阻力进行了更深入的研究，同时将新的实验作为佐证。对第 3 编中月球理论和岁差，根据其原理进行了更完备的推导，根据附加的轨道计算实例证明了彗星理论，并提高了其精确性。

艾·牛顿

伦敦

1713 年 3 月 28 日

科茨为《自然哲学之数学原理》
第二版所作的序

　　各位仁善的读者，久等了，我们在此向您呈上牛顿哲学著作的最新版本，本书已进行了大量修订，并增加了部分内容。读者可从目录中查阅这本名著的主要内容。作者在序言中已说明了修订和新增的内容。我们在此将补充说明一些问题，它们与牛顿研究的学术的方法相关。

　　研究自然哲学的学者基本可分为三类。其中，有人将事物归纳为多种形式和多种独特的性质，由此认定各种物体现象的发生方式是未知的。起源于亚里士多德和逍遥学派的所有学院派学说都根源于这一原理。学院派相信物体的各种效应是本身的特性引起的。然而他们却闭口不谈这些特性是如何产生的，这和什么都没说别无二致。因为他们陶醉于替事物取名，而不去探究事物本身，因此可以判定，他们开创的学说归纳起来是在展示研究哲学的方法，却没有告诉我们真正的哲学。

　　另一些人对不实用、混乱的术语弃如敝屣，转而投身于更有意义的工作中。他们认为所有物体是同质的，组成物体的粒子间极其明显又简单的关系是促使物体形态如何展示和变化的原因。如果他们总结出的这些基本关系刚好与自然法则一致，那么这种由简至繁的研究途径显然是对的。但他们还任由想象力肆意发挥，在还没有弄清物体形状、大小、位置和运动前就草率地认定物体的组成成分，而且进一步臆测出一些未知的流体，这些流体能自由穿透物体的细孔，自身无比细微，而且是受未知运动所激发的，到了这一步，这些人已等同于白日做梦、胡言乱语，忘了物体的真实结构。我们显然不能靠没有事实依据的猜测来推导物体的真实结构，而且即使是最可靠的观察也未必能发现这些结构。那些以假说为最高指导思想，并据此思辨的人们，虽然在其后的推理中展现出高度的准确性，得到了原创的杜撰，但杜撰的理论是成不了真的。

而第三类人，他们以实验为研究哲学的方法。虽然他们在最简单、最理性的原理中寻找各种事物的原因，但绝不会把现象没有得到证明的理论当作原理。他们不会杜撰假说，除非它们是合情合理、存在争议的问题，否则绝不会将其列入哲学范畴。因此，他们的研究通常使用两种方法：综合的方法和分析的方法。遴选某些现象并运用分析推断出各种自然力以及这些力遵守的简单规律，由此再运用综合的方法来揭示其他事物的结构。他们认定只有这种方法值得为其著书，进行深入探讨，这样写出的书才是佳作。在这一点上，牛顿是我们的最佳范例。他利用重力理论，相当幸运地推导出了对宇宙体系的解释。在他之前，或有人猜测、想象，所有物体皆受重力影响，但他是首位通过现象证明重力存在的哲学家，并使该理论成为证明各种伟大猜想的坚实基础。

据我所知，一些著名人士受偏见所累，不愿认同这个新的原理。他们宁可使用模糊的概念，也不用准确的理论。在此我并非要诋毁他们的名誉，只是想把各方争论同时向读者展示，以求读者公断。

因此，我们将从最简单、离我们最近的事物开始推理。考虑一下施加于地球上的物体的重力有何特点，从而找到更可靠的思考方式去设想离我们最近的天体。如今，所有哲学家都同意地球表面上的物体受重力吸引。经实验证明，世界上不存在零重力的物体。重力较小的物体并非真的很轻，这只是一个表面现象，只是与附近物体相较，它受到的重力引力较小。

而且，地球对所有物体产生引力，同样地，所有物体也对地球有引力，重力的作用是相互的，而且双方所受的力是相等的。可以用以下方式证明：将地球随意分割为两部分，质量相等或不等，如果质量不相等，设质量较小的一块受制于较大的一块，两者会向后者所在的方向永不停止地做直线运动，而这与实验结果相反。因此，我们必须承认，两者间互相的作用力是相等的，亦即，两者互相的引力大小相等，施加的方向相反。

与地心距离相等的物体所受到的重力和它们本身的质量成正比。该定理可以从所有物体在静止状态受重力影响下落时的加速度相同推导出来；因为这些物体质量不同，而加速度相同，所以受到的重力必定正比于自身的质量。至于所有下落物体的加速度相同，可利用在不考虑空气阻力时在相同时间经过了相同的距离来证明，如波义尔（Boyle）先生在真空容器中做的实验那样。另外，这一结论可以由单摆实验进行更精确的证明。

当两个物体与地心的距离相等时，它们所受的重力正比于自身的质量。这是因为地球有引力吸引物体，物体也有引力吸引地球，地球对物体的引力，或物体对地球的引力，等于物体对地球产生的重力。然而物体的重力表现为自身的质量，因此物体对地球产生的引力，或称此物体的绝对力，同样和其自身质量成正比。

因此，物体的整体引力由其各个部分的引力组成，而我们之前已经论述过，如果将一个物体分割成不同的部分，它的引力也随之按比例减弱。所以，我们得到的结论是，地球的引力是由其不同部分产生的引力所组成的，而地表上的所有物体必然会对彼此产生引力，而该引力与物体的绝对力成正比。这就是地球重力的本质。现在让我们看看天空中的情况。

所有物体在不受外力影响时，将保持静止或匀速运动的状态，这是所有哲学家普遍接受的自然规律。由此可推导出，做曲线运动的物体，即持续偏离轨道切线的物体，需要某种连续作用把它们维持在曲线路径上。所以，行星可以沿曲线轨道持续运动，肯定有某种力持续施加在这些物体上，使其不断偏离轨道切线。

用数学推理可以证明并展示，所有同一平面上沿任意曲线运动的物体，当其指向任意一点，无论该点是静止还是在运动中，这条矢径所掠过的面积和时间成正比，那么，指向该点的力会对物体产生作用。这件事是完全成立的。而天文学家都承认太阳系中的行星绕太阳公转，它们的卫星绕着这些行星运动，掠过的面积和时间成正比，由此可知，让行星连续偏离轨道切线，沿曲线轨道运动的力，都指向位于轨道圆心的物体。而这种力对于这些做圆周运动的物体而言，可称为向心力；对于位于圆心有引力的物体而言，可称为吸引力。无论这个力是如何产生的，这么称呼并无什么不妥之处。

另外，也必须承认我们已用数学证明下述内容：如果几个物体绕同心圆做匀速圆周运动，而且绕一圈时间的平方和到圆心的距离的立方成正比，那么向心力反比于距离的平方，或者，如果各物体沿近似于圆的轨道运动，且轨道的回归点是静止的，则物体受到的向心力和距离的平方成反比。天文学家们一致认同，所有的行星运动都符合这两点。所有行星的向心力都和它们到轨道中心的距离成反比。如果有人反驳，说行星，尤其是月球，其回归点并非静止，而是在缓慢前移，对此可这样回答：即使我们暂时承认这种极其缓慢的运动是因为向心力偏离了距离平方定律所造成的，但我们可以用数学计算出偏移量的大小，并证明它几乎可忽略不计。这是因为，即使是所有天体中最不规则的月球受到的向心力变化的比例最没有规律性，该力的变化和距离的比仍然近似且大于平方反比的关系，该比值相较立方反比60倍地接近平方反比。但它更接近平方反比关系，是立方反比的60倍。而且我们还能给出一个更准确的答案，正如本书中同样精彩地证明了，这种回归点的前移并非是由向心力偏离了距离平方反比所造成的，而是因为一个截然不同的原因。因此可以肯定，使各行星绕太阳公转，所有卫星绕其行星旋转的向心力，和它们与运动圆心的距离的平方成反比。

从上述论证可以看出，行星会留在运动轨道，是由于某种力持续对它起作用；显然，这种力的方向永远指向运动圆心；行星越靠近圆心，这种力的强度越大，反之，则越小，其增加的幅度与距离减少的比例相同，且反之亦然。现在让我们看看，如果把行星的向心力与重力相比较，能否证明它们是同一种力。如果它们具有相同的规律和作用，那么它们就是同一种力。首先，我们来论证与我们最近的月球的向心力。

无论受到什么力的作用，当物体从静止开始下落时，在指定时间内经过的距离与受到的力成正比。这一点可以用数学推理证明。因此，月球沿轨道运动时，其向心力与地球表面的重力成正比，月球在剥离掉使其做圆周运动的力之后，在极短时间内受向心力下降的距离，和近地球表面的重物受重力作用在相同时间内下落的距离成正比。第一个单位时间内的距离等于月球移动的弧长的正矢，该正矢是月球在向心力作用下，从轨道切线上偏离出去后的位移距离，因此如果月球运动周期和它到地心距离已知，是可以计算出这一正矢量的。后一个距离如同惠更斯（Hugens）先生的证明，通过钟摆实验求出。两个距离的比，或沿轨道运动的月球的向心力与地表重力的比，等于地球半径和月球半径的比的平方。由之前的论述可知，沿轨道运动的月球的向心力和在地表附近月球所受的向心力的比的比值相同。所以，地表附近的向心力等于重力。因此它们并非两种不同的力，而是同一种力；如果它们不同，那它们的合力会使物体落向地球的速度比独受重力快一倍。连续地将月球推出轨道切线或吸引入轨道的向心力，正是地球的重力延伸到月球，对它施加的影响，而这不难理解。这能使人相信这种重力能延伸到极远之处，因为即使人们站在高山之巅，受到的重力也不会减小。月球受到了地球的引力；另外，地球也受到同等的引力，被引向月球，这种哲学思想有充分的证据，比如海洋的潮汐力和岁差，它们都是因为月球和太阳对地球施加的引力而产生的。最后，我们也能观察到在极远距离之外，地球重力减弱所遵循的规律。由于重力就是月球的向心力，和距离的平方成反比，因此重力也按照相同的比例缩小。

再观察其他行星。它们绕太阳公转，卫星绕木星和土星运动，与月球绕地球运动同属一种现象，因为我们进而证明了行星的向心力是指向运动圆心的太阳，卫星的向心力指向木星和土星的中央，这和月球相同；而且，由于这些力和上述各种距离的平方成反比，这一点也和月球相同，因此，我们必然要判定这些力的性质都是相同的。因此，与地球吸引月球，太阳吸引地球一样，行星吸引着它们的卫星，反之亦然，太阳吸引所有行星，行星也吸引着太阳。

太阳受行星吸引，行星也受太阳吸引。而卫星在围绕行星旋转的同时，也伴随着行星受到太阳的吸引，而它们也吸引着太阳。卫星受太阳吸引在月球运动的不等性中得到充分的证明，我们在本书的第3编中可看到有关这个问题最精确的理论阐述。

太阳的引力沿所有方向传播到很遥远的地方，涉及广大宇宙空间的各个角落，这一点可从彗星的运动中得到证明，彗星来自距太阳极其遥远的太空某处，然后飞临到十分接近太阳的位置，有时当它在近日点时，几乎触及太阳表面。在我们的时代中的伟大作者幸运地发现了彗星理论并用最严谨的观测证明它是真理之前，天文学家对这一理论毫无头绪。我们现在已知彗星沿着以太阳为焦点的圆锥曲线运动，它们伸向太阳的矢径掠过的面积和时间成正比。由这些现象可知，而且已在数学上证明，使彗星维持在其轨道上的力，其方向指向太阳，其大小和彗星到太阳的距离成反比。所以，彗星受太阳所吸引，而太阳的引力不仅作用于给定距离上近似排列在同一平面上的行星，而且还能达到宇宙中位置不定、距离不定的彗星上。所以引力的本性就是对所有距离上的所有物体产生影响。由此可推断，各行星和彗星彼此也互相吸引，这一点由天文学家观测到的木星与土星的摄动进行了证明，这种摄动源于这两颗行星的相互作用；而这一点也由前述的回归点的缓慢前移所证实，它们出于同一原因。

现在我们已经走到了这一步，必须承认太阳、地球和所有受太阳吸引的天体彼此都互相吸引。因此，物质的最小粒子，每一个受到的引力必然和其本身的质量成正比，如同地表物体表现出的现象。这些力随着距离的改变，也和距离的平方成反比；因为数学已经证明，遵循该规律的球体的引力正好是由组成它的粒子的引力所产生的，而这些粒子也遵循同一规律。

以上结论是基于所有哲学家承认的下述公理所得出的，公理如下：同一类物体，其已知的特性相同，其效应来自同一类的原因，且具备相同的未知特性。例如，如果一块在欧洲掉落的石头是受重力吸引，那么如何能质疑它也是美洲石头掉落的原因？如果在欧洲，石头与地球的引力是其各部分引力的总和，谁又能否认在美洲有类似的情况？如果地球的引力在欧洲能传播到各种物体上，无论距离远近，凭什么不能说它在美洲也会这样？一切哲学研究都基于这一规律；而如果拒绝它，就得不到能通用的真理。观测和实验可以让我们认识特殊事物的结构，但如果缺乏这一规律，我们就无法归纳事物性质的通用结论。

就我们能做的相关的各种实验和观测而言，所有物体，无论是在地上还是在天空，都有重力，既然如此，那么，我们完全能肯定引力普遍存在于一切物体中。我们不能以别的方式假设物体有延展、运动和不可穿透性质，同样也不能假设物体没有质量。我们只能通过实验了解物体的延展、运动和不可穿透性，也只能以完全相同的方式了解物体的重力。我们能观测到的物体都有延展、运动和不可穿透性，那些没观测到的物体也具有这些特性；同样，我们能观测到的物体都有质量，那些没观测到的物体也有质量。如果有人说恒星上的物体没有重力，因此没到观测到它们的重力，那同理，他们也会说这些物体不具备延展、运动和不可穿透的性质，因为恒星的这些性质也没有观测到。简单来说，或者重力必然是所有物体的第一特性，或者延展、运动和不可穿透也肯定不是物体的性质。如果用物体的重力不能描述物体的特征，那么用延展、运动和不可穿透也同样不能描述。

我知道有些人不同意该结论，他们小声抱怨着物体的独有特性，他们仍然在对我们鸡蛋里挑骨头，说重力也是物体的独有特性，但这一点已不被哲学接受。对这一类的刁难，可以很简单地回答：那些独有特性存在的原因是隐晦的、想象的、无法证实的，而那些能观测到的，证实了它存在就不是什么独有特性。所以，无论如何，重力都不能称为天体运动的独有特性，因为这种力是切实存在且显而易见的。那些非要借助独有特性的人，在描述这些天体运动的时候，凭借天马行空的想象力，把整件事拖入了虚构的旋涡。

但是，由于人们还未知晓，也没有发现重力是如何产生的，那么重力是否要因此成为隐秘的事物，甚至将其剥离哲学的范畴呢？坚信这一点的人要小心，不要跳入颠覆哲学的根基的陷阱中。因为事物的发展轨迹往往是由繁至简，在我们弄清最简单的事物后，更难以再向前进。所以，对这个最简单的事物不能希冀，也难以得到力学的说明或解释，倘若能得到，它就不是最简单的了。你们不是将隐秘二字冠以这些最简单的事物，并且要将它们赶出哲学界吗？那你们就必须驱逐由它们所直接决定的，且深入定义的事物，直到哲学界的所有理论都不存在。

有些人指出重力不可思议，称其为永恒的奇迹。所以他们要摒弃这一理论，因为不可思议的事物在物理学中没有地位。对于这种破坏哲学的歪理邪说不值得花时间去反驳。因为他们也许是要否定重力存在于物体内部，但又不能直接说出来，或许正因此才称重力为不可思议，因为它不能由物体的其他性质推导出来，也不能用力学原因来解释。但物体必定有其第一属性；而正因是第一属性，才不会依赖于其他性质。至于所有这些第一属性，在他们眼中同样难以接受，是否要一概否定，至于我们想掌握的哲学原理在他们眼中究竟是怎样一种哲学，就随他们去想好了。

还有些人不喜欢这种天体物理学，因为它与笛卡尔（Descartes）的观点有冲突，难以调和。只要他们能做得公平些，不要否认我们同他们一样享有学术自由，就随他们去好了。既然牛顿发现的哲学规律对我们而言是真理，就让我们享有接受它、维护它的自由，去探讨经现象证实的事物，而不是无法证实的空中楼阁。真正的哲学，职责是从真实存在的规律中去探究事物的本性，去发现由神奇的造物主选择的、建立的这个美好的宇宙结构的规则，而不是只要愿意，可以同样创造出别的规则。我们有足够的理由去设想几种不同规律能得出同样的结果，但真正的规律是那个能实际生效的，其他的规律在哲学研究中没有地位。时钟上的时针运动是相同的，它既可能是由钟摆驱动的，也可能是由发条驱动的，如果一个时钟的确是由钟摆驱动，却有人以为是发条在驱动，并由其原理出发去做学问，而不对时针的运动深入调查，这种人会遭到嘲笑。因为他应该做的，首先是仔细观察机器的内部构件，再找出时针运动的真正原因。有些哲学家以为天空中布满了持续涡旋运动的精巧天体，像他们这样做学问，理应受到嘲笑。因为，即使他们曾经用这种假设对现象做出了对的解释，也不能说他们已发现了真正的哲学原理和天体运动的真正原因，除非他们能证实这些原因，或至少证明没有其他原因。所以，如果已证实各种物体对彼此有引力是确实存在于自然界（in return nature）的性质，而且这一性质能推导出天体是如何运动的，那么，虽然我们认为涡旋说有可能可以解释天体运动，但任何反对这一理论，坚持涡旋说的人都是行事莽撞者。我们并不认同这一学说，因为涡旋不能解释本书作者以最简单的理由充分证明了的那些现象。因此，这些人必然是幻想能力很强，在冥顽不灵和异想天开中毫无意义地浪费时间。

如果行星和彗星等天体是由涡旋携带，绕太阳而运动，那么这种天体和涡旋中紧邻它们的物体，必然以相同速度沿相同方向运动，对于同体积的物质必然具有相同的密度和惯性。然而可以确定，行星和彗星出现在天空的同一区域时，运动的速度和方向都不同，因此有必要假定天空流体中和太阳距离相同的物体在同一时间以不同的速度和方向旋转,所以行星运动采取一种速度和方向,而彗星运动则采取另外一种。然而这一阐述帮不了什么忙,我们只能认为天体不是涡旋带动的,或天体的运动出自多种涡旋,它们都围绕着太阳,且充斥于太空之中。

如同在一片空间中有几种不同的涡旋,而且彼此能互相渗透,以不同的方式旋转,基于这种运动必须与涡旋所携带的物体的运动一致,而这些物体的运动又如此规律,在圆锥截面上有时是离心圆运动,有时又近似于圆周运动,自然人们肯定会问,这些涡旋是如何保持住整体形态,并在漫长的年月中,当物质互相碰撞时,避免任何干扰的?显然,如果这些假设性的运动说明比行星和彗星的真实运动更加复杂艰深,似乎就没有理由让它们纳入哲学范畴,因为真正的原因应当更简单。人们乐意陷入幻想,我们难以阻止,例如,有人非要说行星和彗星与地球一样,存在大气层,这样的假设似乎比涡旋更可信;进而,他再设想这些大气的本性驱使其以圆锥曲线绕太阳运动,这样的运动原理也比互相穿透的涡旋更令人容易接受;最后,他认定行星和彗星为大气层裹挟,绕着太阳运动,他为自己发现了天体运动的本质而欢呼。然而,他如果否认大气假说,就必须否认涡旋假设,反之亦然,因为这两种虚幻的假说的相似性甚至超过了两滴水。

伽利略(Galileo)曾经证明了抛出的石头沿抛物线运动,石头会偏离直线,而做曲线运动是因为它受到地球的重力影响,等同于说,重力是一种隐秘的质。但现在可能有某位比他更狡猾的人出现,以这种方式来解释这一原因:他设想某种细微的物质,我们的视觉、触觉或其他任何感官都察觉不到,它遍布于地表和邻近的空间,这种物质沿不同方向,常常是相反的方向,以不同的速度掠过抛物线。再看他非常轻松地解释了石头为什么做抛物线运动。他说,石头飘浮于这种细微的流体内,随其一同运动,不能选择,但能画出相同的图形。而流体顺抛物线运动,所以石头自然也做抛物线运动。这位哲学家以力学原理,以物质和运动解释了自然现象,如此清楚无误,乃至脑子不那么灵光的人也能听懂,他的才智可谓异乎寻常,对吧?难道我们不应该为这位运用诸多数学原理的再世伽利略,把已经侥幸从哲学界剔除的物体独特特性重新找回到哲学界中而感到欣慰吗？但我已经对在这个乏味的话题纠缠这么久感到难堪了。

总而言之，宇宙中存在大量彗星；它们的运动是完全规律的，遵循和行星一样的规律。它们运动的轨道是圆锥曲线，有很大的离心率。它们按照其轨道经过宇宙的各个区域，完全自由地穿梭于行星区域，它们的运动方向常常与星座黄道十二宫的顺序相反。天文观测证实了这些现象，涡旋说无法解释这一现象，而且，它们与行星的涡旋说是完全对立的。如果不从宇宙中完全清除这种虚构的物质，彗星的行动会束手束脚。

因为，如果涡旋带着行星环绕太阳，涡旋的部分紧贴在行星周围，如前所述，密度与行星密度一样。因此，所有物质，它们紧挨着大轨道（orbis mangus）的边缘，和地球的密度一样；同时，位于大轨道和土星的轨道之间的物质，则有相同的或更大的密度。这是因为，为使涡旋的结构延续，密度小的部分应占据中心，较大的则远离中心。因为行星的循环时间和其离太阳的距离是 1.5 倍的关系，涡旋的部分的循环其比值应该相同。由此可见，这些部分的离心力与距离的平方成反比。因此，那些离中心更远的部分，在努力远离中心，但力度较小；所以，如果它们的密度较小，则必然屈从较大的力，较大的力使靠近中心的物质上升。所以密度较大的部分上升，而密度较小的部分下降，同时发生位置互换，直到整个涡旋中的流体物质按这种方式进行排列和调整，使流体处于平衡且静止的状态。如果有两种流体，密度不同，盛于同一容器中，显然密度更大的流体由于受到更大的重力，而降至更低的位置；同理，涡旋中密度大的部分由于较大的离心力而移向最高的位置。所以这个涡旋（位于地球轨道的外侧）的绝大部分所具有的密度和对应物质大小的惯性，大于或等于地球的密度和惯性，由此对经过的彗星产生巨大的阻力，它能明显感知到，似乎能完全阻止或抵消彗星的运动。然而彗星的运动很有规律，显然它们没有遇到任何的阻力，因此它们没有遇到任何物质，它有某种阻力，或者由此它有某种密度或内在的力，因为介质的阻力或起源于流体的惯性，或起源于它缺乏润滑性。但后者产生的阻力极其细微，且难以在通常的流体中观察到，除非它像油和蜂蜜那样黏稠。在空气、水、水银和任何非黏稠的流体中，物体遭受的阻力几乎完全属于前者；并且无法通过提高精细性使其减小，如果流体的密度或惯性能保持，它将总与这个阻力成比例；作者在阻力理论中精彩而清楚地进行了证明，在第二版中改为更加精彩的阐述，并且用下落物体的实验进行了更充分的证明。

当物体向前移动时，其自身的运动会渐渐传递给周围的流体，因此它们的运动会渐渐停下，从而被制动。由此可知，制动与传递出的运动成比例；至于传递出的运动，当物体以指定的速度前移时，相当于流体密度，因此制动或者阻力和相同的流体密度一样；它不能用任何方法除去，除非流体移回物体后部，并恢复之前的运动。然而除非流体在物体后施加的压力与它在物体前施加的压力相等，除非流体在物体后面推动物体的相对速度等于物体反作用于流体的速度，除非流体循环的速度是流体向前推进的绝对速度的两倍，否则这是不可能的。因此没有任何方法能消除流体阻力，而它源于流体的密度和惯性。因而得出的结论是：天空中的流体不存在惯性，因为它没有阻力；它不能使力传递运动，因为它没有惯性；它不能用力改变一个或多个物体的运动状态，因为它没有传递运动的力；它全无作用，因为它不能引起任何运动的改变。由此可见，这个假设完全缺乏根据，而且不能描述事物的性质，应该称为最拙劣的假设，对哲学家完全没用。那些认为流体充满了天空的人，他们假设这种物质不存在惯性；虽然他们说不是真空，但事实上却假设存在真空。这是因为，由于难以分辨这类流体和虚空，争论的重点放在了事物的名称，而非其本质上。如有人执着于物质，甚至不承认有真空存在，且看看他们的偏执会走向何处。

他们或许会说物质充盈的宇宙构造是上帝的旨意，他们的这番想象，目的在于宣称巧妙至极的以太渗透充满万事万物，协助自然创造世界；但这么说没有道理，因为彗星这一现象业已证明这种以太不起作用；或许还会说，宇宙会变成这样是上帝的神机妙算；但这种说法也不成立，因为同理可证，宇宙可以用其他的方式构造出相同的模样；最后他们会说宇宙的创造不是上帝的旨意，而是自然法则。因此他们必然堕入最可鄙的一类人中，这伙人臆测万事万物非由神造，而靠命运主宰，物质因其必然性，从而时时存在，处处存在，无限、永恒地存在。从这个假设出发，可得出物质应该在每一处都是均匀的，因为形状的改变与必然性互相矛盾。物质还得保持静止，因为当物体向任意方向，以任意速度运动时，由于同等的必然性，它应向某个方向，以不同的速度运动；但它不能以不同的速度向不同的方向运动，所以物体必须保持静止。我们的宇宙有亿万种物体和运动，这点是确定的，然而显然它的创造只能来自上帝的旨意，由他主导并主宰一切。

以这种思维形成的源泉，涌现出种种定律，称为自然定律，其中确有许多才思敏捷、并非执着于必然性的迹象。因此我们不该由虚妄的臆测去研究这些定律，而应该通过现象和实验去研究它们。身为普通人，相信凭借智慧和心中理智的光辉，一定能发现物理学的原理和事物的定律，他或许应该维护宇宙源于必然性，由此得出的定律也有相同的必然性；或许尽管自然秩序由上帝的旨意而建，但如他这样的凡夫俗子知道如何才能做到最好。所有严谨的、真实的哲学皆以现象为基础，如果哲学驱使我们接受一些定律，而这些定律展现出伟大造物主的才智与统治力，而这有违我们的意志，我们不能为了某些人可能的反对而忽视真理。这些人把自己厌恶的真理称为奇迹或隐匿的性质，然而污名遮不住真理的光辉，除非这些人最终宣称所有哲学应建立在无神论上。哲学的殿堂不会因这些人而崩塌，因为自然的规律不会改变。

所以正直且公正的法官会赞成最好的哲学研究方法建立在实验和观察之上。显然，这一方法因我们尤为杰出的作者的这本佳作而锦上添花；他卓绝的才能解决了一些最为困难的问题，一些公认的在人的智力之上的真理得以发现，他的成就应该得到所有进行哲学研究者的尊重。大门已经打开，他开创出我们探寻事物奥秘的道路。最终，他非常清晰、系统地将宇宙最精妙的结构展现给我们，纵然阿方索国王复生，他也会对牛顿定理的简单和协调感到满意。我们得以更近距离地审视自然界的奥妙，感悟思维的精妙，更虔诚地尊敬并崇拜造物者和万民主宰，这是哲学领域中最丰硕的果实。如果一个人从事物最完美、最巧妙的结构无法立即看出全能的造物者的无限智慧与仁慈，那他必定是盲人；如果他拒绝承认这一切，他必定是疯子。

所以，牛顿的巨著是抵挡无神论攻击的坚固堡垒，这里提供了最锋利的箭矢，用来对付不信神之辈。而这一点早已有人知晓，首先由博学的理查德·本特利（Richard Bentley）用英语和拉丁语进行出色的布道而证实了，他是一个博学之人，出名的学术捍卫者，是这个时代与学术界的骄傲，是我们三一学院最称职、最公正的院长。我要承认自己有诸多原因要感谢他，即使是您，仁善的读者，也应该向他致谢。身为一名杰出的作者的多年挚友（因为他不仅希望本书的作者在读者心中享有盛誉，同时也希望这本杰作能在知识界得到赞赏），我知道他既在乎友人的声誉，也关心科学的进展。因此，由于第一版的原本非常罕见且价格高昂，他坚持劝说，甚至于责备那位非常杰出的人，此人的谦逊不亚于他的博学，让此人在他的监督下并用他自己的资金出版了本书的新版，并进行了修订与内容补充。他委托我挑起重担，对本书进行审校，我会尽自己所能，而这也是他的权利。

罗杰·科茨

三一学院研究员

普鲁姆天文学和实验哲学教授

1713 年 5 月 12 日于剑桥

第三版序言

本书第三版由医学博士亨利·彭伯顿（Henry Pemberton）负责统筹，他本人精通于这些事务，在第 2 编论述介质阻力的部分内容中，解释比以前稍有扩充，并增加了空气中下落重物阻力的新实验。在第 3 编中，对证明月球受重力影响，从而保持在自身轨道上的相关论据略微有所补充；并新增了庞德先生（Mr. Pond）的观测数据，关于木星直径彼此之比的内容。还新增了 1680 年出现的彗星的部分观测数据，这些数据是柯克先生（Mr. Kirk）11 月在日耳曼（Germany）收集的，近日才交到我们这里，这些观测数据使彗星运动轨道更接近于抛物线这一设想有更充分的证据。这颗彗星的轨道，由哈雷博士（Dr. Halley）计算，比以前更为精确，它处于椭圆轨道上。另外，彗星在这个椭圆轨道上经过了九个宫，其准确性和天文学中认定的行星运动的椭圆轨道不相上下。另外，也增加了 1723 年出现的彗星轨道，这是由牛津大学的天文学教授布拉德利先生（Mr. Bradley）计算的。

艾·牛顿

1725（1726）年 1 月 12 日于伦敦

目录
Contents

绪　论

定 义

定义 1

物质的量是联合同一物质的密度和体积的度量。

将空气密度提高一倍，容纳的空间扩大一倍，可得到四倍物质的量的空气；将容纳的空间扩大两倍，可得六倍物质的量的空气。对通过压缩或液化而凝固的雪或粉状物质，以任何方式、任何原因而凝固的物体，也可同理理解。也许存在一种介质，能自由进入物体各部分间的缝隙，而我在这里不考虑这种介质。在本书其余部分，我所说的物体或物质的量就是这个量。所有物体的质量也按同理解释，通过钟摆实验发现，物质的量与它的质量成比例，该实验将在后面介绍。

定义 2

运动的量是联合物体的速度和量的度量。

整体的运动是物体各部分运动的总和；因此，当物体的量扩大一倍，速度不变时，则运动的量是原来的两倍，如速度加快一倍，则运动的量为原来的四倍。

定义 3

物质固有的力（vis insita）是一种抵抗力，能让所有物体尽量保持自身静止或一直向前做匀速运动的状态。

该力一直与物体自身成比例，和物体的惯性一样，差别在于我们对这两个概念的理解。由于物质的惯性，改变物体本身的静止或运动状态存在困难。因此，固有的力也可以改为一个更广为人知的名字：惯性力（vis inertiae）。但是只有外力施加在物体上，想改变它自身的状态时，固有的力才会发挥作用；在不同的观点下，固有的力的使用既是阻力，也是推动力；站在物体保持自身状态，抵抗外加的力的角度，它是阻力；站在物体不会轻易屈服于外力，而外力想改变物体状态的角度，它是推动力。通常阻力归因于静止物体，而推动力归因于运动物体；然而运动和静止，在人们通常的认知中，只是一种相对性的区分；通常人们认为静止之物，其实并非处于静止状态。

定义 4

外力作用于一个物体之上，目的在于改变它的静止或一直向前匀速运动的状态。

这个力只存于作用之中，作用结束后并不会保留在物体中。因为物体的新状态只由惯性力保持。另外，外力有不同的来源，比如击打、挤压和向心力等。

定义 5

向心力会将物体拖往、推向或以其他任何方式趋向一个作为中心的点。

这一类力中有重力，它使物体趋向地心；有磁力，使铁块受磁石吸引；还有一种力，无论它名称为何，它将行星不断地从直线运动上拉回，迫使行星做曲线运动。当石头系在投石器上旋转时，它试图逃离让它旋转的手，石头的运动继续拉伸了投石器，旋转越快，拉伸也越大；当松开投石器时，石头会弹射出去。与石头努力挣脱投石器相反的力，驱使投石器不断把石头拉回手的位置，保持石头在运动轨道上，这个力的方向指向轨道中心位置的手，我称这个力为向心力。对于所有物体，当它们被迫在轨道上运动时，道理是一样的。它们都在努力逃脱轨道的中心，除非有某个与逃脱方向相反的力留住它们，迫使它们在轨道上运动，所以我称这种力有向心作用，否则它们会以匀速运动沿直线离开。一个抛出的物体，如没有重力，不会落回地面，而是会沿直线飞向太空，如果不计空气阻力的话。自身重力将抛出的物体从直线路径拉回，不断向地面偏移，运动的轨迹基本由其重力和速度决定。它的重力越小，或说它的物质的量越小，或者它在抛出时的速度越大，它的运动轨迹就越接近抛物线，它也能飞到更远的地方。假设一个铅球，在山顶由大炮射出，它得到一个给定的速度，运动方向和地平线平行，它会沿着曲线前进两英里①，然后落到地面；同理，如果不计空气阻力，铅球得到两倍或十倍速度时，前进的距离也将会是两倍或十倍。只要增加速度，抛出的物体飞行的距离可随意增加，同时它的运动曲线的曲率也会减小，使它以 10 度、30 度或 90 度的角度落地；甚至能环绕地球，飞入太空，继续运动，直至无穷。对于一个抛射体，同理，受到重力影响，可能在轨道上绕着地球飞行，而月球的情况也一样，如果它自身有重力，则受重力影响，或其他的力的影响，驱使它向地球运动，偏离它固有的力作用的抛物线运动，按照它现在的轨道运动；没有这个力，月球也不会在自己的轨道上运动。这个力如果太小，就不足以让月球偏离抛物线运动；如果太大，又会使月球过度偏离轨道，向地球移动。保持力的大小合适是关键，找到一个力让物体以指定的速度在指定的轨道上运行，这是数学家的责任；反之亦然，指定一个力，使物体偏离本身的抛物线运动，以指定的速度在指定的位置，数学家要找到它运动的曲线轨迹。

任何形式的向心力有三种量：绝对量、加速量和使动量。

定义 6

向心力的绝对量是同一个力的一种度量，其大小与它从中心向周围环形区域传播引发的效力成比例。

根据磁石的尺寸和磁力的强弱，磁力在一块磁石上会较强，而在另一块上会较弱。

定义 7

向心力的加速量是同一个力的一种度量，与给定时间内它所得到的速度成比例。

磁石产生的磁力，距离越近则越大，距离越远就越小；或如重力，在山谷中较大，在山顶则较小，当远离地球时（书中以后会提到）就更小；然而当距离相等时，重力在各处都一样，这是因为所有下落物体，无论是重是轻，是大是小，无论是否计算空气阻力，其加速度是一样的。

---

① 1 英里≈1.6 千米。

定义 8

向心力的使动量是同一个力的一种度量，与指定时间内它驱使的运动成比例。

体积较大的物体更重，体积较小的物体更轻；同一物体，接近地表时更重，在空中则更轻。这个量称为整个物体的向心性，或朝向中心的倾向，而我认为这是它的重力；有一个与它大小相等、方向相反的力能阻止物体下落，而这个量也借由这个力广为人知。

力的这些量，为求简洁，可称为运动力、加速力和绝对力；为便于区分，设定它们分别作用于物体中心，作用于物体各处，作用于力的中心，即运动力作用于物体上，由物体各个部分全力传动，如同整个物体趋向一个中心运动；加速力作用于物体的不同位置，像是某种效力，从中心向周围各处扩散，使那些位置的物质运动；绝对力作用于物体中心，它们的产生自有原因，如果没有它，这些运动力无法在物体各处传播，这些原因可能来自物体本身（如磁力中心的磁石或重力中央的地球），也可能尚未查明。而我在此只能给出这些力的数学概念，不考虑它们的物理原因和情况。

加速力与运动力的关系，如同速度之于运动。这是因为运动的量来自速度和物质的量的结合，且运动力来自加速力和同一物质的量的结合。加速力在物体的每个部分上的作用的总和是整个物体的运动力。在地表附近，重力的加速度或重力的产生力对所有物体都是相同的，重力的运动力或物体的重力等同于物体；如果上升到一个区域，这儿的重力加速度减小，重力也减小，而且总是等于物体质量和重力加速度的结合。那么，设定物体在一个区域的重力加速度减半，质量减半或减少三分之二，则重力减为原来的四分之一或六分之一。

我会把吸引和推动与加速和运动画上等号，吸引、推动或趋向，这类指向中心的词我会不加区别地混用；以数学而非物理来考虑这些词。因此，当我碰巧提到中心吸引或中心引力时，读者请不要认为我用这些词来定义某种运动，或运动的方式、运动的缘由或物理原因，或我将这些力归因于某些真实或物理意义上的中心（它们仅仅有数学意义）。

附注

截至目前，对于一些比较陌生的词，我已解释它们在之后讨论中该如何去理解。时间、空间、地方（locus）和运动是每个人都熟知的，但务必注意，普通人正是从他们对可感知的物体的关系来领悟这些量，从而产生一定的偏见。为了消除偏见，把这些量区分为绝对的和相对的、真实的和表面的、数学的和普遍的比较恰当。

（1）绝对的、真实的和数学的时间，它自身及它自己的本性与外在物无关，它流逝的节奏不变，由另一个名字定义为持续的（duratio）、相对的、表面的和普遍的时间，它是可感知的和外在的运动持续时长的度量（无论是否精准），常常代替真实时间使用，例如小时、日、月、年。

（2）绝对的空间，它的自我本性与外物无关，保持相似且静止，相对的空间是该绝对空间的度量或移动的尺度（dimensio），在我们的感觉中，它通过自身相对于物体的位置而确定，常常用来代替静止的空间，如地下、空中和太空中的空间，常常以它们相对于地球的位置而定。绝对和相对空间在种类和大小上一致，但在数值上有所差别。例如，当地球运动时，我们空中的空间是相对的，且相对地球保持不变，它有时会成为绝对空间的一部分，空气从中通过；有时会成为绝对空间的另一部分，所以，它会在绝对空间中不停变化。

（3）场所是物体占据的空间的一部分。它既是绝对的，也是相对的，由空间的性质而定。我在这所指的场是空间的一部分，并非指物体在空间的位置，也不是说物体的外表面。这是因为，如果两个固体的体积相等，则占据的空间也相等，但场所的表面却往往因为形状各异而不同。位置不存在量的概念。所以，它们不是场所，它们和场所只是一种从属关系。物体总体的运动等于各部分运动的总和，亦即，物体总体离开场所的位移，相当于其各个部分离开场所的位移之和，同时，物体总体占据的空间等于各部分占据空间的和。从这一点来说，场所是内在性质，位于整体物体之内。

（4）绝对运动和相对运动。物体从一个绝对场所移往另一个绝对场所，称为绝对运动，物体从一个相对场所移往另一个相对场所称为相对运动。一艘正在航行的船，物体的相对场所就是其在船上占据的位置，它正是船舱中堆放物体的那块区域，这块区域和船一起运动。而相对静止是指物体堆放在船或船舱的同一区域。实际上，绝对静止是指物体堆放在静止空间中的相同区域，相对于这个区域，船、船舱和船上所载的货物都在运动中。所以，如果地球真的处于静止状态，相对于船来说，船上的物品是相对静止的，此时，物体会以船行驶的速度，进行真正的、绝对的运动。然而，如果地球此时也在运动，那么物体真正的绝对运动应该如此描述：一部分是地球在静止空间里的真实运动；一部分是船在地球上的相对运动。如果物体在船上也在相对运动，这时物体的绝对运动就成了：一部分是地球在静止空间里的真实运动，一部分是船在地球上的相对运动，以及物体在船上的相对运动。而这些相对运动决定了物体在地球上进行的相对运动。比如，船所在的地球这一区域，向东做真实运动，将速度设为 10 010 节①；此时，大风中船在向西航行，速度是 10 节；而有一位水手在船上向东走，速度为 1 节，这时，水手在静止空间所做的运动是向东运动，速度为 10 001 节，而相对地球表面而言，水手在向西运动，速度为 9 节。

在天文学中，用通俗时间的平均值或纠正值来区分绝对时间和相对时间。因为虽然人们认为自然日是相等的，并以此作为衡量时间的一种单位，可事实上它们是有差异的。天文学家纠正这种差错，目的在于能更准确地测量天体的运动规律。用匀速运动来精确测量时间是个巧妙的办法，但可能无法实现。所有的运动都可以加速或减速，但绝对时间的流逝永远是真实而稳定的，不会因外界变化而有所改变。无论运动快慢，还是已经停止，物体本身能持续存在且保持不变。所以，应该将这一持续性和只能靠感知的时间进行区分。对这一问题，我们可以用天文学中的均值对它进行计算。计算这种均值的必要性，在对现象的时间测量中已经体现出来了，例如，钟摆实验和木星的卫星的日食。

如同时间各部分的次序无法改变，空间各部分的秩序也一样。现假设将空间中的一部分移出它们的场所，那么它们也会移出自身。因

---

① 1 节＝1.852km/h。

为时间和空间就是它们自身和其他一切事物的场所。所有的事物在时间里有着先后次序，在空间中排列出位置。它们的本性就是场所，因此认为物体的主要场所能够移动是荒谬的。所以，这些场所是绝对场所，离开这些场所而进行的运动，也是绝对运动。

因为空间的那一部分我们看不见，也无法通过感知来分辨，所以我们用感知的度量来替代。从物体的位置到公认是静止物体的移动距离中，我们可以定义出各种场所。之后，再根据物体在这些场所中的相对位移，便能估算出物体在场所间做的所有运动。因此，我们一般使用相对场所和相对运动，而非绝对场所和绝对运动，这样做并不会让问题变得更难。但是，如果是做哲学研究，我们应该凭借感知对事物进行抽象处理，同时对事物的特性进行思索，从而分析出一些信息，这与单凭感知去衡量事物全然不同。因为牵涉到相对于其他运动物体的场所和运动，所以不存在真正的静止物体。

凭借事物的自身特点、原因和结果，我们可以将一种事物和其他事物的静止和运动、绝对和相对进行区分。静止的属性是，真正静止的物体对于另一个静止的物体来说，它应该也是静止的。实际上，在恒星存在的遥远太空，或更远的地方，很有可能存在一些所谓的绝对静止的物体。但在我们的世界中，我们不可能依靠物体的相对位置来研究这个世界中的物体是否与那遥远太空中的物体保持着同样的位置。这等于说，在我们的世界里，物体的位置不能确定为绝对的静止。

当物体运动时，其中一部分保持原本在整体中的给定位置，并参与整体中的一系列运动，这是运动的性质。在一个旋转的物体中，它的每一部分都有可能离开旋转轴；向前运动的物体的冲力等于物体所有部分冲力之和。所以，如果周围的物体开始运动，那么，原先在里面那些相对静止的物体也将和它们一起运动。这表明，那些看上去是静止的物体的位移不能决定物体真实而绝对的运动，这是因为，外围的物体不能只当作形式上的静止物体，它应该是真正静止的状态。同时，所有包括在内的物体，除了从它们邻近的物体处进行位移外，它们也参与到了真正的运动。即使它们没有发生位移，也不会是真正的静止，只是看上去如此。因为，周围的物体与它们所包围的物体的关系，像是一个物体外表部分和内里部分的关系，抑或是果壳和果仁的关系；然而，当果壳运动时，果仁作为整体的一部分，也会随之运动，而果仁在靠近果壳处并没有运动。

与前述内容相关的运动的另一特性是，如果场所移动了，位于该场所的物体也会随之移动；因此，当物体移出所在场所时，物体也参与了所在场所的运动。因此，所有离开场所的运动，都只能是整体运动和绝对运动中的一部分。并且，每个整体运动都是由物体和所在场所移出原来位置而做出的运动所组成的，直到最后到了一个不能再移动的场所，比如，我们前面提及的船在海中航行的例子。所以，只有静止场所能决定整体和绝对运动。我在前面将静止场所与绝对运动放在一起，将可移动场所和相对运动连起来，也是这个道理。除了那些从无限到无限的事物之外，没有任何场所是完全静止的，而那些做无限运动的事物保持相对的、给定的位置不变，它们一直保持静止不动，从而构成了静止的空间。

真实运动和相对运动之所以不同，是因为力施加在物体上，使物体发生运动。如果没有力施加于物体上，促使其移动，真实的运动既不会产生，也不会改变，但相对运动就是另外一回事了，即使没有力施加在物体上，相对运动也可能产生，也会发生改变。只要对和前一个物体进行比较的其他物体施加某种力，就足以说明这件事。由于其他物体的退让，先前存在于其他物体中相对静止或相对运动的关系也会随之改变。并且，当一种力施加到运动物体上时，真实运动通常会有所变化，而相对运动则不会发生改变。如果用相同的力施加到作比较用的其他物体上，相对位置可能会得以保持，相对运动依托的条件也能保持。所以，当真实运动保持不变时，相对运动可能会有变化，反之，真实运动改变时，相对运动又可能保持不变。从这个角度说，真实运动绝不可能在这种关系中产生。

凭借脱离旋转轴的力，能从成效上区分绝对运动和相对运动。因为，对于纯粹的相对运动，这种力根本不会存在。这种力只存在于真正的绝对运动中，但运动的量决定了这种力的大小。如果我们将一个容器挂在一条长绳上，使其频繁旋转，从而拧紧长绳，然后往容器中注满水，让容器和水都处于静止；这时，突然施加另外一个力，使容器向反方向旋转，这时候长绳会自动松开，而容器的运动会持续一段时间。开始时，水的表面是平静的，因为容器的运动尚未开始，但随着容器不断将运动传播到水，水会开始旋转，水逐渐地脱离中央，沿着容器壁上升，形成一个小漩涡。运动速度越快，水会上升得越高，到最后，它会和容器一起旋转而进入一种相对静止状态。水的升高预示着它有脱离运动轴的趋势，这时，水的真实而绝对的旋转运动与它的相对运动产生矛盾，不过这种趋势可以用来衡量这种矛盾。开始时，容器中的水的相对运动达到峰值时，它没有脱离运动轴的倾向，也没有表现出旋转的趋势，更不会沿容器壁上升，此时水面保持平静，因为水真正的旋转运动还没开始。可是，此后，水的相对运动开始减弱，它沿着容器壁升高，显示出要脱离运动轴的倾向，这种倾向在预告水真正的旋转运动持续加强，直到获得最大的量，水在容器中才会实现相对静止。所以，这种倾向不会由水和它周边物体的移动来决定，同时，这样的移动也无法对真正的旋转运动下定义。任何一个旋转物体都只会在一个真实的旋转运动中存在，它也只和一种力（试图让它脱离运动轴的力）相关，这是一个合适而恰当的结果。然而，同一个物体内的相对运动的数量是不可数的，这一点可以凭借它和外界物体间的多种关系来界定，和其他关系相同，它们绝大多数都没有真实的成效，除非它们可能参与了独一无二的真实运动。对于天体世界，可按照以下方式理解：天空和行星一起，围绕着恒星旋转。天空中的一部分区域是静止的，行星相对于天空也是静止的，可是，它们却是真正地在运动中。因为它们不停变换着彼此的位置（而真正静止的物体不会如此），并且由于行星的场所在天空中，因此它们也参与了天空的运动，成为旋转整体的一部分，而且也有要逃离运动轴的倾向。

因此，相对的量并非那些人们赋予其名字的量本身，而是一种可感知的量（不一定正确），它们常常用来代替最本身的度量。如果这些词的定义来自它们的用途，那么像时间、空间、场所和运动这样的词，它们的度量的解释是正确的。假如度量的量代表自身，那么这种表述就很特别，它代表了纯粹的数学意义。这些词的词意本该言简意赅，而有些人在解读这些词意时，却产生了误解。另有些人混淆了真实的量和与它们相关的可感知的度量，这简直玷污了数学和哲学真理的纯洁性。

　　要对特定物体的真实运动有真正的认识，并区分这种真实运动和表象上的运动，实非易事。这是因为，对于运动中的静止空间的那部分，单凭人类的感官是感知不到的。然而此事也不是说毫无希望，因为尚有一些论据可以指导我们，部分论据源自表象运动，它们和真实运动不同，另外的一部分来自力，力是真实运动的原因和结果。比如，用一根细绳将两个球相连，然后始终保持它们的距离，使它们围绕着共同的重心旋转，从细绳的张力上，我们得知球在尝试脱离运动轴，从这里我们可以计算出旋转量。如果将一个相同的力施加在球的两侧，以求增大或减少它们的旋转量，再根据细绳张力的加强或减弱，我们就能计算出运动量的增减。并且，我们还能发现力应施加在球的哪一面上才能最大限度地增加球的运动量。即，我们能知道它们的最后面，也就是旋转运动中位置较后的一面，知道了这后面的一面，以及和它对应的一面，便可知道球的运动方向。所以，我们可以知道这种运动的量和方向，即使是在一个巨大的真空体系中，不存在任何外界物体能为我们感知，能与球进行比较，也能办到这一点。然而，如果是在真空中，有一些遥远的物体，它们相互的位置保持不变，和我们这儿的恒星世界相同，那么，我们就无法对球在那些物体中的相对运动进行判定，无法判定该运动是属于球还是属于那些物体的。但是，如果我们观察绳子，会发现绳子的张力刚好是球要运动所需的力度。所以我们可得出结论：运动的是球，而物体是静止的；最后，根据球在物体间的运动，我们还能找到它们运动的方向。可是怎样通过原因、成效和表象差异来推断出真正的运动，以及如何进行反向推导，我会在后续篇章中详细解释和说明，同时，这也是我创作本书的目的。

运动的公理或定律

定律 1

所有物体，除非有外力施加在它们身上，迫使它们的状态发生改变，否则将一直处于静止或匀速直线运动状态。

如果没有空气阻力或重力向下牵扯，投掷出的物体将维持掷出时的运动。陀螺因受自身各部分的凝聚力影响，经常性地避免直线运动，若无空气阻力，陀螺将始终保持旋转。像行星及彗星这样的庞然大物，由于在自由空间中阻力较小，因此能长期保持向前运动和旋转。

定律 2

物体运动的变化幅度与其所受外力成正比，变化的方向与外力作用方向一致。

如果力的施加产生了某种运动，那么双倍的力会产生双倍的运动，三倍的力也将产生三倍的运动，无论这种力是单次施加，还是逐次累加，效果一样。运动将按力施加的方向持续进行。如果物体在力施加前处于运动中，那么当力的方向与其运动方向一致时，其运动将加强；如果力的方向与运动方向相反，运动将减弱；如果力的方向与物体运动方向有夹角，那么两者结合后会使物体出现新复合运动。

定律 3

每一种力的作用都存在一种相等的反作用；或者说，两个物体相互间的作用是相等的，并且方向相反。

当你拉动或按压一个物体时，会受到该物体大小相同的拉动或按压的力。如果用手指去压石头，那么手指也会受到石头施加的压力。如果给马套上绳索，让它去拉石头，那么马（如果可以这样说）同样也会被拉向石头的方向，这是因为绷紧的绳索为了恢复松弛的状态，在把石头拉向马的同时，将以同样的强度把马拉向石头，对石头的拉力强度等同于对马施加的阻力强度。当物体 A 与物体 B 发生撞击，并且撞击力导致物体 B 的运动变化时，物体 A 的运动（因为相互压力的强度相当）也会产生方向相反，程度相同的变化。如果物体不受其他任何阻碍，那么这些力的作用造成的变化是相等的，但该变化不是指速度变化，而是物体的运动变化。这是因为力的作用和反作用产生了同等变化的运动，力的施加者和接受者的速度变化与两者的质量成反比。本定律也可应用于引力的受力分析，将于附注中进行证明。

推论 1

当两个力同时作用在一个物体上时，该物体会沿平行四边形的对角线运动，所需要的时间等于两个力分别沿两边运动所用的时间的和。

如果一个物体在指定的时间以内，受到力 M 的作用，离开点 A，应以匀速运动从 A 移向 B。如果受到力 N 的作用，则应该从 A 移向 C。现在作平行四边形 ABDC，当两个力同时作用时，物体会在两个力的作用下，在相同时间内沿对角线从 A 移动到 D。这是因为力 N 沿直线 AC

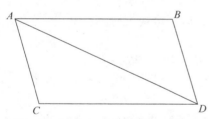

方向作用，而 AC 和 BD 平行，这个力（由定律 2 可知）不会改变物体在力 M 的作用下，沿 BD 运动时产生的速度。这时，不管力 N 是否产生作用，物体都会在

相同的时间内到达 BD，并且在时间结束时停在 CD 的某一点上。同理，物体也会在时间结束时停在 BD 的某一点上。因此，它应该停在两条线的交汇点——D 点上。由定律 1 可知，它将沿着直线从 A 运动到 D。

推论 2

由此可知，两个斜向力 AC 和 CD 可以合成直线力 AD。反之，直线力 AD 也可以分解成两个斜向力 AC 和 CD，在力学中，有很多事实能证明这种合成与分解。

如果从轮子中心 O 分别作两条半径 OM 和 ON，在绳子 MA 和 NP 挂上重物 A 和 P，那么，重物产生的力正好是轮子运动所需的力。通过中心 O 作直线 KOL，并让这条直线与绳子 MA 和 NP 垂直相交于 K 和

L，再以 OK 和 OL 中更长的 OL 为半径，以中心 O 为圆心画圆并和绳子 MA 相交于点 D，连接 O 和 D 两点，再作点 C，连接 AC 后使其与 OD 平行，与 DC 垂直。现在，绳子上的点 K、L、D 是否在轮子上固定已无关紧要，因为，重物悬挂在 K、L 点还是 D、L 点效果是一样的。让线段 AD 代表重物 A 的力，并把它分解为 AC 和 CD，

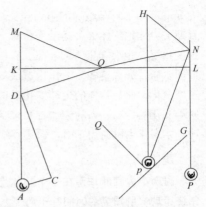

力 AC 和从中心 O 作出的半径 OD 方向相同，因此它对移动轮子不起作用。但是，另一个力 DC 与半径 DO 垂直，所以它对轮子的作用，与垂直于它的 OD 相等的半径 OL 的效果相同。这等于说，它的效果和重物 P 相当。如果重物 A 和重物 P 的比值等于力 DC 和 DA 之比：

$$P : A = DC : DA$$

同时，由于三角形 ADC 和三角形 DOK 相似，所以 DC 和 DA 之比等于 OK 与 OD，或 OK 与 OL 之比：

$$DC : DA = OK : OD = OK : OL$$

所以，重物 A 和重物 P 的比值，恒等于同一直线半径 OK 和 OL 的比值：

$$P : A = 半径 OK : 半径 OL$$

这就是有名的平衡理论。如果该比例中任意一个重物重力增加，那么，轮子的推力也同等增加。

如果重物 p 与重物 P 重力相等，并且 p 悬挂在线 Np 上，部分斜面 pG 上，现在作直线 pH、NH，使 pH 和地面垂直，NH 垂直于平面 pG，如把重物 p 指向下的力用线 pH 表示，它可以分解为 pN 和 HN。如存在任意平面 pQ 垂直于线 pN，并相交于另一个平面 pG，而且相交线平行于地平线，重物 p 仅靠平面 pQ、pG 的支撑，它分别以力 pN 和 HN 垂直压迫这两个平面，即力 pN 作用于平面 pQ，力 HN 作用于平面 pG。如果撤掉平面 pQ，那么重物会拉紧绳子，因为绳子此刻代替了之前撤走的平面在承受重力，绳子受到的张力与之前压迫在平面上的力都来

自相同的力 pN。所以，斜线 pN 的张力与垂直线 PN 张力的比值，等于线段 pN 与线段 pH 的比值：

pN 的张力：PN 的张力 = 线段 pN：线段 pH

如果 p 和 A 的比值是从轮子中心到线 PN 和 AM 最短距离的反比与 pH 和 pN 之比的乘积，那么 p 和 A 对于轮子移动的作用相等，而且它们互相支撑，这可以在实验中进行验证。

不过，重物 p 压迫在两个斜面上，可将其看成一个楔子，由它劈开了物体的两个内面，由此可确定楔子和木槌的力。因为，无论是受它自身的重力作用还是木槌的打击作用，重物 p 压在平面 pQ 上的力，与两平面之间沿 pH 方向的力的比值，可表示为：

$pN：pH$

与另一个平面 pG 上的压力之比，可表示为：

$pN：NH$

同理，可对螺丝刀的力作类似分解，把它也看成杠杆力推动的一个楔子。所以，这个推论有很广泛的应用范畴，其中道理也由此得到更进一步的证实。因为按照力学法则，这是多位作者通过多种实验而证明的。由此也不难推导出由轮子、滑轮、杠杆、绳子等构成的机械力，直接和倾斜上升的重物的力，以及其他的机械力、动物运动骨骼的肌肉力等。

推论 3

由同一方向的运动的和、以相反方向运动的差，所得到的运动的量，在物体间的相互作用中保持不变。

根据定律 3，作用与反作用力大小相等，方向相反，而根据定律 2，作用与反作用在运动中的变化是相等的且方向相反。亦即，如果运动方向相同，就要从后面的运动中减去加诸在前面一个物体上的运动量，这样总量才会保持不变。如果物体相遇，运动方向相反，则两方的运动量会同等减少，而朝相反方向运动的差保持相等。

设球体 A 的体积是球体 B 的体积的三倍，它们都沿直线运动，如果以一个速度均值作为标准，A 和 B 的速度分别是 2 和 10，两者运动方向相同，则双方的运动量之比为：

$$A \text{ 的运动}: B \text{ 的运动} = 6 : 10$$

假设它们的运动量为 6 个单位和 10 个单位，总量就是 16 个单位。所以，当它们相遇时，如果 A 获得 3、4 或 5 个单位的运动量，B 就会失去相应单位的运动量；而如果两者发生相撞，之后 A 的运动量为 9、10 或者 11 个单位，而 B 的运动量为 7、6 或 5 个单位，但总和始终保持 16 个单位的量不变。如果 A 获得 9、10、11 或 12 个单位的运动量，相撞之后它的运动量增加到 15、16、17 或 18 个单位，那么，B 就会失去 A 所获得的相等单位的量，它可以失去 9 个单位，仅剩 1 个，或失去全部 10 个单位，而由动转静，或不仅失去全部的运动量，并且（如果可以这么说）多失去了一个单位的运动量，从而以 1 个单位的运动量向相反方向运动，也可能失去 12 个单位的运动量，以 2 个单位的运动量向反方向运动。两个物体的运动总和是：

$$15 + 1 \text{ 或 } 16 + 0$$

而相反方向运动的差是：

$$17 - 1 \text{ 或 } 18 - 2$$

它们始终保持 16 个单位的总量，与相撞之前相同。但相撞后物体前进的运动量是已知的，两个物体的速度也可分别知道，这是因为相撞后与相撞前的速度比等于相撞后与相撞前的运动比。在上述情形中，相撞前 A 的运动(6)：相撞后 A 的运动(18)= 相撞前 A 的速度(2)：相撞后 A 的速度(X)，即

$$6 : 18 = 2 : X, \quad X = 6$$

但是，如果物体不是球体，或不在直线上运动，比如在斜面上相互作用，这时要求出它们相撞后的运动量，就必须首先确定在撞击点与物体相切的平面位置，然后把每个物体的运动分解成两部分：一部分垂直于平面，另一部分平行于平面。因为物体相互作用在与该平面垂直的方向上，所以平行于平面方向的运动在物体相撞前后可保持不变。如果垂直运动是反向变化，且运动量相等，那么同向运动和反向运动的差和以前一样，没有改变。此类相撞有时也可能导致物体围绕它们的中心进行旋转运动，但我不会在以后篇幅中进行讨论，因为如果要证明相关的种种特殊情形，实在过于烦琐。

推论 4

两个或多个物体的共同重心不会因物体间相互作用而改变它运动或静止的状态。所以，排除外力和阻碍作用后，所有相互作用的物体的公共重心或处于静止，或处于匀速直线运动状态。

如果有两个点做匀速直线运动，按指定比例分割间距，那么分割点或处于静止，或在做匀速直线运动，此问题将在引理 23 和推论中证明。同理，还可证明当点在相同平面移动的情形。亦即，如果有任意多个物体做匀速直线运动，那么它们中任意两个的公共重心或处于静止，或做匀速直线运动，这是因为两个物体重心的连线的分割采用了一个给定比例。同理，这两个物体和任意第三个物体的公共重心或处于静止，或做匀速直线运动，这是因为这两个物体的公共重心和第三个物体的重心之间的距离是按照给定的比例划分的。按同样方式，这三个物体和任意第四个物体的公共重心或处于静止，或做匀速直线运动。这一原理可推广到无穷。因此，在多个物体的一个系统中，其中的物体既没有相互作用，也没有外力施加在它们身上，并且由于每个物体在做匀速直线运动，而它们的公共重心或处于静止，或做匀速直线运动。

另外，在两个物体相互作用的体系中，因为物体重心和它们公共重心的距离与自身成反比，所以无论物体是接近还是远离重心，它们有相等的相对运动。而运动的变化是相等且反向的，由于物体间相互作用的关系，物体的公共重心既不会加速，也不会减速，它的静止或匀速直线运动状态可以保持不变。然而，在有多个物体的系统中，任意两个物体的相互作用不会改变它们公共重心的状态，而其他物体的公共重心受到这个力的影响会更小。不过，所有物体的公共重心切割了这两个重心的距离，它与属于某中心物体的总和部分成反比。因此，当这两个重心保持其运动或静止状态时，全部物体的公共重心也会维持原来的状态，从而可得到，所有物体的公共重心绝不会因为任意两个物体的相互作用而改变其运动或静止的状态。然而在该体系中，所有物体间的相互作用，或发生在两个物体之间，或由多个两个物体的相互作用组成，它们不会对它们的公共重心造成任何变化，也不会改变其运动或静止的状态。因为，当物体的相互作用不存在时，其重心或是静止，或是在做匀速直线运动，即便有物体的相互作用，它也会一直保持静止或匀速直线运动的状态，除非在整个系统外，还有其他力的作用促使它改变状态。涉及保持运动或静止状态的问题，这个定律对多物体系统中的单一个体也同样适用，因为无论是单一个体，还是多物体系统，它们的前进运动问题都是以重心的运动来计算的。

推论 5

给定空间内，无论该空间是静止还是做不含旋转运动的匀速直线运动，物体自身的运动和相对彼此的运动都是相同的。

按照假设，同向运动的差和反方运动的和，一开始时在这两种情形中是相同的。根据定律 2，由这些和与差产生的碰撞和冲击，以及物体间的相互作用，在两种情形下相撞，产生的结果一致。因此，在一种情形下会保持另一种情形下物体的相互运动。按照船的实验可证：无论船处于静止还是匀速直线运动状态，船上的所有运动都会照常进行。

推论 6

无论物体相互间的运动方式为何，在平行方向上得到相同的加速力加速时，都会继续之前的相互运动，和没有加速力时的一样。

这些力的作用相等（根据物体移动的量），并且移动的方向互相平行，所有物体（根据定律 2）将做相同的运动（速度相同），因此，不会对物体间的位置和运动造成变化。

附注

至此，数学家们已经接受我所阐述的这些原理，同时，它们也得到了很多实验的证明。根据前两条定律和前两条推论，伽利略从观察中得知，物体下落的变化与时间的平方相关，抛射体的运动路线为曲线。这两点也得到了实验证明，但前提是这些运动只受到了很小的阻力影响。当一个物体下落时，它的重力会均衡地发挥作用，并在相等的时间内，对物体施加相等的作用力，因此也产生了相等的速度。并且在相等的时间内对物体施加相等的作用力，从而让物体得到相等的速度。而在整段时间内，所有力的作用产生的所有速度与时间成正比。在对应的时间里，距离等于时间和速度的乘积，这表明，它与时间的平方成正比。当物体被向上抛投时，它的平均重力发挥作用，不断降低速度，使之与时间成正比，当达到最高点时，物体的速度降为零，所以物体的高度等于速度和时间的积，或者说相当于速度的平方。如果物体是斜向抛出的，抛物运动就成为其初始运动和重力运动的合成运动。

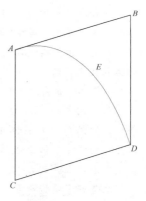

假设有物体 A 受到抛投力作用，在给定时间内沿直线 AB 运动，下落时也在相同时间内沿 AC 向下运动，由此可作平行四边形 ABDC，由于做复合运动，物体最后落于 D 点。物体运动的抛物线是 AED，并且它与直线 AB 相切，切点为 A，纵标线 BD 与 AB 垂直。根据相同的定理和推论，证明了很多其他物体和事件，比如与之相关的单摆振动所需时间的例子，已从日常生活的单摆时钟这一实例得证。运用同样的定律和推论，以及定律 3，克里斯多弗·雷恩爵士（Sir Christopher Wren）、瓦里斯博士（Dr. Wallis）和当代最伟大的几何学家惠更斯先生（Mr. Huygens）等人，分别确立了与硬物相撞时遵循的一系列法则，并几乎同时向皇家学会递交了自己的研究报告，对于发现的这些法则，他们的见解如出一辙。瓦里斯博士发表报告的时间相对较早一些，其次是克里斯多弗·雷恩爵士，最后是惠更斯先生。但是，克里斯多弗·雷恩爵士给皇家学会的发现报告中用了单摆实验，并证明了这个实验是真实可信的。然后，马略特先生（M. Mariotte）很快意识到，对这个课题可进行全面阐述。但如果要求实验与理论完全一致，我们必须将空气阻力和碰撞物体弹力的影响考虑进来。

把球体 A、B 悬挂在平行且相等的线 AC、BD 上，两条线的中心分别是 C 和 D，并始终保持一定距离，以两个中心为圆心，作半圆 EAF 和 GBH，半径 CA 和 DB 可以平均分割两个半圆。设物体 A 在弧线 EAF 的任意点 R 上，移除物体 B，并使 A 从点 R 开始运动，假设它经历一

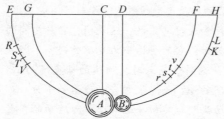

次摆动后回到点 V，那么 RV 是空气阻力产生的迟滞。取 RV "弧" 中间的四分之一 ST，即 $RS = TV$，并且 $RS : ST = 3 : 2$；则 ST 似乎能当作 S 下落到 A 点的阻力。此时，将物体 B 复位，假设物体 A 由 S 点下落，那么，在排除误差的前提下，它在碰撞点 A 的速度，与它在真空中从点 T 下落的速度一样。由前述可知，速度能用弧线 TA 的弦表示。因为几乎所有的几何学家都知道这样的命题：做钟摆运动的物体在最低点的速度与它在下落过程中经过的弧长度成正比。撞击之后，假设 A 到达 s 点，B 到达 K 点。此时再移除 B，作一个 v 点，如果物体 A 从 v 点出发，经过一次振动之后回到 r 点，而 st 的长度是 rv 的四分之一。因此，st 处于 rv 的中间，即 $rs = tv$，同时，使弦 tA 表示物体 A 在撞击后处于 A 点时的速度。如果不计空气阻力，物体 A 应该正好上升到 t 点。同理，我们可以估算出物体 B 在真空中应该上升到 L 点，用它来修正 B 上升时能达到的 K 点的位置。我们准备好了实验所需的一切条件，如同在真空中实验准备好了一切条件。然后，根据物体 A 与弧线 TA 的弦长，可以计算出它们的积，并得出物体在反弹前在 A 点的运动，通过与弧 tA 的乘积，可计算出物体在反弹后的运动。同理可计算出 B 与弧 BL 的积，从而估算出物体 B 在碰撞后的运动。依此类推，如果两个物体同时从不同的地点下落，可以计算出它们各自的运动和它们碰撞前后的运动。之后，比较两者之间的运动，从而得出碰撞后的效果。试进行以下钟摆实验：取一些相等或不等的物体，摆长为 10 英尺[①]，在 8、12 或 16 英尺的大空间中，让物体下坠并相撞。在实验中，我经常发现，当物体正面相撞时，在运动中带给另外一方的变化是相等的。假设物体 B 静止，而物体 A 以 9 个单位的运动量去撞它，A 会失去 7 个单位的量，碰撞后会以 2 个单位的量继续运动，则 B 就会得到这 7 个单位的量向后运动。如果物体以相反的方向相撞，A 的运动量是 12 个单位，B 为 6 个单位，撞击后 A

---

① 1 英尺 ≈ 30.5 厘米。——编者注

和 B 分别以 2 个和 8 个单位量向后退，那么双方都失去了 14 个单位的量。由分析可知，从 A 的运动中减少 12 个单位，它会停止运动，但若再减少 2 个单位，相反方向会产生 2 个单位量的运动。同理，物体 B 有 6 个单位的运动，减去 14 个单位，它在反方向就会得到 8 个单位量的运动。如果物体都向同一方向运动，A 速度较快，有 14 个单位的量，B 仅有 5 个单位的量，那么在相撞后，B 会以 14 个单位的量运动，A 把 9 个单位的量传给了 B。在其他情况下也是如此。物体碰撞后，它们运动的量是由同向或反向运动的差得到，这一点不会变化。要达到事事不出差错很难，在测量上出现一两英寸①的误差也是情有可原的。想要凭借钟摆的摆动使物体在最低点 AB 处相撞，或者在碰撞之后要找到它们上升的点 s 和 K，做到这点并不容易。而之所以会出现一些误差，也可能是因为悬吊的物体自身密度有差异，或是其他原因造成结构不规则等。

或许有人持反对意见，因为该实验要证明的规律，仿佛要求物体或者是绝对的硬物，或至少有弹性，可在自然界中并不存在这类物体。在这里我必须强调，我们所说的实验，物体的硬度对实验结果没有影响，就算物体质地偏软，该实验也一样能取得成功。如果将这个规律套用在质地偏软的物体上，我们只需按照反弹力需要的量，适当地减少物体碰撞程度即可。根据雷恩和惠更斯的理论，绝对的硬物在碰撞时和碰撞后拥有一样的反弹速度，这一点在高弹性物体上得到了充分的证明。低弹性物体的反弹速度随着反弹力的降低而减小，我认为导致反弹的力是确定的，因为它导致物体以一相对速度反弹，并且该速度与物体相遇时的速度成比例。我用缠得很紧的毛线球做过实验，首先，让悬垂的物品下落，然后测量它们的反弹度，得到弹性力的量，并估算出其他碰撞情形下反弹的距离。而后，我在其他实验中也得到了相同的结果。毛线球一直以相对速度弹开，与相遇时的速度比约为 5：9。钢球反弹的速度几乎一样，软木球的速度要慢一些，至于玻璃球，两种速度的比为 15：16。所以，定律 3 运用到撞击和反弹问题时，已得到相关的理论和实践证明。

---

① 1 英寸 = 2.54 厘米。——编者注

至于引力，我用了类似方法做了概要证明。假设任意物体 A、B 相遇时，有一障碍物发挥阻碍作用，当两个物体互相吸引时，如果物体 A 受到 B 的引力大于物体 B 受到 A 的引力，那么物体 A 对障碍物的压迫力就大于物体 B 对它的压迫力，从而打破平衡，压迫力更大的一方会起作用，使这两个物体和障碍物组成的系统向 B 原来的位置移动。而在自由空间里，物体会永恒地做加速运动，进入无限，可这种情形并不合理，并且与定律 1 矛盾。根据定律 1，系统应保持静止或做匀速直线运动，而物体施加在障碍物上的力也必须相等，相互间的引力也应该相等。我曾经用磁石和铁做过类似实验，如果把它们分开放入合适的容器中，它们会彼此飘浮在平静的水面上而不会彼此排斥，同时通过相等的引力来抵消对方的压力，双方最终能达到一种平衡状态。

地球的各个部分彼此之间存在引力。让任意平面 EG 将地球 FI 分割为 EGF 和 EGI 两个部分，那么两部分相互间的重力是相等的。如果有另一个平面 HK，它平行于 EG，其将较大的一部分 EGI 切割成 $EGKH$ 和 HKI 两部分，并使 HKI 和之前切割出的 EFG 相等，我们会

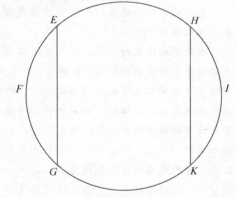

清楚地看到，中间的这一部分 $EGKH$ 不会偏向任何一方，因为它本身的重力刚刚合适，悬挂在 HKI 和 EFG 之间保持静止状态，实现了平衡。但是，边上的 HKI 会以全部重力挤压向另一部分 EGF，因此，EGI 的力是 HKI 部分和 $EGKH$ 部分的和，并且这个力偏向第三部分 EGF，同时与 HKI 的重力相等，也就是和第三个部分 EGF 的重力相等。所以 EGI 和 EGF 这两个部分相互间重力一样，刚好是我之前想证明的。如果两边重力不等，那么飘浮于没有阻力的太空中的地球会让位于比它更重的物体，渐渐远离自己原来的位置，最终消失在无限当中。

物体在撞击和反弹过程中作用几乎一样，而速度与它们的惯性力成反比，因此，在使用机械工具时，施力对象保持平衡，并且相互保

持和对方相反的压力，速度取决于过程中力的大小，与之成反比。

另外，天平臂上悬挂的重物产生的力也是相等的，使用天平时，那些重物总是和天平上下摆动时的速度成反比。即，如果上升和下降都是直线，那么这些重物的力是相等的，且同悬吊于天平上的点到天平轴的距离成反比。但如果有其他斜面或障碍物介入，使物体斜向上升或下降，物体也会保持平衡，并与它们垂直上升或下降的高度成反比，但这需要由向下的重力方向来获取。

同样的道理，在滑轮或滑轮组中，无论是直线还是斜向上升，拉直线的力都会和重力成正比，就像重物垂直上升的速度与拉绳子的速度成正比一样，它们都能拉住重物。

在由齿轮组成的钟表或类似仪器中，驱动或妨碍齿轮运动的方向互相相反的力，如果与它们产生的齿轮速度成反比，那么它们也会相互支撑以实现平衡。

螺丝钉对物体的压力和手转动门把的转力之比，与受到转力的把手旋转速度和受到物体压力前进的螺丝钉前进速度的比相同。

用楔子将木头劈成两块，楔子压住或劈开木头的力与木槌作用在楔子上的力之比，与楔子在木槌敲打下的运动速度和木头在楔子中垂直于楔子两边直线方向上运动产生的速度之比相同，在所有的机械中，我们能得到一致的解释。

机械的能力和用途可归纳如下：通过减小物体的速度得到更大的力量，或通过增大力量来减小物体的速度。由此出发，各种各样的机器的用途是解决以下问题：以指定的动力移动指定的重物，可以指定力量克服其他指定的阻碍。如果机器作用于物体的速度与它们的力成反比，那么，作用力就恰好抵消阻力，如果速度更大，就可以克服它。如果速度大到足以克服所有的阻力，无论是附近物体相互间滑动而产生的摩擦，还是被分开的连续物体间的凝聚，或物体抬高后的重力，多余的力不仅不会消失，在克服所有的阻力后，那些力还能产生加速度。我在这里并非是在谈论力学，只是通过这些实例说明定律3适用的广泛性和正确性。如果能通过作用于物体上的力和速度的乘积来估计它的运动，或按类似方法来估计障碍物的反作用，可以通过它某些部分的速度、加速度或由摩擦、凝聚、重力共同产生的阻力来估计，当这样做后会发现：在所有机器的使用过程中，作用等于反作用。虽然作用需要靠中介物进行传递，并最终施加在障碍物上，但最终作用方向和反作用方向是相反的。

第 1 编　物体的运动

第1章 通过量的初值和终值的比例，我们能证明以下命题

引理1

在任何有限的时间内，量和量的比值会持续缩小差距，并在最后时刻趋于相等，差值小于给定的值，并最终实现相等。

如果有人否认这个观点，我们可以用反证法来证明，假设比值最终不等，并把 *D* 作为最终差值。那么，它们就不能以比给定差 *D* 更小的差值去趋于相等，而这与命题矛盾。

引理2

在任意图形 *AacE* 中，有直线 *Aa*、*AE* 和曲线 *acE*，同时，有多个平行四边形 *AKbB*、*BLcC*、*CMdD* 等，底边 *AB*、*BC*、*CD* 等是相等的，侧边 *Bb*、*Cc*、*Dd* 等和图形的边 *Aa* 平行。作平行四边形 *aKbI*、*bLcm*、*cMdn* 等，如果那些平行四边形的边一直递减，且平行四边形的数目接近无限，那么，曲线内切图形 *AKbLcMdD*、外切图形 *AaIbmcndoE* 和曲线图形 *AabcdE* 的最终比值趋于等量之比。

由于内切图形和外切图形的差是平行四边形 *KaIb*、*Lbmc*、*Mcnd* 和 *DdoE* 之和，亦即以其中一个矩形的底 *Kb* 为底（它们底边相等），以它们的高度之和 *Aa* 为高的矩形，也就是平行四边形 *ABla*。然而因为它的一边 *AB* 在持续缩小，因此平行四边形也就小于任何给定的空间。因此，根据引理1，内切图形和外切图形最终相等，中间的曲线图形也相等。证毕。

引理3

如果平行四边形的宽 *AB*、*BC* 和 *CD* 等不相等，且处于无限期的缩小时，最终的比值也是等量之比。

假设 *AF* 为边的长度上限，作一个平行四边形 *FAaf*，那么这个平行

四边形将大于内切图形和外切图形的差，但由于此平行四边形的边 *AF* 在无限缩小，因此它必将比任何给定的平行四边形都小。证毕。

推论 1　那些不断缩小的矩形，它们的总和在所有方面都与曲线图形完全相符。

推论 2　由不断缩小的弧线 *ab*、*bc*、*cd* 等的弦组成的直线图形最终将与曲线图形完全相符。

推论 3　外切直线图形如果切线弧长相等，那么它也与曲线图形完全相符。

推论 4　这些外围为 *acE* 的最终图形并非直线图形，而是直线图形的曲线极限。

引理 4

如果在图形 *AacE* 和 *PprT* 中，各有一组内切平行四边形，且它们每组的数量相等，

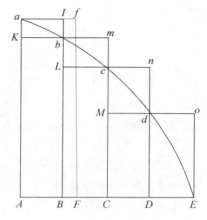

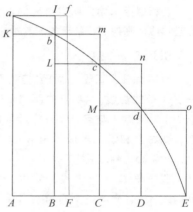

短边的长度趋于无穷小，并且，其中一个图形的内平行四边形的比值与对应的另一个图形内平行四边形的比值最终相等，那么，图形 *AacE* 和 *PprT* 的比值也相等。

因为其中一个图形内的各个平行四边形分别对应了另一个图形内的各个平行四边形，所以（按照组成）这一图形中平行四边形的和与另一图形中平行四边形的和的比，等于两个图形的比，因为根据引理 3，左边图形与总和的比，等于右边图形与总和的比。证毕。

推论　所以，当任意两个量被分割为相同数量的若干份，当数量

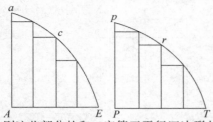

不断增加而自身不断缩小时，量相互间有一个既定的比值，并且一一对应，整个量都以既定的比值相互对应。在引理 4 的图形中，如将平行四边形的比值看成部分的比值，则这些部分的和一定等于平行四边形的和。假设平行四边形的数量不断增加，而它们的量又在无限缩小，则这些和的比与两个图形中对应的平行四边形的比的终极值相当，也可以说（根据定义），这些和的比与两个图形中对应的任意多个平行四边形的比的终极值相当。

引理 5

在相似图形中，所有对应的边，无论是直线或曲线，均成正比，而且构成的图形面积的比等于其对应边的长度比的平方。

引理 6

ACB 为任意弧线，位于给定位置，弧弦为 *AB*，*AD* 是弧线上任意一点 *A* 处的切线，*AD* 可向两端无限延长。如果点 *A* 与点 *B* 相互靠近且相遇，则由弦和切线形成的角 *BAD* 将会无限缩小，到最后彻底消失。

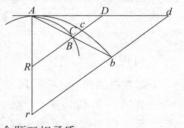

假如角 *BAD* 不消失，弧线 *ACB* 和切线 *AD* 会构成一个直角，而弧线在 *A* 点的走向会偏离原来的方向，这与命题互相矛盾。

引理 7

进行同样的假设：弧线、弦和切线的比值最终相等。

当点 *B* 靠近点 *A* 时，假设 *AB* 和 *AD* 一直分别趋向于两个远处的点 *b* 和 *d*，然后，作一条直线 *bd*，让它平行于割线 *BD*，使弧 *Acb* 总是相似于弧 *ACB*。设点 *A* 与点 *B* 重合，根据之前的引理，角 *dAB* 会消失，所以直线 *Ab*、*Ad*（始终有限）和中间弧线 *Acb* 将重合，并且相等。所以，直线 *AB*、*AD* 和中间弧 *ACB*（与前者成正比）的比是等量比。

证毕。

推论 1 如经过点 B 作直线 BF，使其和弧 BCA 的切线 AD 平行，AF 为经过点 A 的任意直线，与直线 BF 相交于点 F，那么直线 BF 与逐渐消失的弧 ACB 的比值最终成等量之比，因为在平行四边形 $AFBD$ 中，BF 与 AD 的比值是等量之比。

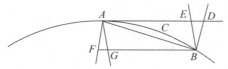

推论 2 作直线 BE、BD、AF 和 AG 分别经过点 B 和点 A，它们与切线 AD 及其平行线 BF 相交，则所有水平方向的线 AD、AE、BF 和 BG，还有弦 AB 和弧 AB 的比值最终都是等量之比。

推论 3 在所有最终比值的推论中，这些线段能自由地互相替换。

引理 8

如果直线 AR 与 BR、弧 ACB、弦 AB 和切线 AD 共同形成三个三角形，分别是 RAB、$RACB$ 和 RAD，且点 A 和点 B 互相接近至重合，那么，这些逐渐消失的三角形最终是相似的，最终比值也是等量之比。

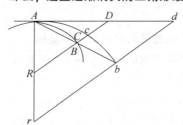

当点 B 向点 A 靠拢时，设 AB、AD 一直趋向于远处的点 b、d 和 r，作出线段 rbd，使它和 RD 平行，并使弧 Acb 相似于弧 ACB。之后，再假设点 A 和点 B 重合，则角 bAd 会消失，而三角形 rAb、$rAcb$ 和 rAd 也将重合，即相似，然后相等。那么，与它们始终相似和成比例的三角形 RAB、$RACB$ 和 RAD，最终也将相似且相等。证毕。

推论 在所有最终比值的推论中，这些三角形能自由地互相替换。

引理 9

如果直线 AE 和曲线 ABC 都在给定位置，且 AE 是曲线 ABC 的切线，切点为点 A。BD、CE 是水平线段，与曲线 ABC 相交于点 B 和点 C，点 B 和点 C 向点 A 移动，并重合于点 A，那么，三角形 ABD、ACE 最终面积的比将等于对应边的长度比的平方。

当点 B 和点 C 向点 A 接近时，假设 AD 始终倾向于远处的点 d、e，

而 *Ad*、*Ae* 将与 *AD*、*AE* 成正比。作水平线段 *db*、*ec* 和直线 *DB* 和 *EC* 平行，并分别与 *AB*、*AC* 交于点 *b* 和 *c*。使曲线 *Abc* 和曲线 *ABC* 相似，作直线 *Ag* 与两条曲线相切于点 *A*，分别与水平直线 *DB*、*EC*、*db*、*ec* 相交于点 *F*、*G*、*f*、*g*。再设 *Ae* 长度不变，使点 *B*、*C* 在点 *A* 重合，这时角 *cAg* 消失，曲线面积 *Abd*、*Ace* 将和直线面积

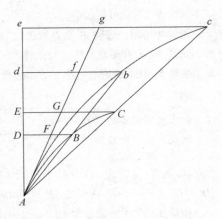

（三角形）*Afd*、*Age* 重合。而根据引理5，面积之比是对应边 *Ad*、*Ae* 长度比的平方。然而三角形 *ABD* 和 *ACE* 的面积始终保持与这些边成正比。而边 *AD*、*AE* 也与这些边成正比。所以，三角形 *ABD*、*ACE* 的面积的最终比值是边 *AD*、*AE* 长度比值的平方。证毕。

引理 10

对任何一个物体施加有限力，无论该有限力是已知且不变的，还是持续增大或减小的，物体在有限力作用下运动的路程在运动初始阶段与时间的平方成正比。

令直线 *AD*、*AE* 代表时间，直线 *DB*、*EC* 代表时间产生的速度，则这些速度产生的距离就是由水平线段构成的面积 *ABD*、*ACE*。而根据引理9，在运动的初始阶段，距离与时间 *AD*、*AE* 的平方成正比。证毕。

推论 1　由此可推导出，物体在成比例时间内在相似图形的相似部分运动时产生的误差，几乎与误差产生所用的时间的平方成正比。误差是由不同的力作用在物体上造成的，并根据物体在这些相似图形中运动时经过的距离求出，如果这些力不存在，物体会在成比例时间内到达目的地。

推论 2　成比例的力以相似的方式作用在物体上，而这些物体在相似图形的相似部分运动，此时产生的误差，与力和时间的乘积的平方成正比。

推论 3　同理可解释物体受不同的力的作用时移动任意距离的问题，在运动初期，这些距离和力与时间的乘积成正比。

推论 4　力和运动初期的距离成正比，和时间的平方成反比。

推论 5　时间的平方和距离成正比，与力成反比。

附注

在比较不同类的未知量时，任意一个量都可以假设其与另一个量成正比或反比，即后面的量增加时，前面的量按照固定比值增加或减小。如果任意一个量与其他任意两个或更多的量成正比或反比，即其他量的复合值增加时，前面的量会增加或减少。例如，设 A 和 B、C 成正比，和 D 成反比，那么 A 与 $B \times C \times \dfrac{1}{D}$ 以相同的比例增加或减小，即 A 与 $\dfrac{BC}{D}$ 的比例为固定值。

引理 11

所有经过接触点的曲线的曲率是有限的，而曲线内逐渐消失的接触角的弦最终和相邻弧的弦的平方成正比。

情形 1　AB 是一条弧线，BD 是接触角的弦，且和切线 AD、AB 作为弧时对应的弦垂直。过点 B 作直线 BG 和弦 AB 垂直，过点 A 作直线 AG 与切线 AD 垂直，AG 与 BG 交于点 G，再使点 D、B、G 趋近于点 d、b、g，设点 J 是直线 BG 和 AG 的最终交点，那么点 D、B 将与点 A 重合，则距离 GJ 可能小于任何给定长度。而根据圆的属性，对于 ABG、Abg，$AB^2 = AG \times BD$，$Ab^2 = Ag \times bd$，所以，AB^2 与 Ab^2 的比值是 AG 和 Ag 的比值、Bd 与 bd 比值的复合。而由于 GJ

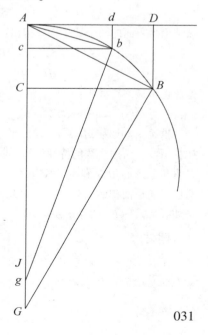

可能小于任何给定长度，所以 AG 与 Ag 的比值与等量之比的差也可能小于任何给定值，AB^2 与 Ab^2 的比值与 BD 与 bd 的比值的差也可以小于任何给定值。因此，根据引理 1，最终：$AB^2 : Ab^2 = BD : bd$。证毕。

情形 2　让 BD 以任意角度向 AD 倾斜，那么 BD 与 bd 的最终比值也和以前一样，所以，AB^2 与 Ab^2 的比值也相等。证毕。

情形 3　假设角 D 为任意角，而直线 BD 经过一给定点，或由任意条件决定。由相同规则定义的角 D 和角 d 将越来越接近相等，并且小于任意给定的差，而根据引理 1，两者最终将相等，因此直线 BD 和 bd 相互间的比值仍与以前相同。证毕。

推论 1　当切线 AD、Ad 和弧 AB、Ab 及它们的正弦 BC、bc 最终和弦 AB、Ab 相等时，它们的平方也将最终和弦 BD 及 bd 成正比。

推论 2　它们的平方最终也将和弧的正弦成正比，弦将平均分割成两部分，同时集中在一个定点，因为这些正弦也和弦 BD 及 bd 成正比。

推论 3　正弦和时间的平方成正比，这里的时间是物体以指定速度沿弧线运动所需的时间。

推论 4　最终比例如下：

$$S_{\triangle ADB} : S_{\triangle Adb} = AD^3 : Ad^3 ; \quad S_{\triangle ADB} : S_{\triangle Adb} = DB^{-\frac{3}{2}} : db^{-\frac{3}{2}}$$

该结论由下面的两个式子推导得出：

$$S_{\triangle ADB} : S_{\triangle Adb} = AD \times DB : Ad \times db$$

$$AD^2 : Ad^2 = DB : db$$

据此也可最终推导出：

$$S_{\triangle ABC} : S_{\triangle Abc} = BC^3 : bc^3$$

推论 5　因为 DB 和 db 最终平行，并和直线 AD 和 Ad 的平方成正比，所以，由抛物线的特性可知，曲线围成的图形 ADB、Adb 最终面积是直角三角形 ADB 和 Adb 面积的三分之二，弓形区域 AB、Ab 的面积是对应三角形面积的三分之一。因此，这些曲线图形面积和弓形面积将与切线 AD、Ad，弦及弧 AB、Ab 的立方成正比。

附注

不过我们一直以来假设的切角不会无限大于或无限小于以圆形和切线组成的其他任意的切角，这表明，处于点 A 的曲率不会无限小，也不会无限大，而间隔 AJ 是一个有限值。我们能让 DB 与 AD^3 成正比，所以，在切线 AD 和曲线 AB 之间，没有圆可通过点 A，所以切角会无限小于这些圆周切角。同样，如果使 DB 与 AD^4、AD^5、AD^6 或 AD^7 成正比，将能得到一系列趋向于无限的切角，而且后一项无限小于前一项。如果 DB 依次地和 AD^2、$AD^{\frac{3}{2}}$、$AD^{\frac{4}{3}}$、$AD^{\frac{5}{4}}$、$AD^{\frac{6}{5}}$ 或 $AD^{\frac{7}{6}}$ 等成正比，可得其他一系列的切角，它们中的第一个与那些圆的切角类型一样，第二个无限扩大，而且后一项无限大于前一项。但从这些切角中任意选择两个，两者之间又能插入另一系列的介入切角，它们以两种方式趋向于无限，每一个角都无限大于或者无限小于前一个。比如，在 AD^2 和 AD^3 两项间可插入以下一个系列：$AD^{\frac{13}{6}}$、$AD^{\frac{11}{5}}$、$AD^{\frac{9}{4}}$、$AD^{\frac{7}{3}}$、$AD^{\frac{5}{2}}$、$AD^{\frac{8}{3}}$、$AD^{\frac{11}{4}}$、$AD^{\frac{14}{5}}$、$AD^{\frac{17}{6}}$ 等。同样，在这一系列角的任意两个之间，也可再插入新的一系列介入角，它们两两之间的差异有无穷的可能性，不设限制。同样，我们的自然界也不受任何限制。

曲线和其围成的表面所得的规律，能巧妙地用于立体面和立体容积，这些引理能避免古代几何学家那些复杂又难解的推理过程。在证明中，可使用不可分法简化问题，但这个方法有些不严谨，因此被认为没有几何意义。在后续的命题中，我会用开始和结束时的和，以及初量和逐渐消失的量的比值来证明，也就是用这些和与比值的极限，我会尽量以简洁的方式证明这些极值。现在，不可分法已得到证明，使用起来就更加妥当了。因此，我在后面说小部分组成的量，或用短曲线代替直线时，不是指不可分量，而是指逐渐消失的可分量；也不要理解为已知部分的和及其比值，而是指和与比值的极限，我在证明中所说的力是以前述引理为前提的。

或许有人对此表示反对，否认逐渐消失的量的最终比值，因为在量真正消失之前，比值并非最终值，而当量消失后，比值也不复存在。然而同理我们可提出以下论点：物体到达一定点，停止运动，从而最终速度消失，这个速度在物体到达终点前并非最终速度，而当它到达时，速度已为零。答案其实很简单，因为最终速度的含义是物体移动的速度，既不是它到达最后场所停止运动前的速度，也不是指停下来后的速度，而是它到达定点前的瞬时速度，它是物体到达最后场所时的速度，而同时也会让物体停止。同样，逐渐消失的量的最终比值可理解为既不是量消失前的比值，也不是消失后的比值，而是在消失的那个瞬间的比值。所以，初量的最初比值，无论增大还是减小，也可以当成是它们开始时的比值，并且开始的和与最后的和是它们开始运动及停止时的和。速度在运动快结束时将达到一个极限，同时不会超过这个极限，这就是最终速度。所有开始或结束的量及其比值都有一个相似的确定的极限，求它们的值是一个严谨的几何问题。并且，当我们用几何方法来解决任何其他问题时，这些问题本身就是几何问题。

也许还会有人反对，指出如果逐渐消失的量的最终比是确定的，那么它们最终的量值也应该是确定的，即所有的量都将包括不可分量，而这和欧几里得在《几何原本》第十篇中证明的不可通约量矛盾。但是，这样的反对是以错误的命题为前提的。当量消失时，它们的最终比值并非是真实的最终量的比值，而是聚到某一点并形成的极限，并且无限递减量的比值小于任意给定值，同时接近极限。但它不会超过极限，实际上也达不到极限，这种情形针对无限大的量表现得尤为明显。如果两个量的差是定值，但两者又在无限增大，那么这些量的最终比值也将是定值，即等量之比，但给出这一比值的最后或最大的量并不固定。所以，为方便读者理解，我在后面提到最小的、逐渐消失的量时，读者不要认为它们的量是确定的，而应该理解为无限减小的量。

第 2 章　向心力的定义

命题 1　定理 1

绕定点做圆周运动的物体所经过的区域处于固定平面上，且与物体运动的时间成正比。

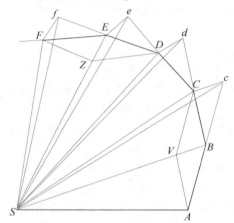

设时间被分割成相等的几段，物体在第一段时间内依靠惯性运动，运动的直线路径为 *AB*。在第二段时间内，如无障碍，物体沿直线 *Bc* 运动到 *c*，*Bc* 等于 *AB*，根据定理 1，连接中心 *S*，作运动半径 *AS*、*BS*、*cS*，可构成全等三角形 *ASB* 和 *BSc*。但当物体到达点 *B* 时，如果向心力发挥作用，推动它偏离直线 *Bc*，促使它沿直线 *BC* 运动。作直线 *cC*，让它和 *BS* 平行，并和 *BC* 相交于点 *C*，在第二段时间的最后一刻，根据推论 1，物体将位于点 *C*，并和三角形 *ASB* 位于同一平面。连接 *SC*，由于 *SB* 和 *Cc* 平行，那么三角形 *SBC* 的面积将和三角形 *SBc* 的相等，也和三角形 *SAB* 的相等。类似地，当向心力作用于点 *C*、*D*、*E* 时，使物体在每个单一时间间隔内沿直线 *CD*、*DE*、*EF* 等运动，那么它们将位于同一平面上，而且△*SCD* 的面积和△*SBC* 的相等，△*SDE* 和△*SCD* 及△*SEF* 和△*SDE* 的也相等。因此，在相同间隔的时间内，相等的面积都在同一平面上，根据命题，这些面积的和，包括 *SADS* 与 *SAFS* 等，彼此的比值和物体经过它们所用的时间成正比。如果三角形的数目增加，并且宽度无限减小，根据推论 4，它们的最终周界 *ADF* 会成为一条曲线，而向心力会不断对物体发挥作用，避免它向曲线切线运动。所以，物体运动时任意走过的面积 SADS 与它使用的时间成正比。证毕。

推论 1　物体受静止中心吸引，在无阻力空间中运动，其速度和从轨道切线中点作的垂线长度成反比。物体在场所 A、B、C、D、E 中的速度可看作全等三角形的底边 AB、BC、CD、DE 和 EF，而这些底边长度与它们的垂线长度成反比。

推论 2　在无阻力空间中，在相等时间内，如果同一个物体依次经过两条弧弦 ab 和 BC，并以此作平行四边形 ABCV，和线 SB 交于点 V，那么平行四边形的对角线 BV 最终将在弧线逼近无穷时向两边延伸，并经过力的中心 S。

推论 3　在无阻力空间中，在相等时间内，如果物体经过弧弦 AB、BC、DE 和 EF，可作平行四边形 ABCV 和 DEFZ。其中，当弧无限小时，力在点 B 和点 E 的比是对角线 BV 和 EZ 的最终比值。根据定律 1 的推论 1，物体沿 BC 和 EF 运动，是沿 Bc、BV 和 Ef、EZ 运动的组合，而在此，BV 和 EZ 分别等于 Cc 和 Ff，它们是点 B 和点 E 在向心力推动下产生的，并与推力成正比。

推论 4　在无阻力空间中，使物体从直线运动转向曲线轨道做曲线运动的力，和在相等时间内经过的弧的矢成正比。当弧无限减小时，矢在力的中心作用下，将弦等分为两段，因为矢的长度等于对角线的一半。

推论 5　这些力和重力的比，等于所提到的矢与垂直于地平线的抛物线上的矢的比，这些抛物线是抛出的物体在相同的时间内运动的轨迹。

推论 6　在物体运动的平面上，平面中心的力并非处于静止状态，而是做匀速直线运动（根据定律中的推论 5，相关结论依然成立）。

命题 2　定理 2

在平面上沿任意曲线运动的物体，经由运动半径被拉向一个点时，该点或静止，或做匀速直线运动，运动覆盖的面积和时间成正比，指向该点的向心力发挥作用，将物体拖向这个点。

情形 1　根据定律 1，所有做曲线运动的物体，是受到了施加在其

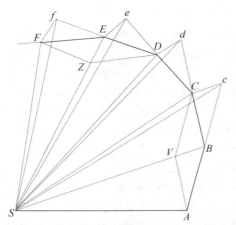

上的某种力的影响而偏离直线轨道。而这个让物体偏离直线轨道的力，在相等时间内使该物体经过相等且极小的三角形 *SAB*、*SBC* 和 *SCD* 等，这个力指向不动点 *S*（根据欧几里得《几何原本》一书第一篇中的命题40 和定律 2），在场所 *B* 发挥作用，方向和直线 *cC* 平行，也就是直线 *BS* 的方向；在场所 *C*，是沿着直线 *dD* 的平行方向，即，沿直线 *CS* 的方向发挥作用。所以，力在直线方向上的作用总是指向不动点 *S*。证毕。

情形 2　根据定律中的推论 5，无论物体运动所在的曲线图形的表面是静止的，还是和物体同时运动，都不会影响到结果，因为物体所在图形及图形中的点 *S* 都是做匀速运动。

推论 1　在无阻力的空间或介质中，如果面积和时间不成正比，那么力就不会指向半径经过的那个交点。如果物体运动时是加速的，则力的方向和物体运动的方向形成锐角；如果物体运动在减速，则力的方向和运动的方向形成了钝角。

推论 2　在有阻力的介质中，如果物体的运动是加速状态，那么力的方向会偏离物体的运动方向，物体将向不动点移动。

附注

物体可能受到多个力，它们合成了向心力。因此，该命题是指所有力的合力指向 *S* 点。但是，如果力的方向是沿垂直于所经过表面的直线方向，那么这些力的合成作用会使物体偏离运动平面，但不会改变经过表面的量，因此在力的组合中可以对此忽略。

命题 3　定理 3

任何物体，经由运动半径被拉向另一个物体的运动中心，无论如何运动，所经过的面积与时间成正比，且该物体受到趋向另一物体的向心力和另一物体受到加速力的合力的作用。

设 L 代表一个物体，T 代表另一物体，根据定律的推论 6，如果两个物体在平行方向受到一个新力的作用（该力与第二个物体受到的力大小相等，方向相反），那么，第一个物体 L，和从前一样，围绕物体 T 运动，覆盖相等的面积，但施加在物体 T 上的力则被一个大小相等，方向相反的力抵消。根据定律 1，物体 T 不再受力的作用，将静止或做匀速直线运动。而物体 L 受力的差的影响，即受到剩余的力的作用，会继续绕 T 旋转，且覆盖的面积与时间成正比。因此，根据定理 2，这些力的差趋向作为运动中心的物体 T。证毕。

推论 1 如果物体 L 受力向物体 T 移动，运动覆盖的面积与时间成正比，则物体 L 受到的力（无论是简单力还是定律中推论 2 所说的合力），根据推论 2，减去施加在物体 T 上的全部加速力，将得到作用在物体 L 上的剩余力，将物体 L 拉往作为中心的物体 T。

推论 2 如果这些面积与时间的比接近正比，那么，剩余的力也逐渐趋向物体 T。

推论 3 反之亦然，如果剩余的力逐渐趋向物体 T，那么，这些面积与时间的比也趋向正比。

推论 4 如果物体 L 经半径向物体 T 移动，运动覆盖的面积与时间的比是不等的，而且物体 T 的状态是静止或做匀速直线运动，那么指向物体 T 的向心力的作用已消失，或与其他力复合，而其他力发挥了更强的作用，这些合力将指向另一个不动或可移动的中心。而当指向物体 T 的向心力被取代，剩下的力作用于物体 T，促使物体 T 受任意运动影响移动时，也可得到相同的结论，倘若向心力被取为减去作用在另一物体 T 上的力之后的剩余力。

附注

如果物体运动时覆盖的面积是相等的，则意味着有运动中心和向心力存在，向心力将物体从直线运动中拉回，使物体保持在运动轨道上，那么在后续篇章中，我们何不效仿，将物体做向心圆周运动时覆盖了相等的面积作为前提，去证明这些运动是在自由空间中进行的呢？

命题 4 定理 4

沿不同圆周做匀速运动的物体，其向心力指向圆周的中心，并且

分别在相等的时间内和划过的弧长的平方除以圆周半径的值成正比。

根据命题 2 和命题 1 的推论 2，这些力指向圆周的中心，它们的比值等于在极短的，相同时间内画出的弧的矢的比，等于弧的半径的平方除以圆周的半径（根据定律 7）；这些弧的比等于任意相等时间内物体运动划过的弧的比，而直径的比等于半径的比，因此，力和相同时间内运动划过的任意弧长的平方除以圆周半径的值成正比。证毕。

推论 1　由于这些弧长与物体的速度成正比，所以向心力与半径除以速度的平方成正比。

推论 2　由于周期和半径成正比，和速度成反比，所以向心力与周期的平方除以半径成正比。

推论 3　如周期相等，那么速度与半径成正比，向心力也和半径成正比，反之亦然。

推论 4　如果周期和速度都和半径的平方根成正比，那么不同运动的向心力相等，反之亦然。

推论 5　如果周期和半径成正比，则速度相等，向心力和半径成反比，反之亦然。

推论 6　如果周期和半径的 $\dfrac{3}{2}$ 次方成正比，那么速度、向心力分别和半径的平方根成反比，反之亦然。

推论 7　通常，如果周期与半径 R 的任意次方 R^N 成正比，则速度与半径的 R^{N-1} 次方成反比，向心力与半径的 R^{2N-1} 次方成反比，反之亦然。

推论 8　物体经过任意相似图形的相似部分，且图形都处于相似的位置，有各自的中心，则只需运用已证明的前例，任何关乎时间、速度和力的结论都满足以上论证。这种应用并不复杂，只要将经过相等的面积代替相等运动，用物体到中心的距离代替运动半径即可。

推论 9　同理可证：任意时间内，在给定向心力作用下物体做匀速圆周运动时，它所经过的弧长等于圆周直径和相同的物体在相同时间内受到相同的力作用下坠落距离的比例中项。

附注

克里斯多弗·雷恩爵士、胡克博士和哈雷博士等人曾经观测到推论 6 的情形主要发生在天体运动中，所以，在后续内容中我会对向心力在物体到运动中心距离的平方减少时也随之减小的问题进行详细阐述。

并且，根据前一命题和它的推论，我们得到了向心力和任意已知力的比。如果物体受重力的作用，围绕以地心为圆心的圆周旋转，那么重力这时就是物体的向心力。物体下落时，绕完圆周一周的时间，以及指定时间内走过的弧长，都是可知的（根据本命题的推论 9）。惠更斯先生在他的杰作《论摆钟》中，对重力和做旋转运动的物体受到的向心力进行了比较分析。

前一命题可用以下方法证明。设在任意圆周中，有一个有任意条边的多边形和它相切，如果一个物体以给定速度沿多边形的边运动，物体在多个角上会受到圆的影响，在圆的每个切点上的力与速度成正比，即是，在给定时间内，力的总和将和速度与到达切点的次数的乘积成正比；如果多边形是指定的，那么它又与给定时间内经过的长度成正比，并随着同一长度和圆周半径之比增减；它和长度的平方除以半径成正比。并且，如果多边形的边无限减小，与圆周重合，它就和给定时间内运动划过的弧的平方除了半径的值成正比，这是物体施加在圆周上的向心力。反作用力与该力相等，同时导致圆周不断将物体推向圆心。

命题 5　问题 1

在任何场所，物体受到一个指向公共中心的影响，它会以给定速度运动并画出给定的图形，求这个公共中心。

设 PT、TQV 和 VR 三条直线与图形相切于点 P、Q、R，相交于点 T 和 V。

在切线上作垂线 PA、QB 和 RC，让它们和物体在点 P、Q、R 的速度成反比，并通过垂线 PA、QB、RC 向外扩展。那么，PA 与 QB 的比值等于物体在点 Q 的速度和在点 P 的速度之比，同时，QB 与 RC 的比值等于物体

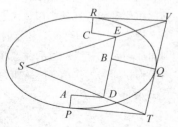

在点 R 的速度和在点 Q 的速度之比。过垂线端点 A、B、C 作直线 AD、DBE 和 EC，让它们垂直于这些垂线，彼此交于点 D 和点 E，再作直线 TD 和 VE，两条线交于点 S，它就是所求的中心。

垂线从中心点 S 落到切线 PT、QT 上，并与物体在点 P 和点 Q 的速度成反比（根据命题 1 的推论 1），所以，它与垂线 AP 和 BQ 成正比，与从点 D 落到切线上的垂线成正比。由此可得，点 S、D 和 T 位于同一直线，同理，还能推出点 S、E 和 V 也在同一条直线上，而中心点 S 是直线 TD 和 VE 的交点。证毕。

命题 6　定理 5

在无阻力空间中，如果有一物体沿任意轨道围绕一个静止的中心点做旋转运动，且在最短的时间内经过任意一条短弧，设该弧的矢等分对应的弦经过力的中心，那么，弧中间的向心力和矢成正比，与时间的平方成反比。

在给定时间内，矢与向心力成正比（根据命题 1 的推论 4），而弧与时间会随一个相同的比值增大，矢也会随那个比值的平方增大（根据引理 11 的推论 2、3），所以，矢与力和时间的平方成正比。如果两边同时除以时间的平方，可得力与矢成正比、与时间的平方成反比。证毕。

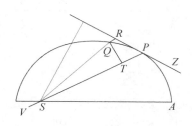

这个定理也能用引理 10 的推论 4 进行证明。

推论 1　如果物体 P 围绕中心点 S 旋转，划出曲线 APQ，并与直线 ZPR 相切于任意点 P，过曲线的另一任意点 Q 作 QR，让它和 SP 平行，并

与切线交于点 R，再作 QT 与 SP 垂直，向心力将和 $\dfrac{SP^2 \times QT^2}{QR}$ 成反比（点 P 和点 Q 重合）。由于 P 是弧的中点，QR 等于弧 QP 两倍的矢，并且三角形 SQP 的两倍或 $SP \times QT$ 与经过两倍的弧长所需时间成正比，因此可用两倍弧长来代表时间。

推论 2　同理，如果 SY 是一条从力中心延伸到边道切线 PR 的垂

线，则向心力和 $\dfrac{SY^2 \times QP^2}{QR}$ 成反比，因为 $SY \times QP$ 与 $SP \times QT$ 相等。

推论 3　如果运动轨道是一个圆，或与一个同心圆相切或相交，这表示，轨道含有最小接触角的圆，并且点 P 的曲率及曲率半径与它相同。同时，设 PV 是由物体过 P 的中心所作的一条弦，那么，向心力和 $SY^2 \times PV$ 成反比，因为 PV 等于 QP^2 与 QR 的比。

推论 4　作相同的假设，那么，向心力与速度的平方成正比，与弦成反比。根据命题 1 的推论 1，速度与垂线 SY 成反比。

推论 5　如果指定任意曲线图 APQ，向心力所指的点 S 也是给定的，那么，可推导出向心力定律，该定律能解释物体 P 不断偏离直线运动，并保持旋转，划出相同图形的原因。通过计算可知，$\dfrac{SY^2 \times QP^2}{QR}$ 或 $SY^2 \times PV$ 与向心力成反比。下面将证明这个问题。

命题 7　问题 2

如有物体沿圆周做旋转运动，求指向任意给定点的向心力定律

设 $VQPA$ 为圆周，点 S 为给定点，即力所指向的给定的中心。物体 P 沿圆周运动，Q 是物体运动将要到达的场所，而 PRZ 是圆在前一场所 P 的切线。通过点 S 作出弦 PV 和圆的直径 VA，连接 AP，作 QT 垂直于 SP，交于点 T，延长 QT，交切线 PR 于点 Z，再通过点 Q，作 LR 和 SP 平行，

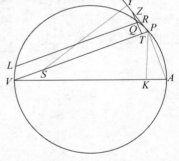

与圆交于点 L，与切线 PZ 交于点 R。因为三角形 ZQR、ZTP 和 VPA 相似，RP^2 与 QT^2 的比等于 AV^2 与 PV^2 的比，由于 $RP^2 = RL \times QR$，所以 $QT^2 = \dfrac{RL \times QR \times PV^2}{AV^2}$。如果两边乘以 $\dfrac{SP^2}{QR}$，当点 P 和点 Q 重合时，RL 等于 PV，则以下等式成立：

$$\frac{SP^2 \times PV^3}{AV^2} = \frac{SP^2 \times QT^2}{QR}$$

因此，根据命题 6 的推论 1 和推论 5，向心力与 $\dfrac{SP^2 \times PV^3}{AV^2}$ 成反比，由于 AV^2 是给定的，因此，向心力与距离（或高度）的平方及弦 PV 立方的乘积成反比。证毕。

其他方法：

在切线 PR 上作出垂线 SY，因为三角形 SYP 和 VPA 相似，所以，AV 与 PV 之比等于 SP 与 SY 之比，所以 $\dfrac{SP \times PV}{AV} = SY$，且 $\dfrac{SP^2 \times PV^3}{AV^2} = SY^2 \times PV$。而由命题 6 的推论 3 和推论 5 已知，向心力与 $\dfrac{SP^2 \times PV^3}{AV^2}$ 成反比，由于 AV 是给定的，所以，向心力与 $SP^2 \times PV^3$ 成反比。证毕。

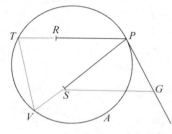

推论 1　如果向心力持续指向给定点 S，设 S 位于圆周上的点 V 处，那么向心力将与高度 SP 的五次方成正比。

推论 2　使物体 P 在圆周 $APTV$ 轨道上围绕中心 S 运动的力，与 P 在相同周期内在相同圆周上围绕任意力中心 R 旋转的力，其比值等于 $RP^2 \times SP$ 与直线 SG 的立方之比，而 SG 是从力的第一个中心 S 作出的，和物体到第二个力中心 R 的距离 PR 平行的线段，并且 SG 交轨道切线 PG 于点 G。在本命题中，因为三角形 PSG 和 TPV 相似，所以前一个力与后一个力的比等于 $RP^2 \times PT^3$ 与 $SP^2 \times PV^3$ 之比，即 $SP \times RP^2$ 与 $\dfrac{SP^3 \times PV^3}{PT^3}$ 的比，或与 SG^3 的比。

推论 3　使物体 P 在任意轨道上围绕力中心 S 进行旋转的力，和使 P 在相同周期内在相同轨道上围绕任意力中心 R 旋转的力，两者的比值等于 $SP \times RP^2$ 与线段 SG 的立方的比。SG 是从力的第一个中心 S 作出的，和物体到第二个力中心 R 的距离 PR 的线段平行，并且 SG 和轨道切线 PG 交于点 G。这是因为在轨道上，任意点 P 的力与它在相同的曲率圆周上的力是相等的。

命题 8　问题 3

如果一个物体在半圆 PQA 上运动，假设点 S 过于遥远，使得所作的指向点 S 的直线 PS、RS 均可看成平行线。求指向点 S 的向心力定律。

从半圆中心点 C 出发，作半径 CA，与平行线垂直相交于点 M 和点 N，连接 CP。由于三角形 CPM、PZT 和 RZQ 相似，所以 $CP^2 : PM^2 = PR^2 : QT^2$。根据圆的特性，$PR^2 = QR \times (RN+QN)$，当点 P 和点 Q 重合时，

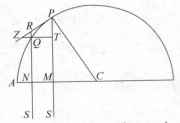

$PR^2 = QR \times 2PM$，所以 $CP^2 : PM^2 = QR \times 2PM : QT^2$，而且 $\dfrac{QT^2}{QR} = \dfrac{2PM^3}{CP^2}$，

$QT^2 \times \dfrac{SP^2}{QR} = 2PM^3 \times \dfrac{SP^2}{CP^2}$。根据命题 6 中的推论 1 和推论 5，向心力与

$2PM^3 \times \dfrac{SP^2}{CP^2}$ 成反比，而假设对给定值 $\dfrac{2SP^2}{CP^2}$ 可忽略不计，向心力与 PM^3 成

反比。证毕。

由前一命题也可推出相同结论。

附注

根据类似原理，当物体做椭圆、双曲线或抛物线运动时，它的向心力和它到一无限遥远的力中心的纵坐标线的立方成反比。

命题 9　问题 4

如果物体围绕一条螺旋线 PQS 做旋转运动，并与所有半径 SP、SQ 等相交，相交的角度已知，求指向该螺旋线中心的向心力规律。

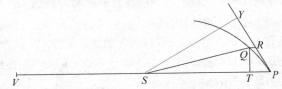

假设不确定的小角 PSQ 已知，由于所有的相交角都已知，那么图

形 $SPRQT$ 也已知。所以，QT 和 QR 的比值也已知，所以，$\dfrac{QT^2}{QR}$ 与 QT 成正比，即和 SP 成正比。但是，如果角 PSQ 改变，根据引理 11，切角 QPR 相对的直线 QR 也会随着 PR 或 QT 的平方而变化。因此比值 $\dfrac{QT^2}{QR}$ 保持不变，仍然与 SP 成正比，从而 $QT^2 \times \dfrac{SP^2}{QR}$ 与 SP^3 成正比，那么向心力与距离 SP 的立方成反比（根据命题 6 的推论 1 和推论 5 可知）。证毕。

其他方法：

作一直线 SY 垂直于切线，和螺旋线同心的圆的弦 PV，与距离 SP 的比是已知数值，所以，SP^3 与 $SY^2 \times PV$ 成正比，而 SP^3 与向心力成反比（根据命题 6 中的推论 3 和推论 5）。

引理 12

以给定椭圆或双曲线的任意共轭直径当作边，作出的平行四边形都相等。

该引理在圆锥曲线内容中已经证明。

命题 10　问题 5

如果物体围绕椭圆做旋转运动，求证指向该椭圆中心的向心力的定律。

设 CA、CB 为椭圆的半轴，GP、DK 是共轭直线，直线 PF 和 QT 垂直于这些直径，Qv 为直径 GP 上的纵标线。现在作一个平行四边形 $QvPR$，按照圆锥曲线的性质，可得 $Pv \times vG$ ：$Qv^2 = PC^2$ ：PF^2，因为三角形 QvT 与 PCF 相似，所以 Qv^2 ：$QT^2 = PC^2$ ：PF^2。替换掉

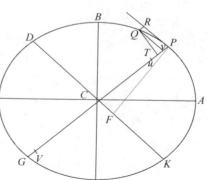

Qv^2 后，可得 vG ：$\dfrac{QT^2}{Pv} = PC^2$ ：$\dfrac{CD^2 \times PF^2}{PC^2}$。而 $QR = Pv$，根据引理 12，$BC \times CA$

$=CD×PF$，同时当点 P 与点 Q 重合时，$2PC=vG$，而且外项的积等于内项之积，所以有 $\dfrac{QT^2×PC^2}{QR}=\dfrac{2BC^2×CA^2}{PC}$。从而向心力与 $\dfrac{2BC^2×CA^2}{PC}$ 成反比（根据命题 6 的推论 5），由于 $2BC^2×CA^2$ 已知，所以它和 $\dfrac{1}{PC}$ 成反比，即它与距离 PC 成正比。证毕。

其他方法：

在直线 PG 上的点 T 的另一边，取一点 u，使得 $Tu=Tv$，再取 uV，使 $uV:vG=DC^2:PC^2$。根据圆锥曲线的性质，$Qv^2=Pv×uV$。在两边加上 $Pu×Pv$，则弧弦 PQ 的平方将与 $PV×Pv$ 相等。所以，与圆锥曲线相切于点 P 的圆经过点 Q，同样也穿过点 V。如果让点 P 和点 Q 重合，那么 $uV:vG=DC^2:PC^2$，或 $uV:vG=PV:PG$，或 $uV:vG=PV:2PG$，或 $uV:vG=PV:2PC$，则可得 $PV=\dfrac{2DC^2}{PC}$。使物体 P 围绕椭圆旋转的力与 $\dfrac{2DC^2}{PC}×PF^2$ 成反比（根据命题 6 的推论 3）。同时，由于 $2DC^2×PF^2$ 是个给定值，所以这个力和 PC 成正比。证毕。

推论 1　向心力与物体到椭圆中心的距离成正比；反之，当力与距离成正比时，物体将沿椭圆中心（与力中心重合）做椭圆运动，或沿由椭圆演变成的圆周做轨道运动。

推论 2　在所有椭圆中，对于围绕它们的共同中心的旋转运动，它们的运动周期都是相等的，原因是在相似椭圆中的运动时间相等（根据命题 4 的推论 3 和推论 8）。然而，在具有公共长轴的椭圆中，运动时间之比与整个椭圆面积之比，与在相等时间内经过的面积成反比。这表明，它与短轴成正比，与在长轴最高点运动的速度成反比。它们的比值是一样的。

附注

如果将椭圆的中心移到无穷远处，椭圆将变为抛物线，那么物体会在这条抛物线上运动，而力会指向一个无穷远的中心，根据伽利略定理，力将成为一个常量。如果圆锥的抛物曲线的倾斜度发生改变，转为双曲线，那么物体将沿双曲线的轨道运动，这时向心力将变为离心力。如果力指向横坐标中图形的中心，并按照任意给定的比值增减图形的纵坐标值，或任意改变横标线与纵标线之间的倾斜角，且周期不变，那么这些力会随着中心距离的比进行增减，同时还会对中心距离的比值进行增减。同样，在所有的图形中，如果纵标线以任意给定的比值进行增减，或它使得横标线的倾斜度有所改变，且周期不变，那么指向中心的力在横标线上的分量会引起纵标线的值出现增加或减少，而纵标线的值和物体与中心的距离成比例。

第 3 章 物体在偏心圆锥曲线上的运动

命题 11 问题 6

如果物体沿椭圆轨道运动，求证指向椭圆的一个焦点的向心力定律。

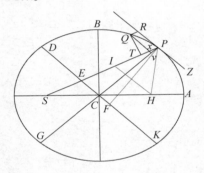

设 S 为椭圆的一个焦点，作线段 SP，和椭的直径 DK 交于点 E，与纵标线 Qv 交于点 x，再作平行四边形 $QxPR$，则 EP 与长半轴 AC 相等，如果在椭圆的另一焦点 H 处作一条直线 HI 与 EC 平行，因为 $CS=CH$，所以 $ES=EI$，而 EP 则是 PS 与 PI 的一半，由于 HI 和 PR 平行，角 IPR 和角 HPZ 相等，所以 EP 也等于 PS 与 PH 的和的一半，而 PS 和 PH 的和与整个轴长 $2AC$ 相等。作 QT 垂直于 SP，再设 L 为椭圆的通径 $\dfrac{2BC^2}{AC}$，则得到下式：

$$(L \times QR) : (L \times Pv) = QR : Pv$$

或等于 PE，或 AC 与 PC 的比，并且 $(L{\times}Pv) : (Gv{\times}Pv) = L : Gv$，$(Gv{\times}Pv) : Qv^2 = PC^2 : CD^2$。根据引理 7 中的推论 2，当点 Q 和点 P 重合时，$Qv^2 = Qx^2$，且 Qx^2（或 Qv^2）$: QT^2 = EP^2 : PF^2 = \dfrac{CA^2}{PF^2} = \dfrac{CD^2}{CB^2}$。如将所有比值相乘、简化，并考虑到 $AC{\times}L = 2CB^2$，可得到：$(L{\times}QR) : QT^2 = (AC{\times}L{\times}PC^2{\times}CD^2) : (PC{\times}Gv{\times}CD^2{\times}CB^2) = 2PC : Gv$。但是，当点 Q 和点 P 重合时，$2PC = Gv$，因此量 $L{\times}QR$ 和 QT^2 相等。如果等式两边同时乘以 $\dfrac{SP^2}{QR}$，那么，$L{\times}SP^2 = \dfrac{SP^2 \times QT^2}{QR}$。所以，根据命题 6 的推论 1 和推论 5，向心力与 $L{\times}SP^2$ 成反比，即和距离 SP 的平方成反比。证毕。

其他方法：

指向椭圆中心的力使物体 *P* 围绕椭圆旋转，与物体到椭圆中心 *C* 的距离 *CP* 成正比（根据命题 10 中的推论）。作线段 *CE*，使它和椭圆切线 *PR* 平行，根据命题 7 中的推论 3，如果 *CE* 和 *PS* 相交于点 *E*，使物体 *P* 围绕椭圆任意点 *S* 运动的力，将同 $\dfrac{PE^3}{SP^2}$ 成正比。从另一个角度来看，如果点 *S* 是椭圆的一个焦点，*PE* 为常数，则力与 SP^2 成反比。证毕。

我们在第五个问题中将多个问题延伸到抛物线和双曲线，但为了解决问题本身，并在下文中将用到这些相关问题，因此对其余几种情形，我将用特殊方法来证明。

命题 12　问题 7

假设物体沿双曲线的一支运动，求证指向该图形焦点的向心力定律。

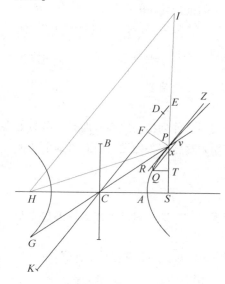

设 *CA*、*CB* 为双曲线的半轴，*PG*、*KD* 为共轭直径，*PF* 和直径 *KD* 垂直，而 *Qv* 是直径 *GP* 上的纵标线。作线段 *SP*，使它和直径 *DK* 相交于点 *E*，交纵标线 *Qv* 于点 *x*，再作平行四边形 *QRPx*。因为从双曲线的另一焦点 *H* 作的直线 *HI* 和 *EC* 平行，于是，*EP* 与横向半轴 *AC* 相等。又因为 *CS* = *CH*，所以 *ES* = *EI*，且 *EP* 是 *PS* 和 *PI* 差的一半，也就是 *PS* 和 *PH* 差的一半（因为 *IH* 和 *PR* 平行，角 *IPR* 与角 *HPZ* 相等），而 *PS*、*PH* 的差与整个轴长 2*AC* 相等。作 *QT* 垂直于 *SP*，设 *L* 是

双曲线的通径 $\left(\text{它的值是}\dfrac{2BC^2}{AC}\right)$，因而有下式：$L \times QR : L \times Pv = QR : Pv =$ $PE : PC = AC : PC$，由于三角形 Pxv 与三角形 PEC 相似，因此 $L \times Pv :$ $Gv \times Pv = L : Gv$；而根据圆锥曲线性质可得出：$Gv \times Pv : Qv^2 = PC^2 : CD^2$，另根据引理 7 中的推论 2，当点 Q 和点 P 重合时，Qv^2 和 Qv^2 的比等于 1，那么 Qx^2（或 Qv^2）：$QT^2 = EP^2 : PF^2 = CA^2 : PF^2$，也等于 $CD^2 : CB^2$（根据引理 12）。于是 $(L \times QR)$：$QT^2 =$ $(AC \times L \times PC^2 \times CD^2$ 或 $2CB^2 \times PC^2 \times CD^2) : (PC \times Gv \times CD^2 \times CB^2) = 2PC : Gv$。但当点 P 和点 Q 重合时，$2PC = Gv$，因此 $L \times QR = QT^2$。如果将等式两边同时乘以 $\dfrac{SP^2}{QR}$，则 $L \times SP^2 = \dfrac{SP^2 \times QT^2}{QR}$。因此，根据命题 6 中的推论 1 和推论 5，向心力与 $L \times SP^2$ 成反比，即它与距离 SP 的平方成反比。证毕。

其他方法：

指向椭圆中心的力使物体 P 围绕椭圆旋转，与物体到椭圆中心 C 的距离 CP 成正比（根据命题 10 中的推论）。作线段 CE，使它和椭圆切线 PR 平行，根据命题 7 中的推论 3，如果 CE 和 PS 相交于点 E，使物体 P 围绕椭圆任意点 S 运动的力，将同 $\dfrac{PE^3}{SP^2}$ 成正比，从另一个角度来看，如果点 S 是椭圆的一个焦点，PE 为常数，则力与 SP^2 成反比。证毕。

我们在第五个问题中将多个问题延伸到抛物线和双曲线，但为了解决问题本身，并且在下文中将用到这些相关问题，因此对其余几种情形，我将用特殊方法来证明。

引理 13

从任意顶点作一条抛物线通径，它的距离是从顶点到图形焦点距离的四倍。

牛顿在圆锥曲线的相关内容中，已对上述引理进行了证明。

引理 14

经过抛物线焦点，并且垂直于它切线的线段，是切点到焦点距离和图形顶点到焦点距离的比例中项。

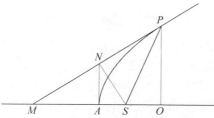

假设 *AP* 为抛物线，*S* 是
它的焦点，*A* 是顶点，*P* 是
切点，*PO* 是抛物线直径上
的纵标线，切线 *PM* 交主直
径于点 *M*，*SN* 为经过焦点并
且和切线垂直的线段。现在
连接 *AN*，由于 $MS = SP$，$MN = NP$，$MA = AO$，所以 *AN* 与 *OP* 平行，三
角形 *SAN* 的直角点为 *A*，并且和相等的两个三角形 *SNM* 和 *SNP* 相似，
最后可得：$\dfrac{PS}{SN} = \dfrac{SN}{SA}$。证毕。

推论 1　$\dfrac{PS^2}{SN^2} = \dfrac{PS}{SA}$。

推论 2　因为 *SA* 的值已知，所以，SN^2 与 *PS* 成正比。

推论 3　设 *PM* 为任意切线，*SN* 过焦点并且和切线垂直，*PM* 和
SN 的交点在抛物线顶点的切线 *AN* 上。

命题 13　问题 8

如果物体沿抛物线运动，求证指向图形焦点的向心力定律。

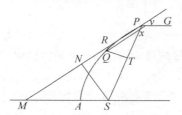

保留上一个引理作的图，设 *P* 是
沿抛物线运动的物体，点 *Q* 是物体即
将到达的场所，现作 *QR* 和 *SP* 平行，
QT 和 *SP* 垂直，*Qv* 和切线平行并与
直径 *PG* 相交于点 *v*，和 *SP* 相交于点
x。因为三角形 *Pxv* 和 *SPM* 相似，其
中一个三角形的两条边 *SP* 和 *SM* 相等，所以，另一个三角形的两条边
Px（或 *QR*）与 *Pv* 相等。然而因为图形是圆锥曲线，根据引理 13，纵
标线 *Qv* 的平方等于由通径和 *Pv*（直径上截取的一段）构成的矩形面
积，等于 4*PS*×*Pv*（或 4*PS*×*QR*）。根据引理 7 中的推论 2，当点 *P* 和点
Q 重合时，$Qv = Qx$，因此 Qx^2 等于 4*PS*×*QR*。而又因三角形 *QxT* 和 *SPN*
相似，由引理 14 的推论 1 可得：$Qx^2 : QT^2 = PS^2 : SN^2$，同时也等于 *PS*
：*SA*，或（4*PS*×*QR*）：（4*SA*×*QR*）。根据欧几里得《几何原本》中卷五

的命题 9，$QT^2 = 4SA \times QR$。当等式两边乘以 $\dfrac{SP^2}{QA}$，可得 $\dfrac{SP^2 \times QT^2}{QR} = SP^2 \times$

$4SA$。根据命题 6 中的推论 1 和推论 5，向心力与 $SP^2 \times 4SA$ 成反比，因为 $4SA$ 的值已知，所以向心力与距离 SP 的平方成反比。证毕。

推论 1　从上述三个命题可得如下结论，如有任意物体 P 沿直线 PR 离开所在的场所 P，它受到了向心力的作用，向心力和从运动中心到场所距离的平方成反比。如果物体沿圆锥曲线上的某一段运动，那么它的焦点在力的中心位置，反之亦然。由于焦点、切点和切线的位置已知，所以圆锥曲线在切点的曲率也就相对确定，曲率是由向心力和已知的物体速度两者确定的，但是，相同的向心力和相同的速度却画不出两条相切的轨道。

推论 2　如果物体在场所 P 的运动速度使它在任意无限小的时间内沿着线段 PR 运动，同时向心力在相同时间内让这个物体在空间 QR 里运动，那么当物体沿圆锥曲线中的某一段运动时，圆锥曲线的主通径等于当 PR、QR 缩减到无穷小时，QT^2 除以 QR 的最终结果。在这些推论中，我将圆周归到了椭圆一类，并且排除了物体沿直线落到中心的那种可能。

命题 14　定理 6

如果多个不同物体围绕着共同的中心运动，向心力和它们到中心距离的平方成反比；它们轨道的主通径则与物体在相同时间的运动半径画出的面积的平方成正比。

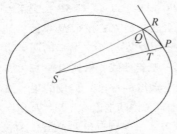

根据命题 13 中的推论 2，当点 P 和点 Q 重合时，最终主通径 L 与量 $\dfrac{QT^2}{QR}$ 相等，然而线段 QR 在给定时间内与向心力成正比，由假设可得 QR 与 SP^2 成反比，所以 $\dfrac{QT^2}{QR}$ 与 $QT^2 \times SP^2$ 成正比，即主通径 L 与面积 $QT \times SP$ 的平方成正比。

命题 15　定理 7

如果条件相等，椭圆运动周期与它们长轴的 $\frac{3}{2}$ 次方成正比。

由于短轴是长轴和通径的比例中项，所以，由两轴的乘积等于通径的平方根和长轴的 $\frac{3}{2}$ 次方的乘积。而根据命题 14 的推论，两轴的乘积与通径平方根和周期的乘积成正比，当等式两边分别除以通径的平方根后，可得长轴的 $\frac{3}{2}$ 次方和周期成正比。证毕。

推论　椭圆的运动周期和直径与椭圆长轴相等的圆的运动周期相同。

命题 16　定理 8

如果条件相等，设有通过物体的直线与轨道相切，过公共焦点作线段垂直于切线，那么物体的速度将和垂直切线的线段成反比，与主通径的平方根成正比。

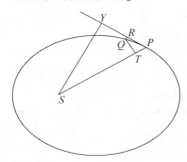

过焦点 S 作 SY 垂直于切线 PR，从而物体 P 的速度与量 $\frac{SY^2}{L}$ 的平方根成反比。因为速度和给定的时间片刻里画出的无限小弧长 PQ 成正比，根据引理 7，物体 P 的速度也和切线 PR 成正比，并且 $\frac{PR}{QT} = \frac{SP}{SY}$，所以速度也和 $\frac{SP \times QT}{SY}$ 成正比，或与 SY 成反比，并且和 $SP \times QT$ 成正比。根据命题 14，$SP \times QT$ 是给定时间内画出的图形面积，所以，速度也和通径的平方根成正比。证毕。

推论 1　主通径与垂直线段的平方和速度的平方的乘积成正比。

推论 2　物体到公共焦点最远和最近的距离的速度与距离成反比，与主通径的平方根成正比，这是因为此时的垂直线段就是距离。

推论 3　距离圆锥曲线焦点最远或最近时的运动速度，同离中心相同距离的圆周的速度之比，与主通径的平方根和该距离 2 倍的平方根的比相等。

推论 4　在物体到公共焦点的平均距离上，物体绕椭圆的运动速度和它以相同距离绕圆心旋转的速度相等，根据命题 4 的推论 6，它与距离的平方根成反比。这是因为现在垂直线段既是短半轴，又是距离与主通径的比例中项。用各个半轴的倒数乘上主通径比值的平方根，可求得距离倒数的平方根。

推论 5　如果主通径相等，则无论是在同一图形，还是不在同一图形，物体的速度和切线上过焦点的垂直线段成反比。

推论 6　在抛物线上，运动速度和物体到图形焦点所经过距离的平方根成反比，而这个比值在椭圆中的更大，在双曲线上的更小。根据引理 14 的推论 2，过焦点并垂直于抛物线切线的垂直线段与距离的平方根成正比，因此垂直线段在双曲线图形中会以更小的比值变化，而在椭圆图形中以更大的比值变化。

推论 7　在抛物线上，距焦点任意远的物体的速度，与物体以相同距离为半径做圆周运动的速度之比，同 $\sqrt{2}:1$ 相等。物体在椭圆形中运动时，这一比值会减小，在双曲线中运动时会增加。根据本命题的推论 2，该速度不但在抛物线顶点满足这一比值，而且在所有距离中比值都相等。所以，在抛物线中，物体在每处的速度都和它以一半距离为半径的圆周运动的速度相等，该速度在椭圆中较小，在双曲线中较大。

推论 8　根据推论 5，物体沿任意圆锥曲线运动的速度，同它以曲线通径一半为半径的圆周上做圆周运动的速度之比，与该距离和过焦点向曲线的切线作的垂直线段的比相等。

推论 9　根据命题 4 的推论 6，物体在圆周的运动速度和另一物体在其他任意圆周上的运动速度之比，与它们距离之比的平方根成反比。同理，物体沿圆锥曲线的运动速度与物体以同等距离沿圆周运动的速度之比，是公共距离和曲线一半通径的比例中项，和过焦点向曲线切线作的垂直线段的比值。

命题 17　问题 9

假设向心力与物体到中心距离的平方成反比，力的绝对值已知，

现物体运动速度已知，求出物体以该速度从指定处沿指定直线方向离开时所经过的路线。

设在指向点 S 的向心力作用下，物体 p 绕任意轨道 pq 运动，假设让物体 p 以指定速度从场所 P 沿直线 PR 运动，那么，物体将受到向心力作用，立即偏离直线，进入圆锥曲线 PQ 的轨道，直线 PR 与曲线相切于点 P。

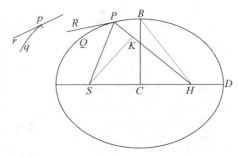

同样，假设直线 pr 与轨道 pq 相切于点 p，并使经过点 S 的垂线落在这一切线上，则根据命题 16 的推论 1，圆锥曲线的主通径与另一轨道的主通径之比，就是它们垂直线段的平方比值和速度的平方比值的乘积，而这就是指定值。现设主通径为 L，圆锥曲线的焦点 S 已知，设角 RPH 为角 RPS 的补角，那么也能确定另外一个焦点所在的直线 PH 的位置。作直线 SK 垂直于 PH，然后作共轭半轴 BC，由于 $SP^2 - 2PH \times PK + PH^2 = SH^2 = 4CH^2 = 4BH^2 - 4BC^2 = (SP+PH)^2 - L \times (SP+PH) = SP^2 + 2PS \times PH + PH^2 - L \times (SP+PH)$，如果等式两边加上 $2PH \times PK - SP^2 - PH^2 + L \times (SP+PH)$，则可得：$L \times (SP+PH) = 2PS \times PH + 2PK \times PH$，或者 $\dfrac{SP+PH}{PH} = \dfrac{2(SP \times KP)}{L}$。

因此现在已知 PH 的长度和位置。当物体在点 P 的速度使通径 L 小于 $2SP+2KP$ 时，PH 将与直线 SP 位于切线 PR 的同一边，这时的图形将是椭圆。如果椭圆的焦点 S、H 已知，那么轴 $SP+PH$ 也同样已知。但如果物体有较大的速度，使通径 L 等于 $2SP+2KP$，则长度 PH 会变成无限大，由此可知图形将成为抛物线，它的轴 SH 和直线 PK 平行。如果物体以更快的速度从 P 开始运动，直线 PH 在切线的另一边，而切线穿过两个焦点中间，因此也可知图形将成为双曲线，它的主轴将和直线 SP 和 PH 的差值相等。因为在这些情形中，如果物体运动所绕的圆锥曲线是确定的，那么根据命题 11、命题 12 和命题 13，向心力与物体到力中心距离的平方成反比，所以能确定，物体在力的作用下，用已知速度从指定场所 P 沿指定的直线 PR 离开时，所经过的路线是曲线 PQ。证毕。

推论 1　在圆锥曲线中，从顶点 D、通径 L 和给定的焦点 S 处，可通过假设 DH 与 DS 的比等于通径比通径与 $4DS$ 之差，来确定另一个焦点 H。这是因为，在本推论中，$\dfrac{SP+PH}{PH} = \dfrac{2(SP \times KP)}{L}$ 将变成 $\dfrac{DS+DH}{DH} = \dfrac{4DS}{L}$，并且 $\dfrac{DS}{DH} = \dfrac{4DS-L}{L}$。

推论 2　如果物体在顶点 D 的速度已知，那么轨道能确定。根据命题 16 的推论 3，假设通径与两倍距离 DS 的比等于该指定速度和物体以半径 DS 做圆周运动的速度之比的平方，就能够得到 DH 与 DS 的比，等于通径比通径与 $4DS$ 的差。

推论 3　同理，当物体沿任意圆锥曲线运动，由于任意推动力的作用，导致它离开运动轨道，那么圆锥曲线运动所在的新轨道也能确定。这是因为，将物体在圆锥曲线上的运动，与通过推动力作用而产生的运动合在一起，可得到物体离开指定处，沿指定直线在推动力作用下进行的运动。

推论 4　如果物体一直受到外力作用，那么可得出物体在某些点上由于受力而使运动有所变化，同理可推导出它在序列前进中产生的影响，估计出物体在各处会持续产生的变化，用这种方法能推导出物体运动的近似路线。

附注

如果物体 P 在指向任意点 R 的向心力作用下，沿中心为 C 的任意圆锥曲线运动，那么这种运动符合向心力定律。作直线 CG，让它和半径 RP 平行，并在点 G 与轨道切线 PG 相交。那么，根据命题 10 的推论 1 和附注，以及命题 7 的推论 3，可求出物体受到的力为 $\dfrac{CG^3}{RP^2}$。

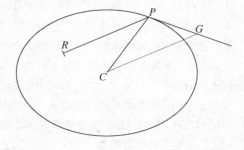

第4章 通过已知焦点求椭圆、抛物线和双曲线的轨道

引理 15

如果由椭圆或双曲线的两个焦点 S、H，分别作直线 SV 和 HV 与任意第三点 V 相交，其中，HV 是图形主轴，也是焦点所在的轴。另一条直线 SV 被它的垂线 TR 等分为两部分，交点是 T，那么，垂线 TR 将与圆锥曲线相切。反之亦然，如果相切，那么 HV 是图形主轴。

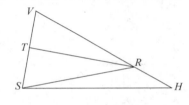

将垂线 TR 与直线 HV 相交于点 R，连接 SR。因为 TS＝TV，所以直线 SR＝VR，角 TRS＝角 TRV，因此点 R 在圆锥曲线上，而且垂线 TR 也将和该圆锥曲线相切。反之亦然。证毕。

命题 18 问题 10

现焦点和主轴已知，作出椭圆或双曲线轨道，使轨道经过给定点，并和给定的直线相切。

以点 S 为图形的公共焦点，AB 为任意轨道的主轴长度，P 为轨道应该经过的点，TR 是轨道应该和它相切的直线。围绕中心 P，如果轨道是椭圆，以 AB－SP 为半径，或如果轨道是双曲线，以 AB

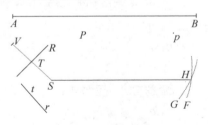

＋SP 为半径，画出圆周 HG。在切线 TR 上作垂线 ST 并延长到点 V，使得 TV＝ST，然后作出以 V 为中心、AB 为半径的圆周 FH。按相同方法，无论指定的是两个点 P 和 p，还是两条切线 TR 和 tr，或是一个点 P 和一条切线 TR，均能作出两个圆周。设 H 为它们的共同交点，由焦点 S、

H 和给定的轴可作出曲线轨道，则问题得解。由于椭圆的 $PH+SP$ 或双曲线中的 $PH-SP$ 都和主轴相等，所以，该轨道经过点 P，并且与直线 TR 相切。同理，曲线轨道或经过两个点 P 和 p，或与两条直线 TR 和 tr 相切。证毕。

命题 19　问题 11

根据一给定焦点作抛物线轨道，并使该轨道经过指定点，同时要求与指定直线相切。

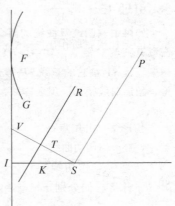

设 S 为焦点，P 为已知点，TR 是所求轨道的切线。以 P 为中心，PS 为半径，作出圆周 FG。过焦点作切线的垂线段 ST，延伸到点 V，使 $TV=ST$。如果已知另一点 p，则对于该点，按这个方法能得到另一圆周 fg；如另一切线 tr 已知，则对另一切线 tr，按上述方法得到另外一点 v。如已经知道点 P 和切线 TR，那么作直线 IF，经过点 V，和圆周 FG 相切；如已知两点 P 和 p，作直线 IF，和圆周 FG 和 fg 分别相切；如已知两条切线 tr 和 TR，作直线 IF，经过点 V 和点 v。

作 FI 的垂线段 SI，设 K 为 SI 的中点，如果以 SK 为轴，K 为顶点，作出抛物线，则问题得解。因为 $SK=IK$，$SP=FP$，而抛物线经过点 P，根据引理 14 中的推论 3，有 $ST=TV$，STR 是直角，因此，会和直线 TR 相切。证毕。

命题 20　问题 12

根据一个焦点和轨道类型，作出轨道并使轨道经过给定的点，并和已知直线相切。

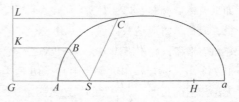

情形 1　由焦点 S 求出经过点 B 和点 C 的曲线轨道 ABC。

由于轨道类型已经指定，所以主轴和焦点距离之比也已确定，使 $\dfrac{KB}{BS} = \dfrac{LC}{CS}$ 等于这一比值。再以点 B 和点 C 为圆心、BK 和 CL 为半径作两个圆形，并使直线 KL 与圆相切于点 K 和点 L，再作直线 KL 的垂线 SG，在 SG 上确定点 A 和 a，使 $\dfrac{GA}{AS} = \dfrac{Ca}{aS} = \dfrac{KB}{BS}$。因此，以 Aa 为轴、点 A 和点 a 为顶点作出曲线轨道，则问题得到解决。如果点 H 是图形的另一焦点，并且有 $\dfrac{GA}{AS} = \dfrac{Ca}{aS}$，则 $\dfrac{Ga-GA}{AS-aS} = \dfrac{Aa}{SH} = \dfrac{GA}{AS}$，因此，图形主轴与焦点间距离的比是固定比值，所作出的图形与之前要求的图形类型一样。由于 $\dfrac{KB}{BS} = \dfrac{LC}{CS}$ 是给定的比值，因此，从圆锥曲线的性质可知，图形会经过点 B 和点 C。

情形 2　由焦点 S 求出与直线 TR 和 tr 相切的曲线轨道。

经过焦点作切线的垂线 ST 和 St，并将它们分别延伸到点 V 和点 v，使 $TV = TS$，$tv = tS$。点 O 是 Vv 的中点，作 OH 垂直于 Vv，再与直线 VS 相交，且 VS 在不断延伸。在直线 VS 上取两点 K 和 k，并使 $\dfrac{VK}{KS}$ 和 $\dfrac{Vk}{kS}$ 等于要求解的轨道主轴和焦点间距的比。以 Kk 为直径作出圆形，和 OH 交于点 H；再以点 S、H 为焦点，VH 为主轴，可作出曲线轨道，从而问题得到解答。由于点 X 是 Kk 的中点，连接 HX、HS、HV 和 Hv，因为 $\dfrac{VK}{KS} = \dfrac{Vk}{kS}$，所以其比值等于合比 $\dfrac{VK+Vk}{KS+kS}$，也等于分比 $\dfrac{VK-Vk}{KS-kS}$，从而得到 $\dfrac{2VX}{2KX} = \dfrac{2KX}{2SX}$，得到 $\dfrac{VX}{HX} = \dfrac{HX}{SX}$，所以三角形 VXH 和 HXS 相似，因此 $\dfrac{VH}{SH} = \dfrac{VX}{HX} = \dfrac{VK}{KS}$，所作曲线主轴 VH 和焦距 SH 的比值，与所求的曲线主轴与自身焦距的比值相等，且 VS 和

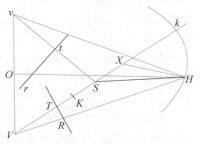

vS 分别被直线 TR 和 tr 平分，所以根据引理 15，这些直线与作出的曲线相切。证毕。

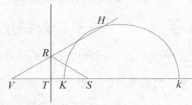

情形 3　由焦点 S 求出与直线 TR 在指定点 R 相切的曲线轨道。作直线 TR 上的垂直线段 ST，延伸到点 V，使 $TV = ST$。连接 VR，并和直线 VS 相交，并且直线 VS 在不断延伸，在直线 VS 上分别取两点 K 和 k，使得 $\dfrac{VK}{KS}$ 和 $\dfrac{Vk}{kS}$ 等于主轴与焦点间距离的比。以 Kk 为直径作圆形，与直线 VR 相交于点 H，然后，以点 S 和点 H 为焦点，VH 为主轴，作出曲线轨道，问题得解。根据情形 2 中的证明，因为 $\dfrac{VH}{SH} = \dfrac{VK}{KS}$，即等于所求曲线主轴与其焦点间的距离之比。因此，所作的图形与之前要求的图形类型完全相同。根据圆锥曲线的性质可知，等分角 VRS 的直线 TR 必定在点 R 与曲线相切。证毕。

情形 4　由焦点 S 求曲线轨道 APB，使之与直线 TR 相切，经过切线外任意一个指定点 P，并和以 ab 为主轴、s 和 h 为焦点的图形 apb 相似。

作切线 TR 的垂直线段 ST，然后延伸到点 V，使得 $TV = ST$，作角 hsq 和角 shq，使两个角分别和角 VSP 和角 SVP 相等。再以 q 为圆心，以 $\dfrac{SP}{VS} \times ab$ 的值为半径作圆形，交图形 apb 于点 p，连接 sp，作出 SH，使得 $\dfrac{SH}{sh} = \dfrac{SP}{sp}$，再作角 PSH 与角 psh 相等、角 VSH 与角 psq 相等。再以 S、H 为焦点，与距离 VH 相等的 AB 为主轴作出圆锥曲线，则问题得解。

如果作 sv，并使得 $\dfrac{sv}{sp} = \dfrac{sh}{sq}$、角 vsp 等于角 hsq、角 vsh 等于角 psq，那么三角形 svh 与 spq 相似，从而有 $\dfrac{vh}{sh} = \dfrac{sh}{sq}$。由于三角形 VSP 和三角形 hsq 相似，所以 $vh = ab$。由于三角形 VSH 和 vsh 相似，所以 $\dfrac{VH}{SH} = \dfrac{vh}{sh}$，因

此，所作圆锥曲线的主轴与焦点间的距离之比等于主轴 ab 与焦点间距离 sh 的比，所作图形与图形 apb 相似。另外，由于三角形 PSH 和 psh 相似，因此图形将经过点 P。因为 VH 和主轴相等，且直线 TR 垂直于 VS，且平分后者，因此，所作图形与直线 TR 相切。证毕。

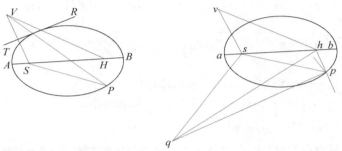

引理 16

由三个已知点向第四个点作三条直线，使它们的差或为给定值，或者为零。

情形 1　A、B、C 是三个已知点，Z 是按要求所作的第四个点，由于直线 AZ 和 BZ 的差是给定值，所以，点 Z 的轨迹是一双曲线，A 和 B 是双曲线的焦点，且主轴为指定差。如果主轴为 MN，作点 P，使得 $\dfrac{PM}{MA} = \dfrac{MN}{AB}$，作 PR 垂直于 AB、ZR 垂直于 PR，根据双曲线的性质，有 $\dfrac{ZR}{AZ}$ $= \dfrac{MN}{AB}$。同理，点 Z 位于另一条双曲线上，该双曲线的焦点为 A、C，主轴是 AZ 与 CZ 的差。作 QS 垂直于 AC，如果用这条双曲线上的任意一点 Z 作直线 QS 的垂直线段 ZS，则有 $\dfrac{ZS}{AZ} = \dfrac{AZ-CZ}{AC}$。因此，可得到 ZR 和 ZS 与 AZ 的比值，并且能确定 ZR 和 ZS 的比值。如果作直线 RP 和 SQ 相交于点 T，只要作出 TZ 和 TA，则可知图形 TRZS

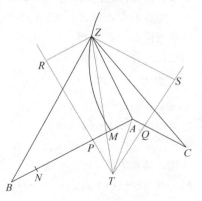

的类型，并能确定 Z 所在的直线 TZ 的位置。由于直线 TA 和角 ATZ 是指定的值，并且已经求得 AZ 和 TZ 与 ZS 的比值，那么，它们相互间的比就能确定，因此，角 ATZ 也可确定，其中一个顶点为 Z。证毕。

情形 2　如果三条直线中任意两条（例如 AZ 和 BZ）是相等的，作直线 TZ，使它平分直线 AB，按以上方法就能求解出三角形 ATZ。证毕。

情形 3　如果三条直线都相等，则点 Z 位于经过点 A、B、C 的圆的中心。证毕。

另外，在维也特（Vieta）所修订的阿波罗尼奥斯（Apollonius）的《切触》（*Book of Tactions*）一书中，对该引理也作了证明。

命题 21　问题 13

通过一个指定焦点，作出过指定点并与指定直线相切的曲线轨道。

设焦点 S、点 P 和切线 TR 是指定值，求出另一焦点 H。在切线上作垂线段 ST，延伸到点 Y，使 $TY = ST$，那么，YH 和主轴相等。连接 SP、HP，并且 SP 为 HP 和主轴的差。同样，如果更多的

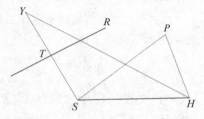

切线 TR 均已给定，或者已知更多的点 P，那么，从点 Y 或点 P 到焦点的直线 YH 或 PH 能确定，直线或与主轴相等，或为主轴和指定长度 SP 的差，因此，它们或者是相等的，或者是有给定的差。根据前一引理，另一焦点 H 便能确定。如果已知焦点和主轴长度，它们或等于 YH，或轨道为椭圆时等于 $PH+SP$，如果轨道是双曲线，则等于 $PH-SP$，曲线轨道由此可定。证毕。

附注

当我指出的曲线轨道是双曲线时，并不包括双曲线的另一支，因为，当物体以连续运动前进时，必定不会脱离双曲线的一支而进入双

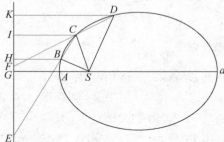

曲线的另一支运动。

　　如果三个点都已指定，那么解答方法就更加简洁。以 B、C、D 为指定点，连接 BC 和 CD，并将它们延伸到点 E 和点 F，使得 $\dfrac{EB}{EC}=\dfrac{SB}{SC}$，$\dfrac{FC}{FD}=\dfrac{SC}{SD}$。在直线 EF 上作垂直线段 SG、BH，并将 GS 无限延长，然后在上面挑选两个点 A 和 a，满足 $\dfrac{GA}{AS}=\dfrac{Ga}{aS}=\dfrac{HB}{BS}$，那么这时 A 成为轨道顶点，而 Aa 成为曲线主轴。通过 GA 比 AS 大、相等和比后者小三种情形，曲线可能为椭圆、抛物线和双曲线。在椭圆情形下，点 a 和点 A 都位于直线 GF 的同一侧；在抛物线情形下，点 a 位于无限远处；在双曲线情形下，点 a 位于 GF 的另一侧。如果作 GF 上的垂直线段 CI 和 DK，则 $\dfrac{IC}{HB}=\dfrac{EC}{EB}=\dfrac{SC}{SB}$。经过整理排列，得到：$\dfrac{IC}{SC}=\dfrac{HB}{SB}$，或者等于 $\dfrac{GA}{AS}$；类似可证 $\dfrac{KD}{SD}$ 也等于该比值。因此，点 B、C、D 均位于由焦点 S 作出的圆锥曲线上，并且由焦点作出的到曲线上各点的所有线段，与经过该点并且垂直于 GF 的线段的比值都是指定值。

　　知名几何学家德拉希尔（M. de la Hire）在他的著作《圆锥曲线》（Conics）卷八命题 25 中，也用了类似的方法对这个问题进行了证明。

第5章　由未知焦点示曲线轨道

引理17

如果在已知圆锥曲线上的任意一点 *P*，用给定角度作任意四边形 *ABDC*（该四边形内接于圆锥曲线）。向直线 *AB*、*CD*、*AC* 和 *DB* 分别作直线 *PQ*、*PR*、*PS* 和 *PT*，可得和对边 *AB* 和 *CD* 相交的 *PQ*×*PR*，与另外两条对边 *AC* 和 *BD* 相交的 *PS*×*PT* 的比值是给定值。

情形 **1**　首先，假设到两条对边的直线平行于另外两条边的其中一条，比如 *RQ* 和 *PR* 与 *AC* 平行，*PS* 和 *PT* 与 *AB* 平行，设两条对边（比如 *AC* 与 *BD*）也平行，如果圆锥曲线的一条直径平分这些平行边的线段，那么它也会将 *RQ* 等平分。设点 *O* 是 *RQ* 的中点，那么 *PO* 就是直径上的

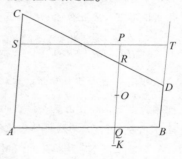

纵标线。现将 *PO* 延长到点 *K*，使得 *OK*=*PO*，*OK* 是直径另一侧上的纵标线。由于点 *A*、*B*、*P* 和 *K* 都在圆锥曲线上，所以 *PK* 以指定角度和 *AB* 相交。根据《圆锥曲线》卷三中的相关命题，*PQ*×*QK* 与 *AQ*×*QB* 的比是指定值。但是，*QK*=*PR*，因为它们是直线 *OK* 与 *OQ* 的差和直线 *OP* 与 *OR* 的差，且 *OK* 与 *OP* 相等。所以，*PQ*×*QK* 等于 *PQ*×*PR*，由此可得 *PQ*×*PR* 与 *AQ*×*QB* 的比值，即和 *PS*×*PT* 的比，也是指定值。证毕。

情形 **2**　假设四边形的对边 *AC* 和 *BD* 不平行。作 *Bd* 和 *AC* 平行，和直线 *ST* 相交于点 *t*，与圆锥曲线相交于点 *d*。现连接 *Cd*，和直线 *PQ* 相交于点 *r*，再作 *DM* 平行于 *PQ*，与 *Cd* 相交于点 *M*，与 *AB* 相交于点 *N*。由于三角形 *BTt* 和三角形 *DBN* 相似，所以 $\dfrac{Bt}{Tt}\left(\text{或}\dfrac{PQ}{Tt}\right)=\dfrac{DN}{NB}$，又有

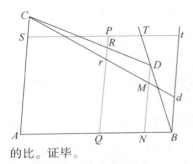

$\dfrac{Rr}{AQ}\left(\text{或}\dfrac{Rt}{PS}\right)=\dfrac{DM}{AN}$。将两式左边与左边相乘，右边与右边相乘，可知 $PQ\times Rr$ 与 $PS\times Tt$ 的比值，等于 $DN\times DM$ 与 $NA\times NB$ 的比，由情形 1 可知，它也等于 $PQ\times Pr$ 与 $PS\times Pt$ 的比，根据分比性质，也等于 $PQ\times PR$ 与 $PS\times PT$ 的比。证毕。

情形 3　假设四条直线 PQ、PR、PS、PT 与边 AC、AB 不平行，而是任意相交。作 Pq、Pr 与 AC 平行，Ps、Pt 与 AB 平行，由于三角形 PQq、PRr、PSs 和 PTt 的角已给定，则 PQ 与 Pq，PR 与 Pr，PS 与 Ps，PT 与 Pt 的比值也是给定的，所以，复合比 $PQ\times PR$ 比 $Pq\times Pr$ 以

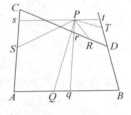

及 $PS\times PT$ 比 $Ps\times Pt$ 的比值是给定的，但是，根据前面的证明，$Pq\times Pr$ 与 $Ps\times Pt$ 的比值为已知，所以 $PQ\times PR$ 与 $PS\times PT$ 的比值也为已知。

引理 18

在条件相同的情况下，如果在四边形两对边上作出的任意直线 PQ 与 PR 的乘积，与在四边形另外两条边上作出的任意直线 PS 与 PT 乘积的比值是固定的，那么各条直线都经过的点 P 位于四边形所在的圆锥曲线上。

假设所作圆锥曲线经过点 A、B、C 和 D，设 P 为任意个点的集合，圆锥曲线经过其中一点，例如点 p，从而点 P 总是在曲线上。如果否定这一论述，可连接 A、P 两点，设圆锥曲线在点 P 外的任意一处与 AP 相交，设相交于点 b。那么，以点

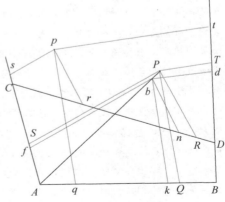

p 和点 b，以给定角度作四边形的边 pq、pr、ps、pt 和 bk、bn、bf、bd，而根据引理 17，可得出：$bk×bn$ 与 $bf×bd$ 之比，等于 $pq×pr$ 与 $ps×pt$ 之比，根据假设的条件，这一比值也等于 $PQ×PR$ 与 $PS×PT$ 的比。因为四边形 $bkAf$ 与 $PQAS$ 相似，所以 $\dfrac{bk}{bf}=\dfrac{PQ}{PT}$。若将等式中每个对应项均除以前面一项，则可得 $\dfrac{bn}{bd}=\dfrac{PR}{PT}$，从而等角四边形 $Dnbd$ 和 $DRPT$ 相似，所以它们的对角线 Db 和 DP 重合。于是点 b 会落在直线 AP 和 DP 的交点上，最后与点 P 重合。因此，无论在哪个位置取点 P，最终都会落在圆锥曲线上。证毕。

推论 如果从公共点 P 向三条指定直线 AB、CD、AC 作三条直线 PQ、PR 和 PS，让六条直线分别对应，同时各自以指定角度相交，且两条直线 PQ 和 PR 的乘积与第三条边 PS 的平方之比是指定值，所以，引出直线的点 P 位于圆锥曲线上，而该曲线与直线 AB、CD 相切于点 A 和点 C，反之亦然。因为，将直线 BD 向 AC 靠近并与之重合，这三条直线 AB、CD 和 AC 的位置不会改变；现将直线 PT 与直线 PS 重合，那么 $PS×PT$ 将转换为 PS^2；另外，直线 AB、CD 与曲线相交于 A、B、C 和 D，现在这些点全部重合，所以曲线与它不再是相交，而是相切。

附注

在这条引理中，圆锥曲线这个名称是一个广义概念，它涵盖了过圆锥顶点的直线截线和与圆锥曲线底面平行的圆周截线。如果点 p 落在连接 A 和 D 或 C 和 B 点的直线上，那么圆锥曲线将变成两条直线，其中一条就是点 p 所在的直线，另一条则经过四个点中的另外两个点。如果四边形两个对角的和等于 180°，则直线 PQ、PR、PS 和 PT 将垂直于四边形的四条边，或与它们相交于相等的角度，且直线 PQ 和 PR 的乘积等于直线 PS 和 PT 的乘积，圆锥曲线此时将变为圆周。还有一种可能：如果用任意角度来作这四条直线，且直线 PQ 和 PR 的乘积与直线 PS 和 PT 的乘积之比，等于 PS 和 PT 与对应相邻边所形成的夹角 S、T 的正弦的乘积，与 PQ 和 PR 与对应相邻边所形成的夹角 Q、R 的正弦的乘积之比，那么圆锥曲线也将变成圆周。在所有情形中，点 P 的轨迹是三种圆锥曲线图形中的一种。除了这种四边形 $ABCD$，还可用另一种四边形，它的对边可以像对角线一样相互交叉。但是，如果四个点 A、B、C、D 中有任意一个或两个可能向无限远的距离移动，表明图形的四条边收敛于这一点，成为平行线。此时，圆锥曲线将经过其余的点，并将以抛物线的轨迹沿相同方向延伸到无穷远处。

引理 19

求证点 P，由该点以已知角度分别向直线 AB、CD、AC、BD 作对应的直线 PQ、PR、PS、PT，任意两条 PQ 和 PR 的乘积与 PS 和 PT 的乘积的比值将是指定值。

假设到直线 AB 和 CD 的任意两条直线 PQ 和 PR 包含以上乘积中的一个，并且直线 AB、CD 和指定的其他两条直线相交于 A、B、C、D 四个点。任意选择其中一点，例如 A，作任意直线 AH，将点 P 置于 AH 上，使 AH 和直线 BD、CD 分别相交于点 H

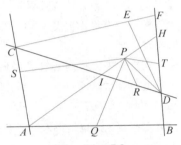

和点 I，因为图形的所有角都是指定的，所以，$\dfrac{PQ}{PA}$、$\dfrac{PA}{PS}$、$\dfrac{PQ}{PS}$ 三个比值也是指定的，用指定的比值 $\dfrac{PQ \times PR}{PS \times PT}$ 除以 $\dfrac{PQ}{PS}$，可得到 $\dfrac{PR}{PT}$，如果再乘以给定比值 $\dfrac{PI}{PR}$ 和 $\dfrac{PT}{PH}$，那么，$\dfrac{PT}{PH}$ 的值和点 P 也能确定。证毕。

推论 1 同样，也可在点 P 轨迹上的任意点 D 处作切线。因为，点 P 和点 D 重合时，AH 通过点 D，弦 PD 变为切线。在这种情形下，逐渐消失的线段 IP 和 PH 的最终比值，可以从以上推论过程中求出。如果作 CF 和 AD 平行，与 BD 交于点 F，并以相同的最终比值交于点 E，DE 便成了切线，这是因为，CF 和逐渐消失的 IH 平行，两条线分别和轨迹相交于点 E 和 P。

推论 2 所有点 P 的轨迹都可求出。通过 A、B、C、D 中任意一点，例如点 A，作 AE 与轨迹相切，再过其他任意一点，例如点 B，作和切线平行的直线 BF，和轨迹交于 F 点，通过本条引理求出点 F。设点 G 平分 BF，作直线 AG，使 AG 是直径所在的直线，BG 和 FG 是纵标

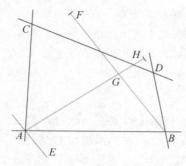

线。如果 AG 和轨迹相交于 H，那么 AH 将成为直径或横向的通径（通径与它的比等于 BG^2 与 $AG×GH$ 的比）。如果 AG 和轨迹不相交，直线 AH 为无限长，则轨迹将为一抛物线，直线 AG 所对应的通径就是 $\dfrac{BG^2}{AG}$。如果它和轨迹在某点相交，当点 A 和点 H 位于点 G 的同一侧时，轨迹是双曲线；当点 G 落在点 A 和点 H 之间时，轨迹是椭圆；当角 AGB 是直角，并且 BG^2 等于 $AG×GH$ 时，轨迹就成了圆周。

在推论中，我们解答了经典的四线问题，从欧几里得时期开始，人们就热衷讨论该问题，此后，阿波罗尼奥斯（Apollonius）又进行了拓展。但这些问题不需要分析、演算，用几何作图就能解答，从某种意义上而言，这也是古人的要求。

引理 20

如果任意平行四边形 $ASPQ$ 的两个对角的顶点 A 和 P 位于任意圆锥曲线上，其中，构成角的边 AQ 和 AS 向外延伸，与相同圆锥曲线在点 B 和点 C 相交；再通过点 B 和点 C 作到圆锥曲线上任意第五个点 D 的两条直线 BD 和 CD，同平行四边形的另外两条边 PS 和 PQ 相交于延伸线上的点 T 和点 R，那么，由曲线划出的部分 PR 和 PT 的比是固定的。反之，如果这些被划出的部分的相互比值是固定的，那么点 D 在通过点 A、B、C 和点 P 的圆锥曲线上。

情形 1　连接 BP 和 CP，由点 D 作直线 DG 和 DE，使 DG 和 AB 平行，交 PB、PQ、CA 于点 H、I 和 G；作 DE 与 AC 平行，交直线 PC、PS 和 AB 于点 F、K 和点 E。根据引理 17，$DE×DF$ 与 $DG×DH$ 的比是给定值。由于 $\dfrac{PQ}{DE}\left(\text{或}\dfrac{PQ}{IQ}\right)=\dfrac{PB}{HB}=\dfrac{PT}{DH}$，从而可知：$\dfrac{PQ}{PT}=\dfrac{DB}{DH}$。同理，$\dfrac{PR}{DF}=$ $\dfrac{RC}{DC}$，也就等于 $\dfrac{PS}{DG}\left(\text{或}\dfrac{IG}{DG}\right)$ 因此：$\dfrac{PR}{PS}=\dfrac{DF}{DG}$。将这些比值相乘，则 $\dfrac{PQ×PR}{PS×PT}$

$=\dfrac{DE\times DF}{DG\times DH}$，因此，它们的比

值都是指定值。由于 PQ 和

PS 已经指定，所以 $\dfrac{PR}{PT}$ 的值

也是指定的。证毕。

情形 2　如果已经指定

PR 和 PT 的比值，同理可逆

推，$DE\times DF$ 和 $DG\times DH$ 的比

也是指定值。根据引理 18，

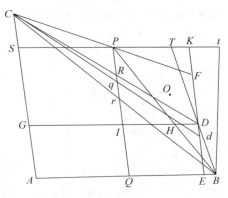

点 D 将位于经过点 A、B、C、P 的圆锥曲线上。证毕。

推论 1　作直线 BC 交 PQ 于点 r，并在 PT 上取一点 t，让 $\dfrac{Pt}{Pr}=\dfrac{PR}{PT}$，

那么 Bt 将和圆锥曲线相切于点 B。设点 D 与点 B 重合，则弦 BD 将消

失，BT 成为切线，并且 CD 和 BT 将与 CB 和 Bt 重合。

推论 2　反之，如果 Bt 是切线，而直线 BD 和 CD 在圆锥曲线上任

意点 D 处相交，那么，$\dfrac{PR}{PT}=\dfrac{Pt}{Pr}$，$BD$ 和 CD 则肯定在圆锥曲线上任意点

D 处相交。

推论 3　两条圆锥曲线相交，交点最多有 4 个。如果交点大于 4

个，两圆锥曲线将通过 5 个点 A、B、C、P、O。如果直线 BD 与它们

交于点 D 和 d，且直线 Cd 在点 q 与直线 PQ 相交，则 $\dfrac{PR}{PT}=\dfrac{Pq}{PT}$，即 $PR=$

Pq，这与命题矛盾。

引理 21

如果两条不确定，但能移动的直线 BM 和 CM 经过指定点 B 和 C，

并且以此为极点，经过这两条直线的交点 M 作第三条给定位置的直线

MN，再作另两条不确定直线 BD 和 CD，并与前两条直线在给定点 B

和 C 构成指定的角 MBD 和 MCD，从而过直线 BD 和 CD 的交点 D 所

作的圆锥曲线将经过定点 B、C。反之，如果过直线 BD 和 CD 的交点

D 所作出的圆锥曲线经过定点 B、C、A。而角 DBM 将与指定角 ABC

相等，角 *DCM* 也和指定角 *ACB* 相等，则点 *M* 的轨迹是一条指定位置
的直线。

在直线 *MN* 上，点 *N* 为
指定点，当可动点 *M* 落在不
可动点 *N* 上时，使可动点 *D*
落在不可动点 *P* 上，连接
CN、*BN*、*CP* 和 *BP*，再从点
P 作直线 *PT* 和 *PR*，交直线
BD 和 *CD* 于点 *T* 和 *R*，使角
BPT 等于指定角 *BNM*，角
CPR 等于指定角 *CNM*。根据

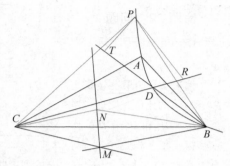

给定条件，角 *MBD* 和 *NBP* 相等，角 *MCD* 和 *NCP* 相等，除去公共角
NBD 和 *NCD*，剩下的角 *NBM* 和 *PBT*、*NCM* 和 *PCR* 分别相等。所以，

三角形 *NBM* 和 *PBT* 相似，三角形 *NCM* 和 *PCR* 也相似，从而有 $\frac{PT}{NM}=$

$\frac{PB}{NB}$，$\frac{PR}{NM}=\frac{PC}{NC}$。由于点 *B*、*C*、*N*、*P* 不可动，所以 *PT* 和 *PR* 与 *NM* 有

指定比值，$\frac{PR}{PT}$ 也有指定值。根
据引理 20，点 *D* 是可动直线 *BT*
和 *CR* 的交点，它在一条圆锥曲
线上，曲线经过点 *B*、*C*、*P*。
证毕。

反之，如果可动点 *D* 在经
过定点 *B*、*C*、*A* 的圆锥曲线上，

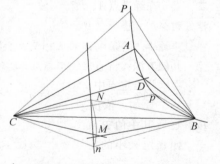

并且角 *DBM* 和给定角 *ABC* 相等，角 *DCM* 也和给定角 *ACB* 相等。当点
D 接连落在圆锥曲线上两个任意不动点 *P* 和 *p* 上时，可动点 *M* 也接连
落在不动点 *n* 和 *N* 上。经过点 *n* 和 *N* 作直线 *nN*，它将成为可动点 *M* 的
轨迹。如果点 *M* 在任意曲线上运动，那么点 *D* 将处于圆锥曲线上，且
这条圆锥曲线经过五个点 *B*、*C*、*A*、*p*、*P*。根据前面的证明，当点 *M*
一直落在曲线上时，点 *D* 也将处于圆锥曲线上，圆锥曲线也将经过五

个点 B、C、A、p、P，由于两条圆锥曲线经过了相同的五个点，与引理 20 的推论 3 矛盾，所以点 M 不可能落在曲线上的这一部分。证毕。

命题 22　问题 14

作一条通过五个指定点的曲线轨道。

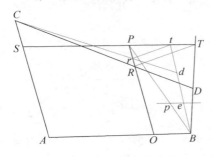

设 A、B、C、P、D 是五个指定点，由其中任意一点，例如 A，作到其他任意两个点，例如 B、C（可称为极点）的直线 AB 和 AC，经过第四个点 P 的直线 TPS 和 PRQ 分别与 AB 和 AC 平行。再从两个极点 B 和 C，作经过第五个点 D 的两条无穷直线

BDT 和 CRD，与前面所作的直线 TPS 和 PRQ 分别相交于点 T 和 R。再作直线 tr 和 TR 平行，使直线 PT 和 PR 分割的任意部分 Pt 和 Pr 与 PT 和 PR 成比例。如果经过它们的端点 t、r 和极点 B、C，作直线 Bt 和 Cr 相交于点 d，那么点 d 将处于所要求的曲线轨道上。因为，根据引理 20，点 d 在经过点 A、B、C、P 的圆锥曲线上，而当线段 Rr 和 Tt 逐渐消失时，点 d 将与点 D 重合。因此，圆锥曲线经过 A、B、C、D 五个点。证毕。

其他方法：

在这些给定点中，连接任意三个点，比如，依次连接点 A、B、C，将其中的 B 和 C 作为极点，使指定大小的角 ABC 和角 ACB 旋转，并使边 BA 和 CA 先位于点 D 上，再位于点 P 上。在这两种情形下，边 BL 和 CL 相交于点 M 和 N，再作无限直线 MN，

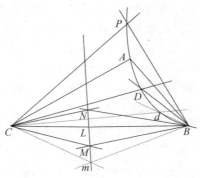

使这些可动角绕它们的极点 B 和 C 旋转，设边 BL（或 CL）与 BM（或 CM）的交点是 m，那么该点会持续落在不确定直线 MN 上，假设边 BA

（或 *CA*）与 *BD*（或 *CD*）的交点是 *d*，画出所求的曲线 *PADdB*。根据引理 21，点 *d* 将处于经过点 *B* 和 *C* 的圆锥曲线上。而当点 *m* 与点 *L*、*M*、*N* 重合时，点 *d* 会与点 *A*、*D*、*P* 重合。所以所作的圆锥曲线将经过 *A*、*B*、*C*、*P*、*D* 五个点。证毕。

推论 1 对于任意指定点 *B*，可作与轨道相切的直线。令点 *d* 和点 *B* 重合，直线 *Bd* 即为所求切线。

推论 2 根据引理 19 中的推论，也可求出轨道的中心、直径和通径。

附注

有一种方法比第一种作法更简便：连接 *BP*，如需要，可在该直线的延长线上取一点 *p*，使 $\dfrac{Bp}{BP} = \dfrac{PR}{PT}$。再经过点 *p* 作无穷直线 *pe* 与 *SPT* 平行，并使 *pe* 和 *pr* 永远相等。作直线 *Be*、*Cr* 相交于点 *d*。由于 $\dfrac{Pt}{Pr}$、$\dfrac{PR}{PT}$、$\dfrac{pB}{PB}$ 和 $\dfrac{pe}{Pt}$ 均为相等比值，所以 *pe* 也和 *Pr* 永远相等。按这种方法，轨道上的点很容易找出，除非用第二种作图法机械地作出曲线图形。

命题 23 问题 15

作出通过四个定点，并与给定直线相切的圆锥曲线轨道。

情形 1 假设 *HB* 是指定切线，*B* 为切点，而 *C*、*D*、*P* 是其他三个指定点。连接 *BC*，作 *PS* 和 *BH* 平行，*PQ* 和 *BC* 平行，作平行四边形 *BSPQ*。再作 *BD* 交 *SP* 于点 *T*，*CD* 交 *PQ* 于点 *R*。最后，作任意直线 *tr* 平行于 *TR*，并使从

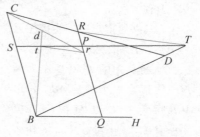

PQ、*PS* 分割的 *Pr*、*Pt* 分别与 *PR* 和 *PT* 成比例，根据引理 20，作直线 *Cr* 和 *Bt*，它们的交点 *d* 将始终落在所求曲线轨道上。

其他方法：

作角 *CBH* 并指定其大小，使其绕极点 *B* 旋转，将半径 *DC* 向两边

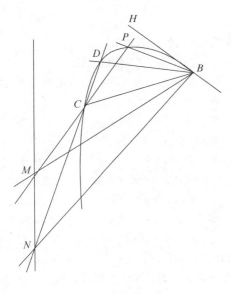

延伸，并绕极点 C 旋转。设角的一边 BC 交半径于点 M、N，另一条边 BH 交半径于点 P 和 D。作无穷直线 MN，使半径 CP 或 CD 与角的边 BC 始终和这条直线相交，而另一边 BH 与半径的交点可推导出曲线的轨迹。

在上述问题所作的图中，点 A、B 重合，直线 CA 和 CB 重合，那么直线 AB 最终将演变为切线 BH，所以前面的作法与这里所说的相同。所以边 BH 和半径的交点会作出一条圆锥曲线，且这条曲线经过点 C、D、P，并且与直线 BH 相切于点 B。证毕。

情形 2 假设给定的四个点 B、C、D 和 P 不在切线 HI 上，两两连接四个点，设直线 BD 和 CP 相交于点 G，与切线相交于点 H 和点 I。以点 A 分割切线，使 HA 和 IA 的比等于 CG 和 GP 的比例中项与 BH 和 HD 的比例中项的积，再比 GD 和 GB 的比例中

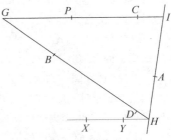

项与 PI 和 IC 的比例中项的积，这时，点 A 就是切点。因为如果 HX 与直线 PI 平行，并与轨道相交于任意点 X 和 Y，那么根据圆锥曲线的性质，点 A 所在的位置将使 $\dfrac{HA^2}{IA^2}$ 等于 XH×HY 与 BH×HD 的比，或等于 CG× GP 与 DG×GB 的比，再乘以 BH×HD 与 PI×IC 的比。但是，在求出切点 A 后，曲线轨道就可由第一种情形画出。证毕。

需要注意，点 A 既能在点 H 和点 I 中间取得，也能在它们外面取，如果以此为基础，就会作出两种不同的曲线。

命题 24　问题 16

作出过三个定点，并与两条指定直线相切的曲线轨道。

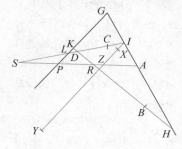

假设 *HI*、*KL* 是指定切线，*B*、*C*、*D* 是指定的三个点。经过其中任意两点，例如 *B*、*D*，作直线 *BD* 和两条切线交于 *H* 和 *K*。同样，经过三者中另外两个点 *C* 和 *D* 作直线 *CD*，与两条切线交于 *I* 和 *L*。在直线 *HK* 和 *IL* 上取两点 *R*、*S*，使 *HR* 和 *KR* 的比，等于 *BH* 和 *HD* 的比例中项与 *BK* 和 *KD* 的比例中项的比。*IS* 与 *LS* 的比，等于 *CI* 和 *ID* 的比例中项与 *CL* 和 *LD* 的比例中项的比，而交点可任取，点 *R* 和点 *S* 既可以在点 *K* 和 *H*、*I* 和 *L* 之间，也可以在它们之外。再作直线 *RS*，与两条切线交于 *A* 和 *P*，*A*、*P* 于是成了切点。假设点 *A* 和点 *P* 是切点，并位于切线上的任意位置，过两条切线上四点 *H*、*I*、*K*、*L* 中的一点，如点 *I*，它位于切线 *HI* 上，作直线 *IY* 与另一条切线 *KL* 平行，交曲线于点 *X* 和 *Y*，并在直线 *IY* 上分割 *IZ*，使它等于 *IX* 和 *IY* 的比例中项，那么按圆锥曲线的性质，*XI*×*IY* 或 *IZ*^{2} 与 *LP*^{2} 的比，就等于 *CI*×*ID* 与 *CL*×*LD* 的比，也等于 *SI*^{2} 与 *SL*^{2} 的比，因此 *IZ* : *IA* = *GP* : *GA*。从而，点 *P*、*Z*、*A* 在同一条直线上，点 *S*、*P*、*A* 也在同一条直线上。同理可证：点 *R*、*P* 和 *A* 也在同一条直线上。于是有切点 *A* 和切点 *P* 在直线 *RS* 上。求出这些点后，根据上个问题的条件，可作出曲线轨道。证毕。

在本命题和前一命题的情形 2 中，作图方法一样，无论直线 *XY* 与曲线是否相交于点 *X* 和点 *Y*，所作图形均不依赖这些条件。但当已证明直线与轨道相交时的作图法，就能证明不相交时的作图法。因此，为了简洁，不再做进一步的证明。

引理 22

将图形转变为同类的另一图形。

设任意图形 *HGI* 将被转换。现作任意两条平行线 *AO* 和 *BL*，使其与任意给定的第三条直线 *AB* 交于点 *A* 和点 *B*。然后，以图形上的任意

一点 *G*，作任意直线 *GD* 与 *OA* 平行，并与直线 *AB* 相交。再由直线 *OA* 上的任意定点 *O*，作到点 *D* 的直线 *OD*，和 *BL* 相交于点 *d*。由 *d* 再作直线 *dg*，与直线 *BL* 构成任意指定角，并使 *dg* : *Od* = *DG* : *OD*，这样，点 *g* 将位于新图形 *hgi* 上，并和点 *G* 对应。使用相同方

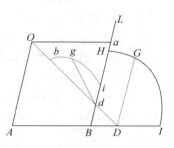

法，可将第一个图形上的多个点分别和新图形上的点一一对应。如果点 *G* 受连续作用，通过第一个图形上的所有点，那么，点 *g* 也将受到持续运动作用，经过新图形上的所有点，画出的图形也没有不同。为表区别，将 *DG* 作为原始纵标线，*dg* 作为新纵标线，并以 *AD* 为原横标线，*ad* 为新横标线，*O* 作为极点，*OD* 作为分割半径，*OA* 作为原纵标线上的半径，而 *Oa* 是新的纵标线半径。

如果点 *G* 在指定直线上，那么点 *g* 也将在指定直线上。如果点 *G* 位于圆锥曲线上，同样，点 *g* 也在圆锥曲线上，在这，我将圆周作为圆锥曲线的一种。另外，如果点 *G* 在三次解析曲线上，则点 *g* 也将在三次解析曲线上，即使是更高级的解析曲线，情况也不会有变化。点 *G* 和 *g* 所在曲线的解析次数总是相等的。由于 *ad* : *OA* = *Od* : *OD* = *dg* : *DG* = *AB* : *AD*，所以 $AD = \dfrac{OA \times AB}{ad}$，$DG = \dfrac{OA \times dg}{ad}$。如果点 *G* 位于直线上，那么在任意表达横标线 *AD* 和纵标线 *GD* 关系的等式中，这些未知量 *AD* 和 *DG* 的方程是一次的。如果用 $\dfrac{OA \times AB}{ad}$ 代替 *AD*，用 $\dfrac{OA \times dg}{ad}$ 代替 *DG*，可以形成一个新的等式，在这个等式中，新横标线 *ad* 和新纵标线 *dg* 的方程也只有一次。因此，它们只表示一条直线。但是，如果 *AD* 或 *DG* 在原方程中是二次的，那么 *ad* 和 *dg* 在新方程中也同样上升到二次。这在三次方程或更高次方的方程中也一样。新方程中的未知量 *ad* 和 *dg*，和在原方程中的 *AD* 和 *DG*，它们的次数相等，所以点 *G* 和点 *g* 所在的曲线解析级数也一样。

另外，如果任意直线在原图形中与曲线相切，那么这条直线与曲线以相同方式转变为新图形时，直线也会和曲线相切，反之亦然。如

果原图形中曲线上的任意两点相互不断靠近并重合，那么，对应的点在新图形中也将不断靠近并重合，因此，在两个图形中，由某些点构成的直线将同时变为曲线的切线。我原本该用更加几何的方式来证明这些问题，但为求简洁，我省略了这部分。

如果要将一个直线图形转变为另一个直线图形，只需转变原图中直线的交点就可以办到，并通过这些转变的交点在新图形中作出直线。但如果是转变曲线图形，就必须转变那些可以确定曲线的点、切线和其他的直线。本引理可用来解决一些更难的问题，因为可以将所设的图形由较为复杂的转为更简单的。不同方向的直线可汇集到一点，而经过该点的任意直线可代替原纵坐标半径，将那些向一个点汇集的所有任意直线转变为平行线，只有这样，才能使它们的交点转到无限远处，而这些平行线就会向那个无限远的点靠近。在新图形中解决这些问题后，如果按逆运算将新图形转变为原图形，也可以得到所要的解。

该引理同样适用于解决立体问题。因为通常需要解决的是两条圆锥曲线相交的问题，而任意一个圆锥曲线都可能被转变，如果是双曲线或抛物线，就能转变为椭圆，而椭圆也容易转为圆。在平面问题的作图中，对于直线和圆锥曲线，同样也可转变为直线和圆周。

命题 25　问题 17

作出通过两个定点，并与三条给定直线相切的曲线轨道。

过任意两条切线的交点和第三条切线与两个定点直线相交的交点作一条直线，并用这条直线代替原纵标线半径，根据之前的引理，可将原图形转变为新图形。在新图形中，这些切线变为平行线，第三条切线也将与经过两个定点的直线平行。假设 hi、kl 是两条平行的切线，ik 是第三条切线，hl 是平行于该切线的直线，并经过点 a 和点 b，

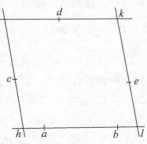

那么，在新图形中，圆锥曲线也将通过这两点。作平行四边形 $hikl$，直线 hi、ik、kl 相交于点 c、d、e，使 hc 和 $\sqrt{ah \times hb}$ 的比，ic 与 id、ke、kd 的比，等于线段 hi、kl 的和与另外三条线段和的比，其中第一条线段

是 ik，其他两条是 $\sqrt{ah \times hb}$ 和 $\sqrt{al \times lb}$，那么点 c、d、e 就成了切点。因为，根据圆锥曲线的性质，$hc^2 : (ah \times hb) = ic^2 : id^2 = ke^2 : kd^2 = el^2 : (al \times lb)^2$，所以 hc 与 $ah \times hb$ 的平方根，ic 与 id、ke 与 kd 和 el 与 $\sqrt{ah \times hb}$ 的比值相等，同时等于 $(hc + ic + ke + el) : \sqrt{ah \times hb} + id + kd + \sqrt{ah \times hb}$，也等于 $(hi + kl) : \sqrt{al \times lb} + ik + \sqrt{al \times lb}$。由此，在新图形中得到切点 c、d、e。通过上一条引理中的逆运算将这些点转变到原图形中，则曲线轨道可由问题 14 作出。证毕。

由于点 a、b 可能落在点 h、l 之间，也可能落在点 h、l 之外，因此取点 c、d、e 时，也可能在点 h、i、k、l 之间或之外。如果点 a、b 中的任意一个落在点 h 和点 i 之间，而另一个不在点 h 和点 l 之间，则命题无解。

命题 26　问题 18

作出一条曲线轨道，使它经过一个定点并与四条指定直线相切。

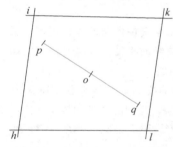

过任意两条切线的公共交点和其他两条切线的公共交点作直线，并用这条直线代替原纵标线半径，根据引理 22，可将原图形转变为新图形，使原先在纵标线相交的这两对切线，现在变成相互平行。用 hi 和 kl、ik 和 hl 这两对平行线构成平行四边形 $hikl$，将 p 作为新图形中与原图形中指定点对应的点。经过图形的中心 o 作线段 pq，使 $oq = op$，那么点 q 为新图形中圆锥曲线所经过的另一个点。根据引理 22，由逆运算，使该点转变到原图形中，则可得所求曲线轨道上的两点。根据问题 17，曲线轨道可连接这些点后画出。

引理 23

如果两条直线 AC 和 BD 的位置已经指定，点 A 和点 B 是端点，两条直线的比值也已指定，直线 CD 由不确定点 C 和 D 连接而成，点 K 以指定比例分割直线 CD，那么点 K 在指定直线上。

设直线 AC 和 BD 相交于点 E，在 BE 上取 $BG : AE = BD : AC$，使

FD 等于给定线段 *EG*，由图可知，$\dfrac{EC}{GD}\left(\text{即}\dfrac{EC}{EF}\right)=\dfrac{AC}{BD}$，是定值，所以三角形 *EFC* 的类别也已指定。将 *CF* 在点 *L* 进行分割，使 $\dfrac{CL}{CF}=\dfrac{CK}{CD}$；由于比值已定，三角形 *EFL* 的类别也能确定，所

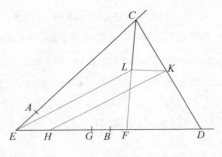

以，点 *L* 将位于指定的直线 *EL* 上。连接 *LK*，则三角形 *CLK* 和 *CFD* 相似，因为 *FD* 是指定的直线，而 *LK* 和 *FD* 比值确定，所以，*LK* 也为定值。在 *ED* 上取 *EH*=*LK*，*ELKH* 则形成平行四边形，因此，点 *K* 将位于平行四边形的边 *HK* 上，而 *HK* 是指定直线。证毕。

推论　因为图形 *EFLC* 的类型已定，因此，*EF*、*EL*、*EC*（亦即 *GD*、*HK*、*EC*）这三条直线相互间的比值也可确定。

引理 24

三条直线都和一条圆锥曲线相切，如果其中两条的位置已定，且互相平行，那么，与这两条直线平行的曲线的半径，是这两条直线切点到它们被第三条切线所截线段的比例中项。

设 *AF*、*GB* 是两条平行线，并与圆锥曲线 *ADB* 相切于点 *A* 和点 *B*；*EF* 是第三条直线，与圆锥曲线相切于点 *I*，并和前两条切线交于点 *F* 和点 *G*，以 *CD* 为图形半径并和前两条切线平行，那么，*AF*、*CD*、*BG* 形成连比。

如果共轭直径 *AB*、*DM* 与切线 *FG* 交于点 *E* 和 *H*，两直径相交于点 *C*，作出平行四边形 *IKCL*。根据圆锥曲线的性质，*EC*∶*EA*=*CA*∶*CL*，由分比可得：$\dfrac{EC-CA}{CA-CL}=\dfrac{EC}{CA}=\dfrac{EA}{AL}$，由合比得：$\dfrac{EA}{EA+AL}=\dfrac{EC}{EA+AL}$，即 $\dfrac{EA}{EL}=\dfrac{EC}{EB}$，由于三角形 *EAF*、*ELI*、*ECH*、*EBG* 相似，所以，*AF*∶*LI*=*CH*∶*BG*。由圆锥曲线性质可得，$\dfrac{LI}{CD}\left(\text{或}\dfrac{CK}{CD}\right)=\dfrac{CD}{CH}$。因此，由并比得到 $\dfrac{AF}{CD}=\dfrac{CD}{BG}$。证毕。

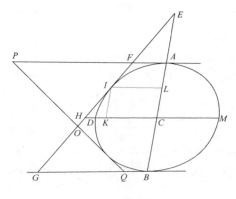

推论 1　如果两条切线 FG、PQ 分别与两条平行切线 AF、BG 交于点 F、G 和 P、Q，两条切线 FG 和 PQ 交于点 O，那么，根据该引理，$AF:CD=CD:BG$，$BQ:CD=CD:AP$，所以 $AF:AP=BQ:BG$，由分比得 $AF:BQ=FP:GQ$，最终等于 $\dfrac{FO}{OG}$。

推论 2　同样，分别过点 P、G 和 F、Q 所作的直线 PG 和 FQ，将与经过图形中心和切点 A、B 的直线 ACB 相交。

引理 25

如果平行四边形的四边与任意一个圆锥曲线相切，并与第五条切线相交，那么平行四边形对角上的两相邻边被分割的线段，其中任意一段与它所在边的比值，等于其相邻边上由切点到第三条边所分割的部分与另一条线段的比。

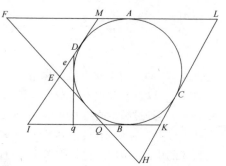

平行四边形 $MLKI$ 的四条边 ML、IK、KL、MI 与圆锥曲线相切于点 A、B、C、D，第五条切线 FQ 与这些边相交于点 F、Q、H、E，取 MI、KI 上的 ME 和 KQ 两段，或 KL、ML 上的 KH 和 MF 两段，使 $ME:MI=BK:KQ$，$KH:KL=AM:MF$。因为，根据之前引理的推论 1 可知，$ME:EI=AM$ 或是 $BK:BQ$，而由合比可得 $ME:MI=BK:KQ$。

同理，$KH:KL=BK$ 或 $AM:AF$，由分比得 $KH:KL=AM:MF$。证毕。

推论 1　如果指定圆锥曲线的外切平行四边形 *IKLM* 也已确定，那么乘积 *KQ×ME* 及和之相等的乘积 *KH×MF* 也得以确定。由于三角形 *KQH* 和 *MFE* 相似，所以这些乘积也相等。

推论 2　如果第六条切线 *eq* 与切线 *KI*、*MI* 相交于点 *q* 和 *e*，那么 $KQ×ME=Kq×Me$，$KQ：Me=Kq：ME$，由分比得到 $\dfrac{KQ}{Me}=\dfrac{Qq}{Ee}$。

推论 3　同样，如果二等分 *Eq* 和 *eQ*，并作经过这两个平分点的直线，则该直线经过圆锥曲线的中心。由于 $Qq：Ee=KQ：Me$，因此，根据引理 23，同一直线将通过所有直线 *Eq*、*eQ*、*MK* 的中点，而直线 *MK* 的中点就是曲线的中心。

命题 27　问题 19

作出与五条指定直线相切的曲线轨道。

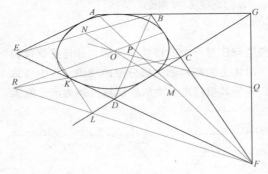

假设 *ABG*、*BCF*、*GCD*、*FDE*、*EA* 为指定的五条切线。由它们中任意四条构成四边形，如 *ABFE*。以点 *M* 和点 *N* 平分四边形的对角线 *AF* 和 *BE*，那么，根据引理 25 的推论 3，由平分点所作的直线 *MN* 将经过圆锥曲线的中心。经过另四条切线构成四边形，比如 *BGFD*，以点 *P* 和点 *Q* 平分对角线 *BD*、*GF*，那么，过平分点作的直线 *PQ* 也将经过圆锥曲线的中心。因此，中心将在两条等分点连线的交点处。设中心为 *O*，作任意切线 *BC* 的平行线 *KL*，使点 *O* 位于这两条平行线的中间，则 *KL* 将与所作曲线相切。使 *KL* 和其他任意两条切线 *GCD*、*FDE* 交于点 *L* 和点 *K*，互相不平行的切线 *CL* 和 *FK* 与互相平行的切线 *CF*、*KL* 相交于点 *C* 和 *K*，以及 *F* 和 *L*，作 *CK* 和 *FL* 相交于点 *R*，根据引理 24 的推论 2，直线 *OR* 与平行切线 *CF* 和 *KL* 在切点相交。同理可求出其他切点，然后，根据问题 14 就能作出曲线轨道。证毕。

附注

以上命题也包括了曲线轨道的中心或渐近线指定的情况。当点、切线、中心都指定时，在中心另一侧相同距离处同样多的点和切线也将给定，因此，可将渐近线视为切线，它在无限远的极点就是切点。如果任意一条切线的切点移动到无限远处，该切线会变成一条渐近线，而前面问题中所作的图也就演变成渐近线已知时所作的图了。

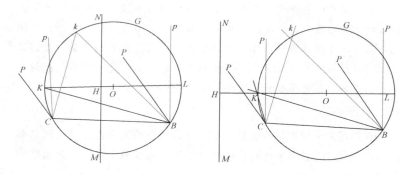

作完圆锥曲线后，我们还可按此方法找到它们的轴和焦点。按照引理 21 的构图，可分别画出曲线轨道的动角 PBN、PCN 的边 BP 和 CP，两边相互平行，并能在图形中保持其所在位置并围绕极点 B 和 C 旋转。与此同时，通过这两个角的另外两条边 CN 和 BN 的交点 K 或 k，作一个圆周 $BKGC$。以 O 为圆心，使边 CN 和 BN 在画出圆锥曲线后相交，并由中心作直线 MN 的垂线 OH，在点 K 和 L 与圆周相交。当另外两边 CK 和 BK 相交于离 MN 最近的点 K 时，原先的边 CP 和 BP 将与长轴平行，并与短轴垂直。如果这些边在最遥远的点 L 处相交，就会出现相反情况。因此，如果轨道的中心已定，其轴也必然给定，当这些都给定后，找出它的焦点也就很容易了。

由于两轴平方的比等于 $\dfrac{KH}{LH}$，因此，很容易就能通过四个指定点画出已知类型的曲线轨道。如果 C 和 B 是这些指定点中的两个极点，那么第三个极点就将引出可动角 PCK、PBK，如这些条件已定，就能画

出圆 *BGKC*。由于曲线轨道的类型已定，所以，$\dfrac{OH}{OK}$ 的值和 *OH* 本身也指定。以 *O* 为圆心，*OH* 为半径，画出另一个圆周，通过边 *CK* 和 *BK* 的交点与该圆相切的直线，在原先图形的边 *CP* 和 *BP* 与第四个指定点相交时，即变成平行线 *MN*，通过 *MN*，可画出圆锥曲线。另一方面，还能在指定的圆锥曲线中作出它的内接四边形。

当然，还能用其他引理来画出指定类型的圆锥曲线，并使曲线轨道通过指定点，与指定直线相切。该图形的类型如下：如果一条直线经过任意指定点，它将与指定的圆锥曲线交于两点，并等分两交点间的距离，其等分点将交于另一圆锥曲线上，该圆锥曲线与前一图形的类型一样，而它的轴与上个图形的轴平行。但是，这个问题只能到此为止，因为，我将在后面讨论更富有实用性的问题。

引理 26

在指定大小和类型的三角形中，将三角形的三个角分别与同样多的指定位置，并且不平行的直线相互对应，并使每个角与一条直线相互对应。

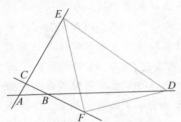

在指定三条直线 *AB*、*AC* 和 *BC* 的位置时，按如下要求来设置三角形 *DEF*：角 *D* 与 *AB* 相交，角 *E* 和 *AC* 相交、角 *F* 与 *BC* 相交。在 *DE*、*DF*、*EF* 上作圆弧 *DRE*、*DGF* 和 *EMF*，使弧所对应的角分别与角 *BAC*、*ABC* 和 *ACB* 相等。这些弧线朝向相应的边 *DE*、*DF* 和 *EF*，并使字母 *DRED* 与 *BACB* 的旋转顺序相同、*DGFD* 和 *ABCA* 相同、*EMFE* 和 *ACBA* 相同。然后，将这些圆弧补充为完整圆周，并将前两个圆相交于点 *G*。设 *P* 和 *Q* 分别为这两个圆的中心、连接 *GP*、*PQ*，取 *Ga* 并使 *Ga* ∶ *AB* = *GP* ∶ *PQ*。再以点 *G* 为圆心、*Ga* 为半径画圆，与第一个圆 *DGE* 相交于点 *a*。连接 *aD*，与第二个圆 *DFG* 相交于点 *b*。再连接 *aE*，交第三个圆 *EMF* 于点 *c*，就能画出与图形 *abcDEF* 相似且相等的图形 *ABCdef*。

证明：作 *Fc* 交 *aD* 于点 *n*，连接 *aG*、*bG*、*QG*、*QD*、*PD*，作图可

知，角 *EaD* 等于角 *CAB*，角 *acF* 等于角 *ACB*，所以三角形 *anc* 与三角形 *ABC* 相等。因此，角 *anc* 或角 *FnD* 与角 *ABC* 相等，也与角 *FbD* 相等，那么，点 *n* 将落在点 *b* 上。另外，圆心角 *GPD* 的一半——角 *GPQ* 与圆周角 *GbD* 的补角相等，所以与角 *Gba* 相等。基于上述理由，三角形 *GPQ* 和 *Gab* 相似，*Ga* : *ab* = *GP* : *PQ*，也等于 $\dfrac{Ga}{AB}$。所以存在 *ab* = *AB*，

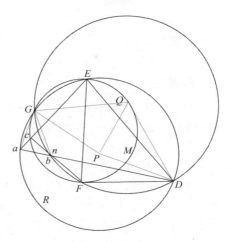

使三角形 *abc* 和 *ABC* 相似且相等。因此，由于三角形 *DEF* 的顶点 *D*、*E*、*F* 分别位于三角形 *abc* 的边 *ab*、*ac*、*bc* 上，那么就可作出图形 *ABCdef*，使之与图形 *abcDEF* 相似且相等，问题得解。证毕。

推论　可以作出一条这样的直线：使其给定长度的部分位于三条指定位置的直线之间。假设三角形 *DEF* 上的 *D* 点向边 *EF* 靠近，随着边 *DE*、*DF* 渐变成直线，三角形也渐渐变为两条直线，则指定部分 *DE* 将介于指定直线 *AB* 和 *AC* 之间，指定部分 *DF* 也将介于指定直线 *AB*、*BC* 之间。如果将以上作图法用到本情形中，问题就能得到解答。

命题 28　问题 20

给定类型和大小，作出一条圆锥曲线，使曲线的给定部分介于给定位置的三条直线之间。

假设一曲线轨道与曲线 *DEF* 相似且相等，并由三条指定直线 *AB*、*AC*、*BC* 分割为 *DE* 和 *EF* 两个部分，这两部分与曲线指定的部分相似且相等。

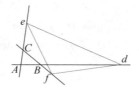
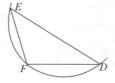

作直线 *DE*、*EF*、*DF*，根据引理 26，三角形 *DEF* 的顶点 *D*、*E*、*F* 在指定位置的直线上。而以三角形作出的曲线轨道，则与曲线 *DEF* 相似且相等。证毕。

引理 27

给定类型，作出一个四边形，使它的四个顶点分别与四条边既不互相平行，也不交于一点的直线上。

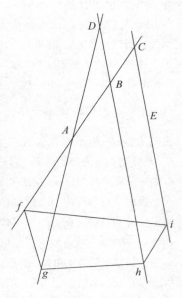

给定四条直线 *AC*、*AD*、*BD*、*CE* 的位置，设 *AC* 交 *AD* 于点 *A*，交 *BD* 于点 *B*，交 *CE* 于点 *C*，假设作四边形 *fghi* 与四边形 *FGHI* 相似，角 *f* 与定角 *F* 相等，顶点 *f* 在直线 *AC* 上，其他的角 *g*、*h*、*i* 与其他的定角 *G*、*H*、*I* 相等，顶点分别在直线 *AD*、*BD*、*CE* 上。连接 *FH*，在 *FG*、*FH* 和 *FI* 上作出相同数量圆弧 *FSG*、*FTH* 和 *FVI*，弧 *FSG* 对应的角和角 *BAD* 相等，弧 *FTH* 的对应角与角 *CBD* 相等，弧 *FVI* 对应的角和角 *ACE* 相等。将这些弧线朝向相应的边 *FG*、*FH*、*FI*，并使字母 *FSGF* 与字母 *BADB* 的转动顺序相同、*FTHF* 和 *CBDC* 相同、*FVIF* 和 *ACEA* 相同。然后将这些圆弧补为完整的圆周，以 *P* 和 *Q* 分别为圆 *FSG* 和 *FTH* 的圆心。连接 *PQ* 且延伸它的两边，在它上面截取 *QR*，使 *QR*：*PQ*=*BC*：*AB*，并使字母 *P*、*Q*、*R* 的顺序与 *A*、*B*、*C* 的转动顺序相同。再以 *R* 点为圆心、*RF* 为半径，作出第四个圆 *FNc*，与第三个圆 *FVI* 交于点 *c*。连接 *Fc*，交第一个、第二个圆分别于点 *a*、点 *b*。作 *aG*、*bH*、*cI*，使图形 *ABCfghi* 与图形 *abcFGHI* 相似，则四边形 *fghi* 就是所求的图形。

前两个圆 *FSG*、*FTH* 相互交于点 *K*，连接 *PK*、*QK*、*RK*、*aK*、*bK*、*cK*，再延长 *QP* 至点 *L*。圆周角 *FaK*、*FbK*、*FcK* 分别是圆心角 *FPK*、

FQK、FRK 的一半，与圆心角的半角 LPK、LQK、LRK 相等。所以图形 $PQRK$ 与图形 $abcK$ 等角相似，因此，$ab:bc=PQ:QR=AB:BC$。由图可知，角 fAg、fBh、fCi 等于角 FaG、FbH、FcI，因此，所作图形 $ABCfghi$ 与图形 $abcFGHI$ 相似，所作四边形 $fghi$ 也与 $FGHI$ 相似，而它的顶点 f、g、h、i 也分别在直线 AC、AD、BD 和 CE 上。证毕。

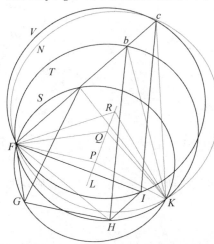

推论　由此可作一条直线，使其各部分以指定的顺序介于四条指定位置的直线之间，并且各部分间的比值固定。如果角 FGH、GHI 增大，将使直线 FG、GH、HI 变为一条直线。根据此图，可作一直线 $fghi$，它的各部分 fg、gh、hi 位于给定位置的四条直线 AB 和 AD、AD 和 BD、BD 和 CE 之间，相互比值等于直线 FG、GH、HI 之间有相同顺序的比值。不过，这个问题还有更简洁的解答方法。

延长 AB、BD，分别至 K、L 点，使 $BK:AB=HI:GH$，$DL:BD=GI:FG$。连接 KL，交直线 CE 于点 i，再延长 iL 至点 M，使 $LM:iL=GH:HI$。再作 MQ 和 LB 平行，交直线 AD 于点 g，连接 gi，交 AB、BD 于点 f、h。问题得到解答。

证明：设 Mg 交直线 AB 于点 Q，AD 交直线 KL 于点 S，作 AP 和 BD 平行，交 iL 于点 P，那么，$\dfrac{gM}{Lh}\left(\dfrac{gi}{hi}、\dfrac{Mi}{Li}、\dfrac{GI}{HI}、\dfrac{AK}{BK}\right)$ 与 $\dfrac{AP}{BL}$ 为相等比值。以点 R 分割 DL，使 DL/RL 也和以上比值相等。由于 $\dfrac{gS}{gM}$、$\dfrac{AS}{AP}$、$\dfrac{DS}{DL}$ 相等，因此 $\dfrac{gS}{Lh}$、$\dfrac{AS}{BL}$、$\dfrac{DS}{RL}$ 相等，$\dfrac{BL-RL}{Lh-BL}=\dfrac{AS-DS}{gS-AS}$，即 $\dfrac{BR}{Bh}=\dfrac{AD}{Ag}=\dfrac{BD}{gQ}$，$\dfrac{BR}{BD}=\dfrac{Bh}{gQ}=\dfrac{fh}{fg}$。根据图形可知，直线 BL 在点 D、R 处被分割，直线 FI 在点

G、H 处被分割，而在 D、R 处分割的比值与 G、H 处分割的比值相等。

因此，$\dfrac{BR}{BD} = \dfrac{FH}{FG}$，$\dfrac{fh}{fg} = \dfrac{FH}{FG}$。与此类似，$\dfrac{gi}{hi} = \dfrac{Mi}{Li}$，也等于 $\dfrac{GI}{HI}$，亦即，直线 FI、fi 在点 g 和 h、G 和 H 处受分割的情况相似。证毕。

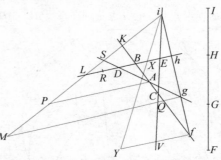

在该推论的作图中，还可作直线 LK 交 CE 于点 i，之后可再延长 iE 到点 V，使 $\dfrac{EV}{Ei} = \dfrac{FH}{HI}$，再作直线 Vf 和 BD 平行。如果以点 i 为圆心，IH 为半径，可作一圆周交 BD 于点 X，并延长 iX 到点 Y，使得 $iY=IF$，最后，作 Yf 与 BD 平行。这种作图法与上一种作图法结果完全相同。

其实克里斯多弗·雷恩爵士和瓦里斯博士很早就使用了其他方法来解答这个问题。

命题 29　问题 21

给定类型，作一条圆锥曲线，使该曲线被指定位置的四条直线按指定顺序、类型、比例切割。

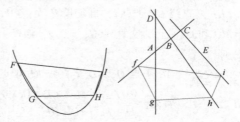

假设所作的圆锥曲线轨道与曲线 $FGHI$ 相似，曲线轨道的各部分与曲线的 FG、GH、HI 部分相似并成比例，且位于指定直线 AB 和 AD、AD 和 BD、BD 和 CE 之间，即第一部分位于第一对直线间、第二部分位于第二对之间，第三部分位于第三对之间、作直线 FG、GH、HI、FI，根据引理 27，可作四边形 $fghi$，使之与四边形 $FGHI$ 相似，并使它

的顶点 f、g、h、i 按各自的顺序依次在直线 AB、AD、BD、CE 上。再绕该四边形作一条曲线轨道，所作曲线与曲线 $FGHI$ 相似。

附注

这个问题可用以下方法解答。

连接 FG、GH、HI、FI，将 GF 延长至点 V，连接 FH、IG，并使角 CAK、DAL 分别与角 FGH、VFH 相等。将 AK、AL 交直线 BD 于点 K 和 L，作 KM、LN，使角 AKM 与角 GHI 相等，并使 $\dfrac{KM}{AK} = \dfrac{HI}{GH}$。

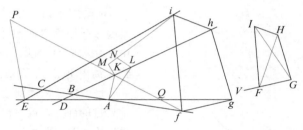

作 MN 交直线 CE 于点 i，使角 iEP 等于角 IGF，并使 $\dfrac{PE}{Ei} = \dfrac{FG}{GI}$。经过点 P 作 PQf，使它与直线 ADE 构成的角 PQE 与角 FIG 相等，并与直线 AB 相交于点 f，连接 fi。将直线 PE 和 PQ 面向 CE 和 PE 所在的一侧，并使字母 $PEiP$、$PEQP$ 的旋转顺序与字母 $FGHIF$ 一致。如果在直线 fi 上，按之前字母的相同顺序作四边形 $fghi$ 与四边形 $FGHI$ 相似，再围绕该四边形作外切于它的曲线轨道，问题得到解答。

至今为止，我在前面说的都是和轨道有关的解题方法，后面我要研究的问题是物体在轨道上的运动。

第 6 章　怎样求已知轨道上物体的运动

命题 30　问题 22

求在任意给定时刻，运动物体在抛物线轨道上所处的位置。

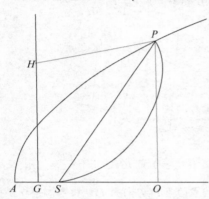

设点 S 为抛物线的焦点，A 为顶点，设 $4AS×M$ 等于被分割的部分抛物线面积 APS，其中，APS 既可以是以半径 SP 在物体离开顶点后所划过的面积，也可以是物体到达那里之前划过的部分。现在，我们知道这块截取的面积的量与它的时间成正比。G 为 AS 的中点，作垂直线段 GH 等于 $3M$，再以点 H 为圆心、HS 为半径作一个圆，这个圆与抛物线的交点 P 即为所求质量。作 PO 垂直于横轴，再作 PH，有下式成立：

$AG^2+GH^2=HP^2=(AO-AG)^2+(PO-GH)^2=AO^2+PO^2-2AO×AG-2GH×PO+AG^2+GH^2$，所以，$2GH×PO=AO^2+PO^2-2AO×AG=AO^2+\dfrac{3}{4}PO^2$，

然后用 $\dfrac{AO×PO^2}{4AS}$ 代替 AO^2，再将等式除以 $3PO$，乘以 $2AS$，可得到：

$GH×AS=\dfrac{1}{4}AO×PO+\dfrac{1}{2}AS×PO=\dfrac{4AO-3AO}{6}×PO=\dfrac{AO+3AS}{6}×PO=$ 面积 APO

$-$面积 $SPO=$ 面积 APS。因为 $GH=3M$，从而得到：$\dfrac{3}{4}GH×AS=4AS×M$。

所以，被切割的面积 APS 与给定面积 $4AS×M$ 相等。证毕。

推论 1　GH 与 AS 的比，等于物体划过弧 AP 所需时间与物体从顶点 A 到焦点 S 处主轴垂直线所截的一段弧所需时间之比。

推论 2　假设一个圆周 *ASP* 连续经过运动物体 *P*，并且物体在点 *H* 处的速度与在顶点 *A* 的速度之比为 3：8，那么，直线 *GH* 与物体在相同时间内在顶点 *A* 的速度和由 *A* 运动到 *P* 所走的直线路径之比也是 3：8。

推论 3　用以下方法可求出物体经过任意指定弧 *AP* 所需的时间。连接 *AP*，在它的中点作一条垂直线，然后在点 *H* 与直线 *GH* 相交。

引理 28

依靠有限项次和有限元的方程，无法解出任意直线切割的椭圆形面积。

假如在椭圆形内任意指定一点，一条直线将该点作为极点，绕它做连续匀速圆周运动；在该直线上，有一个可动点从极点不断向外移动，移动速度等于椭圆中直线长度的平方。在运动过程中，这一点的运动轨迹是转数无限的螺旋线。如果由提到的直线所切割的椭圆形面积能够用有限方程求出，那么，和该面积成正比的从动点到极点的距离也能以相同的方程求出，那么螺旋线上所有点都能用有限方程求出，而指定位置的直线与螺旋线的交点也能用有限方程求出。但是，每一条无限延伸的直线与螺旋线都相交于无限数量的点，而两条线的交点都能用方程解出，所以方程有多少个根就有多少个交点，有多少个交点也就应该有对应的次数。因为，两个圆周相交于两点，用二次方程可求出其中一个交点，用同样的方程可求出另一个交点。两条圆锥曲线可能有四个交点，任意一个交点一般只能用四次方程求出，而用四次方程可求出所有的交点。如果分别去找每一个交点，由于定律和条件都一样，因此无论如何，它的计算结果是相同的，说明它的解肯定包括了所有交点。圆锥曲线与三次曲线的交点最多有六个，必须用六次方程才能出。如果两条三次曲线相交，它的交点最多有九个，必须用九元方程才能求出。否则，所有的立体问题都可简化成平面问题，包括那些维数高于立体的问题也可简化成立体问题。但是，我在这儿研究的曲线方程的幂次却无法降低，因为方程幂次表明了曲线走向，一旦降低幂次，曲线就不再完整，而是由两条或多条曲线组合而成，它们的交点可由不同的计算分别求出。同理，直线与圆锥曲线的两个交点也需要由二次方程求出，而直线与三次曲线的三个交点需要用三次方程求出，与四次曲线的四个交点需用四次方程求出，这样可推广到无限。由于螺旋曲线是简单曲线，无法简化为更多的曲线，因此直线与螺旋曲线的无数个交点，就需要用次数和根都是无限多的方程来表达，因为所有定律和条件都相同。如果从极点作相交直线的垂直线段，并且垂直线段与相交直线均绕极点转动，那么螺旋线的交点会互相转变，在第一次旋转之后，第一个或最近的一个交点将变成第二个，在第二次旋转之后则会变为第三个，可依此类推至更多情况。当螺旋线的交点改变时，方程并不会变化，它能决定直线交点的位置。因此在每次转动之后，因为这些量会恢复初值，方程也会变为初始的形式，而同一个方程可求出的根能表示所有的交点。简要地说，有限方程不能求出直线与螺旋线的交点，也就是说，由直线任意切割出的椭圆形的面积，不能用有限方程来表示。

同理，如果螺旋线的极点与可动点的距离和被切割的椭圆形的边长成正比，那么边长通常不能用有限方程表示。但是我在这儿提到的椭圆形并不与向外无限延伸的共轭图形相切。

推论　以焦点到运动物体的半径为基础画出的椭圆面积，无法从给定时间内的有限次方程求出，也不能通过几何有理曲线来表示。在这儿，我称这些曲线是有理曲线，原因是上述的点都可以用以长度为未知数的方程求解，即由长度的复合比值确定。其余的曲线，如螺旋线、割圆曲线、摆线等，我称它们是几何无理曲线。它们的长度有的是整数之间的比，有的不是（根据欧几里得《几何原本》的卷十），它们在计算上是有理或无理的。因此，在之后的方法中，我将用几何上的无理曲线分割法对椭圆面积作分割，分割的面积与时间成正比。

命题 31　问题 23

找出物体在指定时间、指定的椭圆轨道上运动所处的位置。

作一个椭圆 APB，设 A 是椭圆 APB 的主要顶点，S 为焦点，O 是中心，以点 P 作为所求物体的场所。延长 OA 到点 G，使得 $OG : OA = OA : OS$。作长轴的垂线 GH，再以 O 为圆心，OG 为半径作圆 GEF。以直线 GH 为底边，设圆周 GEF 绕它的轴向前滚动，同时由点 A 作摆线

ALI，完成后，再以 *GK* 和圆周周长 *GEFG* 的比，等于物体从点 *A* 前进划出弧 *AP* 所需的时间与绕椭圆旋转一周的时间之比。作垂线 *KL*，和摆线交于点 *L*，再作 *LP* 和 *KG* 平行，交椭圆于点 *P*，点 *P* 就是所求物体的位置。

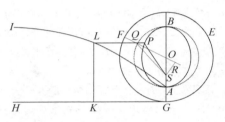

证明：以点 *O* 为圆心，*OA* 为半径作出半圆 *AQB*，使 *LP* 延长后交弧 *AQ* 于点 *Q*，连接 *SQ*、*OQ*。将 *OQ* 交弧 *EFG* 于点 *F*，作 *OQ* 上的垂线 *SR*。则面积 *APS* 与面积 *AQS* 成正比，它和扇形 *OQA* 和三角形 *OQS* 的差成正比，或与 $\frac{1}{2}OQ \times AQ$ 和 $\frac{1}{2}OQ \times SR$ 的差成正比，由于 $\frac{1}{2}OQ$ 已指定，因此，与弧 *AQ* 和直线 *SR* 的差也成正比。又因为 *SR* 与弧 *AQ* 的矢之比，*OS* 和 *OA* 的比、*OA* 与 *OG* 的比、*AQ* 与 *GF* 的比，以及 *AQ-SR* 与 *GF-弧 AQ* 的矢的比都相等，所以面积 *APS* 与 *GF* 和弧 *AQ* 的矢之差成正比。证毕。

附注

由于要作出这条曲线较难，所以在此最好用近似求解法。首先，选择一个定角 *B*，使它和半径的对应角——大小为的 57. 295 78° 角的比，等于焦距 *SH* 与椭圆直径 *AB* 的比。再找到长度 *L*，使它和半径的反比也为这个比值。然后，用下列分析方法来解题：

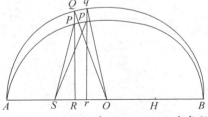

首先，我们假设场所 *P* 接近物体的真实场所 *p*。在椭圆的主轴上作纵标线 *PR*，根据椭圆直径的比例，我们可求出外切圆 *AQB* 的纵标线 *RQ*。以 *AO* 为半径，与椭圆相交于点 *P*，那么，该

纵标线就是角 AOQ 的正弦。如果该角只是由数字近似求得，那么只要能接近真实值就行了。假设这个角与时间成正比，那么它与四个直角的比，等于物体经过弧 Ap 所需的时间与绕椭圆一周所需时间的比。将该角设为 N，另取一个角 D，使其和角 B 的比等于角 AOQ 的正弦与半径的比。取角 E，使其和角 $N-AOQ+D$ 之比等于长度 L 比 L 与角 AOQ 余弦之差。其次，取角 F，使它和角 B 的比等于角 $AOQ+E$ 的正弦与半径的比；再取角 G，使其和角 $N-AOQ-E+F$ 等于长度 L 比 L 与角 $AOQ+E$ 的余弦之差。再次，取角 H，使它和角 B 的比等于角 $AOQ+E+G$ 的正弦与半径的比；再取角 I，使它和角 $N-AOQ-E-G+H$ 的比等于长度 L 与 L 减去角 $AOQ+E+G$ 的余弦的比。这样一直推广到无限。最后，取角 AOq，使其等于角 $AOQ+E+G+I+\cdots$。通过它的余弦 Or 和纵坐标 pr（pr 和它的正弦 qr 的比等于椭圆短轴与长轴的比），能得到物体的准确场所 p。当角 $N-AOQ+D$ 为负值时，那么角 E 前的加号应改为减号，而减号应改为加号。同样，当角 $N-AOQ-E+F$ 和角 $N-AOQ-E-G+H$ 为负时，角 G 和 I 前的符号也要做相应改变。但是无穷级数 $AOQ+E+G+G+I+\cdots$有很快的收敛速度，通常几乎不用计算到第二项 E 后面。用这个定理计算，面积 APS 等于弧 AQ 和由焦点 S 垂直于半径 OQ 的直线的差。

用类似方法计算，也能解决双曲线中的相似问题。设曲线中心为 O，顶点为 A，焦点为 S，渐近线是 OK。设和时间成正比，并且被分割的面积已知，用 A 来表示，假设直线 SP 的位置接近于分割面积 APS。连接 OP，用点 A 和 P 作到渐近线的直线 AI 和 PK，使它们和另一条渐近线平行。根据对数表，可确定面积 $AIKP$，并确定面积 OPA 和它相等，面积 OPA 是从三角形 OPS 分割出的面积，APS 是剩余的部分。用 $2APS-2A$ 或 $2A-2APS$，即被分割的面积 A 与面积 APS 的差的两倍，除以过焦点 S 且垂直于切线 TP 的直线 SN，可得到弦 PQ 的长度。如果被切割的面积 APS 大于被切下的面积 A，弦 PQ 则内接于点 A 和 P 之间，如果是其他情形，则指向点 P 的相反一侧，而点 Q 就是物体所在的更准确的场所。不断重复计算，精度会越来越高。

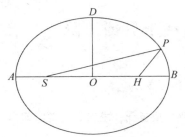

运用上述计算方法，能得出一种解决这类问题的普通分析方法。然而，下面的特殊计算方法更适合天文学。

设 AO、OB 和 OD 是椭圆的半轴，L 是直径，D 是短半轴 OD 与 $\dfrac{L}{2}$ 的差，找出一个角 Y，满足以下条件：它的正弦与半径的比等于 D 和 $AO+OD$（长轴与短轴和的一半）的乘积与长轴的平方的比。然后，找出角 Z，满足以下条件，它的正弦与半径的比，等于焦距 SH 和 D 乘积的两倍与二分之一长轴 AO 平方的三倍的比。这些角确定后，物体的场所也就能确定。取角 T 正比于画出弧 BP 所需的时间，或者与平均运动相等，取角 V 为平均运动的第一均差，使它和第一最大均差角 Y 的比，等于角 T 的正弦与半径的比的两倍；再取角 X 为第二差，使它与第二大均差角 Z 的比，等于角 T 正弦的立方与半径立方的比。然后取角 BHP 为平均运动，如果角 T 小于 90 度，则使其等于角 T、V、X 的和；如果角 T 大于 90 度，小于 180 度，则使它等于角 T、V、X 的差 $T+X-V$；如果 HP 交椭圆于点 P，作出 SP，则 SP 分割的面积 BSP 接近正比于时间。

这一方法非常便捷，因为所取的角 V 和 X 的角度很小。通常只需求到它们第一数字前的两三位就够了。与此类似，我们还能用这个方法来解答行星运动的问题。因为，即使是火星在轨道上的运动，其误差往往也不会超过一秒。因此，在求出平均运动角 BHP 后，真实运动角 BSP 和距离 SP 也能轻易用此方法求出。

在此，我们研究的都是有关物体在曲线中的运动。但是，在现实生活中，也会碰上运动物体沿直线上下的问题，现在，我们将继续研究这类运动的有关问题。

第7章 物体的直线上升或下降

命题 32 问题 24

设向心力与从中心到场所距离的平方成反比，求出在给定时间内物体沿直线下落所经过的距离。

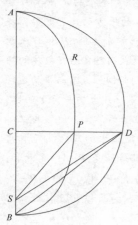

情形 1 如果物体不是垂直下落，那么根据命题 13 的推论 1，物体将以焦点在力中心上的圆锥曲线为运动路径。设该圆锥曲线是 *ARPB*，其焦点为 *S*。如果物体的运动轨迹表现为一个椭圆，在长轴 *AB* 上作出半圆 *ADB*，使直线 *DPC* 穿过下落物体，并和主轴成直角。分别作 *DS* 和 *PS*，使面积 *ASD* 与面积 *ASP* 成正比，并与时间成正比。如果宽度无限减小，轨迹 *APB* 即将与轴 *AB* 重合，焦点 *S* 与轴的极点 *B* 重合，物体沿直线 *AC* 下落，而面积 *ABD* 将与时间成正比。所以，如果面积 *ABD* 与时间成正比，并且经过点 *D* 的直线 *DC* 与直线 *AB* 垂直，那么物体在给定的时间内从场所 *A* 垂直下落经过的距离就能求出。

情形 2 如果图形 *RPB* 是双曲线，在同一主轴 *AB* 上作出直角双曲线 *BED*，因为面积 *CSP*、*CBfD*、*SPfB* 与面积 *CSD*、*CBED*、*SDEB* 的比都是给定值，面积 *SPfB* 与物体 *P* 经过弧 *PfB* 所需时间成正比，所以，面积 *SDEB* 也和时间成正比。将双曲线 *RPB* 的通径减小，而横轴保持不变，那

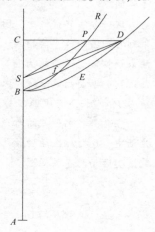

么弧 *PB* 会和直线 *CB* 重合，焦点 *S* 和顶点 *B* 重合，直线 *SD* 和直线 *BD* 重合。图形 *BDEB* 的面积与物体 *C* 沿着曲线 *CB* 垂直下落所需时间成正比。证毕。

情形 3　同理，如果图形 *RPB* 是抛物线，用同一顶点 *B* 作另一条抛物线 *BED*。此时，物体 *P* 沿前一条抛物线的边界运动，随着前一条抛物线的通径逐渐缩小，直到最后变成零，物体 *P* 最终将与直线 *CB* 重合，而抛物线截面 *BDEB* 会与物体 *P* 或物体 *C* 下落至中心 *S* 或中心 *B* 所用时间成正比。证毕。

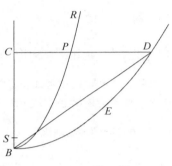

命题 33　定理 9

根据之前的假设，下落物体在任意一处 *C* 的速度与物体围绕以 *B* 为中心、*BC* 为半径的圆周运动速度的比，等于物体到圆周或直角双曲线上较远顶点 *A* 的距离与图形主半径 $\frac{1}{2}AB$ 比值的平方根。

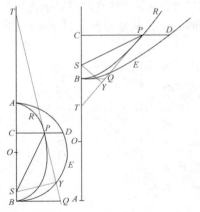

设 *AB* 是两个图形 *RPB* 和 *DEB* 的公共直径，并在 *O* 点等分为两个部分。作直线 *PT* 在点 *P* 与图形 *RPB* 相切，并与公共直径 *AB* 在点 *T* 相交。作 *SY* 与该直线垂直，*BQ* 与直径 *AB* 垂直，设图形 *RPB* 的通径为 *L*。根据命题 16 的推论 9，物体由中心 *S* 沿着曲线 *RPB* 运动，在任意一处 *P* 的速度，与物体围绕同一点中心、半径为 *SP* 的圆运

动的速度的比，等于 $\frac{1}{2}L \times SP$ 与 SY^2 的比的平方根。另外，根据圆锥曲线的性质，$AC \times CB$ 与 CP^2 的比等于 $2AO$ 与 *L* 的比，即 $\dfrac{CP^2 \times 2AO}{AC \times CB} = L$。这

些速度互相之间的比等于 $\dfrac{CP^2 \times AO \times SP}{AC \times CB}$ 与 SY^2 比的平方根。另外，根据

圆锥曲线的性质，$CO : BO = BO : TO$，由分比或合比，也等于 CB :

BT。另外，$AC : AO = CP : BQ = TC : BT$，所以 $\dfrac{CP^2 \times AO \times SP}{AC \times CB} =$

$\dfrac{BQ^2 \times AC \times SP}{AO \times BC}$。现在，假设图形 RPB 的宽 CP 无限减小，以至点 P 与点

C 重合、点 S 与点 B 重合、直线 SP 与直线 BC 重合、SY 与 BQ 重合，

那么，此时物体沿着直线 CB 垂直下落的速度与物体绕以 B 为圆心、

BC 为半径的圆运动速度的比，等于 $\dfrac{BQ^2 \times AC \times SP}{AO \times BC}$ 与 SY^2 比的平方根，如

果约掉相同比值 $\dfrac{SP}{BC}$、$\dfrac{BQ^2}{SY^2}$，则等于 AC 比 AO 或 $\dfrac{1}{2}AB$ 的平方根。证毕。

推论 1 当点 B 和点 S 重合时，$TC : TS = AC : AO$。

推论 2 物体用给定距离围绕中心做圆周旋转，如果运动方向变为
垂直向上，物体将沿上升方向升到距离中心 2 倍的高度。

命题 34 定理 10

如果图形 BED 是抛物线，那么下落的物体在任意场所 C 的速度，
等于物体围绕以点 B 为圆心、BC 的一半为半径的圆做匀速运动的
速度。

根据命题 16 的推论 7，物体在任意场
所 P 沿着以 S 为中心的抛物线 RPB 运动的
速度，等于物体围绕以点 S 为圆心、以 SP
的一半为半径的圆做匀速运动的速度。将
抛物线的宽 CP 无限缩小，使抛物线的弧
PfB 与直线 CB 重合、中心 S 与顶点 B 重
合、SP 与 BC 重合，命题成立。证毕。

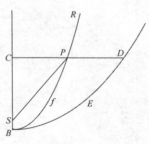

命题 35 定理 11

根据相同的假设，由不定长的半径 SD
画出的图形 DES 的面积，等于物体在相同时间内围绕以 S 为圆心、以
图形 DES 的通径一半为半径的圆做匀速运动所划出的面积。

假设物体 C 在极短时间内下落到一条无限小的直线 Cc 上，同时，另一物体 K 围绕以 S 为圆心的圆 OKk 做匀速运动，划出一条弧 Kk。作垂线 CD、cd，交图形 DES 于点 D 和 d。连接 SD、Sd、SK、Sk，并作 Dd 交轴 AS 于点 T，再作 Dd 的垂线 SY。

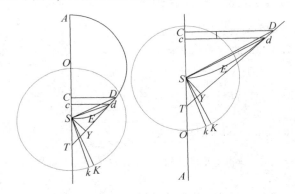

情形 1　如果图形 DES 是圆形或直角双曲线，以点 O 平分它的横向直径 AS，SO 则为通径的一半。因为 $TC:TD=Cc:Dd$，$TD:TS=CD:SY$，所以 $TC:TS=(CD{\times}Cc):(SY{\times}Dd)$。根据命题 33 的推论 1，$TC:TS=AC:AO$，如果点 D 与点 d 合并，取其直线的最终比值，则 $AC:AO$（或 SK）$=(CD{\times}Cc):(SY{\times}Dd)$。另外，根据命题 33，下落物体在点 C 的速度，与物体围绕以 S 为圆心、以 SC 为半径的圆运动的速度之比，等于 AC 与 AO 或 SK 的平方根比。根据命题 4 的推论 6，下落物体的速度与物体沿圆周 OKk 运动的速度之比，等于 SK 与 SC 的平方根的比，所以，第一个速度与最后一个速度之比，即小线段 Cc 与弧 Kk 的比，等于 AC 与 SC 的平方根比，也就是 $\dfrac{AC}{CD}$。所以，$CD{\times}Cc=AC{\times}Kk$，$AC:SK=(AC{\times}Kk):(SY{\times}Dd)$，并且 $SK{\times}Kk=SY{\times}Dd$，$\dfrac{1}{2}SK{\times}Kk=\dfrac{1}{2}SY{\times}Dd$，所以面积 KSk 等于面积 SDd。因此，在每一个时间的间隙中，都将产生两个相等的面积 KSK 和 SDd，如果它们的大小无限减小，并且数目无限增多，那么，它们同时产生的整体面积将相等。证毕。

情形 2　由情形 1 可知，如果图形 *DES* 是抛物线，那么（*CD*×*Cc*）∶（*SY*×*Dd*）= *TC*∶*TS*，比值为 2∶1。所以，*CD*×*Cc* = 2*SY*×*Dd*。但是，根据命题34，下落物体在点 *C* 的速度等于它绕半径为 $\frac{1}{2}SC$ 的圆做匀速运动的速度，而这一速度和物体绕半径为 *SK* 的圆做匀速运动的速度的比，等于小线段 *Cc* 与 *Kk* 的比，*SK* 与 $\frac{1}{2}$ 比值的平方根，即等于 *SK* 与 $\frac{1}{2}CD$ 的比。由于 2*SK*×*Kk* = *CD*×*Cc*，

也等于 2*SY*×*Dd*。所以，面积 *KSk* 与面积 *SDd* 相等。证毕。

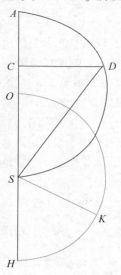

命题 36　问题 25

求物体从指定场所 *A* 落下时需要的时间。

在直径 *AS* 上作半圆 *ADS*，再以 *S* 为圆心作相同的半圆 *OKH*。根据物体的任意位置 *C* 作出纵坐标线 *CD*，连接 *SD*，使扇形 *OSK* 与面积 *ASD* 相等。显然，根据命题35，该物体下落时将划过距离 *AC*，而另一物体在相同时间内将围绕中心 *S* 做匀速圆周运动，并划过弧 *OK*。证毕。

命题 37　问题 26

求从指定处向上或向下抛出的物体上升或下落所需要的时间。

假设物体离开指定位置 *G*，以任意速度沿直线 *GS* 下落，设该速度与物体沿圆周匀速运动的速度之比的平方是 *GA*∶$\frac{1}{2}AS$，圆以 *S* 为圆

心、以指定距离 SG 为半径。如果比值为 2：1，那么，点 A 在无限远处。若情形如此，可根据命题 34，画出一条抛物线，其顶点为 S，轴为 SG。如果该比值小于或大于 2：1，那么根据命题 33，需在直径 SA 上，分别画出圆周或直角双曲线。然后，以 S 为圆心、以通径的一半为半径作出圆周 HkK。然后，在物体初始上升或下落的位置 G 和任意位置 C，作垂线 GI、CD，交圆锥曲线或圆周于点 I 和 D，连接 SI 和 SD，使扇形 HSK、HSk 与弓形 $SEIS$、$SEDS$ 相等，那么根据命题 35，物体 G 划过距离 GC，此时，物体 K 划过弧 Kk。证毕。

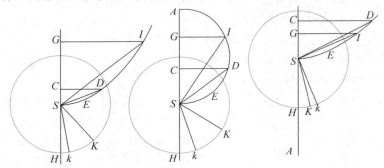

命题 38　定理 12

假设向心力与从中心到场所的高度或距离成正比，那么物体下落的时间、速度和下落所经过的距离，分别与弧、弧的正弦和正矢成正比。

假设物体从任意位置 A 沿直线 AS 下落，并以力的中心 S 为圆心，以 AS 为半径，画出一个四分之一的圆 AES。以 CD 为任意弧 AD 的正弦，物体 A 则将在时间 AD 内下落并经过距离 AC，同时，在位置 C 将产生速度 CD。

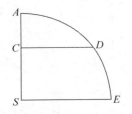

这一点可以用命题 10 证明，如同命题 32 是用命题 11 证明的一样。

推论 1　物体由位置 A 下落到中心 S 所需的时间，与另一物体绕四分之一弧 ADE 旋转所需的时间相等。

推论 2　物体由任意场所下落到达中心所需的时间都是相等的，因为，根据命题 4 的推论 3，所有旋转物体的周期都相等。

命题 39　问题 27

假设向心力的类型为任意的，而曲线图形的面积已指定，求出物体沿直线上升或下降通过不同场所时的速度，以及它到达任意一个场所时所需的时间。反之，已知物体的速度和运动的时间，求物体所在的场所。

设物体 E 从任意场所 A 沿直线 ADEC 下落，再假设在场所 E 上有一条垂线 EG 与该点指向中心的向心力成正比。作一曲线 BFG，该曲线为点 G 的轨迹。如果在运动开始处设 EG 与垂线 AB 重合，那么，物体在任意场所 E 的速度将等于一条直线线段，该线段的平方等于曲线围成的面积 ABGE。证毕。

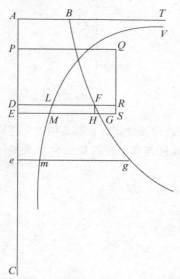

在 EG 上取 EM 与一直线线段成反比，该直线线段的平方等于面积 ABGE。设 VLM 是一条曲线，M 是该曲线上的一点，直线 AB 是曲线的渐近线，则物体沿直线 AE 下落的时间和曲线围成的面积 ABTVME 成正比。证毕。

在直线 AE 上取指定长度的小线段 DE，设物体在点 D 时直线 EMG 所在的场所是 DLF，如果向心力使一条直线线段的平方等于面积 ABGE，并和下落物体的速度成正比，那么该面积将和速度的平方成正比。如果在点 D 和 E 的速度分别被 V、V+I 代替，那么面积 ABFD 将与 V^2 成正比，面积 ABGE 与 $V^2+2VI+I^2$ 也成正比。由分比可得，面积 DFGE 和 $2VI+I^2$ 成正比，因此，$\dfrac{DFGE}{DE}$ 和 $\dfrac{2VI+I^2}{DE}$ 成正比。

所以，如果用这些量的最初值，那么长度 DF 会与量 $\dfrac{2VI}{DE}$ 成正比，同时

也和该量的一半 $\dfrac{VI}{DE}$。但是，物体下落所经过的极小线段 DE 的时间与该线段成正比，而与速度 V 成反比，力则将与速度的增量 I 成正比，与时间成反比。所以，如果用这些量的最初比值，力将与 $\dfrac{VI}{DE}$ 成正比，即和长度 DF 成正比，即与 DF 或 EG 成正比的力，将促成物体速度等于一条直线线段，该线段的平方等于曲线围成的面积 $ABGE$。证毕。

另外，由于指定长度的极小线段 DE 与速度成反比。所以，它也和平方等于曲线 $ABFD$ 围成的面积的直线成反比。由直线 DL 可知，初始曲线面积 $DLME$ 将与相同直线成反比，时间与曲线面积 $DLME$ 成正比，那么，时间的总和将与所有面积的总和成正比。即根据引理 4 的推论，经过直线 AE 所需的时间与整个面积 $ATVME$ 成正比。证毕。

推论 1 以点 P 作为物体下落的起点，当物体受到任意已知均匀向心力作用而在场所 D 获得的速度，与另一物体在任意力作用下而下落到相同场所获得的速度相等。在垂线 DF 上截取 DR，使其与 DF 的比，等于均匀力与在场所 D 同另一个力的比。作矩形 $PDRQ$，并切割面积 $ABFD$，使它和这个矩形相等。将点 A 作为另一物体的场所，那么物体将从该场所下落。作出矩形 $DRSE$ 后，区域 $ABFD$ 和 $DFGE$ 的面积比等于 $V^2 : 2VI$，即 $\dfrac{1}{2}V : I$，等于总速度的一半与物体速度增加的量的比，类似于区域 $PQRD$ 和 $DRSE$ 的面积比等于总速度的一半与物体由均匀力产生的物体速度增量的比。因为这些增量与产生它的力成正比，所以它与纵标线 DF、DR 成正比，与区域 $DFGE$、$DRSE$ 成正比，整个区域 $ABFD$、$PQRD$ 互相的比值与总速度的一半成正比，因为这些速度相等，区域的面

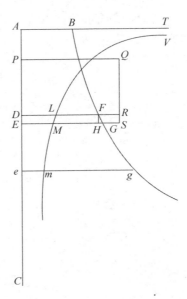

积也相等。

推论 2　如果在任意场所 D，将任意物体用指定速度向上或向下抛出，根据向心力的定律，物体在其他任意场所 e 的速度可按以下方法求出：

作出纵标线 eg，并使场所 e 的速度与物体在场所 D 的速度等于一条直线，该直线的平方等于矩形 $PQRD$ 的面积。如果场所 e 的位置低于场所 D，则应该加上曲线围成的面积 $DFge$，如果场所 e 高于场所 D，应该减去曲线围成的面积 $DFge$。

推论 3　作纵标线 em，使其和 $PQRD \pm DFge$ 的平方根成反比，设物体经过直线 De 的时间与另一物体受均匀力作用时，从点 P 下落到点 D 的时间之比，等于曲线围成面积 $DLme$ 与 $2PD \times DL$ 的比。物体受均匀力作用沿直线 PD 下落的时间与相同物体穿过直线 PE 的时间之比，等于 PD 与 PE 的平方根比，也等于 PD 与 $PD + \frac{1}{2}DE$ 的比，或 $2PD$ 与 $2PD + DE$ 的比。由分比可得，它与物体穿过极小线段 DE 所用时间的比，等于 $2PD$ 与 DE 的比，也等于乘积 $2PD \times DL$ 与曲线围成的面积 $DLME$ 之比，而这两个物体穿过极小线段 DE 所用的时间与物体沿直线 De 做不均匀运动所用的时间之比，等于面积 $DLME$ 与面积 $DLme$ 的比。在上述时间中，第一个时间与最后一个时间的比，等于乘积 $2PD \times DL$ 与面积 $DLme$ 的比。

第 8 章　怎样确定物体受任意类型向心力 作用下运动的轨道

命题 40　定理 13

如果某一物体在任意向心力的作用下，以任意方式进行运动，同时，另一物体沿直线上升或下落，那么，当它们处在一个相同高度时，它们的速度相等，并且在所有的相等高度上，它们的速度也相等。

设一物体从点 A 下落，经过点 D 和点 E 到达中心 C，而另一物体从点 V 沿曲线 $VIKR$ 运动。以点 C 为中心，任意半径作同心圆 DI、EK，且与直线 AC 相交于点 D 和 E，与曲线 VIK 相交于点 I 和点 K，作 IC 在点 N 与 KE 相交，再作 IK 的垂线 NT。假设这两个圆的间距 DE 和 IN 为无限小，再假设物体在点 D 和点 I 速度相等，由于距离 CD 和 CI 相等，那么，在点 D 和点 I 的向心力也相等。这些向心力可用相等的线段 DE 和 IN 表示，根据运动定律的推论 2，可将力 IN 分解为 NT 和 IT 两部分，而作用在直线 NT 方向的力 NT 则垂直于物体的路径 ITK，在该路径上，这个力不会对物体的速度产生任何影响或改变，但会使物体脱离直线路径并不断偏离轨道切线，从而进入曲线轨道 $ITKR$，这表明这个力只产生这样一种作用。而另一个力 IT 的作用则发生在物体的运动方向上，它将对物体的

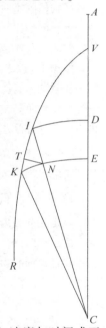

运动进行加速，在极短的时间内，因这个力产生的加速度与时间成正比。因此，在相等的时间里，物体在点 D 和 I 产生的加速度与线段 DE、IT 成正比，在不相等的时间里，则与线段 DE、IT 和时间的乘积成正比。但因为物体在点 D、I 的速度相等，而且经过直线 DE 和 IK 的

时间与距离 DE 和 IK 成正比，所以物体经过线段 DE 和 IK 的加速度之比等于 DEI、IT 和 DEIIT 的积，也就是 DE 的平方与 IT 乘积的比。由于 IT×IK 等于 IN 的平方，也就等于 DE 的平方，因此，物体从点 D、I 到 E、K 所产生的加速度也相等，在 E 和 K 的速度也同样相等。同理可知，之后只要距离相等，它们的速度也总是相等。证毕。

同理，与中心距离相等且速度相等的物体，在向相等距离上升时，其减速的速度也相等。

推论 1　物体无论是悬挂在绳上摆动，还是被迫沿光滑平面做曲线运动，另一物体沿直线上升或下落，只要在某一相同高度它们有相同的速度，那么在其他所有相同高度上，它们的速度都相等。因为物体在悬挂物体的垂线上或在完全平滑的物品上运动时，它的横向力 NT 也会产生相同作用，但物体的运动不会因为它而产生加速或减速，只是使它偏离直线轨道。

推论 2　设量 P 为物体由中心所能上升到的最大距离，即，无论是摆动还是圆周运动，在曲线轨道上任何一个地方以该点的速度向上能最终移动的距离；如果将量 A 作为物体从中心到轨道上任意点的距离，再使 A^{n-1} 与向心力始终成正比，其中指数 $n-1$ 为任意数 n 减去 1，那么，物体在任意高度 A 的速度将与 $\sqrt{P^n - A^n}$ 成正比，而它们的比值也是固定的，因为根据命题 39，这就是物体沿直线上升或下落的速度。

命题 41　问题 28

设指定向心力的类型和曲线的面积，求出物体运动的轨道和在轨道上的运动时间。

将任意向心力指向中心 C，求出曲线轨道 VIKk。已知一个给定圆

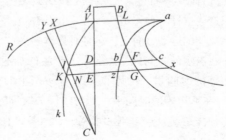

VR 的圆心为 C、任意半径为 CV。再由同一圆心作出另外两个任意圆 ID 和 KE，并在点 I 和点 K 与曲线轨道相交，在点 D 和点 E 与直线 CV 相交。再作直线 $CNIX$，在点 N 和点 X 与圆周 KE、VR 相交，作直线 CKY，与圆 VR 在点 Y 相交。将点 I 向点 K 无限靠近，并使物体由点 V 通过 I 和 K 运动到点 k。再设点 A 为另一物体从此下落的场所，并使其在场所 D 的速度与第一个物体在场所 I 的速度相等。下面采用命题 39 的方法求证：在极短时间内，物体所经过的线段 IK 将与速度成正比，因此也和一条线段成正比，该线段的平方等于曲线围成的面积 $ABFD$，所以与时间成正比的三角形 ICK 可确定，那么，当任意量 Q 指定后，高度 IC 等于 A 时，线段 KN 将与高度 IC 成反比，而与 $\dfrac{Q}{A}$ 成正比。如果用 Z 代替量 $\dfrac{Q}{A}$，并假设 Q 的大小在某种情况下使 $\sqrt{ABDF}:Z=IK:KN$，而 $ABFD:ZZ=IK^2:KN^2$，由分比可得 $(ABFD-ZZ):ZZ=IN^2:KN^2$，因此 $\sqrt{ABFD-ZZ}$ 比 Z 或 $\dfrac{Q}{A}$，等于 IN 比 KN；$A\times KN=\dfrac{Q\times IN}{\sqrt{ABFD-ZZ}}$。又由 $YX\times XC:A\times KN=CX^2:AA$，得 $YX\times XC=\dfrac{Q\times IN\times CX^2}{AA\sqrt{ABFD-ZZ}}$。

在垂线 DF 上取 Db、Cc，使它分别等于 $\dfrac{Q}{2\sqrt{ABFD-ZZ}}$ 和 $\dfrac{Q\times CX^2}{2AA\sqrt{ABFD-ZZ}}$。以 b 和 c 为曲线 ab、ac 的焦点，由点 V 作直线 AC 上的垂线 Va，切割曲线面积 $VDba$ 和 $VDca$，并作出纵标线 Ez 和 Ex。由于 $Db\times IN$ 或 $DbzE$ 等于 $A\times KN$ 的一半或等于三角形 ICK；$DC\times IN$ 或 $DcxE$ 等于 $YX\times XC$ 的一半或等于三角形 XCY。因为区域 $VDba$、VIC 的新生极小量 $DbzE$、ICK 始终相等，区域 $VDca$、VCX 的新生极小量 $DcxE$ 和 XCY 也始终相等。因此，由此产生的面积 $VDba$ 也将和面积 VIC 相等，与时间成正比，而由此产生的面积 $VDca$ 与产生的扇形面积 VCX 也相等。如果物体在任意指定时间内由点 V 开始运动，那么区域 $VDba$ 与时间成正

比也同样可确定，而物体的高度 CD 或 CI 也能确定，区域面积 VDca、扇形 VCX 和其角 VCI 也都可以确定。那么，通过已经指定的角 VCI、高度 CI，就可求出物体最后所在的场所。证毕。

推论 1　曲线轨道的回归点，即物体的最大高度和最小高度较易求出。因为当直线 IK 和 NK 相等，即区域 ABFD 的面积和 ZZ 相等时，由中心所作的直线 IC 经过这些回归点，并垂直于轨道 VIK。

推论 2　通过物体的指定高度 IC，很容易就能求出曲线轨道在任意场所与直线 IC 的夹角 KIN，亦即，使该角的正弦与半径的比为 KN 比 IK，比值等于 Z 与区域 ABFD 面积平方根的比。

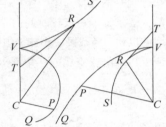

推论 3　如果过中心 C 和顶点 V，作一条圆锥曲线 VRS，并在曲线上任意一点，例如 R，作切线 RT 在点 T 与无限延长的轴 CV 相交。连接 CR，作直线 CP，使它与横标线 CT 相等，使角 VCP 与扇形 VCR 成正比。如果指向中心的向心力与从中心到物体场所距离的立方成反比，并在场所 V 以一定速度沿垂直于直线 CV 的方向抛出一个物体，那么该物体将一直沿轨道 VPQ 运动，并总是与点 P 相切。如果圆锥曲线 VRS 为双曲线，则物体将会下落至中心处；如果为椭圆，物体将不断上升，最后升到无限远。相反，如果物体以某速度离开场所 V，而根据它是直接落向中心还是从此处倾斜上升，可确定图形 VRS 是双曲线或椭圆，并且还可以按指定比值增大或减小角 VCP 来求出该曲线轨道。如果向心力变成离心力，则物体将偏离轨道 VPQ。如果角 VCP 与椭圆扇形 VRC 成正比，CP 在长度上等于 CT，则可解出该轨道。以上这些都能通过确定的曲线面积求出，计算方法也很简捷，因此不再赘述。

命题 42　问题 29

已知向心力定律，求证在指定场所，用指定速度沿指定直线方向抛出的物体的运动。

假设条件和上述三个命题相同，将物体从场所 I 抛出，沿小线段 IK 方向运动。而另一物体在均匀向心力作用下，由场所 P 向 D 运动，

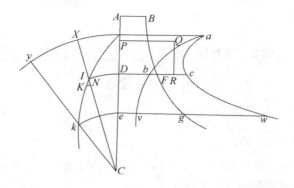

两个物体的运动速度相等。设该均匀力与物体在地方 *I* 受到的作用力的比，等于 *DR* 与 *DF* 的比。再使物体向点 *k* 运动，并以中心 *C* 为圆心、*Ck* 为半径作圆形 *ke*，在点 *e* 与直线 *PD* 相交。作出曲线 *BFg*、*abv*、*acw* 上的纵标线 *eg*、*ev*、*ew*。由指定矩形 *PDRQ* 和向心力定律，曲线 *BFg* 可根据命题 27 和推论 1 的作图求出，并且，通过已知角 *CIK*，可求出初始线段 *IK* 与 *KN* 的比值。同样，由命题 28 的图，可求出量 *Q* 和曲线 *abv*、*acw*。因此，在任意时间 *Dbve* 结束时，求出物体 *Ce* 或 *Ck* 的高度、与扇形 *XCy* 面积相等的 *Dcwe* 面积和角 *ICk*，那么，物体所在的场所 *k* 也就能求出。证毕。

在以上命题中，假设向心力可按某种规律与中心的间距不断变化，然而在以中心为起点的相等距离处，向心力始终相等。

至今我们讨论的物体运动都在不动的轨道上运动，下面，我将就物体在轨道上的运动，而轨道围绕力发热中心转动的问题，补充一些相关内容。

第 9 章　物体沿运动轨道进行运动和在回归点的运动

命题 43　问题 30

将一物体沿着围绕力中心旋转的轨道运动，另一物体在静止的轨道上做相同的运动。

在给定位置的轨道 VPK 上，物体 P 从 V 旋转向 K。由中心 C 作 Cp 等于 CP，角 VCp 与角 VCP 成正比，那么直线 Cp 所通过的区域面积与直线 CP 在相同时间内通过的区域 VCP 面积的比，等于直线 Cp 通过区域面积的速度与直线 CP 通过的速度比，就等于角 VCp 和角 VCP 的比，因此，这一比值是指定值，并与时间成正比。因

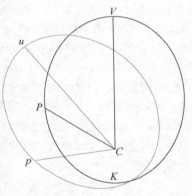

为直线 Cp 在固定平面上所划过的面积与时间成正比，所以物体受到一定的向心力作用，可和点 p 一起沿曲线做旋转运动，根据之前的证明，这条曲线可由同一个点 p 在固定平面上画出。如果让角 VCu 和角 PCp 相等、直线 Cu 和 CV 相等、图形 uCp 与图形 VCP 相等，则物体将总是处在点 p 上，并沿旋转图形 uCp 做圆周运动，它围绕弧 up 做旋转运动所用的时间，和另一物体 P 在固定图形 VPK 画出相似弧 VP 的用时相同。根据命题 6 的推论 5，如果找到使物体沿曲线做旋转运动的向心力，则问题可解。证毕。

命题 44　定理 14

两个物体做相同运动，其中一个在静止轨道上，另一个在旋转的相同轨道上，则驱使它们运动的力的差与物体的相同高度的立方成反比。

108

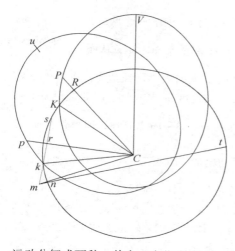

设静止轨道 *VP*、*PK* 部分与旋转轨道的 *up*、*pk* 部分相似且相等，再设点 *P* 和 *K* 之间的距离为极小值。由点 *k* 作直线 *pC* 的垂线 *kr*，并延长至点 *m*，使 *mr* 和 *kr* 的比等于角 *VCp* 和角 *VCP* 的比。由于物体高度 *PC* 与 *pC*、*KC* 和 *kC* 始终相同，因此直线 *PC* 和 *pC* 的增量或减量也始终相等。根据运动定律推论 2，可将物体在场所 *P* 和 *p* 的每种运动分解成两种，其中一个指向中心，或沿直线 *PC*、*pC* 的方向运动，另一个则与前一个垂直，即沿直线 *PC* 和 *pC* 的方向做横向运动，但二者指向中心的运动均相等。此外，物体 *p* 的横向运动与物体 *P* 的横向运动之比，等于直线 *pC* 的角运动和直线 *PC* 的角运动之比，即等于角 *VCp* 和角 *VCP* 的比。亦即，在相等时间里，物体 *P* 从两个方面运动到达点 *K*，而朝中心做相等运动的物体 *p*，则由 *p* 运动到 *C*。当运动时间结束时，它将停在直线 *mkr* 的某处，这条直线经过点 *k*，并垂直于直线 *pC*，*p* 的横向运动也将使它移动的距离和 *pC* 长度一样，该距离与另一物体 *P* 所获得的到直线 *PC* 的距离的比，等于物体 *p* 的横向运动与物体 *P* 的横向运动之比。因为 *kr* 等于物体 *P* 到直线 *PC* 的距离，且 *mr* 与 *kr* 的比等于角 *VCp* 与角 *VCP* 的比，就等于物体 *p* 的横向运动与物体 *P* 的横向运动之比。因此，当运动时间结束时，物体 *p* 将停在场所 *m*。产生这种情况是因为物体 *p* 和 *P* 沿直线 *pC* 和 *PC* 做相等的运动，它们在各自的方向上受力相等。但是，如果取角 *pCn* 与角 *pCk* 的比等于角 *VCp* 与角 *VCP* 的比，设 *nC*=*kC*，那么，在运动时间结束时，物体 *p* 将位于场所 *n*。如果角 *nCp* 大于角 *kCp*，物体 *p* 受到的力就大于物体 *P* 受到的力，如果轨道 *upk* 以大于直线 *CP* 两倍的速度向前运动或向后退，那么，物体 *p* 受到的力要大于物体 *P* 所受的力，如果轨道以较慢的速度向后运动，物体受到的力就较小。而力的差将和场所的距离 *mn* 成正比。以 C 为中心、以间隔 Cn 或 Ck 为半径画出一个圆，交直线 mr、mn 的延长线于点 s 和 t，则乘积 $mn×mt$ 将等于 $mk×ms$，从而 $mn = \dfrac{mk×ms}{mt}$。

因为在指定时间里，三角形 pCk、pCn 的大小已经指定，而 kr 与 mk，以及它们的差 mr，它们的和 ms，与高度 pC 成反比，因此乘积 $mk×ms$ 也和高度 pC 的平方成反比。另外，mt 和 $\dfrac{1}{2}mt$ 成正比，即和高度 pC 成

正比，以上就是初始线段的最初比值。因此 $\dfrac{mk×ms}{mt}$，即初始线段 mn，与力的差成正比、与高度 pC 的立方成反比。证毕。

推论 1　在场所 P 和 p、K 和 k 的力的差，与物体由 R 旋转运动到 K 所受的力的比（相同时间内，物体 P 在固定轨道上划出弧 PK），等于初始线段 mn 与初始弧 RK 正矢的比，即等于 $\dfrac{mk×ms}{mt}$ 比 $\dfrac{rk^2}{2kC}$，或

$\dfrac{mk×ms}{rk^2}$。这等于说，如果指定量 F 与 G 的比等于角 VCP 与角 VCp 的比，这两个力的比就等于 $GG-FF$ 和 FF 的比。如果以 C 为圆心、以任意距离 CP 或 Cp 为半径，作一个扇形与区域 VPC 的面积相等，区域 VPC 是物体在任意时间内，在固定轨道上旋转时经过的面积，那么，在力的差作用下，物体 P 将围绕固定轨道旋转，物体 p 围绕可动轨道旋转，它们的差与向心力（经过区域 VPC 时，另一物体在相同时间内做匀速圆周运动，划过扇形时受到的向心力）的比，等于 $GG-FF$ 与 FF 的比。因为，这个扇形与区域 pCk 面积的比，等于通过它们所需时间的比。

推论 2　如果轨道 VPK 为椭圆，焦点为 C，最高拱点为 V，另外，假设椭圆 upk 与这个椭圆相似且相等，而 pC 总是和 PC 相等，那么，角 VCp 与角 VCP 的比为指定比值 G 比 F。如果以 A 代表高度 PC 或 pc，$2R$ 代表椭圆的通径，那么，物体沿可动的椭圆轨道旋转的力将与 $\dfrac{FF}{AA}+$

$\dfrac{RGG-RFF}{A^3}$ 成正比，反之亦然。

如果用量 $\dfrac{FF}{AA}$ 表示物体沿固定椭圆旋转的力，点 V 的力则为 $\dfrac{F}{CV^2}$。

然而，如果使物体围绕以距离 CV 为半径做旋转运动的力，与物体沿椭圆拱点 V 运动的力之比，等于椭圆通径的一半与该圆周直径的一半 CV 的比，即等于 $\dfrac{RFF}{CV^3}$。如果 $GG-FF$ 与 FF 的力的比，等于 $\dfrac{RGG-RFF}{CV^3}$，那么根据本命题的推论 1，该力则等于物体 P 在点 V 沿固定椭圆 VPK 运动所受到的力，减去物体 p 沿可动椭圆 upk 旋转所到的力的差。由本命题可知，在其他任意高度 A 上的差与它本身在高度 CV 的差的比，等于 $\dfrac{1}{A^3}$ 比 $\dfrac{1}{CV^3}$，在每个高度 A 上，它的差都等于 $\dfrac{RGG-RFF}{A^3}$。因此，物体沿固定椭圆 VPK 旋转所受到的力 $\dfrac{FF}{AA}$，加上差 $\dfrac{RGG-RFF}{A^3}$，那么，整个力的总和就是 $\dfrac{FF}{AA}+\dfrac{RGG-RFF}{A^3}$，这就是物体在相同时间内沿可动椭圆轨道 upk 运动受到的力。

推论 3　如果固定轨道 VPK 是一个椭圆，它的中心就是力的中心 C，设有一个运动椭圆 upk 与椭圆 VPK 相似相等，且同一个中心，假设该椭圆的通径为 $2R$，横向通径即长轴为 $2T$，且角 VCp 与角 VCP 的比等于 G 比 F，那么，物体在相同时间内，沿固定轨道和运动轨道运动所受的力将分别等于 $\dfrac{FFA}{T^3}$ 和 $\dfrac{FFA}{T^3}+\dfrac{RGG-RFF}{A^3}$。

推论 4　设物体的最大高度 CV 为 T，轨道 VPK 在点 V 处的曲率半径为 R，物体在场所 V 沿任意曲线轨道 VPK 运动所受的向心力为 $\dfrac{VFF}{TT}$，在场所 P 的力为 X，高度 CP 等于 A，G 与 F 的比等于角 VCp 与角 VCP 的比。如果

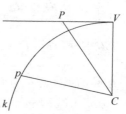

同一物体在相同时间内沿相同轨道 upk 做圆周运动，那么，物体所受到的向心力就等于 $X+\dfrac{VRGG-VRFF}{A^3}$。

推论 5　指定物体在指定轨道上运动，围绕力中心的角的运动以指定比值增大或减小，在此条件下，可求出物体在新的向心力作用下做

旋转运动的新的固定轨道。

推论 6　如果作一条长度未定的直线 VP，与指定位置的直线 CV 垂直，作线段 CP 和与之相等的 Cp，并指定角 VCp 与角 VCP 的比值，那么物体沿曲线 Vpk 运动的力就与高度 Cp 的立方成反比。因为当物体 P 没受到其他力的作用时，它的惯性力作用将使它沿直线 VP 做匀速运动，再加上指向中心 C 且反比于高度 CP 或 Cp 立方的力后，该物体将偏离其直线运动而进入曲线 Vpk。因为曲线 Vpk 与命题 41 的推论 3 所求的曲线 VPQ 相同，所以物体在力的吸引下将围绕这些曲线倾斜上升。

命题 45　问题 31

求出与圆的轨道十分接近的回归点的运动。

这个问题可以用代数方法求解。根据前一命题的推论 2 和推论 3 的证明，将物体在固定平面上沿可动椭圆所画的轨道，设定为接近于回归点所在轨道的图形。再求出物体在固定平面上所画轨道的回归点。如果要使画出的轨道图形完全相同，必须将通过轨道所作的向心力在相同高度上成比例。以点 V 为最高回归点，T 为最大高度 CV，A 表示其他任意高度 CP 或 Cp，X 为高度 $CV-CP$ 的差。那么，根据推论 2，物体在围绕焦点 C 旋转的椭圆上运动所受的力，等于 $\dfrac{FF}{AA}+\dfrac{RGG-RFF}{A^3}$，

也就等于 $\dfrac{FFA+RGG-RFF}{A^3}$，如果用 $T-X$ 代替 A，上式将变为

$\dfrac{RGG-RFF+TFF-FFX}{A^3}$。如果用类似方法，其他任何向心力都可用分母为 A^3 的分式表示，而分子可通过合并同类项的方法变得非常相像。该方法可由以下例子证明。

例 1　假设向心力是均匀的，并与 $\dfrac{A^3}{A^3}$ 成正比，或者用 $T-X$ 代替分子 A，那么该式变为与 $\dfrac{T^3-3TTX+3TXX-X^3}{A^3}$ 成正比。再将分子中同类项进行合并，将已知项和未知项分别相比可得：$\dfrac{RGG-RFF+TFF}{T^3}=$

$\dfrac{-FFX}{-3TTX+3TXX-X^3}=\dfrac{-FF}{-3TT+3TX-XX}$。假设轨道和圆周非常相

似，将轨道和圆重合，R 则等于 T，X 将无限减小，最终比值：$\dfrac{GG}{T^2}=$

$\dfrac{-FF}{-3TT}$，$\dfrac{GG}{FF}=\dfrac{TT}{3TT}=\dfrac{1}{3}$。因此，$G$ 与 F 的比，等于角 VCp 和角 VCP 的比，

等于 1 比 $\sqrt{3}$。由于物体在固定椭圆中，从上回归点降落到下回归点时，

画出一个 $180°$ 的角，另一个在可动椭圆上的物体，它的位置在我们讨

论的固定轨道所在平面上，也将从上回归点降落到下回归点，并通过

$\dfrac{180°}{\sqrt{3}}$ 角的 VCp。因为，物体在均匀向心力作用下画出的轨道，与物体在

静止平面上，沿旋转椭圆做环绕运动所画出的轨道很相似。通过比较，

能发现这些轨道非常相似，但这不是普遍现象，只有当这些轨道与圆

十分相似时证明才能成立。因此，在均匀向心力作用下，沿近似于圆

周轨道运动的物体，从上回归点降落到下回归时，总会绕中心画出一

个 $\dfrac{180°}{\sqrt{3}}$ 的角，约为 $103°55'23''$，然后再通过相同的角度返回上回归点。

如此循环，直到无穷。

例 2　假设向心力与高度 A 的任意次幂成正比，例如 A^{n-3} 或 $\dfrac{A^n}{A^3}$，这

里的 $n-3$ 和 n 为幂的任意指数，可以是整数或分数，可以是有理数或

无理数，也可是正数或负数。用收敛极数的方法，可将分子 A^n 或

$(T-X)^n$ 化为不定级数，即 $T^n-nXT^{n-1}+\dfrac{nn-n}{2}XXT^{n-2}+\cdots$，将这些项与其

他分子项 $RGG-RFF+TFF-FFX$ 进行比较后，可得：$\dfrac{RGG-RFF+TFF}{T^n}=$

$\dfrac{-FF}{-nT^{n-1}+\dfrac{nn-n}{2}XT^{n-2}}=\cdots$，在轨道向圆接近时，取其最后比值，得到：

$\dfrac{RGG}{T^n}=\dfrac{FF}{-nT^{n-1}}$ 或 $\dfrac{GG}{T^{n-1}}=\dfrac{FF}{-nT^{n-1}}$，从而可推导出：$GG:FF=T^{n-1}:nT^{n-1}=$

$1:n$。因此，G 比 F 等于角 VCp 比角 VCP，等于 1 比 $\sqrt{n}$。由于物体沿

椭圆从上回归点降落到下回归点所画出的角为 180°，因此，物体沿近似圆的轨道（由物体在正比于 A^{n-3} 次幂的向心力作用下画出）从上回归点降落到下回归点所画出的角 VCp 也等于 $\dfrac{180°}{\sqrt{n}}$，而当物体由下回归点上升至上回归点时将重复画出该角，如此循环往复以至无穷。

如果向心力与物体到中心的距离成正比，即与 A 或 $\dfrac{A^4}{A^3}$ 成正比，$n=4$，$\sqrt{n}=2$。那么上下回归点间的角度则为 $\dfrac{180°}{2}$，即 90°。当物体做了四分之一圆周运动后，它将到达下回归点，而当它做了另一个四分之一圆运动时，又将回到上回归点，如此循环到无穷。命题 10 中也出现过类似情景，因为在这种向心力作用下，物体将围绕椭圆做旋转运动，如果向心力与距离成反比，与 $\dfrac{1}{A}$ 或 $\dfrac{A^2}{A^3}$ 则成正比，这时，$n=2$，而上回归点与下回归点间的角等于 $\dfrac{180°}{\sqrt{2}}$，或 127°16′45″，在该力的作用下做旋转运动的物体，将会不断重复这个角度，从上回归点运动到下回归点，又从下回归点运动至上回归点。如果向心力与高度的 11 次幂的 4 次方根成反比，即与 $A^{\frac{11}{4}}$ 成反比，那么它与 $\dfrac{1}{A^{\frac{11}{4}}}$ 成正比，此时 $n=\dfrac{1}{4}$，$\dfrac{180°}{\sqrt{n}}=$ 360°。因此，物体离开上回归点做连续运动，当它绕圆做完一次圆周运动后，它将到达下一回归点，然后，围绕圆完成另一次运动后又回到上回归点，如此循环直到无穷。

例 3　用 m 和 n 表示高度的幂指数，b 和 c 是任意指定的数，假设向心力与 $\dfrac{bA^m+cA^n}{A^3}$ 成正比，即与 $\dfrac{b\,(T-X)^m+c\,(T-X)^n}{A^3}$ 成正比，根据前面所用的收敛级数的方法，与

$$\dfrac{bT^m+cT^n-mbXT^{m-1}-ncXT^{n-1}+\dfrac{mm-m}{2}bXXT^{m-2}+\dfrac{nn-n}{2}cXXT^{n-2}+\cdots}{A^3}$$

也成正比。并由此可得：

$$\frac{RGG-RFF+TFF}{bT^m+cT^n}=\frac{-FF}{-mbT^{m-1}-ncT^{n-1}+\dfrac{mm-m}{2}bXT^{m-2}+\dfrac{nn-n}{2}cXT^{n-2}+\cdots}$$

当轨道变为圆之后取最后比值，可得：GG ：（$bT^{m-1}+cT^{n-1}$）$= FF$ ：（$mbT^{m-1}+ncT^{n-1}$），$GG:FF=$（$bT^{m-1}+cT^{n-1}$）：（$mbT^{m-1}+ncT^{n-1}$）。在这个比例等式中，如果最大高度 CV 或 T 在算术上等于 1，则 $GG:FF=$（$b+c$）：（$mb+nc$）$= 1:\dfrac{mb+nc}{b+c}$。因此，G 与 F 的比，即角 VCp 与角 VCP 的比，等于 $1:\sqrt{\dfrac{mb+nc}{b+c}}$。此外，由于在固定椭圆中，介于上回归点和下回归点的角 VCP 是 180°，因此，另一轨道上，介于相同回归点的角 VCp 就等于 $180°\sqrt{\dfrac{b+c}{mb+nc}}$。同理，如果向心力与 $\dfrac{bA^m-cA^n}{A^3}$ 成正比，则该角等于 $180°\sqrt{\dfrac{b-c}{mb-nc}}$。用相同方法还能解决更困难的问题。另外，与向心力成正比的量总可分解为分母为 A^3 的收敛级数。再假设计算过程中，分子的指定部分与未知部分之比，等于分子指定的 $RGG-RFF+TFF-FFX$ 部分与同一个分子的未知部分之比。分别约掉多余的量，设 $T=1$，则可得 G 与 F 的比。

推论 1　如果向心力与高度的任意次幂成正比，那么通过回归点的运动即可求出该幂。反之亦然，如果物体回到同一个回归点的角运动，与旋转一周角运动的比，等于某一数（如 m）与另一个数（如 n）的比，设高度为 A，那么，该力的减小不能大于高度比的立方。因为，在该力的作用下，物体旋转离开回归点降落后，将不能回到下回归点或降至最小高度处，反而会和命题 41 推论 3 证明的一样，沿曲线下落至中心。但如果物体离开下回归点后能够上升一小段距离，那么它不再回到上回归点，而会像命题 45 推论 4 证明的一样，沿着曲线做无限上升运动。因此，当距离中心最远，该力的减小超过高度比的立方时，物体一旦离开回归点，或者落到中心，或者上升到无限远，这取决于物体在运动开始时，是下降运动还是上升运动。但是，当物体在距离中心最远处时，该力的减小，或者小于高度比的立方，或者随高度的任意比值而增大，则物体不会下落到中心，反而会在某个时刻到达下回归点。相反的情况是如果物体在两个回归点之间不断地上升或下降，但到不了中心，那么该力或者在距离中心最远处增大，或者减小小于高度比的立方。物体在两回归点的往返时间越短，该力与该立方的比值越大。如果物体进出上回归点时，在 8 次、4 次、2 次或 $\frac{3}{2}$ 次的旋转运动中下降或上升，即 m 与 n 的比等于 8、4、2 或 $\frac{3}{2}$ 比 1，那么，$\frac{nn}{mm}$ -3 就等于 $\frac{1}{64}-3$，或 $\frac{1}{16}-3$，或 $\frac{1}{4}-3$，或 $\frac{4}{9}-3$，而力就和 $A^{\frac{1}{64}-3}$，或 $A^{\frac{1}{16}-3}$，或 $A^{\frac{9}{4}-3}$ 成正比，与 $A^{3-\frac{1}{64}}$，或 $A^{3-\frac{1}{16}}$，或 $A^{3-\frac{1}{4}}$，或 $A^{3-\frac{4}{9}}$ 成反比。如果物体每旋转一周后都回到同一回归点，那么，m 与 n 的比就是 1 比 1，$A^{\frac{nn}{mm}-3}$ 则等于 A^{-2} 或 $\frac{1}{AA}$，而力的减小则是高度的平方比，这个结果与前面的证明相同。如果物体旋转 $\frac{3}{4}$，或 $\frac{2}{3}$，或 $\frac{1}{3}$，或 $\frac{1}{4}$ 周后返回到同一回归点，$m:n=\frac{3}{4}$（或 $\frac{2}{3}$，或 $\frac{1}{3}$，或 $\frac{1}{4}$）：1，而 $A^{\frac{nn}{mm}-3}=A^{\frac{16}{9}-3}$（或 $A^{\frac{9}{4}-3}$，或 A^{9-3}，或 A^{16-3}），那么力或者与 $A^{\frac{11}{9}}$ 或 $A^{\frac{3}{4}}$ 成反比，或者与 A^6 或 A^{13} 成正比。如果物体以下回归点为起点，运行一周零三度后又再次回到起点，那么，每当物体运行一周，这个回归点将向前移动 3，因此，$m:n=363:360$（或 $121:120$），即 $A^{\frac{nn}{mm}-3}=A^{\frac{29\,523}{14\,641}}$，向心力则与 $A^{\frac{29\,523}{14\,641}}$ 成反比，或与接近 $A^{\frac{490}{243}}$ 成反比。而向心力减小的比值将略大于平方比值，但是，它接近平方比的次数比接近立方比的次数多 $59\frac{3}{4}$ 倍。

推论 2　同样，如果物体在与高度平方成反比的向心力作用下，围绕以力中心为焦点的椭圆旋转，并有一个新的外力增大或减小该向心力，那么，根据例 3 的证明，可求出因外力作用而引起的物体在回归点的运动，反之亦然。如果使物体绕椭圆运动的力与 $\frac{1}{AA}$ 成正比，新外

力与 cA 成正比，那么剩余力则与 $\dfrac{A-cA^4}{A^3}$ 成正比。同样，根据例 3，$b=$

1，$m=1$，$n=4$，回归点间的旋转角则等于 $180°\sqrt{\dfrac{1-c}{1-4c}}$。如果外力是

使物体绕椭圆运动的力的 1/357.45，即 c 为 $\dfrac{100}{35\,745}$，A 或 T 等于 1，

$180°\sqrt{\dfrac{1-c}{1-4c}}=180°\sqrt{\dfrac{35\,645}{35\,345}}$ 或 $180.762\,3°$，即 $180°45'44''$。那么，该物

体离开上回归点后，将以 $180°45'44''$ 的角度运动到达下回归点，物体不断重复做角运动，最后回到上回归点，在每一周的旋转中，上回归点都将向前移 $1°31'28''$。而月球回归点的运动速度比该运动快一倍。

至此，我对物体在平面中心轨道运动的讨论将告一段落。后面要讨论的是物体在偏心平面上的运动。因为以前那些讨论重物运动的作者认为这一类物体的上升或下降不光是沿垂线路径运动，并且还会在任意给定的倾斜平面上运动。假设此类平面是完全光滑的，这样才不会对物体的运动产生阻碍。此外，在这些证明中，物体在平面上滚动或滑动，因而这些平面也就成了物体的切面，对于这样的情形，我将用平面平行于物体的情形代替，这样的话，物体的中心将在该平面上移动，并画出轨道。在后面的章节我会用一样的方法对物体在曲面的运动展开讨论。

第10章 物体在指定表面上的运动和 物体的摆动运动

命题 46 问题 32

假设有某种向心力，力的中心和物体运动所在的平面均已指定，且曲线图形面积可求出，求证物体离开指定场所，并以指定速度在上述平面沿指定直线方向脱离一指定场所的运动。

设 S 为力的中心，SC 是中心到指定平面的最短距离，P 是从场所 P 出发沿直线 PZ 运动的物体，Q 是沿轨道做旋转运动的相同物体，PQR 是在指定平面上需要求证的曲线轨道。连接 CQ 和 QS，如果在 QS 上取 SV 与物体受中心 S 吸引的向心力成正比，作 VT 平行于 CQ，在点

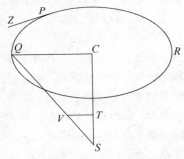

T 与 SC 相交，那么，根据运动定律的推论 2，力 SV 可以被分解成两部分，即力 ST 与力 TV。其中，物体在垂直于平面的直线方向受到力 ST 的吸引，但不会改变它在该平面上的运动。另一个力 TV 与平面的位置重合，因而将物体直接引向平面上的指定点 C，驱使物体按以下方式在平面上运动，如同摒除力 ST 后，物体受力 TV 的单独作用在自由空间里绕中心 C 做旋转运动。由于物体 Q 在自由空间绕指定中心 C 旋转的向心力已指定，因此，根据命题 42，物体所画的轨道 PQR 能够求出，并且在任何时刻，物体所在的场所 Q 和物体在场所 Q 的速度都能进行求证。反之亦然。证毕。

命题 47 定理 15

设向心力与物体到中心的距离成正比，那么在任意平面上做旋转运动的所有物体都能画出椭圆，并能在相同的时间内完成旋转运动；

118

那些沿直线做前后交替运动的物体，将在相同时间内完成它们的往返周期运动。

如果该命题所有条件都成立，力 SV 吸引绕任意平面 PQR 旋转的物体 Q 到中心 S，并和距离 SQ 成正比，那么 SV 与 SQ、TV 与 CQ 都成正比，而吸引物体到轨道平面上指定点 C 的力 TV 与距离 CQ 也成正比。因此，根据距离的比例，物体在平面 PQR 指向点 C 的力，也等于吸引相同物体指向中心 S 的力，因而物体将在相同时间、相同图形的任意平面 PQR 上绕点 C 运动，就和它们在自由空间绕中心 S 运动一样。根据命题 10 推论 2 和命题 38 推论 2，这些物体能在相同时间内，在平面上绕中心 C 画出椭圆，或在该平面上过中心 C 沿直线做来回运动，它的运动周期在所有这些情形下相同。证毕。

附注

与我们讨论的运动问题关系紧密的是物体在曲线表面的上升运动和下降运动。如果在任意平面上画出若干条线，将这些曲线围绕任意指定的中心轴做旋转运动，并由旋转运动画出若干曲面，做这些运动的物体，它们的中心总是位于这些表面上。如果这些物体以倾斜上升和下落往返运动，那么它们将在通过转动轴的各平面上运动，也在通过转动而形成曲线的各曲线上运动。在这种情况下，只要将各种曲线上的运动考虑进去就行了。

命题 48　定理 16

如果一个轮子垂直于球的外表面，与它形成直角，并围绕其轴在球上沿最大圆滚动，那么轮子周边上任何一个位置，在接触球体时所经过的曲线路径长度，也称为"曲线"或"外摆线"，与从接触开始经过球的弧一半的正矢的 2 倍比，等于球体直径和轮子直径之和与球体半径的比。

命题 49　定理 17

如果一个轮子垂直于球的内表面，并围绕其轴在球上沿最大圆滚动，那么轮子周边上任何一个位置，在接触球体后所经过的曲线路径长度，与在接触后所有时间中经过球的弧一半的正矢 2 倍的比，等于

球体直径和轮子直径的差与球体半径的比。

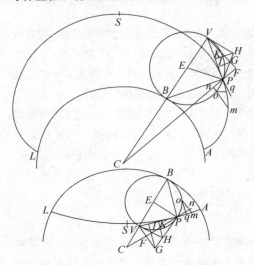

设 *ABL* 是一个球体，*C* 是球体中心，*BPV* 是直立于球体的轮子，而 *E* 是轮子的中心，*B* 为接触点，*P* 为轮子周边上的指定点。该轮沿最大圆 *ABL* 从 *A* 经过 *B* 滚动至 *L*，在滚动中，弧 *AB*、*PB* 一起保持相等，而轮子周边上指定点 *P* 的轨迹为曲线路径 *AP*。*AP* 是轮子在 *A* 点与球体接触后画出的整条曲线路径，其中，*AP* 的长度与弧 $\frac{1}{2}PB$ 的正矢的 2 倍之比等于 *2CE* 比 *CB*。设直线 *CE* 在点 *V* 与轮相交，连接 *CP*、*BP*、*EP*、*VP*，将 *CP* 延长并在其上作垂线 *VF*。设 *PH*、*VH* 在点 *H* 相交，并在点 *P* 和点 *V* 与轮相切、将 *PH* 在点 *G* 与 *VF* 相交，并作 *VP* 上的垂线 *GI*、*HK*。以 *C* 为圆心，任意半径作圆 *nom*，在点 *n* 与直线 *CP* 相交，在点 *O* 与轮子的边 *BB* 相交，在点 *m* 与曲线路径 *AP* 相交，然后，以 *V* 为圆心，*Vo* 为半径作圆，在点 *q* 与 *VP* 的延长线相交。

由于轮子总是围绕接触点 *B* 运动，直线 *BP* 垂直于由轮上点 *P* 画出的曲线 *AP*，因此，直线 *VP* 在点 *P* 与曲线相切。如果圆周 *nom* 的半径逐渐变大或变小，最后将等于距离 *CP*。由于逐渐消失的图形 *Pnomq* 与图 *PFGVI* 相似，那么逐渐消失的线段 *Pm*、*Pn*、*Po*、*Pq* 的最终比值，即曲线 *AP*、直线 *CP*、圆弧 *BP*、直线 *VP* 的瞬时变化比值将分别与直线 *PV*、*PF*、*PG*、*PI* 的变化比值相等。但是，由于 *VF* 垂直于 *CF*、*VH* 垂直于 *CV*，因此角 *HVG* 与角 *VCF* 相等。由于四边形 *HVEP* 在点 *V* 和点 *P* 的内角是直角，角 *VHG* 与角 *CEP* 相等，三角形 *VHG* 与三角形 *CEP* 相似，因此，*EP*：*CE*＝*HG*：*HV*，或 *HP*＝*KI*：*KP*，由合比或分比得到 *CB*

：$CE = PI : PK$。因此，直线 VP 的增量，即直线 $BV-VP$ 的增量与曲线 AP 的增量的比等于指定比值 CB 与 $2CE$ 的比，根据引理 4 的推论，由这些增量产生的长度 $BV-VP$ 和 AP 的比，比值也相等。但是，如果 BV 为半径，VP 为角 BVP 或 $\frac{1}{2}BEP$ 的余弦，那么，$BV-VP$ 就是相同角的正矢。在该轮子中，如果半径等于 $\frac{1}{2}BV$，那么，$BV-VP$ 就是弧 $\frac{1}{2}BP$ 正矢的 2 倍。因此，AP 与弧 $\frac{1}{2}BP$ 正矢的 2 倍的比，等于 $2CE$ 与 CB 的比。证毕。

为了以示区别，我们将前一个命题中曲线 AP 叫作球外摆线，后一个命题中的曲线叫作球内摆线。

推论 1 如果能够画出整条摆线 ASL，并在点 S 对它二等分，那么曲线线段 PS 与 PV 的长度比，等于 $2CE$ 和 CB 的比，即为指定比值。

推论 2 摆线 AS 半径的长度与轮子直径 BV 的比，等于 $2CE$ 与 CB 的比。

命题 50 问题 33

使摆动物体沿指定的摆线摆动。

在以点 C 为中心的球体 QVS 内，将指定摆线 QRS 在点 R 进行二等分，并与球表面的两边交于极点 Q 和 S。在点 O，作 CR 将弧 QS 二等分，并将其延长至点 A，使 CA : $CO = CO : CR$。以 C 为圆心、CA 为半径作外圆 DAF，并在该外圆内，以半径是 AO 的轮子画出 2 个半摆线 AQ、AS，在点 Q 和点 S 与内圆相切，在点 A 与外圆相交。在点 A 放置一条长度与直线 AR 相等的细线，将物体 T 系在细线上，并让物体 T 在这两条半摆线 AQ、AS 之间摆动。当摆动点离开垂线 AR 时，细线 AP 的上部分向半摆线 APS 进

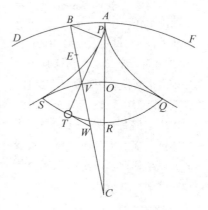

行挤压并与曲线紧紧贴在一起，而同在细线上未与半摆线接触的 *PT* 部分则始终保持直线状态，则重物 *T* 将沿指定摆线 *QRS* 做摆动。证毕。

设线 *PT* 在点 *T* 与摆线 *QRS* 相交，且在点 *V* 与圆周 *QOS* 相交。作出 *CV*，由极点 *P* 和 *T* 向细线的直线部分作垂线 *BP*、*TW*，而在点 *B* 和 *W* 与直线 *CV* 相交。根据相似图形 *AS*、*SR* 的作图法可知，垂线 *PB*、*TW* 从 *CV* 切下的长度 *VB*、*VW*，与轮子的直径 *OA*、*OR* 相等。因此，*TP* 与 *VP* 的比，等于 *BW* 与 *BV* 的比，或等于 *AO+OR* 与 *AO* 的比，即等于 *CA+CO* 与 *CA* 的比，如果 *BV* 被点 *E* 平分，则又等于 2*CE* 比 *CB*。因此，根据命题 49 的推论 1，细线 *PT* 直线部分的长度，总和摆线 *PS* 的弧长相等，并且整条线 *APT* 也总是和摆线 *APS* 的一半相等，根据命题 49 的推论 2，它的长度也等于 *AR*。反之，如果细线始终与长度 *AR* 相等，那么点 *T* 将始终沿着指定摆线 *QRS* 运动。证毕。

推论　由于细线 *AR* 与半摆线 *AS* 相等，因此，它与外球半径 *AC* 的比等于半摆线 *SR* 与内球半径 *CO* 的比。

命题 51　定理 18

如果球面每一处的向心力都指向球体的中心 *C*，那么它在所有场所都与中心到场所的距离成正比；当物体 *T* 受该力的作用沿摆线 *QRS* 按上述方法摆动时，其摆动时间全部相等。

将切线 *TW* 无限延长，并在延长线上作垂线 *CX* 并连接 *CT*。由于使物体 *T* 指向 *C* 的向心力与距离成正比，因此，根据运动定律的推论 2，可将其分解为 *CX* 和 *TX* 两部分，力 *CX* 将物体从点 *P* 分离出来并使线 *PT* 收紧，这样，线上的阻力由于被抵消而不再发挥作用。但是，另一个力 *TX* 将物体拉向 *X*，从而使物体在摆线上的运动加速。由于该加速力与物体的加速度成正比，并在每一

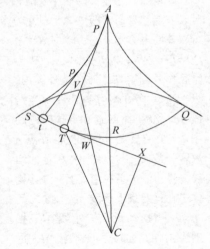

时刻与长度 TX 成正比，因此也和长度 TW 成正比，根据命题 39 的推论 1，与摆线 TR 的弧长也成正比。假设由两个摆 APT、Apt 到垂线 AR 的直线距离不等，如它们同时下落，那么它们的加速度将与所画的弧 TR、tR 成正比。但是，在运动开始时所经过的那部分则与加速度成正比，即与开始时将穿过的全部距离成正比，因此将要穿过的剩余部分及之后的加速度，也和这些部分成正比，并且和全部距离成正比，等等。因此，加速度、由加速度产生的速度，以及由这些速度穿过的部分和将要穿过的部分，均与所有剩余的距离成正比。而即将穿过的那部分，在相互保持一个指定值后同时消失，亦即，摆动着的两个物体将同时到达垂线 AR。另外，摆从最低场所 R 以减速运动沿弧上升，在经过各场所时又受到下落过程中加速力的阻碍，这表明，物体沿相同弧上升和下落的速度相等，其运动经过相同弧长的时间也相等。由于位于垂线两边的摆线 RS 和 RQ 相似且相等，因此，在相同时间内，这两个摆可能完成所有的摆动，或可能只完成一半的摆动。证毕。

推论　物体 T 在摆线的任意场所 T 加速或减速的力，与同一物体在最高场所 S 或 Q 的重力之比，等于摆线 TR 的弧长与弧 SR 或 QR 的比。

命题 52　问题 34

求证摆动物体在不同场所的速度，以及完成所有摆动和部分摆动分别需要的时间。

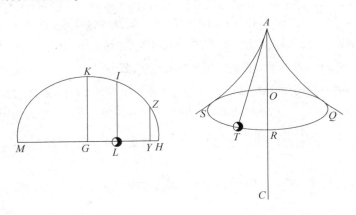

以任意中心 G 为圆心，以长度和摆线 RS 的弧相等的线段 GH 为半径作半圆 HKM，其中，半圆被半径 GK 等分。如果向心力与场所到中心的距离成正比，并指向中心 G，并且圆周 HIK 上的向心力与球 QOS 表面上指向其中心的向心力相等。当摆锤 T 从最高处 S 下落时，在相同时间内，另一物体如 L 也从 H 下落至 G。由于物体在开始时所受的作用力相等，并总是与即将穿过的空间 TR、LG 成正比，因此，如果 TR 等于 LG，那么，场所 T 也等于 L。由于这些物体刚开始运动时穿过相等的空间 ST、HL，以后，在受相等的力的作用下，物体仍将继续穿过相等空间。因此，根据命题 38，物体经过弧 ST 所需的时间与一次摆动时间的比，等于物体 H 到达 L 所用时间弧 HI 与物体 H 将到达 M 所用时间半圆 HKM 的比。并且，摆锤在场所 T 的速度与它在最低场所 R 的速度之比，即物体 H 在场所 L 的速度与它在场所 G 的速度之比，或者，线段 HL 的瞬时增量与线段 HG 的瞬时增量之比，等于纵坐标 LI 与半径 GK 的比，或等于 $\sqrt{SR^2 - TR^2}$ 与 SR 的比。因此，由于在不相等的摆动中，在相同的时间里，物体穿过的弧与整个摆动弧长成正比，那么通过指定时间，可求出物体的所有摆动速度和所穿过的弧长。这是求证的第一步。

将任意摆锤放在不同球体内的不同摆线上摆动，并且，球体所受的绝对力也不同。如果任意球体 QOS 的绝对力为 V，那么当摆锤向球体中心做直接运动时，作用在球面上的摆锤的加速力，与摆锤到中心的距离和球体绝对力的乘积成正比，即正比于 CO×V，而与加速力 CO 成正比的线段 HY，可在指定时间内画出。如果作垂线 YZ 在点 Z 与球体表面相交，那么，新生弧长 HZ 就等于指定时间。由于这个新生弧长 HZ 与乘积 GH 的平方根成正比，因此也与 $\sqrt{GH \times CO \times V}$ 成正比，而在摆线 QRS 上一次整体摆动的时间与 GH 成正比，与 $\sqrt{GH \times CO \times V}$ 成反比（摆动时间与半圆 HKM 成正比，HKM 表示一次整体摆动，它与用类似方式表示的指定时间弧 HZ 成反比）。由于 GH 等于 SR 并与 $\sqrt{\dfrac{SR}{CO \times V}}$ 成正比，因此，根据命题 50 的推论，这个摆动时间也和 $\sqrt{\dfrac{AR}{AC \times V}}$ 成正比。

从而，因某种绝对力的促使，沿所有球体和摆线的摆动，其变化与摆线长度的平方根成正比，与垂悬点到球体中心距离的平方根成反比，也与球体绝对力的平方根成反比。证毕。

推论 1　物体的摆动时间、下落时间和旋转时间能相互比较。因为球内可以画出摆线的轮子直径，如果它等于球体的半径，那么，这条摆线将变化为经过球心的一条直线，摆动将成为沿该直线的上下往返运动，由此即可求出物体从任意处下落至球心的时间、物体在任意距离处围绕球心匀速旋转四分之一周的时间。因为根据情形 2，该时间与

任意摆线，如 QRS 上的半摆动的时间之比等于 $1 : \sqrt{\dfrac{AR}{AC}}$。

推论 2　根据以上理论，可推出克里斯多弗·雷恩爵士和惠更斯先生在普通摆线方面的发现。如果球体的直径无限增大，球的表面将变为平面，而向心力则将在垂直于平面的直线方向产生均匀作用，其摆线则将变为普通摆线。因此，位于平面和作图点之间的摆线弧长，等于相同平面和作图点之间的轮子弧长一半的正矢的 4 倍，这与克里斯多弗·雷恩爵士的发现完全吻合。而惠更斯先生在很早就证明：在两条摆线之间的摆，将在相等时间里沿相似且相等的摆线摆动。另外，惠更斯先生还证明了：物体摆动一次的时间同物体的下落时间是相等的。

以上几个已经证明的命题，对分析地球的真实构造非常适用。只要轮子沿地球滚动，那么轮子边上的钉子通过运动可画出一条球外摆线；而在地下矿井和深洞中的摆，则将画出一条球内摆线，这些振动可以在相同时间里完成。所以我们在第 3 编中将要讨论和分析的重力是：距离地球表面越远，重力的作用也越小。在地球表面，重力与到地球中心距离的平方根成正比；在地表以下，与到地球中心的距离也成正比。

命题 53　问题 35

给定曲线图形面积，求证使物体在相等时间里沿给定曲线摆动的力。

设物体 *T* 沿任意指定曲线 *STRQ* 进行摆动，曲线的轴是 *AR*，过力中心 *C*。作 *TX* 并在物体 *T* 的任意场所与曲线相切。在切线 *TX* 上，取 *TY* 与弧长 *TR* 相等，该弧长可通过普通方法由图形面积求出。如果在点 *Y* 作直线 *YZ* 与切线垂直，*CT* 与 *YZ* 相交于点 *Z*，那么，向心力与直线 *TZ* 成正比。证毕。

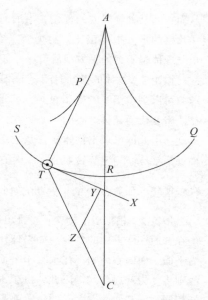

将物体从 *T* 拉到 *C* 的力与直线 *TZ* 成正比，如果用直线 *TZ* 表示该力，那么该力可分解为 *TY*、*YZ* 两个力，其中一个力 *YZ* 沿曲线 *PT* 的长度方向拉住物体，但它并不影响物体运动，而另一个力 *TY* 将直接沿曲线 *STRQ* 方向对物体的运动产生加速或减速作用，由于该力与将要划过的空间 *TR* 成正比，所以，该力穿过两次摆动的两个成正比部分的物体，其加速或减速也将与这些部分成正比，并同时穿过这些部分。同时，连续经过这些部分并与整个摆动距离成正比的部分物体，也将同时完成整体的摆动。证毕。

推论 1　如果物体 *T* 由直绳 *AT* 悬挂在中心 *A*，穿过圆弧 *STRQ*，受任意向下的平行力作用，该力与均匀重力的比等于弧 *TR* 与其正弦 *TN* 的比，则各种摆动所用的时间相等。因为 *TZ* = *AR*，且三角形 *ATN* 与三角形 *ZTY* 相似，则 *TZ* : *AT* = *TY* : *TN*。如果用指定长度 *AT* 来表示均匀重力，那么，使摆动等时的力 *TZ* 与重力 *AT* 的比，

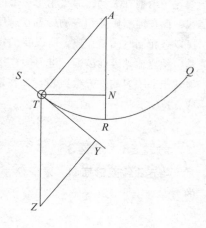

等于与 *TY* 相等的弧长 *TR* 与该弧正弦 *TN* 的比。

推论 2　如果通过某种机械将力施加在时钟的钟摆上，使钟摆能够保持连续运动，将此力和重力组合，并使合力始终与一条直线成正比，如果这条直线等于弧长 *TR* 和半径 *AR* 的乘积与正弦 *TN* 的比，那么，所有摆动都会是等时运动。

命题 54　问题 36

指定曲线的图形面积，求证物体受任意向心力作用沿平面上过力中心的任意曲线下落或上升的时间。

设物体由任意场所 *S* 向下降落，并沿平面上过力中心 *C* 的任意曲线 *STtR* 运动。连接 *CS*，并将它分成无数相等的部分，设 *Dd* 为其中一部分。以 *C* 为圆心、以 *CD* 和 *Cd* 为半径分别作圆 *DT*、*dt*，并在点 *T* 和点 *t* 与曲线 *STtR* 相交。根据已知的向心力定律，可以指定物体第一次下落的高度 *CS*，根据命题 39，物体在其他任意高度 *CT* 的速度也能求出。物体穿过线段 *Tt* 的时间与该直线的长度成正比，即与角 *tTC* 的速度也

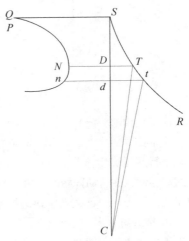

可求出。物体经过线段 *Tt* 的时间与该直线的长度成正比，即与角 *tTC* 的割线成正比，与速度成反比。如果纵坐标 *DN* 与时间成正比，并在点 *D* 与直线 *CS* 垂直，由于 *Dd* 已指定，因此，乘积 *Dd×DN*，即区域 *DNnd* 的面积，将与同一时间成正比。如果 *PNn* 是与点 *N* 连接的曲线，其渐近线 *SQ* 与直线 *CS* 垂直，那么区域面积 *SQPND* 将与物体下落所经过直线 *ST* 的时间成正比。因此，求出这一面积，也就求出了物体上升或下落的时间。证毕。

命题 55　定理 19

如果一个物体沿任意曲面运动，且该曲面的轴过力的中心，由物体作轴的垂线，并在轴上的指定点作与垂线相等的平行线。那么，由

该平行线围成的面积与时间成正比。

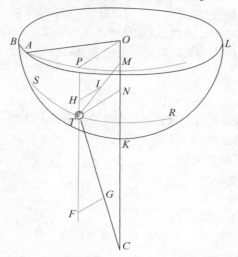

设 BKL 是曲面，T 是围绕曲面运动的物体，STR 是物体在这个表面穿过的曲线，曲线的起点是 S，OMK 则是曲面的轴，TN 是物体向轴所作的垂线，OP 是由轴上指定点 O 作出的与垂线相等的平行线。AP 为旋转线 OP 所在平面 AOP 上一点 P 走过的轨迹，A 是轨迹起点并与点 S 相对应，TC 是从物体到中心的直线，TG 是与物体指向中心 C 的力成正比的部分向心力，TM 是垂直于曲面的直线，TI 是与物体表面压力成正比的部分力，该力将受到表面上指向 M 的力的抵制。PTF 是与轴平行并通过物体的直线，GF、IH 是由点 G 和点 I 向 PTF 所作的垂线。因此，在运动开始时，通过半径 OP 所穿过的面积 AOP 与时间成正比。因为，根据运动定律的推论 2，力 TG 被分解为力 TF 和力 FG，力 TI 被分解为力 TH 和力 HI，由于作用在直线 PF 方向的力 TF、TH 垂直于平面 AOP，因此，除沿垂直于平面的直线方向上的运动之外，它对物体其他方向上的运动不会产生任何改变。所以，只考虑物体在平面方向上的运动，即画出曲线在平面上射影 AP 的点 P 的运动，它和不受力 TF、TH 影响，只受到力 FG、HI 影响的作用一样，即物体受指向中心 O 的向心力作用在平面 AOP 上所作出曲线 AP 一样，该向心力等于力 FG 与力 HI 的和。根据命题 1，受此向心力作用而划过的区域 AOP 的面积与时间成正比。证毕。

推论　同理可得，如果有物体受到指向任意相同直线 CO 上两个或多个中心的多个力的作用，并在自由空间经过任意曲线 ST，那么，面积 AOP 将总和时间成正比。

命题 56　问题 37

指定曲线图形面积，指定指向已知中心的向心力规律，指定它的轴经过该中心的曲面，求证物体在该曲面上以指定速度沿指定方向离开指定场所所要画出的曲线轨道。

保留前述命题的图形，设物体 T 从指定场所 S 移动，沿指定位置的直线方向进入所要求的曲线轨道 STR，该轨道在平面 BDO 上的正射影为 AP。因为物体在高度 SC 的速度已定，所以它在其他任意高度 TC 的速度也已确定。该速度使物体在指定时间内穿过一小段轨道 Tt，Pp 是 Tt 在平面 AOP 上的投影，连接 Op，在曲面上以中心 T 为圆心，并以

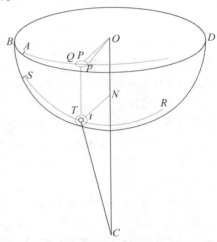

Tt 为半径画一个小圆，使其在平面 AOP 上的投影为椭圆 pQ。由于小圆 Tt 的大小已定，T 或 P 到轴 CO 的距离 TN 或 PO 也已指定，而椭圆 pQ 的类型、大小和它到直线 PO 的距离也就指定。由于面积 POp 与时间成正比，且时间是确定的，所以角 POp 也是定值。所以椭圆和直线 Op 的公共交点 p，以及轨道的投影 APp 与直线 OP 形成的角 OPp 也都是指定的。根据命题 41 和它的推论 2，曲线 APp 也就得到证明。然后，通过多个投影点 P 向平面 AOP 作垂线，并将垂线 PT 在点 T 与曲面相交，即可求证出曲线轨道上的若干个点。证毕。

第 11 章　向心力作用下的物体间相互吸引运动

到目前为止，我讨论的运动涉及的是物体受向心力吸引，在不动中心的运动。通常在自然中，这种运动发生的概率很小，因为吸引运动通常是物体间的运动。但根据定律 3，物体的吸引和被吸引是共同存在的，两个物体，无论它在吸引对方还是受对方吸引，都不会真正地保持不动，而是两个物体间的互相吸引，并围绕公共重心旋转。如有更多物体，无论它们是受某个物体吸引，还是它们吸引了某个物体，或是物体间相互吸引，各物体将会运动，它们围绕公共重心或处于静止状态，或做匀速运动。

现在，我继续讨论物体间的相互吸引运动，我将把向心力当作吸引力。其实从物理学来看，它最准确的名称应该是推进力。但是物理学是将这些命题以纯数学来研究的，因此，我先摒弃吸引力的物理学意义，用人们熟知的数学方法来描述，这样更便于读者理解、接受。

命题 57　定理 20

两个相互吸引的物体，可以围绕公共重心运动，也相互围绕对方运动，且画出的图形相似。

由于物体到公共重心的距离与物体重力成反比，所以物体相互间的比值是指定值。物体比值的大小与物体间的全部距离始终保持一个固定比率。这些距离以均匀的角运动绕它们的公共端点旋转，它们在同一直线上，所以它们的运动不会改变相互间的倾角。但由于直线相互间的比值已指定，它们将随体绕端点在平面做角速度相等的运动，平面相对于它们静止或进行没有角运动的移动，而直线将围绕这些端点画出相似度很高的图形。所以，因这些距离的旋转而画出的图形也是相似的。证毕。

命题 58　定理 21

两个物体如在某种力作用下相互吸引，同时围绕公共重心旋转，那么在相同力的作用下，物体围绕一个不动物体旋转所画出的图形，与物体相互旋转时画出的图形相似且相等。

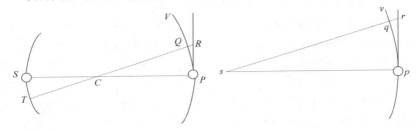

设物体 S 和 P 围绕它们的公共重心 C 旋转，从 S 运动到 T，从 P 到 Q。在指定点 s 连续作 sp、sq，并与 SP、TQ 平行且相等。在点 p 围绕不动中心 s 进行旋转画出曲线 pqv，并与物体 S 和 P 相互环绕所画出的曲线相似且相等。那么根据定理 20，它就和相同物体围绕公共重心 C 旋转所画的曲线 ST 和 PV 相似，因为直线 SC、CP 和 SP 或 sp 相互间的比是指定的。

情形 1　根据运动定律的推论 4，重力的公共中心 C 或处于静止，或做匀速直线运动。首先设它是静止状态，两个物体分别处于点 s 和 p，位于点 s 的是不动物体，位于点 p 的是运动物体，这与物体 S 和 P 的情况相似。然后在点 P 和 p 将直线 PR 和 pr 与曲线 PQ 和 pq 相切，并将 CQ、sq 延长到点 R 和点 r。因为图形 $CPRQ$、$sprq$ 相似，因此，RQ：$rq=CP$：sp，该比值为指定比值。如果把物体 P 吸引到物体 S，并以受重力中心 C 吸引的力，与物体 p 受中心 s 吸引的力的比值为指定值，那么，这些力在相等时间内将与切线 PQ、pq 的间隔成正比，并将物体从切线 PR、pr 吸引到弧 PQ、pq，而指向 s 的力则将让物体 p 沿曲线 pqv 旋转，且与物体 P 旋转所沿的曲线 PQV 相似，这些旋转将在相同时间里完成。因为这些力相互间比值相等，因此，在相同时间内，物体的切线所画出的图形也相等，而物体通过更大间距 rq 的运动时间会更久，并且和间距的平方根成正比，因为根据引理 10，在运动开始时，物体所经过的距离和时间的平方根成正比。物体 p 与物体 P 的速度比为距离 sp 和 CP 比的平方根，那么物体间有简单比值的弧 pq、PQ，可在与距离平方根成正比的时间里画出，而受相同力吸引的物体 P、p 则将围绕不动中心 C 和 s 画出相似图形 PQV、pqv，其中图形 pqv 与物体 P 围绕运动物体 S 画出的图形相似且相等。证毕。

情形 2　假设公共重心和物体相互运动的空间，统一在一条直线上匀速运动，根据运动定律的推论 6，在这个空间的所有运动都和情形 1 相同，那么物体在相互运动中画出的图形也与图形 pqv 相似且相等。证毕。

推论 1　根据命题 10，两个相互吸引且力与距离成正比的物体，将围绕其公共重心相互旋转并画出同心椭圆。反之，如果物体能画出同心椭圆，那么物体受到的力与距离成正比。

推论 2　根据命题 11、12 和 13，两个吸引力与距离的平方成反比的物体，将围绕其公共重心相互旋转并画出圆锥曲线，它们的焦点在物体环绕的中心。反之，如果物体能画出这种曲线，那么它们受到的向心力与距离的平方成反比。

推论 3　两个围绕公共重心旋转的物体，画出的面积与时间成正比，两者通过运动半径受到向心力的吸引，同时也彼此吸引。

命题 59　定理 22

两物体 S 和 P 围绕公共重心 C 旋转，运动周期与物体 P 围绕另一不动物体 S 旋转画出相似且相等图形的运动周期的比，等于 S 的平方根与 $(S+P)$ 的平方根的比。

由前述命题的证明，画出任意相似弧 PQ 与 pq 的时间的比，等于 CP 的平方根与 SP 或 sp 的平方根的比，即等于 $\sqrt{S}$ 比 $\sqrt{S+P}$。利用合比，可画出所有相似弧 PQ 和 pq 时间的和，即画出图形的整个时间是同一比值，等于 S 的平方根与 $(S+P)$ 的平方根之比。证毕。

命题 60　定理 23

如果受与距离平方成反比的吸引力的作用，两个物体 S 和 P 相互绕其公共重心旋转，那么，在相同周期内，其中一个物体 P 绕另一个物体 S 旋转所画出的椭圆的主轴，与由同一物体 P 围绕另一不动物体

S 旋转所画出的椭圆主轴的比，等于两个物体的和 $S+P$ 与另一物体 S 之间的两个比例中项的前一项。

如果所作的椭圆是相等的，由前述定理，它们的周期时间与 S 和 $(S+P)$ 的平方根成正比。如果将后一个椭圆的周期时间按相同比值减小，则它们的周期相等。但是，根据命题 15，椭圆的主轴将按前一比值的 $\dfrac{3}{2}$ 次方减小，那么，椭圆主轴的立方比等于 S 与 $(S+P)$ 的比，因而两个椭圆的主轴之比，等于 $(S+P)$ 与 S 比 $(S+P)$ 之间两个比例中项的前一项之比。反之，围绕运动物体所画的椭圆主轴与绕不动物体画出椭圆主轴之比，等于 $(S+P)$ 与 S 比 $(S+P)$ 之间两个比例中项的前一项。证毕。

命题 61　定理 24

如果两个物体在任意类型力的作用下相互吸引而不受其他力的干扰和妨碍，并以任意方式运动，那么这些运动等同于没有受到相互吸引，而都同时受到位于它们公共重心的第三个物体的相同力的吸引；如果仅从物体到公共中心的距离和到两物体间的距离方面分析，其吸引力的规律也完全相同。

由于使物体相互吸引的力，在指向物体的同时也指向物体的公共重心，所以这种力与从公共重心处的物体上发出的力相同。证毕。

由于其中一个物体到公共中心的距离，与两个物体间的距离的比已经指定，那么由此求出一个距离的任意次幂与其他距离的相同次幂的比值，并且还可求出由距离以任意方式和给定量组合而产生的新量，以及由另一距离和该距离以类似方法组合产生的新量的比值。因此，如果一个物体受另一物体吸引的力与物体间相互的距离成正比或反比，或者与该距离的任意次幂成正比，或者与距离以任意方式和指定量结合产生的任意新量成正比，那么用类似方法将相同物体吸引到公共重心的相同力，就将与被吸引物体到公共中心的距离成正比或反比，或者与该距离的任意次幂成正比，或者以相同方法由距离和指定量的结合产生的任意新量成正比。从这个意义上说，吸引力规律对这两种距离都相等。证毕。

命题 62　问题 38

求证相互间吸引力与距离平方成反比的两个物体，从指定处落下的运动。

根据前述定理，物体的运动与它们受位于公共重心的第三个力的吸引引起的运动相同。假设该中心在运动开始时是静止的，那么根据运动定律推论 4，它将始终处于静止状态。而物体的运动从问题 25 可知，能由物体受指向该中心的力推动的相同方式求出，在此基础上，即可求出相互吸引的物体的运动。证毕。

命题 63　问题 39

求证相互间吸引力与距离的平方成反比的两个物体，从指定处用指定速度沿指定方向的运动。

因为物体开始时的运动已指定，由此可求出公共重心的匀速运动和与该中心同时做匀速直线运动的空间的运动，以及物体在该空间的所有运动。根据前述定理和运动定律推论 5，物体在该空间用以下方式运动，空间和公共重心保持静止，物体相互间没有吸引力，因此与受到位于该中心的第三个力吸引的情况相同。所以，在这个运动空间中，每一个离开指定场所，用指定速度，沿指定方向并受向心力作用的物体的运动，都可通过问题 9 和问题 26 求出，同时还可求出另一物体绕相同中心所做的运动，如果将该运动与围绕空间旋转的物体的整个系统的匀速直线运动结合在一起，就能求出物体在不动空间的绝对运动。证毕。

命题 64　问题 40

假设物体间的相互吸引力随物体到中心距离的比值而增加，求证物体间的相互运动。

如果前两个物体 T 和 L 的公共重心为 D，那么根据定理 21 的推论 1，物体以 D 为中心而画出的椭圆面积，可通过问题 5 求出。

假设第三个物体 S 用加速力 ST、SL 吸引前两个物体 T 和 L，同时，物体 S 也受物体 T 和 L 的吸引。那么，根据运动定律的推论 2，力 ST 能分解为 SD 和 DT，力 SL 可分解为 SD 和 DL。力 DT、DL 的合力是

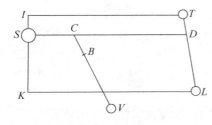

TL，与两物体间的吸引力成正比，将此两力分别加到物体 T 和 L 上，所以，得到的两合力仍与先前一样，分别和距离 DT 和 DL 成正比，只是比先前的力大。根据命题 10 的推论 1、命题 4 的推论 1 和推论 8，这些合力可以像先前的力那样促使物体画出椭圆，但其运动速度更快。而余下的加速力 SD 和 DL，通过运动力 SD×T 和 SD×L，则同样在和 DS 平行的直线 TI、LK 上吸引物体，这种吸引并不改变物体间的相互位置，但会促使物体向直线 IK 靠近，该直线 IK 通过物体 S 的中心并垂直于直线 DS。但物体向直线 IK 的靠近会受到妨碍，因为当物体 T 和 L 处于一边时，物体 S 则在另一边以适当的速度绕公共重力中心 C 旋转。因为运动力 SD×T 和 SD×L 的和与距离 CS 成正比，所以物体 S 在该运动中指向中心 C，并将围绕中心 C 画出椭圆。直线 CS 与 CD 成正比，通过点 D 也可画出类似椭圆。因为物体 T 和 L 被运动力 SD×T 和 SD×L 吸引，物体 T 受 SD×T 吸引，物体 L 受 SD×L 吸引，从而一同沿平行线 TI 和 LK 的方向运动，与前面的论述相同，根据运动定律的推论 5 和推论 6，物体将绕不动中心 D 画出各自的椭圆。证毕。

如果加入第四个物体 V，用同样的理由可证：该物体和点 C 围绕公共重心 B 画出椭圆，而物体 T、L 和 S 围绕中心 D、C 的运动保持不变，但将加快运动速度。用相同方法，还可任意增加更多的物体。证毕。

如果物体 T 和 L 的相互吸引的加速力，大于或小于它们按物体距离比例吸引其他物体的加速力，以上情形将继续成立。如果所有加速力相互间的比等于吸引物体距离的比，那么根据前一定理可推导：所有物体都将在一个不动平面上，用相同周期围绕它们的公共重心 B 画出不同的椭圆。证毕。

命题 65　定理 25

如果物体的力随物体到中心距离的平方减小，那么这些物体将沿椭圆运动，并且，以焦点为半径所穿过的面积与时间几乎成正比。

在前述命题中，我们证明了物体沿椭圆精确运动的情形。力的规律离这种情形的规律越远，那么，物体间的运动就会有更大的相互干扰。物体间的相互距离如果不保持一定比例，物体就不能按命题所假设的规律那样精确地沿椭圆运动。不过，在我后面所叙述的情形中，轨道与椭圆的差别相当小。

情形 1　设有若干小物体以不同的距离围绕某个较大物体旋转，且指向每一个物体的力都与它们的距离成正比。根据运动定律的推论 4，这些物体的公共重心或静止，或做匀速直线运动。假设这些物体体积很小，从而使大物体到中心的距离不能测出，致使大物体或处于静止，或做匀速运动，且存在无法感知的误差，而小物体则围绕大物体沿椭圆转动，它的半径划过的面积与时间成正比，如果排除大物体到公共重心距离的误差，或者排除由小物体之间的相互作用而引起的误差，小物体体积能进一步缩小，使它们的距离和相互间的作用也将小于任意指定值，其运动轨道则为椭圆，而与时间相对应的面积也不小于任意指定值的误差。证毕。

情形 2　设多个小物体按上述方法绕一个较大物体运动，构成一个体系，或两个物体相互环绕构成双体系统，做匀速直线运动，并同时受较远处另一个大物体上的力作用而向一边倾斜。由于沿平行方向推动物体运动的加速力还会改变物体间的相互位置，它只是在促使各部分保持相互运动的同时，推动整个系统改变其位置，所以只要加速力均匀，或者没有沿吸引力方向出现倾斜，物体的相互吸引运动就不会因较大物体的吸引而出现任何变化。设所有指向大物体的加速吸引力与距离的平方成反比，再把物体的距离增大，一直到它连接其他物体间所作的直线在长度上产生差值，且这些直线相互间的倾角小于任意指定值，那么，该系统各部分的运动将以小于或等于任意指定值的误差进行。因为这些部分相互的距离小，而整个系统像一个物体一样受到吸引而运动，它的重心将围绕大物体画出一条圆锥曲线，当吸引力较弱时，画出抛物线或双曲线，较强时画出椭圆，由较大物体指向该系统的半径穿过的面积则与时间成正比，根据本命题的假设，各部分间由距离产生的误差极小，并且可任意缩小。证毕。

还可用类似方法来证明其他更复杂的情形，由此能推广至无限。

推论 1　在第二种情形中，极大物体离双体或多体系统越近，则系统内各部分运动的摄动就越大。因为，该大物体到其他部分间直线的倾斜度增大，其比例的不等性也越大。

推论 2　在物体的摄动中，如果系统各部分指向所有大物体的加速吸引力，与到大物体距离的平方不成反比，特别是在该比例的不等性大于部分到大物体距离比例的不等性时，摄动将是最大的。因为如果沿平行线方向同等作用的加速力没有引起系统各部分运动的摄动，当不能同等作用时，就必定要在某处引起摄动，并且，这种摄动的大小将随不等性的大小而变化。作用在物体上的较大推动或排斥力的剩余部分不会作用于其他物体，但会改变这些物体的相互位置。如果将该摄动加在物体间由直线不等性和倾斜产生的摄动上，则将使整个摄动更大。

推论 3　如果系统的各部分沿椭圆或圆周转动，且没有明显的摄动，这说明它们受到了指向其他任意物体加速力的作用，这时，它们的推动力会很小，或沿平行线方向近似地作用在各部分上。

命题 66　定理 26

如果三个物体相互吸引的力以它们距离的平方而减小，而任意两个物体对第三个物体的加速吸引力都与物体间距离的平方成反比，且两个较小的物体围绕最大的物体转动，那么假如最大物体被这些吸引力推动，而不是完全不受更大或更小的推动力作用时，这两个旋转物体中靠内的一个所作的到最里面的那个最大物体的半径围绕该最大物体穿过的面积与时间的比值更接近于正比，且画出的图形更接近椭圆。

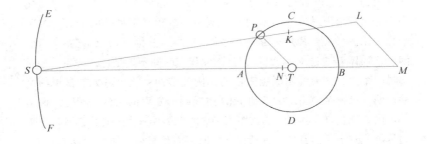

　　由前一命题的推论 2 可得出这一结论，但也可用一种更为严谨和普遍的方法来论证。

　　情形 1　设小物体 P 和 S 放在相同平面上围绕最大物体 T 旋转，物体 P 画出内轨道 PAB，物体 S 画出外轨道 ESF。设 SK 作为物体 P 和 S 的平均距离，直线 SK 表示物体 P 在平均距离处指向 S 的加速吸引力。作 SL，使之与 SK 的比等于 SK 的平方与 SP 的平方的比，其中，SL 是物体 P 在任意距离 SP 处指向 S 的加速吸引力。连接 PT，作 LM 和它平行，并在点 M 与 ST 相交，那么根据运动定律的推论 2，吸引力 SL 可分解为 SM、LM。而物体 P 则将受到三个吸引力的作用，其中一个力指向 T，来自物体 T 和 P 的相互吸引。在该力的单独作用下，物体 P 将围绕物体 T 运动，并通过半径 PT 穿过的面积与时间成正比，画出一个焦点在物体中心 T 的椭圆。无论物体 T 是否静止，或受吸引力作用而运动，上述运动都会进行，以上结论能通过命题 11 及定理 21 的推论 2 和推论 3 推导出。吸引力 LM 是另一个力，它由 P 指向 T，所以可将它回到前一个力上，根据定理 21 的推论 3 可知，该力也使面积与时间成正比，但它与距离 PT 的平方并不成反比，所以，当把它加在前一个力上时就产生合力，而这个合力使上述平方反比关系发生变化，相对前一个力来说，合力的比例越大，变化也越大，但在其他地方则不会有变化。因此，根据命题 11 和定理 21 的推论 2，焦点为 T 的椭圆的力应指向该焦点，并且与距离 PT 的平方成反比。由于改变此比例的复合力将使轨道 PAB 由以 T 为焦点的椭圆发生变化，其中，比例关系改变越大，轨道的变化也越大，第二个力 LM 相对于前一个力的比例也越大，但在其他方面没有什么变化。第三个力 SM 沿平行于 ST 的直线方向吸引物体 P，并和另两个力合成不再由 P 指向 T 的新力，方向变化大小与第三个力对另外两个力的比例相同，相对于另外两个力，第三个力的比例越大，其方向变化也越大。同样，其他方面也不会有变化。因此，物体 P 通过半径 TP 所穿过的面积与时间不再是正比关系，相对于另两个力，该力的比例越大，其比例关系的变化也越大。基于前两种说明，第三个力将增大轨道 PAB 由椭圆形发生的变化，首先，该力不再由 P 指向 T；其次，它与距离 PT 的平方不是反比关系。当第三个力尽可能减小，而其他力保持量不变时，面积最接近于与时间成正比。

当第二个和第三个力，尤其是第三个力有可能最小，而第一个力保持其量不变时，轨道 PAB 则最接近于椭圆形。

用直线 SN 表示物体 T 指向 S 的加速吸引力。如果加速吸引力 SM 和 SN 相等，那么加速吸引力将沿平行线方向同等地吸引物体 T 和 P，但不改变它们相互间的位置。由运动定律的推论 6 可知，这两个物体间的相互运动与没受到吸引力作用时是一样的。同理，如果吸引力 SN 小于吸引力 SM，那么，SN 将 SM 的一部分抵消，而剩余的吸引力部分 MN 则会影响时间与面积的正比关系，以及轨道的椭圆形状。如果吸引力 SN 大于吸引力 SM，则轨道和正比关系的摄动也由力的差 MN 产生。在此，吸引力 SN 总是由于吸引力 SM 而减小为 MN，第一个和第二个吸引力则可保持不变。因此，当吸引力 MN 为零或极其小时，即物体 P 和 T 的加速吸引力尽可能相等时，或当吸引力 SN 既不为零，也不小于吸引力 SM 的最小值，而是为吸引力 SM 的最大值和最小值的平均值，即既不远大于 SK，也不远小于它时，面积和时间的比最近似于正比，并且轨道 PAB 也最接近上述的椭圆形。证毕。

情形 2 设小物体 P、S 放在不同平面上围绕大物体 T 旋转。在轨道 PAB 平面上，沿直线 PT 方向的力 LM 的作用就和上述情况相同，不会使物体 P 脱离它的轨道平面。但另一个沿平行于 ST 的直线方向作用的力 NM，除引起垂直摄动外，还会带来横向摄动，并吸引物体 P 脱离它的轨道平面。这种摄动，在物体 P 和 T 相互位置已指定的前提下，将与力 MN 成正比。所以，当力 MN 最小时，也就是吸引力 SN 既不远大于吸引力 SK，也不远小于它时，它的摄动也变为最小。证毕。

推论 1 如果有多个小物体 P、S 和 R 等围绕一个极大的物体 R 旋转，当大物体受到其他物体的吸引和推动，其他物体间也相互吸引和推动时，在最里面做旋转运动的物体 P 所受的摄动最小。

推论 2 一个系统包含着三个物体 T、P 和 S，如果其中任意两个指向第三个的加速吸引力与距离的平方成反比，那么，物体 P 在以 PT 为半径，围绕物体 T 划出面积时，其在会合点 A 及在对点 B 附近的速度，要高于在方照点 C 和 D 的速度。因为，每一种作用于物体 P 而不作用于物体 T 的力，均非沿直线 PT 方向作用，根据该力的方向是与运动方向相同还是相反，来增加或减少所划过的面积，这就是力 NM 的作用。当物体 P 由 C 向 A 运动时，该力与运动方向相同，因此使物体加速。当到达 D 时，该力与运动方向相反，因此使物体减速。直到到达点 B，该力又与运动方向相同，但由 B 运动到 C，该力又与运动方向相反。

推论 3　同理，在其他条件不变的前提下，物体 P 在会合点和对点的运动速度快于在方照点的速度。

推论 4　在其他条件不变的情况下，物体 P 在轨道上方照点的弯曲度，比在会合点和对点上的弯曲度大。因为当物体的运动速度越快时，偏离直线路径的程度就越小。在会合点和对点上，力 KL 或 NM 与物体 T 吸引物体 P 的力方向相反，从而使该力减小。物体 P 受物体 T 的吸引减小，物体 P 偏离直线路径的程度也越小。

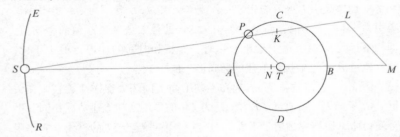

推论 5　在其他条件不变的情况下，物体 P 在轨道上方照点要比在会合点和对点距物体 T 更远，不过，这个结论必须排除偏心率的变化才能成立。因为如果物体 P 的轨道偏心，那么当回归点处在朔望点时，其偏心率将达到峰值，于是可能会出现这种情况：当物体 P 的朔望点接近远回归点时，物体 P 到物体 T 的距离大于在方照点的距离。

推论 6　保持物体 P 在轨道上的中心物体 T 的向心力，在方照点，该向心力由于力 LM 的加入而增强；在朔望点，则因减去力 KL 而减小；由于力 KL 大于力 LM，因此减弱的大于增加的。根据命题 4 的推论 2，该向心力与半径 TP 成正比，与周期的平方成反比，那么由于力 KL 的作用使合力减小。如果假设轨道 PT 的半径保持不变，其周期会增加，并与向心力减小比值的平方根成正比，那么根据命题 4 的推论 6，当半径增大或减小时，周期将以半径的 $\frac{3}{2}$ 次幂增大或减小。如果中心物体的吸引力逐渐减小，物体 P 受到的吸引力会越来越小，并离中心 T 越来越远；反之，如该力逐渐增强，它离中心 T 将越来越近。如果使该力减弱的遥远物体 S 由于旋转而使作用力出现增大或减小现象，那么半径 TP 也同样会出现增大或减小现象；由于遥远物体 S 作用力的增大或减小，周期也将随着半径的比值的 $\dfrac{3}{2}$ 次幂，以及中心物体 T 的向心力减小或增大比值的平方根所构成的合力比值增加或减小。

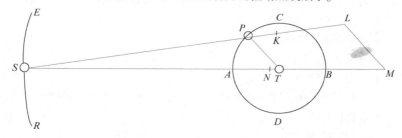

推论 7　根据前面的证明可知，物体 P 所画出的椭圆的轴或回归线的轴，将随其角运动交替前进或后退，由于前进多，后退少，所以直线运动就是前进运动。在方照点，力 MN 已经消失，将物体 P 吸引向物体 T 的力是由力 LM 和物体 T 吸引物体 P 的向心力合成的。如果距离 PT 增大，第一个力 LM 也将以接近和距离增加的相同的比例而增大，而另一个力则以正比于距离比值的平方而减小。因此，这两个力的和的减小小于距离 PT 比值的平方。根据命题 45 的推论 1，将使回归线或上回归点向后移动。但在会合点和对点，使物体 P 倾向于物体 T 的力是力 KL 与物体 T 吸引物体 P 的力之差，由于力 KL 以非常接近距离 PT 的比值而增大，因此该差的减小大于距离 PT 比值的平方。根据命题 45 的推论 1，该力的差将使回归线前移。在朔望点与方照点之间，回归线的运动由这两种因素共同决定，它用两种作用中最强的那个剩余值比例来决定前进或后退。在朔望点的力 KL 几乎是在方照点的力 LM 的 2 倍，而剩余力位于力 KL 的一方，因此，回归线将前移。设两个物体 T 和 P 构成的系统每一边都被滞留在轨道 ESR 上的多个物体 S 等环绕，有了这个假设，该结论和上一个推论就容易理解了。因为，由于这些物体的作用，物体 T 在每一边的作用都将被减弱，且减弱的

程度大于距离比值的平方。

推论 8　回归点的前进或后退取决于向心力的减小，亦即当物体从下回归点向上回归点移动时，向心力是大于还是小于距离 *PT* 比值的平方；也由物体返回下回归点时的向心力类似的增大所决定。因此，当上回归点的力与下回归点的力的比，同距离平方的反比之差为最大时，回归点的运动也成为最大；当回归点在朔望点，而力的差是 *KL* 或 *NM* −*LM* 时，其向前运动也相对较快；而当回归点在方照点时，由于新增的力 *LM* 的作用，其后退则相对较慢。由于前进和后退都将持续很长一段时间，因此，这种不等性也变得相对突出。

推论 9　如果物体受到的阻力与它到任意中心距离的平方成反比，绕中心沿一椭圆旋转，在由上回归点落到下回归点时，阻力受到新力的作用而不断加强，并大于距离减小的比值平方。那么，该物体受新力的连续作用而指向中心，比它只受以距离减小比值的平方而减小的力的作用更偏向于中心，而它所画出的轨道和以前的椭圆轨道相比，更靠内一些，在下回归点更加接近中心。由于新力的作用，该轨道更加偏心。如果当物体从下回归点返回到上回归点，以新力增加的相同比值减小向心力，那么，物体将回到原先距离处。如果该力以一个更大的比值减小，物体受到的吸引则将变小而上升到一个更大的距离处，其轨道的偏心率也将增大。如果向心力的增减比值在每一次旋转中都增大，那么，偏心率也同样得以增大；反之，如果该比值减小，其偏心率也将减小。

因此，在包含物体 *T*、*P*、*S* 的系统中，当轨道 *PAB* 的回归点位于方照点时，增大和减小的比值为最小；而当回归点位于朔望点时，该比值应为最大。如果回归点在方照点，则该比值在回归点附近时小于距离比的平方，而在朔望点附近时，就大于距离比的平方，而由该较大比值即可产生回归线运动。如果考虑上下回归点间整个的增减比值，该比值也小于距离比的平方。而下回归点的力与上回归点的力之比，小于上回归点到椭圆焦点的距离与下回归点到椭圆焦点距离比的平方；反之，如果回归点位于朔望点时，下回归点的力与上回归点的力之比，就大于该距离比的平方。因为，在方照点上，力 *LM* 与物体 *T* 的力复合成一比值较小的力，而在朔望点，力 *KL* 减弱物体 *T* 的力，合力的比值就更大。因此，上下回归点间整个运动的增减比值在方照点时最小，而在朔望点最大。在回归点由方照点到朔望点的运动过程中，该比值不断增大，椭圆的偏心率也增大；反之，由朔望点到方照点的运动过程中，该比值不断减小，偏心率也减小。

推论 10　我们还能求出纬度的误差。设轨道 *EST* 的平面保持不动，根据前述可知，力 *NM* 和力 *ML* 就是产生误差的根本原因。因为，作用于轨道 *PAB* 平面上的力 *ML* 绝不会干扰纬度方向上的运动，而当交点在朔望点时，作用于相同轨道平面上的力 *NM*，也不会影响该方向上的运动。但是当交点在方照点时，力 *NM* 就会对纬度运动形成强烈的干扰，并吸引物体 *P* 不断脱离其轨道平面。在物体由方照点到朔望点的过程中，它不断减小平面的倾斜度；而当物体由朔望点移向方照点时，它又两次增大平面的倾斜度。因此，当物体在朔望点时，轨道平面的倾斜度最小；而当物体到达下个交会点时，它又会恢复到与原先最接近的值。但是，如果交会点位于方照点后的八分点（45°），即在 *C* 和 *A* 间、*D* 和 *B* 间，由于刚才提及的原因，物体 *P* 由任一交会点向后移动 90° 时，平面的倾斜度也不断减小。不过，在下一个 45° 向下一个方照点移动的过程中，其倾斜度会增大。然后，再由下一个 45° 向下一个交会点移动时，倾斜度又会减小。因此，当倾斜度的减小多于增大时，后一个交会点总小于前一交会点。

根据类似理由，当交会点位于 *A* 和 *D*、*B* 和 *C* 之间的另一个八分点时，平面倾斜度的增大就多于减小。因此，当交会点在朔望点时，倾斜度为最大。在交会点由朔望点移向方照点的过程中，物体每一次趋近交会点，倾斜度都会减小，当交会点在方照点时，则变成最小。当物体位于朔望点上，其倾斜度也达到最小值，但之后它又会以先前减小的程度增加，当交会点到达下一个朔望点时，它又会恢复到初始值。

推论 11　当交会点在方照点时，物体 *P* 不断受到吸引而逐渐脱离轨道平面。而该吸引力在由交会点 *C* 过会合点 *A* 到交会点 *D* 的过程中指向 *S*，当吸引力由交会点 *D* 过对应点 *B* 到交会点 *C* 时，其方向相反。因此，在离开交会点 *C* 后的运动中，物体不断脱离其最先的轨道平面 *CD* 直到下一个交会点。在该交会点上，物体离原平面 *CD* 的距离最大，

并不会通过轨道 *EST* 平面上的另一个交会点 *D*，而是通过离物体 *S* 较近的一个点，且该点即交会点在其原先场所之后的新场所。根据类似理由，当从该交会点向下一个交会点移动时，交会点也将继续后移。所以，当这些交会点位于方照点时，会连续后移。而在朔望点时，由于纬度运动没有受到干扰，交会点将保持静止。如果两种场所之间包含了两种因素，交会点后移就比较缓慢。因此，交会点或者逆行，或者静止，或者在每次的旋转中，都向后移动。

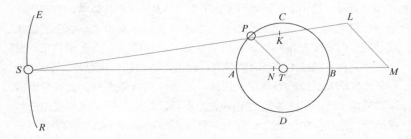

推论 12　通过前述推论可知，由于产生干扰的力 *NM* 和 *ML* 较大，因此，在物体 *P*、*S* 会合点上的误差都略大于对点上的误差。

推论 13　通过上述推论可知，误差变化的原因和比例与物体 *S* 的大小无关。因为即使物体 *S* 足够大，并能使物体 *P* 和 *T* 围绕它做旋转运动，仍会有误差。由于物体 *S* 的增大使其向心力也增强，并使物体 *P* 的运动误差也因此而增大，从而导致在相同距离处，所有误差都大于物体 *S* 绕物体 *P* 和 *T* 系统旋转时所产生的误差。

推论 14　当物体 *S* 位于无限远时，力 *NM*、*ML* 非常接近于 *SK* 和 *PT* 与 *ST* 的比值，并与其成正比，亦即，如果距离 *PT* 和物体 *S* 的绝对力已指定，它与 ST^3 成反比；由于力 *NM*、*ML* 是上述推论中所有误差和作用产生的原因，因此，如果物体 *T* 和 *P* 与过去相同，只改变了距离 *ST* 和物体 *S* 的绝对力，那么所有这些作用将非常接近于与物体 *S* 的绝对力成正比、与距离 *ST* 的立方成反比。如果物体 *T* 和 *P* 构成的系统围绕遥远物体 *S* 旋转，那么，根据命题 4 的推论 2，力 *NM*、*ML* 将与周期的平方成反比。同样，如果物体 *S* 的大小与其绝对力成正比，那么力 *NM*、*ML* 及其作用将与物体 *T* 观看无限远物体 *S* 的视直径的立方成正比。反之亦然，因为这些比值与上述的合值完全相同。

推论 15　如果保持轨道 ESE 和 PAB 相互间的形状、比例和相互的倾斜度不变，只改变它们的大小，物体 S 和 T 的力或保持不变，或以任意给定的比例变化，那么在物体 T 上使物体 P 偏离直线路径进入轨道 PAB 的力，和在物体 S 上使物体 P 脱离该轨道的力，将始终以相同的方式和相同的比例发生作用，而所有这些作用都相似并成比例，并且这些作用的时间也成比例。亦即，所有的直线误差都与轨道的直径成正比，而角误差则与以前保持相同，而相似直线误差的时间及相等角误差的时间，则与轨道的周期成正比。

推论 16　如果指定轨道的图形和相互间的夹角，而它的大小、力和物体间的距离以任意方式变化，那么就能从一种情形下的误差和误差的时间，求出其他任意情形下的误差和误差时间的高度近似值。这个问题可用以下的简便方法来求证。在其他条件不变的情况下，设力 NM、ML 与半径 TP 成正比，那么根据引理 10 的推论 2，力的周期作用将与力及物体 P 周期的平方成正比，而这就是物体 P 的直线误差。而在每一次的旋转中，它们到中心 T 的角误差都非常近似地和旋转时间的平方成正比。如果将这些比值与推论 14 中的比值相乘，那么，在物体 T、P、S 构成的任意系统中，P 在 T 的附近非常接近地围绕 T 旋转，而 T 则以一个较大距离围绕 S 旋转。从中心 T 进行观察可发现，在物体 P 的每一次旋转中，物体 P 的角误差都与物体 P 周期的平方成正比，与物体 T 周期的平方成反比。因此，回归线的平均直线运动与交会点的平均运动之比是指定值，而这两种运动和倾斜度的增大或减小，不会对回归点和交点的运动产生什么明显影响。当然，这种增大或减小达到相当大的程度时还是会有一定影响的。

推论 17　直线 LM 有时比半径 PT 大，有时又比半径 PT 小，用半径 PT 来表示力 LM 的平均量，那么该平均力与平均力 SK 或 SN 的比等于长度 PT 与长度 ST 的比值。使物体 T 维持在环绕 S 的轨道上的平均力 SN 或 ST，与使物体维持在环绕 T 的轨道上的力之比，等于半径 ST 与半径 PT 的比值，与物体 P 绕 T 的周期和物体 T 绕 S 的周期的平方比的复合。因此，平均力 LM 与使物体 P 维持在环绕 T 的轨道上的力之比，等于周期的平方比。因而周期是指定值，距离 PT 和平均力 LM 也指定；而该力指定，通过对直线 PT 和 MN 的比对，即可求出力 MN 的高度近似值。

推论 18　根据物体 P 环绕物体 T 旋转的相同规律，设有很多流动物体在相同距离处环绕 T 做旋转运动。这些流动物体的数量众多，以至于相互连接形成一个圆环，物体 T 是圆环的中心。该圆环各部分在距离物体 T 较近处运动，其运动规律与物体 P 的运动规律相同，它们在自己和物体 S 的会合点及对点处的运动速度较快，在方照点处的运动速度较慢。该环的交会点，或者它与物体 S 或 T 的轨道平面的交点在朔望点时是静止状态，但在朔望点外，它们或向后移动，或逆向移动，在方照点时其移动速度最快，在其他地方则相对较慢。该环的倾斜度也在不断变化，在每一次的旋转运动中其轴都会发生摆动，但当旋转结束后，其轴又会回到原来的位置，只有交会点的岁差才使它产生少量的转动。

推论 19　设在球体中包含许多非流动物体，在每一边将其延伸到上述推论中的环形圈处，再沿球体的四周挖出一条蓄满水的水沟。该球体围绕着自己的轴以相同的周期做匀速旋转运动。而水则像前一推论所说，不断得到加速和减速，相对于球面，水在朔望点时的速度较快，在方照点时的速度较慢，在水沟中，水会形成大海一样的退潮和涨潮。如果将物体 S 的吸引力去掉，水流就不会形成涨潮和退潮，而只能围绕球体中心流动。根据运动定律的推论 5 和推论 6，这种情形与球做匀速运动并环绕其中心旋转的情形是完全相同的，与球受到直线力匀速吸引的情形也相同。但当物体 S 作用于该球体时，由于吸引力的变化，水将产生新运动。在距该物体较近的地方，水受到的吸引力较大；而在距该物体较远处，水受到的吸引力较小。在方照点，力 LM 将水向下吸引，直到到达朔望点；而在朔望点，力 KL 又将水向上吸引，并抑制其下落直到到达方照点。这时，水的升降运动受到水沟方向的引导，而那些由摩擦力引起的少许阻碍可忽略。

推论 20　如果圆环变硬，球体缩小，那么涨潮和落潮运动就会停止；但倾斜运动和交会点的风差则保持不变。设球体与圆环同轴，其旋转时间也相同，球面与圆环内侧接触并连接成一个整体，则球体就参与了圆环的运动，而整体的摆动交会点的向后移动一如前述，与所有作用的影响完全相同。当交会点处在朔望点的位置时，圆环的倾角最大；在交会点向方照点移动的过程中，该作用使倾斜角逐渐减小，并使球体出现新的运动。球体使该运动得以持续进行，直到由圆环的反作用抵消该运动并在反方向引入一个新运动为止。因此，当交会点处在方照点的位置时，减小倾斜度的运动达到最大值，而在方照点后的八分点处的倾角为最小值；当交会点处于朔望点时，倾斜运动达到最大，而在其后八分点的倾角为最大。如果一个无圆环球体的赤道地区比其他极地地区高出少许，密度大一点，情形就完全变了。因为，赤道附近多余的物体将替代圆环。尽管可以假设该球体的向心力能够以任意方式增大，并使它的所有部分向下，就像地球上各部分指向中心一样，但这种现象与前面的推论很少有变化，只是水位的最大高度和最小高度稍有不同。因为这时水不再靠向心力的作用而停留在轨道上，而是靠流动水渠。此外，力 *LM* 在方照点以最大的力量将水向下吸引，而力 *KL* 或 *NM−LM* 则在朔望点以最大的力量将水向上吸引。在这些力的共同作用下，在朔望点前的八分点处，水不再受到向上的吸引，变成了受到向下的吸引。亦即，最高水位大约在朔望点后的八分点处，而最低水位则大约在方照点后的八分点处，只是这些力以水的上升或下降产生的影响，或者因为水的惯性，或者因为水沟的阻碍而有些微小的时间延迟。

推论 21 同理，球体赤道地区的多余物体会促使交会点后移，而这种物质的增多将使逆行运动增加，这种物质的减少则将使逆行运动减少，如果除掉这些物体，则逆行运动会停止。因此，如果除掉那些多余物体，亦即，如果赤道地区的物质比极地地区更少，那么，交会点就会前移。

推论 22 通过交会点的运动可以了解球体结构。如果球体的极地维持不变，其交会点将做逆行运动，而赤道附近的物质则相对较多，如果是向前运动，其物质则相对比较少。设有一个均匀和精确的球体，最初在自由空间中处于静止，由于受到某种从侧面施加在其表面上的推动力作用，产生了部分圆周运动和部分直线运动。由于该球体与过它的中心的所有轴完全相同，它对一个方向的轴比另一方向的轴没有更大偏向性，因此，球体自身的力绝不会改变它的转轴，也不会改变轴的倾角。现在，假设该球体与上述一样，表面相同部分处又受到一个新的推动力的斜向作用，由于该推动力的作用不会因到来的时间不同而发生任何改变，因此这先后两次到来的推动力冲击而产生的运动，与它们同时到达产生的运动，效果完全一样。亦即，根据运动定律的推论 2，球体受先后两次推动力冲击而产生的运动，与受由两个复合而成的单个力作用产生的运动完全相同，即产生一个关于倾斜度的轴的转动。如果第二次推动力作用于第一次运动中赤道上的任意其他场所，其情形与此完全相同；而第一次推动力作用在第二次推动力产生的运动中的赤道上的任意场所，其情形也与此完全相同。亦即，这两次推动力在任意处的效果是一样的，这些推动力产生的旋转运动，与它们同时作用和依次先后作用在这些由各推动力分别生成的赤道交点上的运动相同。均匀、没有瑕疵的球体不会同时进行几种不同的运动，而是将所有的运动叠加，整合并简化成单一运动，并尽可能地围绕一根指定的轴做简单的匀速运动，而轴的倾斜度却始终保持不变。此外，轴的倾角或旋转速度也不会因为向心力而改变。如果有通过球体中心的任意平面将它分为两个半球，那么，该向心力将指向球体中心，并始终同等作用于每个半球上，因而不会对球围绕其轴的运动有任何改变。但是如果在极点与赤道之间的某个场所增加一批如同高山群峰的新物体，那么这些物体将通过自身脱离运动中心的连续作用而对球体的运动产生干扰，并使其极点在球面上游移，围绕自身并在它的对点运动中画圆。极点的这种强大的偏移运动不能被更改，除非将山峰立于两个极点中的一个，在这样的情形下，根据推论 21，赤道的交会点或者后移，或者出现另一种情况，就是在轴的另一侧增加一个新物质。这样，山峰就可以做平衡运动，而交会点是前移还是后退，取决于山峰或新物质是离极点近，还是离赤道近。

命题 67　定理 27

根据相同的吸引力规律，靠外部物体 S 以半径，即伸向内部并过物体 P 和 T 的公共重心点 O 的直线，围绕该重心运动所划过的面积，比它以伸向最里面最大物体 T 的半径围绕该物体运动时划过的面积，更接近于与时间成正比，并且，作出轨道更接近于以其重心为焦点的

椭圆的图形。

由于物体 S 对物体 T 和
P 的吸引力合成了绝对吸引
力，因此该力更接近于指向
物体 T 和 P 的公共重心 O，
而非指向最大物体 T。并
且，它更接近于与距离 SO

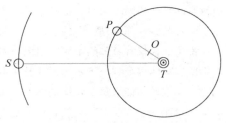

的平方成反比，而非与距离 ST 的平方成反比，读者只需稍加思考就能
理解。证毕。

命题 68　定理 28

根据相同的吸引力规律，最里面且体积最大的物体如果不是完全
不受吸引而保持静止，而是像其他物体一样也受吸引力的吸引，或者
受极强和极弱的吸引而产生剧烈和轻微的运动，那么最外面的物体 S，
以到内部物体 P 和 T 公共重心点 O 的直线为半径，关于重心所画出的
面积更接近于与时间成正比，其轨道也更接近于以其重心为焦点的椭
圆图形。

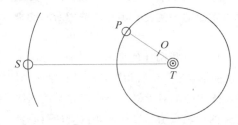

本定理可以用与命题 66
相同的方法来证明，然而由
于过程十分冗长，所以这里
我将摒弃这种方法，用一种
更为便捷的方法。根据前面
的命题知道物体 S 受到两个
力的共同作用而指向中心，且十分靠近其他两个物体的公共重心，如
果它的中心与该公共重心重合，并且这三个物体的公共重心处于静止
状态，那么物体 S 位于其一侧，而另外两个物体的公共重心位于另一
侧，它们将围绕该静止状态的公共重心而画出真正的椭圆。如果将命
题 58 的推论 2 与命题 64 和命题 65 进行比较，以上问题即可证明。但
是，这种精确的椭圆运动，将会受到物体 S 到两个物体的中心的距离
的些微干扰，物体 S 受到该中心的吸引，并且还要加上这三个物体的
公共重心的运动，其摄动也将得以增加。因此，当三个物体的公共重

心处于静止时，摄动最小，亦即，当最里面的体积最大的物体 T 与其他物质都受到相同吸引时，摄动最小。而当三个物体的公共重心因物体 T 运动的减小而移动，它的运动愈发激烈时，摄动会达到最大值。

推论　如果有更多的小物体围绕一大物体旋转，则很容易推导出：如果所有物体都受到与绝对力成正比，与距离的平方成反比的加速力的吸引和推动，如果每个轨道的焦点都处于所有较靠内物体的公共重心上（即第一个并且最靠内的轨道的焦点在最大最靠内物体的重心上，第二个轨道的焦点处于最里面两个物体的公共重心上，第三个轨道的焦点在最里面三个物体的公共重心上，依此类推），与如果最靠内的物体静止且指定为所有轨道的焦点时相比，较小物体所画出的轨道将更接近于椭圆，形成的面积更均匀。

命题 69　定理 29

在一个由多个物体 A、B、C、D 等组成的系统中，如果这些物体中任意一个，例如 A，在与物体距离的平方成反比的加速力的作用下，将剩下所有物体 B、C、D 等全部吸引。而另外一物体 B 也将其余的所有物体 A、C、D 等全部吸引，物体 B 的加速力也与物体距离的平方成反比。那么吸引物体 A 和物体 B 的绝对力的比，等于这些力所属的物体 A 与物体 B 的比。

根据假设条件，所有物体 B、C、D 指向 A 的加速吸引力，在距离相等时力也相等。通过相似方法能推导出，所有指向 B 的加速吸引力，在距离相等时力也同样相等。物体 A 的绝对吸引力与物体 B 的绝对吸引力的比，等于所有物体指向 A 的加速吸引力在相同距离处所有物体指向 B 的加速吸引力的比，也等于物体 B 指向 A 的加速吸引力与物体 A 指向 B 的加速吸引力的比。由于物体 B 指向 A 的加速吸引力与物体 A 指向 B 的加速吸引力的比，等于物体 A 和物体 B 的质量之比，因此，根据第 2、7、8 条定义，运动力与加速力和被吸引物体的乘积成正比，根据第三定律，这些力是相等的。所以，物体 A 的绝对加速力与物体 B 的绝对加速力的比，等于物体 A 和物体 B 的质量之比。证毕。

推论 1　如果在由 A、B、C、D 等组成的体系中，每个物体都受到加速力作用，可吸引所有剩余物体，且加速力与它吸引到的物体距离的平方成反比，那么所有物体相互间绝对力的比就是各物体相互间的比。

推论 2　根据类似理由，如果在由 A、B、C、D 等组成的体系中，每个物体都以加速力吸引其他物体，加速力与它和被吸引物体距离的任意次幂成反比或正比，或通过任何通用规律，由它到每个吸引物体的距离来确定加速力的大小，那么这些物体的绝对力与物体本身成正比。

推论 3　在一个系统中，物体的力因与距离的平方成正比而减小，如果小物体沿椭圆曲线围绕一个极大的物体旋转，而它们的公共焦点位于这个大物体的中心，画出的椭圆图形也非常精确，由半径到大物体划过的面积也正好与时间成正比，那么，这些物体相互间绝对力的比，刚好或近似等于物体的比，反之亦然。该定理可通过将命题 68 的推论和本命题的第一个推论进行比较，然后进行证明。

附注

上述命题，自然会引导我们比较向心力和这些力指向的中心物体，因为我们有理由相信，指向物体中心的向心力，由这些物质本身的性质和量决定。如同我们做过的磁力实验，当出现这种情况时，通过在物体间施加合适的力，能计算出物体的吸引力，然后再加总。此处我用的"吸引"的词意是广义词意，它能表达物体相互靠近的运动企图，无论是来自物体本身的作用，如散发出某种能量，促使物体互相吸引，出现剧烈运动，还是来自以太或空气，或任意媒介的相互作用；也无论这些媒介是物质或非物质的，它们都会以某种方式使其中的物体互相靠拢。同样，我所用的"推动力"一词在词意上也是广义的。我在本书中不会对这些力的类别或物理属性下定义，我只想对这些力的量与数学的关系进行探讨，这一点我在前面的定义中已经进行了声明。在数学中，我们研究的是力的量，不同的力在各种条件下的相互关系。而在研究物理学时，需要将这些关系和自然现象进行比较，然后才能发现不同的力在什么条件下会对什么类型的物体产生吸引作用。在所有准备工作就绪后，我们才能更好地去了解力的类型、原因和相互关系。接下来我们会讨论，哪些力能够让那些有吸引力的部分组成的球体，一定会按照前述方式彼此产生作用，从而能产生什么样的运动。

第 12 章　球体的吸引力

命题 70　定理 30

如果指向球面上各点的向心力相等，且向心力随这些点距离的平方而缩小，那么在该球面内的小球不会受到这些向心力的吸引。

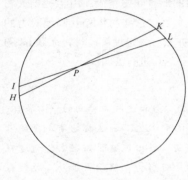

设 *HIKL* 是球面，小球 *P* 在球面内。过点 *P* 向球面作两条直线 *HK*、*IL*，与球面交于两条很短的弧 *HI*、*KL*。由引理 7 的推论 3，因为 *HPI* 与 *LPK* 相似，所以这两条弧的长与 *HP*、*LP* 的长成正比。过点 *P* 的两条直线在球面上限定了 *HI*、*KL* 两条弧，这两条弧之内的所有粒子与这些距离的平方成正比，所以这些粒子对球体 *P* 施加的力是相等的。反之，因为这些力与粒子成正比，与距离的平方成反比，并且两个比值复合得到的比值是 1：1，所以吸引力是相等的。但因为这些力都两两作用于相反方向，因此力互相抵消。依此类推，整个球面产生的吸引力皆被相反方向的吸引力抵消，因此球体 *P* 完全不受这些吸引力的作用。证毕。

命题 71　定理 31

按上述给出相等的条件，如果小球作用于球面外，那么使其指向球心的吸引力与它到球心的距离成反比。

设 *AHKB*、*ahkb* 分别是以 *S*、*s* 为球心的两个相等球面，直径分别为 *AB*、*ab*。设 *P*、*p* 分别是位于两个球面外直径延长线上的小球。过小球 *P*、*p* 分别作直线 *PHK*、*PIL*、*phk*、*pil*，使其在大圆 *AHB* 和 *ahb* 上截得相等的弧 *HK*、*hk*、*IL*、*il*，并作这些直线的垂线 *SD*、*sd*、*SE*、*se*、*IR*、*ir*。设 *SD*、*sd* 分别和 *PL*、*pl* 交于点 *F* 和 *f*，作直径的垂线 *IQ*、*iq*。

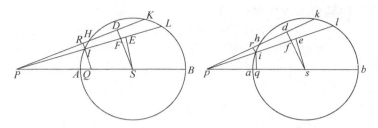

令角 *DPE* 和 *dpe* 消失，由于 *DS* 和 *ds* 相等、*FS* 和 *fs* 相等、故可取 *PE*、*PF* 与 *pe*、*pf* 相等，再取短线段 *DF* 与 *df* 相等。因为在角 *DPE* 和角 *dpe* 同时消失时，它们的比是相等的，所以 *PI* : *PF* = *RI* : *DF*，*pf* : *pi* = *df* : *ri* = *DF* : *ri*。将上两式对应项相乘，得（*PI*×*pf*）:（*PF*×*pi*）= *RI* : *ri*。根据引理 3、推论 7，可得 *RI* : *ri* = 弧 *IH* : 弧 *ih*。又因为 *PI* : *PS* = *IQ* : *SE*，*ps* : *pi* = *se* : *iq* = *SE* : *iq*，对应项相乘，得（*PI*×*ps*）:（*PS*×*pi*）= *IQ* : *iq*。将这两式相乘后得的比例式对应项再相乘，得（*PI*^{2}×*pf*×*ps*）:（*pi*^{2}×*PF*×*PS*）=（*IH*×*IQ*）:（*ih*×*iq*），即等于当半圆 *AKB* 绕其直径 *AB* 旋转时，弧 *IH* 经过的环面，与当半圆 *akb* 绕其直径 *ab* 旋转时，弧 *ih* 经过的环面之比。从假设条件可知，小球 *P* 和 *p* 表面的吸引力沿通向球面的直线方向，并且该吸引力与环面本身成正比，与小球到环面的距离的平方成反比，等于（*pf*×*ps*）:（*PF*×*PS*）。根据定律推论 2，这些力与它沿直线 *PS*、*ps* 指向球心部分间的比值等于 *PI* : *PQ* 和 *pi* : *pq*。因为△*PIQ* 与△*PSF* 相似，并且△*piq* 与△*psf* 相似，上述比值也等于 *PS* : *PF* 和 *ps* : *pf*。将上两个比例式对应项相乘，得到作用于小球 *P*，使它指向 *S* 的吸引力与作用于小球 *p*，使它指向 *s* 的吸引力的比：$\left(PF \times pf \times \dfrac{ps}{PS}\right) : \left(PF \times pf \times \dfrac{PS}{ps}\right)$，即等于 *ps*^{2} : *PS*^{2}。同理，弧 *KL*、*kl* 旋转生成的环面吸引小球的力之比也等于 *ps*^{2} : *PS*^{2}。因此，当 *sd* = *SD*，*se* = *SE* 时，在球面上分割后的环面作用于小球的吸引力成相同比例。综合上述理由，整个环面对小球的吸引力始终是相同比例。证毕。

命题 72　定理 32

　　已知球体密度、直径和小球到球心的距离的比值，如果指向球体上各点的向心力相同，且向心力随着这些点距离的平方减小，那么球

体对小球的吸引力与球体半径成正比。

设两个小球分别受两个球体的吸引力，并且它们到对应球心的距离分别与球体的直径成正比。对应小球所在地，球体可分解为相似的粒子，那么指向其中一个球体上各点，作用于相应小球的吸引力与指向另一球体上各点，作用于另一小球的吸引力成复合比例，即与各粒子间的比值成正比，与距离的平方成反比。另外，这些粒子与球（直径的立方）成正比，距离与直径成正比，所以第一个比值与最后一个比值的正比的二次反比就是直径与直径间的比值。证毕。

推论 1　如果多个小球绕由同等吸引物质构成的球体做圆周运动，且小球到球心的距离与它们的直径成正比，那么小球的圆周运动周期一样。

推论 2　反之，如果圆周运动周期相同，那么距离与直径成正比。这两个推论可运用命题 4、推论 3 证明。

推论 3　如果在两个形状相似、密度相同的固体中，指向两个固体上各点的向心力相同，且向心力随距离的平方减小，那么处于相对于两个固体相似位置上的小球受吸引力之比等于两物体直径之比。

命题 73　定理 33

如果一个已知球体上各点的向心力相同，并且向心力随着到这些点的距离的平方而减小，那么位于球体内的小球受到的吸引力与它到球心的距离成正比。

在以 S 为球心的球体 $ABCD$ 中，设有一小球 P 放入其中。再以同一点 S 为圆心，SP 间距为半径，在 $ABCD$ 中作一内圆 $PEQF$。根据命题 70，同心球组成的球面差 $AEBF$，由于吸引力被反向吸引力抵消，对在其上面的物体 P 不发生作用，因此只剩内球 $PEQF$ 的吸引力，那么根据命题 72，内球的吸引力与 PS 的距离成正比。证毕。

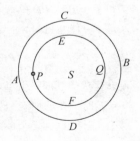

附注

在前面几个命题中，我所设想的组成固体的球面并不是纯数学意义上的，而是非常薄的球面，厚度几乎可忽略，所以球面数量增多会导致球体的球面厚度无限减小。同样，构成线、面和固体的点也可视为大小无法测量的相同粒子。

命题 74　定理 34

相同条件下，如果小球位于球体外，那么它受到的吸引力与它到球心的距离的平方成反比。

设球体分成无数个同心球面，根据命题 71，各球面对小球的吸引力与它到球心的距离的平方成反比。求出和后可知，吸引力的和（即整个球体对小球的吸引力）的比也是相同的。证毕。

推论 1　在距球心相同距离处，各个均匀球体的吸引力之比就是球体本身的比。根据命题 72，如果距离与球体的直径成正比，那么力的比等于直径的比。设较大的距离按这一比值减小，当距离相等时，吸引力就按照这一比值的平方增加，所以它与其他吸引力之比是该比值的平方，即球的比值。

推论 2　在任何距离处的球体的吸引力皆与球本身成正比，与距离的平方成反比。

推论 3　如果一个小球位于均匀球体外，该球体由可吸引外物的粒子组成，这个小球所受的吸引力与其到球心距离的平方成反比，那么每粒粒子的力随小球到粒子距离的平方而减小。

命题 75　定理 35

如果一个已知球上的各点向心力相同，且所加向心力随着这些点的距离的平方减小，那么另一相似球体也将受它吸引，并且该吸引力与两球心间距离的平方成反比。

根据命题 4，每粒粒子的吸引力与它到吸引球的球心距离的平方成反比，因此整个吸引力像是处于球心的小球产生的。然而，该吸引力的大小等于相同小球本身的吸引力，小球受吸引球上各点的吸引力作用时，该吸引力等于它吸引各个粒子的力。根据命题 74，小球的吸引力与它到球心距离的平方成反比，如果两个球体相同，那么另一个球体所受的吸引力应与球心间距离成反比。证毕。

推论 1　如果球体有作用于其他均匀球体的吸引力，那么该力与吸引球体的作用力成正比，与它们的球心到被吸引球球心距离平方成反比。

推论 2　当被吸引球体也产生吸引力时，吸引力的相关比例关系不变。因为如果一个球体上有多个点吸引另一球体上的多个点，那么此吸引力与其被另一球体吸引的力相同，根据第三定律，在所有吸引力作用力中，吸引点与被吸引点都起同等作用，因此吸引力会随吸引物体和被吸引物体间的相互作用而加倍，但比例保持不变。

推论 3　当物体绕圆锥曲线的焦点运动时，如果吸引球位于焦点，且物体在球外运动，那么上述结论仍成立。

推论 4　当运动发生在球体内，且物体绕圆锥曲线的中心运动时，上述结论也能被证明。

命题 76　定理 36

如果从球体的密度和吸引力方面而言，多个球体从球心到其表面的种种同类比值各有区别，但各个球体在到其球心给定距离是相似的，且每点的吸引力随着它和被吸引物体距离的平方增大而减小，那么这些球体的其中之一吸引其他球体的全部力之和与它到球心距离的平方成反比。

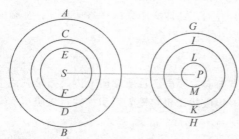

假设多个同心球体 AB、CD、EF 等相似，最里面的球体加上最外面的球体构成的物质的密度比球心密度更大，或在减去球心后剩下物质有相同的密度。根据命题 75，这些球体有作用于其他相似同心球体 GH、IK、LM 等的吸引力，且每一个对另一个的吸引力与距离 SP 的平方成反比。通过把这些力相加或相减，得到所有力的总和或其中一个力减去另一个力的差，即整个球体 AB（由所有其他同心球体减去它们的差组成）作用于整个球体 GH（由所有其他同心球体或它们的差组成）的吸引力也与距离 SP 成反比，且比值相同。设同心球体的数量无限增加，使物体密度同时随吸引力沿着球面到球心方向按任意给定规律增加或减小，并把没有吸引力的物质加入球体，以补足它的不足的密度，从而获得想要的任意形状球体。通过上述理由，其中一个球体作用于其他球体的吸引力仍与距离的平方成反比。

推论 1　如果许多这种类型的球体各方面相似，且这些球体相互吸引，那么在任意相等球心距离处，两球体间的加速力与吸引球体成正比。

推论 2　如果上述球体在任意距离不相等处，那么两物体间的加速力与吸引球体成正比，与两球心间距离的平方成反比。

推论 3　在相等的球心距离处，运动吸引力（或一个球体对另一球体的相对重力）与吸引球和被吸引球成正比，即与这两个球体的乘积成正比。

推论 4　如果距离不相等，则吸引力与两个球体的乘积成正比，与两球心间的距离平方成反比。

推论 5　如果吸引力是两个球体间的相互作用产生的，那么吸引力因两个吸引力的作用而加倍，但比例式仍保持不变，故此比例式仍成立。

推论 6　假设这类球体绕其他静止球体转动，且每个球绕另一个球转动。如果静止球体与环绕球体球心的距离与静止球体的直径成正比，那么这类球体绕静止球体的圆周运动的周期相同。

推论 7　反之，如果圆周运动的周期一样，那么距离与直径成正比。

推论 8　在涉及绕圆锥曲线焦点运动时，如果有一任意球体具备以上条件，且位于焦点上，那么上述结论仍成立。

推论 9　如果具有以上条件的环绕物质也有作用于球体的吸引力，那么上述结论仍然成立。

命题 77　定理 37

如果一个球体上各点的向心力与其到被吸引球体的距离成正比，且有两个这类球体相互作用，那么这两个球体的复合吸引力与它们球心间的距离成正比。

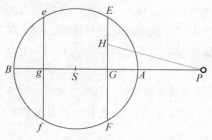

情形1　设 AEBF 是以 S 为球心的球体，P 是被吸引的小球，PASB 是球体的一条轴，且过小球的球心。EF、ef 是与轴 PASB 垂直的两平面，切割球体，并分别与轴交于 G 和 g，且 GS = Sg。H 为平面 EF 上任意一点，沿直线 PH 方向作用于小球 P 的向心力与 PH 的长成正比，根据运动定律推论2，沿直线 PG 方向的力或朝向球心 S 方向的力也与 PG 的长成正比。因此，平面 EF 上所有点（即整个平面）有一作用于小球 P 使它走向球心 S 的吸引力，这个力与 PG 间距离和平面上所有点数目的乘积成正比，即与由平面 EF 和距离 PG 构成的立方体体积成正比。依此类推，平面 ef 作用于小球 P 使之朝向球心 S 的吸引力与该平面和距离 Pg 的乘积成正比，并且两个平面上力的总和与平面 EF 和距离 PG+Pg 之和的乘积成正比，即与该平面和球心到小球距离 PS 的两倍的乘积成正比，即与平面 EF 的两倍与距离 PS 的乘积成正比，再或者与两相等平面 EF、ef 之和乘距离 PS 的积成正比。依此类推，整个球体中到球心距离相等的所有平面的力与所有平面之和乘距离 PS 的积成正比，即该力与整个球体和距离 PS 的乘积成正比。证毕。

情形2　设小球 P 也有作用于球体 AEBF 的吸引力。前面已经证明了球体受到的吸引力与距离 PS 成正比。证毕。

情形3　设另一球体含有无数个小球 P，因每个小球受到的吸引力与小球到第一个球体球心的距离成正比，并且与第一个球体本身也成正比，所以似乎这个力产生于一个位于球中心的小球。同理，第二个球体中所有小球受到的吸引力（即整个第二球受到的吸引力）同样似乎产生于一个位于第一个球心的小球，所以这个吸引力与两球体中心间距成正比。证毕。

情形4　假设两球体相互吸引，那么吸引力会加倍，但其比值保持不变。证毕。

情形5　设小球 p 位于球体 AEBF 中，由于平面 ef 作用于小球的吸引力与由平面和距离 pg 构成的立方体成正比，而平面 EF 上的相反吸引力和由该平面和距离 PG 构成的立方体体积成正比，那么两平面的复合力与两立方体体积的差成正比，即与两相等平面之和乘以一半的距离之差的积成正比，也即是平面之和与小球到球心的距离 PS 的乘积。与此类似，整个球体的平面 EF、ef 的吸引力（即整个球体的吸引力）

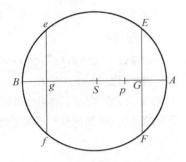

与所有平面的和或整体球体成正比，且与距离 pS（小球到球体中心的距离）也成正比。证毕。

情形 6　如果一个新球体由无数小球 p 构成，且位于第一个球体 $AEBF$ 内。和上述情况相同，因此可证，无论是一个球体吸引另一球体，或两个球体相互吸引，此吸引力皆与两球心距离 pS 成正比。证毕。

命题 78　定理 38

如果两球体从球心到表面都不相似、不相等，但它们到相应球心的等距离的地方相似，且各点的吸引力与受吸引小球间的距离成正比，那么使两个这类球体相互作用的全部吸引力与两球体中心间的距离成正比。

与命题 76 可运用命题 75 证明相同，本命题可运用命题 77 证明。

推论　如果受吸引球体为上述的一类球体，且所有吸引力产生自具有上述条件的球体，这时，以前在命题 10 及命题 64 中证明的物体绕圆锥曲线运动的结论也都成立。

附注

至此，我已经解释了吸引的两种基本情况：向心力与距离平方成反比而减小，以及按距离的简单比例而增加，使物体在这两种情况下皆沿圆锥曲线运动，之后组合为球体，那么就如同球体内各粒子一样，它的向心力按相同规律随它到球心的距离增加而减小，上述这点非常重要。至于其他情形，它的结论并没有如此精练、重要，所以如果像论述之前的命题一样详细论述这些情况，就会显得冗长。因此我宁可用一种普遍适用的方法对正面将论述的情形综合求证。

引理 29

如果以 *S* 为圆心作一圆 *AEB*，再以 *P* 为圆心作两个圆 *EF*、*ef*，这两个圆分别交圆 *AEB* 于 *E*、*e*，并与直线 *PS* 交于 *F* 和 *f*。过 *E* 和 *e* 作 *PS* 的垂线 *ED* 和 *ed*。如果假设弧 *EF* 和 *ef* 间的距离无限减小，那么趋于零的线段 *Dd* 与同样趋于零的线段 *Ff* 的最后比值等于线段 *PE* 与 *PS* 的比值。

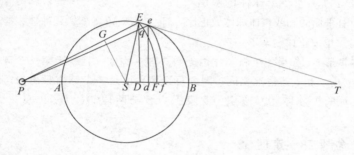

如果直线 *Pe* 交弧 *EF* 于点 *q*，而直线 *Ee* 与趋于零的弧 *Ee* 重合，且它的延长线交 *PS* 的延长线于点 *T*。过 *S* 作 *PE* 的垂线 *SG*，因为三角形 *DTE*、*dTe*、*DES* 相似，得到：*Dd* : *Ee* = *DT* : *TE* = *DE* : *ES*。根据引理 8 和引理 7 的推论 3，△*Eeq* 和 △*ESG* 相似，得 *Ee* : *eq*（或 *Ee* : *Ff*）= *ES* : *SG*。将上两项比例式的对应项相乘，得 *Dd* : *Ff* = *DE* : *SG*，又因为 *PDE* 与 *PGS* 相似，得到 *DE* : *GS* = *PE* : *PS*，所以 *Dd* : *Ff* = *PE* : *PS*。证毕。

命题 79　定理 39

设表面 *EFfe* 的宽度无限减小，直到为零。而由 *EFfe* 绕轴 *PS* 旋转得一凹凸球状物，其中相等的各点受到相等的向心力。已知一小球位于点 *P*，那么物体作用于该小球的吸引力为一复合比例，即立方体 *DE*²×*Ff* 的比值与位于 *Ff* 上的给定粒子作用于小球的作用力比值的复合比值。

弧 *FE* 旋转生成球面 *FE*，且直线 *de* 交弧 *FE* 于点 *r*。首先考虑球面 *EF* 产生的力，正如阿基米德（Archimedes）在其著作《球体与圆柱

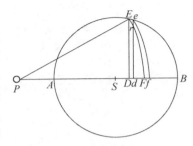

体》中已经证明的，由弧 rE 旋转产生一个表面，其环状部分与短线段 Dd 成正比，球体 PE 的半径保持不变。这个圆锥体表面产生的力朝向 PE 或 Pr 方向，并且此力与环形表面本身成正比，即与短线段 Dd 成正比，又或者，与球体的半径 PE 和

短线段 Dd 的乘积成正比。但是沿直线 PS 指向球心 S 的这个力小于 PD ：PE 的比值，故与 PD×Dd 成正比。设直线 DF 分为无数个相同的粒子，并把每个粒子都称为 Dd，因此，由同样道理，表面 FE 可被分为无数相等的环面，并且这些环上的力与所有乘积 PD×Dd 的和成正比，即与 $\frac{1}{2}PF^2 - \frac{1}{2}PD^2$ 成正比，所以也和 DE^2 成正比。又设表面 FE 乘以高度 Ff，那么立体 EFef 对小球 P 的作用力与 $DE^2 \times Ff$ 成正比，即在力已知的情况下，与任意一给定粒子（如 F）在 PF 处对小球 P 的作用力成正比。但如果此力未知，则立体 EFef 的作用力与立体 $DE^2 \times Ff$ 和该未知力的乘积成正比。证毕。

命题 80　定理 40

如果以 S 为球心的球体 ABE 上各相等部分产生的向心力相等，且有一小球 P 在球体直径 AB 的延长线上，D 为 AB 上任意一点。过 D 作 AB 的垂线，交球体于点 E，如果在这些垂线中取 DN 与 $\frac{DE^2 \times PS}{PE}$ 的值成正比，且与球体内轴上某一粒子在距离 PE 的点对小球 P 的作用力成正比，那么球体对小球的全部吸引力与球体 ABE 的直径 AB 和点 N 的轨迹曲线构成的面积 ANB 成正比。

如果上一定理及引理画出的图成立，设球体的直径 AB 可分为无数个相等的粒子 Dd，且整个球体可相应地分为同粒子数目一样的球体凸薄面 EFfe，过 e 作 AB 的垂线 dn。根据上一定理可知，EFfe 作用于小球 P 的吸引力与一乘积成正比，该乘积即为 $DE^2 \times Ff$ 和粒子在距离 PE 或 PF 处作用于小球的吸引力的乘积。但是根据前一引理又得，Dd：Ff

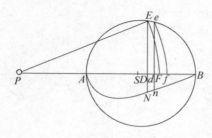

$= PE : PS$，因此 Ff 等于 $\dfrac{PS \times Dd}{PE}$，

且 $DE^2 \times Ff$ 等于 $Dd \times \dfrac{DE^2 \times PS}{PE}$，所

以 $EFfe$ 的力与 $Dd \times \dfrac{DE^2 \times PS}{PE}$ 和粒

子在距离 PF 处的作用力的乘积

成正比，即由假设条件，与 $DN \times Dd$ 成正比，或与趋于零的面积 $DNnd$ 成正比，故整个薄面对小球 P 的总作用力与所有面积 $DNnd$ 之和成正比，即球体的所有作用力与 ANB 的面积成正比。证毕。

推论 1　如果朝向球体上各点的向心力在任意距离都相等，且取 DN 与 $\dfrac{DE^2 \times PS}{PE}$ 成正比，那么整个球体作用于小球的所有吸引力与 ANB 的面积成正比。

推论 2　如果各个粒子的向心力与它到被吸引小球的距离的平方成反比，并取 DN 与 $\dfrac{DE^2 \times PS}{PE}$ 成正比，那么球体对小球的吸引力与 ANB 的面积成正比。

推论 3　如果粒子的向心力与它到被吸引小球的距离的立方成反比，并取 DN 与 $\dfrac{DE^2 \times PS}{PE}$ 成正比，那么整个球体对小球的吸引力与 ANB 的面积成正比。

推论 4　通常，假设朝向球体上各点的向心力与 V 的值成反比，并取 DN 与 $\dfrac{DE^2 \times PS}{PE \times V}$ 成正比，那么球体作用于小球的吸引力与 ANB 的面积成正比。

命题 81　问题 41

前提条件和上一命题一样，求 ANB 的面积。

从点 P 作球体的切线 PH，并过切点 H 作轴 PAB 的垂线 HI。L 为 PI 的中点。根据《几何原本》卷二命题 12 可知，$PE^2 = PS^2 + SE^2 + 2PS \times SD$。但是因为 $\triangle SPH$ 与 $\triangle SHI$ 相似，SE^2 或 SH^2 等于乘积 $PS \times PI$，

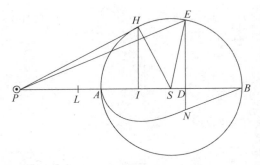

所以 $PE^2 = PS \times (PS+SI+2SD)$，也就等于 $PS \times (2SL+2SD)$，又或等于 $PS \times 2LD$。又因为 $DE^2 = SE^2 - SD^2$，或 $DE^2 = SE^2 + 2SL \times LD - LD^2 - LS^2$，即 $DE^2 = 2SL \times LD - LD^2 - LA \times LB$。由《几何原本》

卷二命题 6，$LS^2 - SE^2$（或 SA^2）$= LA \times LB$，故 DE^2 可写作 $2SL \times LD - LD^2 - LA \times LB$。根据命题 80 的推论 4，$\dfrac{DE^2 \times PS}{PE \times V}$ 的值与纵轴 DN 的长成正比，

而 $\dfrac{DE^2 \times PS}{PE \times V}$ 又可分为三部分，即 $\dfrac{2SL \times LD \times PS}{PE \times V} - \dfrac{LD^2 \times PS}{PE \times V} - \dfrac{AL \times LB \times PS}{PE \times V}$。在本

式中，如果 V 用向心力的相反比值代替，PE 以 PS 和 $2LD$ 的比例中项代替，那么这三个部分就成为相对应曲线的纵轴，其对应曲线面积可用普通方法求出。

例 1 如果朝向球体上各点的向心力与距离成反比，V 的值为距离 PE，PE^2 等于 $2PS \times LD$，则 DN 与 $SL - \dfrac{1}{2}LD - \dfrac{LA \times LB}{2LD}$ 成正比。设 $DN = 2\left(2SL - LD - \dfrac{LA \times LB}{LD}\right)$，那么纵轴的已知

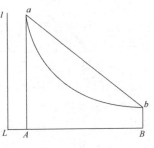

部分 $2SL$ 乘以 AB 的长等于矩形面积 $2SL \times AB$；而在不确定部分 LD 做连续运动时，始终关于其作相同长度的垂线，即在运动过程中通过增减一边或另一边的长度以使其与 LD 的长度相等，可画出面积 $\dfrac{LB^2 - LA^2}{2}$，即从前一面积 $2SL \times AB$ 中减去面积 $SL \times AB$ 的差 $SL \times AB$。但是如果第三部分在做连续运动时，以相同方法作其长度保持相同的垂线，即能得到一个双曲线的面积，此面积是面积 $SL \times AB$ 减去所求面积 ANB 所得。至此，该问题的作图法求解完成。过 L、A、B 分别作垂线 Ll、Aa、Bb，

并取 $Aa = LB$，$Bb = LA$。设 Ll 与 LB 是两条渐近线，过 a、b 作双曲线 ab，那么 ba 所围出的面积 aba 等于所求面积 ANB。

例 2　如果朝向球体上各点的向心力与距离的立方成反比，换言之，与距离的立方与任意一已知平面的商成正比。设 $V = \dfrac{PE^3}{2AS^2}$，$PE^2 = 2PS \times LD$，那么 DN 与 $\dfrac{SL \times AS^2}{PS \times LD} - \dfrac{AS^2}{2PS} - \dfrac{LA \times LB \times AS^2}{2PS \times LD^2}$ 成

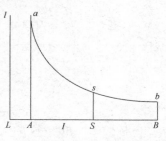

正比。因为 PS 比 AS 等于 AS 比 SI，DN 与 $\dfrac{SL \times SI}{LD} - \dfrac{1}{2} SI - \dfrac{LA \times LB \times SI}{2LD^2}$ 成正

比。如果将这三部分分别与边长 AB 组合，那么第一部分 $\dfrac{SL \times SI}{LD}$ 将产生

一个双曲线的面积；第二部分 $\dfrac{1}{2}SI$ 则产生面积 $\dfrac{1}{2}AB \times SI$；而第三部分

$\dfrac{LA \times LB \times SI}{2LD^2}$ 则产生面积 $\dfrac{LA \times LB \times SI}{2LA} - \dfrac{LA \times LB \times SI}{2LB}$，化简得到 $\dfrac{1}{2}AB \times SI$。从第

一部分的面积减去第二和第三部分面积的和，得到所求面积 ANB，本题的作图法求解完成。过 L、A、S、B 分别作垂线 Ll、Aa、Ss、Bb，其中 $Ss = SI$，设 Ll 与 LB 是两条渐近线，过 s 作双曲线 ab，分别交垂线 Aa、Bb 于点 a、b，那么从双曲线面积 $AasbB$ 中减去产生的面积 $2SA \times SI$ 就是所求的面积 ANB。

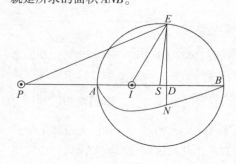

例 3　如果朝向球体上各点的向心力随其到粒子距离的四次方减小，设 $V = \dfrac{PE^4}{2AS^3}$，

$PE = \sqrt{2PS + LD}$，那么 DN 与 $\dfrac{SI^2 \times SL}{\sqrt{2SI}} \times \dfrac{1}{\sqrt{LD^3}} - \dfrac{SI^2}{2\sqrt{2SI}} \times$

$\dfrac{1}{\sqrt{LD}} - \dfrac{SI^2 \times LA \times LB}{2\sqrt{2SI}} \times \dfrac{1}{\sqrt{LD}}$ 成正比。将这三个部分分别与 AB 组合，可得到

三个面积：$\dfrac{SI^2 \times SL}{\sqrt{2SI}}$ 得到 $\dfrac{1}{\sqrt{LA}} - \dfrac{1}{\sqrt{LB}}$，$\dfrac{SI^2}{\sqrt{2SI}}$ 得到 $\sqrt{LB} - \sqrt{LA}$，而

$\dfrac{SI^2 \times LA \times LB}{3\sqrt{2SI}}$ 得到 $\dfrac{1}{\sqrt{LA^3}} - \dfrac{1}{\sqrt{LB^3}}$。将这三项化简得 $\dfrac{2SI^2 \times SL}{LI}$、$SI^2$、$SI^2 + \dfrac{2SI^3}{3LI}$。

第一个面积减去后两个之和得 $\dfrac{4SI^3}{3LI}$，因此，作用于小球使其朝向球心的

全部吸引力与 $\dfrac{2SI^3}{3LI}$ 成正比，与 $PS^3 \times PI$ 成反比。

　　用同样的方法可求得位于球体内小球所受吸引力，但如果用下一定理会更简便。

命题 82　定理 41

以 S 为球心、SA 为半径的球体中，如果在其中取 SI 比 SA 等于 SA 比 SP，那么位于球体内任意位置 I 的小球所受吸引力与球体外 P 处小球所受吸引力的比成一复合比例，该比例即为两球到球心的距离 IS、PS 的比的平方根与在点 P、I 指向球心的向心力的比的平方根，这两者的复合比例。

　　如果球体上粒子的向心力与其到被吸引小球的距离成反比，那么整个球体对位于点 I 小球的吸引力与其对位于点 P 小球的吸引力间的比值等于距离 SI 比 SP 的平方根与位于球心的粒子在点 I 的向心力和同

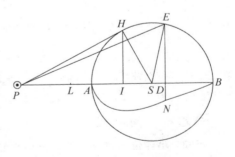

一球心粒子在点 P 向心力之比的平方根的复合比值，即该吸引力与 SI、SP 之比的平方根成反比。因为前两个比值平方根可复合为相等比值，因此球体在点 I、P 产生的吸引力相等。根据类似计算，如果球体上粒子的作用力与距离的平方成反比，那么可证点 I 处产生的吸引力与点 P 处产生的吸引力之间的比值等于 SP 与球体半径 SA 间的比值；如果这

些力与距离的立方成反比，那么在点 I、P 处产生的吸引力之比等于 SP^2 与 SA^2 的比值；而如果与距离的四次方成反比，那么就等于 SP^3 与 SA^3 间的比值。因为在最后一种情形中，点 P 产生的吸引力与 $PS^2 \times PI$ 成反比，点 I 处产生的吸引力与 $SA^3 \times PI$ 成反比，由于已知 SA^3，所以与 PI 成反比。用该方法可类推至无限。该定理的证明如下：

条件和上个命题中的例 3 相似，小球 P 位于球体外任一点，且已知纵轴 DN 与 $\dfrac{DE^2 \times PS}{PE \times V}$ 成正比。如果连接 IE，那么任意其他位置上的小球，如在 I 处，其纵轴（其他条件不变）将与 $\dfrac{DE^2 \times IS}{PE \times V}$ 成正比。设球体上任一点，如点 E，产生的向心力在距离 IE 和 PE 处的比值为 PE^n 和 IE^n 的比值（n 表示 PE 和 IE 的幂次），那么这两个纵轴则变为 $\dfrac{DE^2 \times PS}{PE \times PE^n}$ 和 $\dfrac{DE^2 \times IS}{IE \times IE^n}$，这两者相互间的比值等于 $PS \times IE \times IE^n$ 与 $IS \times PE \times PE^n$ 的比值。因为 $\dfrac{IS}{SE} = \dfrac{SE}{SP}$，所以 $\triangle SPE$ 和 $\triangle SEI$ 相似，得到 $\dfrac{IE}{PE} = \dfrac{IE}{SE} = \dfrac{IS}{SA}$。将 $\dfrac{IE}{PE}$ 替换为 $\dfrac{IS}{SA}$，那么两个纵轴的比值为 $PS \times IE^n$ 与 $SA \times PE^n$ 间的比值。但是 PS 与 SA 的比值等于距离 PS 与 SI 的比值的平方根。而因为 $\dfrac{IE}{PE} = \dfrac{IS}{SA}$，故 IE^n 与 PE^n 的比值等于在 PS、IS 处产生的作用力间比值的平方根。所以纵轴、由纵轴最终围成的面积、与该面积成正比的吸引力，这三者间的比值为这三个比值平方根的复合比例。证毕。

命题 83　问题 42

已知一小球位于球体中心，求该小球对球体上任意一球冠的吸引力。

设小球 P 位于球心，$RBSD$ 为平面 RDS 与球面 RBS 围成的球冠。另有一个球面 EFG 以 P 为球心，与 DB 交于点 F。球冠分割为 $BRGSFE$ 和 $FEDG$ 两部分。假设此球冠并不是纯粹数学意义上的表面，而是物理表面，其厚度虽存在，但却无法测量。所以设厚度为 O，那么由阿基米德已做过的证明可知，这一表面与 $PF×DF×O$ 成正比。又设球体上粒子的吸引力与距离的任意次幂成反比（n 为幂次），根据命题 79，表面 EFG 对 P 的吸引力与 $\dfrac{DE^2×O}{PF^n}$ 成正比，即与 $\dfrac{2DF×O}{PF^{n-1}}-\dfrac{DE^2×O}{PF^n}$ 成正比。设垂线 FN 与 O 的乘积与前述比值成正比，那么当纵轴 FN 做连续运动时，通过 DB 画的面积 BDI 与球冠 $RBSD$ 作用于小球 P 的吸引力成正比。

命题 84　问题 43

设一个小球在球体的任意球冠的轴上，并且不在球心上，求此球冠作用于小球的吸引力。

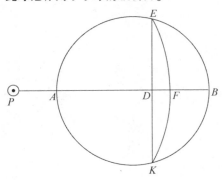

个球冠 $EBKDE$ 的力。

设小球 P 位于球冠 EBK 的轴 ADB 上，并且受该球冠的吸引力作用。以 P 为球心，PE 为半径作一球面 EFK，并且 EFK 将球冠分为 $EBKFE$ 和 $EFKDE$ 两部分。根据定理 81 可求得第一部分的力，而由定理 83 可求出另一部分的力，那么这两力之和就是整

附注

截至目前，关于球体的吸引力我已如数解释，然后似乎该探讨当吸引粒子以类似方法构成其他形状物体时，其吸引规律会如何。但实

际上我并不想专门讨论这一方面，因为这类知识在哲学的研究中没有太大用处，所以关于这方面的知识，只需补充一些与这类物体的力和由此产生的运动相关的普通定理即可。

第 13 章　非球状物的吸引力

命题 85　定理 42

如果一个物体受到另一个物体的吸引力作用，并且这个物体和吸引物体接触时产生的吸引力远大于两物体在保持极小距离时产生的吸引力，那么在被吸引物体与吸引物体距离增大的过程中，吸引物体中粒子的力按大于粒子间距离的比值的平方减小。

根据命题 74，如果吸引力随粒子间距离的平方减小，那么朝向球体的吸引力与距离的平方（被吸引物体到球心距离的平方）成反比。但是此吸引力在两物体接触时并不会明显增加，并且如果被吸引物体间距增大时，其吸引力按一定比例减小，所以吸引力在这个过程中也不会增大。显然本命题适用于关于吸引球体的问题。此外，如果物体位于凹形球体内，吸引情形就更加明显了。根据命题 70，通过凹形球面空腔传送的吸引力会被斥力抵消，所以即便两物体接触，接触处也没有任何吸引作用。现在如果从远离球体和凹形球面接触部分的球体上其他任意部分取走一部分，并且在其他任意部分添加一部分，那么就能随意改变吸引物体的形状。但因为这些添加或取走的部分都距接触部分较远，所以两个物体接触部分产生的吸引力不会因此明显增加，所以该命题适用于所有的球体。

命题 86　定理 43

在吸引物体与被吸引物体间距增大时，如果构成吸引物体的粒子的力随着粒子距离的立方或大于立方的值减小，那么相较于两物体间有间距时（无论间距有多小）其产生的吸引力，在吸引物体和被吸引物体接触时产生的吸引力要远大于前者。

根据问题 41 的例 2 和例 3 的求解方法可知，当被吸引球体与吸引球体间距缩小（即被吸引球体朝靠近吸引球体方向运动），并且两物体最终接触时，吸引力无限增大。通过比较这些例子和定理可得，无论被吸引小球位于凹形球面外还是凹形球面的空腔内，作用在朝向凹形球面的物体上的吸引力是相同的。而在除了球体和凹形球面接触部分的其他任意部分上添加或取走任意吸引物质，使吸引物体变为任意指定形状，那么可知本命题仍将普遍适用于所有形状的物体。证毕。

命题 87　定理 44

两个由相同吸引物质组成的物体相似。如果这两个物体分别吸引与自身成正比的两个小球，并且这两个小球分别位于与相应物体位置相似的地方，那么小球朝向整个球体的加速吸引力与小球朝向球体粒子的加速吸引力成正比。（此命题中的粒子必须与球体整体成正比，并且处在相似位置上。）

如果物体分割为无数位于相似位置且与球体整体成正比的粒子，那么指向一个物体上任意粒子的吸引力与指向另一物体上相对应粒子的吸引力的比，等于指向第一个物体上各粒子的吸引力与指向另一物体上对应各粒子的吸引力之比。由物体的组成可推导出，上述比值也等于朝向第一个物体整体的吸引力与朝向第二个球体整体的吸引力之比。

推论 1　如果被吸引小球间距增大时，粒子的吸引力反而按间距的任意次幂的比例减小，那么朝向整个球体的加速吸引力与物体本身成正比，与距离的任意次幂成反比。但是如果粒子的吸引力随其到被吸引小球距离的平方减小，并且物体与 A^3 和 B^3 成正比，那么两个物体的立方边与 A 和 B 成正比，同样地，被吸引小球到物体的距离也和 A 和 B 成正比。由此可得，朝向物体的加速吸引力与 $\dfrac{A^3}{A^2}$ 和 $\dfrac{B^3}{B^2}$ 成正比，即与物体的立方边 A 和 B 成正比。而如果这个吸引力随距离的立方减小，那么朝向物体的吸引力与 $\dfrac{A^3}{A^3}$ 和 $\dfrac{B^3}{B^3}$ 成正比，即双方相等。如果随四次方减小，则吸引力与 $\dfrac{A^3}{A^4}$ 和 $\dfrac{B^3}{B^4}$ 成正比，即与立方边 A 和 B 成反比。同理，其他情况也可运用同一方法证明。

推论 2　如果这种减小只与距离的任意次幂成正比或反比，那么根据相似物体作用于位于相似位置小球的吸引力，可求得粒子在被吸引小球与吸引小球间距增大时粒子的吸引力减小的比值。

命题 88 定理 45

如果任意物体上相等粒子的向心力与其到粒子的距离成正比，那么整个球体的力皆指向球体的重心；而如果该物体是由相似且相等的物体构成，重心与球体重心重合，那么该球体的力也与命题 87 的情况相同。

设 A、B 是物体 RSTV 上的两个粒子，Z 是受 RSTV 吸引的任意小球。如果两个粒子大小一致，那么 RSTV 对 Z 的吸引力与距离 AZ 和 BZ 成正比。而如果两个粒子大小有区别，那么吸引力和这两个粒子及 AZ、BZ 成正比，或吸引力与两个粒子分别和距离 AZ、BZ 的乘积成正比。假设这两个力分别用 A×AZ 和 B×BZ 表示。连接 AB，并在 AB 上取一点 G，使 AG 与 BG 之比等于粒子 B 与粒子 A 之比，那么这个点 G 将成为 A、B 两个粒子的公共重心。根据运动定律推论 2，力 A×AZ 可分解为 A×GZ 和 A×AG；同理，力 B×BZ 可分解为 B×GZ 和 B×BG。由于 A 与 B 成正比，BG 与 AG 成正比，所以力 A×AG 与 B×BG 的大小相同，方向相反，这两个力互相抵消。这样就只剩下力 A×GZ 和 B×GZ，这两个力在点 Z 处指向重心 G，并可以复合为（A+B）×GZ，即复合而成的力像是将有吸引力的粒子 A 和 B 放于公共重心 G 并组成小球体时产生的相同的力。

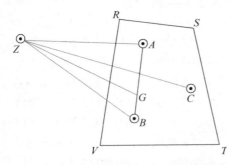

依此类推，如果增加第三个粒子 C，并将粒子 C 产生的力与力（A + B）× GZ（该力指向重心 G）复合，那么可得一个指向 G 的球体和粒子 C 的公共重心的力，也就是指向这三个粒子 A、B、C 的公共重心的力，这个公共重心如同将原先的小球体和粒子 C 置于公共重心点 G 时组成了较大球体，依此类推，可求得粒子数量无限增多时的情况。所以，在物体的重心不变的前提下，任意物体上所有粒子产生的合力等于该物

体以球体形式存在时产生的力。

推论　无论有吸引力的物体是什么形状，被吸引物体 *Z* 的运动与有吸引力物体 *RSTV* 是球体时是相同的，所以不论有吸引力的球体是静止还是在做匀速直线运动，被吸引物体都会做椭圆运动，且运动的中心为有吸引力物体的重心。

命题 89　定理 46

如果物体由相等的粒子组成，并且这些粒子产生的力与它们的间距成正比。如果将任意一个小球受到的力复合成一个力，那么该力会指向被吸引物体的公共重心，等于说有吸引力的物体构成了一个球体，并且公共重心保持不变。

该命题的证明方法同命题 88 相同。

推论　无论被吸引物体是什么形状，物体的运动都等同于有吸引力的物体组合成了一个球体，且它的公共重心保持不变时的运动。因此，无论有吸引力的物体是静止还是在做匀速直线运动，被吸引物体都做椭圆运动，其中心就是吸引物体的公共重心。

命题 90　问题 44

如果指向任意圆上的多个点的向心力相等，并且向心力按距离的任意比值增减。垂直于该圆所在平面的直线经过这个圆心，一个小球位于这条直线上的某一点，求小球受到的吸引力。

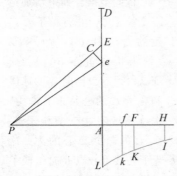

在与 *AP* 垂直的平面上，以 *A* 为圆心，*AD* 为半径作一个圆，求作用于小球 *P* 使其朝向这个圆的吸引力。在圆上任取一点 *E*，连接 *PE*。在直线 *PA* 上取一点 *F*，使 *PF* 等于 *PE*，过 *F* 作垂线 *FK*，使线段 *FK* 与点 *E* 作用于小球 *P* 的吸引力成正比。*K* 的轨迹为曲线 *IKL*，交该圆所在的平面于点 *L*，连接 *PD*。再在直线 *PA* 上取一点 *H*，使 *PH* 等于 *PD*，过点 *H* 作垂线 *HI*，交曲线 *IKL* 于点 *I*，那么小球 *P* 所受到的朝向该圆的吸引力与面积 *AHIL* 和 *AP* 的长的乘积成正比。

在 AE 上取一条很短的线段 Ee，连接 Pe。分别在 PE、PA 上取与 Pe 相等的线段 PC、Pf。在上述平面上任取一点 E，以 A 为圆心，A、E 距离为半径作一个圆。设点 E 对小球 P 的吸引力与 FK 成正比，所以点 E 作用于小球 P，使它朝向点 A 的吸引力与 $\dfrac{AP \times FK}{PE}$ 成正比，那么整个圆作用于小球 P 使它朝向点 A 的吸引力与该圆与 $\dfrac{AP \times FK}{PE}$ 的乘积成正比，而该圆也与半径 AE 和 Ee 的宽度的乘积成正比。因为 PE 与 AE 成正比、Ee 与 CE 成正比，所以该乘积等于 $PE \times CE$ 或者 $PE \times Ef$，那么该圆作用于小球 P 使它朝向点 A 的吸引力与 $\dfrac{AP \times FK}{PE}$ 和 $PE \times Ef$ 的乘积成正比，即与 $Ef \times FK \times AP$ 成正比，或是与面积 $FKkf$ 和 AP 的乘积成正比。因此以 A 为圆心、AD 为半径的圆作用于小球 P，使它朝向圆心 A 的全部吸引力之和与面积 $AHIKL$ 和 AP 的乘积成正比。证毕。

推论 1　如果圆上各点的力随距离的平方减小，如果 FK 与 $\dfrac{1}{PF^2}$ 成正比，那么面积 $AHIKL$ 与 $\dfrac{1}{PA} - \dfrac{1}{PH}$ 成正比。因此小球 P 所受的朝向圆的吸引力与 $1 - \dfrac{PA}{PH}$ 成正比，这个吸引力与 $\dfrac{AH}{PH}$ 成正比。

推论 2　通常，如果距离 D 处上各点的力与距离 D 的任意次幂成反比，即如果 FK 与 $\dfrac{1}{D^n}$ 成正比，从而使面积 $AHIKL$ 与 $\dfrac{1}{PA^{n-1}} - \dfrac{1}{PH^{n-1}}$ 成正比，那么作用于小球 P 使之朝向圆的吸引力与 $\dfrac{1}{PA^{n-2}} - \dfrac{PA}{PA^{n-1}}$ 成正比。

推论 3　如果圆的半径无限增大，且 n 大于 1，另一项 $\dfrac{PA}{PH^{n-1}}$ 的值已几乎变为零，那么使小球 P 朝向该无限平面的吸引力与 PA^{n-2} 成反比。

命题 91　问题 45

已知一个小球位于圆形物体的墙上，且朝向该圆形物体上各点的向心力相等，证明：小球所受吸引力按距离的某种比例减小。

设 物 体 *DECG* 的 轴 为 *AB*，小球 *P* 位于 *AB* 上，受 到 物体 的 吸 引 作 用。*DECG* 被 一 个 垂 直 于 轴 的 任 意 圆 *RFS* 分 割，该 圆 的 半 径 *FS* 在 一 穿 过 轴 *AB* 的 平 面 *PALKB* 上。根 据 命 题 90，在 *FS* 上 取 一 条 线 段 *FK*，使 它 的 长 度

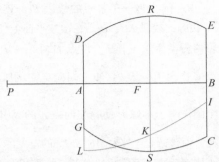

与作用于小球使它朝向该圆的吸引力成正比。点 *K* 的轨迹为曲线 *LKI*，分别与最外面的圆 *AL* 和 *BI* 所在的两个平面交于点 *L* 和 *I*，那么作用于小球 *P*，使它朝向该物体的吸引力与面积 *LABI* 成正比。

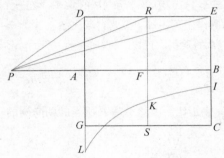

推论 1　如果物体是由平行四边形 *ADEB* 绕轴 *AB* 旋转得到的圆柱，且朝向圆柱上各点的向心力与它到这些点距离的平方成反比，那么小球 *P* 受朝向该圆柱的吸引力与 *AB*−*PE*+*PD* 成正比。根据命题 90 的推论 1，纵轴 *FK*

与 $1-\dfrac{PF}{PR}$ 成正比。根据曲线 *LKI* 的面积容易求出：上述值的第一部分乘

以长度 *AB* 得到面积 1×*AB*；而另一部分 $\dfrac{PF}{PR}$ 乘以长度 *PB* 得到面积 1×（*PE*−*AD*）。依此类推，可得，同一部分乘以长度 *PA* 得面积 1×（*PD*−*AD*），乘以 *PB* 与 *PA* 的差 *AB* 得面积 1×（*PE*−*PD*），那么余下面积 *LABI* 等于 1×（*AB*−*PE*+*PD*）。由于该力与这个面积成正比，所以力与 *AB*−*PE*+*PD* 成正比。

推论 2　如果物体 *p* 位于椭圆球体 *AGBC* 外，但是仍在椭圆球体的轴 *AB* 上，那么同样能求出物体 *AGBC* 对物体 *P* 的吸引力。设 *NKRM* 为圆锥曲线，*ER* 垂直于 *PE*。*ER* 与椭圆球体相交于点 *D*，连接 *PD*，使 *ER* 始终等于 *PD*。过顶点 *A*、*B* 作轴 *AB* 的垂线 *AK*、*BM*，分别交圆锥

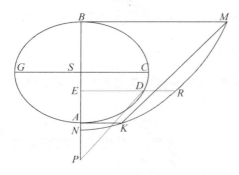

曲线于点 K、M，且 AK＝AP，BM＝BP。连接 KM，即可分隔出面积 KMRK。设 S 为椭圆球体中心，SC 为它的长半轴，所以椭圆体对物体 P 的吸引力与以 AB 为直径的球体对 P 的吸引力间的比值等于 $\dfrac{AS \times CS^2 - PS \times KMRK}{PS^2 + CS^2 - AS^2}$ 比 $\dfrac{AS^2}{3PS^2}$。运用同一原理也可算出椭圆球体上球冠的作用力。

推论 3 如果小球位于椭圆体内，并且在轴上，那么它受到的吸引力与它到球心的距离成正比。无论该小球位于球体的轴上，还是在其他已知直径上，上述推论都可用以下方法证明。设 AGOF 是以 S 为球心的椭圆球体，P 是被吸引物体。过物体 P 所在的点作一条半径 SPA，两条直线 DE、FG 分别和椭圆球体相交于点 D 和 E、F 和 G。设 PCM，HLN 是两个内椭圆球体的表面，这两个椭圆球体互相相似，并且和外椭圆球体有相同的中心，同时第一个内椭圆球体过球体 P，交 DE、FG 于 B 和 C，而另一个内椭圆球体则交 DE、FG 于 H 和 I、K 和 L。设这三个椭圆球体有一条公共轴，且被两边截下的线段部分分别相等，即 DP＝BE，FP＝CG，DH＝IE，FK＝LG。因为线段 DE、PB 和 HI 的平分点是同一点，而 FG、PD 和 KL 的平分点也相同，所以现在设 DPF 和 EPG 表示分别根据无限小的对顶角 DPF、EPG 所画的相反圆锥曲线，线段 DH、EI 的长度也为无限小。因为线段 DH＝EI，被椭圆球体表面切割的两圆锥局部 DHKF 和 GLIE 之比等于其到物体 P 距离的平方，因此作用于小球的吸引力相等。依此类推，如果外椭圆球体分为无数个与其共心且共轴的相似椭圆球体，那么用这些椭圆球体分割平面 DPF、FGCB，得到的所有粒子在两侧对小球 P 的吸引力相等，且方向相反，因此圆锥 DPF 的力和圆锥局部 EGCB 的力相等，但是因为它的方向相反，所以两个力互相抵消。同理，如果所有物体在内椭圆球体 PCBM 外时，其力的情形也相同。所以物体 P 只受内椭圆球体 PCBM 的吸引力。根据命题 72 的推论 3 可知，上述吸引力与整个椭圆球体对物体 A 的吸引力的比值等于距离 PS 与 AS 的比值。

命题 92 问题 46

已知有一个有吸引力的物体，求指向该物体上各点的向心力减小的比例。

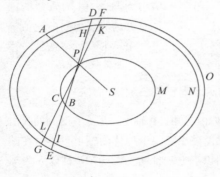

该有吸引力的物体必须是球体、圆柱体或其他的规则物体，那么根据命题 80、81 和 91 可求出它对应于某种减少比例的吸引力规律。而通过实验可得在各个距离处的吸引力的大小，那么据此可推出整个物体的吸引力规律，由此可以得出物体上各个部分的吸引力减小的比例。

命题 93 定理 47

如果一物体由相等的吸引粒子组成，并且它的一边为平面，而其余各边在无限延伸。一个小球位于朝向平面的任意一侧，并且受到整个物体的吸引力作用，而当小球到物体的距离增大时，物体的力按大于距离的平方的任意次幂减小，那么当到平面的距离增大时，整个物体的吸引力随小球到平面距离的某个幂次减小，并且该幂次始终比距离的幂指数小 **3**。

情形 1 设 LGl 是标界物体的平面，且物体位于平面朝向点 I 的一侧，再将该物体分为无数个平行于 GL 的平面，如 mMH、nIN、nkO 等。首先设被吸引物体 C 位于物体外，过 C 作垂直于这无数个平面的直线 $CGHIK$。又设固体上各点的吸引力随距离的幂减小，且其幂次大于或等于 3。根据命题 90 的推论 3，任一平面 mHM 对点 C 的吸引力与 CH^{n-2} 成反比。再在平面 mHM 上取线段 HM，它的长度与 CH^{n-2} 成反比，那么该吸引力与 HM 成正比。依此类推，在各个平面 lGL、nIN、oKO 等上取线段 GL、IN、KO 等，它们的长度分别与 CG^{n-2}、CI^{n-2}、CK^{n-2} 等

成正比，那么这些平
面的吸引力与所取线
段成正比，因此这些
力的总和与所有线段
长度的总和成正比，
即，整个物体的吸引
力与朝 OK 方向无限延
伸的面积 $GLOK$ 成正
比。但是由已知的求

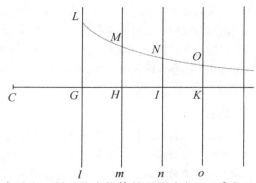

面积法，此面积与 CG^{n-3} 成反比，所以整个物体的吸引力与 CG^{n-3} 成反
比。证毕。

情形 2　假设小球现在位于平面
lGL 的另一侧，即该小球位于物体内，
并且取 $CK = GC$。物体的某一局部
$LGloKO$ 在两平行平面 lGL、oKO 之间。
设小球位于物体的这个局部的中间，
因为平面两侧产生的吸引力相等，但
是方向相反，所以两个力互相抵消，

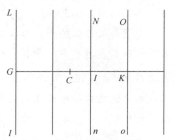

而该小球既不受平面一侧的吸引力，也不受平面另一侧的吸引力，只
受平面 OK 外物体的吸引力作用。因此，根据情形 1，该吸引力与
CG^{n-3} 成反比，而 $CG=CK$，所以该吸引力与 CG^{n-3} 成反比。证毕。

推论 1　如果固体的两边在两个平行的无限平面 LG 和 IN 上，并且
固体的一个较远部分无限向 KO 延伸，那么整个无限物体 $LGKO$ 产生的
吸引力与 $NIKO$ 产生的吸引力之差即为 $LGIN$ 的吸引力。

推论 2　因为相较于较近部分的吸引力，物体的较远部分的吸引力
太小，所以可忽略不计，当移除掉物体的较远部分后，距离增大时，
较近部分的吸引力近似于与幂 CG^{n-3} 成反比。

推论 3　如果任意一个有限物体的一边是平面，并且这个有限物体
对该平面附近的小球有吸引作用。已知相较于吸引物体的宽度，小球
到平面的距离非常小，并且该吸引物体由均匀粒子组成，这些粒子的
吸引力按大于距离的四次方的比例减小。那么整个球体的吸引力近似

于一个幂的比例减小，该幂的底数为小球到平面的极限最小距离，并且幂的指数比前一个幂的指数减小了。但是如果组成物体的均匀粒子按距离的三次方减小，那么该推论不适用于这种情况。在这种情况下，在推论2中被移开的无限物体的较远部分的吸引力总是大于较近部分的吸引力。

附注

如果一个物体受已知平面的垂直吸引力，那么运用已知的运动定律可求得物体的运动。根据命题39，可求出物体沿垂直于平面的直线方向朝向平面的运动。而根据运动定律推论2，则可将平行于上述平面的运动与垂直运动复合。相反，如果要求物体受到的垂直吸引力，该垂直吸引力使物体沿任意一个已知的曲线运动，那么这个问题能运用第三个问题的解法求解。

但是如果将纵轴分解为收敛的级数，那么运算可以简化。例如底数 A 除以长度 B 得到一个任意已知角度，那么这个长度与底数 A 的任意次幂 $A^{\frac{m}{n}}$ 成正比。在物体沿纵轴运动时，无论它受到的是吸引朝向该底的力还是被排斥离开该底的力，这个力始终使物体沿纵轴上端所画出的曲线运动，求物体所受的这个力。假设增加了一个非常小的部分 O 进入该底，那么将纵轴 $(A+O)^{\frac{m}{n}}$ 分解为无限级数 $A^{\frac{m}{n}}+\frac{m}{n}+OA^{\frac{m-n}{n}}+$ $\frac{mm-mn}{2nn}OOA^{\frac{m-2n}{n}}$，并且设该力与这个级数中 O 的指数为2的项成正比，即该力与 $\frac{mm-mn}{2nn}OOA^{\frac{m-2n}{n}}$ 成正比。因此所求的力与 $\frac{mm-mn}{2nn}A^{\frac{m-2n}{n}}$，或者是等价地与 $\frac{mm-mn}{2nn}B^{\frac{m-2n}{n}}$ 成正比。如果在纵轴上端画一抛物线，$m=2$，$n=1$，那么力与已知值 $2B°$ 成正比，所以这时要求的力是个已知值。所以，如同伽利略证明过的那样，物体在已知力的作用下将沿抛物线运动。但是如果在纵轴上画一条双曲线，$m=0-1$，$n=1$，那么这个力与 $2A^{-3}$ 或 $2B^3$ 成正比，因此，如果物体沿这条双曲线运动，那么作用于物体的这个力与纵轴的立方成正比。至此对非球类物体的探讨结束，接下来我将探讨一些目前尚未涉及的运动。

第 14 章 　受指向特大物体上各部分的 向心力推动的细微物体的运动

命题 94　定理 48

如果两个相似的介质被两个平行的平面隔开，并且在此空间中存在一个垂直于这两个介质中的力，物体通过这个空间时，受到这个力的吸引作用或排斥作用，但是除此之外物体并不受其他力的推动或阻碍。已知在任何距平面距离相等处，吸引力都相等，且都指向平面的同一侧，那么，当物体从其中一个平面进入该空间时，与该空间有一角度，即入射角，同样，物体从另一平面离开该空间时也有一个角度，即出射角，这两个角的正弦的比值为一个确定值，即常数。

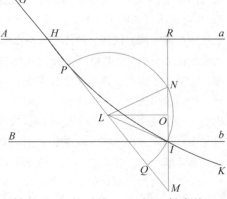

情形 1　设 *Aa*、*Bb* 为两个平行的平面，而在这两个平面间有一个中介空间。物体沿直线 *GH* 从第一个平面 *Aa* 进入该中介空间，物体在该空间中运动时，受到干涉介质的吸引力或斥力，于是用曲线 *HI* 表示物体在此力作用下的运动轨迹，最后物体沿直线 *IK* 离开该空间。作垂直于出射平面 *Bb* 的垂线 *IM*，与入射直线 *GH* 的延长线交于点 *M*，与入射平面 *Aa* 交于点 *R*。连接 *GM*，与 *IK* 的延长线交于点 *L*。以 *L* 为圆心，*LI* 为半径作一圆，交 *HM* 于点 *P* 和 *Q*，与 *IM* 的延长线交于点 *N*。首先，假设此吸引力或斥力是均匀的，那么正如伽利略曾证明的，轨迹曲线 *HI* 是一条抛物线，且此抛物线的性质为：已知通径和直线 *IM* 的乘积等于 *HM* 的平方，且点 *L* 是 *HM* 的中点。

如果过 L 作 MI 的垂线 LO，那么 LO 与 MI 的交点 O 是线段 MR 的中点，即 $MO=OR$，又因为 $ON=OI$，那么可知 $MN=IR$。因此，如果 IR 的长度已知，则 MN 的长度也可得到，那么通径和 IM 的乘积（HM^2）与乘积 $MI\times MN$ 的比值也是个已知值。但因为乘积 $MI\times MN$ 等于 $MP\times MQ$，即等于平方差 ML^2-PL^2 或者 ML^2-LI^2，ML^2-LI^2 与 ML^2 的比值也是个已知值。如果将 $LI^2:ML^2$ 加以变换，$LI:ML$ 还是指定值。但是在每个三角形中，如 $\triangle LMI$ 中，角的正弦与该角的对边成正比，因此入射角 LMR 的正弦与出射角 LIR 的正弦之比为一确定比值。证毕。

情形 2 如果平行平面隔开多个空间，如 $AabB$、$BbcC$ 等。设物体连续通过这些平面，并且物体在每个空间都受到均匀力的作用，但是在每个空间，力的大小都不相

同。正如在情形 1 中所证明的，物体进入第一个平面 Aa 时入射角的正弦与离开第二个平面时出射角的正弦之比为一确定比值，并且进入平面 Bb 时的入射角的正弦与离开第三个平面 Cc 时的出射角的正弦之比也是一个确定值，同理，物体进入平面 Cc 时的入射角的正弦与离开第四个平面 Dd 时的出射角的正弦之比同样也是一个确定比值。依此类推，无数个平面时，该正弦之比都是一个确定值。将这些比值一一相乘，然后求出进入第一个平面的入射角的正弦与离开最后一个平面的出射角的正弦之比是一个确定比值，现在设平面的数量无限增加，同时平面间间距趋向于零，使受到吸引力和斥力作用的物体按任意给定规律做连续运动，那么进入第一平面时的入射角的正弦与物体离开最后一个平面时的出射角的正弦之比为一个确定比值。证毕。

命题 95 定理 49

与命题 **94** 的假设条件相同，那么物体入射前的速度与物体出射后的速度之比等于出射角的正弦与入射角的正弦之比。

设 $AH=Id$，过 A 作垂直于平面 Aa 的垂线 AG，与入射线 GH 交于点 G。过 d 作 dK 垂直于平面 Dd，且 dK 与出射线 IK 交于点 K。在 GH 上取一点 T，使 $TH=IK$，再过点 T 作直线 Tv 垂直于平面 Aa。根据运动定

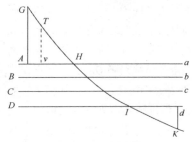

理推论 2，可以将物体的运动分解为两个方向的运动，其中一个运动的方向与平面 Aa、Bb、Cc 等垂直，而另一个运动的方向则与这些平面平行，这是因为垂直于平面方向吸引力或斥力不会影响平行于平面方向的运动。因为 $AH = Id$，所以当物体沿平行于平面方向运动时，通过直线 AG 与点 H 间距离所用时间等于物体通过直线 dK 与点 I 间距离（这两条直线平行）所用时间。由此可得，物体做相应的曲线运动的时间也应相等，也即物体画出轨迹曲线 GH 和 IK 所用的时间相等。设以线段 TH 或 IK 为半径，则入射速度与出射后速度之比等于 GH 与 IK 之比，因为 $IK = TH$，所以该速度之比等于 GH 与 TH 之比，也就等于 AH 或 Id 与 vH 之比，上述这三个比值都相等，它们的比值也即是出射角正弦与入射角正弦之比。证毕。

命题 96　定理 50

已知入射前物体的运动速度大于出射后速度，在相同条件下，如果入射直线是连续偏折的，那么物体最终将被反射出平面，且其反射角等于入射角。

假设物体——通过平行平面 Aa、Bb、Cc 等，并且在此过程中物体的运动轨迹为抛物线弧。现在将这些弧命名为 HP、PQ、QR 等。假设物体沿入射线 GH 倾斜进入第一个平面，此时与平面所成的入射角的正弦与一个正弦和它相等的圆的半径的比值，等于这个入射角的正弦与物体离开平面 Dd 进入空间 $DdeE$ 时的出射角的正弦的比值。通过这些条件，可知出射角的正弦等于圆的半径，因为此时的出射角为 180°，所以出射线与平面 Dd 重合。设物体到达平面 Dd 时的位置是点 R，因

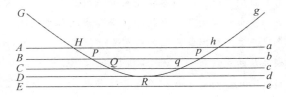

为出射线与平面 Dd 重合，所以物体在到达平面 Dd 时将不会再朝平面 Ee 的方向运动，但是因为物体在该空间中始终受到入射介质的吸引或排斥作用，所以该物体也不会沿着出射线 Rd 运动。所以物体将在平面 Cc 与 Dd 间的空间开始返回，其运动轨迹是抛物线弧 QRq，并且根据伽利略的证明可推导出，该抛物线的顶点为 R，并且在进入平面 Cc 时的入射角就等于进入平面时在点 Q 的入射角。然后物体将继续返回，这时的运动轨迹为抛物线弧 qp、ph 等，这些抛物线弧与之前的抛物线弧 QP、PH 相似且相等。并且在点 p、h 等处，物体进入相应平面的入射角等于之前点 P、H 处相应的入射角。最终物体将在点 h 处从平面 Aa 出射，此时的出射倾斜度等于物体从点 H 进入平面 Aa 时的入射倾斜度。现在设 Aa、Bb、Cc、Dd、Ee 等平行平面间的空间无限缩小，但是同时平面的数量无限增加，这样按任意已知规律的吸引力或斥力使物体做连续运动，那么此时出射角将始终等于入射角，并且最后物体从该空间离开时最后的出射角也和入射角相等。

附注

这些吸引作用与斯涅耳（Snell）发现的光的反射和折射定律非常相似，即光的反射角与折射角的正割之比为一个常数，并且最终也如笛卡尔所证明的那样，入射角与反射角的正弦之比也是一个常数。在许多天文学家对木星现象予以观察后，他们现在已经确定光是连续传播的，并且光从太阳到地球只需七八分钟。此外，正如格里马尔迪（Grimaldi）最近的实验发现一样（我也做过这一实验），光线通过小孔进入黑屋。同时，我也仔细观察了光线经过物体边缘时的运动情况。无论物体是否透明（比如金、银、铜币的圆形或方形边缘，刀刃，石块，或玻璃碎片），当空气中的光束通过物体的棱边时，光线就如同受到该物体的吸引力作用一样，围绕物体弯曲或偏折。其中，最靠近物体的光束弯曲程度最大，如同这些光束受到的吸引力也最大，而那些距物体稍远的光束的弯曲程度则较小，那些离物体更远的光束会反向弯曲。以上这三类光束形成了三条彩色条纹。在图中，点 s 表示刀刃，或任意木楔 AsB 的突起部位，而 $gowog$、$fnunf$、$emtme$、$dlsld$ 则分别表示沿着弧 owo、nun、mtm、lsl 朝刀锋处弯曲的光束。这些光束的弯曲程度随离刀锋跨度的远近而改变。由于光线的这种偏折发生在刀锋外的空气中，因此落在刀锋上的光束在接触刀锋前就已经先弯曲了。如果光束是落在玻璃上，那么情况也相同。因此，折射并没有发生在入射点，而是由光束的渐渐偏折而形成折射。其中一部分的折射发生在光束接触玻璃前的空气中，如果我没弄错，另一部分发生在物体进入玻璃后，即发生在玻璃中。如图可见，落在点 r、q、p 上的光束 $ckzc$、$blyb$、$ahxa$ 分别在 k 与 z 之间、l 与 y 间、h 与 x 间发生偏折。因为光线的传播运动与物体的运动极为相似，在完全不考虑光线的本质及它们究竟是不是物体，只假设物体的路径及其相似于光线的路径的情况下，下述命题可适用于光学应用。

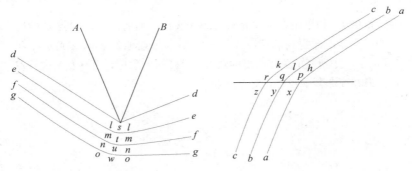

命题 97　问题 47

假设当物体进入任意平面时，入射角的正弦与出射角的正弦之比是一个确定值（即常数），并且当物体接近平面时，这些物体的偏折路径都处于一个十分狭小的空间内（因此空间非常狭小，可视为一个点）。如果小球都来自一个已知场所，并且有一平面能将发散的所有小球都汇集到另一个确定的点上，求这个平面。

设小球从点 A 发散出来，而在点 B 重新汇集。绕轴 AB 旋转得到一条曲线 CDE，而 D、E 是曲线 CDE 上任意两点，那么曲线 CDE 所在的面就是所求平面。AD、DB 是物体的运动路径，过 E 分别作 AD、BD 的垂线 EF、EG。设点 D 趋近于点 E，并最终与点 E 重合。已知线段 DF 使 AD 增长，而线段 DG 则使 DB 变短，因为线段 DF 与 DG 之比等于入射角的正弦与出射角的正弦之比，所以 AD 的增长量与 DB 的减少量之比为一确定比值。因此，如果在轴 *AB* 上取曲线 *CDE* 的必经之点 *C*，并按照上述比值去求 *CM* 与 *CN* 间的比值，其中 *CM* 为 *AC* 的增量，而 *CN* 为 *BC* 的减量。以 *A* 为圆心，*AM* 为半径作一个圆，再以 *B* 为圆心，*BM* 为半径作另外一个圆，这两个圆相交于点 *D*，那么点 *D* 将与所求曲线 *CDE* 相切。而根据点 *D* 与曲线在任意点相切，可求出该曲线。证毕。

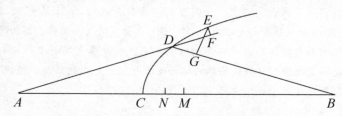

推论 1　如果使点 *A* 或 *B* 有时远至无限，而有时又趋向点 *C* 的另一侧，那么由此得到的所有图形就是笛卡尔在他的著作《光学》和《几何学》中所画的关于折射的图形。虽然笛卡尔一直没有发表这一理论，但在此命题中我将它发表出来。

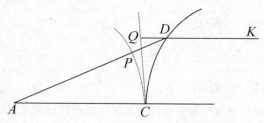

推论 2　如果沿着直线 *AD*，物体按任意规律落在任意平面 *CD* 上，并且沿另一条直线 *DK* 离开该表面。过点 *C* 作曲线 *CP* 和 *CQ*，且 *CP* 始终垂直于 *AD*，*CQ* 始终垂直于 *DK*。*AD* 的增量产生线段 *PD*，且 *DK* 的增量产生线段 *QD*，那么 *PD* 和 *QD* 之比等于入射角与出射角的正弦之比。反之亦然。

命题 98　问题 48

已知条件同命题 97。如果绕轴 *AB* 作任意一个有吸引力的表面 *CD*（无论它是否是规则平面），假设从已知点 *A* 上发散出的物体必定穿过该表面。如果第二个有吸引力的表面 *EF* 使这些物体重新汇集到一个确定的点 *B* 上，求表面 *EF*。

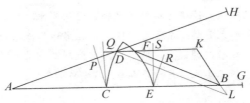

如果轴 AB 与第一个面交于点 E，而点 D 为任意一点。设物体进入第一个平面时入射角的正弦与出射角的正弦之比等于任意指定值 M 与另一指定值 N 的比，同样，物体进入第二个表面时入射角的正弦与出射角的正弦之比也等于这个比值，延长 AB 到点 G，使 $BG : CE = (M-N) : N$，并延长 AD 至 H，使 $AH = AG$，最后延长 DF 至 K，使 $DK : DH = N : M$。连接 KB，以 D 为圆心，DH 为半径作一圆，且此圆交 KB 于点 L。再连接 DL，过点 B 作直线 BF 平行于 DL。那么这个点 F 将与曲线 EF 相切，当曲线 EF 绕轴 AB 旋转时所得的平面即是所求平面。

设曲线 CP 与直线 AD 处处垂直，且曲线 CQ 也与直线 DF 处处垂直，而曲线 ER、ES 则分别垂直于直线 FB、FD，因此 $QS = CE$。根据命题 97 的推论 2，$PD : QD = M : N$，同样，DL 比 DK（或 FB 比 FK）也等于 M 比 N，由分比得，也等于（$DL-FB$）或（$PH-PD-FB$）比 FD 或（$FQ-QD$），也等于（$PH-FB$）比 FQ。又因为 $PH = CG$，$QS = CE$，所以（$PH-FB$）：$FQ =$（$CE+BG-FR$）：（$CE-FS$）。但是因为 $BG : CE =$（$M-N$）：N，所以（$CE+BG$）：$CE = M : N$。将上面两个比例式用分比性质，得 $FR : FS = M : N$。根据命题 97 的推论 2，如果一个物体沿直线 DF 方向落到表面 EF 上，那么 EF 将使物体沿直线 FR 方向运动到点 B 处。证毕。

附注

用同样的方法，上述命题可以一直证明到三个或更多的表面。但是在所有形状中，球体最适用于光学应用。如果望远镜的物镜由两个球体镜片构成，且这两个球形镜片之间充满了水。由于镜片表面会引起光的折射，那么用水来纠正由折射引起的误差，从而使这个物镜能达到足够的精确度，这不是不可能的。因此，这种物镜的效果要比凹透镜和凸透镜的效果都好，这不仅是因为物镜易于操作，精确度高，并且也因为物镜能更精确地折射离镜轴较远的光束。但由于光线有区别，所以折射率也会变，导致光学仪器不能用球形或其他形状的镜片来纠正所有光线引起的误差。所以，除非能纠正由此产生的误差，否则只是致力于纠正其他误差的努力都是在白费力气。

第 2 编　物体的运动
（处于阻碍介质中时）

第 1 章　受到与速度成正比的阻力时物体的运动

命题 1　定理 1

如果一个物体受到阻力影响，并且阻力和速度成正比，那么物体因受阻力而损失的运动与物体在此过程中运动的距离成正比。

因为在每个相等的间隔时段里，物体损失的运动与速度成正比，即损失的运动与物体在此时段内运动的距离成正比。将这些时段的比值相加，即得物体在整个时间内损失的运动与物体运动的总距离成正比。证毕。

推论　假设物体不受重力影响，并且在没有其他作用力的空间里，物体仅依靠惯性力的作用做自由运动。如果已知物体开始时的整个运动，以及在运动一段时间后剩下的运动，那么因为这个总距离与已经过的距离之比等于物体开始时的运动与损失的运动之比，所以可求出物体在无限时间内所运动的总距离。

引理 1

如果多个值与它们间的差成正比，那么这几个值形成连比。

证明如下：设 $A : (A-B) = B : (B-C) = C : (C-D) = \cdots$

经过换算，得到 $A : B = B : C = C : D = \cdots$

证毕。

命题 2　定理 2

假设物体运动时只受惯性力的作用，并且当物体通过均匀介质时，所受的阻力与其速度成正比。如果将时间分为无数相等的时段，那么物体在每个时段开始时的速度将构建成等比级数，并且物体在每个时段里经过的距离与速度成正比。

情形 1　将时间分为相等的极短时段，如果设物体在每个时段的开始受到阻力的一次性作用，并且受的阻力与速度成正比，那么在每个时段里速度的减量都与同一个速度值成正比。因此，速度与速度的差值成正比，根据第 2 编引理 1，这些速度将成正比，所以，如果间隔相等数量的时段就取出相等的任意时段，并将这些部分复合，那么可得：在这些时段开始时的速度与一组连续成正比的项成正比（所成的连续级数是由间隔相同数量的中间项取出的项构成的）。但由于这些项的比值是由比值相等的中间项的等比构成的，所以这些项的比值也相等，所以与这些项成正比的速度所构成的级数为等比数。设时间分隔的数量无限增加，那么这些时段将趋近于零，这样物体受到的推动力将是连续的。那么，如果每个相等时段开始时的速度连续成正比，那么此时速度也连续成正比。

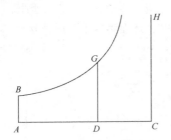

情形 2　通过分比，可得速度的差（即在每个时段里物体损失的速度）与总速度成正比。但根据第 2 编命题 1，每个时段里物体运动的距离与物体损失的速度成正比，所以该距离也与总距离成正比。证毕。

推论　如果两条直线 AC、CH 互成直角，以 AC、CH 为渐近线作双曲线 BG，再作 AB、DG 垂直于渐近线 AC。当物体开始运动时，物体的速度和介质的阻力都用任意已知线段 AC 表示，并且在一段时间后，又用不定线段 DC 表示这两个部分，那么时间可用区域 ABGD 的面积表示，而在这段时间内运动的距离可用线段 AD 表示。因为，如果随着点 D 的运动，此面积与时间一直均匀增加，那么线段 DC 会以和速度相同的方式按照一个等比级数减少。至于在相等时间内物体运动的轨迹线段 AC，它会按相同的比例减少。

命题 3　问题 1

已知物体在均匀介质中沿某一直线上升或下落时，其所受阻力与它的速度成正比，且物体同时受到均匀重力的作用，求物体在此过程中的运动。

设物体做上升运动，直线一侧的任意矩形 BACH 表示物体所受的

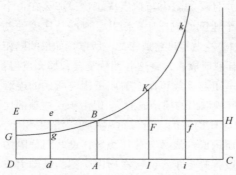

均匀重力，且在物体开始上升时，介质的阻力用直线 *AB* 另一侧的矩形 *BADE* 表示。对成直角的渐近线 *AC*、*CH* 过点 *B* 作双曲线 *BG* 分别交垂线 *DE*、*de* 于点 *G*、*g*。在时间 *DGgd* 里，上升的物体运动的距离为 *GE*、*ge*；

而在时间 *DGBA* 里，物体上升时运动的总距离为 *EGB*。反之，在时间 *ABKI* 内，物体下降的距离为 *BFK*；而在时间 *ki* 内，物体的下降距离为 *KFfk*。因为物体的速度与介质阻力成正比，所以在这几个时段内物体的速度分别为 *ABED*、*ABed*、0、*ABFI*、*ABfi*，且在物体下落时能达到的最大速度为 *BACH*。

设将矩形 *BACH* 分为无数个小矩形 *Ak*、*Kl*、*Lm*、*Mn* 等，相应地，将时间分为与矩形数量相等的时段，则这些时段内产生的速度增量与这些小矩形成正比，那么 0、*Ak*、*Al*、*Am*、*An* 等将与总速度成正比，因此根据假设条件，也与每个时段开始时物

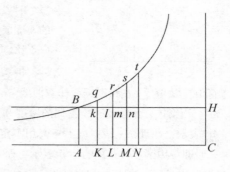

体所受的介质阻力成正比。取 *AC* 与 *AK* 之比，或者 *ABHC* 与 *ABkK* 之比等于第二个时段开始时物体所受的重力与阻力之比。从重力中减去阻力，得 *ABHC*、*KkHC*、*LlHC*、*MmHC* 等，它们与每个时段开始时物体所受的绝对力成正比，因此，根据定律 2，也与速度的增量成正比，速度增量以矩形 *Ak*、*Kl*、*Lm*、*Mn* 等表示，所以由第 2 编引理 1，它们将构成一个等比级数。如果延长直线 *Kk*、*Ll*、*Mm*、*Nn* 等分别交双曲线于点 *q*、*r*、*s*、*t* 等，那么 *ABqK*、*KqrL*、*LrsM*、*MstN* 等的面积将相等，因此类似于与时间或重力相等。但根据第 1 编引理 7 的推论 3 和引理

8，$ABqK$ 和 Bkq 的面积之比等于 Kq 与 $\frac{1}{2}kq$ 之比，或等于 AC 比 $\frac{1}{2}AK$，即等于在第一个时段的中间时刻物体所受的重力与阻力之比。依此类推，$qKLr$、$rLMs$、$sMNt$ 等与 $qklr$、$rlms$、$smnt$ 等的面积之比分别等于在第二、第三、第四等时段中间时刻物体受到的重力与阻力之比。因为相等的面积 $BAKq$、$qKLr$、$rLMs$、$sMNt$ 等与重力相似，所以面积 Bkq、$qklr$、$rlms$、$smnt$ 等也与每个时段中间时刻物体所受的阻力相似。那么根据假设条件，这些面积与速度相似，同样也与物体运动的距离相似。取相似量及 Bkq、Blr、Bms、Bnt 等的面积之和，它将与物体运动的总距离成正比，同理，面积 $ABqK$、$ABrL$、$ABsM$、$ABtN$ 等与时间成正比。所以在任意时间 $ABrL$ 内，物体下落过程中运动的距离为 Blr，而在时间 $LrtN$ 内，物体运动的距离为 $rlnt$。

如果物体做上升运动，那么命题的证明与上述证明类似。证毕。

推论 1 在物体下落过程中，物体所能达到的最大速度与任意已知时段内物体的速度之比，等于连续作用于物体的重力与在该时段末阻碍物体运动的阻力之比。

推论 2 如果分隔出的时段按等差级数递增，那么无论是物体在上升过程中的最大速度和速度之和，还是在下降过程中这两速度的差，都将按等比级数减少。

推论 3 同样，在相等时间差内，物体运动的距离按照推论 2 中相同的等比级数减少。

推论 4 物体运动的距离等于两个距离的差，其中一个距离与物体开始下落后所有时间成正比，而另一个则与速度成正比，并且在物体刚开始做下落运动时，这两个距离是相等的。

命题 4 问题 2

已知在任意均匀介质中，此介质的重力也是均匀的，且垂直指向水平面。如果该介质中的抛射物所受的阻力与它的速度成正比，求此抛射物的运动。

假设抛射物自任意点 D 沿任意直线 DP 方向抛出，开始运动时的速度以长度 DP 表示。过点 P 作垂直于水平面 DC 的直线 PC。在直线

DC 上取一点 A，使 DA 与 AC 之比等于物体开始做上升运动时所受的阻力与重力之比，或者与此比例式等价的 DA×DP 比 AC×CP，等于物体开始运动时所受的总阻力比重力。以 DC、CP 为渐近线作一任意双曲线 GTBS，它分别与垂线 DG、AB 交于点 G、B；作平行四边形 DGKC，其中一边 GK 交直线 AB 于点 Q。取一条线段长 N，使 N：QB = DC：CP。在直线 DC 上任取一点 R 作其垂线 RT，与曲线交于点 T，分别与直线 EH、GK 和 DP 交于点 I、t、V。在垂线 RT 上取一点 r，使 $Vr = \dfrac{tGT}{N}$，

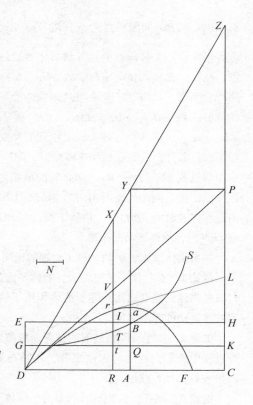

或相同地，取 $Rr = \dfrac{GTIE}{N}$。在时间 DRTG 里，抛射物将达到点 r，而在此过程中，物体的运动轨迹即以 r 为焦点的曲线 DraF。所以物体将在垂线 AB 上的点 a 达到最大高度。之后物体将逐渐趋近渐近线 PC。过任意点 r 作曲线的切线 rL，那么抛射物在点 r 处的速度与曲线的切线 rL 成正比。

因为 N：QB = DC：CP = DR：RV，所以 $RV = \dfrac{DR \times QB}{N}$，而 Rr

$\left(\text{即为 } RV - Vr \text{ 或 } \dfrac{DR \times QB - tGT}{N}\right)$ 等于 $\dfrac{DR \times AB - RDGT}{N}$。现在设面积 RDGT 表示时间，并根据运动定律推论 2，将物体的运动分解为两个方向的运动，

其中一个是沿垂直方向，另一个则是沿水平方向。那么因为阻力与运动成正比，则阻力也可相应地分解为方向相反的两部分，且这两个部分的阻力分别与分解出的两个方向的运动成正比。所以根据第 2 编命题 2，物体沿水平方向运动的距离与线段 DR 成正比。而根据第 2 编命题 3，物体沿垂直方向运动的高度与 $DR \times AB - RDGT$ 成正比，也即与线段 Rr 成正比。但是在物体刚开始运动时，$RDGT$ 的面积等于 $DR \times AQ$ 的乘积，因此线段 Rr（因为 $Rr = \dfrac{DR \times AB - RDGT}{N}$，所以 $Rr = \dfrac{DR \times QB - tGT}{N}$）与 DR 之比等于（$AB-AQ$ 或 QB）比 N，因此 $Rr : DR = CP : DC$，所以 Rr 和 DR 的比等于向上的运动与水平的运动之比（都是在物体开始运动时）。因为 Rr 始终与高度成正比，而 DR 始终与水平长度成正比，那么物体开始运动时，Rr 与 DR 之比等于高度与水平长度之比。依此类推，在物体运动的整个过程中，Rr 与 DR 的比将始终等于高度和长度之比，所以物体沿点 r 的运动轨迹 $DraF$ 运动。证毕。

推论 1　因 $Rr = \dfrac{DR \times AB}{N} - \dfrac{RDGT}{N}$，所以如果延长 RT 至点 X，使 $RX = \dfrac{DR \times AB}{N}$，而如果作平行四边形 $ACPY$，连接 DY，DY 交直线 CP 于点 Z，并延长 RT 直到 RT 与 DY 相交于点 X，那么 $Xr = \dfrac{RDGT}{N}$，所以 Xr 与时间成正比。

推论 2　如果按等比级数分别取无数条线段 CR，或等价地取无数条线段 ZX，那么和它数量相等的线段 Xr 将构成一个相应的等差级数，而根据对数表，能轻易画出曲线 $DraF$。

推论 3　如果以 D 为顶点作一条抛物线，并将直线 DG 向下延长，其正焦弦与 $2DP$ 之比等于物体开始运动时所受的全部阻力与重力之比。如果在一个阻力均匀的介质中，物体从点 D 处出发，沿直线 DP 运动，那么此时物体的运动轨迹就是曲线 $DraF$。在此过程中，物体的速度等于物体在无阻力介质中从同一点 D 出发，沿同一方向运动时的速度，此时物体的运动轨迹则应该为一条抛物线。因为在物体开始运动时，这条抛物线的正焦弦等于 $\dfrac{DV^2}{Vr}$，而 Vr 等于 $\dfrac{tGT}{N}$ 或者 $\dfrac{DR \times Tt}{2N}$。但是如果作

一条直线与双曲线 *GTS* 相切于点 *G*，那么这条直线将与直线 *DK* 平行，所以 $Tt = \dfrac{CK \times DR}{DC}$，并且 $N = \dfrac{BQ \times DC}{CP}$，因此 $Vr = \dfrac{DR^2 \times CK \times CP}{2DC^2 \times QB} = \dfrac{DV^2 \times CK \times CP}{2DP^2 \times QB}$，其中 *DR* 与 *DC*、*DV* 与 *DP* 成正比。正焦弦 $\dfrac{DV^2}{Vr} = \dfrac{2DP^2 \times QB}{CK \times CP}$（因为 *QB*

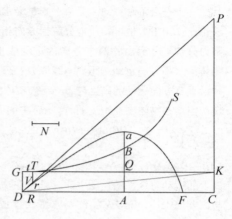

与 *CK* 成正比，*DA* 与 *AC* 成正比），所以 $\dfrac{DV^2}{Vr} = \dfrac{2DP^2 \times DA}{AC \times CP}$。因此正焦弦比 2*DP* 等于 *DP*×*DA* 比 *CP*×*AC*，即等于阻力比重力。

推论 4　如果已知物体开始运动时存在介质的阻力，并且物体以已知速度自任意点 *D* 沿直线 *DP* 方向抛出，那么可求出物体的运动轨迹：曲线 *DraF*。因为速度已知，所以抛物线的焦点可以轻易地求出。取 2*DP* 与正焦弦之比等于重力与阻力之比，那么由此也能求出 *DP*。然后在 *DC* 上取一点 *A*，使 *CP*×*AC* 比 *DP*×*DA* 等于重力与阻力之比。那么点 *A* 的位置同样能求出。由上述方法求出各值，并由此可求出曲线 *DraF*。

推论 5　反之，如果物体的运动轨迹：曲线 *DraF* 已知，那么可求出物体在每一点 *r* 处的速度和介质阻力。因为 *CP*×*AC* 比 *DP*×*DA* 的比值已知，那么不但能求出物体开始运动时介质的阻力，也可求出抛物线的正焦弦，所以物体开始运动时的速度也能求出。再根据 *rL* 的长度，即可求出在任意一点 *r* 处，与切线成正比的速度，以及与速度成正比的阻力。

推论 6　因为 2*DP* 的长度与抛物线的正焦弦之比等于点 *D* 处的重力与阻力之比。随着速度的增加，阻力也会按相同比例增加，而抛物线的正焦弦则按此相同比例的平方增加。那么显然，2*DP* 的长度将只按此简单比例增加。因此 2*DP* 的长度始终与速度成正比，并且除非速

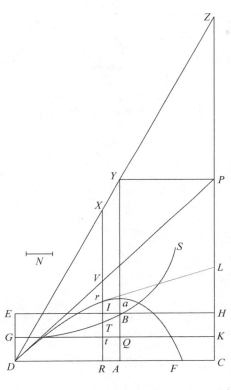

度改变，否则只是角 *CDP* 的变化，将不会对 2*DP* 的增减产生影响。

推论 7　由此得到一种与这个现象近似的求曲线 *DraF* 的方法。运用该方法可求出抛射物所受的阻力和物体运动的速度。已知两个抛射物相似且相等，设这两个物体自点 *D* 以相同速度但不同角度抛出，并且这两个物体抛出时的角度分别为角 *CDP*、角 *CDp*，已知物体落在水平面 *DC* 上的落点分别为 *F*、*f*。在 *DP* 或 *Dp* 上任取一部分线段表示点 *D* 处的阻力，该阻力与重力之比是一个任意比值，用任意长度 *SM* 表示这个值。于是通过计算，可由假设长度 *DP* 求出 *DF* 和 *Df* 的长度，并据此计算结果，可得 $\dfrac{Ff}{DF}$ 的值。用它减去实验中得到的实际比值，所得的差用垂线 *MN* 表示。那么通过不断设定不同的阻力与重力之比 *SM* 后，重复上述计算过程三次，又可得到不同的差 *MN*。根据这些差 *MN*，在直线 *SM* 的一侧画出正差，另一侧则画出负差。而通过得到的不同点 *N*、*N*、*N*，作出规则曲线 *NNN*，该曲线交直线于 *SMMM* 于点 *X*，那么 *SX* 即为所求的阻力与重力在实验中的实际比值。根据此实际比值可计算出 *DF* 的长度。实验中得到的 *DF* 的长度与根据计算得到的 *DF* 长度的比值等于 *DP* 的实际长度与 *DP* 的假设长度的比值，由此可求出 *DP* 的实际长度。根据所求得的值，可求出物体的运动轨迹曲线 *DraF*，同样也能求出物体在任意一点的速度和阻力。

附注

但是得出物体的阻力与速度正比这个结论，相较于根据物理实验得到的结论，更大程度上是一个数学假说。在无任何黏度的介质中，物体所受的阻力与物体速度的平方成正比。因为一个物体的移动速度较快，在较短时间内物体将把与较大速度成正比的运动传递到等量的介质中。由于受到干扰的介质数量较多，那么在相等时间内物体按此比值的平方传递运动。根据运动定律 2 和运动定律 3，阻力与物体传递的运动成正比，因此接下来将探讨在此阻力定律下，物体将做什么运动。

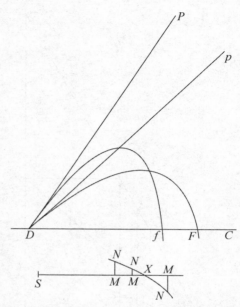

第 2 章　受与速度平方成正比的阻力作用的物体的运动

命题 5　定理 3

当物体仅因惯性力的推动在均匀介质中运动时，如果物体所受的阻力与物体速度的平方成正比，并且根据等比级数划分出各个时间段，那么在每个时间段开始时，物体的速度也将构成一个等比级数，此等比级数与时间构成的等比级数的项的顺序相反，但构成级数的各项是相同的，而物体在每个时间段里运动的距离是相等的。

因为介质的阻力与速度的平方成正比，而速度的减少量则与阻力成正比，那么如果将时间划分为无数个相等的时间段，每个时间段开始时物体速度的平方都与相同速度之差成正比。设这些相等的时间段分别用 *AK*、*KL*、*LM* 等表示，而这些线段是从直线 *CD* 上取得

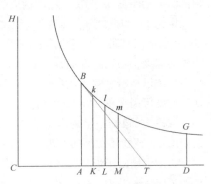

的，分别经过点 *A*、*K*、*L*、*M* 等作直线 *CD* 的垂线 *AB*、*Kk*、*Ll*、*Mm* 等。再以互成直角的直线 *CD*、*CH* 为渐近线，以 *C* 为中心，作双曲线 *BklmG*，与上述垂线分别交于点 *B*、*k*、*l*、*m* 等，那么可得 *AB* : *Kk* = *CK* : *CA*，计算后可得 (*AB*−*Kk*) : *Kk* = *AK* : *CA*，将等式中对应项交换，则有 (*AB*−*Kk*) : *AK* = *Kk* : *CA*，因此 (*AB*−*Kk*) : *AK* = (*AB*×*Kk*) : (*AB*×*CA*)。由于 *AK* 和 *AB*×*CA* 的值已知，且 *AB*−*Kk* 与 *AB*×*Kk* 成正比，那么最终当 *AB* 与 *Kk* 重合时，*AB*−*Kk* 即与 *AB*^{2} 成正比。依此类推，可得 *Kk*−*Ll* 与 *Kk*^{2} 成正比，*Ll*−*Mm* 与 *Ll*^{2} 成正比等。所以线段 *AB*、*Kk*、*lL*、*Mm* 等的平方与它们相互间的差成正比。又因为前面已证明速度的

平方与它们间的差成正比，所以这两个等比级数相等。同样，由此可得，无论这些线段经过的面积还是这些速度经过的距离，它们构成的等比级数都和上述级数相似。所以，当用线段 AB 表示第一个时间段 AK 开始时物体的速度，而第二个时间段 KL 开始时的速度用线段 Kk 表示时，在第一个时间段内物体运动的距离可用面积 AKkB 表示。同理，所有余下的时间段开始时物体的速度分别用线段 Ll、Mm 等表示，那么在相应时间段内物体运动的距离可用面积 Kl、Lm 等表示。将各部分相加，如果 AM 表示总时间（即各时间段之和），而 AMmB 表示物体运动的总距离（即各时间段内物体运动的距离总和）。现在设将时间 AM 划分为 AK、KL、LM 等部分，从而使 CA、CK、CL、CM 构成一个等比级数，那么这些时间部分也按此等比级数排列，并且相应时间段内物体的速度 AB、Kk、Ll、Mm 等构成的级数为上述等比级数的倒数，同样，物体的运动距离 Ak、Kl、Lm 等构成的级数也和这个级数相等。证毕。

推论 1　由此推知，如果取渐近线上任意线段 AD 表示时间，以纵轴 AB 表示该时间开始时物体的速度，而以纵轴 DG 表示该时间结束时物体的速度，临近的双曲线面积 ABGD 则表示物体运动的总距离，那么当物体以初始速度 AB 在无阻力介质中运动时，在相等时间内物体运动的速度可用乘积 AB×AD 表示。

推论 2　已知一个物体在无阻力介质中以速度 AB 做匀速运动，根据推论 1，该物体运动的总距离能用乘积 AB×AD 表示。由于物体在阻碍介质中运动的距离与在无阻力介质中运动的距离之比等于双曲线面积 ABGD 与乘积 AB×AD 之比，所以由该比例式可求出物体在阻碍介质中运动的距离。

推论 3　由此也可求出介质的阻力。如果一个物体在无阻力介质中运动时受到一个均匀向心力的作用，这个力使物体在时间 AC 里获得下落速度 AB。当物体开始在阻碍介质中运动时，假设所受阻力等于此均匀向心力。如果作直线 BT 与双曲线相切于点 B，并与渐近线交于点 T，那么线段 AT 等于 AC，它表示均匀分布的阻力将速度 AB 全部抵消所用的时间。至此可求出介质的阻力。

推论 4　如果介质中存在重力作用，或其他已知的向心力，那么可求出介质中阻力与重力的比，也包括与其他向心力的比。

推论5　反之亦然。如果已知阻力与任意已知向心力的比，则能求出时间 AC（在此时间段内，与阻力相等的向心力产生一个与 AB 成正比的任意速度）；由此也可求出点 B。以 CH、CD 为渐近线作一通过点 B 的双曲线，那么可求出当物体在均匀介质中以速度 AB 开始运动时，在任意时间 AD 内物体运动的距离 $ABGD$。

命题6　定理4

如果有多个均匀的球体都相等，它们运动时仅受惯性力的推动作用，并且所受阻力与速度的平方成正比，那么在与初始速度成反比的时间内，球体运动的距离相等，且在此过程中损失的速度与总速度成正比。

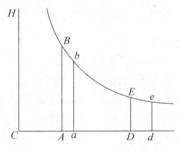

以互成直角的直线 CD、CH 为渐近线，作一任意双曲线 $BbEe$，分别与垂线 AB、ab、DE、de 交于点 B、b、E、e。设初始速度用垂线 AB、DE 表示，时间用线段 Aa、Dd 表示。因此根据假设条件，$Aa : Dd = DE : AB$，而根据双曲线性质，也可得 $Aa : Dd = CA : CD$。将上两式组合，得 $Aa : Dd$ $=Ca : Cd$。因此两球运动的距离 $ABba$ 与 $DEed$ 相等，而它们的初始速度 AB、DE 则分别与末速度 ab、de 成正比。所以相减得到球体的总速度与其损失的速度（$AB-ab$）和（$DE-de$）成正比。证毕。

命题7　定理5

如果球体所受的阻力与速度平方成正比，且一时间段与初始运动成正比，而与初始阻力成反比，那么在这一时间段内，球体损失的运动与总运动成正比，并且此过程中运动的距离与该时间和初速度的乘积成正比。

因为球体损失的运动与阻力和时间的乘积成正比，因此损失的这部分运动应与总运动成正比，所以时间与运动成正比，和阻力成反比。按此比例划分出时间段，那么在此时间段内，物体损失的运动始终与总运动成正比，因此余下的速度也始终与初速度成正比。因为速度的比值已知，所以球体运动的距离与初始速度和时间的乘积成正比。证毕。

推论 1　无论均匀球体以何种速度运动，只要速度相等的球体所受的阻力与其直径的平方成正比，那么在球体运动的距离与其直径成正比时，球体损失的运动与总运动成正比。因为每个球体的运动与它的速度和质量的乘积成正比，即与速度和直径立方的乘积成正比。根据假设条件，阻力与直径立方和速度平方的乘积成正比。而根据本命题，时间与阻力成正比，与直径立方和速度平方的乘积成反比。因此，如果距离与时间及速度都成正比，那么也和直径成正比。

推论 2　如果多个均匀球体以任意相同速度运动，且它们受的阻力与直径的 $\frac{3}{2}$ 次幂成正比，那么当球体运动的距离与直径的 $\frac{3}{2}$ 次幂成正比时，球体损失的运动与总运动成正比。

推论 3　通常，如果多个均匀球体以任意速度运动，其运动速度都相等，且它们所受的阻力与直径的任意次幂成正比，那么球体损失的运动与总运动成正比时，球体运动的距离与直径的立方除以该指数成正比。设两个球体的直径分别为 D 和 E，且当速度相等时，阻力分别与 D^n 和 E^n 成正比，那么当球体以任意速度运动，并且损失的运动与总运动成正比时，这两个球体运动的距离与 D^{3-n} 和 E^{3-n} 成正比。所以，剩余的速度相互间的比值等于它们的初始速度间的比。

推论 4　如球体不均匀，密度较大的球体运动距离的增加与密度成正比。因为如果球体的速度相等，那么运动与密度成正比，而根据命题，时间的增加与球体的运动成正比，球体运动的距离与时间成正比。

推论 5　如果球体在不同的介质中运动，那么在其他条件相同时，球体在产生阻力最大的介质中运动的距离按该较大阻力之比减小。因为根据这一命题，时间将按阻力增加的比减小，并且距离与时间成正比。

引理 2

作一生成量的矩等于下面这三项的乘积之和：各边生成的矩，这些生成边的幂指数及生成边的系数。

将一任意量称为生成量，如果该量不是由多项相加或相减产生的，而是在数学上由多项相乘、相除或求平方根得到的；在几何中通过求容积和边，或是由求比例外项和比例中项形成的。此类生成量包括乘积、商、方根、矩形、立方体、边的平方和立方，以及其他与此类似的量。在这里，这些生成量会随着不间断的运动或流动而增加或减少，因此，可将这些量视为是变化的，并且是不定的。而"矩"的含义，即为这些量的瞬间增量或减量，所以矩的增加量可称为增加矩或正矩，而矩的减少量可称为减少矩或负矩。但需要注意，有限小量并不属于此范畴。有限小量不是矩，而是由矩产生的量，因此，就将有限小量视为才产生的初始部分。并且在该过程中，我们视初始的量为初始比值而不是矩的大小。如果用速度的增减量（也称为量的运动、变化或流动），或者用任意与这些速度成正比的有限量来代替矩，实际效果是一样的。而生成边的系数指的则是生成量除以该生成边所得到的量。

所以这一引理的含义是，如果有任意量 A、B、C 随不间断的流动而增减，它们的矩或者与它们成正比的速度变化率，用 a、b、c 等表示，那么生成量 AB 的矩或变化率为 $aB+bA$，而乘积 ABC 的矩则等于 $aBC+bAC+cAB$，因此生成幂 A^2、A^3、A^4、$A^{\frac{1}{2}}$、$A^{\frac{3}{2}}$、$A^{\frac{1}{3}}$、$A^{\frac{2}{3}}$、A^{-1}、A^{-2}、$A^{-\frac{1}{2}}$ 的矩分别为 $2aA$、$3aA^2$、$4aA^3$、$\frac{1}{2}aA^{-\frac{1}{2}}$、$\frac{3}{2}aA^{\frac{1}{2}}$、$\frac{1}{3}aA^{-\frac{2}{3}}$、$\frac{2}{3}aA^{-\frac{1}{3}}$、$-aA^{-2}$、$-2aA^{-3}$、$-\frac{1}{2}aA^{-\frac{3}{2}}$，总之，任意次幂 $A^{-\frac{n}{m}}$ 的矩等于 $\frac{n}{m}aA^{\frac{n-m}{m}}$。同理，生成量 A^2B 的矩等于 $2aAB+bA^2$；生成量 $A^3B^4C^2$ 的矩等于 $3aA^2B^4C^2+4bA^3B^3C^2+2cA^3B^4C$；而生成量 $\frac{A^3}{B^2}$ 或者 A^3B^{-2} 的矩则等于 $3aA^2B^{-2}-2bA^3B^{-3}$ 等；依此类推，引理可以这样证明：

情形 1　如果任意一个矩形，如 AB，在不间断流动的过程中增大，那么当边 A 和边 B 分别仍缺少一半的矩 $\frac{1}{2}a$ 和 $\frac{1}{2}b$ 时，AB 的矩等于 $\left(A-\frac{1}{2}a\right)\times\left(B-\frac{1}{2}b\right)$，或者为 $AB-\frac{1}{2}aB-\frac{1}{2}bA+\frac{1}{4}ab$，但是一旦边 A 和

B 补足这半个矩时，矩形的矩将等于 $\left(A+\dfrac{1}{2}a\right)\times\left(B+\dfrac{1}{2}b\right)$ 或者 $AB+\dfrac{1}{2}aB$

$+\dfrac{1}{2}bA+\dfrac{1}{4}ab$。将补足后矩形的矩减去补足前矩形的矩，余下的部分为 $aB+bA$。因此，当边的增量分别为 a 和 b 时，生成的乘积的增量等于 $aB+bA$。

情形 2　假设 AB 始终等于 G，那么根据情形 1，容积 ABC，或用 GC 表示，它的矩等于 $gC+cG$。如果用 AB 和 $aB+bA$ 分别代替 G 和 g，那么该矩等于 $aBC+bAC+cAB$，并且不论该乘积有多少变量，矩的求法都与此相同。

情形 3　假设 A、B、C 始终相等，那么 A^2，即乘积 AB 的矩 $aB+bA$ 将变成 $2aA$；而 A^3，即容积 ABC 的矩 $aBC+bAC+cAB$ 将变为 $3aA^2$，依此类推，可得 A 的任意次幂 A^n 的矩将变为 naA^{n-1}。

情形 4　因为 $\dfrac{1}{A}$ 乘以 A 等于 1，那么 $\dfrac{1}{A}$ 的矩乘以 A，加上 $\dfrac{1}{A}$ 乘以 a

所得的和就是 1 的矩，也即是 0。所以 $\dfrac{1}{A}$，或写为 A^{-1} 的矩等于 $\dfrac{-a}{A^2}$。并

且在通常情况下，因为 $\dfrac{1}{A^n}$ 乘以 A^n 等于 1，所以 $\dfrac{1}{A^n}$ 的矩乘以 A^n，再加上

$\dfrac{1}{A^n}$ 乘以 naA^{n-1} 等于零。所以 $\dfrac{1}{A^n}$ 或 A^{-n} 的矩等于 $-\dfrac{na}{A^{n+1}}$。

情形 5　因为 $A^{\frac{1}{2}}$ 乘以 $A^{\frac{1}{2}}$ 等于 A，根据情形 3，$A^{\frac{1}{2}}$ 的矩等于 $2A^{\frac{1}{2}}$，

等于 a，所以 $A^{\frac{1}{2}}$ 的矩等于 $\dfrac{a}{2A^{\frac{1}{2}}}$ 或 $\dfrac{1}{2}aA^{-2}$。并且在一般情况下，设 $A^{\frac{n}{m}}$ 等

于 B，那么 A^m 等于 B^n，因此 maA^{m-1} 等于 nbB^{n-1}，并且 maA^{n-1} 等于

nbB^{n-1} 或者 $nbA^{-\frac{n}{m}}$，所以 $\dfrac{n}{m}aA^{\frac{n-m}{m}}$ 等于 b，它即等于 $A^{\frac{n}{m}}$ 的矩。

情形 6　无论任意生成量 A^mB^n 的幂指数是整数还是分数，正数还是负数，A^mB^n 的矩等于 A^m 的矩乘以 B^n，再加上 B^n 的矩乘以 A^m，也就是 $maA^{m-1}B^n+nbB^{n-1}A^m$。证毕。

推论 1　当量连续成正比时，如果其中一项已知，那么剩余项的矩

与所取的项乘以此项和已知项间的间隔项数成正比。设 A、B、C、D、E、F 连续成正比，如果项 C 已知，那么剩余项的矩相互间的比值为 -2A、-B、D、2E 和 3F。

推论 2　如果在四个连续成正比的项中，两个中间项已知，那么端项的矩与这两个端项成正比。同理，该推论也适用于任意已知乘积的变量。

推论 3　如果两平方的和或差已知，那么变量的矩与该变量成反比。

附注

1672 年 12 月 10 日，我曾写信给约翰·科林斯（Mr. J. Collins）先生。信中我说了一种作切线的方法。据我猜测，这一方法与司罗斯（Sluse）当时没有发表的方法相同。这封信的部分内容如下：这是一种普遍适用的方法的特例，更精确地说，是一个推论。它可以轻易推广到几何学和力学中，作出任意曲线的切线，或直线和其他类型典型的切线，并且不需要任何繁杂的计算，此外，它也能用来解决关于弯曲率、面积、长度、曲线重心等深奥的问题。此方法与许德（Hudden）的求最大值和最小值方法不一样，许德的方法只能用于方程中没有不尽根时，而我的方法与他的方法联合起来求解方程时，可以将方程的不尽根转化为无限级数。

命题 8　定理 6

如果物体在均匀介质中受到均匀重力的作用沿一条直线做上升或下落运动，将物体运动的总距离划分为多个相等的部分，并且在物体上升或下落的过程中，根据情况在重力中加上或减去阻力，使各部分的起点与绝对力相对应，那么这些绝对力将构成一个等比级数。

假设重力用确定线段 AC 表示，阻力用不定线段 AK 表示，那么物体下降过程中的绝对力则为这两者之差 KC。用线段 AP 表示物体的速度，因为 AP 是线段 AK 和 AC 的比例中项，所以速度与阻力的平方根成正比。在给定时间内阻力的增量用短线段 KL 表示，而同一时间段内速度的增量则用短线段 PQ 表示。以 C 为中心，互成直角的直线 CA、CH 为渐近线，作任意双曲线 BNS，分别与垂线 AB、KN、LO 交于点

B、N、O。因为 AK 与 AP^2
成正比，AK 的矩 KL 与 AP^2
的矩 $2AP×PQ$ 成正比，即与
$AP×KC$ 成正比。根据运动
定律 2，速度的增量 PQ 与
产生 PQ 的力 KC 成正比。
假设将 KL 的比值乘以 KN

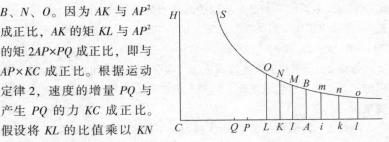

的比值，那么乘积 $KL×KN$ 与 $AP×KC×KN$ 成正比，乘积 $KC×KN$ 已知，
那么乘积 $KL×KN$ 与 AP 成正比。但是当点 K 与 L 重合时，双曲线面积
$KNOL$ 与乘积 $KL×KN$ 的最终比值将变为 1。因此此时趋于零的双曲线面
积 $KNOL$ 与 AP 成正比，且始终与速度 AP 成正比的面积部分 $KNOL$ 构
成了整个双曲线面积 $ABOL$，所以双曲线面积本身与物体以该速度运动
的距离成正比。现在设面积分为多个相等的部分 $ABMI$、$IMNK$、$KNOL$
等，那么与面积相对应的绝对力 AC、IC、KC、LC 等构成等比级数。
　　依此类推，当物体做上升运动时，在点 A 的另一侧取相等的面积
$ABmi$、$imnk$、$knol$ 等，可得绝对力 AC、iC、kC、lC 等连续成正比。因
此，如果物体上升或下落过程中，将物体运动的距离分成多个相等部
分，那么所有的绝对力 lC、kC、iC、AC、IC、KC、LC 等连续成正比。
证毕。

　　推论 1　如果双曲线面积 $ABNK$ 表示物体运动的距离，那么线段
AC 即表示重力，AP 表示物体速度，而 AK 表示介质阻力。反之亦然。

　　推论 2　当物体无限下坠时，物体能达到的最大速度用线段 AC
表示。

　　推论 3　如果对应于任意已知速度的介质阻力已知，通过假设阻力
与该已知速度的比值等于重力与该已知阻力的比值的平方根，可求出
物体在下坠过程中能达到的最大程度。

　　命题 9　定理 7

　　条件与命题 8 相同，如果分别作一个圆的扇形和一个双曲线的扇
形，并取两个扇形的角的正切与速度成正比，再取一个适当大小的半
径，那么物体上升到最高点所需时间与扇形成正比，而从最高点下落

所需时间与双曲线扇形成正比。

假设线段 AC 表示重力，过点 A 作 AC 的垂线 AD，使线段 AD 等于线段 AC。以 D 为圆心、AD 为半径作四分之一圆 AtE。再以 AK 为轴、A 为顶点、DC 为渐近线，作一直角双曲线 AVZ。作直线 DP、Dp。如果扇形 AtD 与物体上升到最高点所用时间成正比，而双曲线扇形 ATD 则与自最高点下落所需时间成正比，那么这两个扇形的正切 AP、Ap 皆与速度成正比。

情形 1 在部分重合的扇形 ADt 和三角形 ADp 内作直线 Dvq 切割出矩或最小部分 tDv 和 qDp（这两个部分是物体同时经过画出来的）。因为角 D 是两部分的公共角，并且这些部分与边的平方成正比，那么扇形 tDv 与 $\dfrac{qDP \times tD^2}{tD^2}$ 成正比，因为 tD 的值是确定的，所以 tDv 与 $\dfrac{qDp}{pD^2}$ 成正比。但是 $pD^2 = AD^2 + AD \times Ak$，或 $pD^2 = AD \times Ck$，且

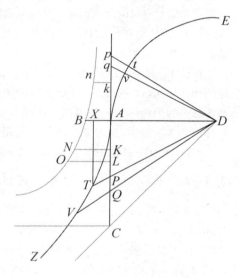

$qDp = \dfrac{1}{2} AD \times pq$，因此扇形的一部分 tDv 与 $\dfrac{pq}{Ck}$ 成正比，所以与速度的减小量 pq 成正比，而与使物体速度减慢的力 Ck 成反比，因此 tDv 与对应于速度减量的时间段成正比。通过相加可推导出，直到不断减小的速度 Ap 趋于零，然后消失，否则与速度 Ap 损失的每个小部分对应的时间段的总和与扇形 ADt 中 tDv 的总和成正比，即整个扇形 ADt 与物体上升过程中运动到最高点所需时间成正比。

情形 2 在扇形 DAV 和三角形 DAQ 中，作直线 DQV 切割出最小部分 TDV 和 PDQ，那么这两个小部分互相的比值等于 DT^2 与 DP^2 的比值。如果 TX 与 AP 平行，那么这两个小部分的比值即等于 DX^2 比 DA^2

或者 TX^2 比 AP^2。上两式对应项相加减，得（$DX^2 - TX^2$）：（$DA^2 - AP^2$）。但是根据双曲线的性质可知，$DX^2 - TX^2 = AD^2$，而根据假设条件，$AP^2 = AD \times AK$，因此这两部分间的比值等于 AD^2：（$AD^2 - AD \times AK$），化简得：AD：（$AD - AK$）（或者 AC：CK）。所以扇形中的部分 TDV 等于 $\dfrac{PDQ \times AC}{CK}$。因为 AC 与 AD 是确定值，所以 TDV 与 $\dfrac{PQ}{CK}$ 成正比，即 TDV 与速度的增量成正比，与产生该速度增量的力成反比，所以与产生此速度增量的对应时间段成正比。对应项相加，得速度 AP 产生所有部分 PQ 所用时间的总和与 ATD 的总和成正比，换句话说，是总时间与整个扇形成正比。证毕。

推论 1　如果 AB 等于四分之一的 AC，物体在下落过程中运动的总距离用区域 $ABNK$ 的面积表示，而时间用区域 ATD 的面积表示，那么在下降过程中物体在任意时间段内经过的距离，与在相同时间段内，物体以最大速度 AC 做匀速运动经过的距离之比等于 $ABNK$ 与 ATD 之比。而 AC：$AP = AP$：AK，根据引理 2 的推论 1，LK：$PQ = 2AK$：AP，也就是 LK：$PQ = 2AP$：AC，因此得到 LK：$\dfrac{1}{2}PQ = AP$：$\dfrac{1}{4}AC$（或 AB），并且 KN：AC（或 AD）$= AD$：CK。上两式的对应项相乘，得到 $LKNO$：$DPQ = AP$：CK。而因为 DPQ：$DTV = CK$：AC，所以 $LKNO$：$DTV = AP$：AC，表示下落物体的速度与下落过程中物体达到的最大速度的比值。面积 $ABNK$ 的矩为 $LKNO$，面积 ATD 的矩为 DTV，因为 $LKNO$ 和 DTV 都与速度成正比，并且相同时间内产生的所有面积之和与物体在相同时间内运动的距离成正比，所以，在物体开始下落后，表示运动的面积 $ABNK$ 和 ADT 与物体下落时经过的总距离成正比。

推论 2　在物体上升过程中，物体运动的距离也与推论 1 的情况相同，即总距离与相同时间内物体以匀速 AC 运动的距离的比值等于面积 $ABnK$ 与扇形 ADt 的比值。

推论 3　在相同时间 ATD 内，物体下落的速度与物体在无阻力介质中运动时获得的速度的比值等于三角形 APD 与双曲线扇形 ATD 的比值，因为在无阻力介质中，物体的速度与时间 ATD 成正比，而在阻碍介质中，速度则与 AP 成正比，等于和三角形 APD 成正比。当物体开始下降后，这两个速度相等，同样，此时 *ATD* 也与 *APD* 的面积相等。

推论 4 同理，在相同时间内，物体上升的速度与物体在无阻力空间中能完全失去其整个上升运动的速度的比值等于三角形 *ApD* 与扇形 *AtD* 的比值，或等于线段 *Ap* 与弧 *At* 之比。

推论 5 当物体在阻碍介质中下降时，达到速度 *AP* 所需时间与物体在无阻力空间中下降时，达到最大速度 *AC* 所用时间的比值，等于扇形 *ADT* 与三角形 *ADC* 的比值。并且当物体在有阻碍介质中做上升运动时，物体损失了速度 *Ap*，那么损失速度 *Ap* 所需时间与物体在无阻力介质中上升时，损失相同速度 *Ap* 所用时间的比等于弧 *At* 的切线 *Ap* 与弧 *At* 之比。

推论 6 如果时间已知，那么可根据时间求出物体上升或下降时运动的距离。根据第 2 编定理 6 的推论 2 和推论 3 可求出物体在无限下降时所达到的速度极值，根据这一极值可算出下降的距离；当物体在无阻力空间中下降时，物体要达到速度极值所需的时间也可求出。根据已知的时间与刚求出的时间之间的比值，取扇形 *ADT* 或 *ADt*，使 *ADT* 或 *ADt* 与三角形 *ADC* 之比等于这一比值。根据该等式，就能求出速度 *AP* 或者 *Ap*，以及面积 *ABNK* 或 *ABnk*。此前的推论中求出了物体在已知时间内以速度极值做匀速运动时经过的距离，由于所求距离与该距离的比值等于面积 *ABNK* 或 *ABnK* 与扇形 *ADT* 或 *ADt* 的比，因为在这个比例式中的另外三项都已求出，所以可得出所求的距离。

推论 7 反之，如果已知物体上升或下降时运动的距离 *ABnK* 或 *ABNK*，那么可反向推导，求出时间 *ADt* 或 *ADT*。

命题 10 问题 3

已知垂直指向水平面的重力是均匀的，且阻力与介质密度和速度平方的乘积成正比。如果因介质中各点的密度不同而使物体沿确定曲线运动，那么求介质中各点的密度、介质阻力和物体在各点的速度。

设平面 *PQ* 垂直于纸面，曲线 *PFHQ* 与直线 *PQ* 交于 *P*、*Q* 两点。在物体沿曲线 *PFHQ* 从点 *P* 运动到点 *Q* 的过程中，物体经过 *G*、*H*、*I*、*K* 四点。分别过这四点作四条平行的纵轴 *GB*、*HC*、*ID*、*KE*，在水平线上的落点分别是 *B*、*C*、*D*、*E* 四点。假设这四条纵轴的间距 *BC*、*CD*、

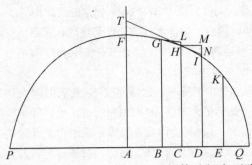

DE 相等。分别过点 G、H 作直线 GL、HN 与曲线相切于点 G 和 H，且分别交纵轴 CH、DI 的延长线于 L 和 N。连接 H、C、D、M 四点，得到一个平行四边形 $HCDM$。那么在物体经过弧 GH、HI 所用的时间里，物体从切点下降的高度则为 LH、NI，而物体经过弧 GH、HI 所用时间与 LH 和 NI 的平方根成正比，速度则与经过的长度 GH、HI 成正比，与时间成反比。设时间分别用 T、t 表示，则速度可用 $\dfrac{GH}{T}$ 和 $\dfrac{HI}{t}$ 表示，那么在时间 t 内减少的速度是：$\dfrac{GH}{T}-\dfrac{HI}{t}$。这个速度减量是由阻碍物体运动的阻力和推动物体运动的重力复合后产生的。而伽利略已经证明过，在物体下降过程中，如果经过距离 NI 时物体受的重力能产生速度 $\dfrac{2NI}{t}$，那么这个速度可使物体在相同时间内经过的距离两倍于 NI。但如果物体沿着弧 HI 运动，那么该作用力将只会使运动的弧增长 $HI-HN$ 或者 $\dfrac{MI \times NI}{HI}$，因此只能产生速度 $\dfrac{2MI \times NI}{t \times HI}$。假设将这一速度与上述速度减量 $\dfrac{GH}{T}-\dfrac{HI}{t}$ 相加，可求出阻力独自作用于物体时产生的速度减量，即 $\dfrac{GH}{T}-\dfrac{HI}{t}+\dfrac{2MI \times NI}{t \times HI}$。由于在相同时间内，重力独自作用于下降物体时产生的速度是 $\dfrac{2NI}{t}$，所以阻力与重力之比等于

$$\left(\dfrac{GH}{T}-\dfrac{HI}{t}+\dfrac{2MI \times NI}{t \times HI}\right):\dfrac{2NI}{t}，$$

或者化简得 $\left(\dfrac{t \times GH}{T}-HI+\dfrac{2MI \times NI}{t \times HI}\right):2NI$。

现在设横坐标 CB、CD、CE 分别为 $-o$、o、$2o$，纵坐标 CH 为 P，MI 为任意级数 $Qo+Ro^2+So^3+\cdots$，而在该级数中，除了第一项的其余项即 $Ro^2+So^3+\cdots$ 用 NI 表示，那么纵坐标 DI、EK、BG 分别为 $P-Qo-Ro^2-So^3-\cdots$，$P-2Qo-4Ro^2-8So^3-\cdots$，$P+Qo-Ro^2+So^3-\cdots$。取纵坐标的差 BG

$-CH$ 的平方, 再加上 BC 的平方, 则得到弧 GH 的平方是: $(BG-CH)^2+$

BC^2, 即为 $oo+QQoo-2QRo^3+\cdots$, 所以它的根 $o\sqrt{(1+QQ)-\dfrac{QRoo}{\sqrt{1+QQ}}}$ 就

是弧 GH。而取纵坐标的差 $CH-DI$ 的平方, 再加上 CD 的平方, 可得弧

HI 的平方 $(CH-DI)^2+CD^2$, 即为 $oo+QQoo+2QRo^3+\cdots$, 那么弧 HI 等于:

$$o\sqrt{(1+QQ)-\frac{QRoo}{\sqrt{1+QQ}}}。$$

从纵坐标 CH 中减去纵坐标 BG 和 DI 之和的一半, 得到的余下部分 Roo 就是弧 GI 的正矢, 它和线段 LH 成正比, 因此也和无限短时间 T 的平方成正比。同理, 从纵坐标 DI 中减去纵坐标 CH 与 EK 之和的一半, 得到的差 $Roo+3So^3$ 就是弧 HK 的正矢, 它和 NI 成正比, 所以它和

无限短时间 t 的平方成正比。所以 $\dfrac{t}{T}$ 和 $\dfrac{R+3So}{R}$, 或者和 $\dfrac{R+\frac{3}{2}So}{R}$ 成正比。

在算式 $\dfrac{t\times GH}{T}-HI+\dfrac{2MI\times NI}{HI}$ 中代入刚求得的值 $\dfrac{t}{T}$、GH、HI、MI、NI, 得

到 $\dfrac{3Soo}{2R}\sqrt{1+QQ}$。由于 $2NI$ 等于 $2Roo$, 所以阻力与重力之比等于

$\dfrac{3Soo}{2R}\sqrt{1+QQ}:2Roo$, 也就等于 $3S\sqrt{1+QQ}:4RR$。

而速度可以这样求出, 在真空中, 一个物体自任意点 H 出发, 沿切线 HN 方向开始运动的轨迹曲线为一条抛物线, 它的直径是 HC, 通

径是 $\dfrac{HN^2}{NI}$ 或者 $\dfrac{1+QQ}{R}$, 物体沿此抛物线运动的速度就是所求的速度。

阻力则与介质密度和速度平方的乘积成正比, 所以介质密度与阻

力成正比, 与速度的平方成反比, 换句话说, 介质密度与 $\dfrac{3S\sqrt{1+QQ}}{4}$ 成

正比, 与 $\dfrac{1+QQ}{R}$ 成反比, 所以和 $\dfrac{S}{R\sqrt{1+QQ}}$ 成反比。证毕。

推论 1 如果将切线 HN 向两边延长, 交纵坐标 AF 于点 T, 那么

$\dfrac{HT}{AC}=\sqrt{1+QQ}$。由上述证明过程可知, $\dfrac{HT}{AC}$ 可用来代替 $\sqrt{1+QQ}$, 所以阻

力与重力之比等于（$3S×HT$）：（$4RR×AC$），速度则与 $\dfrac{HT}{AC\sqrt{R}}$ 成正比，

而介质密度与 $\dfrac{S×AC}{R×HT}$ 成正比。

推论 2 依此类推，如果与一般情况一样，用底或横坐标 AC 与纵坐标 CH 的关系来定义曲线 $PFHQ$，且将纵坐标的值分解成一个收敛级数，那么该问题就能用该级数的前几项便捷地求解。以下的例子将演示这一方法。

已知曲线 $PFHQ$ 是以 PQ 为直径的半圆，如果在一介质中物体沿此曲线 $PFHQ$ 运动，求该介质的密度。

已知点 A 为曲线 PQ 的中点，令 AQ 为 n，AC 为 a，CH 为 e，CD 为 o，那么 DI^2 或 $AQ^2-AD^2=nn-aa-2ao-oo$，或 $ee-2ao-oo$，用我们的方法求出根，得到 $DI=e-\dfrac{ao}{e}-\dfrac{oo}{2e}-\dfrac{aaoo}{2e^3}-\dfrac{ao^3}{2e^3}-\dfrac{a^3o^3}{2e^5}-\cdots$，令 $nn=ee+aa$，则等式

可化为 $DI=e-\dfrac{ao}{e}-\dfrac{nnoo}{2e^3}-\dfrac{anno^3}{2e^5}-\cdots$。

在这个级数中，我用以下方法区分连续的项：不包含无限小量 o 的项称为第一项，包含 o 的一次方的项称为第二项，包含 o 的二次方、三次方的项分别为第三项、第四项，按此规律类推到无限的项。在这里，第一项是 e，代表以不定量 o 为起点的纵轴 CH 的长度，第二项是 $\dfrac{ao}{e}$，代表 CH 与 DN 的差，就是被平行四边形 $HCDM$ 分割出的短线段

MN，通过取 $MN：HM=\dfrac{ao}{e}：o$，或 $a：e$，可推测出第二项总是决定了切

线 HN 的位置。第三项是 $\dfrac{nnoo}{2e^3}$，代表位于切线和曲线之间的短线段 IN，它决定了切角 IHN 的角度，或者曲线在 H 处的曲率。如果短线段 IN 是一个有限量，那么它由第三项和第三项之后的无数个量共同决定。但是，如果短线段 IN 无限减小，直到相较第三项，后面项的值都无限小，那么后面的项可以忽略。第四项决定曲率的变化，第五项决定第四项变化的变化，等等。另外，该解法是基于曲线的切线和曲率，但

级数在此方法中的应用也是不能忽略的。

现在试比较 $e-\dfrac{ao}{e}-\dfrac{nnoo}{2e^3}-\dfrac{anno^3}{2e^5}-\cdots$ 与 $P-Qo-Roo-So^2-\cdots$。如果 P、

Q、R、S 分别用 e、$\dfrac{a}{e}$、$\dfrac{nn}{2e^3}$、$\dfrac{ann}{2e^5}$ 代替，$\sqrt{1+QQ}$ 用 $\dfrac{n}{e}$ 或 $\sqrt{1+\dfrac{aa}{ee}}$ 代替，

那么可得介质的密度与 $\dfrac{a}{ne}$ 成正比，因此 n 的值是确定值，所以介质密

度与 $\dfrac{a}{e}$ 或 $\dfrac{AC}{CH}$ 成正比，即与切线段 HT 的长度成正比（该切线段是水平

线 PQ 的半径 AF 切割直线 NH 的延长线得到的）。而阻力与重力之比等

于 $3a$ 比 $2n$，即等于 $3AC$ 与直径 PQ 之比，那么速度则与 $\sqrt{CH}$ 成正比。

因此，如果已知物体以点 F 为起点，沿平行于 PQ 的直线方向以一个

适当速度抛出，并且介质中各点 H 的密度与切线 HT 的长度成正比，

点 H 处物体受到的阻力与重力之比等于 $3AC$ 比 PQ，那么物体会沿四分

之一圆 FHQ 运动。

但是，如果同一物体从点 P 沿着与 PQ 垂直的直线方向抛出，此

时物体的运动轨迹应为半圆 PFQ。相比物体从点 F 出发时的运动，此

时如果要表示这一运动轨迹，应该在圆心 A 的另一侧取 AC 或 a，所以

它的符号应随之改变，用 $-a$ 代替 $+a$，所以，相应地，介质密度与 $-\dfrac{a}{e}$

成正比。但是，因为自然界并不存在负密度，所以也不存在会推动物

体运动的速度，该密度不可能使物体自动做以点 P 为起点的上升运动，

更不可能使物体一直沿着四分之一圆 PF 运动。所以为了使物体能做上

升运动，物体应在一个有推动力的介质中得到该推动物体运动的力，

而不是在一个阻碍介质中受到阻碍。

例 2　已知曲线 PFQ 是以 AF 为轴的抛物线，并且 AF 垂直于水平

线 PQ。如果一个介质的密度使位于其中的抛射体沿此曲线运动，求该

介质的密度。

根据抛物线的性质，乘积 $PQ×DQ$ 等于纵轴 DI 与某确定线段的乘

积。因此，如果假设该确定直线为 b，PC 为 a，PQ 为 c，CH 为 e，以

及 CD 为 o，那么 $(a+o)$ 与 $(c-a-o)$ 的乘积等于 $ac-aa-2ao+co-oo$，就

等于 b 与 DI 的乘积，因此 $DI = \dfrac{ac-aa}{b} + \dfrac{c-2a}{c} \times o - \dfrac{oo}{b}$。现在用这一级数中的第二项 $\dfrac{c-2a}{b} \times o$ 代替 Qo，而用第三项 $\dfrac{oo}{b}$ 代替 Roo。由于在这之后已经没有多余的项了，所

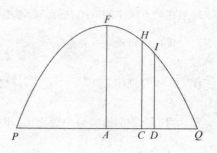

以第四项的系数 S 为零，因此和介质密度成正比的量 $\dfrac{S}{R\sqrt{1+QQ}}$ 的值也为零。所以正如伽利略曾证明的那样，只有当介质的密度为零时，物体的运动轨迹才是一条抛物线。

例 3 已知曲线 AGK 是以直线 NX 为渐近线的双曲线，且 NX 垂直于水平面 AK。如果一个介质的密度使抛射体沿这条双曲线运动，求这个介质的密度。

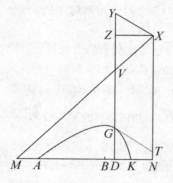

设 MX 为双曲线的另一条渐近线，与纵轴 DG 的延长线相交于点 V。根据双曲线的性质可得，XV 与 VG 的乘积已知，同样也可知 DN 与 VX 的比值，因此可求出 DN 与 VG 的乘积。假设此乘积为 bb，作平行四边形 $DNXZ$，并设 BN 为 a，BD 为 o，NX 为 c，已知 VZ 与 ZX（或相等线段 DN）之比为 $\dfrac{m}{n}$。所以 $DN = a-o$，$VG = \dfrac{bb}{a-o}$，$VZ = \dfrac{m}{n} \times (a-o)$，而 GD（或与之相等的线段 $NX-VZ-VG$）$= c - \dfrac{m}{n}a + \dfrac{m}{n}o - \dfrac{bb}{a-o}$。假设项 $\dfrac{bb}{a-o}$ 分解为收敛级数 $\dfrac{bb}{a} + \dfrac{bb}{aa}o + \dfrac{bb}{a^3}oo + \dfrac{bb}{a^4}o^3 + \cdots$，那么 $GD = c - \dfrac{m}{n}a - \dfrac{bb}{a} + \dfrac{m}{n}o - \dfrac{bb}{aa}o - \dfrac{bb}{a^3}o^2 - \dfrac{bb}{a^4}o^3 - \cdots$，而该级数的第二项 $\dfrac{m}{n}o - \dfrac{bb}{aa}o$ 等于 Qo。如

果将第三项的正负符号改变，那么第三项$\frac{bb}{a^3}o^2$就等于Ro^2。如果将第

四项$\frac{bb}{a^4}o^3$改变符号，就等于So^3，这三项的系数$\frac{m}{n}-\frac{bb}{aa}$、$\frac{bb}{a^3}$和$\frac{bb}{a^4}$即为

例 2 中的 Q、R、S 由上面所求出的量，可得介质密度与

$$\frac{\dfrac{b^4}{aa}}{\dfrac{bb}{a^3}\sqrt{1+\dfrac{mm}{nn}-\dfrac{2nbb}{n}+\dfrac{b^4}{aa}}}（将此式化简，就是 \frac{1}{\sqrt{aa+\dfrac{mm}{nn}aa-\dfrac{2mbb}{n}+\dfrac{b^4}{aa}}}）成$$

正比。

换句话说，如果在直线 VZ 上取一点 Y，使 $VY=VG$，因为 aa 和

$\frac{m^2}{n^2}a^2-\frac{2mbb}{n}+\frac{2mbb}{n}$分别是线段 XZ 和 YZ 的平方，所以介质密度与$\frac{1}{XY}$成

正比。已知阻力与重力之比等于$3XY：2YG$。当物体的运动轨迹是一条

抛物线时，并且此抛物线以 G 为顶点、DG 为直径、$\frac{XY^2}{VG}$为通径，那么

该物体的运动速度与本题中物体的速度相等。设介质中各点 G 的密度

与距离 XY 成反比，并且在任意点 G 处物体受到的阻力与重力之比等于

$3XY$ 比 $2YG$，所以，当物体以 A 为起点，并以一适当速度运动时，该物

体将沿此双曲线 AGK 运动。

例 4 设以 X 为中心、MX 和 NX 为渐近线，作双曲线 AGK，以 MX

和 NX 为边作矩形 $XZDN$。已知矩形的一边 ZD 交双曲线于点 G，与双

曲线的渐近线交于点 V，VG 与 ZX（或 DN）的任意次幂成反比（即与

幂指数为 n 的幂 DNn 成反比）。如果一个介质的密度使抛射体沿这条

双曲线运动，求这个介质的密度。

设 BN、BD、NX 分别用 A、O、C 代替，并且 $VZ：XZ$（或 DN）$=$

$d：e$，$VG=\frac{bb}{DN^n}$，则 $DN=A-O$，$VG=\frac{bb}{AC^n}$，$VZ=\frac{d}{e}$（$A-O$），所以 GD

（或 $NX-VZ-VG$）$=C-\frac{d}{e}A+\frac{d}{e}O-\frac{b}{(A-O)^n}$。假设项分解为一个无限级数

$\frac{b}{A^n}+\frac{nbb}{A^{n+1}}\times O+\frac{nn+n}{2A^{n+2}}\times bbO^2+\frac{n^3+3nn+2n}{6A^{n+3}}\times bbO^3+\cdots$，那么 $GD=C-\frac{d}{e}A-\frac{bb}{A^n}+$

$\dfrac{d}{e}O - \dfrac{nbb}{A^{n+1}} \times O - \dfrac{nn+n}{2A^{n+2}} \times bbO^2 - \dfrac{n^3+3nn+2n}{6A^{n+3}} \times bbO^3 + \cdots$，此级数中第二项 $\dfrac{d}{e}O -$

$\dfrac{nbb}{2A^{n+1}}O$ 即为 Qo，第三项 $\dfrac{nn+n}{2A^{n+2}}bbO^2$ 是 Roo，第四项 $\dfrac{n^3+3nn+2n}{6A^{n+3}} \times bbO^3$ 是

So^3。所 以，在 任 意 点 G 处 的 介 质 密 度 $\dfrac{S}{R\sqrt{1+QQ}}$ 等 于

$\dfrac{n+2}{3\sqrt{A^3 + \dfrac{dd}{ee}A^2 - \dfrac{2dnbb}{eA^n} + \dfrac{nnb^4}{A^{2n}}}}$。因此，如果在直线 VZ 上取一点 Y，使 $VY=n$

$\times VG$，那么因为 A^2 是 XZ 的平方，而 $\dfrac{dd}{ee}A^2 - \dfrac{2dnbb}{eA^n} + \dfrac{nnb^4}{A^{2n}}$ 是 ZY 的平方，

所以介质密度与 XY 成反比。但是，在同一点 G 处物体所受的阻力与重

力之比等于 $3S \times \dfrac{XY}{A}$ 比 $4RR$，就等于 XY 比 $\dfrac{2nn+2n}{n+2}VG$。而如果抛射物沿一

条抛物线运动，此抛物线以 G 为顶点，GD 为直径，通径为 $\dfrac{1+QQ}{R}$ 或者

$\dfrac{2XY^2}{(nn+n) \times VG}$，那么这个抛射物在同一点 G 处的速度则为本题中物体的

速度。

附注

如果把推论 1 的证明方法运用到上述例子中，那么可求出介质密

度与 $\dfrac{S \times AC}{R \times HT}$ 成正比。而若阻

力与速度 V 的任意次幂 V^m

成正比，那么介质密度则与

$\dfrac{S}{R^{\frac{4-n}{2}}} \times \left(\dfrac{AC}{HT}\right)^{n-1}$ 成正比。因此，

如果存在一条曲线，使 $\dfrac{S}{R^{\frac{4-n}{2}}}$

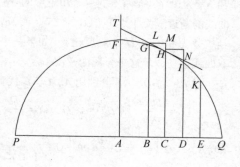

与 $\left(\dfrac{HT}{AC}\right)^{n-1}$ 之比或者是 $\dfrac{S^2}{R^{4-n}}$ 与 $(1+QQ)^{n-1}$ 之比得以求出，那么所受的阻力与速度 V 的 n 次幂 (V^n) 成正比的均匀介质中，物体将沿上述曲线运动。现在还是让我们回过头来研究一些较为简单的曲线。

只有在物体位于一个无阻力的介质中时，物体的运动轨迹才为一条抛物线，但是在这里物体由于受到连续阻力的作用而做双曲线运动，所以，显然当抛射体在均匀阻碍介质中运动时，它的运动轨迹更接近于双曲线，而非抛物线。这种曲线毫无疑问是双曲线类型的，但它的顶点离渐近线较远，并且相较于这里所讨论的双曲线，它远离顶点的地方距离渐近线更近。然而这两种双曲线的差别并不大，在实际运用过程中，后一种双曲线可代替前者。也许这些曲线在今后比双曲线更有用，它更准确，但同时也更具复杂性。它的应用方法如下：

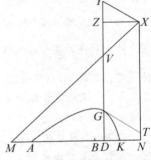

作平行四边形 $XYGT$，平行四边形的一边 GT 与双曲线相切于点 G，因此在点 G 的介质密度与切线段 GT 成反比，而在点 G 处的速度与 $\sqrt{\dfrac{GT^2}{GV}}$ 成正比，阻力与重力之比则为 GT 比 $\dfrac{2nn+2n}{n+2}\times GV$。

如果一条抛物线从点 A 处沿着直线 AH 的方向抛出，然后物体沿双曲线 AGK 运动。延长直线 AH，交渐近线 NX 于点 H，并过点 A 作平行于直线 NX 的直线 AI，而 AI 交另一条渐近线 MX 于点 I。那么在点 A 处的介质密度与线段 AH 成反比，物体的

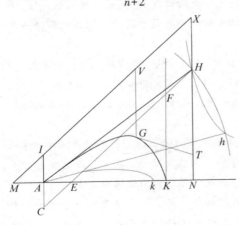

速度与 $\sqrt{\dfrac{AH^2}{AI}}$ 成正比，而物体所受的阻力与重力之比等于 AH 比 $\dfrac{2nn+2n}{n+2}$ $\times AI$。因此可推导出以下规则：

规则 1　如果点 A 处的介质密度和物体抛出时的初始速度保持不变，角 NAH 的角度改变，那么线段 AH、AI、HK 的长度仍保持不变。因此，如果在任意情况下求出了这些线段的长度，那么再根据任意给定的角 NAH 的角度，则能轻易地求出这条双曲线。

规则 2　如果角 NAH 的角度和点 A 处的介质密度保持不变，物体抛出时的速度改变，那么 AH 的长度将保持不变，但 AI 的长度则会按与速度的平方成反比的比例改变。

规则 3　如果角 NAH 的角度、点 A 处的物体速度，以及使物体加速的重力皆保持不变，而物体在点 A 处所受的阻力与动力的比值按任意比例增加，那么 AH 与 AI 的比值也会按相等比例增加，而上文中所涉及的抛物线的通径则保持不变。同样，与通径成正比的长度 $\dfrac{AH^2}{AI}$ 也保持不变，因此 AH 也将会按上述相等比值减小，而 AI 则按该比值的平方减小。但无论是在体积不变，相对密度增大时，还是体积减小，阻力减小的比例比重力减小的比例小时，阻力与重力之比都始终增大。

规则 4　因为双曲线顶点附近的介质密度大于点 A 处的介质密度，所以当需要求平均密度时，应先求出切线段 GT 的最小值与切线段 AH 的比值，并且点 A 处密度的增大幅度要略大于这两条切线之和的一半与切线段 GT 的最小值之比。

规则 5　如果已知线段 AH 和 AI 的长度，作曲线 AGK，并延长 NH 至点 X，使得 $HX：AI=（n+1）：1$。以 X 为中心，MX、NX 为渐近线，作一条双曲线，使得双曲线正好通过点 A，且 AI 与任意线段 VG 之比等于 XV^n 比 XI^n。

规则 6　幂指数 n 越大，物体从点 A 开始上升时的双曲线部分越精确，但从点 K 开始下降的物体的运动轨迹就越不准确，反之亦然。而如果物体的运动轨迹是圆锥双曲线，那么它的精确率是上述两者的平均值，并且这个曲线会比其他的曲线简单。如果双曲线属于这一类型的曲线，当需要求出抛射体在通过点 A 的任意直线上的落点时，可通

过延长 AN，使 AN 分别交
渐近线 MX、NX 于点 M
和 N，之后再取 NK＝AM，
可求出落点 K。

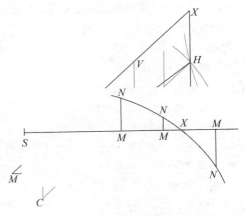

规则 7　根据此现象
可得到一个求这条双曲线
的便捷方法。设两个相似
且相等的物体以相等速度
同时自点 A 抛出，但抛出
的角度 HAK 与 hak 不同，
且物体在水平面上的落点
分别为 K 和 k。将 AK 与 Ak 的比值记为 d 比 e。作线段 AI 垂直于直线
MN，AI 的长度是任意值，再设 AH 与 Ah 的长度为任意值，那么根据规
则 6，运用作图法，或使用直尺和指南针，测出不断变化的 AK 与 Ak 长
度。当 AK 与 Ak 的比值等于 d 比 e 时，取出一条不定线段 SM，使 SM
等于设定的线段 AH 的长度。再作垂直于 SM 的线段 MN，使它的长度
等于这两个比值的差 $\left(\dfrac{AK}{Ak}-\dfrac{d}{e}\right)$ 再乘以任意已知线段。同理，根据多个
假设的 AH 的长度，可得到多个对应的不同点 N，连接这些点 N，可得
一条规则曲线 NNXN，该直线与直线 SMMM 交于点 X。最后设 AH 等于
横标线 SX，由此可求得 AK 的长度。根据 AI 的实际长度比 AI 的假设长
度等于实验测出的 AK 长度比求出的 AK 长度，AH 的实际长度比 AH 的
假设长度也等于这一比值，就能求出 AI、AH 的实际长度。因为阻力与

重力之比为 $AH:\dfrac{4}{3}AI$，那么根据上述那些已经求出的值，可求出在点
A 处介质产生的阻力。设介质密度按规则 4 增加，如果刚求出的阻力也
按此相同比值增加，则所求的双曲线会更准确。

规则 8　已知线段 AH、HK 的长度，如果物体以某指定速度沿直线
AH 方向抛出，在水平面上的落点为 K，求直线 AH 的位置。分别过点 A
和 K 作直线 AC、KF，且这两条直线垂直于水平面。将 AC 向下延长，
使 AC 等于 AI 或 $\dfrac{1}{2}HX$。以 AK、KF 为渐近线，作一条双曲线，它的共

轫曲线恰好过点 C。再以点 A 为圆心、AH 为半径，作一个圆，该圆与双曲线的交点为点 H。连接 AH，则物体沿直线 AH 抛出后的落点就是 K。

因为已知 AH 的长度，所以点 H 肯定位于画出的圆周上。作直线 CH 分别交直线 AK 和 KF 于点 E 和 F。因为 CH 平行于 MX，且 $AC=AI$，那么 $AE=AM$，所以 AE 也等于 KN。但由于 $CE:AE=FH:KN$，所以 $CE=FH$。所以点 H 也肯定在上面所画的双曲线上（即那条以

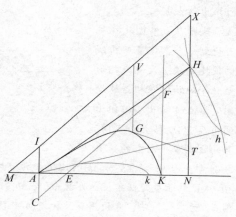

AK 和 KF 为渐近线的双曲线，其共轫曲线过点 C）。由上述条件可得，此双曲线和所画出的圆的交点就是所求的点 H。

应当注意，无论线段 AKN 是平行于地平面，还是与地平面有某个夹角，上述求解的方法都是相同的。根据两个交点 H 和 h，可分别得到两个角 NAH 和 NAh。但是在力学的实际运用中，每次求解只要画一个圆就行了，然后使用长度不同的直尺，过点 C 作 CH，使位于 CH 上，且在圆和直线 FK 之间的线段 FH 等于 CH 的另一部分线段 CE，即位于点 C 和直线 AK 间的线段。

上述关于双曲线的结论能非常便捷地应用到抛物线。如果抛物线用 $XAGK$ 表示，直线 XV 与抛物线相切，其切点即为抛物线的顶点 X，而纵标线 IA 和 VG 分别

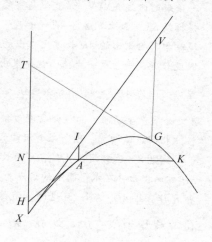

与横标线 XI 和 XV 的任意次幂（即和）成正比。过 X 作 XT 平行于 VG，再过点 G、A 作抛物线的切线 GT、AH，其切点分别为点 G 和 A。如果各点 G 的介质密度与切线段 GT 成反比，那么物体以一适当速度自点 A 沿直线 AH 的方向抛出，此后它将沿这条抛物线运动。那么点 G 处的速度等于使物体在一个无阻力介质中沿一条圆锥抛物线运动的速度，其中抛物线的顶点为点 G，直径为 VG 向下的延长线，并且其通径是 $\dfrac{2GT^2}{nn-n}$

VG。物体在点 G 所受的阻力与重力之比等于 GT 比 $\dfrac{2nn-2n}{n-2}VG$。所以，如果 NAK 表示地平线，在点 A 处的介质密度和物体抛出时的速度保持不变，无论 NAH 的角度怎样改变，AH、AI、HX 的长度都将保持不变，由此可求出抛物线的顶点 X，以及直线 XI 的位置。现在通过取 $VG : IA = XV^m : XI^n$，可求出物体经过的所有点 G，连接这些点即得到物体的运动轨迹。

第 3 章　受部分与速度成正比，部分与速度平方成正比的阻力作用的物体运动

命题 11　定理 8

当物体只受到惯性力的作用而在均匀介质中运动时，如果物体所受的阻力部分与速度成正比，而部分与速度的平方成正比，并且把物体运动的总时间按等差级数划分，那么与速度成反比的量在增加某个确定值后，将会构成一个等比级数。

以点 C 为中心，互成直角的直线 $CADd$ 和 CH 为渐近线，作双曲线 BEe，并作平行于渐近线 CH 的直线 AB、DE 和 de。假设已知位于渐近线上的点 A、G 的位置，如果用均匀增加的双曲线面积 $ABED$ 表示时间，那么速度则可用 CD 表示，因为不定线段 CD 由与 GD 成反比的长度 DF 和确定线段 CG 共同组成，所以速度按等比级数增加。

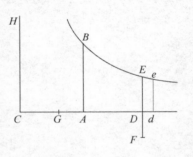

假设面积 $DEed$ 表示时间的最小增量，那么 Dd 与 DE 成反比，所以 Dd 与 CD 成正比。根据第 2 编的引理 2，$\frac{1}{GD}$ 的减量 $\frac{Dd}{GD^2}$，同样与 $\frac{CD}{GD^2}$ 或 $\frac{CG+GD}{GD^2}$ 成正比，化简可得：与 $\frac{1}{GD}+\frac{CG}{GD^2}$ 成正比。所以再加上确定时间间隔 $EDde$ 而让时间 $ABED$ 均匀增加时，$\frac{1}{GD}$ 按与速度相等的比值减小。

因为速度的减量与阻力成正比，因此根据假设条件，该减量就是与某两个量的和成正比，而在这两个量中，其中一个量与速度成正比，另

220

一个则与速度的平方成正比。而 $\dfrac{GD}{1}$ 的减量则与量 $\dfrac{GD}{1}$ 和 $\dfrac{1}{GD^2}$ 成正比，其中第一项是 $\dfrac{1}{GD}$ 本身，而第二项 $\dfrac{CG}{GD^2}$ 则与 $\dfrac{1}{GD^2}$ 成正比。因此 $\dfrac{1}{GD}$ 与速度成正比，而这两个的减量是类似的。所以如果量 GD 与 $\dfrac{1}{GD}$，加入确定量 CG，那么随时间 $ABED$ 均匀增加，将和 CD 按等比级数增加。证毕。

推论 1　如果已知点 A 和 G 的位置，并且时间用双曲线面积 $ABED$ 表示，那么速度可用 GD 的倒数 $\dfrac{1}{GD}$ 表示。

推论 2　通过取 GA 与 GD 的比值等于任意时间 $ABED$ 开始时物体速度的倒数与该时间段结束时物体速度的倒数的比值，可求出点 G。由求出的点 G，可根据任意其他的已知时间求出物体的速度。

命题 12　定理 9

在与命题 11 的条件相同的情况下，如果物体运动的距离按等差级数划分，那么速度在增加某一确定量后，将按等比级数增加。

在渐近线 CD 上取一点 R，过点 R 作垂直于 CD 的直线 RS，且 RS 交双曲线于 S。假设物体运动的距离用双曲线面积 $RSED$ 表示，那么速度将与 GD 的长度成正比。而当面积 $RSED$ 按等差级数增加时，此长度 GD 与确定线段 CG 组成的长度 CD 将按等比级数减小。

因为已知距离的增量 $EDde$，所以 GD 的减量，即短线段 Dd，与 ED 成反比，所以 Dd 与 CD 成正比。换句话说，即 Dd 与同一个量 GD 和确定长度 CG 的和成正比，但是在与速度成正比的时间段内（此时间即为物体经过给定距离 $DdeE$ 所需时间），速度的减量与阻力和时间的乘积成正比，即与某两个量的和成正比（这两个量中，其中一个量与速度成正比，另一个则与速度的平方成正比）。因此，速度与这两个量的和成正比，这两个量中，其中一个量是确定的，另一个量则与速度成正比。所以速度减量与线段 GD 的减量都同样与一个已知量和一个减少量的乘积成正比。因为这两个减量是相似的，所以减少的量，即速度和线段 GD，也是相似的。证毕。

推论 1　如果速度用 GD 的长度表示，那么物体运动的距离与双曲线面积 DESR 成正比。

推论 2　如果假设点 R 为任意设定的点，那么通过取 GR 与 GD 之比等于物体开始运动时的速度与物体经过距离 RSED 后的速度之比，可求出点 G。而由求得的点 G，则可由某一确定速度求出物体运动的距离。反之亦然。

推论 3　根据命题 11，由已知时间可求出速度，而根据本命题，用求出的速度就可求出物体运动的距离。因此，如果已知时间，可求出物体运动的距离。反之亦然。

命题 13　定理 10

假设物体在沿直线上升或下降过程中，受到一垂直向下的均匀重力，并且与上述定理一样，物体在运动过程中受到的阻力部分与速度成正比、部分与速度的平方成正比，那么，如果作多条与圆和双曲线的直径平行的直线，且这些直线通过圆与双曲线的共轭直径的端点，并且由一确定点出发的多条平行直线上的弦与速度成正比，则时间与由中心向弦端点所作的直线切割出的扇形面积成正比。反之亦然。

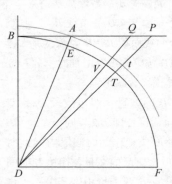

情形 1　已知物体做上升运动。以 D 为圆心，任意线段 DB 为半径，作一个四分之一圆 BETF。并过半径 DB 的端点 B 作平行于半径 DF 的不定线段 BAP。在线段 BAP 上任取一点 A，取线段 AP 与速度成正比。因为阻力一部分与速度成正比，另一部分与速度的平方成正比，所以可假设整个阻力与 AP^2 +2BA×AP 成正比。连接 DA、DP，得到的两条直线分别与圆交于点 E、T。假设重力用 DA^2 表示，使重力与物体在点 P 受到的阻力的比值等于 DA^2 比 AP^2 +2BA×AP，那么整个上升过程的时间与圆的扇形 EDT 成正比。

作直线 DVQ，切割出速度的变化率 PQ，以及与给定时间变化率对应的扇形 DET 的变化率 DTV，那么速度的减量 PQ 与重力 DA^2 加上阻力 AP^2 +2BA×AP 所得到的和成正比。根据《几何原本》卷二命题 12，

可得 PQ 与 DP^2 成正比。又因为与 PQ 成正比的面积 DPQ 与 DP^2 成正比，故面积 DTV 与 DPQ 的比值等于 DT^2 比 DP^2，所以 DTV 与确定量 DT^2 成正比。因为从区域 EDT 的面积中减去确定面积 DTV 后，余下的部分按未来时间的比例减小，所以余下部分与整个上升过程所用时间成正比。

情形 2　如果同前一情形一样，物体上升过程中速度用长度 AP 表示，那么阻力与 $AP^2+2BA\times AP$ 成正比。但是如果重力非常小，以至于不足以用 DA^2 表示，那么可以取 BD 的长度，使 AB^2-BD^2 与重力成正比。再假设 DF 垂直于 DB，且 $DF=DB$，过顶点 F 作双曲线 $FTVE$，其中 DB 和 DF 为双曲线的共轭半径，并且此双曲线分别交 DA、DP、DQ 于点 E、T、V，那么物体上升过程所用时间与此双曲线的扇形 TDE 成正比。

在一个已知时间内，产生的速度减量 PQ 与阻力 AP^2 $+2BA\times AP$ 加上重力 AB^2-BD^2 所得的和（即 BP^2-BD^2）成正比。但是因为面积 DTV 与面积 DPQ 的比值等于 DT^2 比 DP^2，所以如果作 GT 垂直于 DF，那么 DTV 与 DPQ 之比

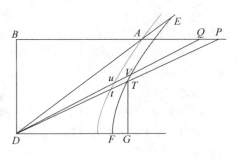

也等于 GT^2（或 GD^2-DF^2）比 BD^2，或等于 GD^2 比 BP^2。进行分比，得 DTV 与 DPQ 的比等于 DF^2 比 BP^2-BD^2。因为区域 DPQ 的面积与线段 PQ 成正比（即与 BP^2-BD^2 成正比），所以面积 DTV 与确定量 DF^2 成正比。又因为已知确定部分 DTV 的不同值与时间段的数目相等，在单个相等时间内，从面积 EDT 中减去与时间对应的部分 DTV 后，剩下部分将均匀减小，所以剩下部分与时间成正比。

情形 3　假设 AP 表示物体的下降速度，$AP^2+2BA\times AP$ 表示阻力，BD^2-AB^2 表示重力，而角 DBA 是直角。如果以点 D 为圆心，点 B 为顶点，作一对直角双曲线 $BETV$，且直线 DA、DP、DQ 分别交此双曲线于点 E、T、V，那么物体下降的总时间与双曲线扇形 DET 成正比。

因为速度的增量 PQ，以及与 PQ 成正比的面积 DPQ，都与重力和

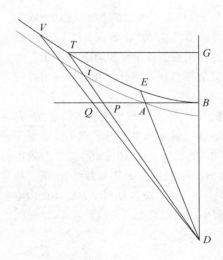

阻力的差 $BD^2-AB^2-2BA\times AP-AP^2$ 成正比（经过运算，即为 BD^2-BP^2）。而面积 DTV 与面积 DPQ 的比值等于 DT^2 比 DP^2，所以这两个面积的比值等于 GT^2（或 GD^2-BD^2）比 BP^2，也等于 GD^2 比 BD^2。由分比得，此面积的比值等于 BD^2 比 BD^2-BP^2。因为区域 DPQ 的面积与 BD^2-BP^2 成正比，那么区域 DTV 的面积与确定量 BD^2 成正比。所以，如果已知确定部分 DTV 的不同值与时间段的数目相等，而在多个相等的时间段内，在区域 EDT 面积中加上与时间段对应的确定部分 DTV 后，面积将均匀增加，所以面积与物体下降时间成正比。

推论 以 D 为中心，DA 为半径，过顶点 A 作与弧 ET 相似的弧 At，并且弧 At 的对角也是角 ADT，那么在时间 EDT 内，物体在无阻力介质中上升时，损失的速度（或物体在无阻力介质中下降时所获得的速度）与速度 AP 之比等于三角形 DAP 的面积与扇形 DAt 的面积之比，因此，如果已知时间，可求出速度 AP。因为物体在无阻力介质中运动时，其速度与时间成正比，因此也与扇形 DAt 成正比。而物体在阻碍介质中的速度则与三角形 DAP 成正比，所以当物体在这两种介质中的速度很小时，这两个速度近似相等，同样地，扇形和三角形也趋于相等。

附注

还可以证明这种情形：在物体上升时，重力很小，不足以用 DA^2 或 AB^2+BD^2 表示，但又大于 AB^2-DB^2，因而只能用 AB^2 来表示。但是在此我并不会专门讨论此情形，而是接着开始讨论其他问题。

命题 14 定理 11

所有条件与命题 **13** 的条件相同，在物体上升或下降过程中，如果按等比级数取出物体受到的阻力和重力的合力，那么物体运动的距离与表示时间的面积减去另一个按等差级数增减的面积所得的差成正比。

在下面三幅图中取出线段 AC，设它与重力成正比，而取出线段 AK，与阻力成正比，并且如果物体处于上升过程，那么这两条线段都是从点 A 的同一侧取出。但如果物体处于下降过程，那么两条线段则处于点 A 的两侧。作垂线 Ab，使 $Ab : DB = DB^2 : (4BA \times AC)$。再以互成直角的直线 CK、CH 为渐近线作一条双曲线 bN。作 KN 垂直于 CK，那么按等比级数取出力 CK 时，面积 $AbNK$ 将按等差级数增减。因此，物体在运动过程中达到的最大高度与面积 $AbNK$ 减去面积 DET 的差成正比。

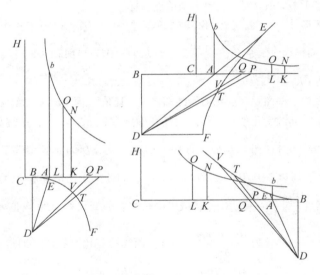

因为线段 AK 与阻力成正比，也就是与 $AP^2 \times 2BA \times AP$ 成正比，设 Z 是任意确定的量，取 AK 等于 $\dfrac{AP^2 \times 2BA \times AP}{Z}$，那么根据本编的引理 2，$AK$ 的变化率 KL 等于 $\dfrac{2PQ \times AP \times 2BA \times PQ}{Z}$ 或者是 $\dfrac{2PQ \times BP}{Z}$。而面积 $AbNK$ 的变化率 $KLON$ 则等于 $\dfrac{2PQ \times BP \times LO}{Z}$ 或 $\dfrac{BP \times PQ \times BD^3}{2Z \times CK \times AB}$。

225

情形 1　已知物体做上升运动，且重力与 AB^2+BD^2 成正比，BET 是一个圆，与重力成正比的线段 AC 等于 $\dfrac{AB^2-BD^2}{Z}$，而 DP^2 或者 $AP^2+2BA\times AP+AB^2+BD$ 等于 $AK\times Z+AC\times Z$ 或者 $CK\times Z$。因此，面积 DTV 与面积 DPQ 的比等于 DT^2（或 DB^2）比 $CK\times Z$。

情形 2　已知物体做上升运动，且重力与 AB^2-BD^2 成正比，与重力成正比的线段 AC 等于 $\dfrac{AB^2-BD^2}{Z}$，而 $DT^2:DP^2$ 等于 DF^2（或 DB^2）$:(BP^2-BD^2)$（或 $AP^2+2BAP+AB^2-BD^2$），即 $DT^2:DP^2$ 等于 $(BP^2-BD^2):(AK\times Z+AC\times Z)$（或者 $CK\times Z$），因此面积 DTV 与面积 DPQ 的比值等于 DB^2 比 $CK\times Z$，答案与前面一样。

情形 3　同理，已知物体在下降过程中，因此重力正比于 BD^2-AB^2，而线段 AC 等于 $\dfrac{BD^2-AB^2}{Z}$，所以面积 DTV 与面积 DPQ 的比等于 DB^2 比 $CK-Z$。

因为这些面积间的比值始终都是这个比值（即 DB^2 比 $CK\times Z$），则在表示时间的变化率时，如果用任意确定乘积 $BD\times m$ 代替始终保持不变的面积 DTV，那么 DPQ 的面积 $\dfrac{1}{2}BD\times PQ$ 与 $BD\times m$ 的比值等于 $CK\times Z$ 比 DB^2，所以 $PQ\times BD^3=2BD\times m\times CK\times Z$，而此前求出的面积 $AbNK$ 的变化率等于 $\dfrac{BP\times BD\times m}{AB}$。从面积 DET 中减去它的变化率 DTV 或是 $BD\times m$，那么剩余的部分为 $\dfrac{AP\times BD\times m}{AB}$。因此，面积的变化率之差（即是面积之差的变化率）等于 $\dfrac{AP\times BD\times m}{AB}$，并且因为 $\dfrac{BD\times m}{AB}$ 是一个确定值，所以面积之差的变化率与速度 AP 成正比，换句话说，即与物体上升或下落过程中运动的距离的变化率成正比。因此，面积之差与变化率成正比，并且与变化率同时开始或结束的距离的增减也成正比。证毕。

推论　如果面积 DET 除以线段 BD 得到一个长度。并且此长度用 M 表示。而根据 DA 与 DE 的比值，取出另一长度 V，使 V 比 M 等于这个比值。那么物体在阻碍介质中上升或下降时运动的总距离与物体在无阻力介质中从静止状态开始下降时，在相同时间内运动的总距离的比值，等于面积之差的比 $\dfrac{BD \times V^2}{AB}$。因此如果已知时间，可求出物体运动的总距离。而在无阻力介质中，因为物体运动的距离与时间的平方成正比，或是与 V^2 成正比，BD 和 AB 已知，那么这个距离与 $\dfrac{BD \times V^2}{AB}$ 成正比，这一面积等于 $\dfrac{AD^2 \times BD \times M^2}{DE^2 \times AB}$，而 M 的变化率为 m，所以这个面积的变化率为 $\dfrac{DA^2 \times BD \times 2M \times m}{DE^2 \times AB}$。但是因为这个变化率比面积 DET 和面积 $AbNK$ 之差的变化率$\left(\text{即} \dfrac{AP \times BD \times m}{AB}\right)$ 等于 $\dfrac{DA^2 \times BD \times M}{DE^2}$ 比 $\dfrac{1}{2} \times BD \times AP$，或这两个变化率的比值等于 $\dfrac{DA^2}{DE^2} \times DET$ 与 DAP 的比值，所以当面积 DET 与 DAP 的比值为极小值时，DET 与 DAP 相等。因此，当所有面积的值都达到最小值时，面积 $\dfrac{BD \times V^2}{AB}$ 的变化率等于面积 DET 减去面积 $AbNK$ 所得差的变化率，所以这两者也相等。因为在物体刚开始下降时，物体的初始速度与物体要停止上升时，物体的最终速度是趋于相等的，所以在下降和上升过程中，物体运动的距离也接近相等，这两个距离的比值等于面积 $\dfrac{BD \times V^2}{AB}$ 比面积 DET 减去面积 $AbNK$ 所得的差。又因为当物体在无阻力介质中运动时，物体运动的距离与面积 DET 减去面积 $AbNK$ 所得的差成正比，所以由此可推出，在任意相等的时间内，物体在这两种介质中运动的距离之比等于面积 $\dfrac{BD \times V^2}{AB}$ 比面积 DET 减去面积 $AbNK$ 所得的差。证毕。

附注

当球体在流体中运动时，它受到的阻力部分来自液体的黏性，部分来自球体与流体的摩擦，而其余部分则来自流体的密度。其中由流体密度产生的那部分阻力与速度的平方成正比，由流体的黏性产生的另一部分阻力则是均匀的，并且与时间的变化率成正比。因此我们现在应该继续探讨这类在流体中的运动。因为此球体受到的阻力部分来自一个均匀力，或与时间的变化率成正比，部分阻力与速度的平方成正比。而通过命题 8、命题 9 和推论，此种可能能很容易地解决，并且不会有障碍。在这两个命题中，当物体只受惯性力的推动作用时，物体上升过程中重力产生均匀阻力，当球体在流体中运动时，这个均匀阻力可以用由介质黏性产生的均匀阻力代替，那么，当物体沿直线上升时，在重力中叠加上这个均匀阻力，而当物体下降时，则从重力中减去此均匀阻力。同样，接下来我们还可以讨论另一种物体的运动，此物体受到的阻力部分是均匀的，部分与速度成正比，部分则与相同速度的平方成正比。同上，通过命题 13 和 14，我已经为解决这一问题清除了障碍。在这两个命题中，只要用黏性介质生成的均匀阻力代替重力，或直接将两个均匀的力复合，就可以借用上述命题来解答这个问题。对这类问题的讨论到这里告一段落，接下来我们将讨论其他问题。

第 4 章　物体在阻碍介质中的圆周运动

引理 3

假设 *PQR* 是一条螺旋线，它与半径 *SP*、*SQ*、*SR* 等有相同的相交角度。作直线 *PT* 与螺旋线相切于任意点 *P*，并且 *PT* 与半径 *SQ* 交于点 *T*。又作直线 *PO*、*QO* 与该螺旋线垂直，而这两条直线也相交于点 *O*，现连接 *SO*。如果点 *P* 与点 *Q* 不断接近，直至重合，这时角 *PSO* 将变为直角，而此时 *TQ*×2*PS* 的积与 *PQ*² 的最终比值将为 **1**。

从直角 *OPQ*、*OQR* 中分别减去相等的角 *SPQ* 和 *SQR*，剩余的角 *OPS* 和 *OQS* 相等。因此通过点 *O*、*S*、*P* 的圆必然会经过点 *Q*。设点 *P* 与点 *Q* 重合，那么此时这个圆与螺旋线相切于 *P*、*Q* 的重合点，且圆与 *OP* 垂直，*OP* 于是成为圆的半径，而角 *OSP* 因为在半圆上，因此是直角。

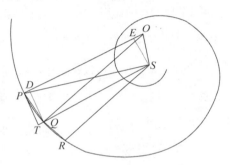

作直线 *QD*、*SE* 垂直于直线 *OP*，且各条线段间的比值如下：*TQ*：*PQ* = *TS*（或 *PS*）：*PE* = 2*PO*：2*PS*，*PD*：*PQ* = *PQ*：2*PO*。将这两式的对应项相乘，得到 *TQ*：*PQ* = *PQ*：2*PS*，可推出。证毕。

命题 15　定理 12

如果介质中各点的密度与该点到固定中心的距离平方成反比，那么介质的向心力与密度的平方成正比。已知在这种介质中以固定中心为端点作多条半径，如果一条螺旋线与这些半径相交，形成的相交角都相等，那么物体将沿这条螺旋线旋转。

假设本命题的所有条件与引理 3 的条件相同，延长 *SQ* 至点 *V*，使

$SV=SP$。当物体在阻碍介质中运动时，在任意时间内，物体划过极短弧 PQ，而在两倍的时间内，物体则划过弧 PR。这些弧因为物体运动时受到阻力而产生减量（或在相等时间内，物体在无阻力介质中划过的弧与上述弧的差），这些量相互间的比值与产生这些弧所用时间的平方成正比。因此弧 PQ 的减量等于弧 PR 减量的四分之一。同理，如果取面积 QSr 等于面积 PSQ，那么弧 PQ 的减量则等于短线段 $\frac{1}{2}Rr$。所以阻力与向心力之比等于短线段 $\frac{1}{2}Rr$ 与相同时间内生成的线段 TQ 的比。

由于物体在点 P 受到的向心力与 SP^2 成反比，根据第 1 编的引理 10，此向心力产生的短线段 TQ 与由两个量复合而成的量成正比，这两个量中第一个量是向心力，另一个量是物体划过弧 PQ 所用时间的平方（此处忽略阻力的作用，因为和向心力相比，物体受到的阻力小到可忽略不计）。由此可得，$TQ \times SP^2 \left(\text{由上述引理，该值等于} \frac{1}{2}PQ^2 \times SP^2\right)$ 与时间的平方成正比，所以时间与 $PQ\sqrt{SP}$ 成正比。而物体在该时间内划过弧 PQ 时的速度与 $\dfrac{PQ}{PQ \times \sqrt{SP}}$ 成正比，化简后，该速度与 $\dfrac{1}{\sqrt{SP}}$ 成正比，即速度与 SP 的平方根成反比。同理，可推出物体沿弧 QR 运动时，物体的速度与 SQ 的平方根成反比。现在假设弧 PQ 与 QR 之比等于速度的比，即等于 SQ 与 SP 的平方根之比，或等于 $SQ:\sqrt{SP \times SQ}$，将上面的关系式写成等式，即为弧 $PQ:QR=\sqrt{SQ}:\sqrt{SP}=SQ:\sqrt{SP \times SQ}$。因为角 SPQ 等于角 SQr，面积 PSQ 等于面积 QSr，所以弧 $PQ:Qr$ 等于 $SQ:SP$。取互成正比的部分间的差，得弧 PQ 比弧 Rr 等于 SQ 比 $SP-\sqrt{SP \times SQ}\left(\text{或者} \frac{1}{2}VQ\right)$。而当点 P 与点 Q 重合时，$SP-\sqrt{SP \times SQ}$ 与 $\frac{1}{2}VQ$ 的最终比值为 1。因为当物体划过弧 PQ 时受到阻力，使弧 PQ 减少的量（或者 $2Rr$）与阻力和时间的平方乘积成正比。所以阻力与 $\dfrac{Rr}{PQ^2 \times SP}$ 成正比。但是 $PQ:Rr=SQ:\frac{1}{2}VQ$，所以 $\dfrac{Rr}{PQ^2 \times SP}$ 与 $\dfrac{\frac{1}{2}VQ}{PQ \times SP \times SQ}$

$\left(\text{或是}\dfrac{\frac{1}{2}OS}{OP \times SP^2}\right)$ 成正比。当点 P 和 Q 重合时，三角形 PVQ 变成一个直

角。因为三角形 PVQ 与三角形 PSO 相似，$PQ : \frac{1}{2}VQ = OP : \frac{1}{2}OS$，所

以 $\dfrac{OS}{OP \times SP^2}$ 与阻力成正比，即点 P 的介质密度和速度平方的乘积成正

比。从这个值中减去速度的平方 $\dfrac{1}{SP}$，剩余的部分就是点 P 处的介质密

度，这个密度与 $\dfrac{OS}{OP \times SP}$ 成正比。假设已知该螺旋线，因为 OS 与 OP 的

比值固定，那么点 P 处的介质密度与 $\dfrac{1}{SP}$ 成正比。因此，如果已知一个

介质密度与距离 SP 成反比，那么当物体在此介质中运动时，物体的运

动轨迹就是这条螺旋线。证毕。

推论 1　如果物体在无阻力介质中运动时，因受到相等向心力的作

用，于是绕以 SP 为半径的圆运动，那么物体做此圆周运动的速度等于

沿螺旋线运动时在任意点 P 的速度。

推论 2　如果已知距离

SP，那么介质密度与 $\dfrac{OS}{OP}$ 成正

比，而如果距离 SP 为未知

量，那么介质密度则与

$\dfrac{OS}{OP \times SP}$ 成正比。可知，在任

意密度介质中，螺旋线都能

应用。

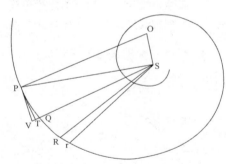

推论 3　在任意点 P，物体受到的阻力与向心力之比等于 $\frac{1}{2}OS$:

OP。由于这两个力的比值等于 $\frac{1}{2}Rr$ 比 TQ，或等于 $\dfrac{\frac{1}{4}VQ \times PQ}{SQ}$ 比 $\dfrac{\frac{1}{2}PQ^2}{SP}$，

所以，该比值等于 $\frac{1}{2}VQ$ 比 PQ，或 $\frac{1}{2}OS$ 比 OP。因此可据此求出螺旋线，然后又可推导出阻力与向心力之比。反之，如果已知这两个力的比，可求出螺旋线。

推论 4　只有当物体受到的阻力小于向心力的一半时，物体才会沿此螺旋线运动。于是假设阻力只有向心力的一半，那么螺旋线将与直线 PS 重合。当物体沿这条直线 PS 下降，落点为螺旋线的中心时，物体获得一个速度。而先前讨论过物体在无阻力介质中运动时，沿抛物线下降得到另一速度，这两个速度的比等于 $\frac{1}{2}$ 的平方根。所以物体下降所需时间与速度成反比，这样就求出了时间。

推论 5　如果螺旋线 PQR 上各点到中心距离等于直线 SP 上相应点到中心的距离，物体在螺旋线 PQR 上的速度等于在直线 SP 上距离相等的点的速度，螺旋线的长度 OP 与直线 PS 的长度 OS 的比是一定值。因此，物体沿螺旋线下降时所用时间与物体沿直线 PS 下降所用时间的比也等于 $OP:OS$，而这个比值也是定值。

推论 6　如果以 S 为中心，分别以任意两条不等的线段为直径，作出两个同心圆。保持这两个圆不变，而螺旋线为半径相交角度作出任意改变，那么当物体在这两个圆之间沿螺旋线运动时，物体旋转的圈数与 $\frac{PS}{OS}$ 成正比，或者与螺旋线和半径 OS 相交的交角的正切成正比，并且物体做该环绕运动的时间与 $\frac{OP}{OS}$ 成正比，即与上述交角的正割成正比，与介质密度成反比。

推论 7　已知一个介质的密度与其所在点与中心的距离成反比。如果物体在这一介质中运动时，环绕介质中心沿任意曲线 AEB 运动，它与第一条半径 AS 相交于点 B，这一点的相交角等于物体在点 A 的交角，并且点 B

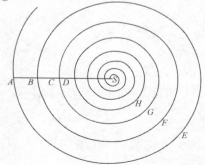

的速度与点 A 的初速度之比与点到中心距离的平方根成反比（即 AS 与 AS 和 BS 的比例中项的比值），从而物体会连续经过多个相似环绕曲线 BFC、CGD 等，并且根据这些曲线与半径 AS 的交点，将 AS 分成 AS、BS、CS、DS 等部分，这些部分连续成正比。但是该环绕运动所用时间与物体环绕曲线的周长 AEB、BFC、CGD 等成正比，与这些曲线的起点 A、B、C 处的速度成反比，即与 $AS^{\frac{3}{2}}$、$BS^{\frac{3}{2}}$、$CS^{\frac{3}{2}}$ 成正比。物体到达中心所需时间与做第一圈环绕运动所用时间的比等于连续成正比的项 $AS^{\frac{3}{2}}$、$BS^{\frac{3}{2}}$、$CS^{\frac{3}{2}}$ 等（直到无限）的总和与第一项 $CS^{\frac{3}{2}}$ 的比值，也等于第一项 $AS^{\frac{3}{2}}$ 与前两项的差（$AS^{\frac{3}{2}}-BS^{\frac{3}{2}}$）之比，或者约等于 $\frac{3}{2}AS$ 与 AB 的比。这些比例式可求出总时间。

推论 8　根据推论 7 可推导出物体在密度均匀或密度遵循其他任意设定规律的介质中的近似运动。以 S 为中心，以连续成正比的线段 SA、SB、SC 等为半径，作多个同心圆。设物体在前述介质中运动时，物体在任意两个圆间做环绕运动的时间与物体在一个设定的介质中时，在相同两个圆间做环绕运动的时间之比近似等于在这两个圆之间，设定介质的平均密度与两个圆之间的上述介质的密度之比。在上述介质中，物体做环绕运动时的轨迹螺旋线与半径 AS 相交形成一个交角，而在设定介质中，物体做环绕运动所形成新的螺旋线与同一条半径相交形成另一个交角，这两个交角的正割相互间成正比，并且在相同的两个圆之间物体旋转的圈数近似地与上述两个交角的正切成正比。如果在每两个圆之间都做此环绕运动，那么物体将连续通过所有的圆，通过运用此方法，容易求出物体在任意规则介质中做环绕运动的时间。

推论 9　虽然这些偏心运动的轨迹并非圆形，而是近似于椭圆形的螺旋线，但如果假设沿这些螺旋线的多个环绕运动形成的曲线间距离相等，并且近似等于上述螺旋线到中心的距离，我们也可以以此来理解物体沿该螺旋线的运动是怎样进行的。

命题 16　定理 13

如果介质中各点的密度与该点到固定中心的距离成反比，而各点的向心力与距离的任意次幂成反比，那么在介质中的物体将沿一条螺旋线运动，该螺旋线与所有端点在固定中心的半径相交的角都是一个确定的角度。

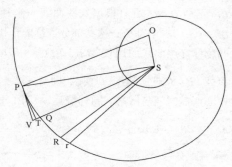

该命题的证明方法与命题 15 相同。如果在点 P 的向心力与距离 SP 的任意次幂（即 SP^{n+1}，这个幂的指数是 $n+1$）成反比。那么与前一命题相同，可推导出物体经过弧 PQ 所用时间与 $PQ \times PS^{\frac{1}{2}n}$，且点 P 的阻力与

$$\frac{Rr}{PQ^2 \times SP} \text{ 或 } \frac{\left(1-\frac{1}{2}n\right) \times VQ}{PQ^2 \times SP^n \times SQ}$$ 成正

比，因此阻力与 $\dfrac{\left(1-\frac{1}{2}n\right) \times OS}{OP \times SP^{n+1}}$ 成正比，因为 $\dfrac{\left(1-\frac{1}{2}n\right) \times OS}{OP}$ 是一个确定

量，所以阻力与 SP^{n+1} 成反比。由于速度与 $SP^{\frac{1}{2}n}$ 成反比，所以点 P 的密度与 SP 成反比。

推论 1　阻力与向心力的比等于 $\left(1-\frac{1}{2}n\right) \times OS$ 比 OP。

推论 2　如果向心力与 SP^3 成反比，那么 $1-\frac{1}{2}n$ 等于零。因此此时的情形与第 1 编命题 9 相同，介质的阻力和密度都为零。

推论 3　如果向心力与半径 SP 的任意次幂成反比（但这个幂的指数必须大于 3），那么推动物体运动的那个力将变为阻碍物体运动的阻力。

附注

命题 15 和命题 16 都是处理有关物体在密度不均匀的介质中的运动，且在两个命题中物体的运动都很小，以至于当介质的一侧的密度大于另一侧的密度时，可忽略不计。同样，假设阻力与密度互成正比，

如果一个介质的阻力不与密度成正比，那么在这个介质中，为了使阻力超出或不足的部分得以抵消或补足，密度则必然会迅速地随之增加或减少。

命题 17　问题 4

已知一个物体在介质中环绕一条给定的螺旋线运动，并且在运动过程中，物体的速度的规律已知。求介质的向心力和阻力。

已知这条螺旋线为 *PQR*。根据物体经过超短弧 *PQ* 的速度可求出用时。再根据与向心力成正比的横线段 *TQ* 和求出的时间的平方，可求出心力。然后由相等时间段内经过的面积 *PSQ* 和 *QSR* 的差，可求出物体的变慢速率。最后根据这个比率可求出介质的阻力和密度。

命题 18　问题 5

已知向心力的规律。如果一个介质使物体环绕一条指定的螺旋线运动，求介质中各点的密度。

根据已知的向心力可求出物体在介质中各点的速度。正如前一命题一样，根据速度的变慢速率，可求出介质密度。

但在本编的命题 10 和引理 2 中，我已解释了解决这种类型的问题的办法，因此在这儿就不再详述了。我接下来要讨论的内容是关于运动物体的力，以及一些关于物体在介质运动时，介质的密度和阻力。

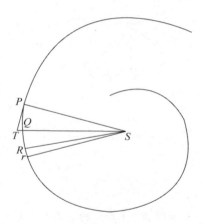

第 5 章　流体密度和压力：流体静力学

流体的定义

如果任意物体受任意力的作用时，它的外形出现变化，并且它体内的物质受力时容易出现相互运动，这种物体称为流体。

命题 19　定理 14

已知盛装在任意静止容器内的流体是均匀且静止的，如果不考虑流体的凝聚力、重力和向心力，那么流体各方向受到的压力相等，并且流体的各部分不会因为这个压力而运动，而是继续停留在各自原来的位置上。

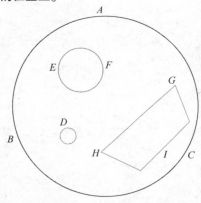

情形 1　假设流体放在一个球体容器 *ABC* 内，并且各个方向都受到均匀压力的作用，那么流体的各部分都不会因此压力而运动。如果流体中任意部分 *D* 因为压力而运动，那么流体中其他到球心的距离与之相等的所有部分在同一时间也必然会做类似运动。因为这些部分受到的压力相似并且相等，不是因此压力产生的运动不予考虑。但是，如果这些部分都朝向球心运动，那么流体必然会朝向球心方向聚集，但这与假设条件相矛盾。如果这些部分远离球心运动，那么流体中各部分则朝向球面方向聚集，但这同样也和假设条件矛盾。因为这些部分无论朝向哪个方向运动，它们到球心的距离不可能不变。除非流体各部分同时向两个相反方向运动，否则它们到球心的距离不可能保持不变。但因为同一个部分不可能同时朝相反方向运动，所以流体的各部分都会停留在它原来的位

236

置。证毕。

情形 2　已知流体分成多个球形，并且所有球形各方向都受到相等的压力。假设 *EF* 是流体中任意一个球形，如果假设 *EF* 各方向上受到的压力不等，那么会向受到较小压力的部分施加压力，直到 *EF* 在各方向上受到的压力相等。根据情形 1，*EF* 各部分都会停留在原来位置。但在压力增加时，各部分仍会停留在原来的位置。根据流体本身定义，在 *EF* 上加一个新压力后，*EF* 的各部分都会离开原地运动。现在得到的两个结论是相互矛盾的，因此在假设条件中，球形 *EF* 的各方向受到的力不相等，这一论点是错的。证毕。

情形 3　另外，球形的不同部分受到的压力是相等的。根据第三定律，球形中各相邻部分在它们相接触的点上互相施加的压力相等。但是根据情形 2，各部分也会向它的所有方向施加相等的压力。因为通过中介球形的作用，任意两个不相邻部分也会有相互作用的力，并且向各自施加的压力也相等。证毕。

情形 4　流体中所有的部分受到的压力处处相等。因为流体中任意两部分都会与某些其他球形相接触，根据情形 3，这两部分对其他球形部分施加的压力相等，并且根据定律 3 可知，它们受到的反作用力也相等。证毕。

情形 5　和流体在容器中时一样，流体的任意部分 *GHI* 也会受流体的其他部分包围，并且各方向受到的压力相等。此外，*GHI* 内各部分相互间作用的压力也相等，所以它们相互间会保持静止。由此可推导出，在任意流体中，和 *GHI* 一样，各方向受到的压力相等的所有部分相互间施加的压力相等，因此各部分间会保持静止。证毕。

情形 6　如果流体置于一个静止容器中，该容器是由有弹性的材料或非刚性材料制成，因此流体各方向受到的压力不相等。那么根据流体的定义，容器同样也会由于此较大的压力而变形。证毕。

情形 7　已知流体置于一个没有弹性或是刚性容器中。如果流体的一边受到的压力大于另外一边，那么流体内不会维持这个较大压力，而是在瞬间之内就屈服于这个较大压力。因为容器的刚性边并不会因为流体内的运动而变形，不过此时运动的流体会压迫容器的对边，因此施加在流体中各部分上的压力会瞬间变为相等。一旦流体受到最大的压力作用而运动，它的容器对边的阻力就会阻碍流体的运动，那么流体在各方向上受到的压力会在瞬间变为相等，而不使液体的任何局部发生运动，从而流体的所有部分相互间施加的压力相等，并且会维持静止状态。证毕。

推论　如果由外表面将压力传入流体，那么流体各个部分的相互位置不会改变。除非流体的开关发生改变，或所有的流体部分间相互施加的压力瞬间增强或减弱，流体的各部分间的流动会遇到一定的困难。

命题 20　定理 15

如果一个球形流体放于和它中心相同的球形底面上。在这个流体中，到球心距离相等的各部分是均匀的，并且所有液体部分都被吸引朝向球心。那么底面承受的重力是一个圆柱体的重力，此圆柱体的底与底面的表面相等，而高度就是流体的高度。

设 *DHM* 是底面的表面，*AEI* 是流体的上表面。根据无数个球面 *BFK*、*CGL* 等将流体划分为厚度相等的同心球壳。如果重力只作用于每个球壳表面，并且所有表面上相等部分上受的重力相等，那么最上层表面 *AEI* 受到的压力就是自身重力。根据命题 19，这个重力作用于最上层表面和第二层表面 *BFK* 的所有部分，并且按照各部分的大小受到相等

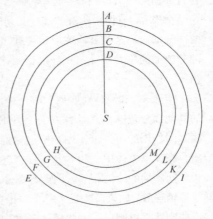

的压力。同理，第二层表面 *BFK* 也会受其自身重力作用，并且此重力可以与最上层表面 *AEI* 向 *BFK* 施加的力叠加，因此第二层表面 *BFK* 的所有部分受到的压力相对于第一层表面加倍。依此类推，第四层表面受到的压力是第一层的四倍，第五层表面受到的压力是五倍，从而可推导出以下无数层表面受到的压力情况。因此，每层表面受到的压力并不与该层流体的体积成正比，而是与该层球壳与流体的最上层球壳

之间的球壳数成正比。换言之，每层球壳受到的压力等于最上层表面的重力乘以该层数。令球壳的数量无限增加，则此时每层球壳的厚度不断减小，使得最上层球壳到最底层的重力作用可以连续。那么此时流体最上层受到的压力等于一个体积的重力，此体积与上述圆柱的最终比等于 1，所以最底层表面的重力等于上述圆柱的重力。证毕。

同理，根据下述理由也能证明这一命题：比如，当各层球壳到中心的距离为任意确定比值时，流体的重力按该确定比值减小，或流体的外层部分比内层部分稀薄。证毕。

推论 1　底面受到的压力并不等于流体的总重力，而只等于命题中描绘的圆柱体部分的重力，至于流体剩余部分的重力则是由流体的球形表面承受。

推论 2　无论流体表面受到的压力是平行还是垂直于水平面，或与水平面间有夹角，或无论流体是沿直线垂直地从受压表面向上流动，还是倾斜地从弯曲洞穴或沟渠中溢出，无论流体的通道是规则的还是不规则的，是宽阔的还是狭窄的，流体中球心距离相等的部分受到的压力始终是相等的，并且它受到的压力并不会因此而发生改变。所以，将本定理应用到有流体的各种情形中，可证明这一推论。

推论 3　根据命题 19，运用相同的证明推导出以下结论：除了流体凝聚力而产生的运动力，一个重力较大的流体中各部分之间不会因为液体上层的重力而产生互相运动。

推论 4　如果有一个不会压缩的物体与流体的相对密度相同，那么将这一物体放入流体后，物体将会受到上方的流体重力影响，但这个物体并不会因为此重力影响而在流体中运动。具体来说，在流体中，该物体既不会上浮，也不会下沉，并且物体的形状也不会有任何改变。无论物体是柔软的还是流体的，无论是在流体中自由流动还是沉在底部，只要该物体是球形，那么受到压力后，它就不会因为此压力而改变形状。如果物体是方形的，那么在受到压力后，物体仍将维持原来的形状。因为流体内部的任意部分的状态与置入流体的物体的状态是相同的，而如果沉入流体的物体的尺度、形状和相对密度相等，那么它们在流体中的状态也相似。如果保持沉入流体的物体的重力不变，但需将各部分分解并转化为流体，那么因为其重力和其他引起物体运动的原因不会发生变化，所以，不论物体在分解前是上浮还是下沉，当分解后，该物体仍将维持上浮或下沉状态。并且如果在物体分解前，因受到某种压力而改变了形状，那么在物体分解后，它仍会改变为一种新形状。但是根据命题 19 的情形 5 可知，它现在应处于静止状态，保持形状不变。两者情形相同。

推论 5　如果物体的相对密度大于它邻近的流体，那么流体会下沉。如果物体的相对密度小于它邻近的流体，则物体会上浮。那么物体的运动或形状改变都与相邻流体的重力超出或不足的部分成正比。如同在天平的一端增减质量，可使整个天平保持平衡，重力超出或不足的部分会对物体产生冲击，作用于流体的各个部分，导致流体的平衡被打破，于是物体开始运动。

推论 6　置于流体中的物体具有双重重力。其中一个是真正的重力，是绝对重力，而另一个是它的表面表现出的重力，是相对重力。绝对重力指作用于物体，使其向下运动的全部力，相对重力是物体超出周围流体的重力，但也会使物体向下运动。两者间不同的是，绝对重力使流体和物体的各部分运动到适当位置，因此它们的重力组合在一起就构成全部重力，和装满液体的容器一样，所有物质的全部重力加总就是物质的总重力，各部分的重力之和就等于总重力。所以总重力是由处于其中的各部分组成的，但相对重力不会使物体运动到适当位置。通过相互比较后，相对重力在流体受到的力中不是主要力，比空气密度大的物质就会有重力。空气不能承担密度比它大的物体，所以通常情况下，人们所说的重力就是物体的重力大于空气重力的那一部分。同样，被称为轻物质的重力非常小，轻于周围的空气，那么这类物体在空气中会向上浮动。但这些轻物质只是相对于空气的重力而言的，而不是真正的没有重力。因为如果将此物质放入真空，它仍会下沉。所以在水中的物质，通过比较它和水的重力，会上浮或下沉，所以它在水中的重力也是相对的，是表面呈现出来的轻或重。物质表面显现出的相对重力就是物质的真实重力和水相比超出或不足的部分。虽然沉入水中的物体确实增加了流体的总重力，但一般来说，那些比周围流体重却不下沉的物体，和那些比周围流体轻却不上浮的物体，它们在水中是没有相对重力的，以下将说明这些情形。

推论 7　如果这种重力是在其他任意一种有向心力的情况中，那么上述已证明过的结论仍然成立。

推论 8　如果一介质受到其自身重力或其他向心力的作用，那么在这个介质中运动的物体受到同样的力更强烈的推动作用，而这两种力的差就是这个更强烈的推动力。但在之前的命题 19 中，我将这个力当作向心力。然而如果该力的推动作用有限，那么这两个力的差将变为离心力（同样也可当作该力起离心力的作用）。

推论 9　流体向置于其中的物体施加压力时，物体的外部形状并不会出现改变。根据命题 19 的推论，流体内各部分间的相互位置关系也不会因此有任何改变。因此，如果将动物置于流体中，并且动物的所有知觉由各部分的运动产生，那么除非动物的身体在受到压力时自动蜷缩，否则流体不会伤害处于其中的动物，也不会刺激动物的任何知觉。此外，如果一个物体系统全部沉入压迫流体中，那么情况也和上述情况相同。具体而言，就是：除非流体妨碍了此系统的运动，或者是物体系统因为压力而被迫与流体结合，否则物体就会像处于真空中一样，受到相同运动的推动，因此只保留相对重力。

命题 21　定理 16

假设有任意流体的密度与压力成正比，且流体各部分受到吸引的向心力与其到中心的距离的平方成反比，方向垂直向下。如果取出连续成正比的距离，那么到中心距离相等的流体部分的密度也连续成正比。

设 ATV 为流体的球形底面，S 是这个球形流体的中心，SA、SB、SC、SD、SE、SF 等为连续成正比的距离。作垂线 AH、BI、CK、DL、EM、FN 等，使它们的长度分别与点 A、B、C、D、E、F 等地方的介质密度成正比，那么这些点的相对密度就和 $\dfrac{AH}{AS}$、$\dfrac{BI}{BS}$、$\dfrac{CK}{CS}$ 等成正比，或者同等地与 $\dfrac{AH}{AB}$、$\dfrac{BI}{BC}$、$\dfrac{CK}{CD}$ 等成正比。首先假设从点 A 到点 B、点 B 到点 C、点 C 到点 D 等流体中的重力总是均匀连续的，且 B、C、D 等处的重力逐渐递减。按照定理 15，作用于底面 ATV 的压力 AH、BI、CK 等就等于各点的重力分别乘以高度 AB、BC、CD 等。因此最底层的部分

A 受到的所有压力，就是压力 *AH*、*BI*、
CK、*DL* 等，直到无限，部分 *B* 受到的
压力等于不含第一个压力 *AH* 的其他所
有压力，而部分 *C* 受到的压力等于前
两个压力 *AH*、*BI* 以外的所有压力。依
此类推，可推出流体的最上层受到的
压力。所以第一部分 *A* 的密度 *AH* 与第
二部分 *B* 的密度 *BI* 之比等于所有压力
的和（即 *AH+BI+CK+DL+*⋯）比 *AH* 外
所有压力的和（即 *BI+CK+DL+*⋯）。
同理，第二部分 *B* 的密度 *BI* 与第三部
分 *C* 的密度之比，等于 *AH* 外所有压力
的和（即 *BI+CK+DL+*⋯）比上 *AH* 与
BI 之外所有压力的和（*CK+DL+*⋯）。

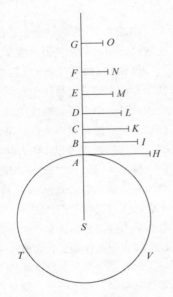

这些和与它们之间的差 *AH*、*BI*、*CK* 等成正比。根据第 1 编的引理 1，
这些和也连续成正比，所以与这些和成正比的差值 *AH*、*BI*、*CK* 等也
连续成正比。如果从连续成正比的距离中每间隔一项就取出一个距离
项，就是距离 *SA*、*SC*、*SE* 等，那么可知这些项也是连续成正比的，所
以与这些距离对应处的介质密度 *AH*、*CK*、*EM* 也连续成正比，所以对
应的密度 *AH*、*DL*、*GO* 也连续成正比。现在假设 *A*、*B*、*C*、*D*、*E* 等点
无限趋于重合，使流体中由底部 *A* 到顶部的相对密度级数连续，因为
任意距离 *SA*、*SD*、*SG* 连续成正比，那么与之对应的密度 *AH*、*DL*、*GO*
也连续成正比，所以这些密度此时仍然连续成正比。证毕。

推论 如果已知点 *A* 和点 *E* 的流体密度，那么可求出任意其他部
分 *Q* 的密度。以 *S* 为中心，以互成直角的直线 *SQ*、*SX* 为渐近线，作一
对双曲线，它与垂直于渐近线 *SQ* 的直线 *AH*、*EM*、*QT* 交于点 *a*、*e*、
q，并且也与垂直于渐近线 *SX* 的直线 *HX*、*MY*、*TZ* 交于 *h*、*m*、*t*。作
面积 *YmtZ* 与确定面积 *YmhX* 的比值等于确定面积 *EeqQ* 与确定面积
EeaA 的比值，延长 *ZT* 剩下的线段 *QT* 与密度成正比。如果线段 *SA*、
SE、*SQ* 连续成正比，那么面积 *EeqQ* 将等于面积 *EeaA*，因此与它们分
别成正比的面积 *YmtZ*、*XhmY* 也相等。显然，线段 *SX*、*SY*、*SE*，也就

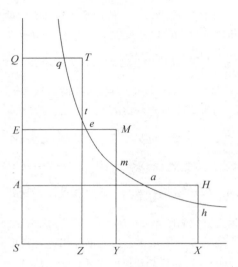

是 *AH*、*EM*、*QT* 连续成正比。所以，如果线段 *SA*、*SE*、*SQ* 按其他任意的顺序构成连续成正比的序列，那么因为双曲线面积是连续成正比的，所以线段 *AH*、*EM*、*QT* 也会按上述相同的顺序构成另一个连续成正比的序列。

命题 22 定理 17

设任意流体的密度与压力成正比，且流体各部分受到的吸引向心力与其到中心距离的平方成反比，而向心力的方向垂直向下。如果取出连续成正比的距离，那么相对应于这些距离处的流体密度会构成一个等比级数。

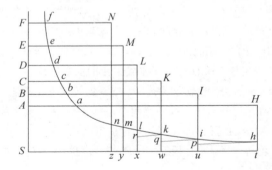

设 *S* 为流体的中心，距离 *SA*、*SB*、*SC*、*SD*、*SE* 构成一个等比级数。作与点 *A*、*B*、*C*、*D* 的流体密度成正比的垂线段 *AH*、*BI*、*CK* 等。那么在这些点的流体的相对密度等于 $\dfrac{AH}{SA^2}$、$\dfrac{BI}{SB^2}$、$\dfrac{CK}{SC^2}$ 等。假设从点 *A* 到点 *B*、点 *B* 到点 *C*、点 *C* 到点 *D* 等处的重力是均匀连续的，而表示压力的 $\dfrac{AI}{SA}$、$\dfrac{BI}{SB}$、$\dfrac{CK}{SC}$ 等就等于这些点的重力乘以高度 *AB*、*BC*、*CD*、*DE*

等，或相等地，等于重力乘以与上述高度成正比的距离 SA、SB、SC 等。因为密度与这些压力之和成正比，所以密度之差 AH−BI、BI−CK 等与压力的和之间的差 $\frac{AH}{SA}$、$\frac{BI}{SB}$、$\frac{CK}{SC}$ 等成正比。之后以 S 为中心，SA、Sx 为渐近线，作一条任意的双曲线，它与垂直于渐近 SA 的直线 AH、BI、CK 等交于点 a、b、c 等，与垂直于渐近线 Sx 的直线 Ht、Iu、Kw 相交于 h、i、k。那么密度的差 tu、uw 等分别与 $\frac{AH}{SA}$、$\frac{BI}{SB}$ 等成正比，就是与 Aa、Bb 等成正比。根据双曲线的性质，SA : AH（或 St）= th : Aa，因此 $\frac{AH \times th}{SA} = Aa$。依此类推，$\frac{BI \times ui}{SB} = Bb$，等等。但是因为 Aa、Bb、Cc 等连续成正比，所以它们也与它们间的差 Aa−Bb、Bb−Cc 等成正比，因此可推出矩形 tp、uq 等与上述的差值成正比，由此推导出：这些矩形也与矩形的和 tp+uq（或 tp+uq+ur）和这些和值的差 Aa−Cc（或 Aa−Dd）成正比。设这些项中有多项与所有矩形的和 zthn 成正比，同样也设所有差的和，例如 Aa−Ff，与所有矩形的和 zthn 成正比。增加项的数量并减小点 A、B、C、…的距离直到无穷，则那些矩形之和就等于双曲线的面积 zthn，因此所有差的和 Aa−Ff 与双曲线面积 zthn 成正比。取任意点 A、D、F，使距离 SA、SD、SF 构成一个调和级数，那么差 Aa−Dd、Dd−Ff 将相等。所有与上述差成正比的面积 thlx、xlui 互相相等，并且密度 St、Sx、Sz，也就是 AH、DI、FN 连续成正比。证毕。

推论　如果已知流体中的任意两个密度 AH、BI，那么就能求出与密度的差 tu 对应的面积 thiu。因此通过求出面积 zhnz，它与刚求出的面积 thiu 的比值等于 Aa−Ff，根据 Aa−Ff 与 Aa−Bb 的比值就能求出任意高度 SF 处的密度 FN。

附注

同理可证，如果流体中各部分的重力与它到中心距离的三次方成正比，并且与距离 SA、SB、SC 等的平方成反比，如 $\frac{SA^3}{SA^2}$、$\frac{SA^3}{SB^2}$、$\frac{SA^3}{SC^2}$。上述是按照等差级数进行取值，这种方法会让我们看到密度 AH、BI、CK 等将构成一个等比级数。而如果重力与距离的四次方成正比，并且

与距离立方的倒数 $\left(\text{即} \dfrac{SA^4}{SA^3}、\dfrac{SA^4}{SB^3}、\dfrac{SA^4}{SC^3}\right)$ 成正比，按等差级数取值，那么 AH、BI、CK 等也构成一个等差级数。依此类推，可至距离的无限次方。同理，如果流体各部分的重力在流体中处处相等，且按照一个等差级数取出距离，那么将如同哈雷先生的发现一样，流体各部分的密度将构成一个等比级数，而如果重力与距离成正比，且各部分距离的平方按等差级数排列，那么密度构成的仍然是一个等比级数。依此类推，直至无限。在以下情况中，上面的所有情形仍然成立，比如当流体受到压力作用时，流体会凝聚，此时流体的密度与受到的压力成正比，或当物体的体积（即流体占据的空间）与压力成反比时，流体也会凝聚。根据之前的内容，可设想其他的流体凝聚规律，比如凝聚力的立方与密度的四次方成正比，或是压力间的比的三次方与密度的五次方成正比，那么在该压力作用下，如果流体各部分重力与距离的平方成正比，则密度与距离的 $\dfrac{3}{2}$ 次幂成反比。而如果假设压力与密度的平方成正比，那么在压力作用下，如果流体和部分重力与其到中心距离的平方成反比，那么密度与距离也成反比。但如果将上述情形都运算一遍，势必过于冗长。通过实验可确认，空气中的密度十分精确地与压力成正比，或至少它们间的正比关系也很相似。因此，地球大气层的空气密度与上层空气的全部重力成正比，这体现在测量工具上，就是与气压表中的水银柱高度成正比。

命题 23 定理 18

如果相互离散的离子构成一个流体，并且其密度与压力成正比，那么各粒子的离心力与它到流体中心的距离的平方成正比。反之，如果相互离散的粒子构成一个弹性流体，且各粒子的离心力与其到中心距离的平方成反比，那么流体各部分的密度与其受到的压力成正比。

设液体置于一个立方空间 ACE 内，当流体受到压力时，流体被压缩，从而能放置于一个更小的立方空间 ace 中。在这两个立方空间中，粒子间距离的相互位置关系相似：其粒子间距离都与各自所有的立方体的边 AB、ab 成正比，并且流体的密度分别与所在立方空间的体积 AB^3、ab^3 成反比。在较大立方空间上的一个平面 $ABCD$ 上取一个正方

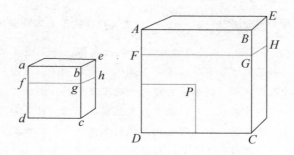

形 DP，使 DP 等于小立方空间的正方形 db。根据假设条件，正方形 DP 对其内的密封流体有压迫作用，此压力与正方形 db 对其内密封流体的压力之比等于两个流体的密度之比，即 $ab^3 : AB^3$。但如果是同在大立方流体中，其平面 DB 对流体的压力与正方形 DP 对相同流体的压力之比等于正方形 DB 与正方形 DP 之比，即 $AB^2 : ab^2$。将以上两式的对应项相乘，得正方形 DB 对其内密封流体的压力与正方形 db 对其内密封流体的压力之比等于 ab 比 AB。分别在这两个立方空间中插入平面 FGH、fgh，使这两个平面分别将流体分为两部分，而流体的这两部分相互间的压力等于平面 AC、ac 对它们施加的压力，即这两部分的压力比等于 ab 比 AB，并且已知让流体持续受到这种压力的原因是流体的离心力，这些离心力相互间的比值也等于 ab 比 AB。在这两个立方体中，构成流体的粒子数量相等，粒子相互间的位置关系相似，并且被平面 FGH、fgh 隔开的立方体内，所有粒子作用于全体的力与各离子间相互作用的力成正比，因此，大立方体被平面 FGH 隔开后，各粒子间相互作用的力与小立方体被平面 fgh 隔开后，各粒子间的相互作用的力之比等于 ab 比 AB，于是可推导出各粒子间的力与它们彼此的距离成反比。

　　反之亦然。如果流体中单个粒子的力与距离成反比，那么这个力与粒子所在的立方体的边 AB 或 ab 成反比，并且这些力的和也与边 AB、ab 成反比，同时，它们也与 DB、db 各边受到的压力成正比。因此正方形 DP 的压力与边 DB 受到的压力之比等于 $ab^2 : AB^2$。上两式的对应项相乘，得正方形 DP 受到的压力与边 db 受到的压力之比等于 $ab^3 : AB^3$。所以，一个立方体的压力与另一个立方体的压力之比等于这二者的密度之比。证毕。

附注

同理，如果各粒子的离心力与它们到流体中心距离的平方成反比，那么流体受到的压力的立方与密度的四次方成正比。而如果离心力与距离的三次方或四次方成反比，那么压力的立方与密度的五次方或六次方成正比。一般来说，如果用 D 来表示距离，E 表示受压迫流体的密度，并且粒子的离心力与距离的任意次幂 D^n（这个幂的指数是 n）成反比，那么压力与幂 E^{n+2}（这个幂的指数为 $n+2$）的立方根成正比；反之亦然。但上述所有情形必须发生在离心力仅存在于相邻粒子间的情况下，又或者是粒子相互间距离不大的情况下。这方面的一个好例子是磁体。当在磁体间放一块铁板时，由于与磁体的距离较远的粒子受到的引力比铁板对它的引力弱，所以磁体内的引力会减弱，或者说在这块铁板上的作用几乎等于零。所以，以此为参照，粒子对位于它附近的同类粒子有斥力，对较远的粒子几乎没有吸引力。所以这类粒子构成的流体就是本命题中论述的流体。如果粒子的吸引力向它的各个方向无限扩散，那么要构成一个密度与之相等，但量更大的液体，就需要流体间有一个更大的凝聚力。但无论弹性液体是否由互斥的粒子构成，该问题都属于物理学问题。在此，我们只从数学角度证明这类粒子构成的流体的性质，但如果哲学家对此问题有兴趣，可尝试讨论一下这个问题。

第 6 章　摆体的运动及其受到的阻力

命题 24　定理 19

有多个摆体运动时，它们的运动中心到悬挂中心的距离相等，那么它们中物质的量之比等于两个比值复合而得到的比值，其中一个比值为当摆体在真空中运动时，它的摆动时间的比，另一个比值是摆体的重力比值。

因为在已知时间内，一个已知力使已知物体产生的速度与该力和时间成正比，与物体成反比。仔细来说，就是当已知作用力越大，或时间越长，或摆体内物质越少时，力产生的速度就越快。该命题可用运动定律二来证明。如果各摆体的长度相等，并用摆体与水平面垂直处为标准点，那么在摆体与这点的距离相等的地方，摆体的驱动力与重力成正比。因此，如果两个摆体在运动时划过的弧相等，并且把这些相等的弧划分为多个相等部分，那么因为摆体划过弧的相应部分所用时间与总摆动时间成正比，所以摆体在这些相应部分的速度的比值与驱动力和总摆时间皆成正比，与物质的量成反比。据此可推导出，物质的量与驱动力和摆动时间成正比，与速度成反比。但是，因为速度与时间成反比，所以时间的平方与速度成反比，所以物质的量与驱动力和摆动时间的平方成正比，等于与摆体重力和时间的平方成正比。证毕。

推论 1　如果各摆体的摆动时间相等，那么这些摆体的物质的量与重力成正比。

推论 2　如果各摆体的重力相等，那么它们内部物质的量与时间的平方成正比。

推论 3　如果各摆体内物质的量相等，那么摆体的重力与时间的平方成反比。

推论 4　由于在各摆体中，摆动时间的平方与摆的长度成正比，因此当时间及物质的量都相等时，摆的重力与摆长成正比。

推论 5　一般来说，物体内物质的量与摆的重力及摆动时间的平方成正比，与摆长成反比。

推论 6　当摆体在无阻力介质中运动时，摆体内物质的量与摆体相对重力和时间的平方成正比，与摆长成反比。如前所说，相对重力是摆体在任意重的介质中运动的驱动力，因此相对重力的这种驱动作用与真空中的绝对重力的作用相同。

推论 7　按此方法可推导出一种方法：通过比较各摆体内物质的量，以及比较相同摆体摆动到不同点时摆体的重力，可得出摆体重力的变化。并且通过十分精准的实验，我发现摆体内物质的量始终与摆体的重力成正比。

命题 25　定理 20

当摆体在任意介质中运动时，受到的阻力与时间的变化率成正比，如果与这个摆体的相对密度相同的摆体在无阻力介质中运动，这两个介质中的摆体在相等时间内都划出一条摆线，并且它们同时划出的弧段成正比。

假设 AB 是当摆体在无阻力介质中运动时所划过的一段摆线弧。点 C 是弧 AB 的平分点，那么点 C 是弧 AB 的最低点。物体在任意点 D、d、E 受到的加速力分别与弧 CD、Cd、CE 的长度成正比，那么这些加速力就可用这些相应的弧来表示，因为阻力与时间的变化率成正比，所以可知阻力是已知的。因此用摆线弧的已知部分 CO 表示阻力，并且取弧 Od 与弧 CD 的比值等于弧 OB 与弧 CB 的比。如果摆体在阻碍介质内运动，则摆体在点 d 受到的力等于力 Cd 大于阻力 CO 的那一部分，摆体在点 d 受到的力用弧 Od 表示。因此这个力和摆体在无阻力介质中摆动时在点 D 受到的力之比等于弧 Od 与弧 CD 的比。同理，当摆体运动到点 B 时，对应的上述两种力之比等于弧 OB 与弧 CB 的比。如果两个摆体 D 和 d 同时从点 B 出发，并且受到上述两个力的推动，在摆体开始摆动时，受到的力分别与弧 CB 和弧 OB 成正比，那么这两个摆体的初速度之比与摆体开始运动时划过的弧之比相等。假设两个摆体开始摆动时划过的弧分别为 BD 和 Bd，那么剩余的弧 CD 与 Od 的比值也相同。而因为在摆体开始运动时受到的力分别与弧 *CD* 和 *Od* 成正比，所以这两个力的比也等于上述比值，则两个摆体在这之后继续共同划过的弧也等于这一比值。由上所述，得出力、速度和余下的弧 *CD*、*Od* 始终与整条弧 *CB*、*OB* 成正比，而剩余的弧是两个摆体共同划过的，所以摆体 *D* 和 *d* 同时到达点 *C* 和点 *O*。仔细说来，当摆体在无阻力介质中运动时，到达的点是点 *C*，而阻碍介质中运动的摆体则在此时到达点 *O*。两个摆体在点 *C* 和点 *O* 的速度分别与弧 *CB* 和 *OB* 成正比，所以，当摆体从这两点开始继续运动时，之后摆体所共同划过的更远的弧之间的比值也相等。现在假设这两条弧为 *CE* 和 *Oe*。当摆体 *O* 在无阻力介质中运动时，摆体在点 *E* 受到的阻力与力 *CE* 成正比，而当摆体 *d* 在阻碍介质中运动时，摆体 *d* 在点 *e* 受到的阻力与力 *Ce* 和阻力 *CO* 的和成正比，也就是与 *Oe* 成正比。因此，这两个摆体受到的阻力与弧 *CB* 和 *OB* 成正比，同样也与弧 *CE* 和 *Oe* 成正比，所以，按此相同比例减小的速度间的比值也等于这个相同比值。因为速度之比和摆体以这些速度划过的弧的比值也始终等于已知比值 *CE* 比 *OB*，所以，如果按这个相同比值取这个弧长 *AB* 与 *aB* 的比值，那么摆体 *D* 与摆体 *d* 将同时划过其相应的整段弧，并且同时分别在点 *A* 和点 *a* 停止摆动，因此这两个摆动过程所需时间是相等的，或说这两个过程是在同一时间内完成的，而在任意时间内，摆体同时划过的弧，比如弧 *BD* 和弧 *Bd*、弧 *BE* 和弧 *Ee*，都分别与整段弧长 *BA* 和弧 *Ba* 成正比。

推论 摆体在有阻力的介质中运动时，它的最大速度并不是在最低点 *C* 出现，而是在点 *O*，即总弧长 *Ba* 的平分点 *O*。而摆体从点 *O* 继续向点 *a* 运动时，摆体的减速等于摆体从点 *B* 到点 *O* 的加速度。

命题 26 定理 21

如果多个摆体受到的阻力与其速度成正比，那么这些摆体将沿同一摆线运动，且总摆动时间相等。

如果两个摆体到它的悬挂中心的距离相等，而在摆动过程中，它们所划过的弧长并不相等，而两个摆体对应的弧段之间的比值等于总弧长的比，那么与速度成正比的阻力间的比值也等于相应弧之间的比值。因此，如果一个重力与这个弧长成正比，那么从重力生成的驱动力中或加或减以上阻力，得到的和或差之间的比值也等于弧之间的比。而且，因为速度的增量和减量也与这些差或和成正比，所以速度始终与总弧长成正比。如果在某种情况下，速度与总弧长成正比，那么速度间的比值

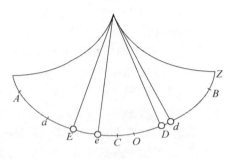

将始终是同一比值。但当摆体开始下降，并划过这些弧时，运动初期摆体受到的力产生的速度将与这些弧成正比。所以速度始终与总弧长成正比，两个摆体划过其对应的总弧长所用的时间相等。证毕。

命题 27　定理 22

如果摆体受到的阻力与摆体速度的平方成正比，那么摆体在阻碍介质中的摆动时间，减去相对密度与它相等的摆体在无阻力介质中运动的摆动时间，所得的差约和摆动时划过的弧长成正比。

假设有两个摆体的摆长相等，当这两个摆体在阻碍介质中运动时，它们划过弧长为 A 和 B，且 A 和 B 不相等。那么摆体在划过弧 A 时受到的阻力与划过弧 B 的相应部分时受到的阻力之比，等于相应的速度的平方的比

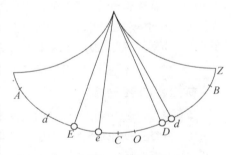

值，约等于 AA 比 BB。如果摆体沿弧 B 运动时受到的阻力与摆体沿弧 A 运动时受到的阻力之比，等于 AB 比 AA，那么根据命题 26，摆体划过弧 A 和弧 B 所用的时间的比值等于 1。所以弧 A 的阻力 AA 使摆体划过弧 A，其所用的时间大于在无阻力情况下，摆体经过弧 A 所用的时间；同样，弧 B 的阻力 BB 也使摆体经过弧 B 的时间大于在无阻力情况下，物体经过弧 B 所用的时间。而这些超出的时间分别大约与效力 AB 和 BB 成正比，即与弧 A 和弧 B 成正比。证毕。

推论 1　当两个摆体在阻碍介质中运动时，根据摆体划过不等弧所用的摆动时间，可求出当两个摆体的相对密度相等，且这两个摆体在无阻力介质中运动时，摆体的摆动时间。因为相较于摆体在无阻力介质中运动时摆体划过较短弧所用的时间，摆体在阻碍介质中划过相同弧所用的时间较长。所以摆动时间的差与上述那部分超出的时间之比，等于两个摆体划过的不等弧的差与较短弧之比。

推论 2　如果摆体运动时划过的弧越短，那么两个摆体的摆动时间就越相近。而且如果摆体的弧很短，那么这个摆体在阻碍介质中的摆动时间约等于该摆体在无阻力介质中的摆动时间。因为相较于摆体划过的弧长而言，在摆体下落过程中，它受到的阻力使摆动时间延长，而在上升过程中，它受到的阻力使时间缩短，且前一个阻力要大于后一个阻力，所以物体摆动的弧较大时，所需的摆动时间略有延长。但无论摆动弧是长是短，摆动时间似乎都会因为介质的运动而延长。不过当两个摆体减速时，其受到的阻力比值要大于匀速运动的比值。因为当介质从摆体中获得运动后，介质就与摆做同向的运动，而且在摆体下落时，摆体受到的推动较强，而在摆体上升时，受到的推动较弱，这就使摆体的运动过程中有了快慢变化，所以相较于速度而言，摆体在下落时受到的阻力较大，而在摆体上升时，受到的阻力较小。但无论阻力大小，只要是阻力，就会使摆动的时长延长。

命题 28　定理 23

如果当摆体沿一条摆线运动时，摆体受到的阻力与时间的变化率成正比，并且已知摆体下落时划过的总弧长大于物体上升时划过的总弧长，那么摆体受到的阻力与重力之比等于物体下降与上升时划过的摆长的差值与二倍摆长之比。

用 BC 表示摆体下落时划过的弧长，而摆体上升时划过的弧长用 Ca 表示，Aa 代表这两个弧长的差。剩余的其他条件则与命题 25 的相同。那么摆体在任意点 D 受到的作用力与阻力的比值等于弧 CD 与弧 CO 的比值$\left(\text{已知 } CO \text{ 等于} \dfrac{1}{2}Aa\right)$。因此摆体在摆线的一端（或称为摆线的最高点）受到的力（这时还没有阻力作用于摆体，所以这个力等

于重力）与阻力的比值等于摆
线的最高点与最低点 C 间的弧
长，即弧 BC 比弧 CO。把上述
比值都乘以 2 后，重力与阻力
的比就等于整个摆弧（或称摆
长）的两倍与弧 Aa 之比。
证毕。

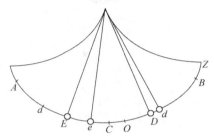

命题 29　问题 6

已知一个摆体沿摆线运动时，受到的阻力与速度的平方成正比。
求这条摆线各点的阻力。

已知 Ba 是摆体在上一次全摆动时所划过的弧长，C 是摆线的最低
点，CZ 是整个摆线弧的一半，等于摆体的摆长。现在需要求出任意点
D 处摆体的阻力。首先在直线 CQ 上选取四个特定的点 O、S、P、Q，
这四个点需满足以下条件：过这四点分别作垂直于直线 OQ 的垂线 OK、
ST、PI、QE，再以点 O 为圆心，直线 OK、OQ 为渐近线，作出双曲线
$TIGE$，且 $TIGE$ 分别与垂线 ST、PI 和 QE 相交于点 T、I 和 E。过点 I 作
平行于渐近线 OQ 的直线 KF，且直线 KF 与渐近线 OK 相交于点 K，而
分别与垂线 ST、QE 相交于点 L 和点 F。那么在画好这个图形后，双曲
线面积 $PIEQ$ 与双曲线面积 $PITS$ 的比值等于摆体下落时划过的弧 BC 与
上升时划过的弧 Ca 的比值，而面积 IEF 与面积 ILT 的比等于 OQ 比
OS。然后再在直线 OQ 上取一点 M，过 M 作直线 MN 垂直于 OQ，并且
MN 与双曲线相交于点 N，使得双曲线面积 $PINM$ 与双曲线面积 $PIEQ$
的比等于弧 CZ 与摆体下落时划过的弧 BC 的比。如果在直线 OQ 上取
一点 R，使垂线段 RG 切割出的双曲线面积 $PIGR$ 与面积 $PIEQ$ 的比等于
任意弧 CD 与摆体下落时划过的总弧长 BC 的比。那么摆体在任意点 D
受到的阻力与重力的比，等于面积 $\frac{OR}{OQ}IEF{-}IGH$ 与面积 $PINM$ 的比。

已知重力在点 Z、B、D、a 处作用于摆体的力分别与弧 CZ、弧
CB、弧 CD、弧 Ca 成正比，而这些弧又分别与面积 $PINM$、$PIEQ$、
$PIGR$、$PITS$ 成正比，所以可以用这些面积分别表示相应的弧和摆体受

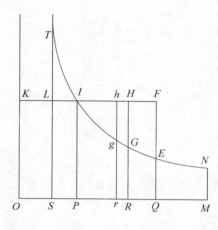

到的力。假设 Dd 是摆体下落时划过的特短弧，并用位于平行线 RG、rg 之间的小区域 $GRrg$ 表示。延长 rg 到点 h，使面积 $GHhg$ 和面积 $GRrg$ 分别为面积 IGH 和面积 $PIGR$ 的瞬间减量。那么面积 $\frac{OR}{OQ}IEF - IGH$ 的增量为 $GHhg - \frac{Rr}{OQ}IEF$ $\left(\text{或等于 } Rr \times HG - \frac{Rr}{OQ}IEF\right)$，而面积 $PIGR$ 的减量则为面积 $RGgr$（或是 $Rr \times HG$），且上述增量与减量的比值等于 $HG - \frac{IEF}{OQ}$ 与 RG 的比，因此这个比值也等于 $OR \times HG - \frac{OR}{OQ}IEF$ 与 $OR \times GR$（或 $OP \times PI$）之比。因为 $OR \times HG = OR \times HR - OR \times GR = ORHK - OPIK = PIHR = PIGR + IGH$，那么这两个量的比值也等于 $PIGR + IGH - \frac{OR}{OQ}IEF : OPIK$。所以，如果区域 $\frac{OR}{OQ}IEF - IGH$ 用 Y 表示，且面积 $PIGR$ 的减量 $RGgr$ 已知，那么面积 Y 的增量与 $PIGR - Y$ 成正比。

已知重力在点 D 对摆体的作用与摆体将来会划过的弧 CD 成正比。如果该作用力用 V 表示，这一点的阻力用 R 表示，那么 $V-R$ 为摆体在点 D 受到力的总和。速度的减量与 $V-R$ 乘以产生这一增量的时间成正比。但是速度本身与同一时间内物体划过的距离成正比，与此时间段成反比。并且因为根据已知条件，阻力与速度的平方成正比，而由引理 2 又可知，阻力的增量与速度和速度的增量的积成正比，与距离的变化率和 $V-R$ 的积成正比。所以，如果已知距离的变化率与 $V-Y$ 成正比，即如果 $PIGR$ 代表力 V，而其他任意区域 Z 表示阻力 R，那么距离的变化率与 $PIGR-Z$ 成正比。

所以区域 $PIGR$ 的面积按确定的变化率均匀减小，而区域 Y 按 $PIGR-Y$ 的比值增加，区域 Z 按 $PIGR-Z$ 的比值增加。所以，如果假设物体同时开始划出区域 Y 和 Z，并且在开始阶段区域 Y 的面积等于 Z 的面积，那么在两者中加入相同的面积变化后，这两个区域的面积仍然相等，而区域 Y 和 Z 如以相同的变化率减小，那么这两个区域将同时变为零。而反之亦然。当面积变化同时开始且同时变为零时，这两个面积的变化率相等。而且在变化过程中这些面积始终相等。当阻力 Z 增加时，此时速度和物体上升过程中划过的弧长 Ca 都会小于原来的值。而在摆体运动过程中，运动与阻力都消失的那一点无限趋近于点 C，所以阻力与面积 Y 消失得较快。反之，如果阻力减小，那么速度和弧长 Ca 增大，运动与阻力消失的那一点则远离点 C。

现在在区域 Z 开始产生并最终消失时阻力都等于零，即当摆体开始运动时，弧长 CD 等于弧长 CB，且直线 RG 与 QE 重合。而当摆体停止运动时，弧长 CD 则等于弧长 Ca，且直线 RG 与 ST 重合。在阻力等于零的地方，区域 $Y\left(或\dfrac{OR}{OQ}IEF-IGH\right)$ 开始生成，并且区域 Y 也在这一点消失，因此这时 $\dfrac{OR}{OQ}IEF$ 等于 IGH。在上图中，直线 RG 先后与直线 QE 和 ST 重合，由此可得，上述区域同时开始产生并最终同时消失。在此过程中，它们始终相等。由于区域 Z 表示阻力，区域 $PINM$ 表示重力，且区域 $\dfrac{OR}{OQ}IEF-IGH$ 等于区域 Z，那么区域 $\dfrac{OR}{OQ}IEF-IGH$ 与区域 $PINM$ 的比等于阻力与重力之比。

推论 1　当摆体运动到最低点 C 时，阻力与重力之比等于区域 $\dfrac{OR}{OQ}$ IEF 与区域 $PINM$ 之比。

推论 2　当摆体运动到摆线上某一点时，区域 $PIHR$ 与区域 IEF 的比值等于 OR 比 OQ，那么摆体在这点受到的阻力为最大值。因为在这个点，阻力的变化率（即 $PIGR-Y$）等于零。

推论 3　根据本命题的证明过程，同样可求出摆体在各点的速度。因为速度与阻力的平方根成正比，并且在摆体开始运动时，摆体的速度等于摆体在无阻力介质中，沿此相同摆线运动时，它在开始运动时的速度。

然而，因为运用本命题来求出阻力和速度时，它的计算过程很困难，所以我们补充了下列的命题使计算过程简化。

命题 30　定理 24

已知摆体划过的摆线弧长。如果作线段 **aB** 等于该摆线的弧长，过 **aB** 上的任意点 D 作直线 DK 垂直于 **aB**，而且取线段 DK 与摆长之比等于在摆线上相应的点处摆体受到的阻力与重力之比。那么摆体下落时划过的整段弧长减去摆体上升时划过的整段弧长，所得到的弧差乘以这两段弧长的和的一半，等于所有垂线构成的区域 **BKa**。

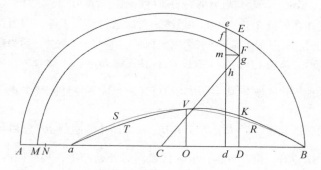

已知摆体在一次全摆动过程中划过的摆线弧长。假设此摆线弧长用与之相等的直线 aB 表示。而相同摆体在真空中做一次全摆动的过程中，其划过的弧长则用长度 AB 表示。作出直线 AB 的中心 C，那么点 C 则表示上述摆线的最低点，而线段 CD 则与重力产生的力成正比，这个力使摆体经过点 D 时受到朝向摆线切线方向的作用，此力与摆长之比等于在点 D 的力与重力之比。所以这个力可以用 CD 表示。重力则可用摆长表示。如果在直线 DK 上取出一条线段 DK，使 DK 与摆长的比值等于阻力与重力的比值，那么线段 DK 可表示阻力。以点 C 为圆心，线段 CA 或 CB 为半径，作一个半圆 BEeA。假设摆体在很短时间内划过的弧长是 Dd，并分别过点 D、d 作垂线 DE、de，与圆交于点 E、e，那么如同第 1 编命题 52 中曾证明过的，线段 DE、de 分别与当摆体在真空中从点 B 开始下落时，到达点 D 和 d 的速度成正比。因此这两个速度可以分别用垂线段 DE 和 de 表示。而当摆体在阻碍介质中时，从点 B 下落到点 D 时，摆体获得的速度用 DF 表示。如果以点 C 为圆心，*CF* 为半径，作半圆 *FfM*。这个半圆分别与线段 *de*、*AB* 交于点 *f*、*M*。因此如果在摆体上升的过程中并未受到阻力的作用，那么摆体能到达的最高点此时即变为点 *M*，而 *df* 即为摆体在点 *d* 达到的速度。所以，同样地，当摆体 *D* 划过特短弧 *Dd* 时，因为摆体受到阻力的作用而使速度产生了变化，如果这个速度的变化率用 *Fg* 表示，且取线段 *CN* 等于 *Cg*，那么当摆体在无阻力介质中运动时，其能达到的最高点就是点 *N*，而由此速度减量产生的上升减量用 *MN* 表示。作直线 *Fm* 垂直于 *df*，并且由阻力 *DK* 产生的速度 *DF* 的减少量为 *Fg*，而由力 *CD* 产生的速度 *DF* 的增加量则为 *fm*，那么减量 *Fg* 与增量 *fm* 的比值等于作用力 *DK* 与作用力 *CD* 的比值。因为 △*Fmf*、△*Fhg* 和 △*FDC* 这三个三角形都相似，所以可得 *fm* : *Fm*（或 *Dd*）= *CD* : *DF*，上两个比例式的对应项相乘，得 *Fg* : *Dd* = *DK* : *DF*。又因为 *Fh* : *Fg* = *DF* : *CF*，而且又将上述两个比例式的对应项相乘，得 *Fh*（或 *MN*）: *Dd* = *DK* : *CF*（或 *CM*）。因此所有的 *MN*×*CM* 之和等于所有的 *Dd*×*DK* 之和。如果始终在动点 *M* 处作一个直角纵坐标，并且它的长度始终等于不定线段 *CM* 的长度（线段 *CM* 在连续运动中乘以总长度 *Aa*）。而且因为摆体做这个运动时产生的四边形（该四边形也等价为乘积 $Aa×\frac{1}{2}aB$）等于所有的 *MN*×*CM* 的和，所以这个梯形也等于所有的 *Dd*×*DK* 之和，等于区域 *BKVTa*。证毕。

推论　如果已知摆体运动时阻力的规律和弧长 *Ca* 与 *CB* 的差 *Aa*，那么可求出阻力与重力的近似比值。

如果阻力 *DK* 是均匀的，那么图形 *BKTa* 就是以 *Ba* 和 *DK* 为邻边的矩形，因此 $\frac{1}{2}Ba×Aa = Ba×DK$（边为 $\frac{1}{2}Ba$ 和 *Aa* 的矩形等于以 *Ba* 和 *DK* 为边的矩形），所以 $DK = \frac{1}{2}Aa$。由于线段 *DK* 表示阻力，摆长表示重力，那么阻力与重力之比等于 $\frac{1}{2}Aa$ 与摆长之比（该证明过程与命题 28 的证明完全相同）。

而如果阻力与速度成正比，那么图形 *BKTa* 近似于一个椭圆形。因为如果摆体在无阻力介质中做一次全摆动时，摆体划过的总弧长为长度 BA，在任意点 D 的摆动速度与直径 AB 与圆之间的纵轴 DE 成正比。因为当摆体在阻碍介质中运动时，它在一段时间内划过的弧是 Ba，而当摆体在无阻力介质中运动时，摆体在同一时间内划过的弧为 BA，所以摆线上各点的摆动速度与它在长度 AB 上对应的点的摆动速度的比等于弧 Ba 与弧 BA 的比值，当摆体在阻碍介质中运动时，摆体运动到点 D 的速度与端点在直径 Ba 上的画或椭圆的纵线成正比，所以图形 $BKVTa$ 近似于一个椭圆。通过假设条件可推导出阻力与速度成正比。设 OV 表示摆体在中点 O 处的阻力，以 O 为中心，OB 和 OV 为半轴，作椭圆 $BRVSa$，那么 $BRVSa$ 近似于图形 $BKVTa$，和与之相等的图形区域 $Aa{\times}BO$。因此 $Aa{\times}BO$ 与 $OV{\times}BO$ 的比值等于这个椭圆的面积与 $OV{\times}BO$ 之比，化简可得，Aa 比 OV 等于半圆面积与它的半径的平方的比，或近似等于 $11 : 7$。所以 $\dfrac{7}{11}Aa$ 与摆长之比等于摆体在点 O 的阻力与重力之比。

如果阻力 DK 与速度的平方成正比，那么图形 $BKVTa$ 约等于一条抛物线，而抛物线的顶点是 V，轴为 OV，所以 $BKVTa$ 也约等于 $\dfrac{2}{3}Ba{\times}OV$。于是可推导出 $\dfrac{1}{2}Ba{\times}Aa = \dfrac{2}{3}Ba{\times}OV$，所以 $OV = \dfrac{3}{4}Aa$，而摆体在点 O 的阻力与重力之比等于 $\dfrac{3}{4}Aa$ 比摆长。

以上所得的这些比值都是近似值，但在实际运用过程中，这个精确度就已经够了。因为椭圆或抛物线 $BKVSa$ 与图形 $BKVTa$ 在中点 V 处相交。如果该图形位于 BKV 或 VSa 的一侧的部分较大，那么在另一侧的该图形的部分则较小，因此椭圆或抛物线始终与图形 $BKVa$ 相似。

命题 31　定理 25

如果在摆体运动时划过的弧成正比，划过这些弧时作用于摆体的阻力按照一个确定比例或增或减，那么摆体在下落过程中划过的弧减去在随后上升过程中划过的弧，所得的差也会按此确定比例增减。

因为命题中的弧差是因为介质阻力使摆体的速度减小而产生的，

因此这个弧差与速度的总减量成正比。又因为使摆体的速度减小的阻力与这个速度的总减量成正比，所以这个弧差也与减速阻力成正比。

由命题 30 可知，$\frac{1}{2}aB$ 与弧 CB、Ca 的差 Aa 的积等于区域 $BKTa$ 的面积。如果 aB 的长度保持不变，那么面积 $BKTa$ 将按纵轴 DK 增减的比例或增或减，则区域 $BKTa$ 的面积与阻力成正比，而由于 aB 的长度保持不变，所以区域 $BKTa$ 的面积与阻力和长度 aB 的积成正比。由此可得，Aa 乘以 $\frac{1}{2}aB$ 等于 aB 与阻力的积，所以 Aa 与阻力成正比。

推论 1　如果阻力与速度成正比，那么在相同介质中，摆体下落和上升过程中划过的弧的差与摆体划过的总弧长成正比，反之亦然。

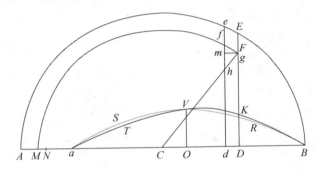

推论 2　如果阻力与速度的平方成正比，那么在相同介质中摆体下落和上升过程中划过的弧的差与摆体划过的总弧长的平方成正比，反之亦然。

推论 3　通常，如果阻力与速度的三次方，或是速度的其他任意次幂成正比，那么在相同介质中摆体下落和上升过程中划过的弧的差与摆体划过的总弧长的相同次幂成正比。反之亦然。

推论 4　如果阻力部分与速度成正比，而部分与速度的平方成正比，那么在相同介质中摆体下落和上升过程中划过的弧的差部分与摆体划过的总弧长成正比，部分与总弧长的平方成反比；反之亦然。所以阻力相对于速度的定律和比值等于弧差与总弧长的相应定律和比值。

推论 5　如果摆体连续划过不等的弧，并能求出弧差相对于弧长增量或减量的比，则可求出当速度变化时，随之变化的阻力增量或减量间的比值。

附注

根据这些命题，我们可以用摆体在介质中的摆动求出该介质的阻力。因此我通过下面的实验求出了空气阻力。首先取一个重 $57\frac{7}{22}$ 盎司①，直径为 $6\frac{7}{8}$ 英寸的木球，将它用细线悬挂在固定的钩上，钩与球体摆动中心的距离是 $10\frac{1}{2}$ 英尺。在吊绳上距悬挂中心 10 英尺 1 英寸处作一个标记，并在该点放置一把以英寸为单位的直尺，使用这个工具，可观察到摆体划过的长度。然后在球体摆动的过程中，当球体的动能减少 $\frac{1}{8}$ 时，记下此时球体摆动的次数。如果把摆体从铅垂位置向旁边拉开 2 英寸，然后放手，让它开始运动，那么在下落过程中划过的弧长就是 2 英寸，并且第一次摆动就是全摆动（即球体下落过程及随后的上升过程构成的整个摆动过程）划过的弧长差不多等于 4 英寸。通过实验可得，当摆动的动能损失了 $\frac{1}{8}$ 时，球体的摆动次数是 164 次，并且球体最后一次上升过程中划过的弧长是 $1\frac{3}{4}$ 英寸。如果在第一次摆动下落过程中划过的弧长是 4 英寸，当摆动的动能损失了 $\frac{1}{8}$ 时，球体的摆动次数是 121 次，并且球体最后一次上升过程中划过的弧长为 $3\frac{1}{2}$ 英寸。与上述两个过程相同，如果第一次摆动时划过的弧长分别为 8、16、32 和 64 英寸时，当运动动能损失了 $\frac{1}{8}$ 时，相应的摆动次数分别为 69、$35\frac{1}{2}$、$18\frac{1}{2}$ 和 $9\frac{2}{3}$。因此，在上述的第 1、2、3、

──────────

① 1 盎司 ≈ 28.35 克。——编者注

4、5、6 次过程中，球体摆动第一次下落过程中划过的弧长减去最后一次上升过程中划过的弧长，所得的差分别是 $\frac{1}{4}$、$\frac{1}{2}$、1、2、4、8。根据每次过程中的摆动次数，将这些差分为相应的部分，那么每次过程中摆动平均划过的总弧长分别为 $3\frac{3}{4}$、$7\frac{1}{2}$、15、30、60 和 120 英寸。

于是摆体下落和之后的上升过程中划过的弧的差分别等于 $\frac{1}{656}$、$\frac{1}{242}$、$\frac{1}{69}$、$\frac{4}{71}$、$\frac{8}{37}$、$\frac{24}{29}$ 英寸。根据这些数据可知，如果摆动幅度偏大，那么这些弧差近似等于摆动中划过的弧长的平方，反之，则弧差略大于弧长的平方。由本编命题 31 推论 2：当摆体的速度非常大时，球体受到的阻力近似与速度平方的成正比，反之，受到的阻力与速度的平方的比值略大于上述比值。

现在，如果当摆体任意摆动时，达到的最大速度用 V 表示，并且 A、B、C 为定值，那么可以设这些弧长的差等于 $AV+BV^{\frac{3}{2}}+CV^2$。由于在摆动过程中，摆体能达到的最大速度与摆动过程中划过的弧长的一半成正比，而在圆周运动中，最大速度则与这个弧的弧长的一半成正比。所以，当摆划过的弧长相等时，摆线上的速度与圆周上的速度之比等于弧的一半与弧的弦之比，并且摆线上的速度要大于圆周上的速度，可得圆周运动的总时间大于摆动时间，它们间的比值与速度成反比。由上述结论可推导出，与阻力的时间的平方乘积成正比的这些弧差在圆周和摆线上几乎是相等的。因为一方面当弧差增大时，速度也会按比例增加，所以近似与弧和弦的比值的平方成正比的弧的差随阻力的增大而增大。另一方面，当摆线运动中的弧差减小时，弧差也按弧与弦的相同比值的平方，并且随时间的平方一起减小。因此，为了将这些实验所做的观察的范围缩小到摆线运动上，必须取这些摆线等于我们在圆周运动中观察到的弧差，即正比于数 $\frac{1}{2}$、1、2、4、8、16。因此，在第 2、第 4 和第 6 次情况中，V 的取值分别为 1、4、16，那么，在第 2 次情况中，弧差 $\dfrac{\frac{1}{2}}{121}$ $=A+B+C$；在第 4 次情况中，弧差 $\dfrac{2}{35\frac{1}{2}}$

$=4A+8B+16C$；而在第 6 次情况中，弧差 $\dfrac{8}{9\frac{2}{3}}$ $=16A+64B+256C$。根据

这三个方程式求解得 $A=0.000\,091\,6$，$B=0.001\,084\,7$，$C=0.002\,955\,8$。

将这三个值代入原方程中，得弧差等于 $0.000\,091\,6V+0.001\,084\,7V^{\frac{3}{2}}+$

$0.002\,955\,8V^2$。将命题 30 的推论运用到这种情况中，由于当摆体运动

到弧的中间时，速度是 V，球体的阻力与其重量之比等于

$\dfrac{7}{11}AV+\dfrac{7}{10}BV^{\frac{3}{2}}+\dfrac{3}{4}CV^2$ 与摆长的比值，再代入 A、B、C 的值，那么球体

的阻力与重量之比等于 $0.000\,058\,3V+0.000\,759\,3V^{\frac{3}{2}}+0.002\,216\,9V^2$ 与

摆长的比值（它等于摆体的悬挂中心到直尺间的距离，121 英寸）。由

于在第 2 次情况中 V 等于 1，第 4 次情况中 V 等于 4，而在第 6 次情况中

V 等于 16，所以在第 2、第 4、第 6 次情况中，阻力与重量之比分别为

$0.003\,034\,5 : 121$，$0.041\,748 : 121$ 和 $0.617\,05 : 121$。

　　在第 6 次，实验中细线上标记的点所划过的弧长是 $120-\dfrac{8}{9\frac{2}{3}}$ 英寸

$\left(\text{或 } 119\dfrac{5}{29}\text{ 英寸}\right)$，而因为半径为 121 英寸，且悬挂点到球心之间的摆

长为 126 英寸，所以球心划过的弧长等于 $124\dfrac{3}{31}$ 英寸。由于空气对球

体有阻力，因此摆动中的球体并不是在摆体划过的弧的最低点时取得

最大速度，而是在近似整段弧的中点处达到这个最大速度，那么最大

速度近似等于该球体在无阻力介质中摆动时，划过上述弧长的一半

$\left(\text{等于 } 62\dfrac{3}{62}\text{ 英寸}\right)$ 时达到的速度，并且此速度还近似等于上述实验中

化简摆的运动后沿此摆线运动时达到的速度。因此，最大速度等于当

球体从相当于这个弧的正矢高度垂直下落后，最终取得的速度。而在

摆线运动中，球心划过的弧的正矢与弧长为 $62\frac{3}{62}$ 英寸的弧之比等于相同的弧（即 $62\frac{3}{62}$ 英寸的弧）与 2 倍 252 英寸的摆长之比。所以弧的正矢等于 15.278 英寸。由上述信息可知，摆的最大速度等于该球体从高度为 15.278 英寸处垂直下落时获得的速度。当球体摆动的速度为这一最大速度时，球体受到的阻力与其重量之比等于 0.617 05：121，而如果我们只取与速度的平方成正比的那部分阻力，那么阻力与重量之比是 0.567 52：121。

而通过流体静力学实验，我发现这个木球的重量与体积和与之相等的水球的重量之比是 55：97。因为 121 与 213.4 的比与这个比近似，那么当这个水球以上述最大速度运动时，其受到的阻力与它的重量之比等于 $0.567\ 52：213.4\left(\text{等于 } 1：376\frac{1}{50}\right)$。而又因为当水球做匀速运动时，其连续划过的长度为 30.556 英寸时，水球的重量将产生下落球体的全部速度，所以，在相同时间内，球体受到的阻力连续而均匀的作用后，球体的速度将会抵消一部分，这部分的速度与整体速度之比等于 $1：376\frac{1}{50}$，即该损失的速度为总速度的 $\dfrac{1}{376\frac{1}{50}}$。所以，如果这个

球体连续做匀速运动，当它划过的长度相当于其半径的长度（即 $3\frac{7}{16}$）时，在这段时间内，球体损失的运动为其运动的 $\dfrac{1}{3\ 342}$。

同样，我也记录下了当摆体在其摆动过程中失去了其动量的 $\frac{1}{4}$ 时，球体的摆动次数。在下表中，第一列的数字代表了摆体在第一次下落过程中，摆划过的弧长，单位为英寸；第二列数字则代表摆体在最后一次上升过程中，其划过的弧长；而最后一列数字为球体的摆动次数。在这儿，我要补充这个实验的原因，是因为它比上述实验（即球体失去动量 $\frac{1}{8}$ 部分的那个实验）更为精确。而相关的运算过程在此不

再详述，有兴趣的读者可自己计算。

第一次下落	2	4	8	16	32	64
最后一次上升	$1\frac{1}{2}$	3	6	12	24	48
摆动次数	374	272	$162\frac{1}{2}$	$83\frac{1}{3}$	$41\frac{2}{3}$	$22\frac{2}{3}$

在做完这个实验后，我用铅球做了另一个实验。首先取出一个重 $26\frac{1}{4}$ 盎司，直径为 2 英寸的铅球，并把它用细线系在相同钩子上。与上述实验相同，其悬挂中心到球心的距离为 $10\frac{1}{2}$，并且也记录下球体失去其动量 $\frac{1}{8}$ 时，球体的摆动次数（见第一个表），而第二个表则是球体失去其动量 $\frac{1}{4}$ 时，球体的摆动次数。

第一次下落	1	2	4	8	16	32	64
最后一次上升	$\frac{7}{8}$	$\frac{7}{4}$	$3\frac{1}{2}$	7	14	28	56
摆动次数	226	228	193	140	$90\frac{1}{2}$	53	30

第一次下落	1	2	4	8	16	32	64
最后一次上升	$\frac{3}{4}$	$1\frac{1}{2}$	3	6	12	24	48
摆动次数	510	518	420	318	204	121	70

从第一个表中，取出第 3 次、第 5 次和第 7 次的实验记录，而这些记录中最大的速度分别用 1、4、16 表示，和前一个实验一样，此最大速度用 V 表示。那么可得第 3 次观察中 $\dfrac{\frac{1}{2}}{193}=A+B+C$，第 5 次观察中

$\dfrac{2}{90\frac{1}{2}} = 4A + 8B + 16C$，第 7 次观察中 $\dfrac{8}{30} = 16A + 64B + 256C$。由三个方程可

求出 $A = 0.001\,414$，$B = 0.000\,297$，$C = 0.000\,879$。因此，当球体以速

度　　　　　　　　　　V　　　　　　　　　　　运

动时，它受到的阻力与其重量 $26\frac{1}{4}$ 盎司之比等于 $0.000\,9V + 0.000\,208V^{\frac{3}{2}} +$

$0.000\,659V^2$ 与摆长（121 英寸）之比。但如果只取出阻力中与速度的

平方成正比的部分，那么这部分阻力与球体重量之比等于 $0.000\,659V^2$

比 121 英寸。因此，当木球与铅球的速度相等时，木球受到的阻力与

铅球受到的阻力之比等于 $\left(57\frac{7}{22} \times 0.002\,217\right) : \left(26\frac{1}{4} \times 0.000\,659\right)$，

结果是 $7\frac{1}{3} : 1$，而两个球的直径分别是 $6\frac{7}{8}$ 和 2 英寸，那么它们直径

的平方之比即为 $47\frac{1}{4} : 4$，近似等于 $11\frac{3}{16} : 1$。因此，以相同速度运

动的这两个球体受到的阻力之比小于两个球体的直径平方之比。但在

此我们没有考虑细线在球体摆动时受到的阻力，虽然细线受到的阻力

显然很大，也应该将它从已求出的摆体受到的阻力中减去。但是因为

我无法求出此阻力的精确值，而只能确定这个阻力大于一个摆长较小

的摆受到的总阻力的 $\frac{1}{3}$，所以根据此结论求出，当分别减去细线受到

的阻力后，两个球体受到的阻力的比约等于两个球体的直径平方的比

值。因为 $\left(7\frac{1}{2} - \frac{1}{3}\right) : \left(1 - \frac{1}{3}\right)$，也可简化为 $10\frac{1}{2} : 1$，这两个比值都

与直径的平方之比 $11\frac{3}{16} : 1$ 非常类似。

当球体体积较大时，细线受到的阻力的变化率较小，所以我又取

出一个直径为 $18\frac{3}{4}$ 的球体，用这个球体做上述实验。取悬挂点与摆动

中心的摆长为 $122\frac{1}{2}$ 英寸，悬挂点与摆线上的标记间的距离是 $109\frac{1}{2}$

英寸。那么根据实验得到的数据，在摆开始运动后的第一次下落过程中，标记点划过的弧长是 32 英寸，而在其摆动五次后，在最后一次上升过程中，标记点划过的弧长为 28 英寸。这两段弧长或在此过程中摆体的一次完全摆动划过的平均弧长为 60 英寸，而球心在此过程中划过的总弧长是 $67\frac{1}{8}$ 英寸，那么这两个弧长间的比值 $60:67\frac{1}{8}$ 等于其半径之比 $109\frac{1}{2}:122\frac{1}{2}$，同时半径之比也等于弧长 $\frac{2}{5}$ 与新的弧差 0.447 5 之比。如果摆体划过的弧长保持不变，那么摆长应该按 $126:122\frac{1}{2}$ 的比值增加，而摆动时间也会相应增加，摆的速度则按上述比值的平方变小。因此摆体在下落过程中划过的弧长与随后的上升过程中划过的弧长的差（如果不特别说明，下文中的弧差都是指这一弧差）0.447 5 会保持不变。而如果摆体划过的弧按 $124\frac{1}{31}$ 与 $67\frac{1}{8}$ 的比值增加，那么弧差 0.447 5 则会按此比值的平方增大，所以，这时的弧差是 1.529 5。由假设条件可知，摆体受到的阻力与速度的平方成正比，所以能推导出，如果摆划过的总弧长是 $124\frac{1}{31}$ 英寸，且悬挂点与摆动中心的距离是 126 英寸，那么下落和上升过程中的弧差是 1.529 5 英寸。此弧差乘以摆体的重量 208 盎司，得 318.86。同样，在第一个木球的实验中，悬挂点到摆动中心的距离为 126 英寸，且摆动中心划过的总弧长是 $124\frac{1}{31}$ 英寸，那么弧差为 $\frac{126}{121}\times\frac{8}{9\frac{2}{3}}$。将这一弧差乘以木球的重量 57 $\frac{7}{22}$，得 49.396。在此，我用这些弧差乘以球的重量的原因，是为了求出球体受到的阻力。因为这些弧差是球体受到阻力作用后产生的，并且其与阻力成正比，与重量成反比，所以两个球体受到的阻力之比为 318.316 : 49.396。但当球体较小时，与速度的平方成正比的这个部分阻力与总阻力的比值是 0.567 52 : 0.616 75，约等于 45.453 : 49.396。然而，当球体较大时，与速度的平方成正比那部分阻力则几乎与总阻

力相等，所以这两个阻力的比约等于 318.136 : 45.453，约为 7 : 1。而

两球体的直径分别是 $18\frac{3}{4}$ 和 $6\frac{7}{8}$ 英寸，则直径的平方的比 $351\frac{9}{16}$: 47

$\frac{17}{64}$ 约等于 7.438 : 1，即与球体受到的阻力的比值近似相等。因为这两

个比值的差不可能大于细线受到的阻力，所以如果两个球体相等，那
么它们在速度相等时，与速度的平方成正比的那部分阻力与两球体的
直径的平方比值成反比。

　　然而在上述实验中，使用的最大球体并不是完全的球形，并且为
了简化计算过程，而忽略了一些微小的差量，因此上述实验并不是非
常精确的，所以没有必要过多考虑计算的精确性。如果要让实验更精
确，那么我希望在做上述实验时，不要只单独观察一个球体，而是取
出更多的球体，并且这些球体更大，形状也更趋近于球形。如果按等
级级数选取球的直径，并假设它们分别为 4、8、16、32 英寸，则可根
据实验过程中记录下的级数，推出当球体较大时，摆体的运动情况。

　　同样，我也做了以下实验，来比较不同流体的阻力。首先取出一
个长 4 英尺，宽 1 英尺，高 1 英尺的木容器。在此无盖容器中加水，并
在水中放入一个摆体，使它在水中运动。其中挂在摆线上的铅球重 166

$\frac{1}{6}$ 盎司，直径是 $3\frac{5}{8}$ 英寸，而悬挂点到细线上某一标记点的摆长是

126 英寸，悬挂点到摆动中心的距离是 $134\frac{3}{8}$ 英寸，实验中得到的相关

数据如下表所示。

第一次下落时标记点划过的弧长（英寸）	64	32	16	8	4	2	1	$\frac{1}{2}$	$\frac{1}{4}$
最后一次上升划过的弧长（英寸）	48	24	12	6	3	$1\frac{1}{2}$	$\frac{3}{4}$	$\frac{3}{8}$	$\frac{3}{16}$
与损失的运动成正比的弧差（英寸）	16	8	4	2	1	$\frac{1}{2}$	$\frac{1}{4}$	$\frac{1}{8}$	$\frac{1}{16}$

水中的摆动（次数）		$\frac{29}{60}$	$1\frac{1}{5}$	3	7	$11\frac{1}{4}$	$12\frac{2}{3}$	$13\frac{1}{3}$
空气中的摆动（次数）	$85\frac{1}{2}$	287	535					

根据表中第四行记录的实验数据，当摆体在空气中摆动 535 次后，其损失的动能等于此摆体在水中运动 $1\frac{1}{5}$ 时损失的动能。而摆体在空气中的摆动确实略快于在水中的摆动。但是，如果摆体在水中的摆动按此比率加快，使得最终在空气中和水中的摆动达到一致。那么在水中，此时球体的摆动次数仍为 $1\frac{1}{5}$ 次，而且摆体损失的运动也等于加速前摆体损失的动能。因为阻力增大，但时间的平方也按此相同比值的平方减小。因此，在空气中和水中的摆体速度相同时，在空气中摆过 535 次，在水中摆过 $1\frac{1}{5}$ 次，而损失的动能相等。所以摆体在水中和在空气中摆动所受的阻力之比是 $535:1\frac{1}{5}$。而这个比值反映的就是第 4 行的情况中总阻力的比值。

当摆体以最大速度 V 在空气中运动时，假设弧差用 $AV+CV^2$ 表示。由于在第 4 行实验中最大的速度与第 2 行实验中最大速度之比是 $1:8$，而且在这两次实验中，摆体划过的弧差之比为 $\frac{2}{533}:\frac{16}{85\frac{1}{2}}$，或写为 $85\frac{1}{2}:4\,280$，那么分别令这两次实验中的速度为 1 和 8，而弧差的比是 $85\frac{1}{2}:4\,280$，于是得到 $A+C=85\frac{1}{2}$，$8A+64C=4\,280$（或 $A+8C=535$），解这两个方程，得到 $C=64\frac{3}{14}$，$A=21\frac{2}{7}$。因此之前与 $\frac{7}{11}AV+\frac{3}{4}CV^2$ 成正比的阻力，此时则与 $13\frac{6}{11}V+48\frac{9}{56}V^2$ 成正比。在第 4 列的实验中，速度为 1，那么摆体受到的总阻力比其正比于速度的平方的部分

等于 $13\frac{6}{11}+48\frac{9}{56}$ 或 $61\frac{12}{17}:48\frac{9}{56}$。因此，摆体在水中受到的阻力比在空气中受到的与速度平方成正比的那部分阻力（这一部分是快速运动时唯一值得考虑的）比等于 $61\frac{12}{17}:48\frac{9}{56}\times535\times1\frac{1}{5}$，等于 571：1。如果在其运动过程中，整条细线都是浸入水中，那么此时它受到的阻力更大，而摆体受到的阻力情况与上述情况相似，即当摆体以相同速度分别在水中和空气中运动时，在水中所受到的与速度平方成正比的那部分阻力（这一部分是快速运动时唯一值得考虑的）与在空气中所受到的阻力之比约为 850：1，这个值近似等于水的密度与空气的密度之比。

在上述运算中，取出的摆的阻力部分与速度的平方成正比，但奇怪之处是，我发现水中的阻力的增加大于速度的平方。究其原因，我想也许水箱的宽度相对摆球体积太窄了，因此限制了水受制于摆的运动。这是因为放入水中的摆球直径仅为 1 英寸时，阻力增加的比例几乎与速度的平方成正比。此后，我做了一个双球摆的实验。其中一个较轻的在下面，在水中摆动，而上面那个较大的则固定在细线刚好高出水面的地方，在空气中摆动，上面这个球正好能维持摆的较长久运动。实验结果如下表所示。

第一次下落弧长	16	8	4	2	1	$\frac{1}{2}$	$\frac{1}{4}$
最后一次上升弧长	12	6	3	$1\frac{1}{2}$	$\frac{3}{4}$	$\frac{3}{8}$	$\frac{3}{16}$
与损失运动成正比的弧差	4	2	1	$\frac{1}{2}$	$\frac{1}{4}$	$\frac{1}{8}$	$\frac{1}{16}$
摆动次数	$3\frac{3}{8}$	$6\frac{1}{2}$	$12\frac{2}{12}$	$21\frac{1}{5}$	34	53	$62\frac{1}{5}$

我还做了铁摆在水银中的摆动实验，来比较这两种介质产生的阻力。该铁摆的摆线长约 3 英尺，摆球直径是 $\frac{1}{3}$ 英寸。固定一个铅球在高于水银面的铁线上，此铅球大到足以摆动一段时间。之后交替在容量约为 3 磅的水银的容器内注满水和水银，这使摆在不同流体中相继

269

运动，从而求出它们间的阻力比值。根据实验数据，水银的阻力与水的阻力之比约等于 13 或 14 比 1，也就是等于水银与水的密度之比。接下来我又取出了稍大的球，直径约为 $\frac{1}{2}$ 或 $\frac{2}{3}$ 英寸，这次得出水银与水的阻力之比约为 12∶1 或 10∶1。但是明显地前一个实验结果更可靠，因为在后一个实验中，容器并未随着摆球增大，因此容器相对摆球而言太窄。我本想用更大的容器，然后在其中注入熔化的金属和冷热流体，再重复这个实验，但我没有时间来一一重复这些实验。此外，根据上述实验，似乎足以推导出速度较快的物体受到的阻力与它周围的流体密度成正比。但此比例关系并不准确，因为如果流体的密度相同，那么黏着性较大的流体的阻力一定大于滑动的流体，比如冷油的阻力大于热油，热油大于雨水，雨水又大于酒精。但是在易流动流体（比如空气、食盐水、酒精、松节油、盐类溶液、通过蒸馏过滤出杂质然后加热的油、矾油、水银和熔化的金属，以及那些通过摇晃容器可对它们施加压力，然后它们就会运动一段时间，但在倒出后易分解为液滴的液体）中，上述比例关系应该是精准的，尤其是摆较大并且在流体中快速运动时。

最后，因为一些人认为存在一种极为稀薄的以太介质，它们的粒子可以自由穿透所有物体中的缝隙，但这种穿透引起了某种阻力。于是为了验证物体运动时受到的阻力是否仅作用于表面，或是其内部也受到了作用于外表面的作用力，设计了如下实验。首先用 11 英尺长的细绳将圆松木箱挂起来，用钢圈挂在钢钩上，此钩子的上方是锋利的凹形刃刃，这样钢圈的上侧可以更自由地活动，细绳则系在钢圈的下侧。摆做好后，把它由垂直位置拉至与钩刃垂直的平面上，此时摆球被拉开的距离是 6 英寸，这样钢圈的上侧可以更自由地活动，细绳系在钢圈的下侧。摆做好后，把它由垂直位置拉到与钩刃垂直的平面上，此时擦边球被拉开的距离是 6 英寸，这样钢圈就不会在摆运动时在钩子上滑动或偏移，因为悬挂点刚好位于钢圈与钩刃的接触点，而应该保持不动的。记录下了摆拉开的精确位置，然后释放它，记录下第 1、2、3 次摆动后摆球回到的位置。为了尽可能精确地记录下摆动位置，此过程应重复多次。接下来称了空箱的质量、箱子上绳子的质量，以及钩子到箱子间的绳子的一半质量（因为把摆从垂直位置拉开时，悬挂摆的绳子作用于摆的质量始终只有它自身质量的一半），在箱子中装满铅或其他常见金属，并且在计算质量时也加入了箱内空气的质量。空箱子的质量约等于装满金属后箱子质量的 $\dfrac{1}{78}$。因为绳子会被装满金属的箱子拉伸，从而使摆长增加，适当缩短了绳子使它摆动时的摆长与空箱摆动时的摆长相等。再把摆拉到第一次记录的位置释放，观测到大约经过 77 次摆动后，箱子来到第二个记录位置，然后回到第三个记录位置的摆动次数也相等，同样到第四个记录位置的摆动次数也是相等的。由此可见，装满的箱子受到的阻力与空箱受到的阻力之比不大于 78：77。这是由于如果它们的阻力相等，那么装满箱子的惯性比空箱的惯性大 78 倍，这就使它们的摆动时间之比也是这个倍数，所以装满箱子应该在 78 次摆动后回到标记点，但在实验中摆动次数实际上是 77 次。

因此，假设 A 表示箱子的外表面受到的阻力，B 表示空箱的内表面受到的阻力，而当物体内各部分的速度相等时，如果它受到的阻力与物质成正比，或与受到阻力的粒子数量成正比，那么当箱子装满后，箱子内部受到的阻力为 $78B$，所以空箱受到的总阻力 $A+B$ 与装满箱子受到的总阻力 $A+78B$ 比等于 77：78，而根据分比得，$(A+B)$：$77B=77$：1，所以 $(A+B)$：$B=77\times77$：1，再根据分比得，A：$B=5\,928$：1。由此可知，空箱内受到的阻力比其他外部受到的阻力的 1/5 000 还小。但此结果是基于以下假设，装满的箱子受到的阻力较大，并不是因为其他任意未知的原因，而是因为某些稀薄的流体作用于箱内的金属的力，这才是它受到的阻力较大的原因。

这个实验的原始记录已遗失，而我没时间再做一次，所以实验只是我根据记忆描述的。但由于一些细节已经遗忘了，我不得不略去它们。我第一次做该实验时，选用的钩子很软，而装满的箱子的速度不一会儿就变慢了。通过观察，我发现出现这种现象的原因，是因为选用的钩子不够牢固，所以不足以承受箱子的重量，于是当箱子来回摆动时，钩子也会随着箱子的摆动而弯曲。因此我又重新选了一个更坚硬的钩子，使摆体在摆动时悬挂中心得以固定，然后再做这个实验，那么就可以得出上述所有情形了。

第 7 章 物体的运动：流体施加于物体的阻力

命题 32 定理 26

假设两组数目相等的粒子构成了两个相似的物体系统。在这两个物体系统中，对应的粒子所在处的密度之比是一个定值，并且对应粒子位置相似，单个对应粒子相似的，互成正比。如果当粒子开始分别在所在系统中运动时，在两个互成正比的时间段内，粒子的运动是相似的。而且除非粒子发生反射，否则在同一个系统中的粒子互不接触。同样，粒子间既不相互吸引，也不会互斥，而是只受到一个加速力的作用，此力与速度的平方成正比，而对应粒子的直径成反比。那么在两个成正比的时间段内，这两个系统的粒子将继续在各自系统中运动，并且它们的运动仍然相似。

在此命题中所说的相似的物体处于相似的位置，是将两个相对应的粒子相比较，当它们各自在两个成正比的时间段内做相似运动时，在这两个时间段结束时粒子停留的位置仍然相似。又因为这两个时间段成正比，所以在这个时间段内，两个系统中对应的粒子经过的轨迹部分相似，且互成正比。因此，如果假设现在有两个这样的系统，由于这两个系统中相对应的粒子开始运动时，它们的运动是相似的，粒子在此之后也会保持这样相似的运动，直到遇到另一个粒子。如果粒子没有受到任何力的作用，那么根据运动定律 1，粒子将做匀速运动。而如果相应粒子间确实存在某种力的作用，而且此力与速度的平方成正比，与相应粒子的直径成反比；又因为粒子所在的位置相似，并且所受的力成正比，那么相应粒子受到的力都对粒子有推动作用，而且根据运动定律 2，粒子受到的所有力复合而成的合力的方向相似，产生的作用相同（其作用效果如同此力是由各个粒子中心位置发出的力一样），而且这些合力相互间的比值等于复合成的这些合力的多个力彼此

272

间的比值，所以合力与速度的平方成正比，与对应粒子的直径成反比，所以这些合力将使对应粒子在继续运动后划过的轨迹相似。根据第 1 编命题 4、推论 1 和推论 8，如果这些粒子的中心保持静止，那么上述结论成立。但如果中心移动，那么由于物体的运动是相似的，且粒子系统中的位置也会保持相似，所以粒子的运动轨迹变化也是相似的。处于相应位置的相似粒子在移动过程中，其运动将继续保持相似，直到粒子间第一次相遇，之后粒子间会发生相似的碰撞，然后反弹回来，那么在反弹后粒子又会做上文论述的相似运动，直到它们再一次相撞。粒子会重复这种运动，直到无限。证毕。

推论 1　如果任意两个物体与系统的对应粒子相似，且所处位置也相似，当物体在两个成正比的时间段内，以类似的方式在系统中开始运动时，它们相互间的密度之比和体积之比等于相应粒子的密度和体积之比。那么这两个物体在成正比的时间段内，会继续做相似的运动，因为这两个系统中多数情况是相同的，同样，系统中粒子的多数情况也是相同的。

推论 2　如果两个系统中，所有的相似部分也处于相似位置，而且这些部分相互间保持静止，这些部分中最大的两个分别处于两个系统的相应位置，当它们分别沿着两条位置相似的直线以任意相似的方式开始运动时，这两部分的运动将刺激系统中剩余部分的运动，并且在两个互成正比的时间段内，系统中的这两个部分也会在系统的剩余部分中以相似的方式运动，因此它运动的距离和直径都互成正比。

命题 33　定理 27

条件与上述命题相同，系统中较大部分受到的阻力与此系统部分的密度、速度的平方、直径的平方三者间的乘积成正比。

系统中的粒子受到的阻力部分产生于粒子间相互作用的向心力或离心力，而部分则产生自粒子与较大部分间的碰撞及反弹。上述第一类阻力相互间的比值与产生这一部分阻力的总驱动力成正比，即是与总加速力和对应部分物质的量的乘积成正比。根据假设条件可知，这部分阻力与速度的平方成正比，与相应粒子间的距离成反比，与物质的量成正比；且因为一个系统中粒子间的距离与另一个系统中相应粒子间的距离的比值，等于前一系统中粒子或部分的直径与另一个系统中相应粒子或部分的直径之比；而且也因为物质的量与系统中该部分的密度成正比，且与该部分的直径的立方成正比，所以系统中一部分受到的阻力相互间的比值与该部分速度的平方和直径的平方成正比，而且也与该部分的密度成正比。

而上文中后一类阻力则与对应粒子或部分的反弹次数和这些反弹力的乘积成正比，其中反弹次数间的比值与系统中对应部分的速度成正比，与反弹间距成反比。而反弹力则与对应部分的速度、体积和密度这三项的乘积成正比，因为体积与直径的立方成正比，所以反弹力与对应部分的速度、密度和直径的立方这三项的乘积成正比。综合上述所有比值，即得到对应部分受到的阻力间的比值与其速度的平方、直径的平方和密度这三项的乘积成正比。证毕。

推论 1　如果两个系统和空气一样是弹性液体，处于其中的各部分间相互保持静止。在流体的相似位置放置两个相似物体，并且这两个物体的体积和密度与其所在的液体部分成正比，将这两个物体朝相似的方向抛出，液体间各粒子相互作用的加速力与物体速度的平方成正比，与其直径成反比。那么当这两个物体在相应流体中运动时，在互成正比的两个时间段内，它们在流体中激起的运动相似，并且两个物体通过的距离相似，分别与其直径成正比。

推论 2　在相同的流体中，当抛体快速运动时，它受到的阻力近似地与速度的平方成正比。因此如果相隔较远的粒子相互作用的力与速度的平方成正比（即随速度的平方增大），那么抛体受到的阻力也精确地与该速度的平方成正比。所以如果一个介质中互不接触的部分相互间没有任何力的作用，那么物体在此介质中运动时，受到的阻力精确地与其速度的平方成正比。由此假设有三个相似粒子构成的介质 A、B、C，而且介质中各部分均匀分布，间距相等。介质 A、B 中各部分相互作用的力使这些部分相互远离，分别用 T 和 V 表示这些力，而介质 C 中则无任何力的作用。如果四个运动的物体 D、E、F、G 分别进入这三个介质，其中物体 D 和 E 分别在介质 A 和 B 中运动，物体 F、G 在介质 C 中运动。如果物体 D 的速度与物体 E 的速度之比等于物体 F 的速度与物体 G 的速度之比，而且此相等的比值等于力 T 和 V 的比值的平方根，那么物体 D 受到的阻力与物体 E 受到的阻力之比也等于物体 F 受到的阻力与物体 G 受到的阻力之比，且这两个相等的比值等于其速度平方间的比值。所以物体 D 受到的阻力与物体 F 受到的阻力之比等于物体 E 受到的阻力与物体 G 受到的阻力之比。假设物体 D 的速度与物体 F 的速度相等，物体 E 的速度也等于物体 G 的速度，并且物体 D 和物体 F 的速度按任意比值增加，而介质 B 中各部分的力则按上述相等比值的平方减小，由此介质 B 将逐渐任意趋近于介质 C 的形状和条件。于是当速度相等的相同物体 F 和 G 分别在这两个介质中运动时，它们受到的阻力将趋于相等，直到最终这两个阻力的差小于任意指定值。因为物体 D 和 F 受到的阻力之比等于物体 E 和 G 所受的阻力之比，所以物体 D 和 F 受到的阻力也会按相似的方式变化，最终趋于相等。所以，当物体 D 和 F 的速度非常大时，其受到的阻力极其近似。又因为物体 F 受到的阻力与速度的平方成正比，所以物体 D 受到的阻力也近似地与速度的平方成正比。

推论 3 当物体以很快的速度在弹性流体中运动时，它受到的阻力几乎就和这个物体的各粒子间离心力为零时的作用一样，所以各部分不会发生相互远离的情况。但是上述过程中流体的弹性应由各粒子间的离心力产生，并且物体的速度很快，使各粒子间没有足够的时间能相互作用。

推论 4 因为当相似物体在介质（此介质中各距离较远的部分之间并没有相互的远离运动）中以相等速度运动时，其受到的阻力与物体直径的平方成反比，所以，当物体以相等的较快的速度在一个弹性流体中运动时，它受到的阻力约和物体直径的平方成正比。

推论 5 因为当相似且相等的物体以相同的速度在密度相等的介质中运动时（介质中的这些粒子相互间无远离运动），无论构成介质的粒子的大小及重量是多少，在同一时间内物体撞击的物质是等量的。所以物体对这些物质施加的运动量相等。而根据第三运动定律，反过来物体也会受到这些物质等量的反作用，即是受到的阻力相等。由此可证明，当物体快速在密度相等的弹性流体中运动时，无论该流体是由较大还是由细微的颗粒组成，物体受到的阻力都几乎相等。因为当物体的速度极大时，它受到的阻力并不会因为流体本身是由细微颗粒组成的而明显减小。

推论 6　当流体的弹性力产生于粒子间的离心力时，上述结论都成立。但如果弹性力的产生另有原因，比如弹性力产生自像羊毛球和树枝那样的膨胀，或其他任何原因，而且该力阻碍了流体间粒子的相互自由运动，那么由于介质的流体性会因此变小，所以此时物体受到的阻力也会比上述推论中的阻力大。

命题 34　定理 28

如果一个稀薄介质由相等的粒子构成，粒子在其中自由分布且距离相等。当直径相等的球体和圆柱体速度相等，沿圆柱体的轴在此介质中运动时，球体受到的阻力只有圆柱体受到的阻力的一半。

根据运动定律推论 5，无论物体是在静止介质中运动，还是介质中各粒子以相同速度撞击静止物体，介质对物体的作用都是相同的，所以可假设物体是静止的，以便观察运动的

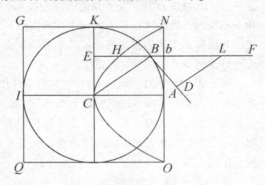

介质会对该物体施加何种推力。假设以 *C* 为球心，*CA* 为半径，作一个球体 *ABKI*。介质中各粒子沿平行于直线 *AC* 的方向，以某一已知速度作用于球体，*FB* 则为这些平行直线中的一条。在直线 *FB* 上取线段 *LB*，使 *LB* 等于半径 *CB*，并以点 *B* 为切点作球体的切线 *BD*。再作直线 *BE*、*LD* 分别垂直于直线 *KC*、*BD*。以球体直径 *ACI* 为轴，作一个圆柱体 *ONGQ*。那么当介质中的一个粒子沿直线 *FB* 的方向斜向撞击球体时，设其撞击点为 *B*，而同一粒子撞击圆柱体的点为点 *b*。该粒子撞击球体的力与撞击圆柱体的力之比等于 *LD*：*LB* 或 *BE*：*BC*。而当粒子对球体的作用是沿其入射方向 *FB* 或 *AC* 推动球体时，此力的效率与相同力沿粒子撞击球体的方向 *BC* 推动球体的效率的比值是 *BE*：*BC*。综合以上所述的比值，可得，当一个粒子沿直线 *FB* 方向倾斜地作用于球

体，使它沿粒子的入射方向 FB 运动时，与当相同粒子沿直线 FB 方向垂直作用于圆柱体，使其同样沿粒子的入射方向运动时，粒子在两种运动中受到的力的效率之比等于 $BE^2 : BC^2$。如上图所示，bE 垂直于圆柱体 NAO 的圆底面，和半径 AC 相等。如果在 bE 上取一点 H，使 bH 等于 $\dfrac{BE^2}{CB^2}$，那么 bH 比 bE 等于粒子作用于球体的效力与它作用于圆柱体的效力之比。所以，当所有的线段 bH 组合起来构成一个立方体，而且所有的线段 bE 也组合起来构成一个立方体时，这两个立方体的比等于所有的粒子作用于球体的效力和所有粒子作用于圆柱体的效力之比。但因为前一个立方体是抛物面的，顶点为 C，轴为 CA，通径是 CA，而后一个立方体是抛物面的外接圆柱体，已知抛物圆是其外接圆柱体的一半，所以可推导出，介质作用于球体的总力等于介质作用于圆柱体的总力的一半。所以如果介质中的粒子处于静止状态，而圆柱体和球体以相等速度在介质中运动时，球体受到的阻力是圆柱体受到的阻力的一半。证毕。

附注

运用与上述相同的方法，也可比较其他形状的物体受到的阻力，并由此可得到哪种形状的物体最适合在阻碍介质中维持其运动。如果以 O 为中心，OC 为半径作一圆底面 CEBH，再以 OD 为高度，作一个平截头圆锥体 CBGF。那么当 CBGF 沿轴 OD 向点 D 运动时，与其他任何底面和高度与之相同的平截头圆锥体比较，它受到的阻力最小。取 OD 的平分点 Q，再延长 OD，在此直线上取 QS 等于 QC，那么点 S 则是已求出的平截头圆锥体的顶点。

顺便指出，因为角 CSB 始终是锐角，如果固体 ADBE 是由椭圆形或者卵形绕轴 AB 旋转形成的，并且三条线段 FG、GH、HI 分别与形成的图形 ADBE 相切于点 F、B、I，使线段 GH 与轴相垂直，切点为 B，而 FG、HI 和 GH 的夹角角 FGB 与角 BHI 都是 135°。当这两个立方体都沿共轴 AB 由 A 向 B 运动时，绕同一条轴 AB 旋转形成的立方体 ADFGHIE 受到的阻力要小于前一个立方体受到的阻力。而且我认为本命题运用到轮船修建中时很有意义。

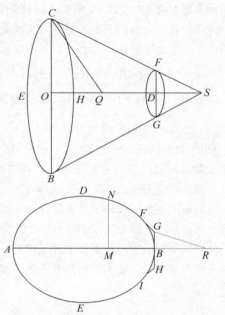

如果图形 *DNFG* 是这样一条曲线：过任意点 *N* 作直线 *NM*，垂直于轴 *AB*。又过定点 *G* 作直线 *GR*，平行于一条与图形相切的切线。且 *GR* 与轴的延长线交于点 *R*。那么 $MN : GR = GR^3 : (4BR \times GB^2)$，而且当图形 *DNFG* 绕轴 *AB* 旋转产生的立方体在上述稀薄介质中从 *A* 运动到 *B* 时，它受到的阻力小于其他任意长度和宽度与之相等的圆形立方体。

命题 35　问题 7

已知一个稀薄介质由体积相等的极小粒子构成，这些粒子自由分布在距离相等处，保持静止。如果球体在该介质中做匀速运动，求球体受到的阻力。

情形 1　已知圆柱体的直径和高度相等，它沿其轴的方向以相等的速度在相同介质中运动。假设落在球体或圆柱体上的介质粒子反弹回来的力尽可能大。根据命题 34 可知，球体受到的阻力是圆柱体受到的阻力的一半。又因为球体与圆柱体的比是 2 ：3，而且垂直落在圆柱体上的粒子被圆柱体以最大的力反弹回来，并且传递给这些粒子的速度是圆柱体速度的两倍。由此可推出，当圆柱体在此介质中做匀速运动，通过的距离为其直径的长度时，它传递给粒子的运动等于该球体的运动；当球体运动的距离为直径的 $\dfrac{2}{3}$ 时，其传递给粒子的运动与球体的总运动之比等于介质与球体的密度之比。因此，在球体做匀速运动通过其直径的 $\dfrac{2}{3}$ 所用时间内，存在一个力，使球体的总运动全部抵消或产生，而球体受到的阻力与该力的比等于介质与球体的密度之比。

情形 2　假设介质中粒子与球体或圆柱体碰撞后，并不会反弹回来。当粒子垂直落在圆柱体上时，圆柱体只会将它的速度传递给粒子，所以圆柱体受到的阻力只是情形 1 的一半。同样，球体受到的阻力也只是情形 1 的一半。

情形 3　假设介质粒子与球体碰撞后，会反弹回来，但是其反弹力并不是最大值，也不是一点力都没有，而是为某个平均力。在这种情形下，球体受到的阻力是第一种情形中阻力与第二种情形中阻力的比例中项。证毕。

推论 1　如果球体和粒子都无限坚硬，而且两者完全没有弹力，则它们间也完全没有反弹力。在此坚硬球体经过其直径的 $\dfrac{3}{4}$ 的时间内，存在一个力，使该球体的运动全部抵消或产生，那么球体受到的阻力与此力之比等于介质与球体的密度之比。

推论 2　在推论 1 的条件下，球体受到的阻力与速度的平方成正比。

推论 3　在推论 1 的条件下，球体受到的阻力与其直径的平方成正比。

推论 4　在推论 1 的条件下，球体受到的阻力与介质密度成正比。

推论 5　球体受到的阻力与速度的平方，直径的平方和介质密度，这三项的乘积成正比。

推论 6　于是，球体的运动和其受到的阻力可以这样表示。假设球体因均匀阻力的持续作用而失去全部动能所用时间以线段 AB 表示，分别过点 A、B 作直线 AD、BC 垂直于 AB。而球体的总运动用 BC 来表

示，以 *AD*、*AB* 为渐近线，作一
条通过点 *C* 的双曲线 *CF*。延长
AB 至任意点 *E*，并过点 *E* 作垂
线 *EF*，与双曲线 *CF* 交于点 *F*。
过 *C*、*B*、*E* 三点作一个平行四
边形 *CBEG*，再连接 *AF*，与 *BC*
交于点 *H*。如果当球体以其初始

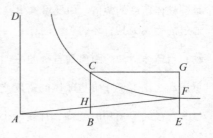

运动在无阻力介质中运动时，在任意时间 *BE* 内，其均匀划过的距离用
平行四边形的面积 *CBEG* 表示，而在相同条件下，当球体在阻碍介质
中运动时，其划过的距离用双曲线面积 *CBEF* 表示，那么在任意时间
段 *BE* 末端，球体的运动用纵轴 *EF* 表示，而在阻碍介质中球体损失的
运动为 *FG*。在这段时间结束时，球体受到的阻力用线段 *BH* 表示，而
失去的阻力部分用 *CH* 表示，该推论中的所有表示都可运用第 2 编命题
5 的推论 1 和推论 3 来证明。

推论 7　如果球体因受到均匀阻力 *R* 的持续作用，而在时间 *T* 内损
失其全部动能，而当同一球体在阻碍介质中运动时，在时间 *t* 内，因介
质中阻力 *R* 随球体速度的平方减小，所以球体失去其总运动 *M* 的一部
分 $\dfrac{tM}{T+t}$，剩余的部分是 $\dfrac{TM}{T+t}$，且其通过的距离与当球体在同一时间 *t* 内以

均匀运动 *M* 划过的距离之比等于 $\dfrac{T+t}{T}$ 的对数与 2.302 585 092 994 的乘积

和 $\dfrac{t}{T}$ 的比值，因为双曲线面积 *BCFE* 与矩形 *BCGE* 的比值也等于这一
比值。

附注

在这个命题中，我已展现出了当抛射球体在不连续的介质中运动
时，其受到的阻力和运动减缓的情况。同时也可求出，在球体匀速运
动通过自身直径的 $\dfrac{2}{3}$ 长度的时间内，存在一个力使球体的总运动全部
被抵消或产生，且阻力与该力的比等于介质与球体的密度之比。但只
有当球体和介质粒子都有完全的弹性力，并在相撞时获得最大反弹力

时，上述结论才成立。而当球体和介质粒子都无比坚硬，而且没有任何反弹力时，上述的力会减弱一半。然而当球体在连续介质中（如水、热油、水银）通过时，它并不与产生阻力的所有流体粒子立即碰撞，而是压迫周围临近的粒子，这些粒子又压迫更远处的粒子，远处的粒子又压迫其他的，以此过程扩散到整个流体中，在这种介质中的阻力减少了一半。当球体在这些流体性强的流体中运动时，受到的阻力与在它以匀速运动通过自身直径的 $\frac{8}{3}$ 长度的时间内，使球体总运动全部被抵消或产生的力之比等于介质与球体的密度之比。下面我会证明这一结论。

命题 36　问题 8

已知水从一柱形窗口的底面小洞中流出，求水的运动。

已知 $ACDB$ 是一个圆柱形窗口，AB 是容器上端开口，CD 为与水平面平行的容器底面，而 EF 则是位于底面中心的圆形小孔，G 是它的中心，GH 是圆柱的轴，与水平面垂直。假设与容器内腔宽度一致且共轴的冰柱 $APQB$ 匀速垂直下落，它的各个部分一接触平面 AB 就立即融化，并因受到其本身的重量作用而流入容器。在此过程中，形成水柱 $ABNFEM$，最终恰好完全充满小孔 EF，然后就沿此孔流出容器。已知冰柱匀速下落的速度和在圆 AB 内连续水流的速度，这两者都等于下落的水通过距离 IH 获得的速度，且 IH 与 HG 位于同一条直线上。过点 I 作平行于水平面的线段 KL，分别与冰块的两边交于点 K、L。已知水从小孔 EF 流出时的速度等于水从点 I 下落通过距离 IG 后达到的速度。因此，通过伽利略的定理可推出，IG 与 IH 的比等于水从小孔流出时的速度与水在圆 AB 处的速度的比值的平方。也就是这一比值等于圆 AB 与圆 EF 的比值的平方。此两圆与在相等时间内，恰好填满并通过相应圆的等量水流的速度成反比。到目前为止，上述谈论的速度都只是水流向地平面的速度，至于那些平行于水平面，使下落的各部分水相互聚拢的速度，因为它并非由重力产生，而且也不影响垂直于水平面，由重力产生的速度，所以此部分速度并未考虑在内。在此过程中，的确需要假设水的各部分间存在某种凝聚力，使得下落的水的运动有些微部分是与水平面平行的，这样就能防止水分散成几部分水流，而是相互靠拢形成一条水柱。但在本命题中，我们并不考虑由此内聚力产生的与水平面平行的运动。

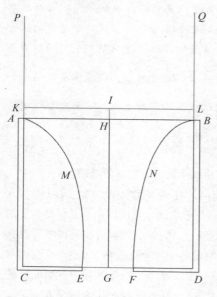

情形 1　假设在容器内，下落水流 *ABNFEM* 的周围充满了冰，使水流过时，这些冰所起的作用仿佛是一个漏斗。如果水流并不与冰接触，而只是与冰非常接近，或者是另一种与之效果相同的情形，即因为冰的平面非常光滑，所以虽然水与之相接触，但是水却能在上面自由流动，而不受任何阻力作用。那么当水从小孔 *EF* 流出时，速度仍然等于之前的速度，而且水柱 *ABNFEM* 的重量依然是使水从小孔中流出的力，而容器底部则承担了所有该水柱周围的冰的重量。

如果在容器中出现了冰融化，那么流出的水仍保持不变，其速度也保持不变。而速度能维持的原因是冰融化后也有下落的倾向，同时速度也不变大是因为冰变成水后，相等的力在流动的水中始终只能产生相同的速度，所以它的下落速度与其他的水相等，因此不会阻碍其他水向下流动。

但由于流水粒子也有斜向运动，所以在容器底部小孔处的水流一定会略大于以前。因为现在并不是所有的水粒子都是垂直通过小孔的，而是从容器边的所有方向流向小孔，并且在其通过小孔时，它的运动是与水平面倾斜的。这些水汇聚而成的水流，在小孔下面的直径要略小于小孔的直径，如果我的测量结果无误，这两个直径之比将是 5：6，或约等于 $5\frac{1}{2}$ 比 $6\frac{1}{2}$。首先选取一块很薄的平板，在其正中凿一个直

径为 $\frac{5}{8}$ 英寸的圆孔。为了使下落的水流不加速，使水流更细，我并没有把平板固定在容器底部，而是固定在容器的旁边，使水流流出的方向与水平面相平行。当容器装满水后，打开小孔让水流出，然后在距小孔大约半英寸的地方，测出水流直径的精确值是 $\frac{21}{40}$ 英寸。因此小孔直径与水流直径的比值约等于 25：21。所以水从各个方向汇集，然后穿过小孔，而在此之后因为汇集作用，水的直径会缩小，水流的速度也会加快，直至到达距小孔 0.5 英尺处。在这里水流虽然变小，但速度却加快，该速度与水流在小孔处的速度之比等于 (25×25)：(21×21)，或近似等于 17：12，约等于 $\sqrt{2}$：1。现在通过实验可确认，当水从容器底部的小孔流出时，在给定时间内，流出的水量等于在相等时间内，以上述速度从另一个圆形小孔流出的水量(该圆形小孔的直径与容器底部小孔的直径之比为 21：25)。因此水流穿过小孔时的下落速度近似等于重物从容器中静止水高度的一半下落时获得的速度。但是，当水从小孔中流出后，因受到的内聚力的作用，所以水流仍会继续加速，直到它与小孔的距离约等于小孔的直径，且达到的速度与另一个速度之比约为 $\sqrt{2}$：1（另一个速度是指重物从相当于容器中静止水高度处下落后，所达到的速度的高度近似值）。

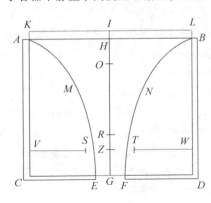

接下来用 EF 小孔代表水流的直径，并假设另一平面 VW 位于小孔 EF 上方，平行于底面。而其与小孔 EF 的距离等于小孔的直径，且在平面 VW 上凿一个更大的孔 ST，使恰好充满小孔 EF 的水流在穿过 ST 时也恰好充满它，那么 ST 的直径与 EF 的直径之比约等于 25：21。运用这个方法，水在流经小孔 EF 时与小孔垂直，而流出的水量取决于小孔 EF 的大小，这和本问题的最终求解十分相似。平面 VW 与 EF 间的空间和下落的水流可视为容器底。但为了让求解过程更简洁，更数学化，最好只取平面 EF 为容器底面，假设水通过冰块时，如同通过漏斗一样，顺着冰块从小孔 EF 流出容器，此过程中水保持连续运动，而冰保持静止。因此接下来设 ST 是以 Z 为圆心作的圆孔，当容器中装满水时，水全部从这个孔流出。EF 则为另一个小孔的直径，而且无论水是从容器中的上表面的小孔 ST 流出，还是通过容器中的冰块就像穿过漏斗一样流出，水在流经小孔 EF 时恰好充满它。已知上表面的小孔直径 ST 与下表面的小孔直径 EF 的比为 25：21，且两个平面的垂直距离等于小孔 EF 的直径。那些此时水通过孔 ST 的速度相当于物体从高度 IZ 的一半自由下落获得的速度。

情形 2　如果小孔 EF 不在容器底面的中心，而是在底面上的其他位置，但大小不变，那么水仍以相等的速度通过这个孔。因为虽然重物垂直自由下落的时间比它沿斜线下落时通过同一高度的时间要短，但是正如伽利略所证明的，物体在这两种情况下获得的速度是相等的。

情形 3　如果水从容器一侧的小孔流出，那么速度也是相等的。如果孔很小，而使表面 AB 与 KI 的间距可忽略不计，而沿水平方向是自容器一侧流出的水流运动轨迹为抛物线。由此抛物线的通径可知，水的流动速度等于物体从静止水面 IG 或 HG 的高度落下时获得的速度。通过实验，我发现如果静止水面距小孔的高度为 20 英寸，且小孔距一平行于水平面的表面高度也是 20 英寸，从这个小孔中流出的水在此平面上的落点，到小孔所在平面的垂直距离约等于 37 英寸。但如果水在下落时没有受到阻力作用，水流在平面上的落点距上述平面的距离应该为 40 英寸，而抛物线的通径则为 80 英寸。

情形 4　如果水流是向上喷出的，那么它的速度仍会保持不变。因为朝上喷出的细水流会一直做垂直运动，直到容器中静止水的高度 GH 或 GI，而水上升的过程中受到的极小空气阻力可忽略不计。因此水朝上喷出的速度等于它从相同高度下落后获得的速度。由第 2 编命题 19 可知，容器中静止状态的水中的每个粒子在各方向受到的压迫力都相等，无论是从容器底的小孔流出还是从容器侧的小孔流出，或是沿上表面的管道向上喷出，水流都会屈服于这些压力，而倾向于受到相等的力而沿某处流出。这一结论不但可通过推导得出，还可以通过上述著名的实验证明，水流出的速度等于本命题中推导出的速度。

情形 5　无论小孔的形状是圆形、方形、三角形或其他任意形状，只要其面积与圆孔的面积相等，水流出的速度也相等。因为水流的速度并不取决于小孔形状，而只取决于平面 *KL* 到小孔的距离。

情形 6　如果容器 *ABDC* 的下部分充满静止的水，且水在容器底面的高度为 *GR*，那么窗口内水从小孔 *EF* 流入静水的速度就等于水从高度 *IR* 下落获得的速度。位于静止水面下的容器内水的所有重量都因为有静水的支撑而保持了平衡，所以容器内流入的水并不会因此而加速，这一情形同样也能从测量水流出的时间得到证明。

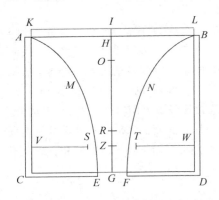

推论 1　如果增加水的深度 *CA* 至 *CK*，使 *AK* 与 *CK* 的比等于位于容器底任意位置的小孔面积与圆 *AB* 的面积之比的平方，那么水流的速度等于水从高度 *KC* 流下时获得的速度。

推论 2　产生水流的全部运动的力等于一个水柱的重量，此圆柱体以小孔 *EF* 为底面，高为 2*GI* 或 2*CK*。因为当水流等于该水柱时，由于其自身重量而从高度 *GI* 流下的速度即为水流速度。

推论 3　容器 *ABDC* 中所有水的重量与其中流出的那一部分水的重量之比等于圆 *AB* 与 *EF* 的和与圆 *EF* 的比的两倍。已知 *IO* 为 *IH* 和 *IG* 的比例中项，那么在水滴从高处 *IG* 下落的时间内，水从小孔 *EF* 流出的水相当于一个圆柱体，此圆柱体以圆 *EF* 为底面，高度为 2*IG*，相当于以 *AB* 为底，高度是 2*IO* 的圆柱体。因为圆 *EF* 与圆 *AB* 的比值等于高度 *IH* 与高度 *IG* 的比值的平方根，等于比例中项 *IO* 与高度 *IG* 的比值。另外，在水滴从点 *I* 开始下落并通过高度 *IH* 的时间内，流出的水相当于一个圆柱体，它以圆 *AB* 为底，高度为 2*IH*。而在水滴从点 *I* 下落，经过点 *H* 到达点 *G*（此过程中通过高度差 *HG*）的时间内，立方体 *ABNFEM* 内装的水等于圆柱体的差，相当于以圆 *AB* 为底，高度为 2*IH*

的圆柱体。因此容器 *ABDC* 内所有的水与上述立方体 *ABNFEM* 内流下的水之比等于 *HG* 比 2*HO*，等于 *HO+OG* 比 2*HO*，或 *IH+IO* 比 2*IH*。但是立方体 *ABNFEM* 内所有水的重量都作用于水，使水得以流出，所以容器内所有水和驱使水流出的那部分水之比等于 *IH+IO* 比 2*IH*，所以也等于圆 *EF* 与 *AB* 的和比圆 *EF* 的两倍。

推论 4　容器 *ABDC* 内所有水的重量与容器底支撑的另一部分重量之比等于圆 *AB* 与 *EF* 的和比 *AB* 与 *EF* 的差。

推论 5　容器底支撑的那种分重量与使水流出的另一部分重量之比等于圆 *AB* 与 *EF* 的差比较小圆 *EF* 的两倍，或是等于底面的面积比小孔的面积的两倍。

推论 6　压迫底面的那部分重量与水垂直压迫底面的总重量之比等于圆 *AB* 与圆 *AB* 和 *EF* 的和之比，或等于圆 *AB* 与 *AB* 的两倍减去底面积所得的差之比。根据推论 4，压迫底面的那部分重量与容器内水的总重量之比等于圆 *AB* 和 *EF* 的差比圆 *AB* 和 *EF* 的和，而容器内所有水的重量与垂直压迫底面的那部分重量之比等于圆 *AB* 比圆 *AB* 和 *EF* 的差。上两个比例式的对应项相乘，得到压迫底面的那部分水的重量与垂直压迫底面的所有水的重量之比等于圆 *AB* 比圆 *AB* 和 *EF* 的和，或等于圆 *AB* 比它的两倍减去底面的差。

推论 7　如果在小孔 *EF* 的正中放置小圆 *PQ*，它以 *G* 为圆心，平行于水面，那么该圆承担的水的重量大于以该圆为底，高为 *GH* 的水柱重量的 $\frac{1}{3}$。如上所设，*ABNFEM* 仍是以 *GH* 为轴的水柱，而所有不影响水柱顺利而迅速下落的水都被冷冻，这其中也包括水柱周围和小圆上的水柱。*PHQ* 是位于小圆上被冻结的水柱，其顶点为 *H*，高度为 *GH*。假设此水柱因受到其自身重量而

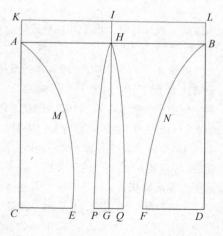

下落，而除了在水柱刚开始下落时其顶点或许会变凹，其余时候它既不依靠在 *PHQ* 上，也不压迫它，而是不受到任何摩擦力地自由下滑。由于围绕水柱的冷冻部分 *AMCE* 和 *BNFD* 内表面 *AME* 和 *BNF* 朝向水柱凸起，所以它会大于以小圆 *PQ* 为底，高为 *GH* 的圆锥体，即大于同底同高圆柱体的 $\frac{1}{3}$。于是小圆承受了水柱的重量，这一重量大于圆锥体的重量，或大于圆柱体的重量的 $\frac{1}{3}$。

推论 8 当圆 *PQ* 非常小时，其承受的水的重力似乎小于一个圆柱体重力的 $\frac{2}{3}$，该圆柱体以小圆 *PQ* 为底，高度为 *HG*。按照上述条件，假设以小圆 *PQ* 为底的半椭球的半轴或高度为 *HG*，而且这一图形等于圆柱体的 $\frac{2}{3}$，包含在凝结水柱 *PHQ* 内，其重力由小圆承受。虽然水的运动方向是垂直向下的，但由于在水下落过程中连续加速时，水流会因此变细，所以水柱的外表面与底面 *PQ* 相交的角必定是一个锐角。由于这个角度小于直角，所以该水柱的下面部分将位于半椭球内。而水柱的上半部分则仍然是锐角或凝聚在一点，因为水是由上向下运动的，所以顶点处水的水平运动速度必定大于水平面处的水平运动速度。并且圆 *PQ* 越小，水柱顶点处的锐角就越小。那么当圆 *PQ* 无限减小时，角 *PHQ* 也无限缩小，所以水柱小于半椭球，或小于以小圆 *PQ* 为底，高为 *GH* 的圆柱体的 $\frac{2}{3}$。于是小圆承受的水的力等于水柱的重力，而其周围的水则使水从小孔流出。

推论 9 当圆 *PQ* 非常小时，它承受的重力约等于一个水柱的重力，此水柱以 *PQ* 为底，高为 $\frac{1}{2}GH$。这是因为这一重力是上述圆锥体的重力和半椭球重力的算术平均值。但是如果这个小圆并不是非常小，相反它会一直变大，直到与小孔 *EF* 相等，那么此时 *PQ* 承受的重力是垂直落在其上的所有水的重力，即为以小圆 *PQ* 为底，高为 *GH* 的圆柱体的重力。

推论 10 就目前我所推出的所有结论，小圆承受的压力与以该小圆为底、高为 GH 的圆柱体的重力之比等于 EF^2 与 $EF^2 - \dfrac{1}{2}PQ^2$ 之比，或者近似圆 EF 与其减去小圆 PQ 的一半所得的差之比。

引理 4

如果圆柱体沿着其长度方向做匀速运动，受到的阻力完全不会因为长度的增减而改变，那么这一阻力与直径相同的圆受到的阻力相等，其中此圆以相同速度沿垂直于圆面的方向做匀速运动。

由于圆柱体的各边不对抗其运动，所以当其长度无限减小时，圆柱体变为一个圆面。

命题 37　定理 29

如果圆柱体在无限压缩的无弹性流体中，沿着其长度方向做匀速运动，那么它的横截面受到的阻力等于让圆柱体移动其自身长度四倍的距离时所需的力，而介质的密度几乎等于圆柱体的密度。

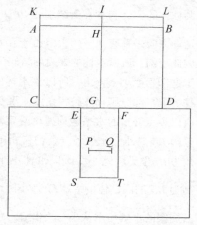

已知容器 $ABDC$ 通过底面 CD 与静止水面接触，且水通过垂直于水平面的柱形通道 $EFTS$ 流水静止中，而小圆 PQ 位于通道内与水平面平行的任意位置。延长 CA 至 K，使 AK 与 CK 的比值等于通道内小孔减去小圆 PQ 的差与圆 AB 的平方之比。根据命题 36 的情形 5 和 6，以及推论 1 可知，水通过小圆和容器边间的环状空间时的速度等于水从高度 KC 或 IG 落下时获得的速度。

而根据命题 36 的推论 10，如果容器有无限宽，使得短线段 HI 消失，高度 IG 等于 HG。而水流下时对小圆的压迫力与以该小圆为底，高度为 $\dfrac{1}{2}IG$ 的圆柱体的重量之比近似等于 EF^2 比 $EF^2 - \dfrac{1}{2}PQ^2$。因为无论小圆 PQ 位于通道内什么地方，水向下匀速运动通过整个通道时，对

小圆 PQ 的压迫力都是相等的。

现假设通道口 EF 和 ST 关闭，小圆在上升过程中各个方向都受到流体的阻力，且它迫使其上方的水通过小圆与容器边的环形空间下落，那么小圆上升的速度与水下降的速度之比等于圆 EF 减去 PQ 的差与圆 PQ 的比。而圆上升的速度与这两个速度的和（即下降的水经过上升的小圆时的相对速度）之比等于圆 EF 与 PQ 的差和圆 EF 之比，或者等于 (EF^2-PQ^2)：EF^2。已知相对速度等于小圆静止时，水经过环状空间的速度，即等于水从点 I 下降经过高度 IG 达到的速度。根据运动定律推论 5，水对上升小圆的压迫力仍然和以前一样，小圆上升时受到的阻力，和以小圆为底、高为 $\dfrac{1}{2}IG$ 的水柱的重量之比约等于 EF^2：$\left(EF^2-\dfrac{1}{2}PQ^2\right)$。但小圆的速度与水从高度 IG 下降获得的速度的比等于 (EF^2-PQ^2)：EF^2。

已知通道的宽度可无限增大，那么 (EF^2-PQ^2)：EF^2 最终将等于 EF^2：$\left(EF^2-\dfrac{1}{2}PQ^2\right)$。所以这时小圆的速度等于水从点 I 下降，经过高度 IG 获得的速度，且受到的阻力等于一个圆柱体的重量，此圆柱体以小圆为底，高度为 $\dfrac{1}{2}IG$。而圆柱体从高度 IG 下降所获得的速度等于小圆上升的速度，在圆柱体下降的时间内，如果它以此速度运动，那么它通过的距离是其本身长度的 4 倍。但根据引理 4，当圆柱体以此速度沿其长度方向运动时，其受到的阻力等于小圆受到的阻力，此阻力约等于驱使圆柱体移动过其长度 4 倍的距离时的力。

如果柱体的长度增减时，它的运动和它经过其四倍长度的时间也按相同的比例增减，那么会使产生或抵消这种按相同比例增减的运动的力维持不变。而又因为时间按此比例增减，并且根据引理 4，阻力也保持不变，所以该力始终等于圆柱体受到的阻力。

如果圆柱体的密度出现增减，那么它的运动和在相同时间内让它的运动以相同方式产生或抵消的力也会按相同比例增减。因此任意圆柱体受到的阻力与在其通过自身长度的四倍的时间内使总运动产生或抵消的力之比约等于介质密度与圆柱体密度之比。证毕。

只有被压缩后的流体才是连续的，而只有当流体为连续和非弹性时，由它产生的压力才会立即得到传递。因此作用于运动物体上各部分的相同力不会引起阻力的变化。物体的运动产生的阻力则用于产生流体各部分的运动，阻力也由此产生。但只要压力是即时传递的，不产生连续流体内各部分的任何运动，那么不论由流体的压缩而产生的压力会有多大，都不会使其中的运动发生任何改变，所以阻力也不会出现增减。由此可确定压缩产生的流体效应不会使物体在运动时各部分的前半段弱于后半段，本命题内的阻力不会减弱。如果和受压迫物体的运动比较，压缩力的传递将会无限地快，那么前半段的压缩力也不会强于后半段的压缩力。但如果流体是连续、非弹性的，那么其压缩作用会无限地快，并且会立即得到传递。

推论 1　当圆柱体在无限的连续介质中沿其长度方向做匀速运动时，它受到的阻力与速度的平方、直径的平方和介质密度三者的乘积成正比。

推论 2　如果通道的宽度不会无限增大，而圆柱体在通过的静止介质中沿其长度方向运动，而且它的轴始终是与通道的轴重合的，那么其阻力与在它通过长度为本身 4 倍的时间内使其总运动产生或抵消的力之比等于 $EF^2 : \left(EF^2 - \dfrac{1}{2}PQ^2\right)$，$EF^2 : (EF^2 - PQ^2)$，以及介质密度与圆柱体密度的比值这三者的乘积。

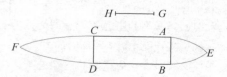

推论 3　按上述条件，已知长度 L 与圆柱体长度的四倍之比等于 $\left(EF^2 - \dfrac{1}{2}PQ^2\right) : EF^2$ 与 $(EF^2 - PQ^2) : EF^2$ 的乘积，那么圆柱体受到的阻力与在其通过长度为 L 的时间内，产生或抵消总运动的力之比等于介质密度与圆柱体密度之比。

附注

在此命题中，我们只探讨了由截面产生的阻力，而斜向运动产生的阻力则忽略不计。因为如同命题 36 情形 1 一样，容器内做倾斜运动的那部分水从各个方向朝小孔 EF 聚集，阻碍了水流出小孔。因此，在这个命题中，水的各部分因受到水柱前端的压力而做斜向运动，向各个方向分散，使水从前端向水柱后端的运动变缓，从而流体被迫绕道，从更远处流过。这样水受到的阻力就会增大，约等于它迫使流出的水的减少量，近似等于 25 比 21 的平方。而和本命题的情形 1 一样，它会使容器内水柱周围的水都冻结，各部分水垂直穿过小孔 EF，而做斜向运动和无用运动的各部分水则保持静止，在此命题中，水的斜向运动可忽略，而水的各部分则尽可能迅速地直接屈服于斜向运动。这样水的各部分就能自由地通过水柱，此时由于圆柱体前端不会变尖，那么除非圆柱体的直径减小，否则横截面产生的阻力会保持不变，不会减小。因此必须假设产生阻力做斜向运动和无用运动的各部分流体在圆柱体两端相互保持静止，然后连续地与圆柱体连接在一起。已知 $ABDC$ 是矩形，AE、BE 是以 AB 为轴的两条抛物线弧，柱体的速度是其下降 HG 后获得的速度，抛物线的通径与 HG 的比值等于 $HG : \frac{1}{2} AB$。CF、DF 是以 CD 为轴的另外两条抛物线，其通径是前一通径的四倍。该图形绕轴 EF 旋转后得到一个立方体，中间部分 $ABDC$ 就是我们谈论的圆柱体，而它的两端 ABE 和 CDF 则包含了流体静止的部分，并凝结为两个坚硬的物体，与圆柱体黏结，仿佛它的头和尾。如果该立方体 $EACFDB$ 沿轴 EF 方向朝点 E 运动，那么阻力近似等于我们在此命题中求出的阻力，阻力与在柱体连续均匀运动通过长度 AC 的时间内使柱体的总运动产生或抵消的力之比近似等于流体密度与柱体密度之比。根据命题 36 推论 7，阻力与此力比值的最小值为 $2 : 3$。

引理 5

如果先后在柱形通道中央放入宽度相等的圆柱体、球体和椭球体，使这三个物体的轴都与通道的轴重合，那么这三个物体对穿过通道的流水的阻力相同。

　　由于在通道壁与圆柱体、球体和椭球体之间，可以让水通过的空间是相等的，并且相等的空间流过相等的水。

　　命题 36 推论 7 已指出，本引理的假设条件是如果流动性不能使水尽快通过通道，那么位于圆柱体、球体和椭球体上方的水将会出现滞留。

引理 6

　　如上述条件，流经通道的水流对上述物体施加的作用相等。

　　本引理可由引理 5 和第三定律证明，因为水和物体间的相互作用是相等的。

引理 7

　　如果水在通道中静止，而上述物体以相同的速度在通道中向相反方向运动，那么它们相互间受到的阻力相同。

　　这可由前一引理证明，因为它们之间的相对运动保持不变。

附注

　　所有位于通道内凸起的圆形物体，如果它的轴与通道的轴重合，则情形与上述引理一致。在此过程中，或许会因为摩擦的大小而使情况有所不同。但在这些引理中，我们假设物体非常光滑，且介质中没有任何黏性和摩擦力。如果水在通道中运动时，那些干扰、阻碍或延缓其流动的部分，以及做多余的斜向运动的部分都保持静止，就如同水结成冰一样固定起来，而且运用上一命题的附注中所解释的方式将其前后部分黏结起来。接下来我们将探讨圆形物体的最大横截面可能受到的最小的阻力值。

　　当物体浮在流体面上做直线运动时，会使流体的前部做上升运动，而其后部下沉。如果该物体是钝形，现象会更为明显，因为钝形物受到的阻力要略大于头尾都是锐形的物体。而如果在弹性流体中运动的物体前后皆是钝形，那么此物体的前部的流体则比较稠密，而后部就较为稀薄。因此相较于首尾都是钝形的物体，这种物体受到的阻力更大。但在这些命题的引理中，我们所讨论的是非弹性流体，并且物体深浸入流体中，而非漂浮在流体表面。一旦求出了物体在非弹性流体中受到的阻力，则在此阻力上略微增加一部分后，即是它在弹性流体中（如空气）受到的阻力，以及在静止流体（比如湖水和海水中）表面受到的阻力。

命题 38　定理 30

如果球体在无限的非弹性压缩流体中做匀速运动，且存在一个力使其在通过它的直径的 $\frac{8}{3}$ 长距离的时间内，它的运动产生或抵消，那么它受到的阻力与此力的比近似等于流体密度与球体密度的比。

因为球体与外接圆柱体的比是 2：3，所以此圆柱体通过距离为其自身长度 4 倍的时间内使圆柱体的运动被抵消的力等于在球体通过距离为其直径 $\frac{3}{2}$ 时使球体的总运动被抵消的力，即在其通过距离为其直径 $\frac{3}{2}$ 时所有运动被抵消的力。根据命题 37，圆柱体受到的阻力与该力的比等于流体密度与圆柱体或球体密度之比，而由引理 5、6、7，球体与圆柱体受到的阻力相等。证毕。

推论 1　当球体在无限压缩介质中运动时，它受到的阻力与速度的平方、直径的平方和介质密度三者的乘积成正比。

推论 2　球体以自身相对重量在阻碍流体中下落时能达到的最大速度等于相同重量的物体在无阻力空间中下落时，能达到的最大速度，并且达到最大速度前通过的距离与其直径的 $\frac{4}{3}$ 之比等于球体密度与流体密度之比。因为在球体下落的时间内，在它获得速度运动时，通过的距离与其直径的 $\frac{8}{3}$ 之比等于球体与流体的密度之比。而产生这一运动的重力与在球体以相同速度通过其直径的 $\frac{8}{3}$ 的时间产生相等运动的力等于流体与球体的密度之比，因此根据命题可知，重力与阻力相等，所以不能让球体加速。

推论 3　如果已知球体开始运动时的速度、球体密度和球在其中运动的静止的压缩流体的密度，那么可运用命题 35 推论 7 求出任意时间球体的速度、受到的阻力和通过的距离。

推论 4 如果球体在一个静止的压缩流体中运动，流体密度与球体密度相等，通过推论 7 可推出球体在通过其直径两倍的距离时，动能已损失一半。

命题 39 定理 31

正如压缩流体密封于管道内，当球体在其中运动时，受到的阻力与在它通过直径的 $\frac{8}{3}$ 距离的时间内使其动能产生或完全抵消的力的比值等于以下三个比值的乘积：管道口面积与管道口面积减去球大圆一半的差的比，管理口面积与管道口面积减去球大圆的差的比，流体密度和球体密度的比。

这可由命题 37 的推论 2 推导出，也可用前一命题相同的方法进行证明。

附注

在前两个命题中，假设条件和引理 5 中的一样，所有位于球体上且流动性导致阻力增加的那部分水会被冻结。如果这些水变成流体，那么阻力会有一定程度的增加。但在这些命题中，阻力的增加量非常小，所以可忽略不计。这是因为球体的凸面产生的效果几乎与凝结的水产生的效果相同。

命题 40 问题 9

已知球体在理想的压缩流体中运动，通过实验求其受到的阻力。

假设 A 是球体在真空中的重力，B 为其在阻碍介质中的重力，D 是球体直径，F 是一段距离，它与 $\frac{4}{3}D$ 的比值等于球体和介质的密度之比，即 $F : \frac{4}{3}D = A : (A - B)$。设球体因重力 B 在无阻力空间下落，它通过距离 F 所用的时间为 G，下落过程中达到的速度为 H。那么根据命题 38 推论 2 可知，H 就是当球体在阻碍介质因重物 B 下落时能达到的最大速度。而球体以其速度下落时受到的阻力等于 B 的重力，那么根据命题 38 的推论 1，球体以其他速度运动时，受到的阻力与 B 的重力之比等于上述速度与最大速度 H 的比的平方。

该阻力正是由流体物质的惰性产生的。而由流体的弹性、黏性和摩擦力作用产生的阻力，可用下列方法求出。

设球体在流体中因 B 的重力下落，下落时间是 P，如果时间 G 以秒计算，那么时间的单位为秒，求出与 $0.434\,294\,481\,9\,\dfrac{2P}{G}$ 的对数对应的绝对数 N，再设 L 是数 $\dfrac{N+1}{N}$ 的对数。那么球体下落速度等于 $\dfrac{N-1}{N+1}H$，下落高度为 $\dfrac{2PF}{G}-1.386\,294\,361\,1F+4.605\,170\,186LF$。如果流体很深，那么 $4.605\,170\,186LF$ 这一项可忽略不计，$\dfrac{2PF}{G}-1.386\,294\,361\,1F$ 可视为约等于下落高度。该结论可运用第 2 编命题 9 和其推论证明，它成立的前提是：除了物质的惰性产生的阻力，物体不受到任何其他的阻力。如果球体确实受到任何其他阻力，那么下落会延缓，并由此减缓的量可求出这个新阻力的大小。

为了易于求出物体在流体中下落的速度，我做了以下表格。第一列是下落时间。第二列是下落速度，其中最大速度等于 $100\,000\,000$。第三列表示在相应的时间里下落的距离，其中 $2F$ 是在时间 G 内，球体以最大速度运动时通过的距离。第四列是物体以最大速度运动时，在相应时间内下落的距离，此列的值由获得 $\dfrac{2P}{G}$，而这些值减去（$1.386\,294\,4-4.605\,170\,2L$）所得的差即为第三列的数。如果要求出下落距离，则要用这些数乘以距离 F。第五列加上第四列，得到的值则为在相同时间内，物体在真空中以相对重力下落的距离。

附注

为了在实验中求出液体受到的阻力，我挑了个方形木桶，内部长和宽都是 9 英寸，高为 $9\dfrac{1}{2}$ 英尺，在里面装满雨水。再选多个含铅蜡球，让它们从 112 英寸的高度垂直落下，记录下它们的下落时间。已知 1 立方英尺的雨水质量为 76 磅，而 1 立方英寸的雨水质量为 $\dfrac{19}{36}$ 盎司，或 253 $\frac{1}{3}$ 谷①。在空气中，直径为 1 英寸的水球质量是 132.645 谷，而在真空中，质量会变为 132.8 谷。其他任意的球体在真空中的质量减去在水中的质量得到的差与球体质量成正比。

实验 1　已知一个球体在空气中重 156 $\frac{1}{4}$ 谷，而在水中重 77 谷。其在 4 秒内下落高度为 112 英寸，再多次重复这个实验，球体下落所用的时间都是极为精确的 4 秒。

该球体在真空中的质量为 156 $\frac{13}{38}$ 谷，此质量减去其在水中的质量得到 79 $\frac{13}{38}$ 谷。经过测量，该球体的直径为 0.842 24 英寸。从而推出，这一质量差值与真空中球体质量之比等于水与球体的密度之比，同样，这一比值也等于球体直径的 $\frac{8}{3}$ 倍（等于 2.245 97 英寸）与距离 $2F$（4.425 6 英寸）之比。在 1 秒内，在真空中重达 156 $\frac{13}{38}$ 谷下落的球体通过距离为 193 $\frac{1}{3}$ 英寸；而在无阻力条件下，在水中以其重 77 谷在相同时间内通过的距离是 95.219 英寸。已知时间 G 与 1 秒的比值等于距离 F（2.212 8 英寸）与 95.219 英寸比值的平方根。那么在时间 G 内，它在水中的下落距离为 2.212 8 英寸，能达到的最大速度为 H。因此时间 G 等于 0.152 44 秒。而当球体以最大速度 H 运动时，在时间 G 内通过的距离为 $2F$（4.425 6 英寸），所以球体在 4 秒内通过的距离是 116.124 5 英寸。该距离减去距离 1.386 294 $4F$（3.067 6 英寸），余下距离是 113.056 9 英寸，而这就是球体在盛满水的宽阔容器中运动 4 秒内通过的距离。但由于上述木桶的宽度不大，所以此距离应随一复合比值减小，而这一比值等于以下两个量的乘积：桶口与它减去球体的最大圆的一半后得到的差之比的平方根和桶口与其减去最大圆后得到的差之比，等于 1∶0.991 4。由此求出该距离为 112.08 英寸，而这就

---

①　1 谷=64.8 毫克。

是当球体在装满水的木桶中运动时，在 4 秒内通过的距离的理论近似
值，然而在实验中得到的距离为 112 英寸。

时间	物体在流体中下落的速度	在流体中运动的距离	以最大速度运动时通过的距离	在真空中下落的距离
$0.001G$	$99\ 999^{\frac{29}{30}}$	$0.000\ 001F$	$0.002F$	$0.000\ 001F$
$0.01G$	$999\ 967$	$0.000\ 1F$	$0.02F$	$0.000\ 1F$
$0.1G$	$9\ 966\ 799$	$0.009\ 983\ 4F$	$0.2F$	$0.01F$
$0.2G$	$19\ 737\ 532$	$0.039\ 736\ 1F$	$0.4F$	$0.04F$
$0.3G$	$29\ 131\ 261$	$0.088\ 681\ 5F$	$0.6F$	$0.09F$
$0.4G$	$37\ 994\ 896$	$0.155\ 907\ 0F$	$0.8F$	$0.16F$
$0.5G$	$46\ 211\ 716$	$0.240\ 229\ 0F$	$1.0F$	$0.25F$
$0.6G$	$53\ 704\ 957$	$0.340\ 270\ 6F$	$1.2F$	$0.36F$
$0.7G$	$60\ 436\ 778$	$0.454\ 540\ 5F$	$1.4F$	$0.49F$
$0.8G$	$66\ 403\ 677$	$0.581\ 507\ 1F$	$1.6F$	$0.64F$
$0.9G$	$71\ 629\ 787$	$0.719\ 660\ 9F$	$1.8F$	$0.8F$
$1G$	$76\ 159\ 416$	$0.867\ 561\ 7F$	$2F$	$1F$
$2G$	$96\ 402\ 758$	$2.650\ 005\ 5F$	$4F$	$4F$
$3G$	$99\ 505\ 475$	$4.618\ 657\ 0F$	$6F$	$9F$
$4G$	$99\ 932\ 930$	$6.614\ 376\ 5F$	$8F$	$16F$
$5G$	$99\ 990\ 920$	$8.613\ 796\ 4F$	$10F$	$25F$
$6G$	$99\ 998\ 771$	$10.613\ 717\ 9F$	$12F$	$36F$
$7G$	$99\ 999\ 834$	$12.613\ 707\ 3F$	$14F$	$49F$
$8G$	$99\ 999\ 980$	$14.613\ 705\ 9F$	$16F$	$64F$
$9G$	$99\ 999\ 997$	$16.613\ 705\ 7F$	$18F$	$81F$
$10G$	$99\ 999\ 999^{\frac{1}{2}}$	$18.613\ 705\ 6F$	$20F$	$100F$

实验 2　取出三个相等的球体，它们在空气中的质量为 $76\frac{1}{3}$ 谷，而在水中为 $5\frac{1}{16}$ 谷，然后让它们相继下落，那么在 15 秒内，每个球在水中通过的距离都是 112 英寸。

通过运算，球体在真空中的质量为 $76\frac{2}{15}$ 谷，此质量减去它在水中的质量，得到的差为 $71\frac{17}{48}$ 谷。已知球的直径是 0.812 96 英寸，它的 $\frac{8}{3}$ 倍是 2.167 89 英寸。距离 $2F$ 等于 2.321 7 英寸。在 1 秒内，重为 $5\frac{1}{16}$ 谷的球体在无阻力条件下经过的距离是 12.808 英寸，由此求出时间 G 等于 0.301 056 秒。因此球体以最大速度（该速度是重达 $5\frac{1}{16}$ 谷的球体在水中下落时能达到的最大运动速度），在 0.301 056 秒内通过的距离是 2.321 7 英寸，而在 15 秒内通过的距离为 115.678 英寸，从中减去距离 1.386 294 4F，或 1.609 英寸，剩余距离为 114.069 英寸，这就是在容器足够宽的情况下，球体在 5 秒内下落的距离。但由于窗口很窄，所以应该从该距离中减去 0.895 英寸。因此剩余的距离是 113.174 英寸，而这就是在此容器中下落物体在 15 秒内经过的距离的近似理论距离。在实验中测得的值为 112 英寸，差别并不大。

实验 3　取出三个相等的球体，在空气中的质量是 121 谷，在水中是 1 谷，然后让它们相继下落，三个球的下落时间分别为 46、47、50 秒，但在水中的下落距离皆为 112 英寸。

根据理论推导，它们的下落时间约为 40 秒。实验中其下落却较慢，造成这一现象的原因我不能确定，或许是因为惯性力产生的阻力在由其他原因产生的阻力中所占比例较小，或因为水中的小气泡碰巧附在了球体上，也可能是天气较暖或扔球的手的温度融化了蜡，或是水中称小球时出现了难以察觉的误差。因此，为了使实验结果精确可靠，水中球体的重量应大于 1 谷。

实验 4　在得出上几个命题的结论前，我就已经开始做上述求出流体阻力的实验了。然而为了检验得出的结论，我选了一个木桶，内宽 8 $\frac{2}{3}$ 英寸，深为 15 $\frac{1}{3}$ 英尺。再做四个相等的含铅蜡球，它们在空气和水中的质量分别是 139 $\frac{1}{4}$ 谷和 7 $\frac{1}{8}$ 谷。让它们在水中自由下落，然后用一个摆动周期为半秒的摆测定其下落时间。球体是冷却的，且在称量和下落前就已冷却很久了。由于在温暖的情况下，蜡会稀释，从而其在水中的重量会减小。而稀释的蜡球在冷却后不会立即恢复到原先的密度。为避免小球的任意部分偶然露出水面，从而使小球在一开始就加速，在放开小球前，先确认小球完全没入水中。把它们完全放入水中并保持完全静止后，极其小心地放手使小球下落，而不受任何手的推动力。这四个小球通过高度 15 英尺 2 英寸的时间分别为 47 $\frac{1}{2}$、48 $\frac{1}{2}$、50 和 51 次摆动周期。但是实验时的温度比称量球体时的温度略低，所以我后来又做了一次实验，在这次实验中，球体的下落时间分别为 49、49 $\frac{1}{2}$、50 和 53 次。第三次实验时则分别为 49 $\frac{1}{2}$、50、51 和 53 次。重复做这个实验多次后，我发现出现得最多的下落时间是 49 $\frac{1}{2}$ 和 50 次。而实验中球体有时会下落得较慢，我猜测这是由于球体碰到了桶壁而延缓了下落。

　　而由理论计算，球体在真空中的质量为 139 $\frac{2}{5}$ 谷，从中减去小球的水中的质量得 132 $\frac{11}{40}$ 谷，球体直径为 0.998 68 英寸，它的 $\frac{8}{3}$ 倍是 2.663 15 英寸，距离 2F 为 2.806 6。在无阻力情况下，重 7 $\frac{1}{8}$ 谷的球体在 1 秒内的下落距离是 9.881 64 英寸。时间 G 等于 0.376 846 秒。因此　当　球　体　以　最　大　速　度 $\left($ 此速度为重 7 $\frac{1}{8}$ 谷的球体在水中下落时获得的最大速度 $\right)$ 运动时，在

0.376 843 秒内通过的距离是 2.806 6 英寸，1 秒内通过的距离是 7.447 66 英寸，而在 25 秒（或 50 次摆动）内通过的距离是 186.191 5 英寸，从中减去距离 1.386 294F 或 1.945 4 英寸得到的剩余距离 184.246 1 英寸就是位于宽阔容器内球体在 25 秒内通过的距离。然而由于实验中的容器很窄，该距离按以下两个数值的乘积减小，桶口和桶口与大圆一半的差的平方的比，以及桶口与桶口超出大圆部分的比，求得距离为 181.86 英寸，它约等于球体在 50 次摆动中划过距离的理论值。但在实验中，在 49$\frac{1}{2}$ 或 50 次摆动后，测得的距离为 182 英寸。

实验 5　取四个相等球体，在空气和水中的质量分别为 154$\frac{3}{8}$ 谷和 21$\frac{1}{2}$ 谷，让球体反复下落多次，球体掉下 15 英尺 1$\frac{1}{2}$ 英寸的高度所用时间分别为 28$\frac{1}{2}$、29、29$\frac{1}{2}$ 和 30 次摆动，而有几次则是 31、32、33 次摆动。

根据理论计算，上述时间应近似等于 29 次摆动。

实验 6　取五个相等的球体，其在空气中和水中分别重 212$\frac{8}{3}$ 谷和 79$\frac{1}{2}$ 谷，让球体反复下落多次，得球体掉下 15 英尺 2 英寸高度所用时间分别为 15$\frac{1}{2}$、15、16、17 和 18 次摆动。

而根据理论计算，上述时间应近似等于 15 次摆动。

实验 7　取四个相等的球体，它们在空气和水中分别重 293$\frac{3}{8}$ 谷和 35$\frac{7}{8}$ 谷，让球体反复多次下落，得到球体下降距离达 15 英尺 1$\frac{1}{2}$ 英寸时，用时分别为 29$\frac{1}{2}$、30、30$\frac{1}{2}$、31、32 和 33 次摆动。

而根据理论计算，上述时间应近似等于 28 次摆动。

这些重力相等的球体下落的距离相同，然而速度快慢不一，经过研究，我认为有如下原因：当球体第一次下落时，较重的一侧会先落下，从而成为绕它的中心摆动。相比下落时完全不动的球体，摆动的球体会传递给水更大的运动幅度，由于这种传递作用，它会损失一部分的下落动能。当这种摆动强弱不同时，下落运动也会受到不同程度的延缓。另外，小球总是偏离摆动中下落的那部分，从而更贴近桶壁，甚至有时会与之相碰。球体越重，这种摆动就越强烈，从而对水的推动力就越大。为了减少球体摆动，我制作了新的含铅蜡球，这种球的铅固定在很靠近球表面的一侧，并在放开球体时，尽量让较重的一侧位于最低点。这样摆动就会比原来的弱，球体的下落时间差异也不再如此明显，如下列实验所示。

实验 8 取四个相等球体，它们在空气和水中分别重 139 谷和 $6\frac{1}{2}$ 谷，让球体反复下落多次，测得球体下落距离为 182 英寸时用时大多为 51 次摆动，最多不超过 52 次，最小也大于 50 次。

而根据理论计算，上述时间应近似等于 52 次摆动。

实验 9 取四个相等的球体，它们在空气和水中分别重 $273\frac{1}{4}$ 谷和 $140\frac{3}{4}$ 谷，让球体反复下落多次，测得球体下落距离为 182 英寸时用时在 12 到 13 次摆动之间。

而根据理论计算，上述时间应近似等于 $11\frac{1}{3}$ 次摆动。

实验 10 取四个相等的球体，它们在空气和水中分别重 384 谷和 $119\frac{1}{2}$ 谷，让球体反复下落多次，测得球体下落距离为 $181\frac{1}{2}$ 英寸的时间分别为 $17\frac{3}{4}$、18、$18\frac{1}{2}$、19 次摆动。而当其下落时间是 19 次摆动时，我曾听到它们在到达桶底前与桶壁有几次碰撞。

而根据理论计算，上述时间应近似等于 $15\frac{5}{9}$ 次摆动。

实验 11 取三个相等的球体，它们在空气和水中分别重 48 谷和 3

$\frac{20}{32}$谷，让球体反复下落多次，测得球体下落距离为 181 英寸的时间分别为43 $\frac{1}{2}$、44、44 $\frac{1}{2}$、45 和 46 次摆动，其中大多数值为 44 和 45 次摆动。

而根据理论计算，它的下落时间约等于 46 $\frac{5}{9}$ 次摆动。

实验 12　取三个相等的球体，它们在空气和水中分别重 141 谷和 4 $\frac{3}{8}$ 谷，让球体反复下落多次，测得球体下降距离是 182 英寸时用时分别为 61、62、63、64 和 65 次摆动。

而根据理论计算，它的下落时间约等于 64 $\frac{1}{2}$ 次摆动。

通过这些实验知道，球体下落速度较慢时，比如实验 2、4、5、8、11、12，测得的下落时间与理论时间非常相似。当球体速度变快，例如在实验 6、9、10 中，球体受到的阻力略大于速度的平方。这是因为小球下落时会稍稍摆动，当球体较轻且下落较慢时，因为运动较弱，所以摆动会很快停止。但当球体较重，而下落较快时，它们的运动会变强，因此摆动时间会持续较长，在几次摆动后才会被周围的水阻止。此外，球体下落越快，后部受到的阻力越小。而如果速度不断增加，那么除非流体的阻力也同时增加，否则最终球体后面会留下一个真空空间。根据命题 32、33，为了保持阻力与速度平方成正比，则流体压力的增加应与速度平方成正比。但这种情况不太可能，所以运动较快的球体后部受到的压力不如其他部分大，而压力的缺少使阻力略大于速度的平方。

所以在水中下落物体的现象与理论是一致的，接下来开始观察空气中下落的物体。

实验 13　1710 年 6 月，有人取出两个玻璃球，其中一个注满水银，另一个灌了空气，然后让它们同时从伦敦城的圣保罗大教堂顶部落下，高度为 220 英尺。一张木桌的一边用铁链悬挂，另一边用木棍支撑。两个小球就放在木桌上，用一根延伸到地面的铁丝拨开木棍后，只靠铁链做支撑物的木桌会沿着铁链下落，两个球会同时落下。而在木棍被拨开的同时，摆动周期为 1 秒的摆开始运动。下列表中记载的是球体的直径、质量和下落时间。

水银小球	质量（谷）	908	983	966	747	808	784
	直径（英寸）	0.8	0.8	0.8	0.75	0.75	0.75
	下落时间（秒）	4	4-	4	4+	4	4+
空气小球	质量（谷）	510	642	599	515	483	641
	直径（英寸）	5.1	5.2	5.1	5.0	5.0	5.2
	下落时间（秒）	$8\frac{1}{2}$	8	8	$8\frac{1}{4}$	$8\frac{1}{2}$	8

但是观测到的下落时间必须修正，因为由伽利略的理论可知，在 4 秒内，水银球下落的距离是 257 英尺，而通过距离 220 英尺只用了 $3\frac{42}{60}$ 秒。因此当木棍被拨开时，木桌并不像想象中一样会立刻翻转，而这就阻碍了小球在开始阶段的下落。因为小球在桌子中央，距轴线的距离比到木棍的距离更近，所以下落时间延长了 0.3 秒，修正后的下落时间表应该是减去 0.3 秒后的值，尤其是当球体较大时，由于直径较大，停留在翻转木桌上的时间就更长。六个较大球体修正后的下落时间是 $8\frac{12}{60}$、$7\frac{42}{60}$、$7\frac{42}{60}$、$7\frac{57}{60}$、$8\frac{12}{60}$ 和 $7\frac{42}{60}$ 秒。

所以直径为 5 英寸，重 483 谷的第五个空气小球，在 $8\frac{12}{60}$ 秒内通过的距离为 220 英尺。与此球体积相等的注水小球重 16 600 谷，而相同体积的空气重 $\frac{16\ 600}{860}$ 谷（或 $19\frac{3}{10}$ 谷），所以空气小球在真空中重 $502\frac{3}{10}$ 谷，这个质量与体积等于该空气的质量之比，等于 $502\frac{3}{10}$ 比 $19\frac{3}{10}$，而这个比值也等于 2F 与球体直径的 $\frac{8}{3}$ 倍的比值。所以 2F 等于 28 英尺 11 英寸。在真空中，以它的总质量 $502\frac{3}{10}$ 谷运动的小球在 1 秒内通过

的距离为 F，或 14 英尺 5 $\frac{1}{2}$，用时 57 $\frac{3}{60}$ 秒又 $\frac{58}{3\,600}$，在此过程中达到空气中的最大下落速度。在 8.2 秒内，以该速度运动的均匀小球通过的距离等于 245 英尺 5 $\frac{1}{3}$ 英寸，从中减去 1.386 3F （或 20 英尺 $\frac{1}{2}$ 英寸），剩余距离为 225 英尺 5 英寸。因此剩余距离就是在 8 $\frac{12}{60}$ 秒内球体下落距离的理论值。但是实验中测得的距离为 220 英尺，两者间的差异很小。

再用其他充满空气的球体进行相似运算，得到下表中的各项值。

球质量（谷）	510	642	599	515	483	641
直径（英寸）	5.1	5.2	5.1	5	5	5.2
从 220 英尺下落耗时（秒）	8.2	7.7	7.7	7.95	8.2	7.7
下落距离的理论值	226 英尺 11 英寸	230 英尺 9 英寸	227 英尺 10 英寸	224 英尺 5 英寸	225 英尺 5 英寸	230 英尺 7 英寸
差值	6 英尺 11 英寸	10 英尺 9 英寸	7 英尺	4 英尺 5 英寸	5 英尺 5 英寸	10 英尺 7 英寸

实验 14 1719 年 7 月，德萨里古耶博士将猪的膀胱制成球体，重新做了这个实验。首先将膀胱沾水，放入中空木球内，再往膀胱中吹满空气，待其干燥后取出，这样膀胱就成了一个球体。让它们同时从圣保罗大教堂拱顶的天空下落，高度为 272 英尺。同时一个重 2 磅的铅球也随着一同下落。这时，一些人站在教堂顶部，观测球下落需要的时间，而另一些人站在地面上观测铅球和膀胱球下落的时间差，计时用的都是半秒摆。地面上一个人拿着机器每秒摆动四次，而另一台精密仪器也是每秒摆动四次，楼顶也有类似仪器。它们已被设计为可随时开始或停止运动。铅球下落用时 4 $\frac{1}{4}$ 秒，加上上述时间差，得到

膀胱球下落总时间。铅球落地后，五个膀胱球随后的下落用时，在第一次实验中为 $14\frac{3}{4}$ 秒 $12\frac{3}{4}$ 秒、$14\frac{5}{8}$ 秒、$17\frac{3}{4}$ 秒、$16\frac{7}{8}$ 秒。而第二次为 $14\frac{1}{2}$ 秒、$14\frac{1}{4}$ 秒、14 秒、19 秒、$16\frac{3}{4}$ 秒。在此时间上加上铅球的下落时间 $4\frac{1}{4}$ 秒，得到 5 个膀胱球的总下落时间，在第一次实验中分别为 19、17、$18\frac{7}{8}$、22 和 $21\frac{1}{8}$ 秒，第二次为 $18\frac{3}{4}$、$18\frac{1}{2}$、$18\frac{1}{4}$、$23\frac{1}{4}$ 和 21 秒。在教堂顶观测到的时间，第一次分别为 $19\frac{3}{8}$、$17\frac{1}{4}$、$18\frac{3}{4}$、$22\frac{1}{8}$ 和 $21\frac{5}{8}$ 秒，第二次为 19、$18\frac{5}{8}$、$18\frac{3}{8}$、24 和 $21\frac{1}{4}$ 秒。但是膀胱并不是始终沿直线下降的，有时会稍微在空气中飘动，有时又会左右摆动，这样下落的时间就会延长，有时延长时间有半秒，有时甚至会达到一秒。据观察，在第一次实验中，第二、第四个膀胱的下落线路最直，而第二次则是第一和第三个膀胱。由于第五个膀胱上有些褶皱，所以运动略微延长了。我用很细的线围绕膀胱缠绕两圈，测出了它们的直径。下表中我将实验得到的数据和理论值做了比较。假设此时空气与雨水之比是 1：860，计算出球体下落距离的理论值。

膀胱球质量（谷）	128	156	$137\frac{1}{2}$	$97\frac{1}{2}$	$99\frac{1}{8}$
直径（英寸）	5.28	5.19	5.3	5.26	5
从 272 英尺下落的时间（秒）	19	17	18	22	$21\frac{1}{8}$
在此时间内通过距离的理论值	271 英尺 11 英寸	272 英尺 $\frac{1}{2}$ 英寸	272 英尺 7 英寸	272 英尺 4 英寸	282 英尺 0 英寸
理论值与实验值的差	-0 英尺，1 英寸	+0 英尺，$\frac{1}{2}$ 英寸	+0 英尺，7 英寸	+5 英尺，4 英寸	+10 英尺，0 英寸

所以理论正确地显示了当球体在空气中或水中运动时受到的阻力，它的误差很小。因为在球体的体积和质量相等的情况下，这一阻力与流体密度成正比。

在第 6 章的附注中，我们已通过摆的实验证明了以相同速度在空气、水和水银中运动的相等球体，其阻力与流体密度成正比。而在此，我们通过物体在空气和水中的下落实验，进一步精确证明了这一结论。因为摆的每次摆动都会引起流体的运动，从而阻碍它的返回运动，由于这种运动及悬挂摆体的细线所产生的阻力，使得摆的总阻力大于落体实验中的阻力。根据上述附注中描述的摆实验，如果球体密度与水相等，那么它在空气中通过它的半径长度后，损失的动量是其整体运动的 $\frac{1}{3\,342}$。由于本章推导出一个理论（同时也经过落体实验进行了证明）：在水和空气的密度之比为 860 : 1 的假设条件下，相同球体通过其半径长度后损失的动量仅仅是它整体运动的 $\frac{1}{4\,586}$。由此推出，摆动实验中求得的阻力大于落体实验中的阻力，两者之比约为 4 : 3。但由于在空气、水和水银中运动的摆的阻力是因相同理由而增加的，不论是在摆动实验中，还是落体实验中，在这些介质中的阻力比值是非常精确的。综上，当其他条件相同时，即使是在极富流动性的任何流体中，运动的物体所受阻力都与流体密度成正比。

在得到上述结论和数据后，我们可来求给定时间内，在任意流体中运动的抛体损失的动能近似值。已知 D 为球体直径，V 是初始速度，T 是给定的时间段，在此时间段内，球体以速度 V 在真空中运动的距离与距离 $\frac{8}{3}D$ 之比等于球体与流体的密度之比，那么在其他任意已知时间段 t 内，流体内被抛出的球体损失动能为 $\frac{tV}{T+t}$，剩余的动能是 $\frac{tV}{T+t}$。根据命题 35 推论 7，通过的距离与相同时间内球体在真空中以速度 V 匀速运动的距离，这两者间的比值等于 $\frac{T+t}{T}$ 的对数乘以 2 302 585 093 与 $\frac{t}{T}$ 的比值。而当运动较慢时，受到的阻力会略小一些，因为相较于直径相同的圆柱体，球形物体更适合运动。但当运动较快时，阻力会更大，这是因为此时流体的弹力和压迫力的增大并不与速度的平方成正比。但在此我没有把这些小差异计算在内。

虽然空气、水、水银和其他相似流体在经过无限分割后，会变得精细化而成为具有无限流体性的介质。但它们对抛体施加的阻力却不会随之改变。因为在前一命题讨论的阻力是由物质惰性产生的，且惰性是物质的基本属性，始终与物质的质量成正比。在流体分割后，由各部分间的黏性和摩擦力产生的阻力确实减小了，但是物质的质量却仍保持不变，这样与之成正比的惰性力也不会减小。由于此处所涉及的阻力始终与该惰性力成正比，所以阻力也保持不变。如果想减小阻力，必须减小物体穿越空间里的物质的质量。行星和彗星在宇宙中自由穿行时，运动不会有丝毫可察觉的减缓，所以宇宙中完全不存在物质性流体，只可能有一些极其稀薄的气体和射线。

当抛体穿过流体时，它引起了流体的运动，这种运动是由抛体前后部分受到的流体压力的差产生的，由于它与介质密度成正比，所以相对空气、水和水银中的运动，在无限流体性介质中的运动绝不小于前者。因为上述压力差与压力的量成正比，所以它不仅引起了流体的运动，同样也使抛体运动变缓，这样每个流体中的阻力与抛体引起的运动成正比，并且即使是在最精细的以太中，该阻力与以太的密度之比也绝不小球空气、水和水银中的阻力与相应流体密度之比。

第 8 章　通过流体传播的运动

命题 41　定理 32

只有当流体中各粒子沿直线排列时，其内传播的阻力才会沿直线方向。

已知粒子 a、b、c、d、e 位于同一直线上，而压力确实可以从 a 到 e 直线传播。但此后粒子 e 斜向作用于倾斜放置的粒子 f、g，且只有 f 和 g 受到其后的粒子 h、k 的支撑作用时，它们才能承受这份压力，而同样支撑 f 和 g 的粒子也受到它们的压力，所以 h 和 k 也只有在受到更远粒子 l 和

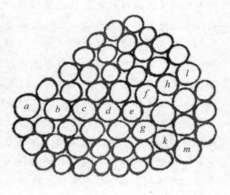

m 的支撑作用后，才能承受此压力。依此类推到无限远的粒子。因此，如果压力不沿直线传播，则传播方向立即会偏离到两侧，然后斜向传播到无限远。而当力开始斜向传播后，若在较远处又遇到不按直线排列的粒子，那么传播方向将会又一次向两侧偏离。所以在传播过程中，如果遇到粒子不是精确地按直线排列，那么它的传播方向就会偏离。证毕。

推论　如果压力的任意部分自一定点在流体中传播时，被任意障碍物阻碍，而剩余未被阻碍的部分则会绕过障碍物进入后面的空间。该推论可用以下方法证明。假设压力自点 A 朝任意方向沿直线传播。在障碍物 $NBCK$ 上开一个小孔 BC。在压力传播过程中，只有圆锥区域 APQ 内的压力通过小孔 BC，剩余部分压力都被阻碍。圆锥形 APQ 被横切面 de、fg、hi 分为多个平截头。于是当传播压力的平截头圆锥体通

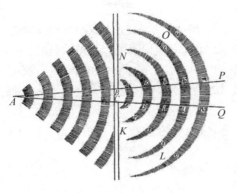

过表面 *de* 推动平截体 *degf* 时，*degf* 也会通过表面 *fg* 推动后一平截体 *fgih*，而这一平截体 *fgih* 会推动第三个平截体，依此类推到无限。根据第三定律，上述结论可证明：当第一个平截体 *defg* 压迫并推动表面 *fg* 时，由于第二个平截体 *fghi* 的反作用力，所以 *fg* 面受到的压迫和推动作用是相等的。因此平截体 *defg* 的两侧都会受到压迫力，即圆锥体 *Ade* 和平截头 *fhig* 都会对它施加作用力。由命题 19 情形 6 可推知，只有当 *degf* 各边受到的压迫力相等时，其形状才会保持不变。所以，它向 *df*、*eg* 两侧扩展的力等于它在 *de*、*fg* 面上受到的压力。如果周围的流体不阻碍这种扩展，那么这两边（它们没有丝毫黏性或硬度，而是具有完全流体性）将会向外膨胀。因此当这两侧 *df*、*eg* 向外扩展时，它们会压迫周围的流体，且压力就等于压迫平截体 *fghi* 的力。所以压力从边 *df*、*eg* 两侧传播入空间 *NO* 和 *KL*，大小等于从表面 *fg* 传递给 *PQ* 的力。

命题 42　定理 33

通过流体传播的所有运动沿直线方向扩散进入静止空间。

情形 1　假设运动自点 *A* 开始传播，并通过小孔 *BC*。如果可能，使运动在圆锥平面 *BCQP* 中自点 *A* 沿直线路径扩散。首先假设此处的运动是静止水面上的水波，而 *de*、*fg*、*hi*、*ki* 等是各水波的顶点，相互间的波谷或凹处相等。由于波脊的

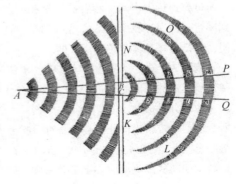

水比流体的静止部分 KL、NO 高，所以水会从波脊的顶点 e、g、i、l 等和 d、f、h、k 等从两侧流向 KL 和 NO。因为波谷的水又低于流体的静止部分 KL 和 NO，所以水又会从静止部分流向波谷。在第一种情况中，水脊将向两侧扩张，并且向 KL 和 NO 传播。由于从 A 到 PQ 的水波运动是从波脊流向临近波谷的连续水流运动，所以速度不会比下落运动的速度快，且两侧向 KL 和 NO 的水的下落速度相等。水波向 KL 和 NO 两侧的传播速度等于直接从 A 传播到 PQ 的速度。所以朝向 KL、NO 的两侧空间将充满膨胀水波 rfgr、shis、tklt、vmnv 等。证毕。

上述结论可在静止水中进行实验证明。

情形 2　假设 de、fg、hi、kl、mn 代表从点 A 连续在弹性介质中传播的脉冲。而且脉冲依靠介质的压缩与舒张进行传播，这导致脉冲密度最大的部分形成了一个以 A 为球心的球面，且连续脉冲间，球面间距相等。直线 de、fg、hi、kl 等表示脉冲中通过小孔 BC 传播的最大密度部分。由于介质密度大于朝向 KL 和 NO 两侧空间的密度，所以介质自身膨胀的同时，也会朝向空间 KL 和 NO 膨胀，就如同朝向脉冲间的稀薄间距膨胀一样。因此，在脉冲附近的介质总是比间隔附近的介质密集，这样介质就参与了运动，且脉冲从两侧向介质中静止部分 KL、NO 舒张的速度几乎相等，所以脉冲自身向各方向膨胀进入静止部分 KL 和 NO 的速度约等于直接从中心 A 传播的速度，因此脉冲会充满整个空间 KLON。证毕。

同样，通过实验也可证明隔着山峰也能听到声音的现象。如果声音通过窗户传入房间，然后扩散至整间屋子，这样在每个角落都能听到声音。但通过我们的感官可以判定，这并不是因为对面墙的反射作用，而是直接从窗户传播进来的。

情形 3　最后假设任意运动从点 A 传播通过小孔 BC。因为产生这种传播运动的原因是临近中心 A 的部分干扰并波及较远的部分，且被波及的部分是流体，所以运动会从各个方向扩散到受压较小的空间，那么运动最终会向静止流体的各部分扩散，会扩散到空间两侧的 KL 和 NO，也会扩散到最前侧的 PQ。所以运动一旦穿过小孔 BC，就会开始扩散，如同从源头或中心点扩散一样，然后向四面八方传递。证毕。

命题 43　定理 34

当物体抖动且位于弹性介质中时，它会沿直线向各个方向传播脉冲，如果位于非弹性介质中，则会引发圆周运动。

情形 1　抖动物体的各部分交替做往返运动。向前运动时，它会推动最靠近前部的介质，通过这种脉冲使上述部分压缩，密集；而它向后运动时，上述压缩部分会舒张，自我扩展。因此最接近抖动物体的各部分介质会做交替的往返运动，方式与抖动物体各部分的运动相似。同理，由于物体各部分推动介质的各部分，介质中受到类似抖动影响的相关部分将转而推动与之相邻的其他部分，而受到类似推动的这些部分又转而推动更远的部分，依此类推至无限。介质的第一部分向前时紧缩，向后时扩张，而其他部分的运动方式也与之相同，即向前时压缩，向后时膨胀。因此如果介质中各总部分同时向前或向后运动，那么介质各部分之间的距离会保持不变，这样介质将不会交替地发生凝结和稀释，所以它们不会同时向前或向后运动。但由于在压缩介质处，各部分相互靠近，而在介质稀薄处，物质内和部分处于分散状态，因此介质中一部分会向前运动，另一部分则在此时向后运动，因为这种向前的运动会冲击前进道路上的障碍物，那么这个向前运动就是脉冲。由此推出，抖动物体产生的连续脉冲将沿直线传播，并且由于物体的抖动产生脉冲的时间间隔相等，所以脉冲的距离极其相似。虽然抖动物体各部分沿多个固定方向往返运动，但根据前一命题可知，抖动所激起的介质中的脉冲是向各个方向扩散的，这种扩散是以抖动物体为中心，沿围绕此中心的物体，近似表面向所有方向传播。与手指在水面抖动所触发的水波传递相似，水波不仅随着手指的抖动而前后运动，并且会沿围绕手指激起的涟漪向四周传播，而水的重力在这一过程中充当了弹性力作用。

情形 2　如果介质是非弹性的，由于在受到抖动物体产生的压力后，各部分不会随之压缩，所以运动会立即向最易弯曲的介质部分传播，即向抖动物体留下的空洞传播。这一情形和抛体在任意介质中运动的情形相同。因抛体而变形的介质并不会无休止地向远处移动，而是围绕抛体后部空洞做圆周运动。因此，每当抖动物体趋向介质中任

311

意部分时，因此而变形的介质则会围绕物体留下的空洞部分做圆周运动。而每当物体返回原位时，介质又被驱赶回了原位置。虽然抖动物体并不牢固、坚硬，容易弯曲，但由于物体不能通过抖动来推动不易变形的介质，所以如果物体保持大小不变，那么逐渐远离物体受压部分的介质将始终绕弯曲部分做圆运动。证毕。

推论　火焰的推动作用是压力通过周围的介质沿直线传播的观点是错的，此类压力不会仅仅产生自火焰的推动力，而是来自整体的膨胀作用。

命题 44　定理 35

如果水在管道或水管的竖直管子 **KL** 和 **MN** 中交替升降，而摆的悬挂中心到摆动中心的长度等于管道中水的长度的一半，那么一次升降的时间与摆动时间相等。

沿着管道和其竖直管道的轴测量出水的深度，使它等于这些轴的和。在这一命题中，水与管道壁摩擦产生的阻力可忽略不计。因此，设 *AB*、*CD* 分别表示两条管理中水的平均高度，当 *KL* 中的水上升到高度 *EF* 时，*MN* 中的水正好下降到高度 *GH*。*P* 为摆体，*VP* 是细线，*V* 是悬挂点，*RPQS* 则为摆的运动轨迹，其中 *P* 为最低点，弧 *PQ* 等于高度 *AE*。两根竖直管道中水的重力差即是促使水的运动交替加减速的力。因此，当水在 *KL* 中上升到高度 *EF* 时，另一根管子 *MN* 中的水正好下降到 *GH*，这时力等于水 *EABF* 重力的两倍，所以与水的总重之比等于 *AE*（或 *PQ*）：*VP*（或 *PR*）。而根据命题 51 的推论可知，在摆线任意处 *Q*，使物体 *P* 加减速的力与物体总重力之比等于其到最低点 *P* 的距离 *PQ* 比摆线长度 *PR*。因而，当水和摆的运动距离 *AE*、*PQ* 相等时，此时的驱动力与运动物体的重力成正比。由此推出，如果水和摆开始时保持静止，那么这些力会使它们的运动耗时相同，共同往返。证毕。

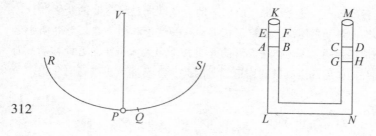

推论 1　无论水的往复升降运动是强还是弱，它使用的时间都是相等的。

推论 2　如果管道中水的总长度为 $6\frac{1}{9}$ 尺（法国单位），那么水上升和下降的时间都是一秒，并一直做交替的升降运动。这是因为 $3\frac{1}{18}$ 尺长的摆的摆动时间是 1 秒。

推论 3　如果水的长度变化，那么水的往复升降运动的时间将会随长度的平方根变化。

命题 45　定理 36

波速与其波长的平方根成正比。

此命题可以在下一命题的证明过程中得证。

命题 46　问题 10

求出波速。

取出一只摆，取其悬挂中心与摆动中心的距离等于波长，那么在此摆的单次摆动时间内，波前进的距离约等于其波长。

波长即相邻波谷或波峰的间距。已知 $ABCDEF$ 表示静止水面上起伏不定的连续水波，其中 A、C、E 表示波峰，而 B、D、F 等为相邻的波谷。由于水波的运动是通过水面的相继升降实现的，所以 A、C、E 等波峰在下一时刻就变为波谷。又因为使最高部分下落、最低部分上升的作用力等于被抬起水的重量，所以此时波的交替升降类似于管道中水的往复运动。它升降时间的规律相同。所以，根据命题 44 可知，如果波峰 A、C、E 在此摆的一次摆动中是最低点，而在下一次摆动时间又会上升到最高点。由此推出，通过一个波的时间，等于摆动两次的时间，即波通过一个波长的时间内，摆将会发生两次全摆动。但是如果摆长等于该长度的四倍，即与波长相等，那么这样的摆只摆动一次。证毕。

推论 1　如果波长是 $3\frac{1}{18}$ 尺，那么一秒内前进的距离等于一个波长

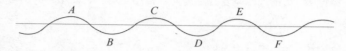

的长度，所以一分钟内，通过的距离是 $183\frac{1}{3}$ 尺，一小时内则约等于 11 000 尺。

推论 2　无论波长长短，它的速度都随波长的平方根增减。

上述结论在以下假设条件下才成立：水的各部分沿直线升降。但是事实上，水的升降更倾向于圆形，所以该命题中求出的时间也只是近似值。

命题 47　定理 37

如果脉冲在流体中传播时，使流体中多个粒子做最短距离的往返运动，那么这些粒子将始终按摆动规律加减速。

假设 AB、BC、CD 等表示距离相等的连续脉冲，ABC 是连续脉冲中从 A 传播到 B 的直线方向。E、F、G 则是静止介质中的三个物理点，位于线段 AC 上，相互间的距离相等。Ee、Ff、Gg 则是相等的极短距离，而抖动时物理点 E、F、G 则在其间做往返运动。ε、ψ、γ 是相同点的中间位置，EF、FG 为物理短线段，或是这些点间的线形介质部分，它们随后相继移入 $\varepsilon\psi$、$\psi\gamma$ 和 ef、fg 之间。再作垂直于线段 Ee 的线段 PS，其中点是 O。以 O 为圆心，OP 为半径，作圆 $SIPi$。假设该圆的周长和与它成正比的部分分别表示一次振动的总时间及与其成正比的部分。于是如果作 PS 的垂线 HL 或 hl，并取 $E\varepsilon$ 等于 PL 或者 Pl，当任意时间 PH 或 $PHSh$ 完成时，物理点 E 位于 ε 上。按此规律做往复运动的物理点 E，其从 E 点经过 ε 到 e 前进，在经过 ε 返回 E 的过程中，其加减速的程度相同，就像摆体完

成一次摆动一样。现在我们来证明此运动会激起介质中多个物理粒子的运动。首先假设介质中存在一种由任意原因激动的此类运动，再来观察此后物体运动的情况。

在圆周 $PHSh$ 上取几段相等的弧，HI、IK 或 hi、ik，它与周长的比等于线段 EF、FG 与总脉冲间隔 BC 之比。作 PS 的垂线 IM、KN 或 im、kn。由于点 E、F、G 受到相继的推动作用而做相似运动，且在脉冲由 B 移动到 C 的期间，完成一次往返振动，如果 PH 或 $PHSh$ 是从点 E 开始运动后的时间，那么 PI 或 $PHSi$ 则为点 F 开始

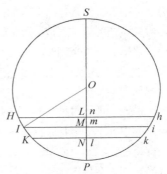

运动后的时间，而 PK 或 $PHSk$ 是点 G 开始运动后的时间。所以，当上述点前进时，$E\varepsilon$、$F\psi$、$G\gamma$ 分别等于 PL、PM、PN，而这些点返回时，它们则分别等于 Pl、Pm、Pn。因此当点前进时，$\varepsilon\gamma$（或 EG）$+G\gamma-Ee$ $=EG-LN$，而当点返回时，$\varepsilon\gamma$（或 EG）$+G\gamma-Ee=EG+ln$。但是 $\varepsilon\gamma$ 是处所 $\varepsilon\gamma$ 的介质宽度或 EG 部分的膨胀宽度，所以该部分前移的膨胀宽度与平均膨胀宽度之比等于 $EF-LN$ 比 EG。而返回时密度与平均宽度之比为 $EG+ln$（或 $EG+LN$）与 EG 的比值。因此，由于 $LN : KH = IM :$ 半径 OP，且 $KH : EG =$ 周长 $PHShP : BC$。于是，如果周长与脉冲间距 BC 的圆的半径用 V 表示，那么 $KH : EG = OP : V$。对应项相乘，得 $LN : EG = IM : V$。点 F 前移时，EG 或物理点 F 在 $\varepsilon\gamma$ 处的膨胀宽度与点 F 原位置 EG 处的平均膨胀宽度之比等于 $V-IM$ 与 V 之比；返回时，则等于 $V+im$ 与 V 之比。所以在点 F 往返运动时，在点 F 的弹性力与在 EG 处的平均弹性之比分别等于 $\dfrac{1}{V-IM} : \dfrac{1}{V}$ 和 $\dfrac{1}{V+im} : \dfrac{1}{V}$。同理，力的差与介

质平均弹性力的比值等于 $\dfrac{HL-KN}{VV-V\times HL-V\times KN+HL\times KN} : \dfrac{1}{V}$，化简得：

$\dfrac{HL-KN}{VV} : \dfrac{1}{V}$，即 $(HL-KN) : V$。由于物体的振动范围很小，所以如果假设 HL 和 KN 都无限小于量 V，那么由于量 V 是定值，那么力的差

与 HL-KN 成正比；而由于 HL-KN 与 HK 成正比，OM 与 OI（或 OP）成正比，且 HK 和 KN 是定值，所以又与 OM 成正比；如果 Ff 的中点是 Ω，则力的差与 $\Omega\psi$ 成正比。但是因为点 ε 处的弹性力减去 γ 处的弹性力得到的差，正是使这两点间的物理短线段 $\varepsilon\gamma$ 在前移时被加速和在返回时被减速的力，所以 $\varepsilon\gamma$ 的加速力与其到振动中间位置 Ω 的距离成正比。根据第 1 编命题 38，弧 PI 正好可表示时间，并且因为介质的线性部分 $\varepsilon\gamma$ 按上述摆动规律运动，所以构成整个介质的所有线性部分都按此规律运动。证毕。

推论　由此可推导出，传播的脉冲数等于物体的振动次数，在传播过程中并不会增加。这是由于物理短线段 $\varepsilon\gamma$ 一返回原位置，就会停止变成静止状态，而只有当接收到抖动物体的脉冲或物体传播出的脉冲后，它才会再次运动。因此，如果抖动物体不再传播出脉冲，短线段就会立即恢复静止，不再运动。

命题 48　定理 38

假设流体的弹性力与密度成正比，那么脉冲在弹性流体中传播时，速度与弹性力的平方根成正比，与密度的平方根成反比。

情形 1　如果介质均匀，介质中的脉冲间距相等，但一个介质中的运动强于另一个介质的运动，那么两介质中对应部分的伸缩与运动成正比，但此正比关系并不特别精确。然而，如果伸缩幅度不大，那么这一误差是可以忽略的，所以可认为这个正比关系是物理精确的。于是运动的弹性力与伸缩成正比，而此时产生的相等部分的运动则和此力成正比。因此相对应脉冲的相等对应部分在与其伸缩成正比的距离间将一起做往返运动，速度与这些距离成正比。所以，在一次往返时间内，脉冲前进的距离与宽度相等，而且始终紧接着移入前一脉冲运动前的位置。而由于其距离相等，所以两个介质中脉冲的速度相等。

情形 2　如果一介质中脉冲间距或脉冲长度大于另一介质中的脉冲间距或脉冲长度，那么假设在每次往返运动中，两介质中对应部分经过的距离与对应脉冲长度成正比，那么它们的伸缩程度也相等。因此，如果介质是均匀的，则使介质部分做往返运动的弹性驱动力也相等。于是受该力推动的物质与脉冲宽度成正比，而每次往返运动中通过的距离也与此脉冲宽度成正比。此外，往返运动的时间与物质和距离的乘积的平方根成正比，所以和距离成正比。但是在一次往返运动中，脉冲前进的距离等于它的宽度，即该距离与时间成正比，所以速度相等。

情形 3　如果两个介质的密度与弹性力都相等，那么在其内传播的脉冲速度也相等。如果介质的密度和弹性力增大，导致驱动力随弹性力增大的比例而增大，物质的运动也随密度的比例增大，那么产生上述相等运动所需的时间将按宽度的平方根增大，按弹性力的平方根减小。因此脉冲速度与弹性力的平方根成正比，与介质密度的平方根成反比。证毕。

在下列命题的求解过程中，本命题将得到更清楚的证明。

命题 49　问题 11

已知介质密度和弹性力，求脉冲宽度。

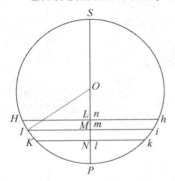

假设介质和空气一样，受到其上重量的压迫。用 A 表示均匀介质的高度，此介质的重量等于上部重量，密度等于脉冲在内传播的压缩介质的密度。一个摆的悬挂中心到摆动中心的距离为 A，那么在摆的一次往返全摆动的时间内，脉冲传播的距离恰好等于半径为 A 的圆的周长。

本命题的图与命题 47 的作图相同。如果任意物理线段 EF 在每次振动间通过的距离为 PS，且在每次往返的端点 P、S 的弹性力等于其重力，那么振动时间等于沿与 PS 相等的摆线运动的摆的摆动时间，这是因为相等时间内，受相同的力推动的小球通过的距离相同。所以，由于摆动时间与摆长的平方根成正比，且摆长等于总摆线弧的一半，故一次振动时间与摆长为 A 的摆的摆动时间之比等于 $\frac{1}{2}PS$（或 PO）与长度 A 的比值的平方根。此前在命题 47 的证明过程中曾推出，在两个端点 P、S 处，推动物理线段 EG

的弹性力与总弹性力之比等于 $HL-KN$ 比 V，而由于此时点 K 与点 P 重合，所以上述比值也等于 HK 比 V。物体受到的所有力（即为压迫在线段 EG 的上部重量）与短线段重力之比等于上部重力的高度与短线段长度 EG 的比。上两式对应项相乘，得短线段 EG 在点 P 和点 S 受到的作用力与其重力之比等于 $HK \times A$ 比 $V \times EG$，由于 $2HG : EG = PO : V$，所以上述比值等于 $PO \times A$ 比 VV。所以，由于相同物体受到推动作用后，它通过相等距离的时间与力的平方根成反比，所以由弹性力产生的振动的时间与由重力冲击产生的振动时间之比等于 VV 比 $PO \times A$ 与 PO 比 A 的乘积的平方根；化简得 V 比 A。不过在摆往返摆动一次的时间内，脉冲前进距离 BC 的时间与摆做一次往返摆动的时间之比等于 V 比 A，即等于 BC 与半径为 A 的圆的周长之比。而同样地，脉冲通过距离 BC 的时间与其通过相当于周长的距离的时间也等于该比值。因此，在上述摆动时间内，脉冲通过的距离等于上述圆周周长。证毕。

推论 1　重物以脉冲相同的加速度下落，它下落的距离等于高度 A 的一半时获得的速度等于脉冲速度。

假设脉冲以该下落速度移动，由于在这个下落时间内，脉冲通过的距离等于高度 A，所以在一次往返摆动时间内，脉冲通过的距离等于半径为 A 的圆的周长，而下落时间与摆动时间之比等于圆的半径和周长之比。

推论 2　因为高度 A 与流体弹性力成正比，与密度成反比，所以脉冲速度与弹性力的平方根成正比，与密度的平方根成反比。

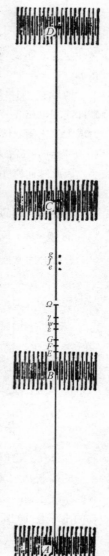

命题 50 问题 12

求脉冲距离。

求出任意给定时间里，引起脉冲的振动物体所产生的振动次数。相同时间里脉冲通过的距离除以该次数，得到的结果是一个脉冲的距离。证毕。

附注

以上几个命题适用于光和声音的运动；因为光是直线传播物质，当然，它不能只适用于孤立的作用（由命题 41 和 42）。对于声音而言，因为它们的运动来自物体的振动，它们恰好是空气中传送的空中脉冲（根据命题 43）；并且这可以通过响亮而低沉的声音引起附近物体振动来证实；因为实际上难以触发快速而短促的振动。这也可以从声速来证明。雨水和水银密度之比约为 $1:13\frac{2}{3}$，当气压计中的水银高度是 30 英寸时，空气与水的密度之比约为 $1:870$，那么空气与水银的密度之比就是 $1:11\,890$。因此，当水银高度为 30 英寸时，均匀空气的重力应足以把空气挤压到我们所见到的密度，其高度一定要达到 356 700 英寸或 29 725 英尺；这就是我在解释前面命题时称为 A 的那个高度。一个半径为 29 725 英尺的圆，它的周长为 186 768 英尺。由于一个长 $39\frac{1}{5}$ 英寸的摆锤在完成一次来回摆动需用时两秒或更少，因此可推导，一个长 29 725 英尺或 356 700 英寸的摆锤完成一次来回摆要用 190 $\frac{3}{4}$ 秒。因此，在这个时间内声音将前进 186 768 英尺，声速在一秒内可前进 979 英尺。

但在计算中，我没有考虑到空气粒子的大小，它们让声音能够即时传播。因为空气与水的密度之比为 $1:870$，而盐的密度几乎是水的两倍，假设空气粒子的密度与水或盐的密度几乎相当，而空气的稀薄程度由粒子的间距而定，那么一个空气粒子的直径和两个粒子中心的间距的比会是 1 比 9，或 1 比 10，而和粒子间间距之比会是 1 比 8 或 1 比 9。所以，根据刚才的计算，声音在 1 秒内传播的距离是 979 英尺，

再加上 $\dfrac{9}{979}$，或约 109 英尺，以补偿空气粒子大小的作用；这样声音在 1s 内前进了 1 088 英尺。

此外，空气中飘浮的水蒸气也是另一种情形的根源，如果要真正考虑声音在真实空气中的传播运动，水蒸气很少会被统计在内。如果这些水蒸气保持静止，那么声音在真实空气中会传播得快一些，这正比于物质缺乏的平方根。这样，如果大气中含有空气和水蒸气为 10 比 1 时，则在正比于 11 比 10 的平方根时，或近似 21 比 20 时，声音的传播速度比在十一成的真实空气中传播得更快，所以之前求出的声音的运动应加入这个比值。这样的话，声音在 1s 内可以前进 1 142 英尺。

这些情形也可以在春季和秋季看到，那时由于气候温暖，空气相对稀薄，这就使得其弹性较强。而在冬季，气候寒冷使空气凝聚，它的弹性就相对减弱，声音的运动在正比于密度的平方根时较慢；反之，在夏季时较快。

实验显示出声音确实在 1 秒内前进 1 142 英尺，或 1 070 巴黎尺①。

我们知道了声速，也就能知道它的脉冲间隔。M·索维尔（M. Sauveur）在他的实验中发现，一根长约 5 巴黎尺的开口管子发出的与一根每秒振动 100 次的提琴弦与相同的声音。因此，在 1s 里声音前进了 1 070 巴黎尺的房间里，有大约 100 个脉冲；因而一个脉冲就占了大约 $10\dfrac{7}{10}$ 巴黎尺的空间，约等于管子长的 2 倍。于是可知，所有在开口管子里发出的声音，它的脉冲宽度很可能相当于管子长的 2 倍。

此外，命题 47 的推论解释了为什么发声物体一停止运动，声音就迅速消失，以及为什么我们在离发声物体远的地方听到的声音，并不比在离其近的地方听到的更持久。还有，由先前的原理，我们也能清楚地理解声音在话筒里是怎样得到极大增强的，因为所有往复运动在每次返回时都被发声机制所增加。而在管子内，声音的扩散受到了阻碍，于是运动衰减变慢，反向变强；因此，在每次返回时都能受到新的运动来推动其增强。这些就是声音的主要现象。

---

① 1 巴黎尺 ≈ 0.325 米。

第 9 章　流体的圆运动

假设

由于流体各部分缺乏润滑而产生的阻力，在其他条件不变的情况下，正比于使该流体各部分相分离的速度。

命题 51　定理 39

如果一根无限长的圆柱体在均匀又无限的流体中，绕一位置给定的轴均匀转动，并且该流体只受圆柱体的冲击而转动，而该流体各部分在运动中保持均匀，则流体各部分的周期正比于它们到圆柱体中轴的位置。

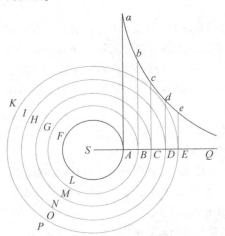

令圆柱体 AFL 沿轴 S 均匀转动，并且令 AFL 的同心圆 BGM、CHN、DIO、EKP 等，把流质分成无限不相同厚度的固体同心圆柱体层。因为流质的质量均匀，邻接层相互的压力（根据假设）正比于它们相互间的移动，也正比于产生该压力的相邻接的表面。如果任意表层对其内侧压力大于或小于外侧压力，则较强的压力将占优势，并加快或减慢该层的运动，这取决于它是否能和该层的运动方向一致或相反。这样每一层的运动都能保持均匀，两侧的压力相等而方向相反。所以，由于压力正比于邻接表面，也正比于相互间的移动，那么该移动将反比于表面，即反比于表面到中轴的距离。但是轴的运动角度差正比于该移动除以距离，或正比于该移动而反比于该移动除以距离。这相当于：将两个比相乘，反比于距离的平方。所以，如果做向右无限延伸直线 SABCDEFQ 的双曲线都通过这些垂线的端点，则这些运动角度差的和即将正比于对应线段 Aa、Bb、Cc、Dd、Ee 的和，即（如果无限增加层数而减少宽度，以构成均匀介质的流体）正比于相似于该和的双曲线面积 AaQ、BbQ、CcQ、DdQ、EeQ 等；因此时间反比于角运动，也反比于这些面积。所以任意粒子 D 的周期时间反比于 DdQ 的面积，即（由求曲线面积的已知方法）正比于距离 SD。证毕。

推论 1　因此流体粒子的角运动反比于它们到圆柱体的轴的距离，且绝对速度相等。

推论 2　如果流体装在一个无限长的圆柱体容器内，里面还装有另一个圆柱体，并且两个圆柱体都在绕公共轴运动，而且它们转动的时间正比于它们的直径，流体各部分保持运动，则不同部分的周期时间正比于到圆柱体轴的距离。

推论 3　如果从圆柱体和这样运动的流体上增加或减去任意共同的角运动量，因为这种新的运动不改变流体各部分之间的相互摩擦，各部分之间的运动也不会改变；因为各部分间的移动取决于摩擦。由于两边的摩擦力方向相反，各部分都将保持同样的运动，加速度小于或等于减速度。

推论 4　如果从整个圆柱体和流体中减去所有外层圆柱的角运动，我们就能得到在静止圆柱体内的流体运动。

推论 5　如果流体和外层柱体静止，而内层柱体均匀移动，则会把圆运动传输给流体，并会逐渐传遍整个流体；运动会逐渐加强，直到流体各部分都能获得推论 4 中求出的运动。

推论 6　因为流体倾向于把它的运动向更远处传播，所以它的冲击力会带动最外层的圆柱与它一同运动，除非圆柱体受到阻力；一直加速其运动直到两个圆柱体的周期相等。但是如果外层圆柱体受到反作用力，它将会产生作用力来阻碍流体的运动；内柱体除非靠一些作用于其上的外力使其保持运动，否则会逐渐静止。

所有这些可通过在静止深水中的实验来证明。

命题 52 定理 40

如果在均匀而无限的流质中，固体球体绕一条方向指定的轴均匀转动，流体只是受球体的冲击力转动，流体各部分在运动中保持均匀，则流体各部分的周期正比于其到球体中心的距离。

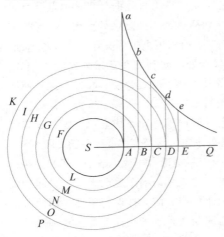

情形 1 令球体 *AFL* 绕轴线 *S* 均匀转动，同心圆 *BGM*、*CHN*、*DIO*、*EKP* 等把流体分成无数个相同厚度的圆心球层。设这些球层是固体，由于流体是均质的，邻接的球层间的压力（根据前提）正比于它们相互间的移动，以及受该压力的邻接表面，如果任意球层对其的内侧压力大于或小于外侧压力，则较强的压力将占优势，并加快

或减慢该球层的运动，这取决于该力与球层运动方向是否一致。所以每一球层都能保持均匀的运动，其条件是球层双侧的压力必须是相等的，而且方向相反。因为压力正比于邻接表面和相互间的移动，所以移动将反比于表面，即反比于表面到球心距离的平方。但关于轴的角运动差正比于移动除以距离，或是正比于移动而反比于距离；将这两个比相乘，也就是反比于距离的立方。如果在无限延伸的直线 *SABCDEQ* 上的不同地方作垂线 *Aa*、*Bb*、*Cc*、*Dd*、*Ee* 等，反比于差的和 *SA*、*SB*、*SC*、*SD*、*SE* 等，即所有角运动的立方，则将正比于对应线段 *Aa*、*Bb*、*Cc*、*Dd*、*Ee* 等的和，即（如果使球层数不断增加，厚度不断减小，形成均匀流体介质）正比于近似于该和的双曲线面积 *AaQ*、*BbQ*、*CcQ*、*DdQ*、*EeQ* 等；其周期时间反比于角运动，还反比于这些面积。所以，任意球层 *DIO* 的周期时间反比于面积 *DdQ*，即（根据已知求面积的方法）正比于距离 *SD* 的平方。这就是首先要证明的。

情形 2 由球心作大量与轴成给定角度的无限长直线，且它们相互间的差相等。设这些直线绕轴转动，这样球层就被分成无数个圆环，则每一个圆环都有四个与之相邻的圆环，即内侧有一个、外侧有一个、两边各有一个。现在，这些圆环受到的推动力不均，内环与外环的摩擦力方向相反，除非运动的传递照情形 1 所证明的规律进行。这可以由前面的证明得知。所以，任意一组由球沿直线向外延伸的圆环都将按情形 1 的规律运动，除非它受到两边圆环的摩擦的作用。但是根据该规律，运动中不会出现那种情况，所以不会阻碍圆环按该规律运动。如果到球的距离相等的圆环在极点处的转动和在黄道处速度不相等，又如果前者较慢，相互摩擦能使其加快，反之会使它减慢；这就使周期时间逐渐趋于相等，这可以由情形 1 得知。所以，这种摩擦力完全不阻碍运动按情形 1 的规律进行，因此该规律是成立的，即各圆环的周期时间正比于它到球心的距离的平方。这是其次要证明的。

情形 3　现在假设每个圆环又被横截面分割成无数个粒子，这些粒子构成了绝对均匀流体物质；因为这些截面与圆运动无关，只起产生流体物质的作用，所以圆运动规律将像以前一样保持不变。即使有再小的圆环，也不会因这些截面而改变其大小和相互摩擦，或都做相同的变化。所以，原因的比例不变，效果的比例也不变，即运动和周期时间的比例不变。证毕。

由于圆运动产生的向心力，在黄道上的力大于在轴极上的力，则必定有某种作用力使各粒子维系在轨道上，否则在黄道上的物质总是要飞离中心，并在涡旋外绕轴级转动，再由此沿轴线连续旋转而回到极点。

推论 1　流体各部分沿球轴的角运动，反比于到球中心距离的平方，其绝对速度反比于前面那个平方除以到轴的距离。

推论 2　如果在相似、无限且静止的均匀运动的流体中的球，沿一个位置给定的轴做均匀运动，则它将带动流体做类似于涡旋的运动，且该运动将向流体各处传递开去；并且该运动将在流体各部分中逐渐加速，直到各部分的周期时间正比于到球心的距离的平方。

推论 3　因为涡旋内部由于其较大速度不断压迫而推动外部，并通过该作用力把运动传递给它们，同时又把相同的运动传递给更远处静止的部分，并通过该运动保持了自身的持续运动，不难理解该运动会持续把涡旋由中心传递到外围，直到它渐渐减退并消失于无限延伸的圆周。任何两个与该涡旋同心的球面之间的物质是不会加速的，因为该物质总是要传递其从靠近中心地方得到的运动给靠近边缘地方的物质。

推论 4　因此，为了保持涡旋的相同运动状态，球体就要从某种源头不断地得到其传递给涡旋其他物质的相同运动量。就是由于有了这一源头，它不断把运动传递给球体和涡旋内部，它们才能不断向外围传递运动。如果这一源头不存在，它们将会逐渐减慢运动，最后不再旋转。

推论 5　如果另一个球体也在那个涡旋里，在离中心一定距离的地方飘浮，与此同时，受一些外力影响沿一个倾斜度给定的轴不断旋转，则该球的运动将会带动流体像涡旋一样运动，起初这个新的小涡旋将会和该球一起绕另一中心转动，同时该运动将传播得越来越远，逐渐向无限延伸，方式与第一个涡旋相同。同样的原因，新涡旋中的球被卷入另一个涡旋的运动，而另一个涡旋的球被卷入新涡旋的运动，这样两个球都绕着同一个中心点转动，并且由于圆运动而相互远离，除非有些力量来维系着它们。此后，如果不断让球体保持运动的作用力停止，则一切将按力学原理运动，球会逐渐停止运动（由推论 3 和 4 中谈及的原因），涡旋最终将全部静止。

推论 6　如果在给定地方的几个球体必须绕位置给定的轴，以给定速度均匀转动，则它们将产生同样多的涡旋并延伸至无限。因为根据一个球体能将自身运动传播到无限远的相同原理，每个分离的球也可以把运动传播到无限远；所以无限流体的各部分都受到所有球体运动作用而运动。这样各涡旋之间就没有明确界限，而是逐渐介入对方；在涡旋相互介入对方时，由前一推论得知球会逐渐离开原来的位置；它们之间不可能一直保持某种确定的位置关系，除非由某种力量维系着它们。但是如果这些不断给球体压力以维持运动的作用力突然中止，物质将逐渐停止，不再做涡旋运动（由推论 3 和 4 中的理由）。

推论 7　如果某种类似流体装在球形容器内，并由于容器中心的球做均匀运动而形成涡旋；球与容器绕同一轴做同向转动，则它们的周期正比于半径的平方；流体的各部分可能会做加速或减速运动，直到它们的周期时间实现正比于到涡旋中心距离的平方。除了这种，其他任何方式构成的涡旋都不会持久。

推论 8 如果这个容器和容器里的流体都保持运动，并沿给定轴做共同角转动，而因为流体各部分的相互摩擦力不会由于运动而改变，则各部分之间的运动也不会改变；因为各部分之间的移动取决于这种摩擦力。任意部分都保持这种运动，其一侧的阻碍它运动的摩擦力等于另一侧加速它运动的摩擦力。

推论 9 如果容器是静止的，已知球体的运动，则可求出流体的运动。设一平面穿过球的轴，并反向运动，设该转动时间与球的转动时间的和比球转动时间等于容器半径平方与球半径平方之比，则流体各部分相对于该平面的周期时间将正比于它们到球中心的距离的平方。

推论 10 如果容器和球绕相同的轴运动，或以已知速度绕不同的轴转动，则可求出流体的运动。如果从整个运动系统中减去容器的角运动，由推论 8 可知，剩余的所有运动将相互保持不变，就像之前一样，并可由推论 9 求出。

推论 11 如果容器和流体静止，并且球匀速转动，则该运动将会逐渐由整个流体传递到容器，且容器会被带动转动，除非它遇到阻力；流体和容器将逐渐加速，直到它们的周期时间等于球的周期时间。如果容器受某力阻止或受不变力做均匀运动，则介质将会逐渐趋于推论 8、9、10 所述的状况，而绝不会维持其他任何状态。但如果这种使球和容器以确定运动转动的力中止，则这整个系统将按力学原理运动，容器和球体在流体的中介作用下将相互作用，不断把其运动通过流体传递给对方，直到它们的周期时间相等为止，整个系统像一个固体一样运动。

附注

在所有这些讨论中，我都假设流体的密度和流体性是均匀的。我所说的这种流体是指一个球体无论放在里面任何地方，都可以以其自身的相同运动，在相同时间间隔里，在流体内向相同距离的物质连续传递相似又相等的运动。物质的圆运动使它更倾向于离开涡旋的轴，因而压迫在它外面的所有物质。这个压力使摩擦力更大，因此各部分的分离更困难，这样就减少了物质的流体性。另外，如果流体各部分中有任何一处比其他地方密度更大，则该处的流体性会更小，因为这里相分离的表面更少。在这些情形中，我设流体性的缺乏由这些地方的润滑性或柔软性，或其他条件来补足；否则这些流体性较缺乏处将连接得更紧，惰性越大，这样接受运动更慢，并比上述比值传播得更远。如果容器不是球状的，粒子将不是沿圆周而是沿容器外围线条运动；其周期时间将近似正比于到中心平均距离的平方。在中心与边缘之间，空间较宽处运动较慢，而较窄处运动较快；否则运动速度较快的粒子不再趋向边缘；因为它们掠过的弧线曲率较小，离开中心的倾向随该曲率的减小而减小，其程度就像其随速度的增加而增加一样。当它们从窄处进入宽处时，稍远离中心，减慢了速度；而当它们由宽处进入窄处时，它们又一次加速；因此每个粒子就这样一直反复被减速或加速。这是在坚硬容器里的情形；至于无限流体中的涡旋的状态研究，已在本命题推论中阐明。

我在本命题中研究涡旋特性的原因，是想是否能用它来解释天体现象。天体现象如下：卫星绕木星旋转的周期正比于它们到木星中心的距离的 $\frac{3}{2}$ 次幂，同样，该规律也适用于行星绕太阳旋转。而且根据已知的天文观测数据，这些规律都有很高的精确性。因此，如果这些行星是由涡旋带动绕木星和太阳运动，则涡旋必定会遵从那个规律。但在这里我们发现，涡旋各部分的周期正比于到运动中心的距离的平方，并且比值无法减小并简化为 $\frac{3}{2}$ 次幂，除非涡旋的物质离中心越远流动性越大，或是因为流体各部分因为缺乏润滑而产生的，又正比于使流体各部分相互分离的速度的阻力，以大于速度增长比率的更大比率增加。但是这些假设似乎都不合理。如果不受中心吸引，粗糙而流动着的部分必将倾向于边缘。尽管为了证明的方便，在本章开头，我曾假设阻力正比于速度，但事实可能是阻力与速度的比小于这一比值；因此，涡旋在离中心较近处运动较快，在某一界限处较慢，而又在靠近边缘处较快，则不仅得不到 $\frac{3}{2}$ 次幂关系，也不能得到其他任何确定的比值关系。还是让哲学家去解释怎样由涡旋来说明 $\frac{3}{2}$ 次幂的现象吧。

命题 53　定理 41

由涡旋所带动的物体，如果能在不变轨道上环绕，则它的密度和涡旋相同，而且在速度和运动方向上遵从与涡旋各部分相同的运动规律。

如果设涡旋的任何一小部分是固定的，其粒子或物理点相互间的位置都保持固定，则因为其密度、惯性和形状都保持不变，这些粒子将保持原先的运动规律。另外，如

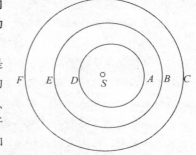

果涡旋的固体部分和其他部分的密度相同，融化在流体中，那么这一部分也将按原先的规律运动，原来有流动性的粒子可相互移动的例外。所以，粒子相互间的运动完全不会影响整体的运动，整体的运动还是会和原先的一样。而这种运动会和涡旋中另一侧与中心距离相等的那部分的运动相同。因为现在融在流体里的这部分固体，和涡旋其他部分几乎完全相同。所以，如果固体部分的密度与涡旋的物质相同，则它就会与它所处的涡旋部分做相同运动，而且和周围的物质保持相对静止。如果它的密度再大一点，它就会比以前更趋向于离开中心；并将克服把它维系在轨道上并保持平衡的涡旋力，它远离中心，按螺旋线运动，不再回到原先的轨道。根据同样的原理，如果其密度小一点，它就会更趋向于中心。这样它也不能继续在原轨道上运动，除非它和流体密度一样。而我们已经证明了在这种情况中，它的运行规律与流体到涡旋中心距离相等部分的运行规律相同。

推论 1　在涡旋中转动的固体，会持续在相同轨道上运行，并与带动它旋转的流体保持相对静止。

推论 2　如果涡旋的密度是均匀的，同一物体可以在离涡旋任何距离的地方旋转。

附注

显然，行星不是由物质涡旋带动运转的，因为根据哥白尼的假设，行星绕太阳沿椭圆运动，太阳在公共焦点上；由行星伸向太阳的半径所掠过的面积正比于时间。但是现在涡旋各部分不可能再做那种运转。令 AD、BE、CF 表示三个绕太阳 S 的轨道，其中，令最远的那个圆 CF 为太阳的同心圆，令圆里的两个远日点为 A、B，近日点是 D 和 E。这样，沿轨道 CF 运动的物体，其伸向太阳的半径所掠过的面积正比于时间，做匀速运动。根据天文学原理，沿轨道 BE 运动的物体在远日点 B 处速度较慢，而在近日点 E 处则较快；而根据力学原理，涡旋物质在 A 与 C 之间较窄的地方会比在 D 与 F 之间较宽的地方运动得更快，即在远日点比近日点更慢。现在这两个结论互相矛盾。因此，以火星的远日点室女座为起点标记的火星与金星轨道间的距离，比以双鱼座为起点标记的相同轨道间的距离，比值是 3：2；因此，在这些轨道间的涡旋物质，在双鱼座的起点处的速度比上在室女座起点处的，比值为 3：2；因为在一次环绕中，在相同时间里相同的物质量通过的空间越窄，速度就越快。所以，如果地球与带动它运转的天体物质保持相对静止，并一起绕太阳旋转，则地球在双鱼座起点处的速度与其在室女座起点处的速度之比为 3：2。所以太阳的周日运动，在室女座起点处应多于 70 分钟，而在双鱼座的起点处就会少于 48 分钟。然而观测结果正好相反，太阳在双鱼座起点处的速度快于在室女座起点处的速度，所以地球在室女座起点处的速度快于在双鱼座起点处的速度。这样涡旋假设和天文现象严重对立，不但不能解释天体运动，反而让我们更迷惑。究竟这些运动是怎样在没有涡旋的空间里进行的，我们可以从第 1 编里得知，我将在下一编对此进一步阐述。

第 3 编　宇宙体系
（使用数学的论述）

哲学中的推理规则

规则 1

寻求自然界事物的原因要遵循以下两点：真实、能解释其现象。

为达到这一目的，哲学家表示自然之功不多不少，过多是徒劳。简洁明了才是万物真理，因为简单是自然界的法则，不会赘述额外原因。

规则 2

对于相同的自然现象，我们需要尽量找到相同的原因。

例如，人类和野兽的呼吸，在欧洲和美洲的石头的所在地，做饭之火的火光和太阳光，地球和行星的光反射。

规则 3

事物的属性，如果其程度不能增加或减少，且在我们的实验所及范围内为所有物体共有，则应视为所有事物的普遍属性。

因为我们只能通过实验了解事物的特性，所以我们认为事物的普遍属性只能在实验中适应，并且只能是既不能减少，也不能消失的理想状态。我们当然不会放弃实验的证据，而去追求梦想和不现实的幻想，另外，也不会抛弃简朴一致的自然共性。除了本身的视角，我们尚不能了解物体的延展性，也无法由此深入所有物体内部。但是，因为我们把所有物体的延展当作已知事物，所以我们也把这一属性普遍赋予各个物体。我们由经验得知很多事物都是硬的，而整体的坚硬来自部分的坚硬，所以我们可以推论出不仅我们所感知的不可分粒子质地坚硬，其他所有粒子也如此。而认为所有物体是不可穿透的，得到这一结论是凭借我们的感觉而不是推理。我们拿着一件物体，当我们发现它有不可穿透性后，我们就下结论说所有物体都有这一特性。说所有的物体都能运动，并且有某种力量使它们运动或静止，保持其状态不变，这是由我们从观察到的物体中的相似特性推导出来的。整体的延展、坚硬、不可穿透性、可运动能力和惯性都是来自物体各部分的延展、坚硬、不可穿透性、可运动能力和惯性。这就是所有哲学的基础。另外，通过观察，分离但又相邻接的物体粒子相互分离；在未被分开的粒子里，就像数学所证明的那样，我们的思维可以区分更小的部分。但是这些已区分开但又未分离的部分，是否确实可以由自然力分割并加以分离，我们还不知道。然而，哪怕是只有一例实验证明，任何从坚硬的固体上取下的未分离的粒子都可以再分割，由此我们可以得出，未分离的粒子和已分离的粒子实际上都可以被无限分割。

最后，实验和天文观察普遍显示，地球附近的所有物体受地心引力吸引，该引力正比于物体所含物质的质量。月球也同样根据其物质质量受地球吸引，另外，我们的海洋也受地球吸引，并且所有的行星也互相吸引，彗星也以类似方式被太阳吸引，我们必须沿用本规则赋予一切物体以普遍相互吸引的原理。因为这一论点是由现象得出的结论，并且所有物体普遍相互吸引比它们不可穿透更具说服力。然而，我们没有任何实验或任何形式的观察能对后者验证。我相信重力不是物体的基本特性。谈到固有的力时，我指的只是它们的惯性，这是永恒不变的。物体的重力会随着它们远离地球而减小。

规则 4

在实验哲学中，我们认为由现象所归纳出的命题是准确的或是基本正确的，而不管任何反面假设，直到出现了其他可以使之更精确，或是可以推翻这些命题之时。

我们必须遵守这一规则，使归纳法得出的结论不能脱离假设。

现　象

现象 1

木星的卫星，其伸向木星中心的半径所掠过的面积正比于掠过的时间；设恒星静止不动，它们的周期时间正比于到中心的距离的 $\frac{3}{2}$ 次幂。

这是我们通过天文观测所得知的。因为虽然这些卫星的轨道不是与木星共心的圆，但也很类似，它们在这些圆上的运动是均匀的。所有的天文学家都认为它们的周期时间正比于其轨道的 $\frac{3}{2}$ 次幂。下表也说明了这一点。

卫星到木星中心的距离见下表：

	1	2	3	4	
波里奥的观测	$5\frac{2}{3}$	$8\frac{2}{3}$	14	$24\frac{2}{3}$	木星半径
唐利用千分仪的观测	5.52	8.78	13.47	24.72	
卡西尼用望远镜的观测	5	8	13	23	
卡西尼通过卫星交食的规则	$5\frac{2}{3}$	9	$14\frac{23}{60}$	$25\frac{3}{10}$	
由周期时间推算	5.667	9.017	14.384	25.299	

木星卫星的周期时间：1 天 18 小时 27 分 34 秒，3 天 13 小时 13 分 42 秒，7 天 3 小时 42 分 36 秒，16 天 16 小时 32 分 9 秒。

庞德先生曾利用精确千分仪，通过以下方法测出木星的半径和它与卫星的距角。他用一个长 15 英尺的望远镜中的千分仪，在木星到地球的平均距离上，测出了木卫四到木星的最大距角为 8′16″。在木星到地球的相同距离上，木卫三的距角用 123 英尺长的望远镜中的千分仪测出为 4′42″。在木星到地球的相同距离上，由周期时间推算出的其他

334

两个卫星的距角为 2′56″47‴ 和 1′51″6‴。

木星的直径由一个长 123 英尺的望远镜的千分仪反复测量多次，得出木星到地球的平均距离总是小于 40″，但几乎不会小于 38″，一般为 39″，在更短一点的望远镜内为 40″ 或 41″。因为木星的光由于光线的折射不同而稍有扩散，在较长且更完善的望远镜中该扩散与木星直径之比要小于在较短且性能较差的望远镜中的比值。

木卫一和木卫三通过木星的时间，我们也用长望远镜观测过，它从初切开始到终切开始，以及从初切结束到终切结束。以木卫一经过木星为例，在木星到地球的平均距离上，木星的直径为 $37\frac{1}{8}''$，而在木卫三的例子，直径是 $37\frac{3}{8}''$。还观测出了木卫一的阴影通过木星的时间，当木星处于到地球的平均距离上时，木星的直径为 37″。我们设其直径非常接近 $37\frac{1}{4}''$，则木卫一、木卫二、木卫三、木卫四的最大距角相应为木星半径的 5.965、9.494、15.141 和 26.63 倍。

现象 2

木星的卫星，其伸向土星中心的半径所掠过的面积正比于掠过的时间；设恒星静止，它们的周期时间正比于到土星中心的距离的 $\frac{2}{3}$ 次幂。

因为，如同卡西尼从自己的观测中得出的结论一样，它们到土星中心的距离和它们的周期时间如下。

土星卫星的周期时间：

1 天 21 小时 18 分 27 秒，2 天 17 小时 41 分 22 秒，4 天 12 小时 25 分 12 秒，15 天 22 小时 41 分 14 秒，79 天 7 小时 48 分 00 秒。

卫星到土星中心的距离（以土星环半径计算）：

观测结果：$1\frac{19}{20}$，$2\frac{1}{2}$，$3\frac{1}{2}$，8，24

由周期计算：1.93，2.47，3.45，8，23.35。

土卫四到土星中心的最大角距，通常由观测得出其近似于半径的 8 倍。但是当用惠更斯先生的长 123 英尺的精确望远镜观测时，该最大

角为半径的 $8\frac{7}{10}$ 倍。从该观测结果和周期推算出，土卫四到土星中心的距离分别为土星半径的 2.1，2.69，3.75，8.7 和 25.35 倍。由同一个望远镜观测出的土星的直径与环直径之比为 3：7；在 1719 年 5 月 28、29 日两天观测到的土星环直径为 43″；当土星在土星和地球的平均距离上时，环直径为 42″，土星直径为 18″。这些结果是在很长且相当精确的望远镜中观测得出的，因为在这种望远镜中，天体的像与像边缘的光线扩散比值比在较短的望远镜中的比值大。所以，如果我们排除所有这些虚光，土星的直径不会超过 16″。

现象 3

水星、金星、火星、木星、土星这五个行星在各自轨道上绕太阳旋转。

水星和金星是绕太阳旋转的这一事实，可以由它们也像月亮一样有阴晴盈亏来证明。当它们像是满月时，对我们而言，它们远于或高于太阳；当它们有缺口时，它们在太阳水平线上的左右两边；当它们呈新月形时，它们低于太阳，或是在地球与太阳之间；有时，当它们与太阳和地球位于一条直线上时，它们看起来就像是横过日面的斑点。而火星绕太阳旋转，可由当它在接近于相合时出现满月形状和在正交时出现凸月状证明。木星和土星绕太阳旋转也可被证明，它们也出现在各种位置上，因为它们卫星的阴影有时会落在它们的平圆形表面上，这就说明它们自己是不发光的，它们的光来自太阳光。

现象 4

设恒星静止，则这五个行星周期时间和地球绕太阳的周期时间（或太阳绕地球的周期时间），正比于它们到太阳距离的 $\frac{3}{2}$ 次幂。

这一比率最初是由开普勒观测得出的，但现在被所有天文学家所认同；因为无论是太阳绕地球旋转还是反其道而行之，周期时间是一样的，轨道的尺寸也不会变。并且所有其他天文学家推算出的周期时间都是一样的。但是开普勒和波里奥对于轨道尺度的观测数据比所有天文学家都精确；对应于平均距离的周期时间和它们的推算值有些差异，但差值不大，而且大部分值都介于它们之间。由下表可见：

行星和地球绕太阳旋转的周期时间，以天数计算，太阳处于静止状态。

♄	♃	♂	♁	♀	☿
10 759. 275	4 332. 514	686. 978 5	365. 256 5	224. 617 6	87. 969 2

行星和地球到太阳的平均距离见下表。

结果	♄	♃	♂	♁	♀	☿
开普勒的数据	951 000	519 650	152 350	100 000	72 400	38 806
波里奥的数据	954 198	522 520	152 350	100 000	72 398	38 585
按周期计算的结果	954 006	520 096	152 369	100 000	72 333	38 710

就水星和金星来说，它们到太阳的距离是确定的。因为它们是由这些行星的距角决定的；至于地球以外行星到太阳的距离，木星卫星的交食已经让大家的意见统一了。因为这些交食可以决定木星在卫星上投下的阴影位置，据此我们可得出木星的日心经度长度。然后综合分析它的日心和地心经度长度，我们就能求出它的距离。

现象 5

行星伸向地球的半径，所掠过的面积不正比于时间，但是它们伸向太阳的半径所掠过的面积正比于掠过的时间。

因为相对于地球来说，它们有时是顺时针，有时停止，有时是逆时针运动。但对于太阳而言，它们通常看起来是顺时针旋转的，而且几乎是匀速运动，所以，在近日点稍快，在远日点稍慢，这样才能保持掠过的面积相等。这是一项天文学家都知道的命题，特别是可以由木星卫星的交食加以证明。正如我在前面所述，木星卫星的交食可以求出木星的日心经度长度及它到太阳的距离。

现象 6

月球伸向地球中心的半径所掠过的面积正比于掠过的时间。

这一结论总结自月球的视在运动和它的直径的对比。月球的运动自然也会一定程度上受太阳的影响，但我在总结这些结论时，忽略了那些无关紧要的误差。

命　题

命题 1　定理 1

不断把木星卫星从直线运动中拉回来，并将其限制在恰当轨道上的作用力是指向木星中心的力，该作用力反比于卫星到木星中心距离的平方。

本命题的前半部分由现象 1 和第 1 编的命题 2 及 3 得证，后半部分由现象 1 和第 1 编的命题 4 推论 6 所证明。

木星卫星绕其旋转的相同原理可以由现象 2 推知。

命题 2　定理 2

不断把行星从直线运动中拉回来，并将其限制在恰当轨道上的作用力是指向太阳的；该作用力反比于行星到太阳中心距离的平方。

本命题的前半部分由现象 5 和第 1 编的命题 2 能证明，后半部分由现象 4 和第 1 编的命题 4 推论 6 可证，但是命题的这一部分可由在远日点的静止来精确证明。因为距离平方反比产生的极小误差（由第 1 编的命题 45 推论 1）也会导致每一次环绕中的远日点的明显运动，这样多次环绕就会产生极大误差。

命题 3　定理 3

把月球限制在适当轨道上的作用力是指向地球的，该作用力反比于月球到地球中心距离的平方。

本命题的前半部分由现象 6 和第 1 编的命题 2 及 3 可证明，后半部分由月球在远地点处运动较慢所证明。月球每一次环绕中远日点向前移动 3°3′，但是可以忽略不计。因为（根据第 1 编的命题 45 推论 1）如果月球到地球中心的距离与地球半径之比为 D 比 1，则引起该运动的力反比于 $D^{2\frac{2}{243}}$，即反比于 D 的幂，其指数为 $2\frac{2}{243}$。这说明，该距离的比略大于平方反比比值，但是它接近平方反比比值，比接近立方反

比比值更强 $59\frac{3}{4}$ 倍。而考虑到这一移动是由太阳作用引起的（我们将在后面讨论），现在可忽略不计。太阳吸引月球绕地球旋转的作用力几乎正比于月球到地球的距离，因此（由第 1 编命题 45 推论 2）该作用力比上月球的向心力，几乎等于 2 比 357.45，即 1 比 $178\frac{29}{40}$。所以如果忽略不计太阳的这一小小作用力，把月球限制在其轨道上的主要作用力反比于 D^2，如果把该作用力与地心引力作比较，就像下面的这个命题一样，那这一点将得到更充分的证明。

推论 假设月球在落往地球表面时，受到的引力反比于距离的平方，因而随距离的减少，引力不断加大。如果我们增大把月球限制在其轨道上的平均向心力，先以 $177\frac{29}{40}$ 比 $178\frac{29}{40}$ 的比率，然后以地球半径的平方比月球到地球中心的距离，我们就可以得到月球在地球表面的向心力。

命题 4　定理 4

月球受地球引力吸引，且该引力不断把月球从直线运动拉回，并限制它处于轨道上。

在朔望点时，月球到地球的平均距离，以地球半径为计算单位，托勒密和大多数天文学家认为是 59，凡德林和惠更斯计算出是 60，哥白尼的结果是 $60\frac{1}{3}$，司特里特的是 $60\frac{2}{5}$，第谷的为 $56\frac{1}{2}$。但是第谷和其他所有引用他那张折射表的人，都认为太阳和月球的折射（与光的本质不同）大于恒星的折射，约为地平线附近 4~5 分钟，这样就使月球的地平视差增加了相应的分数，即整个视差的 $\frac{1}{12}$ 或 $\frac{1}{15}$。如果纠正这个错误，月球到地球的距离就会是 $60\frac{1}{2}$ 个地球半径，接近于其他人的结果。我们假设在朔望点时距离是地球半径的 60 倍，并设月球的一次环绕的时间，按照恒星时间，为 27 天 7 小时 43 分，就正如天文学家所认为的一样；而地球的周长是 123 249 600 巴黎尺，正如法国人所测得的数据。如果假设月球不做任何运动，受限制其在轨道上的向心力（由命题 3 的推论）的影响，那它将会受该力作用而落向地球，且在一分钟时间里下降 $15\frac{1}{12}$ 巴黎尺。这是由第 1 编命题 36，或是（同样道理）第 1 编命题 4 推论 9 所推导出来的。因为月球在平均一分钟时间里，在离地球半径 60 倍长的地方落下，所掠过的轨道弧长的正矢约为 $15\frac{1}{12}$ 巴黎尺，或者更准确地说是 15 尺 1 寸 $1\frac{4}{9}$ 分。因为该力在指向地球时，反比于距离平方，随距离减小而增加。因此，月球在地球表面所受的力是在月球本身轨道上所受力的 60×60 倍，如果地表附近一个物体受该力作用落向地球，在一分钟的时间里，降落的距离为 60×60×$15\frac{1}{12}$ 巴黎尺，那么在一秒钟的时间里，距离为 $15\frac{1}{12}$ 巴黎尺，更确切地说是 15 尺 1 寸 $1\frac{4}{9}$ 分。我们发现正是这个力让地球附近的物体下落，如同惠更斯先生观测到的结果，在巴黎纬度上的秒摆的摆长为 3 巴黎尺 $8\frac{1}{2}$ 分。重物在一秒钟内落下的距离与半个摆长之比，是圆的周长与它的直径（惠更斯先生已经证明过）之比的平方，所以为 15 巴黎尺 1 寸 $1\frac{7}{9}$ 分。所以使月球限制在其轨道上的力，当月球落在地球表面时，就等于我们先前研究重物时的那个重力。所以使月球保持在轨道上的力（由规则 1 和 2）就是我们常说的重力。因为，如果重力是与那个力不同的力，则物体就会受到两个力的作用以加倍的速度落向地球，且在一秒钟的时间里，下降 $30\frac{1}{6}$ 巴黎尺，这样与实验结果相冲突。

本推算是建立在假设地球静止不动的基础上的。因为如果地球和月球都在绕太阳运动的同时，又绕它们的公共重心运动，则月球中心到地球中心的跨度是地球半径的 $60\frac{1}{2}$ 倍。这就与第 1 编命题 60 所计算出的结果相同。

附注

这个命题的证明还可以用以下几个方式更仔细地阐述。就像木星和土星有很多卫星绕它们旋转，设有好几个月球绕地球旋转，这些月球的周期时间（根据归纳理由）将遵守开普勒所发现的行星之间的运动规律；所以根据本编命题1，它们的向心力将反比于到地球中心的距离平方。如果它们中位置最低的那个非常小，且十分接近地球，就快要挨着地球上最高山峰的峰顶了，则根据先前计算可知，把它限制在轨道上的向心力将几乎等于任何在那山峰上的物体重力，如果同样的小月球推动保持它处于轨道的离心力，而不断继续沿轨道前行，那么它会向地球坠落，且落下的速度与从山顶落下的重物速度一样，因为它们受同样的力下落。如果使那位置最低的月球下落的力与重力不同，而且该月球将像山顶重物一样向地球坠落，由于它受到两个力同时作用，它将以两倍的速度下坠。由于有这两个力，重物的重力和月球的向心都指向地球中心，并且两者相似、相等，它们只有一个相同的原因：根据规则1和2。这样维持月球在它轨道上的力就是我们通常说的重力，否则那个在山顶之上的小月球只能处于以下两种情况：或是不存在重力，或是以重物下坠两倍的速度下坠。

命题5　定理5

木星卫星受木星吸引，土星卫星受土星吸引，行星受太阳吸引，且受到吸引力的影响后自身避免去做直线运动，保持在曲线轨道上运动。

无论是木星卫星、土星卫星绕木星和土星旋转，还是水星、金星或其他行星绕太阳旋转，都同月球绕地球旋转的运动相似，根据规则2，这必然属于相同的原理。尤其是我们已经证明了，带动这些运动的力是指向木星、土星和太阳的中心的；且随着间距的增大，这些作用力也以相同的比率减小，跟受重力吸引的物体远离地球时，其受到的吸引力也会减小的原理一样。

推论1　有一种引力对所有的行星和卫星都有吸引作用，因为，毫无疑问，金星、水星和其他剩下的，都是和木星、土星一类的星球。因为根据定律3，所有的吸引力是相互的，所以木星也会受它的所有卫星吸引，土星也一样，地球对月球也一样，并且太阳对所有行星也是。

推论2　对任何一个行星和卫星的引力都反比于它到行星中心距离的平方。

推论3　根据推论1和2，所有行星和卫星相互吸引。因此，当木星和土星运动到其交会点附近时，受其相互吸引的影响，它们明显互相干扰了对方的运动。所以太阳干扰了月球的运动，并且太阳和月球都干扰了地球海洋的运动，这一部分我会在后面解释。

附注

将天体维持在它自身轨道上的力，截至目前我们称为向心力，但是我们现在知道它只是一种吸引力，我们今后会称它为引力。根据规则1、2和4，维持月球在它轨道上的力可以推广到所有的行星和卫星。

命题6　定理6

所有物体都受到一个星体的吸引，并且物体对任意一个相同的星体的重力，在到这个星体中心的相等位置处，正比于该物体的质量。

长期以来，人们已经观测到了各类重物（忽略掉它们在空气中遇到的阻力造成的不相等的减速）在相同的高度里，以相等时间落下；用钟摆来做实验，我们可以精准地测出时间的相等性。我试过用金、银、铅、玻璃、沙子、普通盐、木头、水和小麦来做实验。我用了两个木盒子，都是圆的且大小相等，我在一个里面装了木头，在另一个摆的摆动中心悬挂了等重的金子（尽量做到精准）。用11英尺长的线吊起这两个盒子，这样做成了两个质量和大小都完全相等的摆，它们遇到的阻力也相等。把它们并排放在一起，我观察到它们在很长时间里一直一起往复运动，做着相同的振动。所以金子的质量（根据第2编命题24的推论1和6）与木头质量之比，等于作用于金子的作用力与作用于木头的作用力的力之比，即等于两个重力之比，用其他物质做实验结论也一样。用这些相同质量的物体做实验，如果有差异，我发现的物质差异不到千分之一。我可以毫不迟疑地说，行星的引力跟地球的引力是同类型的。因为，我们假设地球上的物体被移到了月球轨道上，并都失去了所有运动，然后它们一起落向地球。毫无疑问，根据前面已经证明的，在相同时间里，物体下落的距离与月球相等，因此，该物体质量与月球质量之比，等于它们的重力之比。因为木星的卫星环绕一周的时间正比于到木星中心的距离的 $\frac{3}{2}$ 次幂，则它们受木星吸引的加速引力会反比于它们到木星中心距离的平方，即在相同距离时力也相等。因此，如果设这些卫星在相同高度落向木星，则它们会在相同时间里下落相同高度，就像地球上重物的下落一样。同理，如果设行星在相同高度落向太阳，则它们会在相等时间里下落同等的距离。但是这些不相等物体的相等加速力正比于这些物体，即行星对于太阳的重力必须正比于其物质的量。而且，木星和它的卫星对于太阳的重力正比于它们各自的质量，这可以根据木星卫星的运动的规则性来证明（根据第 1 编题 65 推论 3）。因为如果其中一些卫星受太阳吸引，因其自身质量的比例较大而受吸引的力更强，则卫星的运动就会受到不相等引力的干扰（由第 1 编命题 65 推论 2）。在到太阳距离相等的情况下，如果任何卫星受太阳的吸引力比上其物质的量，大于木星受太阳的吸引力比上其物质的量，设任意给定比率为 d 比 e，则太阳中心到卫星轨道中心的距离将会总是大于中心到木星中心的距离，几乎正比于上述比率的平方根，就正如我之前所计算得出的那样。而且如果卫星受太阳的吸引力较小，值为 e 比 d，则卫星轨道中心到太阳中心的距离会小于木星中心到太阳中心的距离，值为同一比率的平方根。所以，如果在到太阳距离相等的前提下，任何卫星受太阳作用的加速引力，大于或小于木星受太阳作用的加速引力的 $\frac{1}{1\,000}$，则木星卫星轨道中心到太阳的距离就会大于或小于木星到太阳的距离的 $\frac{1}{2\,000}$，即为木星最远卫星到木星中心的距离的 $\frac{1}{5}$，这样就会使轨道的偏心变得非常明显。但事实是木星卫星的轨道和木星共心，所以木星和所有木星卫星指向太阳的加速力相等。同理，土星和它的卫星受到太阳的重力，在到太阳距离相等时，各自正比于它的质量；月球和地球受太阳的重力，也一样正比于其质量。根据命题 5 推论 1 和 3，它们必定有重力。

另外，每个行星指向其他行星的重力各自正比于行星的各个部分。

因为，如果有些部分受到的重力与质量的比偏大或偏小，则根据该行星的主要部分的重力情况，这整个行星的重力大于或小于它与总体物质的量的比例，无论这些部分是否在行星内部或外部都不影响什么。因为，如果我们假设地球上的物体升到月球轨道，和月球在一起；如果该物体的重力比月球外部重力，等于一个与另一个的质量之比；但比物体内部重力却大于或小于外部重力，等于一个与另一个的质量之比；但比物体内部重力却大于或小于该比例，这样，这些物体的重力与月球重力之比也将大于或小于原比值。这与我们之前证明的相冲突。

推论 1　物体的重力跟其形状和构造无关，因为如果重力要随形状改变，则它们在自身物质含量不变的情况下，重力随其形状改变而改变，这跟实验结果是相冲突的。

推论 2　这条定理可推广到全宇宙，地球附近所有物体都受地球吸引，且在到地球中心距离相等处，它们的重力正比于其各自包含的物质的量。这是在我们可实验范围内的所有物体的特性；根据规则 3，它可以推广到所有物体。如果以太或是其他任何物体，是失去重力的，或受到的重力小于它的质量，根据亚里士多德、笛卡儿等人的说法，这些物体和其他物体除了在形状之外并无差别，如果不断改变它的形状，最后它一定会成为与那些按质量比例受到的重力最大者情况相同的物体；同时，这些最重的物体在变回最初形状时，也会逐渐失去它们的重力。这样物体的重力就会依据其形状的改变而改变，所以就和我们在前一推论所证明的相矛盾。

推论 3　所有空间包含的物质都不相等，因为如果所有空间里的东西都一样，则在空气中的流体，因为物质的密度极大，它的密度就不会比水银、金或其他任何密度最大的物质密度小；无论是金或其他任何物体都不能从空气中下落；除非物体的密度大于流体的密度，否则物体是不能在流体中下落的。而且如果在一给定空间里，物质的密度通过稀释减小了，那又怎样阻止它无限减小呢？

推论 4　如果一切物体的固体粒子都是同样密度，也必须通过气孔而得到稀释，那我们就得承认有虚空或真空存在。而我说的相同密度物体，是指那些惯性与体积之比相同者。

推论 5　重力在本质上是不同于磁力的，因为磁力大小不会正比于它所吸引的物质质量。一些物体受磁铁吸引强一些，另一些弱一些，大多数物体根本不受吸引。一个物体的磁力可以增加或减小，有时物质的质量要比其磁力大很多，而且在远离磁铁的过程中，磁力不足以正比于距离的平方，而是以正比距离的立方减小，这一结论和我之前粗略的观测结果差不多。

命题 7　定理 7

一切物体都会受到一种引力的吸引，该引力正比于物体的质量。

我们在前面已经证明了，所有的行星都相互吸引，也证明了每一个所受的吸引力，分开考虑，是反比于其到行星中心距离的平方。然后我们证明了（由第 1 编命题 69 及其推论）物体受行星吸引的引力正比于其包含的质量。

此外，任意一个行星 A 的所有部分都受到其他任意行星 B 的吸引，每一部分与整体的引力之比，等于部分物质与整体物质之比；而（根据定律 3）每一个作用都能引起一个相等的反作用；这样行星 B 就会反过来受行星 A 的所有部分吸引，且其受任意一部分的引力与其受整个的引力之比，等于部分的物质质量与整体质量之比。证毕。

推论 1　任何行星整体所受的引力是由部分所受引力构成的。磁和电吸引力就是一个例子。因为整体所受的引力来自部分所受引力之和，如果我们把一个较大的行星看作是由许多较小的行星构成的，引力这一原理也不难理解。因为在此很明显，整体的引力必须由部分来构成。有人曾反对说，根据这一原理，地球上所有物体必须相互之间互相吸引，但为什么我们不曾在任何地方发现这一引力呢？我回答道，因为这些物体所受的引力与地球整体所受引力之比等于这些物体与地球的比，它们所受的引力远远小于我们能感知到的程度。

推论 2　任何一个物体到几个相等粒子的引力反比于粒子距离的平方，第 1 编命题 74 推论 3 已清楚证明了。

命题 8　定理 8

两个互相吸引的球体，如果球体内到球心距离相等处的物质是相似的，则其中一个球体的重力与另一个的重力之比反比于它们的球心之间的距离平方。

第 3 编　宇宙体系（使用数学的论述）

　　在我们发现行星整个所受引力是由部分所受引力构成且指向各部分的引力反比于到该部分距离的平方之后，我仍然怀疑，在总引力由这么多的分引力构成的情况下，平方反比是否精确，还只是大致如此，因为很可能在距离较远处，这一比例是精确的，但在地球附近，这里粒子间的距离不相等，情况也不一样，这个比例就不适用了。但是由于有了第 1 编命题 75、76 和其推论，我很开心最后还是证明了这一命题，结果正如我们所看到的那样。

　　推论 1　这样我们可以找到并比较物体受不同星球作用的引力，因为物体绕行星旋转的引力（根据第 1 编命题 4 推论 2）正比于轨道直径，反比于它们的周期平方；而且它们在行星表面，或是在到它们中心任何距离处的重力（根据本命题），随距离平方的反比关系而变大或变小。金星绕太阳旋转的周期时间是 224 天 16 $\frac{3}{4}$ 小时、距木星最远的卫星公转的时间为 16 天 16 $\frac{8}{15}$ 小时、惠更斯卫星绕土星旋转的周期时间为 15 天 22 $\frac{2}{3}$ 小时，月球绕地球旋转的周期为 27 天 7 小时 43 分；这样将金星到太阳的平均距离与距木星最远的卫星到木星中心的距角——8′16″、惠更斯卫星到土星中心的最大距角——3′4″ 和月球到地球的最大距角——10′33″ 作比较，通过计算，我发现同一个物体在到太阳、木星、土星、地球的中心等距的地方，其重力之比分别为 1、$\frac{1}{1\,067}$、$\frac{1}{3\,021}$ 和 $\frac{1}{169\,282}$。然后因为距离增大或减小，重力以平方比例关系减小或增大，相等物体相对于太阳、木星、土星、地球的重力，在到它们的中心跨度为 100 00、997、791 和 109 时，即在它们的表面时，分别正比于 10 000、943、529 和 435。至于该物体在月球表面的重力为多少，我将在后面作阐述。

　　推论 2　同样，可以发现物体在几个行星上的物质质量，因为它们的质量在到其中心距离相等处成正比于它的引力，即在太阳、木星、土星、地球上的分别为 1、$\frac{1}{1\,067}$、$\frac{1}{3\,021}$ 和 $\frac{1}{169\,282}$。如果太阳视差大于或小于10″30‴，则地球上的物质的量必须以该比值的立方比例关系增大或减小。

推论 3 我们也找到了行星的密度，因为（根据第 1 编命题 72）相等且相似的物体在相似球体表面的重力正比于物体的直径，这样相似球体的密度正比于它们的重力除以球的直径。而太阳、木星、土星和地球之间直径之比分别为 10 000、997、791 和 109，同样的，重力之比分别为 10 000、943、529 和 435，所以其密度之比为 100、94 $\frac{1}{2}$、67 和 400。在此计算中的地球的密度，不是由太阳视差所决定的，而是由月球所决定的，所以这个计算是正确的。所以太阳的密度比木星的大一点，木星比土星大，而地球的密度是太阳的四倍；太阳由于温度极高，保持了一种稀薄的状态。月球的密度大于地球，这在后面会提及。

推论 4 行星越小，在其他条件不变的前提下，密度越大，因为这样在它们各自表面的引力可以趋于相等。同样，在其他条件不变的情况下，当它们越靠近太阳，密度就越大。所以木星的密度比木星的大，地球大于木星，因为行星运行在离太阳远近不同的轨道上，根据它们密度的不同，它们受太阳热的程度的比例也不同。如果把地球上的水移动到土星轨道上，则水会变成冰；而放在水星的轨道上，则会立刻变成水蒸气挥发掉。因为正比于太阳温度的阳光，在水星轨道上的密度是在地球上的七倍，而我曾用温度计测出过七倍于地球夏季的温度可以使水沸腾。我们也不用去怀疑水星物质能适应其极高的温度，所以其密度大于地球物质；因为在密度更高的物质里，自然的作用要求更高的温度。

命题 9 定理 9

行星表面里，越往下，引力以几乎正比于它到中心的距离减小。

如果行星的密度是均匀的，根据第 1 编命题 73，这一命题就完全正确。所以它的误差不会大于由于密度不均匀所造成的误差。

命题 10 定理 10

宇宙中行星的运动可持续很长的时间。

在第 2 编命题 40 的附注中，我已经证明了一个都是水的球冻成冰，在掠过其半径长距离的时间里，将由于阻力失去其动能的$\frac{1}{4\,586}$，无论球有多大，以哪种速度运动，在这种情况下都会是这种比例。但是我们地球的密度会比它全由水构成的密度大，我将对此进行证明。如果全是由水构成的，任何密度小于水的物体，由于自身密度更小，会浮在水面上。按这个推论，如果地球里面的物质跟我们现在一样，表面上全是由水包裹，这样，因为里面的物质密度小于水的密度，则会在某处漂浮；而下沉的水则会在另外一边聚集起来。而我们地球现在的状况是表面大部分覆盖的都是海水，地球如果不是密度大于海水，则会浮在海面上，并根据它轻的程度，将会一定程度浮在表面，而海水会退去另一边。根据这一原理，飘浮在发光物质上的太阳黑斑也轻于太阳；无论行星是怎样形成的，当其还是流质状态时，所有较重的物质就会沉入球心。因为地球表面的普通物质的重力是水的两倍，而地球更深处的物质会是水的重力的三四倍，或是五倍，这就使得地球的整个物质质量比全是由水构成的物质质量大五六倍，特别是因为我在前面证明出了地球密度约比木星的密度大四倍。所以，如果木星的密度比水的大，则在 30 天的时间里，木星掠过 459 个半径长度的空间里，其将会受与空气相同密度的介质阻力，而失去几乎十分之一的动能。但是由于介质的阻力随其重力或密度的正比关系减少，所以密度是水银的$\frac{1}{13.6}$的水的阻力也会比水银的阻力小相同倍数；而空气的密度是水的$\frac{1}{860}$，在空气中的阻力也是在水中的阻力的$\frac{1}{860}$。所以在宇宙中，由于介质的重力很小，行星运动的阻力几乎为零。

　　在第 2 编命题 22 的附注中证明过，地球上方 200 英里处的空气比在地表表面稀薄，比值为 30 比 0.000 000 000 000 399 8，或约为 75 000 000 000 000 比 1。所以如果木星在与高空空气的密度相等的介质里运转，则在 100 万年的时间里，介质的阻力只使它推动百万分之一的运动。在近地球处的阻力只是由空气、薄雾的水蒸气所造成的。当容器底部的气泵把它们全部干净地抽走时，重物就会在容器里自由下落，并且没有任何哪怕是很小的可感知的阻力；金和最轻的下落物一起下落时，它们的速度是一样的；即使它们要下降四、六或者八英尺的距离，它们也能在同等时间里见到瓶底。实验可证明这一点。所以，宇宙中完全没有空气和水蒸气，行星和彗星不受任何明显的阻力，这样它们才能在宇宙中运动很长的时间。

假设 1

宇宙的中心是固定不动的。

这一说法是大家公认的，但有些人认为是地球，而其他人认为是太阳处在宇宙中心。让我们看看下面可推出什么结果。

命题 11　定理 11

地球、太阳和所有行星的公共重心是固定不动的。

根据运动定理推论 4，因为重力可能是静止的，也可能在做匀速直线运动，如果它是运动的，那么宇宙的重心也会运动，和假设冲突。

命题 12　定理 12

太阳受到恒久运动的推动，但是从不远离所有行星的公共重心。

根据命题 8 推论 2，因为太阳与木星的质量之比为 1 067 比 1，木星到太阳的距离比上太阳的半径略大于这一值，所以木星和太阳的公共重心位于太阳表层一点的位置。同理，因为太阳与土星的质量之比为 3 021 比 1，且土星到太阳的距离与太阳半径之比略小于这一比值，所以土星和太阳的公共重心将会落在太阳表层略往下一点的位置上。而且通过运用该原理来计算，我们可以发现地球和所有的行星都位于太阳的一侧上，所有公共重心到太阳的距离几乎都不能达到太阳直径。在另一些情况下，这些重心的距离会更短。因为该重心是永远静止的，根据行星的不同位置，太阳必须不断改变位置，但绝不会远离这一重心。

推论　因此地球、太阳和所有行星的公共重心被看作是宇宙中心，因为地球、太阳和所有行星都相互吸引，所以根据它们的吸引力大小，如运动定理要求的那样，它们会不断相互推动。很明显，它们的可移动的重心不能被看作是宇宙不可移的中心。如果把一个天体放在该重心上，且对其他天体的吸引力最大（根据普遍观点），则太阳会是最佳选择，但是太阳本身是运动的，所以定点只能选择在离太阳中心距离最近处，且当太阳的密度和体积变大时，该距离还会更小，这样太阳的运动也更小。

命题 13　定理 13

行星的运动轨道呈椭圆形，且它的公共焦点位于太阳中心；在伸向该中心的半径时，所掠过的面积正比于其掠过的时间。

前面我们已经在"现象"这一节中讨论了有关运动。现在我们知道了它们所依据的原理，从中我们推导出了宇宙中的运动规律。因为行星受太阳的吸引力反比于它们到太阳中心的距离平方，如果太阳是静止的，其他行星不再相互吸引，则它们的轨道将是椭圆的，太阳会在其公共焦点上；根据第 1 编命题 1、11 和命题 13 的推论 1 可知，它们所掠过的面积正比于掠过的时间。但是行星间的相互作用力很小，几乎可以忽略；且由第 1 编命题 66 可知，在太阳运动时，它们对绕太阳旋转的行星运动的干扰，要小于假设太阳静止时对绕太阳旋转的这些运动的干扰。

事实上，木星对于土星的作用力是不能忽略的，因为木星引力和太阳引力之比（在距离相等的情况下，由命题 8 推论 2）为 1∶1 067，土星到木星的距离比上土星到太阳的距离约为 4 比 9，则在木星和土星的交会处，土星受木星的引力与土星受太阳的引力之比为 81 比 16×1 067，或约等于 1 比 211。这样在土星和木星的每一个交会点处，土星轨道就会产生明显摄动，以至于很多天文学家都迷惑不解。因为木星在交会点的不同位置，其偏心率有时增大，有时会减小；其远日点有时顺时针旋转，有时逆时针旋转，平均运动依次加快和减慢；尽管木星绕太阳运动的所有误差都是产生自这么强大的作用力，但通过把其轨道的低焦点放在木星和太阳的公共重心上，根据第 1 编命题 67，则几乎能完全避免除了平均运动外产生的误差，当这一误差到了最大值时，几乎也不超过两分钟，在平均运动中的最大误差每年也不超过两分钟。但是在木星与土星的交会点处，土星受太阳的加速引力，以及太阳受木星的加速引力之间的比值约为 1 618 和 $\dfrac{16×81×3\ 021}{25}$，或 156

609；所以土星受太阳和木星的不同引力比上太阳受木星的引力，约为
65 比 156 609，或 1 比 2 409。但是土星干扰木星运动的最大作用力正
比于这一差值，所以木星轨道的摄动要比土星的小得多。其他行星的
摄动更是远远小于土星的，除了地球的轨道明显受到月球干扰。地球
和月球的公共重心绕太阳做椭圆运动，且其伸向太阳的半径所掠过的
面积正比于掠过的时间。此外，地球平均每月绕该公共重心运转一次。

命题 14　定理 14

行星轨道的远日点和交点是固定的。

由第 1 编的命题 11 可知远日点是固定的，且由第 1 编的命题 1 知
道轨道的平面也是固定的。如果平面是固定的，则交点必然也是固定
的。事实上，在行星和彗星环绕的相互作用中会产生平面的一些位置
变动，但是这些变动都太小了，我们可以对它们忽略不计。

推论 1　因为既然与行星的远日点和交点都保持位置不变，所以恒
星是不动的。

推论 2　因为在地球每年的周期运动中看不到恒星有明显视差，又
因为它们与我们相距甚远，所以恒星不能对我们的天体系统产生任何
明显的影响。而且，它们的反向吸引力抵消了它们的相互作用，恒星
无规律地在宇宙中到处分布（由第 1 编命题 70 可知）。

附注

因为太阳附近的行星（水星、金星、地球和火星）都太小了，所
以它们之间几乎不能产生相互作用力。这样，它们的远日点和交点必
然是固定的，除了受到一些木星、土星和其他更远行星的干扰。所以
我们可以通过引力理论得出，它们的远日点位置相对于恒星来说稍微
前移，且该移动正比于它们各自到太阳距离的 $\frac{3}{2}$ 次幂。因此，如果在
一百年的时间里，火星的远日点对于恒星来说会前移 33′20″，则地球、
金星和水星在一百年里各自前移 17′40″、10′53″和 4′16″。但是这些移动
都太小了，在本命题中我们可忽略它们。

命题 15　问题 1

求行星的轨道主径。

由第 1 编号命题 15 可知，它们正比于周期时间的 $\frac{2}{3}$ 次幂。根据第 1 编命题 66 可知，它们各自以太阳与各行星的物质总量的和的三次方与太阳质量的三次方的比值而增大。

命题 16　问题 2

求行星轨道的偏心率和远日点。

可根据第 1 编命题 18 得出本命题的解答。

命题 17　定理 15

行星的周日运动是均匀的，而且它产生了月球的天平动。

这一命题可根据第 1 编命题 66 的推论 22 来证明。就恒星而言，木星的自转时间为 9 小时 56 分，火星是 24 小时 39 分，金星是 23 小时，地球是 23 小时 56 分，太阳是 $25\frac{1}{2}$ 天，月球是 27 天 7 小时 43 分，这些在现象这环节已经说清楚了。太阳表面黑斑回到其表面相同位置，相对于地球来说为 $27\frac{1}{2}$ 天，这样相对于恒星来说太阳自转需要 $25\frac{1}{2}$ 天。但是因为月球绕它的轴均匀转动而产生的太阴日需要一个月，即等于在轨道上环绕一周的时间，所以相同月相总是出现在它轨道上的焦点附近；但是随着焦点位置的移动，该月相也会朝一侧或另一侧偏向低焦点位置上的地球，这就是经度天平动；因为纬度天平动是由月球的纬度和其轴向黄道平面倾斜而造成的。关于月球天平动的理论，N·默卡特先生在它发表于 1676 年年初的《天文学》一书中，已经根据我给他写的信做了详尽的叙述。土星最远的卫星似乎也在跟月球做一样的自转运动，对土星来说，该卫星呈现的总是同一面向；因为在它绕土星运转的过程中，只要它转到轨道东部位置时，就难以让人看见，基本可以说是消失了；根据卡西尼的观测，这可能是由于在球体面向地球的那部分有一些黑斑所致。木星最远那颗卫星似乎也在做类似运动，因为在其背向木星的那一部分也有黑斑，而不管它在木星与我们视线范围之间的任何位置上，看上去总像是在木星球体上。

命题 18　定理 16

行星的轴短与轴正交的直径。

如果行星各部分相等的引力不是让它在轨道上自转，那么会使它呈球形。由于自转运动，使得远离轴的那部分受力，在赤道附近隆起；这样如果该部分是流质状态，由于它在赤道附近隆起，则赤道部分行星的直径将会扩大，而且由于极点的下陷，行星的轴也会缩短。因此木星的直径（根据天文学家共同观测）在两个极点之间比东西之间短。同理，如果地球赤道的直径短于轴长，海洋会在极点附近下陷，而在赤道附近隆起，并将淹没一切物体。

命题 19　问题 3

求行星轴长和轴正交的直径之比。

英国人诺伍德先生在 1635 年测出了伦敦和约克之间的距离为 905 751 英尺，且观测出纬度差 2°28′，得出了一个纬度长 367 196 英尺，即 57 300 巴黎托瓦兹。M·皮卡德测出在亚眠和马尔瓦斯之间的子午线弧为 22′55″，则一弧度为 57 060 巴黎托瓦兹。老 M·卡西尼测出了在罗西隆的科里乌尔镇到巴黎天文台的子午线距离；而小 M·卡西尼又把这一观测距离从天文台修复到敦刻尔克的西塔德尔，总距离为 486 156 $\frac{1}{2}$ 巴黎托瓦兹，且科里乌尔和敦刻尔克之间的弧度差为 8°31′11 $\frac{5}{6}$″。所以一弧度长为 57 061 巴黎托瓦兹。从这些测量我们可以得出地球周长为123 249 600巴黎尺，半径为 19 615 800 巴黎尺，并假设地球是正球体。

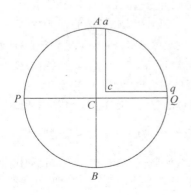

在巴黎的纬度上，重物在一秒内下降 15 巴黎尺 1 寸 1 $\frac{7}{9}$ 分，同上，即 2 173 $\frac{7}{9}$ 分。而由于周围空气的阻力，重物的重力会减小。设减去的重力为总重力的 $\frac{1}{11\ 000}$，那么重物在真空里一秒内下降 2 174 分。

一个物体在一长 23 小时 56 分 4 秒的恒星日里，在离球心 19 615 800

英尺距离的圆周上做匀速运动，1s 内掠过的弧长为 1 433.46 英尺，其正矢为 0.052 365 16 英尺或 7.540 64 分，则物体在巴黎纬度上下落的重力，与物体在赤道上由于地球的自转运动所产生的离心力之比为 2 174 比 7.540 64。

物体在赤道上的离心力与物体在巴黎纬度 48°50′11″ 上的离心力之比，等于半径与纬度的余弦之比的平方，即等于 7.540 64 比 3.267。把该力加入物体在巴黎纬度上由其重力而下落的力中，则该物体在巴黎纬度上，1s 时间里，受阻力不计的引力的作用而下落，则其将下落 2 177.267 分或 15 巴黎尺 1 寸 5.267 分。且在该纬度上的总引力与物体在地球赤道上的离心力之比为 2 177.269 比 7.540 64 或 289 比 1。

因此，如果 APBQ 表示地球，现在它不再是球体了，而是由它较短的轴 PQ 旋转而形成的椭球；ACQqca 表示装满水的管道，从极点 Qq 延伸到中心 Cc，又延伸到赤道 Aa；在管道 ACca 这一支的水的重力与另一支 QCcq 中水的重力之比为 289 比 288，因为自转运动所产生的离心力维持并消失了重力的 $\frac{1}{289}$（一支中），而另一支 288 份的则维持其余重力。通过计算（根据第 1 编命题 91 推论 2）我发现，如果地球的所有物质是均匀的，不做任何运动，而且轴 PQ 比上直径 AB 为 100 比 101，那么在 Q 处受到的地心引力，与同样位置 Q 受到以 C 为球心，以 PC 或 QC 为半径的球体的引力之比是 126 比 125。同理，在 A 处受轴 AB 旋转而成的椭圆 APBQ 的引力，与同样在 A 处受以 C 为中心，以 AC 为半径的球体引力之比是 125 比 126。但是在 A 处受地球的引力，是受椭球引力与受球体引力的比例中项；因为如果该球体的直径 PQ 以 101 比 100 的比例减小，该球体就会变成地球形状；而如果垂直于直径 AB 和 PQ 的第三条直径也以相同比例减小的话，则该球体形状就会变成先前所说的椭球形；而且在 A 处所受的引力也以相同比例减少。在 A 处指向以 C 为球心，以 AC 为半径的球体的引力，比上在 A 处指向地球的引力为 126 比 125 $\frac{1}{2}$。在 Q 处指向以 C 为球心，QC 为半径的球体的引力，与在 A 处指向以 C 为球心，以 AC 为半径的球体的引力之比的比值，正比于两个球体的直径之比（根据第 1 编命题 72），即 100 比

101。如果我们把这些比值 126 比 125，126 比 $125\frac{1}{2}$ 和 100 比 101 连乘，则得到在 Q 处与在 A 处的地球引力之比为 126×126×100 比 125×$125\frac{1}{2}$×101，或 501 比 500。

根据第 1 编命题 91 推论 3，现在因为 ACca 和 QCcq 这两支管道中的引力正比于到地球中心的距离，如果假设管道被横向的、平行的和等距的平面分割成正比于整体的部分，则在 ACca 这一支中的任意几个部分的重力与另一支中相同数量部分的重力之比，等于它们的大小与加速引力的乘积之比，即等于 101 比 100 乘以 500 比 501，或 505 比 501。所以如果在 ACca 这一支中任意一部分的自转运动产生离心力与同样部分的重力之比为 4 比 505，这样分成的 505 个等份，离心力可以抵消四份该等份的重力，则两支中任意一支中的剩余重力相等，因而流体可以在均衡状态中保持静止。但是任意一部分的离心力与相同部分的重力之比为 1 比 289，即本应为重力的 $\frac{4}{505}$ 的离心力只为重力的 $\frac{1}{289}$。所以，我认为由比例的规则可知，如果离心力的 $\frac{4}{505}$ 使得 ACca 这一支中的水面高度仅仅超过了 QCcq 这一支中水面高度的 $\frac{1}{100}$，则离心力的 $\frac{1}{289}$ 仅仅会让 ACca $\frac{1}{229}$ 这一支中的水面高度超出另一支中的高度的 $\frac{1}{289}$；所以在赤道上的地球直径与地球的轴之比为 230 比 229。因为根据皮卡德的测量，地球平均直径为 19 615 800 巴黎尺或 3 923.16 英里（1 英里等于 5 000 英尺），所以地球在赤道处要比在极点处高出 85 472 英尺，或 $17\frac{1}{10}$ 英里。且地球在赤道上的高度约为 19 658 600 英尺，而极点处则为 19 573 000 英尺。

如果行星在自转运动中的密度和周期时间都不变，则大于或小球地球的行星，其离心力与引力的比例，以及极点之间的直径与赤道上的直径都不变。但是如果自转运动以任意比例加速或减速，则离心力就会以几乎相同比例的平方增大或减小，直径的差以相同比的平方增大或减小。而如果行星的密度以任意比例增大或减小，则指向它的引力也会以相同比例增大或减小；相反的直径差会正比于引力的增大而减小，且正比于引力的减小而增大。相对恒星而言，地球自转要 23 小时 56 分，而木星需要 9 小时 56 分，它们周期时间的平方之比为 29 比 5，且它们的密度之比是 400 比 94 $\frac{1}{2}$，以及木星的长直径与其短直径之比为 $\frac{29}{5} \times \frac{400}{94\frac{1}{2}} \times \frac{1}{229}$ 比 1，或约等于 1 比 9 $\frac{1}{3}$。所以木星从东到西的直径与极点之间的直径比约为 10 $\frac{1}{2}$ 比 9 $\frac{1}{3}$。这样因为木星最长的直径为 37″，则其两极之间较短的直径为 33″25 $\frac{1}{6}$‴。并且有大约 3″ 的光的不规则折射，这样该行星的视在直径为 40″ 和 36″25‴，这两个值之间的比约为 11 $\frac{1}{6}$ 比 10 $\frac{1}{6}$。这些都是建立在假设木星本身是有着均匀密度的基础上的。但是，现在如果其在赤道附近的密度大于它在极点附近的密度，则它相对应的直径之比是 12 比 11，或 13 比 12，或 14 比 13。

　　卡西尼在 1691 年观测到木星东西向的直径就比其他直径长约 $\frac{1}{15}$。庞德先生在 1719 年用他的 123 英尺长的望远镜和精确千分尺测出了木星的直径，见下表。

时间	日时	一月　28 6	二月　6 7	三月　9 7	四月 9 9
最大直径	部分	13. 40	13. 12	13. 12	12. 32
最小直径	部分	12. 28	12. 20	12. 08	11. 48
直径的比		12 比 11	13 $\frac{3}{4}$ 比 12 $\frac{3}{4}$	12 $\frac{2}{3}$ 比 11 $\frac{2}{3}$	14 $\frac{1}{2}$ 比 13 $\frac{1}{2}$

　　因此，这一理论跟现象相符。因为行星赤道附近能受到更多的太阳光热，所以赤道处的密度要比极点处更大。

此外，随着地球的自转运动引力也会减小，所以地球在赤道处要比在极点处隆起得更高（假设其物质的密度均匀），这可由以下命题相关的钟摆实验来证明。

命题 20　问题 4

求地球不同地区的物体重力，并对此进行比较。

因为管理 *ACQqca* 的两分支长度不相等，水的重力却相等，且部分的重力正比于整个管道的重力，位置相似处的重力都各自正比于整体的重力，所以它们的重力相等；在管道中，重力相等且位置相似部分反比于管道长，即反比于 230 比 229。两支管道中所有位置相似的均匀物体都有这种情况。它们的重力反比于管长，即反比于物体到地球中心的距离。所

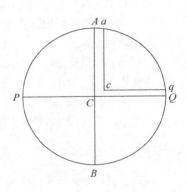

以，如果物体位于管道的最顶部，或是位于地球表面，则它们各自的重力反比于它们到球心的距离。同理，整个地球表面所有其他位置的重力都反比于它到球心的距离，所以，假设地球是椭球体，则比值可定。

从该原理可以得出从赤道移动到极点的物体的重力几乎正比于纬度正矢的两倍增加，或者正比于纬度正弦的平方也是一样的，且在子午线上的纬度弧长也几乎是以相同的比例增加。所以，因为巴黎纬度是 48°50′，赤道为 00°00′，极点为 90°；这些弧的两倍的正矢为 1 133 400 000 和 20 000，半径为 10 000，且极点处与赤道的引力之比为 230 比 229；极点引力多于赤道的那部分与赤道引力之比为 1 比 229；在巴黎纬度处多于赤道的引力与赤道引力之比为 $1 \times \frac{11\ 334}{20\ 000}$ 比 229，或者为 5 667 比 2 290 000。该处总引力比另一处总引力等于 2 295 667 比 2 290 000，因此，由于在相同时间里的摆长正比于引力，所以在巴黎纬度上，秒摆摆长为 3 巴黎尺 8 $\frac{1}{2}$ 分，或者由于考虑到空气重力，摆长为 3

巴黎尺 $8\frac{5}{9}$ 分，周期相同的赤道上的摆长就要比前者短 1.087 分。

从下页的表格可以看出，每一度子午线的长的差异非常小。所以从地理学角度，我们可以把其看作球体，特别是如果地球在赤道平面处的密度比在极点处的密度大时。

现在几个被派往遥远国家做天文学观测的天文学家发现，摆钟在赤道附近确实比在我们地区走得相对慢些。最早在 1672 年，M·里歇尔在凯恩岛注意到这一现象。因为在 8 月时，当他正在观测恒星过子午线的移动，他发现他的摆钟走得偏慢，相对于太阳的平均运动来说它一天要慢 $2'28''$。所以他制作了一个简单的秒摆，由精确钟表校准，并测出了那个摆的摆长。他一个星期又一个星期地反复做这个实验，足足做了 10 个月。回到巴黎后，他比较了前面测出的摆长和在巴黎测出的摆长（3 巴黎尺 $8\frac{3}{5}$ 分），发现摆长要短 $1\frac{1}{4}$ 分。

然后，我的朋友哈雷博士在 1677 年左右在圣赫勒拿岛时，发现在条件相同的情况下，他的摆钟比伦敦时要走得慢。但是当他缩短了摆钟的摆杆 $\frac{1}{8}$ 英寸，或 $1\frac{1}{2}$ 分后，因为摆杆底部的螺丝滑丝了，所以他在螺母间插入了一个木环。

之后，在 1682 年，M·法林先生和 M·德斯海斯先生在巴黎皇家天文台测出了一个简单秒表的摆长为 3 巴黎尺 $8\frac{5}{9}$ 分。用同样的方法，在戈雷岛测出了等时摆的摆长为 3 巴黎尺 $6\frac{5}{9}$ 分，与前者相差 2 分。在同一年里去了瓜达罗普和马丁尼古岛，在那里测出了等时摆的摆长为 3 巴黎尺 $6\frac{1}{2}$ 寸。

这之后，小 M·库普莱在 1697 年 7 月在皇家天文台让他的摆钟与太阳的平均运动校准，使之在相当长时间里与太阳运动吻合。在接下来的 11 月，他来到里斯本，在这里他发现他的摆钟一天里比以前慢了 2 分 13 秒。然后紧接着的三月，他去了帕雷巴，他的钟在这儿比在巴黎时一天要慢 4 分 12 秒；他断定秒摆的摆长在伦敦要比巴黎短 $2\frac{1}{2}$ 分，在帕雷巴要短 $3\frac{2}{3}$ 分；如果他计算的这些差值为 $1\frac{1}{3}$ 分和 $2\frac{5}{9}$ 分 的话，他会做得更完美，因为这些差异都是和时间差 2 分 13 秒和 4 分 12 秒相对应的。但是这位先生做观测时过于大意，导致他的数据不值得信赖。

处所纬度	摆长	每度子午线长度
度	尺分	托瓦兹
0	37.468	56 637
5	37.482	56 642
10	37.526	56 659
15	37.596	56 687
20	37.692	56 724
25	37.812	56 769
30	37.948	56 823
35	38.099	56 882
40	38.261	56 945
1	38.294	56 958
2	38.327	56 971
3	38.361	56 984
4	38.394	56 997
45	38.428	57 010
6	38.461	57 022
7	38.494	57 035
8	38.528	57 048
9	38.561	57 061

处所纬度	摆长	每度子午线长度
度	尺分	托瓦兹
50	38.594	57 074
55	38.756	57 137
60	38.907	57 196
65	39.044	57 250
70	39.162	57 295
75	39.258	57 332
80	39.329	57 360
85	39.372	57 377
90	39.387	57 382

在随后的 1699 年和 1700 年，M·德斯海斯去了美洲，他测出了在凯恩和格林纳达岛秒摆摆长稍微小于 3 巴黎尺 $6\frac{1}{2}$ 分，而在圣克里斯托弗岛是 3 巴黎尺 $6\frac{3}{4}$ 分，在圣多明戈岛为 3 巴黎尺 7 分。

随后，在 1704 年，P·费勒在美洲的皮尔托贝卢发现那里的秒摆的摆长为 3 巴黎尺 $5\frac{7}{12}$ 分，几乎比巴黎要短 3 分。但这一观测结果不正确，因为在之后去马丁尼古岛时，他发现在那儿的等时摆的摆长为 3 巴黎尺 $5\frac{10}{12}$ 分。

现在帕雷巴的纬度是南纬 6°38′，皮尔托贝卢为北纬 9°33′，凯恩、戈雷、瓜达罗普、马丁尼古、格林纳达、圣克里斯托弗和圣多明戈岛分别为北纬 4°55′，14°40′，15°00′，14°44′，12°06′，17°19′和 19°48′。在巴黎的摆长超出在上述这些纬度上等时摆摆长的那部分长度要比在从上表中得出的要稍微多一点。所以地球赤道要比前面计算的隆起更高，而且在球心处的密度比表面的更大，除非是热带的温度让摆长增加了。

因为 M·皮卡德曾经观察过，在冬天寒冷结冰的日子里，一根铁条的长度有 1 英尺，而置于火上加热后，长度变成了 1 英尺 $\frac{1}{4}$ 分长。此后 M·德拉希尔发现在冬天同样的天气下，铁条有 6 英尺长，当暴露在夏季阳光之下，长度增加到了 6 英尺 $\frac{2}{3}$ 分。在前一种情况中，温度要比后一种的高，但是后者的温度也要比人体的表面温度高，因为金属暴露在阳光中可得到大量的热量；所以，尽管 3 英尺长的摆钟铁条长度确实在夏季里会比冬季的长，但这一差值还不到 $\frac{1}{4}$ 分。所以，在不同气候下的等时摆长差不能归因于热量的不同，也不能归因于法国天文学家的错误事实。因为，尽管他们的观察结果不统一，但这些误差并不大，可以忽略不计；他们一致同意的是等时摆的摆长在赤道处要比在巴黎皇家天文台要短，其误差在 $1\frac{1}{4}$ 分到 $2\frac{2}{3}$ 分之间。M·里歇尔在凯恩岛观测出的误差为 $1\frac{1}{4}$ 分。而那一误差被 M·德斯海斯改成了 $1\frac{1}{2}$ 分或是 $1\frac{3}{4}$ 分。其他人做同样的观测更不准确，误差为 2 分。这一误差有一部分是由观测误差造成的，有一部分是来自地球内部构造的差异和山的高度，还有一部分是空气温度的差异。

我观测出的 3 英尺铁条在英格兰冬季要比夏季短 $\frac{1}{6}$ 分。因为赤道处的温度很高，要从 M·里歇尔的 $1\frac{1}{4}$ 分减去这一量，就剩下 $1\frac{1}{12}$ 分，这就和本理论前面所得出的 $1\frac{87}{1\,000}$ 很符合。M·里歇尔在凯恩岛反复做了这一观察，每周一次，做了 10 个月，还把在这儿记录到铁条上的观测数据与他在法国的观测的作比较。这种勤奋和侧耳细听看起来似乎是其他观测者所欠缺的。如果这位先生的观测数据值得信赖，那么地球的赤道就要比极点隆起得更高，高出约 17 英里，正如本理论所证明的那样。

命题 21　定理 17

二分点后移，地轴由于公转运动中的章动，每年两次朝黄道移动，也以相同频率回到其原先的位置。

这一命题已由第 1 编命题 66 推论 20 证明；而章动运动必然很小，几乎不能察觉。

命题 22　定理 18

月球的所有运动和那些运动的所有不相等性，都要遵守以上原理。

根据第 1 编命题 65，较大的行星在围绕太阳旋转时，可能同时带动一些较小的卫星绕其自身旋转；而那些较小的卫星必须在以较大行星的中心为其焦点的椭圆轨道上运动。但是它们的运动将会受到太阳多种形式的干扰，并像月球所受的那样呈现不相等性。这样我们的月球（根据第 1 编命题 66 推论 2、3、4 和 5）就会运动得越快，在伸向地球的半径在相同时间里掠过的面积越大，而且轨道弯曲得越小，所以在朔望点时比在方照点时更靠近地球，除了当这些干扰被偏心运动所阻挡的时候；因为（根据第 1 编命题 66 推论 9）远地点和朔望点重合时，偏心率是最大的，而当远地点和方照点重合时，偏心率最小，从而推导出近地点的月球在朔望点时运动得较快，更接近地球，而远地点的月球在方照点时运动得较慢，并且离地球较远。此外，远地点向前移，而交会点向后退；原因不是规则的运动，而是由不均匀的运动造成的。根据第 1 编命题 66 推论 7 和 8，月球在朔望点时远地点前移得更快，而在方照点时后退得更慢，这种顺逆行差造成了每年的前移。相反，交会点（根据第 1 编命题 66 推论 11）在朔望点时是静止的，而在方照点时后退得最快。而且，月球的最大黄纬（根据第 1 编命题 66 推论 10）在方照点时大于在朔望点时。根据第 1 编命题 66 推论 6，月球的平均运动在地球近日点时比它在远日点要慢。这些都是天文学家所发现的（月球运动的）基本不相等性。

但是也有其他一些过去天文学家没发现的不相等性，它们使月球的运动被干扰，到现在我们也不能把它们归入任何确定的规律下。因为月球的远地点和交会点的速度或每小时的运动及其均差，以及在朔望点的最大偏心率和在方照点的最小偏心率的差值，还有我们称之为变差的不相等性，根据第 1 编命题 66 推论 14，是年度里随着正比于太阳视在直径的立方而增大或减小的。而且（根据第 1 编引理 10 推论 1、2 和命题 66 推论 16）变差几乎是以正比于朔望之间的时间的平方而增加和减小的。但是在天文学计算中，该不相等性通常都与月球中心运动的均差出现混淆。

命题 23　问题 5

从月球的运动中得出木星和土星卫星的不相等运动。

从月球的运动我们能推导出相应的木星卫星运动，根据第 1 编命题 66 推论 16，木星最外层卫星交会点的平均运动与月球交会点的平均运动之比，正比于地球绕太阳运动的周期与木星绕太阳运动的周期之比的平方，乘以木星卫星绕木星运动与月球绕地球运动的周期之比；所以，这些交会点在一百年的时间里，后退或前移了 8°24′。内层卫星交会点的平均运动与外层卫星交会点的平均运动之比，等于它们的周期与前者的周期之比，这是由同一个推论得出的，所以也可以求出。每个卫星回归点的前移运动与其交会点的后移运动之比，等于月球远地点的运动与其交会点之比（根据同一个理论），所以也可以求出。但是，这样求出的回归点运动必须以 5 比 9，或约等于 1 比 2 的比例减小，其原因我在这不能解释得很清楚。每一个卫星的交会点和上回归点的最大均差分别与月球交会点和远地点最大均差之比，等于前一均差一次环绕的时间里，月球的交会点和远地点的运动。根据同样的推论，从木星上所看到的卫星变差与月球的变差之比，等于在卫星和月球（从离开到回来）分别绕太阳运转的时间里这些交会点的总运动的比，所以最外层卫星的变差不会超过 5.2 秒。

命题 24　定理 19

大海的涨潮和退潮是由太阳和月球的作用引起的。

根据第 1 编命题 66 推论 19，我们得知海水一天中有两次涨潮和退潮，包括在太阳日和月亮日的。当太阳和月亮到达当地子午线 6 小时内，辽阔的大海里海水会卷起最高的浪，这种例子可在法国和好望角之间的大西洋、埃塞俄比亚以东海域，以及南太平洋的智利和秘鲁海

岸找到。所有这些岸边
涨潮发生在第 2、3 或 4
个小时，除非海底的海
水运动被海峡的浅滩引
向一些特殊的地方，这
样会延迟到第 5、6 或 7
小时后，甚至更晚。我
所估计的小时是从每一
次太阳和月亮到达当地

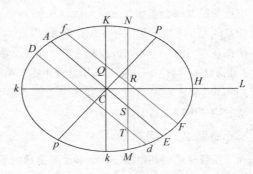

子午线，也就是从高于或低于地平线时开始计算；月球日是月球通过
其视在周日运动经过一天后再次回到当地子午线所需的时间，每小时
是这段时间的 $\frac{1}{24}$。当太阳或月亮到达当地子午线时，海水涨潮的力是
最大的；该作用于海水的力在作用后仍然能保持一段时间，且其随后
由一种新的作用于其之上的力所增强，尽管这股作用力很小。这就使
得海潮涨得越来越高，直到这一新的力变得越来越弱，已不能再使海
水涨起来，海潮就涨到了其最高的程度。这一过程也许需要一两个小
时，但是通常是在靠近海岸的地方停留约 3 小时，当海水很浅时，甚
至更多。

　　太阳和月亮能够引起两个运动，这两个运动之间没有明显区别，
但是它们之间会引起一个复合两个运动的混合运动。在日月的会合点
或对冲点，它们的作用力结合在一起，就引起最高的潮涨潮落。在方
照点时，太阳会使月亮退下去的潮水涨起来，或使月亮涨起来的潮水
退下，并且它们力的差造成了最小的潮。因为（由经验可知）月亮的
作用力大于太阳，所以在第三个月亮小时会出现最高的潮水。除了在
朔望点和方照点时，月亮独自引起的最大潮水应该发生在第三个月亮
小时，而太阳独自引起的最大潮水应该发生在第三个太阳小时。这两
者的混合作用力引起的潮水必须是一个中间时间，并且在更接近于第
三个月亮小时，而不是太阳变小时。所以，当月亮从朔望点移到方照
点这段时间内，第三个太阳小时领先于第三个月亮小时，而且最高的
浪潮到来的时间也要领先第三个月亮小时，以其最大间隔稍微落后于

月球的八分点；当月球从方照点移到朔望点这段时间内，最高的浪潮以相同间隔落后于第三个月亮小时。这些情形发生在辽阔的海域，因为河口处的最高浪潮要晚于海面的最高浪潮。

但是，太阳和月亮的这些作用取决于它们到地球的距离，因为当它们离地球很近时，它们的作用力就很强，而当它们离地球很远时，它们的作用力就很弱，该作用力正比于它们的视在直径的立方。因此，在冬季时，当太阳在近地点时有最大的作用力，而且在朔望点时激起的潮水更高，而在方照点时激起的潮水比夏季要小；而每月月亮在近地点激起的潮水要大于在离近地点 15 天前后当其还处于远地点时激起的潮水。由此可知，最大的两次潮水不是一个接一个地发生在两个紧接的朔望点之后。

太阳、月亮的作用还依靠其与赤道的距离和倾斜度，因为如果它们在极地的位置上，则其就会维持对所有地方的水的吸引力，水的运动不会有任何变化，且也不会引起任何交替运动。所以，在太阳和月亮从赤道到两极移动的过程中，它们会逐渐失去作用力，这样当它们在朔望点时，在夏至和冬至时激起的潮水就会小于在春分和秋分时。但是在方照点时，它们在夏至和冬至时激起的潮水要大于在春分和秋分时，因为当月球在赤道时，其作用力超过太阳的作用力的程度是最大的，所以最大的潮水发生在这些朔望点，最小的潮水在方照点，在"二分"点时情况也如此。我们通过经验可知，在朔望点时的最大潮水之后，通常紧接着在方照点时的最小潮水。但是，因为太阳在冬季时离地球的距离比夏季时更近，所以在春分之前最大潮水和最小潮水发生的频率要比在这之后发生得更高，而在秋分之前的频率则要比之后更小。

此外，太阳和月亮的作用力也取决于纬度位置。令 *ApEP* 代表表面覆盖深海的地球，*C* 就表示地心，*P*、*p* 是两极；*AE* 是赤道，*F* 为赤道外任意一点，*Ff* 是赤道的平行线，*Dd* 是赤道另一边的平行线，*L* 表示月球三小时前所处的位置，*H* 为月球正对着 *L* 的地球的点，*h* 为 *H* 的地球另一面正对的点，*K*、*Q* 为 90° 处的距离；*CH*、*Ch* 是海洋到地心的最大高度的海，*CK*、*Ck* 是最小高度。如果以 *Hh*、*Kk* 为轴线作出一个椭圆，且绕其较长的轴线 *Hh* 做自转，则椭球体 *HPKhpk* 就形成了，该椭球几乎就能代表海的形状，*CF*、*Cf*、*CD*、*Cd* 就表示在 *Ff*、*Dd* 处的海洋高度。而且，在前面所说的椭球体自转过程中，任意点 *N* 所掠过的圆 *NM* 与平行线 *Ff*、*Dd* 相交于随 *MN* 移动的 *R*、*T*，与 *AE* 相交于 *S*，*CN* 表示在这个圆中 *R*、*S*、*T* 所代表的所有地方中海面的高度。为此，在任意点 *F* 的周日运动中，最大潮将发生在 *F*，就在月球由地平线上升到子午线后的第三个小时；此后，最大的潮水又发生在 *Q* 处，在月球落下后的第三个小时；然后又是在 *Q* 处的最大退潮，发生于月球升起后的三小时。而且后者在 *f* 处的潮水会小于前者在 *F* 处的。因为整个海被分成两个半球的潮水，一个是在北部半球 *KHk* 上，而另一个是在南部半球 *Khk* 上，对此我们可以分别称之为北部潮水和南部潮水。这通常是一个与另一个相对的潮水，以 12 月亮小时的间隔，逐一到达各地的子午线。由于北方国家受到北部潮水的影响较大，而南方则受到南部潮水的影响较大，因此太阳和月亮引起的大小不等的潮涨潮落，交替在赤道以外的任何地方发生。但是最大潮会发生在月球在当地的天顶，约为月球从地平线到子午线后的第三个小时；当月球变得更倾向于赤道的另一边时，则本来较大的潮水会减小。这种改变最大的潮水将会发生在冬至、夏至。特别是当月球的交点是在牡羊座的第一星附近时。由经验可知，在冬季时早潮要高于晚潮，而在夏季情况相反。根据科勒普赖斯和斯多尔米的观察，在普利茅斯这之间的高度差为 1 英尺，而在布里斯托为 15 英寸。

　　然而，我们所说的运动也会受到相互作用而有一些改变，水一旦动起来，就会因其惯性而挂线一段时间。因此，尽管太阳和月亮的作用停止了，但潮水还是会持续一段。这种能持续其运动的能力减少了交替潮水的差异，而且让那些紧接在朔望点大潮之后的潮水更大，而在方照点小潮之后的潮水更小。因此，在普利茅斯和布里斯托的交替潮水的高度差异相互之间会小于 1 英尺或 15 英寸，而且在所有这些港口中最大潮水不是在朔望点大潮之后的第一天而是第三天。而且，所有的运动都在它们通过浅海峡而有所阻滞，因此在一些海峡和河口处，往往最大的潮水是在朔望点大潮后的第四天，甚至是第五天。

　　此外，还有一种情况就是潮水通过不同的海峡到达同一个港口，且在通过一些海峡时，会比通过其他的要快一些；在这种情况中，同样的潮水分成了两道或三道，它们之间不停地相互追赶，最后它们可能会会合成一道不同类的新运动。假设两支相等的潮水从不同地方汇聚到同一个港口，有一个要提前另一个六小时；又假设这前一个海潮发生在月球到达该港口的子午线之后的第三小时。如果月球在到达该子午线时是在其赤道上，该处每六小时会出现相等的潮水，在遇到相等的退潮时，相互之间就抵消了，到那一天海水就会沉寂下来。如果月球接着从赤道落下，如同我们所说过的，潮水就会在较大和较小间交替，因此两个较大和较小的潮水会交替到达港口。但是这两个较大的潮水会在它们到达的时间之间产生最大的潮水，而这两种潮水能在它们的到达时间之间，产生这四股潮水的平均高度，然后这两个较小潮水之间能产生最低的潮水。因此在 24 小时里潮水一般不会涨两次最高潮，而是只有一次到达了最高潮；如果月球倾向于上极点，则潮水的最高高度就会发生于月球到达地平线之后的第 6 或第 30 小时；当月球改变其倾角时，潮水会转为退潮。所有哈雷博士所给我们的例子中的一个是，在北纬 20°50′敦昆王国的巴特绍港口的水手观察发现：在该港口，在月球经过赤道后的第一天里，海水是平静的，当月球向北倾斜时，海水就开始有涨潮和落潮，就像在其他港口一样，不是每天有两次，而是一次；而且涨潮发生在月落时，最大退潮是在月球升起时。这一潮水随着月球的倾斜而增强，直到第七或第八天；这七八天后潮水就以涨潮时相同的比例退潮，当月球越过赤道向南，改变了其倾斜后，潮水才会停止退去。在潮水迅速转变为退潮之后，月落时就会发生退潮，而月亮升起时又会涨潮，直到月球又一次越过了赤道，改变了倾斜。有两条海湾通向港湾口和临近水湾，一条是从大陆与吕卡尼亚之间的中国海，另一条是从大陆与波尔诺岛之间的印度海。但是是否真的有两股潮水通过刚才我们所说的海峡，一条从印度海 12 小时内赶来，另一条从中国海 6 小时内赶来，在第三个和第九个月球小时汇聚在一起，产生这些运动；或者是否是由于这些海域的其他环境因素造成的，我把这留给了邻近海岸的观察者们去研究。

以上我已解释了关于月球运动和海洋运动的原因，现在是讲与这些运动的量有关的问题的时候了。

命题 25　问题 6

求太阳干扰月球运动的力。

令 S 为太阳，T 是地球，P 为月球，$CADB$ 是月球的轨道。从 SL 上

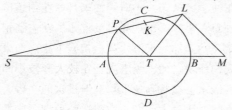

取 SK 等于 ST，令 SL 与 SK 之比等于 SK 与 SP 之比的平方；作线 LM 平行于 PT；如果设 ST 或 SK 表示地球受太阳的加速引力，则 SL 就会表示月球受太阳的加速引力。但是该力是由 SM 和 LM 合成的，其中 SM 干扰月球的运动的那部分由 TM 表示，正如我们在第 1 编命题 66 及其推论所证明的那样。地球的运动也会受到类似力的影响，但是我们能把这些力的和与运动的和都看作是发生在月球上的，力的和用与其相似的线段 TM、ML 来表示。力 ML（平均量）比上在 PT 的距离使月球维持绕静止地球运动的向心力，等于月球绕地球的周期与地球绕太阳的周期之比的平方（根据第 1 编命题 66 推论 17），即等于 27 天 7 小时 43 分与 365 天 6 小时 9 分之比的平方，或为 1 000 比 178 725，或为 1 比 $178\frac{29}{40}$。但是在本编命题 4 中我们可知，如果地球和月球都绕它们的公共重心旋转，那么它们之间的平均距离几乎等于 $60\frac{1}{2}$ 个地球的平均半径；在 PT，也就是 $60\frac{1}{2}$ 个地球半径的距离里，使月球维持在绕静止地球运转的轨道上的向心力，与使月球在相同时间里，在距离 60 个半径处运转的力之比等于 $60\frac{1}{2}$ 比 60；而且这个力与地球上的重力之比非常接近于 1 比 60×60。所以力 ML 与地球表面的引力之比为 $1\times60\frac{1}{2}$ 比 $60\times60\times60\times178\frac{29}{40}$，或者为 1 比 638 092.6；因此由直线 TM 与 ML 的比例，就求出了力 TM。这就是太阳干扰月球运动的力。证毕。

命题 26　问题 7

求月球在圆形轨道上运动时，伸向地球的半径所掠过面积的每小时的增量。

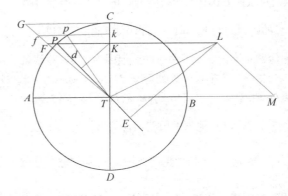

我们前面已经证明过月球伸向地球的半径掠过的面积正比于掠过的时间，月球的运动受太阳作用的干扰忽略不计；在此我建议去研究变化率的不相等性，或受干扰的该面积的每小时的增量，或受干扰的运动每小时的增量。为了使计算更为便捷，我设月球的轨道是圆的，且忽略掉其他所有不相等性，除了现在我们要考虑的；因为距离太阳很遥远，所以我们可以进一步设直线 SP 和 ST 是平行的。由此，力 LM 就会总是简化为其平均量 TP，力 TM 也会简化为平均量 $3PK$。这些力（根据运动定律推论 2）合成了力 TL。作垂线 LE 到半径 TP，该力又可分解为力 TE 和 EL；其中 TE 力恒定作用于半径 TP 方向，且不使半径在掠过区域 TPC 时加速或减速；但是 EL 作用于半径 TP 的垂线，这使得掠过该面积的速度以正比于月球运转速度的增减来进行增减。在从方照点 C 移动到会合点 A 的过程中，月球的加速时时刻刻都正比于生成的加速力 EL，即正比于 $\dfrac{3PK \times TK}{TP}$。令时间由月球的平均运动来表示，或是（等价地）由角 CTP 来表示，甚至是用弧 CP 来表示。过 C 作 CG 垂直于 CT，且 CG 等于 CT；设直角弧 AC 被分成无限个相等部分 Pp，这些部分代表同样无限个相等的时间部分。作 pk 垂直于 CT，直线 TG 与 KP、kp 的延长线相交于点 F 和 f，则 FK 等于 TK，因此 Kk 比 PK 等于 Pp 比 Tp，即比值是给定的；所以 $FK \times Kk$，或是面积 $FKkf$，将会正比于 $\dfrac{3PK \times TK}{TP}$，即正比于 EL；合成后，

369

GCKF 整个面积将正比于在整个时间 *CP* 里，*EL* 所有作用在月球上的力之和；所以也正比于该和所引起的速度，即，正比于掠过 *CTP* 的加速度，或是正比于其变化率的增量。使月球在距离 *TP* 上绕静止地球以 27 天 7 小时 43 分的周期在轨道 *CADB* 上运行的力，可以使一个物体在时间 *CT* 里运动 $\frac{1}{2}$ *CT* 长的距离，与此同时，也获得月球在其轨道上的相等速度。这是第 1 编命题 4 推论 9 所证明过的。但因为作 *TP* 垂线的 *Kd*，是 *EL* 的长度的三分之一，又在八分点处等于 *TP* 或是 *ML* 的一半长，所以在这个八分点处 *EL* 最大，它超出力 *ML* 的部分与力 *ML* 之比为 3 比 2；所以它比上使月球绕静止地球做周期运动的力，为 100 比 $\frac{2}{3}$ × 17 872 $\frac{1}{2}$，或是 11 915，而且在时间 *CT* 里可以产生的速度等于月球速度的 $\frac{100}{11\ 915}$；而在时间 *CPA* 里可以产生一种正比于 *CA* 比 *CT*，或是 *CA* 比 *TP* 的更大速度。令最大力 *EL* 在八分点，由 *FK×Kk*，或是由相等乘积 $\frac{1}{2}$*TP×Pp* 来表示，在任意时间 *CP* 里，该最大力能产生的速度与同样时间里任意较小力 *EL* 能产生的速度之比，等于乘积 $\frac{1}{2}$*TP×CP* 比面积 *KCGF*。但是在整个时间 *CPA* 里产生的速度相互之比等于乘积 $\frac{1}{2}$*TP×CA* 比三角形 *TCG*，或为直角弧 *CA* 比半径 *TP*，所以在整个时间里，后一个速度正比于月球速度的 $\frac{100}{11\ 915}$。该正比于面积的平均变化率的月球速度（设该平均变化率由数字 11 915 表示），如果我们在该速度上增加或减少其他速度的一半，则和 11 915+50，或 11 965 就表示在朔望点 *A* 面积的最大变化率；而差 11 915-50，或 11 865 表示在方照点面积的最小变化率。所以，在相等时间里，在朔望点和方照点掠过的面积之比为 11 965 比 11 865。如果最小变化率 11 865 再加上一个变化率，它比前面两个变化率的差 100 等于四边形 *FKCG* 比三角形 *TCG*，或等于正弦 *PK* 的平方比半径 *TP* 的平方（即等于 *Pd* 比 *TP*），则所提到的和

表示月球位于任意中间位置 P 时的面积变化率。

但是，这一切都建立在太阳和地球都是静止的，以及月球会合周期是 27 天 7 小时 43 分的基础上的，但是由于月球的会合周期事实上是 29 天 12 小时 44 分，所以变化率必须按时间相同的比例增加，即以正比于 1 080 853 比 1 000 000 的比例增加。照此计算，曾是平均变化率 $\frac{100}{11\ 915}$ 的整个增量，就会变为平均变化率 $\frac{100}{11\ 023}$；所以月球在方照点的面积变化率和在朔望点的变化率之比为（11 023 – 50）比（11 023 + 50），或者是 10 973 比 11 073，而月球在任意中间位置 P 的变化率则为 10 973 比（10 973+Pd），设 $TP=100$。

月球指向地球的半径在每个相等时间里画出的面积，在半径等于 1 时近乎正比于数 219. 46 与月球到最近一个方照点的距离的两倍的正矢之和。这里设在八分点的变差为其平均量，但是如果变差增大或减小，则正矢也要以相同的比例增大或减小。

命题 27　问题 8

由月球的小时运动可以求出其到地球的距离。

月球指向地球的半径掠过的面积，在每个小时里正比于月球的小时运动与月球到地球距离的平方的乘积。所以月球到地球的距离正比于面积的平方根，反比于小时运动的平方根。证毕。

推论 1　由此可求出月球的视在直径，因为它反比于月球到地球的距离。可以让天文学家验证这些规律是否和现象相符。

推论 2　由现象可求出比迄今所作的更精确的月球轨道。

命题 28　问题 9

求月球运动的无偏心率轨道的直径。

如果物体受垂直于轨道的方向吸引，则物体掠过的轨道曲率正比于该吸引力，反比于速度的平方。我让曲线的曲率之比为相切角的正弦或正切与相等半径的最后之比，设那些半径无限减小。但是月球在朔望点对地球的吸引力是其对地球的吸引力超过太阳引力 $2PK$ 的部分，太阳引力 $2PK$ 就是月球指向太阳的加速引力与地球指向太阳的加速引力之间的差。而在方照点时，引力就是月球指向地球的引力和太阳引

力 KT 的和，太阳引力 KT 使月球趋向

于月球。设 $N = \dfrac{AT+CT}{2}$，则这些引力近

乎正比于 $\dfrac{178\ 725}{AT^2} - \dfrac{2\ 000}{CT\times N}$ 和 $\dfrac{178\ 725}{CT^2} +$

$\dfrac{1\ 000}{AT\times N}$，或正比于 178　725$N \times CT^2 - 2$

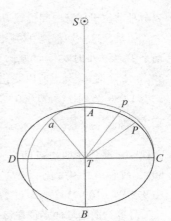

000$AT^2 \times CT$ 和 178 725$N\times AT^2 + 1\ 000CT^2$
$\times AT$。如果数字 178 725 代表月球指向
地球的加速引力，则把月球拉向地球
的，在方照点时为 PT 或 TK 的平均引

力 TM 就会为 3 000；如果我们从中减去平均引力 ML，则这里就剩了 2
000，这就是朔望点时拉动月球的力，也就是我们在前面称为 $2PK$ 的
力。但是月球在朔望点 A 和 B 的速度与在方照点 C 和 D 的速度之比为
CT 比 AT，与月球伸向地球的半径在朔望点时所掠过面积的变化率，比
上在方照点时所掠过的面积变化率的乘积，就等于 11 073CT 比 10
973AT。将该比值倒数的平方乘以前一个比值，则月球在朔望点时其轨
道的曲率与其在方照点时的曲率之比为120 406 729×178 725$AT^2 \times CT^2 \times$
$N-$120 406 729×2 000$AT^2 \times CT$ 比122 611 329×178 725$AT^2 \times CT^2 \times N+$122
611 329×1 000$CT^4\times AT$，即，正比于2 151 969$AT\times CT\times N-$24 081AT^3 比 2
191 371$AT\times CT\times N+$12 261CT^3。

　　因为月球轨道的形状还不清楚，我们设地球是静止的，又设地球
位于椭圆 $DBCA$ 的中心，且长轴 DC 位于方照点之间，短轴 AB 位于朔
望点之间。但是由于该椭圆的平面以角运动绕地球旋转，而我们现在
要求的轨道就不应在有这种运动的平面上掠过。我们应去考虑月球旋
转在该平面上掠过的轨道形状，那就是说，我们应这样去求在椭圆的
Cpa 上任意一点 p；设 P 表示月球，作 Tp 与 TP 等长，且使得角 PTp 等
于太阳最后一个方照点 C 以后的视在运动，或者（等价地）使得角
CTp 比上角 CTD 等于月球的会合运动周期比上运动周期等于 29 天 12
小时 44 分比 27 天 7 小时 43 分。所以，我们取角 Cta 与角 CTA 的比值
等于该比值，而且取 Ta 与 TA 等长，这样我们就可得出 a 为轨道 Cpa

的下回归点，而 C 为上回归点。但是由计算得出在天顶 a 处的轨道 Cpa 的曲率与以 T 为圆心，TA 为半径的圆的曲率之差，比上在天顶 A 处的椭圆的曲率与该圆的曲率之差，等于角 CTP 与角 CTp 之比的平方，且椭圆在 A 处的曲率与圆的曲率之比为 TA 与 TC 之比的平方。该圆的曲率与以 T 为圆心，以 TC 为半径的圆的曲率之比为 TC 比 TA，但最后一个圆与椭圆在 C 处的曲率之差为 TA 比 TC 的平方，且椭圆在天顶 C 处的曲率与最后一个圆的曲率之差，正比于图形 Cpa 在天顶 C 处的曲率与同一个圆的曲率之差，为角 CTp 与角 CTP 之比的平方。所有这些比例都能从相切角的正弦和那些角之间的差的正弦中很容易地推导出。但是把那些比例相互一起比较，我们可得知图形 Cpa 在 a 处的曲率与其在 C 处的曲率之比为 $AT^3 - \dfrac{16\,824}{100\,000}CT^2 \times AT$ 比 $CT^3 + \dfrac{16\,824}{100\,000}AT^2 \times CT$，

这里 $\dfrac{16\,824}{100\,000}$ 表示角 CTP 与角 CTp 的平方之差除以较小的角 CTP 的平方；或表示（等价）时间 27 天 7 小时 43 分和 29 天 12 小时 44 分之平方差除以时间 27 天 7 小时 43 分的平方。

由于 a 表示月球的朔望点，而 C 为方照点。现在发现上述比例必须和上面求出的月球在朔望点的曲率与其在方照点的曲率之比的比值相等。因此，为了求出 CT 比 AT 的比，让外项与中项相乘，再用得出的项除以 $AT \times CT$，就可得 $2\,067.79CT^4 - 2\,151\,969N \times CT^3 + 368\,676N \times AT \times CT^2 + 36\,342AT^2 \times CT^2 - 362\,047N \times AT^2 \times CT + 2\,191\,371N \times AT^3 + 4\,051.4AT^4 = 0$。现在如果我们设 AT 和 CT 的和的一半为 1，且 x 是它们之差的一半，因此 CT 会等于 $1+x$，AT 会等于 $1-x$。然后把这些结果代入等式中，解出 $x = 0.007\,19$；因此半径 $CT = 1.007\,19$，而 $AT = 0.992\,81$，它们之间的比约为 $70\,\dfrac{1}{24}$ 比 $69\,\dfrac{1}{24}$。所以月球在朔望点与在方照点时到地球的距离之比为 $69\,\dfrac{1}{24}$ 比 $70\,\dfrac{1}{24}$，或者整数比 69 比 70。

命题 29   问题 10

求月球的变差。

这种不相等性部分是由月球轨道是呈椭圆形造成的，部分是由月

球伸向地球的半径所掠过的面积的变化率的不相等性而引起的。如果月球 P 绕静止在椭圆 $DBCA$ 中心的地球旋转，且其半径 TP 伸向地球所掠过的面积 CTP 正比于掠过的时间，椭圆的最长半径 CT 与最短半径 TA 之比为 70 比 69，则角 CTP 的正切与从方照点 C 处算起的平均运动角的正切之比就会等于椭圆的半径 TA 与半径 TC 之比，或等于 69 比 70。但是掠过的面积 CTP 应该随着月球从方照点移向朔望点，以这种方式加速，使月球在朔望点的与其在方照点的面积变化率正比于角 CTP 的正弦的平方；如果角 CTP 的正切以 10 973 与 11 073 的比的平方根减少，即以正比 6 868 777 比 69 的比值减少，则可以足够精确地求出它。因此，角 CTP 的正切与平均运动角的正弦之比就会等于 68. 687 7 比 70；角 CTP 在平均运动角为 45° 的八分点处会等于 44°27′28″，用平均运动角 45° 减去该度数，就得到最大变差 32′32″。这样，如果月球从方照点到朔望点只掠过 90° 的角 CTP。但由于地球运动造成太阳的视在移动，这样月球在追上太阳之前掠过的角 CTa 大于直角，它与直角的比等于月球旋转的会合周期与其自转周期之比，等于 29 天 12 小时 44 分比 27 天 7 小时 43 分。由此所有以 T 为顶点的圆心角也以相同比例增大，这样本应为 32′32″ 的最大变差，现在也以相同的比例增大到 35′10″。

　　这就是在太阳到地球平均距离上月球的变差，忽略掉可能由轨道曲率所引起的差异，太阳在月球呈凹面和新月时比在月球呈凸面和满月时的作用力更强。在太阳到地球的其他距离中，最大变差都正比于月球转动会合周期（一年的时间是指定的）的平方，且反比于太阳到地球距离的立方。如果太阳的偏心率比上轨道的横向半径为 $16 \frac{15}{16}$ 比 1 000，则太阳在远地点的最大变差为 33′14″，而在其近地点为 37′11″。

　　到此，我们已经了解到一个无偏心的轨道的变差，其中月球在八分点到地球的距离就等于其到地球的平均距离，如果由于月球轨道的偏心率，月球到地球的实际距离或多或少有些差异，由法则可知，其变差也时强时弱。但是我把变差的增减留给天文学家通过观测做出推算。

命题 30 问题 11

求月球在圆轨道交会点的小时运动。

令 S 表示太阳，T 为
地球，P 为月球，NPn 为
月球轨道，Npn 为轨道在
黄道平面上的正投影；
N、n 为交点，$nTNm$ 为
交点连线的不定延长线；
PI、PK 垂直于直线 ST、
Qq；Pp 垂直于黄道平
面；A、B 为月球在黄道
平面的朔望点；AZ 垂直
于交点连线 Nn，Q、q 为

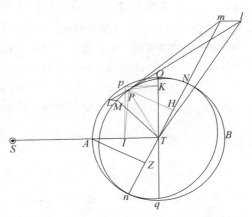

月球在黄道平面的方照点，pK 垂直于方照点之间的连线 Qq。太阳干扰
月球运动的作用力（根据命题 25）是由两部分组成的：一部分正比于
直线 LM，另一部分正比于直线 MT；月球以平行于地球与太阳的连线
ST 的方向，受前一个力的作用被吸引向地球，受后一个力的作用被吸
引向太阳。前一个力 LM 沿月球轨道平面方向作用，所以对月球在轨道
上的位置不产生影响，因此我们就把它忽略；而使月球轨道受影响的
后一个力 MT 等于力 $3PK$ 或 $3IT$。该力（根据命题 25）比上使月球沿
圆轨道静止的地球做匀速转动的周期运动的力，等于 $3IT$ 比轨道半径
与 178 725 的乘积，或等于 IT 比半径与 59 575 的乘积。但是在本计算
中，以及以后的情况中，我都把月球与太阳的所有连线看作是地球与
太阳连线的平行线；因为这儿的倾斜使在一些情况下减少的作用，与
使在另一些情况中增加的作用几乎相当；我们现在是在研究交会点的
平均运动，应该忽略掉那些无意义，而又只会使计算更复杂的细节。

现在设 PM 表示在最短时间间隔内月球所掠过的弧，ML 是一小段
线段，在先前所说的力 $3IT$ 的作用下，月球可以在相同时间里掠过它
的一半；延长 PL、MP 使它与黄道平面相交得到 m、l，然后作 PH 垂
直于 Tm。现在，因为直线 ML 与黄道平面平行，所以 ML 永远不能和

该平面上的直线 ml 相交，而又因为这两条直线都在同一个平面 $LMPml$ 上，因此它们也彼此平行，所以三角形 LMP、lmp 相似。由于 MPm 在轨道平面上，在该平面内，当月球在 P 点运动时，点 m 就会落在轨道交点 N、n 的连线上。如果产生这一小段 LM 的一半的力同时作用于 P 点，会产生整条线段，而且使得月球在以 LP 为弦的弧上运动；亦即，使月球从平面 $MPmT$ 转移到平面 $LPIT$；所以该力产生的交会点角运动就会等于角 mTl。但是 ml 比 mP 等于 ML 比 MP，而由于时间是指定的，所以 MP 也是指定的，因此 ml 正比于乘积 $ML \times mP$，即正比于乘积 $IT \times mP$。如果 Tml 是直角，则角 mTI 就会正比于 $\dfrac{ml}{Tm}$，所以正比于 $\dfrac{IT \times Pm}{Tm}$，由于 Tm 和 mP，TP 和 PH 成正比，所以它也正比于 $\dfrac{IT \times PH}{TP}$；且因为 TP 是指定的，正比于 $IT \times PH$。但是如果角 Tml 或角 STN 不是直角，则角 mTl 还要小，正比于角 STN 的正弦与半径之比，或正比于 AZ 比 AT。所以交会点的速度正比于 $IT \times PH \times AZ$，或者正比于角 TPI、PTN 和 STN 的正弦的乘积。

　　如果它们都是直角，就会像交会点在方照点、月球在朔望点一样，则小线段 ml 就会转移到无限远的地方，且角 mTl 就会等于角 mPl。但是在这一情况中，角 mPl 比在相同时间里月球绕地球的视在运动所形成的角 PTM，等于 1 比 59.575。因为角 mPl 等于角 LPM，等于月球偏离直线运动的角；如果失去月球的引力，则先前所说的太阳力 $3IT$ 就会在给定时间里单独产生该角。角 PTM 等于月球偏离直线运动的角，如果失去了太阳力 $3IT$，则月球所受的向心力就能在同样时间里单独产生该角，且两个力（就是前面所说的）相互之间的比值为 1 比 59.575。因为月球的平均小时运动（相对于恒星而言）是 $32^m\,56^s\,27^{th}\,12\dfrac{1}{2}^{iv}$，所以在这一情况中交会点的小时运动就会是 $33^s\,10^{th}\,33^{iv}\,12^v$。但是在另一些情况中，小时运动比上 $33^s\,10^{th}\,33^{iv}\,12^v$，就会等于 TPI、PTN 和 STN 这三个角的正弦（或者是月球到方照点的距离、月球到交会点的距离和交会点到太阳的距离）的乘积与半径的立方之比。随着任意角的正比从正到负，又从负到正，逆行运动必须变为顺行运动，而顺行运动又变为逆行运动。因此，当月球运行到任意方照点与方照点附近的交会点之间的位置上时，交会点就会是顺行的。在另外的情况中它们是逆行的，而又因为逆行会超过顺行，所以交会点逐月向逆行方向移动。

推论 1 P 和 M 是短弧 PM 的端点，如果向连接方照点的直线 Qq 上作垂线 PK、Mk，且延长与交点连线 Nn 相交于 D 和 d，则交会点的小时运动就会正比于面积 $MPDd$ 与线段 AZ 平方的乘积。令

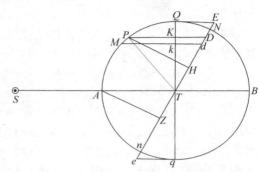

PK、PH 和 AZ 为先前所说的三个正弦，即 PK 为月球到方照点的距离的正弦，PH 为月球到交会点的距离的正弦，而 AZ 为交会点到太阳距离的正弦；所以交会点的速度就会正比于 $PK \times PH \times AZ$。但是由于 PT 比 PK 等于 PM 比 Kk，又因为 PT 和 PM 是给定的，所以 Kk 正比于 PK。类似地，由于 AT 比 PD 等于 AZ 比 PH，所以 PH 正比于乘积 $PD \times AZ$；把这些比式相乘，得到 $PK \times PH$ 正比于 $Kk \times PD \times AZ$，$PK \times PH \times AZ$ 正比于 $Kk \times PD \times AZ^2$，即正比于面积 $PDdM$ 与 AZ^2 的乘积。完毕。

推论 2   在任意给定的交会点位置上，它们的平均小时运动是它们在月球朔望点的小时运动的一半，所以它们比 $16''35'''16''''36''$，等于交点到朔望点的距离的正弦的平方与半径的平方之比，或是等于 AZ^2 比 AT^2。如果月球以匀速掠过半圆 QAq，则在月球从点 Q 运动到点 M 的时间里，面积 $PDdM$ 的总和就会在到圆的切线 QE 处为止，构成面积 $QMdE$；且在月球运动到点 n 时，该和就会构成由线 PD 掠过的面积 $EQAn$；但是当月球从点 n 运动到点 q 时，直线 PD 会落在圆外，而且在到圆的切线 qe 为止掠过面积 nqe，而因为之前交会点是逆行的，现在变为顺行，所以该面积必须从前一个面积中减去，而因为该面积等于面积 QEN，这样剩下的就等于半圆 $NQAn$。所以当月球掠过一个半圆，所有面积的总和就会等于半圆的面积；而当月球掠过一个整圆，所有面积的总和就会等于整圆的面积。但是当月球在朔望点时，面积

PDdM 为弧 *PM* 和半径 *PT* 的乘积；在月球掠过一个整圆的时间里，每一个与月球面积总和相等的面积，都会等于圆周长与圆半径的乘积；而在圆面积增大一倍时，该乘积也会增大为前一个面积总和的两倍。所以如果交会点继续以它们在月球朔望点的速度匀速运动，则它们就会掠过它们事实上掠过距离的两倍距离；这就可以得出，如果持续匀速运动会掠过的距离等于事实上不匀速的运动所掠过的距离，则该平均速度是月球在朔望点的速度的一半。当交会点在方照点时，它们的最大小时运动为 $33^s\ 10^{th}\ 33^{iv}\ 12^v$，由于它们的最大小时运动，在这种情况下它们的平均小时运动就会为 $16^s\ 35^{th}\ 16^{iv}\ 36^v$。由于在任意位置的交会点小时运动都正比于 AZ^2 与面积 *PDdM* 的乘积，所以在月球的朔望点，交会点的小时运动也正比于 AZ^2 与面积 *PDdM* 的乘积，即（因为在朔望点所掠过的面积是给定的）正比于 AZ^2，所以平均运动也正比于 AZ^2；这样得出，当交会点不在方照点时，该运动比 $16^s\ 35^{th}\ 16^{iv}\ 36^v$ 等于 AZ^2 比上 AT^2。完毕。

命题 31　问题 12

求月球交点在椭圆轨道上的小时运动。

令 *Qpmaq* 表示绕长轴 *Qq* 和短轴 *ab* 旋转所形成的椭圆；*QAqB* 是该椭圆的外切圆；*T* 表示处于这两个圆共同中心的地球；*S* 为太阳，*p* 为在椭圆上运动的月球；*pm* 为月球在最短时间间隔里掠过的弧；*N* 和 *n* 是交会点，连线为 *Nn*；*pK* 和 *mk* 垂直于轴 *Qq*，与圆相交于 *P* 和 *M*，与交会点连线相交于 *D* 和 *d*。如果月球伸向地球的半径掠过的面积正比于所掠

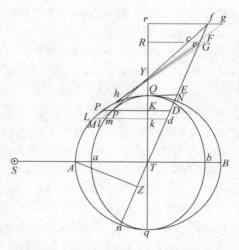

过的时间，则在椭圆交会点处的小时运动就会正比于面积 *pDdm* 和 AZ^2

的乘积。

令 PF 与圆相交于 P，延长 PF 与 TN 相交于 F；令 pf 与椭圆相切于 p，延长 pf 与 TN 相交于 f，这两条切线同时与轴 TQ 相交于 Y。令 ML 表示月球在绕轨道运行中掠过弧长 PM 的时间里，受前面所说的 $3IT$ 或 $3PK$ 的作用而做的横向运动所掠过的距离；且 ml 表示月球在相同时间里，由同样的力 $3IT$ 或 $3PK$ 的作用沿椭圆转动的距离；令 LP 和 lp 延长，直到它们与黄道平面相交于 G 和 g，延长 FG 和 fg，其中 FG 的延长线会分别与 pf、pg 和 TQ 相交于 c、e 和 R；而 fg 的延长线会与 TQ 相交于 r。因为作用在圆上的力 $3IT$ 或 $3PK$ 比作用在椭圆上的力 $3IT$ 或 $3pK$，等于 PK 比 pK，或等于 AT 比 aT，所以由前一个力所产生的距离 ML 比后一个力产生的距离 ml，等于 PK 比 pK，即，由于 $PYKp$ 和 $FYRc$ 是相似图形，所以也等于 FR 比 cR。但是（由于三角形 PLM 和 PGF 相似）ML 比 FG 等于 PL 比 PG，即（由于 Lk、PK、GR 平行）等于 pl 比 pe，也即（因为三角形 plm、cpe 相似）等于 lm 比 ce；且反比于 LM 比 lm，或等于 FR 比 cR，也等于 FG 比 ce。所以，如果 fg 比 ce 等于 fY 比 cY，即等于 fr 比 cR（即等于 fr 比 FR 与 FR 比 cR 的乘积，也即等于 fT 比 FT 与 FG 比 ce 的乘积），又因为除去两边的比例 FG 比 ce，就剩下了 fg 比 FG 和 fT 比 FT，则 fg 比 FG 就会等于 fT 比 FT，所以 FG 和 fg 与地球 T 所形成的角是相等的。但是这些角（由前一命题的证明得知）都是当月球掠过圆的弧 PM 和椭圆的弧 pm 的交会点运动，所以交会点在圆和椭圆上的运动是相等的。由此，我可以说如果 fg 比 ce 等于 fY 比 cY，即如果 fg 等于 $\dfrac{Ce \times fY}{cY}$，就会是这种结果。但由于三角形 fgp、cep 相似，fg 比上 ce 等于 fp 比 cp，所以 fg 等于 $\dfrac{Ce \times fP}{Cp}$。由此可得，事实上由 fg 所形成的角比由 FG 所形成的前一个角，即在椭圆上交会点的运动比上圆上交会点的运动，等于 fg 或 $\dfrac{Ce \times fP}{Cp}$ 比前一个 fg 或 $\dfrac{Ce \times fY}{cY}$，也就是等于 $fp \times cY$ 比 $fY \times cp$，或等于 fP 比 fY，乘以 cY 比 cp；即如果 ph 平行于 TN 且与 FP 相交于 h，则等于 Fh 比 FY，乘以 FY 比 FP，即等于 Fh 比 FP 或 Dp 比 DP，因此就等于面积 $Dpmd$ 比面积 $DPMd$。根据命题 30 推论

1，后一个面积与 AZ^2 的乘积正比于圆中交会点的小时运动，所以前一个面积与 AZ^2 的乘积将会正比于椭圆中的交会点的小时运动。证毕。

推论　因为在任意给定的交点位置上，在月球从方照点运行到任意点 m 的时间里，所有面积 $pDdm$ 的和等于以椭圆的切线 QE 为边界的面积 $mpQEd$；且在一次完整的自转中，所有这些面积之和就等于整个椭圆的面积；在椭圆上的交会点的平均运动与圆上交会点的平均运动之比等于椭圆与圆的大小之比，即等于 Ta 比 TA，或 69 或 70。根据命题 30 推论 2，圆上交会点的平均小时运动比 $16'35^{th}16^{iv}36^v$ 等于 AZ^2 比 AT^2，如果我们取角 $16'21^{th}3^{iv}30^v$ 与角 $16'35^{th}16^{iv}36^v$ 之比等于 69 比 70，则椭圆上交会点的平均小时运动与 $16'21^{th}3^{iv}30^v$ 之比就会等于 AZ^2 比 AT^2，即等于交会点到太阳距离的正弦的平方比半径的平方。

但是月球伸向地球的半径，在朔望点掠过面积的速度大于其在方照点的速度。由此可见，在朔望点的用时减少了，而在方照点的用时增多了，所以把全部时间汇总，交会点的运动时间也会相应增减。但是，由于月球在方照点的面积变化率比其在朔望点的变化率等于 10 973 比 11 073，所以月球在八分点的平均变化率比其超出在朔望点的那部分和比其少于方照点的那部分，等于这两个数字之和的一半比上两者差的一半，即 11 023 比 50。因为月球在其轨道的几个相等间隔部分的时间反比于它的速度，所以月球在八分点的平均时间与它在方照点的超出部分的比值，和它比上在方照点少的部分的比值，约等于 11 023 比 50。但是，我发现从方照点到朔望点它们的面积变化率之差，几乎正比于月球到方照点距离的正弦的平方；所以在任意点的变化率与在八分点的平均变化率之差，正比于月球到方照点的距离的正弦的平方，即 $45°$ 正弦的平方之差，或是与半径的平方的一半之差；而在八分点和方照点之间几处的时间增量，与八分点和朔望点之间的时间减量有着相同比例。但是当月球掠过轨道上几个相等部分时，交会点的运动以正比于该掠过的时间而加速或减速，因为当月球掠过 PM，该运动（等价的）正比于 ML，而 ML 正比于时间的平方。因此，在月球掠过轨道上给定的小段间隔的时间里，交会点在朔望点的运动以正比于 11 073 与 11 023 比值的平方减少，且减少量与剩下的运动之比等于 100 比 10 973，但是减少量与整个运动之比近似为 100 比 11 073。但是八分点和朔望点之间部分的减少量，与八分点和方照点之间部分的增加量比上该增量，比该减少量近似于在这些位置上的运动总量与在朔望点的运动总量的比值，乘以月球到方照点距离的正弦的平方和半径平方的一半之差与半径平方的一半的比值。因此，如果交会点在方照点，我们可取两个点，分别在它的两边，它们到八分点的距离相等，又以相同间隔到方照点和朔望点，将朔望点和八分点之间两处的运动减量减去八分点和方照点之间两处的运动增量，剩下的减量就等于在朔望点的减量，这由计算可以简单地证明，所以应从交会点的平均运动中减去的平均减量，等于在朔望点的减量的四分之一。交会点在朔望点的总小时运动（当月球伸向地球的半径所掠过的面积正比于掠过的用时）为 $32^s42^{th}7^{iv}$。且我们已经证明了在月球以最大速度运转相同距离时，交会点的运动减量比该运动等于 100 比 11 073，所以该减量为 $17^{th}43^{iv}11^v$。从上面求出的平均小时运动 $16^s21^{th}3^{iv}30^v$ 中减去上述减量的四分之一，即 $4^{th}25^{iv}48^v$，剩下的 $16^s16^{th}37^{iv}42^v$ 就是它们的正确平均小时运动。

如果交会点不在方照点上，我们取两个点，分别在其两边，它们到朔望点的距离相等，当月球位于那些点时，交会点运动的和，比上当月球位于相同位置而交会点在方照点时它们的运动之和，等于 AZ^2 比 AT^2。由此产生的运动减量相互间之比等于运动本身，所以剩下的运动相互间的运动之比为 AZ^2 比 AT^2；而平均运动也会正比于剩下的运动。所以任意交会点位置给定的前提下，它们的实际平均小时运动比 $16^s16^{th}37^{iv}42^v$，正比于 AZ^2 比 AT^2，也正比于交会点到朔望点的距离的正弦的平方比半径的平方。

命题 32　问题 13

求月球交会点的平均运动。

年平均运动就是这一年中平均小时运动之和。设交会点为 N，且过了一小时，它又会退回到其原先位置，因此，尽管它有运动，它还是恒定待在相对于恒

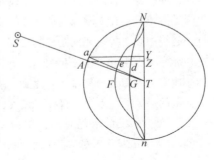

星来说固定的位置上。与此同时，由于地球的运动，太阳 S 看起来像要离开交会点，而以均匀运动继续前行，直到完成其视在年运动。令 Aa 表示以给定最短弧长，总是伸向太阳直线 TS，在圆 Nan 的范围内，在最短的给定时间间隔里掠过的就是该弧长，平均小时运动（由以上所证）就会正比于 AZ^2，即（由于 AZ 正比于 ZY）正比于 $AZZY$，也即正比于面积 $AZYa$。从最初开始算起的所有平均小时运动之和就会正比于所有面积 $aYZA$ 的和，即正比于面积 NAZ。但是 $AZYa$ 面积最大时，等于弧 Aa 与圆半径的乘积，所以整个圆中所有这些乘积的和与所有这些最大乘积的和的比值，等于圆的整个面积比上圆周长与半径的乘积，即等于 1 比 2。但由于该最大乘积相应的小时运动为 $16'16^{th}37^{in}42^v$，而在一个完整的恒星年时间里，就是 365 天 6 小时 9 分的时间里，该运动达到了 $39°38'7''50'''$，所以其一半 $19°49'3''55'''$ 就是圆所对应的交会点的平均运动。在太阳从 N 运行到点 A 的时间里，交会点的运动比上 $19°49'3''55'''$，就等于面积 NAZ 比整个圆的面积。

如果交会点每小时退回到其原先所在位置，这样这一结论才会成立。因此，在完成一次自转运动后，太阳在每一年的年底就会重新出现在其年初所处的同一个交会点上。但由于与此同时交会点也在运动，所以太阳必定要提前与交会点相遇。现在我们需要计算缩短的时间。在一年的时间内，太阳前行了 $360°$，而在这一时间里交会点的最大运动是 $39°38'7''50'''$，或 $39.6355°$；任意位置 N 的交会点平均运动比上其在方照点的平均运动，等于 AZ^2 比 AT^2；太阳运动与在 N 处的交会点运动之比就会为 $360AT^2$ 比 $39.6355AZ^2$，即等于 $9.0827646AT^2$ 比 AZ^2。因此，如果我们设圆的周长 Nn 分成几个相等的小部分，比如 Aa。如果圆是静止的，在太阳掠过这一小段弧 Aa 所用的时间，比上圆与交会点一起绕中心 T 掠过相同距离的时间，反比于 $9.0827646AT^2$ 与 $9.0827646AT^2+AZ^2$ 的比；由于掠过这一小段弧的时间反比于其速度，又因为该速度为太阳和交会点速度之和，所以，如果扇形 NTA 表示在没有交会点的运动下，太阳自身掠过弧 NA 的用时，而无限小的扇形 Ata 表示太阳掠过最小弧 Aa 的时间；作 aY 垂直于 Nn，如果我们取 AZ 上的长度 dZ，使 dZ 与 ZY 的乘积比最小扇形 Ata 等于 AZ^2 比 $9.0827646AT^2$

$+AZ^2$，那么，dZ 比 $\frac{1}{2}AZ$ 等于 AT^2 比 9.082 764 6AT^2+AZ^2，dZ 与 ZY 的乘积就会表示由于交会点的运动掠过弧 Aa 所减少的时间，而如果曲线 $NdGn$ 是点 d 的轨迹，则曲线所形成的面积 NdZ 就会正比于掠过这个弧长 NA 的时间流量，所以扇形 NAT 大于面积 NdZ 的部分就会正比于整个时间。但由于交点在更短时间里的运动与时间的比值更小，所以面积 $AaYZ$ 肯定也会以相同比例减小。这可以由以下方法求出：从 AZ 中取直线 eZ，使 eZ 比 AZ 等于 AZ^2 比 9.082 764 6AT^2+AZ^2。因为这样 eZ 与 ZY 的乘积比上面积 $AZYa$ 就会等于掠过弧 Aa 的时间减量比上在交会点静止的情况下掠过的总时间，所以乘积就会正比于交会点运动的时间减量。而如果曲线 $NeFn$ 是点 e 的轨迹，则点 e 运动的减量之和，即面积 NeZ 就会正比于掠过弧 AN 的总时间流量；剩下的面积 NAe 会正比于剩下的运动，而该运动就是，在太阳和交会点的联合运动所掠过弧 NA 的时间里交会点的实际运动。现在由无穷级数的方法可以得出，半圆的面积比上图形 $NeFn$ 的面积约等于 793 比 60。但对应或正比于圆的运动是 19°49′3″55‴，所以对应图形 $NeFn$ 面积两倍的运动是 1°29′58″2‴，前一个运动减去这一运动剩下的是 18°19′5″53‴，相对恒星来说，这就是交会点在它与太阳的两个会合点之间的总运动；而从太阳的年运动 360° 中减去该运动，剩下 341°40′54″7‴，就是在相同会合点之间太阳的运动。但是该运动比上年运动 360°，等于刚刚我们求出的交会点运动 18°19′5″53‴ 比它的年运动，并得出 19°18′1″23‴，这就是交会点在恒星年中的平均运动，而在天文表中为 19°21′21″50‴。这一差异小于总运动的 $\frac{1}{300}$，看似是由月球轨道的偏心率和其倾斜于黄道平面而引起的。由于该轨道的偏心率，交会点的运动极大加速了；另外，由于轨道的倾斜，交点的运动或多或少地受到限制，减少到了适当的速度。

命题 33 问题 14

求月球交会点的真实运动。

在正比于区域 $NTA-NdZ$ 的时间里，因为这个运动正比于区域 NAe，因此是指定的。但由于计算太复杂，最好是用以下步骤来解决：以 C 为中心，任意间距 CD 画圆 $BEFD$；延长 DC 到 A，以至 AB 比 AC

等于平均运动比上当交点在方照点时的一半真实平均运动（等于 19°18′1″23‴比19°49′3″55‴），所以 BC 比 AC 等于这些运动之差 0°31′2″32‴与后一运动19°49′3″55‴之比，等于 1 比 $38\frac{3}{10}$。然后通过点 D 作不定直线 Gg，与圆相切于点 D，如果取角 BCE 或角 BCF，等于太阳到交会点距离的两倍，而该距离可由平均运动求出。延长 AE 或 AF 与垂线相交于 G，并取另一个角，其与交点在朔望点之间的总运动（和 9°11′3″）之比必须等于切线 DG 与圆 BED 的周长之比，而当交会点从方照点移动到朔望点时，我们在交会点的运动中加入这最后一个角（可用角 DAG 表示），并在交会点由朔望点移动到方照点时，从它们的平均运动中减去该角，因此我们可以得到交会点的真实运动，因为求出的真实运动几乎等于我们在设时间正比于面积 NTA-NdZ 且交会点运动正比于区域 NAe 的情况下的真实运动。任何人如果验算，就会得知，这就是交点运动的半月均差。但是这也有一个月均差，它对求月球纬度是不必要的，因为月球轨道相对于黄道平面的倾斜变差易受两个不相等作用的影响，一个就是半月的，另一个是每月的。而该变差的月不相等性与交会点的月均差能够相互中和，所以在计算月球纬度时两个都可忽略。

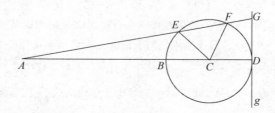

推论　由本命题和前一个命题可知，交会点在朔望点是静止的，而在方照点时是以每小时运动 16′19‴26‴ 是逆行的，且在八分点的月球交会点均差为 1°30′。所有这些都完全符合天文现象。

附注

天文学家马金先生、格列山姆教授和亨利·彭伯顿博士相继用不同方法发现交会点的运动。本方法曾在其他地方论述过。他们的论文我都曾见过，每个包含两个命题，而且它们相互之间完全一致。我最先拿到马金先生的论文，所以我在这儿附上它。

月球交会点的运动

命题 34

太阳离开交点的平均运动，是由太阳平均运动与太阳在方照点以最快速度远离交会点的平均运动的几何中项所决定的。

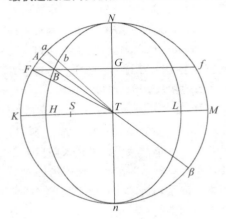

令 T 为地球的位置，Nn 为在任意给定时间里月球交会点的连线，KTM 垂直于 Nn，TA 为绕球心旋转的直线，有着与太阳和交会点相互远离彼此的相同的角运动速度，静止直线 Nn 和旋转直线 TA 之间的角可以总是等于太阳到交会点的距离。现在如果把任意直线 TK 分成 TS 和 SK，而且这两部分之比等于太阳的平均小时运动与在方照点的交会点平均小时运动之比，又取直线 TH 为 TS 和 TK 的比例中项，所以该直线正比于太阳远离交会点的平均运动。

以 TK 为半径，绕中心 T 画圆 $NKnM$，而又以 TH 和 TN 为半轴，绕同样的中心画椭圆 $NHnL$。在太阳沿着弧 Na 离开交会点的时间里，如果作直线 Tba，让扇形 NTa 的面积为太阳和交会点在相同时间里的运动之和。所以，令极小的弧 aA 为直线 Tba 按上述规则在一给定时间里均匀旋转所掠过的弧，则该极小扇形 TAa 就会正比于在该时间里太阳和交会点向不同方向运动的速度之和。现在太阳的速度几乎是匀速，其不相等性小到几乎不能在交会点的平均运动中产生哪怕很小的不相等性。而和的另一部分，就是所谓的交会点速度的平均量，在离开朔望点的过程中以其到太阳距离的正弦的平方增大（根据本编命题 31 的

385

推论）。又当其位于方照点而太阳位于点 *K* 时有最大值，它与太阳速度之比等于 *SK* 比 *TS*，等于 *TK* 和 *TH* 的平方差与 TH^2 之比，或 *KHHM* 与 TH^2 之比。但椭圆 *NBH* 把扇形 *Ata* 这两个速度之和，分成分别正比于速度的两个部分 *ABba* 和 *BTb*。延长 *BT* 与圆相交于 *β*，过点 *B* 作 *BG* 垂直于长轴，且 *BG* 向两边延长，分别与圆相交于点 *F* 和 *f*；因为 *ABba* 与扇形 *TBb* 之比等于 *AB×Bβ* 与 BT^2 之比（因为直线 *Aβ* 被 *T* 平均分割而被 *B* 不平均分割，所以该乘积等于 *TA* 与 *TB* 的平方差），所以当 *Abba* 在点 *K* 时达到最大面积，该比例等于 *KHM* 与 HT^2 的比。但是前面所述的交会点最大平均速度与太阳速度之比也等于该比值，所以在方照点时扇形 *ATa* 被分成正比于速度的各部分。又因为 *KHM* 与 HT^2 的乘积正比于 *FBf* 比 BG^2，以及 *ABBβ* 等于 *FB×Bf*，所以当区域 *ABba* 达到最大面积时，其与剩余扇形 *TBb* 的比值等于 *AB×Bβ* 与 BG^2 的比。但是因为这些小部分面积的比值总是等于 *AB×Bβ* 与 BT^2，所以，当在 *A* 点时，*ABba* 的面积要小于当其在方照点时的面积，这两个面积之比等于 *BG* 与 *BT* 比值的平方，等于太阳到交会点距离的正弦的平方之比。所以，所有这些小部分面积之和，也就是面积 *ABN*，会正比于在太阳离开交点掠过弧 *NA* 的时间里交会点的运动；而剩余的空间，椭圆扇形 *NTB* 的面积就会正比于在相同时间里太阳的平均运动。又由于交会点的平均年运动也就是交会点在太阳完成一周期的运转里的运动，所以交会点离开太阳的平均运动与太阳本身的平均运动之比，等于圆与椭圆的面积之比，即，等于直线 *TK* 与 *TH* 之比，而 *TH* 是 *TK* 与 *TS* 的比例中项，等价地，也等于比例中项 *TH* 与直线 *TS* 的比值。

命题 35

已知月球交点的平均运动，求它们的真实运动。

令角 *A* 为太阳到交会点平均位置的距离，或为太阳离开交会点的平均运动。而如果我们取角 *B*，其正切与角 *A* 的正切之比等于 *TH* 比 *TK*，即，等于太阳的平均小时运动与太阳离开交会点的平均小时运动之比的平方根，则当交会点在方照点时，角 *B* 等于太阳到交会点真实的距离。因为根据上一个命题的证明可知，连接 *FT*，则角 *FTN* 会等于太阳到交会点平均位置的距离，而角 *ATN* 就会为太阳到交会点真实位置的距离，这两个角的正切相互之间的比为 TK 比 TH。

推论 角 FTA 为月球交会点的均差，该角的正弦，它在八分点的最大值比半径等于 KH 比 TK。但该均差在任意位置 A 的正弦与最大正弦之比，等于角 FTN 与角 ATN 之和的正弦与半径之比，即，几乎等于太阳到交会点平均位置距离的两倍的正弦与半径之比。

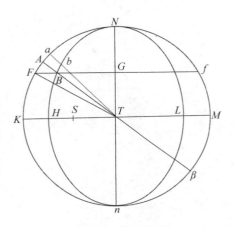

附注

如果交会点在方照点的平均小时运动为 $16''16'''37^{iv}42^{v}$，即，在一恒星年里，为 $39°38'7''50'''$，则 TH 比 TK 等于 9.082 764 6 与 10.082 764 6 之比的平方根，等于 18.652 476 1 比 19.652 476 1。所以 TH 比 HK 等于 18.652 476 1 比 1，即，等于在一恒星年里太阳运动与交会点平均运动 $19°18'1''23\frac{2}{3}'''$ 之比。

但如果在 20 个儒略年里，月球交会点的平均运动为 $386°50'16''$，正如通过天文观测由月球理论所推算出的结果，则交会点的平均运动在一恒星年里为 $19°20'31''58'''$，且 TH 比 HK 等于 $360°$ 比 $19°20'31''58'''$，即等于 18.612 14 比 1，因此交会点在方照点的平均小时运动为 $16''18'''48^{iv}$。交会点在八分点的最大均差为 $1°29'57''$。

命题 36 问题 15

求月球轨道相对于黄道平面的小时变差。

令 A 和 a 表示朔望点，Q 和 q 表示方照点，N 和 n 表示交会点，P 为月球在其轨道上的位置，p 为点 P 在黄道平面上的正投影，mTl 是跟上述运动一样的交会点即时运动。如果过 Tm 作垂线 PG，而且连接 pG 并延长，其与 l 相交于 g，再连接 Pg，则角 PGp 就是月球在点 P 时，

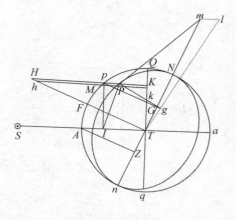

月球轨道相对于黄道平面的倾角；而角 Pgp 是一小段时间后的相同倾角；所以角 GPg 就为倾角的即时变差。但是该角 GPg 比上角 GTg 等于 TG 比 PG 的比值与 Pp 比 PG 比值的乘积。所以，如果我们设时间为一小时，根据命题 30，角 GPg 比上角 $33''10'''33^{iv}$ 等于 $IT{\times}AZ{\times}TG{\times}\dfrac{Pp}{PG}$ 比 AT^3。完毕。

这些都是建立在假设月球是在圆形轨道上匀速旋转的基础上的。但如果轨道是椭圆的，则交会点平均运动也会以正比于短轴与长轴之比来减少，就像我们前面所述一样，且倾角的变差也会以相同比例减少。

推论 1　在 Nn 上作垂线 TF，且令 pM 为月球在黄道平面的小时运动，在 QT 上作垂线 pK、Mk，并延长它们与 TF 相交于 H 和 h，则 IT 比 AT 就会等于 Kk 比 Mp，而 TG 比 Hp 等于 TZ 比 AT，所以 $IT{\times}TG$ 就会等于 $\dfrac{Kk{\times}Hp{\times}TZ}{Mp}$，即等于区域 $HpMh$ 乘以 $\dfrac{TZ}{Mp}$，所以倾角的小时变差与 $33''10'''33^{iv}$ 之比，等于区域 $HpMh$ 乘以 $AZ{\times}\dfrac{TZ}{Mp}{\times}\dfrac{Pp}{PG}$ 与 AT^3 的比值。

推论 2　如果地球和交会点每小时从它们的新位置迅速退回它们的老位置，以至它们的位置在整个周期月里都是已知的，则在该月里倾角的变差为 $33''10'''33^{iv}$，等于在点 p 的一次旋转所产生的时间里（考虑它们的适当符号+或-的总计），所产生的所有面积 $HpMh$ 之和，与 $AZ{\times}TZ{\times}\dfrac{Pp}{PG}$ 与 $Mp{\times}AT^3$ 的比值的乘积，即，等于周长 $QAqa$ 乘以 $AZ{\times}TZ{\times}\dfrac{Pg}{PG}$ 与 $2Mp{\times}AT^2$ 的比值。

推论 3　在交会点的给定位置上，如果一整月里都匀速运动而产生的月变差的平均小时变差比 $33''10'''33^{iv}$，等于 $AZ{\times}TZ{\times}\dfrac{Pp}{PG}$ 比 $2AT^2$，或等

于 $Pp \times \dfrac{AZ \times TZ}{\frac{1}{3}AT}$ 比 $PG \times 4AT$，因为 Pp 比 PG 等于上述倾角的正弦比半径，

而 $\dfrac{AZ \times TZ}{\frac{1}{2}AT}$ 比 $4AT$ 等于两倍角 ATn 比四倍半径，所以该比值等于相同的

倾角的正弦乘以交会点到太阳距离的两倍的正弦比上半径平方的四倍。

推论 4 由于交点在方照点时，倾角的小时变差比上角 $33''10'''33^{iv}$，

等于 $IT \times AZ \times TG \times \dfrac{Pp}{PG}$ 比 AT^3，等于 $\dfrac{IT \times TG}{\frac{1}{2}AT} \times \dfrac{Pp}{PG}$ 比 $2AT$，等于月球到方照点

距离两倍的正弦与 $\dfrac{Pp}{PG}$ 的乘积比上半径的两倍，在交点的这个位置上，

在月球从方照点到朔望点的时间（等于 $177\frac{1}{6}$ 小时）里，所有小时变

差之和比上一样多的角 $33''10'''33^{iv}$ 之和或 $5\,878''$，等于太阳到方照点所

有两倍距离的正弦的和与 $\dfrac{Pp}{PG}$ 的乘积比上一样多的直径之和，等于直径

与 $\dfrac{Pp}{PG}$ 的乘积比上周长，那么当倾角为 $5°1'$ 时，等于 $7\dfrac{874}{10\,000}$ 比上 22，

或等于 278 比 $10\,000$。所以，在上述时间里由所有小时变差组成的总变

差为 $163''$ 或 $2'43''$。

命题 37　问题 16

求在一给定时间里，月球轨道相对于黄道平面的倾角。

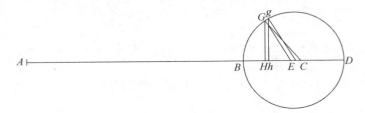

令 AD 为最大倾角的正弦，AB 为最小倾角的正弦。C 把 BD 平分成

两截。以 C 为圆心，BC 为半径，画圆 BGD。在 AC 上取 CE 比 EB 等于

EB 比两倍 BA。如果在给定时间里我们设角 AEG 等于交点到方照点距离的两倍，在 AD 上作垂线 GH，则 AH 就会为所要求的倾角的正弦。

因为 GE^2 等于 $GH^2+HE^2=BH\times HD+HE^2=HB\times BD+HE^2-BH^2=HB\times BD$ $+BE^2-2BH\times BE=BE^2+2EC=2EC\times AB+2EC\times BH=2EC\times AH$，由于 $2EC$ 是给定值，因此，GE^2 就会正比于 AH。现令 AEg 表示交点到方照点距离的两倍，则在给定时间间隔里，由于角 GEg 是给定的，弧 Gg 就会正比于距离 GE。但由于 Hh 比 Gg 等于 GH 比 GC，所以 Hh 正比于 $GH\times Gg$ 或 $GH\times GE$，正比于 GE^2，正比于 $\dfrac{GH}{GE}\times GE^2$，正比于 $\dfrac{GH}{GE}\times AH$，正比于 AH 与角 AEG 的正弦的乘积。如果在任意一种情况下 AH 都是倾角的正弦，则由前一个命题的推论 3 可知，其将以倾角正弦相同的增量增大，所以会一直与该正弦相等。当点 G 落在点 B 或点 D 上时，AH 与该正弦相等，所以会一直与该正弦相等。证毕。

因为我不能去证明每秒的不相等性，所以在该证明中我没有令表示交会点到方照点两倍距离的角 BEG 均匀增大。现令 BEG 为直角，而 Gg 为交会点到太阳距离的两倍的小时增量，而后由前一个命题推论 3 得知，在相同情况下倾角的小时变差会比上 $33''10'''33^{iv}$，等于倾角的正弦 AH 与为两倍交点到太阳距离的直角 BEG 的正弦之积，比上半径平方的四倍，即，等于平均倾角的正弦 AH 与四倍半径之比，即 $\left(\text{由于平均倾角约为 } 5°8\dfrac{1}{2}'\right)$ 等于其正弦 896 比四倍半径 40 000，或等于 224 比 10 000。但是相对于 BD 的总变差（即正弦之差）与小时变差之比等于直径 BD 与弧 Gg 的比值，即等于直径 BD 与半周长 BGD 的比值与交会点从方照点运动到朔望点的时间 $2\ 079\dfrac{7}{10}$ 比 1 小时，即等于 7 与 11 的比值与 $2\ 079\dfrac{7}{10}$ 与 1 的比值之积。因此，综合所有这些比式，我们可以得到总变差 BD 比 $33''10'''33^{iv}$，等于 $224\times7\times2\ 079\dfrac{7}{10}$ 比 110 000，即等于 29 645 比 1 000，由此可得变差 BD 为 $16'23''\dfrac{1}{2}$。

这就是不计月球在其轨道上位置的倾角的最大变差，因为如果交会点在朔望点上，则倾角不受月球位置变化的影响。但如果交会点位于方照点，当月球位于朔望点时的倾角比其在方照点时要小 2′43″。就正如我们在前一个命题的推论 4 里所论述的一样。而当月球在方照点时，总平均变差 BD 就会减少 1′21$\frac{1}{2}$″，也就是减少上述差的一半，最后为 15′2″；同样，当月球位于朔望点时，也会增加该数值，成为 17′45″。如果月球位于朔望点，交会点在从方照点移向朔望点的过程中的总变差为 17′45″，所以，如果当交会点位于朔望点时，其倾角为 5°17′20″，则当交会点位于方照点而月球位于朔望点时，倾角为 4°59′35″。这些都是通过观测验证过的真实数据。

现在，如果当月球在朔望点，而交会点位于它们和方照点之间的任意位置，要求轨道的倾角，则要令 AB 比 AD 等于 4°59′35″的正弦与 5°17′20″的正弦之比，并取角 AEG 等于交点到方照点距离的两倍，则 AH 就是要求的倾角的正弦。当月球与交点有 90° 远的距离时，该轨道倾角与该倾角的正弦是相等的。而在月球的其他位置上，由倾角的变差所带来的每月不相等性，在计算月球黄纬时得到平衡，且可通过交会点运动的每月不相等性（就如我们在前面说过的）予以消除，在计算月球黄纬时将其忽略。

附注

通过对月球的这些计算，我希望可以证明通过引力原理由月球的物理运动推测出月球的运动。根据相同理论，我还进一步发现因太阳运动而引起的月球轨道扩大，从而产生的月球运动的年均差（根据第 1 编命题 66 推论 6）。该太阳作用力在近地点时大，使月球轨道扩大；而在远地点时小，使得轨道又缩小。月球在扩大轨道上运动得慢，而在缩小的轨道上较快；在这种不相等性中得到调节的年均差，在远地点和近地点都完全消失了。在太阳到地球的平均距离里，它约为 11′50″，在到太阳的其他正比于太阳中心的均差距离里，当地球从远日点移向近日点的过程中，它要加入到月球平均运动中，而当地球运动在另一半轨道上时，则其要从中减去。取最大轨道半径为 1 000，16$\frac{7}{8}$为地球偏心率，则当均差为最大值时，由引力原理得出均差为 11′49″。

但地球偏心率似乎还要大些，这样，均差也会以相同比例增大。设偏心率为 $16\frac{11}{12}$，则最大均差为 11′51″。

另外，我发现由于太阳作用力在地球的近日点要强些，所以月球的远地点和交会点的运动比地球在远日点运动得快些，其反比于地球到太阳距离的立方，由此产生出那些正比于太阳中心均差的运动年均差。现在太阳反比于地球到太阳距离的平方，对应于前面所说的太阳偏心率 $16\frac{11}{12}$，这种不相等性产生的最大均差为 1°56′20″。但如果太阳运动反比于距离的立方，则这种不相等性产生的最大均差为 2°54′30″，所以月球远地点和交会点不相等的运动事实上产生的最大均差比上 2°54′30″等于月球远地点的平均日运动和交会点的平均日运动比上太阳的平均日运动。由此可知，远地点平均运动的最大均差为 19′43″，而交点平均运动的最大均差为 9′24″。当地球从近日点到远日点时，前一个均差会增加，而后一个均差会减小，但当地球运动在轨道的另一边时情况正好相反。

根据引力原理，我又发现当月球轨道的横向直径横穿太阳时，太阳作用在月球上的作用力大于当月球轨道的横向直径垂直于地球和太阳连线时的作用力，所以前一种情况中的月球轨道比后一种情况更长。因而产生的月球平均运动的均差，取决于月球的远地点相对于太阳的位置，而该均差在当月球的远地点在太阳的八分点时最大，当远地点到达方照点或朔望点时为零；当月球远地点由太阳的方照点移向朔望点时，该均差叠加在平均运动上，而当远地点由朔望点移向方照点时，应从中减去。我称这种均差为半年均差，当其在远地点的八分点时达到最大，就我对其现象的收集分析，其值约为 3′45″，这就是其在太阳到地球平均距离上的量值。但由于它以反比于到太阳距离的立方而增大或减小，所以，当距离最大时，约为 3′34″，而在距离最小时，约 3′56″。但当月球的远地点不在八分点上时，其变得较小，它和它的最大值之比等于月球远地点到最近的朔望点或方照点的距离的两倍的正弦与半径之比。

同理，太阳作用于月球上的作用力在当月球的交会点连线穿过太

阳时，要略大于当月球的交会
点连线与太阳和地球的连线成
90°直角时；由此产生的另一个
月球平均运动的均差，我把它
称作第二半年的均差；当交会

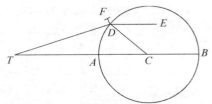

点在太阳八分点时最大，在朔望点或方照点时为零；然而当在交会点
的另外一些位置上时，就正比于任意一个交会点到最近的朔望点或方
照点的距离的两倍的正弦。如果太阳位于离它最近的交会点之后，则
把它加入月球的平均运动中；而当太阳位于之前时，就把它从中减去；
而得到最大值的八分点，在太阳到地球的平均距离里，它达到了47″，
和我用引理理论推算出的一样。在到太阳的其他距离上，在交会点位
于八分点时达到最大的均差，反比于太阳到地球距离的立方，所以在
太阳的近地点上约为49″，而在远地点约为45″。

同理，当月球的远地点位于与太阳的会合点或相对处时，它以最
大速度顺行，但当它在相对于太阳的方照点时，就会逆行；根据第1
编命题66推论7、8和9，第一种情况中偏心率为最大，在第二种情况
中为最小。根据我们所提到的上述推论可知，那些不相等性差异很大，
并产生出我称之为远地点半年均差的原理；该半年均差在取得最大值
时约为12°18′，这是根据我收集的天文观测数据所推算出的结果。英
国人霍罗克斯第一个提出月球是在以地球为下焦点的椭圆轨道上运行
的理论。哈雷博士对这个观点进行了完善，他提出椭圆的中心在一个
中心绕地球均匀旋转的本轮上；由于该本轮上的运动，产生了前面提
到的那个不相等性在远地点顺行或逆行，以及偏心率不相等性。设月
球到地球的平均距离被分成10万等份，并以 T 表示地球，TC 为有着5
505份该部分的月球平均偏心率。延长 TC 到 B，使得最大半年均差12°
18′的正弦与半径 TC 的比值正比于 CB；圆 BDA 是以 C 为中心，CB 为
半径所掠过的圆，也就是前面所提到的本轮，月球轨道也位于其中，
它以字母 BDA 的顺序运转。作角 BCD 等于年角差的两倍，或是等于太
阳真实位置的月球远地点第一次校正位置的距离的两倍，CTD 则会为
月球远地点的半年均差，而 TD 为其轨道的偏心率，其指向现在已二次
校正的远地点的位置。但由于月球的平均运动，其远地点的位置、偏

心率，以及它的轨道长轴为 200 000 都是已知的，则能够通过这些数据和普遍已知的方法求出月球在其轨道上的实际位置，以及它到地球的距离。

在地球的近日点，那里太阳的作用力最大，所以月球轨道的中心绕中心 C 的运转速度要快于在远日点的运转速度，而且该作用力反比于太阳到地球距离的立方。但由于太阳中心的均差是包括在年角差中的，所以月球轨道的中心在其本轮 BDA 上要运动得快一些，反比于太阳到地球距离的平方。所以，如果设其反比于到轨道中心点 D 的距离，则还会运动得更快一些，作直线 DE，指向月球第一次校正的远地点，即平行于 TC。设角 EDF 等于前面所述的年角差减去月球远地点到太阳顺行近地点的距离之差，或等价地，取角 CDF 等于太阳的实际近点角在 360°中的余角；令 DF 比 DC 正比于大的轨道偏心率的两倍以上太阳到地球的平均距离，以及太阳到月球的远地点的平均日运动比太阳到其本身远地点的平均日运动的乘积，即等于 33 比 1 000，与 52′27″16‴ 比 59′8″10‴ 的乘积，或等于 3 比 100；设月球轨道的中心点位于点 F，以 D 为中心，以 DF 为半径绕本轮旋转，与此同时，点 D 沿圆 $DABD$ 运动。按照这种方法，月球轨道的中心以 C 为中心，以几乎正比于太阳到地球距离立方的速度，做某种曲线运动，正如其应该做的那样。

计算这一运动很复杂，但如果按照用近似法来算就会简单得多。像前面一样，设月球到地球的平均距离分为 10 万等份，偏心率 TC 有 5 505 个等份，直线 CB 或 CD 占 1 172 $\frac{3}{4}$，而 DF 有 35 $\frac{1}{5}$ 等份。该线段在离地球 TC 处对着地球的张角是因为轨道中心从点 D 移动到点 F 而产生的，但是在月球和地球的距离里，两倍直线 $2DF$ 位于上焦点处，平行于第一条直线 DF，对着月球的张角，而该张角是由月球的运动而引起的，所以该角可以被称作月球中心的第二中心均差；而在月球到地球的平均距离上，该均差几乎正比于直线 DF 与点 F 到月球的连线所形成夹角的正弦，它最大时可以达到 2′55″。但是直线 DF 与点 F 到月球连线所形成的夹角既可以用从月球的平均近点角中减去角 EDF 而得到，也可以用月球到太阳的距离加上月球远地点到太阳远地点的距离求得。而由于半径比该角的正弦已求得，即为 2′25″比第二次中心均差。如果前面提到的和小于半周长，就要相加；反之，则要相减。因为月球在其轨道上的位置已经校正过了，所以月球在它的朔望点的黄纬就能求出。

高度为 35 或 40 英里的地球大气层能折射阳光，不仅如此，它还能将阳光折射入地球阴影地方，而这种散射的光在阴影附近时会扩大阴影范围；因此，根据视差引起的扩大的阴影，我在月食时间里增加了 1 或 $1\frac{1}{2}$ 分。

但月球的原理应用天文观测数据来检查和验证，首先是在朔望点，而后是方照点，最后是所有的八分点；任何想做这件事的人都会发现，在格林尼治皇家天文台以旧历 1700 年 12 月的最后一天的下午，设太阳和月球如下的平均运动是正确的：太阳的平均运动为 ♑ 22°43′30″，其远地点为 ♋ 7°44′30″；月球的平均运动为 ♒ 15°21′00″，它的远地点平均运动为 ♓ 8°20′00″，其上升交会点为 ♌ 27°24′20″；而格林尼治天文台和巴黎皇家天文台的子午线差为 9′20″，但月球和它的远地点的平均运动还没有足够精确的数据。

命题 38　问题 17

求太阳引起海洋运动的作用力。

在月球位于方照点时，根据命题 25，太阳干扰月球运动的作用力 ML 或 PT 与地表重力之比等于 1 比 638 092.6；而有月球朔望点上的力 $TM-LM$ 或 $2PK$ 是在方照点的力的两倍。但在地球表面，这些力以正比于其到地球中心的距离而减小，即以 $60\frac{1}{2}$ 比 1 的比例，所以，在地球表面的前一个力比引力等于 1 比 38 604 600，该力使海水在离太阳 90° 的地方受到抑制。但受另一个两倍于该力的力，海水不仅在正对太阳的位置时可以涨潮，而且在背对太阳的位置也能够涨潮，这两个力的和与引力的比等于 1 比 12 868 200。而同样的力会引起相同的运动，不管是在距太阳 90° 的地方受到的抑制海水的力，还是在正对及背对太阳的地方受到的涨潮力，前述的力之和就是太阳干扰海水运动的总力，而且会产生把全部力用于在正对和背对太阳处使海水涨潮的相等作用，而在距太阳 90°的地方一点也不起作用。

这就是太阳在给定位置上干扰海水运动的力，在那儿既垂直于太阳，与此同时又处于地球到太阳的平均距离上。在太阳的另一些位置上，这份使海水涨潮的力正比于其正对地平线的两倍高度的正矢，反比于到地球距离的立方。

推论　由于地球各部分的离心力是由地球的自转运动引起的，该力比引力等于 1 比 289，在赤道处引起的海潮要比在两极处的高 85 472 巴黎尺，我们已经在命题 19 中证明过，太阳的作用力比引力等于 1 比 12 868 200，所以它与离心力之比等于 289 比 12 868 200 或等于 1 比 44 527，因为这一尺度比 85 472 尺等于 1 比 44 527，所以它在正对和背对太阳的地方引起的浪潮要比在距太阳 90°的地方所引起的仅高出 1 巴黎尺 113 $\frac{1}{30}$ 寸。

命题 39　问题 18

求月球引起海水运动的作用力。

月球引起海水运动的作用力可以由它与太阳作用力的比值求出，该比例可由受这些力产生的海水运动得出。在布里斯托尔下游三英里阿文河口前面的涨潮，在春秋季的日月朔望点时，根据塞缪尔·斯托米尔的观测，达到约 45 英尺的高度，而在方照点时只有 25 英尺。前一个高度是由前面所说的力之和引起的，后者是由它们之差引起的，所以，设 S 和 L 分别表示当太阳和月球在赤道，且处于到地球的平均距离上的作用力，则我们可得 $L+S$ 比 $L-S$ 等于 45 比 25，或等于 9 比 5。

在普利茅斯（根据塞缪尔·克里普莱斯的观测）潮水的平均高度是 16 英尺，而在春秋两季的朔望点时的高度与方照点时的高度之差为 7 或 8 英尺。设那些高度的最大差值为 9 英尺，所以 $L+S$ 比 $L-S$ 等于 $20\frac{1}{2}$ 比 $11\frac{1}{2}$，或等于 41 比 23，这一比值与前一个相符。但由于布里斯托尔的潮水很高，我更偏向用斯托米尔的观测数据；所以，我认定比值 9 比 5，直到我们找到更确信的数据。

由于水的往复运动，最大潮水不会在日月的朔望发生，但正如我所说，它会发生在朔望之后的第三次潮水。如从朔望开始计算，也可能是朔望点之后月球第三次到达当地子午线之后；也可以说，根据斯托米尔德观测结果，是新月或满月后的第三天，也几乎是新月或满月之后的第 12 个小时，因而落潮发生在新月或满月后的第 43 个小时。但在这个港口，潮水在月球到达当地子午线后的第七个小时退下去；所以在月球距太阳或是其照点提前约 18°或 19°时，最大潮紧接着月球到达当地子午线。因此在冬至或夏至时刻并不会有最大潮水出现，反而是发生在当太阳位于冬至或夏至之后，超出总轨道约十分之一时，即约为 36°或 37°时。类似，最大潮产生于月球到达当地子午线后，当月球超过太阳或其方照点，由约为产生一个最大海潮到紧接着的一个最大海潮的总运动的十分之一运动时引起。设距离约为 $18\frac{1}{2}$ 度，则在月球到朔望点和方照点的距离里，太阳作用力会比在朔望点和方照点时使海水运动增大或减小的力要小，这两个力之比等于半径比两倍距离的余弦，或等于 37 度角的余弦；即，等于 10 000 000 比 7 986 355；所以在前一个比例中，S 的位置我们必须用 0. 798 635 5S 来替代。

此外，由于月球大方照点时向赤道倾斜，所以月球作用力也会减小；因为月球在这些方照点上，以及过方照点的 $18\frac{1}{2}$ 度处，向赤道倾斜约 23°13′；则日月引起海水运动的作用力随着其向赤道的倾角的减小，以正比于倾角余弦的平方而减少；所以月球在方照点的作用力公有 0. 857 032 7L；由此我们得出 L+0. 798 635 5S 比 0. 857 032 7L-0. 798 635 5S 等于 9 比 5。

进一步说，如果不考虑偏心率，则月球轨道的直径之比等于 69 比 70；所以如果其他条件不变，月球在朔望点上到地球的距离与其在方照点上的距离之比等于 69 比 70；而当月球过朔望点 $18\frac{1}{2}$ 度时会产生最大的潮水，它过方照点 $18\frac{1}{2}$ 度产生最小潮水，月球在这两个地方到地球的距离比平均距离等于 69. 098 747 和 69. 897 345 比 $69\frac{1}{2}$。由于月球引起海水运动的力反比于其距离的立方，所以其作用力在最大和最小距离里，与平均距离之比分别等于 0.983 042 7 比 1 和 1.017 522 比 1。由此我们可得到 1.017 522L×0.798 635 5S 比 0.983 042 7×0.857 032 7L-0.798 635 5S 等于 9 比 5，以及 S 比 L 等于 1 比 4.481 5。因为太阳的作用力比引力等于 1 比 128 682 00，所以月球作用力比引力等于 1 比 287 140 0。

推论 1　由于太阳作用引起海水涨到 1 英尺 11 $\frac{1}{30}$ 英寸，而月球作用可以使海水涨到 8 英尺 7 $\frac{5}{22}$ 英寸，所以这两个力之和可以使海水涨到 10 $\frac{1}{2}$ 英尺；而当月球在其近地点作用的高度为 12 $\frac{1}{2}$ 英尺，此外，特别是当风向顺着涨潮方向时，高度还会更高。这时的作用力完全可以引起各种海洋运动，这是与那些运动的比例相符的，因为在那些既深且广的海洋里，比如太平洋，以及回归线以外的大西洋和埃塞俄比亚海的水域里，潮水通常可达 6、9、12 或 15 英尺。因此，要使潮水完全涨起来，至少需要该海域东西横跨 90 度。而由于太平洋的广与深，其潮水会比大西洋和埃塞俄比亚海的高；而在埃塞俄比亚海，因其水域在非洲和南美洲之间，海面很窄，所以亚热带水域引起的潮水要小于温带水域。而在开阔的海域，与此同时，如果不是东西两岸同时落潮，中间海水就不会涨潮，尽管这样，在狭长的水域里，也只有两岸潮水的交替涨落才能引起中间海水的涨落，由此可知，通常在那些离大陆很远的海岛上只有很小的涨潮。相反，在那些海水交替涌入涌出的海湾港口里，由于海水受极大的压迫力被推进、推出狭长的海峡，所以涨潮和落潮必须比平常的地方更大；就像在英格兰的普利茅斯和切斯托布里奇，在法国诺曼底的圣米歇尔山和阿弗朗什镇，在东印度群岛的坎贝和勃固，这些地方海水进出很湍急，有时岸上会有很高的潮水涨起，有时潮水又会退出几英里。这种驱使海水涨潮和落潮的力可使海水涨落 30~50 英尺以上。同理可解释既长且浅的水道或海峡的情况，就像麦哲伦海峡及英格兰周围浅滩的情况一样。在这种港口或海峡里，潮水受涌入、涌出海水的推动力，从而得到极大的加强。而在那些面朝深广海域且有着陡峭悬崖的海岸，海水可以在没有水流进、流出的推动下自由地涨落，潮水的大小正比于太阳和月亮的作用力。

推论 2 由于月球使海水运动的作用力比引力等于 1 比 2 871 400，所以很明显该力在静力学和流体静力学，甚至是在摆动实验中还远不能产生任何明显影响。只有在潮水中才能产生明显的影响。

推论 3 由于月球使海水运动的作用力比太阳作用力等于 4.481 5 比 1，而且根据第 1 编命题 66 推论 14，这些力正比于太阳和月球球体密度与它们视在直径立方的乘积，所以月球密度与太阳密度之比等于 4.481 5 比 1，反比于月球直径的立方比太阳直径的立方，即等于 4 891 比 1 000（因为月球和太阳的平均视在直径为 $31'16''\frac{1}{2}$ 和 $32'12''$）。但因为太阳与地球密度之比为 1 000 比 4 000，所以月球与地球密度之比是 4 891 比 4 000，或等于 11 比 9。所以月球球体比地球的密度更大更实，而且上面陆地更多。

推论 4 由于月球的实际直径（根据天文观测）比地球实际直径等于 100 比 365，所以月球上的物质比地球上的物质等于 1 比 39.788。

推论 5 月球表面的加速引力约为地球表面加速引力的 1/3。

推论 6 月球中心到地球中心的距离比上月球中心到地球和月球的公共引力中心的距离等于 40.788 比 39.788。

推论 7 因此地球最长半径为 19 658 600 巴黎尺，而月球中心到地球中心的平均距离为 $60\frac{2}{5}$ 个地球最长半径，等于 1 187 379 440 巴黎尺。所以月球中心到地球中心的平均距离几乎正比于地球最长半径的 $60\frac{2}{5}$ 倍；而这一距离比月球中心到地球和月球的公共引力中心距离等于 40.788 比 39.788，所以后一个距离为 1 158 268 534 巴黎尺。而又因为月球相对恒星的公转周期是 27 天 7 小时 $43\frac{4}{9}$ 分，所以月球在一分钟里掠过的角的正矢为 12 752 341 比半径 1 000 000 000 000 000，因此半径比该正矢等于 1 158 268 534 巴黎尺比 14.770 635 3 巴黎尺。这样月球受把其维持在轨道中的力的作用落向地球，会在一分钟时间里掠过

14.770 635 3 巴黎尺；而如果我们以正比于 $178\frac{29}{40}$ 比 $177\frac{29}{40}$ 来扩大该

力，则由命题 3 的推论，我们就能得到月球轨道总引力；而月球受这

一力的作用，在一分钟时间里掠过 14.853 806 7 巴黎尺。在月球到地

球中心距离的 $\frac{1}{60}$ 距离里，即，在到地球中心 197 896 573 巴黎尺的距离

里，物体受重力落下，在一秒钟时间里可掠过 14.853 806 7 巴黎尺。

所以，在 19 615 800 巴黎尺的距离里，即为一个地球平均半径，重物

会在相同时间里落下 15.111 75 巴黎尺，或 15 巴黎尺 1 寸 $4\frac{1}{11}$ 分。这

就是物体在 45° 上的略长 $\frac{2}{3}$ 分。所以通过该计算可知，在接近 1s 的时

间里，重物在巴黎纬度上在真空落下的距离为 15 巴黎尺 1 寸 $4\frac{25}{33}$ 分。

而如果引力失去了一个等价于在该纬度上由于地球自转运动产生的离

心力的量，则在这儿重物在 1s 里会掠过 15 巴黎尺 1 寸 $1\frac{1}{2}$ 分的距离。

这就是在巴黎纬度上重物下落的实际速度，而我们在命题 14 和 19 中

已经证明过了。

　　推论 8　根据命题 28，这两个距离与月球在八分点的平均距离之

比等于 69 和 70 比 $69\frac{1}{2}$，所以地球中心到月球中心在月球朔望点的平

均距离等于 60 个地球最大半径减去一个半径的 $\frac{1}{30}$；而在月球方照点，

这两个中心之间的平均距离等于 $60\frac{5}{6}$ 个地球半径。

　　推论 9　在月球朔望点，地球和月球中心的平均距离等于 $60\frac{1}{10}$ 个

地球平均半径，而在月球方照点这一平均距离等于 $60\frac{29}{30}$ 个地球平均

半径。

　　推论 10　在月球朔望点，月球在 0°、30°、38°、45°、52°、60° 和

400

90°的纬度上的地平视差分别为 57′20″、57′16″、57′14″、57′12″、57′10″、57′8″和 57′4″。

在以上这些计算中，我并未把地球磁力考虑在内，因为它的量很小，并且是未知量，一旦能求出该值，则子午线度数、在不同纬度上等时摆的摆长、海洋运动的规律，以及月球视差（根据太阳和月球的视在直径求出），都能由天文观测结果更准确地得到，然后我们也可以让该计算更准确。

命题 40　问题 19

求月球球体的形状。

如果月球球体是像地球海洋一样的流质，则地球在离月球最近和最远地方引起月球上流体运动的力，比上月球在正、背对地球的地方所引起的地球海水运动的力，等于地球对月球的加速引力与月球对地球的加速引力之比，乘以月球与地球的直径比，即等于 39.788 和 1 的比值，乘以 100 与 365 的比值，或等于 1 081 比 100。由于我们地球海水受月球作用可以涨到 $8\frac{3}{5}$ 尺，所以月球上的流体受地球作用能涨到 93 尺，由此可得，月球应该是椭球，其最长直径的延长线应会穿过地球球心，最长直径要比垂直于该直径的那条直径长 186 尺。所以月球形状的这一偏差必定是一开始就有的。

推论　这就是月球面向地球的那一面总是呈现相同样子的原因；月球球体在其他任何位置都不可能是静止的，而通过反复运动回到该状态；但由于引起这种运动的力很微弱，所以这种运动必须很慢；根据命题 17 中的原因可知，月球本该总是背对着地球的一面，在转向月球轨道的另一个焦点时，由于不能被即刻拉回来，所以转而面向地球。

引理 1

如果 *APEp* 表示密度均匀的地球，则以 *C* 为中心，点 *P* 和 *p* 是极点，*AE* 为赤道。如果以 *C* 为中心，*CP* 为半径，作球面 *Pape*，且 *QR* 是一个平面，一条连接了太阳和地球的中心直线与该平面垂直，又设地球整个外围 *PapAPepE* 上的粒子，如果在不受前面所说高度的作用下，都倾向于分别以受正比于到平面 *QR* 的距离的力，离开该平面的一侧或另一侧。那么，位于赤道上并均匀分布于地球之外并以圆环形式绕着地球的所有粒子促使地球绕其中心转动的合力与赤道上距离平面 *QR* 最远点 *A* 处同样多的粒子促使地球绕其中心作类似转动的合力之比等于 1 比 2。该圆周运动所绕的轴是赤道和平面 *QR* 上的公共交线。

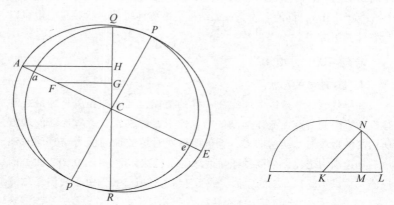

令以 *K* 为中心，*IL* 为直径，所形成的半圆为 *INL*。设半圆周长 *INL* 被分成无限个相等部分，过这几个部分中的 *N* 向直径 *IL* 作正弦 *NM*，则所有正弦平方之和就会等于所有正弦 *KM* 平方之和，而这两个和相加又会等于同样多个半径 *KN* 平方之和，所以所有正弦 *NM* 平方之和仅为同样多个半径 *KN* 的平方之和的一半。

现设圆 *AE* 的周长被分成同样多个相等部分，过这些相等部分中的 *F* 部分向平面 *QR* 作垂线 *FG*，同样，过点 *A* 也向该平面作垂线 *AH*，使粒子 *F* 从平面 *QR* 离开的力（根据假设）正比于垂线 *FG*；该力与距离 *CG* 的乘积就表示粒子 *F* 作用于地球绕球心运转的力。所以，在点 *F* 粒子的作用力与在点 *A* 粒子的作用力之比等于 *FG*×*GC* 比 *AH*×*HC*，即等于 FC^2 比 AC^2，所以所有粒子 *F* 在其自身位置 *F* 处的总力，比上相同数量粒子在 *A* 处的力，等于所有 FC^2 之和比所有 AC^2 之和，而我们之前已经证明过，这个比值等于 1 比 2。证毕。

因为这些粒子是作用于垂直于平面 *QR* 的直线方向，而且在平面四周产生的作用是相等的，所以这些力能推动赤道所在的圆周，连同连带的地球球体一起，绕轴（平面 *QR* 和赤道的交线）转动。

引理 2

假设条件相同，那么，其次，所有位于球面各处的粒子推动地球绕先前所说的轴转动的总作用力，比上均匀分布于赤道 AE 所在的圆周各处，形成环形的同样数量的粒子推动地球进行类似转动的总力，比值是 2 比 5。

令 IK 为任意平行于赤道 AE 的稍小的圆，又令 Ll 为该圆上任意的两个位于球面 $Pape$ 外的相等粒子。如果在与太阳的半径形成直角的平面 QR 上，作垂线 LM、lm，则这些粒子从平面 QR 离开时所受的力正比于垂线 LM、lm。作直线 Ll 平行于平面 $Pape$，且在点 X 把其平均分成两半；过点 X 作 Nn 平

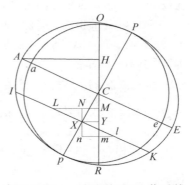

行于平面 QR，并分别与垂线 LM、lm 交于 N 和 n；又过平面 QR 作垂线 XY。粒子 L 和 l 推动地球向相反方向转动的相反的力，分别正比于 $LM \times MC$ 和 $lm \times mC$，即正比于 $LN \times MC + NM \times MC$ 和 $LN \times mC - nm \times mC$，或正比于 $LN \times MC + NM \times MC$ 和 $LN \times mC - NM \times mC$；而这两个力的差 $LN \times Mm - NM(MC + mC)$ 就是这两个粒子一起推动地球运转的合力。该差的正数部分 $LN \times Mm$ 或 $2LN \times NX$，比上两个位于点 A 的相同大小粒子产生的力 $2AH \times HC$，等于 LX^2 比 AC^2；而该差的负数部分 $NM(MC + mC)$，或 $2XY \times CY$，比上同样大小的两个粒子在点 A 产生的力 $2AH \times HC$，等于 CX^2 比 AC^2。所以这两个部分的差，即粒子 L 和 l 一起使地球运转的力，比上这两个粒子在前面所说的在点 A 推动地球做类似运动的力，等于 $LX^2 - CX^2$ 比 AC^2。但如果圆 IK 的周长被分成无限个相等的小部分 L，则所有 LX^2 比同样多的 IX^2 等于 1 比 2，而根据引理 1，比同样多的 AC^2 等于 IX^2 比 $2AC^2$，同样大小的 CX^2 比同样大小的 AC^2 等于 $2CX^2$ 比 $2AC^2$。因此，所有粒子在圆 IK 的圆周上的合力比上数量一样的粒子在点 A 的合力，等于 $IX^2 - 2CX^2$ 比 $2AC^2$，根据引理 1，它与数量一样的粒子在圆 AE 的圆周上的合力之比等于 $IX^2 - 2CX^2$ 比 AC^2。

现在如果球面的直径 Pp 被分成无限多个相等部分，其中每部分都有同样数量的圆 IK，则每个圆 IK 的圆周上的物质就会正比于 IX^2，所以该物质推动地球转动的力正比于 IX^2 与 IX^2-2CX^2 的乘积，因此相同的物质如果位于圆 AE 的圆周上，则产生的力会正比于 IX^2 乘以 AC^2。所以，位于球面外所有圆的圆周上的所有粒子的物质总量所产生的力，比位于最大圆 AE 的圆周上由同样多的粒子所产生的力，等于所有 IX^2 与 IX^2-2CX^2 的乘积比上同样大小的 IX^2 与 AC^2 的乘积，即等于所有 AC^2-CX^2 与 AC^2-3CX^2 的乘积比上同样大小的 AC^2-CX^2 与 AC^2 的乘积，即等于所有比同样多的 $AC^4-AC^2\times CX^2$，即等于流数为 $AC^4-4AC^2\times CX^2+3CX^4$ 的总流积量比上流数为 $AC^4-AC^2\times CX^2$ 的总流积量，所以，可以由流数法得出，等于 $AC^4\times CX-\dfrac{4}{3}AC^2\times CX^3+\dfrac{5}{3}CX^5$ 比 $AC^4\times CX-\dfrac{1}{3}AC^2\times CX^3$，如果用 Cp 或 AC 代替 CX，则等于 $\dfrac{4}{15}AC^5$ 比 $\dfrac{2}{3}AC^5$，即等于 2 比 5。证毕。

引理 3

最后，我仍然设相同条件，地球受所有粒子的作用而绕先前所说的轴转动的总运动，比前述的圆环绕相同轴的运动，等于地球上物质与环上的物质的比值，乘以任意圆的四分之一周长的平方的三倍与其直径的平方的两倍的比值，即，等于这两种物质之比乘以 925 275 比 1 000 000。

由于圆柱体绕其静止的轴转动比上其与内接圆一起的运动，等于任意四个相等正方形比三个这种正方形的内切圆；而该圆柱体的运动比极薄的圆环绕球体和圆柱体的公共切线的运动，等于两倍圆柱体中的物质比上三倍环上的物质；而该环持续均匀绕圆柱体中轴的运动，比其绕它自己的直径在相同周期时间里做的相同运动，等于圆的周长比其两倍直径。

假设 2

如果拿走地球的其他部分，只剩圆环在地球轨道上绕太阳公转运动，与此同时，它也会绕它自己的中轴做自转运动，该轴线与黄道平

面成 $23\dfrac{1}{2}$ 度角，则不管该环是流质的还是由坚硬固体构成，二分点的运动都不会变。

命题 41　问题 20

求二分点的岁差。

环形轨道上的月球交会点，当其位于方照点时，它中间的小时运动为 $16''35'''16^{iv}36^{v}$，它的一半 $8''17'''38^{iv}18^{v}$ 是这种轨道上的交会点的平均小时运动（原因已解释），而这一运动在一恒星年里为 $20°11'46''$；如果月球在一个以上，则根据第 1 编命题 66 推论 16，每个月球的交会点运动会正比于其周期时间；如果月球在一恒星日里，在地球表面上环绕地球一周，则该月球交会点的年运动 $20°11'46''$ 与周期时间之比，就等于一个恒星日 23 小时 56 分比我们月球的周期时间 27 天 7 小时 43 分，即等于 1 436 比 39 343。不管这些月球有没有相互接触，或是熔化为一整体的环，也不管该环是否必须为固定的固体环，都同样地环绕地球的月球环上的交会点运动。

现在设构成该环的物质的量等于位于球体 $Pape$ 以外的整个地球外围 $PapAPepE$ 的物质的量，又因为该球体比地球外围等于 aC^2 比 AC^2-aC^2，由于地球的最小半径 PC 或 aC 比地球的最大半径 AC 等于 229 比 230，所以该比值等于 52 441 比 459。如果该环沿赤道环绕地球，并一同绕该环的直径转动，则环的运动（根据引理 3）比球体的运动，等于 459 比 52 441 的比值乘以 1 000 000 与 925 275 的比值，等于 4 590 比 485 223；所以环的运动比上环和球体的运动之和，等于 4 590 比 489 813；因此，如果环是连接在球体上的，并把它的运动传递给球体，以至其交会点或二分点后退，则环上剩下的运动比其以前的运动等于 4 590 比 489 813；因此，二分点的运动也按相同比例减小。因此以环和球体构成的物体，其二分点的年运动比运动 $20°11'46''$ 等于 1 436 与 39 343 的比值乘以 4 590 与 489 813 的比值，等于 100 比 292 369。但由于很多个月球的交会点的运动所产生的力（原因之前阐述过），所以使环的二分点后退的力（根据命题 30 的图可知，即为力 $3IT$），在各粒子中都正比于那些粒子到平面 QR 的距离；这些力使粒子远离该平面。因此，根据引理 2，如果环的物质遍布于球体表面，并按照 *PapAPepE* 的形状来构成地球的外围部分，则所有粒子使地球绕任意赤道直径转动，并使二分点运动的总力以 2 比 5 的比例减小。所以二分点的年度逆进比 2 011′46″等于 10 比 73 092，结果为 9″56‴50⁗。

但由于赤道平面倾斜于黄道平面，又因为该运动以正比于 91 706 比半径 100 000 的比值的正弦（就是 $23\frac{1}{2}$°的余弦）来减少，则剩下的运动为9″7‴20⁗，就是太阳作用所引起的二分点的年度岁差。

月球使海洋运动的力比上太阳的作用力约等于 4.481 5 比 1；月球使二分点运动的力比太阳的该力也是这一比例。由于月球的作用二分点的年度岁差为 40″52‴52⁗，则由这两个力的和所引起的总岁差为 50″00‴12⁗。因为天文观测的结果显示二分点的岁差为每年约为 50″，所以该运动与现象是相符的。

如果地球在赤道隆起的高度比两极高出 $17\frac{1}{6}$ 英里，则地球表面的物质密度要小于地球中心的物质密度，所以二分点的岁差就会随着高度差的增大而增大，随着密度差的增大而减小。

至此，我们已经论证了太阳、地球、月球及行星系统的运动情况，接下来要谈彗星了。

引理 4

彗星远离月球，但在行星的区域范围内。

天文学家认为彗星远离月球范围外，是因为他们发现彗星没有日视差，而它们的年视差证明了它们在行星区域内。这是由于当所有的彗星根据星座的顺序做直线运动时，如果地球位于彗星和太阳之间，则其显现的尾部就会比正常时要慢或逆行，而如果太阳位于它们中心，地球和彗星处在相对的位置，就会比正常时要快；另外，在所有的彗星按星座顺序做逆向直线运动时，情况与前述情况正好相反。这些彗星的这些现象主要是由于地球在其运动进程中的不同位置所引起的，这和行星所受地球位置变化的影响是相同的，行星会随着地球是与行星同向还是反向运动，有时逆行，有时较慢，有时又快又顺行。如果地球与彗星同向运动，但由于地球绕太阳做的角运动较快，所以地球到彗星的直线超出了彗星本身，又因为彗星的运动较慢，从地球上看彗星的运动就会显得是逆行的；甚至即使地球的运动慢于彗星，彗星的运动中减去地球运动的部分，其运动看上去也会变慢。但如果地球与彗星的运动方向相反，彗星的运动看上去就像是加速运动。彗星的距离也可以从这些加速、减速或逆行中用以下方法求出。

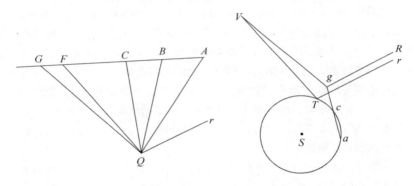

　　令 rQA、rQB、rQC 为观测出的彗星第一次显现的黄纬，而 rQF 为观测到的彗星消失前的最后一次黄纬。作直线 ABC，其中 AB 和 BC 为直线 QA 和 QB、QB 和 QC 分别切割出的部分，且 AB 和 BC 相互间的比值等于前三次观测中的两段时间间隔的比值。延长 AC 到 G，则 AG 比 AB 等于第一次和最后一次观测之间的时间比上第一次和第二次之间的时间；然后连接 QG。现在如果彗星做匀速直线运动，地球或静止，或做类似的匀速直线运动，则角 rQG 为最后观测到的彗星黄纬。所以，角 FQG 就为彗星和地球运动的不相等性所产生的黄纬差；如果地球和彗星的运动方向相反，则角 rQG 就要加入角 FQG 中，如同我前述的现象，使彗星的视在运动或者增速，或者变为逆行。该角主要由地球而产生，如果忽略掉一些彗星轨道上的不相等运动所引起的增量或减量，恰好可以看作是彗星的视差；而且从这一视差我们可以得到彗星的距离。令 S 表示太阳，acT 为大轨道，a 是第一次观测中地球的位置，c 是第三次观测中地球的位置，T 为最后一次观测中地球的位置，Tr 为到牡羊座首星的直线。设角 rTV 等于角 rQF，则等于当地球在 T 处的彗星黄纬；连接 ac，并延长至 g 点，以至 ag 比 ac 等于 AG 比 AC；那么如

果地球持续沿直线 ac 匀速运动，g 就会成为地球在最后一次观测的时间里所到达的地方。如果我们作 gR 平行于 Tr，使得角 RgV 等于角 rQG，则角 RgV 就会等于在点 g 看到的彗星黄纬，而角 TVg 会成为地球从点 g 运动到点 T 所造成的视差，所以点 V 就是彗星在黄道平面上的位置。位置 V 通常都会比木星轨道要低。

同样，也可以由彗星路径的弯曲度求出上述结果，由于这些天体密度很大，它们几乎都在绕巨型圆形转动。但当由视差所引起的视在运动部分在总视在运动中占了较大比重时，它们的路径的末尾部分通常会偏离轨道。当地球偏向一侧时，它们也随之偏向另一侧，而因为这一偏斜与地球运动是相对的，所以其必定是主要由视差而引起的；由于这一偏斜很大，根据我计算的结果，彗星的消失位置远低于木星。因此，当它们在近日点和远日点处接近地球时，它们通常移到火星轨道和内层行星轨道之下。

彗星的接近也可进一步由彗星头部的光证明。由于一个天体的光是太阳光的反射，而且离开得越远，就越精确于以正比于距离的四次幂减小。亦即，由于到太阳跨度的增大使得正比于它的平方，又由于视在直径的减小而又正比于它的平方。如果彗星的亮度和视在直径已知，则它的距离也可以通过取彗星到一行星的距离正比于它们的直径，同时反比于它们亮度的平方根而求出。因此弗莱姆蒂得先生在 1682 年用 16 英寸长，配有千分尺的望远镜观测到的彗星的状况最少有 2′；但其头部中间的彗核或星体几乎还不到该数值的 1/10，所以它的直径实际只有 11″ 或者 12″，但它头部的亮度却超过其 1680 年时的亮度，可能还会和第一或第二恒星等的亮度接近。设土星带环的亮度为彗星的四倍，因此环的亮度几乎等于它里面星体的亮度，又因为星体的视在直径约为 21″，所以环和球体的总亮度就会等于一个直径为 30″ 的星体的亮度；于是得到彗星和土星的距离之比正比于 12″ 比 30″，反比于 1 比 $\sqrt{4}$，即等于 24 比 30，或 4 比 5。然后，海克威尔在 1665 年 4 月公布，彗星的亮度超过了所有的恒星的亮度。它颜色鲜丽而且生动，甚至比土星还要鲜艳。该彗星要比 1963 年年底时出现的另一颗彗星亮，而且已经和第一星等的恒星亮度接近，其头部直径约为 6′。但通过望远镜观测得知，该彗核的亮度和行星的接近，但小于木星；其大小与土星环内的球体相比，时小时相等，因此彗星头部的直径几乎不会超过 8′ 或 12′，而彗核或中心星的直径仅为头部直径的 1/10 或 1/15。通常这些恒星看起来与行星有着相同的视在大小，它们的亮度通常可能与土星相仿，有时甚至会超过土星。这证明了所有彗星在其近日点时必然或位于土星下方，或位于其上方不远处。那些认为它们几乎和恒星一样远的人着实荒唐，因为如果真是这样，那么彗星就不会从太阳处吸收比行星从恒星处吸收的光多。

由于它的头部被大量浓烟包围，彗星显得很暗淡，到现在为止，我们还没有考虑这一因素。而星体的头部真是笼罩在烟尘当中的，因为其反射的亮度与行星接近，所以它必然更接近太阳一些。因此彗星轨道很有可能远远低于土星轨道，正如我们在前面通过视差所证明的那样。最重要的是，这可以由它们的彗尾来证明，因为彗尾或是由其产生的烟尘扩散到太空中反向的太阳光所形成的，或是由其头部的光亮造成的。在前一种情况下，彗星的距离必须要缩短，否则要让它的头部烟尘在如此广阔的空间里，以极大的速度传播是不可能的；而在后一种情况中，彗星的头部和尾部的总光亮都缘于彗核的光亮。如果我们设所有的光亮都浓缩在彗核中，毫无疑问，彗核本身的亮度就会远大于木星球体的亮度，特别是当它发射出又大又亮的彗尾时。所以，如果它能在一个视在直径更短的星体上反射出比木星更多的光，则其必定接受的太阳光的反射更多，所以其必定更接近太阳；由同样的论点可知，当彗尾被太阳光掩盖时，彗头有时会位于金星的轨道之内，它们会放射出那种又大又亮的彗尾，比如说有时会放射出像火焰一样的彗尾；因为，如果所有的光都聚集到一个球星上，其亮度有时不仅超过一个金星的亮度，而且会超过一个相当于多个金星的星体亮度。

最后，同样的结论也可由彗头的光亮得出，其亮度随着彗星远离地球趋向太阳而增加，又随着远离太阳返回地球而减少；因为自 1665 年彗星第一次被观测到后（观测者为海克威尔），就经常失去它的视在运动，所以它已经过了近地点；但是它头部的高度却每日都在增加，直到隐藏在太阳光之下，所以彗星就消失了。在 1683 年 7 月底首次出现的彗星（同样由海克威尔观测到）以慢速运动，每天只在轨道上前进约 40′ 或 45′；但是从那时起它的周日运动就不断加快，直到 9 月 4

日达到了约 5°时加速才停止；所以，在所有这些时间段里，彗星一直是趋向地球的。这也可以用千分仪测出其头部直径来证明，因为在 8 月 6 日，海克威尔发现，加上彗发它也只有 6′05″，而在 9 月 2 日，他的观测结果为 9′07″，所以其头部在开始时看起来远大于其运动结束时，由于接近太阳，就算是才开始时，也要比结束时亮很多，正如海克威尔表明的那样。所以，因为彗星是渐渐在远离太阳的，尽管其趋于地球，在所有时间段里，它的亮度还是会渐渐减小的。1618 年的彗星，在这一年的 12 月中旬及在 1680 年的 12 月底，它都以其最大速度在运动，所以那时是位于近地点的。但是它头部的亮度却是在两周前达到最大值的，当时它才刚走出太阳光，而彗尾的最大亮度还要提前一点到来，那时它更接近太阳。前一个彗星的头部（根据塞萨特的观测），在 12 月 1 日比第一星等的恒星还要亮；而在 12 月 16 日（在近地点），它的大小没有减小，亮度却大大减小了。在 1 月 7 日开普勒对彗头的一些情况有疑问，于是放弃了观测。在 12 月 12 日，弗莱姆斯蒂得先生观测到了后一个彗星的彗头，那时它到太阳的距离为 9°，亮度仅仅是第三星等恒星的亮度。到了 12 月 15 日和 17 日，由于被接近落日的云层遮挡，因此亮度减少，和第三星等恒星的亮度相等。到了 12 月 26 日，当它位于近地点时，以最大速度前进，它的亮度稍微小于第三星等的天马座口的亮度。到了 1 月 3 日，它成了第四星等的亮度。1 月 9 日，就只有第五星等的亮度了。然后到了 1 月 13 日，它被月球的光辉所掩盖，那时月球的亮度正在增加。而到了 1 月 25 日，它的光辉就只是接近于第七星等的亮度。如果我们把近地点两侧的相等时间间隔来作比较，就会发现在这两个间隔很大的时间段里，彗头离地球距离是相等的，所以它们的亮度本该相等，但在近地点到太阳的那一侧呈现出的是最大亮度，而在另一侧却消失了。所以从亮度在两侧的不同，我们可推出太阳的大范围里的彗星都属于前一种情况；因为彗星的亮度一直是有规律地变化，当它们头部运动最快时，亮度最大，所以它们在近地点上；然而也有例外，在它们接近太阳时，亮度会随之增大。

推论 1 彗星受太阳光的反射而发亮。

推论 2 按照上述讨论，我们知道了为什么彗星通常出现在受太阳光照射的那一半球，而在另一半球却很少出现。如果它们出现在远高于土星的区域上，则它们会更频繁地出现在背对太阳的那一侧；因为在靠近地球的地方，太阳光必定会隐藏那些出现在正对太阳光的那一侧的光亮。另外，我通过查阅彗星出现的历史得知，彗星出现在面对太阳的那一侧的次数是背对太阳那一侧的4~5倍，而且显然被太阳光遮挡的次数也不少。因为彗星落入我们天体区域时既没有放射出彗尾，也没有受到太阳照射，所以我们用肉眼无法观测到，直到它们进入到离地球的距离小球木星到地球距离时我们才能发现。绕太阳以极小的半径转的球形天体区域中，地球对着太阳的那部分区域占了其中的绝大部分，而彗星在那大部分区域里通常受到更强烈的照射，因为它们大多数时候都接近太阳。

推论3 显然，宇宙中没有任何阻力，尽管彗星沿倾斜轨道运动，有时还会与行星运行方向相反，但是它们还是以极大的自由运动，并在很长时间里保持它们的运动，甚至是与行星的运动方向相反的运动。如果它们不是那种永远沿着自己的轨道做环形运动的行星，那我会说我的推论是正确的；部分学者认为彗星无非只是流星，他们这么想的原因是彗头会不断变化，然而这并没有根据；因为彗头是由质量很大的大气所包围的，而该大气层的最里面必然也是最密的，所以我们所看到的这些变化只是发生在彗星大气层中，而不是发生在彗星本身。同样，如果站在行星上看地球，也只是大气层在发光，而地球球体很少能透过覆盖其上的云层显现出来。所以，也可推导出木星的小行星带也是由于木星的云层而形成的，因为这些小行星之间不断相互改变位置，所以我们很难透过它们看到木星球体；因此彗星实体必然也是掩盖在更厚重的大气层下方。

命题42 定理20

彗星在以太阳为焦点的圆锥截面上运动，它伸向太阳的半径所掠过的面积正比于掠过时间。

该命题可用第1编命题13推论1和第3编命题8、12、13来证明。

推论1 如果彗星沿环形轨道运行，那么轨道肯定是椭圆，而它们的周期时间与行星的周期时间之比等于它们主轴的 $\frac{3}{2}$ 次幂。由于彗星的轨道大部分都适用于行星轨道，所以彗星轨道的轴更长，也就要用更多的时间才能完成一次环绕。因此，如果彗星轨道的轴长为土星轴长的 4 倍，则彗星的环绕周期比土星的环绕周期（30 年），等于 $4\sqrt{4}$（或 8）比 1，所以彗星环绕周期为 240 年。

推论 2　它们的轨道如此接近于抛物线，所以把抛物线当成它们的轨道也不会有明显误差。

推论 3　根据第 1 编命题 16 推论 7，每颗彗星的速度，比在相同距离处沿圆形轨道绕太阳旋转的行星的速度，近似于行星到太阳中心的距离的两倍与彗星到太阳中心距离之比的平方根。设大轨道的半径或地球掠过的椭圆轨道的最大半径是由 10^8 个部分构成，则地球的平均日运动就会掠过 1 720 212 个部分，小时运动为 71 675 $\frac{1}{2}$ 个部分。所以，在地球到太阳的相同平均距离处，彗星以比地球速度等于 $\sqrt{2}$ 比 1 的速度，日运动掠过 2 432 747 个部分，而小时运动掠过 101 364 $\frac{1}{2}$ 个部分。无论距离是大是小，日运动和小时运动比上这个日运动和小时运动都会反比于距离的平方根，所以速度是给定的。

推论 4　如果抛物线的通径是大轨道半径的 4 倍，设该半径的平方包括 10^8 个部分，则彗星伸向太阳的半径每日所掠过的面积就会有 1 216 373 $\frac{1}{2}$ 个部分，而小时运动的面积为 50 682 $\frac{1}{2}$ 个部分。如果其通径以任意比例增加或减小，每日运动和小时运动所掠过的面积就会以反比于该比例的平方根而减小或增加。

引理 5

求通过任意指定点的类似抛物线的曲线。

令这些点为 A、B、C、D、E、F 等，这些点到任意直线 HN 的位置是指定的，过这些点作同样多的垂线 AH、BI、CK、DL、EM、FN 等。

情形 1　如果点 H、I、K、L、M、N 等的间距 HI、IK、KL 等相等，取 b、$2b$、$3b$、$4b$、$5b$ 等为垂线 AH、BI、CK 等的第一次差，它们的第

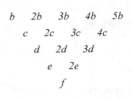

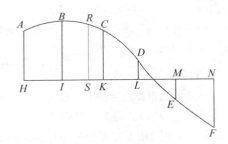

二次差为 c、$2c$、$3c$、$4c$ 等，第三次差为 d、$2d$、$3d$ 等，即，$AH-BI=$ b，$BI-CK=2b$，$CK-DL=3b$，$DL+EM=4b$，$-EM+FN=5b$ 等；然后 $b-$ $2b=c$ 等，依此类推，直到最后一个差 f。作任意垂线 RS，该垂线可被看成所求曲线的纵坐标。为了求该纵坐标的长度，设间隔 HI、IK、KL、LM 等为长度单位，令 $AH=a$，$-HS=p$，$\frac{1}{2}p\times(-IS)=q$，$\frac{1}{3}q\times(+SK)$ $=r$，$\frac{1}{4}r\times(+SL)=s$，$\frac{1}{5}s\times(+SM)=t$；如此进行下去直到倒数第二根垂线 ME，从 S 到 A 的各项 HS、IS 的前面加上负号；而在 S 的另一边的各项 SK、SL 等的前面加上正号，统计好这些符号后，$RS=a+bp+$ $cq+dr+es+ft+\cdots$。

情形 2 如果点 H、I、K、L 等的间隔 HI、IK 等并不相等，那就取垂线 AH、BI、CK 等的第一次差 b、$2b$、$3b$、$4b$、$5b$ 等，除以这些垂线之间的间隔；又取它们的第二次差 c、$2c$、$3c$、$4c$ 等，除以每个垂线间的间隔；再取它们的第三次差 d、$2d$、$3d$ 等，除以每三个间的间隔；然后取它们的第四次差 e、$2e$ 等，除以每四个间的间隔等，这样下去，可得出：$b=\dfrac{AH-BI}{HI}$，$2b=\dfrac{BI-CK}{IK}$，$3b=\dfrac{CK-DL}{KL}$ 等，又有 $c=\dfrac{b-2b}{HK}$，$2c=$ $\dfrac{2b-3b}{IL}$，$3c=\dfrac{3b-4b}{KM}$ 等，然后 $d=\dfrac{c-2c}{HL}$，$2d=\dfrac{2c-3c}{IM}$ 等。这样就求出了差，令 $AH=a$，$-HS=p$，$p\times(-IS)=q$，$q\times(+SK)=r$，$rx(+SL)=s$，$s\times$ $(+SM)=t$；这样一直进行下去直到倒数第二条垂线 ME；纵坐标 $RS=$ $a+bp+cq+dr+es+ft+\cdots$。

推论 所有曲线的面积都可由上述方法求出近似值。如果求出要求的曲线上的一些点，并设一条抛物线通过了这些点，则该抛物线的面积就会几乎与所求曲线的面积相等，而抛物线的面积一般可通过常规几何方法求出。

引理 6

已知彗星的某些观测点，求在这些点间的任意时刻彗星的位置。

令 HI、IK、KL、LM（见引理 5 图）表示观测时间的间隔，HA、IB、KC、LD、ME 为彗星的五个观测到的经度，而 HS 为第一次观测到所示经度之间的给定时间。如果设曲线 $ABCDE$ 通过点 A、B、C、D、E，纵坐标 RS 可从前一个引理求出，而 RS 就是所示的经度。

用同样方法，从这五个观测到的经度，可求出任意指定时间的经度。

如果观测到的这些经度差很小，设为 4°或 5°，则三四次观测就能求出新的经度和纬度；但如果该差很大，比如有 10°或 20°，则需 5 次观测才能求出。

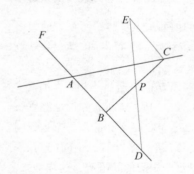

引理 7

过一指定点 P 作直线 BC，其 PB 和 PC 两部分分别与指定直线 AB 和 AC 相交，使 PB 和 PC 相互之间的比是指定的。

设任意直线 PD 是经过 P 点的直线，它既要与给定的一条直线相交（如 AB），又要延长至 E 与另一条给定直线相交 AC，以至 PE 与 PD 之比为一个给定比值。令 EC 平行于 AD。作直线 CPB，则 PC 比 PB 等于 PE 比 PD。证毕。

引理 8

令 ABC 为焦点在 S 的抛物线。在点 I 被二等分的弦 AC 所截取的弓形 $ABCA$，其直径为 $I\mu$，顶点为 μ。延长 $I\mu$，使 μO 等于 $I\mu$ 的一半。连接 OS 并延长至 ζ，使得 $S\zeta$ 等于 $2SO$。现设一彗星沿弧 CBA 运动，作 ζB 与 AC 相交于 E，那么点 E 就会在弦 AC 上截取线段 AE 近似正比于时间。

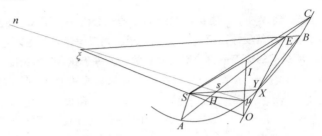

如果我们连接 EO，与抛物线弧 ABC 相交于 Y，并作 μX 与同一个弧相切于顶点 μ，且与 EO 相交于 X，则曲线面积 $AEX\mu A$ 比曲线面积 $ACY\mu A$ 等于 AE 比 AC。由于三角形 ASE 与三角形 ASC 也成该比例，所以整个面积 $ASEX\mu A$ 与 $ASCY\mu A$ 之比等于 AE 比 AC。但由于 ζO 比 SO 等于 3 比 1，而 EO 比 XO 也是这一比值，所以 SX 平行于 EB；连接 BX，三角形 SEB 就会等于三角形 XEB。因此，如果从面积 $ASEX\mu A$ 加上三角形 EXB 的和中减去三角形 SEB，剩下的面积是 $ASBX\mu A$，等于 $ASEX\mu A$，因此面积 $ASBX\mu A$ 比面积 $ASCY\mu A$ 等于 AE 比 AC。但由于面积 $ASBY\mu A$ 近似等于面积 $ASBX\mu A$，则面积 $ASBY\mu A$ 比面积 $ASCY\mu A$ 等于弧 AB 掠过的时间比弧 AC 掠过的时间，所以 AE 与 AC 的比值近似于时间之比。证毕。

推论 当点 B 落在抛物线顶点 μ 的位置上时，AE 与 AC 之比完全等于时间之比。

附注

如果我们连接 $\mu\zeta$ 并与 AC 相交于 s，在其上取 ζn，使得 ζn 比 μB 等于 $27MI$ 比 $16M\mu$，作 Bn 与弦 AC 相交所截得的比例比以前更精确地正比于时间之比。但应根据点 B 比点 μ 到抛物线的主顶点的距离是大还是小，来决定点 n 是在点 ζ 的外侧还是内侧。

引理 9

直线 $I\mu$、μM 和长度 $\dfrac{AI^2}{4S\mu}$ 相互之间都相等。

因为 $4S\mu$ 是抛物线顶点 μ 的通径。

引理 10

延长 $S\mu$ 到 N 和 P，使 μN 可以为 μI 的三分之一，而 SP 比 SN 等于 SN 比 $S\mu$；在彗星掠过弧 $A\mu C$ 的时间里，如果假设它总是以它在 SP 的高度上所具有的速度前进，则它掠过的长度等于弦 AC 的长度。

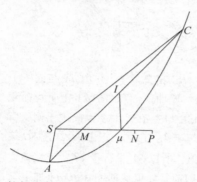

如果彗星在前述时间内，以其在点 μ 的速度，沿抛物线点 μ 上的切线匀速前进，则它伸向点 S 的半径所掠过的面积就会等于抛物线面积 $ASC\mu A$，所以掠过切线的直线和长度 $S\mu$ 所围成的区域与长度 AC 和 SM 围成的面积之比等于区域 $ASC\mu A$ 比三角形 ASC，等于 SN 比 SM。因此，AC 掠过切线的长度等于 $S\mu$ 比 SN。但由于彗星在 SP 的高度上的速度（根据第 1 编命题 16 推论 6）比它在 $S\mu$ 的高度上的速度，和 SP 与 $S\mu$ 之比的平方根成反比，也就是等于 $S\mu$ 比 SN，所以以该速度掠过的长度比上在相同时间内在切线上掠过的长度等于 $S\mu$ 比 SN。因为 AC，又因为以新的速度掠过的长度与在切线上掠过的长度之比也是该比值，所以它们之间必然是相等的。证毕。

推论　彗星以在 $S\mu + \dfrac{2}{3}I\mu$ 的高度所具有的速度，在相同时间里几乎等于掠过了弦 AC。

引理 11

如果一颗失去所有运动的彗星从 SN 或 $S\mu + \dfrac{1}{3}I\mu$ 的高度上向太阳坠落，在掠过自己轨道上的弧 AC 的时间里，彗星还是会继续不变地受到其最初落向太阳的力的推动，且掠过的距离等于长度 $I\mu$。

因为在与彗星掠过抛物线弧 AC 所需的相同时间里，彗星（根据最后一个引理）以在 SP 的高度所具有的速度掠过弦 AC，所以（根据第 1 编命题 16 推论 7），彗星在仅靠自己的引力绕半径 SP 的圆做圆周运动的相同时间里，它在该圆上掠过的弧的长度比抛物线 AC 所对应的弦长等于 1 比 $\sqrt{2}$。因此，如果以在 SP 的高度上所具有的重力落向太阳，则它会在（根据第 1 编命题 16 推论 9）前述时间的一半里掠过的空间等于前述的弦的一半的平方除以四倍的高度，即它会掠过 $\dfrac{AI^2}{4SP}$ 的空间。由于彗星在 SN 的高度上受太阳吸引的重力比上其在 SP 的高度上受太阳吸引的重力等于 SP 比 $S\mu$，所以彗星以其在 SN 的高度上所具有的重力，在该高度上落向太阳的时间里掠过空间，即 $\dfrac{AI^2}{4S\mu}$，等于长度 $I\mu$ 或 μM。证毕。

命题 43　引理 21

从三个给定的观测点求在抛物线上运动的彗星轨道。

这是一个难度很大的问题，我试过用多种方法解答，有几个与此相关的问题，我在第 1 编里已作了相关阐述。但后来我想到了以下解答方法，它们更简单。

选择三个时间间隔几乎相等的观测点，令彗星在这些时间间隔里的速度不同。也就是使时间差比时间之和等于时间之和比 600 天，或使点 E 可能落在 M 周围偏向 I 的地方而非偏向 A 的地方。如果你手头没有这些现成的观测点，那么就要根据引理 6 求出一个新的观测点。

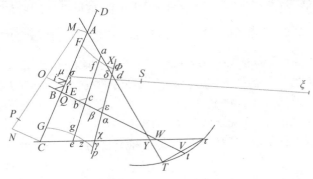

令 S 表示太阳，T、t、τ 为地球在轨道上的位置；TA、tB、TC 为彗星的三个观测经度；V 是第一次和第二次观测之间的时间间隔；W

为第二和第三次之间的间隔；X 为在 V+W 的整个时间里，彗星以在地球到太阳的平均距离上的速度所掠过的距离，该距离可以由第 3 编命题 40 推论 3 求出；tV 为弦 Tτ 上的垂线。在平均观测经度 tB 上任意取点 B 为彗星在黄道平面上的位置；作直线 BE 连接该处和太阳 S，并使其比上垂线 tV 等于 SB 和 St^2 的乘积比上直角三角形斜边的立方，而该直角三角形的直角边分别为 SB 和彗星在第二次观测时的纬度相对于半径 tB 的正切。过点 E（根据引理 7）作直线 AEC，其被直线 TA 和 τC 所截得的两部分 AE 和 EC 相互之间的比等于时间 V 和 W 之比，如果 B 刚好在第二次观测的位置上，那么 A 和 C 就会近似于彗星在黄道平面上第一和第三次观测的位置。

在被 I 二等分的 AC 上作垂线 Ii。过点 B 作直线 Bi 平行于 AC。连接 Si 与 AC 相交于 λ，就形成了平行四边形 iIλμ。取 Iσ 等于 3Iλ；又过太阳 S 作直线 σξ 等于 3Sσ+3iλ。删去点 A、E、C、I，从点 B 向 ξ 作一条新的直线 BE，则该直线上原先的直线 BE 等于距离 BS 与量 $S\mu+\dfrac{1}{3}i\lambda$ 的比的平方。又过点 E 同样根据前面的规则作直线 AEC，即使得 AE 和 EC 之比等于观测时间间隔 V 和 W 之比。因此，A 和 C 就会成为更准确的彗星位置。

在被 I 二等分的 AC 上，作垂线 AM、CN、IO，其中 AM 和 CN 为第一次和第三次观测时的纬度比上半径 TA 和 τC 的正切。连接 MN，使其与 IO 相交于 O。像前面一样作长方形 iIλμ。延长 IA，取 ID 等于 $S\mu+\dfrac{2}{3}i\lambda$。又在 MN 上向着 N 一侧取 MP，使 MP 比前面求出的长度 X 等于地球到太阳的平均距离（或地球轨道的半径）与 OD 之比的平方根。如果点 P 落在点 N 上，则 A、B 和 C 就会成为彗星的三个位置，通过这些点就可以在黄道平面上描出彗星的轨道。如果点 P 没有落在点 N 上，在直线 AC 上取 CG 等于 NP，则点 G 和 P 就会都位于直线 NC 的相同侧。

用设定的点 B 求出点 E、A、C、G 的同种方法，从任意设定的另一些点 b 和 β 上，求出新的点 e、a、c、g 和 ε、α、κ、γ。然后过 G、g 和 γ，作圆 Ggγ，交直线 τC 于 Z；那么 Z 会成为彗星在黄道平面上的一个位置。又在 AC、ac、$\alpha\kappa$ 上，分别取等于 CG、cg、$k\gamma$ 的 AF、af、$\alpha\varphi$；又过点 F、f 和 Φ，作圆 $Ff\Phi$，交直线 AT 于 X；那么 X 会成为彗星在黄道平面上的另一个位置。又在点 X 和 Z 上向半径 TX 和 τZ 作彗星纬度的切线，则就可以确定彗星在自己轨道上的两个位置。最后，如果（根据第 1 编命题 19）以 S 为焦点作抛物线经过了这两个位置，则该抛物线就是彗星的轨道。证毕。

本图的证明依照了前一引理，因为由引理 7 可知直线 AC 按时间比例在 E 点被截开，就像它在引理 8 中一样；由引理 11，BE 是直线 BS 或 $B\xi$ 在黄道平面上，介于弧 ABC 和弦 AEC 之间的总分；由引理 10，MP 是彗星在第一次和第三次观测之间在轨道上掠过的弧对应的弦长，所以如果 B 是彗星在黄道平面上的真实位置，那么 MP 等于 MN。

如果设点 B、b、β 不是任意点，而是近似真正的位置，则计算就会更便捷。如果黄道平面上的轨道与直线 tB 的交角 AQt 是大体知道的，则在该角沿 Bt 作直线 AC，使 AC 比 $\frac{4}{3}T\tau$ 等于 SQ 比 St 的平方根；作直线 SEB，使得 EB 等于长度 Vt，则我们用于第一次观测的点 B 就能求出，然后删除直线 AC，且根据前面作图法重新作直线 AC，进一步就可以求出长度 MP。在 tB 上取点 b，规则如下，如果 TA 和 TC 相交于 Y，则距离 Yb 比距离 YB 等于 MP 与 MN 的比值乘以 SB 与 Sb 比值的平方根。如果你愿意把这样的步骤再重复一遍，那么由同样的方法你可以求出第三个点 β；但一般按照这个方法两遍就够了。因为如果距离 Bb 碰巧很短，在求出点 F、f 和 G、g 之后，作直线 Ff 和 Gg，则它们与 TA 和 TC 的交点就是所示的 X 和 Z。

例

令 1680 年的彗星为我们所研究的彗星。下表显示了弗莱姆斯蒂得所观测并计算出的它的运动，哈雷博士也对这一结果作了校正。

日期	时间		太阳经度	彗星	
	视在的	真实的		经度	北纬
	h m	h m s	° ′ ″	° ′ ″	° ′ ″
1680 − 12 − 12	4. 46	4. 46. 0	♌ 1. 51. 23	♌ 6. 32. 30	8. 28. 0
21	6. 32½	6. 36. 59	11. 6. 44	♒ 5. 8. 12	21. 42. 13
24	6. 12	6. 17. 52	14. 9. 26	18. 49. 23	25. 23. 5
26	5. 14	5. 20. 44	16. 9. 22	28. 24. 13	27. 0. 52
29	7. 55	8. 3. 02	19. 19. 43	♓ 13. 10. 41	28. 9. 58
30	8. 2	8. 10. 26	20. 21. 9	17. 38. 20	28. 11. 53
1681 − 1 − 5	5. 51	6. 1. 38	26. 22. 18	♈ 8. 48. 53	26. 15. 7
9	6. 49	7. 00. 53	♒ 0. 29. 2	18. 44. 4	24. 11. 56
10	5. 54	6. 6. 10	1. 27. 43	20. 40. 50	23. 43. 52
13	6. 56	7. 8. 55	4. 33. 20	25. 59. 48	22. 17. 28
25	7. 44	7. 85. 42	16. 45. 36	♉ 9. 35. 0	17. 56. 30
30	8. 7	8. 21. 53	21. 49. 58	13. 19. 51	16. 42. 18
1684 − 2 − 2	6. 20	6. 34. 51	24. 46. 59	15. 13. 53	16. 4. 1
5	6. 50	7. 4. 41	27. 49. 51	16. 59. 6	15. 27. 3

　　这些结果都是用长 7 英尺配有千分仪的望远镜，并把准线调在望远镜的焦点上所得到的；我们用这些仪器确定了恒星相互之间的位置，以及彗星相对于它们的位置。令 *A* 表示英仙座左侧末端的一个第四亮星（拜尔 *o* 星），*B* 表示左尾部的第三亮星（拜尔 *ξ* 星），*C* 表示同样在左侧末端的第六亮星（拜尔 *n* 星），以及 *D*、*E*、*F*、*G*、*H*、*I*、*J*、*K*、*L*、*M*、*N*、*O*、*Z*、*α*、*β*、*γ*、*δ*，为左侧其他较小的星；而令 *p*、*P*、

Q、R、S、T、V、X 表示前面观测到的彗星的位置；设把距离 AB 分成 $80\frac{7}{12}$份；AC 占 $52\frac{1}{4}$ 份；BC，$58\frac{5}{6}$；AD，$57\frac{5}{12}$；BD，$82\frac{6}{11}$；CD，$23\frac{2}{3}$；AE，$29\frac{4}{7}$；CE，$57\frac{1}{2}$；DE，$49\frac{11}{12}$；AI，$27\frac{7}{12}$；BI，$52\frac{1}{6}$；CI，$36\frac{7}{12}$；DI，$53\frac{5}{11}$；AK，$38\frac{2}{3}$；BK，43；CK，$31\frac{3}{9}$；FK，29；FB，23；FC，$36\frac{1}{4}$；AH，$18\frac{6}{7}$；DH，$50\frac{7}{8}$；BN，$46\frac{5}{12}$；CN，$31\frac{1}{3}$；BL，$45\frac{5}{12}$；NL，$31\frac{5}{7}$。由于 HO 比 HI 等于 7 比 6，延长这条线，会从 D 星和 E 星之间穿过，以至 D 星到直线距离为$\frac{1}{6}CD$。而 LM 比 LN 等于 2 比 9，延长该线，会经过 H 星。因此恒星相互之间的位置就能确定。

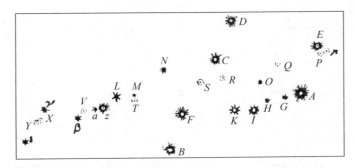

此后庞德先生又做了一次恒星之间相互位置关系的观测，并收集得出了它们的经度和纬度，如下表。

日期	视时间	彗星的经度	彗星的北纬
1681 – 2 – 25	8^h. 30′	♉26°. 18′35″	12°. 46′46″
27 日	8. 15	27. 4. 30	12. 36. 12
3 月 1 日	11. 0	27. 52. 42	12. 23. 40
2 日	8. 0	28. 12. 48	12. 19. 38
5 日	11. 30	29. 18. 0	12. 3. 16
7 日	9. 30	♊ 0. 4. 0	11. 57. 0
9 日	8. 30	0. 43. 4	11. 45. 52

观测得出的彗星相对于这些恒星的位置如下：

恒星		A	B	C	E	F	G
经度	°′″	♉ 26. 41. 50	28. 40. 23	27. 58. 30	26. 27. 17	28. 28. 37	26. 56. 8
北纬	°′″	12. 8. 36	11. 17. 54	12. 40. 25	12. 52. 7	11. 52. 22	12. 4. 58
恒星		H	I	K	L	M	N
经度	°′″	27. 11. 45	27. 25. 2	27. 42. 7	♉ 29. 33. 34	29. 18. 54	28. 48. 29
北纬	°′″	12. 2. 1	11. 53. 11	11. 53. 26	12. 7. 48	12. 7. 20	12. 31. 9
恒星		Z	α	β	γ	δ	
经度	°′″	29. 44. 48	29. 52. 3	♊0. 8. 23	0. 40. 10	1. 3. 20	
北纬	°′″	11. 57. 13	11. 55. 48	11. 48. 56	11. 55. 18	11. 30. 42	

在旧历 2 月 25 日星期五，晚上八点半，彗星在点 p，到 E 星的距离小于 $\frac{3}{13}AE$，而大于 $\frac{1}{5}AE$，所以几乎等于 $\frac{3}{14}AE$；因为角 ApE 近似为直角，但有一点偏向钝角。从点 A 向 pE 作垂线，则彗星到该垂线的距离等于 $\frac{1}{5}pE$。

而在当晚九点半时，彗星在点 P，到 E 星的距离大于 $\frac{1}{4\frac{1}{2}}AE$，而

小于 $\dfrac{1}{5\frac{1}{4}}AE$，所以几乎等于 $\dfrac{1}{4\frac{7}{8}}AE$，或 $\dfrac{8}{39}AE$。但彗星到过 A 星作的垂

直于直线 PE 的垂线的距离为 $\dfrac{4}{5}PE$。

在 2 月 27 日星期日，晚上八点十五分，彗星在点 Q，到 O 星的距离等于 O 星到 H 星的距离，延长直线 QO 于 K 星和 B 星之间穿过。由于云层的干扰，我不能更精确地确定恒星的位置。

在 3 月 1 日星期二，晚上十一点整，彗星在点 R 正好位于 K 星和 C 星之间的连线上，以至直线 CRK 的 CR 稍微长于 $\dfrac{1}{3}CK$，又稍微短于

$\dfrac{1}{3}CK+\dfrac{1}{8}CR$，所以等于 $\dfrac{1}{3}CK+\dfrac{1}{16}CR$，或 $\dfrac{16}{45}CK$。

在 3 月 2 日星期三，晚上八点，彗星在点 S，到 C 星的距离近似等于 $\dfrac{4}{9}FC$；F 星到直线 CS 的延长线的距离为 $\dfrac{1}{24}FC$，B 星比 F 星到该线的距离大 4 倍，NS 的延长线过 H 星和 I 星之间，距离 H 星较 I 星更近5 或 6 倍。

在 3 月 5 日星期六，晚上十一点半，彗星位于点 T，直线 MT 等于 ML 的一半，LT 的延长线于 B 和 F 之间穿过，距离 F 较 B 近 4 或 5 倍，在 BF 上靠近 F 的一侧截取 BF 的 $\dfrac{1}{5}$ 或 $\dfrac{1}{6}$；MT 的延长线过 BF 的外面，较 F 来说距 B 近 4 倍。M 是很小的星，几乎不能用望远镜观测；但是 L 较暗，约为第八星等。

在 3 月 7 日星期一，晚上九点半，彗星位于点 V，直线 $V\alpha$ 的延长线过 B 和 F 之间，在 BF 上向 F 点方向截取 $\dfrac{1}{10}BF$，且与直线 $V\beta$ 之比等于 5 比 4。彗星到直线 $\alpha\beta$ 的距离为 $\dfrac{1}{2}V\beta$。

在 3 月 9 日星期三，晚上八点半，彗星位于点 X，直线 γX 等于 $\dfrac{1}{4}\gamma\delta$，过 δ 星在直线 γX 上作地垂线为 $\dfrac{2}{5}\gamma\delta$。

同样还是当天晚上十二点整，彗星位于点 γ，直线 γY 等于 $\frac{1}{3}\gamma\delta$，或稍微短点为 $\frac{5}{16}\gamma\delta$；从 δ 星到直线 γY 作垂线约等于 $\frac{1}{6}\gamma\delta$ 或 $\frac{1}{7}\gamma\delta$。但是由于彗星极其接近地平线，几乎不能辨别，所以它的位置不能像前面的观测那样精确得出。

根据这些观测，由作图和计算，我推导出彗星的经度和纬度；而庞德先生校正了恒星的位置，这些都已经在前面展示出来了。我的千分仪虽然不是最好的，但在经度和纬度上的误差（根据我的观测）很少超过一分。彗星（根据我的观测）在其运动的末期，从它在二月底掠过的平行线开始朝北方明显倾斜。

现为了从上述观测结果来确定彗星轨道，我选择了弗莱姆斯蒂得的三次观测结果，有 12 月 21 日的、1 月 5 日的和 1 月 25 日的。如果地球轨道平均分成 1 万份，则 St 含有 9 842.1 份，Vt 为 455 份。然后在第一次观测中，设 tB 包含 5 657 个这样的部分，则求出 SB 为 9 747，BE 在第一次观测中为 412，$S\mu$ 为 9 503，$i\lambda$ 为 413，BE 在第二次观测中为 421，OD 为 10 186，X 为 8 528.4，PM 为 8 450，MN 为 8 475，NP 为 25。由此，在第二次观测中我收集整理得出距离 tb 为 5 640。由本次观测我最后推算出距离 TX 为 4 775，TZ 为 11 322。从这些数据求出的轨道，我发现其下降交点在 ♋，而上升交点在 ♐ 1°53′，其轨道平面对黄道平面的倾角为 61°20$\frac{1}{3}$′，所以顶点（或彗星的近日点）距交会点 8°38′，在 ♐ 27°34′，南纬 7°34′，其通径为 236.8。如果设地球轨道半径的平方为 1 亿，则在日运动中伸向太阳的半径掠过的面积为 93 585。彗星在这个轨道上完全按照星座顺序运动，在 12 月 8 日晚零点零四分时运动到其轨道的顶点或近日点处。所有这些是我用标尺和罗盘（而角的弦都是在自然正弦表中求出的），在一张巨大的图中求得的，在图中地球轨道的半径（包含有 1 万个部分）有 16$\frac{1}{3}$英寸长。

最后，为了求证彗星是否真的在该轨道上运动，我用算术方法结合标尺和罗盘，求出了它在轨道上对应于观测时间的位置，结果见下表：

彗星								
月份	日期	到太阳距离	计算经度	计算纬度	观测经度	观测纬度	经度差	纬度差
12	12	2 792	♑6°32′	$8°18\frac{1}{2}$	♑$6°31\frac{1}{2}$	8°26	+1	$-7\frac{1}{2}$
12	29	8 403	♓$13.13\frac{2}{3}$	28.0	♓$13.11\frac{3}{4}$	$28.10\frac{1}{12}$	+2	$-10\frac{1}{12}$
2	5	16 669	♉17.0	$15.29\frac{2}{3}$	♉$16.59\frac{7}{8}$	$15.27\frac{2}{5}$	+0	$2\frac{1}{4}$
3	5	21 737	$29.19\frac{3}{4}$	12.4	$29.20\frac{6}{7}$	$12.3\frac{1}{2}$	-1	$+\frac{1}{2}$

但之后哈雷博士确实用算术方法求出了比作图求出的更精确的轨道，保持了交会点在♋和♐1°53′的范围内摆动，轨道平面向黄道平面的倾角为$61°20\frac{1}{3}′$，彗星在近日点的时间为 12 月 8 日零点过四分，他发现近地点到彗星轨道上升交会点为 9°20′，如果设太阳到地球的平均距离为 10 万个部分，则抛物线的通径就为 2 430 个这个部分。通过对这些数据的算术计算，他求出了彗星在各观测时间里的位置，如下表。

真实时间	彗星			误差	
	到太阳距离	计算经度	计算纬度	经度	纬度
$d\ h\ m$		° ′ ″	° ′ ″	° ′ ″	° ′ ″
12 月　12. 4. 46	28 028	♐6. 29. 25	8. 26. 0 北	-3.5	-2.0
21. 6. 37	6 1076	♒5. 6. 30	21. 43. 20	-1.42	+1.7
24. 6. 18	70 008	18. 48. 20	25. 22. 40	-1.3	-0.25
26. 5. 20	75 576	28. 22. 45	27. 1. 36	-1.28	+0.44
29. 8. 3	84 021	♓13. 12. 40	28. 10. 10	+1.59	+0. 12

30. 8. 10	86 661	17. 40. 5	28. 11. 20	+1.45	-0.33
1 月　5. 6. 1 $\frac{1}{2}$	101 440	♈ 8. 49. 49	26. 15. 15	+0.56	+0.8
9. 7. 0	110 959	18. 44. 36	24. 12. 54	+0.32	+0.58
10. 6. 6	113 162	20. 41. 0	23. 44. 10	+0.10	+0.18
13. 7. 9	120 000	26. 0. 21	22. 17. 30	+0.33	+0.2
25. 7. 59	145 370	♉ 9. 33. 40	17. 57. 55	-1.20	+1.25
30. 8. 22	155 303	13. 17. 41	16. 42. 7	-2.10	-0.11
2 月　2. 6. 35	160 951	15. 11. 11	16. 4. 15	-2.42	+0.14
5. 7. 4 $\frac{1}{2}$	166 686	16. 58. 55	15. 29. 13	-0.41	+2.10
25. 8. 41	202 570	26. 15. 46	12. 48. 0	-2.49	+1.14
3 月　5. 11. 39	216 205	29. 18. 35	12. 5. 40	+0.35	+2.2

该彗星也在以前的 11 月时出现过，哥特里弗里德先生在萨克森的科堡于旧历的该有 4、6、11 号观测过；考虑到科堡和伦敦的经度差 11°，以及庞德先生所观测的恒星位置，哈雷先生求出了彗星的位置如下：

11 月 3 日下午五点二分，就是彗星出现在伦敦的时间，它位于 ♌ 29°51′，北纬 1°17′45″。

11 月 5 日下午三点五十八分，彗星位于 ♍ τ 3°23′，北纬 1°6′。

11 月 10 日下午四点三十一分，彗星与位于 ♍ 的两颗星距离相等，拜尔定义为 σ 和 τ；但它又没有真的位于这两颗星的连线上，而是距此有一点距离。在弗莱姆斯蒂得的星表中，那时 σ 星在 ♍ 14°15′，近似北纬 1°41′，而 τ 是在 ♍ 17°3 $\frac{1}{2}$′，南纬 0°33 $\frac{1}{2}$′；所以这两颗星之间的中间点为 ♍ 15°39 $\frac{1}{4}$′，北纬 0°33 $\frac{1}{2}$′。令彗星到该直线的距离为

10°或者 12°，因此彗星到该中间点的经度差为 7′，纬度差约为 $7\frac{1}{2}′$；因此得出彗星 ♍ 15°32′，约为北纬 26′。

第一次观测到的彗星位置相对于某些小恒星来说，具有所要求的所有精确度。第二次观测也够精确。第三次观测是最不精确的，可能有六七分的误差，但也不会更大了。就像在第一次也是最精确的一次观测中测出的那样，彗星的经度由上述抛物线轨道计算得出 ♌ 29°30′22″，北纬为 1°25′7″，且到太阳的距离为 115 546。

此外，哈雷先生还注意到一颗显著的彗星曾以 575 年为间隔出现过四次（即在盖乌斯·尤利乌斯·恺撒遇刺后的九月；然后在 531 年，就是在兰帕迪乌斯和奥里斯特斯执政时；之后是在 1106 年 2 月；最后是 1680 年年底；并且它都拖着又长又亮的彗尾，除了在恺撒去世的那次，在那时由于地球位置的原因，彗尾很难看到），这让他求出了这样一个椭圆轨道，如果地球到太阳的平均距离分为 1 万分，其最长轴应为 1 382 957 个该部分，在这一轨道上彗星环绕一周的时间为 575 年；上升交会点位于 ♋ 2°2′，该轨道平面相对于黄道平面的倾角为 61°6′48″，在该平面上彗星的近日点为 ♐ 22°44′25″，到近日点的时间是 12 月 7 日晚上十一点九分，近日点到位于黄道平面上的上升交会点的距离是 9°17′35″，它的共轭轴是 18 481.2，因此，他计算出了彗星在该椭圆轨道上的运动。而由观测的推算和该轨道的计算得出彗星的位置。

真实时间		观测经度	观测北纬度	计算经度	计算纬度	经度误差	纬度误差
	d h m	o ′ ″	o ′ ″	o ′ ″	o ′ ″	o ′ ″	o ′ ″
11 月	3. 16. 47	♌ 29. 51. 00	1. 17. 42	♌ 29. 51. 22	1. 17. 32N	+0. 22	−0. 13
	5. 15. 37	♍ 3. 23. 00	1. 6. 0	♍ 03. 24. 32	1. 6. 09	+1. 32	+0. 9
	10. 16. 18	15. 32. 00	0. 27. 0	15. 33. 02	0. 25. 70	+1. 2	−1. 53
	16. 17. 0			♒ 08. 16. 45	0. 53. 78		
	18. 21. 34			18. 52. 15	1. 26. 54		
	20. 17. 0			28. 10. 36	1. 53. 35		

真实时间		观测经度	观测北纬度	计算经度	计算纬度	经度误差	纬度误差
				♍ 13. 22. 42	2. 29. 0		
12 月	12. 4. 46	♑ 6. 32. 30	8. 28. 0	♑ 06. 31. 20	8. 29. 6N	−1. 10	+1. 6
	21. 6. 37	♒ 5. 8. 12	21. 42. 13	♒ 05. 06. 14	21. 44. 42	−1. 58	+2. 29
	24. 6. 18	18. 49. 23	25. 23. 5	18. 47. 30	25. 23. 35	−1. 53	+0. 30
	26. 5. 21	28. 24. 13	27. 00. 52	28. 21. 42	27. 2. 01	−2. 31	+1. 9
	d h m	° ′ ″	° ′ ″	° ′ ″	° ′ ″	° ′ ″	° ′ ″
	29. 8. 33	♓ 13. 10. 41	28. 10. 58	♓ 13. 11. 14	28. 10. 38	+0. 33	+0. 40
	30. 8. 10	17. 38. 0	28. 11. 53	17. 38. 27	28. 11. 37	+0. 7	−0. 16
1 月	5. 6. 1$\frac{1}{2}$	♈ 8. 48. 53	26. 15. 7	♈ 8. 48. 51	26. 14. 57	−0. 2	−0. 10
	9. 7. 10	18. 44. 04	24. 11. 56	18. 43. 51	24. 12. 19	−0. 13	+0. 21
	10. 6. 6	20. 40. 50	23. 43. 32	20. 40. 23	23. 43. 25	−0. 27	−0. 7
	13. 7. 9	25. 59. 48	22. 17. 28	26. 0. 8	22. 16. 32	+0. 20	−0. 56
	25. 7. 59	♉ 9. 35. 0	17. 56. 30	♉ 9. 34. 11	17. 56. 6	−0. 49	−0. 24
	30. 8. 22	13. 19. 51	16. 42. 18	13. 18. 28	16. 40. 5	−1. 23	−2. 13
2 月	2. 6. 35	15. 13. 53	16. 4. 1	15. 11. 59	16. 2. 17	−1. 54	−1. 54
	5. 7. 4$\frac{1}{2}$	16. 59. 6	15. 27. 3	16. 59. 17	15. 27. 0	+0. 11	−0. 3
	25. 8. 41	26. 18. 35	12. 46. 46	26. 16. 59	12. 42. 22	−1. 36	−1. 24
3 月	1. 11. 10	27. 52. 42	12. 23. 40	27. 51. 47	12. 22. 28	+0. 55	−1. 12
	5. 11. 39	29. 18. 0	12. 3. 16	29. 20. 11	12. 2. 50	+2. 11	−0. 26
	9. 8. 38	♊ 0. 43. 4	11. 45. 52	♊ 0. 42. 43	11. 45. 35	−0. 21	−0. 17

　　对该彗星的观测从开始到最后，完全与推算出的彗星在轨道上的运动相符，和行星的运动与原理推算出它们的运动相符一样；这种一致性可以清楚地证明不同时间出现的彗星是同一个彗星，就连它的轨

道都已经正确地得出了。

在前面的表中我省略了 11 月 16、18、20 和 23 日的观测数据，因为它们不是很精确，在这几次观测中很多人都对该彗星做过观测。旧历 11 月 17 日早上 6 点，在伦敦的时间是五点十分，庞迪奥和他的同事在罗马将准线对准恒星，观测到彗星在 ♒ 8°30′，南纬 0′。庞迪奥的论文中提到这次他们观测的结果。切里奥当时也在观测这一彗星，他在写给卡西尼的信中写道，彗星在同一时刻位于 ♒ 8°30′，南纬 0°30′。同样，伽列特在这一时刻在阿维尼翁观测到彗星位于 ♒ 8°，南纬 0°，此时为伦敦清晨五点四十二。但由彗星原理计算得出，那时它位于 ♒ 8°16′45″，南纬 0°53′7″。

11 月 18 日早上六点半在罗马，伦敦时间是五点四十，庞迪奥观测到彗星位于 ♒ 13°30′，南纬 1°20′；而切里奥的结果是 ♒ 13°30′，南纬1°00′。但在阿维尼翁的清晨五点半，伽列特发现彗星在 ♒ 13°00′，南纬 1°00′。在法国拉弗累舍大学的清晨五点，伦敦时间是五点九分，安果观测到它位于两个小星之间，其中一个位于室女座南肢的连成一线的三个星中间的那个拜尔 ψ 星；而另一个是该肢上最远的一个，拜尔 ψ 星。所以那时彗星位于 ♒ 12°46′，南纬 50′。而哈雷博士告诉我，在那天的清晨五点，位于北纬 $42\frac{1}{2}$ 度的新英格兰的波士顿，此时伦敦时间是上午九点四十四分，测得彗星位于 ♒ 14°，南纬 1°30′附近。

11 月 19 日清晨四点半在剑桥，根据一个年轻人的观测，彗星距角宿♍约西北方向 2°。那时角宿一位于 ♒ 19°23′47″，南纬 2°1′59″。在同一天，清晨五点，新英格兰的波士顿，彗星距角宿一♍ 1°，纬度相差 40′。也是在同一天，在牙买加岛，彗星距离角宿一♍ 1°。还是那一天，亚瑟·斯多尔在弗吉尼亚地区的马里兰，靠近亨丁·克里克的帕图森河 $\left($北纬 $38\frac{1}{2}$ 度$\right)$，在清晨五点，伦敦时间上午十点，看到彗星在角宿一♍之上，几乎连在一起，它们之间的距离有 $\frac{3}{4}$ 度。通过比较这些数据，我得出在伦敦时间上午九点四十四分，彗星位于 ♎ 18°

50′，南纬 1°25′。

11 月 20 日，帕多瓦的天文学家蒙特纳里在威尼斯早上六点，伦敦时间五点十分，发现彗星位于 ♍ 23°，南纬 1°30′。同一天在波士顿，彗星在角宿一♍偏东 4°的地方，因此就是在近似于 ♎ 23°24′的地方。

11 月 21 日，庞德里奥和他的同事在上午七点十五分观测到彗星位于 ♒ 27°50′，南纬 1°16′；而切里奥观测得出彗星在♒ 28°；安果在清晨五点测出彗星在♒ 27°45′；蒙特纳里的结果是♒ 27°51′。同一天，在牙买加岛看到的彗星位于天蝎座附近，几乎与角宿一的纬度相同，即为 2°2′。同一天在东印度群岛的巴拉索尔的清晨五点，伦敦时间为前一天晚上十一点二十，彗星位于角宿一♍以东 7°35′。就在角宿一和天秤座的连线上，因此就是在♒ 26°58′，南纬 1°11′；过了五点四十后，伦敦时间清晨五点，彗星位于♒ 28°12′，南纬 1°16′，而现在由理论推算出彗星那时在♒28°10′36″，南纬 1°53′35″。

11 月 22 日，蒙特纳里发现彗星在♏ 2°33′；但在英格兰的波士顿，有人发现它位于♏ 3°，纬度几乎和从前一样，在 1°30′。同一天清晨五点在巴拉索尔，彗星位于♏ 1°50′；所以在伦敦，清晨五点彗星近似位于♏3°5′。同一天在伦敦清晨六点半，胡克博士观测到彗星大约在♏ 3°30′，在角宿一♍和狮子座之间的连线上，但也不是完全位于线上，而是有一点偏向北边。蒙特纳里同样也在那一天及之后的几天里进行了观测，他发现彗星到角宿一♍的连线经狮子座南边很近的地方通过。狮子座和角宿一♍的连线在♍ 3°46′处与黄道平面所成的夹角为 2°25′；而如果彗星在这条直线♍ 3°处，其纬度将为 2°26′；但由于胡克和蒙特纳里都认为彗星在该直线上偏北一点的地方，所以它的纬度必定还要小一些。在 20 日时，通过蒙特里纳的观测，其纬度几乎与角宿一♍的相同，即约为 1°30′。但由于胡克、蒙特纳里和安哥都认为纬度在不断增加，所以在 22 日那天，就会远远超过 1°30′；取这些数据中的最大值和最小值（即为 2°26′和 1°30′）的中间值，则纬度约为 1°58′。胡克和蒙特纳里都认为彗星的彗尾是指向角宿一♍，但胡克认为其有一点倾向该星南端，而蒙特里纳认为是倾向北端，所以该倾斜几乎是看不见的；而该彗尾应近似平行于赤道，相对于太阳位置要略偏北一点。

旧历 11 月 23 日清晨五点，伦敦时间清晨四点半，在纽伦堡，齐默尔曼先生以恒星位置推算出彗星位于 ♍ 8°8′，南纬 2°31′。

11 月 24 日日出之前，蒙特纳里看到彗星在狮子座和角宿一♍之间连线北侧的 ♏ 12°52′，所以其纬度要小于 2°38′；而我前面说过，蒙特纳里、安哥和胡克都观测到纬度在不断增加，所以到了 24 日，纬度就会大于1°58′；因此取它的平均值，就会为 2°18′，没有任何明显误差。而庞德里奥和切里奥认为纬度在不断减小，但伽列特和新英格兰的观测者认为纬度保持不变，即约为 1°或 $1\frac{1}{2}$°。庞德里奥和切里奥的观测很粗糙，特别是那些用地平经度和纬度推算出的很不准确；伽列特的观测也一样。而蒙特纳里、胡克、安哥和那些在新英格兰的观测者们用的方法比较好，庞德里奥和切里奥有时也用这一方法，他们用相对于恒星位置来求出彗星的位置。同一天清晨五点在巴拉索尔，观测到彗星位于 ♏ 11°45′；所以在伦敦清晨五点时近似于 ♏ 13°。而由理论可推算出，彗星在那时候位于 ♏ 13°22′42″。

11 月 25 日日出之前，蒙特纳里观测到彗星近似位于 17$\frac{3}{4}$；而切里奥此时观测到的却位于室女座右侧上的亮星和天秤座南部的亮星的连线之间；该直线与彗星轨道的交角为 ♍ 18°36′。而由原理推算出的约为位于 ♍ 18$\frac{1}{3}$ 度。

从上述数据能明显看出，这些观测结果与原理是相符的；由于这种相符性可能证明从 11 月 4 日到 3 月 9 日一直出现的彗星是同一个彗星。由于该彗星的路径两次与黄道平面相交，所以它不是沿直线运动。它在室女座的末端和摩羯座的初始处与黄道平面相交，这两者间的弧度为 98°，因此说它不是在天空中相对的位置上与黄道平面相交；所以彗星的路径偏离大圆很多，因为在 11 月它至少向南偏离黄道平面 3°；而后在接下来的 12 月它向北偏离了 29°；在该轨道上有两个部分，在这儿，彗星落向太阳又从太阳处上升，根据蒙特纳里的观测，彗星的这种下落上升的视在倾角大于 30°。该彗星经过九个星座，也就是从狮子座的末尾运动到双子座的开始，彗星经过狮子座后才被观测者所发现，我们还没有一个原理能解释为什么彗星能有规则运动掠过天空中这么大的部分。但是该彗星的运动是不相等的，因为在 11 月 20 日左右，它每天掠过约 5°。然后它的运动在 11 月 26 日到 12 月之间的时间里在减速，即在 15 天半的时间里它只掠过了 40°。但之后的运动就在增速，它那时接近每天运动 5°，直到它的运动又一次减速。这种与不相等的能穿越如此巨大天空的运动完全相符的理论，又与完全符合精确天文观测的行星理论具有相同原理，那么这种理论只能是真理。

考虑到这没有什么不妥，我就附上一幅图，上面我详细标注了彗星轨道和它喷出的彗尾的位置。在该图中 ABC 表示彗星的轨道，D 为太阳，DE 表示轨道的轴，DF 为交会点的连线，GH 为地球轨道与彗星轨道平面的交线，I 为彗星在 1680 年 11 月 4 日所处的位置，N 为 12 月 21 日的位置，K 为那一年里 11 月 11 日的位置，L 为那一年 11 月 19 日的位置，M 为那一年 12 月 12 日的位置，O 为 12 月 29 日的位置，P 为第二年 1 月 5 日，Q 为 1 月 25 日，R 为 2 月 5 日，S 为 2 月 25 日，T 为 3 月 5 日，V 为 3 月 9 日。为了求出彗尾的长度，我做了如下预测。

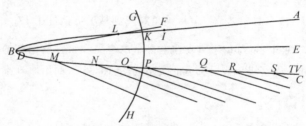

11 月 4 日和 6 日，彗尾没有出现。11 月 11 日，彗尾刚刚出现，但其长度在 10 英尺长的望远镜中不会超过 $\frac{1}{2}$ 度。11 月 17 日，庞德里奥观测得到长度超过 15°。11 月 18 日，在新英格兰测出约为 30° 长，且指向太阳，并延伸至位于 ♍ 9°54′ 处的火星处。11 月 19 日，在马里兰岛发现彗尾有 15° 或 20° 长；根据弗莱姆斯蒂得先生的观测。12 月 10 日彗尾从蛇夫座的尾部和天鹰座南部的 δ 星之间穿过，停在拜尔 A、ω、b 星附近，所以彗尾位于 ♑ 19 $\frac{1}{2}$ 度，北纬约 34 $\frac{1}{4}$ 度。12 月 11

日，它上升到天箭座顶部（拜尔 α、β），停在 ♑ 26°43′，北纬 38° 34′。12 月 12 日，它从天箭座中间穿过，但没有运动到很远，停在约 ♒ 4°，北纬 42 $\frac{1}{2}$ 度。但是我们必须要知道，我们所说的彗尾长度是最亮部分的长度，因为在晴朗的夜空中可能比较微弱的亮光也可以看到，在 12 月 12 日清晨五点四十在罗马，庞德里奥观测到其彗尾上升到了天鹅座尾星上方 10° 的位置，彗尾指向西北，距这颗星有 45′，但此时彗尾上部的宽度有 3°，所以彗星中间在该星偏南 2°15′，而上部彗尾位于 ♓ 22°，北纬 61°，所以彗尾约有 70° 长。12 月 21 日，它几乎延伸到了仙后座那里，它的距离与 β 星到王良四的距离相等，这两颗星分别到它的距离也与这两颗星的间距相等，所以彗尾停在 ♈ 24°，纬度 47 $\frac{1}{2}$ 度。12 月 29 日它到达了室宿二，与其左侧相接触，并恰好填满了在仙女座北部足间有 54° 长的空间，以该彗尾停在 ♉ 19°，纬度为 35°。1 月 5 日，彗尾接触到仙女座胸部右侧的 π 星和腰部左侧的 μ 星；根据我们的观测得出彗尾有 40° 长，但是呈曲线状，且凸起的那一侧指向南部；在彗星头部附近与过太阳和彗头的圆成 4° 角；但彗尾却与该圆成约 10° 或 11° 的角；彗尾的弦和该圆成 8° 角。1 月 13 日，彗尾停在大将军一和大陵五之间，其亮度可见；最后以微弱光亮消失在背对 κ 星靠英仙座的那一侧。彗尾到过太阳的彗星的圆的距离为 3°50′；而彗尾的弦对该圆的倾角为 8 $\frac{1}{2}$ 度。1 月 25 日和 26 日，彗尾亮度微弱长约 6° 或 7°；经过一两个夜晚后，当在明朗天空下，就算它的亮光很微弱几乎看不见，它也能延伸到 12° 或以上；但是它的轴恰好指向御夫座东肩上的亮星，所以向北偏离与太阳反向的位置 10°。最后，2 月 10 日，我用望远镜观测到彗尾长 2°，因为太微弱的光无法通过玻璃因此看不见。但庞德里奥曾写到在 2 月 7 日看到彗尾长 12°。2 月 25 日，彗星失去彗尾，消失了。

现在，如果我们回顾描述的彗星轨道，并适时考虑彗星的其他状态，就会清楚地了解彗星是固态、紧密、固定且耐久的，就像行星的星体；因为如果它们只是地球、太阳和其他行星所形成的气体，那么这颗彗星在接近太阳时就会瞬间消失；因为太阳的热度正比于它光线的密度，反比于它所处的位置到太阳的距离的平方。所以，在 12 月 8 日，当彗星位于近日点时，从彗星位置到太阳中心的距离比地球到太阳约为 6 比 1 000，而那时太阳作用在彗星上的热量比夏天的阳光作用在我们身体的热量等于 1 000 000 比 36，或 28 000 比 1。我曾试验把水烧开的热量是把泥土晒干的太阳热量的 3 倍，而烧红的铁的热量约为沸水热量的 3~4 倍，如果我预计的没错。所以，当彗星位于近日点时，彗星上的泥土受到太阳光线照射而晒干的热量约为烧红的铁的热量的 2 000 倍。而在这样高的热量中，蒸汽和水雾，以及任何挥发性物质，都会瞬间挥发不见。

所以，这颗彗星必定从太阳那里吸收了大量的热量，并在相当长的时间里保持了该热量，因为直径长 1 英寸的烧红铁球暴露在空气中，在一个小时的时间里几乎也不会失去所有的热量；而体积更大的球体会以正比于其较大的直径而保持热量更持久，因为这一表面（正比于受使它冷却的周围流动的空气的多少）比内部所含的热量要小。所以，一个大小等于地球的烧红铁球，直径约为 4 千万英尺的球体，在与地球冷却天数一样多的日子里，或在 5 万多年里，是不会冷却的。但我怀疑有一些潜在原因，使得热量持续时间的增加比例要小于体积增大的比例。我很期望看到能用实验测出真实比例。

我还注意到，在 12 月，彗星刚刚受到太阳光热，它就会放射出比在 11 月当它还未到达近日点时更亮的彗尾。一般而言，最长又最亮的彗尾是马上紧接着出现在它们经过紧邻的太阳之后。所以，彗星接受的太阳光热最多，才放射出最长的彗尾。由此我可以推出彗尾只是彗头或彗核受热所放射的细微的蒸汽。

关于彗尾，还有三种其他说法：一是有些人认为它们不是别的，就是太阳透过彗头（有人认为它是透明的）的光束；再者有些人认为是彗头向地球放射的光反射而成的；最后还有些人认为它们不断从彗头冒出的云雾或蒸汽等物体，背向太阳运动。第一种说法与光学不符，因为在暗屋里能看见太阳光束只是因为光束反射在空气中飘浮的尘埃和烟尘的微粒的结果。由此可知，如果空气中布满浓烟，那么这些光束发出的光亮就会更强，使眼睛受到更强的刺激；而在更纯净的空气中，它们的光亮就不容易被察觉。但是在宇宙是真空的，没有物质来反射光亮，所以我们是不会看到光束的。光不是因为成为一束光而被我们看见，而是光反射到我们的眼睛而被看见，因为景象只有在落入我们眼睛才能被我们看见，所以我们看见彗尾的地方必定有一些能反射的物质，而且由于太空中太阳光平均分布，所以不存在有些地方的亮度大于另外一些地方。第二种说法会面临很多问题。彗尾从来没有出现过一般反射会造成的多种色彩，而恒星或行星射向我们的唯一的光就证明了天空不能产生折射，如同人们提出埃及人有时看到彗发包裹在恒星周围，而这并不常见，我们最好把它归结为平常云层的折射。恒星的发光和闪烁也是由于我们眼睛和空气折射的作用，因为把望远镜放到我们眼睛前，这种闪烁立刻就消失了。由于空气的震颤和水汽的上升，这就造成了光线在我们狭长瞳孔里交替摆动；但是在有着宽孔径的望远镜下就不会发生这种情况，因此闪烁只会发生在前一种情况中，而后一种情况是不可能发生的。而在后一种情况中的闪烁不存在就证明了光在天空中是均匀传播的，没有任何明显的折射。人们有时看见有的彗星的光太弱了，以至看不到彗尾，就好像次级光太弱，以至我们看不到一样。因此有的人认为这就是为什么恒星没有尾巴。为了消除这种异议，我们得这样想，在望远镜下恒星的光可以增加 100 倍，但仍然看不见尾巴。而行星的光则更亮，但还是看不到任何尾巴，但是当彗头的光有时很暗淡时，我们还是能看见彗星有长长尾巴的。这种情况在 1680 年就发生过，当时，在 12 月时它的光亮还不到第二星等的星的亮度，但还是放射出明显的尾巴，并有 40°、50°、60° 或 70°，甚至更长。此后，在 1 月 27 日、28 日，当时彗头的亮度等于第七星等的亮度，但还是可以看见彗尾（正如我前面所说），尽管光亮很微弱，但仍有 6°~7° 长，如果加上更难以看到的渐微的亮光，它甚至还有 12° 长以上。而到了 2 月 9 日和 10 日，那时肉眼已经看不到彗头了，但透过望远镜我看到彗尾有 2° 长。再说，如果彗尾是由于球体的折射而形成的，且是背离太阳的，则根据其在天空中的形状，它在相同位置的偏离应该一直指向同一个地方。但是 1680 年的彗星，在 12 月 28 日晚上八点半时，在伦敦观察，它位于 ♓ 8°41′，北纬 28°6′；而当时太阳位于♑18°26′。1577 年的彗星，在 12 月 29 日位于♓8°41′，北纬 28°40′，而太阳和前面一样位于♑18°26′。在这两种情况中，地球的位置都相同，彗星在天空中的位置也相同；尽管在前一种情况中，彗尾（不管是我还是其他人的观测都一样）向北偏离太阳反向 $4\frac{1}{2}$ 度；而在后一种情况中，它（根据第谷的观测）向南偏离了 21°。所以不能证明是天体折射所引起的，究竟彗尾的现象是不是由物质折射而成的，还尚待证明。

从对彗尾的进一步观测得出，彗尾确实是由彗头引起的，并指向太阳的反向。位于经过太阳的彗星轨道平面，它们不断地偏离太阳反向并朝向彗头，在轨道上掠过了剩下的部分。对于位于那些平面的旁观者而言，彗星看起来是位于正对太阳的地方；但随着旁观者们远离该平面，彗星的偏离就明显起来，且逐渐增加。如果其他条件不变，在彗尾更向彗星轨道倾斜时，偏离会减小，当彗头更靠近太阳时，尤其是偏转的角靠近彗星的头时，也是如此。如果彗尾没有出现偏离，它会呈现出直线，但当它有偏离时，会呈现出曲线。偏离越大，曲率就越大。因此，如果彗尾越短，曲率越不容易看见，所以在其他条件不变的前提下，彗尾越长，曲率就越大；而彗尾凸起的一侧就是朝向引起偏离的那一侧，而且该侧是位于太阳到彗头的直线上的，所以偏离角在接近彗头时较小，而在彗尾末端较大。那些又长又宽，光亮很强的彗尾中，它们的凸起部分比凹陷部分更亮，轮廓更清晰。由此我们可知，彗尾的亮度取决于彗头的运动，而非我们在天空中见到的彗头的位置；所以彗尾并不是由天体的折射产生的，而是由它们的彗头提供的物质来形成彗尾。就像在地球空气中，燃烧的物体所产生的烟，当在物体静止时垂直上升，而在物体倾斜运动时斜向上升，因此在天空中，所有的天体都受太阳吸引，则烟雾和蒸汽必然会向太阳方向升起，这也是我以前提过的，当产生烟雾的物体静止时，烟尘就会垂直上升，而当物体在所有运动中离开那些较高部分的烟尘最初升起的位置时，烟尘会斜向上升；而当烟尘以最大速度上升时，倾斜度会最小，亦即，当产生烟雾的物体靠近太阳时，倾斜度最小。但是，由于倾斜度在变化，所以烟柱也是弯曲的；又由于在前端的烟尘升起较晚，即比较晚才从产生烟雾的物体中升起，于是前端的烟尘密度较大，也必定反射更多的光，轮廓也会更清晰。我并没有考虑进彗星的突发不确定摆动，以及它们的不规则开关，而很多学者都对此做过描述。可能是由于空气的流动和云层的运动，遮挡了这些彗尾；还有可能是由于当彗星经过银河系时，把其中的某一部分当作了彗尾的一部分。

由于彗星的大气能够提供充足的水汽来填满如此巨大的空间，我们可从地球空气的稀薄来理解。因此，在地球表面的空气所具有的空间是相同重量的水的体积的 850 倍，所以一个高 850 英尺的空气柱和一个有相同宽度却只有 1 英尺高的水柱的质量是相同的。而高度达到大气层顶端的空气柱的质量，与一个高 33 英尺的水柱的质量是相等的。所以，如果把这整个空气柱的较低部分的 850 英尺的空气移除，剩下的较高部分就会等于高 32 英尺的水柱的质量。于是（根据多个实验验证的假设可知，空气压力相当于四周环绕大气的重力，重力反比于到地心的距离的平方），从第 2 编命题 22 的推论引出一个计算，我得出从地球表面算起，在高度为地球半径之处，空气要比地球表面稀薄，这两处的空气密度比例远大于土星轨道内的空间与直径为 1 英寸的球体体积之比。因为如果大气层，仅厚 1 英寸，且它的空气稀薄程度和在地球半径的高度上的空气稀薄程度相同，但它也能填满行星们到土星轨道的所有空间，甚至更远。由于越靠近大气层，外层空气越稀薄，所以从彗星中心算起，彗发或包裹彗星的大气层会普遍比彗核表面的大气稀薄 10 倍，而彗尾离彗星中心更远，所以彗尾的大气更稀薄；由于彗星表面的大气层密度较大，又受到太阳的强烈吸引力，而且它们的大气和烟尘的粒子相互吸引，所以可能在天空中和彗尾中的大气不是那么稀薄，但是从这一计算来看，很少量的大气和烟尘就足够产生彗尾的所有状态；因为事实上由周围星星透过它们的闪耀就能知道它们有多么稀薄。尽管地球大气层只有几英里的厚度，在太阳光的照射下，哪怕是最小的星星也能透过彗尾厚厚的大气层而让我们看见，并没有失去任何的亮度。大多数彗尾的亮度，通常都不会大于一个暗室里太阳光透过百叶窗的缝隙反射到 1~2 英寸厚的地球空气上的密度。

　　我们也可以作彗尾末端到太阳的连线，并标出直线与彗星轨道的交点，这样可求出蒸汽从彗头升到彗尾末端的近似时间。因为现在位于彗尾末端的蒸汽，如果它从太阳方向以直线上升，当彗头位于其交会点处时，蒸汽就肯定会上升。然而实际上，蒸汽并没有从太阳方向以直线上升，而是保持了它在没有脱离彗星之前的运动，倾斜上升。所以，如果我们作与轨道相交的直线，平行于彗尾长度方向的直线，或（由于彗星的曲线运动）该直线稍微有一点偏离彗尾长度方向的直线，就能更精准地求出这个问题的解。用这种方法我求出 1 月 25 日位于彗尾末端的蒸汽，在 12 月 11 日就要开始从彗头升起，所以它总共上升了 45 天时间。但是在 12 月 10 日出现的整个彗尾，在其到达近日点后的两天里就停止上升了。所以在开始上升时和在靠近太阳时会以最大速度上升，之后又会受引力阻碍继续以匀速上升。它上升得越高，就使彗尾长度又增加一点，我们持续看到的彗尾几乎全都是自彗星经过近日点以来所上升的蒸汽，而且我们所看到的部分也不是最早上升的。因为位于彗尾末端的部分到离太阳距离太远时，由于从太阳反射到它们身上的太阳光不能再到达我们的眼睛，使得它看起来像消失了。因此其他那些较短的彗尾不是快速从彗头升起以后又迅速消失，而是形成一个持久的蒸汽柱，里面的蒸汽是经过很多天缓慢地从彗头升起，并保持了它们在以开始就有的彗头的运动，与彗头一同继续划过天际。由此我们又得出了一个论据来证明宇宙是真空的，没有任何阻力，因为在宇宙中不仅像行星和彗星之类的固体，而且像彗尾这种极稀薄的气团，都能以极大自由维持其高速运动，并持续很长一段时间。

　　开普勒把彗尾归因于彗头的大气，而把彗尾背向太阳归因于彗尾物质中所带的光线的作用。如果我们假设在如此巨大的空间里，像以太这种细微物质会受到太阳光的作用也并非不合理，尽管由于受到明显的阻力影响，在地球上这些阳光不能对物质有明显作用。还有一些学者认为可能有某种物质粒子具有飘浮性，就像其他物质具有引力一样，而可能彗尾的物质就属于前一种，所以其从太阳方向升起来就是由于这种飘浮性。但虑及地球物质的引力正比于物体质量，所以相同物质量的物体，其质量也一样，我倾向于相信这种上升是由于彗尾物质的稀薄造成的。烟囱中升起烟尘是受到其中空气的推动力。由于热气上升，空气的密度减小，空气也就稀薄了，而在空气上升的同时，它也把掺杂其中的烟尘一并带走。那为什么彗尾就不能同样地从太阳方向升起呢？因为太阳光并不会普遍作用在介质上，除非是通过折射和反射，然后那些反射阳光的粒子又会被这种作用加热，进而加热了其中的以太物质。而该物质在达到一定热度后就会变稀薄，又因这种稀薄化，其以前落向太阳的密度就会减小，反而会上升，并且一并带上构成彗尾的反射光线的粒子。但上升的水汽会进一步由于它们绕太阳的旋转运动而带动上升，这就造成了它们更远离太阳，而太阳的大气层和天空中的其他物质都静止，或者是由太阳的转动所带动做的极慢的旋转运动。这些都是彗尾在太阳附近上升的原因。在那儿它们的轨道曲线的曲率增加，所以彗星本身就会挤进密度较大、重力较大的太阳大气层，从而放射出长彗尾。因为它们上升的彗尾继续保持了它们本来适当的运动，与此同时又被吸引向太阳，所以必须像彗头一样在椭圆轨道上绕太阳运动，而该运动就使得彗尾必须永远跟随彗头，且以自由的方式跟在后面。因为太阳使彗尾脱离彗头，并且升向太阳的引力并不会大于它吸引彗头脱离彗尾的力。所以它们必须是在共同引力的作用下一起落向太阳，或在一起上升的运动中受到阻挡。因此（无论从前述的还是其他原因），彗头和彗尾都能简单地被观测到，它们相互之间也能自由保持任意位置，而不被公共引力所干扰或阻挡。

所以，由彗尾近日点升起的彗尾会随着其彗头运动到遥远的地方，并同彗头一起，在经过长年的环绕之后再回来，或变稀薄，渐渐消失。因为在这之后，在彗头又一次落向太阳时，新的短彗尾就会从彗头以极慢的运动放射出。而这些新的彗尾会逐渐增大，有些彗星的彗尾会增加更多，在它们近日点时离太阳大气层很近的那些彗星尤其如此。因为在自由空间里，所有水汽都会永远处在稀薄化和膨胀的状态中，因此，所有的彗尾在它们的最顶端处都要宽于接近彗头处。它们会永久地处在这种稀薄化和膨胀的状态中，最后消散，扩散到宇宙中，然后受行星的引力吸引落入行星的大气层，成为大气层的一部分，这都是有可能的事。就像海洋对构建我们地球是必需的一样，太阳的热度使得海洋蒸发大量水汽，这些水汽聚集在一起形成云，然后又以雨的形式滋润泥土，使得作物得以生长；或是在山顶上遇冷凝结（和一些哲学家有根据的假想一样），以泉水和河水的形式流下。彗星对海洋和行星上流体的保持也必不可少，通过彗星物质的蒸发和水汽凝结，行星上的流体因为作物生长和腐烂转而变成干泥土所损失的部分，会不断得以补充和生成。因为所有作物的生长都依赖流体，而之后，又在很大程度上由于腐烂而干涸，化为沙土；通常在腐败的流体底部总能找到稀泥等物质。因此地球固体部分的体积才会不断扩大，而流体如果没有得到补充，就会不断减少，最终消失。此外，我还认为这种主要来自彗星的精气，是地球空气中最小也最精华的构成物，同时也是维系地球生命的必需品。

如果赫维留星图对它们形状的描绘无误，彗星在坠向太阳时，其大气蒸发成彗尾，消耗使其越来越少，也越来越窄，至少在对着太阳的这一面如此；而当它们远离太阳时，它们很少蒸发成彗尾，于是大气又一次扩大了。但是它们在受到最强太阳光照射加热后，由于放射出最长最亮的彗尾，它们看起来是最小的。与此同时，包围彗核的大气层的最底部可能也是较厚较暗的，因为通常最强的热度产生的烟都是又厚又黑的。因此我们描述过的彗头，在到太阳和地球距离相等的地方，在其经过近日点时会比以前呈现出更暗的烟。因为在 12 月时它的亮度达到了第三星等，但是在 11 月它的亮度就达到第一、第二星等，以至那些都看过这两种状态的人，会认为后者是另一个更亮的彗星。由于在 11 月 19 日，一个年轻人在剑桥看到这颗彗星发出暗淡的光，但其亮度不是等于室女座角宿一的亮度；在那时它的亮度比其以后的都要大。而在旧历 11 月 20 日，蒙特纳里观测到其比第一星等的还要大，基彗尾有 2° 长。斯多尔先生在寄给我的信中写道，在 12 月，当彗尾最大最亮时，其彗头远小于 11 月日出之前看到的大小。而产生这一现象的原因，他推测是由于最初彗头有较大物质量，而之后逐渐消耗殆尽。

同理，我发现其他彗星的头部，在放射出最大最亮的彗尾时，自己本身就看起来又暗又小。因为在 1668 年 3 月 5 日傍晚七点时，瓦伦丁·艾斯坦瑟尔在巴西发现彗星位于地平线上，朝向西南方，它的彗头太小了，几乎不能看清楚，但是它的彗尾亮度反射到海面上的倒影，可以让那些站在海岸上的人清楚看到，它就像一个从西向东长 23° 的火柱，该长度几乎平行于地平线。但是这种超级亮光只持续了三天，之后亮度就迅速减小了。当亮度减小时，彗尾的体积却在增大。当它在葡萄牙时，人们看到它占了四分之一的天空，即45°东西向，有着很强的亮度，还没有算这些地方没看到彗尾的部分，因为彗头通常都隐藏在地平线之下。从彗尾体积的增大和亮度的减小，就表明了那时彗头是远离太阳的，而且接近于近日点，正如1680年的彗星。我们在《撒克逊编年史》中可以读到，在1106年曾经出现过类似的彗星，这颗星又小又暗（就像1680年的），但其彗尾的光亮很明亮，就像一个自东向北延伸的巨型火柱，赫维留也是在达勒姆的修道士西米昂那里得到的观测记录。该彗星出现在二月初的晚上，朝向西南方。所以从它的彗尾位置能判断出其彗头在太阳附近。马太·帕里斯说："它出现在三点到九点之间，距离太阳约有一腕尺，拖着长彗尾。"这即是亚里士多德在《气象学》第6章第1节里描述过的那颗彗星："看不见它的头部，因为它在太阳前面，或至少隐藏在太阳光下，但是第二天我可能就会看到它了。事实也是如此，因为它离太阳稍远了一点，然后又迅速落到太阳后面。而其头部发出的光芒被（尾部的）超强光亮遮住了，我们无法看见。但这之后，（正如亚里士多德所说）当（彗星的）光亮减退之后，（头部的）彗星恢复了其本来的亮度，而（彗尾的）亮度延伸到了天空的三分之一部分（即60°）。这是在冬季的状态，当上升到猎户座腰带位置时，它就消失了。"1618年的彗星也一样，它直接从太阳光里显露出来，拖着长彗尾，亮度虽然没有超过第一星等，也与其不相上下。但此后又出现了多个比它还亮的彗星，它们的彗尾较短，其中有一些据说和木星一样大，另一些和金星体积相仿，或者和月球差不多。

我已证明了彗星是一种沿偏心率大的轨道绕太阳旋转的行星；正如那些没有尾巴的行星一样，通常较小的行星沿较小的轨道运动，且更接近于太阳，很可能彗星也是，在其近日点通常越接近太阳的彗星，其亮度越小，它们的吸引力不会对太阳造成什么影响。但就像它们轨道的横向直径一样，我遗留了对它们环绕的周期时间的求解，等它们在经过漫长的环绕后沿相同轨道回来后，再把它们一起比较求出。另外，下一命题会对这个问题有帮助。

命题 44　问题 22

校正前述的彗星轨道。

方法 1　设轨道平面的位置是根据前一命题所得出的。根据非常精确的观测，选取彗星的三个位置，且它们相互之间的距离都很大。然后设 A 表示第一次观测和第二次观测之间的时长，而 B 是第二次和第三次之间的时长。但如果其中一段时间里，彗星位于其近日点或近日点附近，那么运算会更便捷。从那些视在位置，用三角法求出三个在轨道平面上的点的真实位置；然后从这些找到的位置，以太阳中心为焦点，根据第 1 编命题 21，用算术法作一圆锥曲线。令从太阳伸向该位置的半径所掠过曲线区域的面积为 D 和 E，即 D 为第一次和第二次观测之间的面积，而 E 是第二次和第三次之间的；令 T 表示以第 1 编命题 16 求出的彗星速度，掠过 $D+E$ 的总面积所用的总时间。

方法 2　维持轨道平面相对于黄道平面之间的夹角，令轨道平面的交会点的经度增加 20 或 30 分，新的夹角为 P。然后从前述观测到的彗星的三个位置，求出在这个新平面里彗星的三个实际位置（方法如上）；也求出通过这三个位置的轨道，两次观测之间由相同的半径分别掠过的面积设为 d 和 e；又令 t 为掠过 $d+e$ 的总面积所需的总时间。

方法 3　维持在方法 1 中交会点的经度不变，令轨道平面与黄道平面之间的夹角增加 20 或 30 分，新的夹角叫作 Q。然后从前面所说的三个观测到的彗星的视在位置，求出新的平面里的三个实际位置，以及通过它们的轨道，令两次观测之间由相同的半径分别掠过的面积为 δ、ε；令 τ 为掠过 $\delta+\varepsilon$ 的总面积所需的总时间。

然后取 C 比 1 等于 A 比 B，G 比 1 等于 D 比 E，g 比 1 等于 d 比 e，γ 比 1 等于 δ 比 ε，设 S 为第一和第三次观测之间的实际时长，完全遵守符号+和−，求出 m 和 n，使得 $2G-2C=mG-mg+nG-n\gamma$，以及 $2T-2S=mT-mt+nT-n\tau$。如果在方法 1 中，I 表示轨道平面与黄道平面的夹角，K 表示任意一个交会点的经度，那么 $I+nQ$ 就会为轨道平面与黄道平面的实际交角，而 $K+mP$ 就是交会点的实际经度。最后，如果第 1、2、3 个方法中，量 R、γ 和 p 分别表示轨道的通径，量 $\dfrac{1}{L}$、$\dfrac{1}{I}$、$\dfrac{1}{\gamma}$ 表

示轨道的横向直径，则 $R + m\gamma - mR + np - nR$ 就会是实际通径，而

$$\dfrac{1}{L + mL - mL + n\lambda - nL}$$ 即为彗星掠过轨道的横向直径，而后从求得的横向直径也能求出彗星的周期时间。完毕。

但是彗星的环绕周期时间和它们轨道的横向直径不能精准地求出，只是把它们出现的不同时间放在一起作比较。如果，在几个相等的时间间隔里，发现有几个彗星沿着相同的轨道运行，我们就可以得出它们全都是同一个彗星绕着相同轨道运行的结论；然后从它们的环绕时间可求出它们轨道的横向直径，并且从这些直径也可求出椭圆轨道本身。

因此，很多彗星的轨道必须要计算出来。设那些轨道呈抛物线，因为这种轨道总是几乎与现象相吻合，不仅是 1680 年彗星的轨道（我通过比较发现与观测相符），而且赫维留在 1664 年和 1665 年观测到的那颗著名彗星，他本人又计算出其经度和纬度，这都是相吻合的，只是精确度有点低。但是对同一个观测结果，哈雷博士又计算了一次它的位置，而从新得出的位置来求出其轨道，他发现其上升交会点位于 ♊ 21°13′55″；轨道与黄道平面的交角为 21°18′40″，其近日点到交点的距离，在彗星轨道上为 49°27′30″，其近日点在 ♌ 8°40′30″，日心南纬为 16°01′45″。该彗星在伦敦旧历 11 月 24 日晚上 11 点 52 分，或是在但泽中午 1 点 8 分观测到位于其近日点。如果设太阳到地球的平均距离包含有 10 万个部分，则该抛物线的通径就包含有 410 286 个这样的部分。而究竟计算出的彗星轨道与观测结果有多接近，见附表（哈雷博士计算的）。

在 1665 年 2 月，牡羊座的第一星，以下称为 γ，位于 ♈ 28°30′15″，北纬 7°8′58″；牡羊座第二星位于 ♈ 29°17′18″，北纬 8°28′16″；而另一颗我称之为 A 的第七星等的星位于 ♈ 28°24′45″，北纬 8°28′33″。旧历 2 月 7 日上午七点半在巴黎（在但泽为 2 月 7 日早 8 点 37）观测到的彗星与 γ 星和 A 星连成一个三角形，其中在 γ 星处是直角；彗星到 γ 的距离等于 γ 到 A 的距离，即等于大圆的 1°19′46″；所以它在平行于 γ 星的纬度上位于 1°20′26″。所以如果从 γ 星的经度中减去经度 1°

20′26″，剩下的就是彗星的经度 ♈ 27°9′49″。M·奥佐观测到彗星几乎位于 ♈ 27°0′；从胡克先生描绘的它的运动图解中，我们可以看到它那时位于 ♈ 26°59′24″。我取了这两个极大值和极小值的平均值，于是为 ♈ 27°4′46″。

附表：

但泽的视在时间	到彗星的观测距离	观测位置	在轨道上的计算位置
12 月	° ′ ″	° ′ ″	° ′ ″
d h m	46. 24. 20	经度 ♒ 07. 01. 00	♒ 07. 01. 29
3. 18. 29 $\frac{1}{2}$	46. 02. 45	南纬 21. 39. 00	21. 38. 50
4. 18. 1 $\frac{1}{2}$	23. 62. 40	经度 ♒ 16. 15. 00	♒ 06. 13. 05
7. 17. 48	44. 48. 00	南纬 22. 24. 00	22. 24. 00
17. 14. 43	27. 58. 40	经度 ♒ 03. 06. 00	♒ 03. 21. 40
	53. 15. 15	南纬 25. 22. 00	♌ 25. 21. 40
19. 9. 25	45. 43. 30	经度 ♌ 02. 56. 00	02. 56. 00
12 月	° ′ ″	° ′ ″	° ′ ″
	29. 47. 00	南纬 33. 41. 00	33. 39. 40
20. 9. 53 $\frac{1}{2}$	35. 13. 50	南纬 49. 25. 00	49. 25. 00
	52. 56. 00	经度 ♊ 28. 40. 30	♊ 28. 43. 00
	40. 49. 00	南纬 45. 48. 00	45. 46. 00
21. 9. 9 $\frac{1}{2}$	40. 04. 00	经度 ♊ 13. 03. 00	♊ 13. 05. 00
	26. 21. 25	南纬 39. 54. 00	39. 53. 00
22. 9. 0	29. 28. 00	经度 ♊ 02. 16. 00	♊ 02. 18. 30
	20. 29. 30	经度 ♉ 24. 24. 00	♉ 24. 27. 00
26. 7. 58	23. 20. 00	南纬 27. 45. 00	27. 46. 00
	26. 44. 00	经度 ♉ 09. 00. 00	♉ 09. 02. 28

但泽的视在时间	到彗星的 观测距离	观测位置	在轨道上的 计算位置
27. 6. 45	20. 45. 00	南纬 12. 36. 00	12. 34. 13
	28. 10. 00	经度 ♉ 07. 05. 40	♉ 07. 08. 45
28. 7. 39	18. 29. 00	南纬 10. 23. 00	10. 23. 13
	29. 37. 00	经度 ♉ 05. 24. 45	♉ 05. 27. 52
	30. 48. 10	南纬 08. 22. 50	08. 23. 37
	32. 53. 30	经度 ♉ 02. 07. 40	♉ 02. 08. 20
31. 6. 45	25. 11. 00	南纬 04. 13. 00	04. 16. 25
1665 年 1 月	37. 12. 25	经度 ♈ 28. 24. 47	♈ 28. 24. 00
7. 7. 37 $\frac{1}{2}$	28. 07. 10	北纬 00. 54. 00	00. 53. 00
12 月	° ′ ″	° ′ ″	° ′ ″
13. 7. 0	38. 55. 20	经度 ♈ 27. 08. 54	♈ 27. 06. 39
24. 7. 29	仙女座腰部 20. 32. 15	北纬 03. 08. 50	03. 07. 40
2 月	40. 05. 00	经度 ♈ 26. 29. 15	26. 28. 50
		北纬 05. 25. 50	05. 26. 00
		经度 ♈ 27. 04. 45	27. 24. 55
7. 8. 37		北纬 07. 03. 29	07. 03. 15
22. 8. 46		经度 ♈ 28. 29. 46	28. 29. 58
3 月		北纬 08. 12. 26	08. 10. 25
		经度 ♈ 29. 18. 15	29. 18. 20
1. 8. 16		北纬 08. 36. 26	08. 36. 12
7. 8. 37		经度 ♉ 00. 02. 48	00. 02. 42
		北纬 08. 36. 26	08. 56. 56

从同一个观测中，奥佐发现在那时彗星位于北纬 7°4′ 或 7°5′；但是如果他设彗星与 γ 星的纬度差等于 γ 星和 A 星的纬度差，即7°3′29″，那么他会得到更精确的数据。

2 月 22 是早七点半在伦敦，即 2 月 22 日 8 点 46 分的但泽，根据胡克博士的观测所绘制的星图，也根据 M·奥佐的观测，M·派蒂特也作了类似星图，表明彗星到 A 星的距离是 A 星到牡羊座第一星之间距离的五分之一，或 15′57″；而彗星到 A 星的牡羊座第一星之间的连线距离，等于那个五分之一的距离的四分之一，即 4′；所以彗星位于 ♈28°29′46″，北纬8°12′36″。

3 月 1 日早 7 点在伦敦，在但泽为 8 点 16 分，观测到彗星位于牡羊座第二星附近，而它们之间的距离比牡羊座第一和第二星之间的距离（即1°33′），等于 4 比 45（根据胡克博士的观测），或等于 2 比 23（根据 M·哥第希尼）。所以根据胡克博士的观测，彗星到牡羊座第二星的距离为 8′16″，或根据 M·哥第希尼的观测，为 8′5″；或取平均值 8′10″。但是，根据 M·哥第希尼的观测，彗星越过牡羊座第二星约一天行程的四分之一或五分之一的距离，即约为 1′35″（这与 M·奥佐的完全吻合）；或根据胡克博士的观测没有这么多，只有 1′。所以如果我们在牡羊座第一星的经度中增加 1′，并在纬度上增加 8′10″，然后我们就能得到彗星位于 ♈ 29°18′，北纬8°36′26″。

3 月 7 日七点半在巴黎（同日 8 点 37 分在但泽），根据 M·奥佐观测，彗星到牡羊座第二星的距离等于该星到 A 星的距离，即 52′29″；而彗星和牡羊座第二星之间的经度差为 45′ 或 46′，或是取它们的平均值45′30″；所以彗星位于 ♉ 0°2′48″。根据 M·奥佐的观测，由 M·派蒂特绘制的星图，赫维留测出彗星纬度为 8°54′。但是 M·派蒂特并没有完全正确描绘出彗星运动轨道末端的曲线；而赫维留根据 M·奥佐自己绘制的星图，校正了这一不规则性后得出纬度为 8°55′30″。又经过进一步的校正，得出纬度为8°56′或 8°57′。

该彗星也曾在 3 月 9 日出现过，在那时它的位置近似为 ♉ 0°18′，北纬9°3$\frac{1}{2}$′。

这颗彗星一共出现了三个月，在这段时间里，彗星一共经过了几乎六个星座，因此在一天里会掠过 20°。其轨道极其偏离大圆，朝北突出，而它在运动末期时从逆行变为顺行；尽管它的轨迹如此不寻常，但是根据上表所示，从头到尾彗星的理论与观测结果的吻合度，并不低于行星理论与它们的观测结果的吻合度；但是应在当彗星运动最快时减去约 2′，从上升交会点和近日点之间的交角中减去 12′，或是使该角为 49°27′18″。这些彗星（这个和前一个）的年视差很明显，而这一视差也证明地球在地球轨道上的年运动。

彗星理论同样也可以由 1683 年的彗星的运动得到证明，它在轨道平面与黄道平面成直角的轨道上是呈逆行的，而且其上升交会点（根据哈雷博士的计算）位于 ♍ 23°23′；其轨道平面与黄道平面的交角为 83°11′，其近日点位于 ♊ 25°29′30″；如果地球轨道的半径平均分成 10 万个部分，则其近日点到太阳的距离就包含有 56 020 个这样的部分；而其位于近日点的时间为 7 月 2 日凌晨 3 点 50 分。哈雷博士计算得出的彗星在轨道上的位置，与弗莱姆斯蒂得先生所作的同样的观测的比较，见下表。

1683 年赤道时间	太阳位置	彗星计算经度	计算纬度	彗星观测经度	观测纬度	经度差	纬度差
d h m	° ′ ″	° ′ ″	′ ″	° ′ ″	° ′ ″	′ ″	′ ″
7 月 13. 12. 55	♌ 1. 2. 30	♋ 3. 5. 42	29. 28. 13	♋ 13. 6. 24	29. 28. 20	+1. 00	+0. 07
15. 11. 15	2. 53. 12	11. 37. 48	29. 34. 00	11. 39. 43	29. 34. 50	+1. 55	+0. 50
17. 10. 20	4. 45. 45	10. 07. 06	29. 33. 30	10. 08. 40	29. 34. 00	+1. 34	+0. 30
23. 13. 40	10. 38. 21	05. 10. 27	28. 51. 42	05. 11. 30	28. 50. 28	+1. 03	−1. 14
25. 14. 05	12. 35. 28	03. 27. 53	24. 24. 47	03. 27. 0	28. 23. 40	−0. 53	−1. 7
31. 09. 42	18. 09. 22	♊ 27. 55. 03	26. 22. 52	♊ 27. 54. 24	26. 22. 25	−0. 39	−0. 27
d h m	° ′ ″	° ′ ″	′ ″	° ′ ″	° ′ ″	′ ″	′ ″
31. 14. 55	18. 21. 53	27. 41. 07	26. 16. 27	27. 41. 08	26. 15. 50	+0. 1	−2. 7
8 月 02. 14. 56	20. 17. 16	25. 29. 32	25. 16. 19	25. 28. 46	25. 17. 28	−0. 46	+1. 9
04. 10. 49	22. 02. 50	23. 18. 20	24. 10. 49	23. 16. 55	24. 12. 19	−1. 25	+1. 30
06. 10. 09	23. 56. 45	20. 42. 23	22. 47. 05	20. 40. 32	22. 49. 05	−1. 51	+2. 0
09. 10. 26	26. 50. 52	16. 07. 57	20. 06. 37	16. 05. 55	20. 6. 10	−2. 2	−0. 27

续表

1683 年赤道时间	太阳位置	彗星计算经度	计算纬度	彗星观测经度	观测纬度	经度差	纬度差
15. 14. 01	♍ 02. 47. 13	03. 30. 48	11. 37. 33	03. 26. 18	11. 32. 01	-4. 30	-5. 32
16. 15. 10	03. 48. 02	00. 43. 07	09. 34. 16	00. 41. 55	09. 34. 13	-1. 12	-0. 3
18. 15. 44	05. 45. 33	♉ 24. 52. 53	05. 11. 15	♉ 24. 49. 05	05. 09. 11	-3. 48	-2. 4
			南		南		
22. 14. 44	09. 35. 49	11. 07. 14	05. 16. 58	11. 07. 12	05. 16. 58	-0. 2	-0. 3
23. 15. 52	10. 36. 48	07. 02. 18	08. 17. 90	07. 01. 17	08. 16. 58	-1. 1	-0. 28
26. 16. 02	13. 31. 10	♈ 24. 45. 31	16. 38. 00	♈ 24. 44. 00	16. 38. 20	-1. 31	+0. 20

该理论还可以进一步由 1682 年的彗星的逆行运动得到证明。其上升交会点（由哈雷博士的计算）为 ♉ 21°16′30″，其轨道平面向黄道平面的倾角为 17°56′00″，其近日点位于 ♒ 2°52′50″。如果地球轨道半径平分为 10 万个相等部分，则其近日点到太阳的距离包含有 58 328 个部分；彗星到达其近日点的时间为 9 月 4 日 7 点 39 分。而从弗莱姆斯蒂得所收集的对其位置的观测数据，与我们通过理论计算得出的数据的比较，见下表。

1682 年赤道出现	太阳位置	彗星计算经度	计算纬度	彗星观测经度	观测纬度	经度差	纬度差
d h m	o ′ ″	o ′ ″	o ′ ″	o ′ ″	o ′ ″	˚ ′	˚ ′
8 月 19. 16. 38	♍ 7. 0. 7	♌ 18. 14. 28	25. 50. 7	♌ 18. 14. 40	25. 49. 55	-0. 12	+0. 12
20. 15. 38	7. 55. 52	24. 46. 23	26. 14. 42	24. 46. 22	26. 12. 52	+0. 1	+1. 50
21. 8. 21	8. 36. 14	29. 37. 15	26. 20. 03	29. 38. 2	26. 17. 37	-0. 47	+2. 26
22. 8. 08	9. 33. 55	♌ 6. 29. 53	26. 8. 42	♌ 06. 30. 3	26. 7. 12	-0. 10	+1. 30
29. 8. 20	16. 22. 40	♒ 12. 37. 54	18. 37. 47	♒ 12. 37. 49	18. 34. 5	+0. 5	+3. 42
30. 7. 45	17. 19. 41	15. 36. 1	17. 26. 43	15. 35. 18	17. 27. 17	+0. 43	-0. 34
9 月 1. 7. 33	19. 16. 9	20. 30. 53	15. 13. 00	20. 27. 4	15. 9. 49	+3. 49	+3. 11
4. 7. 22	22. 11. 28	25. 42. 00	12. 23. 48	25. 40. 58	12. 22. 0	+1. 2	+1. 48
5. 7. 32	23. 10. 29	27. 0. 46	11. 33. 8	26. 59. 24	11. 33. 51	+1. 22	-0. 43
8. 7. 16	26. 5. 58	29. 58. 44	9. 26. 46	29. 58. 45	9. 26. 43	-0. 1	+0. 3
9. 7. 26	27. 5. 09	♏ 0. 44. 10	8. 49. 10	♏ 0. 44. 04	8. 48. 25	+0. 6	+0. 45

该理论还可以继续由 1723 年出现的彗星的逆行运动得到证明。其上升交会点（根据牛津大学的萨维里天文学教授布拉德雷先生的计算）位于 ♈ 14°16′，轨道平面与黄道平面的倾角为 49°59′，其近日点位于 ♉ 12°15′20″。如果地球轨道半径平分为 100 万个相等部分，则其近日点到太阳的距离包含有 998 651 个部分；其到达近日点的时间为 9 月 16 日下午 4 点 10 分。布拉德雷先生计算的彗星在轨道上的位置，与他本人、他的叔叔庞德先生，以及哈雷博士的观测位置都在下表中。

1723 年出现时间	彗星观测经度	观测北纬	彗星计算经度	计算纬度	经度差	纬度差
d h m	° ′ ″	° ′ ″	° ′ ″	° ′ ″	″	″
10 月 09. 08. 05	≈ 7. 22. 15	05. 02. 00	≈ 7. 21. 26	05. 02. 47	+49	−47
10. 06. 21	6. 41. 12	7. 44. 13	6. 41. 42	7. 43. 18	−50	+55
12. 07. 22	5. 39. 58	11. 55. 00	5. 40. 19	11. 54. 55	−21	+5
14. 08. 57	4. 59. 49	14. 43. 50	5. 00. 37	14. 44. 01	−48	−11
15. 06. 35	4. 47. 41	15. 40. 51	4. 47. 45	15. 40. 55	−4	−4
21. 06. 22	4. 02. 32	19. 41. 49	4. 02. 21	19. 42. 03	+11	−14
22. 03. 24	3. 59. 02	20. 08. 12	3. 59. 10	20. 08. 17	−8	−5
24. 08. 02	3. 55. 29	20. 55. 18	3. 55. 11	20. 55. 09	+18	+9
29. 08. 56	3. 56. 17	22. 20. 27	3. 56. 42	22. 20. 10	−25	+17
30. 06. 20	3. 58. 09	22. 32. 28	3. 58. 17	22. 32. 12	−8	+16
11 月 05. 05. 33	4. 16. 30	23. 38. 33	4. 16. 23	23. 38. 07	+7	+26
8. 07. 06	4. 29. 36	24. 04. 30	4. 29. 54	24. 04. 40	−18	−10
14. 06. 20	5. 02. 16	24. 48. 46	5. 02. 51	24. 48. 16	−35	+30
20. 07. 45	5. 42. 20	25. 24. 45	5. 43. 13	25. 25. 17	−53	−32
12 月 07. 06. 45	8. 04. 13	26. 54. 18	8. 03. 55	26. 53. 42	+18	+36

这些例子充分证明了彗星的理论与观测结果的吻合度，并不低于行星理论与它们的观测结果的吻合度，所以通过该理论，我们可计算

出彗星轨道，并求出彗星在任何轨道上环绕的周期时间。因此，最后我们就能得出它们椭圆轨道的横向直径和远日点的距离。

在 1607 年出现的逆行彗星掠过的轨道的上升交会点（根据哈雷博士的计算）位于 ♉ 20°21′，轨道平面与黄道平面的交角为 17°2′，其近日点位于 ♒ 2°16′。如果地球轨道半径平分成 10 万个相等部分，则其近日点到太阳的距离包含有 58 680 个这样的部分。该彗星在 10 月 16 日 3 点 50 分位于近日点，其轨道与 1682 年的彗星的轨道几乎完全吻合。如果它们不是两颗不同的彗星，而是同一彗星，那么彗星就要在 75 年时间里完成一次环绕，而其轨道的长轴比地球轨道的长轴等于 $\sqrt[3]{75\times75}$ 比 1，或约等于 1 778 比 100，而彗星远日点到太阳的距离比地球到太阳的平均距离等于 35 比 1，根据这些数据可以简单地求出该彗星的椭圆轨道。但这些是在设彗星在 75 年时间里，又会沿同一个轨道回到原处的前提下得出的。而其他彗星似乎上升到更远的高度，也就需要更长的时间来完成环绕。

但是，由于彗星数量的众多，它们远日点到太阳的巨大距离，以及它们在远日点的极慢的运动，它们会受相互吸引力的影响而互相干扰；受此影响，它们的偏心率和环绕时间会时大时小。所以不能希望同一彗星在同样的周期时间里回到相同的轨道，若找到的变化不大于上述原因，就够了。

因此，我们找到了彗星不像其他行星一样分布在黄道带内，而是不受限制地以各种运动散布在宇宙中的原因。那就是，在它们位于远日点时运动很慢，间距极其遥远，这样它们彼此受到的引力的影响就会大大降低，所以那些落到最低点的彗星，在它们远日点运动得最慢，也应上升到最高点。

出现在 1680 年的彗星，其近日点到太阳的距离小于太阳直径的六分之一。由于它在接近太阳时会产生最大速度，同时由于太阳大气的密集，它必然受到一定的阻碍，所以每次环绕中都受到吸引，从而更靠近太阳，最终就会落在太阳球体上。而且当它位于远日点时，运动得最慢，它有时会受到其他彗星的吸引而受到阻力，运动更慢，这就造成了它落向太阳的速度更慢。因此那些长时间以来放射出光和水汽，而逐渐受到消耗的恒星，就可以从落在它们身上的彗星处获得补充；那些老的恒星在受到这些新鲜燃料的补给后，呈现出新的亮度，并以新的身份出现。这种恒星往往都是突然出现，起初亮度很大，之后就逐渐减少了。曾经在仙女座出现的那颗星也是这样，在 1572 年 11 月 8 日，尽管考尔耐里斯·杰马在那一晚观测天空中那一部分，并且那晚的夜空非常通透，但他还是没有看到这颗星。而在第二晚（11 月 9 日）他看到它的亮度超过了任何恒星的亮度，也不逊于金星的亮度。第谷·布拉赫在 11 月 11 日，当它最亮时看到了它，之后他又观测到它的亮度逐渐减弱。然后，过了 16 个月它就完全消失了。在 11 月当它首次出现时，它的亮度和金星一样，在 12 月时有些减弱，与木星相等。在 1573 年 1 月，它的亮度要小于木星而大于天狼星，而大约在 2 月底 3 月初时，亮度就与天狼星相等了。到了 4、5 月时，它就等于第二星等的亮度；在 6、7、8 月就为第三星等；9，10，11 月时就是第四星等；而到了 12 月和 1574 年 1 月时，就为第五星等；2 月就为第六星等；最后在 3 月里就完全消失了。其最初可说是璀璨，偏向白色，之后就转向黄色，到了 1574 年 3 月它开始发红，就像火星和毕宿五那样；在 5 月转为灰白，就像土星一样，之后一直保持这种颜色，只是越来越暗。巨蛇座右足的那颗星也是如此，最初是在旧历 1604 年 9 月 30 日由开普勒的学生观测到，尽管在前一晚还不能看见它，但是在那晚它的亮度就超过了木星的亮度。从那时起它就一天比一天暗，过 15 到 16 个月它就完全消失了。根据正是这种带着不寻常亮度的新星，促使希巴克斯去观测它们，并且制作了恒星的星表。至于那些交替出现又消失，并且其亮度逐渐缓慢增加，很难超过第三星等的恒星，似乎是另一种。它们绕自己的轴转动，交替出现亮的一面和暗的一面。太阳、恒星和彗尾产生的水汽，最终会聚在一起，受行星的吸引而落向它们的大气层，在那儿凝结成水和湿气，再由缓慢的受热而逐渐形成盐、硫黄、金属、泥浆、黏土、沙子、石头、珊瑚和其他地球上的物质。

总　释

涡旋假说面临诸多质疑。每颗行星向其伸向太阳的半径掠过的面积正比于掠过的时间，涡旋各部分的周期时间都正比于它们到太阳距离的平方。但是如果要使行星的周期时间正比于它们到太阳距离的 $\frac{3}{2}$ 次幂，则涡旋各部分的周期时间就要正比于它们距离的 $\frac{3}{2}$ 次幂。较小的涡旋可以平稳不受干扰地，在较大的太阳涡旋中维持其绕土星、木星和行星的环绕运动，太阳涡旋各部分的周期时间都应相等。但是太阳和其他行星绕它们自身的轴的转动，应当与它们的涡旋运动相同，所以与这些比例相差很远。彗星的运动很有规则，它的运动遵循行星的运动原理，但涡旋假说却完全无法解释。因为彗星可以在偏心率很大的轨道上在宇宙各处运动，而涡旋假说却不容许这种自由的运动。

在地球上投出的物体除了空气阻力，不会受到任何阻力。如果抽去空气，就像波义耳先生所制作的真空那样，没有阻力，因此在这种空间里一片羽毛和一块金子的下降速度是一样的。同样地，在地球大气层外的宇宙中也同样有效。在那儿，没有空气来阻挡它们的运动，所有的物体都以极大的自由运动着，而行星和彗星会遵从前面认证过的规则，在形状和位置给定的轨道上做环绕运动。尽管事实上这些星体可以仅靠引力就能维持其运动，但是它们不可能在最初就从那些规律中自行得到其规则的位置。

这六个行星都绕与太阳同心的圆旋转，它们都朝同一方向运动，几乎都在一个平面上运动，有十个卫星绕地球、木星和土星运转，这些卫星是与行星同心的，也与行星的运动方向相同，且几乎在这些行星的轨道平面运动。因为彗星沿偏心率极大的轨道运动遍及整个天空，仅仅说力学原理是导致这么多规则运动的原因难以让人信服。因为由那种运动它们能轻易地以极速穿越过各个行星轨道，当它们位于远日点时，它们运动得最慢，停留的时间也最长，相互之间也离得最远，因此它们间受相互吸引的干扰最小。最完美的太阳、行星和彗星系统只能由万能的上帝创造和掌握。如果恒星是其他类似系统的中心，由于这些系统也是由同样的智慧创造和掌握，因此它们必定只能由上帝管理。尤其是恒星的光与太阳光在本质上是一样的，而又因为每个系统的光都能进入其他所有的系统，为了不让恒星系统在引力的吸引下相互碰撞，上帝让这些系统相互之间的距离很远。

上帝不是以世界的灵性，而是以万物之主的身份来驾驭这一切。正是由于他的驾驭，凡人称他为"我主上帝①"（$\pi\alpha\gamma\tau o\kappa\rho\alpha\tau\omega\rho$）或是"宇宙的主宰"。因为"上帝"是一个相对词语，与仆役相对，而"神性"也指对仆役的管控，而不是如那些想象上帝代表世界的灵性所认为的是对他自己的统治。至高无上的上帝是永恒的、无限的、完美的存在物，但如果这个存在物没有管理权，则不管他如何完美，都不能称其为"我主上帝"。我们常说，我的上帝，你的上帝，以色列人的上帝，众神之神，众王之主；但不会说，我的永恒者，你的永恒者，以色列人的永恒者，众神的永恒者。我们也不会说，我的无限者，或是完美者，因为这些称谓都不对应仆役。"上帝"一词通常指的是君主，但不是每个君主都是上帝。要有管理权的灵性存在方可称为上帝，一个真实的、至上的或想象的上帝是有着真实的、至上的或想象的管理权。从他的真实的管理可知真实的上帝是全智全能的存在，又从他的其他完美处得出上帝是至上和最完美的，他是永恒和无限的，无所不能和无所不知的。那就是，他会从永恒延续到永恒，从无限存在到无限，他管理一切，知晓世间万物或知道如何行事。他本身并非永恒和无限，但却永恒和无限地存在着；他并非延续或空间，却在无限延续；因为他的永生和无所不在，使他成了连续和空间。由于空间中的各个粒子是永存的，而每个不可分的延续瞬间是无所不在的，所以，显然

---

① Pocock 博士从阿拉伯语中表示君主的词语 du（间接格为 di）中推演出拉丁词语 Deus。这样，国王就被称为上帝（《诗篇》82. 6 和《约翰福音》10. 35），而摩西的兄长和法老称摩西为上帝（《出埃及记》4016 和 7. 1）。从某种意义上说，死去国王的灵魂以前被异教徒称为上帝，但是，这并不是准确的，因为这些"国王"没有统治权。——原注

这一切的创造者和管理者不可能是虚无的和不存在的。尽管每个有感知的灵魂在不同的时间里，也有着不同的感观和运动器官，但都是同一个不可分割的人。在延续中持续，在空间中有共存，但这两者中没有一个存在于人的本性或思想中；更不可能存在于上帝的思想实体中。只要有感知，则每个人在其一生中的所有感官中，都是同一个人。上帝亦只有一个，永远不会变，各处皆有他。他不仅实际上无所不在，本质上也如此。世间万物皆由他①而来，运动于他管理的领域，但并不互相影响。上帝完全不受物体运动的影响，而物体同样也不会由于上帝无所不在而受到阻力。所有都符合上帝存在的必要性，正是由这种必要性使得上帝永远都处处存在。因此各处的他完全一致，眼睛、耳朵、大脑、手臂分布于各处，每一处他都能感觉、理解和行动；只是用一种完全非人类、无形和我们尚不了解的方式行事。如同盲人不知色彩为何物，我们也对万能的上帝以什么方式感知和了解万物全然不知。他超脱于任何躯体、外形，导致我们看不见，听不到，摸不到他；我们也不该对任何代表他的有形物顶礼膜拜。我们知道任何事物的属性，但我们不知这些事物的实质。我们只能看到物体的形状和颜色，只能听到它们的声音，摸到它们的外部，闻到它们的气味，尝到它们的味道，但它们里面的实质我们既无法通过感官得知，也无法通过思维反映知悉。我们对上帝的实质全然无知。我们只通过他对事物的最智慧，最完美的创造和终极原因来认识他；我们赞颂他的完美，但我们敬畏和崇拜他的管理，这使得我们如同他的仆役；如果没有上帝对世界的管理、庇佑和其他因素，则各种事物只是命运使然，自生自灭。

----

①　这是古时候人们的看法。如同在西塞罗的《论神性》的第 1 章中的毕达哥拉斯、维吉尔的《农事诗》的第 4 章第 220 页和《埃涅阿斯纪》的第 6 章第 721 页中的泰勒斯、阿纳克希哥拉和维吉尔。在裴洛的《寓言》的第 1 卷的开头，在阿拉斯托的《物象》的开头都提到。另外，在圣徒所写的作品也有所提及，如《使徒行传》的第 17 章第 27 和 28 节的保罗，《约翰福音》的第 14 章第 2 节，《申命记》的第 4 章第 39 节和第 10 章第 14 节中的摩西，《诗篇》的第 139 篇第 7、8、9 节中的大卫，《列王记·上》的第 8 章第 27 节中的所罗门，《约伯记》的第 22 章第 12、13、14 节以及《耶利米书》的第 23 章第 23 和 24 节。信徒们认为太阳、月亮、星星、人的灵魂以及世界的其他部分，都是至高无上的上帝的一部分，所以要人们去崇拜他，但这是错误的。——原注

盲目的形而上学，会使这个世界不再有多样性。我们能在不同时间、地点看见各种自然事物，不是因为别的原因，而是来自必然存在的一个存在物的想法与意志。而通过寓言，上帝被说成是能看见、能说话、能笑、能有爱恨、能期望、能给予、能接受、能高兴、能生气、能战斗、能创造、能工作、能建造的神，因为不同民族的神，皆以自身形象为蓝本想象、创造，虽然不完全一致，但还是有一些类似之处。关于上帝我要说的到此为止，从事物的表面迹象来论述一个人，当然也属于自然哲学。

到此为止，我们已经解释了天空和海洋的现象是引力的作用，但还没有找到产生这些作用的原因。它必然来自太阳和行星中心的某种力量，而该力还没有任何减少；它的作用力的大小不是根据它所作用的粒子表面的面积（像力学通常的原因），而是根据那些粒子所包含的物质量，并且它的作用力可以向所有方向传播到很远的距离，并以反比于距离平方的增加而减小。指向太阳的引力是由指向构成太阳的所有粒子的引力合成的。而在土星轨道到太阳的距离内，物体在远离太阳的过程中，引力精确地反比于到太阳距离的平方而减小，这些是由行星远日点的静止而得到证明的，而且甚至是最远的彗星的远日点都可用来证明，只要它们也是静止的。但到目前为止，我还没能从现象中找到这些引力特征的原因，我也不设任何假说，因为不是从现象推演出来的就叫作假说，而不管是唯心的还是唯物的，不管它是关于超自然的还是力学的，假说在实验哲学中都没有位置。在该哲学中特定的命题都是从现象中推论出来的，而之后又用归纳法来普遍应用，这就是使物体的不可穿透性、可运动性和排斥性，以及运动定律和引力定律得以发现的方法。对我们来说，了解引力的确是存在的，并根据我们前述的原因就能充分说明天体和地球海洋的所有运动，这便已足够了。

现在我要再讲一些关于遍布并隐藏在所有大物体上的某种最细微的精气的问题：受精气的力和作用，接近物体的粒子会相互吸引，当接触时会粘在一起。而带电物体的作用能达到更远的地方，监控微粒既能相互排斥又相互吸引；光能放射、反射、折射、泝射和加热物体。所有的感官都受到刺激，运动肢体在意愿的操控下运动，也就是受到这种精气的振动，它沿着神经固体纤维粒子相互之间的传播，从外部感官到大脑，又从大脑到肌肉。但这些不是一两句话能说清的，我们也缺乏得出和证明这些带电和弹性精气的作用规律所需的充分的实验。

人类科学史三大经典

相对论

（美）阿尔伯特·爱因斯坦 ◎ 著

张倩绮 ◎ 译

SJ 北京时代华文书局

图书在版编目（CIP）数据

相对论 ／（美）阿尔伯特·爱因斯坦著；张倩绮译. -- 北京 ： 北京时代华文书局，2020.6
（人类科学史三大经典 ／ 周连杰主编）
ISBN 978-7-5699-3676-6

Ⅰ. ①相… Ⅱ. ①阿… ②张… Ⅲ. ①相对论 Ⅳ. ①O412.1

中国版本图书馆 CIP 数据核字（2020）第 065585 号

人 类 科 学 史 三 大 经 典　 相 对 论

RENLEI KEXUE SHI SAN DA JINGDIAN　　XIANGDUI LUN

著　　者｜〔美〕阿尔伯特·爱因斯坦
译　　者｜张倩绮

出 版 人｜陈　涛
选题策划｜王　生
责任编辑｜周连杰
封面设计｜刘　艳
责任印制｜刘　银

出版发行｜北京时代华文书局 http://www.bjsdsj.com.cn
　　　　　北京市东城区安定门外大街136号皇城国际大厦A座8楼
　　　　　邮编：100011　电话：010-64267955　64267677
印　　刷｜三河市金泰源印务有限公司　电话：0316-3223899
　　　　　（如发现印装质量问题，请与印刷厂联系调换）
开　　本｜889mm×1194mm　1/32　印　张｜4.5　字　数｜104千字
版　　次｜2020年7月第1版　　印　次｜2020年7月第1次印刷
书　　号｜ISBN 978-7-5699-3676-6
定　　价｜198.00元（全3册）

前　言

　　本书的读者或许从科学和哲学的角度对相对论持有广泛的兴趣，但是对理论物理学的数学运作体系又不太熟悉。本书的目的就在于，尽可能地为你们提供一个洞察相对论的线索。要阅读这部作品的读者需要具有准大学生的受教育水平，当然，由于一些编写上的不足，在阅读过程中，你们也需要付出不少耐心并保持顽强的意志力。本书作者一直不遗余力地将主旨以最为简洁和易于理解的形式呈现给大家，同时在整体上，又将其还原到它产生的序列和关联中去。为了表达得清晰准确，我不可避免地一次又一次告诉自己，不要把注意力放在呈现形式是否雅观这上面。我一直小心谨慎地秉持着伟大的理论物理学家路德维希·玻尔兹曼的训诫，他说过，高雅这种东西是留给裁缝和鞋匠的。我承认，要理解相对论就要克服这个话题与生俱来的艰深与晦涩，我将这些困难保留给了你们。从另一方面来说，我有意以一种"养母式"的关怀对书中会出现的经验主义的物理理论基础等知识加以处理，这样对物理学不太熟悉的读者就不会成为"只见树木不见森林"的漫游者了。希望这本书能给你们带来几小时锻炼建设性思维的美好时光！

爱因斯坦

1916 年 12 月

目录
Contents

1

第一部分　狭义相对论

一、几何命题的物理意义

你们之中的大多数人或许曾在学生时代知道了欧几里得，也一定曾试图攀上欧几里得几何学这幢雄伟的高楼。你们或许也记得，这更多的是出于崇敬而不是热爱，你们那尽职尽责的老师在身后鞭策督促甚至追赶着你们，一层一层地，领略欧几里得几何学的精美构造。从我们以往的经验来看，当有人断定这其中的一些即使是最不着边际的命题是假命题时，你也会对他报以些许轻蔑。但当有人再反问你："等等，你不会还坚持认为这些命题都是真命题吧？"你之前的那种高傲的态度就会瞬间烟消云散了。别急，我们再好好考虑一下这个问题。

几何学开始于"平面""点"和"直线"这些特定概念，在这些简单概念的基础上，我们又能同其他更为抽象或更为准确的观念进行联系；凭借这些观念组成的简单命题（公理），我们开始有意去接受所谓"真理"。接着，在逻辑推理的基础上，我们被迫承认那些根据公理推导出的命题是正确无误的，这也就是说，它们已经被证实。因此，当一个命题被认为是用公认的方法从公理中推导出来的，那这个命题就是正确的（真的）。一个几何学命题的真实性问题也因此归结为某个公理的真实性问题。现在，众所周知，最后这个问题不仅仅是几何学研究方法所无法回答的，更重要的是，这个问题本身没有任何意义。我们不能问"两点之间只有一条直线"这个说法是否正确。我们只能说，欧几里得几何学就是跟"直线"打交道的，每一条直线都因为位于直线上面的两个点而被赋予了独一无二的性质。"真实"这个概念不适用于纯几何学，因为"真实"这个词最终往往指向一个与其相对应的"真实"的物体。然而，几何学不关心概念与经验客体之间的关系，它研究的是这些概念本身的逻辑关系。

这样，我们就不难理解为什么以"真理"来定义几何学命题会让我们觉得不太舒服了。几何学的概念对应于自然界中或宽泛或精确的对象，这些物体最终无疑就是这些概念的不二之源。几何学应当摆脱这种限制，它应该将它的结构置于最大可能的逻辑集合中。例如，通过一个刚体上的两个点的位置来处理"距离"的方法，是深深地嵌入了我们的思维方式中的。因此，只要我们挑选适当的位置用一只眼睛观察，让三个点的视位置重合，我们就倾向于认定三个点在一条直线上。

根据我们一贯的思维方式，如果我们现在在欧几里得的几何学命题中增补一个简单的命题：在一个刚体上的两点永远对应同一距离，不考虑在物体位置上我们可能造成的任何改变。这样的话，欧几里得几何学命题就归结为关于各个实践上可视为刚体的所有可能相对位置的命题。[①] 几何学以此方式被补充之后即可被视作物理学的一个分支。现在，我们就可以在这种范畴内合理地讨论欧几里得几何学命题的"真实性"问题。既然我们已经将这些几何学观念和真实的物体相联系起

---

① 由此可见，自然物体与直线相关。假设 A、B、C 三点在一个刚体上。已知 A、C 两点，如果 B 点满足条件使 AB 和 BC 直线段的总和最短，那么可以确定 A、B、C 三点在同一条直线上。这个不完善的结论将会满足现有目的。

来，那么这么问也就合情合理了。我们可以用不太准确的话这么表达，在此意义上，我们像用标尺和圆规绘制一幢建筑那样来理解几何命题的"真实性"。

当然，在此意义上对几何学命题真实性的说法是非常独断的，也是建立在不完整经验上的。当前，我们应该假设几何学命题"真实性"的确实存在，然后，再从一个更大的格局（广义相对论原理）出发，我们就能够看出来，这种"真实性"具有非常大的局限性，我们还需要考虑这种局限性的适用范围。

点、线、面

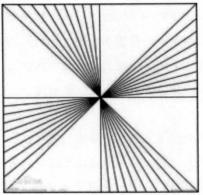

点、线、面是几何学里的概念，是平面空间的基本元素。[①]

---

① 译者注。

欧几里得和《几何原本》

　　欧几里得，古希腊数学家，被称为"几何之父"。他最著名的著作《几何原本》是一部集前人思想和欧几里得个人创造性于一体的不朽之作。《几何原本》开创了古典数论的研究，在一系列公理、定义、公设的基础上，创立了欧几里得几何学体系，成为用公理化方法建立起来的数学演绎体系的最早典范。[①]

---

① 译者注。

二、坐标系

　　就像我们之前所提过的，在"距离"这个概念的物理学解释的基础上，我们可以在刚体上取两点建立这段距离的坐标以测量这段距离的长度。为了实现这个目标，我们需要一段"距离"（线段 S）以作为可永久反复使用的标准化量度。如果现在一个刚体上有 A、B 两点，我们可以通过几何学定律建立一段通过两点的直线，那么，以 A 为起点，B 点为终点，我们可以在直线上接连标注出 S 的长度，这些标准度量的数量就是 AB 之间距离的数值。这是所有长度测量的基础原理。[①]

　　描述一个事件的场景或者一个物体的空间位置，都基于一个为描述这个事件或物体而在刚体（参照物）上确立的点。这不仅适用于科学描述，在生活中亦是如此。假如我要观察一个具体位置"北京天安门广场"[②]，我们可以得到以下结论：地球是为这个具体位置提供参照的刚体，"北京天安门广场"是一个清晰明确的定位，人们为这个

[①] 在这里我们假设没有剩余的距离，也就是说，我们测量的结果是整数。在有余数的情况下，我们可以将标准线段分成小段进行测量，这种测量方法需要新理论的介入。

[②] 在原文中，爱因斯坦使用的是"柏林波茨坦广场"。在之前的授权翻译版中，这里被改成了"伦敦特拉法加广场"。美译版中改为"纽约时代广场"。因此在这里我们改为中国读者熟知的"北京天安门广场"。——译者注

位置冠上了名，也因此，这个名词与空间中的一个事件形成对应关系。[①]

这个定位的原始方法仅适用于刚体表面的位置描述，且两个刚体上的位置必须是相互明显可见的。不过，我们可以在不改变位置描述的本质的同时将我们自己从这些限制中释放出来。举个例子，如果一朵云飘在天安门广场的上空，我们可以通过云彩立一根垂直于广场的杆，这样我们就能得到这朵云在地球表面上所对应的点。这根杆的长度可以用标准量度进行测算，再加上杆底在地球表面的位置描述，我们就得到了这朵云的完整位置描述。以此为例，一个更完备的坐标概念体系就这么形成了。

（1）我们设想将用于位置描述所参照的刚体加以增补，增补后的刚体可以延伸到需要确定其位置的物体。

（2）给物体定位时，使用数字（用量杆量出来的杆子长度），而不是依靠指定的参照点。

（3）即使没有竖立高达云端的一根杆子，我们也可以得到云的高度。我们站在地面从各个角度观测这朵云，根据相应光的传播性质，我们就能够得到高达云端的杆子的长度。

从这个角度考虑，在位置描述过程中，如果能用数值测量法代替参考刚体上被标记（冠名）的位置，将会是非常有利的。笛卡尔坐标系在物理学测量方法中的运用已经实现了这一点。

笛卡尔坐标系由三个互相垂直的平面组成，具有刚体的严格属性。

---

① 在这里我们不展开讨论"空间中的对应关系"这种说法的意义。在实践中，这个概念自身的适用性足以确保不会发生意见分歧。

在一个坐标系中，任何事件的位置都（主要）取决于其与其垂直投射到三个平面的对应点之间的距离，或者说坐标（x, y, z）。根据欧几里得几何学所主张的原理和理论，这三条垂线的长度可通过一系列刚性量度线段测量而得。

在实践中，组成坐标系的刚性平面实际上用不到；此外，坐标的数值实际上不是用刚性量杆测量得到的，而是用间接方法测得的。如果说物理学和天文学的研究结果要保持科学的准确性，那么就必须按照上述考虑来寻求位置描述的物理意义。[1]

我们因此得到以下结论：事件在空间中位置的每一种描述都要参照一个可以用来描述这些事件的刚体。所得出的关系是以假定欧几里得几何学定律适用于"距离"为依据，而在物理学上，"距离"习惯以一个刚体上的两个标记来表示。

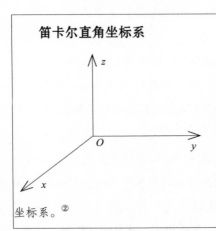

笛卡尔直角坐标系

相交于原点的两条数轴，构成了平面放射坐标系。如两条数轴上的度量单位相等，则称此放射坐标系为笛卡尔坐标系。两条数轴互相垂直的笛卡尔坐标系，称为笛卡尔直角坐标系，否则称为笛卡尔斜角坐标系。[2]

---

[1] 当需要解决相对论的相关问题时，我们才需要对这种观点进行修正。这将会在本书的第二部分进行讨论。

[2] 译者注。

三、经典力学中的空间和时间

力学的目的在于描述物体如何随着"时间"的变化在一定空间内改变其位置。没有经过认真思考和细节翔实的例证就用这样一种说法解释力学的目的，我的良心是要受到力求清楚明确的精神的严厉谴责的。我们就来看看罪在何处吧。

首先，"时间"和"空间"应该如何理解，我们并不清楚。我站在一辆速度均匀行驶的火车车厢的窗前。我松开手，让一块石头自然坠落到路基上，不对其施加任何力。那么，在不考虑空气阻力影响的情况下，我所看见的石头应该是沿直线垂直坠落的。一个在公路上目睹了这种不道德行为的路人则看见石头是沿抛物线掉落至地面的。我的问题是："在'现实中'，石头下落的轨迹到底是直线还是抛物线？还有，此时'空间'中的运动又具有什么意义？"从本书前面章节的讨论中我们知道，结果是不言自明的。从一开始起我们就故意回避掉了"空间"这个模糊的词语，必须认识到的是，我们没有办法对这个词语形成丝毫的概念，因此我们要用"相对于一个实际参照刚体的运动"来代替它。之前，我们已经详细描述过了与位置相对的参照物（火车车厢和路基）。如果不用"参照物"而引入"坐标系"，这样数学描述就很方便了，我们就可以说：石块对于与车厢紧密相连的坐标系而言走过了一条直线，对于与地面（路基）紧密相连的坐标系而言，石块走过了一条抛物线。借助这个例子我们可以清楚地看到，没有独立存在的轨道（按照字面意思上解释，即"路径曲线"[①]），只有相对于某一个特定参照系的轨道。

要完整地描述运动，我们就必须明确物体的位置如何随着时间的变化而改变，也就是说，轨道上的每一点都有一个物体运动的时间点与其对应。要使用这些数据就必须补充上对时间的定义，凭借这个定义，这些"时间价值"就能被视为本质上可被观察的尺度（测量结果）了。如果我们站在经典力学的立场上，我们就能以下列方式满足条件、证明结论。设想有两只结构相同的钟表，那个站在火车车窗前的人握着一只，在公路上的人拿着另一只。钟表每一次发出"嘀嗒"响的同时，这两个观察者记录下石头在他们各自参考系的位置。在这一点上，我们不能去考虑光的传播效率的有限性因素。要考虑这个和其他更明显的干扰的话，我们一会儿还要处理一些别的细节。

[①] 就是一个物体沿一段曲线运动的路径。

时间

　　时间是一个较为抽象的概念，是物质的运动、变化的持续性、顺序性的表现。时间是人类用以描述物质运动过程或事件发生过程的一个参数。确定时间，是靠不受外界影响的物质周期变化的规律，例如月球绕地球周期、地球绕太阳周期、地球自转周期、原子振荡周期等。大爆炸理论认为，宇宙从一个起点处开始，这也是时间的起点。[①]

———————

① 译者注。

四、伽利略坐标系

众所周知，伽利略－牛顿力学的基本定律，也就是惯性定律，可以这么描述：当一个物体在距离其他物体足够远时，这个物体一直保持静止状态或者保持匀速直线运动状态不变。这里不仅包括了物体的运动，而且还指出了适用于力学原理的，可以在力学描述中加以应用的参照物或坐标系。目前已知的恒星的运动规律与惯性定律具有很高的相似度。现在，如果我们建立一个与地球紧密相连的坐标系，与之相对应的，每一个恒星在一个天文日内的轨迹都形成了一个有巨大半径支撑的圆形。而这个结论实际上违反了惯性定律。所以，如果要遵循惯性定律，我们就必须强调，只有当恒星运动轨迹在相对坐标系内不成圆形时，这种运动才能适用于该定律。如果一个坐标系的运动状态使得惯性定律对于这个坐标系是成立的，这个坐标系就被称为"伽利略坐标系"。而伽利略－牛顿力学的各种定律只有对于伽利略坐标系来讲才是有效的。

惯性定律

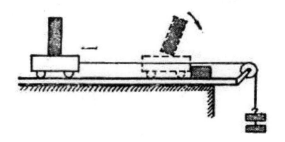

惯性定律，即牛顿第一运动定律，简称牛顿第一定律。牛顿在《自然哲学的数学原理》中的原始表述是：任何物体都要保持匀速直线运动或静止状态，直到外力迫使它改变运动状态为止。

用数学公式表示为

$$\sum_i \vec{F}_i = 0 \Rightarrow \frac{\mathrm{d}v}{\mathrm{d}t} = 0$$

式中，$\sum_i \vec{F}_i$ 为合力；v 为速度；t 为时间。①

---

① 译者注。

五、狭义相对性原理

为了在最大程度上尽可能地达到准确，让我们回到那个匀速行驶的火车车厢的例子。我们将这种运动叫匀速平移运动（"匀速"指的是其运动速度和方向保持恒定，"平移"是指车厢相对于路基的位置发生改变，但它的位置在改变的过程中没有旋转）。设想天空中有一只乌鸦飞过，从路基上对它进行观察，我们发现它正在做匀速直线运动。如果我们在移动的车厢里观察它，我们就会发现虽然乌鸦运动的速度或者方向与之前相比会有所不同，但是它仍在做匀速直线运动。从抽象层面描述，我们会说：如果质点 m 相对于一个坐标系 K 做匀速直线运动，已知另一个坐标系 K' 相对于 K 保持匀速平移运动，那么 m 相对于 K' 也在做匀速直线运动。根据之前的讨论，可得出结论：

如果 K 是一个伽利略坐标系，那么每一个相对于 K 做匀速平移运动的坐标系 K' 也是一个伽利略坐标系。适用于 K 的伽利略 – 牛顿力学定律同样适用于 K'。

我们现在再用更加概括性的语言来描述这个原理：如果 K' 是相

对于 K 做匀速运动并且没有旋转的坐标系，那么自然现象相对于 K' 的实际演变所遵循的基本规律与其相对于 K 所遵循的基本规律是完全相同的。这就是所谓的狭义相对性原理。

　　一旦人们开始相信所有的自然现象都能够借助经典力学呈现出来，相对性原理的正当性就毋庸置疑了。但是鉴于电动力学和光学研究的新近发展，我们越来越明显地感受到，由于缺乏充分的依据，这样的物理定律不足以描述所有的自然现象。在这样的节点，讨论相对性原理正当性问题的时机已经成熟，我们不能排除答案可能是否定的。

　　即便如此，有两个普遍事实是非常有利于证明相对性原理的。即使经典力学不具有足够广泛的基础将所有物理现象在理论层面呈现出来，但因为它为我们提供了天体运动的准确的细节，我们仍然在相当大程度内赋予其真实性。因此，在力学领域中，相对性原理必须具备相当高的精确度。然而，这样广泛适用的理论在某一现象内具有非常高的准确度，但是在另一种情况下就不是那么准确了，这是一个听起来不太可能的先验命题。

　　现在我们开始第二个论点，这一要点我们在后面还会提及。如果狭义相对性原理不可行，那么相互之间匀速移动的伽利略坐标系 K、K'、K'' 等就无法在自然现象的描述中建立等效关系。在这种情况下，我们必须相信自然法则很容易就能被建构起来，只要满足一个条件，那就是在所有可能的伽利略坐标系中选择一个特定运动状态下的坐标系（K_0）作为我们的参照系。我们因此能够合理地（因为它具有描述自然现象的优势）将其称为"绝对静止"的坐标系，而其他所有的伽利略坐标系都是"运动中"的。假设，我们选择了路基作为 K_0 坐标系，那么火车车厢就是一个 K 坐标系，相对于 K，

K_0 适用于更简单的规则；因为 K_0 处于相对静止状态，而 K 处于（相对）运动状态。在我们参考 K 而构建的一般自然规律中，车厢行驶速度的快慢和方向不可避免地成为研究的重要因素。例如，我们可以推测，当风琴管管道放置方向与音符的流动方向相平行时产生的声音，与管道垂直于音符方向放置时所产生的声音一定是不同的。

因为地球是环绕太阳做轨道运动的，所以我们就可以将地球看作一列以每秒 30 千米的速度运行的火车。相对性原理在此时并不适用，因此我们期待地球某一秒的运动方向能够被我们采用，从而建构起自然法则，此时物体在该物理体系的行为应该依赖于相对于地球的空间方位。由于地球在一整年的圆周运行过程中，其运动速度方向始终在发生变化，因此地球一整年的运动都无法满足条件，也就无法建立假定相对静止的 K_0 坐标系。然而，即便是经过最细致的观察，我们也没有发现地球物理空间中出现了各向异性特征，也就是说，各个方向的物理非对等性。这也是支持相对性原理的一项有力论证。

牛顿

艾萨克·牛顿（1643年1月4日—1727年3月31日），爵士，英国皇家学会会长，英国著名的物理学家，百科全书式的"全才"。

牛顿在1687年发表的论文《自然定律》里，对万有引力和三大运动定律进行了描述。这些描述奠定了此后三个世纪里物理世界的科学观点，并成为了现代工程学的基础。他通过论证开普勒行星运动定律与他的引力理论间的一致性，展示了地面物体与天体的运动都遵循相同的自然定律；为太阳中心说提供了强有力的理论支持，推动了科学革命。①

————————
① 译者注。

伽利略

　　伽利略·伽利莱（1564年2月15日—1642年1月8日），意大利数学家、物理学家、天文学家，科学革命的先驱。他首先在科学实验的基础上融会贯通了数学、物理学和天文学三门知识，扩大、加深并改变了人类对物质运动和宇宙的认识。

　　伽利略从实验中总结出自由落体定律、惯性定律和伽利略相对性原理等。他以系统的实验和观察推翻了纯属思辨传统的自然观，开创了以实验事实为根据并具有严密逻辑体系的近代科学。因此被誉为"近代力学之父""现代科学之父"。其工作为牛顿的理论体系的建立奠定了基础。①

---

① 译者注。

六、经典力学中运用的速度相加定理

　　假设我们的老朋友火车在轨道上以匀速 v 保持运动状态，一个人在车厢里朝着火车运动的方向以速度 w 走动。那么相对于路基，这个人前进的速度 W 是多少呢？根据以下思路我们可以得到唯一的答案：如果这个人站定静止不动，那么相对于路基，他的移动速度就等同于火车移动的速度 v。然而，如果他开始走动，那么相对于车厢，他在以相同的步行速度 w 向前移动，此时，w 就是他步行前进的速度。（见第一部分第九节、第十节相关论述。——译者注）所以，这个人相对于地面路基向前移动的速度就是 $W= v+ w$。但是后面我们会看到，这个在经典力学中运用的速度相加定理本身具有其局限性。用另一种方式来说，我们刚写下来的这个公式在现实中并不适用。但是，就目前来说，我们先假定这个定律没有问题。

七、光的传播定律与相对性原理的表面抵触

在物理学中，或许没有比光的传播定律更简单的定律了。只要是上过学的人都知道，或者相信他知道，光在真空中沿直线传播，速度为 $c=3.0 \times 10^5$ 千米 / 秒。无论如何我们都清楚地知道，不同颜色的光的传播速度都是相同的，不然的话当一颗恒星被它附近的不发光星体遮挡形成食时，我们就无法同时观察到不同颜色光线的最细微的发射了。通过对双星（紧密相连的两颗星，可借助望远镜观察）的观察和类似的论证，荷兰天文学家德西特得出结论，光的传播速度与放射光线的物体自身的运动速度无关。有说法认为，光的传播速度与其在空间中的方向有关，这种假设实际上是自相矛盾的。

简而言之，假设那些还在上学的孩子们有充足的理由相信光线（在真空中）的传播速度 c 是恒定不变的。谁能够想象到，如此简单的定律却使那些谨慎善思的物理学家们陷入到了最难解的思维困境中。我们来看看这些难题是从何产生的。

毋庸置疑地，我们需要将光的传播过程（实际上应该是任何过程）看作一个参照刚体（在坐标系内）。在这样的坐标系中我们又一次将路基作为参照物。我们假设上方的空气已经被抽空，这样我们就有了

真空的环境。如果我们沿路基发射一道光，那么相对于路基，这条光线以速度 c 传播。假设，我们的火车仍沿轨道以速度 v 向前运动，它的运动方向与光线传播方向一致，但火车的速度当然要慢得多。我们来研究一下光线相对于火车的传播速度。很显然，这里我们可以运用到上一节的方法。光线就相当于在车厢里行走的人。那个人相对于路基的运动速度 W 在这里被光线的运动速度 c 代替。w 是要求的光线相对于车厢的速度。由此可得：

$$w = c - v$$

光线相对于火车车厢的传播速度小于 c 了。

这个结果就与第五节的相对性原理的表述冲突了。因为根据相对性原理，光的传播应该同其他自然规律一样，无论选择火车车厢还是轨道（路基）作为参照物，真空中光的传播速度都应该是一样的。但是，就我们刚才的论证来看，这是不可能的。如果任何一道光线相对于路基的传播速度都是 c，那么光线相对于车厢的传播就需要其他的定理来描述，这跟相对性原理是相抵触的。

要不就摒弃光线在真空中的传播的简单定律，要不只能放弃相对性原理，除此之外我们好像没有别的出路了。如果你们之前阅读的时候足够专注，那么现在你们一定会毫不犹豫地选择保留相对性原理，因为它看起来是如此可信，简单且自然。这样的话，光在真空中的传播定律就需要补充成为一个更复杂的定律，以符合相对性原理。然而，理论物理学的发展表明，我们不能这么想。

H·A·洛伦兹对与运动物体相关的电动力学和光学现象的理论研究具有跨时代意义。研究表明，他在该领域的实验直接影响了电磁力现象理论，而光速恒定定律是这个理论的一个必然推论。因此，许多著名的理论物理学家此时都更倾向于放弃相对性原理，即使相对性原理从来没有与任何经验数据发生抵触。

相对论就在这个时候出现了。经过对时间和空间这两个物理概念的分析，我们能够很明显地看到，相对性原理和光的传播定律之间实际上不存在任何抵触；并且，有一个与上述两个理论紧密联系的刚性定律将会产生。这就是狭义相对论，与广义相对论相区分，我们后面会详细解释。后面几节我们会对狭义相对论的基本概念逐一进行解读。

光的传播

光在均匀介质中是沿直线传播的，但当光遇到另一介质（均匀介质）时方向会发生改变，改变后依然沿直线传播。而在非均匀介质中，光一般是按曲线传播的。[1]

---

[1] 译者注。

八、物理学的时间观

　　假设有一道闪电分别从距离很远的 A、B 两点击中轨道。这里我要强调一下，这两道闪电是同时发生的。那么如果我问你，这个表述有没有意义，你一定会毫不犹豫地回答："有。"但如果我要你仔细来阐释一下其中的意义，你就会发现这个问题没有第一眼看上去那么简单。

　　思考过一段时间后，你可能会想到："这个表述的意义本来就足够清晰明确，不需要再进行解释；当然，如果我们需要通过实践来验证这两个事件是否同时发生，这就值得深入思考了。"我并不满足于这个答案，原因如下。假设，经过一系列谨慎周全的考虑之后，一位很有智慧的气象学家发现闪电一定同时击中了 A、B 两点。那么，现在我们要面对的问题就是，这一理论结论是否符合现实情况。当提到"同时"这个概念时，我们就遇到了所有物理学陈述会遇到的难题。对于物理学家来说，除非他有可能证明一个概念能够满足某个实际案例，否则这个概念对于他来说就是不存在的。因此，我们需要给"同时性"下一个定义，有了定义我们就可以找到解决办法，在这个问题中，气象学家就能够通过实验证明这两道闪电是否同时发生。在没能给"同时性"下一个定义之前，作为一个物理学家（当然，如果我不是物理学家也是一样的），我都要假装我能够想到可以解释"同时性"的某种意义。（我要给读者一个忠告，如果你没有完全体会到其中的意味的话，最好先不要继续阅读。）

将这件事在脑袋里来来回回整理过好几次后，你会提出一个测量"同时性"的方法。沿着轨道测量出 AB 之间的距离，然后让一位观察者站在 AB 的中点处 M。我们给这位观察者配置一些装置（比如说两块成 $90°$ 放置的镜子），这样他就能够同时观察到 A、B 两点。如果他观察到两道闪电是同时发生的，那么这两道闪电就是同时发生的。

看到这个提议我很欣慰，但是我不认为这个问题就这么解决了，我必须严格地提出下面几个异议：

"如果我们能得知光线沿 $A \rightarrow M$ 和沿 $B \rightarrow M$ 的传播速度是一样的，那你给出的定义一定是正确的。但是要证明以上假设的前提是我们已经掌握了衡量时间的方法。这样的话我们也不用给'同时性'下定义了。看起来，我们好像走进了一个逻辑的死循环。"

思考片刻之后，不知怎的，你向我抛来轻蔑的一瞥，然后断言道：

"不管怎样，我都坚持我之前的定义，因为在现实中根本没人对闪电做任何的假设。要对'同时性'下定义只需要满足一个条件，那就是一个所有实际案例都满足的经验决策，这个经验决策能满足所有需要被定义的概念。毋庸置疑，我之前的定义是满足这个要求的。实际上，光线沿路径 $A \rightarrow M$ 和沿 $B \rightarrow M$ 传播需要相同的时间这个说法不是一个关于光线物理性质的推测或假说，而是为了得出同时性定义而凭我自己的意志对光线做出的约定。"

根据这个定义，我们不仅能够对两个事件的同时性，而且能够对我们任意选择的多个事件的同时性给出一个确切的意义，这些事件的发生地点和场景与参照系无关 ①（这里是指铁轨下的路基）。因此，我们得到了物理学中对"时间"的定义。为此，我们假设在轨道（坐标系）的 A、B、C 三处都放置了三个结构完全相同的钟表，他们的指针都设置在相同的位置（遵循之前的定义）。在这种情况下，我们就能够理解，所谓一个事件的"时间"就是指针在最接近事件发生的位置时的读秒（在手上）。如此一来，每一个最终能够被观察到的事件最终都与时间数值有关。

　　这种假设包含了一个更深远的物理假设，如果没有经验主义证据的话，这种假设的正当性是很难被推翻的。如果这些钟表结构完全相同的话，指针走动的速度也应该是完全相同的。更具体地说吧：在一个参照系内，我们把两个钟表放置在不同的位置上，保持静止的状态，如果某一特定位置的某一钟表的指针开始随着所在位置的变化而同时（遵循之前的定义）发生变化时，有同样"设置"的另一个钟表的指针也随之同时（遵照之前的定义）启动。

---

① 我们进一步假设，A、B、C 三个事件发生在不同的地点，已知 A 与 B 同时发生，B 与 C 同时发生（同时定义遵照上文），那么 A、C 也满足事件对于相对性的规定标准。这是一个关于光的传播的物理假设。我们在使用光在真空中的传播规律时一定要满足这个条件。

光速

　　光速，即光（电磁波）在真空中的传播速度。2013 年光速的公认值为 c=299 792 458 米 / 秒（精确值），一般四舍五入为 3×10^8 米 / 秒，是最重要的物理常数之一。

　　17 世纪以前，天文学家和物理学家都认为光速是无限大的，宇宙恒星发出的光都在瞬时到达地球。伽利略首先对此提出怀疑，他于 1607 年在两山顶间做实验测光速，由于光速太大而实验装置又太简陋，未获成功。1973 年美国标准局的埃文森采用激光方法利用频率和波长测定光速为（299 792 458±1.2）米 / 秒。经 1975 年第 15 届国际计量大会确认，上述光速作为国际推荐值使用。[1]

───────────

[1] 译者注。

九、同时性的相对性

到目前为止，我们都是以"路基"这个特定的参照物来展开我们的论述的。我们假设铁轨上有一列很长的火车，以恒定速度 v 沿图 1 所示方向移动。坐在这列火车上旅行的人们很容易就可以把火车当作一个刚性参照物（坐标系），他们参照火车来观察一切事件。我们之前相对于路基给同时性下的定义此时也能用在以火车作为参照物的事例中。然而，下述问题自然就出现了：

如果两个事件（比如说被闪电击中的 A、B 两地）相对于路基来说是同时的，那对火车来讲是不是也是同时的呢？答案必然是否定的。

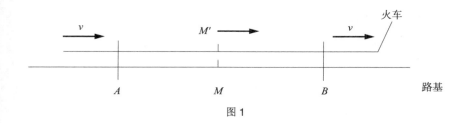

图 1

当我们说闪电是同时击中 A、B 两点时，我们的意思是：在发生闪电的 A、B 两处发出的光会在路基 A → B 这段距离的中点 M 相遇。但是，A、B 两个事件在火车上也有对应的位置 A 和 B。我们令 M' 做火车上 A → B 这段距离的中点。当闪电发生时（这里以路基处的观察为准），点 M' 自然与点 M 重合，但是点 M' 仍以火车运动的速度 v 向图中右方移动。如果坐在火车上 M' 处的一位观察者不具有向前移动的速度，那么闪电在 A、B 两处发出的光将会同时到达他这里，也就是说，从 A、B 两点出发的光线在他所在的位置相遇。可实际上（以路基为参照系考虑），这个观察者正朝着来自 B 的光束方向加速前进，同时他先于来自 A 的光束并与 A 保持同一方向行进。所以这个观察者会先看见来自 B 的光束。把火车当作参照物的观察者就会得出以下结论，闪电 B 先于闪电 A 发生。于是我们可以得出一个重要的结论：

对于路基是同时发生的若干时刻，对于火车并不是同时发生的，反之亦然，这就是同时性的相对性。每一个参照物（坐标系）都有它自己的时间意义，如果我们在描述时间时不指明其对应的参照物，那么时间在这个事件中就是没有意义的。

在相对论出现之前，物理学中一直存在一个既定的假定命题——时间的陈述具有绝对意义，也就是说，时间的陈述与参照物的运动状态无关。但是我们刚才看到这个假设与同时性的定义是不相兼容的。如果我们抛弃这个假设，那么真空中光的传播定律与相对性原理之间的矛盾（我们在第七节中提过的）就消除了。

我们在第六节中的分析现在已经站不住脚了。那时我们得出结论：如果一个人在车厢里相对于车厢每秒走距离 w，那么他在一秒钟的时间内相对于路基也走了相同的距离。但是，如前所述，相对于车厢发生的一个特定事件所需要的时间长短完全不等同于从路基（作为参照物）上发生同一事件对于时间间隔的判断。因此，如果一个人在车厢上相对于铁路路线走距离 w 需要一秒钟，我们并不能因此判断在路基上观察这个人时，他走过距离 w 也需要一秒钟。

再者，我们在第六节中的讨论还基于另一个假设。经过严谨的思考我们可以发现，这种假设是非常武断的。然而，在我们向大家介绍相对论之前，它看起来就像是自然而成、无可挑剔的。

十、距离概念的相对性

假设火车上有两个特定的点①，火车以速度 v 沿铁轨行驶，求这两个点之间的距离。我们已经知道，要测量一段距离就必须要有参照物，只有确定了参照物才能得出相对距离。最简单的办法莫过于把火车本身看作参照物（坐标系）。在火车上的观察者用一根量杆沿直线（比如说，沿着火车车厢的地板）进行测量，以量杆作为基本单位一下一下地去丈量，直到他从一个点到达另一个点。量杆从一个点到另一个点需要比画的次数就是这两个点之间的距离。

但是要从铁轨上来判断这两点之间的距离的话，可能就是另一回事了。这里我们需要打开思路，用另一种方法进行思考。我们假设火车上距离很远的 A_1、B_1 两点是确定的，那么这两点以同样速度 v 沿路基向前移动。首先我们假设在一个特定的时刻 t，火车上的 A_1、B_1 两点正好通过路基上的 A、B 两点，当然这是通过路基来判断的。要确定路基上的 A、B 两点，我们需要运用到第八节中讨论过的定义时间的思维。A、B 两点间的距离就用上述量杆的方法沿路基测量即可得知。

---

① 例如第 1 节车厢的中点和第 20 节车厢的中点。

　　我们无法预知后一次的测量所得到的数据是否与前一次的测量结果相同。因此，在路基上测量得到的火车上两点的长度可能会不同于在火车上测量得到的长度。这个情况成了我们反驳第六节相关论断的第二个依据。也就是说，如果有一个人在车厢内行走，单位时间内走过了距离 w，那么从路基上进行测量所得到的距离可能会不同于在车厢内测量所得到的距离 w。

十一、洛伦兹变换

前面三节的结论已经表明，光的传播原理与相对性定律的表面抵触实际上是由两个经典力学中不合理的假设推导出来的，这两个假设就是：

（1）两个事件之间的时间间隔（时间）与参照系运动的状态无关。

（2）一个刚体上两点的空间间隔（距离）与参照系运动的状态无关。

如果我们放弃这两个假设，那么第六节中的速度相加原理就不再成立，因此，第七节中的问题也就迎刃而解了。光在真空中的传播规律与相对性原理之间一定具有相互兼容的可能，问题就出现了：要怎样改进第六节的思路才能消除这两个基本经验结论之间的分歧呢？这就有了另一个更普遍的问题。在第六节的讨论中，我们既参照了火车又参照了路基来探讨时间与空间。那么，当我们已知一个事件的时间和空间是相对于铁轨下的路基而言的，如何能使这个事件的时间和空间同时与火车相关联呢？我们是否能想到光在真空中的传播定律中的一种性质，一种不会与相对性原理相矛盾的性质？换一句话来说：我们能否构想出一种各种事件的时间和空间相对于各个参照物的关系，这样的话就可以满足任何一道光线相对于路基和火车都有相同的传播速度 c？答案是肯定的。回答了这个问题，我们就可以得到一个描述事件时空量级的确切的定律，这个定律能够解决事件中参照物相互转换的问题。

在解决上述问题之前，我们需要向大家介绍一些需要进一步考虑的附加因素。到目前为止，我们仅仅讨论了在路基上发生的一系列事件，因为这样我们就能从数学的角度出发，将其看作一条直线进行思考。在第二节中我们说过，我们可以给参照系补充不同的侧面，这个架构由量杆构成，各个侧面相互垂直。这样的话，在任何地方发生的事件都能在这个框架内进行定位。同样地，我们可以假设火车一直以速度 v 在整个空间内穿行，所以，任何一个事件，无论它们距离多远，都能够在第二个框架内找到它们的位置。由于刚体的不可贯穿性，在现实中这些架构会一直保持一种相互干扰的状态；不过如果不犯任何根本性错误的话，我们就可以将这个情况忽略不计。在每一个框架中，我们可以画出三个相互垂直的面，我们称之为“坐标平面”（也就是“坐标系”）。坐标系 K 对应于路基，坐标系 K' 相当于火车。一个事件，无论发生在哪里，它在空间中相对于 K 的位置可以由坐标平面上的三条垂线 x，y，z 来确定，时间则由时间量值 t 来确定。相对于 K'，同一事件相对应的时间和空间则由相对应的量值 x'，y'，z'，t' 来确定。当然，这些量值与之前的 x，y，z，t 并不是完全一致的。之前我们已经详细讲过如何使用这些数值进行物理测量。

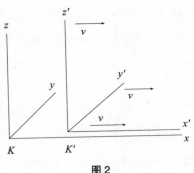

图 2

　　显然，我们的问题可以用以下公式来表示。假设一个事件相对于
K 的 x，y，z，t 已经确定，同一个事件相对于 K' 的量值 x'，y'，z'，t'
是什么呢？要找到两者之间的关系必须满足两个条件，一个是必须满
足光在真空中的传播定律，第二个是，同一道光（当然，也是每一道光）
都必须同时在相应坐标系 K 和 K' 中。如图 2 中所示的坐标系在空间
的相对方位，我们可以用以下方程组来解决：

$$x' = \frac{x - vt}{\sqrt{1 - \dfrac{v^2}{c^2}}}$$

$$y' = y$$

$$z' = z$$

$$t' = \frac{t - \dfrac{v}{c^2}x}{\sqrt{1 - \dfrac{v^2}{c^2}}}$$

　　这一方程组就是著名的"洛伦兹变换"。[1]

---

① 附录一中有洛伦兹变换的简单推导过程。

如果我们不根据光的传播定律，而是根据经典力学中已经涵盖的时间和长度具有绝对性的假设来分析的话，我们得到的就会是下面的这个方程组：

$$x' = x - vt$$
$$y' = y$$
$$z' = z$$
$$t' = t$$

这个方程组就是我们常说的"伽利略变换"。在洛伦兹变换方程中，我们如果以无穷大值替换光速 c，就可以得到伽利略变换方程。

通过下面的变化我们可以容易地看到，根据洛伦兹变换，无论对于参照系 K 还是对于参照系 K'，光在真空中的传播定律都是可以被满足的。沿正向 x 轴发射一个光信号，这个光刺激按照下列方程前进：

$$x = ct$$

即以光速 c 前进。根据洛伦兹变换方程，x 和 t 之间的简单关系中也包含了 x' 和 t' 之间的关系。事实也正是如此：我们如果把 ct 替代 x 代入第一个和第四个洛伦兹变换方程，就可以得到：

$$x' = \frac{(c-v)t}{\sqrt{1-\dfrac{v^2}{c^2}}}$$

$$t' = \frac{\left(1-\dfrac{v}{c}\right)t}{\sqrt{1-\dfrac{v^2}{c^2}}}$$

两个方程式相除，就直接得到：

$$x' = ct'$$

参照坐标系 K'，光的传播应当按照这个方程式进行。由此我们看到，光相对于参照系 K' 的传播速度同样等于 c。对于沿着其他任何方向传播的光线，我们也可以得到同样的结论。当然这并不意外，因为洛伦兹变换就是从这一点推导出来的。

H・A・洛伦兹

H・A・洛伦兹（1843—1928 年），荷兰物理学家、数学家。1904 年，洛伦兹证明，当把麦克斯韦的电磁场方程组用伽利略变换从一个参考系变换到另一个参考系时，真空中的光速将不是一个不变的量，从而导致对不同惯性系的观察者来说，麦克斯韦方程及各种电磁效应可能是不同的。为了解决这个问题，洛伦兹提出了另一种变换公式，即洛伦兹变换。用洛伦兹变换，将使麦克斯韦方程从一个惯性系变换到另一个惯性系时保持不变。[1]

---

① 译者注。

十二、量杆和时钟在运动中的行为

　　我将一根以米为单位的量杆放在参照系 K' 的 x' 轴上，量杆的一端（起点）与点 $x' = 0$ 重合，另一端（终点）与点 $x' = 1$ 重合。这根以米为单位的量杆相对于参照系 K 的长度是多少呢？要解答这个问题，我们只需要知道在参照系 K 的某一特定时刻 t，量杆的起点和终点分别在参照系 K 的什么位置。通过洛伦兹变换的第一道方程式，当 $t=0$ 时，这两个点可以表示为：

$$x_{（量杆起点）} = 0\sqrt{1-\frac{v^2}{c^2}}$$

$$x_{（量杆终点）} = 1\sqrt{1-\frac{v^2}{c^2}}$$

　　因此，两个点之间的距离就是 $\sqrt{1-\frac{v^2}{c^2}}$。但是，这根以米为单位的量杆正以速度 v 相对于 K 移动。由此可知，沿着自身长度方向以速度 v 运动的量杆长度是 $\sqrt{1-v^2\Big/c^2}$ 米。这根刚性量杆在长度方向上运动时比其静止时要短，且运动得越快，量杆的长度就越短。如果使速度

$v=c$，我们就会得到 $\sqrt{1-\dfrac{v^2}{c^2}}=0$，如果速度超过光速 c，那么平方根内的数就变为虚数了。由此我们可以得出，在相对性原理中，光速 c 充当着限定最高速度的角色，光速不可被任何实体接近或超过。

当然了，光速 c 作为限定最高速度的这个属性同样符合洛伦兹变换公式，因为如果我们假设速度 v 超过光速 c，整个等式就没有意义了。

相反地，如果我们假设量杆在参照系 K 中的 x 轴上处于静止状态，那么我们可以求得这根量杆相对于参照系 K' 的长度是 $\sqrt{1-\dfrac{v^2}{c^2}}$。这也符合我们这些讨论的基本原理——相对性原理。

从先验的角度出发，可以确定的是，我们必须能够从洛伦兹变换中学到一些关于量杆和时钟的物理行为知识，因为 x，y，z，t 的大小恰恰就是在测量量杆和时钟中得到的。如果我们在伽利略变换的基础上进行讨论，那样就根本无法得到一个反映量杆运动结果的简化方程式。

我们再来假设，有一只秒表永远位于参照系 K' 的起点处（$x'=0$）。$t'=0$ 和 $t'=1$ 是秒表上连续的两次"嘀嗒声"以作时间标记。将这两个时间点代入洛伦兹变换的第一和第四个方程可以得到：

$$t=0$$

和

$$t=\dfrac{1}{\sqrt{1-\dfrac{v^2}{c^2}}}$$

相对于参照系 K，钟表以速度 v 在移动，且两个"嘀嗒声"之间的时间间隔不是 1 秒，而是 $\dfrac{1}{\sqrt{1-\dfrac{v^2}{c^2}}}$ 秒，不知怎的，这个时间要大于之前的1秒。钟表运动所得出的结果说明,运动中的钟比静止的钟走得慢。同样地,光速 c 在此处也扮演一个不可达到的限定速度的角色。

钟慢尺缩

1. 钟慢效应

钟慢效应,即时间膨胀。狭义相对论预言,运动时钟的"指针"行走的速率比时钟静止时的速率慢,这就是时钟变慢或时间膨胀。时间膨胀表明了时间的相对性。

2. 尺缩效应

尺缩效应,即长度收缩效应,是相对论效应之一。一根静止长杆的长度可以用标准尺子进行测量。狭义相对论预言,沿杆子方向运动的杆子的长度比它静止时的长度短。此效应表明了空间的相对性。[1]

---

[1] 译者注。

十三、速度相加定理：斐索实验

在实践过程中，我们的量杆和时钟移动的速度与光速相比简直是微不足道，因此，我们很难将前面所讨论的结论与现实建立直接的联系。但是，从另一方面来说，正因为这些结论是如此简洁而明确，他们才会让你感到震惊；也正因为如此，我现在要从这个理论中得出另一个结论，一个很容易就能从前面的思考中产生的结论，也是一个已经被实验证实最没有瑕疵的结论。

在第六节中，我们从速度相加定理中衍生出了一些结论，当然，这些结论在形式上也可以从经典力学的假说中推理出。我们同样可以很容易地从伽利略变换中推导出这个原理（第十一节）。针对这一问题，我们需要将一个质点引入坐标系 K' 来代替之前在车厢内走路的人，由此可得下列等式：

$$x' = wt'$$

通过伽利略变换的第一和第四个方程式，我们可以用 x 和 t 来表示 x' 和 t'，由此可得：

$$x = (v + w)t$$

这个等式无疑是在描述一个点相对于参照系 K（也就是车厢里的那个人相对于路基）的运动规律。我们现在用 W 来指代这个问题中的速度，跟第六节一样，我们于是得到：

$$W = v + w \qquad\qquad （A）$$

在相对性原理的基础上我们同样可以进行推理，在下列等式中

$$x' = wt'$$

我们同样需要用 x 和 t 来表示 x' 和 t'。通过运用洛伦兹变换中的第一和第四个等式，我们会得到与等式（A）不同的方程式：

$$W = \frac{v + w}{1 + \dfrac{vw}{c^2}} \qquad\qquad （B）$$

根据相对性原理，该方程式符合同一方向的速度相加定理。现在的问题是，这两个等式中哪一个更符合我们的经验认知。在这一点上，我深受伟大的物理学家斐索的一个非常重要的实验的启发，这个实验是半个世纪以前做的，之后也一直被无数优秀的实验物理学家所效仿，因此不必再去质疑这个实验结论的真实性。这个实验涉及以下几个问题。假设光线在静止的液体中以特定速度 w 进行传播，当管道 T 中的液体以速度 v 沿箭头方向移动时（见图 3 所示），光线在管道 T 中沿箭头方向传播的速度是多少呢？

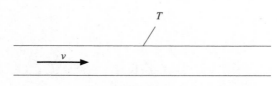

图 3

根据相对性原理，我们应当理所当然地认为，无论液体对于其他参照物是处于运动状态或静止状态，光线相对于液体的传播速度保持 w 不变。已经知道了光线相对于液体的传播速度和管道中液体相对于管道的移动速度，我们现在需要求的就是光线相对于管道的传播速度了。

现在在我们面前的又是第六节中出现的问题了。管道就相当于轨道路基的角色，也就是坐标系 K；液体就相当于火车车厢的角色，也就是坐标系 K'；光线相当于在车厢中走路的人，也就是本节中所说的动点。如果我们用 W 表示光相对于管道的传播速度，那么我们可以直接得到关于 W 的等式（A）和（B），两个等式分别由伽利略变换和洛伦兹变换推导而得。斐索实验[①]倾向于通过相对性原理演化而得的方程（B），原因在于——准确。

根据荷兰物理学家泽曼发明的最前沿的测量方法，用等式（B）可以求出水流的流动速度 v 对光的传播的影响不超过 1%。

然而我们需要注意的是，早在相对性原理出现之前，H·A·洛伦兹早已为这种现象找到一个合理的理论解释了。该理论纯粹属于电动力学范畴，是从电磁结构物质的特定假设中产生的。然而，这个现象

---

① 斐索发现 $W = w + v\left(1 - \dfrac{1}{n^2}\right)$，其中 $n = \dfrac{c}{w}$ 表示液体的折射率。从另一方面来看，由于 $\dfrac{vw}{c^2}$ 远小于 1，我们可以先用等式 $W = (w+v)\left(1 - \dfrac{vw}{c^2}\right)$ 代替等式（B），或者以近似规则用 $w + v\left(1 - \dfrac{1}{n^2}\right)$ 替代之，得到的结果也同样符合斐索的结论。

丝毫没有削弱该实验作为支持相对性原理的证据的有效性。因为作为该理论的基本原理，麦克斯韦－洛伦兹的电动力学与相对性原理完全不矛盾。从前互不相关的两个原理，现在紧密相连。以更确切的角度说，相对性原理就建立在电动力学的一系列简单假设的归纳与结合之上，而电动力学也在此基础上正式确立。

斐索测量光速的实验

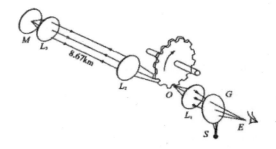

　　斐索1849年发表了题为"关于光传播速度的一次实验"的论文。他采用旋转齿轮的方法来测量光速，试验装置如图所示。图中光源S发出的光束在半镀银的镜子G上反射，经透镜L_1聚焦到O点，从O点发出的光束再经透镜L_2变成平行光束。经过8.67千米后通过透镜L_3聚焦到镜子M上，再由M返回原光路达G后进入观测者的眼睛。至于O点的齿轮旋转时把光束切割成许多短脉冲，他用的齿轮有720个齿，转速为25转／秒时达到最大光强，这相当于每个光脉冲往返所需时间为1/18 000秒，往返距离为17.34千米。由此可得c=312 000千米／秒。实际上，经过28次观察和测量，斐索得到光速的平均值为70 948里格／秒（"里格"为长度单位，1里格等于3英里，或4 828.032米），相当于342 539.21千米／秒。这个数值与当时天文学家公认的光速值相差甚小。[①]

---

① 译者注。

十四、相对论的启发价值

　　前面我们讨论了那么多页的关于火车的思考可以用下列文字简单地概括。根据经验我们可以得知，一方面，相对性原理是正确的；另一方面，我们必须把光在真空中的传播速度看作一个恒定的值 c。将以上两个基本条件结合，我们就得到了构成自然进程中的各种事件的直角坐标系 x, y, z 和时间 t 在变量上的变换定律。与经典力学不同的是，从这种关联中我们得到的将是洛伦兹变换，而不是伽利略变换。

　　光的传播定律在我们认识世界、获得实际知识的过程中起到很大的作用，我们有充分的理由去接受它。既然我们已经得到了洛伦兹变换，我们就可以将其和相对性原理相结合，这个新的理论可以被总结为：

　　自然界的每一个普遍定律的建立必须符合以下条件：当我们引入新的坐标系 K' 的时空变量 x'，y'，z'，t' 来替代原有的坐标系 K 的时空变量 x，y，z，t 时，该定律的形式不发生改变。这里，那些原始的和后来加速后的量级之间的关系是由洛伦兹变换决定的。或者简而言之，自然界的普遍规律根据洛伦兹变换发生协变。

　　这是相对论对自然定律所要求的一个明确的数学条件。因此，相对论在我们探索自然界的普遍定律的过程中具有非常宝贵的启发价值。如果我们发现有一条自然界的普遍定律不符合上述条件的话，就证明相对论两个基本假定中至少有一个是不正确的。我们现在就来检验一下迄今为止相对论得出了哪些具有普遍性的结论。

十五、狭义相对论的普遍性结论

在前面，我们已经清楚地说明了狭义相对论是如何从电动力学和光学中发展出来的。在这两个领域中，狭义相对论对理论的预测并没有发生太大的变动，但其理论结构却被大大简化了，也就是说，公式定律的推导及派生被大大简化，更重要的是，构成理论基础的独立假设的数量大大地减少了。狭义相对论使得麦克斯韦－洛伦兹理论看起来好像很合理，以至于即使实验结果没有对理论提供明确的支持，物理学家们还是普遍地接受了它们。

经典力学还需要做出一些调整才能与狭义相对论的要求保持一致。从主体上来看，这种修改只会影响到狭义相对论对高速运动行为的适用效力。所谓高速运动就是指某一物体的移动速度 v 接近于光速。从我们的经验来看，这种高速运动的例子只发生在电子和离子上；其他从经典力学定律中得到的结果与相对论相差极小，以至于我们极难观察到它们。在进入广义相对论的讨论之前，我们先不考虑行星运动的例子。从相对论的角度来看，质量为 m 的质点的动能不再由众所周知的公式

$$m\frac{v^2}{2}$$

来表达，而是

$$\frac{mc^2}{\sqrt{1-\dfrac{v^2}{c^2}}}$$

随着速度 v 逐渐接近于光速 c，这个表达式的结果趋近于正无穷。无论一个物质如何加快速度以提高能量，它的速度一定也必须小于光速 c。如果我们再完善一下这个表达式，让它以级数的形式来描述动能，那就是：

$$mc^2 + m\frac{v^2}{2} + \frac{3}{8}m\frac{v^4}{c^2} + \cdots$$

当 $\dfrac{v^2}{c^2}$ 与整体相比较小时，表达式的第三项就永远比第二项要小，最后剩下的部分就可以用经典力学的方法进行考量。表达式的第一项 mc^2 不包括速度这个变量，因此如果我们仅仅须解决一个质点的能量与其速度的关系时，我们就不用考虑第一项了。我们稍后再讲解这一部分的关键性意义。

　　狭义相对论得出的最重要的一个普遍性结论就是质量的概念。在相对论出现之前，物理学承认两条基本守恒律的重要性，也就是能量守恒定律和质量守恒定律，这两条基本定律看起来好像互不关联。相对论让它们结合起来，最终成为一条定律。接下来我们要来说说这种结合是如何产生的，它的意义又在何处。

相对论要求能量守恒定律不仅对参照系 K 适用，也要对相对于参照系 K 做匀速运动转换的任何参照系 K' 适用，简言之，就是对任何伽利略坐标系适用。不同于经典力学，洛伦兹变换是这种参照系之间相互转换的决定性因素。

经过一些简单的思考，再结合麦克斯韦电动力学的基本方程，我们可以从这些前提条件中得到以下结论：一个以速度为 v 运动的物体，在运动过程中它以辐射的形式吸收一定的能量 E_0[①] 而其速度不会受到影响，这个物体获得的能量为：

$$\frac{E_0}{\sqrt{1-\dfrac{v^2}{c^2}}}$$

根据上面的求物体动能的表达式，这个物体总的要求的能量就是：

$$\frac{\left(m+\dfrac{E_0}{c^2}\right)c^2}{\sqrt{1-\dfrac{v^2}{c^2}}}$$

于是，该物体具有的能量就等同于一个质量为 $\left(m+\dfrac{E_0}{c^2}\right)$ 的物体以速度 v 移动所具有的能量。因此我们可以说：如果一个物体吸收了数量为 E_0 的能量，那么它的惯性质量就增加 $\dfrac{E_0}{c^2}$。一个物体的惯性质量

---

① E_0 即为被吸收的能量，该概念以与物体一同移动的坐标系为准进行考虑。

不是恒定不变的，它随物体总能量的改变而改变。一个物质系统内的惯性质量是衡量其能量的一个标准。一个系统内的质量守恒定律与能量守恒定律是一样的，不过，这只有在系统不吸收也不释放任何能量的情况下才成立。此时，物质的能量可以表达为：

$$\frac{mc^2 + E_0}{\sqrt{1 - \dfrac{v^2}{c^2}}}$$

现在，mc^2 这一项值吸引了我们的注意力，而它不过是吸收能量 E_0 之前的物体的能量值罢了。

目前（1920年），我们无法从实验中分析对比这种关系前后的变化，因为物体在惯性质量系统内能量 E_0 的改变不够大，所以我们无法观察到这种变化。跟能量变化前存在的质量 m 相比，$\dfrac{E_0}{c^2}$ 实在太小了。因此，经典力学才能将质量守恒确立为独立有效的定律。

让我再在基本性质这里加上最后一点。法拉第－麦克斯韦成功解释电磁超距作用其实是因为物理学家们开始相信，世界上根本没有像牛顿的万有引力那样的远距离同时性运动（除非有中间介质参与）。根据相对性原理，光速传播的超距作用经常代替同时超距作用，或者代替以无限大速度传播的超距作用。这也说明了光速 c 在相对性原理中起着重要作用。在第二部分中我们可以看到在广义相对论中这个结果又会发生什么样的变化。

麦克斯韦方程组

  麦克斯韦方程组是英国物理学家詹姆斯·麦克斯韦在19世纪建立的一组描述电场、磁场与电荷密度、电流密度之间关系的偏微分方程。它由四个方程组成：描述电荷如何产生电场的高斯定律、论述磁单极子不存在的高斯磁定律、描述电流和时变电场怎样产生磁场的麦克斯韦－安培定律、描述时变磁场如何产生电场的法拉第感应定律。

  从麦克斯韦方程组，可以推论出电磁波在真空中以光速传播，进而做出光是电磁波的猜想。麦克斯韦方程组和洛伦兹力方程是经典电磁学的基础方程。[1]

---

[1] 译者注。

十六、经验和狭义相对论

　　经验对狭义相对论能够支持到什么程度？这个问题很难回答，原因我们已经在斐索基本实验的相关章节提到过了。狭义相对论是从麦克斯韦－洛伦兹的电磁现象理论中提炼出来的。因此，所有支持电磁理论的经验事实也都能够支持相对性原理。在这里我要多提一句相对性原理的特殊意义：它使我们能够成功预测来自遥远的恒星的光线对我们会产生什么影响。我们已知地球相对于恒星处于相对运动状态，而这种影响又是和经验紧密联系在一起的，因此我们很容易就可以得到这些结论。我们认为恒星视位形成以年为周期的运动就是地球绕太阳运动（光行差）造成的，而恒星对地球做相对运动的径向分量的影响要归结于恒星向地球发出的光的颜色。通过将从恒星发出的光谱线与地球自身发出的相同的光谱线的位置作对比，这种现象本身就证明了从恒星发出的光谱线的位置与在地球上的光源所产生的相同的光谱线的位置存在一些细微的差别（多普勒效应）。倾向于麦克斯韦－洛伦兹理论的经验争论，也就是那些支持相对性原理的争论，数量过于庞大，我们在这里就不一一列举了。在现实中，他们将理论可能性控制在这样一个范围内——除了麦克斯韦－洛伦兹理论，没有其他任何一个理论能够经受住经验的检验。

但是现在有两类实验事实只有在引进一个辅助假设后才能用麦克斯韦－洛伦兹理论来表达，而这个辅助假设本身（也就是不引用相对论）是与麦克斯韦－洛伦兹理论不相干的。

众所周知，阴极射线和所谓的 β 射线都是由负极带电粒子组成的放射性物质发出的，这些负极带电粒子惯性很小，但速度极快。通过检测这些射线在电场和磁场中发生的偏斜我们就可以准确掌握这些粒子的运动规律。

在给这些电子进行理论化处理的过程中，我们遇到一个困难，那就是电动力学理论无法对它们的性质做出界定。由于电子质之间同性相斥的原理，负极电子质在组成电子的过程中必然会被它们之间的排斥力所分离，除非在它们之间有其他作用力的参与。所以，目前我们对它们的性质的理解还处于一个相当模糊的阶段。[1] 如果我们假设构成电子的电子质之间的相对距离在电子运动时保持不变（经典力学意义上的刚性联系），我们所得出的电子运动规律是不符合经验的。H·A·洛伦兹是第一个从纯粹形式的角度提出假设的人，他认为电子运动时在其运动方向将发生收缩，收缩的长度与 $\sqrt{1-\dfrac{v^2}{c^2}}$ 成比例。这个没有被任何电动力事实证明的假说为我们提供了一条特殊的运动定律，近年来，该定律已经被证明具有很高的准确性。

根据相对性原理，我们不用对电子的结构和行为做出其他任何假设，也能够得出相同的定律。相同的情况也发生在第十三节斐索实验的部分，我们不用根据液体的性质做出任何假设，仅仅通过相对性原

----

[1] 广义相对论对其做出的解释是，一个电子内的电子质受到地球引力的作用相互结合。

理就得出了相同的结果。

我们在地球上做的实验是否能还原地球在宇宙空间中的运动？我们刚刚提到的第二类事实已经涉及了这个问题。就像在第五节中提到的，我们对自然界所做的任何尝试得到的或许都会是一个否定的结论。在相对性原理被提出以前，我们很难调和这些否定的结论，为什么呢？伽利略变换就是运动中的物体在各个参照系之间相互转换的黄金法则，这是由人们对时间和空间概念固有的偏见所决定的，不容受到任何的质疑。假设麦克斯韦－洛伦兹等式适用于参照系 K，再假设参照系 K 与同 K 保持匀速运动的参照系 K' 之间存在伽利略变换的关系，我们会发现麦克斯韦－洛伦兹等式并不适用于参照系 K'。由此可知，在特定的运动状态下，伽利略坐标系中的任何一个坐标系（K）在物理意义上都是唯一的。在物理学上，这个结论可以被解释为，K 相对于空间中假定概念"以太"处于完全静止状态。另一方面，所有相对于 K 做匀速运动的坐系 K' 相对于以太都处于运动状态。K' 相对于以太所做的运动（相对于 K' 的以太漂移）应该被归类为一项更复杂的定律，该定律适用于 K'。严格地说，我们也应该假设以太漂移是相对于地球而言的，多年以来，物理学家们耗费了大量的精力就是为了发现以太漂移在地球表面存在的证据。

在这些最为著名的尝试中，迈克尔孙设计出了一个看似很有效的方法。假设两面镜子被安置在一个刚体上，一个镜面反射出的镜像面对着另一个。如果整个系统相对于以太处于静止状态的话，一道光线会在一段时间 T 内，分秒不误地从一面镜子到达另一面镜子再反射回来。然而，通过计算我们发现，如果一个物体连同镜子都相对于以太保持运动状态，这个光线的传播过程就需要经过另一段时间 T'。还有另一种观点：计算也表明，已知物体相对于以太以相

同速度 v 在运动，当它沿镜面垂直方向运动时，所需时间 T' 不同于该物体沿镜面平行方向所需要的时间。尽管我们推测这两个时间值之差非常非常微小，但迈克尔孙和莫雷进行了一项非常精确的实验，他们在实验中设置了一个干扰项，这个干扰项可以很精准地测量出时间之间细微的差别。但是实验得出了一个完全相反的结论——一个令物理学家们费解的事实。洛伦兹和菲茨杰拉德将该理论从困境中解救了出来，他们假设物体相对于以太的运动造成了物体在运动方向上的收缩，收缩量刚好补偿了时间差。对比第十二节中的讨论我们也可以发现，从相对性原理的立场上看，这个解释无疑是正确的。不过如果是在相对性原理的基础上来做解释就更加完美了。根据相对性原理，在引入以太这个概念时就不该假设那些受到"特殊照顾"（具有特殊性）的坐标系，因此也就不会有以太漂移，或者任何去证实以太漂移的实验了。在这里，运动物体的收缩遵循相对性原理的两条基本原则，无须再做特殊的假设；虽然我们在这种收缩中发现了中素因子存在，但我们不能赋予其任何意义，这不过是我们在特定相关情况下选取的一个相对于参照系的运动而已。因此，对于一个随地球运动的坐标系而言，迈克尔孙和莫雷的镜面系统保持原貌；而对于相对于太阳保持相对静止状态的坐标系而言，他们的镜面系统将可以被大大简化。

以太

　　以太是古希腊哲学家亚里士多德所设想的一种物质。19世纪的物理学家认为它是一种曾被假想的电磁波的传播介质。但后来的实验和理论表明，如果假定"以太"不存在，很多物理现象可以有更为简单的解释。也就是说，没有任何观测证据表明"以太"的存在，也没有任何观测证据表明"以太"的不存在。[①]

---

① 译者注。

迈克尔孙－莫雷实验

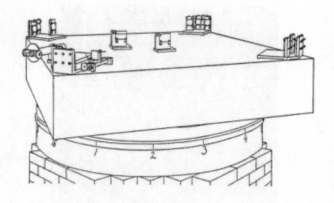

　　迈克尔孙—莫雷实验，是1887年迈克尔孙和莫雷在美国克利夫兰做的用迈克尔孙干涉仪测量两垂直光的光速差值的一项著名的物理实验。但结果证明光速在不同惯性系和不同方向上都是相同的，由此否认了以太（绝对静止参考系）的存在，从而动摇了经典物理学基础，成为近代物理学的一个发端，在物理学发展史上占有十分重要的地位。[1]

---

① 译者注。

十七、闵可夫斯基的四维空间

当一个不是数学家的人听到"四维"这个词时，他一定会战栗不止，这种感觉是神秘学无法唤起的。然而，要让我们描述这个世界时，已经没有比"我们生活的世界是一个四维时空连续介质"更通俗的话语了。

空间是一个三维连续介质。这句话的意思是我们可以通过坐标系里的三个数字 x，y，z 来描述一个点（处于静止状态）的位置。在这个点的周围我们可以找到无数个点，它们都能由坐标系内的 x_1，y_1，z_1 所表示。根据我们所选择的坐标系的位置，这些点可能与第一个点的坐标 x，y，z 无限接近。根据后者的这种特殊性质我们把这叫作"连续介质"，又因为我们刚刚提到的坐标系有三个方向，我们就称之为"三维"。

相似地，这个被闵可夫斯基简单地称为"世界"的物理现象领域在时空意义上是自然的"四维"状态。因为每一个个体事件都可以用四个数字来表达，那就是三个空间坐标 x，y，z 和一个时间坐标（时间量值 t）。在此意义上，"世界"依旧是一个连续介质。因为每一个时间周围都有无数个可选择的"相邻"事件（我们可以发现的，或者至少是想得到的），这些事件的坐标 $x1$，$y1$，$z1$，$t1$ 与最初选取的 x，y，z，t 或多或少都有差别。我们目前还没有习惯把世界看作一个四维连续介质，是因为在相对性原理出现之前，时间这个概念不同于空间坐标，并且时间在整体上扮演了更加重要的角色。因此，我们更习惯于将时间看作一个独立的连续介质。事实上，根据经典力学，时间是绝对的，也就是说，时间与方位以及坐标系运动的状态无关。伽利略变换的最后一个等式中就有这种表述（$t' = t$）。

在相对性原理看来，以四维的模式来观察"世界"是很自然的，因为我们可以从相对性原理中看到，时间的独立性被剥夺了。这是由洛伦兹变换中的第四个方程变换而得的：

$$t' = \frac{t - \dfrac{v}{c^2}x}{\sqrt{1 - \dfrac{v^2}{c^2}}}$$

再者，从这个等式中可以得出，即便是两个事件相对于 K 的时差 Δt 消失了，这两个事件相对于 K' 的时差 $\Delta t'$ 一般来说都不会消失。两个事件相对于 K 纯粹的"空间距离"会导致相同事件相对于 K' 的"时间距离"。闵可夫斯基的发现对于相对性原理的正式确立及发展具有重要作用，但其意义并不在此。这种意义是他自己都不可想象的。我们发现，相对性原理的四维时空连续介质从其最本质而有条理的性质上，与欧几里得几何空间理论的三维连续介质具有显著的关联。[1] 为

---

① 在附录二中可查看更完整的研究。

了表现出这种关联的重大意义，我们必须把常规的时间坐标 t 换作一个假想的与 t 等比的量级 $\sqrt{-1} \cdot ct$。补充了这些条件之后，自然定律就满足了（狭义）相对论要求的假定数学形式，这时，时间坐标就起到和其他三个空间坐标完全相同的作用了。用更加正规的语言来表述就是，这四个坐标单位与欧几里得几何学中的三个空间坐标完全对应起来了。即便你不是一位数学家，也应当明白：我们不必再去质疑该理论的准确性。

这些非常不充分的讨论只能让读者对闵可夫斯基的贡献有一个粗略的印象。如果没有闵可夫斯基的发现，我们接下来将要讲到的广义相对论的基本概念可能就没什么意义。如果你没有数学方面的专业背景，你就不能完全了解闵可夫斯基的贡献。不过，只要截取闵可夫斯基的理论体系的片段，就足以理解广义和狭义相对论的基本理念，因此我们在这里就不做详细展开了，会在第二部分的结尾重提此要点。

连续介质

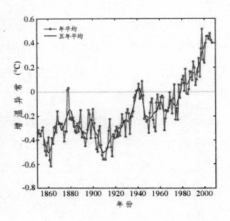

　　连续介质是流体力学或固体力学研究的基本假设之一。它认为流体或固体质点在空间是连续而无空隙地分布的，且质点具有宏观物理量如质量、速度、压强、温度等，都是空间和时间的连续函数，满足一定的物理定律（如质量守恒定律、牛顿运动定律、能量守恒定律、热力学定律等）。[①]

---

① 译者注。

四维空间

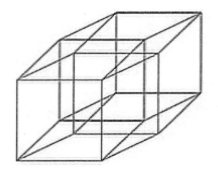

在物理学中描述某一变化着的事件时所必需的变化的参数,这个参数就叫作维。几个参数就是几个维。

简单地说:零维是点,没有长度、宽度及高度。一维是由无数的点组成的一条线,只有长度,没有其中的宽度、高度。二维是由无数的线组成的面,有长度、宽度,没有高度。三维是由无数的面组成的体,有长度、宽度、高度。因为人的眼睛只能看到三维,所以四维以上很难解释。

将四维空间定义为三维空间+时间轴的说法是对于闵可夫斯基空间概念的误解。[①]

————————————

① 译者注。

第二部分　广义相对论

一、狭义和广义相对性原理

狭义相对性原理，即一切匀速运动具有物理相对性的原理，是我们之前所有讨论的中心。让我们更加细致地分析一下它的意义。

从狭义相对性原理传达给我们的观点来看，每一种运动都只能被看作是相对运动，这一点一直是很清楚的。回到我们之前用的路基和火车车厢的例子上，我们可以用下列两种方法来解释运动的事实，这两种表述方式都是合理的：

（1）车厢相对于路基而言是运动的。

（2）路基相对于车厢而言是运动的。

我们在表述物体的运动状态时，在（1）中是把路基看作参照物，在（2）中是把车厢看作参照物。如果问题仅仅是让我们发现或者描述其中涉及的运动，那么我们相对于该运动所选取的参照系在原则上是无关紧要的。之前我们已经提到，这一点是不言自明的。但是我们绝对不能将其与综合性强得多的"相对性原理"相混淆，相对性原理是我们研究的基础。

我们所引用的原理不仅认为我们仍然可以选取路基或者车厢作为描述任何事件的参照物（这一点也是很明白的），我们的原理还坚持：

如果我们在表述从经验中获得的普遍的自然界定律时引用以下观点：

（1）路基作为参照物，

（2）火车车厢作为参照物，

那么这些普遍的自然界定律（例如力学定律或光在真空中的传播定律）同时适用于以上两种情况。这一点也可以表述如下：对于自然进程中的物理描述而言，无论是参照系 K 还是 K'，没有一个与另一个相比是独一无二的（字面上的意义是"特殊标注的"）。与第一个陈述不同，后一个陈述不一定要求从先验的观点出发；该陈述不包含在"运动"和"参照物"这些概念中，也不能从这些概念中推导出来；只有经验才能证明其正确性。

然而，到目前为止，我们根本无法确定是否所有参照系 K 在表述自然定律方面都具有等效性。我们主要是沿着以下思路进行考虑的。首先我们假设存在一个参照系 K，它的运动状态符合伽利略定律：一个质点若不受外界作用并远离其他所有质点，则该质点沿直线做匀速运动。参照系 K（伽利略参照物）表述的自然界定律应该是最简单的。除了 K 之外，所有参照物在描述自然定律时也是非常容易的，因为他们相对于 K 做非旋转式的匀速直线运动且它们都可以被视为伽利略参照物，所以这些参照物在表述自然界定律时应该与 K 完全等效。我们假定相对性原理只有对这些参照物才有效，对其他参照物（例如处于其他运动状态的参照物）则是无效的。

与此相对应的是，我们可以从下列陈述中理解"广义相对论"：所有的参照物 K、K' 等，不论它们的运动状态如何，在描述自然现象（表述自然界普遍定律）时都是等效的。在进行下去之前我必须指出的是，这一陈述在以后必须被代之以一个更为抽象的表述，其原因到以后你自然会明白。

既然已经证明了引入狭义相对论的原理是合理的，那么每一个追求普遍化结论的聪明人想必都等不及要去探索广义相对论了。但是只要简单想想就能够得到一个确定的答案，至少从目前看来，这种尝试成功的概率似乎并不大。想象一下，我们又回到了我们的老朋友——匀速前进的火车上。只要火车保持做匀速运动，车厢里的人就感觉不到火车的运动，基于此，他可以毫不勉强地说车厢此时处于静止状态。再者，根据狭义相对性原理，这种解释从物理学的观点来看也是十分合理的。

　　如果车厢的运动变为非匀速运动，比如此时忽然刹车，那么车厢内的人就会感受到一阵向前的猛烈冲力。这种受到阻碍的运动就通过车厢里的人的力学行为表现出来。这种力学行为不同于我们之前所讨论的案例，由此看来，对于静止的或者做匀速运动的车厢成立的力学定律并不能同时适用于做非匀速运动的车厢。无论如何我们都得到了一个准确的答案：伽利略定律对于做非匀速运动的车厢显然是不成立的。因此，我们目前不得不放弃广义相对论转而去寻找另一种方法将非匀速运动赋以一种绝对的物理实在性。但是接下来我们就会看到，这个结论是不成立的。

二、引力场

"如果我们捡起一块石头，然后松开手，为什么石头会落到地上呢？"通常这个问题的答案是："因为石块受到地球的吸引。"现代物理学对这个答案的表述则大相径庭。通过对电磁现象的仔细研究我们发现，没有某种中间媒介的介入，超距作用是不可能发生的。例如，一块磁铁吸上了一块铁片，就意味着磁铁透过中间没有任何物质的空间直接作用于铁块，这种解释我们是不会满意的。我们不得不按照法拉第的方法去思考，设想磁铁总是在其周围的空间产生某种具有物理实在性的东西，我们把这种东西称为"磁场"。磁场反复作用于铁块上，铁块于是努力朝着磁铁移动。我们现在不讨论这个枝节性概念的合理性，不过这个概念的确具有一定的随意性。我们只能说，借助于这个概念，电磁现象的理论表述得到了更具有说服力的解释，对于电磁波的传播研究尤其如此。我们可以用相似的方式来看待引力的作用。

地球对石块的作用不是直接的。地球在其周围创造出一个引力场，引力场作用于石块，石块因此下落。从经验可知，当我们离地球越来越远时，地球对物体的作用强度逐渐减少，这是一个非常确定的规律。

从我们的角度，这就意味着：为了正确表述引力作用随着物体与受作用物体之间距离的增加而减小的关系，支配空间引力场的性质的定律一定要非常具体而准确。它大概是这样的：一个物体（比如地球）在其周围最邻近处直接创造出一个场，场对于远处物体所施加的强度和方向由支配该引力场本身的空间性质定律决定。

引力场显示出一种不同于电场和磁场的显著特性，这种特性对于下面的论述具有非常重要的意义。一个物体在引力场的单一影响下得到一个加速度并保持运动状态，这个加速度与该物体的材料和物理状态没有任何关系。例如，一块铅和一块木头在同一个引力场中（在真空中），如果它们都从静止或者以相同的初速度开始下落，他们下落的方式将是完全相同的。根据以下方式思考，这个精确的定律可以以一种不同的形式表述。

根据牛顿运动定律，我们得到：

$$（力）=（惯性质量）\times（加速度）$$

其中"惯性质量"是被加速物体的一个特征常数。如果引力是加速度的起因，我们就可以得到：

$$（力）=（引力质量）\times（引力场强度）$$

其中"引力质量"也是被加速物体的一个特征常数。从这两个等式关系中我们可以得到：

$$（加速度）=\frac{（引力质量）}{（惯性质量）}×（引力场强度）$$

现在，从我们的经验中可知，加速度与物体的本性和状态无关，而且在同一引力场中，不同物体的加速度是相同的。那么，对于一切物体而言，引力质量与惯性质量之比也必然是相同的。只要选取适当的单位，我们就能令这个比值等于 1。因而我们可以得出下述定律：物体的引力质量等于其惯性质量。

这个重要的定律早已被记载在力学中，但是一直没有得到解释。我们只有承认了下述事实，这个定律才能得到合理的解释，这个事实就是：在不同处境下，物体性质的不同表现例如"惯性"或"重量"（字面意义是"体重"）其实都是该物体的同一个性质。这种说法有多大程度是可信的，这个问题与相对论的基本假定又是如何联系起来的？我们在下节将会展开说明。

万有引力定律

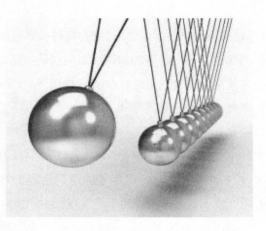

　　万有引力定律是艾萨克·牛顿在 1687 年于《自然哲学的数学原理》上发表的。牛顿的普适的万有引力定律表示如下：

　　任意两个质点由通过连心线方向上的力相互吸引。该引力大小与它们质量的乘积成正比，与它们距离的平方成反比，与两物体的化学组成和其间介质种类无关。①

———————

① 译者注。

三、惯性质量和引力质量相等是广义相对性公设的一个论据

我们假设在什么都没有的空间里有一非常大的部分，它距离各个星球及其他可感知的质量非常遥远，可以说它基本满足了伽利略基本定律所需要的要求。这样我们就可以为这部分空间（世界）选取一个伽利略坐标系，相对于该坐标系处于静止状态的点仍旧保持静止状态，而处于运动状态的点则永远保持匀速直线运动状态。我们假设把一个宽敞的类似于房间的箱子作为参照物，箱子里有一个配有仪器的人作为我们的观察对象。当然，对于这个人而言引力并不存在。他必须用绳子把自己拴在地板上，否则他只要轻轻地碰一下地板就会朝着天花板的方向慢慢地浮起来。

在箱子盖的中间有一个钩子，钩子上系有绳子，现在有一个"生物"（什么生物对我们来说无关紧要）开始以恒力拉这根绳。于是箱子连同箱子内的人就开始做匀加速运动不断上升。经过一段时间，它们将达到一个前所未有的速度——倘若我们从另一个没有被绳提拉的参照物来观察这一切的话。

但是箱子里的人会如何看待这个过程呢？箱子的加速度会通过箱

子地板的反作用传递给他。所以，如果他不想整个人都卧倒在地板上的话，他就必须用他的腿来承受这个压力。因此，他站在这个箱子里就跟其他人站在地球上的一个房间里一样。如果他放开手里拿着的一个物体，箱子的加速度就不再传递到这个物体上，因而这个物体就开始做相对加速运动，最终落到箱子的地板上。这个人就会进一步断定：无论他用什么物体来做这个实验，物体朝向箱子地板的加速度总是一个固定的值。

根据自己对引力场的认知（就如前面所讨论的），箱子里的人会得出这样一个结论：他和箱子处在同一个引力场中，并且该引力场相对于时间而言是恒定不变的。当然，他会一时感到迷惑不解：为什么这个在引力场中的箱子没有降落？这时，他发现了箱盖中间的钩子和钩子上拴着的绳。因此他又得出结论：箱子被悬挂在引力场中，处于相对静止状态。

我们应该嘲笑他在推理中犯的错误吗？如果我们保持一种求真的态度的话，我想我们不应该嘲笑他。事实上，我们应该承认，他对所处情况的捕捉以及认知既没有违背理性也没有违反已知的力学定律。尽管我们认定这个箱子相对于"伽利略空间"做加速运动，但是我们也可以把它看作是静止的。这样，我们就有了充分的理由去扩展相对性原理的包容度，将互做加速运动的参照物纳入理论适用范围，也正是这样，我们就有了一个相对性公设普遍化推广的论据。

我们必须充分认识到，这种解释方式的可能性，是以引力场给予一切物体相同的加速度这一基本性质为基础的；也就等于说，是以惯性质量和引力质量相等这一定律为基础的。如果这一自然定律不存在，处在做加速运动的箱子里的人就不能先假定出一个引力场来解释他周围物体的行为，他也就没有理由根据经验假定他的参照物是"静止的"。

假设箱子里的人在箱子盖内面系一根绳子，然后在绳子的自由端拴上一个物体。结果一定是绳子拉伸，物体则"竖直"悬垂着。如果我们询问绳子上产生张力的原因，箱子里的人会说："悬垂着的物体在引力场中受到一个向下的力，此力为绳子的张力所平衡。物体的引力质量决定该绳子张力的大小。"另一方面，在空中保持平衡稳定的观察者会这么解释这个情况："绳子势必参与箱子的加速运动，它将此运动传给拴在绳子上的物体。绳子的张力恰好足够引起物体的加速度。决定绳子张力的应该是物体的惯性质量。"从这个例子可以看到，我们对相对性原理的推广隐含着惯性质量等于引力质量这一定律的必然性。由此我们就得到这个定律的一个物理解释。

根据讨论做加速运动的箱子的案例，我们可以看到，广义相对论必然会对引力定律产生重要的影响。事实上，对广义相对性观念的系统研究已经补充了大量满足引力场现象的定律。但是，在继续谈下去之前，我必须提醒读者不要接受这些论述中隐含的一个错误概念。对于箱子里的人而言那里存在一个引力场，尽管对于最初选定的坐标系而言并没有这样的场。因此我们可能会做出轻率的假定：引力场永远只是一个表象式的存在。我们也可能认为，不管存在着什么样的引力场，我们总是能够选取另一个参照物，对于该参照物而言引力场完全不存在。这不是对于所有引力场都完全成立的，它仅适用于一些十分特殊形式的引力场。例如，我们无法找到这样一个参照物，相对于该参照物，地球的引力场（就其整体而言）完全消失。

我们现在可以认识到，为什么前面所列举的反驳广义相对性原理的论据是不能令人信服的。车辆里的观察者由于刹车而感受到一种朝向前方的猛冲，他因此觉察到车厢的非匀速运动（阻滞），这些事实没有问题。他可能还会这么解释自己的经历："我的参照物（车厢）

一直保持静止。但是，对于车厢这个参照物存在着（在刹车期间）一个方向向前的引力场，这个引力场会随着时间变化而变化。受该引力场的影响，路基连同地球都做非匀速运动，而它们原有的向后的速度以此方式逐渐减小。

惯性质量

　　惯性质量是量度物体惯性的物理量。实验发现，在惯性系中，若在两个不同物体上施加相同的力，则两物体加速度之比 a_1/a_2 是一个常数，与力的大小无关。此结果表明，a_1/a_2 之值仅由该两物体本身的惯性所决定，与其他因素无关。物理学中规定各物体的惯性质量与它们在相同的力作用下获得的加速度数值成反比。若用 m_1 及 m_2 分别表示两物体的惯性质量，则 $m_2/m_1=a_1/a_2$。[1]

---

① 译者注。

四、经典力学的基础和狭义相对论的基础在哪些方面不能令人满意

对于产生经典力学的定律我们已经重申过多次了：一个离其他质点足够远的质点沿直线持续做匀速运动或保持一个静止的状态。我们也多次强调过，该基本定律只有对一些处于特殊的运动状态的参照物 K 才有效，这些参照物互为参照并做匀速平移运动。否则，相对于其他参照物 K'，这个定律就会失效。所以在经典力学和狭义相对论中都把参照物 K 和参照物 K' 区分开：相对于参照物 K，公认的"自然界定律"可以说是成立的，而相对于 K'，这些定律并不成立。

但是，只要是有逻辑思维的人都不会满足于这个答案，我们要问："为什么要认定某些参照物（或它们的运动状态）比其他参照物（或它们的运动状态）优越（特殊）呢？出现这种倾向的理由是什么？"为了讲清楚我提出这个问题的意义，我会使用一些对比的方法进行说明。

假设我站在一个煤气灶前。煤气灶上放着两个平底锅。这两个锅非常相像，甚至很多时候我们都分不清哪个是哪个，两个锅里都盛着半锅水。我注意到一个锅里不断冒出蒸气，另一个锅里则没有。即使

我从前从来没有见过煤气灶和平底锅，我仍然会感到惊讶。但这个时候我发现第一个锅底下有蓝色的光亮而另一个锅下没有。那么即使我从来没有见过煤气的火焰我也不再会感到奇怪了。因为我可以说这个蓝色的东西使锅里产生飘散而出的蒸气，或者至少可以说有这种可能。但是如果我确认这两个锅底下没有什么蓝色的东西，然而我还观察到其中一个锅不断冒出蒸气而另一个锅没有，那么我一定感到惊奇和不满足，直到我能用某种情况来解释这两个锅表现上的差异为止。

与此类似，在经典力学（或狭义相对论）中我们找不到什么真真切切存在着的物质能够说明为什么相对于不同的参照系 K 和 K'，物体会有不同的表现。[①] 牛顿发现了这个缺陷并曾试图消除它，但是没有成功。只有马赫对它看得最清楚，由于这个缺陷的存在，他宣称必须把力学放在一个新的基础上。只有借助于与广义相对性原理一致的物理学才能消除这个缺陷，因为这样的理论方程对任何参照物都是成立的，不论物体本身处于何种运动状态。

---

① 这个异议对于具有某种性质的参照物的运动状态具有特别的意义，这个性质就是，它不需要任何外界的中介来维持它的运动状态。比如说，在某个案例中，当参照物在匀速旋转时。

马赫

　　恩斯特·马赫（1838—1916年）是奥地利－捷克物理学家、心理学家和哲学家。

　　马赫认为世界是由一种中性的"要素"构成的，无论物质的东西还是精神的东西都是这种要素的复合体。所谓要素就是颜色、声音、压力、空间、时间，即我们通常称为感觉的那些东西。在他看来，物质、运动、规律都不是客观存在的东西，而是人们生活中有用的假设；因果律是人们心理的产物，应该用函数关系取代。世界因此表现为要素之间的函数关系，科学对此只能描述而不能解释，描述则应遵循"思维经济原则"，即用最少量的思维对经验事实做最完善的陈述。①

――――――――――

① 译者注。

五、广义相对性原理的几个推论

　　第二部分第三节的论述表明，广义相对论使我们以一种纯理论的方式推导出引力场的性质。例如，假设我们已经知道所有自然过程在伽利略区域中相对于伽利略参照物 K 如何发生，我们也已经知道这个自然过程的时空进程。借助于纯理论运算（即仅仅通过计算），我们就可以得知，这个已知的自然过程从一个相对于 K 做加速运动的参照物 K' 去观察是如何表现的。但是既然相对于这个新的参照物 K' 而言存在着一个引力场，我们的大脑就会条件反射般地告诉我们引力场是如何影响我们要研究的这个过程的。

　　举例来说，我们知道一个相对于 K（按照伽利略定律）做匀速直线运动的物体相对于做加速运动的参照物 K'（箱子）来说是在做加速运动的，而且一般还是曲线运动。此种加速度和曲率就对应于相对于 K' 而言已知存在的引力场对运动物体的影响。我们已经知道了引力场会以此方式影响物体的运动，因此刚才的讨论并没有为我们带来任何本质上的新的突破。

　　但是，如果我们以相同的方式来研究光线的话，我们就可以得到一个新的结果，这个结果对我们的研究非常重要。相对于伽利略参照

系 K 而言，有这样一道光线沿直线传播，速度为 c。不难证明，如果我们把一个加速运动的箱子（参照系 K'）作为参照物来考虑的话，同一道光线的运动轨迹也不再是一条直线了。由此我们得出结论：一般来说，光线在引力场中沿曲线传播。这个结论在两个方面具有重大意义。

首先，这个结果可以同实际情况相比较。尽管关于这个问题的详细研究表明，根据广义相对论，光线穿过在实际中能够被我们加以利用的引力场时，其曲率是极小的；光以掠入射方式经过太阳时，其曲率量级也不过 1.7 角秒。这个说法可以通过以下示例证明。从地球上观察，某些恒星好像处在太阳的邻近处，因此我们能够在日全食时观测到这些恒星。在日全食时，这些恒星在天空的视位置与当太阳位于天空的其他部位时它们所处的视位置相比较，应该偏离太阳。检验这个推断正确与否是一个极其重要的问题，希望天文学家能够早日予以解决。[①]

其次，结果表明，根据广义相对论，作为狭义相对论两个基本假定之一的真空中光速恒定定律，其有效性或许是有限的。光线的弯曲只有在光的传播速度随位置而改变时才会发生。我们可能会想，如果这么说的话，狭义相对论甚至于整个相对论都要分崩离析了。但实际上并不是这样。我们只能说狭义相对论的有效性不是无止境的，并且只有在我们不需要考虑引力场对现象（例如光的现象）的影响时，狭义相对论的结果才成立。

由于反对相对论的人常说狭义相对论被广义相对论推翻了，因此

---

① 通过英国皇家联合协会和英国皇家天文学学会组织的两次探险远征所得到的星际摄影照片，相对论提到的光的偏折现象在一次日食中首次被证明存在，1919年 5 月 29 日。（参阅附录三）

用一种适当的比方把问题说清楚才更为妥当。在电动力学发展起来之前，静电学定律就被看作是电学定律。现在我们知道，只有在电质量之间并相对于坐标系完全保持静止的情况下，才能够从静电学的角度准确地推导出电场，虽然在严格意义上这种情况是永远不会实现的。我们是否可以说，基于此，静电学就被麦克斯韦的电动力学方程推翻了呢？绝对不可以。静电学具有特殊限制性，但它仍然包含于电动力学。当"场"不随时间改变时，电动力学的定律就直接得出静电学定律。不是所有物理理论都能有这种好运，即一个理论本身指向一个更为全面的理论的创立，原来的理论则作为一个特殊情况继续存在下去。

在刚刚讨论过的光的传播的有关例子中，我们已经看到，广义相对论能够使我们从理论上推导出引力场对自然进程的影响，我们早已明白这些定律在不考虑引力场的影响下是什么样的。有一个问题受到了大家特别的关注，那就是引力场所满足的定律的研究问题，而广义相对论已经解决了这个问题。让我们稍微思考一下。

我们已经熟悉了经过适当选取参照物后（近似地）处于伽利略形式的那种时空区域，及没有引力场的区域。如果我们现在假设相对于参照系 K' 有着各种各样的运动，那么相对于 K' 就存在一个引力场，该引力场随时间和空间变化。[1] 这个场的特性必然取决于为 K' 所选取的运动。根据广义相对论，引力场的普遍定律必须满足所有以此方式得到的引力场。尽管不是所有的引力场都能以此方式产生，但我们还是可以抱着一线希望，认为普遍的引力定律能够从这样一些特殊的引力场推导出来。这个希望已经实现了，但是从认清这个目标到实现它要经过一段很繁复的探索过程，因为这个问题牵扯到太

---

[1] 此处符合第二部分第三节中的讨论的普遍化体现。

多别的内容，我在这里就不赘述了。我们还要进一步拓宽时空连续区的观念。

日全食

　　日全食是日食的一种，即在地球上的部分地点观测到的太阳光被月亮全部遮住的天文现象。日全食分为初亏、食既、食甚、生光、复圆五个阶段。由于月球比地球小，只有在月球本影中的人们才能看到日全食。民间称此现象为天狗食日。[1]

---

① 译者注。

六、时钟和量杆在转动的参照系上的行为

    至今为止我一直在回避广义相对论中的空间数据和时间数据的物理解释问题。我逐渐开始对我的潦草讲述感到愧疚，根据我们对狭义相对论的了解，它们绝不是那种不重要的，能够被忽略的问题。是时候来弥补我犯的错误了。事先声明一下，我们不要求读者有足够的耐心和抽象能力来理解这个问题。

    还是从以前常常使用的那些特殊的案例开始。我们先来设想一个时空区域，在这里相对于参照系 K 不存在引力场，参照系 K 的运动状态已经被合理地选定。参照系 K 就是区域内的一个伽利略坐标系，狭义相对论的结果对于 K 而言是成立的。我们假设我在同一区域内有另一个坐标系 K'，K' 相对于 K 做匀速旋转。为了易于想象，我们可以把 K' 看作一个平面圆盘，该圆盘在其本身的平面内围绕其中心做匀速旋转运动。一个行为古怪的人现在离开盘心坐到了圆盘 K' 上，他能够感受到沿径向向外作用的一个力。而一个相对于原来的参照物 K 保持静止的人就会把这个力解释为惯性效应（离心力）。但是坐在圆盘上的人可以把他的圆盘当作一个静止的参照物。从广义相对论的基本原理来看，他的判断是合理的。他把作用在他

身上的，事实上作用于所有相对于圆盘保持静止的物体的力，看作是一个引力场的效应。然而，这个引力场的空间分布在牛顿的引力理论看来是不可能的。[①] 但是既然我们的这位观察对象相信广义相对论，这个问题应该不难解答。他坚定地相信引力的普遍定律可以被建立——这个定律不仅可以正确地解释众星的运动，还能解释观察者自己所体验到的力场。

这个人在他的圆盘上用时钟和量杆做起了实验。他做这个实验的目的是要得出确切的定义来表达时间数据和空间数据相对于圆盘 K' 的意义，这些定义将基于他的观察。他会观察到什么呢？

首先他选取了两个构造完全相同的时钟，一个安置在圆盘的中心，另一个放在圆盘的边缘，如此一来，这两个时钟相对于圆盘保持静止。我们现在问自己一个问题，从非旋转的伽利略参照系 K 的角度出发，这两个时钟走的速率是相同的吗？从这个参照物来看，放在圆盘中心的时钟并没有速度，而由于圆盘的转动，在圆盘边缘的时钟相对于 K 是运动的。我们得到的结论符合第一部分第十二节中的讨论，在圆盘边缘的时钟永远比在圆盘中心的时钟走得慢，即从 K 观察的结论。显然，我们设想一个带着时钟坐在圆盘中心的观察者也会得到相同的结论。因此，在我们的圆盘上，或者把情况说得更普遍一些，在每一个引力场中，一个时钟走得快慢取决于这个钟（静止）在引力场中的位置。因此，如果仅仅借助相对于参照物保持静止的时钟来观察，我们无法得出一个合理的关于时间的定义。我们在试图定义同时性的时候也遇到了同样的困难，但就这个问题

---

① 在圆盘的中心，这个场的作用消失；但随着我们沿圆盘中心向外前进，这个场的作用不断增加。

我不想多谈下去了。

此外，在这个阶段，我们对空间坐标的定义也出现了不可克服的困难。如果这个人在观察的时候采用他的标准量杆（一根比圆盘半径短的杆），他将量杆放在圆盘的边上并使杆与圆盘相切，那么，从伽利略坐标系判断，这根杆的长度就小于1，因为根据第一部分第十二节，运动物体在运动方向上发生收缩。另一方面，如果把量杆沿半径方向放在圆盘上，相对于 K，量杆的长度不会缩短。如果，这个观察者先用他的量杆去度量圆盘的周长，然后度量圆盘的直径，两者相除，他所得到的商不会是大家熟知的数字 $\pi =3.14\cdots$，而是一个大一些的数。[①]当然，对于一个相对于 K 保持静止的圆盘，这个运算的结果就会准确地得出 π。这证明，欧几里得的几何学命题对于旋转的圆盘，或者更普遍地说，对于引力场并不适用，至少是在我们把量杆在所有位置和每一个取向的长度都算作 1 时，结论不成立。因而这个关于直线的设想也失去了意义。因此我们不能用在讨论狭义相对论时所使用的方法来试图准确定义圆盘上的 x，y，z 坐标。而且，只要还没有给出对于事件的坐标和时间的定义，我们就不能在这些事件出现时赋予自然定律以严格的意义。

如此看来，我们之前所有根据广义相对论得出的结论也都存在问题。在现实中，为了能够准确地运用广义相对论的公设，我们必须采取巧妙的迂回战略。在接下来的几段我会为读者解释这个问题。

---

① 关于这个问题的讨论我们必须以伽利略（非旋转）坐标系 K 做参照物，因为我们只可以单纯地假设相对于 K 的狭义相对论结论的有效性（如果参照 K'，引力场的作用就占了上风）。

七、欧几里得和非欧几里得连续区域

　　在我面前有一块平铺开来的大理石桌面。我可以从这个桌面上的任何一点到达其他任何一点，即连续地从一点移动到"邻近的"一点。重复这样的行为若干次，换言之，即无须从一点"跳跃"到另一点。我们把桌面看作一个连续区来表现桌面的上述性质。

　　现在我们假设已经做好了许多长度相等的小杆，它们的长度比大理石板短很多。我说它们长度相等的意思是，当把一个小杆放在另一个小杆上使它们叠合，它们的两端都能重合，不会有多出来的部分。我们接下来取四根小杆放在大理石板上，它们就构成了一个四边形（正方形），这个四边形的对角线长度是相等的。为了确保对角线相等，我们需要使用一根测试量杆。我们在第一个正方形周围再放置一些正方形，每一个正方形都与前一个正方形共有一个量杆，也就是边。一直重复以上方法，直到整个大理石板都铺满了正方形。最后应该是，每一个正方形的边隶属于两个正方形，每一个隅角隶属于四个正方形。

　　我们是否能避免遇到那个最大的困难就顺利解决问题，这是我最担心的问题。我们只要按以下的逻辑去思考就可以了。在任何时刻，只要三个正方形相会于一隅角，那么第四个正方形的两个边就已经被决定了。那么，这个正方形剩下两边的位置也就已经完全确定了。但是这个时候我就不能再调整这个四边形，这个四边形的对角线可能相等，也可能不相等。如果不经过调整它们的对角线就是相等的，那这真是大理石板和这些小杆创造出来的奇迹，我只能感到惊讶。我们还要把这个奇迹多实践几次才能完全控制可能产生的结果。

如果一切都进行得非常顺利的话，那么我可以说这些大理石板上的点以这些小杆为单位构成了一个欧几里得连续区域，这些小杆就是"距离"（线间隔）。在正方形中选择其中一隅角作为"原点"，这个正方形上的其他任何一隅角相对于这个"原点"的位置都可以用两个数字来表示。现在我只要说明从原点出发，向"右"走后向"上"走，需要经过多少根量杆才能到达我们所想的这个正方形的隅角。这两个数字就是这个隅角相对于"笛卡尔坐标系"的"笛卡尔坐标"，这些都由小杆的排列而决定。

对这个抽象的实验做出些许调整，我们就会发现在许多情况下这个实验是不能成功的。假设这些杆子会随着温度的增加而表现出一定程度的"膨胀"。我们将大理石板的中心部分加热，但周围不加热。在此情况下，桌面上的两根小杆仍然能够在每个位置上相互重合。但是在加热期间，我们的正方形结构就会变形，因为在桌面中间部分的小杆膨胀了，但外围部分的小杆没有膨胀。

对于定义为单位长度的小杆，大理石板已经不再是一个欧几里得连续区了，我们因此也不能再直接借助这些小杆来定义笛卡尔坐标，因为上述结构已经被破坏了。但是由于其他一些事物并不像这些小杆那样容易受到桌面的温度的影响（或者根本不受影响），因此我们还有可能继续坚持认为这个大理石块可以是一个"欧几里得连续区"。为此，我们必须对长度的度量和比较做一个更为巧妙的约定，才能顺利实现这一假设。

但是如果任何材质的杆子（即各种材料制成的杆子）在加热不均匀的石板上对温度的反应都一样的话，并且如果除了上述试验中杆子发生的几何行为变化之外，我们没有其他办法来探测温度的效应，那么最好的办法就是：只要能够使一根杆子的两端与石板上的两点相重合，就规定该两点之间的距离为1。因为，如果不这样做，我们又应该如何定义距离才能避免犯粗略任意的错误呢？这样我们就必须舍弃笛卡尔坐标的方法，而以另一种不承认欧几里得几何学对刚体的有效性的方法取代之。[①] 读者们会发现，这里我们所遇到的局面与广义相对性公设所引起的局面是一样的。（第二部分第六节）

---

① 数学家们也会遇到我们的这个问题。已知有一个平面（例如，一个椭圆面）在欧几里得三维空间中，在这个平面上存在一个与平面大小相当的二维几何图形。高斯用第一原理解决这个问题，他没有采用这个平面属于欧几里得三维连续区的事实。假设在平面中（类似于之前的大理石板）我们要用刚性量杆构建一个框架，我们需要找到一条定律，这条定律适用于该情况而又区别于欧几里得平面几何基础。相对于量杆，这个平面不是一个欧几里得连续区域并且在该平面内我们无法定义笛卡尔坐标。高斯表示，这些定律可以用来处理平面内的几何关系，同时也将我们引向解决多维、非欧几里得连续区域的黎曼的相关理论。因此，数学家们早就解决了我们在广义相对性公设中遇到的问题。

虫洞理论

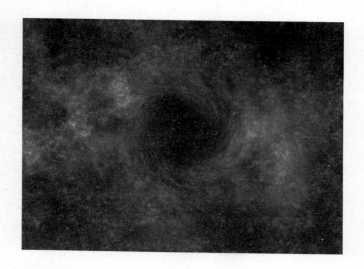

　　虫洞，又称爱因斯坦－罗森桥，是宇宙中可能存在的连接两个不同时空的狭窄隧道，它能扭曲空间，可以让原本相隔亿万千米的地方近在咫尺。①

---

① 译者注。

八、高斯坐标

根据高斯的相关论述，这种把分析方法与几何方法结合起来处理问题的方式可由下述途径达成。设想，在桌面上画一个任意曲线系（见图4）。我们把这些曲线称为 u 曲线，并且其中每一根曲线都有一个数来表示。曲线 $u=1$，$u=2$ 和 $u=3$ 如图所示。在曲线 $u=1$ 和 $u=2$ 之间一定还可以画无数根曲线，这些曲线都有 1 和 2 之间的实数与之对应。这样就有了一个 u 曲线系，而且这个"无限稠密"的曲线系布满了整个桌面。这些 u 曲线彼此不相交，并且桌面上的每一点必须有一根且仅有一根曲线通过。因此大理石板上的每一个点都具有一个完全确定的 u 值。我们设想以同样的方式在这个石板面上画一个 v 曲线系。这些曲线满足 u 曲线所满足的条件，每条曲线也标以相应的数字，它们也可以具有任意的形状。

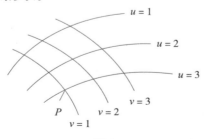

图 4

因此，桌面上的每一点都对应有一个 u 值和一个 v 值。我们把这两个数字称为桌面的坐标（高斯坐标）。例如图中的 P 点就有高斯坐标 $u=3$，$v=1$。在平面的两个邻点 P 和 P' 就对应坐标：

$$P : u, v$$
$$P' : u + \mathrm{d}u, v + \mathrm{d}v$$

其中 $\mathrm{d}u$ 和 $\mathrm{d}v$ 标记很小的数。同样，我们可以用一个很小的数 $\mathrm{d}s$ 表示 P 和 P' 之间的距离（线间隔），好像用一根小杆测量得出的一样。于是，根据高斯的理论我们可以得到：

$$\mathrm{d}s^2 = g_{11}\mathrm{d}u^2 + 2g_{12}\mathrm{d}u\mathrm{d}v + g_{22}\mathrm{d}v^2$$

其中 g_{11}，g_{12}，g_{22} 是完全取决于 u 和 v 的值。量 g_{11}，g_{12}，g_{22} 决定了小杆相对于 u 曲线和 v 曲线的行为，因而也决定了小杆相对于桌面的行为。对于我们所讨论的面上的点相对于量杆构成一个欧几里得连续区的这个例子，只有在这一情况下，才能够按下列方法画出 u 曲线和 v 曲线并对它们标记以数字：

$$\mathrm{d}s^2 = \mathrm{d}u^2 + \mathrm{d}v^2$$

在此条件下，u 曲线和 v 曲线就是欧几里得几何学意义上的直线，它们也互相垂直。在这里，高斯坐标也就成为笛卡尔坐标。显然，高斯坐标只不过是所考虑平面上的点和两组数字的结合，这种结合具有这样的性质，即彼此相差很微小的数值与"空间中"相邻的点相关联。

目前，上述论述只适用于二维连续区。但是高斯的理论同样可以运用在三维、四维甚至多维连续区中。假设一个四维连续区被证明符合上述理论，我们可以用以下方式将其表示出来。对于这个连续区中的每一点，我们任意地把四个数 x_1，x_2，x_3，x_4 与之相关联，这四个数就称为这个点的坐标。相邻的点对应于相邻的坐标值。如果距离 ds 对应于相邻点 P 和 P′ 之间的距离，并且从物理学的角度来看，这一段距离是可测量并且能够被明确定义的，那么下述公式成立：

$$ds^2 = g_{11}dx_1{}^2 + 2g_{12}dx_1dx_2 + \cdots + g_{44}dx_4{}^2$$

式中，g_{11} 之类量值的值随它在连续区中的所处位置的变化而变化。只有当这个连续区是一个欧几里得连续区时才有可能将坐标 $x_1, \cdots, x_4$ 与这个连续区中的点关联起来，我们可以得到：

$$ds^2 = dx_1{}^2 + dx_2{}^2 + dx_3{}^2 + dx_4{}^2$$

这样的话，那些适用于三维计算的关系同样适用于四维连续区。

然而，以上提出的高斯对于 ds^2 的解决方法并不总是行得通的。只有当所讨论的连续区中足够小的部分能够被看作欧几里得连续区时，这种方法才可行。例如，就大理石桌面和局部温度变化的例子而言，这一点显然是成立的。对于石板上一小部分面积而言，温度可以被视为常数，因此小杆的几何行为差不多能够符合欧几里得几何学法则。因此，前几节所描述的正方形结构的缺陷要到这个结构扩展到占桌面相当大一部分时才会明显地表现出来。

总结如下：高斯发明了对一般连续区做数学表述的方法，在这个表述方法中，我们能够定义"大小关系"（邻点间的"距离"）。对于连续区中的每一点，我们都可以用一些数（高斯坐标）来表示，这个连续区有几维，我们就用多少个数字标记。也就是说，每个点上所标的数字只对应该点具有唯一的意义，与该点相邻的无数点就应该用彼此相差极为微小的数（高斯坐标）来表示。高斯坐标系是笛卡尔坐标系的一个逻辑演变。高斯坐标系也可以适用于非欧几里得连续区域，但是必须满足下述条件，即相对于一定的"大小"或"距离"的定义而言，所考虑的连续区的各个部分越小，其表现就越像一个欧几里得系统。

九、狭义相对论的时空连续区可以当作欧几里得连续区

在第一部分第十七节中我们含糊地讲了一下闵可夫斯基的四维空间观念，现在我们要用更严谨的方式进行讨论。按照狭义相对论，一些坐标系有优先描述四维时空连续区的特权，我们把这些坐标系叫作"伽利略坐标系"。对于这些坐标系来说，确定一个事件，或者说确定四维连续区中的一个点的四个坐标 x，y，z，t，在物理上我们已经赋予其简单的意义，这点在本书的第一部分已经详细论述过了。从一个伽利略坐标系转换为另一个伽利略坐标系时，当然，两者满足后者相对于前者做匀速运动的条件，洛伦兹变换方程对其完全有效。这些洛伦兹变换方程构成了从狭义相对论衍生推论的基础，而这些方程本身也只不过是表述了光的传播定律对于一切伽利略参照系的普适有效性而已。

闵可夫斯基发现洛伦兹变换满足下列简单条件。我们来假设有两个相邻事件，两个事件在四维连续区中的相对位置，是参照伽利略参照系 K 中的空间坐标差 dx，dy，dz 和时间差 dt 来表示的。假设这两个事件相对于另一个伽利略坐标系的差相应地为 dx'，dy'，dz'，dt'。

那么这些量一定满足条件 [①]：

$$dx^2 + dy^2 + dz^2 - c^2dt^2 = dx'^2 + dy'^2 + dz'^2 - c^2dt'^2$$

洛伦兹变换的有效性就是由这个条件来确定的。我们可以用以下方式表述：

属于四维时空连续区的两个相邻点的量

$$ds^2 = dx^2 + dy^2 + dz^2 - c^2dt^2$$

对于一切选定的（伽利略）参照系都具有相同的值。如果我们用 x_1，x_2，x_3，x_4 代换 x，y，z，$\sqrt{-1}ct$，我们可以得到以下结论：

$$ds^2 = dx_1{}^2 + dx_2{}^2 + dx_3{}^2 + dx_4{}^2$$

结果与选择的参照物无关。我们把此量 ds 称为两个事件或两个四维点之间的"距离"。

因此，如果不选取实量 t 而选取虚量 $\sqrt{-1}ct$ 作为时间变量，根据狭义相对论，我们就可以将时空连续区看作一个欧几里得四维连续区，这个结论可以从前面几节的论述中推导出来。

---

① 参照附录一、附录二，这些从坐标系中推导出的关系同样适用于坐标差，因此也适用于坐标微分（无穷小的细微差异）。

十、广义相对论的时空连续区不是欧几里得连续区

　　在本书的第一部分，我们能够使用简单并且具有非常直接的物理解释的时空坐标，根据本书第二部分第九节，这种时空坐标可以被看作笛卡尔四维坐标。之所以能够这样做，是以光速恒定定律为基础的。但是同样地，根据本书第二部分第四节，广义相对论并不适用于此定律。相反地，我们得到的结论是，根据广义相对论，即，当存在着一个引力场时，光速取决于其坐标位置。在第二部分第六节中，我们经过仔细的讨论后发现，引力场的存在使得我们对坐标和时间的定义失效了，这也引起了我们对狭义相对论的质疑。

　　鉴于这些论述结果，我们可以得出这样的论断，根据广义相对论，时空连续区不能被看作欧几里得连续区。在这里我们只有一个普遍的案例，那就是将相当于具有局部温度变化的大理石板理解为二维连续区的例子。正如在那个例子里不可能用等长的杆构建一个笛卡尔坐标系一样，在这里我们也不可能用刚体和时钟建立一个系（坐标系），因为如果把量杆和时钟相互做好刚性安排的话，它们本身的性质就会使它们直接指向具体的位置和时间意义。这也是我们在第二部分第六节中遇到的问题的本质。

不过，我们在第二部分第八节和第九节中的讨论给我们提供了一个解决办法。我们可以任意地选取高斯坐标来表示四维时空连续区。我们用四个数（坐标）x_1，x_2，x_3，x_4来表示连续区中的任意一点（事件），它们没有任何直接的物理意义，其目的只是用一种准确而又随意的方式标出连续区的各个点。这种安排甚至不需要我们把x_1，x_2，x_3看作"空间"坐标，把x_4看作"时间"坐标。

　　读者们可能会认为，用这样一种方法来描述世界实在太不准确了。如果这些坐标x_1，x_2，x_3，x_4本身没有任何意义，那么我们用它们来描述一个事件又有什么意义呢？经过仔细的思考我们就会发现，这种担忧完全是没有根据的。例如，我们设想一个可能正在做任何运动的质点。如果这个点没有做任何持续性运动，它只是作为一个短暂性的存在，那么这个点在时空中只要一组简单的数值x_1，x_2，x_3，x_4就可以对其进行描述。那么，如果这个点的存在是永久的，我们就要用无穷的数值组来描述这个点，而且其坐标值必须足够接近以显示连续性。对于该质点，我们在四维连续区中就有了一根（一维的）线来描述其运动轨迹。同理，在我们的连续区中的任何一根这样的线，就对应着许多在运动中的点。在所有的关于这些点的陈述中，实际上只有那些关于点的会合的描述才具有物理存在意义。用数学论述的方法来看，这种会合事实上就是分别表现了所选取的点的运动轨迹的两根线，两条线中存在一组相同的坐标值x_1，x_2，x_3，x_4。经过周密的思考后我们的读者就会承认，实际上，这样的会合就是我们在物理陈述中了解到的时空性质的唯一实在证据。

　　当我们相对一个参照系描述一个质点的运动时，我们所说明的不过是这个点与这个参照系内各个特殊的点的会合。我们同样也可以借助于时钟观察物体的会合情况，与此同时，观察钟的指针和标度盘上特定的点的重合来确定相应的时间值。这与用量杆进行空间测量是一样的，这一点各位稍加考虑就会明白。

　　下列的陈述是普遍成立的：每一个物理描述本身可以被分解为许多陈述，每一个陈述都涉及 A、B 两个事件时空重合。拿高斯坐标来说，其中的每一个陈述都是基于两个事件的 x_1，x_2，x_3，x_4 四个坐标的一致性来表达的。因此，实际上，使用高斯坐标对时空连续区进行描述可以完全取代选取参照物进行描述的方法，这样我们就不用再担心后一种描述方法所具有的瑕疵了。而且，我们也不必再受连续区中必然表现出来的欧几里得特性的限制了。

十一、广义相对论的严格表述

　　现在，我们就能够提出一个广义相对性原理的严格表述来代替之前在第二部分第一节中的暂时表述了。之前的表述形式是："所有的参照物 K, K' 等等，不论它们的运动状态如何，在描述自然现象（表述自然界普遍定律）时都是等效的。"这种表述是不能维持下去的。因为，在狭义相对论意义上使用刚体作为参照物的做法在时空描述中一般来说是不可能的。必须用高斯坐标系代替参照物。下面的描述与广义相对性原理的基本观点相一致："所有的高斯坐标系在表述自然界普遍定律时都是等效的。"

　　我们还可以用另一种方式来表述这个广义相对性原理，用这种形式比用狭义相对性原理的自然推广式更加明白，也更容易掌握。根据狭义相对论，应用洛伦兹变换后，以一个新的参照物 K' 的时空变量 x', y', z', t' 代换一个（伽利略）参照物 K 的时空变量 x, y, z, t 时，表述自然普遍定律的方程在变换后仍取相同的形式。另一方面，根据广义相对论，对高斯变量 x_1, x_2, x_3, x_4 应用任意代换，这些方程经变换后仍取相同的形式。因为每一种变换（不仅仅是洛伦兹变换）都相当于从一个高斯坐标系过渡到另一个高斯坐标系。

如果我们想要继续坚持"旧时代"看待事物的三维观点，那么我们就可以这么描述广义相对论的基本观点的目前发展状况：狭义相对论和伽利略区域相关，即和没有引力场存在的区域相关。就此而论，伽利略参照物就充当参照物的角色，这个参照物是一个刚体，其运动状态必须得使"孤立"质点做匀速直线运动的伽利略定律相对于这个刚体是成立的。

从某些角度来看，我们也应该把相同的伽利略区域引入非伽利略参照物。于是，相对于这些物体就存在着一种特殊的引力场。（参阅第二部分第三节和第六节）

在引力场中，没有任何刚体具有欧几里得性质。因此，虚构的刚性参照物在广义相对论中是无效的。钟的运动同样受引力场的影响，受此影响，直接借助于钟而做出的关于时间的物理定义不可能达到狭义相对论中相同程度的真实感。

由于这个缘故，使用非刚体参照物，这些物体作为一个整体不仅运动方式是任意的，并且在运动过程中可以发生形变（没有限制地）。钟表的运动可以遵从任何运动定律，尽管非常不规则，但可以用来定义时间。我们想象有一些这样的钟固定在一个非刚性参照物上的某一点。这些钟只满足一个条件，那就是同时从（空间中）相邻的钟上"读数"，互相之间只相差一个极小的值。这个非刚性参照物，或许更适合被称作"软体运动参照物"，基本上相当于一个任意选定的高斯四维坐标系。与高斯坐标系相比较，在形式上保留空间坐标和时间坐标的分立状态（这种保留实际上是不合理的）实际上给这个"软体运动参照物"增加了一定的可理解度。只要我们把这个软体运动物视作参照物，这个软体运动参照物上的每一个点都被看作一个空间点，每一个相对于空间点保持静止的质点也保持静止。广义相对性原理要求所有这些软体运动物都可以用来做参照物表述自然界的普遍定律，这些软体运动物具有相同的权利，也能够实现这个目标。这些定律本身必须不受软体运动物的选择的影响。

综上所述，广义相对性原理的巨大能量就在于它对自然界定律做了全面而明确的限制。

十二、在广义相对性原理基础上理解引力问题

　　如果读者们已经仔细阅读过前面的各个讨论章节，你们就不难理解我们将要讨论的关于引力问题的解决办法了。

　　我们要从考察一个伽利略区域开始，伽利略区就是相对于伽利略参照物 K 没有引力场存在的区域。量杆和钟相对于 K 的行为可以从狭义相对论中了解到，"孤立"质点的行为也是，后者沿直线做匀速运动。

　　现在我们把这个区域引入高斯坐标系或引入相对于参照物 K′ 的一个"软体运动物"中进行考察。则相对于 K′ 存在一个引力场 G（一种特殊的引力场）。我们之前研究相对于 K′ 的量杆、钟和自由运动的质点的运动时仅仅使用了数学变换的方法。我们把它解释为量杆、钟和自由质点在引力场 G 的影响下的行为。于是我们可以引入一个假设：即使当前的引力场不能单纯地通过坐标变换从伽利略的特殊情况推导出来，引力场对量杆、钟和自由运动的质点的影响，将按照同样的定律继续发生下去。

　　接下来研究引力场 G 的时空行为，这是直接通过坐标变换从伽利略的特殊情况中推导出来的。引力场的这种行为在一个定律中有明确的表述，这就是说它永远是成立的，无论在描述时选择什么样的参照

物（软体运动物）。

因为我们所考虑的引力场是一种特殊的引力场，所以这个定律还不能被叫作引力场的普遍定律。要得出普遍的引力场定律，我们还需要将之前得出的定律进行普遍化处理。这回不需要瞎想，我们只要按下述要求思考就可得出该定律：

（1）要求的普遍定律必须同样满足广义相对性公设。

（2）如果在所考虑的区域中有任何物质的存在，对于激发一个场的效应而言，只有它的惯性质量是有重要意义的，根据我们第一部分第十五节中的讨论，也就是说只有它的能量是重要的。

（3）引力场和物质必须同时满足能量（和冲量）守恒定律。

最后，广义相对性原理使我们能够确定当不存在引力场时，引力场对按照已知定律正在发生的整个进程的影响，也就是对那些已经被纳入狭义相对论的进程的影响。在这一点上，我们原则上仍沿用解释量杆、钟和自由运动的质点的方法来进行研究。

从广义相对性公设中导出的引力论，其优越性不仅在于完美无误差，不仅在于消除了第二部分第四节提出的经典力学先天带有的缺陷，不仅在于解释了惯性质量和引力质量相等的经验定律，更在于它解释了一个天文观测结果，对于这个结果，经典力学显得无能为力。

如果我们把这个引力论的应用限制于以下情况，即引力场可以被认为非常弱时，还有引力场中所有的质量都以远不及光速的速度相对于坐标系运动时，作为第一级近似我们就得到牛顿理论。这样，牛顿的引力理论在这里无须任何特别假定就可以得到；然而，牛顿当时必须引入这样一个假设：相互吸引的两个质点间的吸引力必须与质点间距离的平方成反比。如果我们提高计算的精确度，那么牛顿理论中的误差就会出现，但是由于这些误差特别小，他们在实际观测中都是检查不出来的。

　　我们必须留意到其中的一个偏差。根据牛顿的理论，行星沿椭圆轨道绕日运行，如果我们能够不计恒星本身的运动以及所考虑的其他行星的作用，行星运行的椭圆轨道相对于恒星的位置将永远保持不变。因此，如果我们根据这两个影响改正所观测的行星运动，并且如果牛顿的理论是完全正确的，我们所得到的行星轨道就应该是一个相对于恒星系固定不变的椭圆轨道。这个推论可以经得起相当高的精确度的验证，它得到所有的行星的证实，只有一个例外，其精确度是目前可能获致的观测灵敏度所能达到的精确度。这个唯一的例外就是水星，它是离太阳最近的行星。从勒维烈的时代起人们就知道，水星运动的椭圆轨道改正消除了上述影响后，相对于恒星系并不是固定静止的，而是非常缓慢地在轨道的平面内转动，并且沿轨道运动的方向转动。所得到的这个椭圆轨道转动的值是每世纪 43 角秒，其误差不会超过几角秒。要用经典力学解释这个效应只能借助于设计假设，而且这些假设成立的可能性很小，而这些假设的设立也仅仅是为了解释这个效应而已。

　　根据广义相对论，我们发现每一个绕日运动的行星的椭圆轨道都必然以上述某种方式转动，除了水星之外，其他所有行星的转动都太小，以目前可能达到的观测精度是无法探测到的。但是对于水星而言，这个转动的数值必须达到每世纪 43 角秒，这个结果与观测结果严格相符。

　　除此之外，到目前为止只可能从广义相对论中得出两个可以通过观测检验的推论，即光线受太阳引力场的影响发生弯曲，[①] 以及来

────────────

① 1919 年首先被爱丁顿等人观测到（查阅附录三）。

自巨型星球的光的谱线与在地球上以类似方式产生的（即由同一种原子产生的）相应光谱线相比较，有位移现象发生。我相信，这些推论有一天一定也会被证实的。

水星

　　水星是太阳系八大行星最内侧也是最小的一颗行星，也是离太阳最近的行星，中国称为辰星。它有八大行星中最大的轨道偏心率。它每87.968个地球日绕行太阳一周，而每公转2.01周同时也自转3圈。

　　水星有着太阳系行星中最小的轨道倾角。水星轨道的近日点每世纪比牛顿力学的预测多出43角秒的进动，这种现象直到20世纪才从爱因斯坦的广义相对论得到解释。[2]

---

① 译者注。

勒维烈

勒维烈(1811—1877 年），法国天文学家，生于诺曼底半岛圣诺镇的一个小职员家。曾任巴黎大学理学院教授，巴黎天文台台长，同时也是英国皇家学会会员。

勒维烈曾用数学方法推算出当时尚未发现的海王星的位置。取得这一成就时，他不过 30 岁。①

---

① 译者注。

第三部分　关于整个宇宙的一些思考

一、牛顿理论在宇宙论方面的困难

除了本书第二部分第四节中提到的困难，经典天体力学中的第二个基本困难，据我所知，是天文学家泽利格首先系统地提出来的。如果我们仔细思考一下这个问题：宇宙作为一个整体应该如何被认知？我们会想到的第一个答案一定是：就空间（和时间）而言，宇宙是无限的。宇宙中到处都存在着星体，尽管就细节部分来看，物质的密度变化很大；但是平均而言，物质的密度到处都是一样的。也就是说：不管我们在空间中走多远，我们在任何地方都会发现一群稀薄的恒星群，而且这些恒星群的密度和种类都是相近的。

这个观点与牛顿的理论相矛盾。后一种理论要求宇宙中必须有一个中心性的东西，在这个中心里的星群的密度是最大的，从这个中心往外，星群的密度会逐渐减小，直到最后，到达最远的地方，继以无穷的虚空区域。恒星宇宙应该是无尽空间海洋中的一个小岛。[1]

---

[1] 论证：根据牛顿相关理论，来自于无穷远区域且终结于质量 m 的"力线"的数量与质量 m 成正相关。如果平均来看，质量密度 ρ_0 在宇宙中保持恒定，那么一个体积为 V 的球体的平均质量应该是 $\rho_0 V$。因此，经过球面 F 进入球体内部的力线数量应该与 $\rho_0 V$ 成正比。对于单位球面积，进入球体内部的力线数量则应该与 $\rho_0 \dfrac{V}{F}$ 或 $\rho_0 R$ 成正比。因此球体表面的场的密度最终随着球体半径 R 的增加而达到正无穷，这是不可能的。

这个概念本身不够令人满意，因为它导致了下面的结果，那就是从恒星出发的光以及恒星系中个别的恒星不断向无限空间奔去，永不回头，同样也不会再与其他自然客体产生纠葛。这样的有限物质宇宙将注定逐渐走向系统的枯竭。

为了避免上述的两难困境，泽利格对牛顿定律提出了一项修正，其中假定了，对于很大的距离而言，两个质量之间的吸引力减小的速度要比按照平方反比定律得出的结论要快得多。这样就有可能使物质的平均密度在各处保持恒定，甚至是在宇宙的无限远空间中也一样，也不会产生无限巨大的引力场。我们因此可以从那个要求物质宇宙必须拥有一个中心的不称意的概念中解脱出来。当然，我们也就从一开始提到的基本困难中解脱了出来，代价则是给牛顿理论进行修正并使其更加复杂，但是缺少经验根据和理论基础。我们能想到刻意起到相同功能的无数条定律，甚至都不用指出其中一个理论比另一个好在哪儿，因为这些定律立足的基础很少是基于牛顿定律或是更加普遍的理论原则。

恒星群

二、一个"有限"而又"无界"的宇宙的可能性

　　我们对宇宙的结构的怀疑已经走向另一个方向了。非欧几里得几何学的发展使我们认清一个事实，那就是我们对空间无限性的质疑不会与我们的思考或经验（黎曼和亥姆霍兹）发生冲突。亥姆霍兹和庞加莱已经把这些问题解释得很清楚了，但是在这里我们只能简单介绍一下。

　　首先，我们假设在一个二维空间中具有某种存在：平面的生物和平面的工具，尤其是平面的刚性量杆都能够在平面中自由运动。对于他们来说，在此平面之外没有任何东西存在，也就是说，他们看到发生在他们自己身上的以及发生在那些平面"事物"上的事情就是该平面内的一切事实。尤其是，平面欧几里得几何学的结构都可以通过量杆搭建而成，比如说，第二部分第七节中提到的格架式结构。不同于我们存在的世界，这些生物的宇宙是二维的；但与我们相同的是，二维平面也可以向无限远延伸。他们的宇宙中有足够的空间可以存放无数个用小杆做成的完全相同的正方形，即它的体积（表面）是无限的。如果这些生物说他们的宇宙是"平的"，这个表述是有潜在意义的，因为他们的意思是他们能够用量杆表现出平面欧几里得几何学的结

构。在这一点上，完全相同的两根量杆永远表示相同的距离，这与他们所处的位置无关。

我们再来试着思考第二种二维存在，但这一次我们要设想的是一个球形平面而不是一个简单的平面。这些平面生物和他们的量杆还有其他的物体都被安置在这个球形表面，他们不能离开这个表面。他们对整个世界的观察仅仅延伸到这个球形表面。这些生物还能把这个世界的几何学看作平面几何学，把他们的量杆同样看作"距离"的实现吗？他们不能。因为当他们试图去画一条直线时，他们得到的是一条曲线，我们这些"三维生物"把它叫作大圆弧，即一条有确定的长度的独立的线，其长度可以通过量杆测量。同样地，这个宇宙中有一个有限区域和用量杆构建的正方形区域相似。这之所以能够这么神奇，是因为在于我们发现了一项事实——这些生物存在的宇宙既是有限的，但它也是没有边界的。

不过，这些生活在球形表面的生物并不需要环游世界就能够意识到他们并没有生活在欧几里得宇宙中。他们能够从这个世界的任何一部分进行证明，但我们也知道，他们不能用过小的部分来论证。以一个点做起点，他们向各个方向画一条长度相等的"直线"（从三维空间来看就是圆上的一段弧）。他们把这些线的自由端连接起来的线称为"圆"。在平面中，用同样的量杆进行测量，根据欧几里得平面几何学，圆的周长和它的直径的比率等于常数 π，π 值的大小与圆的直径无关。在球形表面的平面生物们会发现这个比值等于

$$\pi \frac{\sin\left(\dfrac{r}{R}\right)}{\left(\dfrac{r}{R}\right)}$$

即一个小于 π 的值，其中的差异就更值得研究，圆的半径比"球形世界"

的半径 R 越大，上述比值与 π 的差值就越大。通过这个关系，球形表面的生物就能够算出他们的宇宙（"世界"）的半径，即便他们只能获取这个球形世界的一小部分用于测量。但是如果这一部分真的非常小的话，他们就不能证明他们是在一个球形"世界"而不是在一个欧几里得平面上了，因为球形表面上很小的一部分与平面上的相同尺寸的一部分的大小相差无几。

因此，如果球形表面上的生物生活在一个星球上，而其太阳系只是一个球面宇宙中微不足道的一部分的话，他们就无法得知他们到底是生活在一个有限的宇宙还是一个无限的宇宙，因为他们有能力去认知的这"一小片宇宙"不管在哪种情况下实际上都是平的，或者说，属于欧几里得平面。从讨论中可以得出，对于我们的球形表面的生物来说，一个圆的周长一开始随着半径的增加而增加，直到达到"宇宙的周长"，从那时起，圆的半径值仍保持增长，其周长却逐渐减小直至零。在此过程中，圆的面积持续扩大，直到它最终与整个"球形世界"的区域面积相等。

读者们或许想知道，为什么我们要将这些"生物"放在球体表面上而不是其他闭合表面。这个选择自有其合理性，因为在所有的闭合表面之中，球形的独特性质使它成为唯一的选择——球形表面上的每一点都是等效的。我承认圆的周长 c 和半径 r 的比值与 r 有关，但是当 r 的值已经被给定时，所有在"球形世界"上的点的 r 值都是相同的。另言之，"球形世界"是一个"恒定曲率表面"。

跟这个二维"球形世界"相对应的有一个三维类推，那就是黎曼发现的三维球面空间。这个空间上面的点也都等效。它的体积是有限的，由球体的半径决定（$2\pi^2 R^3$）。我们有可能设想出一个球面空间吗？要设想一个空间莫过于要设想一个我们的"空间"经验的缩影，即我们能够在"刚性"物体运动时体会到的经验。在此意义上我们可以设想一个球面空间。

假设我们从一个点出发，在其各个方向画线或者从这个点上拉线，用量杆测量这些线的距离，当距离等于 r 时进行标记。所有相同长度的自由末端最后都落在一个球面上。我们可以用量杆制成的正方形特别地测量一下这个区域的面积（F）。如果这是一个欧几里得宇宙，那么 $F=4\pi r^2$；如果这是一个球面，那么 F 永远小于 $4\pi r^2$。随着 r 值的不断增加，F 值从零增加到最大值，这个最大值是由"世界半径"决定的，之后随着 r 值进一步增大，面积就会逐渐缩小直至为零。一开始，直线以起点为原点辐射出去，它们之间彼此离得越来越远，但之后它们彼此趋近，最后它们在一个点"重合"，这个点是与起点相对的"对立点"。在这种情况下，它们穿越了整个球面空间。显然，三维球面和二维球面的情况也很相似。它是有限的（即体积是有限的），但是又没有边界。

我们或许提过，还有另一种曲面空间："椭圆空间"。它也能被视为一种曲面空间，在这个空间里，两个"对立点"完全相同（彼此之间无法分辨）。椭圆宇宙因此被视为弯曲宇宙的一种延伸，有着中心对称的性质。

这就应了我们之前所说的，没有界限的闭合空间是能够被构想的。从上述可知，球体空间（和椭圆空间）胜在它的简洁性，因为其表面上的每一点都是等效的。以上讨论给天文学家和物理学家提出一个最感兴趣的问题，也就是我们生活的宇宙是否是无限的，或者它以一种球体宇宙的形式存在，是有限的。我们的经验远不足以回答这个问题。不过，广义相对论允许我们用一种含蓄的确定来回答这个问题，因此，在第三部分第一节中提到的困难也找到了相应的解决办法。

多维空间

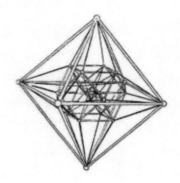

　　数学、物理等学科中引进的多维空间概念，是在三维空间基础上所作的科学抽象。如今，科学家认为整个宇宙是十一维的。[①]

---

① 译者注。

三、以广义相对论为依据的空间结构

　　根据广义相对论，空间的几何性质并不是独立的，而是由物质决定的。因此，我们只有以已知物质的状态为依据进行分析，才能对宇宙的几何结构做出解释。从经验可知，只要选取适当的坐标系就能得出，星星在宇宙中的运动速度比光的传播速度要小得多。因此，如果我们将物质看作是静止的，我们就能在一个粗略近似的程度上得出一个关于整个宇宙的性质的结论。

　　从我们之前的讨论中已经能够得知，量杆和钟的行为受引力场的影响，即受物质分布的影响。这个事实本身就足以排除欧几里得几何学在我们宇宙中的绝对正当性了。但是我们能够想象，我们的宇宙与欧几里得宇宙相比只有极其微小的差别。计算表明，即使一个物体的质量和太阳差不多大，其对周边空间的度规的影响也是极其微小的，这也为前面的论述增加了一些可信度。我们还可以从几何学的角度来设想一下，我们的宇宙与一个个别部分不规则弯曲的空间相似，不过这个空间没有任何地方与平面有显著差别：类似于一个泛起涟漪的湖面。这样一种宇宙更适合叫作类欧几里得宇宙。要说空间大小，它是无限的。但是计算表明，类欧几里得宇宙中物质的密度必须是零。因此，这样一个宇宙就不能到处都有物质的存在，这就出现了我们第三部分第一节中描述的那个不太令人信服的画面。

　　如果我们想要宇宙中的物质的平均密度不等于零，不管这个密度多么接近于零，这个宇宙都不是一个类欧几里得宇宙。相反，计算结果表明，如果物质被平均分布在宇宙中，这个宇宙就一定是一个球形（或椭圆形）宇宙。因为在现实中物质不可能平均分布，所以真正的宇宙在个别部分偏离球体，即，会是一个类球体宇宙。它一定是有限的。事实上，该理论给我们提供了一个宇宙空间扩张和宇宙中物质平均密度的相关关系[①]。

---

① 对于宇宙的"半径" R 我们得到下列方程：

$$R^2 = \frac{2}{\kappa\rho}$$

在方程中运用 C.G.S. 单位制（厘米·克·秒制）可得到 $\frac{2}{\kappa} = 1.08 \times 10^{27}$，$\rho$ 是物质的平均密度，κ 是与牛顿引力常数相关的一个常数。

附录一　洛伦兹变换的简单推导

（第一部分第十一节的补充）

在图 2 中注明了坐标系的相关情况，两个坐标系的 x 轴永远保持一致。在目前的实例中我们可以把问题分为几部分来考虑，首先考虑定位在 x 轴线上的事件。每一个事件相对于坐标系 K 都有横坐标 x 和时间 t 对其进行描述，相对于坐标系 K' 则由横坐标 x' 和时间 t' 对其进行描述。当 x 和 t 已经给定时，我们需要求出 x' 和 t'。

一个沿着 x 正半轴线传输的光信号，根据以下公式进行传播：

$$x=ct$$

或者

$$x - ct = 0 \tag{1}$$

因为相同的光信号相对于 K' 的传播速度为 c，所以相对于坐标系 K' 的传播可以通过近似公式表示为

$$x' - ct' = 0 \tag{2}$$

这些满足（1）式的时空点（事件）必然也满足（2）式。显然，在一般情况下当条件满足时，关系为

$$(x' - ct') = \lambda(x' - ct) \qquad (3)$$

式中，λ 为一个常数；所以，根据（3）式，当 $(x - ct)$ 等于零时，（$x' - ct'$）同样等于零。

如果把类似的方法运用到沿着 x 负半轴传播的光线的例子中，我们可以得到条件：

$$(x' + ct') = \mu(x + ct) \qquad (4)$$

通过将公式（3）和（4）相加（或相减），并为了方便用常数 a 和 b 代替常数 λ 和 μ，其中

$$a = \frac{\lambda + \mu}{2}$$

而

$$b = \frac{\lambda - \mu}{2}$$

我们可以得到公式

$$\left. \begin{array}{l} x' = ax - bct \\ ct' = act - bx \end{array} \right\} \qquad (5)$$

因此，如果常数 a 和 b 已知，我们就得到了问题的解决办法。这

些结果来源于以下讨论。

对于坐标系 K' 的原点，永远都有 $x'=0$，然后根据公式（5）中的第一个公式可得

$$x = \frac{bc}{a}t$$

如果我们把 K' 的原点相对于 K 移动的速度称为 v，我们就得到

$$v = \frac{bc}{a} \qquad (6)$$

如果我们计算出另一个 K' 上的点相对于 K 的速度，或者一个 K 的点相对于 K' 的速度（指向 x 负半轴），相同数值的 v 同样可以通过公式（5）得到。简而言之，我们可以把 v 指定为两个坐标系的相对速度。

此外，相对性原理告诉我们，一根相对于 K' 静止，从 K' 上测量的量杆的长度一定与一根相对于 K 静止，并从 K 上测量的量杆的长度相等。为了了解从 K 来观察时 x' 轴线上的点是什么样的，我们只需要从 K 照一个 K' 的"快照"；这意味着我们需要引入一个特定的 t 的值（K 的时间），例如 $t=0$。至于这个 t 值，我们可以从公式（5）的第一个公式获得

$$x' = ax$$

两个在 x' 轴线上分开的点，当在 K' 坐标系上测量时两点之间的距离为 $\Delta x' = 1$，因此两点在我们即时摄影中的距离为

$$\Delta x = \frac{1}{a} \qquad (7)$$

但是如果快照是从 K'（t'=0）照的，并且如果我们消除公式（5）里的 t，然后代入表达式（6）中计算，我们得到

$$x' = a\left(1 - \frac{v^2}{c^2}\right)x$$

从中我们可以概括出两个在 x 轴线间隔距离为 1（相对于 K）的点在我们的快照中表示距离为

$$\Delta x' = a\left(1 - \frac{v^2}{c^2}\right) \qquad (7a)$$

但是，从上述所讨论的可知，这两个快照一定是完全相同的；所以（7）式中的 Δx 一定等于（7a）式中的 $\Delta x'$，所以我们得出

$$a^2 = \frac{1}{1 - \dfrac{v^2}{c^2}} \qquad (7b)$$

公式（6）和（7b）决定了常数 a 和 b。把这些常数的值代入（5）式，我们得出第一部分第十一节中给出的第一个和第四个公式。

$$\left.\begin{aligned} x' &= \frac{x - vt}{\sqrt{1 - \dfrac{v^2}{c^2}}} \\[2em] t' &= \frac{t - \dfrac{v}{c^2}x}{\sqrt{1 - \dfrac{v^2}{c^2}}} \end{aligned}\right\} \qquad (8)$$

于是我们就得出了事件在 x 轴上的洛伦兹变换。它满足条件：

$$x'^2 - c^2 t'^2 = x^2 - c^2 t^2 \tag{8a}$$

将这个结论加以扩展，要使其包含不在 x 轴上的事件，就要保留公式（8）并且补充相关关系式：

$$\left.\begin{array}{r} y' = y \\ z' = z \end{array}\right\} \tag{9}$$

以此方式我们就能满足对于任意方向的光线，光在真空中匀速传播的假设，无论是对于 K 参考系还是 K' 参考系。这一点我会在下面仔细说明。

我们假设一个光信号在时间 $t=0$ 时从 K 的原点发出。它将会根据下列公式传播：

$$r = \sqrt{x^2 + y^2 + z^2} = ct$$

或者，如果将这个公式平方，就有：

$$x^2 + y^2 + z^2 - c^2 t^2 = 0 \tag{10}$$

这是被光的传播定律所要求的，结合相对论的假设，从 K' 的角度来看，问题中信号的传播应该与以下公式一致：

$$r' = ct'$$

或者

$$x'^2 + y'^2 + z'^2 - c^2 t'^2 = 0 \qquad （10a）$$

为了使公式 (10a) 成为公式（10）的结论，我们必须让

$$x'^2 + y'^2 + z'^2 - c^2 t'^2 = \sigma \, (x^2 + y^2 + z^2 - c^2 t^2) \qquad （11）$$

因为公式（8a）必须适用于 x 轴线上的点，因此我们有 $\sigma = 1$。很容易看出，当 $\sigma = 1$ 时，洛伦兹变换满足公式（11）；因为（11）式由（8a）和（9）式所得，所以同样也可由（8）和（9）式变换而得。我们于是推导出了洛伦兹变换。

通过（8）和（9）式变换出的洛伦兹变换还需要进一步普遍化概括。显然，我们所选择的 K' 的轴线是否在空间上与 K 的轴线平行，并不重要。K' 相对于 K 的传播速度是否沿 x 轴方向也不是最重要的。通过简单的思考就可以得知，我们可以从两种变换来构造普遍意义的洛伦兹变换，这两种变换就是特殊意义下的洛伦兹变换和纯粹的空间变换，这也符合用一个轴线指向其他方向的新坐标系来代替原来的直角坐标系。

从数学的角度上看，我们可以这样表述概括了的洛伦兹变换：

它依照 x，y，z，t 的线性齐次函数来表示 x'，y'，z'，t'，组成这样一个完全满足条件的关系式：

$$x'^2 + y'^2 + z'^2 - c^2t'^2 = x^2 + y^2 + z^2 - c^2t^2 \qquad (11a)$$

这也就是说：如果我们用 x，y，z，t 替换表达式中的 x'，y'，z'，t'，那么（11a）式的左边就与右边相等。

附录二　闵可夫斯基的四维空间（"世界"）

（第一部分第十七节的补充）

如果我们用虚数 $\sqrt{-1}\cdot ct$ 代替时间值 t，我们就可以以更加简便的方式来表述洛伦兹变换。与之相对应，如果我们引入

$$x_1 = x$$
$$x_2 = y$$
$$x_3 = z$$
$$x_4 = \sqrt{-1}\cdot ct$$

同样地，为了强调参考系 K'，那么完全符合变换式的等式就可以这样表达：

$$x_1'^2 + x_2'^2 + x_3'^2 + x_4'^2 = x_1^2 + x_2^2 + x_3^2 + x_4^2 \tag{12}$$

换言之，通过上述选择的坐标，（11a）式可以转换成以上公式。

从（12）式中我们可以看到，可以用和空间坐标 x_1，x_2，x_3 一模一样的方式将虚数的时间坐标 x_4 代入变换条件。这是因为，根据相对

性原理，"时间" x_4 进入自然定律的形式与空间坐标 x_1, x_2, x_3 相一致。

一个用坐标 x_1, x_2, x_3, x_4 描述的四维连续区被闵可夫斯基称为"世界"，他也把点事件叫作"世界点"。物理从三维空间的一个"正在发生"变成了，可以说是，四维"世界"的一个"存在"。

这个四维"世界"和（欧几里得）解析几何中的三维"空间"有很高的接近性。如果我们能将一个具有相同原点的新的笛卡尔坐标系（x_1', x_2', x_3'）引入后者，那么 x_1', x_2', x_3' 就是 x_1, x_2, x_3 的线性齐次函数，它完全满足公式

$$x_1'^2 + x_2'^2 + x_3'^2 = x_1^2 + x_2^2 + x_3^2$$

这个方程与（12）式完全类似。我们可以把闵可夫斯基的"世界"正式看作一个四维欧几里得空间（具有虚数时间坐标）；洛伦兹变换相当于一个四维"世界"中坐标系的"旋转"。

附录三　广义相对论的实验证实

　　从一个系统而理论化的角度出发，我们假设经验科学的发展过程是一个持续的归纳过程。理论的演化和表述，简言之，就是以经验法则的形式展现出来的数以千计的单一观察的总结陈述，我们可以通过对比来明确普遍定律。可以这么想，科学的发展与目录的分类及汇编有很高的相似性。它可以说是一个纯粹的经验事业。

　　但是这个观点并不符合整个真实的过程，因为其忽视了直觉判断和演绎思维在绝对科学的发展中起到的重要作用。一旦某种科学从初始阶段脱离出来之后，理论进程就不仅仅是一个按部就班的过程。在经验数据的引导下，研究者更愿意建立一个由少数基础假设组成的合乎逻辑的思想系统，也就是所谓的公理。我们把这样的思想系统称为理论。该理论存在的正当性就在于它与大量的简单观察相关联，这就是理论的"真理"。

　　对应于同样复杂的一组经验数据，可能存在许多理论，这些理论之间在很大程度上互不相同。但是至于那些能够被验证的理论推论，他们之间的一致性却很高，也就是说很难发现两个不同的原理的推论是互相矛盾的。比如说，有一个生物学领域普遍感兴趣的例子：一个是达尔文的物种进化理论，其核心是基于物竞天择，适者生存；而另一种物种发展理论基于后天获得的性状可以遗传的假设。

另外一个体现推论间广泛的一致性的例子是牛顿力学的原理和广义相对论。两个理论的一致性持续时间之长，直至目前我们还能够从广义相对论中发现一些能够加以研究的推论，相对论出现前的物理学是无法解决这些问题的，尽管两个原理在基础假设上存在着深刻的差异。接下来，我们还要认真考虑这些重要的推论，我们也需要讨论迄今为止与之相关的经验证据。

1. 水星近日点的运动

根据牛顿力学和牛顿万有引力定律，一个围绕着太阳公转的星球绕太阳做椭圆形运动，或者更准确地说，是绕着太阳和该星球的共有引力中心运动。在这样的体系下，太阳，或者说共有引力中心，位于椭圆轨道的其中一个焦点上，这样的话，在一个行星年中，行星和太阳之间的距离会经历从最近到最远，再从最远渐渐变回最近。如果我们引入一个其他的吸引力的定律而不是牛顿定律来计算，根据这个新的定律我们可以得出，运动过程中，行星与太阳之间的距离呈现周期性变化。但是这样的话，该期间（从近日点，就是最接近太阳的点，到近日点）的行星与太阳之间的连线所扫过的角会不等于 360 度。公转轨迹不会成为一段封闭曲线，但随着时间推移，公转轨迹会在轨道平面扫出一个环形区域，也就是太阳到行星的最短距离和最长距离为半径的两个圆形区域之间的部分。

广义相对论不同于牛顿定律，根据广义相对论，一个行星在做牛

顿 – 开普勒运动时，在轨道中会产生一个微小的变化，从一个近日点到下一个近日点期间，行星和太阳的连线扫过的角度大于公转整一周的角度，这个差值就是：

$$+\frac{24\pi^3 a^2}{T^2 c^2 \left(1-e^2\right)}$$

（注意——按照物理学的习惯，公转整一周对应于弧度角 2π，从一个近日点到下一个近日点期间，太阳和行星连线扫过的角大于角度 2π，上述表达式给出的就是这个差值）式中，a 为椭圆形半长轴；e 为它的离心率；c 为光速；T 为行星的公转周期。我们的结论也可以用以下方式概括：根据广义相对论，椭圆的长轴绕太阳旋转的方向与行星的轨道运动方向一致。按照理论要求，对于水星而言，这个转动应达到每世纪 43 角秒，但是对于我们太阳系中的其他星球，旋转的量级应该非常小甚至于无法被测量。[1]

事实上，天文学家发现，牛顿理论对可观测到的水星轨迹的测量的精确度不能满足现今可达到的观测水平的要求。后来考虑到其余所有对水星可能产生干扰的星球，可以发现（勒维烈，1859 年；纽科姆，1895 年）一个遗留问题：无法解释的水星轨迹近日点运动，它的数值与之前提到的每世纪 +43 角秒相差不大。这个经验结论的误差范围只是几秒而已。

---

[1] 特别是自从我们发现金星的公转轨道接近正圆形，这就更加难以确定近日点的具体位置。

2. 引力场的光线偏转

在第二部分第五节中我们已经提到过，根据广义相对论，当一束光穿过一个引力场时，它的轨道将会在它原有轨道的基础上弯曲，这个曲线与一个物体穿过引力场的轨道相似。因此，我们可以推测当一束光线靠近某一天体时，光线将会向该天体偏转。当一束光线在距太阳中心 Δ 个太阳半径的位置经过太阳时，偏离角度（α）应为

$$\alpha = \frac{1.7\,\text{角秒}}{\Delta}$$

根据相对论我们还能得知，轨道弯曲一半是因为太阳的牛顿吸引力场，而另一半则是由太阳引起的空间几何变化（弯曲）导致的。

这个结果可以在日全食期间对恒星拍照用实验结果来检验。我们之所以要在日全食期间做这个实验，是因为在其他任何时候，大气层都会被太阳光线强烈照射，导致靠近太阳的星体不能被观测到。推断结果如图 5 所示。如果太阳（S）不存在，从地球上观察，我们可以从 D_1 方向上看到这颗恒星，这颗恒星实际上可认为位于无限远。但是由于从星体发出的光线受太阳影响发生弯曲，这个星体将会在 D_2 方向被观测到，即这颗恒星的视位置比它的真位置离太阳中心更远一些。

在实验中，这个问题通过以下的方式得到了验证。在日全食期间，对位于太阳和地球的连线附近的恒星拍照。然后，当太阳处于天空中的另一个位置时（也就是距离第一组照片拍摄时间的几个月前后）我们再用第二组照片记录下相同的星体的位置。与标准组照片相对照，在日全食期间的照片里，星体的位置大多都以角度 α 沿

径向外移（远离太阳中心）。

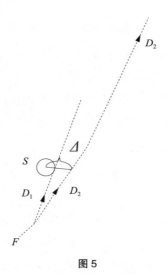

图 5

感谢英国皇家学会以及英国皇家天文学会的支持，让我们有机会研究调查这项重要的推论。不畏战争，不惧由战争引起的不可避免的物质与精神上的困难，两个学会派遣了两支探险队和几位英国最负盛名的天文学家（爱丁顿，科廷厄姆，克罗姆林和戴维森）到索布拉尔（巴西）和普林西比岛（西非岛国圣多美和普林西比的一个组成部分），目的就是获得 1919 年 5 月 29 日拍摄的日全食照片。据推测，日全食期间拍摄的星体照片与对照照片之间的误差只有几百分之一毫米。因此，照片拍摄前的调试过程以及之后的测量都具有很高的精准度。

测量结果非常充分地证明了之前的理论。观测值与计算值（以角秒为单位）的对照数据如下表所示。

星体编号	第一坐标		第二坐标	
	观测值	计算值	观测值	计算值
11	−0.19	−0.22	+0.16	+0.02
5	+0.29	+0.31	−0.46	−0.43
4	+0.11	+0.10	+0.83	+0.74
3	+0.20	+0.12	+1.00	+0.87
6	+0.10	+0.04	+0.57	+0.40
10	−0.08	+0.09	+0.35	+0.32
2	+0.95	+0.85	−0.27	−0.09

3. 光谱线红移

在第二部分第六节中我们已经说过，在相对于伽利略参照系 K 旋转的系统 K' 中，相对于旋转参照系处于静止状态的两个结构完全相同的时钟走的速度根据时钟所处位置变化而改变。现在我们要定量检测其变化量。一个位于与圆盘中心距离 r 的时钟，它相对于 K 的速度是

$$v = \omega r$$

式中，ω 为旋转圆盘 K' 相对于 K 的角速度。如果 v_0 指当时钟相对于 K 保持静止时，单位时间内时钟相对于 K 的走针数（时钟的"速度"），那么这个钟相对于 K 以"速度" v 运动、相对于圆盘保持静止时，按照第一部分第十二节，我们可以得到这个钟的"速度"（v）

$$v = v_0 \sqrt{1 - \frac{v^2}{c^2}}$$

或者用一个更精确的公式表达：

$$v = v_0 \left(1 - \frac{1}{2} \frac{v^2}{c^2} \right)$$

这个公式也可以用另一种形式表达：

$$v = v_0 \left(1 - \frac{1}{c^2} \frac{\omega^2 r^2}{2} \right)$$

如果我们用 ϕ 表示时钟位置与圆盘中心之间离心力的势能差，也就是转动的圆盘上钟所在位置的单位质量移到圆盘中心，这个单位质量为克服离心力所做的功（取负值），由此我们得到：

$$\phi = -\frac{\omega^2 r^2}{2}$$

把该等式代入之前的公式就有

$$v = v_0 \left(1 + \frac{\phi}{c^2} \right)$$

首先我们可以看到，当两个时钟被放置在离圆盘中心不同的距离处时，两个结构完全相同的时钟走的速度却不同。从位于旋转圆盘上的观察者的立场来看，这个结论也同样成立。

现在，从圆盘上判断，圆盘处于一个引力场中，引力场的势为 ϕ，因此，我们观察所得到的结果也应该符合关于引力场的普遍理论。

还有，我们可以把正在发射光谱线的原子看作一个时钟，那么下面的说法也能够成立：

一个原子吸收或放出光线的频率取决于它所处引力场的势。

一个位于天体表面上的原子的频率会比处于自由空间（或者是在较小天体表面）的相同元素的原子的频率要小。现在已知 $\phi = -K\dfrac{M}{r}$，其中 K 是牛顿万有引力常数，M 是天体的质量。因此，恒星表面上产生的光谱线与地球表面上同一元素所产生的光谱线相比，应发生光谱红移，红移的量就是

$$\frac{v_0 - v}{v_0} = \frac{K}{c^2}\frac{M}{r}$$

对于太阳而言，理论上预测红移的量大约只有原波长的百万分之二。而如果是要计算其他恒星的光谱红移的话，我们不可能得到一个可靠的答案。因为一般来说，星体的质量 M 和半径 r 都是未知的。

这种效应是否存在，仍然值得讨论，现在（1920 年），天文学家们仍以极大的热情去寻找这个问题的答案。因为对于太阳来说，这种效应实在太小了，因此我们很难确定它是否真的存在。格雷勃和巴赫姆（波恩）根据自己的测量数据和埃弗谢德、史瓦西对氰带的观测已经证明，这种效应的存在毋庸置疑。然而，其他的研究者，尤其是圣约翰的研究数据却得出了完全相反的结论。

对恒星的统计研究显示，光谱线朝向折射较小的一端的位移肯定是存在的，但目前为止我们所得到的实验数据还无法得到最终的答案，因为还不能确定这些位移在现实中是否真的受到引力的影响。我们已经将观察的结果都收集到了一起，并且从问题本身出发进行

了详细的讨论，相关资料收录在 E. 弗罗因德利克编写的《检验广义相对论》论文中。（《自然科学》，柏林朱利叶斯·斯普林格出版社，1919 年，第 520 页）

无论如何，在接下来的几年里我们将会得出一个明确的结论。如果引力势使得光谱线红移并不存在，那么广义相对论也就站不住脚了。另一方面，如果一定是引力势导致光谱线红移，那么对光谱线红移的研究将会为我们提供探测天体质量的重要信息。

人类科学史三大经典

几何原本

〔古希腊〕欧几里得 ◎ 著

李彩菊 ◎ 译

北京时代华文书局

图书在版编目（CIP）数据

几何原本 ／（古希腊）欧几里得著；李彩菊译. -- 北京 ： 北京时代华文书局，2020.6

（人类科学史三大经典 ／ 周连杰主编）

ISBN 978-7-5699-3676-6

Ⅰ．①几… Ⅱ．①欧… ②李… Ⅲ．①欧氏几何 Ⅳ．①O181

中国版本图书馆 CIP 数据核字（2020）第 065580 号

人类科学史三大经典　几何原本

RENLEI KEXUE SHI SAN DA JINGDIAN　JIHE YUANBEN

著　　者	〔古希腊〕欧几里得
译　　者	李彩菊
出 版 人	陈　涛
选题策划	王　生
责任编辑	周连杰
封面设计	刘　艳
责任印制	刘　银

出版发行｜北京时代华文书局 http://www.bjsdsj.com.cn
　　　　　北京市东城区安定门外大街136号皇城国际大厦A座8楼
　　　　　邮编：100011　电话：010-64267955　64267677

印　　刷｜三河市金泰源印务有限公司　　电话：0316-3223899
　　　　　（如发现印装质量问题，请与印刷厂联系调换）

开　　本｜889mm×1194mm　1/32　印　张｜18.5　字　数｜446千字
版　　次｜2020年7月第1版　印　次｜2020年7月第1次印刷
书　　号｜ISBN 978-7-5699-3676-6
定　　价｜198.00元（全3册）

目录
Contents

第 1 卷　平面几何基础

定　义

1. 点：点不可以再分割。

2. 线：线是无宽度的长度。

3. 线的两端是点。

4. 直线：直线是它上面的点一样地平铺的线。

5. 面：面只有长度和宽度。

6. 面的边是线。

7. 平面：平面是它上面的线一样地平铺的面。

8. 平面角：平面角是一个平面上的两条直线相交的倾斜度。

9. 平角：当含有角的两条线成一条直线时，这个角称为平角。

10. 直角与垂线：一条直线与另一条直线相交所形成的两相邻的角相等，这两个角均称为直角，其中一条是另一条的垂线。

11. 钝角：当一个角大于直角时，该角为钝角。

12. 锐角：当一个角小于直角时，该角为锐角。

13. 边界：边界是物体的边缘。

14. 图形：图形可以是一个边界，也可以是几个边界所围成的。

15. 圆：圆是由一条线包围（称作圆周）的平面图形，该圆里特定的一点到线上所有点的距离相等。

16. 圆心：上述特定的一点称为圆心。

17. 直径：任意一条经过圆心、两端点在圆上的线段叫作圆的直径。每条直径都可以将圆平分成两半。

18. 半圆：半圆是由一条直径和被直径所切割的圆弧组成的图形。半圆的圆心和原圆心相同。

19. 直线形是由直线所围成的图形：三角形是由三条线围成的，四边形是由四条线围成的，多边形则是由四条以上的直线围成的。

20. 在三角形中，若三条边相等，则称作等边三角形；若只有两条边相等，则称作等腰三角形；若三条边都不相等，则称作不等边三角形。

21. 在三角形中，若有一个角是直角，该三角形是直角三角形；若有一个角为钝角，该三角形是钝角三角形；若三个角都是锐角，该三角形是锐角三角形。

22. 在四边形中，若四个角都是直角且四条边相等，该四边形是正方形；若只有四个角为直角，四条边不相等，该四边形是矩形；若四边相等，角非直角，该四边形为菱形；若两组对边、两组对角分别相等，角非直角，边不全相等，该四边形是平行四边形；其他四边形是梯形。

23. 平行线：在同一平面内，两条直线向两端无限延伸而无法相交，这两条直线是平行线。

公 设

公设 1：过任意两点可以作一条直线。

公设 2：一条有限直线可以继续延长。

公设 3：以任意点为圆心，任意长为半径，可以画圆。

公设 4：所有的直角都彼此相等。

公设 5：同平面内一条直线和另外两条直线相交，若直线同侧的两个内角之和小于两直角和，则这两条直线经无限延长后，在这一侧相交。

公 理

公理 1：等于同量的量彼此相等。

公理 2：等量加等量，其和仍相等。

公理 3：等量减等量，其差仍相等。

公理 4：彼此能够重合的物体是全等的。

公理 5：整体大于部分。

命　题

命题 1

在一个已知有限直线（即线段——译者注）上作一个等边三角形。

已知给定的线段是 AB。

在线段 AB 上作等边三角形。

以 A 为圆心，并以 AB 为半径作圆 BCD【公设 3】；再以 B 为圆心，并以 BA 为半径作圆 ACE【公设 3】；从两圆的交点 C 分别到 A 和 B，连接 CA 和 CB【公设 1】。

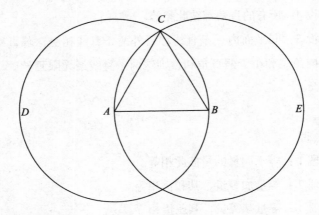

因为点 A 是圆 CDB 的圆心，AC 等于 AB【定义 1.15】。又，点 B 是圆 CAE 的圆心，BC 等于 BA【定义 1.15】。但 CA 和 CB 都等于 AB。而等于同量的量彼此相等【公理 1】。所以，CA 等于 CB。因此，三条线段 CA、AB 和 BC 彼此相等。

因此，三角形 ABC 是等边的，且在给定线段 AB 上作出了这个三角形。这就是命题 1 的结论。

命题 2 [①]

由一个已知点（作为端点）作一条线段等于已知线段。

设 A 为已知点，BC 为已知线段。要求以 A 为端点，作长度与 BC 相等的线段。（由 A 点作一条线段等于已知线段 BC。——译者注）

---

① 该命题根据点 A 与线段 BC 相对位置的不同，存在不同情况。在这种情况下，欧几里得总是只考虑一种情况——通常情况，是最难的一种情况——其他情况就留给读者来当作练习。

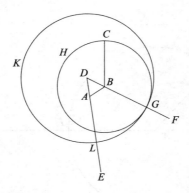

连接 AB，得到直线 AB【公设 1】，在 AB 上作等边三角形 DAB【命题 1.1】。分别延长 DA，DB 成直线 AE，BF【公设 2】。以 B 为圆心，以 BC 为半径，作圆 CGH【公设 3】（点 G 是圆与直线 DF 的交点——译者注），再以 D 为圆心，以 DG 为半径，作圆 GKL【公设 3】。

因为 B 是圆 CGH 的圆心，所以 BC 等于 BG【定义 1.15】。同理，因为 D 是圆 GKL 的圆心，所以 DL 等于 DG【定义 1.15】。又 DA 等于 DB。所以余量 AL 等于余量 BG【公理 3】。已证明 BC 等于 BG，所以 AL 和 BC 都等于 BG。又因为等于同量的量彼此相等【公理 1】。所以，AL 等于 BC。

所以，以 A 为端点作出线段 AL 等于已知线段 BC。这就是命题 2 的结论。

命题 3

两条不相等的线段，在长的线段上可以截取一条线段使它等于另一条线段。

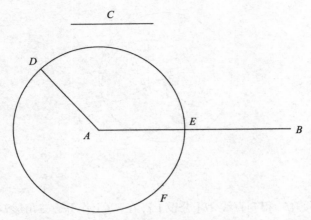

设线段 *AB* 和 *C* 是两条不相等的线段，且 *AB* 长于 *C*。要求从 *AB* 上截取一条线段，使其等于线段 *C*。

由 *A* 作 *AD* 等于线段 *C*【命题 1.2】，以 *A* 为圆心，以 *AD* 为半径画圆 *DEF*【公设 3】。

因为 *A* 是圆 *DEF* 的圆心，所以 *AE* 等于 *AD*【定义 1.15】。又因为线段 *C* 等于 *AD*，所以 *AE* 和 *C* 都等于 *AD*。所以 *AE* 等于 *C*【公理 1】。

因此，两条已知不相等的线段 *AB* 和 *C*，从 *AB* 上截取的线段 *AE* 等于线段 *C*。这就是命题 3 的结论。

命题 4

如果两个三角形中，一个的两边分别等于另一个的两边，且相等线段所夹的角相等，那么，它们的底边相等，两个三角形全等，且其余的角也分别等于相应的角，即等边所对的角。

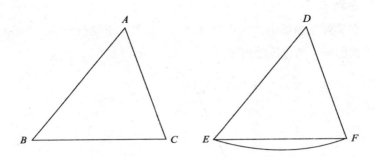

设在三角形 ABC 和三角形 DEF 中，AB 等于 DE，AC 等于 DF，且角 BAC 等于角 EDF。那么，就认为底边 BC 等于 EF，三角形 ABC 全等于三角形 DEF，并且这两个三角形中相等边所对的另外两个角也相等。（也就是）角 ABC 等于角 DEF，角 ACB 等于角 DFE。

如果把三角形 ABC 移动到三角形 DEF 上，若点 A 落在点 D 上，直线 AB 放在 DE 上，因为 AB 等于 DE，所以点 B 和点 E 重合。又角 BAC 等于角 EDF，线段 AB 与 DE 重合，所以 AC 与 DF 重合。又因为 AC 等于 DF，所以点 C 与点 F 重合。点 B 已经确定与点 E 重合，所以底 BC 与底 EF 重合。如若 B 与 E 重合，C 与 F 重合，底 BC 不与底 EF 重合，两条直线会围成一块有长有宽的区域，这是不可能的【公设 1】。因此，底 BC 与底 EF 重合，且 BC 等于 EF【公理 4】。所以整个三角形 ABC 与整个三角形 DEF 重合，于是它们全等【公理 4】。且其余的角也与其余的角重合，于是它们都相等【公理 4】，即角 ABC 等于角 DEF，角 ACB 等于角 DFE【公理 4】。

综上，如果两个三角形中，一个的两边分别等于另一个的两边，且相等线段所夹的角相等，那么，它们的底边相等，两个三角形全等，且其余的角也分别等于相应的角，即等边所对的角。这就是命题 4 的结论。

命题 5

在等腰三角形中，两底角彼此相等，若向下延长两腰，则在底边下面的两个角也彼此相等。

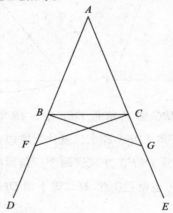

已知在等腰三角形 *ABC* 中，边 *AB* 等于边 *AC*，分别延长 *AB*、*AC* 成直线 *BD*、*CE*【公设 2】。可证角 *ABC* 等于角 *ACB*，且角 *CBD* 等于角 *BCE*。

在 *BD* 上任取一点 *F*，在较大的 *AE* 上截取一段 *AG*，使 *AG* 等于 *AF*【命题 1.3】。

连接 *FC* 和 *GB*【公设 1】。

因为 *AF* 等于 *AG*，*AB* 等于 *AC*，两边 *FA* 和 *AC* 分别与边 *GA* 和 *AB* 相等，且它们有一个公共角 *FAG*。所以，底 *FC* 等于底 *GB*，三角形 *AFC* 与三角形 *AGB* 全等，剩下的相等的边所对的角也分别相等（即等边对等角——译者注），即角 *ACF* 等于角 *ABG*，角 *AFC* 等于角 *AGB*【命题 1.4】。

又因为整体 *AF* 等于整体 *AG*，它们中的 *AB* 等于 *AC*，剩下的 *BF* 等于剩下的 *CG*。【公理 3】

但已经证明 *FC* 与 *GB* 相等，所以边 *BF*、*FC* 分别与边 *CG*、

GB 相等，且角 BFC 等于角 CGB。底边 BC 为公共边，所以，三角形 BFC 全等于三角形 CGB。等边对应的角也分别相等【命题 1.4】。

所以角 FBC 等于角 GCB，角 BCF 等于角 CBG。已经证明整个角 ABG 等于整个角 ACF，且角 CBG 等于角 BCF，剩下的角 ABC 等于剩下的角 ACB【公理 3】。

又它们在三角形 ABC 的底边以上。已经证明角 FBC 也等于角 GCB。它们在三角形的底边下。

综上，在等腰三角形中，两底角彼此相等，且如果沿两腰作延长线，延长线与底边所成的角也彼此相等。这就是命题 5 的结论。

命题 6

在一个三角形里，如果有两个角彼此相等，那么这两个角所对的边也彼此相等。

已知在三角形 ABC 中，角 ABC 等于角 ACB，可证边 AB 等于边 AC。

假设 AB 不等于 AC，且 AB 大于 AC。在线段 AB 上作 DB 等于 AC【命题 1.3】。连接 DC【公设 1】。

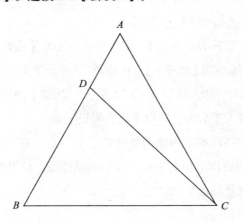

因为 *DB* 等于 *AC*，*BC* 是公共边，两边 *DB*、*BC* 分别与边 *AC*、*CB* 相等，且角 *DBC* 等于角 *ACB*，所以底边 *DC* 等于底边 *AB*，三角形 *DBC* 与三角形 *ACB* 全等【命题 1.4】，即小的等于大的。假设不正确【公理 5】。所以 *AB* 等于 *AC*。

综上，如果在一个三角形中，有两个角彼此相等，那么这两个等角对应的边也相等。这就是命题 6 的结论。

命题 7

过线段两端点引出的两条线段交于一点，则不可能在该线段（从它的两个端点）的同侧作出相交于另一点的另两条线段，分别等于前两条线段。

设线段 *AC*、*CB* 分别等于 *AD*、*DB*，且它们的端点都在线段 *AB* 上，*AC*、*CB* 相交于点 *C*，*AD*、*DB* 相交于点 *D*，*C*、*D* 在（线段 *AB* 的）同一侧。所以 *CA* 等于 *DA*，有公共点 *A*，*CB* 等于 *DB*，有公共点 *B*。连接 *CD*【公设 1】。

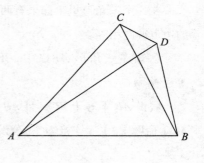

因为 *AC* 等于 *AD*，所以角 *ACD* 等于角 *ADC*【命题 1.5】。所以，角 *ADC* 大于角 *DCB*【公理 5】。进而角 *CDB* 大于角 *DCB*【公理 5】。又因为 *CB* 等于 *DB*，所以角 *CDB* 等于角 *DCB*【命题 1.5】。但是前面得出前者大于后者，所以矛盾，假设不对。

综上，过线段端点引出两条线段交于一点，则不可能过同一线段两端且在同侧作出相交于另一点的两条线段，使其分别等于前两条线段。这就是命题 7 的结论。

命题 8

如果一个三角形的三条边与另外一个三角形的三条边都相等，那么等边所夹的角也都相等。

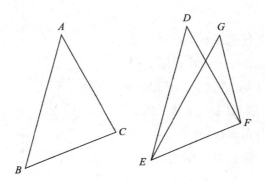

设 *ABC* 和 *DEF* 是两个三角形，边 *AB*、*AC* 分别与边 *DE*、*DF* 相等。即 *AB* 等于 *DE*，*AC* 等于 *DF*。且底边 *BC* 等于底边 *EF*。可证角 *BAC* 等于角 *EDF*。

如果将三角形 *ABC* 移至三角形 *DEF* 上，让点 *B* 落在点 *E* 上，线段 *BC* 放在 *EF* 上，那么，因为 *BC* 等于 *EF*，所以点 *C* 与点 *F* 重合。因为 *BC* 和 *EF* 重合，所以 *BA*、*CA* 分别和 *ED*、*DF* 重合。假设 *BC* 和 *EF* 重合，*AB*、*AC* 不与 *ED*、*DF* 重合，而是落在旁边的 *EG*、*GF* 处（如图所示），那么过线段（*EF*）两端点引出的两条线段（*DE*、*DF*）交于一点，从该线段（*EF*）的两个端点的同侧作出相交于另一点（*G*）的两条线段（*GE*、*GF*），分别等于前两条线段（*DE*、*DF*）。而这样的两条线段是不存在的【命题 1.7】。所以当底边 *BC* 与 *EF* 重合时，边 *BA*、*AC* 分别与 *ED*、*DF* 重合。所以角 *BAC* 与角 *EDF* 重合，即角 *BAC* 与角 *EDF* 彼此相等【公理 4】。

综上，如果两个三角形的两条边彼此分别相等，且底边相等，那么等边所夹的角也相等。这就是命题 8 的结论。

命题 9

二等分一个已知直线角。

已知角 BAC 是一个直线角，作二等分角。

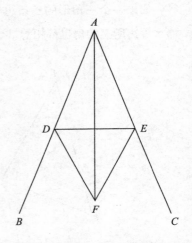

在 AB 上任取一点 D，并在 AC 上作 AE，使 AE 等于 AD【命题 1.3】，连接 DE。以 DE 为边，作等边三角形 DEF【命题 1.1】，连接 AF。可证 AF 二等分角 BAC。

因为 AD 等于 AE，AF 为公共边，（线段）DA、AF 分别等于（线段）EA、AF，且底边 DF 等于 EF。所以角 DAF 等于角 EAF【命题 1.8】

综上，直线角 BAC 被 AF 二等分。这就是命题 9 的结论。

命题 10

二等分已知线段。

已知线段 AB，作二等分线段。

以 AB 为一边，作等边三角形 ABC【命题 1.1】，作直线 CD 二等分角 ACB【命题 1.9】。可证线段 AB 被点 D 二等分，点 D 为等分点。

因为 AC 等于 CB，CD 为公共边，边 AC、CD 分别等于边 BC、CD，且角 ACD 等于角 BCD。所以底边 AD 等于底边 BD【命题 1.4】。

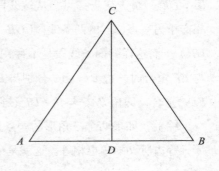

综上，线段 AB 二等分于点 D。这就是命题 10 的结论。

命题 11

由给定的直线上一已知点作一直线和给定的直线成直角。

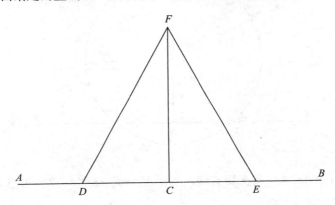

已知直线 AB，点 C 是 AB 上任意一点。过点 C 作一条直线与 AB 成直角。

在 AC 上任取一点 D，在 CB 上作 CE 等于 CD【命题 1.3】，以 DE 为边，作等边三角形 FDE【命题 1.1】，连接 FC。可证 FC 是过点 C 与直线 AB 成直角的直线。

因为 DC 等于 CE，CF 是公共边，边 DC、CF 分别等于边 EC、CF。又底 DF 等于底 FE。所以角 DCF 等于角 ECF【命题 1.8】，且它们是邻角。如果两条直线相交，形成两个相邻的相等角，那么这两个角均为直角【定义 1.10】。所以，角 DCF 和角 FCE 都为直角。

综上，直线 CF 满足过直线 AB 上的点 C，且垂直于 AB。这就是命题 11 的结论。

命题 12

由给定的无限直线外一已知点作该直线的垂线。

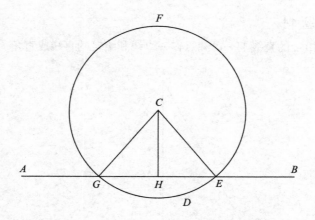

已知 *AB* 是一条无限直线，点 *C* 是直线 *AB* 外一点。过点 *C* 作垂直于直线 *AB* 的直线。

点 *D* 是直线 *AB* 外任意一点，且位于点 *C* 的相反一侧，以点 *C* 为圆心，*CD* 为半径作圆 *EFG*【公设 3】。作点 *H* 为 *EG* 的二等分点（*G*、*E* 为圆 *EFG* 与直线 *AB* 的交点。——译者注）【命题 1.10】，连接 *CG*、*CH* 和 *CE*。可证直线 *CH* 过点 *C* 且垂直于直线 *AB*。

因为 *GH* 等于 *HE*，*HC* 为公共边，边 *GH*、*HC* 分别等于边 *EH*、*HC*，且底 *CG* 等于 *CE*。所以角 *CHG* 等于角 *CHE*【命题 1.8】，同时它们是邻角。当两条直线相交，形成两个相等的邻角时，这两个角均为直角，两条直线互为垂线【定义 1.10】

综上，（直线）*CH* 过直线 *AB* 外的任意点 *C*，且垂直于 *AB*。这就是命题 12 的结论。

命题 13

一条直线和另一条直线相交所成的角，要么是两个直角，要么它们的和等于两个直角。

设直线 *AB* 在 *CD* 的上侧，且与 *CD* 相交于 *B*，形成角 *CBA* 和

角 *ABD*，可证角 *CBA* 和角 *ABD* 都是直
角，或者它们的和等于两个直角。

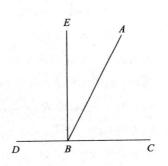

　　事实上，若角 *CBA* 等于角 *ABD*，
那么它们就是两个直角【定义 1.10】。
如果这两个角不相等，过点 *B* 作直线
BE 垂直于（直线）*CD*【命题 1.11】。
所以，角 *CBE* 和角 *EBD* 是两个直角。

又因为角 *CBE* 等于角 *CBA* 加角 *ABE*，给它们分别加上角 *EBD*，则
角 *CBE*、角 *EBD* 之和等于角 *CBA*、角 *ABE*、角 *EBD* 之和【公理 2】。
又因为角 *DBA* 等于角 *DBE* 加角 *EBA*，给它们分别加上角 *ABC*，则
角 *DBA* 和角 *ABC* 之和等于角 *DBE*、角 *EBA* 及角 *ABC* 的和【公理 2】。
但是，角 *CBE* 加角 *EBD* 等于相同的三个角之和。等于同量的量彼
此相等【公理 1】。所以角 *CBE* 与角 *EBD* 之和也等于角 *DBA* 与角
ABC 的和。又因为角 *CBE* 和角 *EBD* 是两个直角，所以角 *ABD* 与角
ABC 的和等于两直角的和。

　　综上，两条直线相交时形成的邻角，要么是两个直角，要么其
和等于两直角和。这就是命题 13 的结论。

命题 14

　　如果过某一直线上任意一点且在该直线的两边有两条直线，且
这两条直线与该直线所形成的两邻角之和等于两直角和，那么这两
条直线在同一直线上。

　　已知过直线 *AB* 上的一点 *B*，有
两条直线 *BC* 和 *BD* 分别在直线 *AB*
的两侧，与 *AB* 所成的两邻角 *ABC*、
角 *ABD* 的和等于两直角和。可证

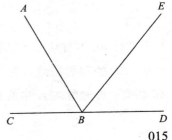

BD 和 CB 在同一直线上。

如果 BD 和 BC 不在同一直线上，设 BE 和 CB 在同一直线上。因为直线 AB 在直线 CBE 的上方，角 ABC 与角 ABE 的和等于两直角和【命题 1.13】。但角 ABC 和角 ABD 的和也等于两直角和。所以，角 CBA、角 ABE 的和等于角 CBA、角 ABD 的和【公理 1】。同时减去角 CBA。所以，余下的角 ABE 等于角 ABD【公理 3】，较小的角等于较大的角，这是不可能的。所以，BE 与 CB 不在同一直线上。相似地，我们可以证明除 BD 外，其他直线都不满足与 CB 在同一直线上。所以，CB 与 BD 在同一直线上。

综上，如果过某一直线上的任意一点的两条直线不在该直线的同一边，且这两条直线与该直线所形成的两邻角之和等于两直角和，那么这两条直线在同一直线上。这就是命题 14 的结论。

命题 15

如果两直线相交，则它们所成的对顶角相等。

已知直线 AB 和 CD 相交于点 E，可证角 AEC 等于角 DEB，角 CEB 等于角 AED。

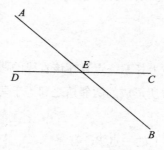

直线 AE 在直线 CD 的上侧，构成角 CEA 和角 AED，角 CEA 与角 AED 的和等于两直角之和【命题 1.13】。又因为直线 DE 与 AB 相交，形成角 AED 和角 DEB，且两角之和等于两直角之和【命

题 1.13】。所以角 *CEA* 与角 *AED* 之和等于角 *AED* 和角 *DEB* 之和【公理 1】。从两角中减去角 *AED*，剩下的角 *CEA* 等于剩下的角 *BED*【公理 3】。同理，角 *CEB* 等于角 *DEA*。

综上，如果两条直线相交，则它们所构成的相对的角（这样的角称作对顶角。——译者注）相等。这就是命题 15 的结论。

命题 16

在任意三角形中，延长一边，所形成的外角大于任何一个内对角。

已知三角形 *ABC*，延长边 *BC* 至 *D*。可证外角 *ACD* 大于内角 *CBA* 和角 *BAC* 中的任何一个。

作 *AC* 的二等分点 *E*【命题 1.10】，连接 *BE* 并延长至 *F*。使 *EF* 等于 *BE*【命题 1.3】，连接 *FC*。延长 *AC* 至（点）*G*。

因为 *AE* 等于 *EC*，*BE* 等于 *EF*。因为角 *AEB*、角 *FEC* 是对顶角，所以角 *AEB* 等于角 *FEC*【命题 1.15】。所以，在三角形 *AEB* 和三角形 *CEF* 中，底边 *AB* 等于底边 *FC*，且三角形 *ABE* 与三角形 *CFE* 全等，即等边对应的角相等【命题 1.4】。所以角 *BAE* 等于角 *ECF*。因为角 *ECD* 大于角 *ECF*，所以角 *ACD* 大于角 *BAE*。同理，若 *BC* 二等分，可以得到角 *BCG*，即角 *ACD*，大于角 *ABC*。

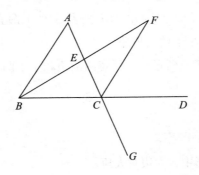

综上，对于任意三角形，延长任何一边所形成的外角大于内对角。这就是命题 16 的结论。

命题 17

在任意三角形中，任何两角之和小于两直角和。

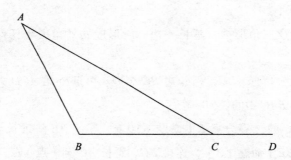

已知在三角形 ABC 中，可证任意两角之和小于两直角和。

延长 BC 至 D。

因为角 ACD 是三角形 ABC 的一个外角，所以角 ACD 大于内对角 ABC【命题 1.16】。两角同时加上角 ACB，则角 ACD 和 ACB 之和大于角 ABC 和角 BCA 之和。又因为角 ACD 与角 ACB 之和等于两直角之和【命题 1.13】。所以，角 ABC 与角 BCA 的和小于两直角和。同理，角 BAC 与角 ACB 的和也小于两直角和，角 CAB 与角 ABC 的和也小于两直角和。

综上，在任意三角形中，任意两内角和小于两直角和。这就是命题 17 的结论。

命题 18

在任意三角形中，大边对大角。

已知在三角形 ABC 中，边 AC 大于边 AB。可证角 ABC 大于角 BCA。

因为 AC 大于 AB，作 AD 等于 AB【命题 1.3】，连接 BD。

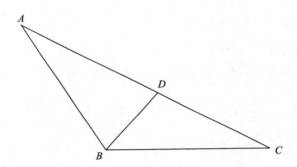

因为角 ADB 是三角形 BCD 的外角，所以角 ADB 大于内对角 DCB【命题 1.16】。因为 AB 等于 AD，所以角 ADB 等于角 ABD【命题 1.5】。所以，角 ABD 大于角 ACB。所以角 ABC 大于角 ACB。

综上，在任意三角形中，较大的边所对的角较大。这就是命题 18 的结论。

命题 19

在任意三角形中，大角对大边。

已知在三角形 ABC 中，角 ABC 大于角 BCA。可证边 AC 大于边 AB。

如果 AC 不大于 AB，即 AC 等于或者小于 AB。实际上，AC 不可能等于 AB，因为如果相等，则角 ABC 等于角 ACB【命题 1.5】。与已知不符。所以，AC 不等于 AB。同样，如果 AC 小于 AB，那么角 ABC 应该小于角 ACB【命题 1.18】。也与

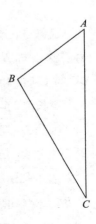

已知不符。所以 *AC* 不能小于 *AB*。又因为 *AC* 不等于 *AB*。因此，*AC* 只能大于 *AB*。

综上，在任意三角形中，较大的角所对的边较大。这就是命题 19 的结论。

命题 20

在任意三角形中，任意两边之和大于第三边。

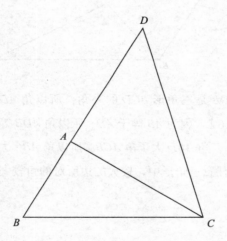

已知在三角形 *ABC* 中，可证三角形 *ABC* 任意两边之和大于第三边。即 *BA* 与 *AC* 的和大于 *BC*，*AB* 与 *BC* 的和大于 *AC*，*BC* 与 *CA* 的和大于 *AB*。

延长 *BA* 至 *D*，使 *AD* 等于 *CA*【命题 1.3】，连接 *DC*。

因为 *DA* 等于 *AC*，角 *ADC* 等于角 *ACD*【命题 1.5】。所以角 *BCD* 大于角 *ADC*。在三角形 *DCB* 中，角 *BCD* 大于角 *BDC*，大角对大边【命题 1.19】，所以 *DB* 大于 *BC*。又因为 *DA* 等于 *AC*，所以 *BA* 与 *AC* 的和大于 *BC*。同理，*AB* 与 *BC* 之和大于 *CA*，*BC* 与

CA 之和大于 AB。

综上，在任意三角形中，任意两边之和大于第三边。这就是命题 20 的结论。

命题 21

由三角形的一条边的两个端点作相交于三角形内的两条线段，那么交点到这两个端点的线段和小于三角形其他两边之和，但是，所形成的角大于同一条边对应的原三角形的角。

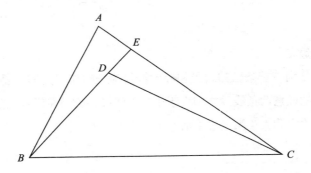

过三角形 ABC 中的边 BC 的两个端点 B、C 分别作线段 BD、DC。可证 BD 与 DC 之和小于 AB 与 AC 之和，且角 BDC 大于角 BAC。

延长 BD 与 AC 交于点 E。因为在任意三角形中，两边之和大于第三边【命题 1.20】，即在三角形 ABE 中，AB 与 AE 之和大于 BE。两边同时加 EC。那么 BA 和 AC（AC 等于 AE 加 EC。——译者注）的和大于 BE 与 EC 的和。又因为在三角形 CED 中，CE 与 ED 的和大于第三边 CD，两边同时加 DB，即 CE 与 EB 之和大于 CD 与 BD 之和。又因为 BA 与 AC 之和大于 BE 与 EC 之和。所以，BA 与 AC 之和大于 BD 与 DC 之和（即 BD 与 DC 之和小于 AB 与 AC 之和。——

译者注）。

因为任何三角形的外角大于内对角【命题 1.16】，所以在三角形 CDE 中，外角 BDC 大于角 CED。同理，在三角形 ABE 中，外角 CEB 大于角 BAC。因为角 BDC 大于角 CED，所以角 BDC 大于角 BAC。

综上，以三角形一边的两个端点向三角形内引两条相交线，则交点到这两个端点的距离之和小于原三角形的另外两边之和，两相交线所形成的角大于同边所对应的原三角形的角。这就是命题 21 的结论。

命题 22

以分别与三条已知线段相等的线段为三边作三角形：要求给定线段中的任意两条线段之和大于第三条线段，因为在任意三角形中，任意两边之和大于第三边【命题 1.20】。

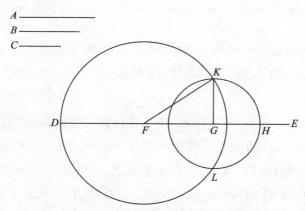

设 A、B、C 是三条给定线段，且任意两条线段之和大于第三条线段。即 A 与 B 的和大于 C，A 与 C 的和大于 B，B 与 C 的和大于 A。作三角形，使其三边分别等于 A、B、C。

已知 *DE* 为任意直线，一端为 *D*，沿 *E* 方向可无限延长。作 *DF* 等于 *A*，*FG* 等于 *B*，*GH* 等于 *C*【命题 1.3】。以 *F* 为圆心，*FD* 为半径作圆 *DKL*。再以 *G* 为圆心，*GH* 为半径作圆 *KLH*。连接 *KF* 和 *KG*（*K* 和 *L* 为两圆交点。——译者注）。可证三角形 *KFG* 的三边分别等于 *A*、*B*、*C*。

因为 *F* 是圆 *DKL* 的圆心，所以 *FD* 等于 *FK*。因为 *FD* 等于 *A*，所以 *KF* 也等于 *A*。又因为 *G* 是圆 *LKH* 的圆心，所以 *GH* 等于 *GK*。因为 *GH* 等于 *C*，所以 *KG* 等于 *C*。又因为 *FG* 等于 *B*。所以 *KF*、*FG*、*GK* 分别等于 *A*、*B*、*C*。

综上，三角形 *KFG* 的三边 *KF*、*FG* 和 *GK* 分别等于已知线段 *A*、*B*、*C*。这就是命题 22 的结论。

命题 23

在已知直线和它上面的一点，作一个直线角等于已知直线角。

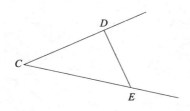

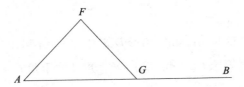

已知 *AB* 是给定直线，点 *A* 是它上面一点，角 *DCE* 是给定直线角。由已知直线 *AB* 上的点 *A* 作一个等于已知角 *DCE* 的直线角。

在直线 *CD* 和 *CE* 上分别任取两点 *D*、*E*，连接 *DE*。作三角形 *AFG*，使三边分别等于 *CD*、*DE*、*CE*，即 *CD* 等于 *AF*，*CE* 等于 *AG*，*DE* 等于 *FG*【命题 1.22】。

因为 *DC*、*CE* 分别与 *FA*、*AG* 相等，且 *DE* 等于 *FG*，所以角 *DCE* 等于角 *FAG*【命题 1.8】。

综上，在给定的直线 *AB* 和它上面的一点 *A* 作出等于已知直线角 *DCE* 的直线角 *FAG*。这就是命题 23 的结论。

命题 24

如果两个三角形中分别有两条边对应相等，若一个三角形中的一个夹角比另一个三角形中的夹角大，那么夹角大的所对的边也较大。

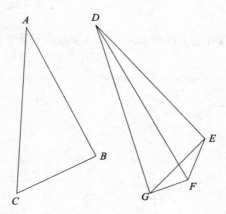

已知在三角形 *ABC* 和三角形 *DEF* 中，边 *AB* 和 *AC* 分别等于 *DE* 和 *DF*，即 *AB* 等于 *DE*，*AC* 等于 *DF*。角 *A* 大于角 *D*。可证底边 *BC* 大于底边 *EF*。

因为角 *BAC* 大于角 *EDF*，以 *DE* 上的 *D* 为顶点，作角 *EDG* 等于角 *BAC*【命题 1.23】，使 *DG* 等于 *AC* 或 *DF*【命题 1.3】，并连

接 *EG*、*FG*。

因为 *AB* 等于 *DE*，且 *AC* 等于 *DG*，角 *BAC* 等于角 *EDG*，所以边 *BC* 等于 *EG*【命题 1.4】。又因为 *DF* 等于 *DG*，所以角 *DGF* 等于角 *DFG*【命题 1.5】。因为角 *DFG* 大于角 *EGF*，所以角 *EFG* 大于角 *EGF*。在三角形 *EFG* 中，角 *EFG* 大于角 *EGF*，大角对大边【命题 1.19】，所以边 *EG* 大于 *EF*。又因为 *EG* 等于 *BC*，所以 *BC* 也大于 *EF*。

综上，在两个三角形中，分别有两条边对应相等，两边所构成的夹角越大，夹角所对的第三边就越大。这就是命题 24 的结论。

命题 25

如果两个三角形有两条对应边相等，则第三边越长，其所对应的角越大。

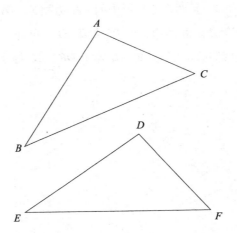

设在三角形 *ABC* 和三角形 *DEF* 中，*AB* 等于 *DE*，*AC* 等于 *DF*，且 *BC* 大于 *EF*。可证角 *BAC* 大于角 *EDF*。

假设角 *BAC* 不大于角 *EDF*，即角 *BAC* 等于或小于角 *EDF*。实际上，角 *BAC* 不可能等于角 *EDF*，因为如果它们相等，那么 *BC* 就等于 *EF*【命题 1.4】，与已知矛盾。所以角 *BAC* 不等于角 *EDF*。角 *BAC* 也不可能小于角 *EDF*。因为如果角 *BAC* 小于角 *EDF*，那么 *BC* 小于 *EF*【命题 1.24】，与已知矛盾。所以角 *BAC* 不小于角 *EDF*。又因为已经证明两角不相等，所以角 *BAC* 大于角 *EDF*。

综上，如果两个三角形中有两边分别相等，那么第三边长的所对的角也较大。这就是命题 25 的结论。

命题 26

如果在两个三角形中，有两对角分别相等，且有一条边相等——这条边或者是等角之间的边，或者是任意等角的对边——那么这两个三角形的其他边和角都对应相等。

设在三角形 *ABC* 和三角形 *DEF* 中，角 *ABC* 等于角 *DEF*，角 *BCA* 等于角 *EFD*。且两个三角形中的一条边相等。第一种情况，这条边是两对相等角之间的边，即 *BC* 等于 *EF*。可证：两个三角形的其他边和角也都对应相等。即 *AB* 等于 *DE*，*AC* 等于 *DF*，角 *BAC* 等于角 *EDF*。

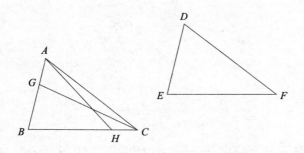

如果 *AB* 不等于 *DE*，那么其中一条边较大。设 *AB* 为较大的边。作 *BG* 等于 *DE*【命题 1.3】，连接 *GC*。

因为 BG 等于 DE，BC 等于 EF，且角 GBC 等于角 DEF。所以 GC 等于 DF，三角形 GBC 和三角形 DEF 全等，等边对应的角也都相等【命题 1.4】。所以，角 GCB 等于角 DFE。但是，已知角 DFE 等于角 BCA，所以角 BCG 也等于角 BCA，即小角等于大角，这是不可能的。所以，AB 不可能不等于 DE。所以 AB 等于 DE。因为 BC 等于 EF。所以，AB、BC 分别等于 DE、EF，且角 ABC 等于角 DEF，所以 AC 等于 DF。角 BAC 等于角 EDF【命题 1.4】。

第二种情况，如果等角对的边相等：例如，让 AB 等于 DE。可证两个三角形的其他边、角分别相等，即 AC 等于 DF，BC 等于 EF，角 BAC 等于角 EDF。

如果 BC 不等于 EF，则设 BC 大于 EF。作 BH 等于 EF【命题 1.3】，连接 AH。因为 BH 等于 EF，AB 等于 DE，且它们的夹角相等。所以 AH 等于 DF，三角形 ABH 和三角形 DEF 全等。则等边对应的其他角也相等【命题 1.4】。所以角 BHA 等于角 EFD。因为角 EFD 等于角 BCA，所以在三角形 AHC 中，外角 BHA 等于内对角 BCA，这是不可能的【命题 1.16】。所以 BC 不可能不等于 EF，即 BC 等于 EF。又因为 AB、BC 分别等于 DE、EF，并且它们的夹角相等，所以 AC 等于 DF，三角形 ABC 与三角形 DEF 全等，角 BAC 等于角 EDF【命题 1.4】。

综上，如果在两个三角形中，有两个角分别相等，其中一条边也相等——这条边可以是等角之间的边，也可以是等角所对的边——那么这两个三角形的其他边和角都相等。这就是命题 26 的结论。

命题 27

如果一条直线与两条直线相交，内错角相等，则两直线平行。

已知直线 EF 与直线 AB、CD 分别相交，并有内错角 AEF、

EFD 彼此相等。可证直线 *AB* 平行于 *CD*。

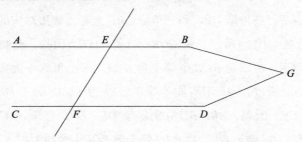

假设 *AB* 不与 *CD* 平行，则两直线延长时，在 *B*、*D* 方向或在 *A*、*C* 方向终会交于一点【定义 1.23】，设两直线在 *B*、*D* 方向的延长线交于点 *G*。则在三角形 *GEF* 中，外角 *AEF* 等于内对角 *EFG*，这是不可能的【命题 1.16】。所以，*AB*、*CD* 不会在 *B*、*D* 方向相交。同理可证，两直线也不会在 *A*、*C* 方向相交。又因为两条直线不在任何一方相交，就是平行线【定义 1.23】，所以直线 *AB* 与 *CD* 平行。

综上，如果一条直线与另外两条直线相交，内错角相等，那么这两条直线平行。这就是命题 27 的结论。

命题 28

如果一条直线与两条直线相交，同位角相等，或同旁内角之和等于两直角和，则这两条直线平行。

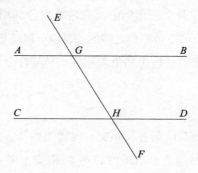

已知 *EF* 与直线 *AB*、*CD* 相交，同位角 *EGB* 与 *GHD* 彼此相等，或同旁内角 *BGH* 和 *GHD* 两角之和等于两直角和。可证 *AB* 平行于 *CD*。

（第一种情况）因为角 *EGB* 等于角 *GHD*，且角 *EGB* 等于角 *AGH*【命题 1.15】，所以角 *AGH* 也等于角 *GHD*。因为它们是内错角，所以 *AB* 平行于 *CD*【命题 1.27】

（第二种情况）因为角 *BGH* 与角 *GHD* 的和等于两直角和，且角 *AGH* 与角 *BGH* 的和也等于两直角和【命题 1.13】，所以角 *AGH* 与角 *BGH* 的和等于角 *BGH* 和角 *GHD* 的和。两边同时减去角 *BGH*，则有角 *AGH* 等于角 *GHD*。因为它们是内错角，所以 *AB* 与 *CD* 平行【命题 1.27】。

综上，如果一条直线与两条直线相交，同位角相等，或同旁内角之和等于两直角和，则这两条直线平行。这就是命题 28 的结论。

命题 29

如果一条直线与两条平行线相交，那么内错角相等，同位角相等，且同旁内角之和等于两直角和。

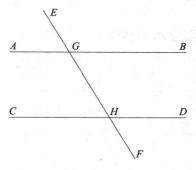

已知直线 *EF* 与两条平行线 *AB*、*CD* 相交。可证内错角 *AGH* 等于 *GHD*，同位角 *EGB* 等于 *GHD*，且同旁内角 *BGH* 与 *GHD* 的和等

于两直角和。

假设角 *AGH* 不等于角 *GHD*，则其中一个角大于另一个角。设角 *AGH* 大于角 *GHD*。两角同时加角 *BGH*，则有角 *AGH* 与角 *BGH* 的和大于角 *BGH* 与角 *GHD* 的和。又因为角 *AGH* 与角 *BGH* 的和等于两直角和【命题 1.13】，所以角 *BGH* 与角 *GHD* 的和小于两直角和。在同一平面内，一条直线和两条直线相交，若直线同侧的两个内角之和小于两个直角和，则这两条直线经无限延长后，在这一侧相交【公设 5】。所以 *AB*、*CD* 在无限延长后，最终会相交。但是因为已经假设它们是两条平行线，所以它们不会相交【定义 1.23】。所以角 *AGH*、角 *GHD* 不可能不相等。即角 *AGH* 等于角 *GHD*。又因为角 *AGH* 等于角 *EGB*【命题 1.15】，所以角 *EGB* 也等于角 *GHD*。两边加上 *BGH*。所以，*EGB* 与 *BGH* 的和等于 *BGH* 与 *GHD* 的和。因为角 *EGB* 与角 *BGH* 的和等于两直角和【命题 1.13】，所以角 *BGH* 与角 *GHD* 的和也等于两直角和。

综上，如果一条直线与两条平行线相交，那么内错角相等，同位角相等，且同旁内角之和等于两直角和。这就是命题 29 的结论。

命题 30
平行于同一条直线的直线相互平行。

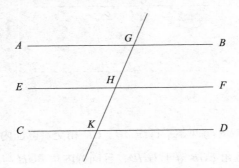

已知直线 *AB* 平行于 *EF*，*CD* 平行于 *EF*。可证 *AB* 平行于 *CD*。

作直线 *GK* 与直线 *AB*、*CD* 和 *EF* 相交。

因为直线 *GK* 与平行线 *AB*、*EF* 相交，所以角 *AGK* 等于角 *GHF*【命题 1.29】。又因为直线 *GK* 与平行线 *EF* 和 *CD* 相交，所以角 *GHF* 等于角 *GKD*【命题 1.29】。所以角 *AGK* 也等于角 *GKD*。因为它们是内错角，所以 *AB* 平行于 *CD*【命题 1.27】。

综上，平行于同一条直线的直线互相平行。这就是命题 30 的结论。

命题 31

过给定点，作一条直线与已知直线平行。

已知 *A* 是给定一点，*BC* 是给定直线。过 *A* 作一条直线平行于 *BC*。

在 *BC* 上任取一点 *D*，连接 *AD*。在直线 *DA* 上的点 *A*，作角 *DAE* 等于角 *ADC*【命题 1.23】。作直线 *EA* 的延长线 *AF*。

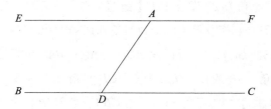

因为直线 *AD* 与直线 *BC*、*EF* 相交，内错角 *EAD* 等于 *ADC*，所以直线 *EAF* 平行于 *BC*【命题 1.27】。

综上，直线 *EAF* 是过 *A* 点，且平行于已知直线 *BC* 的直线。这就是命题 31 的结论。

命题 32

在任意三角形中，如果延长一边，则外角等于两个内对角的和，而且三角形的三个内角的和等于两个直角和。

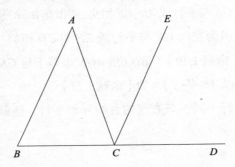

已知三角形 ABC，延长一边 BC 至 D。可证角 ACD 等于两个内对角 CAB 与角 ABC 的和，且三角形三个内角 ABC、BCA、CAB 的和等于两直角和。

过 C 作 CE 平行于直线 AB【命题 1.31】。

因为 AB 平行于 CE，AC 与两直线相交，所以内错角 BAC 等于 ACE【命题 1.29】。又因为 AB 平行于 CE，直线 BD 与两直线相交，所以同位角 ECD 等于 ABC【命题 1.29】。又因为角 ACE 等于角 BAC，所以角 ACD 等于两个内对角 BAC 与 ABC 的和。

两边同时加 ACB，所以角 ACD 与角 ACB 的和等于角 ABC、角 BCA 和角 CAB 的和。又因为角 ACD 与角 ACB 的和等于两直角和【命题 1.13】，所以角 ACB、角 CBA、角 CAB 的和也等于两直角和。

综上，在任意三角形中，一边延长形成的外角等于两个内对角的和，且三个内角的和等于两直角和。这就是命题 32 的结论。

命题 33

在同一方向连接平行且相等的线段，连成的线段相互平行且相等。

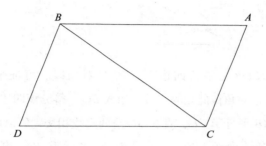

已知 *AB* 平行且等于 *CD*。*AC*、*BD* 是同一方向连接它们的线段。可证 *AC* 平行且等于 *BD*。

连接 *BC*。因为 *AB* 平行于 *CD*，*BC* 与它们相交，所以内错角 *ABC* 等于 *BCD*【命题 1.29】。又因为 *AB* 等于 *CD*，*BC* 是公共边。*AB* 与 *DC*、*BC* 与 *CB* 分别相等，且角 *ABC* 等于角 *BCD*。所以底边 *AC* 等于 *BD*。三角形 *ABC* 全等于三角形 *DCB*，相等边所对应的角也相等【命题 1.4】。所以角 *ACB* 等于角 *CBD*，又因为直线 *BC* 与 *AC* 和 *BD* 相交，角 *ACB* 和角 *CBD* 是内错角且彼此相等，所以 *AC* 平行于 *BD*【命题 1.27】。且已经证明 *AC* 等于 *BD*。

综上，在同一方向连接平行且相等的线段，连成的线段相互平行且相等。这就是命题 33 的结论。

命题 34

平行四边形的对边对角彼此相等，且对角线二等分平行四边形。

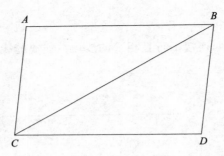

　　已知 *ACDB* 是平行四边形，*BC* 是对角线。可证平行四边形 *ACDB* 的对边对角彼此相等，且对角线 *BC* 二等分该四边形。

　　因为 *AB* 平行于 *CD*，直线 *BC* 与两直线相交，所以内错角 *ABC* 与 *BCD* 相等【命题1.29】。又因为 *AC* 平行于 *BD*，直线 *BC* 与两直线相交，所以内错角 *ACB* 与 *CBD* 相等【命题1.29】。所以在三角形 *ABC* 和三角形 *BCD* 中，角 *ABC*、*BCA* 分别与角 *BCD*、*CBD* 相等，且有一边——两对等角之间的公共边 *BC*——相等，所以，两个三角形的其他边对应相等，其他角也对应相等【命题1.26】。所以，边 *AB* 等于 *CD*，*AC* 等于 *BD*，角 *BAC* 等于角 *CDB*。又因为角 *ABC* 等于角 *BCD*，角 *CBD* 等于角 *ACB*，则角 *ABD* 等于角 *ACD*。且已经证明角 *BAC* 等于角 *CDB*。

　　综上，在平行四边形中，对边对角彼此相等。

　　再证明对角线平分平行四边形。因为 *AB* 等于 *CD*，*BC* 是公共边，且角 *ABC* 等于角 *BCD*，所以 *AC* 等于 *DB*，所以三角形 *ABC* 全等于三角形 *BCD*【命题1.4】。

　　综上，对角线 *BC* 平分平行四边形 *ACDB*。这就是命题34的结论。

命题 35

　　同底且在相同平行线之间（这里及下面的命题涉及的"在相同平行线之间的平行四边形"就是代表底边 *BC* 到 *AD*、*EF* 的距离是相等的，即高相等。——译者注）的平行四边形彼此相等（此命题和下列命题均指面积相等。——译者注）。

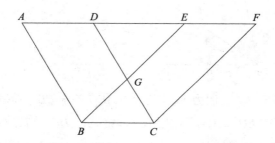

已知平行四边形 *ABCD* 和 *EBCF*，它们有同底 *BC* 且在相同的平行线 *AF*、*BC* 之间。可证 *ABCD* 等于 *EBCF*。

因为 *ABCD* 是平行四边形，所以 *AD* 等于 *BC*【命题 1.34】。同理，*EF* 等于 *BC*。所以 *AD* 等于 *EF*。两边同时加 *DE*。所以 *AE* 等于 *DF*。又因为 *AB* 等于 *DC*，所以两边 *EA*、*AB* 分别等于 *FD*、*DC*，且角 *FDC* 等于角 *EAB*，因为同位角相等【命题 1.29】。所以底边 *EB* 等于底边 *FC*，三角形 *EAB* 全等于三角形 *FDC*【命题 1.4】。两三角形同时减去三角形 *DGE*。所以剩下的梯形 *ABGD* 等于 *EGCF*。再同时加三角形 *GBC*，则平行四边形 *ABCD* 等于平行四边形 *EBCF*。

综上，同底且在相同的平行线之间的平行四边形彼此相等。这就是命题 35 的结论。

命题 36

在等底上且在相同的平行线之间的平行四边形彼此相等。

已知平行四边形 *ABCD*、*EFGH* 在等底 *BC*、*FG* 上，且都在平行线 *AH* 和 *BG* 之间。可证平行四边形 *ABCD* 等于 *EFGH*。

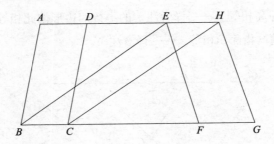

连接 *BE*、*CH*。因为 *BC* 等于 *FG*，*FG* 等于 *EH*【命题 1.34】，所以 *BC* 等于 *EH*。*BC* 平行于 *EH*，连接 *EB*、*HC*，所以在同方向连接相等且平行的线段是相等且平行的【命题 1.33】，即 *EB* 平行且等于 *HC*。所以 *EBCH* 是平行四边形【命题 1.34】，且等于 *ABCD*。因为它与 *ABCD* 有同底 *BC*，且在相同的平行线 *BG*、*AH* 之间【命题 1.35】。同理，*EFGH* 也与 *EBCH* 相等【命题 1.34】。所以平行四边形 *ABCD* 与 *EFGH* 相等。

综上，在等底上且在相同平行线之间的平行四边形彼此相等。这就是命题 36 的结论。

命题 37

在同底上且在相同平行线之间的三角形彼此相等。

已知三角形 *ABC* 与三角形 *DBC* 有公共边 *BC*，且两三角形在相同的平行线 *AD*、*BC* 之间。可证三角形 *ABC* 等于三角形 *DBC*。

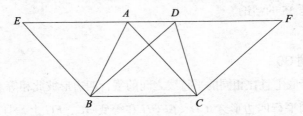

连接 *AD* 并向两端延长至 *E*、*F*，过点 *B* 作 *BE* 平行于 *CA*【命

题 1.31】，过点 C 作 CF 平行于 BD【命题 1.31】。因为四边形
EBCA 和 DBCF 是平行四边形，又因为它们有同底 BC，且在两条
平行线 BC 和 EF 之间【命题 1.35】。三角形 ABC 是平行四边形
EBCA 的一半，因为对角线 AB 是 EBCA 的二等分线【命题 1.34】。
同理，三角形 DBC 是平行四边形 DBCF 的一半，因为对角线 DC 是
DBCF 的二等分线【命题 1.34】。【等于等量的一半的量彼此相等。】
所以，三角形 ABC 等于三角形 DBC。

综上，在同底上且在相同的平行线之间的三角形彼此相等。这
就是命题 37 的结论。

命题 38

在等底上且在相同平行线之间的三角形彼此相等。

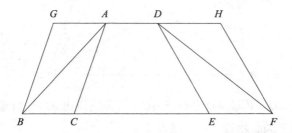

已知在三角形 ABC 和三角形 DEF 中，底边 BC 等于 EF，且在
相同的平行线 BF、AD 之间。可证三角形 ABC 等于三角形 DEF。

连接 AD 并向两边延长至 G、H。过点 B 作 BG 平行于 CA【命
题 1.31】，过点 F 作 FH 平行于 DE【命题 1.31】。所以 GBCA 和
DEFH 为平行四边形，因为它们在等底 BC、EF 上，且在相同的平
行线 BF、GH 之间【命题 1.36】。三角形 ABC 是平行四边形 GBCA
的一半，因为 AB 是 GBCA 的对角线【命题 1.34】。同理，三角形
FED 是平行四边形 DEFH 的一半，因为 DF 是 DEFH 的对角线。

【等于等量的一半的量彼此相等。】所以三角形 ABC 等于三角形 DEF。

综上，在等底上且在相同平行线之间的三角形彼此相等。这就是命题 38 的结论。

命题 39

在同底上且在底的同一侧的相等三角形在相同的平行线之间。

已知三角形 ABC 和三角形 DBC 面积相等，BC 是公共边，且两个三角形在 BC 的同一侧。可证三角形 ABC 和三角形 DBC 在相同的平行线之间。

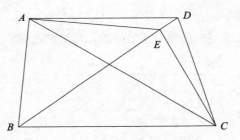

连接 AD。可证 AD 平行于 BC（若证明得出 AD 平行于 BC，则两个三角形的高相等。——译者注）。

假设 AD 不与 BC 平行。过点 A 作 AE 平行于 BC【命题 1.31】，连接 EC。因为三角形 ABC 和三角形 EBC 有公共底边 BC，且在相同的平行线之间，所以三角形 ABC 等于三角形 EBC【命题 1.37】。但是三角形 ABC 等于三角形 DBC，所以三角形 DBC 也等于三角形 EBC，较大量等于较小量，这是不可能的。所以 AE 不平行于 BC。同理可得，除了 AD，其他任何直线也都不平行于 BC。所以 AD 平行于 BC。

综上，在同底上且在底的同一侧的相等三角形在相同的平行线之间。这就是命题 39 的结论。

命题 40

在等底上且在底的同一侧的相等三角形在相同的平行线之间。

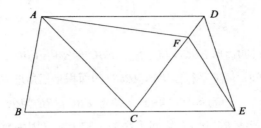

已知三角形 ABC 和三角形 CDE 相等，底边 BC 与 CE 相等，且在 BE 的同一侧。可证两个三角形在相同的平行线之间。

连接 AD，可证 AD 平行于 BE。

假设 AD 不与 BE 平行。过点 A 作 AF 平行于 BE【命题 1.31】，并连接 FE。因为三角形 ABC 和三角形 FCE 的底边 BC 等于 CE，且在相同的平行线之间，所以三角形 ABC 等于三角形 FCE【命题 1.38】。但是三角形 ABC 等于三角形 DCE。所以三角形 DCE 也等于三角形 FCE，较大量等于较小量，这是不可能的。所以，AF 不平行于 BE。同理可得，除了 AD，其他任何直线也都不平行于 BE。所以 AD 平行于 BE。

综上，在等底上且在底的同一侧的相等的三角形在相同的平行线之间。这就是命题 40 的结论。

命题 41

如果平行四边形和三角形既同底又在相同的平行线之间，那么平行四边形是三角形的二倍。

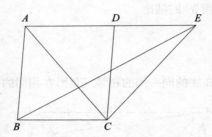

已知平行四边形 $ABCD$ 与三角形 EBC 有公共边 BC，且在平行线 BC 和 AE 之间。可证平行四边形 $ABCD$ 的面积是三角形 BEC 的二倍。

连接 AC。三角形 ABC 等于三角形 EBC，BC 为公共底边，又在相同的平行线 BC 和 AE 之间【命题 1.37】。又因为对角线 AC 二等分平行四边形 $ABCD$，所以平行四边形 $ABCD$ 是三角形 ABC 的二倍【命题 1.34】。所以平行四边形 $ABCD$ 也是三角形 EBC 的二倍。

综上，平行四边形与三角形同底，又在相同的平行线之间，那么平行四边形是三角形的二倍。这就是命题 41 的结论。

命题 42

用已知直线角作平行四边形，使它等于已知三角形。

已知三角形 ABC，角 D 是给定直线角。要求在给定角 D 上作一个平行四边形等于三角形 ABC。

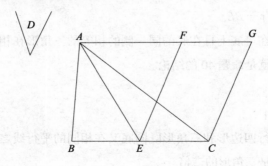

　　BC 二等分于点 *E*【命题 1.10】，连接 *AE*。以 *E* 为顶点，作以 *EC* 为边的角 *CEF*，使 *CEF* 等于角 *D*【命题 1.23】。过点 *A* 作 *AG* 平行于 *EC*【命题 1.31】，并过点 *C* 作 *CG* 平行于 *EF*【命题 1.31】。所以，*FECG* 是平行四边形。因为 *BE* 等于 *EC*，所以三角形 *ABE* 等于三角形 *AEC*。因为三角形 *ABE* 和三角形 *AEC* 的底边相等，即 *BE* 等于 *EC*，并且在相同的平行线 *BC*、*AG* 之间（即等高——译者注）【命题 1.38】。所以三角形 *ABC* 是三角形 *AEC* 的二倍。因为三角形 *AEC* 和平行四边形 *FECG* 有相同的底边，且在相同的平行线之间（即等高——译者注），所以平行四边形 *FECG* 也是三角形 *AEC* 的二倍【命题 1.41】。所以平行四边形 *FECG* 等于三角形 *ABC*，且角 *CEF* 等于给定角 *D*。

　　综上，平行四边形 *FECG* 等于给定的三角形 *ABC*，且其中一角 *CEF* 等于给定角 *D*。这就是命题 42 的结论。

命题 43

　　在任意平行四边形中，对角线两侧的平行四边形的补形彼此相等。

　　已知在平行四边形 *ABCD* 中，*AC* 是对角线。作 *EH*（即 *AEKH*——译者注）和 *FG*（即 *KGCF*——译者注），使其成为以 *AC* 为对角线的平行四边形。则 *BK*（即平行四边形 *EBGK*——译者注）和 *KD*（即平行四边形 *HKFD*——译者注）就叫作 *AC* 的补形。可证补形 *BK* 等于 *KD*。

　　在平行四边形 *ABCD* 中，*AC* 是对角线，所以三角形 *ABC* 等于三角形 *ACD*【命题 1.34】。又因为 *EH* 是平行四边形，*AK* 是对角线，所以三角形 *AEK* 等于三角形 *AHK*【命题 1.34】。同理可得，三角形 *KFC* 等于三角形 *KGC*。所以，三角形 *AEK* 等于三角形 *AHK*，三角形 *KFC* 等于三角形 *KGC*，三角形 *AEK* 加 *KGC* 就等于三角

AHK 加 *KFC*。又因为整个三角形 *ABC* 等于 *ADC*。所以补形 *BK* 等于 *KD*（即大三角形 *ABC* 减去 *AEK* 减去 *KGC* 等于三角形 *ADC* 减去 *AHK* 减去 *KFC*——译者注）。

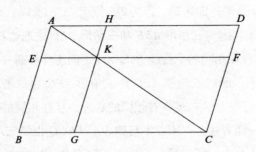

综上，在任意平行四边形中，对角线两侧的平行四边形的补形彼此相等。这就是命题 43 的结论。

命题 44
用已知线段及已知直线角作一个平行四边形，使它等于已知三角形。

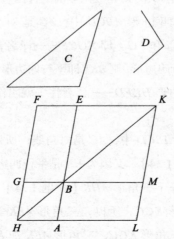

已知 AB 是给定直线，C 是给定三角形，D 是给定直线角。用线段 AB 和等于角 D 的一个角作一平行四边形等于三角形 C。

作等于三角形 C 的平行四边形 $BEFG$，并且角 EBG 等于角 D【命题 1.42】。且 BE 在直线 AB 的延长线上。延长 FG 至 H，过 A 作 AH 平行于 BG 或 EF【命题 1.31】，连接 HB。因为直线 HF 与平行线 AH 和 EF 相交，所以角 AHF 和角 HFE 的和等于两直角和【命题 1.29】。所以角 BHG 与角 GFE 的和小于两直角和。将直线无限延长后在小于两直角的这一侧相交【公设 5】。所以分别延长 HB、FE，它们一定相交，设相交于点 K。过点 K 作 KL 平行于 EA 或 FH【命题 1.31】。分别延长 HA、GB 至点 L、M。所以 $HLKF$ 是平行四边形，且 HK 是对角线。又因为 AG、ME 是平行四边形，LB、BF 是关于 HK 的补形，所以 LB 等于 BF【命题 1.43】。又因为 BF 等于三角形 C，所以 LB 也等于三角形 C。又因为角 GBE 等于角 ABM【命题 1.15】，且角 GBE 等于角 D，所以角 ABM 也等于角 D。

综上，用线段 AB 作的平行四边形 LB 等于给定三角形 C，且一角 ABM 等于已知角 D。这就是命题 44 的结论。

命题 45

用一个已知直线角作一个平行四边形使它等于已知直线形。

已知 $ABCD$ 是给定直线图形，E 是给定直线角。用已知角作平行四边形等于直线形 $ABCD$。

连接 DB，作平行四边形 FH，使其等于三角形 ABD，且角 HKF 等于角 E【命题 1.42】。在线段 GH 上作平行四边形 GM，使其等于三角形 DBC，且角 GHM 等于角 E【命题 1.44】。因为角 E 等于角 HKF、GHM，所以角 HKF 也等于角 GHM。两边同时加 KHG。所以角 FKH 与 KHG 的和等于 KHG 与 GHM 的和。又因为

角 *FKH* 与 *KHG* 的和等于两直角和【命题 1.29】。所以角 *KHG* 与
GHM 的和也等于两直角和。所以，用 *GH* 及其上面一点 *H*，在它两
侧的线段 *KH* 和 *HM* 作成相邻的两角的和等于两直角。所以 *KH* 与
HM 在同一直线上【命题 1.14】。因为 *HG* 与平行线 *KM* 和 *FG* 相交，
所以内错角 *MHG* 等于 *HGF*【命题 1.29】。两边同时加 *HGL*。所以，
角 *MHG* 加 *HGL* 等于角 *HGF* 加 *HGL*。又因为角 *MHG* 与 *HGL* 的和
等于两直角和【命题 1.29】。所以，角 *HGF* 与 *HGL* 的和也等于两
直角和。所以 *FG* 与 *GL* 在同一直线上【命题 1.14】。因为 *FK* 平
行且等于 *HG*【命题 1.34】，且 *HG* 也平行且等于 *ML*【命题 1.34】，
所以 *KF* 平行且等于 *ML*【命题 1.30】。直线 *KM* 和 *FL* 分别连接直线
FK、*LM* 的两端，所以 *KM* 平行且等于 *FL*【命题 1.33】。所以 *KFLM*
是平行四边形。因为三角形 *ABD* 等于平行四边形 *FH*，三角形 *DBC*
等于平行四边形 *GM*，所以直线形 *ABCD* 等于平行四边形 *KFLM*。

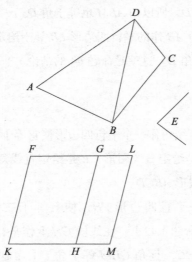

综上，平行四边形 *KFLM* 等于已知直线形 *ABCD*，且其中一角
FKM 等于已知角 *E*。这就是命题 45 的结论。

命题 46

在已知线段上作正方形。

已知 *AB* 是给定线段。作以 *AB* 为边的正方形。

过线段 *AB* 上的点 *A* 作 *AC* 垂直于 *AB*【命题 1.11】，取 *AD* 等于 *AB*【命题 1.3】。过点 *D* 作 *DE* 平行于 *AB*【命题 1.31】。过点 *B* 作 *BE* 平行于 *AD*【命题 1.31】。则 *ADEB* 是平行四边形。所以 *AB* 等于 *DE*，*AD* 等于 *BE*【命题 1.34】，又因为 *AB* 等于 *AD*，所以四边 *BA*、*AD*、*DE* 和 *EB* 彼此相等。所以，平行四边形 *ADEB* 四边相等。可证它的四个角为直角。因为直线 *AD* 与平行线 *AB* 和 *DE* 相交，所以角 *BAD* 与 *ADE* 的和等于两直角和【命题 1.29】。又因为角 *BAD* 是直角（因为 *AC* 垂直于 *AB*——译者注），所以角 *ADE* 也是直角。在平行四边形中，对边和对角彼此相等【命题 1.34】，所以对角 *ABE* 和角 *BED* 也是直角。所以四边形 *ADEB* 的四个角都为直角。又已证明它是等边的平行四边形。

综上，*ADEB* 是正方形【定义 1.22】，且在已知线段 *AB* 上。这就是命题 46 的结论。

命题 47

在直角三角形中，直角所对的边上的正方形等于夹直角两边上的正方形的和。

已知三角形 *ABC*，角 *BAC* 为直角。可证以 *BC* 为边的正方形等于以 *BA* 与 *AC* 为边的正方形的和。

分别在 *BC*、*BA*、*AC* 边上作正方形 *BDEC*、*GB*（即 *AGFB*——译者注）和 *HC*（即 *HACK*——译者注）【命题 1.46】。过 *A* 作 *AL* 平行于 *BD* 或 *CE*【命题 1.31】。连接 *AD*、*FC*。因为角 *BAC* 和角 *BAG* 都为直角，过直线 *BA* 上的点 *A* 有直线 *AC*、*AG* 不在它的同一

侧所成的两邻角的和等于两直角。所以 *CA* 与 *AG* 在同一直线上【命题 1.14】。同理可得，*BA* 与 *AH* 也在同一直线上。因为角 *DBC* 和角 *FBA* 都是直角，所以角 *DBC* 等于角 *FBA*，两角同时加角 *ABC*，所以角 *DBA* 等于角 *FBC*。又因为 *DB* 等于 *BC*，*FB* 等于 *BA*，即 *DB*、*BA* 分别与 *CB*、*BF* 相等，角 *DBA* 等于角 *FBC*，所以底边 *AD* 等于 *FC*，三角形 *ABD* 全等于三角形 *FBC*【命题 1.4】。因为平行四边形 *BL* 与三角形 *ABD* 有同底 *BD* 且在平行线 *BD*、*AL* 之间，所以 *BL* 是三角形 *ABD* 的两倍【命题 1.41】。又因为正方形 *GB* 和三角形 *FBC* 有同底 *FB* 且在相同的平行线 *FB*、*GC* 之间，所以正方形 *GB* 是三角形 *FBC* 的两倍【命题 1.41】。【等于等量的两倍的量彼此相等】所以平行四边形 *BL* 等于正方形 *GB*。同理，连接 *AE*、*BK*，平行四边形 *CL* 等于正方形 *HC*。所以整个正方形 *BDEC* 等于正方形 *GB* 和 *HC* 的和。正方形 *BDEC* 以 *BC* 为边，正方形 *GB* 和 *HC* 分别以 *BA* 和 *AC* 为边。所以，以 *BC* 为边的正方形等于以 *BA* 和 *AC* 为边的正方形的和。

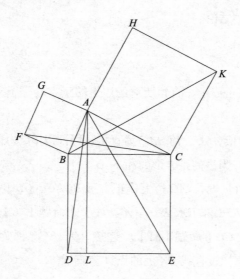

综上，在直角三角形中，直角所对的边上的正方形等于夹直角两条边上正方形的和。这就是命题 47 的结论。

命题 48

如果在一个三角形中，一边上的正方形等于这个三角形另外两边上正方形的和，则夹在后两边之间的角是直角。

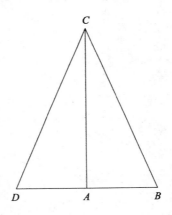

已知在三角形 *ABC* 的一边 *BC* 上的正方形等于另外两边 *BA*、*AC* 上的正方形的和。可证角 *BAC* 是直角。

过点 *A* 作 *AD* 垂直于 *AC*【命题 1.11】，且 *AD* 等于 *AB*【命题 1.3】，连接 *DC*。因为 *DA* 等于 *AB*，所以 *DA* 上的正方形等于 *AB* 上的正方形。[①] 两正方形同时加 *AC* 上的正方形，所以 *DA* 和 *AC* 上的正方形和等于 *BA* 和 *AC* 上的正方形和。因为角 *DAC* 是直角，所以 *DC* 上的正方形等于 *DA* 和 *AC* 上的正方形的和【命题 1.47】。又因为 *BC* 上的正方形等于 *BA* 和 *AC* 上的正方形的和，所以就可以认为，*DC* 上的正方形等于 *BC* 上的正方形，所以 *DC* 等于 *BC*。

---

① 这里运用了另一个公理，相等线段上的正方形相等。之后，又使用了逆公理。

因为 *DA* 等于 *AB*，*AC* 是公共边，即三边相等，所以角 *DAC* 等于角 *BAC*【命题1.8】。又因为角 *DAC* 是直角，所以角 *BAC* 也是直角。

综上，如果三角形一边上的正方形等于这个三角形另外两边上正方形的和，则夹在后两边之间的角是直角。这就是命题48的结论。

第 2 卷　几何代数的基本原理

定　义

1. 相邻两边的夹角是直角的平行四边形称为矩形。

2. 在任何平行四边形中，以该平行四边形的对角线为对角线的一个较小的平行四边形与两个相应的补形构成的图形称为折尺形。

命　题

命题 1[①]

有两条线段，其中一条被截成若干段，以这两条线段为边的矩形（面积）等于所有截段与未截的线段所围成的矩形的和。

已知 A、BC 两条线段，用点 D、E 分线段 BC。可证线段 A 和 BC 围成的矩形等于 A 与 BD、A 与 DE、A 与 EC 分别围成的矩形的和。

---

① 该命题是代数恒等式的几何版，用代数表示为：$a(b+c+d+\cdots)=ab+ac+ad+\cdots$。

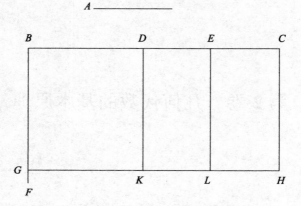

过 B 作 BF 和 BC 成直角【命题 1.11】，在 BF 上作 BG 等于 A【命题 1.3】，过（点）G 作 GH 平行于 BC【命题 1.31】，过 D、E、C 分别作 DK、EL、CH 平行于 BG【命题 1.31】。

所以（矩形）BH 等于（矩形）BK、DL 和 EH 的和。BH 是矩形 A、BC。因为它由 GB 和 BC 构成，且 BG 等于 A。BK 是矩形 A、BD。因为它由 GB 和 BD 构成，且 BG 等于 A。DL 是矩形 A 和 DE。因为 DK 即 BG【命题 1.34】等于 A。同理，EH 是矩形 A 和 EC。所以矩形 A、BC 等于矩形 A、BD 与矩形 A、DE 以及矩形 A、EC 的和。（线段 A 和 BC 围成的矩形，可以称为矩形 A、BC。——译者注）这就是命题 1 的结论。

命题 2[①]

如果任意截一条线段，则被截线段与原线段所分别构成的矩形的和，等于在原线段上作的正方形。

[①] 该命题是代数恒等式的几何版，用代数表示为：如果 $a=b+c$，那么 $ab+ac=a^2$。

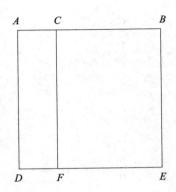

已知直线 *AB* 被任意截取，截点为 *C*。可证由 *AB* 和 *BC* 所构成的矩形与由 *BA* 和 *AC* 所构成的矩形的和等于 *AB* 上的正方形。

设在 *AB* 上作正方形为 *ADEB*【命题 1.46】，过 *C* 作 *CF* 平行于 *AD* 或 *BE*【命题 1.31】。

所以（正方形）*AE* 等于（矩形）*AF* 和 *CE* 的和。且 *AE* 是 *AB* 上的正方形。*AF* 是 *BA* 和 *AC* 所构成的矩形。这是因为它是由 *DA* 和 *AC* 所构成的，而 *AD* 等于 *AB*。*CE* 是 *AB* 和 *BC* 所构成的矩形。这是因为 *BE* 等于 *AB*。所以矩形 *BA* 和 *AC* 与矩形 *AB* 和 *BC* 的和等于 *AB* 上的正方形。

综上，如果任意截一条线段，则被截的线段分别与原线段所构成的矩形的和，等于原线段上的正方形。这就是命题 2 的结论。

命题 3[①]

如果任意截一条线段，则其中一部分线段与原线段围成的矩形等于两条所截的线段围成的矩形与之前在部分段线段上作的正方形的和。

---

① 该命题是代数恒等式的几何版，用代数表示为：$(a+b)\,a = ab + a^2$。

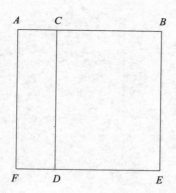

　　已知直线 *AB* 被任意截取，截点为 *C*。可证 *AB*、*BC* 所构成的矩形等于 *AC*、*CB* 所构成的矩形与 *BC* 上的正方形的和。

　　设在 *CB* 上作正方形为 *CDEB*【命题 1.46】，延长 *ED* 至 *F*。过 *A* 作 *AF* 平行于 *CD* 或 *BE*【命题 1.31】。所以（矩形）*AE* 等于（矩形）*AD* 与（正方形）*CE* 的和。*AE* 是 *AB* 和 *BC* 所构成的矩形。这是因为它是由 *AB* 和 *BE* 所构成的，且 *BE* 等于 *BC*。*AD* 是 *AC* 和 *CB* 所构成的矩形。这是因为 *DC* 等于 *CB*，且 *DB* 是 *CB* 上的正方形。所以，*AB*、*BC* 构成的矩形等于 *AC*、*CB* 构成的矩形与 *BC* 上的正方形的和。

　　综上，如果任意截一条线段，则原线段与其中一条线段所构成的矩形等于两条所截的线段所构成的矩形和在前一条线段上作的正方形的和。这就是命题 3 的结论。

命题 4[①]

　　如果任意截一条线段，则在原线段上作的正方形等于截成的各部分线段上的正方形的和加上两个截成的线段构成的矩形的二倍。

---

① 该命题是代数恒等式的几何版，用代数表示为：$(a+b)^2 = a^2 + b^2 + 2ab$。

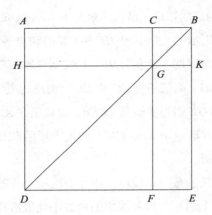

　　已知直线 *AB* 被任意截取，截点为 *C*。可证 *AB* 上的正方形等于 *AC* 和 *CB* 上的正方形和加上 *AC* 和 *CB* 所构成的矩形的两倍。

　　设在 *AB* 上所作的正方形为 *ADEB*【命题 1.46】，连接 *BD*，过 *C* 作 *CF* 平行于 *AD* 或 *EB*【命题 1.31】，过点 *G* 作 *HK* 平行于 *AB* 或 *DE*【命题 1.31】。因为 *CF* 平行于 *AD*，*BD* 与两线相交，所以同位角 *CGB* 和 *ADB* 相等【命题 1.29】。因为 *BA* 等于 *AD*，所以角 *ADB* 等于角 *ABD*【命题 1.5】。所以角 *CGB* 也等于 *GBC*，边 *BC* 等于 *CG*【命题 1.6】。但是，*CB* 等于 *GK*，且 *CG* 等于 *KB*【命题 1.34】。所以，*GK* 也等于 *KB*。所以，*CGKB* 四边相等，又可以证明它是直角的。因为 *CG* 平行于 *BK*【直线 *CB* 与两线相交】，角 *KBC* 与 *GCB* 的和等于两直角和【命题 1.29】。但是角 *KBC* 是直角，所以角 *BCG* 也是直角。所以它们的对角 *CGK* 和 *GKB* 也都是直角【命题 1.34】。所以 *CGKB* 是直角的，又因为已经证得它四边相等，所以它是正方形。且它是 *CB* 上的正方形。同理，*HF* 也是正方形，且它在 *HG* 上，就是 *AC* 上【命题 1.34】。所以，正方形 *HF* 和 *KC* 分别在 *AC* 和 *CB* 上。（矩形）*AG* 等于（矩形）*GE*【命题 1.43】。*AG* 是 *AC* 和 *CB* 所构成的矩形。因为 *GC* 等于 *CB*。所以 *GE* 也等

于 *AC* 和 *CB* 所构成的矩形。所以（矩形）*AG* 和 *GE* 的和等于由 *AC* 和 *CB* 所构成的矩形的二倍。且 *HF* 和 *CK* 的和也等于 *AC* 和 *CB* 上的正方形的和。所以四个面积，*HF*、*CK*、*AG* 和 *GE* 等于 *AC* 和 *BC* 上的两个正方形加上两倍的由 *AC* 和 *CB* 所构成的矩形的和。但是，*HF*、*CK*、*AG* 和 *GE* 相当于整个 *ADEB*，也就是在 *AB* 上的正方形。所以 *AB* 上的正方形等于 *AC*、*CB* 上的正方形的和加上 *AC*、*CB* 所构成的矩形的二倍。

综上，如果任意截一条线段，则在原线段上作的正方形等于截成的各部分线段上的正方形和截成的两条小线段所构成的矩形的二倍的和。这就是命题 4 的结论。

命题 5[①]

如果把一条线段截成相等和不相等的线段，则由两个不相等的线段所构成的矩形与两个截点之间的线段上的正方形的和等于原来线段一半上的正方形。

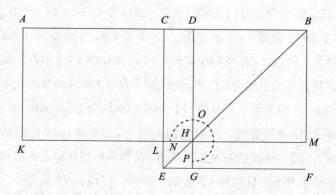

已知 *C* 点平分线段 *AB*，再由 *D* 点分成不相等的线段。可证

---

① 该命题是代数恒等式的几何版，用代数表示为：$ab+[(a+b)/2-b]^2=[(a+b)/2]^2$。

AD、DB 所构成的矩形与 CD 上的正方形的和等于 CB 上的正方形。

在 CB 上作正方形 CEFB【命题 1.46】，连接 BE，过 D 作 DG 平行于 CE 或 BF【命题 1.31】，过 H（H 是 BE 与 DG 的交点。——译者注）作 KM 平行于 AB 或 EF【命题 1.31】，过 A 点作 AK 平行于 CL 或 BM【命题 1.31】。因为补形 CH 等于补形 HF【命题 1.43】，两补形同时加（正方形）DM。所以整个（矩形）CM 等于整个（矩形）DF。但是因为 AC 等于 CB，所以（矩形）CM 等于（矩形）AL【命题 1.36】。所以，（矩形）AL 也等于（矩形）DF。两矩形同时加（矩形）CH。所以整个（矩形）AH 就等于折尺形 NOP。但是，AH 是由 AD、DB 所构成的矩形，因为 DH 等于 DB。所以，折尺形 NOP 也等于 AD、DB 所构成的矩形。同时加上等于 CD 上的正方形的 LG。所以，折尺形 NOP 和（正方形）LG 等于 AD、DB 构成的矩形与 CD 上的正方形的和。但是，折尺形 NOP 和（正方形）LG 相当于 CB 上的整个正方形 CEFB。所以 AD、DB 构成的矩形加上 CD 上的正方形，等于 CB 上的正方形。

综上，如果一条线段被截成相等的线段，再分成不相等的线段，则由两个不相等的线段所构成的矩形与两个截点之间的线段上的正方形的和等于原来线段一半上的正方形。这就是命题 5 的结论。

命题 6[①]

如果平分一个线段并且在同一线段上加上一个线段，则新组成的线段与后加的线段所构成的矩形及原线段一半上的正方形的和等于原线段一半与后加的线段的和上的正方形。

---

① 该命题是代数恒等式的几何版，用代数表示为：$(2a+b)b+a^2=(a+b)^2$。

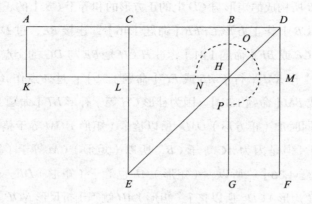

　　已知直线 *AB* 被平分，设 *C* 为二等分点，*BD* 是 *AB* 直线上新加的线段。可证 *AD*、*DB* 所构成的矩形及 *CB* 上的正方形的和等于 *CD* 上的正方形。

　　在 *CD* 上作正方形 *CEFD*【命题 1.46】，连接 *DE*，过 *B* 作 *BG* 平行于 *EC* 或 *DF*【命题 1.31】, 过 *H* 作 *KM* 平行于 *AB* 或 *EF*【命题 1.31】, 最后过 *A* 作 *AK* 平行于 *CL* 或 *DM*【命题 1.31】。

　　因为，*AC* 等于 *CB*，所以矩形 *AL* 等于矩形 *CH*【命题 1.36】。但是，矩形 *CH* 又等于矩形 *HF*【命题 1.43】。所以，矩形 *AL* 也等于矩形 *HF*。同时加上矩形 *CM*。则有整个矩形 *AM* 等于折尺形 *NOP*。但是 *AM* 是 *AD* 和 *DB* 所构成的矩形。所以折尺形 *NOP* 也等于 *AD* 和 *DB* 所构成的矩形。同时加 *LG*，且 *LG* 等于 *BC* 上的正方形。所以 *AD* 和 *DB* 所构成的矩形加上 *CB* 上的正方形，等于折尺形 *NOP* 和正方形 *LG* 的和。但折尺形 *NOP* 与正方形 *LG* 的和相当于 *CD* 上的整个正方形 *CEFD*。所以，*AD*、*DB* 所构成的矩形与 *CB* 上的正方形的和等于 *CD* 上的正方形。

　　综上，如果平分一个线段，并在同一线段上加上一个线段，则新组成的线段与后加的线段所构成的矩形及原线段一半上的正方形的和等于原线段一半与后加的线段的和上的正方形。这就是命题 6 的结论。

命题 7[①]

如果任意截一个线段，则整个线段上的正方形与其中一条小线段上的正方形的和等于整线段与该小线段所构成的矩形的二倍与另一小线段上正方形的和。

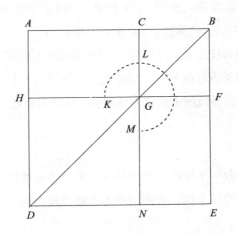

已知线段 *AB* 被点 *C* 任意截为两段。可证 *AB* 上的正方形和 *BC* 上的正方形的和等于 *AB*、*BC* 所构成的矩形的二倍与 *CA* 上的正方形的和。

在 *AB* 上作正方形 *ADEB*【命题 1.46】。（作法如图。——译者注）

因为矩形 *AG* 等于矩形 *GE*【命题 1.43】，两者同时加 *CF*。所以整个矩形 *AF* 等于整个矩形 *CE*。所以，矩形 *AF* 与矩形 *CE* 的和是矩形 *AF* 的二倍。又因为矩形 *AF* 与矩形 *CE* 的和是折尺形 *KLM*

---

① 该命题是代数恒等式的几何版，用代数表示为：$(a+b)^2+a^2=2(a+b)a+b^2$。

与正方形 CF 的和，所以折尺形 KLM 与正方形 CF 的和是矩形 AF 的二倍。又因为矩形 AF 的二倍是 AB、BC 所构成的矩形的二倍，BF 等于 BC，所以折尺形 KLM 与正方形 CF 的和等于 AB、BC 所构成的矩形的二倍。同时加 DG，且 DG 是 AC 边上的正方形。所以，折尺形 KLM 与正方形 BG、正方形 GD 的和等于 AB、BC 所构成的矩形的二倍加上 AC 上的正方形。但是折尺形 KLM 和正方形 BG、正方形 GD 的和是整个 ADEB 和 CF 的和，且 ADEB 和 CF 分别是 AB、BC 上的正方形。所以，AB 和 BC 上的正方形的和等于 AB、BC 所构成的矩形的二倍加上 AC 上正方形的和。

综上，如果任意截一个线段，则整个线段上的正方形与其中一部分线段上的正方形的和等于整个线段与该部分线段所构成的矩形的二倍与另一部分线段上的正方形的和。这就是命题 7 的结论。

命题 8[①]

如果任意截一个线段，则用整线段和一个小线段构成的矩形的四倍与另一小线段上的正方形的和等于整线段与前一小线段的和上的正方形。

已知线段 AB 被任意截于点 C。可证 AB、BC 所构成的矩形的四倍与 AC 上的正方形的和等于 AB 与 BC 的和上的正方形。

延长线段 AB 至 D，使 BD 等于 CB【命题 1.3】，在 AD 上作正方形 AEFD【命题 1.46】，设已作两个这样的图。

---

① 该命题是代数恒等式的几何版，用代数表示为：$4(a+b)a+b^2=[(a+b)+a]^2$。

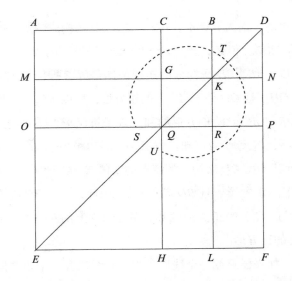

　　因为 *CB* 等于 *BD*，而 *CB* 等于 *GK*【命题 1.34】，*BD* 等于 *KN*【命题 1.34】，所以 *GK* 等于 *KN*。同理，*QR* 等于 *RP*。因为 *BC* 等于 *BD*，*GK* 等于 *KN*，所以正方形 *CK* 等于正方形 *KD*，正方形 *GR* 等于正方形 *RN*【命题 1.36】。但是，正方形 *CK* 等于正方形 *RN*。这是因为它们是平行四边形 *CP* 的补形【命题 1.43】。所以，正方形 *KD* 也等于正方形 *GR*。所以，四个正方形 *DK*、*CK*、*GR* 和 *RN* 彼此相等。因此，这四个正方形的和就是正方形 *CK* 的四倍。又因为 *CB* 等于 *BD*，*BD* 等于 *BK*（即 *CG*），且 *CB* 等于 *GK*（即 *GQ*），因此 *CG* 等于 *GQ*。因为 *CG* 等于 *GQ*，*QR* 等于 *RP*，所以矩形 *AG* 等于矩形 *MQ*，矩形 *QL* 等于矩形 *RF*【命题 1.36】。但是，矩形 *MQ* 等于矩形 *QL*。这是因为它们是平行四边形 *ML* 的补形【命题 1.43】。所以矩形 *AG* 也等于矩形 *RF*。所以，四个矩形 *AG*、*MQ*、*QL*、*RF* 是矩形 *AG* 的四倍。且已经证得，*CK*、*KD*、*GR* 和 *RN* 这四个正方形的和是正方形 *CK* 的四倍。所以，这八个（图形作为整体）构成折尺形 *STU*，也是矩形 *AK* 的四倍。又因为 *AK* 是 *AB*、*BD*

所构成的矩形，因为 *BK* 等于 *BD*，*AB*、*BD* 所构成的矩形的四倍是矩形 *AK* 的四倍。但是，折尺形 *STU* 也已经被证明等于矩形 *AK* 的四倍。所以，*AB*、*BD* 所构成的矩形的四倍等于折尺形 *STU*。各边同时加上 *OH*，且 *OH* 等于 *AC* 上的正方形，所以 *AB*、*BD* 所构成的矩形的四倍与 *AC* 上的正方形的和，等于折尺形 *STU* 与正方形 *OH* 的和。但是，折尺形 *STU* 和正方形 *OH* 的和相当于 *AD* 上的正方形 *AEFD*。所以 *AB*、*BD* 所构成的矩形的四倍与 *AC* 上的正方形的和，等于 *AD* 上的正方形。且 *BD* 等于 *BC*。因此，*AB*、*BC* 所构成的矩形的四倍与 *AC* 上的正方形的和，等于 *AD* 上的正方形，即 *AB* 与 *BC* 的和上的正方形。

综上，如果任意截一个线段，则用整线段和一个小线段所构成的矩形的四倍与另一小线段上的正方形的和等于整线段与前一小线段的和上的正方形。这就是命题 8 的结论。

命题 9[①]

如果一条线段既被截成相等的两段，又被截成不相等的两段，则在不相等的各线段上正方形的和等于原线段一半上的正方形与两个分点之间一段上正方形的和的二倍。

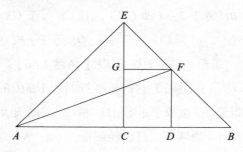

---

① 该命题是代数恒等式的几何版，用代数表示为：$a^2 + b^2 = 2[([a+b]/2)^2 + ([a+b]/2 - b)^2]$。

已知线段 *AB* 被点 *C* 平分，又被点 *D* 分为不相等的线段。可证 *AD* 和 *DB* 上的正方形和是 *AC* 和 *CD* 上正方形的和的二倍。

过点 *C* 作 *CE* 与 *AB* 成直角【命题 1.11】，并使 *CE* 等于 *AC* 或 *CB*【命题 1.3】。连接 *EA* 和 *EB*。过点 *D* 作 *DF* 平行于 *EC*【命题 1.31】，过点 *F* 作 *FG* 平行于 *AB*【命题 1.31】。连接 *AF*。因为 *AC* 等于 *CE*，所以角 *EAC* 等于角 *AEC*【命题 1.5】。因为点 *C* 处的角是直角，所以其余的角 *EAC* 和 *AEC* 的和等于直角【命题 1.32】。因为两角相等，所以角 *CEA* 和 *CAE* 均等于直角的一半。同理，角 *CEB* 和 *EBC* 也等于直角的一半。所以，整个角 *AEB* 是直角。因为 *GEF* 是直角的一半，*EGF* 是直角，因为它与角 *ECB* 是同位角【命题 1.29】。剩下的角 *EFG* 等于直角的一半【命题 1.32】。所以角 *GEF* 等于 *EFG*。所以边 *EG* 等于 *GF*【命题 1.6】。又因为点 *B* 处的角是直角的一半，角 *FDB* 是直角，因为它与角 *ECB* 是同位角【命题 1.29】。剩下的角 *BFD* 是直角的一半【命题 1.32】。所以点 *B* 处的角等于 *DFB*。所以，边 *FD* 等于 *DB*【命题 1.6】。因为 *AC* 等于 *CE*，*AC* 上的正方形也等于 *CE* 上的正方形。所以，*AC* 与 *CE* 上的正方形的和是 *AC* 上的正方形的二倍。但是，*EA* 上的正方形等于 *AC* 和 *CE* 上的正方形的和。这是因为角 *ACE* 是直角【命题 1.47】。因此，*EA* 上的正方形是 *AC* 上的正方形的二倍。又因为 *EG* 等于 *GF*，所以 *EG* 上的正方形等于 *GF* 上的正方形。所以，*EG* 和 *GF* 上的正方形的和是 *GF* 上的正方形的二倍。*EF* 上的正方形等于 *EG* 和 *GF* 上的正方形的和【命题 1.47】。因此，*EF* 上的正方形是 *GF* 上的正方形的二倍。但是，*GF* 等于 *CD*【命题 1.34】。因此，*EF* 上的正方形是 *CD* 上的正方形的二倍。但是，*EA* 上的正方形是 *AC* 上的正方形的二倍。因此，*AE* 和 *EF* 上的正方形的和是 *AC* 和 *CD* 上的正方形的和的二倍。*AF* 上的正方形等于 *AE* 和 *EF* 上的正方形的和。

这是因为角 *AEF* 是直角【命题 1.47】。因此，*AF* 上的正方形是 *AC* 和 *CD* 上的正方形和的二倍。但是，*AD* 和 *DF* 上的正方形的和等于 *AF* 上的正方形，因为点 *D* 处的角是直角【命题 1.47】。因此，*AD* 和 *DF* 上的正方形和是 *AC* 和 *CD* 上的正方形的和的二倍。又 *DF* 等于 *DB*。所以，*AD* 和 *DB* 上的正方形的和是 *AC* 和 *CD* 上的正方形的和的二倍。

综上，如果一条线段既被截成相等的两段，又被截成不相等的两段，则在不相等的各线段上正方形的和等于原线段一半上的正方形与两个分点之间一段上正方形的和的二倍。这就是命题 9 的结论。

命题 10[①]

如果二等分一条线段，且在同一直线上再给原线段添加上一条线段，则合成线段上的正方形与添加线段上的正方形的和等于原线段一半上的正方形与原线段的一半加上后加的线段（即作为一整条线段）之和上的正方形的和的二倍。

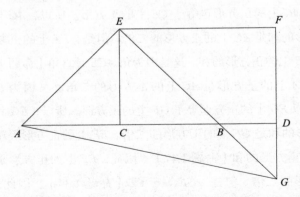

已知线段 *AB* 被点 *C* 二等分，延长 *AB* 至点 *D*。可证 *AD* 和 *DB*

---

① 该命题是代数恒等式的几何版，用代数表示为：$(2a+b)^2+b^2=2[a^2+(a+b)^2]$。

上的正方形的和等于 AC 和 CD 上正方形和的二倍。

过点 C 作 CE 与 AB 成直角【命题 1.11】，并使 CE 等于 AC 或 CB【命题 1.3】。连接 EA、EB。过 E 作 EF 平行于 AD【命题 1.31】，过 D 作 FD 平行于 EC【命题 1.31】。因为直线 EF 与平行线 EC 和 FD 相交，角 CEF 和 EFD 的和等于两直角【命题 1.29】。所以，角 FEB 和 EFD 的和小于两直角。小于两直角一侧的直线延长后会相交【公设 5】。所以，EB 和 FD 延长后会相交。设交点为 G，连接 AG。因为 AC 等于 CE，所以角 EAC 等于角 AEC【命题 1.5】，且点 C 处的角为直角。所以，EAC、AEC 各是直角的一半【命题 1.32】。同理，CEB 和 EBC 也是直角的一半。所以，角 AEB 是直角。因为 EBC 是直角的一半，所以 DBG 也是直角的一半【命题 1.15】。BDG 是直角，因为它等于角 DCE，它们是内错角【命题 1.29】。所以，剩下的角 DGB 是直角的一半。所以，DGB 等于 DBG。所以，边 BD 等于 GD【命题 1.6】。又因为 EGF 是直角的一半，点 F 处的角是直角，因为它等于点 C 处的对角【命题 1.34】。所以，剩下的角 FEG 是直角的一半。所以，角 EGF 等于 FEG。所以，边 GF 等于 EF【命题 1.6】。因为 EC 等于 CA，所以 EC 上的正方形等于 CA 上的正方形。所以，EC 和 CA 上的正方形的和是 CA 上正方形的二倍。EA 上的正方形等于 EC 和 CA 上正方形的和【命题 1.47】。所以，EA 上的正方形是 AC 上的正方形的二倍。又因为 FG 等于 EF，所以 FG 上的正方形等于 FE 上的正方形。所以，GF 和 FE 上的正方形的和是 EF 上正方形的二倍，且 EG 上的正方形等于 GF 和 FE 上正方形的和【命题 1.47】。所以，EG 上的正方形是 EF 上的正方形的二倍，且 EF 等于 CD【命题 1.34】。所以，EG 上的正方形是 CD 上的正方形的二倍。因为已经证得 EA 上的正方形是 AC 上的正方形的二倍。所以，AE 和 EG 上的正方形的和是 AC 和 CD 上的正方形和的二倍。且 AG 上的正方形等于 AE 和 EG 上的正方形的和【命题 1.47】。所以，AG 上的正方形是 AC 和 CD 上正方形的和的二倍。又因为 AD 和 DG 上的正方形的和等于 AG 上的正方形【命题 1.47】。所以，AD 和 DG 上的正方形的和是 AC 和 CD 上正方形的和的二倍。又 DG 等于 DB。所以，AD 和 DB 上的正方形的和是 AC 和 CD 上的正方形的和的二倍。

综上，如果二等分一条线段，且在同一直线上再给原线段添加上一条线段，则合成线段上的正方形与添加线段上的正方形的和等于原线段一半上的正方形与原线段的一半加上后加的线段（即作为一整条线段）之和上的正方形的和的二倍。这就是命题 10 的结论。

命题 11[1]

截一条给定线段，则原线段与其中一条小线段所构成的矩形等于另一条小线段上的正方形。

已知 AB 是给定线段。可证截 AB 后，AB 与其中一条小线段所构成的矩形等于另一条小线段上的正方形。

在 AB 上作正方形 $ABDC$【命题 1.46】。点 E 二等分 AC【命题 1.10】，连接 BE。延长 CA 至 F，使 EF 等于 BE【命题 1.3】。在 AF 上作正方形 FH【命题 1.46】，延长 GH 至点 K（K 是 GH 的延长线与 CD 的交点。——译者注）。可证 AB 被 H 截为两段，AB 和 BH 所构成的矩形等于 AH 上的正方形。

---

[1] 这里截线段的方法是——原线段与其中较长的一段线段的比率等于较大的线段与较小的线段的比率——有时也称作"黄金分割"。

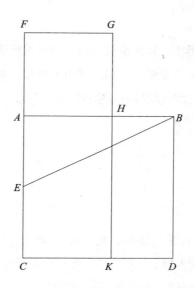

　　因为 E 二等分 AC，且 FA 是 AC 上增加的线段，所以 CF 和 FA 所构成的矩形与 AE 上的正方形的和等于 EF 上的正方形【命题 2.6】。且 EF 等于 EB。所以，CF 和 FA 所构成的矩形加上 AE 上的正方形等于 EB 上的正方形。但是，BA 和 AE 上的正方形的和等于 EB 上的正方形，因为点 A 处的角是直角【命题 1.47】。所以，矩形 CF 和 FA 加上 AE 上的正方形，等于 BA 和 AE 上的正方形的和。同时减去 AE 上的正方形，剩下的矩形 CF 和 FA 等于 AB 上的正方形。FK 是 CF 和 FA 所构成的矩形。因为 AF 等于 FG，AD 是 AB 上的正方形。所以 FK 等于 AD。同时减去 AK。因此，剩下的 FH 等于 HD。且 HD 是 AB 和 BH 所构成的矩形。因为 AB 等于 BD。且 FH 是 AH 上的正方形。所以，AB 和 BH 所构成的矩形等于 HA 上的正方形。

　　综上，截给定线段 AB，截点为 H，则 AB 和 BH 所构成的矩形等于 HA 上的正方形。这就是命题 11 的结论。

命题 12[①]

在钝角三角形中，钝角所对的边上的正方形比夹钝角的两边上的正方形的和大一个矩形的二倍。即由一锐角向对边的延长线作垂线，垂足到钝角之间一段与另一边所构成的矩形。

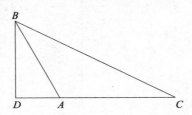

已知 ABC 是钝角三角形，角 BAC 是钝角。过 B 作 CA 延长线的垂线 BD【命题 1.12】。可证 BC 上的正方形比 BA 和 AC 上的正方形的和大 CA 和 AD 所构成的矩形的二倍。

因为点 A 任意分直线 CD，所以 DC 上的正方形等于 CA 和 AD 上的正方形的和加上 CA 和 AD 所构成的矩形的二倍【命题 2.4】。同时加 DB 上的正方形。因此，CD 和 DB 上的正方形的和等于 CA、AD 和 DB 上的正方形的和加上 CA 和 AD 所构成的矩形的二倍。但是，CB 上的正方形等于 CD 和 DB 上的正方形的和。这是因为点 D 的角是直角【命题 1.47】。且 AB 上的正方形等于 AD 和 DB 上的正方形的和【命题 1.47】。所以，CB 上的正方形等于 CA 和 AB 上的正方形的和加上 CA 和 AD 所构成的矩形的二倍。所以 CB 上的正方形比 CA 和 AB 上的正方形大 CA 和 AD 所构成的矩形的二倍。

综上，在钝角三角形中，钝角所对的边上的正方形比夹钝角的两边上的正方形的和大一个矩形的二倍。即由一锐角向对边的延长线作垂线，垂足到钝角之间一段与另一边所构成的矩形。这就是命

① 这一命题就是著名的余弦公式：$BC^2 = AB^2 + AC^2 - 2AB \cdot AC \cos BAC$，因为 $\cos BAC = -AD/AB$。

题 12 的结论。

命题 13[①]

在锐角三角形中，一个锐角对边上的正方形比夹锐角两边上的正方形的和小一个矩形的二倍。即由另一锐角向对边作垂直线，垂足到原锐角顶点的线段与垂足所在边所构成的矩形。

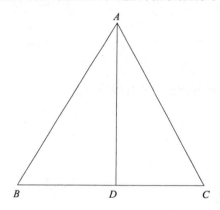

已知 ABC 是锐角三角形，点 B 处的角为锐角。过点 A 作 BC 的垂线 AD【命题 1.12】。可证 AC 上的正方形比 CB 和 BA 上的正方形的和小 CB 和 BD 所构成的矩形的二倍。

点 D 截线段 CB，CB 和 BD 上的正方形的和等于 CB 和 BD 所构成矩形的二倍加上 DC 上的正方形【命题 2.7】。同时加 DA 上的正方形。所以，CB、BD 和 DA 上的正方形的和等于 CB 和 BD 所构成的矩形的二倍和 AD、DC 上正方形的和。但是，AB 上的正方形等于 BD 和 DA 上的正方形的和。因为点 D 处的角是直角【命题 1.47】。且 AC 上的正方形等于 AD 和 DC 上的正方形的和【命题 1.47】。所

---

① 这一命题就是著名的余弦公式：$AC^2=AB^2+BC^2-2AB \cdot BC \cos ABC$，因为 $\cos ABC=BD/AB$。

以，CB 和 BA 上的正方形的和等于 AC 上的正方形和 CB、BD 所构成矩形的和的二倍。所以 AC 上的正方形比 CB 和 BA 上的正方形和小 CB、BD 所构成的矩形的二倍。

综上，在锐角三角形中，一个锐角对边上的正方形比夹锐角两边上的正方形的和小一个矩形的二倍。即由另一锐角向对边作垂直线，垂足到原锐角顶点的线段与垂足所在边所构成的矩形。这就是命题 13 的结论。

命题 14

作一个正方形等于给定的直线形。

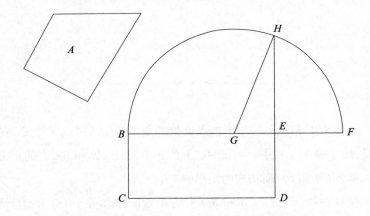

已知 A 是给定直线图形。求作一正方形等于直线形 A。

设矩形 BD 等于直线形 A【命题 1.45】。所以，如果 BE 等于 ED，则这就是所要求作的图形。这是因为正方形 BD 等于直线形 A。如果 BD 不等于 A，则线段 BE、ED 中有一个较大。设 BE 较大，延长 BE 至 F，使 EF 等于 ED【命题 1.3】。作 BF 的二等分点 G【命题 1.10】。以 G 为圆心，以 GB 或 GF 为半径作半圆 BHF。延长 DE 至 H，连接 GH。

因为 *BF* 被 *G* 平分，被 *E* 分为不相等的两段，*BE* 和 *EF* 所构成的矩形与 *EG* 上的正方形的和，等于 *GF* 上的正方形【命题 2.5】。*GF* 等于 *GH*。所以，矩形 *BE*、*EF* 与 *GE* 上的正方形的和，等于 *GH* 上的正方形【命题 1.47】。所以，矩形 *BE*、*EF* 与 *GE* 上的正方形的和等于 *HE* 和 *EG* 上的正方形的和。各边同时减去 *GE* 上的正方形。所以，余下的矩形 *BE*、*EF* 等于 *EH* 上的正方形。但是，*BD* 是由 *BE* 和 *EF* 构成的矩形。这是因为 *EF* 等于 *ED*。所以，平行四边形 *BD* 等于 *HE* 上的正方形，且 *BD* 等于直线形 *A*。所以，直线形 *A* 也等于所要求的在 *EH* 上作的正方形。

综上，一个正方形——在 *EH* 上作的——等于给定的直线形 *A*。这就是命题 14 的结论。

第 3 卷　与圆有关的平面几何

定　义

1. 相等的圆, 其直径相等, 或圆心到圆周的距离相等（即半径相等）。

2. 一条直线与圆相切, 就是它与圆相遇, 而这条直线延长后不再与圆相交。

3. 两圆相切, 就是彼此相遇, 而不相交。

4. 过圆心作圆内弦的垂线, 垂线相等（圆心到垂足的距离相等。——译者注）, 则称这些弦有相等的弦心距。

5. 当垂线较长时, 称这弦有较大的弦心距。

6. 弓形是由一条弦和一段弧（即一段圆周。——译者注）组成的。

7. 弓形的角是由一条直线和一段圆弧所夹的角。

8. 弓形的角是连接弧上任意一点和这段圆弧的底的两端的两条直线所夹的角。

9. 弓形角也叫作含于这段弧上的弓形角。

10. 由顶点在圆心的角的两边和这两边所截的一段圆弧共同围成的图形叫作扇形。

11. 相似弓形是那些含相等角的弓形, 或者它们上的角是彼此相等的。

命　题

命题 1

求出已知圆的圆心。

已知圆 ABC，作出圆 ABC 的圆心。

在圆上作任意直线 AB，并作 AB 的二等分点 D【命题 1.9】。过 D 作 DC 垂直于 AB【命题 1.11】。延长 CD 与圆交于 E。作 CE 的二等分点 F【命题 1.9】。可证 F 是圆 ABC 的圆心。

假设 F 不是圆 ABC 的圆心。设 G 点为圆心，连接 GA、GD、GB。因为 AD 等于 DB，DG 是公共边，即 AD、DG 分别与 BD、DG 相等。又因为 GA、GB 是半径，所以 GA 等于 GB。所以，角 ADG 等于角 GDB【命题 1.8】。若两直线相交形成的邻角彼此相等，则这两个角为直角【定义 1.10】。所以角 GDB 是直角。又因为角 FDB 是直角，所以角 FDB 等于角 GDB，即较大角等于较小角，这是不可能的。所以点 G 不是圆 ABC 的圆心。同理，我们可以证明任何除 F 以外的点都不是圆心。

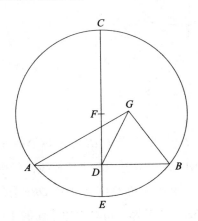

综上，点 F 是圆 ABC 的圆心。

推 论

从上述命题可以得到，如果在一个圆内一条直线把另一条直线平分为两部分且交成直角，则这个圆的圆心在前一直线上。这就是命题 1 的结论。

命题 2

连接圆上任意两点，则连接这两点的直线上的其他点均在圆内。

已知圆 ABC，A、B 是圆上任意两点。可证连接 AB 后，AB 在圆内。

假设 AB 不在圆内，如果这是可能的，假设 AB 落在圆外，如 AEB（如图所示）。设圆 ABC 的圆心【命题 3.1】为 D。连接 DA、DB，画 DFE。

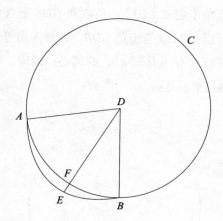

因为 DA 等于 DB，所以角 DAE 等于角 DBE【命题 1.5】。因为在三角形 DAE 中，AEB 是边 AE 的延长线，所以角 DEB 大于角 DAE【命题 1.16】。又因为角 DAE 等于角 DBE【命题 1.5】，所以角 DEB 大于角 DBE。又因为大角对大边【命题 1.19】，所以，DB

大于 *DE*。又因为 *DB* 等于 *DF*，所以 *DF* 也大于 *DE*，即较小边大于
较大边，这是不可能的。所以，连接 *A*、*B* 的直线不落在圆外。同理，
我们可以证明该直线也不落在圆周上。因此，它落在圆内。

综上，连接圆上任意两点的直线在圆内。这就是命题 2 的结论。

命题 3

在一个圆中，过圆心的直线二等分一条不过圆心的直线，那么
这两条直线互相垂直；如果过圆心的直线垂直于不过圆心的直线，
那么前者二等分后者。

已知圆 *ABC*，直线 *CD* 过圆心且二等分不过圆心的直线 *AB* 于
点 *F*。可证 *CD* 垂直于 *AB*。

作圆 *ABC* 的圆心【命题 3.1】，设圆心为 *E*，连接 *EA*、*EB*。

因为 *AF* 等于 *FB*，*FE* 是公共边，即（三角形 *AFE* 的）两边等于（三
角形 *BFE* 的）两边，第三边 *EA* 等于 *EB*。所以角 *AFE* 等于角 *BFE*【命
题 1.8】。当两条直线相交且形成相等的邻角时，则这两个角是直角
【定义 1.10】。角 *AFE* 和角 *BFE* 都是直角，所以直线 *CD* 过圆心
且二等分不过圆心的直线 *AB*，两条直线相互垂直。

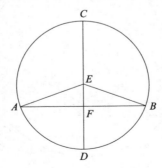

设 *AB* 垂直于 *CD*。可证 *CD* 二等分 *AB*，即 *AF* 等于 *FB*。

用上述作法作同一个图，因为 *EA* 等于 *EB*，角 *EAF* 等于角 *EBF*【命

题 1.5】。直角 *AFE* 等于直角 *BFE*。所以三角形 *EAF* 和 *EFB* 是两个角相等且有一条边相等的三角形，*EF* 是公共边，其所对的角也相等。所以，其他边也都对应相等【命题 1.26】。所以，*AF* 等于 *FB*。

综上，在一个圆中，过圆心的直线二等分一条不过圆心的直线，那么这两条直线互相垂直；如果过圆心的直线垂直于不过圆心的直线，那么前者二等分后者。这就是命题 3 的结论。

命题 4

在一个圆中，如果两条不过圆心的直线相交，则它们不相互平分。

已知圆 *ABCD*，其中有两条不过圆心的直线 *AC* 和 *BD* 交于点 *E*。可证它们不互相平分。

假设它们互相二等分，即 *AE* 等于 *EC*，*BE* 等于 *ED*。作圆 *ABCD* 的圆心【命题 3.1】。设圆心为点 *F*，连接 *FE*。

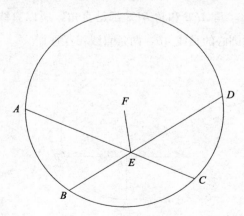

因为过圆心的直线 *FE* 二等分另一条没过圆心的直线 *AC*，则它们相互垂直【命题 3.3】。所以角 *FEA* 是直角。又因为 *FE* 也二等

分 *BD*，所以它们也互相垂直【命题 3.3】。所以角 *FEB* 是直角。但是，角 *FEA* 也是直角，所以角 *FEA* 等于 *FEB*，即较小角等于较大角，这是不可能的。所以，*AC* 与 *BD* 不互相平分。

综上，在一个圆中，如果两条不过圆心的直线相交，则它们不互相平分。这就是命题 4 的结论。

命题 5

两圆相交，圆心不同。

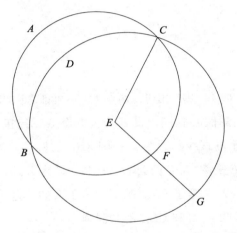

已知圆 *ABC* 和 *CDG* 相交，交点是 *B*、*C*。可证它们的圆心不同。

假设两圆圆心相同，设 *E* 为公共圆心。连接 *EC*，*EFG* 是穿过两圆的任意直线。因为 *E* 是圆 *ABC* 的圆心，所以 *EC* 等于 *EF*。又因为点 *E* 是圆 *CDG* 的圆心，所以 *EC* 等于 *EG*。又因为 *EC* 等于 *EF*，所以 *EF* 也等于 *EG*，即小的等于大的，这是不可能的。所以点 *E* 不是圆 *ABC* 和 *CDG* 的共同圆心。

综上，若两圆相交，则它们的圆心不同。这就是命题 5 的结论。

命题 6

两圆相切，圆心不同。

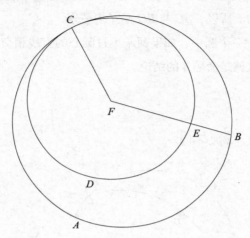

已知圆 *ABC* 和 *CDE* 相切，切点为 *C*。可证它们的圆心不同。

假设它们的圆心相同，设 *F* 为公共圆心，连接 *FC*，*FEB* 是穿过两圆的任意直线。因为 *F* 是圆 *ABC* 的圆心，所以 *FC* 等于 *FB*。又因为 *F* 是圆 *CDE* 的圆心，所以 *FC* 等于 *FE*。因为 *FC* 等于 *FB*，所以 *FE* 也等于 *FB*，即小的等于大的，这是不可能的。所以点 *F* 不是圆 *ABC* 和 *CDE* 的共同圆心。

综上，若两圆相切，则它们的圆心不同。这就是命题 6 的结论。

命题 7

如果在一个圆的直径上取一个不是圆心的点，在过该点相交于圆的所有线段中，最长的线段是过圆心的那条，最短的是同一直径上剩下的线段。在其他线段中，离圆心近的线段比离得远的长，过该点到圆上只有两条线段相等，且分别在最短线段的两边。

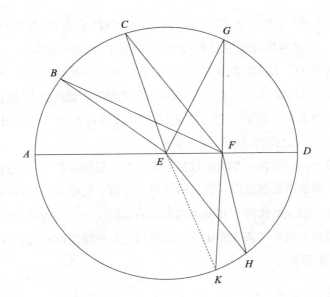

　　已知在圆 *ABCD* 中，*AD* 是直径，在 *AD* 上任取一个非圆心的点 *F*。设 *E* 是圆心。过 *F* 向圆 *ABCD* 上作线段 *FB*、*FC* 和 *FG*。可证 *FA* 是最长的线段，*FD* 最短，其次，*FB* 大于 *FC*，*FC* 大于 *FG*。

　　连接 *BE*、*CE* 和 *GE*。因为三角形任意两边之和大于第三边【命题 1.20】，所以 *EB* 与 *EF* 的和大于 *BF*。*AE* 等于 *BE*，所以 *AF* 大于 *BF*。又因为 *BE* 等于 *CE*，*FE* 是公共边，即两边 *BE*、*EF* 分别等于两边 *CE*、*EF*。但是，角 *BEF* 大于角 *CEF*。所以，底 *BF* 大于 *CF*【命题 1.24】。同理，*CF* 大于 *FG*。

　　又因为 *GF* 和 *FE* 的和大于 *EG*【命题 1.20】，且 *EG* 等于 *ED*，*GF* 和 *FE* 的和大于 *ED*。同时减去 *EF*，剩余的 *GF* 大于 *FD*。所以，*FA* 最长，*FD* 最短，*FB* 大于 *FC*，*FC* 大于 *FG*。

　　又可证明过点 *F* 到圆 *ABCD* 上的线段仅有两条相等，且各在最短线段 *FD* 的两边。以 *EF* 为边，*E* 为顶点作角 *FEH* 等于角 *GEF*【命题 1.23】，连接 *FH*。因为 *GE* 等于 *EH*，*EF* 是公共边，即 *GE*、*EF*

分别等于 *HE*、*EF*，且角 *GEF* 等于角 *HEF*。所以，底边 *FG* 等于 *FH*【命题 1.4】。又可以证明过点 *F* 到圆上的线段再无另一条线等于 *FG*。假设可能有，设 *FK* 是等于 *FG* 的线段。因为 *FK* 等于 *FG*，*FH* 等于 *FG*，所以 *FK* 也等于 *FH*，靠近圆心的线段等于远离圆心的线段，这是不可能的。所以，过点 *F* 到圆上的线段再无另一条线段等于 *GF*。所以，这样的线段只有一条。

综上，如果在一个圆的直径上取一个不是圆心的点，在过该点相交于圆的所有线段中，最长的线段是过圆心的那条，最短的是同一直径上剩下的线段。其他离圆心近的线段比离得远的线段长。过该点到圆上只有两条线段相等，且分别在最短线段的两边。这就是命题 7 的结论。

命题 8

如果在圆外任取一点，过该点作通过圆的线段，其中一条线段过圆心，其他线段都是任意画的，则在凹圆弧上的线段中，过圆心的线段最长。在其他线段中，靠近圆心的线段大于远离的线段。而在凸圆弧上的线段中，在取定的点到直径之间的一条线段最短。在其他线段中，靠近圆心的线段小于远离的线段，且在该点到圆周上的线段中，彼此相等的线段只有两条，它们各在最短线段的一侧。

已知 *ABC* 是一个圆，点 *D* 是圆 *ABC* 外任意一点，过 *D* 作 *DA*、*DE*、*DF* 和 *DC*，设 *DA* 过圆心。可证在凹圆弧 *AEFC* 上的线段中，最长的是过圆心的线段 *AD*，且 *DE* 大于 *DF*，*DF* 大于 *DC*。在凸圆弧 *HLKG* 上的线段中，最短的是该点和直径 *AG* 之间的线段 *DG*，且靠近最短线段 *DG* 的线段小于远离的线段，（即）*DK* 小于 *DL*，*DL* 小于 *DH*。

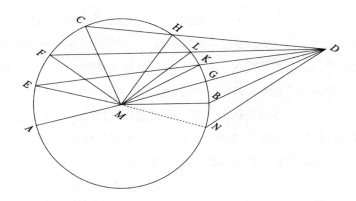

设圆的圆心为 M【命题 3.1】。连接 ME、MF、MC、MK、ML 和 MH。

因为 AM 等于 EM，各边同时加 MD，所以 AD 等于 EM 与 MD 的和。但是，EM 与 MD 的和大于 ED【命题 1.20】，所以 AD 大于 ED。又因为 ME 等于 MF，MD 是公共边，即 EM 与 MD 的和等于 FM 与 MD 的和。又，角 EMD 大于角 FMD，所以底边 ED 大于 FD【命题 1.24】。同理，我们可以证明 FD 大于 CD，所以 DA 是最大的，DE 大于 DF，DF 大于 DC。

因为 MK 和 KD 的和大于 MD【命题 1.20】，且 MG 等于 MK，所以剩下的 KD 大于 GD。这样一来，GD 小于 KD。又因为在三角形 MLD 中，在一边 MD 的上方，有两条直线 MK 和 KD 相交于三角形内，所以 MK 与 KD 的和小于 ML 与 LD 的和【命题 1.21】。且 MK 等于 ML，所以剩下的 DK 小于 DL。同理，我们可以证明 DL 小于 DH。所以，DG 是最小的，且 DK 小于 DL，DL 小于 DH。

可证在从 D 到圆周的线段中，只有两条线段相等，且各在最短的线段 DG 的一边。以 MD 上的一点 M 作角 DMB 等于角 KMD【命题 1.23】，连接 DB。因为 MK 等于 MB，MD 是公共边，即有两边 KM、MD 分别等于 BM、MD，且角 KMD 等于角 BMD，所以底边 DK 等于 DB【命题 1.4】。又可证从 D 到圆周的线段中没有其他线

段等于 DK。因为如果可能，假设有另外一条线段 DN。因为 DK 等于 DN，DK 等于 DB，所以 DB 等于 DN，即靠近最短线段 DG 的等于远离的，这是不可能的。所以，在从点 D 到圆周的线段中，只有两条线段相等，且各在最短的线段 DG 的一侧。

综上，如果在圆外任取一点，过该点作通过圆的线段，其中一条线段过圆心，其他线段都是任意画的，则在凹圆弧上的线段中，过圆心的线段最长。在其他线段中，靠近圆心的线段大于远离的线段。而在凸圆弧上的线段中，在取定的点到直径之间的一条线段最短。在其他线段中，靠近圆心的线段小于远离的线段，且在该点到圆周上的线段中，彼此相等的线段只有两条，它们各在最短线段的一侧。这就是命题 8 的结论。

命题 9

如果在圆内的任意一点到圆周的线段中，有超过两条线段相等，那么这点就是该圆的圆心。

已知圆 ABC，D 是圆内一点，由 D 到圆 ABC 的圆周的相等线段有 DA、DB 和 DC。可证点 D 是圆 ABC 的圆心。

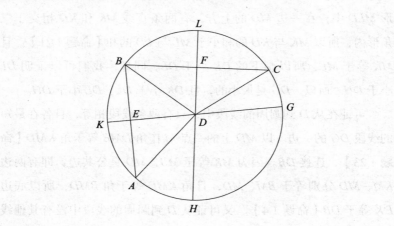

连接 AB 和 BC，且平分它们于点 E 和 F【命题 1.10】。连接 ED 和 FD，使它们经过点 G、K、H 和 L。

因为 AE 等于 EB，ED 是公共边，两边 AE、ED 分别等于 BE、ED，且底边 DA 等于 DB，所以角 AED 等于角 BED【命题 1.8】，所以角 AED 和角 BED 都是直角【定义 1.10】，所以 GK 平分且垂直于 AB。因为如果在一个圆内一条线段截另一条线段成相等的两部分，且交成直角，则圆心在前一条直线上【命题 3.1 推论】，即圆心在 GK 上。同理，圆 ABC 的圆心也在 HL 上，且 GK 和 HL 除点 D 以外没有其他公共点，所以点 D 是圆 ABC 的圆心。

综上，如果在圆内的任意一点到圆周的线段中，有超过两条线段相等，那么这点就是该圆的圆心。这就是命题 9 的结论。

命题 10

一个圆截另一个圆，交点不多于两个。

因为如果可能，设圆 ABC 截圆 DEF 的交点多于两个，设为 B、G、F 和 H。连接 BH 和 BG，且平分它们于 K 和 L。过 K 和 L 作 KC 和 LM 分别与 BH 和 BG 成直角【命题 1.11】，并使其分别通过点 A 和 E。

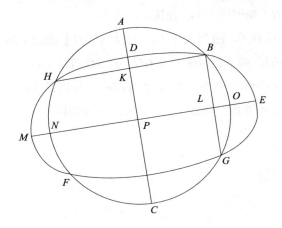

因为圆 *ABC* 中的任意一条弦 *AC* 平分另一条弦 *BH*，且相交成直角，所以圆 *ABC* 的圆心在 *AC* 上【命题 3.1 推论】。又因为在同一个圆 *ABC* 中，弦 *NO* 平分弦 *BG*，且相交成直角，所以圆 *ABC* 的圆心在 *NO* 上【命题 3.1 推论】。已经证得它在 *AC* 上，且 *AC* 和 *NO* 除 *P* 以外无其他交点。所以，点 *P* 是圆 *ABC* 的圆心。同理，我们可以证明 *P* 是圆 *DEF* 的圆心。所以，圆 *ABC* 和 *DEF* 相交，有同一个圆心 *P*，这是不可能的【命题 3.5】。

综上，一个圆截另一个圆，交点不多于两个。这就是命题 10 的结论。

命题 11

如果两个圆内切，找到它们的圆心并用线段连接这两个圆心，这条线段的延长线必过两圆的切点。

已知两圆 *ABC* 和 *ADE* 相互内切于点 *A*，且设圆 *ABC* 的圆心为 *F*【命题 3.1】，圆 *ADE* 的圆心为 *G*【命题 3.1】。可证连接 *GF* 的线段的延长线必经过点 *A*。

假设连接 *GF* 的线段的延长线不经过 *A*，如果这是可能的，设连线为 *FGH*（如图所示），连接 *AG* 和 *AF*。

因为 *AG* 和 *GF* 的和大于 *FA*，即大于 *FH*【命题 1.20】，各边同时减去 *FG*，剩下的 *AG* 大于 *GH*。且 *AG* 等于 *GD*，所以 *GD* 也大于 *GH*，小的大于大的，这是不可能的。所以，连接 *FG* 的直线不会落在 *FA* 的外边。所以，它一定经过两圆的切点 *A*。

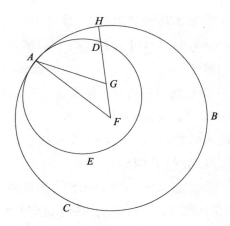

综上，如果两个圆内切，找到它们的圆心并用线段连接这两个圆心，这条线段的延长线必过两圆的切点。这就是命题 11 的结论。

命题 12

如果两圆外切，则两圆圆心的连线必经过切点。

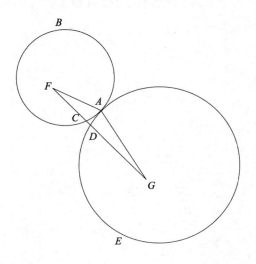

已知两圆 *ABC* 和 *ADE* 外切于点 *A*，设圆 *ABC* 的圆心为 *F*【命题 3.1】，圆 *ADE* 的圆心为 *G*【命题 3.1】。可证 *F* 和 *G* 的连线必过切点 *A*。

假设 *F* 和 *G* 的连线不经过 *A*，如果这是可能的，设它落在 *FCDG* 上（如图所示），连接 *AF* 和 *AG*。

因为 *F* 是圆 *ABC* 的圆心，所以 *FA* 等于 *FC*。又因为点 *G* 是圆 *ADE* 的圆心，所以 *GA* 等于 *GD*。已经证得 *FA* 等于 *FC*。因此，直线 *FA* 和 *AG* 的和等于直线 *FC* 和 *GD* 的和，所以整个 *FG* 大于 *FA* 和 *AG* 的和。但是，*FG* 应该小于它们的和【命题 1.20】，这是不可能的。所以，*F* 和 *G* 的连线不可能不过切点 *A*，即它必经过 *A*。

综上，如果两圆外切，则两圆圆心的连线必经过切点。这就是命题 12 的结论。

命题 13
一个圆与另一个圆无论是内切还是外切，切点不超过一个。

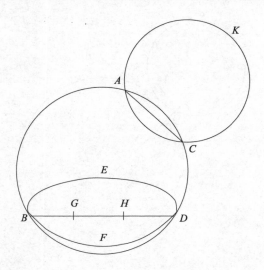

设圆 *ABDC* 和圆 *EBFD* 相切——首先设它们内切——切点为 *D* 和 *B*。

设圆 *ABDC* 的圆心是 *G*【命题 3.1】，圆 *EBFD* 的圆心是 *H*【命题 3.1】。连接 *GH*，其延长线必过切点 *B*、*D*【命题 3.11】。设其为 *BGHD*。因为点 *G* 是圆 *ABDC* 的圆心，*BG* 等于 *GD*，所以 *BG* 大于 *HD*，因此 *BH* 比 *HD* 更大。又因为点 *H* 是圆 *EBFD* 的圆心，*BH* 等于 *HD*。但已经证得 *BG* 比 *HD* 更大。这是不可能的。因此，一个圆与另一个圆内切，切点不超过一个。

下面要求证明两圆外切时的切点也不会超过一个。

因为如果这是可能的，假设圆 *ACK* 和圆 *ABDC* 外切有不止一个切点，设它们是 *A* 和 *C*。连接 *AC*。

因为 *A* 和 *C* 是圆 *ABDC* 和 *ACK* 圆周上的任意两点，所以连接这两点的线段落在每个圆的圆内【命题 3.2】。但是，它落在了 *ABDC* 的内部、*ACK* 的外部【定义 3.3】。这是不可能的。所以，一个圆与另一个圆外切，切点不多于一个，而且已经证明内切时也不可能。

综上，一个圆与另一个圆无论是内切还是外切，切点不超过一个。这就是命题 13 的结论。

命题 14

在一个圆中，相等弦的弦心距相等；相反，弦心距相等的弦彼此相等。

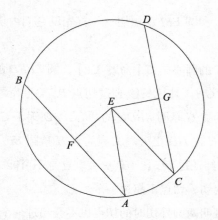

已知圆 *ABDC*，圆内的两条弦 *AB* 和 *CD* 彼此相等。可证 *AB* 和 *CD* 的弦心距相等。

假设已确定圆 *ABDC* 的圆心为 *E*【命题 3.1】。过 *E* 作 *EF* 和 *EG* 分别垂直于 *AB*、*CD*【命题 1.12】。连接 *AE*、*EC*。

因为过圆心的直线 *EF* 相交于不过圆心的直线 *AB*，且成直角，则 *EF* 二等分 *AB*【命题 3.3】，所以 *AF* 等于 *FB*，*AB* 是 *AF* 的二倍。同理，*CD* 是 *CG* 的二倍，且 *AB* 等于 *CD*，所以 *AF* 等于 *CG*。又因为 *AE* 等于 *EC*，*AE* 上的正方形等于 *EC* 上的正方形。但是，*AF* 和 *EF* 上的正方形的和等于 *AE* 上的正方形，这是因为 *F* 处的角是直角【命题 1.47】。且 *EG* 和 *GC* 上的正方形的和等于 *EC* 上的正方形，这是因为 *G* 处的角是直角【命题 1.47】。所以，*AF* 和 *FE* 上的正方形的和等于 *CG* 和 *GE* 上的正方形的和，且 *AF* 上的正方形等于 *CG* 上的正方形。这是因为 *AF* 等于 *CG*，所以剩下的 *FE* 上的正方形等于 *EG* 上的正方形，所以 *EF* 等于 *EG*。在圆中，过圆心作圆内弦的垂线，垂线相等，则称这些弦有相等的弦心距【定义 3.4】，所以 *AB* 和 *CD* 的弦心距彼此相等。

其次，弦 *AB* 和 *CD* 的弦心距相等，即 *EF* 等于 *EG*。可证 *AB* 等

于 *CD*。

用同样的作图，相似地，我们可以证明 *AB* 是 *AF* 的二倍，且 *CD* 是 *CG* 的二倍。因为 *AE* 等于 *CE*，所以 *AE* 上的正方形等于 *CE* 上的正方形。但是，*EF* 和 *FA* 上的正方形的和等于 *AE* 上的正方形【命题 1.47】，且 *EG* 和 *GC* 上的正方形的和等于 *CE* 上的正方形【命题 1.47】，所以 *EF* 和 *FA* 上的正方形的和等于 *EG* 和 *GC* 上的正方形的和，且 *EF* 上的正方形等于 *EG* 上的正方形。这是因为 *EF* 等于 *EG*，所以剩下的 *AF* 上的正方形等于 *CG* 上的正方形，所以 *AF* 等于 *CG*。且 *AB* 是 *AF* 的二倍，*CD* 是 *CG* 的二倍，所以 *AB* 等于 *CD*。

综上，在一个圆中，相等弦的弦心距相等；相反，弦心距相等的弦彼此相等。这就是命题 14 的结论。

命题 15

在一个圆中，直径是最长的弦，其他越靠近圆心的弦总是比远离的长。

已知 *ABCD* 是一个圆，*AD* 是其直径，*E* 是圆心。*BC* 靠近直径 *AD*①，*FG* 远离圆心。可证 *AD* 最长且 *BC* 大于 *FG*。

过 *E* 作 *EH*、*EK* 分别与 *BC*、*FG* 垂直【命题 1.12】。因为 *BC* 靠近圆心，*FG* 远离圆心，所以 *EK* 大于 *EH*【定义 3.5】。取 *EL* 等于 *EH*【命题 1.3】。过 *L* 作 *LM* 与 *EK* 成直角【命题 1.11】，延长至 *N*。连接 *ME*、*EN*、*FE* 和 *EG*。

因为 *EH* 等于 *EL*，所以 *BC* 等于 *MN*【命题 3.14】。又因为 *AE* 等于 *EM*，*ED* 等于 *EN*，所以 *AD* 等于 *ME* 与 *EN* 的和。但是，*ME* 与 *EN* 的和大于 *MN*【命题 1.20】，且 *MN* 等于 *BC*，所以 *AD* 也大

---

① 欧几里得本应该说是"靠近圆心"，而不是"靠近直径 *AD*"，因为 *BC*、*AD* 和 *FG* 没有必要一定平行。

于 BC。又因为 ME、EN 的和等于 FE、EG 的和，且角 MEN 大于角 FEG①，所以底边 MN 大于 FG【命题 1.24】。但是，已经证得 MN 等于 BC，所以 AD 是最长的，且 BC 大于 FG。

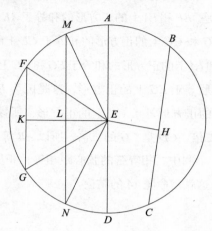

综上，在一个圆中，直径是最长的弦，其他越靠近圆心的弦总是比远离的长。这就是命题 15 的结论。

命题 16

过圆的直径的端点作一条直线与直径成直角，则该直线落在圆外，又，在这个平面上这条直线与圆周之间无法再插入另一条直线，且半圆角大于任何锐直线角，余下的角小于任何锐直线角。

已知在圆 ABC 中，D 是圆心，AB 为直径。可证过 A 与 AB 成直角的直线【命题 1.11】落在圆外。

假设不是这样，如果这是可能的，让该直线是 CA，且落在圆内（如图所示），连接 DC。

——————
① 这个结论不是通过证明得到的，而是通过参考作图得到的。

　　因为 *DA* 等于 *DC*，所以角 *DAC* 等于角 *ACD*【命题 1.5】。且角 *DAC* 是直角，所以角 *ACD* 也是直角。在三角形 *ACD* 中，角 *DAC*、*ACD* 的和等于两直角，这是不可能的【命题 1.17】。所以，过点 *A* 的直线与 *BA* 成直角时，不会落在圆内。同理，我们可以证明它也不会落在圆周上，所以它落在圆外。

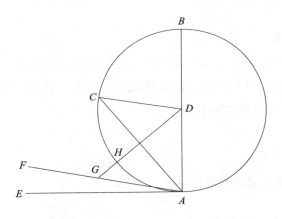

　　设该直线落在 *AE* 处（如图所示）。可证在这个平面上，直线 *AE* 和圆周 *CHA* 之间无法再插入其他直线。

　　因为如果可能，设插入的直线是 *FA*（如图所示），过点 *D* 作 *DG* 垂直于 *FA*【命题 1.12】。因为角 *AGD* 是直角，且角 *DAG* 小于直角，所以 *AD* 大于 *DG*【命题 1.19】。又，*DA* 等于 *DH*，所以 *DH* 大于 *DG*。小的大于大的，这是不可能的。所以，在这个平面上，直线 *AE* 和圆周之间无法再插入其他直线。

　　接下来可证弦 *BA* 与圆周 *CHA* 所夹的半圆角大于任何锐直线角，余下的由圆周 *CHA* 与直线 *AE* 所包含的角小于任何锐直线角。

　　因为如果有一个直线角大于直线 *BA* 与圆周 *CHA* 所包含的角，而且有一个直线角小于圆周 *CHA* 与直线 *AE* 所包含的角，那么在这个平面上，在圆弧与直线 *AE* 之间可以插入直线包含这样的角——

是由直线包含的，而它大于由直线 *BA* 和圆周 *CHA* 包含的角，而且与直线 *AE* 包含的其他的角都小于圆周 *CHA* 与直线 *AE* 包含的角。但是，这样的直线并不能插入。所以，由直线所夹的锐角不能大于由直线 *BA* 和圆周 *CHA* 所包含的角，也不能小于由圆弧 *CHA* 和直线 *AE* 所夹的角。

推 论

由此可以得出，过圆的直径的端点且与直径成直角的直线与圆相切于一点，因为如果直线与圆的交点是两个，直线就落在圆内【命题 3.2】。这就是命题 16 的结论。

命题 17

过给定点作已知圆的切线。

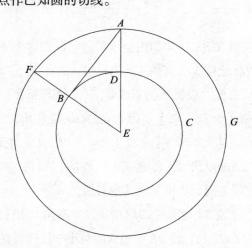

已知 *A* 是给定点，*BCD* 是已知圆。过点 *A* 作一条直线与圆 *BCD* 相切。

设 *E* 为圆心【命题 3.1】，连接 *AE*。以 *E* 为圆心，*EA* 为半径

作圆 *AFG*。过 *D* 作 *DF* 与 *EA* 成直角【命题 1.11】。连接 *EF* 和 *AB*。则直线 *AB* 过点 *A* 且与圆 *BCD* 相切。

因为 *E* 是圆 *BCD* 和 *AFG* 的圆心，所以 *EA* 等于 *EF*，*ED* 等于 *EB*；所以两边 *AE*、*EB* 分别等于 *FE*、*ED*，且它们有共同的角 *E*；所以底边 *DF* 等于 *AB*，三角形 *DEF* 与三角形 *EBA* 全等，并且余下的角也对应相等【命题 1.4】；所以角 *EDF* 等于角 *EBA*。又，角 *EDF* 是直角，所以角 *EBA* 也是直角。又，*EB* 是半径，过圆的直径的端点的直线与该直径成直角，该直线与圆相切【命题 3.16 推论】，所以 *AB* 与圆 *BCD* 相切。

所以，直线 *AB* 过给定点 *A*，且与已知圆 *BCD* 相切。这就是命题 17 的结论。

命题 18

如果一条直线与圆相切，那么连接圆心和切点的直线垂直于切线。

已知直线 *DE* 与圆 *ABC* 相切于点 *C*，圆 *ABC* 的圆心为 *F*【命题 3.1】，连接 *FC*。可证 *FC* 垂直于 *DE*。

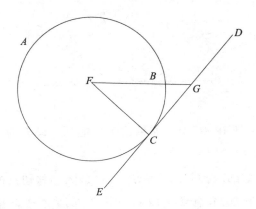

假设不垂直，过 F 作 FG 垂直于 DE【命题 1.12】。

因为角 FGC 是直角，所以角 FCG 是锐角【命题 1.17】。大角对大边【命题 1.19】，所以 FC 大于 FG。又，FC 等于 FB，所以 FB 大于 FG。较小的大于较大的，这是不可能的。所以，FG 不垂直于 DE。相似地，我们可以证明除 FC 以外的任何直线都不与 DE 垂直，所以 FC 垂直于 DE。

综上，如果一条直线与圆相切，那么连接圆心和切点的直线垂直于切线。这就是命题 18 的结论。

命题 19

如果一条直线与圆相切，那么过切点作与切线成直角的直线，必经过圆心。

已知直线 DE 与圆 ABC 相切于点 C。过 C 作 CA，使其与 DE 成直角【命题 1.11】。可证圆心在 AC 上。

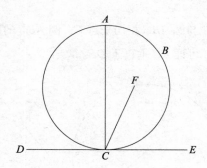

假设圆心不在 AC 上，如果这是可能的，设 F 为圆心，连接 CF。

因为直线 DE 与圆 ABC 相切，FC 是圆心与切点的连线，所以 FC 垂直于 DE【命题 3.18】，所以角 FCE 是直角。又，角

092

ACE 也是直角，所以角 *FCE* 等于角 *ACE*，即较小角等于较大角，这是不可能的。所以，*F* 不是圆 *ABC* 的圆心。相似地，我们可以证明除在 *AC* 上的点，其他点都不是圆心。

综上，如果一条直线与圆相切，那么过切点作与切线成直角的直线，必经过圆心。这就是命题 19 的结论。

命题 20

在一个圆内，同弧上的圆心角是圆周角的二倍。

已知 *ABC* 是一个圆，角 *BEC* 是圆心角，角 *BAC* 是圆周角，它们有一个以 *BC* 作底边的弧。可证角 *BEC* 是角 *BAC* 的二倍。

连接 *AE* 并经过 *F*。

因为 *EA* 等于 *EB*，角 *EAB* 也等于 *EBA*【命题 1.5】，所以角 *EAB* 与 *EBA* 的和是角 *EAB* 的二倍。又，角 *BEF* 等于角 *EAB* 与 *EBA* 的和【命题 1.32】，所以角 *BEF* 也是 *EAB* 的二倍，所以 *FEC* 也是 *EAC* 的二倍，所以整个角 *BEC* 是整个角 *BAC* 的二倍。

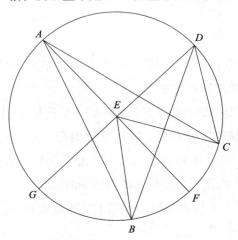

再作一条边和另一个角 *BDC*。连接 *DE*，延长至 *G*。相似地，

我们可以证明角 GEC 是 EDC 的二倍，其中 GEB 是 EDB 的二倍，所以余下的角 BEC 是 BDC 的二倍。

综上，在一个圆内，同弧上的圆心角是圆周角的二倍。这就是命题 20 的结论。

命题 21

在一个圆内，同一弓形上的角彼此相等。

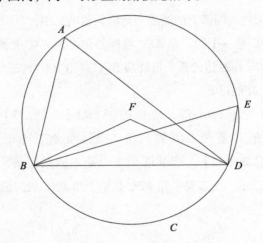

已知 ABCD 是一个圆，使角 BAD 和 BED 在同一弓形 BAED 上。可证角 BAD 和 BED 彼此相等。

设圆 ABCD 的圆心为点 F【命题 3.1】。连接 BF 和 FD。

因为角 BFD 是圆心角，BAD 是圆周角，且它们有相同的弧 BCD 为底边，所以角 BFD 是 BAD 的二倍【命题 3.20】。同理，角 BFD 是 BED 的二倍，所以角 BAD 等于 BED。

综上，在一个圆内，同一弓形上的角彼此相等。这就是命题 21 的结论。

命题 22

圆的内接四边形的对角的和等于两直角和。

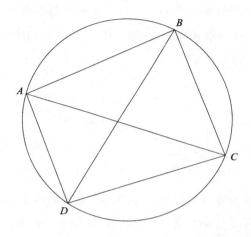

已知 *ABCD* 是一个圆，并令 *ABCD* 是圆的内接四边形。可证四边形的对角的和等于两直角和。

连接 *AC* 和 *BD*。

因为三角形的三个角的和等于两直角和【命题 1.32】，即三角形 *ABC* 的三个角 *CAB*、*ABC* 和 *BCA* 的和等于两直角和。又，角 *CAB* 等于 *BDC*，这是因为它们在同一弓形 *BADC* 上【命题 3.21】；且角 *ACB* 等于 *ADB*，这是因为它们在同一弓形 *ADCB* 上【命题 3.21】，所以整个角 *ADC* 等于 *BAC* 与 *ACB* 的和。两边同时加角 *ABC*，所以角 *ABC*、*BAC* 与 *ACB* 的和等于角 *ABC* 与 *ADC* 的和。但是，角 *ABC*、*BAC* 与 *ACB* 的和等于两直角和，所以角 *ABC* 与 *ADC* 的和也等于两直角和。同理，我们可以证明角 *BAD* 与 *DCB* 的和也等于两直角和。

综上，圆的内接四边形的对角的和等于两直角和。这就是命题 22 的结论。

命题 23

在同一条线段的同侧不能作两个相似且不等的弓形。

因为，如果这是可能的，设有两个相似且不等的弓形 *ACB* 和 *ADB*，且它们在线段 *AB* 的同一侧。作直线 *ACD* 与两弓形相交，并连接 *CB* 和 *DB*。

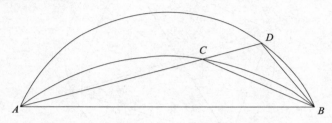

因为弓形 *ACB* 与弓形 *ADB* 相似，又，相似的弓形上的角相等【定义 3.11】，所以角 *ACB* 等于 *ADB*，即外角等于内对角，这是不可能的【命题 1.16】。

综上，在同一条线段的同侧不能作两个相似且不等的弓形。

命题 24

在相等线段上的相似弓形彼此相等。

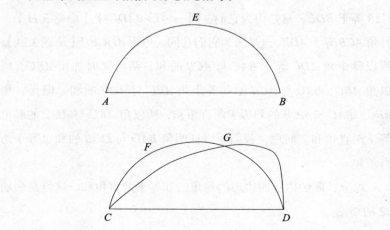

已知 *AEB* 和 *CFD* 是相等线段 *AB*、*CD* 上的相似的弓形。可证弓形 *AEB* 等于弓形 *CFD*。

如果将弓形 *AEB* 平移到 *CFD* 上，且点 *A* 落在 *C* 上，线段 *AB* 落在 *CD* 上，则点 *B* 也落在点 *D* 上，这是因为 *AB* 等于 *CD*，并且 *AB* 和 *CD* 重合，弓形 *AEB* 也与 *CFD* 重合。如果线段 *AB* 与 *CD* 重合，而弓形 *AEB* 不与 *CFD* 重合，那么它或者落在 *CFD* 内，或者落在 *CFD* 外，或者落在 *CGD* 的位置（如图所示），则一个圆与另一个圆相交，交点超过两个。这是不可能的【命题 3.10】。所以，如果将线段 *AB* 平移到 *CD*，那么弓形 *AEB* 必将与 *CFD* 重合，并且彼此相等【公理 4】。

综上，在相等线段上的相似弓形彼此相等。这就是命题 24 的结论。

命题 25

根据给定弓形作完整的圆，则该弓形是圆中的一段。

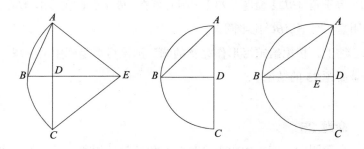

已知 *ABC* 是给定的弓形。可证根据弓形 *ABC* 作完整的圆，使弓形是圆中的一段。

设 *D* 是 *AC* 的二等分点【命题 1.10】，过点 *D* 作 *DB* 与 *AC* 成直角【命题 1.11】。连接 *AB*。所以，角 *ABD* 大于、等于或小于角

BAD。

首先，设它大于角 *BAD*。以 *BA* 为一边，点 *A* 为顶点，作角 *BAE* 等于角 *ABD*【命题 1.23】。延长 *DB* 到点 *E*，连接 *EC*。因为角 *ABE* 等于角 *BAE*，所以线段 *EB* 等于 *EA*【命题 1.6】。因为 *AD* 等于 *DC*，*DE* 是公共边，两边 *AD*、*DE* 分别等于 *CD*、*DE*，且角 *ADE* 等于角 *CDE*。因为这两个角都是直角，所以底边 *AE* 等于 *CE*【命题 1.4】。但是，已经证明 *AE* 等于 *BE*，所以 *BE* 也等于 *CE*；所以，三条线段 *AE*、*EB* 和 *EC* 彼此相等；所以，如果以 *E* 为圆心，*AE*、*EB* 或 *EC* 中的一条为半径作圆，将过其他点，且要求作的圆也已经完成【命题 3.9】；所以根据给定弓形作的圆已经完成，且很明显地，弓形 *ABC* 小于半圆，因为圆心 *E* 在弓形外。

相似地，如果角 *ABD* 等于 *BAD*，*AD* 等于 *BD*【命题 1.6】和 *DC*，三条线段 *DA*、*DB* 和 *DC* 彼此相等，点 *D* 就是完整圆的圆心。很明显，弓形 *ABC* 是半圆。

如果角 *ABD* 小于 *BAD*，我们以 *BA* 为一边、*A* 为顶点，作角 *BAE* 等于角 *ABD*【命题 1.23】，圆心落在 *DB* 上，且在弓形 *ABC* 内。很明显，弓形 *ABC* 比半圆大。

综上，根据给定弓形作完整的圆，则该弓形是圆中的一段。这就是命题 25 的结论。

命题 26

在等圆中，相等的角无论是圆心角还是圆周角，所对的弧也彼此相等。

已知 *ABC* 和 *DEF* 是相等的圆，且圆心角 *BGC* 等于 *EHF*，圆周角 *BAC* 等于 *EDF*。可证弧 *BKC* 等于弧 *ELF*。

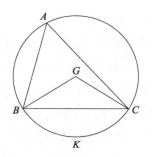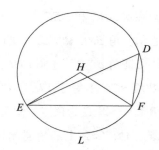

连接 *BC* 和 *EF*。

因为圆 *ABC* 等于 *DEF*，它们的半径相等，所以两线段 *BG*、*GC* 等于 *EH* 和 *HF*。又因为角 *G* 等于角 *H*，所以底边 *BC* 等于 *EF*【命题 1.4】。因为角 *A* 等于角 *D*，所以弓形 *BAC* 与弓形 *EDF* 相似【定义 3.11】。且它们所在的线段相等，在相等线段上的相似弓形彼此相等【命题 3.24】，所以弓形 *BAC* 等于弓形 *EDF*。又，整个圆 *ABC* 等于 *DEF*，所以余下的弧 *BKC* 等于 *ELF*。

综上，在等圆中，相等的角无论是圆心角还是圆周角，所对的弧也彼此相等。这就是命题 26 的结论。

命题 27

在等圆中，等弧所对的圆心角或圆周角彼此相等。

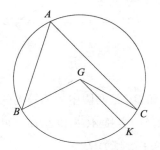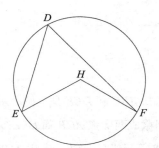

已知在圆 ABC 和 DEF 中，角 BGC 和 EHF 分别是圆心 G 和 H 处的圆心角，角 BAC 和 EDF 是圆周角，它们所对的弧 BC 与 EF 彼此相等。可证角 BGC 等于角 EHF，且角 BAC 等于 EDF。

如果角 BGC 不等于 EHF，则有一个角较大。设 BGC 较大。在线段 BG 上，以 G 为顶点，作角 BGK 等于角 EHF【命题 1.23】。当角在圆心时，等弧上的角彼此相等【命题 3.26】。因此，弧 BK 等于弧 EF。但是，弧 EF 等于 BC，所以 BK 也等于 BC。较小的等于较大的，这是不可能的。所以，角 BGC 不可能与 EHF 不相等，因此它们彼此相等。又因为点 A 处的角是 BGC 的一半，点 D 处的角是 EHF 的一半【命题 3.20】，因此角 A 也等于角 D。

综上，在等圆中，等弧所对的圆心角或圆周角彼此相等。这就是命题 27 的结论。

命题 28

在等圆中，等弦所截的弧相等，优弧等于优弧，劣弧等于劣弧。

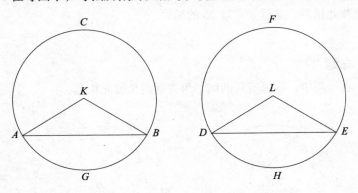

已知 ABC 和 DEF 是等圆，AB 和 DE 是两圆中的相等的弦，并将两圆截成两优弧 ACB 和 DFE，以及两劣弧 AGB 和 DHE。可证优弧 ACB 等于优弧 DFE，劣弧 AGB 等于劣弧 DHE。

设两圆的圆心是 K 和 L【命题 3.1】，连接 AK、KB、DL 和 LE。

因为圆 ABC 和 DEF 相等，它们的半径也相等【定义 3.1】，所以两线段 AK、KB 分别等于 DL、LE，且底边 AB 等于 DE；所以角 AKB 等于角 DLE【命题 1.8】。又，相等的圆心角所对的弧相等【命题 3.26】，所以弧 AGB 等于 DHE。又，整个圆 ABC 也等于 DEF，所以余下的弧 ACB 等于余下的弧 DFE。

综上，在等圆中，等弦所截的弧相等，优弧等于优弧，劣弧等于劣弧。这就是命题 28 的结论。

命题 29

在等圆中，等弧所对的弦彼此相等。

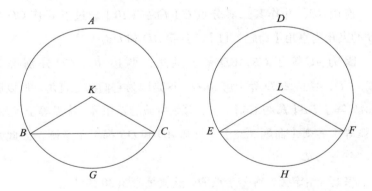

已知 ABC 和 DEF 是等圆，设截取的弧 BGC 和 EHF 彼此相等。连接 BC 和 EF。可证 BC 等于 EF。

设两圆圆心为 K 和 L【命题 3.1】。连接 BK、KC、EL 和 LF。

因为弧 BGC 等于弧 EHF，角 BKC 也等于角 ELF【命题 3.27】；又因为圆 ABC 和 DEF 相等，它们的半径也相等【定义 3.1】；所以线段 BK、KC 分别等于 EL、LF，且它们所夹的角相等；所以底边

BC 等于底边 *EF*【命题 1.4】。

综上，在等圆中，等弧所对的弦彼此相等。这就是命题 29 的结论。

命题 30

二等分给定弧。

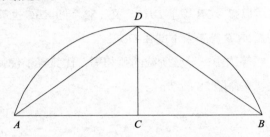

已知 *ADB* 是给定弧。二等分弧 *ADB*。

连接 *AB*，并作其二等分点 *C*【命题 1.10】。过点 *C* 作 *CD* 与 *AB* 的夹角为直角【命题 1.11】。连接 *AD* 和 *DB*。

因为 *AC* 等于 *CB*，*CD* 是公共边，两边 *AC*、*CD* 分别等于 *BC*、*CD*，且角 *ACD* 等于角 *BCD*，这是因为它们都是直角，所以底边 *AD* 等于 *DB*【命题 1.4】。又，等弦所截的弧相等，优弧等于优弧，劣弧等于劣弧【命题 3.28】，且弧 *AD* 和 *DB* 都小于半圆，因此弧 *AD* 等于弧 *DB*。

综上，给定弧二等分于点 *D*。这就是命题 30 的结论。

命题 31

在一个圆内，半圆上的角是直角，较大的弓形上的角小于直角，较小的弓形上的角大于直角；且较大的弓形角大于直角，较小的弓形角小于直角。（这里请注意弓形上的角和弓形角的区别。——译者注）

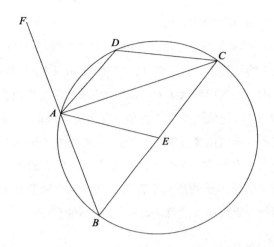

　　已知 *ABCD* 是一个圆，设 *BC* 是其直径、*E* 是圆心。连接 *BA*、*AC*、*AD* 和 *DC*。可证半圆 *BAC* 上的角 *BAC* 是直角，大于半圆的弓形 *ABC* 上的角 *ABC* 小于直角，且小于半圆的弓形 *ADC* 上的角 *ADC* 大于直角。

　　连接 *AE*，延长 *BA* 至 *F*。

　　因为 *BE* 等于 *EA*，角 *ABE* 也等于角 *BAE*【命题 1.5】；又因为 *CE* 等于 *EA*，角 *ACE* 也等于角 *CAE*【命题 1.5】；所以整个角 *BAC* 等于角 *ABC* 和 *ACB* 的和。又因为角 *FAC* 是三角形 *ABC* 的外角，所以它等于角 *ABC* 与 *ACB* 的和【命题 1.32】，所以角 *BAC* 也等于角 *FAC*，所以它们都是直角【定义 1.10】，所以半圆 *BAC* 上的角 *BAC* 是直角。

　　因为三角形 *ABC* 的两个角 *ABC* 与 *BAC* 的和小于两直角和【命题 1.17】，且 *BAC* 是直角，所以角 *ABC* 小于直角，且它是大于半圆的弓形 *ABC* 上的角。

　　因为 *ABCD* 是圆内接四边形，且其对角的和等于两直角【命题 3.22】，角 *ABC* 小于直角，所以余下的角 *ADC* 大于直角，且它是小于半圆的弓形 ADC 上的角。

也可以证明较大的弓形角，即由弧 ABC 和线段 AC 构成的角大于直角。较小的弓形角，即由弧 ADC 和线段 AC 构成的角小于直角。这是很明显的。因为由线段 BA 和 AC 所构成的角是直角，所以由弧 ABC 和线段 AC 所构成的角大于直角。又因为由线段 AC 和 AF 所构成的角是直角，所以由弧 ADC 和线段 CA 所构成的角小于直角。

综上，在一个圆内，半圆上的角是直角，较大的弓形上的角小于直角，较小的弓形上的角大于直角；且较大的弓形角大于直角，较小的弓形角小于直角。这就是命题 31 的结论。

命题 32

若直线与圆相切，由切点过圆内作一条直线将圆截成两部分，那么切线与该直线所夹的角等于另一弓形上的角。

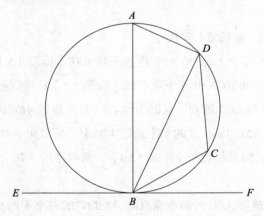

已知直线 EF 与圆 ABCD 相切于点 B，过点 B 作直线 BD 与圆 ABCD 相交，将圆分成两部分。可证 BD 和切线 EF 所夹的角等于另一个弓形上的角。也就是说，角 FBD 等于弓形 BAD 上的角，且角 EBD 等于弓形上的角 DCB。

过 B 作 BA 与 EF 成直角【命题 1.11】。在弧 BD 上任取一点 C。连接 AD、DC 和 CB。

因为直线 EF 与圆 $ABCD$ 相切于点 B，BA 过切点且与切线成直角，所以圆 $ABCD$ 的圆心在 BA 上【命题 3.19】，所以 BA 是圆 $ABCD$ 的直径，所以角 ADB 是半圆上的角【命题 3.31】，所以剩余的角 BAD 和 ABD 的和等于一个直角【命题 1.32】。又，ABF 也是直角，所以 ABF 等于 BAD 与 ABD 的和。两边同时减去 ABD，则余下的角 DBF 等于圆的另一弓形上的角 BAD。因为 $ABCD$ 是圆内接四边形，它的对角的和等于两直角和【命题 3.22】。又，角 DBF 与 DBE 的和也是两直角和【命题 1.13】，所以角 DBF 与 DBE 的和等于角 BAD 与 BCD 的和。其中，已经证明角 BAD 等于 DBF，所以余下的角 DBE 等于另一弓形上的角 DCB。

综上，若直线与圆相切，由切点过圆内作一条直线将圆截成两部分，那么切线与该直线所夹的角等于另一弓形上的角。这就是命题 32 的结论。

命题 33

在给定直线上作一弓形，使其所含的角等于给定的直线角。

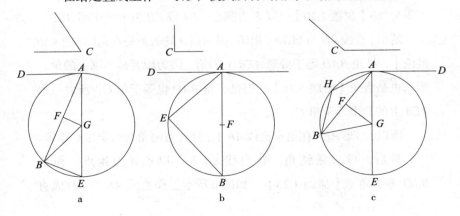

a　　　　　　　b　　　　　　　c

已知 *AB* 是给定直线，*C* 是给定直线角。可证在直线 *AB* 上作一弓形，使其所含的角等于 *C*。

角 *C* 可以是锐角、直角或者是钝角。

首先，设角 *C* 为锐角。在图 a 中，在直线 *AB* 上，以点 *A* 为顶点，作角 *BAD* 等于角 *C*【命题 1.23】，所以角 *BAD* 也是锐角。作直线 *AE* 与 *DA* 成直角【命题 1.11】。再作 *F* 二等分 *AB*【命题 1.10】。过点 *F* 作 *FG* 与 *AB* 成直角【命题 1.11】。连接 *GB*。

因为 *AF* 等于 *FB*，*FG* 是公共边，两线段 *AF*、*FG* 分别等于 *BF*、*FG*，且角 *AFG* 等于角 *BFG*，所以底边 *AG* 等于 *BG*【命题 1.4】。以 *G* 点为圆心，*GA* 为半径，经过 *B* 作圆。设作好的圆为 *ABE*。连接 *EB*。因为 *AD* 在直径 *AE* 的端点 *A* 上，与 *AE* 成直角，所以直线 *AD* 与圆 *ABE* 相切【命题 3.16 推论】。因为直线 *AD* 与圆 *ABE* 相切，直线 *AB* 过切点 *A* 与圆 *ABE* 相交，所以角 *DAB* 等于另一弓形上的角 *AEB*【命题 3.32】。但角 *DAB* 等于角 *C*，所以角 *C* 也等于角 *AEB*。

所以，弓形 *AEB* 在给定直线 *AB* 上，且包含的角与给定角 *C* 相等。

然后，设 *C* 是直角。在直线 *AB* 上作一弓形，使其含有的角等于直角 *C*。作角 *BAD* 等于直角 *C*【命题 1.23】，如图 b 所示。作 *F* 二等分 *AB*【命题 1.10】。以 *F* 为圆心，*FA* 或 *FB* 为半径作圆 *AEB*。

所以，直线 *AD* 与圆 *ABE* 相切，因为点 *A* 处的角是直角【命题 3.16 推论】，且角 *BAD* 等于弓形 *AEB* 上的角。因为后者是半圆上的角，所以也是直角【命题 3.31】。但是，角 *BAD* 也等于角 *C*，所以弓形 *AEB* 上的角也等于角 *C*。

所以，弓形 *AEB* 在给定直线 *AB* 上，且含有的角与给定角 *C* 相等。

最后，设 *C* 是钝角。在直线 *AB* 上，以点 *A* 为顶点，作角 *BAD* 等于角 *C*【命题 1.23】，如图 c 所示。作直线 *AE* 与 *AD* 成直

角【命题 1.11】。再作 F 二等分 AB【命题 1.10】。作 FG 与 AB 成
直角【命题 1.10】。连接 GB。

因为 AF 等于 FB，FG 是公共边，两线段 AF、FG 分别与 BF、
FG 相等，且角 AFG 等于角 BFG，所以底边 AG 等于底边 BG【命
题 1.4】；所以以 G 为圆心，GA 为半径作圆经过 B，即圆 AEB（图 c）。
且因为由直径的端点作出的 AD 与直径 AE 成直角，所以 AD 是圆
AEB 的切线【命题 3.16 推论】。又，AB 过切点 A 与圆相交，所以
角 BAD 等于另一弓形 AHB 上的角 【命题 3.32】。但是，角 BAD
等于角 C，所以弓形 AHB 上的角也等于角 C。

所以，弓形 AHB 在给定线段 AB 上，且含有的角与给定角 C 相
等。这就是命题 33 的结论。

命题 34

在给定圆内，截取一弓形，使其含有的角等于给定直线角。

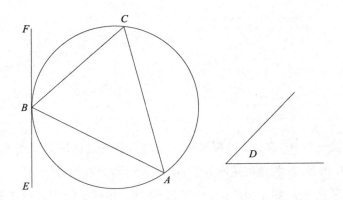

已知 ABC 是给定圆，D 是给定直线角。在圆 ABC 内截取一弓形，
使其含有的角等于给定直线角 D。

设 EF 与圆 ABC 相切于点 B[①]。在直线 FB 上，以点 B 为顶点，作角 FBC 等于角 D【命题 1.23】。

因为直线 EF 与圆 ABC 相切，BC 过切点且与圆相交，所以角 FBC 等于另一弓形 BAC 上的角【命题 3.32】。但是，FBC 等于角 D，所以弓形 BAC 上的角也等于角 D。

综上，弓形 BAC 是从给定圆 ABC 中截取的，且其所含的角等于给定的直线角 D。这就是命题 34 的结论。

命题 35

如果圆内有两条弦相交，则其中一条弦的两段所构成的矩形等于另一条弦的两段所构成的矩形。

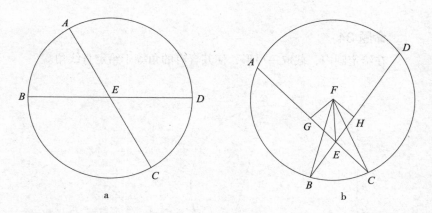

a　　　　　　　　　b

设直线 AC 和 BD 是圆 ABCD 内的两条弦，且相交于点 E。可证 AE 和 EC 所构成的矩形等于 DE 和 EB 所构成的矩形。

事实上，如果 AC 和 BD 经过圆心，如图 a 所示，设 E 是圆 ABCD 的圆心，很明显，AE、EC、DE 和 EB 彼此相等，所以 AE 和

---

① 经推测，是通过先找到圆 ABC 的圆心【命题 3.1】，连接圆心和点 B，再过点 B 作 EF 与之前的线段成直角【命题 1.11】。

EC 所构成的矩形等于 *DE* 和 *EB* 所构成的矩形。

设 *AC* 和 *DB* 不经过圆心，如图 b 所示，且设圆 *ABCD* 的圆心为 *F*【命题 3.1 】。过 *F* 作 *FG*、*FH* 分别垂直于弦 *AC* 和 *DB*【命题 1.12 】。连接 *FB*、*FC* 和 *FE*。

因为直线 *GF* 经过圆心与不经过圆心的直线 *AC* 成直角，*GF* 平分 *AC*【命题 3.3 】，所以 *AG* 等于 *GC*。因为 *AC* 被 *G* 等分，且不等分于点 *E*，所以 *AE* 和 *EC* 所构成的矩形与 *EG* 上的正方形的和等于 *GC* 上的正方形【命题 2.5 】。两边同时加上 *GF* 上的正方形，所以 *AE* 和 *EC* 所构成的矩形与 *GE* 与 *GF* 上的正方形的和等于 *CG* 与 *GF* 上的正方形的和。但是，*FE* 上的正方形等于 *EG* 和 *GF* 上的正方形的和【命题 1.47 】，*FC* 上的正方形等于 *CG* 和 *GF* 上的正方形的和【命题 1.47 】，所以 *AE* 和 *EC* 所构成的矩形与 *FE* 上的正方形的和等于 *FC* 上的正方形；且 *FC* 等于 *FB*，所以 *AE* 和 *EC* 所构成的矩形与 *EF* 上的正方形的和，等于 *FB* 上的正方形。同理，*DE* 和 *EB* 所构成的矩形与 *FE* 上的正方形的和等于 *FB* 上的正方形，且已经证明 *AE* 和 *EC* 所构成的矩形与 *FE* 上的正方形的和等于 *FB* 上的正方形，所以 *AE* 和 *EC* 所构成的矩形与 *FE* 上的正方形的和等于 *DE* 与 *EB* 所构成的矩形与 *FE* 上的正方形的和。两边同时减去 *FE* 上的正方形，所以余下的 *AE* 与 *EC* 所构成的矩形等于 *DE* 与 *EB* 所构成的矩形。

综上，如果圆内有两条弦相交，则其中一条弦的两段所构成的矩形等于另一条弦的两段所构成的矩形。这就是命题 35 的结论。

命题 36

若在圆外任取一点，由该点作两条直线，其中一条与圆相交，另一条与圆相切，那么由圆截得的整个线段与圆外定点与凸弧之间一段所构成的矩形，等于切线上的正方形。

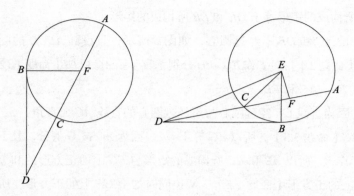

已知点 D 是圆 ABC 外一点，过 D 有两条直线 DCA 和 DB。设 DCA 与圆 ABC 相交，BD 与圆相切。可证 AD 与 DC 所构成的矩形等于 DB 上的正方形。

DCA 可能经过圆心，也可能不经过。首先，设它经过圆心，且 F 是圆 ABC 的圆心，连接 FB，所以角 FBD 是直角【命题 3.18】。因为线段 AC 被 F 平分，CD 是 AC 的延长线，所以 AD 与 DC 所构成的矩形与 FC 上的正方形的和等于 FD 上的正方形【命题 2.6】。又，FC 等于 FB，所以 AD 与 DC 所构成的矩形与 FB 上的正方形的和等于 FD 上的正方形。又，FD 上的正方形等于 FB 与 BD 上的正方形的和【命题 1.47】，所以 AD 与 DC 所构成的矩形与 FB 上的正方形的和等于 FB 与 BD 上的正方形的和。两边同时减去 FB 上的正方形，所以余下的 AD 与 DC 所构成的矩形等于切线 DB 上的正方形。

再设 DCA 不经过圆 ABC 的圆心，设圆心为 E，过 E 作 EF 垂直于 AC【命题 1.12】，连接 EB、EC 和 ED，所以角 EBD 是直角【命题 3.18】。因为 EF 过圆心，并与不过圆心的直线 AC 相交且成直角，EF 平分 AC【命题 3.3】，所以 AF 等于 FC。因为线段 AC 被 F 平分，CD 是 AC 的延长线，所以 AD 与 DC 所构成的矩形与 FC 上的正方形的和等于 FD 上的正方形【命题 2.6】。各边同时加 FE 上的正方形，所以 *AD*、*DC* 所构成的矩形与 *CF*、*FE* 上的正方形的和等于 *FD*、*FE* 上的正方形的和。但是，*EC* 上的正方形等于 *CF*、*FE* 上的正方形的和。因为角 *EFC* 是直角【命题 1.47】，且 *ED* 上的正方形等于 *DF*、*FE* 上的正方形的和【命题 1.47】，所以 *AD* 与 *DC* 所构成的矩形与 *EC* 上的正方形的和等于 *ED* 上的正方形。又，*EC* 等于 *EB*，所以 *AD* 与 *DC* 所构成的矩形与 *EB* 上的正方形的和等于 *ED* 上的正方形。又，*EB* 与 *BD* 上的正方形的和等于 *ED* 上的正方形。这是因为 *EBD* 是直角【命题 1.47】，所以 *AD* 与 *DC* 所构成的矩形与 *EB* 上的正方形的和等于 *EB*、*BD* 上的正方形的和。两边同时减去 *EB* 上的正方形，所以余下的 *AD* 与 *DC* 所构成的矩形等于 *BD* 上的正方形。

综上，若在圆外任取一点，由该点作两条直线，其中一条与圆相交，另一条与圆相切，那么由圆截得的整个线段与圆外定点与凸弧之间一段所构成的矩形，等于切线上的正方形。这就是命题 36 的结论。

命题 37

在圆外任取一点，由该点作两条直线，其中一条与圆相交，另一条落在圆上，如果由圆截得的整条线段与这条直线上由圆外定点与凸弧之间一段构成的矩形，等于落在圆上的线段上的正方形，则落在圆上的直线与圆相切。

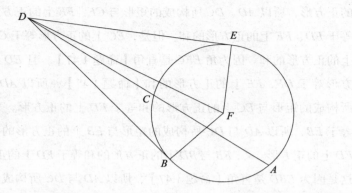

已知点 D 是圆 ABC 外任意一点，过 D 有两条直线 DCA 和 DB。设 DCA 与圆 ABC 相交，BD 落在圆上。设 AD 与 DC 所构成的矩形等于 DB 上的正方形。可证 DB 与圆 ABC 相切。

设 DE 与圆 ABC 相切【命题 3.17】，且设圆 ABC 的圆心为 F，连接 FE、FB 和 FD，所以角 FED 是直角【命题 3.18】。又因为 DE 与圆 ABC 相切，DCA 与圆相交，所以 AD 与 DC 所构成的矩形等于 DE 上的正方形【命题 3.36】。且 AD 与 DC 所构成的矩形也等于 DB 上的正方形，所以 DE 上的正方形等于 DB 上的正方形；所以 DE 等于 DB。又，FE 等于 FB，所以两边 DE、EF 分别等于 DB、BF。且它们的底边 FD 为公共边，所以角 DEF 等于角 DBF【命题 1.8】。又，角 DEF 是直角，所以角 DBF 也是直角。将 BF 延长成直径，过圆的直径的端点并与直径成直角的直线与圆相切【命题 3.16 推论】，所以 DB 与圆 ABC 相切。相似地，可以证明圆心在 AC 上的情况。

综上，在圆外任取一点，由该点作两条直线，其中一条与圆相交，另一条落在圆上，如果由圆截得的整条线段与这条直线上由圆外定点与凸弧之间一段构成的矩形，等于落在圆上的线段上的正方形，则落在圆上的直线与圆相切。这就是命题 37 的结论。

第 4 卷　　与圆有关的直线图形的作法

定　义

1. 当一个直线形的各角的顶点分别在另一个直线形的各边上时，这个直线形叫作内接于后一个直线形。

2. 类似地，当一个图形的各边分别经过另一个图形的各角的顶点时，前一个图形叫作外接于后一个图形。

3. 当一个直线形的各角的顶点都在一个圆周上时，这个直线形叫作内接于圆。

4. 当一个直线形的各边都切于一个圆时，这个直线形叫作外切于这个圆。

5. 类似地，当一个圆在一个图形内，且切于这个图形的每一条边时，称这个圆内切于这个图形。

6. 当一个圆经过一个图形的每个角的顶点时，称这个圆外接于这个图形。

7. 当一条线段的两个端点都在圆周上时，则称这条线段拟合于圆。

命　题

命题 1

给定的线段不大于圆的直径，把这条线段拟合于这个圆。

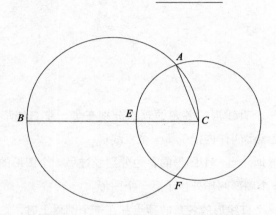

已知给定的圆是 ABC，D 是不大于圆的直径的给定线段。作等于 D 的线段拟合于圆 ABC。

作圆 ABC 的直径 BC[①]。如果 BC 等于 D，就不必作这条线段了，因为线段 BC 等于线段 D，且拟合于圆 ABC。如果 BC 大于 D，则使 CE 等于 D【命题 1.3】，并以 C 为圆心，CE 为半径作圆 EAF。连接 CA。

因为点 C 是圆 EAF 的圆心，所以 CA 等于 CE。但是，CE 等于 D，所以 D 也等于 CA。

综上，CA 等于给定线段 D，且拟合于圆 ABC。这就是命题 1

---

① 经推测，是先找到圆心【命题 3.1】，然后作过圆心的线段。

所要求作的。

命题 2

在给定的圆内，作一个与给定三角形等角的内接三角形。

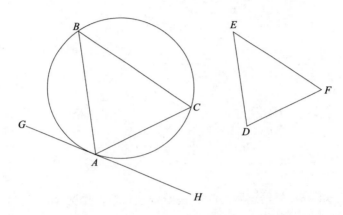

已知 ABC 是给定的圆，DEF 是给定的三角形。作与三角形 DEF 等角的内接于圆 ABC 的三角形。

过点 A 作 GH 与圆 ABC 相切 ①。在直线 AH 上，以 A 为顶点作角 HAC 等于角 DEF，并在直线 AG 上，以 A 为顶点作角 GAB 等于角 DFE【命题 1.23】。连接 BC。

因为 AH 切于圆 ABC，且直线 AC 过切点 A 经过圆内，所以角 HAC 等于对应的弓形上的角 ABC。【命题 3.32】。但是，角 HAC 等于角 DEF，所以角 ABC 等于角 DEF。同理，角 ACB 等于角 DFE，即余下的角 BAC 等于角 EDF【命题 1.32】，所以三角形 ABC 与三角形 DEF 等角，且内接于圆 ABC。

综上，在给定的圆内，作一个与给定三角形等角的内接三角形。

---

① 参考命题 3.34 的脚注。

这就是命题 2 的结论。

命题 3

在已知圆外作一个与给定三角形等角的外切三角形。

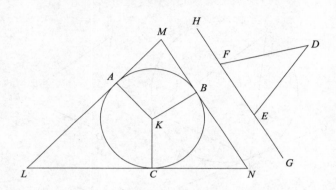

已知 *ABC* 是给定圆，*DEF* 是给定三角形。作圆 *ABC* 的与三角形 *DEF* 等角的外切三角形。

EF 向两端延长至 *G* 和 *H*。设圆 *ABC* 的圆心是 *K*【命题 3.1】。在圆 *ABC* 内，作任意直线 *KB*。以直线 *KB* 为边，*K* 为顶点，作角 *BKA* 等于角 *DEG*，角 *BKC* 等于角 *DFH*【命题 1.23】。分别过 *A*、*B* 和 *C* 作直线 *LAM*、*MBN* 和 *NCL* 与圆 *ABC* 相切①。

因为 *LM*、*MN* 和 *NL* 与圆 *ABC* 分别相切于 *A*、*B* 和 *C*，由圆心 *K* 到点 *A*、*B*、*C* 连接 *KA*、*KB* 和 *KC*，则 *A*、*B* 和 *C* 处的角是直角【命题 3.18】。因为四边形 *AMBK* 可以分为两个三角形，所以四边形 *AMBK* 的四个角的和等于四个直角【命题 1.32】，且角 *KAM* 和 *KBM* 是直角，所以余下的两个角 *AKB* 和 *AMB* 的和等于两个直角【命题 1.13】。角 *DEG*、*DEF* 的和也等于两个直角，所以角 *AKB*、

① 见命题 3.34 的脚注。

AMB 的和等于角 *DEG*、*DEF* 的和，其中角 *AKB* 等于角 *DEG*，所以余下的角 *AMB* 等于角 *DEF*。相似地，可以证明角 *LNB* 等于角 *DFE*，所以剩下的角 *MLN* 等于角 *EDF*【命题 1.32】。所以，三角形 *LMN* 与 *DEF* 等角，且它外切于圆 *ABC*。

综上，在已知圆外作一个与给定三角形等角的外切三角形。这就是命题 3 的结论。

命题 4

作给定三角形的内切圆。

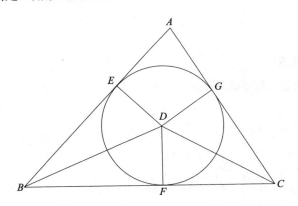

已知 *ABC* 是给定三角形。求作三角形 *ABC* 的内切圆。

分别作角 *ABC* 和 *ACB* 的角平分线 *BD* 和 *CD*【命题 1.9】，且两线交于点 *D*，过点 *D* 作 *DE*、*DF* 和 *DG* 分别垂直于 *AB*、*BC* 和 *CA*【命题 1.12】。

因为角 *ABD* 等于角 *CBD*，直角 *BED* 等于直角 *BFD*，所以在三角形 *EBD* 和三角形 *FBD* 中，有两对角相等，且有一条边也对应相等，即对着相等角的边，也就是两三角形的公共边 *BD*，所以其他边也对应相等【命题 1.26】。所以，*DE* 等于 *DF*。同理，*DG* 等于 *DF*，

所以三条线段 *DE*、*DF* 和 *DG* 彼此相等。所以，以 *D* 为圆心，到 *E*、*F* 或 *G*① 的距离为半径作圆，会经过另外两点，且与直线 *AB*、*BC* 和 *AC* 相切。这是因为 *E*、*F* 和 *G* 处的角都是直角。如果圆不与这些直线相切，而与它们相交，则过圆的直径的端点且与直径成直角的直线落在圆内，这已经证明是不可能的【命题 3.16】，所以以 *D* 为圆心，以 *DE*、*DF*、*DG* 之一为半径的圆不与 *AB*、*BC* 和 *CA* 相交。因此，圆 *FGE* 与它们相切，且是三角形 *ABC* 的内切圆。令内切圆是 *FGE*（如图所示）。

综上，圆 *EFG* 是给定三角形 *ABC* 的内切圆。这就是命题 4 的结论。

命题 5

作给定三角形的外接圆。

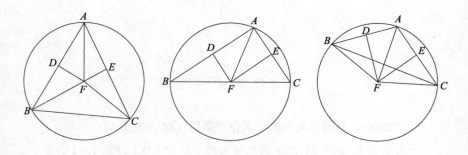

已知 *ABC* 是给定的三角形。作给定三角形 *ABC* 的外接圆。

分别作线段 *AB* 和 *AC* 的二等分点 *D* 和 *E*【命题 1.10】，分别过 *D* 和 *E* 作 *DF* 和 *EF* 与 *AB* 和 *AC* 成直角【命题 1.11】，所以 *DF* 和 *EF* 要么相交于三角形 *ABC* 内，要么在 *BC* 上，要么在 *BC* 外。

_____

① 这里和接下来的命题应理解为实际上半径就是 *DE*、*DF* 或 *DG* 中的一条。

　　首先，设它们交于三角形 *ABC* 内，交点为 *F*，连接 *FB*、*FC* 和
FA。因为 *AD* 等于 *DB*，且 *DF* 为公共边，又成直角，所以底边 *AF*
等于 *FB*【命题 1.4】。同理，我们可以证明 *CF* 也等于 *AF*，所以
FB 等于 *FC*。因此，三条线段 *FA*、*FB* 和 *FC* 彼此相等。所以，以 *F*
为圆心，以 *FA*、*FB*、*FC* 之一为半径作圆，将经过剩下的另外两点，
且该圆外接于三角形 *ABC*。

　　设外接圆是 *ABC*。再设 *DF* 和 *EF* 相交于 *BC* 上的点 *F*。连接
AF。相似地，我们可以证明以 *F* 为圆心作的圆是三角形 *ABC* 的外
接圆。

　　最后，设 *DF* 和 *EF* 相交于三角形 *ABC* 外，交点为 *F*。连接
AF、*BF* 和 *CF*。因为 *AD* 等于 *DB*，*DF* 是公共边，又成直角，所以
底边 *AF* 等于 *BF*【命题 1.4】。相似地，我们可以证明 *CF* 也等于
AF，所以 *BF* 也等于 *FC*。因此，以 *F* 为圆心，以 *FA*、*FB*、*FC* 之
一为半径作圆经过剩下的另外两点，这个圆外接于三角形 *ABC*。

　　综上，这就是给定三角形的外接圆的作法。这就是命题 5 的结论。

命题 6

作给定圆的内接正方形。

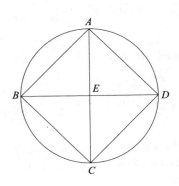

已知给定圆是 *ABCD*。作圆 *ABCD* 的内接正方形。

作圆 *ABCD* 的两条直径 *AC* 和 *BD*，且这两条直径所夹的角为直角①。连接 *AB*、*BC*、*CD*、*DA*。

因为 *E* 是圆心，所以 *BE* 等于 *ED*，且 *EA* 是公共边，*E* 处的角为直角，所以底边 *AB* 等于 *AD*【命题 1.4】。同理，*BC*、*CD* 与 *AB*、*AD* 彼此相等，所以四边形 *ABCD* 是等边的。又，可以证明它是直角的。因为线段 *BD* 是圆 *ABCD* 的直径，所以 *BAD* 是半圆，所以角 *BAD* 是直角【命题 3.31】。同理，角 *ABC*、*BCD* 和 *CDA* 也都是直角。因此，四边形 *ABCD* 是直角的，且已经证明它是等边的，所以它是正方形【定义 1.22】，且内接于圆 *ABCD*。

综上，正方形 *ABCD* 内接于给定圆。这就是命题 6 的结论。

命题 7

作给定圆的外切正方形。

已知 *ABCD* 是给定圆。作圆 *ABCD* 的外切正方形。

作圆 *ABCD* 的两条直径 *AC* 和 *BD*，且这两条直径所夹的角为直角②。分别过 *A*、*B*、*C*、*D* 作圆 *ABCD* 的切线 *FG*、*GH*、*HK* 和 *KF*。

因为 *FG* 切于圆 *ABCD*，且 *EA* 是圆心 *E* 和切点 *A* 的连线，所以 *A* 处的角为直角【命题 3.18】。

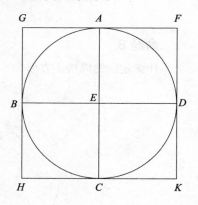

---

① 经推测，是先找到圆心【命题 3.1】，然后作过圆心的一条线段，再作过圆心的另一条线段，且两条直线的夹角是直角【命题 1.11】。

② 见上一个命题的脚注。

同理，点 *B*、*C* 和 *D* 处的角也为直角。因为角 *AEB* 是直角，角 *EBG* 也是直角，所以 *GH* 平行于 *AC*【命题 1.29】。同理，*AC* 也平行于 *FK*，所以 *GH* 也平行于 *FK*【命题 1.30】。同理，我们可以证明 *GF* 和 *HK* 也都平行于 *BED*，所以 *GK*、*GC*、*AK*、*FB* 和 *BK* 都是平行四边形，所以 *GF* 等于 *HK*，*GH* 等于 *FK*【命题 1.34】。又因为 *AC* 等于 *BD*，且 *AC* 还与 *GH* 和 *FK* 相等，*BD* 与 *GF* 和 *HK* 相等【命题 1.34】，所以四边形 *FGHK* 是等边的。可以证明它是直角的。因为 *GBEA* 是平行四边形，且角 *AEB* 是直角，所以角 *AGB* 也是直角【命题 1.34】。同理，我们可以证明 *H*、*K* 和 *F* 处的角为直角，所以 *FGHK* 是直角的，且已经证明它是等边的，所以它是正方形【定义 1.22】，且外切于圆 *ABCD*。

综上，这就是给定圆的外切正方形的作法。这就是命题 7 的结论。

命题 8

作给定正方形的内切圆。

已知 *ABCD* 为给定正方形。作正方形 *ABCD* 的内切圆。

分别作 *AD* 和 *AB* 的二等分点 *E* 和 *F*【命题 1.10】。过 *E* 作 *EH* 平行于 *AB* 或 *CD*，过 *F* 作 *FK* 平行于 *AD* 或 *BC*【命题 1.31】。因此，*AK*、*KB*、*AH*、*HD*、*AG*、*GC*、*BG* 和 *GD* 是平行四边形，显然它们的对边都彼此相等【命题 1.34】。因为 *AD* 等于 *AB*，*AE* 是 *AD* 的一

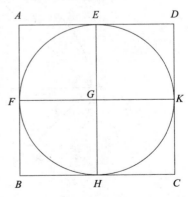

半，*AF* 是 *AB* 的一半，所以 *AE* 等于 *AF*。因为对边相等，所以 *FG* 也等于 *GE*。同理，我们可以证明 *GH* 和 *GK* 与 *FG* 和 *GE* 都彼此相等。

所以，四条线段 *GE*、*GF*、*GH* 和 *GK* 都彼此相等。因此，以 *G* 为圆心，*GE*、*GF*、*GH* 或 *GK* 为半径作圆，经过其他点，并且它与直线 *AB*、*BC*、*CD* 和 *DA* 都相切。这是因为 *E*、*F*、*H* 和 *K* 处的角都是直角。因为如果圆与 *AB*、*BC*、*CD* 或 *DA* 相交，则过圆的直径的端点且与直径成直角的直线落在圆内，这在之前已经证明是不可能的【命题 3.16】，所以，以 *G* 为圆心，*GE*、*GF*、*GH* 或 *GK* 为半径的圆不会与 *AB*、*BC*、*CD* 或 *DA* 中的一条直线相交；所以，这个圆与它们相切，且内切于正方形 *ABCD*。

综上，这就是给定正方形的内切圆的作法。这就是命题 8 的结论。

命题 9

作给定正方形的外接圆。

已知 *ABCD* 为给定正方形。作正方形 *ABCD* 的外接圆。

连接 *AC*、*BD*，设其交点为 *E*。

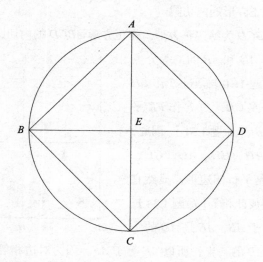

因为 *DA* 等于 *AB*，*AC* 是公共边，所以两边 *DA*、*AC* 分别等于

BA、AC。且底边 DC 等于 BC。所以，角 DAC 等于角 BAC【命题 1.8】。因此，角 DAB 被 AC 平分。同理，我们可以证明角 ABC、BCD 和 CDA 也分别被角 AC、DB 平分。因为角 DAB 等于角 ABC，角 EAB 等于角 DAB 的一半，角 EBA 等于角 ABC 的一半，所以角 EAB 等于角 EBA，所以边 EA 等于 EB【命题 1.6】。同理，我们可以证明 EA、EB 与 EC、ED 彼此相等，所以四条线段 EA、EB、EC 和 ED 彼此相等。以 E 为圆心，以线段 EA、EB、EC、ED 之一为半径的圆，经过其他点，且外接于正方形 $ABCD$。设外接圆是 $ABCD$。

综上，这就是给定正方形的外接圆的作法。这就是命题 9 的结论。

命题 10

作一个等腰三角形，使它的每个底角是顶角的二倍。

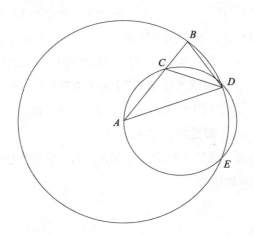

任取一条线段 AB，在 AB 上取一点 C，使 AB 和 BC 所构成的矩形等于 CA 上的正方形【命题 2.11】。以 A 为圆心、AB 为半径作圆 BDE。作圆 BDE 的拟合线 BD，使 BD 等于 AC，且不大于圆 BDE 的直径【命题 4.1】。连接 AD 和 DC，令圆 ACD 为三角形

ACD 的外接圆【命题 4.5】。

因为 *AB* 和 *BC* 所构成的矩形等于 *AC* 上的正方形，且 *AC* 等于 *BD*，所以 *AB* 和 *BC* 所构成的矩形等于 *BD* 上的正方形。因为点 *B* 在圆 *ACD* 外，且 *BA* 和 *BD* 是从点 *B* 到圆 *ACD* 的线段，其中一条与圆相交，另一条在圆上，且 *AB* 和 *BC* 所构成的矩形等于 *BD* 上的正方形，所以 *BD* 与圆 *ACD* 相切【命题 3.37】。因为 *BD* 与圆相切，*DC* 是过切点 *D* 作的圆的拟合线，所以角 *BDC* 等于相对弓形上的角 *DAC*【命题 3.32】。因为角 *BDC* 等于角 *DAC*，各边同时加角 *CDA*，所以整个角 *BDA* 等于角 *CDA* 与 *DAC* 的和。又因为外角 *BCD* 等于 *CDA* 与 *DAC* 的和【命题 1.32】，所以角 *BDA* 等于角 *BCD*。又因为角 *BDA* 也等于角 *CBD*，因为边 *AD* 等于 *AB*【命题 1.5】，所以角 *DBA* 也等于角 *BCD*，所以三个角 *BDA*、*DBA* 和 *BCD* 彼此相等。因为角 *DBC* 等于角 *BCD*，所以边 *BD* 等于 *DC*【命题 1.6】。但是，已经假设 *BD* 等于 *CA*，所以 *CA* 等于 *CD*，所以角 *CDA* 等于角 *DAC*【命题 1.5】，所以角 *CDA*、*DAC* 的和是角 *DAC* 的二倍。角 *BCD* 等于角 *CDA* 与 *DAC* 的和，所以角 *BCD* 是角 *CAD* 的二倍。又因为角 *BCD* 等于角 *BDA*，也等于角 *DBA*，所以角 *BDA* 和 *DBA* 都是角 *DAB* 的二倍。

所以，等腰三角形 *ABD* 的底边 *DB* 上的每个角都是顶角的二倍。这就是命题 10 的结论。

命题 11

作给定圆的内接五边形，该五边形等边且等角。

124

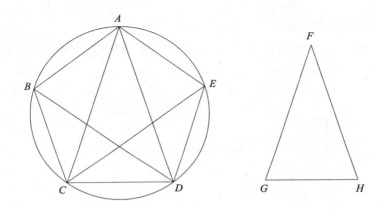

已知 *ABCDE* 是给定圆。作圆 *ABCDE* 的内接等边且等角的五边形。

作一个等腰三角形 *FGH*，使角 *G* 和角 *H* 都是角 *F* 的二倍【命题 4.10】。在圆 *ABCDE* 内作内接三角形 *ACD*，使它与 *FGH* 等角，即角 *CAD* 等于角 *F*，角 *G* 和角 *H* 分别等于角 *ACD* 和 *CDA*【命题 4.2】，所以角 *ACD* 和 *CDA* 都是角 *CAD* 的二倍。作角 *ACD* 和 *CDA* 的角平分线，分别为直线 *CE* 和 *DB*【命题 1.9】。连接 *AB*、*BC*、*DE* 和 *EA*。

因为角 *ACD* 和 *CDA* 都是角 *CAD* 的二倍，且直线 *CE* 和 *DB* 平分两角，所以五个角 *DAC*、*ACE*、*ECD*、*CDB* 和 *BDA* 彼此相等，且相等的角所对的弧也相等【命题 3.26】。因此，五条弦 *AB*、*BC*、*CD*、*DE* 和 *EA* 彼此相等【命题 3.29】。因此，五边形 *ABCDE* 是等边的。接下来可证它是等角的。因为弧 *AB* 等于弧 *DE*，各边同时加上弧 *BCD*，所以整个弧 *ABCD* 等于整个弧 *EDCB*。且角 *AED* 是弧 *ABCD* 所对的角，角 *BAE* 是弧 *EDCB* 所对的角，所以角 *BAE* 等于角 *AED*【命题 3.27】。同理，可以证明角 *ABC*、*BCD* 和 *CDE* 都与 *BAE*、*AED* 相等。所以，五边形 *ABCDE* 是等角的。又因为已经证明它是等边的。

综上，在给定圆内作了一个内接等边且等角的五边形。这就是命题 11 的结论。

命题 12

作给定圆的外切五边形，该五边形等边且等角。

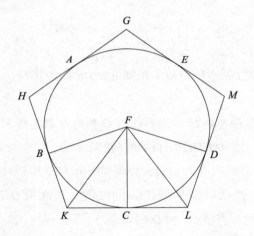

已知 *ABCDE* 是给定的圆。作圆 *ABCDE* 的外切等边且等角的五边形。

设 *A*、*B*、*C*、*D* 和 *E* 五点是圆 *ABCDE* 的内接五边形的顶点【命题 3.11】（这里的内接五边形等边且等角。——译者注），所以弧 *AB*、*BC*、*CD*、*DE* 和 *EA* 彼此相等。分别过点 *A*、*B*、*C*、*D* 和 *E* 作圆的切线 *GH*、*HK*、*KL*、*LM* 和 *MG*。作圆 *ABCDE* 的圆心 *F*【命题 3.1】。连接 *FB*、*FK*、*FC*、*FL* 和 *FD*。

因为直线 *KL* 与圆 *ABCDE* 相切于 *C*，*FC* 是圆心 *F* 和切点 *C* 的连线，所以 *FC* 垂直于 *KL*【命题 3.18】，所以 *C* 处的角是直角。同理，*B* 处和 *D* 处的角也都是直角，且因为角 *FCK* 是直角，所以 *FK* 上的

正方形等于 *FC* 与 *CK* 上的正方形的和【命题 1.47】。同理，*FK* 上的正方形等于 *FB* 与 *BK* 上的正方形的和，所以 *FC* 与 *CK* 上的正方形的和等于 *FB* 与 *BK* 上的正方形的和。因为 *FC* 上的正方形等于 *FB* 上的正方形，所以余下的 *CK* 上的正方形等于 *BK* 上的正方形。所以，*BK* 等于 *CK*。又因为 *FB* 等于 *FC*，*FK* 是公共边，两边 *BF*、*FK* 分别等于 *CF*、*FK*，且底边 *BK* 等于 *CK*。所以，角 *BFK* 等于角 *KFC*【命题 1.8】。且角 *BKF* 等于角 *FKC*【命题 1.8】，所以角 *BFC* 是角 *KFC* 的二倍，角 *BKC* 是角 *FKC* 的二倍。同理，角 *CFD* 是角 *CFL* 的二倍，角 *DLC* 是角 *FLC* 的二倍。因为弧 *BC* 等于弧 *CD*，所以角 *BFC* 等于角 *CFD*【命题 3.27】。且角 *BFC* 是角 *KFC* 的二倍，角 *DFC* 是角 *LFC* 的二倍，所以角 *KFC* 等于角 *LFC*。所以，三角形 *FKC* 和 *FLC* 有两对角对应相等，一条边对应相等，即它们的公共边 *FC*。所以它们其余的边对应相等，其余的角也对应相等【命题 1.26】。所以，线段 *KC* 等于 *CL*，角 *FKC* 等于角 *FLC*。且因为 *KC* 等于 *CL*，所以 *KL* 是 *KC* 的二倍。同理，可以证明 *HK* 也是 *BK* 的二倍，且 *BK* 等于 *KC*，所以 *HK* 也等于 *KL*。相似地，可以证明 *HG*、*GM*、*ML* 都与 *HK*、*KL* 相等，因此五边形 *GHKLM* 是等边的。接下来可以证明它是等角的。因为角 *FKC* 等于角 *FLC*，且已经证明角 *HKL* 是角 *FKC* 的二倍，角 *KLM* 是角 *FLC* 的二倍，所以角 *HKL* 等于角 *KLM*。相似地，也可以证明角 *KHG*、*HGM*、*GML* 与 *HKL*、*KLM* 相等，所以五个角 *GHK*、*HKL*、*KLM*、*LMG* 和 *MGH* 彼此相等，所以五边形 *GHKLM* 是等角的。且已经证明它是等边的，且外切于圆 *ABCDE*。

综上，这就是给定圆的外切等边且等角的五边形的作法。这就是命题 12 的结论。

命题 13

作给定等边且等角的五边形的内切圆。

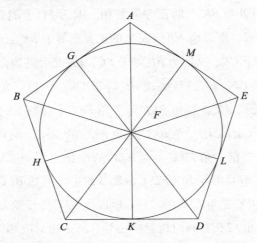

已知 *ABCDE* 是给定等边且等角的五边形。求作五边形 *ABCDE* 的内切圆。

作角 *BCD* 和 *CDE* 的角平分线，分别为 *CF* 和 *DF*【命题 1.9】。点 *F* 是 *CF* 和 *DF* 的交点。连接 *FB*、*FA* 和 *FE*。因为 *BC* 等于 *CD*，*CF* 为公共边，两边 *BC*、*CF* 分别等于 *DC*、*CF*，且角 *BCF* 等于角 *DCF*，所以底边 *BF* 等于 *DF*，三角形 *BCF* 全等于三角形 *DCF*，且等边对应的角彼此相等【命题 1.4】，所以角 *CBF* 等于角 *CDF*。因为角 *CDE* 是角 *CDF* 的二倍，角 *CDE* 等于角 *ABC*，角 *CDF* 等于角 *CBF*，所以角 *CBA* 是角 *CBF* 的二倍，所以角 *ABF* 等于角 *FBC*，所以角 *ABC* 被直线 *BF* 平分。相似地，可以证明角 *BAE* 和角 *AED* 分别被 *FA* 和 *FE* 平分。过点 *F* 作 *FG*、*FH*、*FK*、*FL* 和 *FM* 分别垂直于直线 *AB*、*BC*、*CD*、*DE* 和 *EA*【命题 1.12】。因为角 *HCF* 等于角 *KCF*，直角 *FHC* 等于角 *FKC*，所以三角形 *FHC* 和 *FKC* 有两对等角和一条等边，即它们的公共边 *FC*，也是它们其中一对等角所

对的边，所以两个三角形其余的边都相等【命题 1.26】，所以垂线 *FH* 等于 *FK*。相似地，可以证明 *FL*、*FM*、*FG* 都与 *FH*、*FK* 相等，所以五条线段 *FG*、*FH*、*FK*、*FL* 和 *FM* 彼此相等。因此，以 *F* 为圆心，以 *FG*、*FH*、*FK*、*FL*、*FM* 中的一条为半径作圆，将经过其他点，且与直线 *AB*、*BC*、*CD*、*DE* 和 *EA* 相切，这是因为点 *G*、*H*、*K*、*L* 和 *M* 处的角是直角。假设它不与直线相切，而是相交，则有过圆的直径的端点且与直径成直角的直线落在圆内，这与之前的结论不符【命题 3.16】。因此，以 *F* 为圆心，以 *FG*、*FH*、*FK*、*FL*、*FM* 中的一条为半径的圆不会与直线 *AB*、*BC*、*CD*、*DE* 或 *EA* 相交，因而相切。设该圆为 *GHKLM*（如图所示）。

综上，这就是给定等边且等角的五边形的内切圆的作法。这就是命题 13 的结论。

命题 14

作给定等边且等角的五边形的外接圆。

已知 *ABCDE* 是给定的等边且等角的五边形。作五边形 *ABCDE* 的外接圆。

作角 *BCD* 和 *CDE* 的角平分线，分别为 *CF* 和 *DF*【命题 1.9】，点 *F* 是 *CF* 和 *DF* 的交点。连接 *FB*、*FA* 和 *FE*。相似地，可以证明角 *CBA*、*BAE* 和 *AED* 分别

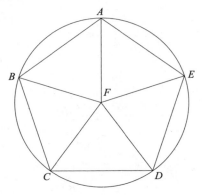

被直线 *FB*、*FA* 和 *FE* 平分。且因为角 *BCD* 等于角 *CDE*，角 *FCD* 是角 *BCD* 的一半，角 *CDF* 是角 *CDE* 的一半，所以角 *FCD* 等于角 *CDF*，所以边 *FC* 等于 *FD*【命题 1.6】。相似地，也可以证明 *FB*、

FA、*FE* 都等于 *FC*、*FD*，所以五条线段 *FA*、*FB*、*FC*、*FD* 和 *FE* 彼此相等，所以以 *F* 为圆心，以 *FA*、*FB*、*FC*、*FD*、*FE* 中的一条为半径作圆，经过其他点，且是外接的。设该外接圆是 *ABCDE*。

综上，这就是给定等边且等角的五边形的外接圆的作法。这就是命题 14 的结论。

命题 15

作给定圆的内接六边形，该六边形等边且等角。

已知 *ABCDEF* 是给定圆。作圆 *ABCDEF* 的内接等边等角六边形。

作圆 *ABCDEF* 的直径 *AD*。设圆心为 *G*【命题 3.1】。以 *D* 为圆心，*DG* 为半径作圆 *EGCH*。连接 *EG*、*CG*，并分别延长至点 *B* 和 *F*。连接 *AB*、*BC*、*CD*、*DE*、*EF* 和 *FA*。可以证明六边形 *ABCDEF* 是等边且等角的。

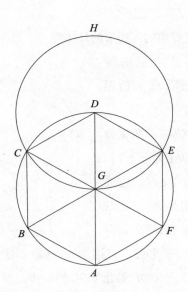

因为点 *G* 是圆 *ABCDEF* 的圆心，*GE* 等于 *GD*，又因为点 *D*

是圆 *GCH* 的圆心，*DE* 等于 *DG*，但是已经证明 *GE* 等于 *GD*，所以 *GE* 也等于 *ED*。因此，三角形 *EGD* 是等边三角形。所以，它的三个角 *EGD*、*GDE* 和 *DEG* 彼此相等，因为在等腰三角形中，底边的两个角彼此相等【命题 1.5】，且三角形的三个角的和等于两直角和【命题 1.32】，因此角 *EGD* 是两直角和的三分之一。相似地，角 *DGC* 也是两直角和的三分之一。因为 *CG* 与 *EB* 所成的邻角 *EGC* 和 *CGB* 的和等于两直角和【命题 1.13】，所以余下的角 *CGB* 也等于两直角和的三分之一，所以角 *EGD*、*DGC* 和 *CGB* 彼此相等，所以它们的对顶角 *BGA*、*AGF* 和 *FGE* 分别等于角 *EGD*、*DGC* 和 *CGB*【命题 1.15】。因此，六个角 *EGD*、*DGC*、*CGB*、*BGA*、*AGF* 和 *FGE* 彼此相等，且等角所对的弧相等【命题 3.26】，所以六个弧 *AB*、*BC*、*CD*、*DE*、*EF* 和 *FA* 彼此相等。又因为等弧所对的弦相等【命题 3.29】，所以六条弦 *AB*、*BC*、*CD*、*DE*、*EF* 和 *FA* 彼此相等。因此，六边形 *ABCDEF* 是等边的。所以，接下来可以证明它是等角的。因为弧 *FA* 等于弧 *ED*，各边同时加弧 *ABCD*，所以整个弧 *FABCD* 等于整个弧 *EDCBA*。弧 *FABCD* 所对的角是 *FED*，弧 *EDCBA* 所对的角是 *AFE*，因此角 *AFE* 等于角 *DEF*【命题 3.27】。相似地，也可以证明六边形 *ABCDEF* 剩下的角也都等于角 *AFE* 和 *FED* 中的一个。因此，六边形 *ABCDEF* 是等角的，且已经证明它是等边的，并内接于圆 *ABCDEF*。

综上，这就是给定圆内接等边且等角的六边形的作法。这就是命题 15 的结论。

推　论

所以，从此可得，六边形的边等于圆的半径。

与五边形的情况相似，如果过圆上的截点作圆的切线，可以得到圆的一个等边且等角的外切六边形；并且根据前面五边形的情况，我们可以作出给定六边形的内切圆和外接圆。这就是命题15的结论。

命题 16

作给定圆的内接十五角形，该十五角形等边且等角。

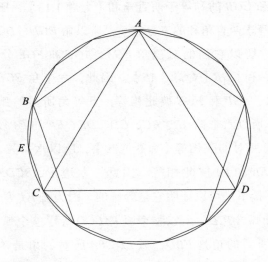

已知给定圆是 *ABCD*。作圆 *ABCD* 的内接等边且等角的十五角形。

设 *AC* 是圆 *ABCD* 的内接等边三角形的一边【命题4.2】，*AB* 是圆 *ABCD* 的内接等边五边形的一边【命题4.11】。因此，在圆 *ABCD* 中有十五条相等的线段，在弧 *ABC* 上有五条，而弧 *ABC* 是圆的三分之一，在弧 *AB* 上有三条，而弧 *AB* 是圆的五分之一。因此，剩余的 *BC* 上就有两段相等的弧。设弧 *BC* 的二等分点为 *E*【命题3.30】。因此，*BE* 和 *EC* 都是圆 *ABCD* 的十五段中的一段。

因此，如果连接 *BE* 和 *EC*，可以在圆 *ABCD* 上截取与它们相等的线段【命题 4.1】，这样就可以得到内接于圆的等边且等角的十五角形。这就是命题 16 的结论。

　　和五边形类似，如果我们过截点作圆的切线，就可以得到圆的等边且等角的外切十五角形；并且类似五边形的情况，我们也可以作给定十五角形的内切圆和外接圆。这就是命题 16 的结论。

第 5 卷　比例[①]

定　义

1. 当一个较小的量能量尽一个较大的量时，则较小量是较大量的一部分。[②]

2. 当一个较大的量能被较小的量量尽时，则较大的量是较小量的倍量。

3. 比是两个同类量彼此之间的一种大小关系。[③]

4. 把一个量几倍以后大于另一个量时，则说明这两个量彼此之间有一个比。[④]

5. 有四个量，第一量比第二量与第三量比第四量叫作有相同比。如果对第一与第三个量取相同倍数，又对第二与第四个量取相同倍数，第一与第二倍量之间依次有大于、等于或小于的关系，那么第

[①] 本卷中的比例部分是尼多斯的欧多克索斯（Eudoxus of Cnidus）的主要贡献。这一理论的不同之处就是它的应用解决了无理数的问题，而这一问题曾一直是希腊数学家要解决的一道难题。此书用 α, β, γ 等脚注来表示一般量（有可能是无理数），用 m, n, l 等表示正整数。

[②] 也就是，如果 $\beta = m\alpha$，那么 α 是 β 的一部分。

[③] 用现在的记号法，α 和 β 两个量的比，表示为 $\alpha : \beta$。

[④] 也就是，因为存在 m 和 n，所以若 $m\alpha > \beta$ 且 $n\beta > \alpha$，则 α 相对于 β 有一个比。

三与第四倍量之间也有相应的关系。①

6. 有相同比的量是成比例的量。②

7. 在四个量之间，第一、三两个量取相同的倍数，又第二、四两个量取另一相同的倍数，若第一个的倍量大于第二个的倍量，但是第三个的倍量不大于第四个的倍量时，则称第一量与第二量的比大于第三量与第四量的比。

8. 一个比例至少要有三项。③

9. 当三个量成比例时，则第一量与第三量的比④是第一量与第二量的二次比⑤。

10. 当四个量成连比例时，则第一量与第四量的比⑥为第一量与第二量的三次比⑦，不论有几个量成连比都以此类推。

11. 在成比例的四个量中，将前项与前项且后项与后项叫作对应量。

12. 更比例是让（有相同的比的两组量）前项比前项，后项比后项。⑧

13. 反比例是后项作前项，前项作后项。⑨

---

① 也就是，$\alpha:\beta::\gamma:\delta$，对于所有的 m 和 n，若 $m\alpha>n\beta$，则 $m\gamma>n\delta$，若 $m\alpha=n\beta$，则 $m\gamma=n\delta$，若 $m\alpha<n\beta$，则 $m\gamma<n\delta$。此定义是欧多克索斯（Eudoxus）的比理论的核心，即使 α,β,γ 等是无理数，此定义仍然成立。

② 因此如果 α 和 β 的比与 γ 和 δ 的比相等，那么它们成比例。用现在的记号法表示为 $\alpha:\beta::\gamma:\delta$。

③ 用现在的记号法表示，三个项成比例——α,β 和 γ——可以写成：$\alpha:\beta::\beta:\gamma$。

④ 字面上是"双倍"的意思。

⑤ 也就是，若 $\alpha:\beta::\beta:\gamma$，就有 $\alpha:\gamma::\alpha^2:\beta^2$。

⑥ 字面上是"三次方"的意思。

⑦ 也就是，若 $\alpha:\beta::\beta:\gamma::\gamma:\delta$，则 $\alpha:\delta::\alpha^3:\beta^3$。

⑧ 也就是，若 $\alpha:\beta::\gamma:\delta$，则更比例是 $\alpha:\gamma::\beta:\delta$。

⑨ 也就是，$\alpha:\beta$ 的反比例是 $\beta:\alpha$。

14. 合比例是前项与后项的和比后项。①

15. 分比例是前项与后项的差比后项。②

16. 换比例是前项比前项与后项的差。③

17. 首末比例指的是，有一些量又有一些与它们个数相等的量，若在各组每取两个量作成相同的比例，则第一组量中首量比末量如同第二组中首量比末量。或者换言之，这是去掉中间项，保留两头的项。④

18. 调动比例是这样的，有三个量，又有另外与它们相等的三个量，在第一组量里前项比后项如同第二组量里前项比后项，这时，第一组量里的后项比第三项如同第二组量里第三项比前项。⑤

命 题

命题 1⑥

如果有任意多个量，分别是同样多个量的同倍量，则无论这个倍数是多少，前者的和都是后者的和的同倍量。

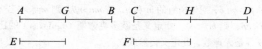

---

① 也就是，$\alpha : \beta$ 的合比例是 $(\alpha + \beta) : \beta$。

② 也就是，$\alpha : \beta$ 的分比例是 $(\alpha - \beta) : \beta$。

③ 也就是，$\alpha : \beta$ 的换比例是 $\alpha : (\alpha - \beta)$。

④ 也就是，α，β，γ 是第一组量，δ，ε，ζ 是第二组量，且 $\alpha : \beta : \gamma :: \delta : \varepsilon : \zeta$，则首末比例是 $\alpha : \gamma :: \delta : \zeta$。

⑤ 也就是，α，β，γ 是第一组量，δ，ε，ζ 是第二组量，且 $\alpha : \beta :: \delta : \varepsilon$，$\beta : \gamma :: \zeta : \delta$，这个比例就是所说的混乱。

⑥ 用现在的记法，该命题表示为：$m\alpha + m\beta + \cdots = m(\alpha + \beta + \cdots)$。

　　已知量 *AB*、*CD* 分别是个数与它们相等的量 *E*、*F* 的同倍量。可证 *AB* 是 *E* 的几倍，*AB* 与 *CD* 的和就是 *E* 与 *F* 的和的几倍。

　　因为 *AB*、*CD* 分别是 *E*、*F* 的同倍量，*AB* 中有多少个量等于 *E*，*CD* 中也就有多少个量等于 *F*，将 *AB* 分成 *AG*、*GB* 都等于 *E*，*CD* 分成 *CH*、*HD* 都等于 *F*，所以量 *AG*、*GB* 的个数等于量 *CH*、*HD* 的个数。又因为 *AG* 等于 *E*，*CH* 等于 *F*，所以 *AG* 等于 *E*，且 *AG*、*CH* 的和等于 *E*、*F* 的和。同理，*GB* 等于 *E*，且 *GB*、*HD* 的和等于 *E*、*F* 的和，所以在 *AB* 中有多少个等于 *E* 的量，在 *AB*、*CD* 的和中也有同样数量的量等于 *E*、*F* 的和；所以 *AB* 是 *E* 的多少倍，*AB*、*CD* 的和就是 *E*、*F* 的和的多少倍数。

　　综上，如果有任意多个量，分别是同样多个量的同倍量，则无论这个倍数是多少，前者的和都是后者的和的同倍量。这就是命题 1 的结论。

命题 2[①]

　　如果第一量和第三量分别是第二量和第四量的同倍量，且第五量和第六量也分别是第二量和第四量的同倍量，则第一量与第五量的和及第三量与第六量的和分别是第二量及第四量的同倍量。

　　已知第一量 *AB* 和第三量 *DE* 分别是第二量 *C* 和第四量 *F* 的同倍量，且第五量 *BG* 和第六量 *EH* 分别是第二量 *C* 和第四量 *F* 的别的同倍量，可证第一量与第五量的和 *AG*、第三量与第六量的和 *DH*，分别是第二量 *C* 和第四量 *F* 的同倍量。

　　因为 *AB* 和 *DE* 分别是 *C* 和 *F* 的同倍量，所以 *AB* 里有多少个量等于 *C*，*DE* 里就有相等数量的量等于 *F*。同理，*BG* 里有多少个

----

① 用现在的记法，该命题表示为：$m\alpha+n\alpha=(m+n)\alpha$。

量等于 C，EH 里就有相等数量的量等于 F，所以整个 AG 里有多少个量等于 C，整个 DH 里就有相等数量的量等于 F；所以 AG 是 C 的多少倍，DH 就是 F 的多少倍。因此，第一量与第五量的和 AG，第三量与第六量的和 DH，分别是第二量 C 和第四量 F 的同倍量。

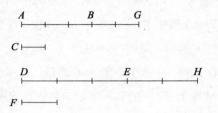

综上，如果第一量与第三量分别是第二量与第四量的同倍量，且第五量与第六量也分别是第二量与第四量的同倍量，则第一量与第五量的和与第三量与第六量的和分别是第二量与第四量的同倍量。这就是命题 2 的结论。

命题 3[①]

如果第一量和第三量分别是第二量和第四量的同倍量，如果再有同倍数的第一量及第三量，则同倍后的这两个量分别是第二量及第四量的同倍量。

已知第一量 A 和第三量 C 分别是第二量 B 和第四量 D 的同倍量，分别取定 A 和 C 的同倍量 EF 和 GH，可证 EF 和 GH 分别是 B 和 D 的同倍量。

因为 EF 和 GH 分别是 A 和 C 的同倍量，所以 EF 里有多少个量等于 A，GH 里就有相等数量的量等于 C。将 EF 分成 EK、KF，

---

① 用现在的记法，该命题表示为：$m(n\alpha)=(mn)\alpha$。

且都等于 *A*，将 *GH* 分成 *GL*、*LH*，且都等于 *C*，所以量 *EK*、*KF*
的个数等于量 *GL*、*LH* 的个数。因为 *A* 和 *C* 分别是 *B* 和 *D* 的同倍量，
且 *EK* 等于 *A*，*GL* 等于 *C*，所以 *EK* 和 *GL* 分别是 *B* 和 *D* 的同倍量。
同理，*KF* 和 *LH* 分别是 *B* 和 *D* 的同倍量。因为第一量 *EK* 和第三量
GL 分别是第二量 *B* 和第四量 *D* 的同倍量，且第五量 *KF* 和第六量
LH 分别是第二量 *B* 和第四量 *D* 的同倍量，所以第一量与第五量的
和 *EF*，第三量与第六量的和 *GH*，也分别是第二量 *B* 和第四量 *D* 的
同倍量【命题 5.2】。

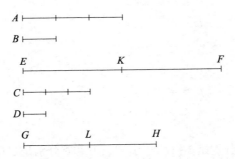

综上，如果第一量和第三量分别是第二量和第四量的同倍量，
如果再有同倍数的第一量及第三量，则同倍后的这两个量分别是第
二量及第四量的同倍量。这就是命题 3 的结论。

命题 4[①]

如果第一量比第二量与第三量比第四量有相同的比，则第一量
与第三量的同倍量，第二量与第四量的同倍量，按顺序它们仍有相
同的比。

已知第一量 *A* 比第二量 *B* 与第三量 *C* 比第四量 *D* 有相同的比。

---

① 用现在的记法，该命题表示为：对所有的 *m* 和 *n*，如果 $\alpha : \beta :: \gamma : \delta$，那么 $m\alpha : n\beta ::$
$m\gamma : n\delta$。

分别取 A 和 C 的同倍量 E 和 F，再任意取 B 和 D 的同倍量 G 和 H，可证 E 比 G 等于 F 比 H。

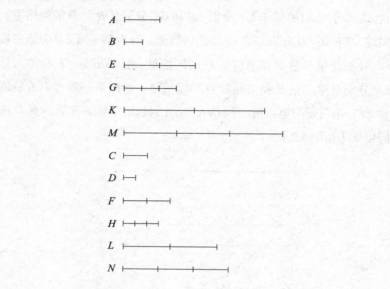

设 K 和 L 分别是 E 和 F 的同倍量，M 和 N 分别是 G 和 H 的同倍量。

因为 E 和 F 分别是 A 和 C 的同倍量，K 和 L 分别是 E 和 F 的同倍量，所以 K 和 L 分别是 A 和 C 的同倍量【命题 5.3】。同理，M 和 N 分别是 B 和 D 的同倍量。因为 A 比 B 等于 C 比 D，且 K 和 L 分别是 A 和 C 的同倍量，M 和 N 分别是 B 和 D 的同倍量，则如果 K 大于 M，那么 L 也大于 N；如果 K 等于 M，则 L 等于 N；如果 K 小于 M，则 L 小于 N【定义 5.5】。又，K 和 L 分别是 E 和 F 的同倍量，M 和 N 分别是 G 和 H 的同倍量，所以 E 比 G 等于 F 比 H【定义 5.5】。

综上，如果第一量比第二量与第三量比第四量有相同的比，则第一量与第三量的同倍量，第二量与第四量的同倍量，按顺序它们仍有相同的比。这就是命题 4 的结论。

命题 5[①]

如果一个量是另一个量的倍量，而且第一个量减去的部分是第二个量减去的部分的倍量，且倍数相等，则剩余部分是剩余部分的倍量，整体是整体的倍量，其倍数相等。

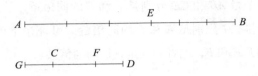

已知量 AB 是量 CD 的倍量，其中部分 AE 是部分 CF 的倍量，且倍数相等，可证余下的 EB 是 FD 的倍量，整体 AB 是整体 CD 的倍量，其倍数相等。

因为 AE 中有多少个量等于 CF，EB 中就有多少个量等于 CG，所以 AE 和 EB 分别是 CF 和 GC 的同倍量，AE 和 AB 分别是 CF 和 GF 的同倍量【命题 5.1】。且已知 AE 和 AB 分别是 CF 和 CD 的同倍量，所以 AB 既是 GF 的倍量，又是 CD 的倍量，且倍数相等，所以 GF 等于 CD。同时减去 CF，所以剩下的 GC 等于 FD。因为 AE 和 EB 分别是 CF 和 GC 的同倍量，且 GC 等于 DF，所以 AE 和 EB 分别是 CF 和 FD 的同倍量。已知 AE 和 AB 分别是 CF 和 CD 的同倍量，所以 EB 和 AB 分别是 FD 和 CD 的同倍量，所以余下的 EB 也是余下的 FD 的倍量，整体 AB 是整体 CD 的倍量，其倍数相等。

综上，如果一个量是另一个量的倍量，而且第一个量减去的部分是第二个量减去的部分的倍量，且倍数相等，则剩余部分是剩余部分的倍量，整体是整体的倍量，其倍数相等。

---

① 用现在的记法，该命题表示为：$m\alpha - m\beta = m(\alpha - \beta)$。

命题 6^①

如果两个量是另外两个量的同倍量，而且从前两个量中减去后两个量的同倍量，则剩余的两个量或者与后两个量相等，或者是后两个量的同倍量。

已知两个量 AB 和 CD 分别是 E 和 F 的同倍量，从前两个量中减去的 AG 和 CH 分别是 E 和 F 的同倍量，可证余下的 GB 和 HD 或者分别等于 E 和 F，或者分别是它们的同倍量。

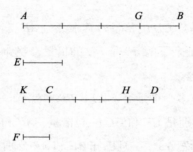

首先，设 GB 等于 E。可证 HD 也等于 F。

作 CK 等于 F。因为 AG 和 CH 分别是 E 和 F 的同倍量，且 GB 等于 E，KC 等于 F，所以 AB 和 KH 分别是 E 和 F 的同倍量【命题 5.2】。已知 AB 和 CD 分别是 E 和 F 的同倍量，所以 KH 和 CD 都是 F 的同倍量，所以 KH 和 CD 都是 F 的倍量，且倍数相等，所以 KH 等于 CD。同时减去 CH，所以余下的 KC 等于 HD。但是，F 等于 KC，所以 HD 也等于 F。所以，如果 GB 等于 E，HD 也等于 F。

相似地，我们可以证明如果 GB 是 E 的倍量，则 HD 是 F 的同倍量。

综上，如果两个量是另外两个量的同倍量，而且从前两个量中

① 用现在的记法，该命题表示为：$m\alpha - n\alpha = (m-n)\alpha$。

减去后两个量的同倍量，则剩余的两个量或者与后两个量相等，或者是后两个量的同倍量。

命题 7

相等的量比同一个量，其比相同，且同一个量比相等的量，其比也相同。

已知 A 和 B 是相等的量，C 是其他的任意的量，可证 A 和 B 分别比 C，其比相同，且 C 分别比 A 和 B，其比也相同。

设 D 和 E 分别是 A 和 B 的同倍量，F 是 C 的倍量。

因为 D 和 E 分别是 A 和 B 的同倍量，且 A 等于 B，所以 D 等于 E。而 F 是另外的任意量，所以如果 D 大于 F，E 也大于 F；如果 D 等于 F，E 也等于 F；如果 D 小于 F，E 也小于 F。又因为 D 和 E 分别是 A 和 B 的同倍量，F 是 C 的任意倍量，所以 A 比 C 等于 B 比 C【定义 5.5】。

可以证明 C 分别比 A 和 B，其比也相同。

用同样的作法，相似地，我们可以证明 D 等于 E。F 是一个另外的量。如果 F 大于 D，则它也大于 E；如果 F 等于 D，则它也等于 E；如果 F 小于 D，则它也小于 E。且 F 是 C 的倍量，D 和 E 分别是 A 和 B 的另外的倍量，所以 C 比 A 等于 C 比 B【定义 5.5】。

综上，相等的量比同一个量，其比相同，且同一个量比相等的量，其比也相同。

推 论①

由此，很明显，如果几个量成比例，那么它们也是这个比例的反比例。这就是命题 7 的结论。

命题 8

不等的两个量与同一个量相比，较大的量与这个量的比大于较小的量与这个量的比；而这个量与较小的量的比大于这个量与较大的量的比。

已知 *AB* 和 *C* 是不相等的量，其中 *AB* 较大，*D* 是另一个任意量，可证 *AB* 与 *D* 的比大于 *C* 与 *D* 的比，而 *D* 与 *C* 的比大于 *D* 与 *AB* 的比。

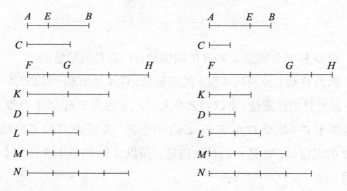

因为 *AB* 大于 *C*，作 *BE* 等于 *C*；那么，*AE* 和 *EB* 中较小的一个量，在扩大若干倍后，会大于 *D*【定义 5.4】。首先，设 *AE* 小于 *EB*，加倍 *AE*，设 *AE* 的倍量 *FG* 大于 *D*。*FG* 中有多少个 *AE*，就使 *GH* 中有多少个 *EB*；另作 *K*，使 *K* 中有同样多个 *C*。作 *D* 的二倍量 *L*，三倍量 *M*，每次增加一倍，直到 *D* 的倍量第一次大于 *K*。设该倍量已经被确定为 *D* 的四倍量 *N*——第一个大于 *K* 的倍量。

---

① 用现在的记法，该推论表示为：如果 $\alpha:\beta::\gamma:\delta$，则 $\beta:\alpha::\delta:\gamma$。

　　所以，K 第一次小于 N，K 不小于 M。又因为 FG 和 GH 分别是 AE 和 EB 的同倍量，所以 FG 和 FH 分别是 AE 和 AB 的同倍量【命题 5.1】。又，FG 和 K 分别是 AE 和 C 的同倍量，所以 FH 和 K 分别是 AB 和 C 的同倍量，所以 FH、K 是 AB、C 的同倍量。又因为 GH 是 EB 的倍量，K 是 C 的倍量，其倍数相等，且 EB 等于 C，所以 GH 等于 K。又，K 不小于 M，所以 GH 也不小于 M。又，FG 大于 D，所以整个 FH 大于 D 与 M 的和。但是，D 与 M 的和等于 N，所以 M 是 D 的三倍，M 与 D 的和是 D 的四倍，而 N 也是 D 的四倍，所以 M 与 D 的和等于 N。但是 FH 大于 M 与 D 的和，所以 FH 大于 N。又，K 不大于 N，FH、K 是 AB、C 的同倍量，N 是另外任意设定的 D 的倍量，所以 AB 与 D 的比大于 C 与 D 的比【定义 5.7】。

　　可以证明 D 与 C 的比大于 D 与 AB 的比。

　　相似地，同样地作图，我们可以证明 N 大于 K，N 不大于 FH。又，N 是 D 的倍量，FH、K 分别是 AB、C 的另外任意设定的同倍量，所以 D 与 C 的比大于 D 与 AB 的比【定义 5.5】。

　　再设 AE 大于 EB，所以加倍较小的 EB 至大于 D。设 EB 的倍量 GH 大于 D，GH 中有多少个 EB，就使 FG 中有多少个 AE，使 K 中有同样多个 C。相似地，我们可以证明 FH 和 K 分别是 AB 和 C 的同倍量。且相似地，设定 D 的倍量 N 第一次大于 FG，所以 FG 不小于 M。且 GH 大于 D，所以整个 FH 大于 D 与 M 的和，即大于 N。K 不大于 N，所以 FG 大于 GH，即大于 K，而不大于 N。所以，根据上述论证，我们以相同的方法完成证明。

　　综上，不等的两个量与同一个量相比，较大的量与这个量的比大于较小的量与这个量的比；而这个量与较小的量的比大于这个量与较大的量的比。

命题 9

与同一个量的比相等的量彼此相等；且同一个量与几个量的比相等，则这些量彼此相等。

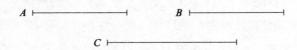

已知 A、B 与 C 的比相等，可证 A 等于 B。

如果不是这样，A、B 与 C 的比不会相同【命题 5.8】。但它们的比相同。所以，A 等于 B。

已知 C 分别与 A、B 的比相等，可证 A 等于 B。

如果不是这样，C 与 A、B 的比不会相同【命题 5.8】。但它们的比相同。所以，A 等于 B。

综上，与同一个量的比相等的量彼此相等；且同一个量与几个量的比相等，则这些量彼此相等。

命题 10

一些量比同一个量，比越大，对应的量越大；且同一个量比一些量，比越大，对应的量越小。

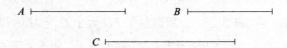

已知 A 与 C 的比大于 B 与 C 的比，可证 A 大于 B。

如果不是这样，那么 A 或者等于 B，或者小于 B。设 A 不等于 B。因为如果相等，那么 A 比 C 与 B 比 C 的比相同【命题 5.7】。但是它们的比不相同，所以 A 不等于 B。A 小于 B 也是不可能的。因为如果 A 小于 B，那么 A 与 C 的比小于 B 与 C 的比【命题 5.8】。但已知不是这样，所以 A 也不小于 B。且已经证明它们不相等，所以 A 大于 B。

再设 C 与 B 的比大于 C 与 A 的比，可证 B 小于 A。

如果不是这样，那么 B 或者等于 A，或者大于 A。设 B 不等于 A。因为如果相等，那么 C 与 A 的比与 C 与 B 的比应该相等【命题 5.7】。但是它们的比不相等，所以 A 不等于 B。B 大于 A 也是不可能的，因为如果 B 大于 A，那么 C 与 B 的比小于 C 与 A 的比【命题 5.8】。但已知不是这样，所以 B 不大于 A。且已经证明它们不相等，所以 B 小于 A。

综上，一些量比同一个量，比越大，对应的量越大；且同一个量比一些量，比越大，对应的量越小。这就是命题 10 的结论。

命题 11[①]

与同一个比相等的比彼此相等。

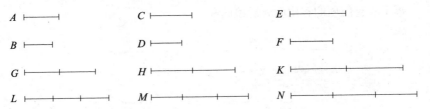

已知 A 比 B 等于 C 比 D，且 C 比 D 等于 E 比 F，可证 A 比 B 等于 E 比 F。

设 G、H、K 分别是 A、C、E 的同倍量，L、M、N 分别是任意设定的 B、D、F 的同倍量。

因为 A 比 B 等于 C 比 D，且 G 和 H 分别是取定的 A 和 C 的同倍量，

---

① 用现在的记法，该命题表示为：如果 $\alpha:\beta::\gamma:\delta$，且 $\gamma:\delta::\varepsilon:\zeta$，那么 $\alpha:\beta::\varepsilon:\zeta$。

L 和 M 分别是任意设定的 B 和 D 的同倍量，所以如果 G 大于 L，那么 H 也大于 M；如果 G 等于 L，那么 H 也等于 M；如果 G 小于 L，那么 H 也小于 M【定义 5.5】。又因为 C 比 D 等于 E 比 F，且 H 和 K 分别是 C 和 E 的同倍量，M 和 N 分别是 D 和 F 的任意同倍量，所以如果 H 大于 M，那么 K 大于 N；如果 H 等于 M，那么 K 等于 N；如果 H 小于 M，那么 K 小于 N【定义 5.5】。且我们已经发现，如果 H 大于 M，那么 G 大于 L；如果 H 等于 M，那么 G 也等于 L；如果 H 小于 M，那么 G 也小于 L。因此，如果 G 大于 L，那么 K 大于 N；如果 G 等于 L，那么 K 等于 N；如果 G 小于 L，那么 K 小于 N。且 G 和 K 分别是 A 和 E 的同倍量，所以，A 比 B 等于 E 比 F【定义 5.5】。

综上，与同一个比相等的比彼此相等。

命题 12[①]

如果有任意多个量成比例，那么其中一个前项比对应的后项，等于所有前项的和比所有后项的和。

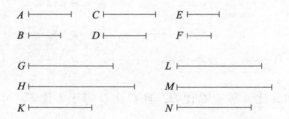

已知有任意多个量 A、B、C、D、E、F 成比例，即 A 比 B 等于 C 比 D，又等于 E 比 F，可证 A 比 B 等于 A、C、E 的和比 B、D、F 的和。

---

① 用现在的记法，该命题表示为：如果 $\alpha:\alpha'::\beta:\beta'::\gamma:\gamma'$，那么 $\alpha:\alpha'::(\alpha+\beta+\gamma+\cdots):(\alpha'+\beta'+\gamma'+\cdots)$。

设 G、H、K 分别是 A、C、E 的同倍量,任取 L、M、N 分别是 B、D、F 的同倍量。

因为 A 比 B 等于 C 比 D,又等于 E 比 F,且 G、H、K 分别是 A、C、E 的同倍量,L、M、N 分别是 B、D、F 的同倍量,所以如果 G 大于 L,那么 H 大于 M,K 大于 N;如果 G 等于 L,那么 H 等于 M,K 等于 N;如果 G 小于 L,那么 H 小于 M,K 小于 N【定义 5.5】。如果 G 大于 L,那么 G、H、K 的和大于 L、M、N 的和;如果 G 等于 L,那么 G、H、K 的和等于 L、M、N 的和;如果 G 小于 L,那么 G、H、K 的和小于 L、M、N 的和。又因为 G 与 G、H、K 的和是 A 与 A、C、E 的和的同倍量,因为如果有任意多个量,分别是相同数量的另外一些量的同倍量,则前者是后者的几倍,前者的和就是后者的和的几倍【命题 5.1】。同理,L 与 L、M、N 的和分别是 B 与 B、D、F 的和的同倍量,所以 A 比 B 等于 A、C、E 的和比 B、D、F 的和。

综上,如果有任意多个量成比例,那么其中一个前项比对应的后项,等于所有前项的和比所有后项的和。这就是命题 12 的结论。

命题 13[①]

如果第一个量与第二个量的比等于第三个量与第四个量的比,且第三个量与第四个量的比大于第五个量与第六个量的比,则第一个量与第二个量的比大于第五个量与第六个量的比。

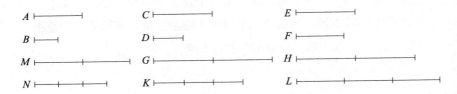

---

① 用现在的记法,该命题表示为:如果 $\alpha : \beta :: \gamma : \delta$,且 $\gamma : \delta > \varepsilon : \zeta$,那么 $\alpha : \beta > \varepsilon : \zeta$。

已知第一个量 A 与第二个量 B 的比等于第三个量 C 与第四个量 D 的比，且第三个量 C 与第四个量 D 的比大于第五个量 E 与第六个量 F 的比，可证 A 与 B 的比大于 E 与 F 的比。

因为 C 和 E 有某个同倍量，D 和 F 也有任意同倍量，设已经确定倍量，使得 C 的倍量大于 D 的倍量，而 E 的倍量不大于 F 的倍量【定义 5.7】。G 和 H 分别是 C 和 E 的同倍量，K 和 L 分别是 D 和 F 的同倍量，如此就有 G 大于 K，H 不大于 L。且 G 中有多少个 C，M 中就有多少个 A；K 中有多少个 D，N 中就有多少个 B。

因为 A 比 B 等于 C 比 D，且 M 和 G 分别是 A 和 C 的同倍量，N 和 K 分别是任意设定的 B 和 D 的同倍量，所以，如果 M 大于 N，那么 G 大于 K；如果 M 等于 N，那么 G 等于 K；如果 M 小于 N，那么 G 小于 K【定义 5.5】。又，G 大于 K，所以 M 也大于 N。又，H 不大于 L，且 M 和 H 分别是 A 和 E 的同倍量，另外任意设定的 N 和 L 分别是 B 和 F 的同倍量，所以 A 比 B 大于 E 比 F【定义 5.7】。

综上，如果第一个量与第二个量的比等于第三个量与第四个量的比，且第三个量与第四个量的比大于第五个量与第六个量的比，则第一个量与第二个量的比大于第五个量与第六个量的比。

命题 14[①]

如果第一个量与第二个量的比等于第三个量与第四个量的比，且第一个量大于第三个量，那么第二个量大于第四个量；如果第一个量等于第三个量，那么第二个量等于第四个量；如果第一个量小于第三个量，那么第二个量小于第四个量。

$$A \longmapsto \qquad\qquad C \longmapsto \qquad\qquad\qquad$$

$$B \longmapsto \qquad\qquad\quad D \longmapsto \qquad\qquad$$

---

① 用现在的记法，该命题表示为：如果 $\alpha : \beta :: \gamma : \delta$，那么如果 $\alpha \gtrless \gamma$，则 $\beta \gtrless \delta$。

已知第一个量 A 与第二个量 B 的比和第三个量 C 与第四个量 D 的比相同。设 A 大于 C。可证 B 大于 D。

因为 A 大于 C，B 是另外任意设定的量，所以 A 比 B 大于 C 比 B【命题 5.8】。又，A 比 B 等于 C 比 D，所以 C 比 D 大于 C 比 B。又，同一个量比一些量，比越大，对应的量越小【命题 5.10】，所以 D 小于 B。所以，B 大于 D。

相似地，我们可以证明，如果 A 等于 C，则 B 等于 D；如果 A 小于 C，则 B 小于 D。

综上，如果第一个量与第二个量的比等于第三个量与第四个量的比，且第一个量大于第三个量，那么第二个量大于第四个量。且如果第一个量等于第三个量，那么第二个量等于第四个量。如果第一个量小于第三个量，那么第二个量小于第四个量。这就是命题 14 的结论。

命题 15①

部分与部分的比按相应顺序等于其同倍量的比。

已知 AB 和 DE 分别 C 和 F 的同倍量，可证 C 比 F 等于 AB 比 DE。

因为 AB 和 DE 分别是 C 和 F 的同倍量，所以 AB 中有多少个量等于 C，DE 中就有多少个量等于 F。将 AB 分成 AG、GH、HB，且

①用现在的记法，该命题表示为：$\alpha : \beta :: m\alpha : m\beta$。

151

均等于 *C*，将 *DE* 分为 *DK*、*KL*、*LE*，均等于 *F*，所以 *AG*、*GH*、*HB* 的个数等于 *DK*、*KL*、*LE* 的个数。又因为 *AG*、*GH*、*HB* 彼此相等，*DK*、*KL*、*LE* 也彼此相等，所以 *AG* 比 *DK* 等于 *GH* 比 *KL*，等于 *HB* 比 *LE*【命题 5.7】；所以，其中一个前项比对应的后项等于所有前项的和比所有后项的和【命题 5.12】；所以，*AG* 比 *DK* 等于 *AB* 比 *DE*。又，*AG* 等于 *C*，*DK* 等于 *F*，所以 *C* 比 *F* 等于 *AB* 比 *DE*。

综上，部分与部分的比按相应顺序等于其同倍量的比。

命题 16[①]

如果四个量成比例，则它们的更比例也成立。

已知 *A*、*B*、*C*、*D* 成比例，则 *A* 比 *B* 等于 *C* 比 *D*，可证它们的更比例也成立，即 *A* 比 *C* 等于 *B* 比 *D*。

设 *E* 和 *F* 分别是 *A* 和 *B* 的同倍量，*G* 和 *H* 分别是任意设定的 *C* 和 *D* 的同倍量。

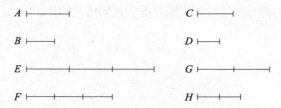

因为 *E* 和 *F* 分别是 *A* 和 *B* 的同倍量，则各部分间的比与它们同倍量的比相同【命题 5.15】，所以 *A* 比 *B* 等于 *E* 比 *F*。但 *A* 比 *B* 等于 *C* 比 *D*，所以 *C* 比 *D* 等于 *E* 比 *F*【命题 5.11】。因为 *G* 和 *H* 分别是 *C* 和 *D* 的同倍量，所以 *C* 比 *D* 等于 *G* 比 *H*【命题 5.15】。

---

① 用现在的记法，该命题表示为：如果 $\alpha : \beta :: \gamma : \delta$，则 $\alpha : \gamma :: \beta : \delta$。

但 C 比 D 等于 E 比 F，所以 E 比 F 等于 G 比 H【命题 5.11】。如果四个量成比例，且第一个量大于第三个量，那么第二个量大于第四个量。且如果第一个量等于第三个量，那么第二个量等于第四个量。如果第一个量小于第三个量，那么第二个量小于第四个量【命题 5.14】。所以，如果 E 大于 G，则 F 大于 H；如果 E 等于 G，则 F 等于 H；如果 E 小于 G，则 F 小于 H。又，E 和 F 分别是 A 和 B 的同倍量，G 和 H 分别是任意设定的 C 和 D 的同倍量，所以 A 比 C 等于 B 比 D【定义 5.5】。

综上，如果四个量成比例，则它们的更比例也成立。这就是命题 16 的结论。

命题 17[①]

如果几个量成合比例，那么它们也成分比例。

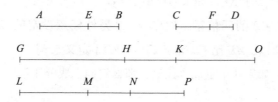

已知 AB、BE、CD、DF 成合比例，即 AB 比 BE 等于 CD 比 DF，可证它们也成分比例，即 AE 比 EB 等于 CF 比 DF。

设 GH、HK、LM 和 MN 分别是 AE、EB、CF 和 FD 的同倍量，KO 和 NP 分别是另外任意设定的 EB 和 FD 的同倍量。

因为 GH 和 HK 分别是 AE 和 EB 的同倍量，所以 GH 和 GK 分别是 AE 和 AB 的同倍量【命题 5.1】。GH 和 LM 分别是 AE 和 CF

---

① 用现在的记法，该命题表示为：如果 $(\alpha+\beta):\beta::(\gamma+\delta):\delta$，则 $\alpha:\beta::\gamma:\delta$。

的同倍量，所以 *GK* 和 *LM* 分别是 *AB* 和 *CF* 的同倍量。又因为 *LM* 和 *MN* 分别是 *CF* 和 *FD* 的同倍量，所以 *LM* 和 *LN* 分别是 *CF* 和 *CD* 的同倍量【命题 5.1】。又，*LM* 和 *GK* 分别是 *CF* 和 *AB* 的同倍量，所以 *GK* 和 *LN* 分别是 *AB*、*CD* 的同倍量。又因为 *HK* 和 *MN* 分别是 *EB* 和 *FD* 的同倍量，且 *KO* 和 *NP* 分别是 *EB* 和 *FD* 的同倍量，所以和 *HO* 和 *MP* 分别是 *EB* 和 *FD* 的同倍量【命题 5.2】。因为 *AB* 比 *BE* 等于 *CD* 比 *DF*，*GK*、*LN* 分别是 *AB*、*CD* 的同倍量，*HO*、*MP* 分别是 *EB*、*FD* 的同倍量，所以如果 *GK* 大于 *HO*，那么 *LN* 大于 *MP*；如果 *GK* 等于 *HO*，则 *LN* 等于 *MP*；如果 *GK* 小于 *HO*，则 *LN* 小于 *MP*【定义 5.5】。设 *GK* 大于 *HO*，同时减去 *HK*，则 *GH* 大于 *KO*。但我们知道，如果 *GK* 大于 *HO*，那么 *LN* 大于 *MP*，所以 *LN* 大于 *MP*。同时减去 *MN*，则 *LM* 大于 *NP*，所以如果 *GH* 大于 *KO*，那么 *LM* 大于 *NP*。相似地，我们可以证明，如果 *GH* 等于 *KO*，则 *LM* 等于 *NP*；如果 *GH* 小于 *KO*，则 *LM* 小于 *NP*。且 *GH*、*LM* 是 *AE*、*CF* 的同倍量，*KO*、*NP* 是另外任意设定的 *EB*、*FD* 的同倍量。所以，*AE* 比 *EB* 等于 *CF* 比 *FD*【定义 5.5】。

综上，如果几个量成合比例，那么它们也成分比例。

命题 18[①]
如果几个量的分比例成立，那么这几个量的合比例也成立。

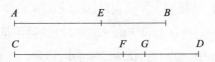

已知 *AE*、*EB*、*CF* 和 *FD* 是成分比例的量，即 *AE* 比 *EB* 等于

---

① 用现在的记法，该命题表示为：如果 $\alpha:\beta::\gamma:\delta$，则 $(\alpha+\beta):\beta::(\gamma+\delta):\delta$。

CF 比 *FD*，可证其合比例也成立，即 *AB* 比 *BE* 等于 *CD* 比 *FD*。

如果 *AB* 比 *BE* 不等于 *CD* 比 *FD*，那么一定有 *AB* 比 *BE* 等于 *CD* 比一个比 *DF* 小的量，或者比一个比 *DF* 大的量。[①]

首先，设 *DG* 是比 *DF* 小的量。因为 *AB* 比 *BE* 等于 *CD* 比 *DG*，它们是成合比例的量，所以它们的分比例也成立【命题 5.17】。所以，*AE* 比 *EB* 等于 *CG* 比 *GD*。但已知 *AE* 比 *EB* 等于 *CF* 比 *FD*，所以 *CG* 比 *GD* 等于 *CF* 比 *FD*【命题 5.11】。且第一个量 *CG* 大于第三个量 *CF*，所以第二个量 *GD* 大于第四个量 *FD*【命题 5.14】。但 *GD* 小于 *FD*，这是不可能的。所以，*AB* 比 *BE* 不等于 *CD* 比一个比 *FD* 小的量。相似地，我们可以证明也不存在一个比 *FD* 大的量可以满足条件，所以只有等于 *FD*。

综上，如果几个量的分比例成立，那么这几个量的合比例也成立。这就是命题 18 的结论。

命题 19[②]

如果整体比整体等于减去的部分比减去的部分，那么余下的部分比余下的部分也等于整体比整体。

已知整体 *AB* 比整体 *CD* 等于部分 *AE* 比部分 *CF*，可证余下的 *EB* 比余下的 *FD* 也等于整体 *AB* 比整体 *CD*。

因为 *AB* 比 *CD* 等于 *AE* 比 *CF*，所以其更比例为，*BA* 比 *AE* 等

---

① 欧几里得认为，已知成比例的三个量，就一定能知道与这几个量成比例的第四个量，而不需要证明。

② 用现在的记法，该命题表示为：如果 $\alpha : \beta :: \gamma : \delta$，则 $\alpha : \beta :: (\alpha - \gamma) : (\beta - \delta)$。

于 *DC* 比 *CF*【命题 5.16】。因为如果几个量成合比例，那么它们也成分比例，即 *BE* 比 *EA* 等于 *DF* 比 *CF*【命题 5.17】。又，更比例也成立，即 *BE* 比 *DF* 等于 *EA* 比 *FC*【命题 5.16】。且已知 *AE* 比 *CF* 等于整个 *AB* 比整个 *CD*，所以余下的 *EB* 比余下的 *FD* 等于整个 *AB* 比整个 *CD*。

综上，如果整体比整体等于减去的部分比减去的部分，那么余下的部分比余下的部分也等于整体比整体。这就是命题 19 的结论。

推　论[①]

很明显，如果这些量成合比例，那么换比例也成立。

命题 20[②]

如果有三个量，又有个数与它们相同的另外三个量，从前三个量和后三个量中分别任取的两个相应的量的比相等，如果第一个量大于第三个量，那么第四个量大于第六个量；如果第一个量等于第三个量，那么第四个量等于第六个量；如果第一个量小于第三个量，那么第四个量小于第六个量。

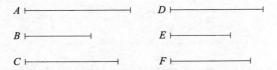

已知 *A*、*B*、*C* 是三个量，*D*、*E*、*F* 是另三个量，从前三个量中任取两个量的比与后三个量中的两个量的比相同，即 *A* 比 *B* 等于

---

① 用现在的记法，该推论表示为：如果 $\alpha : \beta :: \gamma : \delta$，则 $\alpha : (\alpha - \beta) :: \gamma : (\gamma - \delta)$。

② 用现在的标记法，该命题表示为：如果 $\alpha : \beta :: \delta : \varepsilon$，且 $\beta : \gamma :: \varepsilon : \zeta$，那么如果 $\alpha \underset{<}{\overset{>}{=}} \gamma$，则 $\delta \underset{<}{\overset{>}{=}} \zeta$。

D 比 E，且 B 比 C 等于 E 比 F，设 A 大于 C，可证 D 大于 F。且如果 A 等于 C，则 D 等于 F；如果 A 小于 C，那么 D 小于 F。

设 A 大于 C，B 是另外的量，因为较大量与某个量的比大于较小量与该量的比【命题 5.8】，所以 A 与 B 的比大于 C 与 B 的比。但 A 比 B 等于 D 比 E，且由反比例，C 比 B 等于 F 比 E【命题 5.7 推论】，所以 D 比 E 大于 F 比 E【命题 5.13】。一些量与同一个量相比，比越大，对应的量越大【命题 5.10】，所以 D 大于 F。相似地，我们可以证明，如果 A 等于 C，则 D 等于 F；如果 A 小于 C，则 D 小于 F。

综上，如果有三个量，又有个数与它们相同的另外三个量，从前三个量和后三个量中分别任取的两个相应的量的比相等，如果第一个量大于第三个量，那么第四个量大于第六个量；如果第一个量等于第三个量，那么第四个量等于第六个量；如果第一个量小于第三个量，那么第四个量小于第六个量。这就是命题 20 的结论。

命题 21[①]

如果有三个量，又有个数与它们相同的另外三个量，从各组中任意取的两个量的比相等，且它们成调动比例。如果第一个量大于第三个量，那么第四个量也大于第六个量；如果第一个量等于第三个量，那么第四个量等于第六个量；如果第一个量小于第三个量，那么第四个量小于第六个量。

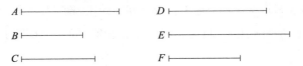

———————————
① 用现在的标记法，该命题表示为：如果 $\alpha:\beta::\varepsilon:\zeta$，且 $\beta:\gamma::\delta:\varepsilon$，那么 $\alpha \gtreqless \gamma$，则 $\delta \gtreqless \zeta$。

已知 A、B、C 三个量，又有 D、E、F 三个量，分别从这两个组中任意取的两个量的比相等，且它们成调动比例，即 A 比 B 等于 E 比 F，B 比 C 等于 D 比 E。如果设首末两项 A 大于 C，可证 D 大于 F；如果 A 等于 C，那么 D 等于 F；如果 A 小于 C，那么 D 小于 F。

因为 A 大于 C，且 B 是另外的量，所以 A 与 B 的比大于 C 与 B 的比【命题 5.8】。但 A 比 B 等于 E 比 F，且由其反比例可得，C 比 B 等于 E 比 D【命题 5.7 推论】，所以 E 与 F 的比大于 E 与 D 的比【命题 5.13】。如果同一个量分别与不同的量相比，那么比越大，对应的量越小【命题 5.10】，所以 F 小于 D，所以 D 大于 F。相似地，我们可以证明，如果 A 等于 C，那么 D 等于 F；如果 A 小于 C，那么 D 小于 F。

综上，如果有三个量，又有个数与它们相同的另外三个量，从各组中任意取的两个量的比相等，且它们成调动比例。如果第一个量大于第三个量，那么第四个量也大于第六个量；如果第一个量等于第三个量，那么第四个量等于第六个量；如果第一个量小于第三个量，那么第四个量小于第六个量。这就是命题 21 的结论。

命题 22[1]

如果有任意多个量，又有一些数量与它们相等的量，各组每取两个相对应的量都有相同的比，那么它们成首末比例。

已知有任意多个量 A、B、C，又有另一些数量与它们相等的量 D、E、F，各组每取两个相对应的量都有相同的比，即 A 比 B 等于 D 比 E，且 B 比 C 等于 E 比 F，可证它们成首末比例，即 A 比 C 等于 D 比 F。

---

[1] 用现在的标记法，该命题表示为：如果 $\alpha:\beta :: \varepsilon:\zeta$，且 $\beta:\gamma :: \zeta:\eta$，$\gamma:\delta :: \eta:\theta$，那么 $\alpha:\delta :: \varepsilon:\theta$。

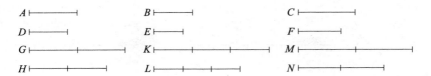

设 G 和 H 分别是 A 和 D 的同倍量，K 和 L 分别是对 B 和 E 任意设定的同倍量，M 和 N 分别是对 C 和 F 任意设定的同倍量。

因为 A 比 B 等于 D 比 E，又 G 和 H 分别是 A 和 D 的同倍量，K 和 L 分别是对 B 和 E 任意设定的同倍量，所以 G 比 K 等于 H 比 L【命题 5.4】。同理，K 比 M 等于 L 比 N。因为 G、K、M 是三个量，H、L、N 是另三个量，各组每取两个对应的量有相同的比，所以首末项的关系是，如果 G 大于 M，则 H 大于 N；如果 G 等于 M，则 H 等于 N；如果 G 小于 M，则 H 小于 N【命题 5.20】。且 G 和 H 分别是 A 和 D 的同倍量，M 和 N 分别是 C 和 F 的任意设定的同倍量，所以 A 比 C 等于 D 比 F【定义 5.5】。

综上，如果有任意多个量，又有一些数量与它们相等的量，各组每取两个相对应的量都有相同的比，那么它们成首末比例。这就是命题 22 的结论。

命题 23[①]

如果有三个量，又有与它们数量相等的三个量，从前三个量和后三个量中任取两个相应的量的比相等，若它们成调动比例，那么它们也成首末比例。

---

① 用现在的标记法，该命题表示为：如果 $\alpha:\beta::\varepsilon:\zeta$，且 $\beta:\gamma::\delta:\varepsilon$，那么 $\alpha:\gamma::\delta:\zeta$。

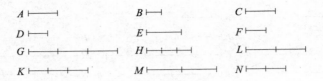

　　已知 A、B 和 C 是三个量，又有 D、E、F 三个量，从前三个量中任取两个量的比与后三个量中的两个相应的量的比相同，且设它们成调动比例，即 A 比 B 等于 E 比 F，且 B 比 C 等于 D 比 E，可以证明 A 比 C 等于 D 比 F。

　　设 G、H 和 K 分别是 A、B 和 D 的同倍量，L、M 和 N 分别是 C、E 和 F 的任意设定的同倍量。

　　因为 G 和 H 分别是 A 和 B 的同倍量，且部分间的比等于同倍量间的比【命题 5.15】，所以 A 比 B 等于 G 比 H。同理，E 比 F 等于 M 比 N，且 A 比 B 等于 E 比 F，所以 G 比 H 等于 M 比 N【命题 5.11】。又因为 B 比 C 等于 D 比 E，更比例为 B 比 D 等于 C 比 E【命题 5.16】。因为 H 和 K 分别是 B 和 D 的同倍量，且部分间的比等于同倍量间的比【命题 5.15】，所以 B 比 D 等于 H 比 K。但 B 比 D 等于 C 比 E，所以 H 比 K 等于 C 比 E【命题 5.11】。又因为 L 和 M 分别是 C 和 E 的同倍量，所以 C 比 E 等于 L 比 M【命题 5.15】。但是，C 比 E 等于 H 比 K，所以 H 比 K 等于 L 比 M【命题 5.11】。更比例是，H 比 L 等于 K 比 M【命题 5.16】，且已经证明 G 比 H 等于 M 比 N。因为 G、H 和 L 是三个量，又有与它们个数相同的三个量 K、M 和 N，从前三个量中任取两个量的比与后三个量中相应的两个量的比相同，且设它们的比例是调动比例，所以首末项的关系是，如果 G 大于 L，则 K 大于 N；如果 G 等于 L，则 K 等于 N；如果 G 小于 L，则 K 小于 N【命题 5.21】。又，G 和 K 分别是 A 和 D 的同倍量，L 和 N 分别是 C 和 F 的同倍量，所以 A 比 C 等于 D 比 F【定义 5.5】。

综上，如果有三个量，又有与它们数量相等的三个量，从前三个量和后三个量中任取两个相应的量的比相等，若它们成调动比例，那么它们也成首末比例。这就是命题 23 的结论。

命题 24[①]

如果第一个量与第二个量的比等于第三个量与第四个量的比，且第五个量与第二个量的比等于第六个量与第四个量的比，那么第一个量与第五个量的和与第二个量的比等于第三个量与第六个量的和与第四个量的比。

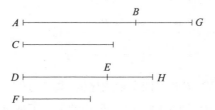

已知第一个量 AB 与第二个量 C 的比等于第三个量 DE 与第四个量 F 的比，且第五个量 BG 与第二个量 C 的比等于第六个量 EH 与第四个量 F 的比，可证第一个量与第五个量的和 AG 与第二个量 C 的比，等于第三个量与第六个量的和 DH 与第四个量 F 的比。

因为 BG 比 C 等于 EH 比 F，所以其反比例为：C 比 BG 等于 F 比 EH【命题 5.7 推论】。因为 AB 比 C 等于 DE 比 F，且 C 比 BG 等于 F 比 EH，所以其首末比例为：AB 比 BG 等于 DE 比 EH【命题 5.22】。又因为分比例也成立，所以其合比例也成立【命题 5.18】。所以，AG 比 GB 等于 DH 比 HE。又因为 BG 比 C 等于 EH 比 F，所以其首末比例为：AG 比 C 等于 DH 比 F【命题 5.22】。

综上，如果第一个量与第二个量的比等于第三个量与第四个量

---

① 用现在的标记法，该命题表示为：如果 $\alpha:\beta :: \gamma:\delta$，且 $\varepsilon:\beta :: \zeta:\delta$，那么 $(\alpha+\varepsilon):\beta :: (\gamma+\zeta):\delta$。

的比，且第五个量与第二个量的比等于第六个量与第四个量的比，那么第一个量与第五个量的和与第二个量的比等于第三个量与第六个量的和与第四个量的比。这就是命题 24 的结论。

命题 25[①]

如果四个量成比例，那么最大的量与最小的量的和大于余下的两个量的和。

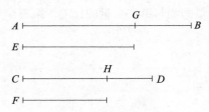

已知 AB、CD、E 和 F 四个量成比例，即有 AB 比 CD 等于 E 比 F，且设 AB 是它们中最大的量，F 是最小的量，可证 AB 与 F 的和大于 CD 与 E 的和。

作 AG 等于 E，CH 等于 F。

因为 AB 比 CD 等于 E 比 F，E 等于 AG，且 F 等于 CH，所以 AB 比 CD 等于 AG 比 CH。整体 AB 比整体 CD 等于减去的部分 AG 比减去的部分 CH，所以余下的 GB 比余下的 HD 等于整体 AB 比整体 CD【命题 5.19】。又，AB 大于 CD，所以 GB 大于 HD。又，因为 AG 等于 E，CH 等于 F，所以 AG 与 F 的和等于 CH 与 E 的和。如果 GB、HD 不等，设 GB 较大，在 GB 上加 AG 和 F，且在 HD 上加 CH 和 E，可以推出 AB 与 F 的和大于 CD 与 E 的和。

综上，如果四个量成比例，那么最大的量与最小的量的和大于余下的两个量的和。这就是命题 25 的结论。

---

① 用现在的标记法，该命题表示为：如果 $\alpha:\beta::\gamma:\delta$，且 α 是最大的量，δ 是最小的量，那么 $\alpha + \delta > \beta + \gamma$。

第6卷 相似图形

定 义

1. 相似的直线图形，各角对应相等且夹等角的边成比例。

2. 一条线段按中外比进行分割，是指将这条线段分为两段，其中整体线段和较长线段的比与较长线段和较短线段的比相同。

3. 图形的高是从顶端到底边的垂线。

命 题

命题 1[①]

等高的三角形或平行四边形，它们的比等于它们底边的比。

设三角形 *ABC* 和三角形 *ACD*，平行四边形 *EC* 和平行四边形 *CF*，有相同的高 *AC*，可证底边 *BC* 与底边 *CD* 的比，等于三角形 *ABC* 与三角形 *ACD* 的比，也等于平行四边形 *EC* 与平行四边形 *CF* 的比。

---

① 这是很容易推导的，即使三角形或平行四边形不同边，且 / 或者不是直角的，本命题也是成立的。

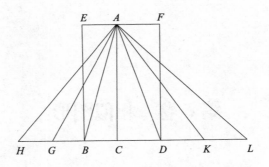

向两端延长 *BD* 至 *H*、*L*，使 *BG*、*GH* 等于底边 *BC*，*DK*、*KL* 等于底边 *CD*。连接 *AG*、*AH*、*AK*、*AL*。

因为 *CB*、*BG*、*GH* 彼此相等，三角形 *AHG*、三角形 *AGB* 与三角形 *ABC* 也彼此相等【命题 1.38】。因此，无论底边 *HC* 是底边 *BC* 的多少倍，三角形 *AHC* 也是三角形 *ABC* 同样的倍数。同理，无论底边 *LC* 是底边 *CD* 的多少倍，三角形 *ALC* 也是三角形 *ACD* 同样的倍数。如果底边 *HC* 与底边 *CL* 相等，那么三角形 *AHC* 与三角形 *ACL* 相等【命题 1.38】。如果底边 *HC* 大于底边 *CL*，则三角形 *AHC* 大于三角形 *ACL*[①]。如果底边 *HC* 小于底边 *CL*，则三角形 *AHC* 小于三角形 *ACL*。因此，有这四个量，两条底边 *BC*、*CD* 和两个三角形 *ABC*、*ACD*，已经设定底边 *BC* 和三角形 *ABC* 的同倍量，即底边 *HC* 和三角形 *AHC*，又有底边 *CD* 和三角形 *ADC* 的任意设定的同倍量，即底边 *LC* 和三角形 *ALC*。已经证明，若底边 *HC* 大于底边 *CL*，则三角形 *AHC* 大于三角形 *ALC*；若底边 *HC* 等于底边 *CL*，则三角形 *AHC* 等于三角形 *ALC*；若底边 *HC* 小于底边 *CL*，则三角形 *AHC* 小于三角形 *ALC*。因此，底边 *BC* 与底边 *CD* 的比，即为三角形 *ABC* 与三角形 *ACD* 的比【定义 5.5】。因为平行四边形

---

① 本命题是命题 1.38 的直接归纳。

EC 是三角形 *ABC* 的二倍，平行四边形 *FC* 是三角形 *ACD* 的二倍【命题 1.34】，而且部分之间的比等于其同倍量之间的比【命题 5.15】，因此，三角形 *ABC* 比三角形 *ACD*，等于平行四边形 *EC* 比平行四边形 *FC*。因为已证明了底边 *BC* 比底边 *CD* 等于三角形 *ABC* 比三角形 *ACD*，而三角形 *ABC* 比三角形 *ACD* 等于平行四边形 *EC* 比平行四边形 *CF*，所以底边 *BC* 比底边 *CD* 等于平行四边形 *EC* 比平行四边形 *FC*【命题 5.11】。

综上，等高的三角形或平行四边形，它们的比等于它们底边的比。以上推导过程已对此作出证明。

命题 2

作一条线段平行于三角形的一边，这条线段会将该三角形的另外两条边成比例分割。若将三角形的两条边成比例分割，则连接分割点所形成的线段将平行于该三角形的另外一条边。

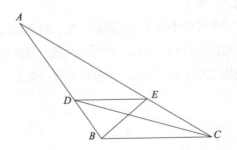

作 *DE* 平行于三角形 *ABC* 的边 *BC*，可证 *BD* 比 *DA* 等于 *CE* 比 *EA*。

连接 *BE*、*CD*，则三角形 *BDE* 等于三角形 *CDE*。因为这两个三角形有相同的底边 *DE*，且都处于平行线 *DE*、*BC* 之间【命题 1.38】。三角形 *ADE* 是另外一个三角形。相等的量比同一个量，其比相同【命题 5.7】。因此，三角形 *BDE* 比三角形 *ADE* 等于三角形 *CDE* 比三角形 *ADE*。而三角形 *BDE* 比三角形 *ADE* 等于 *BD* 比 *DA*。因为这两个三角形是同高的，即过点 *E* 所作的到 *AB* 的垂线，二者之比等于其底之比【命题 6.1】。同理，三角形 *CDE* 比三角形 *ADE* 等于 *CE* 比 *EA*。所以，*BD* 比 *DA* 等于 *CE* 比 *EA*【命题 5.11】。

按比例分割三角形 *ABC* 的两边 *AB*、*AC*，使 *BD* 比 *DA* 等于 *CE* 比 *EA*，连接 *DE*，可证 *DE* 平行于 *BC*。

用同样的作图，因为 *BD* 比 *DA* 等于 *CE* 比 *EA*，而 *BD* 比 *DA* 等于三角形 *BDE* 比三角形 *ADE*，且 *CE* 比 *EA* 等于三角形 *CDE* 比三角形 *ADE*【命题 6.1】，所以三角形 *BDE* 比三角形 *ADE* 等于三角形 *CDE* 比三角形 *ADE*【命题 5.11】。因此，三角形 *BDE* 和三角形 *CDE* 比三角形 *ADE*，有相同的比。因此，三角形 *BDE* 等于三角形 *CDE*【命题 5.9】。同时，这两个三角形有相同的底边 *DE*。相等三角形同底时，这两个三角形处于同一组平行线之间【命题 1.39】。因此，*DE* 平行于 *BC*。

因此，作一条线段平行于三角形的一边，这条线段会将该三角形的另外两条边成比例分割。若将三角形的两条边成比例分割，则连接分割点所形成的线段将平行于该三角形的另外一条边。以上推导过程已对此作出证明。

命题 3

若一条线段将三角形一角均分为两份，该角平分线将底边分得的线段之比，等于三角形另两边之比。若三角形底边分割所得的线段之比等于另两边之比，那么，分割点与顶点间的连线平分三角形的这个角。

设有三角形 *ABC*，设线段 *AD* 二等分角 *BAC*，可证 *BD* 比 *CD*

等于 BA 比 AC。

过 C 点作 CE 平行于 DA。延长 BA 交 CE 于点 E[①]。

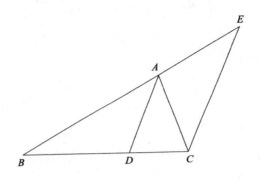

因为线段 AC 与平行线 AD、EC 相交,因此角 ACE 等于角 CAD【命题 1.29】。但已经假设了角 CAD 等于角 BAD,因此角 BAD 等于角 ACE。又因为线段 BAE 与平行线 AD、EC 相交,所以外角 BAD 等于内角 AEC【命题 1.29】。因为已证明了角 ACE 等于角 BAD,所以角 ACE 等于角 AEC。所以,边 AE 等于边 AC【命题 1.6】。因为已作 AD 平行于三角形 BCE 的一边 EC,因此可得以下比例,BD 比 DC 等于 BA 比 AE【命题 6.2】。因为 AE 等于 AC,所以 BD 比 DC 等于 BA 比 AC。

设 BD 比 DC 等于 BA 比 AC,连接 AD,可证明线段 AD 二等分角 BAC。

在作图不变的情况下,因为 BD 比 DC 等于 BA 比 AC,且由于已作 AD 平行于三角形 BCE 的一边 EC,所以 BD 比 DC 等于 BA 比 AE【命题 6.2】;所以 BA 比 AC 等于 BA 比 AE【命题 5.11】;所以 AC 等于 AE【命题 5.9】。因此角 AEC 等于角 ACE【命题 1.5】。由

---

① 这两条直线之所以能够相交,是因为角 ACE 与角 CAE 之和小于两倍的直角,这是很容易证明的。

于角 *AEC* 等于外角 *BAD*，角 *ACE* 又等于内错角 *CAD*【命题 1.29】，因此角 *BAD* 等于角 *CAD*。所以，线段 *AD* 二等分角 *BAC*。

综上，若一条线段将三角形一角均分为两份，该角平分线将底边分得的线段之比，等于三角形另两边之比。若三角形底边分割所得的线段之比等于另两边之比，那么，分割点与顶点间的连线平分三角形的这个角。以上推导过程已对此作出证明。

命题 4

在各角对应相等的三角形中，夹等角的边成比例，且等角的对边为相对应的边。

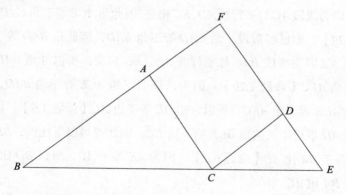

ABC 和 *DCE* 为各角对应相等的三角形，设角 *ABC* 等于角 *DCE*，角 *BAC* 等于角 *CDE*，角 *ACB* 等于角 *CED*。可证在三角形 *ABC* 和三角形 *DCE* 中，夹等角的边成比例，且等角所对的边是对应边。

将 *BC*、*CE* 置于同一直线上。因为角 *ABC* 与角 *ACB* 之和小于两直角【命题 1.17】，角 *ACB* 等于角 *DEC*，所以角 *ABC* 与角 *DEC* 之和小于两直角。因此，*BA* 与 *ED* 的延长线可以相交【公设 5】，将二者延长交于 *F* 点。

因为角 *DCE* 等于角 *ABC*，*BF* 平行于 *CD*【命题 1.28】，又因为角 *ACB* 等于角 *DEC*，*AC* 平行于 *FE*【命题 1.28】，因此 *FACD* 为平行四边形。所以，*FA* 等于 *DC*，*AC* 等于 *FD*【命题 1.34】。因为 *AC* 平行于三角形 *FBE* 的一边 *FE*，所以 *BA* 比 *AF* 等于 *BC* 比 *CE*【命题 6.2】。因为 *AF* 等于 *CD*，所以 *BA* 比 *CD* 等于 *BC* 比 *CE*，由更比例可得，*AB* 比 *BC* 等于 *DC* 比 *CE*【命题 5.16】。又因为 *CD* 平行于 *BF*，因此 *BC* 比 *CE* 等于 *FD* 比 *DE*【命题 6.2】。因为 *FD* 等于 *AC*，因此 *BC* 比 *CE* 等于 *AC* 比 *DE*，由更比例可得，*BC* 比 *CA* 等于 *CE* 比 *ED*【命题 5.16】。因为已经证明了，*AB* 比 *BC* 等于 *DC* 比 *CE*，*BC* 比 *CA* 等于 *CE* 比 *ED*，所以通过首末比可得，*BA* 比 *AC* 等于 *CD* 比 *DE*【命题 5.22】。

综上，在各角对应相等的三角形中，夹等角的边成比例，且等角的对边为相对应的边。以上推导过程已对此作出证明。

命题 5

若两个三角形的边成比例，那么这两个三角形的各角对应相等，对应边所对的角相等。

ABC 与 *DEF* 是边成比例的两个三角形，即 *AB* 比 *BC* 等于 *DE* 比 *EF*，*BC* 比 *CA* 等于 *EF* 比 *FD*，*BA* 比 *AC* 等于 *ED* 比 *DF*。可证三角形 *ABC* 与三角形 *DEF* 的各角对应相等，且对应边所对的角相等，即角 *ABC* 等于角 *DEF*，角 *BCA* 等于角 *EFD*，角 *BAC* 等于角 *EDF*。

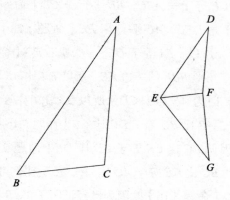

在线段 EF 上的点 E、F 处分别作角 FEG 等于角 ABC，角 EFG 等于角 ACB【命题 1.23】，因此，余下的 A 点的角与 G 点的角是相等的【命题 1.32】。因此，三角形 ABC 与三角形 GEF 的各角对应相等。所以，三角形 ABC 与三角形 EGF 夹等角的边成比例，且对着等角的边是对应边【命题 6.4】。因此，AB 比 BC 等于 GE 比 EF。但已经假设了 AB 比 BC 等于 DE 比 EF，所以 DE 比 EF 等于 GE 比 EF【命题 5.11】，即 DE、GE 与 EF 的比是相同的，所以 DE 等于 GE【命题 5.9】。同理，DF 等于 GF。因为 DE 等于 EG，EF 为共同的边，边 DE、EF 分别等于边 GE、EF，底 DF 等于底 FG，因此，角 DEF 等于角 GEF【命题 1.8】，且三角形 DEF 全等于三角形 GEF，其余的角，即等边所对应的角相等【命题 1.4】。因此，角 DFE 等于角 GFE，角 EDF 等于角 EGF。因为角 FED 等于角 GEF，角 GEF 等于角 ABC，因此，角 ABC 也等于角 DEF。同理，角 ACB 也等于角 DFE，A 点的角等于 D 点的角。因此，三角形 ABC 与三角形 DEF 的各角对应相等。

综上，若两个三角形的边成比例，那么这两个三角形的各角对应相等，对应边所对的角相等。以上推导过程已对此作出证明。

命题 6

若在两个三角形中有一个角彼此相等，且夹该等角的边成比例，那么这两个三角形的各角对应相等，且对应边所对的角相等。

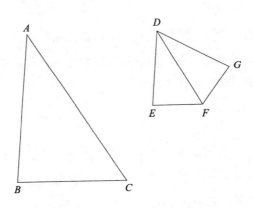

三角形 ABC、DEF 中，角 BAC 等于角 EDF，且夹这两个等角的边成比例，即 BA 比 AC 等于 ED 比 DF。可证三角形 ABC 与三角形 DEF 的各角对应相等，角 ABC 等于角 DEF，角 ACB 等于角 DFE。

在线段 DF 上的点 D、F 处作角 FDG 等于角 BAC 和角 EDF，使角 DFG 等于角 ACB【命题 1.23】。因此，余下的 B 点处的角等于 G 点处的角【命题 1.32】。

所以，三角形 ABC 与三角形 DGF 的各角对应相等。因此，可得比例 BA 比 AC 等于 GD 比 DF【命题 6.4】。因为已经假设 BA 比 AC 等于 ED 比 DF，所以 ED 比 DF 等于 GD 比 DF【命题 5.11】，所以 ED 等于 DG【命题 5.9】。因为 DF 是公共边，所以 ED、DF 这两条边分别等于边 GD、边 DF。因为角 EDF 等于角 GDF，所以底 EF 等于底 GF，三角形 DEF 全等于三角形 GDF，其余的角，即等边所对应的角相等【命题 1.4】。因此，角 DFG 等于角 DFE，

角 *DGF* 等于角 *DEF*。而角 *DFG* 等于角 *ACB*，所以角 *ACB* 也等于角 *DFE*。因为已经假设角 *BAC* 也等于角 *EDF*，所以余下的 *B* 点处的角等于 *E* 点处的角【命题 1.32】。因此，三角形 *ABC* 与三角形 *DEF* 的各角对应相等。

综上，若在两个三角形中有一个角彼此相等，且夹该等角的边成比例，那么这两个三角形的各角对应相等，且对应边所对的角相等。以上推导过程已对此作出证明。

命题 7

若在两个三角形中有一对角相等，且夹另外两个角的边对应成比例，其余的那两个角都小于或都不小于直角，那么这两个三角形的各角对应相等，且成比例的边所夹的角也相等。

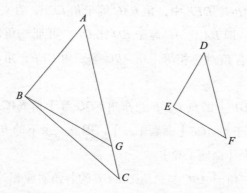

在三角形 *ABC*、*DEF* 中，角 *BAC* 等于角 *EDF*，夹角 *ABC* 和角 *DEF* 的边分别对应成比例，即 *AB* 比 *BC* 等于 *DE* 比 *EF*，首先令在 *C* 点、*F* 点处的角都小于直角。可证三角形 *ABC* 与三角形 *DEF* 各角对应相等，角 *ABC* 等于角 *DEF*，余下的 *C* 点处的角等于 *F* 点处的角。

若角 *ABC* 与角 *DEF* 不相等，则有其中一个角大于另一个角。设角 *ABC* 为较大角。在线段 *AB* 上的 *B* 点作角 *ABG* 等于角 *DEF*【命题 1.23】。

　　因为角 *A* 等于角 *D*，角 *ABG* 等于角 *DEF*，因此，余下的角 *AGB* 等于角 *DFE*【命题 1.32】。因此，三角形 *ABG* 与三角形 *DEF* 的各角相等。所以，*AB* 比 *BG* 等于 *DE* 比 *EF*【命题 6.4】。因为已假设 *DE* 比 *EF* 等于 *AB* 比 *BC*，所以 *AB* 与 *BC*、*BG* 的比相等【命题 5.11】。因此，*BC* 等于 *BG*【命题 5.9】。因此，*C* 点处的角等于角 *BGC*【命题 1.5】。因为已假设 *C* 点处的角小于直角，所以角 *BGC* 也小于直角。因此，其邻角 *AGB* 大于直角【命题 1.13】。已证明角 *AGB* 等于 *F* 点处的角，因此 *F* 点处的角也大于直角。但已假设此角小于直角，这个结论是不成立的。因此，角 *ABC* 并非不等于角 *DEF*，所以二角相等。因为 *A* 点处的角等于 *D* 点处的角，所以余下的在 *C* 点处的角等于 *F* 点处的角【命题 1.32】。因此，三角形 *ABC* 与三角形 *DEF* 的各角相等。

　　另设在 *C* 点、*F* 点处的两个角都不小于直角。可证在此条件下，三角形 *ABC* 与三角形 *DEF* 的各角相等仍然成立。

　　在作图不变的情况下，同样可以证出 *BC* 等于 *BG*。因此，*C* 点处的角也等于角 *BGC*。因为 *C* 点处的角不小于直角，所以角 *BGC* 也不小于直角。由此，在三角形 *BGC* 中，两角之和不小于直角的二倍，这是不可能成立的【命题 1.17】。因此，角 *ABC* 并非不等于角 *DEF*，所以二角相等。因为 *A* 点处的角等于 *D* 点处的角，所以余下的在 *C* 点处的角等于 *F* 点处的角【命题 1.32】。因此，三角形 *ABC* 与三角形 *DEF* 的各角相等。

　　综上，若在两个三角形中有一对角相等，且夹另外两个角的边对应成比例，其余的那两个角都小于或都不小于直角，那么这两个三角形的各角对应相等，且成比例的边所夹的角也相等。以上推导过程已对此作出证明。

命题 8

若在直角三角形中，由直角顶点向底边作垂线，垂线两侧的两个三角形与原三角形相似，且它们两个也彼此相似。

设在直角三角形 ABC 中，角 BAC 是直角，由 A 点作 AD 垂直于 BC【命题 1.12】。可证三角形 ABD、三角形 ADC 均与三角形 ABC 相似，且它们也彼此相似。

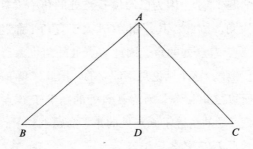

因为角 BAC 等于角 ADB，因为二者均为直角，且 B 点处的角是三角形 ABC、ABD 的公共角，所以余下的角 ACB 等于余下的角 BAD【命题 1.32】。因此，三角形 ABC 与三角形 ABD 的各角相等。所以，在三角形 ABC 中，直角的对边 BC 与三角形 ABD 中直角的对边 BA 的比，等于三角形 ABC 中 C 点处的角的对边 AB 与其在三角形 ABD 中的等角 BAD 的对边 BD 的比，也等于 AC 比 AD，因为这两条边都是公共点 B 处角的对应边【命题 6.4】。因此，三角形 ABC 与三角形 ABD 的各角相等，且夹等角的边成比例。因此，三角形 ABC 与三角形 ABD 相似【定义 6.1】。同理可证，三角形 ABC 也相似于三角形 ADC。因此，三角形 ABD、三角形 ADC 均与原三角形 ABC 相似。

另可证三角形 ABD 与三角形 ADC 也彼此相似。

因为直角 BDA 等于直角 ADC，角 BAD 等于 C 点处的角，剩下

的在 B 处的角等于角 DAC【命题 1.32】，所以三角形 ABD 与三角形 ADC 的各角相等。所以，在三角形 ABD 中与角 BAD 所对的边 BD 比三角形 ADC 中 C 点处的角的对边 DA，而 C 点处的角等于角 BAD，这个比等于三角形 ABD 中的点 B 处的角的对边 AD 比三角形 ADC 中等于 B 处角的角 DAC 所对的边 DC，也等于 BA 比 AC，因为这两边所对的角都是直角【命题 6.4】。因此，三角形 ABD 与三角形 ADC 相似【定义 6.1】。

综上，若在直角三角形中，由直角顶点向底边作垂线，垂线两侧的两个三角形与原三角形相似，且它们两个也彼此相似。以上推导过程已对此作出证明。

推 论

在直角三角形中，由直角顶点向底边作垂线，这条垂线即为底边两部分的比例中项[1]。以上推导过程已对此作出证明。

命题 9

从给定直线上截取一段指定长度的线段。

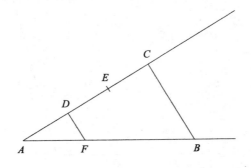

---

[1] 换句话说，这条垂线为底边两部分的等比中项。

设 *AB* 为给定直线。需要从 *AB* 上截取一段指定长度的线段。

设指定线段长为 *AB* 的三分之一。由 *A* 点作直线 *AC*，与 *AB* 成任意角。在 *AC* 上取任意一点 *D*。再取 *DE*、*EC* 等于 *AD*【命题 1.3】。连接 *BC*。过 *D* 点作 *DF* 平行于 *BC*【命题 1.31】。

因为 *FD* 平行于三角形 *ABC* 的一边 *BC*，所以，可得 *CD* 比 *DA* 等于 *BF* 比 *FA*【命题 6.2】。因为 *CD* 是 *DA* 的二倍，所以 *BF* 是 *FA* 的二倍。因此，*BA* 是 *AF* 的三倍。

由此，在已知直线 *AB* 上，截得 *AF* 等于 *AB* 的三分之一长。以上推导过程已对此作出证明。

命题 10

有一已给定的未分割线段，分割这条线段，使其与给定的已分割线段相似。

设 *AB* 是给定的未分割线段，将 *AC* 在 *D*、*E* 两点处分割，*AC* 与 *AB* 成任意角。连接 *CB*。分别过点 *D*、*E* 作 *DF*、*EG* 平行于 *BC*，再过点 *D* 作 *DHK* 平行于 *AB*【命题 1.31】。

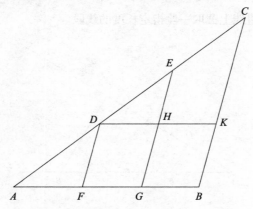

由此，*FH*、*HB* 均为平行四边形，所以 *DH* 等于 *FG*，*HK* 等于

GB【命题 1.34】。因为 *HE* 平行于三角形 *DKC* 的一边 *KC*，所以可得比例 *CE* 比 *ED* 等于 *KH* 比 *HD*【命题 6.2】。因为 *KH* 等于 *BG*，*HD* 等于 *GF*，所以 *CE* 比 *ED* 等于 *BG* 比 *GF*。又因为 *FD* 平行于三角形 *AGE* 的一边 *GE*，所以 *ED* 比 *DA* 等于 *GF* 比 *FA*【命题 6.2】。因为已经证明 *CE* 比 *ED* 等于 *BG* 比 *GF*，因此 *CE* 比 *ED* 等于 *BG* 比 *GF*，*ED* 比 *DA* 等于 *GF* 比 *FA*。

综上，有一已给定的未分割线段，分割这条线段，使其与给定的已分割线段相似。以上推导过程已对此作出证明。

命题 11

求两条给定线段的第三比例项。

设 *BA*、*AC* 为两条给定线段，这两条线段成任意角。作 *BA*、*AC* 的第三比例项。延长二者至点 *D*、*E*，使 *BD* 等于 *AC*【命题 1.3】。连接 *BC*。过 *D* 点作 *DE* 平行于 *BC*【命题 1.31】。

因为 *BC* 平行于三角形 *ADE* 的一边 *DE*，所以可得比例 *AB* 比 *BD* 等于 *AC* 比 *CE*【命题 6.2】。因为 *BD* 等于 *AC*，所以 *AB* 比 *AC* 等于 *AC* 比 *CE*。

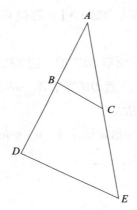

综上，*CE* 即为两条给定线段 *AB*、*AC* 的第三比例项。以上推导过程已对此作出证明。

命题 12

求三条给定线段的第四比例项。

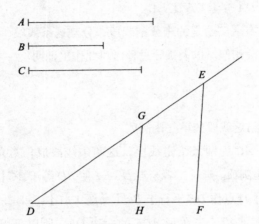

设 *A*、*B*、*C* 为三条给定线段，求作 *A*、*B*、*C* 的第四比例项线段。

设有两条直线 *DE*、*DF*，二者形成任意角 *EDF*。作 *DG* 等于 *A*，*GE* 等于 *B*，*DH* 等于 *C*【命题 1.3】。连接 *GH*，过 *E* 点作 *EF* 平行于 *GH*【命题 1.31】。

因为 *GH* 平行于三角形 *DEF* 的一边 *EF*，所以 *DG* 比 *GE* 等于 *DH* 比 *HF*【命题 6.2】。而 *DG* 等于 *A*，*GE* 等于 *B*，*DH* 等于 *C*，所以 *A* 比 *B* 等于 *C* 比 *HF*。

综上，*HF* 即为三条给定线段 *A*、*B*、*C* 的第四比例项。以上推导过程已对此作出证明。

命题 13

求作两条给定线段的比例中项。①

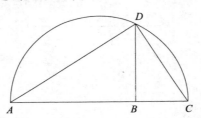

AB、*BC* 为两条给定线段，求作 *AB*、*BC* 的比例中项。

将 *AB*、*BC* 置于同一条直线上，在 *AC* 上作半圆 *ADC*【命题 1.10】。过 *B* 点作 *BD* 与 *AC* 成直角【命题 1.11】。连接 *AD*、*DC*。

因为角 *ADC* 是半圆的内接角，所以角 *ADC* 是直角【命题 3.31】。在直角三角形 *ADC* 中，由于已知 *DB* 过直角的顶点垂直于底边，所以 *DB* 是底边 *AB*、*BC* 的比例中项【命题 6.8 推论】。

综上，*DB* 即为两条给定线段 *AB*、*BC* 的比例中项。以上推导过程已对此作出证明。

命题 14

在相等且等角的平行四边形中，夹等角的边互成反比。在等角平行四边形中，若夹等角的边互成反比，则平行四边形相等。

设 *AB*、*BC* 为相等且等角的平行四边形，二者在 *B* 点处的角相等。设 *DB*、*BE* 在同一直线上。因此，*FB*、*BG* 也在同一直线上【命题 1.14】。可证在平行四边形 *AB* 与平行四边形 *BC* 中，夹等角的边互成反比，即 *DB* 比 *BE* 等于 *GB* 比 *BF*。

---

① 即求两条给定线段的等比中项。

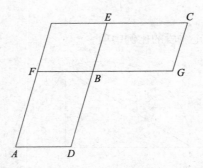

平行四边形 FE 是补形。因为平行四边形 AB 等于平行四边形 BC，FE 为任意平行四边形，因此平行四边形 AB 比平行四边形 FE 等于平行四边形 BC 比平行四边形 FE【命题 5.7】。因为平行四边形 AB 比平行四边形 FE 等于 DB 比 BE，平行四边形 BC 比平行四边形 FE 等于 GB 比 BF【命题 6.1】。因此，DB 比 BE 等于 GB 比 BF。所以，在平行四边形 AB、BC 中，夹等角的边互成反比。

另设 DB 比 BE 等于 BG 比 BF。可证平行四边形 AB 等于平行四边形 BC。

因为 DB 比 BE 等于 GB 比 BF，而 DB 比 BE 等于平行四边形 AB 比平行四边形 FE，BG 比 BF 等于平行四边形 BC 比 FE【命题 6.1】，所以平行四边形 AB 比平行四边形 FE 等于平行四边形 BC 比平行四边形 FE【命题 5.11】。因此，平行四边形 AB 等于平行四边形 BC【命题 5.9】。

综上，在相等且等角的平行四边形中，夹等角的边互成反比。在等角平行四边形中，若夹等角的边互成反比，则平行四边形相等。以上推导过程已对此作出证明。

命题 15

在相等的两个三角形中，有一对角相等，夹该等角的边互成反比。若在这两个三角形中有一对角相等，夹该等角的边互成反比，那么这两个三角形相等。

设在三角形 *ABC* 与三角形 *ADE* 中，角 *BAC* 等于角 *DAE*。可证在三角形 *ABC*、三角形 *ADE* 中，夹等角的边互成反比，即 *CA* 比 *AD* 等于 *EA* 比 *AB*。

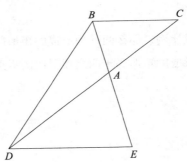

将 *CA*、*AD* 置于同一直线上。因此，*EA* 与 *AB* 也在同一直线上【命题 1.14】。连接 *BD*。

因为三角形 *ABC* 等于三角形 *ADE*，三角形 *BAD* 为任意三角形，所以三角形 *CAB* 比三角形 *BAD* 等于三角形 *EAD* 比三角形 *BAD*【命题 5.7】。而三角形 *CAB* 比三角形 *BAD* 等于 *CA* 比 *AD*，三角形 *EAD* 比三角形 *BAD* 等于 *EA* 比 *AB*【命题 6.1】。因此，*CA* 比 *AD* 等于 *EA* 比 *AB*。所以，在三角形 *ABC* 和三角形 *ADE* 中，夹等角的边互成反比。

另设三角形 *ABC* 与三角形 *ADE* 的边互成反比，*CA* 比 *AD* 等于 *EA* 比 *AB*。可证三角形 *ABC* 等于三角形 *ADE*。

再次连接 *BD*。因为 *CA* 比 *AD* 等于 *EA* 比 *AB*，*CA* 比 *AD* 等于三角形 *ABC* 比三角形 *BAD*，*EA* 比 *AB* 等于三角形 *EAD* 比三角形 *BAD*【命题 6.1】，所以三角形 *ABC* 比三角形 *BAD* 等于三角形 *EAD* 比三角形 *BAD*。因此，三角形 *ABC*、三角形 *EAD* 均与三角形 *BAD*

有同样的比。所以，三角形 *ABC* 等于三角形 *EAD*【命题 5.9】。

综上，在相等的两个三角形中，有一对角相等，夹该等角的边互成反比。若在这两个三角形中有一对角相等，夹该等角的边互成反比，那么这两个三角形相等。以上推导过程已对此作出证明。

命题 16

若四条线段成比例，那么两外项形成的矩形等于两内项形成的矩形。若两外项形成的矩形等于两内项形成的矩形，那么这四条线段成比例。

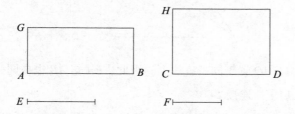

设 *AB*、*CD*、*E*、*F* 为四条成比例的线段，即 *AB* 比 *CD* 等于 *E* 比 *F*。可证由 *AB*、*F* 构成的矩形等于由 *CD*、*E* 构成的矩形。

过点 *A*、*C* 分别作 *AG*、*CH* 与 *AB*、*CD* 成直角【命题 1.11】。且 *AG* 等于 *F*，*CH* 等于 *E*【命题 1.3】。作平行四边形 *BG*、*DH* 成补形。

因为 *AB* 比 *CD* 等于 *E* 比 *F*，*E* 等于 *CH*，*F* 等于 *AG*，所以 *AB* 比 *CD* 等于 *CH* 比 *AG*。在平行四边形 *BG*、*DH* 中，夹等角的边互成反比。在这两个等角平行四边形中，若夹等角的边互成反比，则平行四边形相等【命题 6.14】，所以平行四边形 *BG* 等于平行四边形 *DH*。因为 *AG* 等于 *F*，所以 *BG* 是由 *AB*、*F* 组成的矩形，因为 *E* 等于 *CH*，*DH* 即为由 *CD*、*E* 组成的矩形，所以由 *AB*、*F* 组成的矩形等于由 *CD*、*E* 构成的矩形。

另设由 *AB*、*F* 构成的矩形等于由 *CD*、*E* 构成的矩形。可证这四条线段成比例，即 *AB* 比 *CD* 等于 *E* 比 *F*。

在作图不变的情况下，由 *AB*、*F* 构成的矩形等于由 *CD*、*E* 构成的矩形。因为 *AG* 等于 *F*，所以 *BG* 是由 *AB*、*F* 构成的矩形；因为 *CH* 等于 *E*，所以 *DH* 是 *CD*、*E* 构成的矩形。所以，*BG* 等于 *DH*，且二者等角。在相等且等角的平行四边形中，夹等角的边互成反比【命题 6.14】，所以 *AB* 比 *CD* 等于 *CH* 比 *AG*。因为 *CH* 等于 *E*，*AG* 等于 *F*，所以 *AB* 比 *CD* 等于 *E* 比 *F*。

综上，若四条线段成比例，那么两外项形成的矩形等于两内项形成的矩形。若两外项形成的矩形等于两内项形成的矩形，那么这四条线段成比例。以上推导过程已对此作出证明。

命题 17

若三条线段成比例，那么由两外项构成的矩形等于中项上的正方形。若由两外项构成的矩形等于中项上的正方形，那么这三条线段成比例。

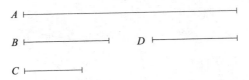

设 *A*、*B*、*C* 为三条成比例的线段，*A* 比 *B* 等于 *B* 比 *C*，可证由 *A*、*C* 构成的矩形等于 *B* 上的正方形。

作 *D* 等于 *B*【命题 1.3】。

因为 *A* 比 *B* 等于 *B* 比 *C*，*B* 等于 *D*，所以 *A* 比 *B* 等于 *D* 比 *C*。若四条线段成比例，那么两外项构成的矩形等于两中项构成的矩形【命题 6.16】。因此，由 *A*、*C* 构成的矩形等于由 *B*、*D* 构成的矩形。

因为 B 等于 D，所以 B、D 构成的矩形是 B 上的正方形。所以，由 A、C 构成的矩形等于 B 上的正方形。

另设由 A、C 构成的矩形等于 B 上的正方形，可证 A 比 B 等于 B 比 C。

在作图不变的情况下，由 A、C 构成的矩形等于 B 上的正方形。因为 B 等于 D，所以 B 上的正方形是由 B、D 构成的矩形。因此，由 A、C 构成的矩形等于由 B、D 构成的矩形。若两外项构成的矩形等于两中项构成的矩形，那么这四条线段成比例【命题 6.16】，所以 A 比 B 等于 D 比 C。因为 B 等于 D，所以 A 比 B 等于 B 比 C。

综上，若三条线段成比例，那么由两外项构成的矩形等于中项上的正方形。若由两外项构成的矩形等于中项上的正方形，那么这三条线段成比例。以上推导过程已对此作出证明。

命题 18

在给定线段上作一个直线形，使该图形与给定直线图形相似，且有相似的位置。

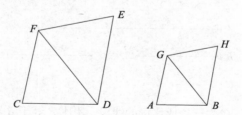

设 AB 为给定线段，CE 为给定直线形。在线段 AB 上作一个直线形，使该图形与 CE 相似，且有相似的位置。

连接 DF，分别过点 A、B 在线段 AB 上作角 GAB 等于 C 点处的角、角 ABG 等于角 CDF【命题 1.23】。由此，余下的角 CFD 等于角 AGB【命题 1.32】；所以，三角形 FCD 与三角形 GAB 的各角相等。所以，可得比例：*FD* 比 *BG* 等于 *FC* 比 *GA*，又等于 *CD* 比 *AB*【命题 6.4】。另，分别过点 *G*、*B* 在线段 *BG* 上作角 *BGH* 等于角 *DFE*、角 *GBH* 等于角 *FDE*【命题 1.23】。因此，余下的 *E* 点处的角等于 *H* 点处的角【命题 1.32】；所以，三角形 *FDE* 与三角形 *BGH* 的各角相等。所以，可得比例 *FD* 比 *GB* 等于 *FE* 比 *GH*，又等于 *ED* 比 *HB*【命题 6.4】。已经证明了 *FD* 比 *GB* 等于 *FC* 比 *GA*，又等于 *CD* 比 *AB*；所以，*FC* 比 *AG* 等于 *CD* 比 *AB*，又等于 *FE* 比 *GH*，又等于 *ED* 比 *HB*。因为角 *CFD* 等于角 *AGB*，角 *DFE* 等于角 *BGH*，所以角 *CFE* 等于角 *AGH*。同理，角 *CDE* 等于角 *ABH*。又因为 *C* 点处的角等于 *A* 点处的角，*E* 点处的角等于 *H* 点处的角，所以 *AH* 与 *CE* 的各角相等。因为这两个图形夹等角的边成比例，所以直线形 *AH* 相似于直线形 *CE*【定义 6.1】。

综上，给定线段 *AB* 上的直线形 *AH*，与给定直线形 *CE* 相似，且有相似的位置。以上推导过程已对此作出证明。

命题 19

相似三角形之比等于其对应边的二次比[①]。

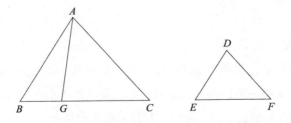

设三角形 *ABC*、三角形 *DEF* 为相似三角形，*B* 点处的角等于 *E*

---

① 字面意思为：双倍。

点处的角，*AB* 比 *BC* 等于 *DE* 比 *EF*，因此，*BC* 对应 *EF*。可证三角形 *ABC* 与三角形 *DEF* 的比等于 *BC* 与 *EF* 的二次比。

作 *BC*、*EF* 的第三比例项 *BG*，得 *BC* 比 *EF* 等于 *EF* 比 *BG*【命题 6.11】。连接 *AG*。

因为 *AB* 比 *BC* 等于 *DE* 比 *EF*，所以 *AB* 比 *DE* 等于 *BC* 比 *EF*【命题 5.16】。而 *BC* 比 *EF* 等于 *EF* 比 *BG*，所以 *AB* 比 *DE* 等于 *EF* 比 *BG*。所以，对于三角形 *ABG*、三角形 *DEF* 来说，其夹等角的边互成反比。这些三角形中有一对角相等，且夹该等角的边互成反比，那么这些三角形相等【命题 6.15】。因为三角形 *ABG* 等于三角形 *DEF*。又因为 *BC* 比 *EF* 等于 *EF* 比 *BG*，若三条线段成比例，那么第一条与第三条之比等于第一条与第二条的二次比【定义 5.9】，因此，*BC* 与 *BG* 的比等于 *CB* 与 *EF* 的二次比。因为 *BC* 比 *BG* 等于三角形 *ABC* 比三角形 *ABG*【命题 6.1】，所以三角形 *ABC* 与三角形 *ABG* 的比等于边 *BC* 与边 *EF* 的二次比。因为三角形 *ABG* 等于三角形 *DEF*，所以三角形 *ABC* 与三角形 *DEF* 的比等于边 *BC* 与边 *EF* 的二次比。

综上，相似三角形之比等于其对应边的二次比。以上推导过程已对此作出证明。

推 论

由此得出，如果三条线段成比例，那么第一条线段与第三条线段的比等于第一条线段上的图形与第二条线段上的与其相似且有相似位置的图形的比。以上推导过程已对此作出证明。

命题 20

两个相似的多边形被分割为相等数量的相似三角形，对应三角形间的比与原图形的比一致，且多边形间的比等于对应边的二次比。

多边形 *ABCDE* 与多边形 *FGHKL* 是相似多边形，*AB* 的对应边为 *FG*。可证多边形 *ABCDE* 与多边形 *FGHKL* 被分割为等量的相似三角形后，三角形之间的比与原图形的比一致，且多边形 *ABCDE* 与多边形 *FGHKL* 之比等于 *AB* 与 *FG* 的二次比。

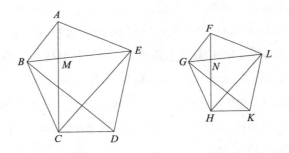

连接 *BE*、*EC*、*GL*、*LH*。

因为多边形 *ABCDE* 与多边形 *FGHKL* 相似，角 *BAE* 等于角 *GFL*，*BA* 比 *AE* 等于 *GF* 比 *FL*【定义 6.1】。因为三角形 *ABE* 和三角形 *FGL* 有一个角相等，且夹等角的边成比例，所以三角形 *ABE* 与三角形 *FGL* 的各角相等【命题 6.6】。所以，这两个三角形相似【命题 6.4、定义 6.1】。因此，角 *ABE* 等于角 *FGL*。因为两个多边形相似，所以角 *ABC* 等于角 *FGH*。所以，角 *EBC* 等于角 *LGH*。因为三角形 *ABE*、*FGL* 相似，所以 *EB* 比 *BA* 等于 *LG* 比 *GF*。又因为两个多边形相似，*AB* 比 *BC* 等于 *FG* 比 *GH*，因此，可得首末比，*EB* 比 *BC* 等于 *LG* 比 *GH*【命题 5.22】，且夹等角 *EBC*、*LGH* 的边成比例。因此，三角形 *EBC* 与三角形 *LGH* 的各角相等【命题 6.6】。因此，三角形 *EBC* 与三角形 *LGH* 相似【命题 6.4、定义 6.1】。同理，三角形 *ECD* 与三角形 *LHK* 也相似。综上，相似多边形 *ABCDE* 与 *FGHKL* 被分为相同数量的相似三角形。

另可证三角形间的比等于原多边形间的比，即三角形是成比例的：三角形 ABE、EBC、ECD 是前项，三角形 FGL、LGH、LHK 是后项。另可证多边形 ABCDE 与多边形 FGHKL 的比等于对应边 AB、FG 的二次比。

连接 AC、FH。因为角 ABC 等于角 FGH，AB 比 BC 等于 FG 比 GH，两个多边形相似，三角形 ABC 与三角形 FGH 的各角相等【命题 6.6】，所以角 BAC 等于角 GFH，角 BCA 等于角 GHF。因为角 BAM 等于角 GFN，角 ABM 等于角 FGN，所以角 AMB 等于角 FNG【命题 1.32】。因此，三角形 ABM 与三角形 FGN 的各角相等。同理可证，三角形 BMC 与三角形 GNH 的各角相等。因此，可得比例，AM 比 MB 等于 FN 比 NG，BM 比 MC 等于 GN 比 NH【命题 6.4】。因此，可得首末比，AM 比 MC 等于 FN 比 NH【命题 5.22】。因为三角形的比等于其底边的比，所以 AM 比 MC 等于三角形 ABM 比三角形 MBC，又等于三角形 AME 比三角形 EMC【命题 6.1】。一个前项比一个后项，等于所有前项的和比所有后项的和【命题 5.12】。因此，三角形 AMB 比三角形 BMC 等于三角形 ABE 比三角形 CBE。而三角形 AMB 比三角形 BMC 等于 AM 比 MC，所以 AM 比 MC 等于三角形 ABE 比三角形 EBC。同理，FN 比 NH 等于三角形 FGL 比三角形 GLH。因为 AM 比 MC 等于 FN 比 NH，所以三角形 ABE 比三角形 BEC 等于三角形 FGL 比三角形 GLH，可得其更比例，三角形 ABE 比三角形 FGL 等于三角形 BEC 比三角形 GLH【命题 5.16】。同理可证，连接 BD、GK，三角形 BEC 比三角形 LGH 等于三角形 ECD 比三角形 LHK。因为三角形 ABE 比三角形 FGL 等于三角形 EBC 比三角形 LGH，又等于三角形 ECD 比三角形 LHK，所以一个前项比一个对应的后项，等于所有前项的和比所有后项的和【命题 5.12】，所以三角形 ABE 比三角形 FGL 等于多边形 ABCDE 比多边

形 *FGHKL*。因为相似三角形的比等于其对应边的二次比【命题6.19】，所以三角形 *ABE* 与三角形 *FGL* 的比等于对应边 *AB* 与 *FG* 的二次比。因此，多边形 *ABCDE* 与多边形 *FGHKL* 的比等于对应边 *AB* 与 *FG* 的二次比。

综上，两个相似的多边形被分割为相等数量的相似三角形，对应三角形间的比与原图形的比一致，且多边形间的比等于对应边的二次比。以上推导过程已对此作出证明。

推 论

同理可证，对于四边形来说，其比也等于其对应边的二次比。已证明了此结论对三角形也适用。因此，一般情况下，相似直线形的比等于其对应边的二次比。以上推导过程已对此作出证明。

命题 21

相似于同一直线形的图形，彼此之间也相似。

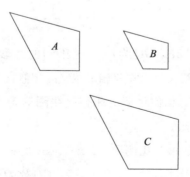

设直线形 *A*、*B* 均相似于直线形 *C*。可证 *A* 与 *B* 相似。

因为 *A* 相似于 *C*，*A*、*C* 的各角相等，且夹等角的边成比例【定义 6.1】；又因为 *B* 相似于 *C*，*B* 与 *C* 的各角相等，且夹等角的边成比例【定义 6.1】；所以 *A*、*B* 均与 *C* 的各角相等，且夹等角的边成比例。因此，*A* 相似于 *B*【定义 6.1】。以上推导过程已对此作出证明。

命题 22

有四条成比例的线段，若在这四条线段上作有相似位置的相似直线形，那么这些直线形也是成比例的。若线段上所作的相似且有相似位置的直线形是成比例的，那么这些线段也是成比例的。

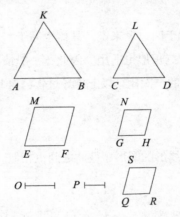

设 *AB*、*CD*、*EF*、*GH* 为四条成比例的线段，*AB* 比 *CD* 等于 *EF* 比 *GH*。在 *AB*、*CD* 上作有相似位置的相似直线形 *KAB*、*LCD*，在 *EF*、*GH* 上作有相似位置的相似直线图形 *MF*、*NH*。可证 *KAB* 比 *LCD* 等于 *MF* 比 *NH*。

取 *AB*、*CD* 的第三比例项 *O*，*EF*、*GH* 的第三比例项 *P*【命题 6.11】。因为 *AB* 比 *CD* 等于 *EF* 比 *GH*，*CD* 比 *O* 等于 *GH* 比 *P*，所以可得首末比例，*AB* 比 *O* 等于 *EF* 比 *P*【命题 5.22】。而 *AB* 比 *O* 等于 *KAB* 比 *LCD*，*EF* 比 *P* 等于 *MF* 比 *NH*【命题 5.19 推论】；所以，*KAB* 比 *LCD* 等于 *MF* 比 *NH*。

另设 *KAB* 比 *LCD* 等于 *MF* 比 *NH*。可证 *AB* 比 *CD* 等于 *EF* 比 *GH*。若 *AB* 比 *CD* 不等于 *EF* 比 *GH*，设 *AB* 比 *CD* 等于 *EF* 比 *QR*【命题6.12】。在 *QR* 上作直线形 *SR*，使其与 *MF* 或 *NH* 中的任意一个相似，且有相似的位置【命题 6.18、6.21】。

因为 *AB* 比 *CD* 等于 *EF* 比 *QR*。在 *AB*、*CD* 上作有相似位置的相似直线形 *KAB*、*LCD*，在 *EF*、*QR* 上作有相似位置的相似直线形 *MF*、*SR*，所以 *KAB* 比 *LCD* 等于 *MF* 比 *SR*。又因为 *KAB* 比 *LCD* 等于 *MF* 比 *NH*。所以，*MF* 比 *SR* 等于 *MF* 比 *NH*【命题5.11】。所以，*MF* 与 *NH*、*SR* 相比有同样的比。所以，*NH* 等于 *SR*【命题5.9】。又因为二者相似，且有相似的位置，所以 *GH* 等于 *QR*[①]。因为 *AB* 比 *CD* 等于 *EF* 比 *QR*，*QR* 等于 *GH*，所以 *AB* 比 *CD* 等于 *EF* 比 *GH*。

综上，有四条成比例的线段，若在这四条线段上作有相似位置的相似直线形，那么这些直线形也是成比例的。若线段上所作的相似且有相似的位置的直线形是成比例的，那么这些线段也是成比例的。以上推导过程已对此作出证明。

命题 23

等角的平行四边形的比等于其边的比的复比[②]。

设 *AC*、*CF* 为等角的平行四边形，角 *BCD* 等于角 *ECG*。可证平行四边形 *AC* 与 *CF* 的比等于其边的比的复比。

将 *BC*、*CG* 置于同一直线上，因此，*DC*、*CE* 也在同一直线上【命题1.14】。作平行四边形 *DG* 为补形。引入线段 *K*，使 *BC* 比 *CG* 等

---

① 此处，欧几里得假设（未加以证明），若两个相似图形相等，那么该图形的对应边的任意部分也相等。

② 在现代术语中，两个比的"复比"即二者相乘。

于 K 比 L，DC 比 CE 等于 L 比 M【命题 6.12】。

因此，K 和 L 的比与 L 和 M 的比分别等于边 BC 和 CG 的比与 DC 和 CE 的比。而 K 比 M 等于 K 比 L 和 L 比 M 的复比，因此，K 比 M 等于平行四边形边的比的复比。因为 BC 比 CG 等于平行四边形 AC 比 CH【命题 6.1】，而 BC 比 CG 等于 K 比 L，所以 K 比 L 等于平行四边形 AC 比平行四边形 CH。又因为 DC 比 CE 等于平行四边形 CH 比 CF【命题 6.1】，而 DC 比 CE 等于 L 比 M，所以 L 比 M 等于平行四边形 CH 比平行四边形 CF。因为已经证明了 K 比 L 等于平行四边形 AC 比平行四边形 CH，L 比 M 等于平行四边形 CH 比平行四边形 CF，因此有首末比，K 比 M 等于平行四边形 AC 比平行四边形 CF【命题 5.22】。因为 K 比 M 等于平行四边形边的比的复比，所以平行四边形 AC 比平行四边形 CF 等于二者边的比的复比。

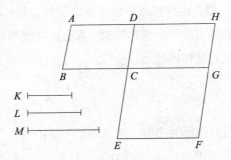

综上，等角的平行四边形的比等于其边的比的复比。以上推导过程已对此作出证明。

命题 24

在任意平行四边形内，与其有公共对角线的平行四边形都相似于原平行四边形，且它们彼此相似。

　　设 *ABCD* 是平行四边形，*AC* 是其对角线。设平行四边形 *EG*、*HK* 的对角线为 *AC*。可证平行四边形 *EG*、*HK* 均相似于平行四边形 *ABCD*，且二者也相似。

　　因为 *EF* 平行于三角形 *ABC* 的一边 *BC*，可得比例 *BE* 比 *EA* 等于 *CF* 比 *FA*【命题 6.2】；又因为 *FG* 平行于三角形 *ACD* 的一边 *CD*，得比例 *CF* 比 *FA* 等于 *DG* 比 *GA*【命题 6.2】；因为已证明 *CF* 比 *FA* 等于 *BE* 比 *EA*；所以，*BE* 比 *EA* 等于 *DG* 比 *GA*。由合比例得，*BA* 比 *AE* 等于 *DA* 比 *AG*【命题 5.18】。再由更比例得，*BA* 比 *AD* 等于 *EA* 比 *AG*【命题 5.16】。因此，在平行四边形 *ABCD*、*EG* 中，夹公共角 *BAD* 的边是成比例的。因为 *GF* 平行于 *DC*，角 *AFG* 等于角 *DCA*【命题 1.29】；角 *DAC* 是三角形 *ADC*、*AGF* 的公共角；因此，三角形 *ADC* 与三角形 *AGF* 的各角相等【命题 1.32】。同理，三角形 *ACB* 与三角形 *AFE* 的各角相等，平行四边形 *ABCD* 与平行四边形 *EG* 的各角相等；因此，可得比例 *AD* 比 *DC* 等于 *AG* 比 *GF*，*DC* 比 *CA* 等于 *GF* 比 *FA*，*AC* 比 *CB* 等于 *AF* 比 *FE*，*CB* 比 *BA* 等于 *FE* 比 *EA*【命题 6.4】。因为已经证明了 *DC* 比 *CA* 等于 *GF* 比 *FA*，*AC* 比 *CB* 等于 *AF* 比 *FE*，由首末比例可得，*DC* 比 *CB* 等于 *GF* 比 *FE*【命题 5.22】；因此，在平行四边形 *ABCD*、*EG* 中，夹等角的边成比例。因此，平行四边形 *ABCD* 与平行四边形 *EG* 相似【定义 6.1】。同理，平行四边形 *ABCD* 与平行四边形 *KH* 也相似；因此，平行四边形 *EG*、*HK* 都与平行四边形 *ABCD* 相似。相似于同一直线形的图形也彼此相似【命题 6.21】；因此，平行四边形 *EG* 与平行四边形 *HK* 相似。

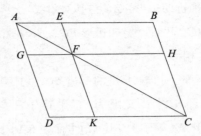

综上，在任意平行四边形内，与其有公共对角线的平行四边形都相似于原平行四边形，且它们彼此相似。以上推导过程已对此作出证明。

命题 25

作一个直线形，该图形与给定直线形相似，且等于另一给定直线形。

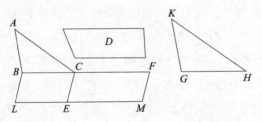

设 *ABC* 为给定的直线形，求作一个与其相似的图形，且该图形与另一给定直线图形 *D* 相等；所以，所作的图形既要与 *ABC* 相似，又要与 *D* 相等。

在 *BC* 上作平行四边形 *BE* 等于三角形 *ABC*【命题 1.44】，在 *CE* 上作平行四边形 *CM* 等于 *D*，角 *FCE* 等于角 *CBL*【命题 1.45】；所以，*BC*、*CF* 在一条直线上，*LE*、*EM* 在一条直线上【命题 1.14】。作 *BC*、*CF* 的比例中项 *GH*【命题 6.13】。在 *GH* 上作 *KGH* 相似于 *ABC*，且有相似的位置【命题 6.18】。

因为 BC 比 GH 等于 GH 比 CF，若这三条线段是成比例的，那么第一条线段与第三条线段的比，等于第一条线段上的图形与第二条线段上与其相似且有相似位置的图形之比【命题 6.19 推论】，所以 BC 比 CF 等于三角形 ABC 比三角形 KGH。而 BC 比 CF 等于平行四边形 BE 比平行四边形 EF【命题 6.1】。所以，三角形 ABC 比三角形 KGH 等于平行四边形 BE 比平行四边形 EF。所以，可得其更比例，三角形 ABC 比平行四边形 BE 等于三角形 KGH 比平行四边形 EF【命题 5.16】。而三角形 ABC 等于平行四边形 BE，所以三角形 KGH 等于平行四边形 EF。因为平行四边形 EF 等于 D，所以 KGH 等于 D。KGH 也相似于 ABC。

综上，所作直线形 KGH 与给定直线形 ABC 相似，且等于另一给定直线形 D。以上推导过程已对此作出证明。

命题 26

若在一个平行四边形内取另一个与原图形相似且有相似位置的平行四边形，这两个平行四边形有一个公共角，那么所取的平行四边形与原图形有共同的对角线。

在平行四边形 $ABCD$ 内取平行四边形 AF，使其与 $ABCD$ 相似且有相似的位置，它们又有公共角 DAB。可证 $ABCD$ 与 AF 有共线的对角线。

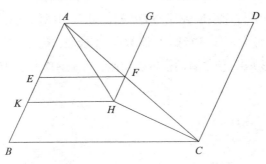

假设该命题不成立，则可能有 AHC 是 ABCD 的对角线。延长 GF 至 H 点。过点 H 作 HK 平行于 AD 或 BC【命题 1.31】。

因为 ABCD 与 KG 有共线的对角线，所以 DA 比 AB 等于 GA 比 AK【命题 6.24】。因为 ABCD 与 EG 相似，DA 比 AB 等于 GA 比 AE，所以 GA 比 AK 等于 GA 比 AE。所以，GA 与 AK、AE 相比，其比是相同的。所以，AE 等于 AK【命题 5.9】，较小的等于较大的，这是不可能成立的。因此，ABCD 与 AF 的对角线并非不共线。因此，平行四边形 ABCD 与平行四边形 AF 有共线的对角线。

综上，若在一个平行四边形内取另一个与原图形相似且有相似位置的平行四边形，这两个平行四边形有一个公共角，那么所取的平行四边形与原图形有共同的对角线。以上推导过程已对此作出证明。

命题 27

在同一线段上的所有任意平行四边形中，取掉一个平行四边形，该平行四边形与在一半线段上所作的平行四边形相似且有相似的位置，则在所作图形中，最大的平行四边形是作在原线段一半上的那个平行四边形，并且它相似于所取图形。

设线段 AB，点 C 为其二等分点【命题 1.10】。取掉在 AB 的一半 CB 上所作的平行四边形 DB，得到平行四边形 AD。可证所有位于 AB 上的平行四边形去掉与 DB 相似且有相似位置的平行四边形后，AD 为最大。设平行四边形 AF 位于线段 AB 上，取 DB 的相似平行四边形 FB，使二者的位置也相似。可证 AD 大于 AF。

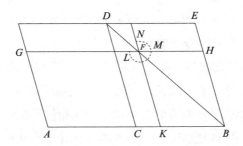

因为平行四边形 *DB* 相似于平行四边形 *FB*，二者的对角线共线
【命题 6.26】。连接对角线 *DB*，并设图形已作好。

因为 *CF* 等于 *FE*【命题 1.43】，平行四边形 *FB* 是公共图形，
所以平行四边形 *CH* 等于平行四边形 *KE*。因为 *AC* 等于 *CB*，所以
CH 等于 *CG*【命题 6.1】。因此，平行四边形 *GC* 等于平行四边形
EK。两边均加上平行四边形 *CF*；则有平行四边形 *AF* 等于折尺形
LMN；所以，平行四边形 *DB*，即 *AD*，大于平行四边形 *AF*。

综上，在同一线段上的所有任意平行四边形中，取掉一个平行
四边形，该平行四边形与在一半线段上所作的平行四边形相似且有
相似的位置，则在所作图形中，最大的平行四边形是作在原线段一
半上的那个平行四边形，并且它相似于所取图形。以上推导过程已
对此作出证明。

命题 28[①]

在一给定线段上作一个平行四边形等于一个给定的直线形，在
所作图形中取掉一个平行四边形，该所取图形与另一个给定的平行

---

① 本命题为二次方程式 $x^2-\alpha x+\beta=0$ 的几何解法。在此情景下，x 为所取图形的一边
　　与其在图形 *D* 的对应边的比，α 为 *AB* 的长与图形 *D* 的边长的比，该边为所取
　　图形作于 *AB* 上的边的对应边，β 为 *C*、*D* 面积的比。为使方程有实根，有约束
　　条件 $\beta<\alpha^2/4$。只有找到等式的更小的根，其更大的根才能通过相似的方法求得。

四边形相似。对于给定的直线形来说，该图形不大于以给定线段一半为边且与所取掉部分相似的平行四边形。

设 AB 为给定线段，C 为给定直线形，后续所取的平行四边形位于 AB 上且等于 C，C 不大于以 AB 一半所作的相似于所取图形的平行四边形，平行四边形 D 与所取图形相似。因此，需要在线段 AB 上作一个平行四边形，这个图形等于给定的直线形 C，且需要从这个平行四边形上取掉一个与 D 相似的平行四边形。

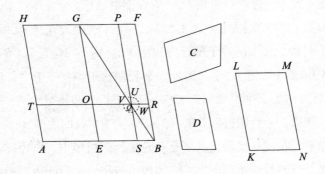

取 AB 的二等分点 E【命题 1.10】，在 EB 上作平行四边形 $EBFG$，使其与平行四边形 D 相似，且有相似的位置【命题 6.18】。设平行四边形 AG 是补形。

若 AG 等于 C。位于线段 AB 上的平行四边形 AG，等于给定的直线形 C，且它是取掉相似于 D 的平行四边形 BG 后所得的图形。若不是这样，设 HE 大于 C。HE 等于 GB【命题 6.1】，所以 GB 也大于 C。作平行四边形 $KLMN$ 相似于 D，且与 D 有相似的位置，同时 $KLMN$ 等于 GB 与 C 的差【命题 6.25】。而 D 相似于 GB，因此 KM 也相似于 GB【命题 6.21】。因此，设边 KL 对应 GE，边 LM 对应 GF。因为 GB 等于 C 与 KM 的和，所以 GB 大于 KM。所以，GE 大于 KL，GF 大于 LM。设 GO 等于 KL，GP 等于 LM【命题 1.3】。

设平行四边形 *OGPQ* 为补形。所以，*GQ* 相似于 *KM*。因此，*GQ* 相似于 *GB*【命题 6.21】；所以，*GQ*、*GB* 的对角线共线【命题 6.26】。

设 *GQB* 是二者的公共对角线，设图已作好。

因为 *BG* 等于 *C* 与 *KM* 的和，*GQ* 等于 *KM*，所以余下的折尺形 *UWV* 等于 *C*。因为 *PR* 等于 *OS*【命题 1.43】，两边均加上平行四边形 *QB*，所以平行四边形 *PB* 等于平行四边形 *OB*。因为边 *AE* 等于边 *EB*，所以 *OB* 等于 *TE*【命题 6.1】。因此，*TE* 等于 *PB*。两边均加上平行四边形 *OS*；因此，平行四边形 *TS* 等于折尺形 *VWU*。因为已经证明了折尺形 *VWU* 等于 *C*；所以，*TS* 等于 *C*。

综上，在给定线段 *AB* 上作一个平行四边形 *ST* 等于一个给定的直线形 *C*，在所作图形中取掉一个平行四边形 *QB*，该所取图形与另一给定平行四边形 *D* 相似。以上推导过程已对此作出证明。

命题 29[①]

在给定线段上作一个平行四边形，该图形等于给定的直线形，且在这条线段的延长部分上有一个平行四边形相似于一个给定的平行四边形。

设 *AB* 为给定线段，*C* 为给定直线形，*AB* 上所作的图形与其相等，而在 *AB* 的延长部分上的平行四边形与平行四边形 *D* 相似。所以，在给定线段 *AB* 上作一个平行四边形，该图形等于给定的直线形 *C*，并在延长部分上作与 *D* 相似的平行四边形。

---

① 本命题为二次方程式 $x^2+\alpha x-\beta=0$ 的几何解法。在此情景下，x 为超出图形的一边与其在图形 *D* 中的对应边的比，α 为 *AB* 的长与图形 *D* 的边长的比，该边为超出图形并作于 *AB* 上的边的对应边，β 为 *C* 与 *D* 的面积的比。该等式只可求得正根。

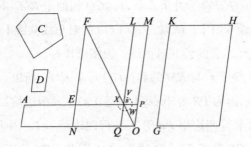

取点 E 为 AB 的二等分点【命题 1.10】，在 EB 上作平行四边形 BF 与 D 相似，且位置也相似【命题 6.18】。作平行四边形 GH 与 D 相似，且位置也相似，而且 GH 等于 BF 与 C 的和【命题 6.25】。设 KH 的对应边为 FL，KG 的对应边为 FE。因为平行四边形 GH 大于平行四边形 FB，所以 KH 大于 FL，KG 大于 FE。延长 FL、FE，令 FLM 等于 KH，FEN 等于 KG【命题 1.3】。设 MN 是补形；所以，MN 等于且相似于 GH。而 GH 相似于 EL，所以 MN 也相似于 EL【命题 6.21】。所以，EL 与 MN 的对角线是共线的【命题 6.26】。连接二者的公共对角线 FO，设图形已作出。

因为 GH 等于 EL 与 C 的和，而 GH 等于 MN，所以 MN 也等于 EL 与 C 的和。两边均减去 EL，那么余下的折尺形 XWV 等于 C。因为 AE 等于 EB，AN 等于 NB【命题 6.1】，即等于 LP【命题 1.43】。两边均加上 EO，可得 AO 等于折尺形 VWX。因为折尺形 VWX 等于 C；所以，平行四边形 AO 等于 C。

综上，在给定线段 AB 上作一个平行四边形 AO，该图形等于给定的直线形 C，因为 PQ 也与 EL 相似，所以延长线上的平行四边形 QP 相似于 D【命题 6.24】。以上推导过程已对此作出证明。

命题 30[①]

在给定线段上取其中外比。

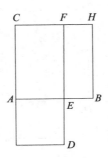

设 AB 为给定线段。将线段 AB 按其中外比进行分割。

在 AB 上作正方形 BC【命题 1.46】，在 AC 上作平行四边形 CD 等于 BC，延长线上的图形 AD 与 BC 相似【命题 6.29】。

因为 BC 为正方形，所以 AD 也为正方形。因为 BC 等于 CD，二者均减去矩形 CE，则可得在余下的部分中，BF 等于 AD，且二者是等角的。因此，在 BF、AD 中夹等角的边互成反比【命题 6.14】。所以，FE 比 ED 等于 AE 比 EB。因为 FE 等于 AB，ED 等于 AE，所以 BA 比 AE 等于 AE 比 EB。因为 AB 大于 AE，所以 AE 大于 EB【命题 5.14】。

综上，线段 AB 于 E 点处按其中外比进行分割，AE 为其中较大的一段。以上推导过程已对此作出证明。

命题 31

在直角三角形中，在直角的对边上作一个图形，在夹直角的边上作该图形的相似图形，使其位置也相似，则有直角所对应的边上

---

① 本命题中对线段的分割方法有时被称作"黄金分割"——见命题 2.11。

的图形等于另两边上的图形之和。

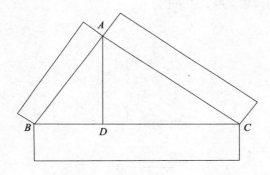

　　设 *ABC* 为直角三角形，角 *BAC* 为直角。可证 *BC* 上的图形等于与其相似且位置也相似的作于 *BA*、*AC* 上的图形的和。

　　作垂线 *AD*【命题 1.12】。

　　因为在直角三角形 *ABC* 中，*AD* 过直角的顶点 *A* 垂直于底边 *BC*，垂线两边的三角形 *ABD*、*ADC* 相似于三角形 *ABC*，且彼此之间也相似【命题 6.8】；因为 *ABC* 相似于 *ABD*，所以 *CB* 比 *BA* 等于 *AB* 比 *BD*【定义 6.1】；因为三条线段成比例，第一条边比第三条边等于第一条边上的图形比第二条边上与其相似且位置也相似的图形【命题 6.19 推论】；所以，*CB* 比 *BD* 等于 *CB* 上的图形与在 *BA* 上与其位置相似的相似图形的比。同理，*BC* 比 *CD* 等于 *BC* 上的图形比 *CA* 上的图形。因此，*BC* 与 *BD*、*DC* 的和的比，等于 *BC* 上的图形与其在 *BA*、*AC* 上的位置相似的相似图形的比【命题 5.24】。因为 *BC* 等于 *BD*、*DC* 的和，所以 *BC* 上的图形等于在 *BA*、*AC* 上与其相似且位置也相似的图形的和【命题 5.9】。

　　综上，在直角三角形中，在直角的对边上作一个图形，在夹直角的边上作该图形的相似图形，使其位置也相似，则有直角所对应的边上的图形等于另两边上的图形之和。以上推导过程已对此作出证明。

命题 32

若两个三角形有两条边成比例，且对应边相互平行，那么这两个三角形余下的边处于同一直线。

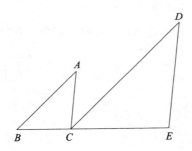

在三角形 *ABC*、*DCE* 中，边 *BA*、*AC* 与边 *DC*、*DE* 成比例，即 *AB* 比 *AC* 等于 *DC* 比 *DE*。令 *AB* 平行于 *DC*、*AC* 平行于 *DE*。可证 *BC*、*CE* 处于同一直线。

因为 *AB* 平行于 *DC*，线段 *AC* 与其相交，则有内错角角 *BAC* 等于角 *ACD*【命题 1.29】。同理可得，角 *CDE* 等于角 *ACD*。因此，角 *BAC* 等于角 *CDE*。因为在三角形 *ABC*、*DCE* 中，*A* 点处的角等于 *D* 点处的角，夹等角的边是成比例的，有 *BA* 比 *AC* 等于 *CD* 比 *DE*，所以三角形 *ABC* 与三角形 *DCE* 的各角相等【命题 6.6】。所以，角 *ABC* 等于角 *DCE*。因为已经证明了角 *ACD* 等于角 *BAC*，所以角 *ACE* 等于角 *ABC* 与角 *BAC* 的和。两边均加上 *ACB*，则 *ACE* 与 *ACB* 的和等于 *BAC*、*ACB* 与 *CBA* 的和。因为角 *BAC*、*ABC* 与 *ACB* 的和等于两直角【命题 1.32】，所以角 *ACE* 与 *ACB* 的和等于两直角。因此，线段 *BC*、*CE* 并不在 *AC* 的同一侧，而是与线段 *AC* 于点 *C* 处形成了邻角 *ACE* 和 *ACB*，而这两个角的和等于两直角。所以，

BC 与 *CE* 处于同一直线【命题 1.14】。

综上，若两个三角形有两条边成比例，且对应边相互平行，那么这两个三角形余下的边处于同一直线。以上推导过程已对此作出证明。

命题 33

等圆中的角，无论是圆心角还是圆周角，角的比等于其所对的弧的比。

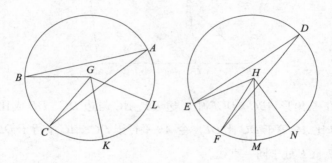

设 *ABC*、*DEF* 是等圆，圆心分别是 *G*、*H*，*BGC*、*EHF* 是圆心角，*BAC*、*EDF* 是圆周角。可证弧 *BC* 比弧 *EF* 等于角 *BGC* 比角 *EHF*，又等于角 *BAC* 比角 *EDF*。

取任意相邻的弧 *CK*、*KL*，使其等于弧 *BC*，再取弧 *FM*、*MN* 等于弧 *EF*。连接 *GK*、*GL*、*HM*、*HN*。

因为弧 *BC*、*CK*、*KL* 互相相等，角 *BGC*、*CGK*、*KGL* 也互相相等【命题 3.27】，所以弧 *BL* 是 *BC* 的几倍，则角 *BGL* 也是角 *BGC* 的几倍。同理，弧 *NE* 是 *EF* 的几倍，角 *NHE* 也是角 *EHF* 的几倍。因此，若弧 *BL* 等于弧 *EN*，那么角 *BGL* 等于角 *EHN*【命题

3.27】；若弧 *BL* 大于弧 *EN*，那么角 *BGL* 大于角 *EHN*①；若弧 *BL* 小于弧 *EN*，那么角 *BGL* 小于角 *EHN*。所以，现在有四个量，两条弧 *BC*、*EF*，以及两个角 *BGC*、*EHF*；取弧 *BC*、角 *BGC* 的同倍量，即弧 *BL*、角 *BGL*。取弧 *EF*、角 *EHF* 的同倍量，即弧 *EN*、角 *EHN*。已证明若弧 *BL* 大于弧 *EN*，则角 *BGL* 大于角 *EHN*；若弧 *BL* 等于弧 *EN*，则角 *BGL* 等于角 *EHN*；若弧 *BL* 小于弧 *EN*，则角 *BGL* 小于角 *EHN*。因此，弧 *BC* 比弧 *EF* 等于角 *BGC* 比角 *EHF*【定义 5.5】。而角 *BGC* 比 *EHF* 等于角 *BAC* 比 *EDF*【命题 5.15】。这是因为前后分别是二倍的关系【命题 3.20】。所以，弧 *BC* 比弧 *EF* 等于角 *BGC* 比角 *EHF*，又等于角 *BAC* 比角 *EDF*。

综上，等圆中的角，无论是圆心角还是圆周角，角的比等于其所对的弧的比。以上推导过程已对此作出证明。

---

① 这是对命题 3.27 的直接归纳。

第7卷　初等数论 ①

定　义

1. 每个事物都是因为它是一个单位而存在的，这个单位叫作一。

2. 一个数是由许多单位组成的 ②。

3. 若一个较小数能量尽较大数，则该较小数是这个较大数的一部分。③

4. 若一个较小数无法量尽较大数，则该较小数是这个较大数的几部分。④

5. 若一个较大数能为一个较小数所量尽，则该较大数为较小数的倍数。

6. 偶数可以平分为两部分。

7. 奇数不可以平分为两部分，或者与一个偶数相差一个单位。

8. 偶数倍偶数是指一个数可为偶数量尽，且所得数也为偶数。⑤

---

① 第7~9卷的命题，一般被认为属于毕达哥拉斯学派。
② "数"即为大于一个单位的正整数。
③ 若存在任意数 n，使 $na=b$ 成立，那么数 a 为另一个数 b 的一部分。
④ 若存在不同的 m、n，使 $na=mb$ 成立，那么数 a 为另一个数 b 的几部分（$a<b$）。
⑤ 偶数倍偶数即为两个偶数的乘积。

9. 偶数倍奇数是指一个数可为偶数量尽，所得数为奇数。[①]

10. 奇数倍奇数是指一个数可为奇数量尽，且所得数也为奇数。[②]

11. 素数[③]是指一个数只可为一个单位所量尽。

12. 互为素数的数是指各数之间只有一个单位可作为公度来量尽各数。

13. 合数是指一个数能被某数量尽。

14. 互为合数的数是指各数均可以为某数所量尽。

15. 二数相乘是指被乘数叠加自身数次可得某数，所叠加的次数即为另一数中单位的个数。

16. 两个数相乘得的数称为面积数，其两边即为相乘的两数。

17. 三个数相乘得的数称为体积数，其三边即为相乘的三数。

18. 平方数是指两个相等的数相乘，或者说是一个由两个相等的数所构成的。

19. 立方数是指三个相等的数相乘，或者说是一个由三个相等的数所构成的。

20. 四个数是成比例的是指第一个数是第二个数的某倍、某一部分或某几部分，第三个数与第四个数的关系与这两数之间的关系相同。

21. 相似的面积数和相似的体积数是它们的边成比例。

22. 完全数等于其自身所有部分的和。[④]

---

① 偶数倍奇数即为一个偶数与一个奇数的乘积。

② 奇数倍奇数即为两个奇数的乘积。

③ 字面意思为"首先"。

④ 完全数即为其所有真因数之和。

命 题

命题 1

设有两个不相等的数，依次从较大数中减去较小数，若所得余数总是无法量尽它前面一个数，直至最后的余数为一个单位，那么这两个数互为素数。

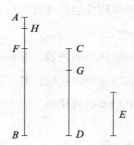

设有不相等的两个数 *AB*、*CD*，依次从较大数中减去较小数，设所得余数总是无法量尽它前面一个数，直至最后的余数为一个单位。可证 *AB*、*CD* 互为素数，即只有一个单位量尽 *AB*、*CD*。

若 *AB*、*CD* 并非互为素数，那么就存在某数可将二者量尽。设这个数为 *E*。用 *CD* 量出 *BF* 的余数 *FA*，*FA* 小于 *CD*；用 *AF* 量出 *DG* 的余数 *GC*，*GC* 小于 *AF*；用 *GC* 量出 *FH*，余数为一个单位 *HA*。

因为 *E* 可以量尽 *CD*，*CD* 可以量尽 *BF*，所以 *E* 也可以量尽 *BF*。^① 又因为 *E* 可以量尽 *BA*，所以 *E* 也可以量尽余数 *AF*。^② 因

---

① 这里使用的是未作证明的一般概念，即若 *a* 可以量尽 *b*，且 *b* 可以量尽 *c*，那么 *a* 也可以量尽 *c*，所有的符号都代表数。

② 这里使用的是未作证明的一般概念，即若 *a* 可以量尽 *b*，且 *a* 可以量尽 *b* 的一部分，那么 *a* 也可以量尽 *b* 余下的那部分，所有的符号都代表数。

为 *AF* 可以量尽 *DG*，所以 *E* 也可以量尽 *DG*。又因为 *E* 可以量尽 *DC*，所以 *E* 可以量尽余数 *CG*。因为 *CG* 可以量尽 *FH*，所以 *E* 也可以量尽 *FH*。又因为 *E* 可以量尽 *FA*，所以尽管 *E* 为一个数，但 *E* 可以量尽余数，即单位 *AH*，这是不可能成立的。所以，不存在可以量尽 *AB*、*CD* 的数。因此，*AB*、*CD* 互为素数。以上推导过程已对此作出证明。

命题 2

已知两个不互素的数，求二者的最大公度数。

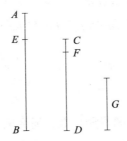

设 *AB*、*CD* 为已知的不互素的两个数。求 *AB*、*CD* 的最大公度数。

若 *CD* 可以量尽 *AB*，因为 *CD* 也可以量尽自身，所以 *CD* 是 *CD*、*AB* 的公度数。因为不存在可以量尽 *CD* 且大于 *CD* 的数，所以 *CD* 是 *CD*、*AB* 的最大公度数。

若 *CD* 无法量尽 *AB*，那么 *AB*、*CD* 中的较大数不断地减去较小数，这样就有一个余数能量尽它前面一个数。这最后的余数不是一个单位，否则 *AB*、*CD* 是互素的两个数【命题 7.1】。这与假设矛盾。因此，某数将是量尽其前面的一个余数。设以 *CD* 量 *BE*，余数为 *EA*，*EA* 小于 *CD*；以 *EA* 量 *DF*，余数为小于 *EA* 的 *FC*，设 *CF* 可以量尽 *AE*。因为 *CF* 可以量尽 *AE*，*AE* 可以量尽 *DF*，所以 *CF* 也可以量尽

DF。又因为 *CF* 可以量尽其本身，所以 *CF* 可以量尽 *CD*。因为 *CD* 可以量尽 *BE*，所以 *CF* 可以量尽 *BE*。又因为 *CF* 可以量尽 *EA*，所以 *CF* 也可以量尽 *BA*。因为 *CF* 可以量尽 *CD*，所以 *CF* 可以量尽 *AB*、*CD*。所以，*CF* 是 *AB*、*CD* 的一个公度数。可证 *CF* 是二者的最大公度数。若 *CF* 不是 *AB*、*CD* 的最大公度数，那么某个大于 *CF* 的数将可以量尽 *AB* 与 *CD*。设这个数为 *G*。因为 *G* 可以量尽 *CD*，*CD* 可以量尽 *BE*，所以 *G* 可以量尽 *BE*。且 *G* 也可以量尽 *BA*。因而，*G* 也可以量尽余数 *AE*。因为 *AE* 可以量尽 *DF*，所以 *G* 也可以量尽 *DF*。因为 *G* 可以量尽 *DC*，所以 *G* 可以量尽 *CF*，即较大数可以量尽较小数，这是不可能成立的。因此，大于 *CF* 的某数是无法量尽 *AB*、*CD* 的。综上，*CF* 是 *AB*、*CD* 的最大公度数。以上推导过程已对此作出证明。

推 论

所以，若某数可以量尽两个数，那么该数也可以量尽二者的最大公度数。以上推导过程已对此作出证明。

命题 3

求不互素的三个数的最大公度数。

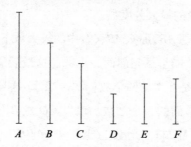

设 *A*、*B*、*C* 为三个已知的不互素的数。求 *A*、*B*、*C* 的最大公度数。

　　设 A、B 两数的最大公度数为 D【命题 7.2】。那么，D 可以或不可以量尽 C。首先假设 D 可以量尽 C。因为 D 可以量尽 A、B，所以 D 可以量尽 A、B、C，因此，D 是 A、B、C 的公度数。可证 D 也是 A、B、C 的最大公度数。若 D 不是 A、B、C 的最大公度数，那么某个大于 D 的数将可以量尽 A、B、C。设这个数为 E。因为 E 可以量尽 A、B、C，所以 E 可以量尽 A、B，因此，E 也可以量尽 A、B 的最大公度数【命题 7.2 推论】。因为 D 是 A、B 的最大公度数，所以 E 可以量尽 D，即较大数可以量尽较小数，这是不可能成立的。所以，大于 D 的某数是无法量尽 A、B、C 的。因此，D 是 A、B、C 的最大公度数。

　　设 D 无法量尽 C。首先，证明 C、D 不互素。因为 A、B、C 为不互素的三个数，存在某数可以量尽这三个数；所以，可以量尽 A、B、C 的数也可以量尽 A、B，且该数也可以量尽 A、B 的最大公度数 D【命题 7.2 推论】。因为该数也可以量尽 C，所以该数可以量尽 D、C，因此 D、C 为不互素的两个数。所以，设它们的最大公度数为 E【命题 7.2】。因为 E 可以量尽 D，D 可以量尽 A、B，所以 E 可以量尽 A、B。又因为 E 可以量尽 C，所以 E 可以量尽 A、B、C。因此，E 是 A、B、C 的一个公度数。求证 E 也是最大公度数。设 E 不是 A、B、C 的最大公度数，那么某个大于 E 的数可以量尽 A、B、C。设这个数为 F。因为 F 可以量尽 A、B、C，即可以量尽 A、B，所以 F 也可以量尽 A、B 的最大公度数【命题 7.2 推论】。因为 D 是 A、B 的最大公度数，所以 F 可以量尽 D。因为 F 可以量尽 C，所以 F 可以量尽 C、D。所以，F 可以量尽 D、C 的最大公度数【命题 7.2 推论】。因为 E 是 D、C 的最大公度数，所以 F 可以量尽 E，即较大数可以量尽较小数。这是不可能成立的。因此，大于 E 的某数无法量尽 A、B、C。因此，E 是 A、B、C 的最大公度数。以上推导过程已对此作出证明。

命题 4

较小数为较大数的一部分或几部分。

有两个数 A、BC，设 BC 为较小的数。可证 BC 是 A 的一部分或几部分。

A 与 BC 可能互素，也可能不互素。首先，设 A、BC 互素。所以，将 BC 分为一些单位，BC 的每个单位都是 A 的一部分。因此，BC 是 A 的几部分。

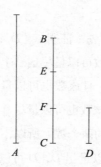

设 A 与 BC 为不互素的两个数。因此，BC 可以或不可以量尽 A。若 BC 可以量尽 A，那么 BC 是 A 的一部分。如果不可以，设 D 为 A、BC 的最大公度数【命题 7.2】，将 BC 分为与 D 相等的 BE、EF、FC。因为 D 可以量尽 A，所以 D 是 A 的一部分。D 与 BE、EF、FC 均相等。所以，BE、EF、FC 也均为 A 的一部分。因此，BC 是 A 的几部分。

综上，较小数为较大数的一部分或几部分。以上推导过程已对此作出证明。

命题 5[①]

若一个小数是一个大数的一部分，而另一个小数是另一个大数的同样的一部分，那么两个小数的和也是两个大数的和的一部分，并与小数是大数的部分相同。

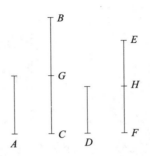

设数 A 是 BC 的一部分，D 是 EF 的一部分且与 A 在 BC 中的部分相同。可证 A、D 之和是 BC、EF 之和的一部分，且与 A 在 BC 中的部分相同。

因为无论 A 是 BC 怎样的一部分，D 都为 EF 上同样的一部分，因此，BC 中有多少个 A，EF 中就有多少个 D。将 BC 分为 BG、GC，且与 A 相等，将 EF 分为 EH、HF，且与 D 相等。所以，分解所得 BG、GC 的个数等于分解所得 EH、HF 的个数。因为 BG 等于 A，EH 等于 D，所以 BG、EH 之和等于 A、D 之和。同理可得，GC、HF 之和等于 A、D 之和。因此，BC 中有多少个 A，BC、EF 之和中就有多少个 A、D 之和。所以，BC 为 A 的几倍，BC、EF 之和即为 A、D 之和的几倍。所以，无论 A 是 BC 怎样的一部分，A、D 之和都为 BC、EF 之和的同样的一部分。以上推导过程已对此作出证明。

---

① 在现代标记法中，本命题如下表示：若 $a=(1/n)b$，且 $c=(1/n)d$，则有 $a+c=(1/n)(b+d)$，所有的符号都代表数。

命题 6[①]

若一个数是一个数的几部分，而另一个数是另一个数的同样的几部分，那么一个数与另一个数之和为另外两个数之和的同样的几部分。

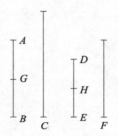

设数 *AB* 是 *C* 的几部分，另一个数 *DE* 是 *F* 的几部分与 *AB* 是 *C* 的几部分相同。可证 *AB*、*DE* 之和是 *C*、*F* 之和的同样的几部分，且与 *AB* 是 *C* 的几部分相同。

因为无论 *AB* 是 *C* 的怎样的几部分，*DE* 都是 *F* 的同样的几部分，所以 *AB* 中有多少个 *C* 的一部分，*DE* 中就有多少 *F* 的一部分。将 *AB* 分为 *C* 的几个一部分，即 *AG*、*GB*；将 *DE* 分为 *F* 的几个一部分，即 *DH*、*HE*，这样分解所得的 *AG*、*GB* 的个数等于 *DH*、*HE* 的个数。因为无论 *AG* 是 *C* 的怎样的一部分，*DH* 是 *F* 的同样的一部分，所以无论 *AG* 是 *C* 的怎样的一部分，*AG*、*DH* 之和都是 *C*、*F* 之和的相同的一部分【命题 7.5】。同理可证，无论 *GB* 是 *C* 的怎样的一部分，*GB*、*HE* 之和都是 *C*、*F* 之和的相同的一部分。因此，无论 *AB* 是 *C* 的怎样的几部分，*AB*、*DE* 之和都是 *C*、*F* 之和的相同的几部分。以上推导过程已对此作出证明。

---

① 在现代标记法中，本命题如下表示：若 $a=(m/n)b$，且 $c=(m/n)d$，则有 $a+c=(m/n)(b+d)$，所有的符号都代表数。

命题 7①

若一个数是另一个数的一部分与一个减数是另一个减数的一部分相同，那么余数也是另一个余数的一部分且与整个数是另一个整个数的一部分相同。

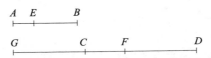

设数 AB 是数 CD 的一部分，这一部分与 AE 是 CF 的一部分相同。可证与 AB 是 CD 的一部分一样，余数 EB 也是 FD 中同样的一部分。

因为 AE 是 CF 的一部分，设 EB 也是 CG 同样的一部分。因为 AE 是 CF 中的一部分，EB 也是 CG 中同样的一部分，所以无论 AE 是 CF 的怎样的一部分，AB 也是 GF 的同样的一部分【命题 7.5】。因为 AE 是 CF 的一部分，AB 是 CD 中相同的一部分。所以，无论 AB 是 GF 的怎样的一部分，AB 在 CD 中都为同样的一部分；所以，GF 等于 CD。二者均减去 CF，则有 GC 等于 FD。因为 AE 为 CF 的一部分，EB 为 GC 的同样的一部分，又 GC 等于 FD，所以无论 AE 是 CF 的怎样的一部分，EB 也是 FD 的同样的一部分。因为 AE 是 CF 中的一部分，AB 是 CD 中同样的一部分。所以，余数 EB 在 FD 中所占部分与 AB 在 CD 中所占部分相同。以上推导过程已对此作出证明。

命题 8②

若一个数是另一个数的几部分与一个减数是另一个减数的几部

---

① 在现代标记法中，本命题如下表示：若 $a = (1/n)b$，且 $c = (1/n)d$，则有 $a-c = (1/n)(b-d)$，所有的符号都代表数。

② 在现代标记法中，本命题如下表示：若 $a = (m/n)b$，且 $c = (m/n)d$，则有 $a-c = (m/n)(b-d)$，所有的符号都代表数。

分相同，那么余数是另一个余数的几部分与整个数是另一个整个数
的几部分相同。

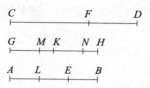

　　设数 *AB* 是数 *CD* 的几部分与减数 *AE* 是减数 *CF* 的几部分相同。
可证 *AB* 是 *CD* 的几部分，余数 *EB* 在余数 *FD* 中也为相同的几部分。

　　作 *GH* 等于 *AB*。所以，无论 *GH* 是 *CD* 的怎样的几部分，*AE* 也
是 *CF* 的同样的几部分。将 *GH* 分割为 *CD* 的几个部分：*GK*、*KH*；
将 *AE* 分割为 *CF* 的几个部分：*AL*、*LE*。所以，*GK*、*KH* 的个数等于
AL、*LE* 的个数。因为 *GK* 是 *CD* 的一部分，*AL* 是 *CF* 中同样的一部分，
CD 大于 *CF*，所以 *GK* 大于 *AL*。作 *GM* 等于 *AL*。因此，无论 *GK* 是
CD 的怎样的一部分，*GM* 都是 *CF* 中同样的一部分。所以，*GK* 是
CD 中的一部分，余数 *MK* 也是余数 *FD* 中的一部分【命题 7.7】。又
因为无论 *KH* 是 *CD* 的怎样的一部分，*EL* 也是 *CF* 中同样的一部分，
CD 大于 *CF*，所以 *HK* 也大于 *EL*。令 *KN* 等于 *EL*。所以，无论 *KH*
是 *CD* 的怎样的一部分，*KN* 也是 *CF* 中同样的一部分。所以，*KH* 是
CD 中的一部分，余数 *NH* 也是余数 *FD* 中相同的一部分【命题 7.7】。
因为已经证明余数 *MK* 是余数 *FD* 中的一部分，与 *GK* 在 *CD* 中的一
部分相同。所以，*HG* 是 *CD* 中的几部分，*MK*、*NH* 之和也是 *DF* 中
的几部分。因为 *MK*、*NH* 之和等于 *EB*，*HG* 等于 *BA*。所以，*AB* 是
CD 的几部分，余数 *EB* 在余数 *FD* 中也为相同的几部分。以上推导
过程已对此作出证明。

命题 9①

若一个数是一个数的一部分，而另一个数是另一个数的同样的一部分，可得其更比例，无论第一个数是第三个数的怎样的一部分或几部分，第二个数都是第四个数的同样的一部分或几部分。

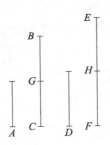

设数 A 是数 BC 的一部分，另一个数 D 是 EF 中的同样的一部分。可得其更比例，无论 A 是 D 中的怎样的一部分或几部分，BC 都是 EF 中的同样的一部分或几部分。

因为 A 是 BC 的一部分，D 是 EF 中相同的一部分，所以，BC 中 A 的数量等于 EF 中 D 的数量。将 BC 分为与 A 相等的 BG、GC，将 EF 分为与 D 相等的 EH、HF；因此，BG、GC 的个数等于 EH、HF 的个数。

因为数 BG 等于数 GC，数 EH 等于数 HF，BG、GC 的个数于 EH、HF 的量，所以 BG 是 EH 的怎样的一部分或几部分，GC 也是 HF 的相同的一部分或几部分。因此，BG 是 EH 中的几部分，BC 也是 EF 中的几部分【命题 7.5、7.6】。因为 BG 等于 A，EH 等于 D，所以无论 A 是 D 的怎样的一部分或几部分，BC 都是 EF 的同样的一部分或几部分。以上推导过程已对此作出证明。

---

① 在现代标记法中，本命题如下表示：若 $a = (1/n)b$，且 $c = (1/n)d$，则若 $a = (k/l)c$，则 $b = (k/l)d$，所有的符号都代表数。

命题 10[①]

若一个数是一个数的几部分，而另一个数是另一个数的同样的几部分，可得其更比例，无论第一个数是第三个数怎样的几部分或一部分，第二个数也是第四个数的同样的几部分或一部分。

设数 AB 是数 C 的几部分，DE 是 F 的同样的几部分，可得其更比例：无论 AB 是 DE 的怎样的几部分或一部分，C 都是 F 的同样的几部分或一部分。

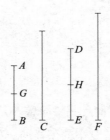

因为 AB 是 C 的几部分，DE 也是 F 的相同的几部分，所以 AB 中有 C 的几部分，DE 中就有 F 的几部分。将 AB 分为 C 的几个部分 AG、GB，将 DE 分为 F 的几个部分 DH、HE；因此，AG、GB 的个数等于 DH、HE 的个数。因为无论 AG 是 C 的怎样的一部分，DH 也是 F 的相同的一部分，可得其更比例，无论 AG 是 DH 的怎样的一部分或几部分，C 都是 F 的相同的一部分或几部分【命题7.9】。同理，无论 GB 是 HE 的怎样的一部分或几部分，C 都是 F 的相同的一部分或几部分【命题7.9】；所以，无论 AB 是 DE 的怎样的几部分或一部分，C 都是 F 的同样的几部分或一部分。以上推导过程已对此作出证明。

---

① 在现代标记法中，本命题如下表示：若 $a = (m/n)b$，且 $c = (m/n)d$，则若 $a = (k/l)c$，则 $b = (k/l)d$，所有的符号都代表数。

命题 11[①]

两数之比等于其减数之比，则二者的余数之比等于原数之比。

设 *AB*、*CD* 之比等于减数 *AE*、*CF* 之比。可证余数 *EB* 比余数 *FD* 等于 *AB* 比 *CD*。

因为 *AB* 比 *CD* 等于 *AE* 比 *CF*，所以 *AB* 是 *CD* 的一部分或几部分，*AE* 是 *CF* 的相同的一部分或几部分【定义 7.20】。因此，如同 *AB* 是 *CD* 的一部分或几部分，余数 *EB* 是余数 *FD* 的同样的一部分或几部分【命题 7.7、7.8】。综上，*EB* 比 *FD* 等于 *AB* 比 *CD*【定义 7.20】。以上推导过程已对此作出证明。

命题 12[②]

若任意几个数成比例，那么前项之一与后项之一的比等于所有前项的和与所有后项的和的比。

---

① 在现代记法中，本命题如下表示：若 $a:b::c:d$，则 $a:b::(a-c):(b-d)$，所有的符号都代表数。

② 在现代标记法中，本命题如下表示：若 $a:b::c:d$，则有 $a:b::(a+c):(b+d)$，所有的符号都代表数。

设有成比例的几个数 A、B、C、D，A 比 B 等于 C 比 D。可证 A 比 B 等于 A、C 的和比 B、D 的和。

因为 A 比 B 等于 C 比 D，所以 A 是 B 的一部分或几部分，C 是 D 相同的一部分或几部分【定义 7.20】。因此，如同 A 是 B 的一部分或几部分，A、C 的和是 B、D 的和同样的一部分或几部分【命题 7.5、7.6】。因此，A 比 B 等于 A、C 的和比 B、D 的和【定义 7.20】。以上推导过程已对此作出证明。

命题 13[①]

若有四个数互成比例，那么其更比例也成比例。

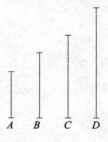

设成比例的四个数 A、B、C、D，A 比 B 等于 C 比 D。可证其更比例 A 比 C 等于 B 比 D 也成立。

---

① 在现代标记法中，本命题如下表示：若 $a:b::c:d$，则 $a:c::b:d$，所有的符号都代表数。

因为 A 比 B 等于 C 比 D，所以无论 A 是 B 怎样的一部分或几部分，C 都是 D 的同样的一部分或几部分【定义 7.20】。因此，可得更比例：无论 A 是 C 怎样的一部分或几部分，B 都是 D 的同样的一部分或几部分【命题 7.9、7.10】。综上，A 比 C 等于 B 比 D【定义 7.20】。以上推导过程已对此作出证明。

命题 14[①]

有任意一组数，另一组数与其有相同的个数，若前一组数中的两数之比等于后一组数中的两数之比，则其首末比例也相同。

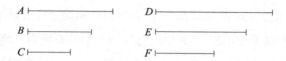

设一组数为 A、B、C，另一组数 D、E、F 与其有相同的个数，这两组数各取两数，两两相比，比例相同，即 A 比 B 等于 D 比 E，B 比 C 等于 E 比 F。可得其首末比 A 比 C 等于 D 比 F。

因为 A 比 B 等于 D 比 E，所以可得其更比例，A 比 D 等于 B 比 E【命题 7.13】。又因为 B 比 C 等于 E 比 F，所以可得其更比例，B 比 E 等于 C 比 F【命题 7.13】。因为 B 比 E 等于 A 比 D，所以 A 比 D 等于 C 比 F。综上，可得更比例，A 比 C 等于 D 比 F【命题 7.13】。以上推导过程已对此作出证明。

---

① 在现代标记法中，本命题如下表示：若 $a:b::d:e$，$b:c::e:f$，则 $a:c::d:f$，所有的符号都代表数。

命题 15[①]

若一个单位可以量尽一个数，而另一个数以相同的次数可以量尽另一个数，那么可得其更比例，该单位量尽第三个数与第二个数量尽第四个数有相同的次数。

$$A \; \rule{1cm}{0.4pt} \quad \overset{B\;\;\;\;G\;\;\;\;\;\;H\;\;\;\;\;\;C}{\rule{4cm}{0.4pt}}$$

$$D \; \rule{1.3cm}{0.4pt} \quad \overset{E\;\;\;\;\;\;K\;\;\;\;\;\;L\;\;\;\;\;\;F}{\rule{4.5cm}{0.4pt}}$$

设单位 A 可以量尽某数 BC，另一个数 D 可以以相同的次数量尽数 EF。可证其更比例成立，即单位 A 可以量尽 D，BC 可以以相同的次数量尽 EF。

因为单位 A 可以量尽 BC，且 D 可以以相同的次数量尽 EF，所以 BC 中有多少个单位，EF 中就有多少个等于 D 的数。将 BC 分为与其单位相等的 BG、GH、HC 三份，将 EF 分为与 D 相等的 EK、KL、LF 三份。由此，BG、GH、HC 的个数与 EK、KL、LF 的个数相等。因为单位 BG、GH、HC 彼此相等，数 EK、KL、LF 彼此相等，BG、GH、HC 的个数与 EK、KL、LF 的个数相等，所以单位 BG 比数 EK 等于单位 GH 比数 KL，又等于单位 HC 比 LF。可得，前项之一与后项之一的比，等于所有前项的和与所有后项的和的比【命题7.12】。因此，单位 BG 比数 EK 等于 BC 比 EF。因为单位 BG 等于单位 A，数 EK 等于数 D，所以单位 A 比数 D 等于 BC 比 EF。综上，单位 A 可以量尽数 D，BC 可以以相同的次数量尽 EF【定义7.20】。以上推导过程已对此作出证明。

---

① 本命题为命题 7.9 的特例。

命题 16[①]

若二数相乘得二数，所得二数相等。

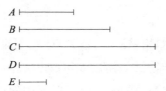

设有 A、B 两数。设 A 乘以 B 得 C，B 乘以 A 得 D。可证 C 等于 D。

因为 A 乘以 B 得 C，所以 B 可以以 A 中的单位个数来量尽 C【定义 7.15】。因为单位 E 可以以 A 中的单位数来量尽 A，所以以单位 E 量尽 A，其次数与以数 B 量尽 C 相同。因此，可得其更比例，即以单位 E 量尽 B，其次数与以 A 量尽 C 相同【命题 7.15】。又因为 B 乘以 A 得 D，A 可以以 B 中的单位数来量尽 D【定义 7.15】；又因为单位 E 可以以 B 中的单位数来量尽 B；所以，以单位 E 量尽数 B，其次数与以 A 量尽 D 相同。因为单位 E 可以量尽数 B，其次数与以 A 量尽 C 相同，所以 A 可以以相同的次数量尽 C、D，即 C 等于 D。以上推导过程已对此作出证明。

命题 17[②]

若一个数与另两个数相乘得某两数，那么所得两数之比与所乘两数之比相同。

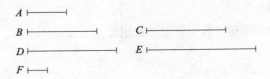

设数 A 与数 B、C 相乘，所得数为 D、E。可证 B 比 C 等于 D 比 E。

因为 A 乘以 B 等于 D，所以 B 可以以 A 中的单位的个数来量尽 D【定义 7.15】。因为单位 F 也可以以 A 中的单位数来量尽 A，所以单位 F 可以量尽数 A，其次数与以 B 量尽 D 相同。因此，单位 F 比数 A 等于 B 比 D【定义 7.20】。同理，单位 F 比数 A 等于 C 比 E。所以，B 比 D 等于 C 比 E。综上，可得其更比例，B 比 C 等于 D 比 E【命题 7.13】。以上推导过程已对此作出证明。

命题 18[①]

若有两个数分别乘以一个数得某两数，那么所得两数之比等于原两数之比。

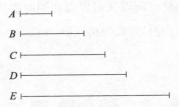

设有两个数 A、B，分别乘以某数 C 等于 D、E。可证 A 比 B 等于 D 比 E。

因为 A 乘以 C 等于 D，所以 C 乘以 A 也等于 D【命题 7.16】。同理，C 乘以 B 等于 E。所以数 C 分别乘以数 A、B 得 D、E。因此，

---

① 在现代标记法中，本命题如下表示：若 $ac = d$，而 $bc = e$，则有 $a:b::d:e$，所有的符号都代表数。

A 比 *B* 等于 *D* 比 *E*【命题 7.17】。以上推导过程已对此作出证明。

命题 19[①]

设有成比例的四个数，那么第一个数与第四个数的乘积等于第二个数与第三个数的乘积。若第一个数与第四个数的乘积等于第二个数与第三个数的乘积，那么这四个数是成比例的。

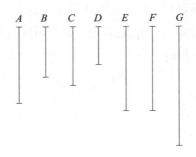

设四个成比例的数为 *A*、*B*、*C*、*D*，有 *A* 比 *B* 等于 *C* 比 *D*。*A* 乘以 *D* 等于 *E*，*B* 乘以 *C* 等于 *F*。可证 *E* 等于 *F*。

设 *A* 乘以 *C* 等于 *G*。因为 *A* 乘以 *C* 等于 *G*，*A* 乘以 *D* 等于 *E*，*A* 分别乘以 *C*、*D* 等于 *G*、*E*，所以 *C* 比 *D* 等于 *G* 比 *E*【命题 7.17】。而 *C* 比 *D* 等于 *A* 比 *B*，所以 *A* 比 *B* 等于 *G* 比 *E*。又因为 *A* 乘以 *C* 等于 *G*，*B* 乘以 *C* 等于 *F*，*A*、*B* 两数分别乘以同一个数 *C* 得 *G*、*F*，所以 *A* 比 *B* 等于 *G* 比 *F*【命题 7.18】。因为 *A* 比 *B* 等于 *G* 比 *E*，所以 *G* 比 *E* 等于 *G* 比 *F*。所以，*G* 与 *E*、*F* 均有相同的比。所以，*E* 等于 *F*【命题 5.9】。

另设 *E* 等于 *F*。可证 *A* 比 *B* 等于 *C* 比 *D*。

在作图不变的情况下，因为 *E* 等于 *F*，所以 *G* 比 *E* 等于 *G* 比 *F*

---

① 在现代标记法中，本命题如下表示：若 $a : b :: c : d$，则有 $ad = bc$，反之亦然，所有的符号都代表数。

【命题 5.7】。而 *G* 比 *E* 等于 *C* 比 *D*【命题 7.17】。因为 *G* 比 *F* 等于 *A* 比 *B*【命题 7.18】，所以 *A* 比 *B* 等于 *C* 比 *D*。以上推导过程已对此作出证明。

命题 20

用有相同比的数组中的最小的一对量尽其他数对，较大数量尽较大数，较小数量尽较小数，其次数是相同的。

CD、*EF* 是与 *A*、*B* 同比的最小数对。可证以 *CD* 量尽 *A*，其次数与以 *EF* 量尽 *B* 相同。

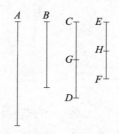

CD 并不是 *A* 的几部分，但假设此条件是成立的。可得，如同 *CD* 是 *A* 的几部分，*EF* 是 *B* 的同样的几部分【定义 7.20、命题 7.13】。因此，*CD* 中有 *A* 的几部分，*EF* 中就有 *B* 的几部分。将 *CD* 分为 *A* 的一部分，即 *CG*、*GD*；将 *EF* 分为 *B* 的一部分，即 *EH*、*HF*；所以，*CG*、*GD* 的个数等于 *EH*、*HF* 的个数。因为数 *CG*、*GD* 的个数与数 *EH*、*HF* 的个数相等，*CG* 与 *GD* 彼此相等，*EH* 与 *HF* 彼此相等，*CG*、*GD* 的个数等于 *EH*、*HF* 的个数，所以 *CG* 比 *EH* 等于 *GD* 比 *HF*。因此，前项之一与后项之一的比等于前项之和与后项之和的比【命题 7.12】。所以，*CG* 比 *EH* 等于 *CD* 比 *EF*。因此，*CG* 比 *EH* 与 *CD* 比 *EF* 有相同的比，但 *CD*、*EF* 小于 *CG*、*EH*，这是不可能成立的。因为已假设 *CD*、*EF* 为同比数对中最小的一对，所

以 *CD* 并非为 *A* 的几部分。因此，*CD* 是 *A* 的一部分【命题 7.4】。
EF 是 *B* 的一部分与 *CD* 是 *A* 的一部分相同【定义 7.20、命题 7.13】。
综上，以 *CD* 量尽 *A*，其次数与以 *EF* 量尽 *B* 相同。以上推导过程
已对此作出证明。

命题 21

在比相同的数对中，互素的两个数是最小的一对数。

设 *A*、*B* 彼此互素。可证在与 *A*、*B* 有相同比的数对中，*A*、*B*
是最小的一对数。

若二者并非最小的一对，则存在与 *A*、*B* 比相同且小于 *A*、*B* 的
一对数，设其为 *C*、*D*。

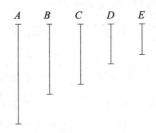

在同比的数组中，以最小的一对数量尽与它们有相同比的数对
次数相同，即前项量尽前项与后项量尽后项的次数是相同的，因此，
以 *C* 量尽 *A*，其次数等于以 *D* 量尽 *B* 的次数【命题 7.20】。因此，
以 *C* 量尽 *A*，其次数等于 *E* 中的单位的个数。因此，以 *D* 量尽 *B*，
其次数等于 *E* 中单位数。因为以 *C* 量尽 *A*，其次数等于 *E* 中单位数，
所以以以 *E* 量尽 *A*，其次数等于 *C* 中的单位数【命题 7.16】。同理，
以 *E* 量尽 *B*，其次数等于 *D* 中的单位数【命题 7.16】。所以，*E* 可
以量尽 *A*、*B*，但 *A*、*B* 为互素的两个数，所以所得结论是不可能成
立的。因此，不存在某对数与 *A*、*B* 的比相同且小于 *A*、*B*。综上，

在与 A、B 有相同比的数对中，A、B 是最小的一对数。以上推导过程已对此作出证明。

命题 22

在有相同比的数对中，最小的那对数彼此互素。

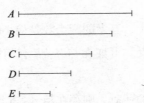

在比相同的数对中，设 A、B 是最小的一对。可证 A、B 彼此互素。

若 A、B 彼此并不互素，则有某个数可以量尽二者。设这个数为 C。以 C 量尽 A，其次数等于 D 中单位的个数。以 C 量尽 B，其次数等于 E 中单位的个数。

因为 C 可以量尽 A，其次数等于 D 中单位的个数，所以 C 乘以 D 等于 A【定义 7.15】。同理，C 乘以 E 等于 B。所以，数 C 分别乘以数 D、E 可得 A、B。因此，D 比 E 等于 A 比 B【命题 7.17】。所以，D、E 之比等于 A、B 之比，且 D、E 比 A、B 小，该结论是不可能成立的。所以不存在某数可以量尽数 A、B。综上，A、B 彼此互素。以上推导过程已对此作出证明。

命题 23

有两个数互素，若一个数可以量尽这两个数中的一个，则它与另一个数互素。

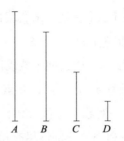

设 A、B 是互素的两个数，某数 C 可以量尽 A。可证 C、B 彼此互素。

若 C、B 彼此并不互素，那么存在某数可以量尽 C、B。设这个数为 D。因为 D 可以量尽 C，C 可以量尽 A，所以 D 可以量尽 A。因为 D 可以量尽 B，所以 D 可以量尽互素的两个数 A、B，这个结论是不可能成立的。所以，可以量尽 C、B 的某数是不存在的。综上，C、B 互素。以上推导过程已对此作出证明。

命题 24

若有两个数与某数互素，那么这两个数的乘积也与这个数互素。

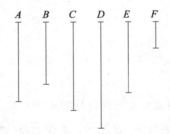

设有两个数 A、B，二者均与数 C 互素。设 A 与 B 的乘积为 D。可证 C、D 互素。

若 C、D 并不互素，那么就存在某数可以量尽 C、D。设这个数为 E。因为 C、A 互素，而某数 E 可以量尽 C，所以 A、E 互素【命题 7.23】。因此，E 量尽 D 的次数，与 F 中单位的个数相同。因而，以 F 量尽 D，

其次数等于 E 中单位的个数【命题 7.16】。因此，E 乘以 F 等于 D【定义 7.15】。因为 A 乘以 B 等于 D，所以 E、F 的乘积等于 A、B 的乘积。若两外项的积等于内项的积，则这四个数成比例【命题 7.19】。所以，E 比 A 等于 B 比 F。因为 A、E 互素，互素的一对数也是与它们有相同比的数对中最小的一对数【命题 7.21】。在有相同比的数组中，以最小的一对数的大数和小数分别量尽有相同比的大数和小数，即前项量尽前项与后项量尽后项，其次数是相同的【命题 7.20】。因此，E 可以量尽 B。又因为 E 可以量尽 C，所以 E 可以量尽互素的 B、C，这个结论是不可能成立的。所以可以量尽数 C、D 的某数是不存在的。综上，C、D 互素。以上推导过程已对此作出证明。

命题 25

若两个数互素，则其中一个数的平方与另一个数也互素。

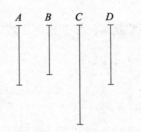

设 A、B 两数互素。A 与其自身的乘积为 C。可证 B、C 互素。

设 D 等于 A。因为 A、B 互素，A 等于 D，所以 D、B 互素。因为 D、A 均与 B 互素。因此，D、A 的乘积也与 B 互素【命题 7.24】。因为 C 为 D、A 的乘积。综上，C、B 互素。以上推导过程已对此作出证明。

命题 26

若有两个数分别与另两个数彼此互素，那么前两个数的乘积与后两个数的乘积也互素。

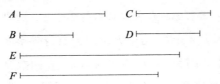

设有两个数 A、B，分别与另两个数 C、D 互素。A 乘以 B 等于 E，C 乘以 D 等于 F。可证 E、F 互素。

因为 A、B 均与 C 互素，所以 A、B 的乘积也与 C 互素【命题 7.24】。E 为 A、B 乘积，所以，E、C 互素。同理，E、D 互素。于是 C、D 均与 E 互素。可得，C、D 的乘积也与 E 互素【命题 7.24】。因为 F 是 C、D 的乘积。综上，E、F 互素。以上推导过程已对此作出证明。

命题 27[①]

若两个数互素，二者与其自身的乘积也互素；若用原数乘以先前所得的乘积，所得的数也互素（依次类推）。

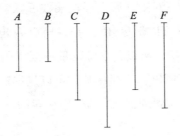

设 A、B 两数互素，A 与其自身的乘积为 C，A 与 C 的乘积为 D。

---

① 在现代标记法中，本命题如下表示：若 a 与 b 互素，则有 a^2 与 b^2 互素，a^3 与 b^3 互素，等等，所有的符号都代表数。

B 与其自身的乘积为 E，B 与 E 的乘积为 F。可证 C 与 E 互素，D 与 F 互素。

因为 A、B 互素，A 乘以其自身等于 C，所以 C、B 互素【命题 7.25】。因为 C、B 互素，B 乘以其自身等于 E，所以 C、E 互素【命题 7.25】。又因为 A、B 互素，B 乘以其自身等于 E，所以 A、E 互素【命题 7.25】。因为 A、C 两数均与 B、E 两数互素，所以 A、C 的乘积与 B、E 的乘积互素【命题 7.26】。因为 D 为 A、C 的乘积，F 为 B、E 的乘积。综上，D、F 互素。以上推导过程已对此作出证明。

命题 28

若两个数互素，那么二者之和也与原二数互素。若两数之和与二者中的任意一个数互素，那么这两个数是互素的。

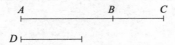

设两数 AB、BC 互素，将这两个数加在一起。可证这两个数的和 AC 与 AB、BC 均是互素的。

若 AC、AB 并不互素，那么存在某数可以量尽 AC、AB。设这个数是 D。因为 D 可以量尽 AC、AB，所以 D 也可以量尽 BC。因为 D 也可以量尽 AB，所以，D 可以量尽互素的两数 AB、BC，此结论是不成立的。所以，不存在某数可以量尽数 AC、AB。所以，AC、AB 是互素的。同理，AC、BC 是互素的。所以，AC 与 AB、BC 均是互素的。

另设 AC、AB 互素。可证 AB、BC 互素。

若 AB、BC 并不互素，那么存在某数可以量尽 AB、BC。设这个数为 D。因为 D 可以量尽 AB、BC，所以 D 可以量尽 AC。因为

D 可以量尽 AB，所以 D 可以量尽互素的 AC、AB，此结论是不可能成立的。所以，可以量尽数 AB、BC 的某数是不存在的。综上，AB、BC 是互素的。以上推导过程已对此作出证明。

命题 29

每一个素数都与用它不能量尽的数互素。

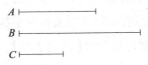

设 A 为素数，A 无法量尽 B。可证 B 与 A 是互素的。若 B 与 A 并不互素，那么存在某数可以量尽这两个数。设该数为 C。因为 C 可以量尽 B，A 不能量尽 B，所以 C 不等于 A。因为 C 可以量尽 B、A，所以 C 可以量尽 A，但 A 为素数，且 A 与 C 并不相等，所以此结论是不可能成立的。因此，可以量尽 B、A 的数是不存在的。综上，A、B 互素。以上推导过程已对此作出证明。

命题 30

若两个数相乘得一个数，有某一素数可以量尽这个乘积，那么这个素数可以量尽原两数中的一个数。

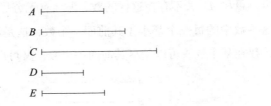

设有两个数 A、B 相乘得 C，素数 D 可以量尽 C。可证 D 可以

量尽 A、B 中的一个数。

若 D 不能量尽 A。因为 D 是素数，所以 A、D 互素【命题 7.29】。D 量尽 C 的次数，等于 E 中单位的个数。因为 D 可以以 E 中的单位的个数来量尽 C，所以 D 乘以 E 等于 C【定义 7.15】。而 A 乘以 B 也等于 C。所以，D、E 的乘积等于 A、B 的乘积。所以，D 比 A 等于 B 比 E【命题 7.19】。因为 D、A 互素，在有相同比的数对中，互素的一对数即为最小的那对数【命题 7.21】，以最小的一对数中的大数和小数分别量尽有相同比的大数和小数，即前项量尽前项与后项量尽后项，其次数是相同的【命题 7.20】。因此，D 可以量尽 B。同样可证，若 D 不能量尽 B，那么 D 可以量尽 A。综上，D 可以量尽 A、B 中的一个。以上推导过程已对此作出证明。

命题 31

每一个合数都能够为某个素数所量尽。

设 A 为合数。可证 A 可以被某个素数量尽。

因为 A 为合数，所以存在某数可以量尽 A。设这个数为 B。若 B 是素数，则假设成立。若 B 是合数，那么就存在某个数可以量尽 B。设这个数为 C。因为 C 可以量尽 B，B 可以量尽 A，所以 C 也可以量尽 A。若 C 为素数，则假设成立。若 C 为合数，那么就存在某个数可以量尽 C。以此类推，终会有一个素数既可以量尽前一个数，又可以量尽 A。若不存在这样的数，那么有无穷尽个数可以量尽 A，且这些数中的每一个都小于其前面一个数，这是不可能成立的。所以，存在某个数既可以量尽其前面一个数，又可以量尽 A。

综上，每一个合数都能够为某个素数所量尽。以上推导过程已对此作出证明。

命题 32

对于一个数来说，要么它本身即为素数，要么该数可以为某个素数所量尽。

$$A \longmapsto\joinrel\relbar\joinrel\longmapsto$$

设有一个数为 A。可证要么 A 为素数，要么 A 可以为某个素数所量尽。

若 A 为素数，则假设成立。若 A 为合数，则存在某个素数可以量尽 A【命题 7.31】。

综上，对于一个数来说，要么它本身即为素数，要么该数可以为某个素数所量尽。以上推导过程已对此作出证明。

命题 33

有给定的任意一组数，求在与这组数有相同的比的数组中最小的那组数。

A、B、C 为给定的一组数。求与 A、B、C 有相同比的最小的那组数。

A、B、C 可能彼此互素，也有可能并不互素。若 A、B、C 彼此互素，那么它们本身就是与它们同比的数组中最小的那组数【命题 7.22】。

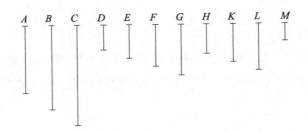

若三者并不互素，那么设 D 为 A、B、C 的最大公度数【命题 7.3】。以 D 量尽 A、B、C 的次数，分别等于 E、F、G 中单位的个数；所以，E、F、G 可以分别量尽 A、B、C，其次数等于 D 中单位的个数【命题 7.15】。因此，E、F、G 分别可以以相同的次数量尽 A、B、C。因此，E、F、G 分别与 A、B、C 有相同的比【定义 7.20】。可证这三个数即为与 A、B、C 有相同比的数组中最小的那组数。若 E、F、G 并不是与 A、B、C 有相同比的数组中的最小的那组数，那么就存在某组数小于 E、F、G，且与 A、B、C 有相同的比。设这组数为 H、K、L。那么，以 H 量尽 A 的次数，等于以 K、L 分别量尽 B、C 的次数。因为以 H 量尽 A 的次数，等于 M 中单位的个数；所以，K、L 可以分别量尽 B、C，其次数等于 M 中单位的个数。因为 H 可以量尽 A，其次数等于 M 中单位的个数，所以 M 也可以量尽 A，其次数等于 H 中单位的个数【命题 7.15】。同理，M 可以量尽 B、C，其次数分别等于 K、L 中单位的个数。因此，M 可以量尽 A、B、C。因为 H 可以量尽 A，其次数等于 M 中单位的个数，所以 H 乘以 M 等于 A。同理，E 乘以 D 等于 A。因此，E 与 D 的乘积等于 H 与 M 的乘积。因此，E 比 H 等于 M 比 D【命题 7.19】。因为 E 大于 H，所以 M 大于 D【命题 5.13】。即 M 可以量尽 A、B、C，但已假设 D 为 A、B、C 的最大公度数，所以该结论是不可能成立的。所以，不存在某组数既小于 E、F、G，又与 A、B、C 有相同的比。综上，E、F、G 是与 A、B、C 有相同的比的数组中最小的那组数。以上推导过程已对此作出证明。

命题 34

已知两个给定数，求这两个数可以量尽的数中的最小数。

设 A、B 为两个给定数。求这两个数可以量尽的数中最小的那个数。

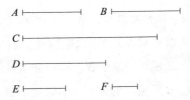

　　A、B 可能互素，也可能并不互素。首先，设二者互素。设 A 乘以 B 等于 C。所以，B 乘以 A 等于 C【命题 7.16】。所以，A、B 均可以量尽 C。可证 C 为可以由 A、B 量尽的数中的最小数。若 C 不是最小的，则 A、B 可以量尽小于 C 的某个数。设这个数为 D，D 小于 C。所以，以 A 量尽 D 的次数等于 E 中单位的个数。因为以 B 量尽 D 的次数等于 F 中单位的个数，所以 A 乘以 E 等于 D，B 乘以 F 等于 D。所以，A 与 E 的乘积等于 B 与 F 的乘积。所以 A 比 B 等于 F 比 E【命题 7.19】。因为 A、B 互素，互素的两个数为与之有相同比的数对中最小的那一对【命题 7.21】，以最小的一对数中的大数和小数分别量尽有相同比的大数和小数，其次数是相同的【命题 7.20】。所以，以后项 B 量尽后项 E。因为 A 乘以 B、E 分别得 C、D，所以 B 比 E 等于 C 比 D【命题 7.17】。因为 B 可以量尽 E，所以 C 可以量尽 D，即较大数可以量尽较小数。这个结论是不可能成立的。所以，A、B 无法量尽小于 C 的某个数。所以，C 为可以为 A、B 所量尽的最小数。

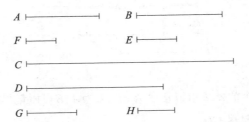

　　另设 A、B 并不互素。则有与 A、B 有相同比的最小数对 E、F【命

题 7.33】。所以，A、E 的乘积等于 B、F 的乘积【命题 7.19】。因为 A 乘以 E 等于 C，所以 B 乘以 F 等于 C。因此，A、B 皆可以量尽 C。可证 C 为可以由 A、B 量尽的最小数。若 C 并不是最小数，则有某个小于 C 且可以为 A、B 所量尽的数存在。设这个数为 D，D 小于 C。则以 A 量尽 D，其次数等于 G 中单位的个数。以 B 量尽 D，其次数等于 H 中单位的个数。所以，A 乘以 G 等于 D，B 乘以 H 等于 D。所以，A 与 G 的乘积等于 B 与 H 的乘积。所以，A 比 B 等于 H 比 G【命题 7.19】。而 A 比 B 等于 F 比 E。所以，F 比 E 等于 H 比 G。F、E 为与 A、B 有相同比的最小的一对数，最小数对中的大数和小数量尽有相同比的数对中的大数和小数，其次数是相同的【命题 7.20】，所以，E 可以量尽 G。因为 A 乘以 E、G 等于 C、D，所以 E 比 G 等于 C 比 D【命题 7.17】。因为 E 可以量尽 G，所以 C 可以量尽 D，即较大数可以量尽较小数，此结论是不可能成立的。所以，A、B 并不能量尽比 C 小的数。综上，C 为 A、B 可以量尽的最小的数。以上推导过程已对此作出证明。

命题 35

若两个数可以量尽某数，那么这两个数可以量尽的最小数也可以量尽这个数。

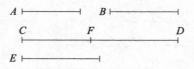

设有两个数 A、B 可以量尽数 CD，E 为 A、B 可以量尽的最小的数。可证 E 可以量尽 CD。

若 E 不可以量尽 CD，那么在 CD 上取 DF 等于 E，设余下的

CF 小于 E。因为 A、B 可以量尽 E，E 可以量尽 DF，所以 A、B 可以量尽 DF。因为 A、B 可以量尽 CD，所以 A、B 可以量尽小于 E 的 CF。这个结论是不可能成立的。所以，E 并非无法量尽 CD。综上，E 可以量尽 CD。以上推导过程已对此作出证明。

命题 36

求可以为三个已知数所量尽的最小数。

A、B、C 为给定的三个数。求这三个数可以量尽的最小数。

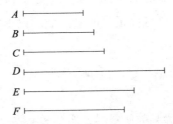

设 D 为 A、B 可以量尽的最小数【命题 7.34】。那么，C 可能可以量尽 D，也可能无法量尽 D。首先，假设 C 可以量尽 D。因为 A、B 也可以量尽 D，所以 A、B、C 都可以量尽 D。可证 D 为 A、B、C 可以量尽的最小数。若 D 并非最小数，则存在某个数可以为 A、B、C 所量尽，且该数小于 D。设这个数为 E。因为 A、B、C 可以量尽 E，因此 A、B 可以量尽 E。所以，A、B 可以量尽的最小数，同样可以量尽 E【命题 7.35】。因为 D 为 A、B 可以量尽的最小数；所以，D 可以量尽 E，较大数可以量尽较小数，这个结论是不可能成立的。所以，A、B、C 无法量尽小于 D 的数。所以，D 为 A、B、C 可以量尽的最小数。

另设 C 无法量尽 D。设 E 为 C、D 可以量尽的最小数【命题 7.34】。因为 A、B 可以量尽 D，D 可以量尽 E，所以 A、B 也可以量尽 E。

因为 C 也可以量尽 E，所以 A、B、C 可以量尽 E。可证 E 为 A、B、C 可以量尽的最小数。若 E 并非最小数，则存在某个数可以为 A、B、C 所量尽且小于 E，设这个数为 F。因为 A、B、C 可以量尽 F，所以 A、B 可以量尽 F。所以，A、B 可以量尽的最小数也可以量尽 F【命题 7.35】。因为 D 为 A、B 可以量尽的最小数，所以 D 可以量尽 F。因为 C 也可以量尽 F，所以 D、C 可以量尽 F。因此，D、C 可以量尽的最小数可以量尽 F【命题 7.35】。因为 E 为 C、D 可以量尽的最小数，所以，E 可以量尽 F，即较大的数可以量尽较小的数，此结论是不可能成立的。所以，A、B、C 无法量尽小于 E 的数。综上，E 为 A、B、C 可以量尽的最小数。以上推导过程已对此作出证明。

命题 37

若一个数可以为某数所量尽，那么这个数的一部分与量尽它的数相等。

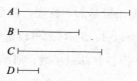

设数 B 量尽数 A。可证 A 的一部分等于 B。

设 B 量尽 A 的次数等于 C 中单位的个数。因为以 B 量尽 A，其次数等于 C 中单位的个数，单位 D 也可以量尽 C，其次数也等于 C 中单位的个数，所以单位 D 量尽数 C 的次数等于 B 量尽 A 的次数。所以，可得其更比例，单位 D 量尽数 B 的次数等于 C 量尽 A 的次数【命题 7.15】。所以无论单位 D 是数 B 的怎样的一部分，C 都为 A 的同样的一部分。因为单位 D 是数 B 的一部分，所以 C 也为 A 的

与 B 相同的一部分。所以，A 有一个与 B 相同的部分 C。以上推导
过程已对此作出证明。

命题 38

无论一个数有怎样的一部分，这个数都可以为与这部分相同的
数所量尽。

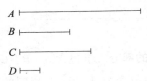

设 B 为数 A 的一部分。设数 C 与 B 相同。可证 C 可以量尽 A。

因为 B 为 A 的一部分，且这部分与 C 相同，单位 D 为 C 的一部分，
所以无论单位 D 为数 C 的怎样的一部分，B 也为 A 的同样的一部分。
所以，以单位 D 量尽数 C，其次数与以 B 量尽 A 相等。因此，可得
其更比例，以单位 D 量尽数 B，其次数等于以 C 量尽 A【命题 7.15】。
综上，C 可以量尽 A。以上推导过程已对此作出证明。

命题 39

求包含已知的几个部分的最小数。

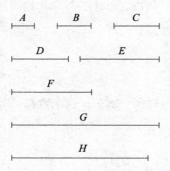

A、B、C 为已知的部分。求包含 A、B、C 的最小数。

设 D、E、F 分别包含与 A、B、C 相同的部分。G 为 D、E、F 可以量尽的最小数【命题 7.36】。

所以，G 包含与 D、E、F 相同的几个部分【命题 7.37】。因为 A、B、C 分别为 D、E、F 的一部分，所以 G 包含与 A、B、C 相同的几个部分。可证 G 为包含 A、B、C 的最小数。若 G 不是这个最小数，则存在某个数小于 G，且包含与 A、B、C 相等的几个部分。设这个数为 H。因为 H 包含与 A、B、C 相等的几个部分，所以 H 可以为与 A、B、C 相等的部分所量尽【命题 7.38】。因为 D、E、F 分别包含与 A、B、C 相同的部分，所以 H 可以为 D、E、F 所量尽。因为 H 小于 G，所以这个结论是不可能成立的。所以，既小于 G，又包含 A、B、C 的数是不存在的。以上推导过程已对此作出证明。

第8卷　连比例①

命　题

命题 1

如果有几个数成连比例，其两外项互素，则在有相同比例的数组中，这组数是最小的。

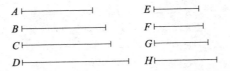

设 *A*、*B*、*C*、*D* 成连比例。其两外项 *A*、*D* 互素。可证在有相同比例的数组中，*A*、*B*、*C*、*D* 为最小的一组。

若这组数并非最小数，假设 *E*、*F*、*G*、*H* 分别小于 *A*、*B*、*C*、*D*，且比也相同。因为 *A*、*B*、*C*、*D* 之比等于 *E*、*F*、*G*、*H* 之比，这两组数在个数上相同，因此，可得其首末比例，*A* 比 *D* 等于 *E* 比 *H*【命题 7.14】。因为 *A*、*D* 互素，而在比相同的数对中，互素的两个数为最小的一对数【命题 7.21】，以最小的一对数分别量尽其他的数

---

① 第7~9卷的命题，一般被认为属于毕达哥拉斯学派。

对，较大数量尽较大数，较小数量尽较小数，即前项量尽前项，后项量尽后项，其次数是相同的【命题 7.20】。由此，A 可以量尽 E，较大数可以量尽较小数，这个结论是不可能成立的。所以，E、F、G、H 虽然比 A、B、C、D 小，但二者的比并不相同。所以 A、B、C、D 为比相同的数组中最小的一组。以上推导过程已对此作出证明。

命题 2

求既拥有指定个数又成已知连比例且有已知比的最小数组。

设 A、B 为成已知比的数对中最小的一对。求与 A、B 同比的最小连比例数组。

设这组数含 4 个数。令 A 与其自身相乘等于 C，A 乘以 B 等于 D；B 与其自身相乘等于 E；A 乘以 C、D、E 分别等于 F、G、H；B 乘以 E 等于 K。

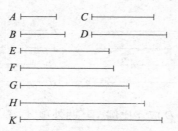

因为 A 乘以其自身得 C，乘以 B 得 D，所以 A 比 B 等于 C 比 D【命题 7.17】。又因为 A 乘以 B 得 D，B 乘以其自身得 E，所以 A、B 分别乘以 B 得 D、E。所以，A 比 B 等于 D 比 E【命题 7.18】。因为 A 比 B 等于 C 比 D，所以 C 比 D 等于 D 比 E。因为 A 乘以 C、D 得 F、G，所以 C 比 D 等于 F 比 G【命题 7.17】。因为 C 比 D 等于 A 比 B，所以 A 比 B 等于 F 比 G。又因为 A 乘以 D、E 得 G、H，所以 D 比 E 等于 G 比 H【命题 7.17】。因为 D 比 E 等于 A 比 B，

所以 A 比 B 等于 G 比 H。因为 A、B 乘以 E 得 H、K，所以 A 比 B 等于 H 比 K。因为 A 比 B 等于 F 比 G，又等于 G 比 H；所以 F 比 G 等于 G 比 H，又等于 H 比 K。所以 C、D、E 与 F、G、H、K 均成连比例，且与 A、B 之比相同。可证这两组数也为同比数组中的最小的数组。因为 A、B 为拥有相同比的数对中最小的一对，在相同比的数对中，最小的数对彼此互素【命题7.22】，所以 A、B 互素。因为 A、B 分别与自身相乘得 C、E，分别与 C、E 相乘得 F、K；所以，C、E 与 F、K 是互素的【命题7.27】。若存在任意一组数成连比例，其两外项是互素的，那么这组数为比例相同的数组中最小的一组【命题8.1】。所以，C、D、E 和 F、G、H、K 为与 A、B 同比的连比例数组中最小的两组数。以上推导过程已对此作出证明。

推 论

所以，若有三个数成连比例，且它们为与其有相同比的最小数，那么其两外项为平方数；如果有四个数成连比例，且它们为与其有相同比的最小数，那么其两外项为立方数。

命题 3

若有任意连比例数组，且这组数为有相同比例的数组中最小的一组，那么这组数的两外项是互素的。

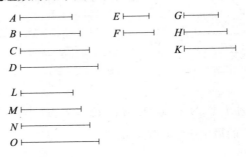

设 A、B、C、D 为任意一组成连比例的数，且这组数为有相同比例的数组中最小的一组数。可证该数组的两外项 A、D 是互素的。

设 E、F 为与 A、B、C、D 有相同比的最小的两个数【命题 7.33】G、H、K 为与 A、B、C、D 有相同比的最小的三个数【命题 8.2】。相继增加一个数，直到个数等于 A、B、C、D 的个数。设这组数为 L、M、N、O。

因为 E、F 为与其有相同比例的数组中最小的那一组，所以 E、F 是互素的【命题 7.22】。因为 E、F 分别乘以它们自身等于 G、K【命题 8.2 推论】，E、F 分别乘以 G、K 等于 L、O，所以 G 与 K，L 与 O 互素【命题 7.27】。因为 A、B、C、D 为同比组中最小的一组，L、M、N、O 也为该同比数组中最小的一组，因为其与 A、B、C、D 有相同的比，而 A、B、C、D 的个数与 L、M、N、O 的个数相同，所以 A、B、C、D 分别等于 L、M、N、O。因此，A 等于 L，D 等于 O。因为 L、O 互素，所以 A、D 互素。以上推导过程已对此作出证明。

命题 4

已知由最小数形成的几个比例，求其比等于这几个已知比例的最小连比例数组。

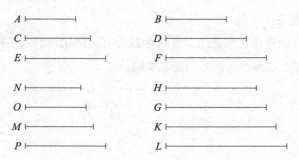

设有比例 A 比 B、C 比 D、E 比 F，均为最小数对。求其比等于这几个比例的最小连比例数组。

　　设 G 是可以为 B、C 所量尽的最小数【命题7.34】。所以以 B 量尽 G，其次数等于以 A 量尽 H。因为以 C 量尽 G，其次数等于以 D 量尽 K。E 可以量尽 K，也可能无法量尽 K。首先，假设 E 可以量尽 K。那么 E 量尽 K 的次数就等于 F 量尽 L 的次数。因为 A 可以量尽 H，且其次数等于 B 量尽 G 的次数，所以 A 比 B 等于 H 比 G【定义7.20、命题7.13】。同理可得，C 比 D 等于 G 比 K，E 比 F 等于 K 比 L。因此，H、G、K、L 成连比例，且其比等于 A 比 B、C 比 D、E 比 F。可证这组数为有相同比例的数组中最小的一组。若 H、G、K、L 并非与 A 比 B、C 比 D、E 比 F 同比的最小连比例数组，那么设 N、O、M、P 为最小数组。因为 A 比 B 等于 N 比 O，A 比 B 为同比数组中最小的一组，有相同比的一对最小数分别量尽其他数对，较大数量尽较大数，较小数量尽较小数，即前项量尽前项，后项量尽后项，其次数是相同的【命题7.20】，因此 B 可以量尽 O。同理，C 可以量尽 O。由此，B、C 均可量尽 O。所以，B、C 可以量尽的最小的数是可以量尽 O 的【命题7.35】。G 是可以为 B、C 所量尽的最小数。所以，G 可以量尽 O，即较大数可以量尽较小数，这个结论是不可能成立的。所以，不存在小于 H、G、K、L 且所成连比例与 A 比 B、C 比 D、E 比 F 相等的数组。

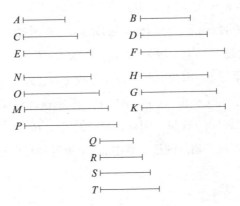

假设 E 不能量尽 K。设可以为 E、K 所量尽的最小数为 M【命题 7.34】。因为 K 量尽 M 的次数等于 H、G 分别量尽 N、O 的次数。E 量尽 M 的次数等于 F 量尽 P 的次数。因为 H 量尽 N 的次数等于 G 量尽 O 的次数，所以 H 比 G 等于 N 比 O【定义 7.20、命题 7.13】。因为 H 比 G 等于 A 比 B，所以 A 比 B 等于 N 比 O。同理，C 比 D 等于 O 比 M。又因为 E 量尽 M 的次数等于 F 量尽 P 的次数，所以 E 比 F 等于 M 比 P【定义 7.20、命题 7.13】。所以，N、O、M、P 成连比例，且与 A 比 B、C 比 D、E 比 F 同比例。可证这组数也为与 A 比 B、C 比 D、E 比 F 同比例的最小数组。若该组数并不是最小的，那么设 Q、R、S、T 为小于 N、O、M、P 且与 A 比 B、C 比 D、E 比 F 之比相同的最小数组。因为 Q 比 R 等于 A 比 B，A、B 为同比数组中最小的一组，有相同比的最小的一对数分别量尽其他数对，较大数量尽较大数，较小数量尽较小数，即前项量尽前项，后项量尽后项，其次数是相同的【命题 7.20】，所以 B 可以量尽 R。同理，C 可以量尽 R。由此，B、C 可以量尽 R。所以，可以为 B、C 所量尽的最小数也是可以量尽 R 的【命题 7.35】。因为 G 是可以为 B、C 所量尽的最小数，所以 G 可以量尽 R。因为 G 比 R 等于 K 比 S，所以 K 也可以量尽 S【定义 7.20】。因为 E 也可以量尽 S【命题 7.20】，所以 E、K 均可以量尽 S。因此，可以为 E、K 所量尽的最小数也可以量尽 S【命题 7.35】。因为 M 是可以为 E、K 所量尽的最小数，所以 M 可以量尽 S，即较大数可以量尽较小数，这是不可能成立的。所以，并不存在既小于 N、O、M、P，所成连比例又与 A 比 B、C 比 D、E 比 F 相同的数组。因此，N、O、M、P 为所成连比例与 A 比 B、C 比 D、E 比 F 相同的最小数组。以上推导过程已对此作出证明。

命题 5

面积数之比等于其边比的复比。

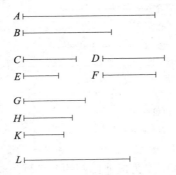

设 A、B 为两个面积数，C、D 为 A 的边，E、F 为 B 的边。可证 A 与 B 的比等于其边比的复比。

已知 C 与 E 的比和 D 与 F 的比，设 G、H、K 是与 C 比 E、D 比 F 成相同连比例的最小数【命题8.4】。所以，C 比 E 等于 G 比 H，D 比 F 等于 H 比 K。设 D 乘以 E 等于 L。

因为 D 乘以 C 等于 A，D 乘以 E 等于 L，所以 C 比 E 等于 A 比 L【命题 7.17】。因为 C 比 E 等于 G 比 H，所以 G 比 H 等于 A 比 L。又因为 E 乘以 D 等于 L【命题 7.16】，而 E 乘以 F 等于 B，所以 D 比 F 等于 L 比 B【命题 7.17】。因为 D 比 F 等于 H 比 K，所以 H 比 K 等于 L 比 B。因为已经证明 G 比 H 等于 A 比 L，所以根据首末比可得，G 比 K 等于 A 比 B【命题 7.14】。因为 G、K 之比等于 A、B 的边比的复比，所以 A、B 之比也等于 A、B 的边比的复比。以上推导过程已对此作出证明。

命题 6

在任意成连比例的数组中，若该数组的第一个数无法量尽第二个数，那么在这组数中，其他数之间也无法彼此量尽。

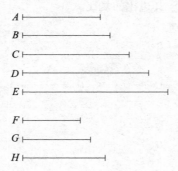

　　设 A、B、C、D、E 为成连比例的一组数，A 无法量尽 B。可证其他数之间也无法彼此量尽。

　　因为 A 无法量尽 B，所以 A、B、C、D、E 是无法依次量尽的。可证各数之间无法彼此量尽。假设 A 可以量尽 C。设 F、G、H 为与 A、B、C 同比的最小的一组数，且前者的个数与后者的个数相同【命题 7.33】。因为 F、G、H 与 A、B、C 的比相同，个数也相同，所以由首末比可得，A 比 C 等于 F 比 H【命题 7.14】。因为 A 比 B 等于 F 比 G，A 无法量尽 B，所以 F 无法量尽 G【定义 7.20】。因为一个单位是可以量尽所有的数的，所以 F 不是一个单位。F、H 互素【命题 8.3】。因为 F 比 H 等于 A 比 C，所以 A 无法量尽 C【定义 7.20】。同理可证，该组数中各数间无法相互量尽。以上推导过程已对此作出证明。

命题 7

　　若在任意成连比例的数组中，第一个数可以量尽最后一个数，那么第一个数也可以量尽第二个数。

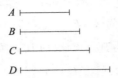

设 A、B、C、D 为任意一组成连比例的数。设 A 可以量尽 D。可证 A 也可以量尽 B。

若 A 不能够量尽 B，则数组中各数间不能相互量尽【命题 8.6】。但是 A 可以量尽 D，所以 A 可以量尽 B。以上推导过程已对此作出证明。

命题 8

若在两数之间插入多个数与它们成连比例，那么无论在它们之间插入多少个成连比例的数，在与原两个数有相同比的两数之间也可以插入同样多个成连比例的数。

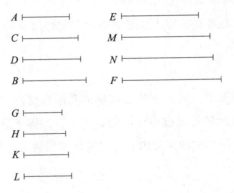

设数 C、D 落在 A、B 之间，与它们成连比例，设 A 比 B 等于 E 比 F。可证落在 A、B 间的可以成连比例的数的个数等于落在 E、F 间的可以成连比例的数的个数。

设数 G、H、K、L 的个数与 A、B、C、D 相同，且为与 A、B、

C、D 有相同比例的数组中的最小数组【命题 7.33】，所以其两端 G、L 互素【命题 8.3】。因为 A、B、C、D 与 G、H、K、L 的比相同，且个数也相同，所以可得其首末比，A 比 B 等于 G 比 L【命题 7.14】。因为 A 比 B 等于 E 比 F，所以 G 比 L 等于 E 比 F。因为 G、L 互素。互素的数在与其比相同的数对中是最小的一对【命题 7.21】。在有相同比的数组中，以最小的一对数分别量尽其他各数对，较大数量尽较大数，较小数量尽较小数，即前项量尽前项，后项量尽后项，其次数是相同的【命题 7.20】。所以以 G 量尽 E，其次数与 L 量尽 F 相同。G 量尽 E，其次数与 H、K 分别量尽 M、N 相同，所以 G、H、K、L 分别量尽 E、M、N、F，次数相同。因此，G、H、K、L 与 E、M、N、F 的比相同【定义 7.20】。因为 G、H、K、L 与 A、C、D、B 的比相同，所以 A、C、D、B 与 E、M、N、F 的比也相同。因为 A、C、D、B 成连比例，所以 E、M、N、F 也成连比例。因此，落在 A、B 间的可以成连比例的数的个数，与落在 E、F 间的可以成连比例的数的个数相同。以上推导过程已对此作出证明。

命题 9

若两个数互素，有一些成连比例的数落在这两个数之间，那么落在这两个数间的可以成连比例的数的个数，等于落在这两个数各自与一个单位所形成的区间内的可成连比例的数的个数。

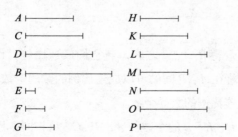

设 A、B 互素，C、D 落在 A、B 之间形成连比例。设存在单位 E。可证落在 A、B 间的可以成连比例的数的个数，与落在 A、B 各自与单位形成的区间内的可以成连比例的数的个数相同。

设 F、G 是与 A、C、D、B 有相同比的最小的两个数【命题 7.33】。最小的三个数为 H、K、L。依次累加一个数，直到个数与 A、C、D、B 的个数相同【命题 8.2】。设这组数为 M、N、O、P。因为 F 与自身相乘等于 H，与 H 相乘等于 M。G 与其自身相乘等于 L，与 L 相乘等于 P【命题 8.2 推论】。因为 M、N、O、P 是与 F、G 有相同比的数组中的最小一组，A、C、D、B 也是与 F、G 有相同比的数组中的最小一组【命题 8.2】，而 M、N、O、P 的个数与 A、C、D、B 的个数也相同，所以 M、N、O、P 分别等于 A、C、D、B。因为 M 等于 A，P 等于 B，F 与自身相乘等于 H，所以 F 可以以 F 中的单位的个数来量尽 H【定义 7.15】。因为单位 E 也可以以 F 中的单位数来量尽 F。所以，单位 E 可以量尽数 F，其次数等于以 F 量尽 H 的次数。所以，单位 E 比数 F 等于 F 比 H【定义 7.20】。又因为 F 乘以 H 等于 M，所以 H 可以以 F 中的单位数来量尽 M【定义 7.15】。因为单位 E 也可以以 F 中的单位数来量尽数 F，所以单位 E 可以量尽数 F，其次数等于 H 量尽 M 的次数。所以，单位 E 比数 F 等于 H 比 M【命题 7.20】。因为已经证明单位 E 比数 F 等于 F 比 H，所以单位 E 比数 F 等于 F 比 H，又等于 H 比 M。因为 M 等于 A，所以单位 E 比数 F 等于 F 比 H，又等于 H 比 A。同理可证，单位 E 比数 G 等于 G 比 L，又等于 L 比 B。综上，落在 A、B 两个数间的可以成连比例的数的个数，等于落在 A、B 各自与单位 E 所形成的区间内的可以成连比例的数的个数。以上推导过程已对此作出证明。

命题 10

若几个数落在两个数各自与一个单位所形成的区间内，那么落在这个区间内的可以形成连比例的数的个数，等于落在这两个数之间的可以形成连比例的数的个数。

设数 D 与 E、F 与 G 落在数 A、B 分别与单位 C 形成的区间内，且成连比例。可证落在 A、B 各自与单位 C 形成的区间内且成连比例的数的个数，等于落在 A、B 之间的可以成连比例的数的个数。

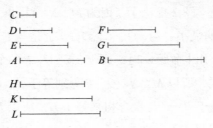

设 D 乘以 F 等于 H。设 D、F 分别乘以 H 等于 K、L。

因为单位 C 比数 D 等于 D 比 E，所以以单位 C 量尽数 D，其次数等于以 D 量尽 E【定义 7.20】。因为单位 C 可以以 D 中的单位数来量尽数 D，所以数 D 也可以以 D 中的单位数来量尽 E。因此，D 乘以其自身等于 E。又因为单位 C 比数 D 等于 E 比 A，所以以单位 C 量尽数 D，其次数等于 E 量尽 A【定义 7.20】。因为单位 C 可以以 D 中的单位数来量尽数 D，所以 E 也可以以 D 中的单位数来量尽 A。所以，D 乘以 E 等于 A。同理，F 与其自身相乘等于 G，与 G 相乘等于 B。因为 D 与其自身相乘等于 E，与 F 相乘等于 H，所以 D 比 F 等于 E 比 H【命题 7.17】。同理，D 比 F 等于 H 比 G【命题 7.18】。所以，E 比 H 等于 H 比 G。又因为 D 分别乘以 E、H 等于 A、K，所以 E 比 H 等于 A 比 K【命题 7.17】。而 E 比 H 等于 D 比 F，所以 D 比 F 等于 A 比 K。又因为 D、F 分别乘以 H 等于 K、

L，所以 *D* 比 *F* 等于 *K* 比 *L*【命题 7.18】。而 *D* 比 *F* 等于 *A* 比 *K*，所以，*A* 比 *K* 等于 *K* 比 *L*。因为 *F* 分别乘以 *H*、*G* 等于 *L*、*B*，所以 *H* 比 *G* 等于 *L* 比 *B*【命题 7.17】。因为 *H* 比 *G* 等于 *D* 比 *F*，所以 *D* 比 *F* 等于 *L* 比 *B*。因为已经证明了 *D* 比 *F* 等于 *A* 比 *K*，又等于 *K* 比 *L*，所以 *A* 比 *K* 等于 *K* 比 *L*，又等于 *L* 比 *B*。所以，*A*、*K*、*L*、*B* 成连比例。所以，落在 *A*、*B* 各自与单位 *C* 形成的区间内的可以形成连比例的数的个数，与落在 *A*、*B* 之间的可以形成连比例的数的个数相同。以上推导过程已对此作出证明。

命题 11

在两个平方数之间有一个比例中项①，两平方数之比等于它们的边与边的二次比②。

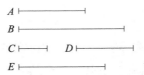

设 *A*、*B* 为平方数，*C* 为 *A* 的边，*D* 为 *B* 的边。可证 *A*、*B* 之间存在一个比例中项，且 *A*、*B* 之比等于 *C*、*D* 之比的二次比。

设 *C* 乘以 *D* 等于 *E*。因为 *A* 为平方数，*C* 为其边，所以 *C* 与其自身相乘等于 *A*。同理，*D* 与其自身相乘等于 *B*。因为 *C* 分别乘以 *C*、*D* 等于 *A*、*E*，所以 *C* 比 *D* 等于 *A* 比 *E*【命题 7.17】。同理，*C* 比 *D* 等于 *E* 比 *B*【命题 7.18】，因此 *A* 比 *E* 等于 *E* 比 *B*。所以，*A*、*B* 之间存在一个比例中项，即 *E*。

可证 *A* 与 *B* 的比等于 *C* 与 *D* 的二次比。因为 *A*、*E*、*B* 是三个

---

① 换句话说，在两个已知平方数之间存在一个数与它们成连比例。

② 字面意思为"双倍"。

成连比例的数，所以 A 与 B 的比等于 A 与 E 的二次比【定义 5.9】。因为 A 比 E 等于 C 比 D，所以 A 与 B 的比等于 C 与 D 的二次比。以上推导过程已对此作出证明。

命题 12

在两个立方数之间存在两个比例中项[1]，且两个立方数之比为它们的边与边的三次比[2]。

设 A、B 为立方数，C 为 A 的边，D 为 B 的边。可证 A、B 之间存在两个比例中项，且 A 与 B 的比等于 C 与 D 的三次比。

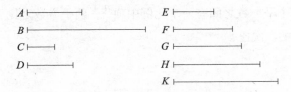

设 C 与其自身相乘等于 E，与 D 相乘等于 F。设 D 与其自身相乘等于 G，C、D 分别与 F 相乘等于 H、K。

因为 A 为立方数，C 为其边，C 与其自身相乘等于 E，所以 C 与其自身相乘等于 E，与 E 相乘等于 A。同理，D 与其自身相乘等于 G，与 G 相乘等于 B。因为 C 分别乘以 C、D 等于 E、F，所以 C 比 D 等于 E 比 F【命题 7.17】。同理，C 比 D 等于 F 比 G【命题 7.18】。又因为 C 分别与 E、F 相乘等于 A、H，所以 E 比 F 等于 A 比 H【命题 7.17】。因为 E 比 F 等于 C 比 D，所以 C 比 D 等于 A 比 H。因为 C、D 分别与 F 相乘等于 H、K，所以 C 比 D 等于 H 比 K【命题 7.18】。又因为 D 分别乘以 F、G 等于 K、B，所以 F 比 G 等于 K 比 B【命题 7.17】。

---

[1] 换句话说，在两个已知立方数之间存在两个数与它们成连比例。
[2] 字面意思为"三倍"。

因为 F 比 G 等于 C 比 D，所以 C 比 D 等于 A 比 H，又等于 H 比 K，又等于 K 比 B。所以，H、K 为 A、B 之间的两个比例中项。

可证 A 与 B 的比为 C 与 D 的三次比。因为 A、H、K、B 为成连比例的四个数，所以 A 与 B 的比等于 A 与 H 的三次比【定义 5.10 】。因为 A 比 H 等于 C 比 D，所以 A 与 B 的比等于 C 与 D 的三次比。以上推导过程已对此作出证明。

命题 13

有成连比例的任意数组，若该数组中的数与其自身相乘，所得乘积也将成连比例，若原数组中的数与这些乘积相乘，其乘积亦成连比例。

设 A、B、C 为成连比例的任意数组，A 比 B 等于 B 比 C。设 A、B、C 与其自身相乘等于 D、E、F，与 D、E、F 相乘等于 G、H、K。可证 D、E、F 和 G、H、K 均成连比例。

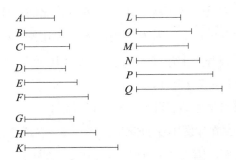

设 A 乘以 B 等于 L。A、B 分别乘以 L 等于 M、N。另设 B 乘以 C 等于 O，B、C 乘以 O 等于 P、Q。

同理可证，D、L、E 和 G、M、N、H 均成连比例，且与 A、B 之比成连比例，又有 E、O、F 和 H、P、Q、K 均成连比例，其比与 B、C 之比成连比例。因为 A 比 B 等于 B 比 C，所以 D、L、E 与 E、O、

F 有相同的比，G、M、N、H 与 H、P、Q、K 有相同的比。因为 D、L、E 的个数与 E、O、F 的个数相同，G、M、N、H 的个数与 H、P、Q、K 的个数相同。所以，由首末比可得，D 比 E 等于 E 比 F，G 比 H 等于 H 比 K【命题 7.14】。以上推导过程已对此作出证明。

命题 14

若一个平方数可以量尽另一个平方数，那么前者的边也可以量尽后者的边。若两平方数的一个的边可以量尽另一个平方数的边，那么前者的平方数也可以量尽后者的平方数。

设 A、B 为平方数，C、D 分别为二者的边，A 可以量尽 B。可证 C 也可以量尽 D。

$$
\begin{array}{ll}
A \; \vdash\!\!\!-\!\!\!-\!\!\!\dashv & C \; \vdash\!\!-\!\!\dashv \\
B \; \vdash\!\!\!-\!\!\!-\!\!\!-\!\!\!-\!\!\!-\!\!\!\dashv & D \; \vdash\!\!\!-\!\!\!-\!\!\!-\!\!\!\dashv \\
E \; \vdash\!\!\!-\!\!\!-\!\!\!-\!\!\!\dashv &
\end{array}
$$

设 C 乘以 D 等于 E，所以 A、E、B 成连比例，且与 C、D 之比成连比例【命题 8.11】。因为 A、E、B 成连比例，A 可以量尽 B，所以 A 也可以量尽 E【命题 8.7】。因为 A 比 E 等于 C 比 D，所以 C 可以量尽 D【定义 7.20】。

另设 C 可以量尽 D。可证 A 也可以量尽 B。

同理可证，在作图不变的情况下，A、E、B 成连比例，且与 C、D 之比成连比例。因为 C 比 D 等于 A 比 E，C 可以量尽 D，所以 A 也可以量尽 E【定义 7.20】。因为 A、E、B 成连比例，所以 A 也可以量尽 B。

所以，若一个平方数可以量尽另一个平方数，那么前者的边也可以量尽后者的边。若两平方数的一个的边可以量尽另一个平方数的边，那么前者的平方数也可以量尽后者的平方数。以上推导过程已对此作出证明。

命题 15

若一个立方数可以量尽另一个立方数，那么前者的边也可以量尽后者的边。若两立方数的一个的边可以量尽另一个立方数的边，那么前者的立方数也可以量尽后者的立方数。

设立方数 A 可以量尽立方数 B，C 为 A 的边，D 为 B 的边。可证 C 可以量尽 D。

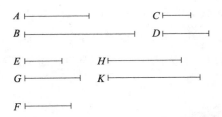

设 C 与其自身相乘等于 E。D 与其自身相乘等于 G。C 与 D 相乘等于 F，C、D 分别与 F 相乘等于 H、K。所以，E、F、G，A、H、K、B 均成连比例，且均与 C、D 之比相同【命题 8.12】。因为 A、H、K、B 成连比例，A 可以量尽 B，所以 A 也可以量尽 H【命题 8.7】。因为 A 比 H 等于 C 比 D，所以 C 也可以量尽 D【定义 7.20】。

设 C 可以量尽 D。求证，A 也将可以量尽 B。

同理可证，在作图不变的情况下，A、H、K、B 成连比例，其比与 C、D 之比相同。因为 C 可以量尽 D，C 比 D 等于 A 比 H，所以 A 也可以量尽 H【定义 7.20】。因此，A 也可以量尽 B。以上推导过程已对此作出证明。

命题 16

若一个平方数无法量尽另一个平方数，那么前者的边也无法量尽后者的边。若两平方数的一个的边无法量尽另一个平方数的边，那么前者的平方数也无法量尽后者的平方数。

$$A \longmapsto \hspace{1.5cm} C \longmapsto$$
$$B \longmapsto \hspace{1.5cm} D \longmapsto$$

设 A、B 为平方数，C、D 分别为二者的边。设 A 无法量尽 B。可证 C 也无法量尽 D。

若 C 可以量尽 D，那么 A 也可以量尽 B【命题 8.14】。因为 A 无法量尽 B，所以 C 也无法量尽 D。

另假设 C 无法量尽 D。可证 A 也无法量尽 B。

若 A 可以量尽 B，那么 C 也可以量尽 D【命题 8.14】。因为 C 无法量尽 D，所以 A 也无法量尽 B。以上推导过程已对此作出证明。

命题 17

若一个立方数无法量尽另一个立方数，那么前者的边也无法量尽后者的边。若两立方数的一个的边无法量尽另一个立方数的边，那么前者的立方数也无法量尽后者的立方数。

$$A \longmapsto \hspace{1.5cm} C \longmapsto$$
$$B \longmapsto \hspace{1.5cm} D \longmapsto$$

设立方数 A 无法量尽立方数 B。C 为 A 的边，D 为 B 的边。可证 C 无法量尽 D。

若 C 可以量尽 D，那么 A 也可以量尽 B【命题 8.15】。因为 A 无法量尽 B，所以 C 也无法量尽 D。

设 C 无法量尽 D。可证 A 也无法量尽 B。

若 A 可以量尽 B，那么 C 也可以量尽 D【命题 8.15】。因为 C 无法量尽 D，所以 A 也无法量尽 B。以上推导过程已对此作出证明。

命题 18

在两个相似的面积数之间，存在一个比例中项，且这两个面积数之比等于两对应边的二次比[①]。

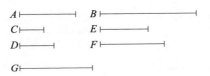

设 A、B 为两个相似的面积数，数 C、D 为 A 的边，E、F 为 B 的边。因为相似面积数的边成比例【定义 7.21】，所以 C 比 D 等于 E 比 F。可证在 A、B 之间存在一个比例中项，且 A 与 B 之比等于 C 与 E 的二次比或 D 与 F 的二次比，即两对应边的二次比。

因为 C 比 D 等于 E 比 F，所以可得其更比例，C 比 E 等于 D 比 F【命题 7.13】。因为 A 为面积数，C、D 为其两边，所以 D 乘以 C 等于 A。同理，E 乘以 F 等于 B。设 D 乘以 E 等于 G。因为 D 乘以 C 等于 A，乘以 E 等于 G，所以 C 比 E 等于 A 比 G【命题 7.17】。而 C 比 E 等于 D 比 F，所以 D 比 F 等于 A 比 G。又因为 E 乘以 D 等于 G，乘以 F 等于 B，所以 D 比 F 等于 G 比 B【命题 7.17】。已经证明了 D 比 F 等于 A 比 G，所以 A 比 G 等于 G 比 B。所以，A、G、B 成连比例。所以，存在某个数 G 为 A、B 的比例中项。

可证 A 与 B 的比等于其对应边的二次比，即等于 C 与 E 的二次比或 D 与 F 的二次比。因为 A、G、B 成连比例，A 与 B 的比等于 A 与 G 的二次比【命题 5.9】。因为 A 比 G 等于 C 比 E，又等于 D 比 F，所以 A 与 B 的比等于 C 比 E 或 D 比 F 的二次比。以上推导过程已对此作出证明。

---

① 字面意思为"双倍"。

命题 19

在两个相似体积数之间有两个比例中项，这两个体积数的比等于它们对应边的三次比 [①]。

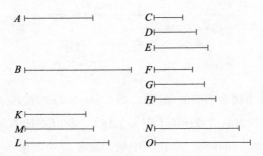

设 A、B 为两个相似的体积数，C、D、E 为 A 的边，F、G、H 为 B 的边。因为相似的体积数，其对应边成比例【定义 7.21】，所以 C 比 D 等于 F 比 G，D 比 E 等于 G 比 H。可证 A、B 之间存在两个比例中项，且 A 与 B 的比等于 C 与 F 或 D 与 G 或 E 与 H 的三次比。

设 C 乘以 D 等于 K，F 乘以 G 等于 L。因为 C 与 D 的比等于 F 与 G 的比，K 为 C 与 D 的乘积，L 为 F、G 的乘积，所以 K、L 为相似的面积数【定义 7.21】。因此，K、L 之间存在一个比例中项【命题 8.18】。设这个数为 M。所以，M 为 D 与 F 的乘积，这已在之前的命题中证明过了。因为 D 乘以 C 等于 K，乘以 F 等于 M，所以 C 比 F 等于 K 比 M【命题 7.17】。而 K 比 M 等于 M 比 L，所以 K、M、L 成连比例，且该比例与 C、F 之比成连比例。因为 C 比 D 等于 F 比 G，所以可得其更比例，C 比 F 等于 D 比 G【命题 7.13】。同理，D 比 G 等于 E 比 H。所以，K、M、L 成连比例，且该比例与 C、F 之比，D、G 之比，E、H 之比成连比例。设 E、H 分别乘以 M 得 N、O。

---

① 字面意思为"三倍"。

因为 A 为体积数，C、D、E 为其边，所以 E 乘以 C、D 等于 A。因为 K 为 C、D 的乘积，所以 E 乘以 K 等于 A。同理，H 乘以 L 等于 B。因为 E 乘以 K 等于 A，乘以 M 等于 N，所以 K 比 M 等于 A 比 N【命题 7.17】。因为 K 比 M 等于 C 比 F，D 比 G 等于 E 比 H，所以 C 比 F、D 比 G、E 比 H 等于 A 比 N。又因为 E、H 分别乘以 M 等于 N、O，所以 E 比 H 等于 N 比 O【命题 7.18】。而 E 比 H 等于 C 比 F，又等于 D 比 G，所以 C 比 F、D 比 G、E 比 H 等于 A 比 N、N 比 O。又因为 H 乘以 M 等于 O，乘以 L 等于 B，所以 M 比 L 等于 O 比 B【命题 7.17】。因为 M 比 L 等于 C 比 F，又等于 D 比 G，又等于 E 比 H，所以 C 比 F、D 比 G、E 比 H 不仅等于 O 比 B，也等于 A 比 N、N 比 O。所以，A、N、O、B 与上述提及的边的比成连比例。

可证 A 与 B 的比等于它们对应边的三次比，即为数 C 与 F、D 与 G、E 与 H 的三次比。因为 A、N、O、B 为成连比例的四个数，所以 A 与 B 的比为 A 与 N 的比的三次比【定义 5.10】。已经证明了 A 比 N 等于 C 比 F、D 比 G、E 比 H。所以，A 与 B 的比为它们对应边的三次比，即为数 C 比 F、D 比 G、E 比 H 的三次比。以上推导过程已对此作出证明。

命题 20

若两数之间有一个比例中项，那么这两个数为相似的面积数。

设数 C 为 A、B 之间的比例中项。可证 A、B 为相似的面积数。

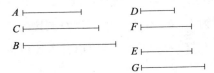

设 D、E 为与 A、C 同比的最小数对【命题 7.33】。所以，D

量尽 A，其次数等于 E 量尽 C【命题 7.20】。所以，D 量尽 A，其次数等于 F 中单位的个数。所以，F 乘以 D 等于 A【定义 7.15】。因此，A 为面积数，D、F 为其边。又因为 D、E 为与 C、B 之比相同的最小数对，所以 D 量尽 C，其次数等于 E 量尽 B【命题 7.20】。所以，E 量尽 B，其次数等于 G 中的单位数。所以，E 可以以 G 中的单位数来量尽 B。所以，G 乘以 E 等于 B【定义 7.15】。所以，B 为面积数，E、G 为其边。所以，A、B 也均为面积数。可证这二者是相似的。因为 F 乘以 D 等于 A，乘以 E 等于 C，所以 D 比 E 等于 A 比 C，即等于 C 比 B【命题 7.17】。[①] 又因为 E 分别乘以 F、G 等于 C、B，所以 F 比 G 等于 C 比 B【命题 7.17】。因为 C 比 B 等于 D 比 E，所以 D 比 E 等于 F 比 G。可得其更比例，D 比 F 等于 E 比 G【命题 7.13】。因为边成比例，所以 A、B 为相似的面积数【定义 7.21】。以上推导过程已对此作出证明。

命题 21

若两个数之间有两个比例中项，那么这两个数为相似的体积数。

设数 C、D 为数 A、B 之间的两个比例中项。可证 A、B 为相似的体积数。

设三个数 E、F、G 为与 A、C、D 同比的最小的一组数【命题 8.2】。所以，它们的两端 E、G 互素【命题 8.3】。因为 F 为 E、G 间的比例中项，所以 E、G 为相似的面积数【命题 8.20】。设 H、K 为 E 的边，L、M 为 G 的边。因此，E、F、G 成连比例，且该比例与 H 比 L、K 比 M 成连比例。因为 E、F、G 为与 A、C、D 同比的最小的一组数，E、F、G 的个数与 A、C、D 相同，所以由首末比可得，E 比 G 等于 A

---

① 此处证明是有缺陷的，因为未证明 $F \times E = C$。此外，也没有验证 $D:E::A:C$ 的必要，因为这已经假设为真。

比 D【命题 7.14】。因为 E、G 互素，互素的数为与其比例相同的数对中的最小的一对【命题 7.21】，有相同比的数对中的最小的一对数量尽其他数对，较大数量尽较大数，较小数量尽较小数，即前项量尽前项，后项量尽后项，其次数是相同的【命题 7.20】。所以，以 E 量尽 A，其次数等于以 G 量尽 D。所以，以 E 量尽 A，其次数等于 N 中单位的个数。所以，N 乘以 E 等于 A【定义 7.15】。因为 E 为 H、K 的乘积，所以 N 乘以 H、K 等于 A。所以，A 为体积数，其边为 H、K、N。又因为 E、F、G 为与 C、D、B 同比的数组中最小的一组，所以以 E 量尽 C，其次数等于以 G 量尽 B【命题 7.20】。所以，以 E 量尽 C，其次数等于 O 中的单位数。所以，G 可以以 O 中的单位数来量尽 B。所以，O 乘以 G 等于 B。因为 G 为 L、M 的乘积，所以 O 乘以 L、M 等于 B。所以，B 为体积数，其边为 L、M、O。所以，A、B 均为体积数。

可证这两个数是相似的。因为 N、O 乘以 E 等于 A、C，所以 N 比 O 等于 A 比 C，即等于 E 比 F【命题 7.18】。而 E 比 F 等于 H 比 L，又等于 K 比 M；所以，H 比 L 等于 K 比 M，又等于 N 比 O。因为 H、K、N 为 A 的边，L、M、O 为 B 的边，所以 A、B 为相似的体积数【定义 7.21】。以上推导过程已对此作出证明。

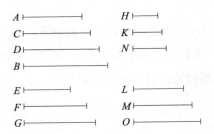

命题 22

三个数成连比例，若第一个数为平方数，那么第三个数也为平方数。

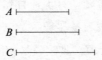

设 A、B、C 为成连比例的三个数，第一个数 A 为平方数。可证第三个数 C 也为平方数。

因为数 B 为 A、C 之间的比例中项，所以 A、C 为相似的面积数【命题 8.20】。因为 A 为平方数，所以 C 也为平方数【定义 7.21】。以上推导过程已对此作出证明。

命题 23

四个数成连比例，若第一个数为立方数，那么第四个数也为立方数。

设 A、B、C、D 为四个成连比例的数，A 为立方数。可证 D 也为立方数。

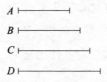

因为 B、C 为 A、D 之间的两个比例中项，所以 A、D 为相似的体积数【命题 8.21】。因为 A 为立方数，所以 D 也为立方数【定义 7.21】。以上推导过程已对此作出证明。

命题 24

若两个数之比等于另两个平方数之比，则这两个数中，若第一个为平方数，第二个也为平方数。

设 A、B 两个数的比等于平方数 C 与平方数 D 的比。设 A 为平方数。可证 B 也为平方数。

因为 C、D 为平方数，所以 C、D 为相似的面积数。因此，C、D 之间有一个数为二者的比例中项【命题 8.18】。因为 C 比 D 等于 A 比 B，所以 A、B 间也存在一个数为二者的比例中项【命题 8.8】。因为 A 为平方数，所以 B 也为平方数【命题 8.22】。以上推导过程已对此作出证明。

命题 25

若两个数之比等于两个立方数之比，这两个数中，第一个数为立方数，那么第二个数也为立方数。

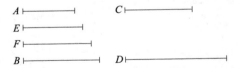

设 A、B 两数之比等于立方数 C 与立方数 D 之比。设 A 为立方数。可证 B 也为立方数。

因为 C、D 为立方数，所以 C、D 为相似的体积数。因此，C、D 间存在两个比例中项【命题 8.19】。C、D 间有可成连比例的数，其个数与成同比例的连比例的数的个数相同【命题 8.8】。因此，A、B 间有两个比例中项。设这两个数为 E、F。因为 A、E、F、B 为成连比例的四个数，A 为立方数，所以 B 也为立方数【命题 8.23】。以上推导过程已对此作出证明。

命题 26

相似的面积数之比等于平方数之比。

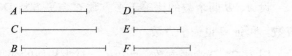

设 *A*、*B* 为相似的面积数。可证 *A*、*B* 之比等于平方数之比。

因为 *A*、*B* 为相似的面积数，所以 *A*、*B* 间存在一个数为二者的比例中项【命题 8.18】。设这个数为 *C*。设 *D*、*E*、*F* 为与 *A*、*C*、*B* 同比的数组中最小的一组【命题 8.2】。所以，它们的两端 *D*、*F* 为平方数【命题 8.2 推论】。因为 *D* 比 *F* 等于 *A* 比 *B*，*D*、*F* 为平方数，所以 *A*、*B* 之比等于两个平方数之比。以上推导过程已对此作出证明。

命题 27

相似的体积数之比等于立方数之比。

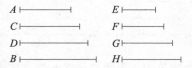

设 *A*、*B* 为相似的体积数。可证 *A*、*B* 之比等于立方数之比。

因为 *A*、*B* 为相似的体积数，所以 *A*、*B* 间有两个比例中项【命题 8.19】。设这两个数为 *C*、*D*。设 *E*、*F*、*G*、*H* 为与 *A*、*C*、*D*、*B* 同比的数组中最小的一组，且二者的个数相等【命题 8.2】。所以，它们的两端 *E*、*H* 为立方数【命题 8.2 推论】。因为 *E* 比 *H* 等于 *A* 比 *B*，所以 *A*、*B* 之比等于两个立方数之比。以上推导过程已对此作出证明。

第 9 卷　数论的应用 [①]

命　题

命题 1

若两个相似的面积数相乘得某数，那么所得乘积为一个平方数。

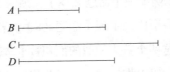

设 A、B 为两个相似的面积数，设 A 乘以 B 等于 C。可证 C 为平方数。

设 A 与其自身相乘等于 D。所以，D 为平方数。因为 A 与其自身相乘等于 D，与 B 相乘等于 C，所以 A 比 B 等于 D 比 C【命题 7.17】。因为 A、B 为相似的面积数，所以 A、B 间有一个比例中项【命题 8.18】。若两数之间有数可以成连比例，那么在与之比例相同的两数中间可成连比例的数与前者的个数相同【命题 8.8】。所以，D、C 间有一

———————
① 第 7~9 卷的命题，一般被认为属于毕达哥拉斯学派。

个比例中项。D 为平方数。因此，C 也为平方数【命题 8.22】。以上推导过程已对此作出证明。

命题 2

若两数相乘得一个平方数，则它们为相似的面积数。

设两数 A、B 相乘等于平方数 C。可证 A、B 为相似的面积数。

设 A 与其自身相乘等于 D。所以，D 为平方数。因为 A 与其自身相乘等于 D，与 B 相乘等于 C，所以 A 比 B 等于 D 比 C【命题 7.17】。因为 D 为平方数，C 也为平方数，所以 D、C 为相似的面积数。因此，D、C 间存在一个比例中项【命题 8.18】。因为 D 比 C 等于 A 比 B，所以 A、B 间存在一个比例中项【命题 8.8】。若两个数之间存在一个比例中项，那么这两个数为相似的面积数【命题 8.20】。所以，A、B 为相似的面积数。以上推导过程已对此作出证明。

命题 3

若一个立方数与其自身相乘得某个数，那么这个乘积为立方数。

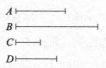

设立方数 A 乘以其自身等于 B。可证 B 为立方数。

设 C 为 A 的边。设 C 与其自身相乘等于 D。所以，C 乘以 D 等于 A。

因为 C 乘以其自身等于 D，所以 C 可以以其自身的单位的个数来量尽 D【定义 7.15 】。因为一个单位也可以以 C 中的单位数来量尽 C【定义 7.20 】，所以一个单位比 C 等于 C 比 D。又因为 C 乘以 D 等于 A，所以 D 可以以 C 中的单位数来量尽 A。因为一个单位也可以以 C 中的单位数来量尽 C，所以一个单位比 C 等于 D 比 A。因为一个单位比 C 等于 C 比 D，所以一个单位比 C 等于 C 比 D，又等于 D 比 A。因此，C、D 为一个单位与 A 之间成连比例的两个比例中项。又因为 A 与其自身相乘等于 B，所以 A 可以以其自身中的单位数来量尽 B。因为一个单位也可以以 A 中的单位数来量尽 A，所以一个单位比 A 等于 A 比 B。因为一个单位与 A 之间有两个比例中项，所以 A、B 间存在两个比例中项【命题 8.8 】。两个数间存在两个比例中项，若第一个数为立方数，那么第二个数也为立方数【命题 8.23 】。因为 A 为立方数，所以 B 也为立方数。以上推导过程已对此作出证明。

命题 4

若两个立方数相乘，那么所得乘积也为立方数。

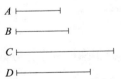

设立方数 A、B 相乘得 C。可证 C 为立方数。

设 A 与其自身相乘等于 D。所以，D 为立方数【命题 9.3 】。因为 A 与其自身相乘等于 D，与 B 相乘等于 C，所以 A 比 B 等于 D 比 C【命题 7.17 】。因为 A、B 为立方数，A、B 为相似的体积数，所以 A、B 间有两个比例中项【命题 8.19 】。因此，D、C 间存在两个比例中项【命题 8.8 】。因为 D 为立方数，所以 C 也为立方数【命

271

题 8.23 】。以上推导过程已对此作出证明。

命题 5

若一个立方数与某个数相乘等于另一个立方数，那么这个被乘数也为立方数。

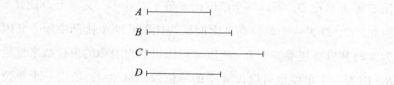

设立方数 *A* 乘以某数 *B* 等于立方数 *C*。可证 *B* 为立方数。

设 *A* 与其自身相乘等于 *D*。所以 *D* 为立方数【命题 9.3 】。因为 *A* 与其自身相乘等于 *D*，与 *B* 相乘等于 *C*，所以 *A* 比 *B* 等于 *D* 比 *C*【命题 7.17 】。因为 *D*、*C* 均为立方数，二者为相似的体积数，所以 *D*、*C* 之间有两个比例中项【命题 8.19 】。因为 *D* 比 *C* 等于 *A* 比 *B*，所以 *A*、*B* 之间有两个比例中项【命题 8.8 】。因为 *A* 为立方数，所以 *B* 也为立方数【命题 8.23 】。以上推导过程已对此作出证明。

命题 6

如果一个数与其自身相乘得一个立方数，那么这个数本身也为立方数。

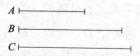

设数 *A* 与其自身相乘等于立方数 *B*。可证 *A* 也为立方数。

设 *A* 乘以 *B* 等于 *C*。因为 *A* 乘以其自身等于 *B*，乘以 *B* 等于 *C*，所以 *C* 为立方数。因为 *A* 乘以其自身等于 *B*，所以 *A* 可以以 *A* 中的

单位数量尽 B。因为一个单位也可以以 A 中的单位数来量尽 A，所以一个单位比 A 等于 A 比 B。因为 A 乘以 B 等于 C，所以 B 可以以 A 中的单位数来量尽 C。因为一个单位也可以以 A 中的单位数来量尽 A，所以一个单位比 A 等于 B 比 C。因为一个单位比 A 等于 A 比 B，所以 A 比 B 等于 B 比 C。因为 B、C 为立方数，二者为相似的体积数，所以 B、C 间存在两个比例中项【命题 8.19】。因为 B 比 C 等于 A 比 B，所以 A、B 间也存在两个比例中项【命题 8.8】。因为 B 为立方数，所以 A 也为立方数【命题 8.23】。以上推导过程已对此作出证明。

命题 7

若一个合数与某个数相乘，那么所得乘积为体积数。

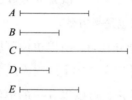

设合数 A 与数 B 的乘积为 C。可证 C 为体积数。

因为 A 为合数，所以它可以为某数所量尽。设这个数为 D。以 D 量尽 A，其次数等于 E 中的单位数。因为 D 可以以 E 中的单位数量尽 A，所以 E 乘以 D 等于 A【定义 7.15】。因为 A 乘以 B 等于 C，A 为 D、E 的乘积，所以 D、E 的乘积与 B 相乘等于 C。所以，C 为体积数，其边为 D、E、B。以上推导过程已对此作出证明。

命题 8

有成连比例的任意一组数，起始数为一个单位，从单位起的第三个数为平方数，且其后每隔一个都是平方数；第四个是立方数，且其后每隔两个都是立方数；第七个既是立方数也是平方数，且其后每隔五个也都既是立方数也是平方数。

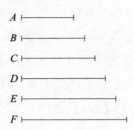

设任意一组数 A、B、C、D、E、F 是成连比例的，起始数为一个单位。可证由单位起的第三个数 B 为平方数，且其后每隔一个都是平方数；由单位起的第四个数 C 是立方数，且其后每隔两个都是立方数；由单位起的第七个数 F 既是立方数也是平方数，且其后每隔五个也都既是立方数也是平方数。

因为单位比 A 等于 A 比 B，所以单位可以量尽数 A，其次数等于以 A 量尽 B 的次数【定义 7.20】。因为这个单位可以以 A 中的单位数来量尽数 A，所以 A 也可以以 A 中的单位数来量尽 B。所以，A 与其自身的乘积等于 B【定义 7.15】。所以，B 为平方数。因为 B、C、D 成连比例，B 为平方数，所以 D 也为平方数【命题 8.22】。同理，F 也为平方数。同理可证，其后每隔一个都是平方数。可证由单位起的第四个数 C 是立方数，且其后每隔两个都是立方数。因为单位比 A 等于 B 比 C，所以这个单位可以量尽数 A，其次数等于以 B 量尽 C 的次数。因为这个单位可以以 A 中的单位数来量尽数 A，所以 B 可以以 A 中的单位数来量尽 C。所以，A 乘以 B 等于 C。因为 A 与其自身的乘积等于 B，乘以 B 等于 C，所以 C 为立方数。因为 C、D、E、F 成连比例，C 为立方数，所以 F 也为立方数【命题 8.23】。因

为已经证明了 F 也为平方数，所以由单位起的第七个数既为立方数
也为平方数。同理可证，其后每隔五个也都既是立方数也是平方数。
以上推导过程已对此作出证明。

命题 9

由单位开始给定成连比例的任意多个数，若单位后的一个数为
平方数，那么其余所有的数均为平方数。若单位后的一个数为立方
数，那么其余所有的数为立方数。

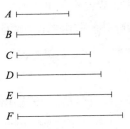

设有任意一组成连比例的数 A、B、C、D、E、F，起始数为一
个单位。设单位后的一个数 A 为平方数。可证其余所有数也为平方数。

已经证明了，由单位起的第三个数 B 为平方数，其后每隔一个
都是平方数【命题 9.8】。可证其余所有数也为平方数。因为 A、B、
C 成连比例，A 为平方数，所以 C 也为平方数【命题 8.22】。又因为 B、
C、D 成连比例，B 为平方数，所以 D 也为平方数。【命题 8.22】。
同理可证，其余所有数均为平方数。

设 A 为立方数。可证其余所有数均为立方数。

已经证明了，由单位起的第四个数 C 为立方数，其后每隔两个
都是立方数【命题 9.8】。可证其余所有数均为立方数。因为单位比
A 等于 A 比 B，所以以单位量尽 A，其次数等于以 A 量尽 B 的次数。
因为单位可以以 A 中的单位数来量尽 A，所以 A 也可以以 A 中的单

位数来量尽 *B*。所以，*A* 与其自身相乘等于 *B*。因为 *A* 为立方数。若一个立方数与其自身相乘，则所得数也为立方数【命题 9.3】，所以 *B* 也为立方数。因为 *A*、*B*、*C*、*D* 四个数成连比例，*A* 为立方数，所以 *D* 也为立方数【命题 8.23】。同理，*E* 也为立方数，其余各数均为立方数。以上推导过程已对此作出证明。

命题 10

有任意多个数成连比例，起始数为一个单位，若单位后的一个数不是平方数，那么其他数也不是平方数，但由单位起的第三个数以及其后每隔一个的数除外。若由单位起的其后一个数不是立方数，那么其他数也不是立方数，但由单位起的第四个数以及其后每隔两个的数除外。

设任意一组数 *A*、*B*、*C*、*D*、*E*、*F* 成连比例，起始数为一个单位。设单位后的一个数为 *A*，*A* 不是平方数。可证其他数也不是平方数，但由单位起的第三个数以及其后每隔一个的数除外。

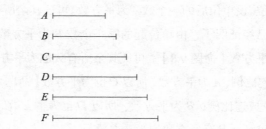

假设 *C* 为平方数是成立的。因为 *B* 也为平方数【命题 9.8】，所以 *B*、*C* 之比等于平方数之比。因为 *B* 比 *C* 等于 *A* 比 *B*，所以 *A*、*B* 之比等于另一组平方数之比。所以，*A*、*B* 为相似的面积数【命题 8.26】。因为 *B* 为平方数，所以 *A* 也为平方数。这与假设不符。所以 *C* 并不是平方数。同理可证，其他数也不是平方数，但由单位起的第三个数以及其后每隔一个的数除外。

设 A 不是立方数。可证其他数也不是立方数，但由单位起的第四个数以及其后每隔两个的数除外。

设 D 为立方数是成立的。C 也为立方数【命题 9.8】，因为该数为由单位起的第四个数。C 比 D 等于 B 比 C，所以 B、C 之比等于立方数之比。因为 C 为立方数，所以 B 也为立方数【命题 7.13、8.25】。因为单位比 A 等于 A 比 B，单位可以以 A 中的单位数来量尽 A，所以 A 也可以以 A 中的单位数来量尽 B。因此，A 与其自身相乘等于立方数 B。若一个数乘以其自身等于一个立方数，则其本身就为立方数【命题 9.6】。所以，A 也为立方数，这与假设相矛盾。所以，D 不是立方数。同理可证，其他数也不是立方数，但由单位起的第四个数以及其后每隔两个的数除外。以上推导过程已对此作出证明。

命题 11

有任意多个数成连比例，起始数为一个单位，那么依照成连比例的数中的一个数，较小数可以量尽较大数。

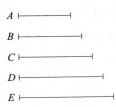

设任意数组 B、C、D、E 成连比例，起始数为单位 A。可证对 B、C、D、E 而言，最小数 B 可以量尽 E，所依照的数是 C 或 D。

因为单位 A 比 B 等于 D 比 E，所以单位 A 可以量尽数 B，其次数等于以 D 量尽 E 的次数。所以，可得其更比例，以单位 A 量尽 D，其次数等于以 B 量尽 E 的次数【命题 7.15】。因为单位 A 可以以 D

中的单位数来量尽 D，所以 B 也可以以 D 中的单位数来量尽 E。所以，较小数 B 可以量尽较大数 E，所依照的是成连比例的数中的数 D。

推 论

在由单位起的成连比例的数中，某个数量尽其后的一个数，所得的数为被量数之前的某个数。以上推导过程已对此作出证明。

命题 12

有任意多个数成连比例，起始数为一个单位，那么无论最后一个数可以为多少个素数所量尽，单位后的一个数也可以为同样的素数所量尽。

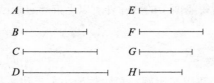

设任意一组数 A、B、C、D 成连比例，起始数为一个单位。可证无论 D 可以为多少个素数所量尽，A 也可以为同样的素数所量尽。

设 D 可以为某素数 E 所量尽。可证 E 可以量尽 A。假设这个命题不成立。E 为素数，每一个素数都与任意一个不可为该素数所量尽的数互素【命题 7.29】。所以，E、A 互素。因为 E 可以量尽 D，设其次数等于 F，所以 E 乘以 F 等于 D。又因为 A 可以以 C 中的单位数来量尽 D【命题 9.11 推论】，所以 A 乘以 C 等于 D。而 E 乘以 F 也等于 D。所以，A、C 的乘积等于 E、F 的乘积。所以，A 比 E 等于 F 比 C【命题 7.19】。因为 A、E 互素，互素的两个数为与其同比的数组中最小的一组【命题 7.21】，有相同比的数中的最小的量尽其他数，即前项量尽前项，后项量尽后项，其次数是相同的【命题 7.20 】。所以，E 可以量尽 C。设其次数等于 G。所以，E 乘以 G 等于 C。而由之前的比例可知，A 乘以 B 也等于 C【命题 9.11 推论 】。所以，A、B 的乘积等于 E、G 的乘积。所以，A 比 E 等于 G 比 B【命题 7.19 】。因为 A、E 互素，互素的两个数为与其同比的数组中最小的一组【命题 7.21 】，有相同比的数中的最小的量尽其他数，即前项量尽前项，后项量尽后项，其次数是相同的【命题 7.20 】。所以，E 可以量尽 B。设其次数等于 H。所以，E 乘以 H 等于 B。而 A 与其自身相乘也等于 B【命题 9.8 】。所以，E、H 的乘积等于 A 的平方数。所以，E 比 A 等于 A 比 H【命题 7.19 】。因为 A、E 互素，互素的两个数为与其同比的数组中最小的一组【命题 7.21 】，有相同比的数中的最小的量尽其他数，即前项量尽前项，后项量尽后项，其次数是相同的【命题 7.20 】。所以，E 可以量尽 A，即前项可以量尽前项。而 E 是无法量尽 A 的。该结论是不可能成立的。所以，E、A 并不互素。所以，二者互为合数。互为合数的数，各数均可以为某数所量尽【定义 7.14 】。因为已假设 E 为素数，素数除其自身外，不可为任何数所量尽【定义 7.11 】，所以，E 可以量尽 A、E。因此，E 可以量尽 A。因为该数也可以量尽 D，所以 E 可以量尽 A、D。同理可证，无论 D 可以为多少个素数所量尽，A 也可以为同样的素数所量尽。以上推导过程已对此作出证明。

命题 13

有任意多个数成连比例，起始数为一个单位，若单位后的一个数为素数，那么除了成比例的数以外，最大数不为任何数所量尽。

设任意数组 A、B、C、D 成连比例，起始数为一个单位。设该单位后的一个数 A 为素数。可证数组中的最大数 D，除了 A、B、C 以外，不能为任何数所量尽。

A ├─┤   E ├──┤

B ├────┤   F ├──────┤

C ├──────┤   G ├────┤

D ├──────────┤   H ├───┤

　　假设 D 可以为 E 所量尽，设 E 不与 A、B、C 中的任何一个相等。所以，E 不是素数。假设 E 是素数，且可以量尽 D，那么该数也可以量尽 A。但是这个数不等于 A【命题 9.12】。这是不可能成立的。因此，E 不是素数。所以，E 为合数。每一个合数都可以为某个素数所量尽【命题 7.31】。所以，E 可以为某个素数所量尽。可证除了 A 以外，E 不为任何数所量尽。假设 E 可以为其他素数所量尽，E 可以量尽 D，那么这个素数也可以量尽 D。因此，这个数也可以量尽 A。但这个数不等于 A【命题 9.12】。这个结论是不可能成立的。所以，A 可以量尽 E。因为 E 可以量尽 D，设其所依照的数是 F。可证 F 不等于 A、B、C 中的任何一个数。假设 F 等于 A、B、C 中的某一个，且可以依照 E 量尽 D，那么 A、B、C 中的一个也可以依照 E 量尽 D。但 A、B、C 中的一个是依照 A、B、C 中的一个来量尽 D 的【命题 9.11】。所以，E 与 A、B、C 之一相等。这是不成立的。所以，F 并不与 A、B、C 之一相同。同理可证，F 可以为 A 所量尽，可证 F 不是素数。假设 F 为素数，且可以量尽 D，那么该数也可以量尽 A，但它不等于 A【命题 9.12】，这是不可能成立的。所以 F 不是素数，因此 F 为合数。每一个合数都可以为某个素数所量尽【命题 7.31】，所以 F 可以为某个素数所量尽。可证除了 A 以外，F 不能为任何数所量尽。假设某个素数可以量尽 F，且 F 可以量尽 D，那么该素数也可以量尽 D，因此该素数也可以量尽 A，但它不等于 A【命题 9.12】，这是不可能成立的。所以，A 可以量尽 F。因为 E 可以依照 F 量尽 D，所以 E 乘以 F 等于 D。而 A 乘以 C 也等于 D【命

题 9.11 推论】。所以，*A*、*C* 的乘积等于 *E*、*F* 的乘积。因此，可得
比例，*A* 比 *E* 等于 *F* 比 *C*【命题 7.19】。因为 *A* 可以量尽 *E*，所以
F 也可以量尽 *C*。设该次数等于 *G*。同理可证，*G* 并不与 *A*、*B* 相等，
可以为 *A* 所量尽。因为 *F* 可以量尽 *C*，设它所依照的数是 *G*，所以
F 乘以 *G* 等于 *C*。而 *A* 乘以 *B* 等于 *C*【命题 9.11 推论】，所以 *A*、
B 的乘积等于 *F*、*G* 的乘积。由此，可得比例，*A* 比 *F* 等于 *G* 比 *B*
【命题 7.19】。因为 *A* 可以量尽 *F*，所以 *G* 也可以量尽 *B*。设该次
数为 *H*。同理可证，*H* 不等于 *A*。因为 *G* 可以量尽 *B*，其次数等于
H，所以 *G* 乘以 *H* 等于 *B*。而 *A* 与其自身相乘等于 *B*【命题 9.8】，
所以 *H*、*G* 的乘积等于 *A* 的平方。所以，*H* 比 *A* 等于 *A* 比 *G*【命题
7.19】。因为 *A* 可以量尽 *G*，所以 *H* 也可以量尽 *A*，尽管 *H* 不等于 *A*，
这是不成立的。所以最大的数 *D* 无法为 *A*、*B*、*C* 以外的数所量尽。
以上推导过程已对此作出证明。

命题 14

若某个数是能为某些素数所量尽的最小数，那么这个数无法为
上述素数以外的其他素数所量尽。

　　设 *A* 是可以为素数 *B*、*C*、*D* 所量尽的最小数。可证 *A* 无法为 *B*、
C、*D* 以外的素数所量尽。

　　假设这几个数可以为其他素数所量尽，设该数为 *E*。令 *E* 不与 *B*、
C、*D* 中任意一个数相等。因为 *E* 可以量尽 *A*，设它所依照的数是 *F*。
所以，*E* 乘以 *F* 等于 *A*。*A* 可以为 *B*、*C*、*D* 所量尽。两个数相乘得
一个数，若有某个素数可以量尽这个乘积，那么这个素数可以量尽

原相乘两数中的一个数【命题 7.30】，所以 B、C、D 可以量尽 E、F 中的一个数。而实际上，它们无法量尽 E，因为 E 为素数，且与 B、C、D 都不相等。所以，B、C、D 可以量尽小于 A 的 F，这是不可能成立的。因为已经假设 A 为 B、C、D 可以量尽的最小数。所以，除了 B、C、D 以外，不存在可以量尽 A 的素数。以上推导过程已对此作出证明。

命题 15

有三个数成连比例，若这三个数在与它们有相同比的数中为最小的一组，那么这三个数两两相加所得的和与剩下的一个数互素。

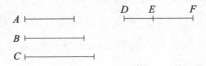

设 A、B、C 为成连比例的三个数，且是与它们有相同比的数中最小的一组。可证 A、B、C 中的任何两个相加所得的和与剩下的一个数互素，即 A、B 之和与 C 互素，B、C 之和与 A 互素，A、C 之和与 B 互素。

设两个数 DE、EF 是与 A、B、C 有相同比的数中最小的【命题 8.2】。所以，DE 与其自身相乘等于 A，与 EF 相乘等于 B，EF 与其自身的乘积为 C【命题 8.2】。因为 DE、EF 是与它们有相同比的数中最小的，二者互素【命题 7.22】。若两个数互素，其和与原来的两个数均是互素的【命题 7.28】，所以 DF 与 DE、EF 均互素。而 DE、EF 互素，所以 DF、DE 均与 EF 互素。若有两个数与某个数互素，那么这两个数的乘积也与后者互素【命题 7.24】。因此，DF、DE 的乘积与 EF 互素。所以，FD、DE 的乘积与 EF 的平方也是互素的【命题 7.25】。FD、DE 的乘积等于 DE 的平方与 DE、EF 乘积的和【命题 2.3】。所以，*DE* 的平方与 *DE*、*EF* 的乘积的和与 *EF* 的平方是互素的。因为 *DE* 的平方为 *A*，*DE*、*EF* 的乘积为 *B*，*EF* 的平方为 *C*，所以 *A*、*B* 的和与 *C* 互素。同理可证，*B* 与 *C* 的和与 *A* 互素。可证 *A* 与 *C* 的和也与 *B* 互素。因为 *DF* 与 *DE*、*EF* 均是互素的，所以 *DF* 的平方与 *DE*、*EF* 的乘积互素【命题 7.25】。而 *DE*、*EF* 的平方和与 *DE*、*EF* 乘积的二倍的和等于 *DF* 的平方【命题 2.4】。所以，*DE*、*EF* 的平方与 *DE*、*EF* 乘积的二倍的和与 *DE*、*EF* 的乘积互素。由分比例可得，*DE*、*EF* 的平方与 *DE*、*EF* 的乘积的和与 *DE*、*EF* 的乘积互素。[①] 再一次由分比例可得，*DE*、*EF* 的平方和与 *DE*、*EF* 的乘积互素。因为 *DE* 的平方等于 *A*，*DE*、*EF* 的乘积为 *B*，*EF* 的平方等于 *C*，所以 *A* 与 *C* 的和与 *B* 互素。以上推导过程已对此作出证明。

命题 16

若两个数互素，那么第一数与第二个数的比与第二个数与其他数的比都不相等。

设数 *A*、*B* 互素。可证 *A* 比 *B* 不等于 *B* 与任何其他数的比。

假设二者有相同的比，设 *A* 比 *B* 等于 *B* 比 *C*。因为 *A*、*B* 互素。在有相同比的数组中，互素的数最小【命题 7.21】。在有相同比的数组中，以最小的数量尽其他数，即前项量尽前项，后项量尽后项，其次数是相同的【命题 7.20】，所以 *A* 可以量尽 *B*，即前项可以量

---

① 如果 α，β 可以量尽 $\alpha^2+\beta^2+2\alpha\beta$，那么它也可以量尽 $\alpha^2+\beta^2+\alpha\beta$，反之亦然。

尽前项，A 也可以量尽其自身。所以，A 可以量尽互素的 A、B，这是不成立的。因此，A 比 B 不等于 B 比 C。以上推导过程已对此作出证明。

命题 17

任意多个成连比例的数，若它们的两端互素，那么其第一个数与第二个数的比不等于最后一个数与其他数的比。

设 A、B、C、D 为成连比例的数组。其两端 A、D 互素。可证 A 与 B 的比不等于 D 与其他数的比。

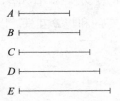

假设这是可能成立的，设 A 比 B 等于 D 比 E。所以，可得其更比例，A 比 D 等于 B 比 E【命题 7.13】。因为 A、D 互素。互素的两个数为与其有相同比的数中最小的【命题 7.21】。在有相同比的数中，以最小的数量尽其他数，即前项量尽前项，后项量尽后项，其次数是相同的【命题 7.20】。因此，A 可以量尽 B。因为 A 比 B 等于 B 比 C，所以 B 也可以量尽 C，这样 A 也可以量尽 C【定义 7.20】。因为 B 比 C 等于 C 比 D，B 可以量尽 C，所以 C 也可以量尽 D【定义 7.20】。而 A 可以量尽 C，所以 A 也可以量尽 D。因为 A 也可以量尽其自身，所以 A 可以量尽互素的 A、D，这是不可能成立的。因此，A 与 B 的比不等于 D 与其他数的比。以上推导过程已对此作出证明。

命题 18

有已知的两个数，试求与二者成比例的第三个数。

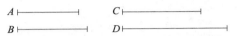

设 A、B 为已知数。试求对于这两个数来说，是否存在与它们成比例的第三个数。

A、B 可能互素，也可能不互素。若二者互素，那么不存在与二者成比例的第三个数【命题 9.16】。

设 A、B 不互素，且 B 与其自身的乘积为 C。A 可以量尽 C，也可能无法量尽 C。首先，设 A 可以依照 D 量尽 C。所以，A 乘以 D 等于 C。而 B 与其自身相乘等于 C。所以，A、D 的乘积等于 B 的平方。所以，A 比 B 等于 B 比 D【命题 7.19】。所以，可以与 A、B 成比例的第三个数为 D。

设 A 无法量尽 C。可证不可能存在可以与 A、B 成比例的第三个数。假设这个数是存在的，设这个数为 D。所以，A 与 D 的乘积等于 B 的平方【命题 7.19】。因为 B 的平方等于 C，所以 A 与 D 的乘积等于 C。因此，A 乘以 D 等于 C。所以，A 可以依照 D 量尽 C。然而已经假设了 A 是无法量尽 C 的。所以这个结论是不成立的。因此，在 A 无法量尽 C 的情况下，不可能存在可以与 A、B 成比例的第三个数。以上推导过程已对此作出证明。

命题 19[①]

存在三个已知数，试求与三者成比例的第四个数。

[①] 本命题的证明是不正确的。实际上只有两种情况：A、B、C 成连比例，且 A、C 互素，又或者不互素。在第一种情况下，不可能存在第四个与它们成比例的数。在第二种情况下，可能存在与它们成比例的第四个数，使 A 依照 C 量尽 B。欧几里得假设的四种情况，第二种证明是不正确的，因为它只证明了若 $A:B::C:D$，则不存在数 E 令 $B:C::D:E$ 成立。其他三种情况的证明是正确的。

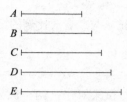

设 A、B、C 为三个已知数。试求是否存在第四个数可以与这三个数成比例。

有以下几种可能：A、B、C 不是连比例，且它们的两端互素；A、B、C 成连比例，且它们的两端不互素；A、B、C 不成连比例，且它们的两端也不互素；A、B、C 成连比例，且它们的两端互素。

假设 A、B、C 成连比例，且它们的两端 A、C 互素，则不存在第四个数与它们成比例【命题 9.17】。设 A、B、C 不成连比例，且它们的两端互素。可证在本命题假设的情形下，也不可能存在第四个数与它们成比例。假设存在这个数，设这个数为 D。因此，A 比 B 等于 C 比 D。假设 B 比 C 等于 D 比 E。因为 A 比 B 等于 C 比 D，B 比 C 等于 D 比 E，所以由首末比可得，A 比 C 等于 C 比 E【命题 7.14】。A、C 互素。互素的数为与其有相同比的数中最小的【命题 7.21】。在有相同比的数中，以最小的数量尽其他数，即前项量尽前项，后项量尽后项，其次数是相同的【命题 7.20】。所以，A 可以量尽 C，即前项可以量尽前项。因为 A 也可以量尽其自身，所以 A 可以量尽互素的 A、C，这是不可能成立的。所以，不存在第四个数与 A、B、C 成比例。

设 A、B、C 成连比例，且 A、C 不互素。可证可能存在第四个数与之成比例。设 B 乘以 C 等于 D，因此 A 可以量尽 D，也可能无法量尽 D。首先，设 A 可以依照 E 量尽 D，所以 A 乘以 E 等于 D。而 B 乘以 C 也等于 D。所以，A 与 E 的乘积等于 B 与 C

的乘积。因此，可得比例，A 比 B 等于 C 比 E【命题 7.19】。因此，与 A、B、C 成比例的第四个数即为 E。

假设 A 无法量尽 D。可证不可能存在第四个数与 A、B、C 成比例。若存在这个数，设其为 E，因此 A 与 E 的乘积等于 B 与 C 的乘积。而 B 与 C 的乘积为 D，所以 A 与 E 的乘积等于 D。因此，A 乘以 E 等于 D，于是 A 可以依照 E 量尽 D。因此，A 可以量尽 D。但 A 是无法量尽 D 的，该结论不成立。所以，在 A 无法量尽 D 时，不存在第四个数与 A、B、C 成比例。假设 A、B、C 并不成连比例，且两端不互素。假设 B 乘以 C 等于 D。同理可证，若 A 可以量尽 D，那么存在与 A、B、C 成比例的第四个数；若 A 无法量尽 D，则这个数不存在。以上推导过程已对此作出证明。

命题 20

素数的个数比给定的素数个数多。

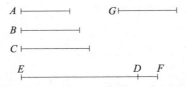

设 A、B、C 为给定的素数。可证素数的个数多于 A、B、C 的个数。

设可以为 A、B、C 所量尽的最小数为 DE【命题 7.36】。将单位 DF 加在 DE 上。所以，EF 可能是素数，也可能不是素数。首先，设其为素数。那么，A、B、C、EF 的个数多于 A、B、C。

若 EF 不是素数，那么它可以为某个数所量尽【命题 7.31】。设素数 G 可以量尽该数。可证 G 与 A、B、C 不相等。假设其相等。A、B、C 均可以量尽 DE。所以，G 也可以量尽 DE。因为 G 也量尽 EF，所以 G 作为一个数也可以量尽剩余的单位 DF【命题 7.28】，这是不成立的。因此，G 与 A、B、C 中的任何一个数都不相等。因为已经假设 G 为素数，所以数组 A、B、C、G 中素数的个数多于给定素数组 A、B、C 中素数的个数。以上推导过程已对此作出证明。

命题 21

任意多个偶数相加，其和为偶数。

设有任意多个偶数 AB、BC、CD、DE，可证其和 AE 为偶数。

因为 AB、BC、CD、DE 为偶数，所以它们可以平分为两部分【定义 7.6】。因此 AE 有平分的两部分。因为偶数为可以平均分为两部分的数【定义 7.6】，所以 AE 为偶数。以上推导过程已对此作出证明。

命题 22

偶数个奇数相加，其和为偶数。

设奇数 AB、BC、CD、DE 的个数为偶数，可证其和 AE 为偶数。

因为 AB、BC、CD、DE 为奇数，所以在各数上减去一个单位，余下的部分均为偶数【定义 7.7】，所以余下的部分的和为偶数【命题 9.21】。因为减去的单位的个数为偶数，所以 AE 为偶数【命题 9.21】。以上推导过程已对此作出证明。

命题 23

奇数个奇数相加，其和也为奇数。

设有奇数 AB、BC、CD，个数为奇数，可证 AD 也为奇数。

设从 CD 中减去单位 DE，余下的 CE 则为偶数【定义 7.7】。因为 CA 也为偶数【命题 9.22】，所以 AE 也为偶数【命题 9.21】。因为 DE 为一个单位，所以 AD 为奇数【定义 7.7】。以上推导过程已对此作出证明。

命题 24

从一个偶数中减去另一个偶数，余下的部分也为偶数。

设从偶数 AB 中减去偶数 BC，可证余下的 CA 为偶数。

因为 AB 为偶数，可以平分【定义 7.6】。同理，BC 也可以平分。因此，余下的 CA 可以平分，所以 AC 为偶数。以上推导过程已对此作出证明。

命题 25

从一个偶数中减去一个奇数，余下的部分为奇数。

设从偶数 AB 中减去奇数 BC，可证余下的 CA 为奇数。

设从 BC 中减去单位 CD，所以 DB 为偶数【定义 7.7】。因为 AB 为偶数，所以余下的 AD 为偶数【命题 9.24】。因为 CD 为一个单位，所以 CA 为奇数【定义 7.7】。以上推导过程已对此作出证明。

命题 26

从一个奇数中减去另一个奇数，余下的数为偶数。

$$A \qquad C \qquad D \quad B$$

设从奇数 AB 中减去奇数 BC，可证余下的 CA 为偶数。

因为 AB 为奇数，从中减去单位 BD，则余下的 AD 为偶数【定义 7.7】。同理，CD 也为偶数，因此余下的 CA 为偶数【命题 9.24】。以上推导过程已对此作出证明。

命题 27

从一个奇数中减去一个偶数，那么余下的数为奇数。

$$A \quad D \qquad\qquad C \qquad B$$

从奇数 AB 中减去偶数 BC，可证余数 CA 为奇数。

设从 AB 中减去单位 AD，那么 DB 为偶数【定义 7.7】。因为 BC 也为偶数，所以余下的 CD 也为偶数【命题 9.24】。所以，CA 为奇数【定义 7.7】。以上推导过程已对此作出证明。

命题 28

一个奇数与一个偶数相乘，其乘积为偶数。

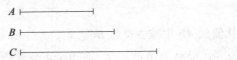

设奇数 A 乘以偶数 B 等于 C。可证 C 为偶数。

因为 A 乘以 B 等于 C，所以 C 是由多个 B 组成的，其个数等于 A 中的单位数【定义 7.15】。因为 B 为偶数，所以 C 是由偶数组成的。任意多个偶数相加，其和为偶数【命题 9.21】。所以 C 为偶数。以上推导过程已对此作出证明。

命题 29

一个奇数与另一个奇数相乘，其乘积为奇数。

设奇数 A 乘以奇数 B 等于 C。可证 C 为奇数。

因为 A 乘以 B 等于 C，所以 C 由其个数等于 A 中的单位数的多个 B 组成。【定义 7.15】。因为 A、B 均为奇数，所以 C 是由奇数个奇数相加而成的。因此，C 为奇数【命题 9.23】。以上推导过程已对此作出证明。

命题 30

若一个奇数可以量尽一个偶数，那么该奇数也可以量尽这个偶数的一半。

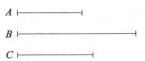

设奇数 A 可以量尽偶数 B，可证 A 也可以量尽 B 的一半。

因为 A 可以依照 C 量尽 B，可证 C 不是奇数。假设该数是奇数。因为 A 可以量尽 B 等于 C，所以 A 乘以 C 等于 B。因为 B 是奇数个奇数组成的，所以 B 为奇数【命题 9.23】，这是不成立的。这是因为已经假设了 B 为偶数。所以，C 不是奇数，而是偶数。因此，A 可以以偶数次来量尽 B。所以，A 也可以量尽 B 的一半。以上推导过程已对此作出证明。

命题 31

若一个奇数与某个数互素,那这个奇数也与该数的二倍互素。

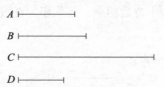

设奇数 A 与某个数 B 互素, C 为 B 的二倍,可证 A 与 C 互素。

假设 A、C 并不互素,那么存在某个数可以将二者量尽。设这个数为 D。因为 A 为奇数,所以 D 也为奇数。因为奇数 D 可以量尽 C, C 为偶数,所以 D 也可以量尽 C 的一半【命题 9.30】。因为 B 为 C 的一半,所以 D 可以量尽 B。因为 D 可以量尽 A,所以 D 可以量尽互素的 A、B,这是不可能成立的。所以,A、C 并非不互素。所以, A、C 互素。以上推导过程已对此作出证明。

命题 32

由二开始连续成二倍的数中,每一个数都只能是偶数倍的偶数。

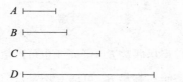

设从 A(A 是二)起始的连续成二倍的数为 B、C、D。可证 B、 C、D 只能是偶数倍的偶数。

事实上,B、C、D 均为偶数倍的偶数。这是因为它是由二开始成二倍的【定义 7.8】。可证这几个数只能是偶数倍的偶数。设有一个单位。在起始于一个单位的任何成连比例的数组中，单位后的一个数 A 为素数，A、B、C、D 中最大的数 D 无法为除 A、B、C 以外的任何数所量尽【命题 9.13】。因为 A、B、C 均为偶数，所以 D 只能是偶数倍的偶数【定义 7.8】。同理可证，B、C 均只能是偶数倍的偶数。以上推导过程已对此作出证明。

命题 33

若一个数的一半为奇数，那么这个数只能是偶数倍奇数。

A ├──────────┤

设数 A 的一半为奇数。可证 A 只能是偶数倍奇数。

A 很明显是偶数倍奇数。因为该数的一半为奇数，且可以以偶数倍来量尽该数【定义 7.9】。可证该数只能是偶数倍奇数。若 A 也为偶数倍偶数，那么该数应该可以为一个偶数以偶数次所量尽【定义 7.8】。所以，该数的一半也可以为一个偶数所量尽，尽管它的一半为奇数，这是不成立的。所以，A 只能是一个偶数倍奇数。以上推导过程已对此作出证明。

命题 34

若一个数既不是从二起连续成二倍的数，其一半也并不为奇数，那么这个数既为一个偶数倍偶数，又为一个偶数倍奇数。

A ├──────────┤

设数 A 既不是从二起连续成二倍的数，其一半也不是奇数。可证 A 既为偶数倍偶数，又为偶数倍奇数。

因为 A 的一半不为奇数，所以 A 很明显为偶数倍偶数【定义 7.8】。可证该数也为偶数倍奇数。如果将 A 平分，再将其一半平分，重复这个步骤，可得某个奇数，该奇数可以以偶数倍量尽 A。如果不是这样的话，可以得到一个二，那么 A 就是由二起连续成二倍的数中的某个数，这是与假设相违背的。所以，A 为一个偶数倍奇数【定义 7.9】。前文已经证明 A 也为一个偶数倍偶数。所以，A 既是一个偶数倍偶数，又是一个偶数倍奇数。以上推导过程已对此作出证明。

命题 35①

有任意多个数成连比例，从第二个数和最后一个数中减去与第一个数相等的数，则第二个数减后所得的差与第一个数的比等于最后一个数减后所得的差与最后一个数之前各数之和的比。

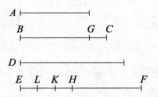

设 A、BC、D、EF 为成连比例的数组，起始数 A 为最小数。设 BG、FH 均等于 A，分别从 BC、EF 中减去 BG、FH。可证 GC 与 A 的比等于 EH 与 A、BC、D 之和的比。

设 FK 等于 BC，FL 等于 D。因为 FK 等于 BC，FH 等于 BG，所以余下的 HK 等于 GC。因为 EF 比 D 等于 D 比 BC，又等于 BC 比 A【命题 7.13】，又 D 等于 FL，又 BC 等于 FK，又 A 等于 FH，所以 EF 比 FL 等于 LF 比 FK，又等于 FK 比 FH。由分比例可得，EL 比 LF 等于 LK 比 FK，又等于 KH 比 FH【命题 7.11、7.13】，所以前项之一比后项之一等于所有前项的和比所有后项的和【命题

---

① 本命题允许对几何数列 a，ar，ar^2，ar^3，$\cdots$，ar^{n-1} 求和。根据欧几里得的观点，这些数的和 S_n 符合（$ar-a$）/ a =（ar^n-a）/ S_n。因此，$S_n = a$（r^n-1）/（$r-1$）。

7.12】。所以，*KH* 比 *FH* 等于 *EL*、*LK*、*KH* 之和比 *LF*、*FK*、*HF* 之和。因为 *KH* 等于 *CG*，*FH* 等于 *A*，*LF*、*FK*、*HF* 之和等于 *D*、*BC*、*A* 之和，所以 *CG* 与 *A* 的比等于 *EH* 与 *D*、*BC*、*A* 之和的比。所以，第二个数减后所得的差与第一个数的比等于最后一个数减后所得的差与最后一个数之前各数之和的比。以上推导过程已对此作出证明。

命题 36[1]

有任意多个连续成二倍的连比例数，起始数为一个单位，若所有数的和为素数，将这个和与最后一个数相乘，所得乘积是一个完全数。

设从单位起数 *A*、*B*、*C*、*D* 时连续成二倍的连比例数，所有的数相加所得的和为素数，设和为 *E*。*E* 乘以 *D* 等于 *FG*。可证 *FG* 为完全数。

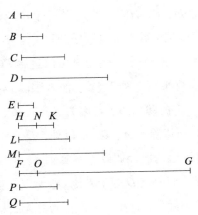

设有多少个 *A*、*B*、*C*、*D*，就有多少个 *E*、*HK*、*L*、*M* 为以 *E*

---

[1] 本命题给出了一个数是偶完全数的一个充分条件。如果等比数列的和 2^n-1 是一个素数，则依据公式 $2^{n-1}(2^n-1)$ 就会得到一个完全数。古希腊人已经知道 4 个完全数：6、28、496、8128，分别和 *n* 为 2、3、5、7 相对应。

为起始数连续成二倍的连比例数。所以，根据首末比可得，A 比 D 等于 E 比 M【命题 7.14】。所以，E 与 D 的乘积等于 A 与 M 的乘积。因为 FG 为 E 与 D 的乘积，所以 FG 也为 A 与 M 的乘积【命题 7.19】。所以，A 乘以 M 等于 FG。所以，M 可以依照 A 中的单位数量尽 FG。因为 A 是二，所以 FG 是 M 的二倍。因为 M、L、HK、E 是连续成二倍的数，所以 E、HK、L、M、FG 是连续成二倍的连比例数。设分别从第二个数 HK 和最后一个数 FG 中减去等于第一个数 E 的 HN、FO。所以，第二个数减后所得的差与第一个数的比等于最后一个数减后所得的差与最后一个数之前各数之和的比【命题 9.35】。所以，NK 与 E 的比等于 OG 与 M、L、KH、E 之和的比。因为 NK 等于 E，所以 OG 等于 M、L、HK、E 的和。因为 FO 也等于 E，E 等于 A、B、C、D 与一个单位的和，所以 FG 等于 E、HK、L、M 与 A、B、C、D 及一个单位的和，且为这些数所量尽。可证除 A、B、C、D、E、HK、L、M 及一个单位以外，FG 无法为其他数所量尽。假设某个数 P 可以量尽 FG，令 P 不等于 A、B、C、D、E、HK、L、M 中的任何一个。因为 P 可以量尽 FG，其次数等于 Q 中的单位数，所以 Q 乘以 P 等于 FG。而 E 乘以 D 等于 FG。所以，E 比 Q 等于 P 比 D【命题 7.19】。因为 A、B、C、D 成连比例，起始数为一个单位，所以除了 A、B、C 以外，D 无法为其他任何数所量尽【命题 9.13】。因为已经假设 P 不等于 A、B、C 中的任何一个，所以 P 无法量尽 D。而 P 比 D 等于 E 比 Q，所以 E 也无法量尽 Q【定义 7.20】。因为 E 为素数，且每个素数都与其无法量尽的数互素【命题 7.29】。所以，E、Q 互素。在有相同比的数中，互素的数最小【命题 7.21】，这个最小数以相同的次数量尽其他数，即前项量尽前项，后项量尽后项，其次数是相同的【命题 7.20】。因为 E 比 Q 等于 P 比 D，所以 E 可以量尽 P，其次数等于以 Q 量尽 D 的次数。因为除

了 A、B、C 以外，D 无法为其他任何数所量尽，所以 Q 等于 A、B、C 中的一个数。假设 Q 与 B 相等。有多少个 B、C、D，就设有多少个以 E 为起始的 E、HK、L。因为 E、HK、L 之比与 B、C、D 之比相等，所以根据首末比可得，B 比 D 等于 E 比 L【命题 7.14】。所以，B、L 的乘积等于 D、E 的乘积【命题 7.19】。而 D、E 的乘积等于 Q、P 的乘积。所以，Q、P 的乘积等于 B、L 的乘积。所以，Q 比 B 等于 L 比 P【命题 7.19】。因为 Q 等于 B，所以 L 等于 P，这是不可能成立的，因为已经假设 P 不等于数组中任何一个数。所以，除了 A、B、C、D、E、HK、L、M 和一个单位外，FG 无法为其他任何一个数所量尽。因为已经证明了 FG 等于 A、B、C、D、E、HK、L、M 与一个单位的和。而完全数等于其自身所有部分之和【定义 7.22】。所以，FG 为完全数。以上推导过程已对此作出证明。

第 10 卷　无理量[①]

定 义 I

1. 能被同一个量量尽的量是可以被公度的量，而不能被同一个量量尽的量是不可以被公度的量。[②]

2. 当线段上的正方形可以被同一面积量尽时，那么该线段是正方[③]可公度的；而当线段上的正方形不能以同一面积量尽时，那么该线段是正方不可公度的。[④]

3. 由这些定义，我们可以证明，在给定线段上存在无数多个可公度的线段和不可公度的线段，其中一些仅是长度不可公度，而另外一些是正方不可公度（或可公度），[⑤]该给定线段叫作有理线段。

[①] 本卷中的无理量理论主要是雅典的特埃特图斯（Theaetetus of Athens）的贡献。在本卷的脚注中，k、k' 等，表示正整数的不同比例。

[②] 换句话说，α 和 β 是可公度的两个量，如果 $\alpha : \beta :: 1 : k$，那么它们是可公度的量，否则不可公度。

[③] 字面意思是"正方"。

[④] 换句话说，设两条线段的长度是 α 和 β，如果 $\alpha : \beta :: 1 : k^{1/2}$，那么 α 和 β 是正方可公度的，否则不是；如果 $\alpha : \beta :: 1 : k$，那么它们是长度可公度的，否则是长度不可公度的。

[⑤] 更准确地说，线段与给定线段或者只能是正方可公度，或只能是长度不可公度，或者是长度和正方都可公度或不可公度。

与此线段是长度，也是正方可公度或仅是正方可公度的线段叫作有理线段。但与此线段在长度和正方形都不可公度的线段叫作无理线段。^①

4. 设给定一线段上的正方形叫作有理的。与该面可公度的叫作有理的；与该面不可公度的叫作无理的，并且这些面的平方根^②叫作无理的——如果这些面是正方形，即指其边；如果这些面是其他直线形，则指与其面相等的正方形的边。^③

命　题

命题 1^④

如果在两个不相等的量中，较大的一个量中减去一个大于该量一半的量，再在余下的量中减去大于余量一半的量，继续下去，最终会得到一个比最初较小的量还小的量。

已知 *AB* 和 *C* 是两个不相等的量，其中 *AB* 较大。可证如果从 *AB* 中减去一个大于它的一半的量，再从余量中减去大于这个余量的一半的量，继续下去，那么最终会剩下某个量小于量 *C*。

因为 *C* 扩大若干倍后会大于 *AB*【定义 5.4】。设 *DE* 是 *C* 的若

---

① 设给定的线段长度是单位。根据长度是长度可公度还是只是正方可公度，有理线段的长度可以表达为 *k* 或 *k*^{1/2}。而其他的线段则是无理的。

② 面的二次方根就是与其相等的正方形的边的长度。

③ 给定线段上的正方形的面积是单位。有理面积表示为 *k*。其他所有面积是无理的。所以，正方形的边的长度是有理的，其面积是有理的，反之亦然。

④ 该命题依据了所谓的穷举法，这是尼多斯的欧多克索斯（Eudoxus of Cnidus）的主要贡献。

干倍且大于 AB。将 DE 平分为均等于 C 的 DF、FG、GE。从 AB 中减去大于 AB 的一半的 BH，并从 AH 中减去大于 AH 的一半的 HK。继续下去，直到 AB 被分的个数等于 DE 被分的个数。

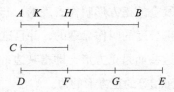

设 AB 被分为 AK、KH、HB，且个数与 DF、FG、GE 的个数相等。因为 DE 大于 AB，从 DE 中减去小于 DE 的一半的 EG，再从 AB 中减去大于 AB 的一半的 BH，所以余下的 GD 大于 HA。因为 GD 大于 HA，从 GD 中减去它的一半 GF，从 HA 中减去大于 HA 的一半的 HK，所以余下的 DF 大于 AK。DF 等于 C，所以 C 也大于 AK，于是 AK 小于 C。

综上，AB 的余量 AK 小于较小的量 C。这就是该命题的结论。类似地，一直减去余量的一半，该命题结论也成立。

命题 2

有两个不相等的量，从较大的量中连续减去较小的量，直到余量小于较小的量，再用较小的量减去余量直到小于余量，当最终的余量不能量尽它前面的量时，就称两个量不可公度。

已知 AB 和 CD 是两个不相等的量，AB 较小，从较大的量中连续减去较小的量，直到余量小于较小的量，再用较小的量减去余量，直到小于余量，最终的余量不能量尽它前面的量。可证量 AB 和 CD 不可公度。

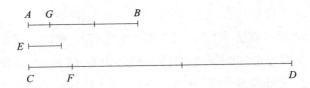

假设它们是可公度的，那么就会有某个量可以同时量尽它们。如果可能，设有这样一个量 E。用 AB 量 FD 留 CF，且 CF 小于 FD；用 CF 量 BG 留 AG，且 AG 小于 CF。像这样继续下去，直到留的量小于 E。假设已经完成该过程，[①]AG 就是被留下的小于 E 的量。因为 E 可以量尽 AB，而 AB 可以量尽 DF，所以 E 也可以量尽 FD。且它也可以量尽整个 CD，所以它可以量尽余量 CF。但 CF 可以量尽 BG，所以 E 也可以量尽 BG。且它又可以量尽整个 AB，所以它可以量尽余量 AG，即较大的量量尽较小的量，这是不可能的。所以，没有一个量可以同时量尽 AB 和 CD。所以，量 AB 和 CD 是不可公度的【定义 10.1】。

综上，如果……两个不等的量……

命题 3

求两个已知的可公度的量的最大公度量。

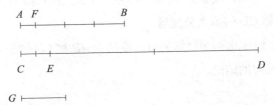

已知 AB 和 CD 是两个可公度的量，其中 AB 较小。求 AB 和

---

① 最终的事实就是命题 10.1 的结论。

CD 的最大公度量。

量 AB 或者能量尽 CD，或者不能量尽 CD。所以，假设它能量尽 CD，又因为它也能量尽它自己，所以 AB 是 AB 和 CD 的公度量。且很明显，它也是最大的，因为一个比 AB 大的量是不能量尽 AB 的。

所以设 AB 不能量尽 CD。持续用较大的量减去较小的量，直到余量小于较小的量，再用较小的量减去余量直到最终的余量可以量尽它前面的一个量，因为 AB 和 CD 不是不可公度的量【命题10.2】。设 AB 量 ED 留 EC，且 EC 小于 AB；EC 量 FB 留 AF，且 AF 小于 EC，再让 AF 量 CE。

因为 AF 可以量尽 CE，而 CE 量尽 FB，所以 AF 可以量尽 FB。它也能量尽它自己，所以 AF 可以量尽整个 AB。但 AB 可以量尽 DE，所以 AF 也可以量尽 ED。又，它也能量尽 CE，所以它能量尽整个 CD。所以，AF 是量 AB 和 CD 的公度量。所以，它也是最大的公度量。假设它不是最大的，那么会有一个大于 AF 的量可以同时量尽 AB 和 CD。设该量为 G。因为 G 能量尽 AB，但 AB 能量尽 ED，所以 G 能量尽 ED。它也能量尽整个 CD，所以 G 能量尽余量 CE。但 CE 能量尽 FB，所以 G 也能量尽 FB。它也能量尽整个 AB，所以它也能量尽余量 AF，即较大的量能量尽较小的量，这是不可能的。所以，没有大于 AF 的量可以同时量尽 AB 和 CD。所以，AF 是 AB 和 CD 的最大公度量。

综上，已求出两个已知的可公度的量 AB 和 CD 的最大公度量。这就是该命题的结论。

推 论

由此可以得出，如果一个量可以同时量尽两个量，那么它也可以量尽它们的最大公度量。

命题 4

求三个已知的可公度的量的最大公度量。

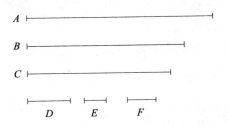

已知 A、B、C 是三个可公度的量。求 A、B、C 的最大公度量。

设已确定 A 和 B 两个量的最大公度量为 D【命题 10.3】。所以，D 可能量尽 C，也可能不能量尽 C。首先设可以量尽 C。因为 D 能量尽 C，且能量尽 A 和 B，所以 D 能量尽 A、B、C。所以，D 是 A、B、C 的公度量。很明显，D 也是最大公度量。这是因为 A 和 B 的公度量中没有比 D 更大的量了。

再设 D 不能量尽 C。首先证明 C 和 D 是可公度的。因为如果 A、B、C 是可公度的，那么存在某个量可以量尽它们，很明显，它能够量尽 A 和 B。所以，它也能够量尽 A 和 B 的最大公度量 D【命题 10.3 推论】，并且它也能量尽 C。所以，上述的量可以同时量尽 C 和 D。所以，C 和 D 是可公度的【定义 10.1】。设它们的最大公度量为 E【命题 10.3】。因为 E 能量尽 D，D 能量尽 A 和 B，所以 E 能量尽 A 和 B，且它也能量尽 C；所以，E 能量尽 A、B、C；所以，E 是 A、B、C 的公度量。可以证明它是最大的。因为，如果可能，设 F 为某个大于 E 的量，且它能量尽 A、B、C。又因为 F 能量尽 A 和 B，所以它也能量尽 A 和 B 的最大公度量【命题 10.3 推论】。又 D 是 A 和 B 的最大公度量，所以 F 能量尽 D。且它能量尽 C，所以 F 能同时量尽 C 和 D；所以，F 也能量尽 C 和 D 的最大公度量 E【命题 10.3

推论】。所以，F 能量尽 E，即较大量能量尽较小量，这是不可能的。所以，没有某个大于 E 的量能够量尽 A、B、C。所以，如果 D 不能量尽 C，那么 E 是 A、B、C 的最大公度量。如果 D 可以量尽 C，那么 D 就是最大公度量。

综上，三个已知的可公度的量的最大公度量已经确定。这就是该命题的结论。

推 论

由此命题，可以很明显地得出，如果一个量可以量尽三个量，那么它也可以量尽它们的最大公度量。

相似地，更多可公度的量的最大公度量也可以被确定。这就是该推论的结论。

命题 5

两个可公度的量的比等于某个数与某个数的比。

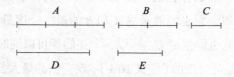

已知 A 和 B 是可公度的量。可证 A 比 B 等于某个数比某个数。

如果 A 和 B 是可公度的量，那么存在某个量可以同时量尽它们。设该量为 C。且 C 量尽 A 需要多少次，就使 D 有多少个单位。C 量尽 B 需要多少次，就使 E 有多少个单位。

因为 C 能依照 D 中单位的个数量尽 A，一个单位也能依照 D 里的单位量尽 D，所以一个单位量尽 D 的次数等于 C 量尽 A 的次数；

所以，C 比 A 等于单位比 D【定义 7.20】。① 所以，其反比例为，A 比 C 等于 D 比单位【命题 5.7 推论】。又因为 C 能依照 E 中单位的个数量尽 B，一个单位又能依照 E 里的单位个数量尽 E，所以一个单位量尽 E 的次数等于 C 量尽 B 的次数；所以，C 比 B 等于一个单位比 E【定义 7.20】。且已经证明 A 比 C 等于 D 比一个单位，所以其首末比例为 A 比 B 等于数 D 比数 E【命题 5.22】。

综上，可公度的量 A 和量 B 的比等于数 D 比数 E。这就是该命题的结论。

命题 6

如果两个量的比等于两个数的比，那么这两个量是可公度的。

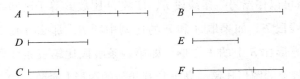

已知两个量 A 和 B 的比等于数 D 和数 E 的比。可证量 A 和 B 是可公度的。

设 D 中有多少个单位，A 就可以被分为多少等份。设 C 是其中的一个等份。且 E 中有多少个单位，就设 F 中有多少个量等于 C。

因为 D 中有多少个单位，A 中就有多少个等于 C 的量，所以 D 中的单位不管是怎样的一部分，C 都是 A 中相同的一部分；所以，C 比 A 等于一个单位比数 D【定义 7.20】。且一个单位能量尽数 D，所以 C 也能量尽 A。又因为 C 比 A 等于一个单位比数 D，所以其反比例为 A 比 C 等于数 D 比一个单位【命题 5.7 推论】。又因为 E 中

---

① 这里有一个很小的逻辑缺口，因为定义 7.20 适用于四个数，而不是两个数和两个量。

有多少个单位，F 中就有多少个等于 C 的量，所以 C 比 F 等于一个单位比数 E【定义 7.20】。已经证明 A 比 C 等于 D 比一个单位，所以其首末比例为 A 比 F 等于 D 比 E【命题 5.22】。但 D 比 E 等于 A 比 B，所以 A 比 B 等于 A 比 F【命题 5.11】。于是 A 与 B 的比等于 A 与 F 的比，所以 B 等于 F【命题 5.9】。又，C 能量尽 F，所以它也能量尽 B。实际上，它也能量尽 A，所以 C 能同时量尽 A 和 B。因此，A 和 B 是可公度的【定义 10.1】。

所以，如果两个量……比另一个……

推　论

由此命题可以很明显地得出，如果有两个数 D、E 和一条线段 A，那么可以作出另一条线段 F，使数 D 比数 E 等于已知线段 A 比另一条线段 F。如果取 A 和 F 的比例中项 B，那么 A 比 F 等于 A 上的正方形比 B 上的正方形，即第一条线段比第三条线段等于第一条线段上的图形比第二条上与其相似的图形【命题 6.19 推论】。但 A 比 F 等于数 D 比数 E，所以就作出了数 D 比数 E 等于线段 A 上的图形比线段 B 上的相似图形。这就是该推论的结论。

命题 7

不可公度的两个量的比不等于两个数的比。

已知 A 和 B 是不可公度的量。可证 A 比 B 不等于某个数比某个数。

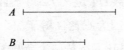

如果 A 比 B 等于某个数比某个数，那么 A 和 B 是可公度的【命题 10.6】。但已知并不是这样的，所以 A 比 B 不等于某个数比某个数。

综上，不可公度的两个量的比不等于……

命题 8

如果两个量的比不等于某个数比某个数，那么这两个量不可公度。

已知两个量 A 和 B 的比不等于某个数和某个数的比。可证量 A 和 B 不可公度。

假设它们是可公度的，那么 A 与 B 的比等于某个数与某个数的比【命题 10.5】。所以，量 A 和 B 是不可公度的。

所以，如果两个量……的比……

命题 9

长度可公度的线段上的正方形的比等于某个数的平方比某个数的平方；若两个正方形的比等于某个数的平方比某个数的平方，则这两个正方形的边是长度可公度的。但长度不可公度的线段上的正方形的比不等于某个数的平方比某个数的平方；若两个正方形的比不等于某个数的平方比某个数的平方，则这两个正方形的边是长度不可公度的。

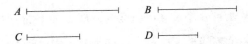

已知 A 和 B 是长度可公度的线段。可证 A 上的正方形比 B 上的正方形等于某个数的平方比某个数的平方。

因为 A 和 B 是长度可公度的, 所以 A 比 B 等于某个数比某个数【命题 10.5】。设这两个数的比为 C 比 D。因为 A 比 B 等于 C 比 D, 但 A 上的正方形比 B 上的正方形等于 A 与 B 的二次比。相似图形的比等于对应边的二次比【命题 6.20 推论】; C 的平方与 D 的平方的比等于数 C 与数 D 的二次比。因为在两个平方数之间存在一个比例中项数, 并且两平方数的比等于前者对应的边比后者对应的边的二次比【命题 8.11】。所以, A 上的正方形比 B 上的正方形等于 C 的平方数与 D 的平方数的比。①

再设 A 上的正方形比 B 上的正方形等于数 C 的平方比数 D 的平方。可证 A 和 B 是可公度的。

A 上的正方形比 B 上的正方形等于数 C 的平方比数 D 的平方, 但 A 上的正方形比 B 上的正方形等于 A 与 B 的二次比【命题 6.20 推论】, 且数 C 的平方比数 D 的平方等于数 C 与 D 的二次比【命题 8.11】, 所以 A 比 B 等于 C 比 D。所以, A 比 B 等于数 C 比数 D。因此, A 和 B 是长度可公度的【命题 10.6】。②

再设 A 和 B 是长度不可公度的。可证 A 上的正方形比 B 上的正方形不等于某个数的平方比某个数的平方。

因为如果 A 上的正方形比 B 上的正方形等于某个数的平方比某个数的平方, 那么 A 和 B 是长度可公度的。但已知它们不是, 所以 A 上的正方形比 B 上的正方形不等于某个数的平方比某个数的平方。

再设 A 上的正方形比 B 上的正方形不等于某个数的平方比某个数的平方。那么 A 和 B 是长度不可公度的。

因为如果 A 和 B 是长度可公度的, 那么 A 上的正方形比 B 上的正方形等于某个数的平方比某个数的平方。但已知不等, 所以 A 和

---

① 这里有一个未明确说明的前提: 如果 $\alpha : \beta :: \gamma : \delta$, 那么 $\alpha^2 : \beta^2 :: \gamma^2 : \delta^2$。
② 这里有一个未明确说明的前提: 如果 $\alpha^2 : \beta^2 :: \gamma^2 : \delta^2$, 那么 $\alpha : \beta :: \gamma : \delta$。

B 是长度不可公度的。

综上，长度可公度的线段上的正方形……

推 论

由此命题可以很明显地得出，长度可公度的线段上的正方形总是可公度的，但正方形可公度的线段并不总是长度可公度的。

命题 10[①]

求作与已知线段不可公度的两条线段，且一条只有长度不可公度，另一条在正方形上也与其不可公度。

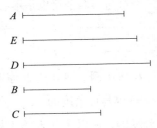

已知线段 A。作与 A 不可公度的两条线段，且一条只有长度不可公度，另一条在正方形上也与其不可公度。

设两个数 B 和 C，它们的比不等于某个数的平方比某个数的平方，即它们不是相似面积数。作 B 比 C 等于 A 上的正方形比 D 上的正方形。因为我们已经学过怎样作【命题 10.6 推论】，所以 A 上的正方形与 D 上的正方形是可公度的【命题 10.6】。因为 B 比 C 不等于某个数的平方比某个数的平方，所以 A 上的正方形比 D 上的正方形也不等于某个数的平方比某个数的平方。所以，A 与 D 是长度

① 海伯格认为这个命题是对原文的一个补充。

不可公度的【命题 10.9】。再作 A 与 D 的比例中项 E【命题 6.13】。所以，A 比 D 等于 A 上的正方形比 E 上的正方形【定义 5.9】。又，A 与 D 是长度不可公度的，所以 A 上的正方形与 E 上的正方形也不可公度【命题 10.11】，所以 A 与 E 是在正方形上与其不可公度的。

综上，D 和 E 是与已知线段 A 不可公度的线段，且 D 只有长度不可公度，E 在正方形上也与之不可公度。这就是该命题的结论。

命题 11

如果有四个量成比例，且第一个量与第二个量是可公度的，那么第三个量与第四个量也是可公度的。如果第一个量与第二个量是不可公度的，那么第三个量与第四个量也是不可公度的。

已知量 A、B、C、D 成比例，即 A 比 B 等于 C 比 D。设 A 与 B 是可公度的。可证 C 与 D 也是可公度的。

因为 A 与 B 是可公度的，所以 A 比 B 等于某个数比某个数【命题 10.5】，且 A 比 B 等于 C 比 D，所以 C 比 D 等于某个数比某个数，所以 C 与 D 是可公度的【命题 10.6】。

再设 A 与 B 不可公度。可以证明 C 与 D 也是不可公度的。因为 A 与 B 不可公度，所以 A 与 B 的比不等于某个数比某个数【命题 10.7】，且 A 比 B 等于 C 比 D，所以 C 与 D 的比也不等于某个数比某个数，所以 C 与 D 不可公度【命题 10.8】。

综上，如果有四个量……

命题 12

与同一个量可公度的量彼此也可公度。

已知 A 和 B 分别与 C 可公度。可证 A 与 B 也可公度。

因为 A 与 C 可公度，所以 A 与 C 的比等于某个数比某个数【命题 10.5】。设这两个数的比为 D 比 E。又因为 C 与 B 可公度，所以 C 与 B 的比等于某个数比某个数【命题 10.5】。设这两个数的比为 F 比 G，且对任意多个比，即 D 比 E、F 比 G，使 H、K、L 在已知比中继续成连比例【命题 8.4】，所以 D 比 E 等于 H 比 K，且 F 比 G 等于 K 比 L。

因为 A 比 C 等于 D 比 E，D 比 E 等于 H 比 K，所以 A 比 C 等于 H 比 K【命题 5.11】。又因为 C 比 B 等于 F 比 G，F 比 G 等于 K 比 L，所以 C 比 B 等于 K 比 L【命题 5.11】。且 A 比 C 等于 H 比 K，所以其首末比例为 A 比 B 等于 H 比 L【命题 5.22】。所以 A 与 B 的比等于数 H 比数 L，所以 A 与 B 是可公度的【命题 10.6】。

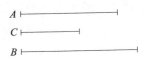

综上，与同一个量可公度的量彼此也可公度。这就是该命题的结论。

命题 13

如果有两个可公度的量，且其中一个量与某个量不可公度，那么另一个量与该量也不可公度。

已知量 A 和量 B 是可公度的，且其中一个量 A 与另一个量 C 不可公度。可证余下的量 B 与 C 也不可公度。

假设 B 与 C 可公度，且 A 与 B 也可公度，所以 A 与 C 可公度【命题 10.12】。但已知它与 C 不可公度，这是不可能的。所以，B 与 C 是不可能公度的，所以它们不可公度。

综上，如果有两个量可公度……

引理

已知两条不等线段，作一条线段，使该线段上的正方形等于较大线段上的正方形与较小线段上的正方形的差。[①]

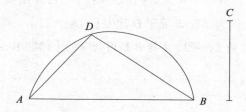

已知 AB 和 C 是两条不等线段，且设 AB 较大。作一条线段，使该线段上的正方形等于较大线段 AB 上的正方形与较小线段 C 上的正方形的差。

作 AB 上的半圆 ADB。在半圆上作弦 AD 等于 C【命题 4.1】。连接 DB。很明显，角 ADB 是直角【命题 3.31】。又，AB 上的正方形与 AD 上的正方形（即 C 上的正方形）的差是 DB 上的正方形【命题 1.47】。

相似地，两条已知线段上的正方形的和的平方根也可以用类似的方法求得。

---

① 即如果 α 和 β 是两条已知线段的长度，且 α 大于 β，可以求出一个长度为 γ 的线段，满足 $\alpha^2 = \beta^2 + \gamma^2$。相似地，我们也可以求出一个长度为 γ 的线段，满足 $\gamma^2 = \alpha^2 + \beta^2$。

设 *AD* 和 *DB* 是两条已知线段。求这两条线段上的正方形的和的平方根。设用 *AD*、*DB* 组成一个直角，连接 *AB*。很明显，*AB* 就是 *AD* 和 *DB* 上的正方形的和的平方根【命题 1.47】。这就是该引理的结论。

命题 14

如果有四条成比例线段，且第一条线段上的正方形与第二条线段上的正方形的差是与第一条线段长度可公度的某条线段上的正方形，那么第三条线段上的正方形与第四条线段上的正方形的差是与第三条线段长度可公度的某条线段上的正方形。并且如果第一条线段上的正方形与第二条线段上的正方形的差是与第一条线段不是长度可公度的某条线段上的正方形，那么第三条线段上的正方形与第四条线段上的正方形的差是与第三条线段不是长度可公度的某条线段上的正方形。

已知 *A*、*B*、*C*、*D* 是四条成比例线段，即 *A* 比 *B* 等于 *C* 比 *D*。设 *A* 上的正方形与 *B* 上的正方形的差等于 *E* 上的正方形，且 *C* 上的正方形与 *D* 上的正方形的差等于 *F* 上的正方形。可证如果 *A* 与 *E* 是长度可公度的，那么 *C* 与 *F* 也可公度；如果 *A* 与 *E* 是长度不可公度的，那么 *C* 与 *F* 也不可公度。

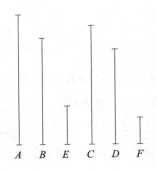

因为 A 比 B 等于 C 比 D，所以 A 上的正方形比 B 上的正方形等于 C 上的正方形比 D 上的正方形【命题 6.22】。但 E 与 B 上的正方形的和等于 A 上的正方形，D 与 F 上的正方形的和等于 C 上的正方形。所以，E 与 B 上的正方形的和比 B 上的正方形等于 D 与 F 上的正方形的和比 D 上的正方形。所以，其分比例为，E 上的正方形比 B 上的正方形等于 F 上的正方形比 D 上的正方形【命题 5.17】。所以，也有 E 比 B 等于 F 比 D【命题 6.22】。所以，其反比例为 B 比 E 等于 D 比 F【命题 5.7 推论】。但 A 比 B 等于 C 比 D。所以，其首末比例为 A 比 E 等于 C 比 F【命题 5.22】。所以，如果 A 与 E 是长度可公度的，那么 C 与 F 也可公度；若 A 与 E 是长度不可公度的，那么 C 与 F 也不可公度【命题 10.11】。

所以，如果……

命题 15

如果两个量可公度，那么它们的和与其中的任何一个量都可公度；如果它们的和只与其中一个量可公度，那么原来的两个量仍是可公度的。

已知 AB 和 BC 是两个可公度的量，将它们相加。可证其和 AC 与 AB、BC 中的任意一个都可公度。

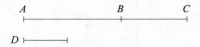

因为 AB 和 BC 可公度，所以有某个量可以量尽它们。设 D 能量尽它们。因为 D 能量尽 AB 和 BC，所以它也能量尽它们的和 AC。且 D 能量尽 AB 和 BC，所以 D 能量尽 AB、BC 和 AC。所以，AC 与 AB、BC 中的任意一个都可公度【定义 10.1】。

再设 AC 与 AB 可公度。可证 AB 和 BC 可公度。

因为 AC 和 AB 可公度，则有某个量可以量尽它们。设 D 能量尽它们。因为 D 能量尽 CA 和 AB，所以它也能量尽余下的 BC。且它又能量尽 AB，所以，D 能量尽 AB 和 BC。所以，AB 与 BC 是可公度的【定义 10.1】

综上，如果两个量……

命题 16

如果两个量不可公度，那么它们的和与这两个量都不可公度。如果它们的和只与其中一个量不可公度，那么原来的两个量仍不可公度。

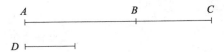

已知 AB 和 BC 是两个可公度的量，将它们相加。可证它们的和 AC 与 AB、BC 都不可公度。

假设 CA 和 AB 不是不可公度的，那么有某个量可以量尽它们。设 D 能量尽它们。因为 D 能量尽 CA 和 AB，所以它也能量尽余下的 BC。且它能量尽 AB，所以 D 能量尽 AB 和 BC。所以，AB 和 BC 可公度【定义 10.1】。但已知它们不可公度，这是不可能的。所以，不存在某个量同时量尽 CA 和 AB。所以，CA 和 AB 不可公度【定义 10.1】。相似地，我们可以证明 AC 和 CB 也不可公度。所以，AC 与 AB、BC 都不可公度。

再设 AC 与 AB、BC 其中之一不可公度。首先，设 AC 与 AB 不可公度。可以证明 AB 和 BC 不可公度。假设它们可公度，那么有某个量能量尽它们。设 D 能量尽它们。因为 D 能量尽 AB 和 BC，所以 D 也量尽它们的和 AC。且它能量尽 AB，所以 D 能量尽 CA 和

AB。所以，*CA* 和 *AB* 可公度【定义 10.1】。但已知它们不可公度，这是不可能的。所以，不存在某个量同时量尽 *AB* 和 *BC*。所以，*AB* 和 *BC* 不可公度【定义 10.1】。

综上，如果两个……量……

引 理

如果一个缺少一个正方形的矩形 ① 落在某条线段上，那么该矩形的面积等于以正方形所在的原线段被分开的两条线段为边的矩形的面积。

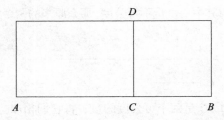

已知缺少了一个正方形 *DB* 的矩形 *AD* 落在线段 *AB* 上，可证 *AD* 等于以 *AC* 和 *CB* 为边的矩形。

很明显，因为 *DB* 是一个正方形，所以 *DC* 等于 *CB*，*AD* 是矩形 *AC*、*CD*，即矩形 *AC*、*CB*。

所以，如果……到某条线段……

命题 17②

如果有两条不等线段，落在较大线段上缺少一个正方形的矩形，等于较小线段上的正方形的四分之一，且较大线段被分成两条长度

---

① 注意这个引理只适用于矩形。

② 该命题规定：如果 $\alpha x - x^2 = \beta^2 / 4$（这里 $\alpha = BC$，$x = DC$ 且 $\beta = A$），那么当 $\alpha - x$ 和 x 是可公度的时，α 和 $\sqrt{\alpha^2 - \beta^2}$ 可公度，反之亦然。

可公度的线段，那么较大线段上的正方形与较小线段上的正方形的差是与较大线段长度可公度的某条线段上的正方形。并且，如果较大线段上的正方形与较小线段上的正方形的差是与较大线段长度可公度的线段上的正方形，且较大线段上的缺少一个正方形的矩形等于较小线段上的正方形的四分之一，那么较大线段被分成了两个长度可公度的部分。

已知 A 和 BC 是两条不等线段，其中 BC 较大。落在 BC 上且缺少一个正方形的矩形等于较小线段 A 上的正方形的四分之一，即等于一半 A 上的正方形。设该矩形由 BD 和 CD 所构成【参考上一个引理】。设 BD 和 DC 是长度可公度的。可证 BC 上的正方形与 A 上的正方形的差是与 BC 可公度的某条线段上的正方形。

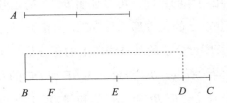

设 BC 的二等分点为 E【命题 1.10】，取 EF 等于 DE【命题 1.3】，所以，余下的 DC 等于 BF。因为线段 BC 被 E 平分，被 D 分为不相等的两部分，所以以 BD、DC 为边的矩形与 ED 上的正方形的和等于 EC 上的正方形【命题 2.5】。使其四倍之后，等式仍成立，所以以 BD、DC 为边的矩形的四倍与 DE 上的正方形的四倍的和等于 EC 上的正方形的四倍。但 A 上的正方形等于以 BD、DC 为边的矩形的四倍，且 DF 上的正方形等于 DE 上的正方形的四倍。因为 DF 是 DE 的二倍。BC 上的正方形等于 EC 上的正方形的四倍，因为 BC 是 CE 的二倍。所以 A 和 DF 上的正方形的和等于 BC 上的正方形。所以，BC 上的正方形与 A 上的正方形的差是 DF 上的正方形。

所以，BC 上的正方形比 A 上的正方形大一个 DF 上的正方形。可以证明 BC 与 DF 是长度可公度的。因为 BD 与 DC 是长度可公度的，所以 BC 与 CD 是长度可公度的【命题 10.15】。但 CD 与 CD 和 BF 的和是长度可公度的，这是因为 CD 等于 BF【命题 10.6】。所以，BC 与 BF 和 CD 的和也是长度可公度的【命题 10.12】。所以，BC 与余下的 FD 是长度可公度的【命题 10.15】。所以，BC 上的正方形与 A 上的正方形的差是与 BC 长度可公度的某条线段上的正方形。

设 BC 上的正方形与 A 上的正方形的差是与 BC 长度可公度的某条线段上的正方形，且 BC 上的缺少一个正方形的矩形等于 A 上的正方形的四分之一。设该矩形是以 BD 和 DC 为边的。可以证明 BD 与 DC 是长度可公度的。

相似地，用同样的作图，可以证明 BC 上的正方形与 A 上的正方形的差等于 FD 上的正方形，且 BC 上的正方形与 A 上的正方形的差是与 BC 长度可公度的某条线段上的正方形。所以，BC 与 FD 是长度可公度的。所以，BC 与余下的 BF 和 DC 的和也是长度可公度的【命题 10.15】。但 BF 和 DC 的和与 DC 是长度可公度的【命题 10.6】，所以 BC 与 CD 也是长度可公度的【命题 10.12】，所以其分比例，BD 与 DC 也是长度可公度的【命题 10.15】。

综上，如果有两个不等的线段……

命题 18[①]

如果有两条不等线段，落在较大线段上缺少一个正方形的矩形等于较小线段上的正方形的四分之一，且较大线段被分为两个长度

---

① 该命题规定：如果 $\alpha x - x^2 = \beta^2 / 4$（这里 $\alpha = BC$，$x = DC$，且 $\beta = A$），那么当 $\alpha - x$ 和 x 是不可公度的时，α 和 $\sqrt{\alpha^2 - \beta^2}$ 不可公度，反之亦然。

不可公度的部分，那么较大线段上的正方形与较小线段上的正方形的差是与较大线段长度不可公度的某条线段上的正方形。并且，如果较大线段上的正方形与较小线段上的正方形的差是与较大线段长度不可公度的某条线段上的正方形，且在较大线段上缺少一个正方形的矩形等于较小线段上的正方形的四分之一，那么较大线段被分成的两部分是长度不可公度的。

已知 A 和 BC 是两条不相等线段，其中 BC 较大。落在 BC 上且缺少一个正方形的矩形等于较小线段 A 上的正方形的四分之一。设该矩形由 BD、DC 所构成。设 BD 和 DC 是长度不可公度的。可证 BC 上的正方形与 A 上的正方形的差是与 BC 长度不可公度的某条线段上的正方形。

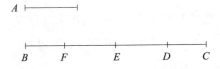

相似地，用与之前同样的作图，可以证明 BC 上的正方形与 A 上的正方形的差是 FD 上的正方形。所以，可以证明 BC 与 DF 是长度不可公度的。因为 BD 与 DC 是长度不可公度的，所以 BC 与 CD 是长度不可公度的【命题 10.16】。但 CD 与 BF 和 DC 的和是长度可公度的【命题 10.6】。所以，BC 与 BF 和 DC 的和是长度不可公度的【命题 10.13】。所以，BC 与余下的 FD 是长度不可公度的【命题 10.16】。又，BC 上的正方形与 A 上的正方形的差是 FD 上的正方形，所以 BC 上的正方形与 A 上的正方形的差是与 BC 长度不可公度的某条线段上的正方形。

再设 BC 上的正方形与 A 上的正方形的差是与 BC 长度不可公度的线段上的正方形，落在 BC 上且缺少一个正方形的矩形等于较

小线段 A 上的正方形的四分之一。矩形是由 BD 和 DC 所构成的。证明 BD 与 DC 是长度不可公度的。

相似地，用同样的作图，可以证明 BC 上的正方形与 A 上的正方形的差是 FD 上的正方形。但 BC 上的正方形与 A 上的正方形的差是与 BC 长度不可公度的某条线段上的正方形，所以 BC 与 FD 是长度不可公度的，于是 BC 与余下的 BF 和 DC 的和也是长度不可公度的【命题 10.16】。但 BF 和 DC 的和与 DC 是长度可公度的【命题 10.6】，所以 BC 与 DC 是长度不可公度的【命题 10.13】。所以，其分比例是，BD 与 DC 是长度不可公度的【命题 10.16】。

综上，如果有两个……线段……

命题 19

由长度可公度的有理线段所构成的矩形是有理的。

已知矩形 AC 是以有理线段 AB 和 BC 为边的，且它们是长度可公度的。可证 AC 是有理的。

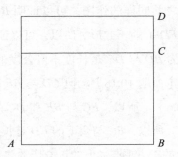

设 AD 是 AB 上的正方形，所以 AD 是有理的【定义 10.4】。因为 AB 与 BC 是长度可公度的，且 AB 等于 BD，所以 BD 与 BC 是长度可公度的。又 BD 比 BC 等于 DA 比 AC【命题 6.1】，所以 DA 与 AC 是可公度的【命题 10.11】。又 DA 是有理的，所以 AC 也是有

320

理的【定义 10.4】。所以……被两条有理线段……可公度的……

命题 20

如果一条有理线段与一个有理面的边重合，那么另一条作为宽的线段也是有理的，并且与原线段是长度可公度的。

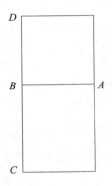

已知有理线段 AB 与有理矩形 AC 的一边重合，作为宽的线段是 BC。可证 BC 是有理的，且与 BA 是长度可公度的。

设 AD 是 AB 上的正方形，所以 AD 是有理的【定义 10.4】。又，AC 是有理的，所以 DA 和 AC 是可公度的。且 DA 比 AC 等于 DB 比 BC【命题 6.1】。所以，DB 与 BC 是长度可公度的【命题 10.11】，而 DB 等于 BA，所以 AB 与 BC 是长度可公度的。又，AB 是有理的，所以 BC 是有理的，且与 AB 是长度可公度的【定义 10.3】。

综上，如果有一条有理线段与一个有理面的边重合……

命题 21

以两条只是正方可公度的有理线段为边的矩形是无理的，且该矩形的平方根也是无理的，它被称为中项线段。[①]

---

① 所以，一条中项线段的长度可以表示为 $k^{1/4}$。

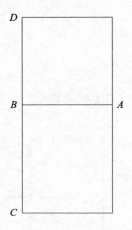

　　已知矩形 *AC* 以有理线段 *AB* 和 *BC* 为边，且两条线段仅是正方可公度的。可证 *AC* 是无理的，且它的平方根是无理的，被称作中项线段。

　　在 *AB* 上作正方形 *AD*，所以 *AD* 是有理的【定义 10.4】。*AB* 和 *BC* 是长度不可公度的，这是因为已经假设它们仅是正方可公度的，且 *AB* 等于 *BD*，所以 *DB* 与 *BC* 是长度不可公度的。又，*DB* 比 *BC* 等于 *AD* 比 *AC*【命题 6.1】，所以 *DA* 与 *AC* 不可公度【命题 10.11】。又，*DA* 是有理的，所以 *AC* 是无理的【定义 10.4】，所以 *AC* 的平方根，即与它相等的正方形的边是无理的【定义 10.4】，它被称作中项线段。这就是该命题的结论。

引　理
　　如果有两条线段，那么第一条线段比第二条线段等于第一条线段上的正方形比以这两条线段为边的矩形。

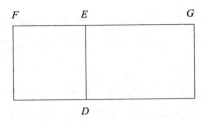

　　已知 *FE* 和 *EG* 是两条线段。可证 *FE* 比 *EG* 等于 *FE* 上的正方形比以 *FE* 和 *EG* 为边的矩形。

　　作 *FE* 上的正方形 *DF*，并作矩形 *GD*。因为 *FE* 比 *EG* 等于 *FD* 比 *DG*【命题 6.1】，且 *FD* 是 *FE* 上的正方形，*DG* 是以 *DE* 和 *EG* 为边的矩形，即 *FE* 和 *EG* 所构成的矩形，所以 *FE* 比 *EG* 等于 *FE* 上的正方形比 *FE* 和 *EG* 所构成的矩形。并且，相似地，*GE* 和 *EF* 所构成的矩形比 *EF* 上的正方形，即为 *GD* 比 *FD* 等于 *GE* 比 *EF*。这就是该命题的结论。

命题 22

　　将与一条中项线段上的正方形相等的矩形的一边落在一条有理线段上，由此产生作为宽的线段是有理的，且与原线段是长度不可公度的。

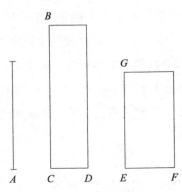

已知 A 是中项线段，CB 是有理线段，矩形 BD 等于 A 上的正方形，并且矩形落在 BC 上，设 CD 为宽。可证 CD 是有理的，且与 CB 是长度不可公度的。

因为 A 是中项线段，所以它上面的正方形等于两条仅是正方可公度的线段所构成的矩形【命题 10.21】。设 A 上的正方形等于 GF。A 上的正方形等于 BD，所以 BD 等于 GF。BD 与 GF 是等角的，且对于相等且等角的矩形，夹等角的两边成反比【命题 6.14】，所以比例为 BC 比 EG 等于 EF 比 CD。BC 上的正方形比 EG 上的正方形等于 EF 上的正方形比 CD 上的正方形【命题 6.22】。又，CB 上的正方形与 EG 上的正方形是可公度的，因为它们都是有理的，所以 EF 上的正方形与 CD 上的正方形是可公度的【命题 10.11】。又因为 EF 上的正方形是有理的，所以 CD 上的正方形也是有理的【定义 10.4】；所以，CD 是有理的。又，EF 与 EG 是长度不可公度的，这是因为它们仅是正方可公度的。且 EF 比 EG 等于 EF 上的正方形比 FE 与 EG 所构成的矩形【参考上一个引理】，所以 EF 上的正方形与 FE 和 EG 所构成的矩形是不可公度的【命题 10.11】。但 CD 上的正方形与 EF 上的正方形是可公度的，因为这两条线段上的正方形是有理的。DC 与 CB 所构成的矩形与 FE 和 EG 所构成的矩形是可公度的，因为它们都等于 A 上的正方形，所以 CD 上的正方形与 DC 和 CB 所构成的矩形是不可公度的【命题 10.13】。且 CD 上的正方形比 DC 与 CB 所构成的矩形等于 DC 比 CB【参考上一个引理】，所以 DC 与 CB 是长度不可公度的【命题 10.11】。所以，CD 是有理的，且与 CB 是长度不可公度的。这就是该命题的结论。

命题 23

与中项线段可公度的线段是中项线段。

已知 A 是中项线段，B 与 A 可公度。可证 B 也是中项线段。

作有理线段 CD。作矩形 CE，使它的一边落在 CD 上，与 CD 重合，且 CE 等于 A 上的正方形，由此 ED 为其宽；所以，ED 是有理的，并且与 CD 是长度不可公度的【命题 10.22】。作矩形 CF，使它的一边落在 CD 上，与 CD 重合，且 CF 等于 B 上的正方形，由此 DF 为其宽。因为 A 与 B 可公度，所以 A 上的正方形与 B 上的正方形可公度。但 EC 等于 A 上的正方形，CF 等于 B 上的正方形，所以 EC 与 CF 可公度。且 EC 比 CF 等于 ED 比 DF【命题 6.1】，所以 ED 与 DF 是长度可公度的【命题 10.11】。又，ED 是有理的，且与 CD 是长度不可公度的，所以 DF 也是有理的【定义 10.3】，且与 DC 是长度不可公度的【命题 10.13】。所以，CD 和 DF 是有理的，并且仅是正方可公度的。一条线段上的正方形等于仅以正方可公度的两条有理线段构成的矩形，则这条线段是中项线段【命题 10.21】；所以，CD 和 DF 所构成的矩形的平方根是中项线段。B 上的正方形等于 CD 与 DF 所构成的矩形，所以 B 是中项线段。

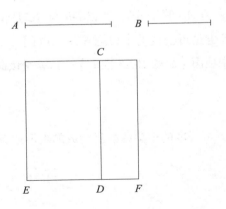

推 论

由此，可以很清楚地得到，与中项面 ① 可公度的面是中项面。

命题 24

由长度可公度的中项线段所构成的矩形是中项面。

已知矩形 AC 由中项线段 AB 和 BC 所构成，且 AB 与 BC 是长度可公度的。可证 AC 是中项面。

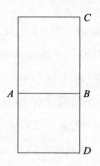

在 AB 上作正方形 AD，所以 AD 是中项面。因为 AB 与 BC 是长度可公度的，且 AB 等于 BD，所以 DB 与 BC 是长度可公度的，所以 DA 与 AC 也是可公度的【命题 6.1、10.11】。DA 是中项面，所以 AC 也是中项【命题 10.23 推论】。这就是该命题的结论。

命题 25

由仅是正方可公度的中项线段所构成的矩形或者是有理的，或者是中项面。

---

① 中项面等于某条中项线段上的正方形，所以中项面可以表示为 $k^{1/2}$。

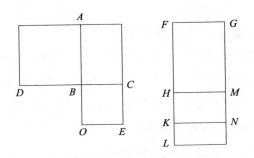

　　已知矩形 *AC* 由中项线段 *AB* 和 *BC* 所构成，且 *AB* 与 *BC* 仅是正方可公度的。可证 *AC* 或者是有理的，或者是中项面。

　　分别在线段 *AB* 和 *BC* 上作正方形 *AD* 和 *BE*，所以 *AD* 和 *BE* 是中项面。作有理线段 *FG*，在 *FG* 上作矩形 *GH* 等于 *AD*，由此产生作为宽的 *FH*。在 *HM* 上作矩形 *MK* 等于 *AC*，*HK* 为宽。最后，让矩形 *NL* 等于 *BE*，一边与 *KN* 重合，*KL* 为宽，所以 *FH*、*HK*、*KL* 在同一直线上。因为 *AD* 和 *BE* 是中项面，且 *AD* 等于 *GH*，*BE* 等于 *NL*，所以 *GH* 和 *NL* 是中项。并且它们的一边与有理线段 *FG* 重合，所以 *FH* 和 *KL* 是有理的，并且与 *FG* 是长度不可公度的【命题 10.22】。因为 *AD* 与 *BE* 是可公度的，所以 *GH* 与 *NL* 是可公度的。且 *GH* 比 *NL* 等于 *FH* 比 *KL*【命题 6.1】，所以 *FH* 与 *KL* 是长度可公度的【命题 10.11】。所以，*FH* 和 *KL* 是有理线段且是长度可公度的。所以，*FH* 和 *KL* 所构成的矩形是有理的【命题 10.19】。又因为 *DB* 等于 *BA*，*OB* 等于 *BC*，所以 *DB* 比 *BC* 等于 *AB* 比 *BO*。但 *DB* 比 *BC* 等于 *DA* 比 *AC*【命题 6.1】，*AB* 比 *BO* 等于 *AC* 比 *CO*【命题 6.1】，所以 *DA* 比 *AC* 等于 *AC* 比 *CO*。又，*AD* 等于 *GH*，*AC* 等于 *MK*，且 *CO* 等于 *NL*，所以 *GH* 比 *MK* 等于 *MK* 比 *NL*。所以，*FH* 比 *HK* 等于 *HK* 比 *KL*【命题 6.1、5.11】。所以，*FH* 和 *KL* 所构成的矩形等于 *HK* 上的正方形【命题 6.17】。且 *FH* 和 *KL* 所构成

的矩形是有理的，所以 HK 上的正方形是有理的，所以 HK 也是有理的。如果 HK 与 FG 是长度可公度的，那么 HN 是有理的【命题 10.19】。如果 HK 与 FG 是长度不可公度的，那么 KH 和 HM 是有理线段，且仅是正方可公度的，所以 HN 是中项面【命题 10.21】。所以，HN 或者是有理的，或者是中项面。又，HN 等于 AC，所以 AC 或者是有理的，或者是中项面。

综上……由仅是正方可公度的中项线段……

命题 26

两个中项面的差不可能是一个有理面。①

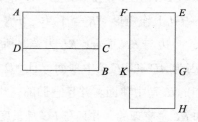

设中项面 AB 与中项面 AC 的差是有理面 DB。作有理线段 EF。在 EF 上作矩形 FH 等于 AB，由此 EH 作为宽。从 FH 中截取矩形 FG 等于 AC，所以余下的 BD 等于 KH。因为 DB 是有理的，所以 KH 也是有理的。因为 AB 与 AC 是中项面，且 AB 等于 FH，AC 等于 FG，所以 FH 和 FG 是中项面。又因为它们都落在有理线段 EF 上，所以 HE 和 EG 是有理的，并且与 EF 是长度不可公度的【命题 10.22】。因为 DB 是有理的，并且等于 KH，所以 KH 是有理的，且 KH 落在有理线段 EF 上，所以 GH 是有理的，并

---

① 换句话说，$\sqrt{k} - \sqrt{k'} \neq k''$。

且与 *EF* 是长度可公度的【命题 10.20】。但 *EG* 是有理的，且与 *EF* 是长度不可公度的，所以 *EG* 与 *GH* 是长度不可公度的【命题 10.13】。*EG* 比 *GH* 等于 *EG* 上的正方形比 *EG* 与 *GH* 所构成的矩形【命题 10.21 引理】，所以 *EG* 上的正方形与 *EG* 和 *GH* 所构成的矩形不可公度【命题 10.11】。但 *EG* 和 *GH* 上的正方形的和与 *EG* 上的正方形是可公度的，所以 *EG* 和 *GH* 都是有理的。又，*EG* 与 *GH* 所构成的矩形的二倍与 *EG* 和 *GH* 所构成的矩形可公度【命题 10.6】，这是因为前者是后者的二倍。*EG*、*GH* 上的两个正方形与矩形 *EG*、*GH* 的二倍是不可公度的【命题 10.13】，所以 *EG* 和 *GH* 上的两个正方形的和加上 *EG* 与 *GH* 所构成的矩形的二倍，是 *EH* 上的正方形【命题 2.4】，并且与 *EG* 和 *GH* 上的正方形的和不可公度【命题 10.16】。*EG* 和 *GH* 上的正方形的和是有理的，所以 *EH* 上的正方形是无理的【定义 10.4】。所以，*EH* 是无理的【定义 10.4】。但 *EH* 又是有理的，这是不可能的。

综上，两个中项面的差不可能是一个有理面。这就是该命题的结论。

命题 27

求两条仅是正方可公度的中项线段，使它们所构成的矩形是有理面。

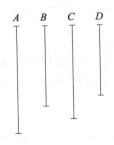

设有两条仅是正方可公度的有理线段 A 和 B。设取定 C 是 A 和 B 的比例中项线段【命题 6.13】。作 A 比 B 等于 C 比 D【命题 6.12】。

因为 A 和 B 仅是正方可公度，所以 A 和 B 所构成的矩形，即 C 上的正方形【命题 6.17】，是中项面【命题 10.21】。所以，C 是中项线段【命题 10.21】。因为 A 比 B 等于 C 比 D，且 A 和 B 仅是正方可公度的，所以 C 和 D 也仅是正方可公度的【命题 10.11】。又，C 是中项线段，所以 D 也是中项线段【命题 10.23】。所以，C 和 D 是仅正方可公度的中项线段。可以证明它们所构成的矩形是有理的。因为 A 比 B 等于 C 比 D，所以其更比例为 A 比 C 等于 B 比 D【命题 5.16】。但 A 比 C 等于 C 比 B，所以 C 比 B 等于 B 比 D【命题 5.11】，所以 C 和 D 所构成的矩形等于 B 上的正方形【命题 6.17】。B 上的正方形是有理的，所以 C 和 D 所构成的矩形是有理的。

综上，C 和 D 就是所要求作的两条仅正方可公度的中项线段，且它们所构成的矩形是有理的。[①] 这就是该命题的结论。

命题 28

求两条仅是正方可公度的中项线段，使它们所构成的矩形是中项面。

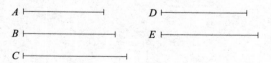

设有三条仅是正方可公度的有理线段 A、B、C，取定 D 是 A 和 B 的比例中项线段【命题 6.13】。作 B 比 C 等于 D 比 E【命题 6.12】。

[①] C 和 D 的长度分别是 A 的 $k^{1/4}$ 和 $k^{3/4}$ 倍，其中 B 的长度是 A 的 $k^{1/2}$。

因为 A 和 B 是仅正方可公度的有理线段，所以 A 和 B 所构成的矩形，即 D 上的正方形【命题 6.17】，是中项面【命题 10.21】，所以 D 是中项线段【命题 10.21】。又因为 B 和 C 是仅正方可公度的，B 比 C 等于 D 比 E，所以 D 和 E 是仅正方可公度的【命题 10.11】。又，D 是中项线段，所以 E 是中项线段【命题 10.23】。所以，D 和 E 是仅正方可公度的中项线段。可以证明它们所构成的矩形是中项面。因为 B 比 C 等于 D 比 E，所以其更比例为 B 比 D 等于 C 比 E【命题 5.16】。又，B 比 D 等于 D 比 A，所以 D 比 A 等于 C 比 E，所以 A 和 C 所构成的矩形等于 D 和 E 所构成的矩形【命题 6.16】。又，A 和 C 所构成的矩形是中项面【命题 10.21】，所以 D 和 E 所构成的矩形是中项面。

综上，D 和 E 就是所要求作的仅正方可公度的中项线段，且它们所构成的矩形是中项面。[①] 这就是该命题的结论。

引理 |

求两个平方数，使它们的和也是平方数。

设有两数 AB 和 BC，且它们或者都是偶数，或者都是奇数。因为偶数减偶数，奇数减奇数，最后结果都是偶数【命题 9.24、9.26】，所以余下的 AC 是偶数。作 AC 的二等分点 D。设 AB 和 BC 或者是相似面积数，或者都是平方数，平方数本身也是相似面积数，所以 AB 与 BC 的乘积加上 CD 的平方等于 BD 的平方【命题 2.6】。又，AB 与 BC 的乘积是一个平方数，这是因为已经证明了两个相似面积

---

① D 和 E 的长度分别是 A 的 $k^{1/4}$ 和 $k^{d/2}/k^{1/4}$ 倍，其中 B 和 C 的长度分别是 A 的 $k^{1/2}$ 和 $k^{d/2}$ 倍。

数相乘的乘积是一个平方数【命题 9.1】。所以，得到两个平方数，即 AB 和 BC 的乘积和 CD 的平方，且它们的和是 BD 的平方。

很明显又得到两个平方数，即 BD 的平方和 CD 的平方。它们的差，即 AB 和 BC 的乘积是平方数，不管 AB 和 BC 是怎样的相似面积数。但当它们不是相似面积数时，已经得到的两个平方数，即 BD 的平方和 DC 的平方，它们的差为 AB 和 BC 的乘积并不是平方数。这就是该命题的结论。

引理 II
求两个平方数，使它们的和不是平方数。

设 AB 与 BC 的乘积，如我们说过的，是一个平方数。设 CA 是偶数，CA 的二等分点为 D。所以，很明显，AB 与 BC 的乘积加上 CD 的平方等于 BD 的平方【参考上一个引理】。从 BD 中减去单位 DE，所以 AB 与 BC 的乘积加上 CE 的平方小于 BD 的平方。可证 AB 与 BC 的乘积加上 CE 的平方不是一个平方数。

假设它是一个平方数，它或者等于 BE 的平方，或者小于 BE 的平方，但绝不可能大于 BE 的平方，除非单位可以再分。首先，如果可能，设 AB 与 BC 的乘积加 CE 的平方等于 BE 的平方。设 GA 是单位 DE 的二倍。因为整个 AC 是整个 CD 的二倍，其中 AG 是 DE 的二倍，所以剩下的 GC 是 EC 的二倍。所以，GC 被 E 平分。所以，GB 与 BC 的乘积加 CE 上的正方形等于 BE 的平方【命题 2.6】。但已经假设 AB 与 BC 的乘积加 CE 的平方等于 BE 的平方，所以 GB 与 BC 的乘积加 CE 的平方等于 AB 与 BC 的乘积加 CE 的平方。

同时减去 *CE* 的平方，得到 *AB* 等于 *GB*，这是不可能的。所以，*AB*
与 *BC* 的乘积加 *CE* 的平方不等于 *BE* 的平方。可以证明它也不小
于 *BE* 的平方。因为，如果可能，设它等于 *BF* 的平方。设 *HA* 等于
DF 的二倍。可以得到 *HC* 是 *CF* 的二倍，即 *CH* 被 *F* 平分。由此，
HB 与 *BC* 的乘积加 *FC* 的平方等于 *BF* 的平方【命题 2.6】。又因为
已经假设 *AB* 和 *BC* 的乘积加 *CE* 的平方等于 *BF* 的平方，所以 *HB*
与 *BC* 的乘积加 *CF* 的平方等于 *AB* 与 *BC* 的乘积加 *CE* 的平方，这
是不可能的。所以，*AB* 和 *BC* 的乘积加 *CE* 的平方不小于 *BE* 的平方，
且已经证明它也不等于 *BE* 的平方，所以 *AB* 和 *BC* 的乘积加 *CE* 的
平方不是平方数。这就是该命题的结论。

命题 29

　　求两条仅是正方可公度的有理线段，使较大线段上的正方形与
较小线段上的正方形的差是与较大线段长度可公度的某条线段上的
正方形。

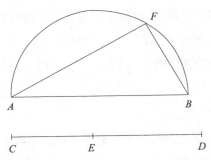

　　作任意有理线段 *AB*。设两个平方数 *CD* 和 *DE*，使它们的差 *CE*
不是一个平方数【命题 10.28 引理 I】。在 *AB* 上作半圆 *AFB*，使
DC 比 *CE* 等于 *BA* 上的正方形比 *AF* 上的正方形【命题 10.6 推论】。
连接 *FB*。

因为 *BA* 上的正方形比 *AF* 上的正方形等于 *DC* 比 *CE*，所以 *BA* 上的正方形比 *AF* 上的正方形等于数 *DC* 比数 *CE*。所以，*BA* 上的正方形与 *AF* 上的正方形可公度【命题 10.6】。又，*AB* 上的正方形是有理的【定义 10.4】，所以 *AF* 上的正方形也是有理的，所以 *AF* 是有理的。因为 *DC* 比 *CE* 不等于某个平方数比某个平方数，所以 *BA* 上的正方形比 *AF* 上的正方形不等于某个平方数比某个平方数，所以 *AB* 和 *AF* 是长度不可公度的【命题 10.9】。所以，有理线段 *BA* 和 *AF* 仅是正方可公度的。因为 *DC* 比 *CE* 等于 *BA* 上的正方形比 *AF* 上的正方形，所以其换比例为 *CD* 比 *DE* 等于 *AB* 上的正方形比 *BF* 上的正方形【命题 5.19 推论、3.31、1.47】。且 *CD* 比 *DE* 等于某个平方数比某个平方数，所以 *AB* 上的正方形比 *BF* 上的正方形等于某个平方数比某个平方数。所以，*AB* 与 *BF* 是长度可公度的【命题 10.9】。又，*AB* 上的正方形等于 *AF* 与 *FB* 上的正方形的和【命题 1.47】。所以，*AB* 上的正方形与 *AF* 上的正方形的差为 *BF* 上的正方形，*BF* 与 *AB* 是长度可公度的。

综上，*BA* 和 *AF* 是仅正方可公度的有理线段，并且较大的 *AB* 上的正方形与较小的 *AF* 上的正方形的差为 *BF* 上的正方形，且 *BF* 与 *AB* 是长度可公度的。[①] 这就是该命题的结论。

命题 30

求两条仅是正方可公度的有理线段，使较大线段上的正方形与较小线段上的正方形的差是与较大线段长度不可公度的某条线段上的正方形。

---

① *BA* 和 *AF* 的长度分别是 *AB* 的 1 倍和 $\sqrt{1-k^2}$ 倍，其中 $k = \sqrt{DE/CD}$。

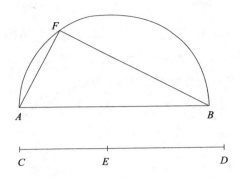

作有理线段 *AB*。设有两个平方数 *CE* 和 *ED*，使它们的和 *CD* 不是平方数【命题 10.28 引理 Ⅱ】。在 *AB* 上作半圆 *AFB*，使 *DC* 比 *CE* 等于 *BA* 上的正方形比 *AF* 上的正方形【命题 10.6 推论】。连接 *FB*。

所以，与上一命题相似，可以证明 *BA* 和 *AF* 是仅正方可公度的有理线段。因为 *DC* 比 *CE* 等于 *BA* 上的正方形比 *AF* 上的正方形，所以其换比例为 *CD* 比 *DE* 等于 *AB* 上的正方形比 *BF* 上的正方形【命题 5.19 推论、3.31、1.47】。又，*CD* 比 *DE* 不等于某个平方数比某个平方数，所以 *AB* 上的正方形比 *BF* 上的正方形不等于某个平方数比某个平方数。所以，*AB* 与 *BF* 是长度不可公度的【命题 10.9】。*AB* 上的正方形与 *AF* 上的正方形的差是 *FB* 上的正方形【命题 1.47】，且 *FB* 与 *AB* 是长度不可公度的。

综上，*AB* 和 *AF* 是仅正方可公度的有理线段，且 *AB* 上的正方形与 *AF* 上的正方形的差是 *FB* 上的正方形，*FB* 与 *AB* 是长度不可公度的。① 这就是该命题的结论。

---

① *AB* 和 *AF* 的长度分别是 *AB* 的 1 倍和 $1/\sqrt{1+k^2}$ 倍，其中 $k=\sqrt{DE/CE}$。

命题 31

　　求两条仅是正方可公度的中项线段，使它们所构成的矩形是有理面，并且较大线段上的正方形与较小线段上的正方形的差是与较大线段长度可公度的某条线段上的正方形。

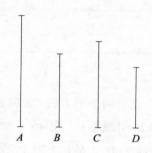

A　　B　　C　　D

　　作两条仅是正方可公度的有理线段 A 和 B，较大的 A 上的正方形与较小的 B 上的正方形的差是某条与 A 长度可公度的线段上的正方形【命题 10.29】。设 C 上的正方形等于 A 和 B 所构成的矩形。又 A 和 B 所构成的矩形是中项面【命题 10.21】，所以 C 上的正方形也是中项面，所以 C 是中项线段【命题 10.21】。又，C 与 D 所构成的矩形等于 B 上的正方形，且 B 上的正方形是有理的；所以，C 与 D 所构成的矩形也是有理的。因为 A 比 B 等于 A 与 B 所构成的矩形比 B 上的正方形【命题 10.21 引理】，但 C 上的正方形等于 A 与 B 所构成的矩形，且 C 与 D 所构成的矩形等于 B 上的正方形，所以 A 比 B 等于 C 上的正方形比 C 与 D 所构成的矩形。又，C 上的正方形比 C 与 D 所构成的矩形等于 C 比 D【命题 10.21 引理】，所以 A 比 B 等于 C 比 D。A 与 B 仅是正方可公度的，所以 C 与 D 也仅是正方可公度的【命题 10.11】。且 C 是中项线段，所以 D 也是中项线段【命题 10.23】。因为 A 比 B 等于 C 比 D，A 上的正方形与 B 上的正方形的差是与 A 长度可公度的某条线段上的正方形，

所以 C 上的正方形与 D 上的正方形的差是与 C 长度可公度的某条线段上的正方形【命题 10.14】。

所以，已经确定了 C 和 D 仅是正方可公度的两条中项线段，且它们所构成的矩形是有理面，且 C 上的正方形与 D 上的正方形的差是与 C 长度可公度的某条线段上的正方形。[①]

相似地，也可以证明，如果 A 上的正方形与 B 上的正方形的差是与 A 长度不可公度的某条线段上的正方形，那么 C 上的正方形与 D 上的正方形的差是与 C 长度不可公度的某条线段上的正方形【命题 10.30】。[②]

命题 32

求两条仅是正方可公度的中项线段，使它们所构成的矩形是中项面，并且较大线段上的正方形与较小线段上的正方形的差是与较长线段长度可公度的某条线段上的正方形。

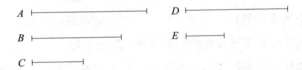

设有三条仅是正方可公度的有理线段 A、B、C，A 上的正方形与 C 上的正方形的差是与 A 长度可公度的某条线段上的正方形【命题 10.29】。设 D 上的正方形等于 A 与 B 所构成的矩形。那么 D 上的正方形是中项面，所以 D 是中项线段【命题 10.21】。设 D 与 E

---

① C 和 D 的长度分别是 A 的 $(1-k^2)^{1/4}$ 倍和 $(1-k^2)^{3/4}$ 倍，其中 k 的定义见命题 10.29 的脚注。

② C 和 D 的长度可能分别是 A 的 $1/(1+k^2)^{1/4}$ 倍和 $1/(1+k^2)^{3/4}$ 倍，其中 k 的定义见命题 10.30 的脚注。

所构成的矩形等于 B 与 C 所构成的矩形。因为 A 与 B 所构成的矩形比 B 与 C 所构成的矩形等于 A 比 C【命题 10.21 引理】，D 上的正方形等于 A 与 B 所构成的矩形，D 与 E 所构成的矩形等于 B 与 C 所构成的矩形，所以 A 比 C 等于 D 上的正方形比 D 与 E 所构成的矩形。D 上的正方形比 D 与 E 所构成的矩形等于 D 比 E【命题 10.21 引理】，所以 A 比 C 等于 D 比 E。A 与 C 仅是正方可公度的，所以 D 与 E 也仅是正方可公度的【命题 10.11】。又，D 是中项线段，所以 E 也是中项线段【命题 10.23】。因为 A 比 C 等于 D 比 E，且 A 上的正方形与 C 上的正方形的差是与 A 长度可公度的某条线段上的正方形，所以 D 上的正方形与 E 上的正方形的差是与 D 长度可公度的某条线段上的正方形【命题 10.14】。可以证明 D 与 E 所构成的矩形是中项面。B 与 C 所构成的矩形等于 D 与 E 所构成的矩形，所以 B 与 C 所构成的矩形是中项面。因为 B 和 C 是仅正方可公度的有理线段【命题 10.21】，所以 D 与 E 所构成的矩形也是中项面。

综上，D 和 E 是仅正方可公度的两条中项线段，它们所构成的矩形是中项面，且较大线段上的正方形与较小线段上的正方形的差是与较大线段长度可公度的某条线段上的正方形。[①]

相似地，也可以证明，如果 A 上的正方形与 C 上的正方形的差是与 A 长度不可公度的某条线段上的正方形，那么 D 上的正方形与 E 上的正方形的差是与 D 长度不可公度的某条线段上的正方形【命题 10.30】。[②]

---

① D 和 E 的长度分别是 A 的 $k^{1/4}$ 倍和 $k^{1/4}\sqrt{1-k^2}$ 倍，其中 B 的长度是 A 的 $k^{1/2}$ 倍，k 的定义见命题 10.29 的脚注。
② D 和 E 的长度分别是 A 的 $k^{1/4}$ 倍和 $k^{1/4}/\sqrt{1+k^2}$ 倍，其中 B 的长度是 A 的 $k^{1/2}$ 倍，k 的定义见命题 10.30 的脚注。

引 理

设 ABC 是直角三角形，角 A 是直角。作 BC 的垂线 AD。可证 CB、BD 所构成的矩形等于 BA 上的正方形，BC、CD 所构成的矩形等于 CA 上的正方形，且 BD 与 DC 所构成的矩形等于 AD 上的正方形，更有 BC 与 AD 所构成的矩形等于 BA 与 AC 所构成的矩形。

首先证明 CB、BD 所构成的矩形等于 BA 上的正方形。

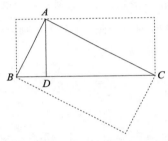

因为 AD 是从直角三角形的直角顶向底边引出的垂线，所以三角形 ABD 和 ADC 与原三角形 ABC 相似，且它们也彼此相似【命题 6.8】。因为三角形 ABC 与三角形 ABD 相似，所以 CB 比 BA 等于 BA 比 BD【命题 6.4】。所以，CB、BD 所构成的矩形等于 AB 上的正方形【命题 6.17】。

同理，BC、CD 所构成的矩形等于 AC 上的正方形。

因为如果在一个直角三角形中，从直角顶作底边的垂线，那么垂线是被分底边的两段的比例中项【命题 6.8 推论】，所以 BD 比 DA 等于 AD 比 DC。所以，BD 与 DC 所构成的矩形等于 DA 上的正方形【命题 6.17】。

最后证明 BC 与 AD 所构成的矩形等于 BA 与 AC 所构成的矩形。因为，像我们说过的，ABC 与 ABD 相似，所以 BC 比 CA 等于 BA 比 AD【命题 6.4】。所以，BC 与 AD 所构成的矩形等于 BA 与 AC 所构成的矩形【命题 6.16】。这就是该命题的结论。

命题 33

求两条正方不可公度线段，使两线段上的正方形的和是有理的，且它们所构成的矩形是中项面。

设有两条仅是正方可公度的有理线段 *AB* 和 *BC*，较大的 *AB* 上的正方形与较小的 *BC* 上的正方形的差是与 *AB* 长度不可公度的某条线段上的正方形【命题 10.30】。设 *D* 平分 *BC*。在 *AB* 上作一个等于 *BD* 或者 *DC* 上的正方形的矩形，且缺少一个正方形【命题 6.28】，设该矩形为 *AE*、*EB* 所构成。在 *AB* 上作半圆 *AFB*。过直角顶作 *AB* 的垂线 *EF*。连接 *AF* 和 *FB*。

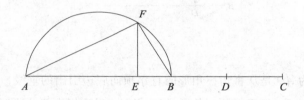

因为 *AB* 和 *BC* 是两条不相等线段，且 *AB* 上的正方形与 *BC* 上的正方形的差是与 *AB* 长度不可公度的某条线段上的正方形，一个落在 *AB* 上且缺少一个正方形的矩形等于 *BC* 上的正方形的四分之一，即 *BC* 一半上的正方形，该矩形由 *AE*、*EB* 所构成，所以 *AE* 与 *EB* 是长度不可公度的【命题 10.18】。*AE* 比 *EB* 等于 *BA* 与 *AE* 所构成的矩形比 *AB* 与 *BE* 所构成的矩形，又，*BA* 与 *AE* 所构成的矩形等于 *AF* 上的正方形，*AB* 与 *BE* 所构成的矩形等于 *BF* 上的正方形【命题 10.32 引理】，所以 *AF* 上的正方形与 *FB* 上的正方形是不可公度的【命题 10.11】。所以，*AF* 与 *FB* 是正方不可公度的。因为 *AB* 是有理的，所以 *AB* 上的正方形是有理的，所以 *AF* 与 *FB* 上的正方形的和也是有理的【命题 1.47】。又因为 *AE* 与 *EB* 所构成的矩形等于 *EF* 上的正方形，由假设 *AE* 与 *EB* 所构成的矩形等于 *BD*

上的正方形，所以 *FE* 等于 *BD*，所以 *BC* 是 *FE* 的二倍。所以，*AB*
和 *BC* 所构成的矩形与 *AB* 和 *EF* 所构成的矩形是可公度的【命题
10.6】。又，*AB* 与 *BC* 所构成的矩形是中项面【命题 10.21】，所以
AB 与 *EF* 所构成的矩形也是中项面【命题 10.23 推论】。*AB* 与 *EF*
所构成的矩形等于 *AF* 与 *FB* 所构成的矩形【命题 10.32 引理】，所
以 *AF* 与 *FB* 所构成的矩形是中项面。且已经证明它们上的正方形的
和是有理的。

　　综上，*AF* 和 *FB* 是仅正方可公度的两条线段，且它们上的正方
形的和是有理的，它们所构成的矩形是中项面。① 这就是该命题的
结论。

命题 34

　　求两条正方可公度的线段，使它们上的正方形的和是中项面，
它们所构成的矩形是有理的。

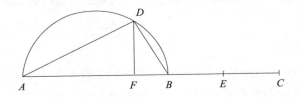

　　设线段 *AB* 和 *BC* 是两条仅正方可公度的中项线段，且它们所构
成的矩形是有理的，*AB* 上的正方形与 *BC* 上的正方形的差是与 *AB*
长度不可公度的某条线段上的正方形【命题 10.31】。在 *AB* 上作半
圆 *ADB*。设 *E* 平分 *BC*。并在 *AB* 上作一个等于 *BE* 上的正方形的矩形，
且缺少一个正方形，设该矩形为 *AF*、*FB* 所构成的矩形【命题 6.28】。

---

① *AF* 和 *FB* 的长度分别是 *AB* 的 $\sqrt{\left[1+k \big/ \left(1+k^2\right)^{1/2}\right] \big/ 2}$ 倍和 $\sqrt{\left[1-k \big/ \left(1+k^2\right)^{1/2}\right] \big/ 2}$ 倍，其中 *k* 的定
义见命题 10.30 的脚注。

所以，*AF* 与 *FB* 是长度不可公度的【命题 10.18】。过 *F* 作 *FD* 与 *AB* 成直角。连接 *AD* 和 *DB*。

因为 *AF* 与 *FB* 是长度不可公度的，所以 *BA*、*AF* 所构成的矩形与 *AB*、*BF* 所构成的矩形是不可公度的【命题 10.11】。*BA* 与 *AF* 所构成的矩形等于 *AD* 上的正方形，*AB* 与 *BF* 所构成的矩形等于 *DB* 上的正方形【命题 10.32 引理】，所以 *AD* 上的正方形与 *DB* 上的正方形是不可公度的。因为 *AB* 上的正方形是中项面，所以 *AD* 和 *DB* 上的正方形的和也是中项面【命题 3.31、1.47】。因为 *BC* 是 *DF* 的二倍【参考前一个命题】，所以 *AB* 与 *BC* 所构成的矩形是 *AB* 与 *FD* 所构成的矩形的二倍。因为 *AB* 与 *BC* 所构成的矩形是有理的，所以 *AB* 与 *FD* 所构成的矩形是有理的【命题 10.6、定义 10.4】。又，*AB* 与 *FD* 所构成的矩形等于 *AD* 与 *DB* 所构成的矩形【命题 10.32 引理】，所以 *AD* 与 *DB* 所构成的矩形是有理的。

综上，*AD* 和 *DB* 是正方可公度的，它们上的正方形的和是中项面，且它们所构成的矩形是有理的。[①] 这就是该命题的结论。

命题 35

求两条正方不可公度的线段，使它们上的正方形的和是中项面，它们所构成的矩形是中项面，并与它们上的正方形的和是不可公度的。

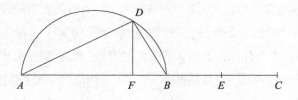

---

① *AD* 和 *DB* 的长度分别是 *AB* 的 $\sqrt{\left[\left(1+k^{2}\right)^{1/2}+k\right]/\left[2\left(1+k^{2}\right)\right]}$ 倍和 $\sqrt{\left[\left(1+k^{2}\right)^{1/2}-k\right]/\left[2\left(1+k^{2}\right)\right]}$ 倍，其中 *k* 的定义见命题 10.29 的脚注。

设 AB 和 BC 是两条仅正方可公度的中项线段，它们所构成的矩形是中项面，AB 上的正方形与 BC 上的正方形的差是与 AB 长度不可公度的某条线段上的正方形【命题 10.32】。在 AB 上作半圆 ADB。剩下的作图与上一命题相似。

AF 与 FB 是长度不可公度的【命题 10.18】，AD 与 DB 是正方不可公度的【命题 10.11】。因为 AB 上的正方形是中项面，所以 AD 与 DB 上的正方形的和也是中项面【命题 3.31、1.47】。因为 AF 和 FB 所构成的矩形等于 BE 或者 DF 上的正方形，所以 BE 等于 DF。所以，BC 是 FD 的二倍。所以，AB 和 BC 所构成的矩形是 AB 和 FD 所构成的矩形的二倍。又，AB 和 BC 所构成的矩形是中项面，所以 AB 与 FD 所构成的矩形是中项面，并且它等于 AD 与 DB 所构成的矩形【命题 10.32 引理】，所以 AD 与 DB 所构成的矩形也是中项面。又因为 AB 与 BC 是长度不可公度的，CB 和 BE 是长度可公度的，所以 AB 与 BE 是长度不可公度的【命题 10.13】。所以，AB 上的正方形与 AB、BE 所构成的矩形是不可公度的【命题 10.11】。但 AD 与 DB 上的正方形的和等于 AB 上的正方形【命题 1.47】，且 AB 与 FD 所构成的矩形，即 AD 与 DB 所构成的矩形，等于 AB 与 BE 所构成的矩形，所以 AD 与 DB 上的正方形的和与 AD、DB 所构成的矩形是不可公度的。

综上，AD 和 DB 是两条正方不可公度的线段，它们上的正方形的和是中项面，并且它们所构成的矩形与它们上的正方形的和是不可公度的。[①] 这就是该命题的结论。

[①] AD 和 DB 的长度分别是 AB 的 $k^{1/4}\sqrt{\left[1+k/\left(1+k^2\right)^{1/2}\right]/2}$ 倍和 $k^{1/4}\sqrt{\left[1-k/\left(1+k^2\right)^{1/2}\right]/2}$ 倍，其中 k 和 k' 的定义见命题 10.32 的脚注。

命题 36

两条仅正方可公度的有理线段的和是无理的，整个线段称作
二项线段[①]。

已知 AB 和 BC 是两条仅正方可公度的有理线段。可证整个线段
AC 是无理的。

AB 与 BC 是长度不可公度的，这是因为它们仅是正方可公度的。
AB 比 BC 等于 AB、BC 所构成的矩形比 BC 上的正方形，所以 AB、
BC 所构成的矩形与 BC 上的正方形是不可公度的【命题 10.11】。
但 AB 与 BC 所构成的矩形的二倍与 AB、BC 所构成的矩形是可公度
的【命题 10.6】，且 AB、BC 上的正方形的和与 BC 上的正方形是
可公度的，这是因为有理线段 AB 和 BC 是仅正方可公度的【命题
10.15】。所以，AB 与 BC 所构成的矩形的二倍与 AB 和 BC 上的正
方形的和是不可公度的【命题 10.13】。所以，其合比例为，AB 与
BC 所构成矩形的二倍加上 AB 和 BC 上的正方形的和，即 AC 上的
正方形【命题 2.4】与 AB 和 BC 上的正方形的和是不可公度的【命
题 10.16】。AB 和 BC 上的正方形的和是有理的，所以 AC 上的正方
形是无理的【定义 10.4】，所以 AC 是无理的【定义 10.4】，称作
二项线段[②]。这就是该命题的结论。

---

① 字面意思为"来自两种名称"。
② 所以，一条二项线段的长度可以表示为 $1+k^{1/2}$[或者，通常是 $\rho(1+k^{1/2})$，其中 ρ 是
  有理的，相同的附带条件同样适用于之后的命题的定义]。二项线段和与其对应
  的余线，其长度表示为 $1-k^{1/2}$（见命题 10.73），是四次方等式 $x^4-2(1+k)x^2+(1-k)^2$
  $=0$ 的正根。

命题 37

　　如果两条仅正方可公度的中项线段所构成的矩形是有理的，那么它们加起来的整条线段是无理的，这整条线段称作第一双中项线段[①]。

$$A \qquad\qquad B \qquad\qquad C$$

　　已知 AB 和 BC 是两条仅正方可公度的中项线段，且它们所构成的矩形是有理面，将两条线段加起来。可证整条线段 AC 是无理的。

　　因为 AB 与 BC 是长度不可公度的，所以 AB 和 BC 上的正方形的和与 AB、BC 所构成的矩形的二倍是不可公度的【见上一个命题】。其和比例为 AB、BC 上的正方形的和加 AB 与 BC 所构成的矩形的二倍，即 AC 上的正方形【命题 2.4】与 AB、BC 所构成的矩形是不可公度的【命题 10.16】。又，AB、BC 所构成的矩形是有理的，因为已知 AB 与 BC 所构成的矩形是有理的，所以 AC 上的正方形是无理的，因而 AC 是无理的【定义 10.4】，称作第一双中项线段[②]。这就是该命题的结论。

命题 38

　　如果两条仅正方可公度的中项线段所构成的矩形是中项面，那么它们加起来的整条线段是无理的，这整条线段称作第二双中项线段[③]。

---

① 字面意思为"来自两条中项线段的第一条线段"。
② 所以，第一双中项线段的长度表示为 $k^{1/4} + k^{3/4}$。第一双中项线段和对应的中项线段的第一余线，其中对应的中项线段的第一余线的长度是 $k^{1/4} - k^{3/4}$（见命题 10.74），是四次等式 $x^4 - 2\sqrt{k}\left(1+k\right)x^2 + k\left(1-k\right)^2 = 0$ 的两个正根。
③ 字面意思为"来自两条中项线段的第二条线段"。

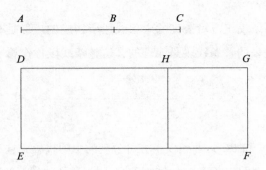

　　已知 *AB* 和 *BC* 是两条仅正方可公度的中项线段，且它们所构成的矩形是中项面，将两条线段加起来【命题 10.28】。可证整条线段 *AC* 是无理的。

　　作有理线段 *DE*，作矩形 *DF* 等于 *AC* 上的正方形，其一边落在 *DE* 上并与 *DE* 重合，由此 *DG* 作为宽【命题 1.44】。因为 *AC* 上的正方形等于 *AB* 和 *BC* 上的正方形的和加 *AB* 与 *BC* 所构成的矩形的二倍【命题 2.4】，所以在与 *DE* 重合的线段上作矩形 *EH* 等于 *AB* 和 *BC* 上的正方形的和。所以，余下的 *HF* 等于 *AB* 与 *BC* 所构成的矩形的二倍。因为 *AB* 和 *BC* 都是中项线段，所以 *AB* 和 *BC* 上的正方形的和是中项面。[①] 已知 *AB* 与 *BC* 所构成的矩形的二倍是中项面，且 *EH* 等于 *AB* 和 *BC* 上的正方形的和，*FH* 等于 *AB* 与 *BC* 所构成的矩形的二倍，所以 *EH* 和 *HF* 都是中项面。它们都与有理线段 *DE* 重合，所以 *DH* 和 *HG* 都是有理的，并且与 *DE* 是长度不可公度的【命题 10.22】。因为 *AB* 与 *BC* 是长度不可公度的，*AB* 比 *BC* 等于 *AB* 上的正方形比 *AB* 与 *BC* 所构成的矩形【命题 10.21 引理】，所以 *AB* 上的正方形与 *AB*、*BC* 所构成的矩形是不可公度的【命题 10.11】。但 *AB*

---

① 因为，通过假设，*AB* 和 *BC* 上的正方形是可公度的，见命题 10.15、10.23。

和 BC 上的正方形的和与 AB 上的正方形是可公度的【命题 10.15】，且 AB、BC 所构成的矩形的二倍与 AB、BC 所构成的矩形可公度【命题 10.6】，所以 AB 和 BC 上的正方形的和与 AB、BC 所构成的矩形的二倍是不可公度的【命题 10.13】。但 EH 等于 AB 和 BC 上的正方形的和，HF 等于 AB、BC 所构成的矩形的二倍，所以 EH 与 HF 是不可公度的【命题 6.1、10.11】，所以 DH 和 HG 是仅正方可公度的有理线段，所以 DG 是无理的【命题 10.36】。DE 是有理的。无理线段与有理线段所构成的矩形是无理的【命题 10.20】，所以面 DF 是无理的，所以它的平方根也是无理的【定义 10.4】。又，AC 是 DF 的平方根，所以 AC 是无理的，称作第二双中项线段①。这就是该命题的结论。

命题 39

　　如果两条线段是正方不可公度的，它们上的正方形的和是有理的，且它们所构成的矩形是中项面，那么将它们加起来后的整条线段是无理的，这整条线段称作主要线段。

　　已知 AB 和 BC 是两条正方不可公度的线段，满足命题所规定的条件，将它们加起来【命题 10.33】。可证 AC 是无理的。

　　因为 AB 与 BC 所构成的矩形是中项面，所以 AB 与 BC 所构成的矩形的二倍也是中项面【命题 10.6、10.23 推论】。又，AB 和 BC 上的正方形的和是有理的，所以 AB 与 BC 所构成的矩形的二倍与 AB 和 BC 上的正方形的和是不可公度的【定义 10.4】，所以 AB 和 BC 上的正方

---

① 所以，第二双中项线段的长度表示为 $k^{1/4} + k^{n/2}/k^{1/4}$。第二双中项线段和对应的中项的第二余线，其中对应的中项的第二余线的长度是 $k^{1/4} - k^{n/2}/k^{1/4}$（见命题 10.75），是四次等式 $x^4 - 2\left[(k+k')/\sqrt{k}\right]x^2 + \left[(k-k')^2/k\right] = 0$ 的两个正根。

形的和加 AB 与 BC 所构成的矩形的二倍，即 AC 上的正方形【命题 2.4】与 AB 和 BC 上的正方形的和也是不可公度的【命题 10.16】，且 AB 和 BC 上的正方形的和是有理的，所以 AC 上的正方形是无理的。所以，AC 是无理的【定义 10.4】，称作主要线段[①]。这就是该命题的结论。

命题 40

如果两条线段是正方不可公度的，它们上的正方形的和是中项面，且它们所构成的矩形是有理的，那么将它们加起来后的整条线段是无理的，称整条线段为有理面与中项面之和的边。

已知 AB 和 BC 是两条正方不可公度的线段，并且满足命题所规定的条件，将它们加起来【命题 10.34】。可证 AC 是无理的。

因为 AB 和 BC 上的正方形的和是中项面，AB 与 BC 所构成的矩形的二倍是有理的，所以 AB 和 BC 上的正方形的和与 AB、BC 所构成的矩形的二倍是不可公度的，所以 AC 上的正方形与 AB、BC 所构成的矩形的二倍也是不可公度的【命题 10.16】。又，AB 与 BC 所构成的矩形的二倍是有理的，所以 AC 上的正方形是无理的。所以，AC 是无理的【定义 10.4】，称作有理面中项面的边[②]。这就是该命

①　所以，主要线段的长度表示为 $\sqrt{\left[1+k/\left(1+k^2\right)^{1/2}\right]/2}+\sqrt{\left[1-k/\left(1+k^2\right)^{1/2}\right]/2}$。主要线段和对应的次要线段，是四次等式 $x^4-2x^2+k^2/\left(1+k^2\right)=0$ 的两个正根，其中对应的次要线段的长度是 $\sqrt{\left[1+k/\left(1+k^2\right)^{1/2}\right]/2}-\sqrt{\left[1-k/\left(1+k^2\right)^{1/2}\right]/2}$（见命题 10.76）。

②　所以，有理面与中项面之和的边的长度表示为 $\sqrt{\left[\left(1+k^2\right)^{1/2}+k\right]/\left[2\left(1+k^2\right)\right]}+\sqrt{\left[\left(1+k^2\right)^{1/2}-k\right]/\left[2\left(1+k^2\right)\right]}$。该线段和对应的带减号的无理线段，是四次等式 $x^4-\left(2/\sqrt{1+k^2}\right)x^2+k^2/\left(1+k^2\right)^2=0$ 的两个正根，其中该无理线段的长度是 $\sqrt{\left[\left(1+k^2\right)^{1/2}+k\right]/\left[2\left(1+k^2\right)\right]}-\sqrt{\left[\left(1+k^2\right)^{1/2}-k\right]/\left[2\left(1+k^2\right)\right]}$（见命题 10.77）。

题的结论。

命题 41

如果两条正方不可公度的线段上的正方形的和是中项面，它们所构成的矩形也是中项面，并且所构成的矩形与它们上的正方形的和是不可公度的，那么将它们加起来后的整条线段是无理的，称作两中项面和的边。

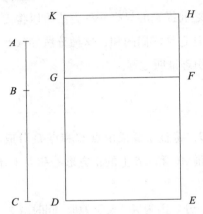

已知 *AB* 和 *BC* 是两条正方不可公度的线段，满足命题所规定的条件，将它们加起来【命题 10.35】。可证 *AC* 是无理的。

作有理线段 *DE*，在与 *DE* 重合的线段上分别作矩形 *DF* 等于 *AB* 和 *BC* 上的正方形的和，矩形 *GH* 等于 *AB* 与 *BC* 所构成的矩形的二倍，所以整个 *DH* 等于 *AC* 上的正方形【命题 2.4】。因为 *AB* 和 *BC* 上的正方形的和是中项面，并且等于 *DF*，所以 *DF* 是中项面。又，它与有理线段 *DE* 重合，所以 *DG* 是有理的，且与 *DE* 是长度不可公度的【命题 10.22】。同理，*GK* 也是有理的，且与 *GF*，即 *DE*，是长度不可公度的。因为 *AB* 和 *BC* 上的正方形的和与 *AB*、*BC* 所构成的矩形的二倍是不可公度的，*DF* 与 *GH* 是不可公度的，所以 *DG* 与 *GK*

是长度不可公度的【命题6.1、10.11】。又，它们是有理的，所以 *DG* 和 *GK* 是仅正方可公度的有理线段。所以，*DK* 是无理的，该线段被称作二项线段【命题10.36】。又，*DE* 是有理的，所以 *DH* 是无理的，且它的平方根是无理的【定义10.4】。又，*AC* 是 *HD* 的平方根，所以 *AC* 是无理的，称作两中项面的和的边[①]。这就是该命题的结论。

引 理

我们将证明之前提到的只有一种方法可以将无理线段分成不相等的两条线段，且它是它们的和，这种分法导致产生各种类型的问题，请看下面的引理证明过程。

$$A \quad\quad D \quad E \quad\quad C \quad\quad\quad B$$

已知线段 *AB*，将整条线段由点 *C* 和点 *D* 分成不等的部分。设 *AC* 大于 *DB*。可证 *AC* 和 *CB* 上的正方形的和大于 *AD* 和 *DB* 上的正方形的和。

设 *AB* 被 *E* 平分。因为 *AC* 大于 *DB*，同时减去 *DC*，余下的 *AD* 大于 *CB*。又，*AE* 等于 *EB*，所以 *DE* 小于 *EC*，即点 *C* 和 *D* 到中点的距离不相等。又因为 *AC* 与 *CB* 所构成的矩形加上 *EC* 上的正方形等于 *EB* 上的正方形【命题2.5】，且还有 *AD* 与 *DB* 所构成的矩形加上 *DE* 上的正方形等于 *EB* 上的正方形【命题2.5】，所以 *AC* 与 *CB* 所构成的矩形加上 *EC* 上的正方形，等于 *AD* 与 *DB* 所构成的矩形加上 *DE* 上的正方形。*DE* 上的正方形小于 *EC* 上的正方形，所以

[①] 所以，两中项面的和的边的长度表示为 $k^{1/4}\left(\sqrt{\left[1+k/\left(1+k^2\right)^{1/2}\right]/2}+\sqrt{\left[1-k/\left(1+k^2\right)^{1/2}\right]/2}\right)$。该线段和对应的带减号的无理线段，是四次等式 $x^4-2k^{1/2}x^2+k'^2k^2/\left(1+k^2\right)=0$ 的两个正根，其中该无理线段的长度是 $k^{1/4}\left(\sqrt{\left[1+k/\left(1+k^2\right)^{1/2}\right]/2}-\sqrt{\left[1-k/\left(1+k^2\right)^{1/2}\right]/2}\right)$（见命题10.78）。

余下的 AC 与 CB 所构成的矩形小于 AD 与 DB 所构成的矩形，因此 AC 与 CB 所构成的矩形的二倍小于 AD 与 DB 所构成的矩形的二倍。所以，余下的 AC 和 CB 上的正方形的和大于 AD 和 DB 上的正方形和[①]。这就是该命题的结论。

命题 42

一条二项线段仅能在一点被分为它的两段。[②]

已知 AB 是一条二项线段，它被 C 分成两段，所以 AC 和 CB 是仅正方可公度的有理线段【命题 10.36】。可证 AB 不能再被另一点分成两段仅正方可公度的有理线段。

如果可能，假设 D 也能将 AB 分为两段，AD 和 DB 也是仅正方可公度的有理线段。所以，很明显，AC 与 DB 不相同，否则 AD 与 CB 也相同，且 AC 比 CB 等于 BD 比 DA。所以，AB 被 D 和 C 分成段的情况是相同的，这与假设相反。所以，AC 与 DB 不相同。所以，点 C 和点 D 距离中心点不相等。所以，AC 和 CB 上的正方形的和与 AD 和 DB 上的正方形的和的差，等于 AD、DB 所构成的矩形的二倍与 AC、CB 所构成的矩形的二倍的差，这是因为 AC 和 CB 上的正方形的和加上 AC 与 CB 所构成的矩形的二倍，与 AD 和 DB 上的正方形的和加上 AD 与 DB 所构成的矩形的二倍都等于 AB 上的正方形【命题 2.4】。但 AC 与 CB 上的正方形的和与 AD 和 DB 上的

---

① 所以，$AC^2+CB^2+2AC \cdot CB=AD^2+DB^2+2AD \cdot DB=AB^2$。
② 换句话说，$k+k^{\wedge/2}=k''+k'''^{\wedge/2}$ 只有一个答案，即 $k''=k$ 且 $k'''=k'$。同样地，$k^{1/2}+k^{\wedge/2}=k''^{1/2}+k'''^{\wedge/2}$ 只有一个答案，即 $k''=k$ 且 $k'''=k'$（或者，类似地，$k''=k'$ 且 $k'''=k$）。

正方形的和的差是有理面，因为前面的两个和的结果都是有理的，所以 AD、DB 所构成的矩形的二倍与 AC、CB 所构成的矩形的二倍的差是有理的，尽管它们是中项面【命题 10.21】。这是不合理的，因为两中项面的差不可能是有理面【命题 10.26】。

综上，一条二项线段不能被其他点分成它的两段。所以，它只能被一点分成它的两段。这就是该命题的结论。

命题 43

一条第一双中项线段仅能被一点分为它的两段。[①]

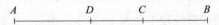

已知 AB 是第一双中项线段，它被 C 分成两段，AC 和 CB 是仅正方可公度的中项线段，且它们所构成的矩形是有理面【命题 10.37】。可证 AB 不能再被另一点分成这样的两段。

如果可能，假设 D 也能将 AB 分成两段，AD 和 DB 是仅正方可公度的中项线段，且它们所构成的矩形是有理面。AD、DB 所构成的矩形的二倍与 AC、CB 所构成的矩形的二倍的差，等于 AC 和 CB 上的正方形的和与 AD 和 DB 上的正方形的和的差【命题 10.41 引理】，而 AD、DB 所构成的矩形的二倍与 AC、CB 所构成的矩形的二倍的差是有理面，因为它们都是有理面。所以，AC 和 CB 上的正方形的和与 AD 和 DB 上的正方形的和的差是有理面，尽管它们是中项面，这是不合理的【命题 10.26】。

综上，一条第一双中项线段不能被其他点分成它的两段，所以它只能被一点分成它的两段。这就是该命题的结论。

---

① 换句话说，$k^{1/4}+k^{3/4}=k'^{1/4}+k'^{3/4}$ 只有一个答案，即 $k'=k$。

命题 44

一条第二双中项线段仅能被一点分为它的两段。[①]

已知 AB 是第二双中项线段，它被 C 分成两段，AC 和 BC 是仅正方可公度的中项线段，且它们所构成的矩形是中项面【命题 10.38】，所以很明显，C 不在中心位置，因为 AC 和 BC 是长度不可公度的。可证 AB 不能被另一点分成这样的两段。

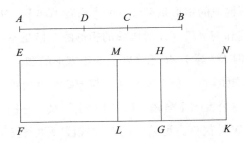

如果可能，假设 D 也能将 AB 分成两段，AC 与 DB 不相同，假设 AC 较大，所以很明显，正如上面我们已经证明过的，AD 和 DB 上的正方形的和小于 AC 和 CB 上的正方形的和【命题 10.41 引理】。AD 和 DB 是仅正方可公度的中项线段，所构成的矩形是中项面。作有理线段 EF，在与 EF 重合的线段上作矩形 EK 等于 AB 上的正方形。从 EK 中截取 EG，使 EG 等于 AC 和 CB 上的正方形的和，所以余下的 HK 等于 AC 与 CB 所构成的矩形的二倍【命题 2.4】。再从 EK 中截取 EL，使 EL 等于 AD 和 DB 上的正方形的和，已经证明它们的和小于 AC 和 CB 上的正方形的和，所以余下的 MK 等于 AD 与 DB 所构成的矩形的二倍。因为 AC 和 CB 上的正方形的和是中项面，所以 EG 是中项面。它的一边与有理线段 EF 重合，所以 EH 是与 EF 长度不可公度的有理线段【命题 10.22】。同理，HN 也是与 EF

_____

[①] 换句话说，$k^{1/4}+k^{n/2}/k^{1/4} = k^{'n/4}+k^{'''n/2}/k^{'n/4}$ 只有一个答案，即 $k''=k$ 且 $k'''=k'$。

长度不可公度的有理线段。因为 AC 和 CB 是仅正方可公度的中项线段，所以 AC 与 CB 是长度不可公度的。AC 比 CB 等于 AC 上的正方形比 AC 与 CB 所构成的矩形【命题 10.21 引理】，所以 AC 上的正方形与 AC、CB 所构成的矩形不可公度【命题 10.11】。但 AC 和 CB 上的正方形的和与 AC 上的正方形是可公度的，所以 AC 和 CB 是正方可公度的【命题 10.15】。又，AC、CB 所构成的矩形的二倍与 AC、CB 所构成的矩形是可公度的【命题 10.6】，所以 AC 和 CB 上的正方形的和与 AC、CB 所构成的矩形的二倍是不可公度的【命题 10.13】。但 EG 等于 AC 和 CB 上的正方形的和，HK 等于 AC 与 CB 所构成的矩形的二倍，所以 EG 与 HK 不可公度；所以 EH 与 HN 是长度不可公度的【命题 6.1、10.11】。又，它们是有理线段，所以 EH 和 HN 是仅正方可公度的有理线段。两条仅正方可公度的有理线段相加，整个线段是无理的，称作二项线段【命题 10.36】，所以 EN 是二项线段，且被 H 分成它的两段。同理可证，EM 和 MN 是仅正方可公度的有理线段，所以 EN 是二项线段，被两个不同的点 H 和 M 分为两段，这是不可能的【命题 10.42】。又，EH 与 MN 不相同，因为 AC 和 CB 上的正方形的和大于 AD 和 DB 上的正方形的和。但 AD 和 DB 上的正方形的和大于 AD 与 DB 所构成的矩形的二倍，所以 AC 和 CB 上的正方形的和，即 EG，大于 AD 与 DB 所构成的矩形的二倍，即 MK。所以，EH 大于 MN【命题 6.1】。所以，EH 与 MN 不相同。这就是该命题的结论。

命题 45

一条主要线段仅能被一点分为它的两段。[①]

[①] 换句话说，$\sqrt{\left[1+k/\left(1+k^{2}\right)^{1/2}\right]/2}+\sqrt{\left[1-k/\left(1+k^{2}\right)^{1/2}\right]/2}=\sqrt{\left[1+k'/\left(1+k'^{2}\right)^{1/2}\right]/2}+\sqrt{\left[1-k'/\left(1+k'^{2}\right)^{1/2}\right]/2}$ 只有一个答案，即 $k'=k$。

$$A \qquad\qquad D \qquad C \qquad\qquad B$$

已知 AB 是主要线段，被 C 分为两段，所以 AC 和 CB 是正方不可公度的，且 AC 和 CB 上的正方形是有理的，AC、CB 所构成的矩形是中项面【命题 10.39】。可证 AB 不能被另一点分成这样的两段。

如果可能，假设 D 也能将 AB 分成两段，AD 与 DB 是正方不可公度的，AD 和 DB 上的正方形的和是有理的，且它们所构成的矩形是中项面。AC 和 CB 上的正方形的和与 AD 和 DB 上的正方形的和的差等于 AD 和 DB 所构成的矩形的二倍与 AC 和 CB 所构成的矩形的二倍的差。AC 和 CB 上的正方形的和与 AD 和 DB 上的正方形的和的差是有理面。因为它们两个都是有理面，所以 AD、DB 所构成的矩形的二倍与 AC、CB 所构成的矩形的二倍的差是有理面，尽管它们是中项面。这是不可能的【命题 10.26】。所以，主要线段不能被不同的点分成两段。所以，它仅能被一点分成两段。这就是该命题的结论。

命题 46

一个有理面与中项面之和的边仅能被一点分成它的两段。[①]

$$A \qquad\qquad D \qquad C \qquad B$$

已知 AB 是有理面与中项面之和的边，被 C 分成两段，所以 AC 与 CB 是正方不可公度的，且 AC 和 CB 上的正方形的和是中项面，AC 和 CB 所构成的矩形的二倍是有理的【命题 10.40】。可证 AB 不

---

① 换句话说，$\sqrt{\left[\left(1+k^2\right)^{1/2}+k\right]/\left[2\left(1+k^2\right)\right]} + \sqrt{\left[\left(1+k^2\right)^{1/2}-k\right]/\left[2\left(1+k^2\right)\right]} = \sqrt{\left[\left(1+k'^2\right)^{1/2}+k'\right]/\left[2\left(1+k'^2\right)\right]} + \sqrt{\left[\left(1+k'^2\right)^{1/2}-k'\right]/\left[2\left(1+k'^2\right)\right]}$
只有一个答案，即 $k'=k$。

能被另一个点分成这样的两段。

如果可能，假设 D 也能将 AB 分成两段，AD 与 DB 是正方不可公度的，AD 和 DB 上的正方形的和是中项面，AD 与 DB 所构成的矩形的二倍是有理面。因为 AC、CB 所构成的矩形的二倍与 AD、DB 所构成的矩形的二倍的差，等于 AD 和 DB 上的正方形的和与 AC 和 CB 上的正方形和的差，AC、CB 所构成的矩形的二倍与 AD、DB 所构成的矩形的二倍的差是有理面。所以 AD 和 DB 上的正方形和与 AC 和 CB 上的正方形和的差是有理面，尽管也是中项面。这是不可能的【命题 10.26】。所以，有理面与中项面之和的边不能被另一点分成它的两段。所以，它仅能被一点分成它的两段。这就是该命题的结论。

命题 47

两中项面和的边仅能被一点分成它的两段。①

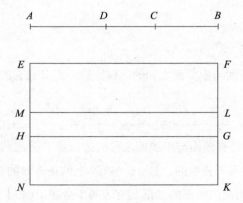

① 换句话说，$k'^{1/4}\sqrt{\left[1+k/\left(1+k^2\right)^{1/2}\right]/2}+k'^{1/4}\sqrt{\left[1-k/\left(1+k^2\right)^{1/2}\right]/2}=k''^{1/4}\sqrt{\left[1+k'/\left(1+k'^2\right)^{1/2}\right]/2}+k'''^{1/4}\sqrt{\left[1-k'/\left(1+k'^2\right)^{1/2}\right]/2}$ 只有一个答案，即 $k''=k$ 且 $k'''=k'$。

　　已知 AB 是两中项面和的边，被 C 分为两段，这样 AC 和 CB 是正方不可公度的，AC 与 CB 上的正方形的和是中项面，AC 与 CB 所构成的矩形也是中项面，而且 AC 与 CB 所构成的矩形与 AC 和 CB 上的正方形的和是不可公度的【命题 10.41】。可证 AB 不能被另一个点分成满足规定条件的两段。

　　如果可能，假设 D 也能将 AB 分成两段，很明显，AC 与 DB 不同，假设 AC 较大。作有理线段 EF。在与 EF 重合的线段上作 EG 等于 AC 和 CB 上的正方形的和，HK 等于 AC 与 CB 所构成的矩形的二倍，所以整个 EK 等于 AB 上的正方形【命题 2.4】。再在与 EF 重合的线段上作 EL 等于 AD 和 DB 上的正方形的和，所以余下的 AD 和 DB 所构成的矩形的二倍等于余下的 MK。因为已知 AC 和 CB 上的正方形是中项面，所以 EG 是中项面。且它与有理线段 EF 重合。所以，HE 是有理线段，并且与 EF 是长度不可公度的【命题 10.22】。同理，HN 是有理的，且与 EF 是长度不可公度的。因为 AC 和 CB 上的正方形的和与 AC、CB 所构成的矩形的二倍是不可公度的，所以 EG 与 GN 是无理的。所以，EH 与 HN 是不可公度的【命题 6.1、10.11】。又，它们都是有理线段。所以，EH 和 HN 是仅正方可公度的有理线段。所以，EN 是二项线段，被 H 分为两段【命题 10.36】。相似地，可以证明它也被 M 分为两段。又，EH 和 MN 不同，所以一条二项线段有两个不同的分点。这是不可能的【命题 10.42】。所以，两中项面和的边不能被不同的点分为两段。所以，它仅能被一点分为两段。

定义 II

5. 给定一条有理线段和一条被分为它的两段的二项线段，且被分开的两段中较长线段上的正方形与较短线段上的正方形的差等于与较长线段长度可公度的某条线段上的正方形，如果较长线段与前面提到的有理线段是长度可公度的，那么原来的整条线段，即原二项线段，称为第一二项线段。

6. 如果较短的线段与前面的有理线段是长度可公度的，那么原来的整条线段，即原二项线段，称为第二二项线段。

7. 如果两段都不与前面的有理线段可公度，那么原来的整条线段，即原二项线段，称为第三二项线段。

8. 如果较长线段上的正方形与较短线段上的正方形的差是与较长线段长度不可公度的某条线段上的正方形，如果较长线段与前面的有理线段是长度可公度的，那么原来的整条线段，即原二项线段，称为第四二项线段。

9. 如果较短线段与前面的有理线段是长度可公度的，那么原来的整条线段，即原二项线段，称为第五二项线段。

10. 如果两段都不与前面的有理线段可公度，那么原来的整条线段，即原二项线段，称为第六二项线段。

命题 48

求第一二项线段。

已知数 *AC* 和 *CB*，且它们的和 *AB* 比 *BC* 等于一个平方数比某一个平方数，但 *AB* 比 *CA* 不等于一个平方数比一个平方数【命题 10.28 引理Ⅰ】。作一条有理线段 *D*，使 *EF* 与 *D* 是长度可公度的，所以 *EF* 也是有理的【定义 10.3】。使数 *BA* 比 *AC* 等于 *EF* 上的正方形比 *FG* 上的正方形【命题 10.6 推论】。*AB* 比 *AC* 等于一个数比一个数。所以，*EF* 上的正方形比 *FG* 上的正方形等于一个数比一个数。所以，*EF* 上的正方形与 *FG* 上的正方形是可公度的【命题 10.6】。又，*EF* 是有理的，所以 *FG* 也是有理的。因为 *BA* 比 *AC* 不等于一个平方数比一个平方数,所以 *EF* 上的正方形比 *FG* 上的正方形也不等于一个平方数比一个平方数。所以,*EF* 与 *FG* 是长度不可公度的【命题 10.9】。所以,*EF* 和 *FG* 是仅正方可公度的有理线段。所以,*EG* 是二项线段【命题 10.36】。可证它也是第一二项线段。

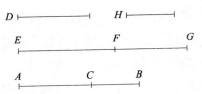

因为数 *BA* 比 *AC* 等于 *EF* 上的正方形比 *FG* 上的正方形,且 *BA* 大于 *AC*,所以 *EF* 上的正方形大于 *FG* 上的正方形【命题 5.14】。使 *FG* 和 *H* 上的正方形的和等于 *EF* 上的正方形。因为 *BA* 比 *AC* 等于 *EF* 上的正方形比 *FG* 上的正方形,所以其换比例为,*AB* 比 *BC* 等于 *EF* 上的正方形比 *H* 上的正方形【命题 5.19 推论】。又,*AB* 比 *BC* 等于一个平方数比一个平方数,所以 *EF* 上的正方形比 *H* 上的正方形等于一个平方数比一个平方数。所以,*EF* 与 *H* 是长度可公度的【命题 10.9】。所以,*EF* 上的正方形与 *FG* 上的正方形的差是与 *EF* 长度可公度的某线段上的正方形。又,*EF* 和 *FG* 是有理线段,且 *EF* 与 *D* 是长度可公度的,所以 *EG* 是第一二项线段【定义 10.5】。[①] 这就是该命题的结论。

命题 49

求第二二项线段。

已知数 *AC* 和 *CB*,且它们的和 *AB* 比 *BC* 等于一个平方数比

_____

[①] 如果有理线段有单位长度,那么第一二项线段的长度是 $k + k\sqrt{1 - k'^2}$。该线段和第一余线(其长度为 $k - k\sqrt{1 - k'^2}$【命题 10.85】),是 $x^2 - 2kx + k^2 k'^2 = 0$ 的两个根。

一个平方数，但 *AB* 比 *AC* 不等于一个平方数比一个平方数【命题
10.28 引理 I 】。作有理线段 *D*。设 *EF* 和 *D* 是长度可公度的，所以
EF 是有理线段。使数 *CA* 比 *AB* 等于 *EF* 上的正方形比 *FG* 上的正方
形【命题 10.6 推论】。所以，*EF* 上的正方形与 *FG* 上的正方形是
可公度的【命题 10.6 】。所以，*FG* 也是有理线段。又，因为数 *CA*
比 *AB* 不等于一个平方数比一个平方数，所以 *EF* 上的正方形比 *FG*
上的正方形不等于一个平方数比一个平方数。所以，*EF* 和 *FG* 是长
度不可公度的【命题 10.9 】。所以，*EF* 和 *FG* 是仅正方可公度的有
理线段。所以，*EG* 是二项线段【命题 10.36 】。可以证明它也是第
二二项线段。

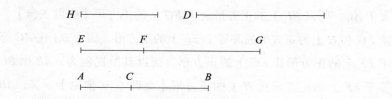

因为由反比例可得，数 *BA* 比 *AC* 等于 *GF* 上的正方形比 *FE* 上
的正方形【命题 5.7 推论】，且 *BA* 大于 *AC*，所以 *GF* 上的正方形
大于 *FE* 上的正方形【命题 5.14 】。设 *EF* 和 *H* 上的正方形的和等
于 *GF* 上的正方形。所以，由其换比例得，*AB* 比 *BC* 等于 *FG* 上的
正方形比 *H* 上的正方形【命题 5.19 推论】。但 *AB* 比 *BC* 等于一个
平方数比一个平方数。所以，*FG* 上的正方形比 *H* 上的正方形等于
一个平方数比一个平方数。所以，*FG* 与 *H* 是长度可公度的【命题
10.9 】。所以，*FG* 上的正方形与 *FE* 上的正方形的差是与 *FG* 长度
可公度的某条线段上的正方形。又，*FG* 和 *FE* 是仅正方可公度的有
理线段，且较短段 *EF* 与有理线段 *D* 是长度可公度的。

所以，*EG* 是第二二项线段【定义 10.6】。^①这就是该命题的结论。

命题 50

求第三二项线段。

已知数 *AC* 和 *CB*，且它们的和 *AB* 比 *BC* 等于一个平方数比一个平方数，但 *AB* 比 *AC* 不等于一个平方数比一个平方数。设 *D* 是另一个不是平方数的数，且它与 *BA* 和 *AC* 的比都不等于一个平方数与一个平方数的比。作一条有理线段 *E*，使 *D* 比 *AB* 等于 *E* 上的正方形比 *FG* 上的正方形【命题 10.6 推论】，所以 *E* 上的正方形与 *FG* 上的正方形是可公度的【命题 10.6】。*E* 是有理线段，所以 *FG* 是有理线段。又因为 *D* 与 *AB* 的比不等于一个平方数与一个平方数的比，所以 *E* 上的正方形与 *FG* 上的正方形的比也不等于一个平方数与一个平方数的比。所以，*E* 与 *FG* 是长度不可公度的【命题 10.9】。使数 *BA* 比 *AC* 等于 *FG* 上的正方形比 *GH* 上的正方形【命题 10.6 推论】，所以 *FG* 上的正方形与 *GH* 上的正方形是可公度的【命题 10.6】。*FG* 是有理线段，所以 *GH* 也是有理线段。又因为 *BA* 比 *AC* 不等于一个平方数比一个平方数，*FG* 上的正方形比 *HG* 上的正

---

① 如果有理线段有单位长度，那么第二二项线段的长度是 $k/\sqrt{1-k'^2}+k$。该线段和第二余线（其长度为 $k/\sqrt{1-k'^2}-k$【命题 10.86】），是 $x^2-\left(2k/\sqrt{1-k'^2}\right)x+k^2\left[k'^2/\left(1-k'^2\right)\right]=0$ 的两个根。

方形也不等于一个平方数比一个平方数，所以 FG 与 GH 是长度不可公度的【命题 10.9】。所以，FG 和 GH 是仅正方可公度的有理线段。所以，FH 是二项线段【命题 10.36】。可证它也是第三二项线段。

因为 D 比 AB 等于 E 上的正方形比 FG 上的正方形，且 BA 比 AC 等于 FG 上的正方形比 GH 上的正方形，所以其首末项比例为，D 比 AC 等于 E 上的正方形比 GH 上的正方形【命题 5.22】。D 比 AC 不等于一个平方数比一个平方数，所以 E 上的正方形比 GH 上的正方形不等于一个平方数比一个平方数。所以，E 与 GH 是长度不可公度的【命题 10.9】。因为 BA 比 AC 等于 FG 上的正方形比 GH 上的正方形，所以 FG 上的正方形大于 GH 上的正方形【命题 5.14】。使 GH 和 K 上的正方形的和等于 FG 上的正方形，所以其换比例为，AB 比 BC 等于 FG 上的正方形比 K 上的正方形【命题 5.19 推论】。又，AB 比 BC 等于一个平方数比一个平方数。所以，FG 上的正方形比 K 上的正方形等于一个平方数比一个平方数。所以，FG 与 K 是长度可公度的【命题 10.9】。所以，FG 上的正方形与 GH 上的正方形的差为与 FG 长度可公度的某线段上的正方形。又，FG 和 GH 是仅正方可公度的有理线段，且它们都与 E 是长度不可公度的，所以 FH 是第三二项线段【定义 10.7】。[①] 这就是该命题的结论。

命题 51

求第四二项线段。

[①] 如果有理线段有单位长度，那么第三二项线段的长度是 $k^{1/2}\left(1+\sqrt{1-k'^2}\right)$。该线段和第三余线（其长度为 $k^{1/2}\left(1-\sqrt{1-k'^2}\right)$【命题 10.87】），是 $x^2-2k^{1/2}x+kk'^2=0$ 的两个根。

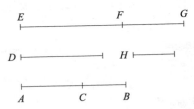

　　已知数 AC 和 CB，且它们的和 AB 与 BC 或 AC 的比不等于一个平方数与一个平方数的比【命题 10.28 引理 Ⅰ】。作有理线段 D。使 EF 与 D 是长度可公度的，所以 EF 也是有理线段。使数 BA 比 AC 等于 EF 上的正方形比 FG 上的正方形【命题 10.6 推论】，所以 EF 上的正方形与 FG 上的正方形是可公度的【命题 10.6】。所以，FG 也是有理线段。因为 BA 与 AC 的比不等于一个平方数与一个平方数的比，EF 上的正方形与 FG 上的正方形的比也不等于一个平方数与一个平方数的比，所以 EF 与 FG 是长度不可公度的【命题 10.9】。所以，EF 和 FG 是仅正方可公度的有理线段。所以，EG 是二项线段【命题 10.36】。所以，可证它也是一条第四二项线段。

　　因为 BA 比 AC 等于 EF 上的正方形比 FG 上的正方形，且 BA 大于 AC，所以 EF 上的正方形大于 FG 上的正方形【命题 5.14】。使 FG 和 H 上的正方形的和等于 EF 上的正方形，所以其换比例为，数 AB 比 BC 等于 EF 上的正方形比 H 上的正方形【命题 5.19 推论】。又，AB 与 BC 的比不等于一个平方数比一个平方数，所以 EF 上的正方形与 H 上的正方形的比不等于一个平方数与一个平方数的比。所以，EF 与 H 是长度不可公度的【命题 10.9】。所以，EF 上的正方形与 GF 上的正方形的差是与 EF 长度不可公度的某条线段上的正方形。又，EF 与 FG 是仅正方可公度的有理线段，且 EF 与 D 是长度可公度的，所以 *EG* 是第四二项线段【定义 10.8】。[①] 这就是该命题的结论。

命题 52

求第五二项线段。

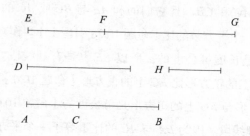

已知数 *AC* 和 *CB*，且它们的和 *AB* 与这两个数的比都不等于一个平方数与一个平方数的比【命题 10.28 引理 I】。作有理线段 *D*。使 *EF* 与 *D* 是长度可公度的，所以 *EF* 是有理线段。使 *CA* 比 *AB* 等于 *EF* 上的正方形比 *FG* 上的正方形【命题 10.6 推论】。又，*CA* 与 *AB* 的比不等于一个平方数与一个平方数的比，所以 *EF* 上的正方形与 *FG* 上的正方形的比不等于一个平方数比一个平方数。所以，*EF* 和 *FG* 是仅正方可公度的有理线段【命题 10.9】。所以，*EG* 是二项线段【命题 10.36】。所以，可证它也是第五二项线段。

因为 *CA* 比 *AB* 等于 *EF* 上的正方形比 *FG* 上的正方形，其反比例为，*BA* 比 *AC* 等于 *FG* 上的正方形比 *FE* 上的正方形【命题 5.7 推论】，所以 *GF* 上的正方形大于 *FE* 上的正方形【命题 5.14】。所以，使 *EF* 和 *H* 上的正方形的和等于 *GF* 上的正方形。所以，其换比例为，

---

① 如果有理线段有单位长度，那么第四二项线段的长度是 $k\left(1+1/\sqrt{1+k'}\right)$。该线段和第四余线（其长度为 $k\left(1-1/\sqrt{1+k'}\right)$【命题 10.88】），是 $x^2-2kx+k^2k'/(1+k')=0$ 的两个根。

数 AB 比 BC 等于 GF 上的正方形比 H 上的正方形【命题 5.19 推论】。又，AB 与 BC 的比不等于一个平方数比一个平方数，所以 FG 上的正方形比 H 上的正方形不等于一个平方数比一个平方数。所以，FG 与 H 是长度不可公度的【命题 10.9】。所以，FG 上的正方形与 FE 上的正方形的差是与 FG 长度不可公度的某线段上的正方形。GF 和 FE 是仅正方可公度的有理线段，较短段 EF 与有理线段 D 是长度可公度的。

所以，EG 是第五二项线段。① 这就是该命题的结论。

命题 53

求第六二项线段。

已知数 AC 和 CB，且它们的和 AB 与这两个数的比都不等于一个平方数与一个平方数的比。设 D 是另一个数，但不是平方数，它与 BA 或 AC 的比也不等于一个平方数与一个平方数的比【命题 10.28 引理 I】。作有理线段 E。使 D 比 AB 等于 E 上的正方形比 FG 上的正方形【命题 10.6 推论】，所以 E 上的正方形与 FG 上的正方形是可公度的【命题 10.6】。E 是有理的，所以 FG 是有理的。因为 D 与 AB 的比不等于一个平方数与一个平方数的比，所以 E 上的正方形与 FG 上的正方形的比不等于一个平方数比一个平方数。

---

① 如果有理线段有单位长度，那么第五二项线段的长度是 $k\left(\sqrt{1+k'}+1\right)$。该线段和第五余线（其长度为 $k\left(\sqrt{1+k'}-1\right)$【命题 10.89】），是 $x^2 - 2k\sqrt{1+k'}\,x + k^2 k' = 0$ 的两个根。

所以，E 与 FG 是长度不可公度的【命题 10.9】。所以，使 BA 比 AC 等于 FG 上的正方形比 GH 上的正方形【命题 10.6 推论】。所以，FG 上的正方形与 HG 上的正方形是可公度的【命题 10.6】。所以，HG 上的正方形是有理的。所以，HG 是有理的。因为 BA 与 AC 的比不等于一个平方数与一个平方数的比，所以 FG 上的正方形与 GH 上的正方形的比也不等于一个平方数与一个平方数的比。所以，FG 与 GH 是长度不可公度的【命题 10.9】。所以，FG 和 GH 是仅正方可公度的有理线段。所以，FH 是二项线段【命题 10.36】。可证它也是第六二项线段。

因为 D 比 AB 等于 E 上的正方形比 FG 上的正方形，且 BA 比 AC 等于 FG 上的正方形比 GH 上的正方形，所以其首末项比例为，D 比 AC 等于 E 上的正方形比 GH 上的正方形【命题 5.22】。又，D 与 AC 的比不等于一个平方数与一个平方数的比，所以 E 上的正方形与 GH 上的正方形的比也不等于一个平方数与一个平方数的比。所以，E 与 GH 是长度不可公度的【命题 10.9】。又，已经证明 E 与 FG 是长度不可公度的，所以 FG 和 GH 都与 E 是长度不可公度的。又，因为 BA 比 AC 等于 FG 上的正方形比 GH 上的正方形，所以 FG 上的正方形大于 GH 上的正方形【命题 5.14】。使 GH 和 K 上的正方形的和等于 FG 上的正方形，所以其换比例为，AB 比 BC 等于 FG 上的正方形比 K 上的正方形【命题 5.19 推论】。又，AB 比 BC 不等于一个平方数比一个平方数，所以 FG 上的正方形比 K 上的正方形不等于一个平方数比一个平方数。所以，FG 与 K 是长度不可公度的【命题 10.9】。所以，FG 上的正方形与 GH 上的正方形的差等于与 FG 长度不可公度的某线段上的正方形。又，FG 和 GH 是仅正方可公度的有理线段，且它们都不与有理线段 E 可公度，所以

FH 是第六二项线段【定义 10.10】。[1] 这就是该命题的结论。

引 理

设 AB 和 BC 是两个正方形，且 DB 在 BE 的延长线上。所以，FB 在 BG 的延长线上。作平行四边形 AC。可证 AC 是正方形，DG 是 AB 和 BC 的比例中项，DC 是 AC 和 CB 的比例中项。

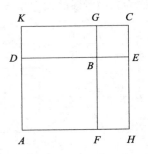

因为 DB 等于 BF，BE 等于 BG，所以整个 DE 等于整个 FG。但 DE 与 AH 和 KC 都相等，且 FG 与 AK 和 HC 都相等【命题 1.34】，所以 AH 和 KC 与 AK 和 HC 都相等。所以，AC 是等边的平行四边形，且它又是直角的，所以 AC 是正方形。

因为 FB 比 BG 等于 DB 比 BE，FB 比 BG 等于 AB 比 DG，DB 比 BE 等于 DG 比 BC【命题 6.1】，所以 AB 比 DG 等于 DG 比 BC【命题 5.11】。所以，DG 是 AB 和 BC 的比例中项。

可以证明 DC 是 AC 和 CB 的比例中项。

因为 AD 比 DK 等于 KG 比 GC。因为它们分别相等，所以其合比例为，AK 比 KD 等于 KC 比 CG【命题 5.18】。但 AK 比 KD 等

---

[1] 如果有理线段有单位长度，那么第六二项线段的长度是 $\sqrt{k}+\sqrt{k'}$。该线段和第六余线（其长度为 $\sqrt{k}-\sqrt{k'}$【命题 10.90】），是 $x^2-2\sqrt{k}x+(k-k')=0$ 的两个根。

于 AC 比 CD，且 KC 比 CG 等于 DC 比 CB【命题 6.1】。所以，AC 比 DC 等于 DC 比 BC【命题 5.11】。所以，DC 是 AC 和 CB 的比例中项。这就是该命题的结论。

命题 54

如果一个矩形由一条有理线段和一条第一二项线段所构成，那么该矩形的平方根是称为二项线段的无理线段。[①]

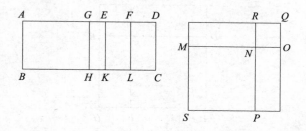

已知有理线段 AB 和第一二项线段 AD 所构成的面为 AC。可证面 AC 的边是无理线段，称为二项线段。

因为 AD 是第一二项线段，设它被 E 分为它的两段，且 AE 是长线段。所以，很明显，AE 和 ED 是仅正方可公度的有理线段，且 AE 上的正方形与 ED 上的正方形的差是与 AE 长度可公度的某条线段上的正方形，且 AE 与有理线段 AB 是长度可公度的【定义 10.5】。设点 F 二等分 ED。因为 AE 上的正方形与 ED 上的正方形的差是与 AE 长度可公度的某条线段上的正方形，所以如果与较长段 AE 重合的线段上的一个矩形，该矩形缺少一个正方形，等于较

[①] 如果有理线段有单位长度，那么该命题可陈述为：第一二项线段的平方根是一条二项线段，即第一二项线段的长度为 $k + k\sqrt{1-k'^2}$，它的平方根是 $\rho\left(1+\sqrt{k''}\right)$，其中 $\rho = \sqrt{k(1+k')/2}$，$k'' = (1-k')/(1+k')$。这是一条二项线段的长度（见命题 10.36），因为 ρ 是有理的。

短段上的正方形的四分之一，即 *EF* 上的正方形，那么被分成的两段是长度可公度的【命题 10.17】。在与 *AE* 重合的线段上，使 *AG* 和 *GE* 所构成的矩形等于 *EF* 上的正方形，所以 *AG* 与 *EG* 是长度可公度的。过点 *G*、*E* 和 *F* 分别作 *GH*、*EK* 和 *FL* 平行于 *AB* 或者 *CD*。作正方形 *SN* 等于矩形 *AH*，正方形 *NQ* 等于矩形 *GK*【命题 2.14】。设 *MN* 在线段 *NO* 的延长线上，所以 *RN* 也在线段 *NP* 的延长线上。完成平行四边形 *SQ*，所以 *SQ* 是正方形【命题 10.53 引理】。因为 *AG* 与 *GE* 所构成的矩形等于 *EF* 上的正方形，所以 *AG* 比 *EF* 等于 *FE* 比 *EG*【命题 6.17】。所以，*AH* 比 *EL* 等于 *EL* 比 *KG*【命题 6.1】。所以，*EL* 是 *AH* 和 *GK* 的比例中项。但 *AH* 等于 *SN*，*GK* 等于 *NQ*，所以 *EL* 是 *SN* 和 *NQ* 的比例中项。*MR* 也是 *SN* 和 *NQ* 的比例中项【命题 10.53 引理】。所以，*EL* 等于 *MR*，它也等于 *PO*【命题 1.43】。又，*AH* 加 *GK* 等于 *SN* 加 *NQ*。所以，整个 *AC* 等于整个 *SQ*，即等于 *MO* 上的正方形。所以，*MO* 是 *AC* 的边。可以证明 *MO* 是二项线段。

　　因为 *AG* 与 *GE* 是长度可公度的，*AE* 与 *AG* 和 *GE* 也是长度可公度的【命题 10.15】。已知 *AE* 与 *AB* 是长度可公度的，所以 *AG* 和 *GE* 都与 *AB* 长度可公度【命题 10.12】。*AB* 是有理的，所以 *AG* 和 *GE* 都是有理的。所以，*AH* 和 *GK* 都是有理面，且 *AH* 和 *GK* 是可公度的【命题 10.19】。但 *AH* 等于 *SN*，*GK* 等于 *NQ*，所以 *SN* 和 *NQ*，即 *MN* 和 *NO* 上的正方形是有理的，且可公度。因为 *AE* 与 *ED* 是长度不可公度的，但 *AE* 与 *AG* 是长度可公度的，且 *DE* 与 *EF* 是可公度的，所以 *AG* 与 *EF* 是不可公度的【命题 10.13】。所以，*AH* 与 *EL* 也是不可公度的【命题 6.1、10.11】。但 *AH* 等于 *SN*，*EL* 等于 *MR*，所以 *SN* 与 *MR* 是不可公度的。*SN* 比 *MR* 等于 *PN* 比 *NR*【命题 6.1】，所以 *PN* 与 *NR* 是长度不可公度的【命题 10.11】。*PN* 等

于 MN，NR 等于 NO，所以 MN 与 NO 是长度不可公度的。又，MN 上的正方形与 NO 上的正方形是可公度的，且它们都是有理的，所以 MN 和 NO 是仅正方可公度的有理线段。

所以，MO 是二项线段【命题 10.36】，且是 AC 的边。这就是该命题的结论。

命题 55

如果一个矩形由一条有理线段和一条第二二项线段所构成，那么该矩形的边是称为第一双中项线段的无理线段。①

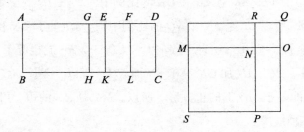

已知有理线段 AB 和第二二项线段 AD 所构成的矩形为 $ABCD$。可证 AC 的边是第一双中项线段。

因为 AD 是第二二项线段，设 E 将它分为它的两段，且 AE 较长，所以 AE 和 ED 是仅正方可公度的有理线段，且 AE 上的正方形与 ED 上的正方形的差是与 AE 长度可公度的某条线段上的正方形，且较短线段 ED 与 AB 是长度可公度的【定义 10.6】。设 F 是 ED 的二等分点。设在与 AE 重合的线段上，AG、GE 所构成的缺少一个正

---

① 如果有理线段有单位长度，那么该命题可陈述为：第二二项线段的平方根是第一双中项线段，即第二二项线段的长度是 $k/\sqrt{1-k'^2}+k$，它的平方根是 $\rho\left(k''^{1/4}+k''^{3/4}\right)$，其中 $\rho=\sqrt{(k/2)(1+k')/(1-k')}$，且 $k''=(1-k')/(1+k')$。这就是第一双中项线段的长度（见命题 10.37），因为 ρ 是有理的。

方形的矩形，等于 *EF* 上的正方形，所以 *AG* 与 *GE* 是长度可公度的【命题 10.17】。分别过点 *G*、*E* 和 *F* 作 *GH*、*EK* 和 *FL* 平行于 *AB* 和 *CD*。作正方形 *SN* 等于平行四边形 *AH*，正方形 *NQ* 等于 *GK*，并设 *MN* 在 *NO* 的延长线上，所以 *RN* 在 *NP* 的延长线上。完成正方形 *SQ*。所以，从之前的证明，可以很明显地得到【命题 10.53 引理】，*MR* 是 *SN* 和 *NQ* 的比例中项，并且与 *EL* 相等，且 *MO* 是面 *AC* 的边。可以证明 *MO* 是第一双中项线段。

因为 *AE* 与 *ED* 是长度不可公度的，*ED* 与 *AB* 是长度可公度的，所以 *AE* 与 *AB* 是长度不可公度的【命题 10.13】。又因为 *AG* 与 *EG* 是长度可公度的，*AE* 与 *AG* 和 *GE* 是长度可公度的【命题 10.15】，但 *AE* 与 *AB* 是长度不可公度的，所以 *AG* 和 *GE* 与 *AB* 是长度不可公度的【命题 10.13】。所以，*BA*、*AG* 和 *BA*、*GE* 是两对仅正方可公度的有理线段。所以，*AH* 和 *GK* 是中项面【命题 10.21】。所以，*SN* 和 *NQ* 也都是中项面。所以，*MN* 和 *NO* 是中项线段。因为 *AG* 与 *GE* 是长度可公度的，*AH* 与 *GK* 是可公度的，即 *SN* 与 *NQ* 是可公度的，即 *MN* 上的正方形和 *NO* 上的正方形可公度【命题 6.1、10.11】。因为 *AE* 和 *ED* 是长度不可公度的，但 *AE* 与 *AG* 是长度可公度的，且 *ED* 与 *EF* 是长度可公度的，所以 *AG* 与 *EF* 是长度不可公度的【命题 10.13】。所以，*AH* 与 *EL* 是不可公度的，即 *SN* 与 *MR* 不可公度，即 *PN* 与 *NR* 不可公度，即 *MN* 与 *NO* 是长度不可公度的【命题 6.1、10.11】。但已经证明 *MN* 和 *NO* 是中项线段，且仅正方可公度，所以 *MN* 和 *NO* 是仅正方可公度的中项线段。可以证明它们所构成的矩形是有理面。因为已知 *DE* 与 *AB* 和 *EF* 是长度可公度的，所以 *EF* 与 *EK* 是可公度的【命题 10.12】，且它们都是有理的，所以 *EL*，即 *MR*，是有理的【命题 10.19】。*MR* 是 *MN*、*NO* 所构成的矩形。如果两个仅正方可公度的中项线段所构成的矩形是有理的，那么两中项线段的和是无理的，被称为第一双中项线段【命题10.37】。

所以，MO 是第一双中项线段。这就是该命题的结论。

命题 56

如果一个矩形由一条有理线段和一条第三二项线段所构成，那么该矩形的边是称为第二双中项线段的无理线段。[①]

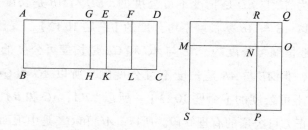

已知有理线段 AB 和第三二项线段 AD 所构成的矩形为 $ABCD$，且 E 将 AD 分为它的两段，其中 AE 较长。可证 AC 的边是称为第二双中项线段的无理线段。

作如之前命题的图。因为 AD 是第三二项线段，所以 AE 和 ED 是仅正方可公度的有理线段，且 AE 上的正方形与 ED 上的正方形的差是与 AE 长度可公度的某线段上的正方形，且 AE 和 ED 都与 AB 是长度不可公度的【定义10.7】。所以，与之前的证明类似，可以得到 MO 是面 AC 的边，且 MN 和 NO 是仅正方可公度的中项线段。所以，MO 是双中项线段。可以证明它是第二双中项线段。

---

① 如果有理线段有单位长度，那么该命题可陈述为：第三二项线段的平方根是第二双中项线段，即第三二项线段的长度是 $k^{1/2}\left(1+\sqrt{1-k'^2}\right)$，其平方根为 $\rho\left(k^{1/4}+k''^{1/2}/k^{1/4}\right)$，其中 $\rho=\sqrt{(1+k')/2}$，$k''=k(1-k')/(1+k')$。这就是第二双中项线段的长度（见命题10.38），因为 ρ 是有理的。

因为 *DE* 与 *AB* 是长度不可公度的，即 *DE* 与 *EK* 是长度不可公度的，且 *DE* 与 *EF* 是长度可公度的，所以 *EF* 与 *EK* 是长度不可公度的【命题 10.13】。它们都是有理线段，所以 *FE* 和 *EK* 是仅正方可公度的有理线段。所以，*EL*，即 *MR*，是中项面【命题 10.21】，且它是由 *MN*、*NO* 所构成的。所以，由 *MN*、*NO* 所构成的矩形是中项面。

所以，*MO* 是第二双中项线段【命题 10.38】。这就是该命题的结论。

命题 57

如果一个矩形由一条有理线段和一条第四二项线段所构成，那么该矩形的边是称为主要线段的无理线段。①

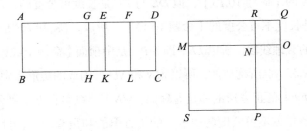

已知有理线段 *AB* 和第四二项线段 *AD* 所构成的矩形为 *ABCD*，且 *E* 将 *AD* 分为它的两段，其中 *AE* 较长。可证 *AC* 的边是称为主要线段的无理线段。

因为 *AD* 是第四二项线段，所以 *AE* 和 *ED* 是仅正方可公度的

---

① 如果有理线段有单位长度，那么该命题可陈述为：第四二项线段的平方根是主要线段，即第四二项线段的长度是 $k\left(1+1/\sqrt{1+k'}\right)$，其平方根为 $\rho\sqrt{\left[1+k'/\left(1+k'^2\right)^{1/2}\right]/2}+\rho\sqrt{\left[1-k'/\left(1+k'^2\right)^{1/2}\right]/2}$，其中 $\rho=\sqrt{k}$，$k''^2=k'$。这就是主要线段的长度（见命题 10.39），因为 ρ 是有理的。

有理线段，且 *AE* 上的正方形与 *ED* 上的正方形的差是与 *AE* 长度不可公度的某线段上的正方形，且 *AE* 与 *AB* 是长度可公度的【定义10.8】。设 *F* 二等分 *DE*，且在与 *AE* 重合的线段上的 *AG* 和 *GE* 所构成的缺少一个正方形的矩形，等于 *EF* 上的正方形。所以，*AG* 与 *GE* 是长度不可公度的【命题10.18】。设 *GH*、*EK* 和 *FL* 都与 *AB* 平行，其他作图都与之前命题的作图一样。很明显，*MO* 是面 *AC* 的边。可以证明 *MO* 是称为主要线段的无理线段。

因为 *AG* 与 *EG* 是长度不可公度的，*AH* 与 *GK* 也是不可公度的，即 *SN* 与 *NQ* 不可公度【命题6.1、10.11】，所以 *MN* 和 *NO* 是正方不可公度的。因为 *AE* 和 *AB* 是长度可公度的，*AK* 是有理面【命题10.19】，且它等于 *MN* 和 *NO* 上的正方形的和，所以 *MN* 和 *NO* 上的正方形的和是有理的。又因为 *DE* 和 *AB*，即 *DE* 与 *EK*，是长度不可公度的【命题10.13】，但 *DE* 与 *EF* 是长度可公度的，所以 *EF* 与 *EK* 是长度不可公度的【命题10.13】。所以，*EK* 和 *EF* 是仅正方可公度的有理线段。所以 *LE*，即 *MR*，是中项面【命题10.21】。又，它是 *MN* 和 *NO* 所构成的，所以 *MN* 和 *NO* 所构成的矩形是中项面。*MN* 和 *NO* 上的正方形的和是有理面，*MN* 和 *NO* 是正方不可公度的。如果两条正方不可公度的线段上的正方形的和是有理的，且它们所构成的矩形是中项面，那么这两线段相加后的整条线段是无理的，称为主要线段【命题10.39】。

所以，*MO* 是称为主要线段的无理线段，且它是面 *AC* 的边。这就是该命题的结论。

命题 58

如果一个矩形由一条有理线段和一条第五二项线段构成，那么该矩形的边是一条称为有理面与中项面之和的边的无理线段。①

已知有理线段 AB 和第五二项线段 AD 所构成的矩形为 AC，且 E 将 AD 分为它的两段，其中 AE 较大。可证 AC 的边是称为有理面与中项面之和的边的无理线段。

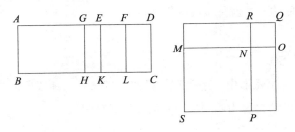

作与之前的命题相同的图。很明显，MO 是面 AC 的边。可以证明 MO 是有理面与中项面之和的边。

因为 AG 与 GE 是长度不可公度的【命题 10.18】，所以 AH 与 HE 是不可公度的，即 MN 上的正方形与 NO 上的正方形是不可公度的【命题 6.1、10.11】，所以 MN 和 NO 是正方不可公度的。因为 AD 是第五二项线段，ED 是它的较短段，所以 ED 与 AB 是长度可公度的【定义 10.9】。但 AE 与 ED 是长度不可公度的，所以 AB 与 AE 也是长度不可公度的。BA 和 AE 是仅正方可公度的有理线段【命题 10.13】，所以 AK，即 MN 和 NO 上的正方形的和是中项面【命题 10.21】。又因为 DE 与 AB，即与 EK，是长度可公度的，但 DE 与 EF 是长度可公度的，所以 EF 与 EK 是长度可公度的【命题 10.12】。又，EK 是有理的，所以 EL，即 MR，即

_____

① 如果有理线段有单位长度，那么该命题可陈述为：第五二项线段的边是有理面与中项面之和的边，即第五二项线段的长度是 $k\left(\sqrt{1+k'}+1\right)$，其平方根为 $\rho\sqrt{\left[\left(1+k'^2\right)^{1/2}+k''\right]\big/\left[2\left(1+k''^2\right)\right]}+\rho\sqrt{\left[\left(1+k''^2\right)^{1/2}-k''\right]\big/\left[2\left(1+k''^2\right)\right]}$，其中 $\rho=\sqrt{k\left(1+k''^2\right)}$，$k''^2=k'$。这就是有理面与中项面之和的边的长度（见命题 10.40），因为 ρ 是有理的。

由 *MN*、*NO* 所构成的矩形也是有理的【命题 10.19】。所以 *MN* 和 *NO* 是正方不可公度的线段，它们上的正方形的和是中项面，且它们所构成的矩形是有理面。

所以，*MO* 是有理面与中项面之和的边【命题 10.40】，且它又是面 *AC* 的边。这就是该命题的结论。

命题 59

如果一个矩形由一条有理线段和一条第六二项线段所构成，那么该矩形的边是称为两中项面和的边的无理线段。[①]

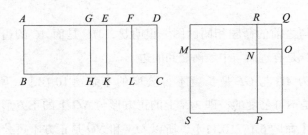

已知有理线段 *AB* 和第六二项线段 *AD* 所构成的矩形为 *ABCD*，且 *E* 将 *AD* 分为它的两段，其中 *AE* 较长。可证 *AC* 的边是两中项面和的边。

作与之前的命题相同的图。很明显，*MO* 是面 *AC* 的边，且 *MN* 和 *NO* 是正方不可公度的。因为 *EA* 和 *AB* 是长度不可公度的【定义 10.10】，所以 *EA* 和 *AB* 是仅正方可公度的有理线段。所以，*AK*，

即 *MN* 和 *NO* 上的正方形的和，是中项面【命题 10.21】。又因为 *ED* 与 *AB* 是长度不可公度的【定义 10.10】，所以 *FE* 与 *EK* 是长度不可公度的【命题 10.13】。所以，*FE* 和 *EK* 是仅正方可公度的有理线段。所以，*EL*，即 *MR*，即由 *MN*、*NO* 所构成的矩形是中项面【命题 10.21】。又因为 *AE* 与 *EF* 是长度不可公度的，*AK* 与 *EL* 是不可公度的【命题 6.1、10.11】，但 *AK* 是 *MN* 和 *NO* 上的正方形的和，*EL* 是 *MN*、*NO* 所构成的矩形，所以 *MN*、*NO* 上的正方形的和与 *MN*、*NO* 所构成的矩形是不可公度的，且它们都是中项面。*MN* 和 *NO* 是正方不可公度的。

所以，*MO* 是两中项面和的边【命题 10.41】，且它也是 *AC* 的边。这就是该命题的结论。

引理

如果一条线段被分为不相等的两段，那么不相等的两段上的正方形的和大于它们所构成的矩形的二倍。

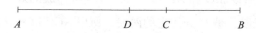

已知线段 *AB*，设它被 *C* 分为不等的两段，且 *AC* 大于 *CB*。可证 *AC* 和 *CB* 上的正方形的和大于 *AC* 与 *CB* 所构成的矩形的二倍。

作 *AB* 的二等分点 *D*。因为一条线段被 *D* 二等分，*C* 将它分为不相等的两段，所以 *AC* 与 *CB* 所构成的矩形加 *CD* 上的正方形等于 *AD* 上的正方形【命题 2.5】。所以，*AC* 与 *CB* 所构成的矩形小于 *AD* 上的正方形。所以，*AC* 与 *CB* 所构成的矩形的二倍小于 *AD* 上的正方形的二倍。但 *AC* 和 *CB* 上的正方形的和是 *AD* 和 *DC* 上的正方形的和的二倍【命题 2.9】，所以 *AC* 和 *CB* 上的正方形的和大于 *AC* 与 *CB* 所构成的矩形的二倍。这就是该引理的结论。

命题 60

与一条有理线段重合的线段上的矩形等于二项线段上的正方形，由此产生的矩形的宽是第一二项线段。①

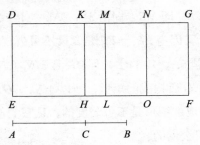

已知 AB 是二项线段，被 C 分为它的两段，且 AC 为较长段。作有理线段 DE。设在与 DE 重合的线段上，有矩形 $DEFG$ 等于 AB 上的正方形，DG 是矩形的宽。可证 DG 是第一二项线段。

在与 DE 重合的线段上，作矩形 DH 等于 AC 上的正方形，矩形 KL 等于 BC 上的正方形，所以 AC 与 CB 所构成的矩形的二倍等于余下的 MF【命题 2.4】。设 MG 的二等分点为 N，作 NO 平行于 ML 或 GF，所以 MO 和 NF 都与 AC、CB 所构成的矩形相等。因为 AB 是二项线段，被 C 分为它的两段，所以 AC 和 CB 是仅正方可公度的有理线段【命题 10.36】。所以，AC 和 CB 上的正方形是有理的，且彼此是可公度的。所以，AC 和 CB 上的正方形的和是有理的【命题 10.15】，且等于 DL。所以，DL 是有理的，且它在与有理线段 DE 重合的线段上。所以，DM 是有理的，且与 DE 是长度可公度的【命题 10.20】。又因为 AC 和 CB 是仅正方可公度的有理线段，所以 AC 与 CB 所构成的矩形的二倍，即 MF，是中项面【命题 10.21】。又因为它在与有理线段 ML 重合的线段上，所以 MG 是有理的，且

---

① 换句话说，二项线段的平方是第一二项线段。见命题 10.54。

与 *ML*，即 *DE*，是长度不可公度的【命题 10.22 】。又，*MD* 是有理的，且与 *DE* 是长度可公度的，所以 *DM* 与 *MG* 是长度不可公度的【命题 10.13 】，且它们都是有理的。所以，*DM* 和 *MG* 是仅正方可公度的有理线段。所以，*DG* 是二项线段【命题 10.36 】。可以证明它也是第一二项线段。

因为 *AC*、*CB* 所构成的矩形是 *AC* 和 *CB* 上的正方形的比例中项【命题 10.53 引理 】，所以 *MO* 也是 *DH* 和 *KL* 的比例中项。所以，*DH* 比 *MO* 等于 *MO* 比 *KL*，即 *DK* 比 *MN* 等于 *MN* 比 *MK*【命题 6.1 】。所以，*DK* 与 *KM* 所构成的矩形等于 *MN* 上的正方形【命题 6.17 】。因为 *AC* 上的正方形与 *CB* 上的正方形是可公度的，*DH* 与 *KL* 也是可公度的，所以 *DK* 与 *KM* 是可公度的【命题 6.1、10.11 】。又因为 *AC* 和 *CB* 上的正方形的和大于 *AC* 与 *CB* 所构成的矩形的二倍【命题 10.59 引理 】，所以 *DL* 大于 *MF*，所以 *DM* 也大于 *MG*【命题 6.1、5.14 】。*DK* 和 *KM* 所构成的矩形等于 *MN* 上的正方形，即 *MG* 上的正方形的四分之一，*DK* 与 *KM* 是长度可公度的。如果有两条不相等的线段，与大线段重合的线段上的一个缺少正方形且等于小线段上的正方形的四分之一的矩形，如果将大线段分为它的长度可公度的两段，那么大线段上的正方形与小线段上的正方形的差是与大线段长度可公度的线段上的正方形【命题 10.17 】。所以，*DM* 上的正方形与 *MG* 上的正方形的差是与 *DM* 长度可公度的某条线段上的正方形。又，*DM* 和 *MG* 是有理的，且大线段 *DM* 与已知的有理线段 *DE* 是长度可公度的，所以 *DG* 是第一二项线段【定义 10.5 】。这就是该命题的结论。

命题 61

在与一条有理线段重合的线段上的矩形等于第一双中项线段上

的正方形，由此产生的矩形的宽是第二二项线段。^①

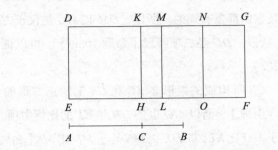

  已知 AB 是第一双中项线段，被 C 分为它的两段，且 AC 为较长段。作有理线段 DE。在与 DE 重合的线段上作矩形 DF 等于 AB 上的正方形，DG 是矩形的宽。可证 DG 是一条第二二项线段。

  作与之前的命题相同的图。因为 AB 是第一双中项线段，被 C 分为它的两段，所以 AC 和 CB 是仅正方可公度的中项线段，且它们所构成的矩形是有理面【命题 10.37】。所以，AC 和 CB 上的正方形是中项面【命题 10.21】。所以，DL 是中项面【命题 10.15、10.23 推论】，且它与有理线段 DE 重合。所以，MD 是有理的，且与 DE 是长度不可公度的【命题 10.22】。因为 AC 与 CB 所构成的矩形的二倍是有理的，所以 MF 是有理的。它与有理线段 ML 重合。所以，MG 是有理的，且与 ML，即 DE，是长度可公度的【命题 10.20】。所以，DM 与 MG 是长度不可公度的【命题 10.13】。所以，DM 和 MG 是有理的，且彼此是仅正方可公度的。所以，DG 是二项线段【命题 10.36】。可以证明它是一条第二二项线段。

  因为 AC 和 CB 上的正方形的和大于 AC 与 CB 所构成的矩形的二倍【命题 10.59】，所以 DL 大于 MF，所以 DM 大于 MG【命题 6.1】。

---

① 换句话说，第一双中项线段的平方是第二二项线段。见命题 10.55。

又因为 AC 上的正方形与 CB 上的正方形是可公度的，DH 与 KL 是可公度的，所以 DK 与 KM 是长度可公度的【命题 6.1、10.11】。DK 与 KM 所构成的矩形等于 MN 上的正方形，所以 DM 上的正方形与 MG 上的正方形的差是与 DM 长度可公度的某条线段上的正方形【命题 10.17】。MG 与 DE 是长度可公度的。所以，DG 是一条第二二项线段【定义 10.6】。

命题 62

与一条有理线段重合的线段上的矩形等于第二双中项线段上的正方形，由此产生的矩形的宽是第三二项线段。①

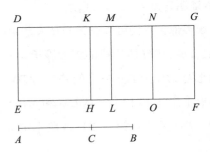

已知 AB 是一条第二双中项线段，被 C 分为它的两段，且 AC 为较长段。设 DE 是有理线段。在与 DE 重合的线段上作矩形 DF 等于 AB 上的正方形，DG 是矩形的宽。可证 DG 是一条第三二项线段。

作与之前的命题相同的图。因为 AB 是一条第二双中项线段，被 C 分为它的两段，所以 AC 和 CB 是仅正方可公度的中项线段，且它们所构成的矩形是中项面【命题 10.38】，所以 AC 和 CB 上的正方形的和是中项面【命题 10.15、10.23 推论】。又因为它等于

① 换句话说，第二双中项线段的平方是第三二项线段。见命题 10.56。

DL，所以 DL 也是中项面。因为它与有理线段 DE 重合，所以 MD 是有理的，且与 DE 是长度不可公度的【命题 10.22】。同理，MG 是有理的，且与 ML，即与 DE，是长度不可公度的，所以 DM 和 MG 都是有理的，并且与 DE 是长度不可公度的。因为 AC 与 CB 是长度不可公度的，且 AC 比 CB 等于 AC 上的正方形比 AC、CB 所构成的矩形【命题 10.21 引理】，AC 上的正方形与 AC、CB 所构成的矩形是不可公度的【命题 10.11】，所以 AC 和 CB 上的正方形的和与 AC、CB 所构成的矩形的二倍是不可公度的，即 DL 和 MF 是不可公度的【命题 10.12、10.13】，所以 DM 与 MG 是长度不可公度的【命题 6.1、10.11】，且它们是有理的。所以，DG 是二项线段【命题 10.36】。可以证明它是第三二项线段。

与前面的命题类似，我们可以得到 DM 大于 MG，且 DK 与 KM 是长度可公度的。DK、KM 所构成的矩形等于 MN 上的正方形，所以 DM 上的正方形与 MG 上的正方形的差是与 DM 长度可公度的某条线段上的正方形【命题 10.17】，且 DM 和 MG 与 DE 都是长度不可公度的。所以，DG 是一条第三二项线段【定义 10.7】。这就是该命题的结论。

命题 63

与一条有理线段重合的线段上的矩形等于主要线段上的正方形，由此产生的矩形的宽是第四二项线段。[①]

─────────────

① 换句话说，主要线段的平方是第四二项线段。见命题 10.57。

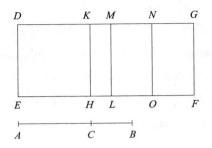

已知 *AB* 是主要线段，被 *C* 分为它的两段，且 *AC* 大于 *CB*，*DE* 是有理线段。在与 *DE* 重合的线段上作矩形 *DF* 等于 *AB* 上的正方形，*DG* 是矩形的宽。可证 *DG* 是第四二项线段。

作与之前的命题相同的图。因为 *AB* 是主要线段，被 *C* 分为它的两段，所以 *AC* 和 *CB* 是正方不可公度的，它们上的正方形的和是有理的，且它们所构成的矩形是中项面【命题 10.39】。因为 *AC* 和 *CB* 上的正方形的和是有理的，所以 *DL* 是有理的。所以，*DM* 是有理的，且与 *DE* 是长度可公度的【命题 10.20】。又因为 *AC* 与 *CB* 所构成的矩形的二倍，即 *MF*，是中项面，并且与有理线段 *ML* 重合，所以 *MG* 是有理的，并且与 *DE* 是长度不可公度的【命题 10.22】。所以，*DM* 与 *MG* 是长度不可公度的【命题 10.13】。所以，*DM* 和 *MG* 是仅正方可公度的有理线段。所以，*DG* 是一条二项线段【命题 10.36】。可以证明它是一条第四二项线段。

与前面的命题类似，可以证明 *DM* 大于 *MG*，且 *DK*、*KM* 所构成的矩形等于 *MN* 上的正方形。因为 *AC* 上的正方形与 *CB* 上的正方形是不可公度的，*DH* 与 *KL* 也是不可公度的，所以 *DK* 与 *KM* 也是不可公度的【命题 6.1、10.11】。如果有两条不等线段，与较长线段重合的线段上缺少一个正方形的矩形，等于较短线段上的正方形的四分之一，较长线段可被分为彼此长度不可公度的两段，那么原较长线段上的正方形与较短线段上的正方形的差是与较长线段长度不可公度的某条线段上的正方形【命题 10.18】，所以 *DM* 上的正方形与 *MG* 上的正方形的差是与 *DM* 长度不可公度的某条线段上的正方形。又，*DM* 和 *MG* 是仅正方可公度的有理线段，且 *DM* 与已知的有理线段 *DE* 是长度可公度的。所以，*DG* 是一条第四二项线段【定义 10.8】。这就是该命题的结论。

命题 64

与一条有理线段重合的线段上的矩形等于有理面与中项面之和的边上的正方形，由此产生的矩形的宽是第五二项线段。①

已知 *AB* 是有理面与中项面之和的边，被 *C* 分为它的两段，且 *AC* 较长。设 *DE* 是一条有理线段。在与 *DE* 重合的线段上作矩形 *DF* 等于 *AB* 上的正方形，*DG* 是矩形的宽。可证 *DG* 是第五二项线段。

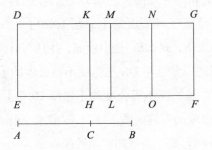

作与之前的命题相同的图。因为 *AB* 是有理面与中项面之和的边，被 *C* 分为它的两段，所以 *AC* 和 *CB* 是正方不可公度的，它们上的正方形的和是中项面，且它们所构成的矩形是有理的【命题 10.40】。因为 *AC* 和 *CB* 上的正方形的和是中项面，所以 *DL* 是

---

① 换句话说，有理面与中项面之和的边的平方是第五二项线段。见命题 10.58。

中项面。所以，*DM* 是有理的，且与 *DE* 是长度不可公度的【命题 10.22】。又因为 *AC*、*CB* 所构成的矩形的二倍，即 *MF*，是有理的，所以 *MG* 是有理的，且与 *DE* 是长度可公度的【命题 10.20】，所以 *DM* 与 *MG* 是长度不可公度的【命题 10.13】，所以 *DM* 和 *MG* 是仅正方可公度的有理线段。所以，*DG* 是二项线段【命题 10.36】。可以证明它是第五二项线段。

与前面的命题类似，可以证明 *DK*、*KM* 所构成的矩形等于 *MN* 上的正方形，*DK* 与 *KM* 是长度不可公度的，所以 *DM* 上的正方形与 *MG* 上的正方形的差是与 *DM* 长度不可公度的某线段上的正方形【命题 10.18】。又，*DM* 和 *MG* 是仅正方可公度的有理线段，且较短线段 *MG* 与 *DE* 是长度可公度的。所以，*DG* 是一条第五二项线段【定义 10.9】。这就是该命题的结论。

命题 65

与一条有理线段重合的线段上的矩形等于两中项面和的边上的正方形，由此产生的矩形的宽是第六二项线段。[①]

已知 *AB* 是两中项面和的边，被 *C* 分为它的两段。设 *DE* 是有理线段。在与 *DE* 重合的线段上作矩形 *DF* 等于 *AB* 上的正方形，*DG* 是矩形的宽。可证 *DG* 是第六二项线段。

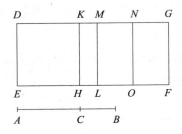

---

① 换句话说，两中项面和的边的平方是第六二项线段。见命题 10.59。

作与之前的命题相同的图。因为 AB 是两中项面和的边，被 C 分为它的两段，所以 AC 和 CB 是正方不可公度的，它们上的正方形的和是中项面，且它们所构成的矩形是中项面，更有它们上的正方形的和与它们所构成的矩形是不可公度的【命题 10.41】。所以，根据之前的证明，DL 和 MF 都是中项面，且它们与有理线段 DE 重合。所以，DM 和 MG 都是有理的，且与 DE 是长度不可公度的【命题 10.22】。因为 AC 和 CB 上的正方形的和与 AC、CB 所构成的矩形的二倍是不可公度的，所以 DL 与 MF 是不可公度的。所以，DM 和 MG 是长度不可公度的【命题 6.1、10.11】。所以，DM 和 MG 是仅正方可公度的有理线段。所以，DG 是二项线段【命题 10.36】。可以证明它是一条第六二项线段。

与前面的命题类似，可以证明 DK、KM 所构成的矩形等于 MN 上的正方形，DK 与 KM 是长度不可公度的。同理，DM 上的正方形与 MG 上的正方形的差是与 DM 长度不可公度的某条线段上的正方形【命题 10.18】。DM 和 MG 都与已知的有理线段 DE 是长度不可公度的。所以，DG 是一条第六二项线段【定义 10.10】。这就是该命题的结论。

命题 66

与二项线段是长度可公度的线段本身也是二项线段，并且与原二项线段同级。

已知 AB 是一条二项线段，设 CD 和 AB 是长度可公度的。可证 CD 是二项线段，并且与 AB 是同级的。

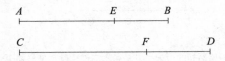

因为 AB 是二项线段，被 E 分为它的两段，且 AE 较长，所以 AE 和 EB 是仅正方可公度的有理线段【命题 10.36】。使 AB 比 CD 等于 AE 比 CF【命题 6.12】，所以余下的 EB 比 FD 等于 AB 比 CD【命题 6.16、5.19 推论】。又，AB 与 CD 是长度可公度的，所以 AE 与 CF 是长度可公度的，EB 与 FD 是长度可公度的【命题 10.11】。又，AE 和 EB 是有理的，所以 CF 和 FD 是有理的。AE 比 CF 等于 EB 比 FD【命题 5.11】，所以其更比例为，AE 比 EB 等于 CF 比 FD【命题 5.16】。AE 与 EB 是仅正方可公度的，所以 CF 和 FD 是仅正方可公度的【命题 10.11】。又，它们是有理的。所以，CD 是二项线段【命题 10.36】。可以证明它与 AB 是同级的。

因为 AE 上的正方形与 EB 上的正方形的差是与 AE 长度可公度或者不可公度的某条线段上的正方形，所以如果 AE 上的正方形与 EB 上的正方形的差是与 AE 长度可公度的某条线段上的正方形，那么 CF 上的正方形与 FD 上的正方形的差是与 CF 长度可公度的某条线段上的正方形【命题 10.14】。如果 AE 与已知的有理线段是长度可公度的，那么 CF 也与该有理线段是长度可公度的【命题 10.12】，所以 AB 与 CD 都是第一二项线段【定义 10.5】，即它们是同级的。如果 EB 与已知的有理线段是长度可公度的，那么 FD 与该有理线段也是长度可公度的【命题 10.12】，所以 CD 与 AB 是同级的，它们都是第二二项线段【定义 10.6】。如果 AE 和 EB 都与已知的有理线段是长度不可公度的，那么 CF 和 FD 都与该有理线段是长度不可公度的【命题 10.13】，且 AB 和 CD 是第三二项线段【定义 10.7】。如果 AE 上的正方形与 EB 上的正方形的差是与 AE 长度不可公度的某条线段上的正方形，那么 CF 上的正方形与 FD 上的正方形的差是与 CF 长度不可公度的某条线段上的正方形【命题 10.14】。如果 AE 与已知的有理线段是长度可公度的，那么 CF 与该有理线段也是长度可公度的【命题 10.12】，且 *AB* 和 *CD* 都是第四二项线段【定义 10.8】。如果 *EB* 和已知有理线段是长度可公度的，那么 *FD* 与该有理线段也是长度可公度的，*AB* 与 *CD* 都是第五二项线段【定义 10.9】。如果 *AE* 和 *EB* 都与已知有理线段是长度不可公度的，那么 *CF* 和 *FD* 都与该有理线段是长度不可公度的，那么 *AB* 和 *CD* 是第六二项线段【定义 10.10】。

综上，与二项线段是长度可公度的线段本身也是二项线段，并且与原二项线段同级。这就是该命题的结论。

命题 67

与一条双中项线段是长度可公度的线段本身也是双中项线段，并且与原双中项线段同级。

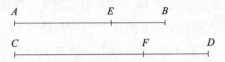

已知 *AB* 是双中项线段，设 *CD* 与 *AB* 是长度可公度的。可证 *CD* 是双中项线段，且与 *AB* 同级。

因为 *AB* 是双中项线段，被 *E* 分为它的两段，所以 *AE* 和 *EB* 是仅正方可公度的中项线段【命题 10.37、10.38】。使 *AB* 比 *CD* 等于 *AE* 比 *CF*【命题 6.12】，所以余下的 *EB* 比 *FD* 等于 *AB* 比 *CD*【命题 5.19 推论、6.16】。又，*AB* 与 *CD* 是长度可公度的，所以 *AE* 和 *EB* 分别与 *CF* 和 *FD* 是长度可公度的【命题 10.11】。*AE* 和 *EB* 是中项线段，所以 *CF* 和 *FD* 也是中项线段【命题 10.23】。因为 *AE* 比 *EB* 等于 *CF* 比 *FD*，且 *AE* 和 *EB* 是仅正方可公度的，所以 *CF* 和 *FD* 也是仅正方可公度的【命题 10.11】。已经证明它们是中项线段，所以 *CD* 是双中项线段，可以证明它与 *AB* 是同级的。

因为 *AE* 比 *EB* 等于 *CF* 比 *FD*，所以 *AE* 上的正方形比 *AE*、*EB* 所构成的矩形等于 *CF* 上的正方形比 *CF*、*FD* 所构成的矩形【命题 10.21 引理】。其更比例为，*AE* 上的正方形比 *CF* 上的正方形等于 *AE*、*EB* 所构成的矩形比 *CF*、*FD* 所构成的矩形【命题 5.16】。*AE* 上的正方形与 *CF* 上的正方形是可公度的，所以 *AE*、*EB* 所构成的矩形与 *CF*、*FD* 所构成的矩形是可公度的【命题 10.11】。如果 *AE*、*EB* 所构成的矩形是有理的，则 *CF*、*FD* 所构成的矩形是有理的，*AE* 和 *CD* 都是第一双中项线段；如果 *AE*、*EB* 所构成的矩形是中项面，则 *CF*、*FD* 所构成的矩形是中项面，*AB* 和 *CD* 都是第二双中项线段【命题 10.23、10.37、10.38】。

所以，*CD* 与 *AB* 同级。这就是该命题的结论。

命题 68

与主要线段是长度可公度的线段本身也是主要线段。

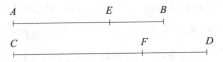

已知 *AB* 是主要线段，设 *CD* 与 *AB* 是长度可公度的。可证 *CD* 是主要线段。

设 *AB* 被 *E* 分为它的两段，所以 *AE* 和 *EB* 是正方不可公度的，且它们上的正方形的和是有理的，它们所构成的矩形是中项面【命题 10.39】。

作如之前的命题一样的图。因为 *AB* 比 *CD* 等于 *AE* 比 *CF*，且等于 *EB* 比 *FD*，所以 *AE* 比 *CF* 等于 *EB* 比 *FD*【命题 5.11】。又，*AB* 与 *CD* 是长度可公度的，所以 *AE* 和 *EB* 分别与 *CF* 和 *FD* 是长度可公度的【命题 10.11】。又因为 *AE* 比 *CF* 等于 *EB* 比 *FD*，其更比

例为，*AE* 比 *EB* 等于 *CF* 比 *FD*【命题 5.16】，所以其合比例为，*AB* 比 *BE* 等于 *CD* 比 *DF*【命题 5.18】。所以，*AB* 上的正方形比 *BE* 上的正方形等于 *CD* 上的正方形比 *DF* 上的正方形【命题 6.20】。相似地，可以证明 *AB* 上的正方形比 *AE* 上的正方形等于 *CD* 上的正方形比 *CF* 上的正方形。所以，*AB* 上的正方形比 *AE* 和 *EB* 上的正方形的和等于 *CD* 上的正方形比 *CF* 和 *FD* 上的正方形的和。所以，其更比例为，*AB* 上的正方形比 *CD* 上的正方形等于 *AE* 和 *EB* 上的正方形的和比 *CF* 和 *FD* 上的正方形的和【命题 5.16】。又，*AB* 上的正方形与 *CD* 上的正方形是可公度的。所以，*AE* 和 *EB* 上的正方形的和与 *CF* 和 *FD* 上的正方形的和是可公度的【命题 10.11】。*AE* 和 *EB* 上的正方形的和是有理的，所以 *CF* 和 *FD* 上的正方形的和是有理的。相似地，*AE* 与 *EB* 所构成的矩形的二倍与 *CF* 和 *FD* 所构成的矩形的二倍是可公度的。又，*AE* 和 *EB* 所构成的矩形的二倍是中项面，所以 *CF* 和 *FD* 所构成的矩形的二倍是中项面【命题 10.23 推论】。所以，*CF* 和 *FD* 是正方不可公度的线段【命题 10.13】，同时它们上的正方形的和是有理的，且它们所构成的矩形的二倍是中项面。所以，整个 *CD* 是称为主要线段的无理线段【命题 10.39】。

综上，与主要线段是长度可公度的线段本身也是主要线段。这就是该命题的结论。

命题 69

与有理面与中项面之和的边是长度可公度的线段本身是有理面与中项面之和的边。

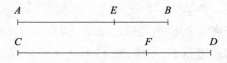

已知 AB 是有理面与中项面之和的边，设 CD 和 AB 是长度可公度的。可证 CD 也是有理面与中项面之和的边。

设 AB 被 E 分为它的两段，所以 AE 和 EB 是正方不可公度的，且它们上的正方形的和是中项面，它们所构成的矩形是有理面【命题 10.40】。

作如之前的命题一样的图。相似地，可以证明 CF 和 FD 是正方不可公度的，且 AE 和 EB 上的正方形的和与 CF 和 FD 上的正方形的和是可公度的，AE 和 EB 所构成的矩形与 CF 和 FD 所构成的矩形是可公度的，所以 CF 和 FD 上的正方形的和是中项面，CF 与 FD 所构成的矩形是有理面。

所以，CD 是有理面与中项面之和的边【命题 10.40】。这就是该命题的结论。

命题 70

与两中项面和的边是长度可公度的线段本身是两中项面和的边。

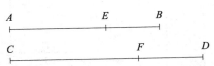

已知 AB 是两中项面和的边，设 CD 和 AB 是长度可公度的。可证 CD 也是两中项面和的边。

因为 AB 是两中项面和的边，使它被 E 分为它的两段，所以 AE 和 EB 是正方不可公度的，且它们上的正方形的和是中项面，它们所构成的矩形是中项面，更有 AE 和 EB 上的正方形的和与 AE、EB 所构成的矩形是不可公度的【命题 10.41】。作如之前的命题一样的图。相似地，可以证明 CF 和 FD 是正方不可公度的，且 AE 和 EB 上的

正方形的和与 *CF* 和 *FD* 上的正方形的和是可公度的，*AE*、*EB* 所构成的矩形与 *CF*、*FD* 所构成的矩形是可公度的，所以 *CF* 和 *FD* 上的正方形的和是中项面，*CF* 与 *FD* 所构成的矩形是中项面，且 *CF* 和 *FD* 上的正方形的和与 *CF*、*FD* 所构成的矩形是不可公度的。

所以，*CD* 是两中项面和的边【命题 10.41】。这就是该命题的结论。

命题 71

一个有理面与一个中项面相加，可以产生四条无理线段，即一条二项线段或者一条第一双中项线段或者一条主要线段或者一条有理面与中项面之和的边。

已知 *AB* 是有理面，*CD* 是中项面。可证面 *AD* 的边或者是一条二项线段，或者是一条第一双中项线段，或者是一条主要线段，或者是一条有理面与中项面之和的边。

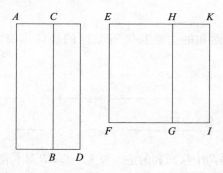

因为 *AB* 或者大于或者小于 *CD*。首先，设 *AB* 较大。作有理线段 *EF*。在与 *EF* 重合的线段上作矩形 *EG* 等于 *AB*，*EH* 为矩形的宽。在与 *EF* 重合的线段上作矩形 *HI* 等于 *DC*，*HK* 是矩形的宽。因为 *AB* 是有理的，且等于 *EG*，所以 *EG* 是有理的。它与有理线段 *EF* 重合，*EH* 是宽，所以 *EH* 是有理的，并且与 *EF* 是长度可公度的【命题 10.20】。又因为 *CD* 是中项面，且等于 *HI*，所以 *HI*

也是中项面。它与有理线段 *EF* 重合，*HK* 是宽，所以 *HK* 是有理的，并且与 *EF* 是长度不可公度的【命题 10.22】。因为 *CD* 是中项面，*AB* 是有理面，所以 *AB* 与 *CD* 是不可公度的，所以 *EG* 与 *HI* 是不可公度的。*EG* 比 *HI* 等于 *EH* 比 *HK*【命题 6.1】，所以 *EH* 与 *HK* 是长度不可公度的【命题 10.11】。它们是有理面，所以 *EH* 和 *HK* 是仅正方可公度的有理线段。所以，*EK* 是二项线段，被 *H* 分为它的两段【命题 10.36】。因为 *AB* 大于 *CD*，且 *AB* 等于 *EG*，*CD* 等于 *HI*，所以 *EG* 大于 *HI*，所以 *EH* 大于 *HK*【命题 5.14】。所以，*EH* 上的正方形与 *HK* 上的正方形的差或者是与 *EH* 长度可公度的某线段上的正方形，或者是与 *EH* 长度不可公度的某条线段上的正方形。首先，设其差是与 *EH* 长度可公度的某条线段上的正方形，且 *EK* 中的较大段 *HE* 与已知的有理线段 *EF* 是长度可公度的，所以 *EK* 是第一二项线段【定义 10.5】。又，*EF* 是有理的。如果一个矩形由一条有理线段与一条第一二项线段所构成，那么该面的边是二项线段【命题 10.54】，所以 *EI* 的边是一条二项线段，所以 *AD* 的边也是二项线段。设 *EH* 上的正方形与 *HK* 上的正方形的差是与 *EH* 长度不可公度的某条线段上的正方形。*EK* 中的较大段 *EH* 与已知的有理线段 *EF* 是长度可公度的，所以 *EK* 是第四二项线段【定义 10.8】。*EF* 是有理的。如果一个矩形由一条有理线段与一条第四二项线段所构成，那么该面的边是称为主要线段的无理线段【命题 10.57】，所以面 *EI* 的边是一条主要线段，所以 *AD* 的边也是一条主要线段。

　　再设 *AB* 小于 *CD*，所以 *EG* 也小于 *HI*，所以 *EH* 也小于 *HK*【命题 6.1、5.14】。*HK* 上的正方形与 *EH* 上的正方形的差或者是与 *HK* 长度可公度的某条线段上的正方形，或者是与 *HK* 长度不可公度的某条线段上的正方形。首先，设其差是与 *HK* 长度可公度的某条线段上的正方形。较小段 *EH* 与已知的有理线段 *EF* 是长度可公度的。所以，*EK* 是一条第二二项线段【定义 10.6】。*EF* 是有理的。如果一个矩形由一条有理线段与一条第二二项线段所构成，那么该面的边是第一双中项线段【命题 10.55】，所以面 *EI* 的边是第一双中项线段，所以 *AD* 的边是第一双中项线段。再设 *HK* 上的正方形与 *HE* 上的正方形的差是与 *HK* 长度不可公度的某条线段上的正方形。较小段 *EH* 与已知的有理线段 *EF* 是长度可公度的。所以，*EK* 是第五二项线段【定义 10.9】。*EF* 是有理的。如果一个矩形由一条有理线段与一条第五二项线段所构成，那么该面的边是有理面与中项面之和的边【命题 10.58】，所以面 *EI* 的边是有理面与中项面之和的边，所以面 *AD* 的边也是有理面与中项面之和的边。

综上，一个有理面与一个中项面相加，可以产生四条无理线段，即一条二项线段或者一条第一双中项线段或者一条主要线段或者一条有理面与中项面之和的边。

命题 72

两个不可公度的中项面相加，则可以产生两条无理线段，即或者是一条第二双中项线段，或者是两中项面和的边。

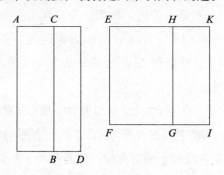

已知 *AB* 和 *CD* 是两个不可公度的中项面，将它们相加。可证

AD 的边或者是第二双中项线段，或者是两中项面和的边。

因为 AB 或者大于或者小于 CD。首先，设 AB 大于 CD。设 EF 是有理线段。在与 EF 重合的线段上作矩形 EG 等于 AB，EH 是宽；作矩形 HI 等于 CD，HK 是宽。因为 AB 和 CD 都是中项，所以 EG 和 HI 都是中项面。它们都与有理线段 FE 重合，EH 和 HK 分别是它们的宽，所以 EH 和 HK 都是与 EF 长度不可公度的有理线段【命题 10.22】。因为 AB 与 CD 不可公度，AB 等于 EG，CD 等于 HI，所以 EG 与 HI 是不可公度的。EG 比 HI 等于 EH 比 HK【命题 6.1】，所以 EH 与 HK 是长度不可公度的【命题 10.11】，所以 EH 和 HK 是仅正方可公度的有理线段，所以 EK 是二项线段【命题 10.36】。设 EH 上的正方形与 HK 上的正方形的差或者是与 EH 长度可公度的某条线段上正方形，或者是与 EH 长度不可公度的某条线段上的正方形。首先，设该差是与 EH 长度可公度的某条线段上的正方形。EH 和 HK 都与已知的有理线段 EF 是长度不可公度的，所以 EK 是第三二项线段【定义 10.7】。又，EF 是有理的。如果一个矩形由一条有理线段与一条第三二项线段所构成，那么该面的边是第二双中项线段【命题 10.56】，所以，EI 的边，即 AD 的边，是第二双中项线段。再设 EH 上的正方形与 HK 上的正方形的差是与 EH 长度不可公度的某条线段上的正方形。EH 和 HK 都与 EF 长度不可公度。所以，EK 是第六二项线段【定义 10.10】。如果一个矩形由一条有理线段与一条第六二项线段所构成，那么该面的边是两中项面和的边【命题 10.59】，所以面 AD 的边也是两中项面和的边。

相似地，可以证明即使 AB 小于 CD，面 AD 的边或者是第二双中项线段，或者是两中项面和的边。

综上，两个不可公度的中项面相加，则可以产生两条无理线段，即或者是一条第二双中项线段，或者是两中项面和的边。

二项线段和它之后的一条无理线段，都不是中项线段，也彼此不相等。因为如果在一条与有理线段重合的线段上有一个与一条中项线段上的正方形相等的矩形，则由此产生的宽是一条有理线段，并且与原线段是长度不可公度的【命题 10.22 】。在与有理线段重合的线段上，有一个等于二项线段上的正方形的矩形，由此产生的宽是第一二项线段【命题 10.60 】。在与有理线段重合的线段上，有一个等于第一双中项线段上的正方形的矩形，由此产生的宽是第二二项线段【命题 10.61 】。在与有理线段重合的线段上，有一个等于第二双中项线段上的正方形的矩形，由此产生的宽是第三二项线段【命题 10.62 】。在与有理线段重合的线段上，有一个等于主要线段上的正方形的矩形，由此产生的宽是第四二项线段【命题 10.63 】。在与有理线段重合的线段上，有一个等于有理面与中项面之和的边上的正方形的矩形，由此产生的宽是第五二项线段【命题 10.64 】。在与有理线段重合的线段上，有一个等于两中项面和的边上的正方形的矩形，由此产生的宽是第六二项线段【命题 10.65 】。且前面提到的宽都与第一个宽不同，且彼此都不相同：与第一个宽不同，是因为它是有理的；与其他不同，是因为它们不同级。所以，上述提到的这些无理线段是彼此不同的。

命题 73

如果从一条有理线段中截取一条有理线段，且该有理线段与原线段是仅正方可公度的，那么余下的线段是无理的，称作余线。

$$A \quad\quad C \quad\quad\quad\quad\quad B$$

从有理线段 AB 中减去与 AB 仅正方可公度的有理线段 BC。可

证余下的 AC 是无理线段，称作余线。

因为 AB 和 BC 是长度不可公度的，AB 比 BC 等于 AB 上的正方形比 AB 与 BC 所构成的矩形【命题 10.21 引理】，所以 AB 上的正方形与 AB、BC 所构成的矩形是不可公度的【命题 10.11】。但 AB 和 BC 上的正方形的和与 AB 上的正方形是可公度的【命题 10.15】，且 AB、BC 所构成的矩形的二倍与 AB、BC 所构成的矩形是可公度的【命题 10.6】。因为 AB 和 BC 上的正方形的和等于 AB、BC 所构成的矩形二倍加 CA 上的正方形【命题 2.7】，所以 AB 和 BC 上正方形的和与余下的 AC 上的正方形是不可公度的【命题 10.13、10.16】，且 AB 和 BC 上的正方形的和是有理的。所以，AC 是无理线段【定义 10.4】。它被称作余线。[①]这就是该命题的结论。

命题 74

如果从一条中项线段中截取一条中项线段，该中项线段与原线段是仅正方可公度的，且它们所构成的矩形是有理的，那么余下的线段是无理的，称作中项线段的第一余线。

从中项线段 AB 中减去与 AB 仅正方可公度的中项线段 BC，AB 和 BC 所构成的矩形是有理的【命题 10.27】。可证余下的线段 AC 是无理的，称作中项线段的第一余线。

因为 AB 和 BC 是中项线段，所以 AB 和 BC 上的正方形的和是中项面。AB 与 BC 所构成的矩形的二倍是有理的，所以 AB 和 BC 上的正方形的和与 AB、BC 所构成的矩形的二倍是不可公度的。所以，

---

① 见命题 10.36 脚注。

AB、*BC* 所构成的矩形的二倍与余量 *AC* 上的正方形是不可公度的【命题 2.7】，因为如果两个量的和与两个量中的任何一个量都是不可公度的，那么这两个量彼此也不可公度【命题 10.16】。又，*AB* 与 *BC* 所构成的矩形的二倍是有理的，所以 *AC* 上的正方形是无理的，所以 *AC* 是无理线段【定义 10.4】，称作中项线段的第一余线。[①]

命题 75

如果从一条中项线段中截取一条中项线段，该中项线段与原线段是仅正方可公度的，且它们所构成的矩形是中项面，那么余下的线段是无理的，称作中项线段的第二余线。

从中项线段 *AB* 中减去与 *AB* 仅正方可公度的中项线段 *CB*，*AB* 和 *BC* 所构成的矩形是中项面【命题 10.28】。可证余下的线段 *AC* 是无理的，称作中项线段的第二余线。

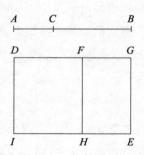

作有理线段 *DI*。在与 *DI* 重合的线段上作 *DE* 等于 *AB* 和 *BC* 上的正方形的和，*DG* 是宽。在与 *DI* 重合的线段上作 *DH* 等于 *AB* 与 *BC* 所构成的矩形的二倍，*DF* 是宽，所以余下的 *FE* 等于 *AC* 上的正方形【命题 2.7】。因为 *AB* 和 *BC* 上的正方形都是中项面且彼此

① 见命题 10.37 脚注。

是可公度的，所以 *DE* 是中项面【命题 10.15、10.23 推论】。它与有理线段 *DI* 重合，*DG* 是宽，所以 *DG* 是有理的，且与 *DI* 是长度不可公度的【命题 10.22】。又因为 *AB* 与 *BC* 所构成的矩形是中项面，所以 *AB* 与 *BC* 所构成的矩形的二倍也是中项面【命题 10.23 推论】，且它等于 *DH*。所以，*DH* 是中项面。它与有理线段 *DI* 重合，*DF* 是宽。所以，*DF* 是有理的，且与 *DI* 是长度不可公度的【命题 10.22】。因为 *AB* 和 *BC* 是仅正方可公度的，所以 *AB* 与 *BC* 是长度不可公度的。所以，*AB* 上的正方形与 *AB*、*BC* 所构成的矩形是不可公度的【命题 10.21 引理、10.11】。但 *AB* 和 *BC* 上的正方形的和与 *AB* 上的正方形是可公度的【命题 10.15】，且 *AB*、*BC* 所构成的矩形的二倍与 *AB*、*BC* 所构成的矩形是可公度的【命题 10.6】，所以 *AB* 与 *BC* 所构成的矩形的二倍与 *AB* 和 *BC* 上的正方形的和是不可公度的【命题 10.13】。*DE* 等于 *AB* 和 *BC* 上的正方形的和，*DH* 等于 *AB* 与 *BC* 所构成的矩形的二倍，所以 *DE* 与 *DH* 是不可公度的。*DE* 比 *DH* 等于 *GD* 比 *DF*【命题 6.1】，所以 *GD* 与 *DF* 是不可公度的【命题 10.11】。它们都是有理线段，所以 *GD* 与 *DF* 是仅正方可公度的有理线段。所以，*FG* 是余线【命题 10.73】。又，*DI* 是有理的。有理线段与无理线段所构成的矩形是无理的【命题 10.20】，且它的边是无理的。*AC* 是 *FE* 的边。所以，*AC* 是无理线段【定义 10.4】，称作中项线段的第二余线。① 这就是该命题的结论。

命题 76

如果从一条线段中截取一条线段，该线段与原线段是正方不可公度的，且它们上的正方形的和是有理的，它们所构成的矩形是中

---

① 见命题 10.38 脚注。

项面，那么余下的线段是无理的，称作次要线段。

从线段 AB 减去与 AB 是正方不可公度的线段 BC，并且满足其他条件【命题 10.33】。可证余下的线段 AC 是称作次要线段的无理线段。

因为 AB 和 BC 上的正方形的和是有理的，AB 与 BC 所构成的矩形的二倍是中项面，所以 AB 和 BC 上的正方形的和与 AB、BC 所构成的矩形的二倍是不可公度的，所以通过变更，AB 和 BC 上的正方形的和与余下的 AC 上的正方形是不可公度的【命题 2.7、10.16】。又，AB 和 BC 上的正方形的和是有理的，所以 AC 上的正方形是无理的。所以，AC 是无理线段【定义 10.4】，称作次要线段。[①]这就是该命题的结论。

命题 77

如果从一条线段中截取一条线段，该线段与原线段是正方不可公度的，且它们上的正方形的和是中项面，它们所构成的矩形的二倍是有理面，那么余下的线段是无理的，称作有理面中项面差的边。

从线段 AB 减去与 AB 是正方不可公度的线段 BC，并且满足其他条件【命题 10.34】。可证余下的线段 AC 是无理的。

因为 AB 和 BC 上的正方形的和是中项面，AB 与 BC 所构成的矩形的二倍是有理面，所以 AB 和 BC 上的正方形的和与 AB、BC 所

---

① 见命题 10.39 脚注。

构成的矩形的二倍是不可公度的。所以，余下的 AC 上的正方形与 AB、BC 所构成的矩形的二倍是不可公度的【命题 2.7、10.16】。AB 与 BC 所构成的矩形的二倍是有理的。所以，AC 上的正方形是无理的。所以，AC 是无理线段【定义 10.4】，称作有理面中项面差的边。[①] 这就是该命题的结论。

命题 78

如果从一条线段中截取一条线段，该线段与原线段是正方不可公度的，它们上的正方形的和是中项面，它们所构成的矩形的二倍是中项面，并且它们上的正方形的和与它们所构成的矩形的二倍是不可公度的，那么余下的线段是无理的，称作两中项面差的边。

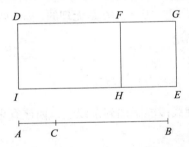

从线段 AB 减去与 AB 是正方不可公度的线段 BC，并且满足其他条件【命题 10.35】。可证余下的线段 AC 是无理的，称作两中项面差的边。

作有理线段 DI。在与 DI 重合的线段上，作 DE 等于 AB 和 BC 上的正方形的和，DG 是宽。作矩形 DH 等于 AB 与 BC 所构成的矩形的二倍，DF 是宽。所以，余下的 FE 等于 AC 上的正方形【命题 2.7】。所以，AC 是正方形 FE 的边。又因为 AB 和 BC 上的正方形

---

① 见命题 10.40 脚注。

的和是中项面，且等于 DE，所以 DE 是中项面。它与有理线段 DI 重合，DG 是宽，所以 DG 是有理的，且与 DI 是长度不可公度的【命题 10.22】。又因为 AB 与 BC 所构成的矩形的二倍是中项面，且等于 DH，所以 DH 是中项面。它与有理线段 DI 重合，DF 是宽，所以 DF 是有理的，且与 DI 是长度不可公度的【命题 10.22】。又因为 AB 和 BC 上的正方形的和与 AB、BC 所构成的矩形的二倍是不可公度的，所以 DE 与 DH 是不可公度的。又，DE 比 DH 等于 DG 比 DF【命题 6.1】，所以 DG 与 DF 是长度不可公度的【命题 10.11】。它们都是有理的，所以 GD 和 DF 是仅正方可公度的有理线段。所以，FG 是余线【命题 10.73】。又，FH 是有理的。有理线段与余线所构成的矩形是无理的【命题 10.20】，且它的边是无理的。又，AC 是 FE 的边。所以，AC 是无理的，称作两中项面差的边。[①] 这就是该命题的结论。

命题 79

只有一条有理线段能附加到余线上，使该有理线段与整条线段是仅正方可公度的。[②]

已知 AB 是余线，BC 是附加在 AB 上的线段，所以 AC 和 CB 是仅正方可公度的有理线段【命题 10.73】。可证没有其他有理线段可以附加到 AB 上，使该有理线段与附加后的线段是仅正方可公度的。

如果可能，设 BD 能附加在 AB 上，所以 AD 和 DB 是仅正方可公度的有理线段【命题 10.73】。又因为 AD 和 DB 上的正方形的

---

① 见命题 10.41 脚注。
② 该命题与命题 10.42 是一致的，减号代替了加号。

和大于 *AD* 与 *DB* 所构成的矩形的二倍，*AC* 和 *CB* 上的正方形的和大于 *AC* 与 *CB* 所构成的矩形的二倍，且大出的量相等，即 *AB* 上的正方形【命题 2.7】，所以变更后，*AD* 和 *DB* 上的正方形的和与 *AC* 和 *CB* 上的正方形的和的差等于 *AD*、*BD* 所构成的矩形的二倍与 *AC*、*CB* 所构成的矩形的二倍的差。*AD* 和 *DB* 上的正方形的和与 *AC* 和 *CB* 上的正方形的和的差是有理面，因为它们两个就是有理面，所以，*AD*、*DB* 所构成的矩形的二倍与 *AC*、*CB* 所构成的矩形的二倍的差是有理面。这是不可能的，因为它们都是中项面【命题 10.21】，且两中项面的差不可能是有理面【命题 10.26】，所以没有其他的有理线段可以附加到 *AB* 上，使该有理线段与附加后的线段是仅正方可公度的。

综上，只有一条有理线段能附加到余线上，使该有理线段与整条线段是仅正方可公度的。这就是该命题的结论。

命题 80

只有一条中项线段能附加到一条中项线段的第一余线上，使该中项线段与加上余线后的整条线段是仅正方可公度的，且它们所构成的矩形是有理的。①

已知 *AB* 是一条中项线段的第一余线，*BC* 附加在 *AB* 上，所以 *AC* 和 *CB* 是仅正方可公度的中项线段，*AC* 与 *CB* 所构成的矩形是有理面【命题 10.74】。可证没有其他中项线段可以附加到 *AB* 上，使该中项线段与附加余线后的整条线段是仅正方可公度的，且它们

---

① 该命题与命题 10.43 是一致的，减号代替了加号。

所构成的矩形是有理面。

如果可能，设 DB 能附加在 AB 上。所以，AD 和 DB 是仅正方可公度的中项线段，且 AD 与 DB 所构成的矩形是有理面【命题10.74】。AD 和 DB 上的正方形的和大于 AD 与 DB 所构成的矩形的二倍，AC 和 CB 上的正方形的和大于 AC 与 CB 所构成的矩形的二倍，且大出的量相等，因为它们大出的面积是相等的，即 AB 上的正方形【命题2.7】，所以变更后，AD 和 DB 上的正方形的和与 AC 和 CB 上的正方形的和的差等于 AD、BD 所构成的矩形的二倍与 AC、CB 所构成的矩形的二倍的差。AD 和 DB 所构成的矩形的二倍与 AC 和 CB 所构成的矩形的二倍的差是有理面，因为它们两个就是有理面，所以 AD、DB 上的正方形的和与 AC、CB 上的正方形的和的差是有理面。这是不可能的。因为它们都是中项面【命题10.15、10.23 推论】，且中项面与中项面的差不可能是有理面【命题10.26】。

综上，只有一条中项线段能附加到一条中项线段的第一余线上，使该中项线段与加上余线后的整条线段是仅正方可公度的，且它们所构成的矩形是有理的。这就是该命题的结论。

命题 81

只有一条中项线段能附加到中项线段的第二余线上，使该中项线段与加上余线后的整条线段是仅正方可公度的，且它们所构成的矩形是中项面。[①]

[①] 该命题与命题 10.44 是一致的，减号代替了加号。

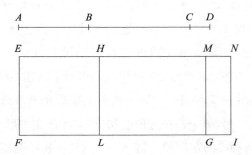

　　已知 AB 是一条中项线段的第二余线，BC 附加在 AB 上，所以 AC 和 CB 是仅正方可公度的中项线段，且 AC 与 CB 所构成的矩形是中项面【命题 10.75】。可证没有其他中项线段可以附加到 AB 上，使该中项线段与附加余线后的整条线段是仅正方可公度的，且它们所构成的矩形是中项面。

　　如果可能，设 DB 能附加在 AB 上，所以 AD 和 DB 是仅正方可公度的中项线段，且 AD 与 DB 所构成的矩形是中项面【命题 10.75】。作有理线段 EF。在与 EF 重合的线段上，作 EG 等于 AC 和 CB 上的正方形的和，EM 是宽。在 EG 上截取 HG 等于 AC 与 CB 所构成的矩形的二倍，HM 是宽，所以余下的 EL 等于 AB 上的正方形【命题 2.7】，所以 AB 是 EL 的边。在与 EF 重合的线段上，作 EI 等于 AD 和 DB 上的正方形的和，EN 是宽。EL 等于 AB 上的正方形，所以余下的 HI 等于 AD 与 DB 所构成的矩形的二倍【命题 2.7】。又因为 AC 和 CB 是中项线段，所以 AC 和 CB 上的正方形都是中项面，且它们的和等于 EG，所以 EG 是中项面【命题 10.15、10.23 推论】。又，它与有理线段 EF 重合，EM 是宽，所以 EM 是有理的，且与 EF 是长度不可公度的【命题 10.22】。又因为 AC 与 CB 所构成的矩形是中项面，所以 AC 与 CB 所构成的矩形的二倍也是中项面【命题 10.23 推论】。它等于 HG。所以，HG 是中项面。

又，它与有理线段 *EF* 重合，*HM* 是宽，所以 *HM* 是有理线段，并且与 *EF* 是长度不可公度的【命题 10.22】。又因为 *AC* 和 *CB* 是仅正方可公度的，所以 *AC* 与 *CB* 是长度不可公度的。*AC* 比 *CB* 等于 *AC* 上的正方形比 *AC* 与 *CB* 所构成的矩形【命题 10.21 推论】，所以 *AC* 上的正方形与 *AC*、*CB* 所构成的矩形是不可公度的【命题 10.11】。但 *AC* 和 *CB* 上的正方形的和与 *AC* 上的正方形是可公度的，且 *AC*、*CB* 所构成的矩形的二倍与 *AC*、*CB* 所构成的矩形是可公度的【命题 10.6】，所以 *AC* 和 *CB* 上的正方形的和与 *AC*、*CB* 所构成的矩形的二倍是不可公度的【命题 10.13】。又，*EG* 等于 *AC* 和 *CB* 上的正方形的和。*GH* 等于 *AC* 与 *CB* 所构成的矩形的二倍，所以 *EG* 与 *HG* 是不可公度的。又，*EG* 比 *HG* 等于 *EM* 比 *HM*【命题 6.1】，所以 *EM* 与 *MH* 是长度不可公度的【命题 10.11】。它们都是有理线段，所以 *EM* 和 *MH* 是仅正方可公度的有理线段。所以，*EH* 是余线【命题 10.73】，且 *HM* 附加于它。相似地，可以证明 *HN* 与 *EN* 是仅正方可公度的，且附加于 *EH*。所以，存在另外的线段附加到余线上，该线段与附加余线后的整条线段是仅正方可公度的。这是不可能的【命题 10.79】。

综上，只有一条中项线段能附加到中项线段的第二余线上，使该中项线段与加上余线后的整条线段是仅正方可公度的，且它们所构成的矩形是中项面。这就是该命题的结论。

命题 82

只有一条线段能附加到一条次要线段上，使该线段与加上次要线段后的整条线段是正方不可公度的，且它们上的正方形的和是有理的，它们所构成的矩形的二倍是中项面。①

　　已知 AB 是次要线段，将 BC 附加到 AB 上，所以线段 AC 和 CB 是正方不可公度的，它们上的正方形的和是有理的，它们所构成的矩形的二倍是中项面【命题 10.76】。可证没有其他的中项线段可以附加到 AB 上，并满足相同的条件。

　　如果可能，设 BD 是附加到 AB 的线段，所以 AD 和 DB 是正方不可公度的，并满足上述条件【命题 10.76】。因为 AD 和 DB 上的正方形的和与 AC 和 CB 上的正方形的和的差等于 AD、DB 所构成的矩形的二倍与 AC、CB 所构成的矩形的二倍的差【命题 2.7】。又，AD 和 DB 上的正方形的和与 AC 和 CB 上的正方形的和的差是有理面，因为它们两个都是有理面，所以 AD、DB 所构成的矩形的二倍与 AC、CB 所构成的矩形的二倍的差也是有理面。这是不可能的，因为它们都是中项面【命题 10.26】。

　　综上，只有一条线段能附加到一条次要线段上，使该线段与加上次要线段后的整条线段是正方不可公度的，且它们上的正方形的和是有理的，它们所构成的矩形的二倍是中项面。这就是该命题的结论。

命题 83

　　只有一条线段能附加到一条有理面中项面差的边上，使该线段与整条线段是正方不可公度的，且它们上的正方形的和是中项面，它们所构成的矩形的二倍是有理面。②

---

① 该命题与命题 10.45 是一致的，减号代替了加号。
② 该命题与命题 10.46 是一致的，减号代替了加号。

A   B   C D
|——————|————————|——|

　　已知 AB 是有理面中项面差的边，将 BC 附加到 AB 上。所以，
AC 和 CB 是正方不可公度的，并满足上述条件【命题 10.77】。可
证没有其他线段可以附加到 AB 上，并满足相同条件。

　　如果可能，设 BD 是附加到 AB 的线段，所以 AD 和 DB 是正方
不可公度的，并满足上述条件【命题 10.77】。所以，与前面的命题
类似，因为 AD 和 DB 上的正方形的和与 AC 和 CB 上的正方形的和
的差等于 AD、DB 所构成的矩形的二倍与 AC、CB 所构成的矩形的
二倍的差【命题 2.7】。又，AD、DB 所构成的矩形的二倍与 AC、
CB 所构成的矩形的二倍的差是有理面，因为它们两个都是有理面。
所以，AD 和 DB 上的正方形的和与 AC 和 CB 上的正方形的和也是
有理面。这是不可能的，因为它们都是中项面【命题 10.26】。

　　综上，只有一条线段能附加到一条有理面中项面差的边上，使
该线段与整条线段是正方不可公度的，且它们上的正方形的和是中
项面，它们所构成的矩形的二倍是有理面。这就是该命题的结论。

命题 84

　　只有一条线段能附加到一条两中项面差的边上，使该线段与整
条线段是正方不可公度的，且它们上的正方形的和是中项面，它们
所构成的矩形的二倍也是中项面，并且与它们上的正方形的和是不
可公度的。①

　　已知 AB 是两中项面差的边，将 BC 附加到 AB 上，所以 AC 和
CB 是正方不可公度的，并满足上述条件【命题 10.78】。可证没有

————————————

① 该命题与命题 10.47 是一致的，减号代替了加号。

其他线段可以附加到 AB 上，并满足相同条件。

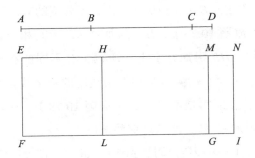

　　如果可能，设 BD 是可以满足上述条件的附加到 AB 的线段，所以 AD 和 DB 是正方不可公度的，且 AD 和 DB 上的正方形的和是中项面，AD、DB 所构成的矩形的二倍是中项面，且与 AD 和 DB 上的正方形的和是不可公度的【命题 10.78】。作有理线段 EF。在与 EF 重合的线段上，作 EG 等于 AC 和 CB 上的正方形的和，EM 是宽。在与 EF 重合的线段上，作 HG 等于 AC 与 CB 所构成的矩形的二倍，HM 是宽，所以余下的 AB 上的正方形等于 EL【命题 2.7】，所以 AB 是与 EL 相等的正方形的边。在与 EF 重合的线段上，作 EI 等于 AD 和 DB 上的正方形的和，EN 是宽。又，AB 上的正方形等于 EL，所以余下的 AD 与 DB 所构成的矩形的二倍等于 HI【命题 2.7】。因为 AC 和 CB 上的正方形的和是中项面，且等于 EG，所以 EG 是中项面。它与有理线段 EF 重合，EM 是宽，所以 EM 是有理线段，且与 EF 是长度不可公度的【命题 10.22】。又因为 AC 与 CB 所构成的矩形的二倍是中项面，且等于 HG，所以 HG 是中项面。又因为它与有理线段 EF 重合，HM 是宽，所以 HM 是有理线段，且与 EF 是长度不可公度的【命题 10.22】。又因为 AC 和 CB 上的正方形的和与 AC、CB 所构成的矩形的二倍是不可公度的，所以 EG 与 HG 是不可公度的。所以，*EM* 与 *MH* 是长度不可公度的【命题 6.1、10.11】。它们都是有理线段。所以，*EM* 和 *MH* 是仅正方可公度的有理线段。所以，*EH* 是余线【命题 10.73】，*HM* 附加在 *EH* 上。相似地，可以证明 *EH* 是余线，*HN* 附加在它上。所以，有不同的有理线段可以附加到余线上，使它们各自与加上余线后的整条线段是仅正方可公度的。这已经证明是不可能的【命题 10.79】。所以，没有其他线段可以附加到 *AB*，并满足那些条件。

综上，只有一条线段能附加到线段 *AB* 上，使该线段与加上 *AB* 后的整条线段是正方不可公度的，且它们上的正方形的和是中项面，它们所构成的矩形的二倍也是中项面，并且与它们上的正方形的和是不可公度的。这就是该命题的结论。

定义 Ⅲ

11. 给定一条有理线段和一条余线，如果将两条线段作为整体，整条线段上的正方形与附加到余线上的一条线段上的正方形的差，是与作为整体的线段长度可公度的某条线段上的正方形，并且整条线段与给定的有理线段是长度可公度的，那么该余线就被称作第一余线。

12. 如果附加的线段与之前给定的有理线段是长度可公度的，且整条线段上的正方形与附加线段上的正方形的差是与整条线段长度可公度的某条线段上的正方形，那么该余线就被称为第二余线。

13. 如果整条线段和附加的线段都不与给定的有理线段是长度可公度的，且整条线段上的正方形与附加线段上的正方形的差是与整体线段长度可公度的某线段上的正方形，那么该余线被称为第三余线。

14. 如果整条线段上的正方形与附加线段上的正方形的差是与

整条线段长度不可公度的某条线段上的正方形，且整条线段与给定
的有理线段是长度可公度的，那么该余线被称为第四余线。

15. 如果附加的线段与给定有理线段是长度可公度的，那么该余
线被称作第五余线。

16. 如果整条线段和附加线段都与有理线段是长度不可公度的，
那么该余线被称作第六余线。

命题 85

求第一余线。

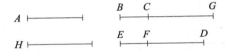

　　作有理线段 A。设 BG 与 A 是长度可公度的，所以 BG 也是有
理线段。设有两个平方数 DE 和 EF，且它们的差 FD 不是平方数
【命题 10.28 引理 I 】，所以 ED 比 DF 不等于一个平方数比一个
平方数。使 ED 比 DF 等于 BG 上的正方形比 GC 上的正方形【命
题 10.6 推论】，所以 BG 上的正方形与 GC 上的正方形是可公度
的【命题 10.6 】。又，BG 上的正方形是有理面，所以 GC 上的正
方形也是有理的，所以 GC 是有理的。又因为 ED 比 DF 不等于一
个平方数比一个平方数，所以 BG 上的正方形比 GC 上的正方形不
等于一个平方数比一个平方数。所以，BG 与 GC 是长度不可公度
的【命题 10.9 】，因为它们都是有理线段。所以，BG 和 GC 是仅
正方可公度的有理线段。所以，BC 是余线【命题 10.73 】。可以
证明它是一条第一余线。

　　设 H 上的正方形是 BG 上的正方形与 GC 上的正方形的差【命
题 10.13 引理 】。因为 ED 比 FD 等于 BG 上的正方形比 GC 上的正

方形，所以其换比例为，DE 比 EF 等于 GB 上的正方形比 H 上的正方形【命题 5.19 推论】。又，DE 比 EF 等于一个平方数比一个平方数，因为它们都是平方数，所以 GB 上的正方形比 H 上的正方形等于一个平方数比一个平方数。所以，BG 与 H 是长度可公度的【命题 10.9】。又，BG 上的正方形与 GC 上的正方形的差是 H 上的正方形，所以 BG 上的正方形与 GC 上的正方形的差是与 BG 长度可公度的一条线段上的正方形。整个 BG 与已知的有理线段 A 是长度可公度的。所以，BC 是一条第一余线【定义 10.11】。

所以，已作出第一余线 BC。这就是该命题的结论。

命题 86

求第二余线。

设 A 是有理线段，作 GC 与 A 是长度可公度的，所以 GC 是有理线段。设 DE 和 EF 是两个平方数，且它们的差 DF 不是平方数【命题 10.28 引理 I】。使 FD 比 DE 等于 CG 上的正方形比 GB 上的正方形【命题 10.6 推论】。所以，CG 上的正方形与 GB 上的正方形是可公度的【命题 10.6】。所以，CG 上的正方形是有理的。所以，GB 上的正方形也是有理的。所以，BG 是有理线段。又因为 GC 上的正方形比 GB 上的正方形不等于一个平方数比一个平方数，所以 CG 与 GB 是长度不可公度的【命题 10.9】。它们都是有理线段，所以 CG 和 GB 是仅正方可公度的有理线段。所以，BC 是余线【命题 10.73】。可以证明它是一条第二余线。

设 H 上的正方形是 BG 上的正方形与 GC 上的正方形的差【命

题 10.13 引理】。因为 BG 上的正方形比 GC 上的正方形等于数 ED 比 DF，所以其换比例为，BG 上的正方形比 H 上的正方形等于 DE 比 EF【命题 5.19 推论】。DE 和 EF 是都是平方数，所以 BG 上的正方形比 H 上的正方形是一个平方数比一个平方数。所以，BG 与 H 是长度可公度的【命题 10.9】。又，BG 上的正方形与 GC 上的正方形的差是 H 上的正方形，所以 BG 上的正方形与 GC 上的正方形的差是与 BG 长度可公度的某条线段上的正方形。附加的 CG 与之前的有理线段 A 是长度可公度的。所以，BC 是一条第二余线【定义 10.12】。[①]

所以，已作出第二余线 BC。这就是该命题的结论。

命题 87

求第三余线。

设 A 是有理线段，数 E、BC 和 CD 两两之比都不等于一个平方数比一个平方数，CB 比 BD 等于一个平方数比一个平方数。使 E 比 BC 等于 A 上的正方形比 FG 上的正方形，且 BC 比 CD 等于 FG 上的正方形比 GH 上的正方形【命题 10.6 推论】。因为 E 比 BC 等于 A 上的正方形比 FG 上的正方形，所以 A 上的正方形与 FG 上的正方形是可公度的【命题 10.6】。又，A 上的正方形是有理的，所以

---

① 见命题 10.49 脚注。

FG 上的正方形也是有理的，所以 FG 是有理线段。因为 E 比 BC 不等于一个平方数比一个平方数，所以 A 上的正方形比 FG 上的正方形不等于一个平方数比一个平方数。所以，A 与 FG 是长度不可公度的【命题 10.9】。又因为 BC 比 CD 等于 FG 上的正方形比 GH 上的正方形，所以 FG 上的正方形与 GH 上的正方形是可公度的【命题 10.6】。FG 上的正方形是有理的，所以 GH 上的正方形也是有理的，所以 GH 是有理线段。又因为 BC 比 CD 不等于一个平方数比一个平方数，所以 FG 上的正方形比 GH 上的正方形不等于一个平方数比一个平方数。所以，FG 与 GH 是长度不可公度的【命题 10.9】。又因为 FG 和 GH 都是有理线段，所以 FG 和 GH 是仅正方可公度的有理线段。所以，FH 是余线【命题 10.73】。可以证明它是一条第三余线。

因为 E 比 BC 等于 A 上的正方形比 FG 上的正方形，且 BC 比 CD 等于 FG 上的正方形比 HG 上的正方形，所以其首末比例为，E 比 CD 等于 A 上的正方形比 HG 上的正方形【命题 5.22】。E 比 CD 不等于一个平方数比一个平方数，所以 A 上的正方形比 GH 上的正方形不等于一个平方数比一个平方数。所以，A 与 GH 是长度不可公度的。【命题 10.9】。所以，FG 和 GH 都与之前的有理线段 A 是长度不可公度的。设 K 上的正方形是 FG 上的正方形与 GH 上的正方形的差【命题 10.13 引理】。因为 BC 比 CD 等于 FG 上的正方形比 GH 上的正方形，所以其换比例为，BC 比 BD 等于 FG 上的正方形比 K 上的正方形【命题 5.19 推论】。BC 比 BD 等于一个平方数比一个平方数，所以 FG 上的正方形比 K 上的正方形等于一个平方数比一个平方数。所以，FG 与 K 是长度可公度的【命题 10.9】，且 FG 上的正方形与 GH 上的正方形的差是与 FG 长度可公度的某条线段上的正方形。FG 和 GH 都与已知的有理线段 A 是长度不可公度的。所以，*FH* 是一条第三余线【定义 10.13】。

所以，已作出第三余线 *FH*。这就是该命题的结论。

命题 88

求第四余线。

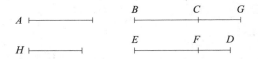

设 *A* 是有理线段，*BG* 与 *A* 是长度可公度的，所以 *BG* 也是有理线段。设数 *DF* 和 *FE* 的和是 *DE*，且 *DE* 与 *DF* 或与 *EF* 的比都不等于一个平方数与一个平方数的比。使 *DE* 比 *EF* 等于 *BG* 上的正方形比 *GC* 上的正方形【命题 10.6 推论】，所以 *BG* 上的正方形与 *GC* 上的正方形是可公度的【命题 10.6】。*BG* 上的正方形是有理的，所以 *GC* 上的正方形是有理的，所以 *GC* 是有理线段。因为 *DE* 比 *EF* 不等于一个平方数比一个平方数，所以 *BG* 上的正方形比 *GC* 上的正方形不等于一个平方数比一个平方数。所以，*BG* 与 *GC* 是长度不可公度的【命题 10.9】。*BG* 和 *GC* 都是有理线段，所以 *BG* 和 *GC* 是仅正方可公度的有理线段。所以，*BC* 是余线【命题 10.73】。可以证明它是一条第四余线。

设 *H* 上的正方形是 *BG* 上的正方形与 *GC* 上的正方形的差【命题 10.13 引理】。因为 *DE* 比 *EF* 等于 *BG* 上的正方形比 *GC* 上的正方形，所以其换比例为，*ED* 比 *DF* 等于 *GB* 上的正方形比 *H* 上的正方形【命题 5.19 推论】。*ED* 比 *DF* 不等于一个平方数比一个平方数，所以 *GB* 上的正方形比 *H* 上的正方形不等于一个平方数比一个平方数。所以，*BG* 与 *H* 是长度不可公度的【命题 10.9】。*BG* 上的正方形与 *GC* 上的正方形的差是 *H* 上的正方形，所以 *BG* 上的正方形与

GC 上的正方形的差是与 BG 长度不可公度的某条线段上的正方形。整个 BG 与已知的有理线段 A 是长度可公度的。所以，BC 是一条第四余线【定义 10.14】。[①]

所以，已作出第四余线。这就该命题的结论。

命题 89
求第五余线。

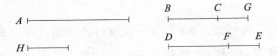

设 A 是有理线段，CG 与 A 是长度可公度的，所以 CG 是有理线段。设数 DF 和 FE 的和是 DE，且 DE 与 DF 或与 FE 的比都不等于一个平方数与一个平方数的比。使 FE 比 ED 等于 CG 上的正方形比 GB 上的正方形。所以，GB 上的正方形是有理的【命题 10.6】。所以，BG 是有理线段。又因为 DE 比 EF 等于 BG 上的正方形比 GC 上的正方形，DE 比 EF 不等于一个平方数比一个平方数，所以 BG 上的正方形比 GC 上的正方形也不等于一个平方数比一个平方数。所以，BG 与 GC 是长度不可公度的【命题 10.9】。又，它们都是有理线段，所以 BG 和 GC 是仅正方可公度的有理线段。所以，BC 是余线【命题 10.73】。可以证明它是第五余线。

设 H 上的正方形是 BG 上的正方形与 GC 上的正方形的差【命题 10.13 引理】。因为 BG 上的正方形比 GC 上的正方形等于 DE 比 EF，所以其换比例为，ED 比 DF 等于 BG 上的正方形比 H 上的正方形【命题 5.19 推论】。又，ED 比 DF 不等于一个平方数比一个

---

① 见命题 10.51 脚注。

416

平方数，所以 BG 上的正方形比 H 上的正方形不等于一个平方数比一个平方数。所以，BG 与 H 是长度不可公度的【命题 10.9】。又，BG 上的正方形与 GC 上的正方形的差是 H 上的正方形，所以 GB 上的正方形与 GC 上的正方形的差是与 GB 长度不可公度的某条线段上的正方形。附加的 CG 与已知的有理线段 A 是长度可公度的。所以，BC 是一条第五余线【定义 10.15】。①

所以，已作出第五余线 BC。这就是该命题的结论。

命题 90

求第六余线。

设 A 是有理线段，数 E、BC 和 CD 两两之比都不等于一个平方数与一个平方数的比，并且 CB 与 BD 的比也不等于一个平方数与一个平方数的比。使 E 比 BC 等于 A 上的正方形比 FG 上的正方形，且 BC 比 CD 等于 FG 上的正方形比 GH 上的正方形【命题 10.6 推论】。

因为 E 比 BC 等于 A 上的正方形比 FG 上的正方形，所以 A 上的正方形与 FG 上的正方形是可公度的【命题 10.6】。A 上的正方形是有理的，所以 FG 上的正方形也是有理的，所以 FG 也是有理线段。又因为 E 比 BC 不等于一个平方数比一个平方数，所以 A 上的正方形比 FG 上的正方形也不等于一个平方数比一个平方数。所

---

① 见命题 10.52 脚注。

以，A 与 FG 是长度不可公度的【命题 10.9】。又因为 BC 比 CD 等于 FG 上的正方形比 GH 上的正方形，所以 FG 上的正方形与 GH 上的正方形是可公度的【命题 10.6】。又，FG 上的正方形是有理的，所以 GH 上的正方形也是有理的，所以 GH 是有理线段。又因为 BC 比 CD 不等于一个平方数比一个平方数，所以 FG 上的正方形比 GH 上的正方形不等于一个平方数比一个平方数。所以，FG 与 GH 是长度不可公度的【命题 10.9】。它们都是有理线段，所以 FG 和 GH 是仅正方可公度的有理线段。所以，FH 是一条余线【命题 10.73】。可以证明它是第六余线。

因为 E 比 BC 等于 A 上的正方形比 FG 上的正方形，且 BC 比 CD 等于 FG 上的正方形比 GH 上的正方形，所以其首末比例为，E 比 CD 等于 A 上的正方形比 GH 上的正方形【命题 5.22】。E 与 CD 的比不等于一个平方数与一个平方数的比，所以 A 上的正方形与 GH 上的正方形的比也不等于一个平方数与一个平方数的比。所以，A 与 GH 是长度不可公度的【命题 10.9】。所以，FG 和 GH 都与有理线段 A 是长度不可公度的。设 K 上的正方形是 FG 上的正方形与 GH 上的正方形的差【命题 10.13 引理】。因为 BC 比 CD 等于 FG 上的正方形比 GH 上的正方形，所以其换比例为，CB 比 BD 等于 FG 上的正方形比 K 上的正方形【命题 5.19 推论】。CB 与 BD 的比不等于一个平方数与一个平方数的比，所以 FG 上的正方形与 K 上的正方形的比也不等于一个平方数与一个平方数的比。所以，FG 与 K 是长度不可公度的【命题 10.9】。FG 上的正方形与 GH 上的正方形的差是 K 上的正方形，所以 FG 上的正方形与 GH 上的正方形的差是与 FG 长度不可公度的某条线段上的正方形。FG 和 GH 都与已知的有理线段 A 是长度不可公度的。所以，FH 是一条第六余线【定义 10.16】。

所以，已作出第六余线 FH。这就是该命题的结论。

命题 91

如果一个矩形由一条有理线段和一条第一余线所构成，那么该矩形的边是一条余线。

已知有理线段 AC 和一条第一余线 AD 所构成的矩形是 AB。可证矩形 AB 的边是余线。

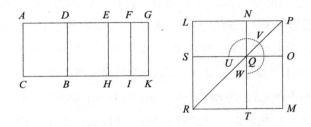

因为 AD 是一条第一余线，设 DG 是它的附加的线段。所以，AG 和 DG 是仅正方可公度的有理线段【命题 10.73】。又，整个 AG 与已知的有理线段 AC 是长度可公度的，且 AG 上的正方形与 GD 上的正方形的差是与 AG 长度可公度的某条线段上的正方形【定义 10.11】，所以与 AG 重合的线段上的矩形等于 DG 上的正方形的四分之一，且该矩形缺少一个正方形，则 AG 被分为长度可公度的两部分【命题 10.17】。设 E 将 DG 平分。在与 AG 重合的线段上作一个缺少一个正方形且等于 EG 上的正方形的矩形。这个矩形是 AF 和 FG 所构成的矩形。所以，AF 与 FG 是长度可公度的。分别过点 E、F、G 作 EH、FI、GK 平行于 AC。

因为 AF 与 FG 是长度可公度的，所以 AG 与 AF 和 FG 都是长度可公度的【命题 10.15】。但 AG 与 AC 是长度可公度的，所以，AF 和 FG 都与 AC 是长度可公度的【命题 10.12】。又，AC 是有理线段，所以 *AF* 和 *FG* 是有理线段。所以，*AI* 和 *FK* 是有理的【命题 10.19】。又因为 *DE* 与 *EG* 是长度可公度的，所以 *DG* 与 *DE* 和 *EG* 都是长度可公度的【命题 10.15】。又 *DG* 是有理的，且与 *AC* 是长度不可公度的，所以 *DE* 和 *EG* 是有理的，且与 *AC* 是长度不可公度的【命题 10.13】。所以，*DH* 和 *EK* 是中项面【命题 10.21】。

作 *LM* 等于 *AI*。从 *LM* 中截取与其有公共角 *LPM* 的正方形 *NO* 等于 *FK*，所以正方形 *LM* 和 *NO* 的对角线在同一直线上。【命题 6.26】。设 *PR* 是它们的对角线，并完成余下的图形。因为 *AF* 和 *FG* 所构成的矩形等于 *EG* 上的正方形，所以 *AF* 比 *EG* 等于 *EG* 比 *FG*【命题 6.17】。但 *AF* 比 *EG* 等于 *AI* 比 *EK*，且 *EG* 比 *FG* 等于 *EK* 比 *KF*【命题 6.1】，所以 *EK* 是 *AI* 和 *KF* 的比例中项【命题 5.11】。如前面所证明的，*MN* 是 *LM* 和 *NO* 的比例中项【命题 10.53 引理】。又，*AI* 等于正方形 *LM*，*KF* 等于 *NO*，所以 *MN* 也等于 *EK*。但 *EK* 等于 *DH*，*MN* 等于 *LO*【命题 1.43】，所以 *DK* 等于折尺形 *UVW* 加上 *NO*。因为 *AK* 也等于正方形 *LM*、*NO* 的和，所以余下的 *AB* 等于 *ST*。*ST* 是 *LN* 上的正方形。所以，*LN* 上的正方形等于 *AB*。所以，*LN* 是 *AB* 的边。可以证明 *LN* 是余线。

因为 *AI* 和 *FK* 是有理面，且分别等于 *LM* 和 *NO*，所以 *LM* 和 *NO*，即 *LP* 和 *PN* 上的正方形，是有理面。所以，*LP* 和 *PN* 是有理线段。又因为 *DH* 是中项面，并等于 *LO*，所以 *LO* 是中项面。因为 *LO* 是中项面，*NO* 是有理面，所以 *LO* 与 *NO* 是不可公度的。且 *LO* 比 *NO* 等于 *LP* 比 *PN*【命题 6.1】。所以，*LP* 与 *PN* 是长度不可公度的【命题 10.11】，且它们是有理线段。所以，*LP* 和 *PN* 是仅正方可公度的有理线段。所以，*LN* 是余线【命题 10.73】。又，它是 *AB* 的边。所以，*AB* 的边是一条余线。

所以，如果一个矩形由一条有理线段和一条第一余线所构成……

命题 92

如果一个矩形由一条有理线段和一条第二余线所构成，那么该矩形的边是中项线段的第一余线。

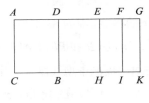 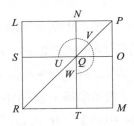

已知矩形 *AB* 是由有理线段 *AC* 和第二余线 *AD* 所构成的。可证矩形 *AB* 的边是中项线段的第一余线。

设 *DG* 是 *AD* 的附加线段，所以 *AG* 和 *GD* 是仅正方可公度的有理线段【命题 10.73】，且附加线段 *DG* 与已知的有理线段 *AC* 是长度可公度的，且整个 *AG* 上的正方形与附加线段 *GD* 上的正方形的差是与 *AG* 长度可公度的某条线段上的正方形【定义 10.12】。因为 *AG* 上的正方形与 *GD* 上的正方形的差是与 *AG* 长度可公度的某条线段上的正方形，所以在与 *AG* 重合的线段上，缺少一个正方形的矩形等于 *GD* 上的正方形的四分之一，那么 *AG* 被分为长度可公度的两段【命题 10.17】。设 *E* 平分 *DG*。在与 *AG* 重合的线段上，作 *AF* 和 *FG* 所构成的缺少一个正方形并等于 *EG* 上的正方形的矩形。所以，*AF* 与 *FG* 是长度可公度的。所以，*AG* 与 *AF* 和 *FG* 都是长度可公度的【命题 10.15】。又，*AG* 是有理线段，且与 *AC* 是长度不可公度的，所以 *AF* 和 *FG* 都与 *AC* 是长度不可公度的有理线段【命题 10.13】。所以，*AI* 和 *FK* 都是中项面【命题 10.21】。又因为 *DE*

和 *EG* 是长度可公度的，所以 *DG* 与 *DE* 和 *EG* 都是长度可公度的【命题 10.15】。但 *DG* 与 *AC* 是长度可公度的，所以 *DE* 和 *EG* 都是有理线段，且与 *AC* 是长度可公度的。所以，*DH* 和 *EK* 是有理的【命题 10.19】。

作正方形 *LM* 等于 *AI*。从 *LM* 中截取与其有公共角 *LPM* 的 *NO* 等于 *FK*。所以，正方形 *LM* 和 *NO* 的对角线在同一直线上【命题 6.26】。设 *PR* 是它们的对角线，并完成余下的图形。因为 *AI* 和 *FK* 是中项面，且分别等于 *LP* 和 *PN* 上的正方形，所以 *LP* 和 *PN* 上的正方形也是中项面。所以，*LP* 和 *PN* 是仅正方可公度的中项线段。① 因为 *AF* 和 *FG* 所构成的矩形等于 *EG* 上的正方形，所以 *AF* 比 *EG* 等于 *EG* 比 *FG*【命题 10.17】。*AF* 比 *EG* 等于 *AI* 比 *EK*，且 *EG* 比 *FG* 等于 *EK* 比 *FK*【命题 6.1】，所以 *EK* 是 *AI* 和 *FK* 的比例中项【命题 5.11】。又，*MN* 是正方形 *LM* 和 *NO* 的比例中项【命题 10.53 引理】，且 *AI* 等于 *LM*，*FK* 等于 *NO*，所以 *MN* 等于 *EK*。但 *DH* 等于 *EK*，*LO* 等于 *MN*【命题 1.43】，所以整个 *DK* 等于折尺形 *UVW* 加上 *NO*。因为整个 *AK* 等于 *LM* 加 *NO*，所以余下的 *AB* 等于 *TS*。又，*TS* 是 *LN* 上的正方形，所以 *LN* 上的正方形等于 *AB*。所以，*LN* 是 *AB* 的边。可以证明 *LN* 是中项线段的第一余线。

因为 *EK* 是有理面，且等于 *LO*，所以 *LO*，即 *LP* 和 *PN* 所构成的矩形，是有理面。又，已经证明 *NO* 是中项面，所以 *LO* 与 *NO* 是不可公度的。又，*LO* 比 *NO* 等于 *LP* 比 *PN*【命题 6.1】，所以 *LP* 和 *PN* 是长度不可公度的【命题 10.11】。所以，*LP* 和 *PN* 是仅正方可公度的中项线段，且它们所构成的矩形是有理的。所以，*LN* 是一条中项线段的第一余线【命题 10.74】，且它是 *AB* 的边。

---

① 这个证明过程有一个错误。这里应该说 *LP* 和 *PN* 是正方可公度的，而不是仅正方可公度的，因为 *LP* 和 *PN* 在后面只被证明是长度不可公度的。

所以，矩形 *AB* 的边是一条中项线段的第一余线。这就是该命题的结论。

命题 93

如果一个矩形由一条有理线段和一条第三余线所构成，那么该矩形的边是一条中项线段的第二余线。

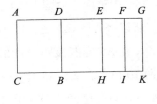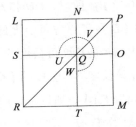

已知有理线段 *AC* 和第三余线 *AD* 所构成的矩形是 *AB*。可证矩形 *AB* 的边是一条中项线段的第二余线。

设 *DG* 是 *AD* 的附加线段，所以 *AG* 和 *GD* 是仅正方可公度的有理线段【命题 10.73】，且 *AG* 和 *GD* 都与已知的有理线段 *AC* 是长度不可公度的，整个 *AG* 上的正方形与附加线段 *DG* 上的正方形的差是与 *AG* 长度可公度的某条线段上的正方形【定义 10.13】。因为 *AG* 上的正方形与 *GD* 上的正方形的差是与 *AG* 长度可公度的某条线段上的正方形，所以如果与 *AG* 重合的线段上的缺一个正方形的矩形等于 *DG* 上的正方形的四分之一，那么 *AG* 被分为长度可公度的两部分【命题 10.17】。所以，设 *E* 平分 *DG*。设在与 *AG* 重合的线段上有一个等于 *EG* 上的正方形且缺少一个正方形的矩形，设这个矩形是由 *AF* 和 *FG* 构成的。分别过 *E*、*F* 和 *G* 点作 *EH*、*FI* 和 *GK* 与 *AC* 平行，所以 *AF*、*FG* 是长度可公度的，*AI* 与 *FK* 也是可公度的【命题 6.1，10.11】。因为 *AF* 和 *FG* 是长度可公度的，所以

AG 与 AF 和 FG 都是长度可公度的【命题 10.15】。又，AG 是有理
线段，且与 AC 是长度不可公度的，所以 AF 和 FG 也是与 AC 长度
不可公度的有理线段【命题 10.13】。所以，AI 和 FK 都是中项面【命
题 10.21】。又因为 DE 与 EG 是长度可公度的，DG 与 DE、EG 都
是长度可公度的【命题 10.15】，GD 是有理的，且与 AC 是长度不
可公度的，所以 DE 和 EG 也是有理的，且与 AC 是长度不可公度的
【命题 10.13】。所以，DH 和 EK 都是中项面【命题 10.21】。又因
为 AG 和 GD 是仅正方可公度的，所以 AG 与 GD 是长度不可公度
的。AG 与 AF 是长度可公度的，DG 和 EG 是长度可公度的，所以
AF 与 EG 是长度不可公度的【命题 10.13】。又，AF 比 EG 等于 AI
比 EK【命题 6.1】，所以 AI 与 EK 是不可公度的【命题 10.11】。

作 LM 等于 AI，从 LM 中截取 NO 等于 FK，且它们有相同的
角 LPM，所以 LM 和 NO 的对角线在同一直线上【命题 6.26】。
设 PR 是它们的对角线，完成余下的图。因为 AF 和 FG 所构成的
矩形等于 EG 上的正方形，所以 AF 比 EG 等于 EG 比 FG【命题 6.17】。
但 AF 比 EG 等于 AI 比 EK【命题 6.1】，且 EG 比 FG 等于 EK 比
FK【命题 6.1】，所以 AI 比 EK 等于 EK 比 FK【命题 5.11】。所以，
EK 是 AI 和 FK 的比例中项。MN 是正方形 LM 和 NO 的比例中项
【命题 10.53 引理】，且 AI 等于 LM，FK 等于 NO，所以 EK 等于
MN。但 MN 等于 LO，EK 等于 DH【命题 1.43】，所以整个 DK
等于折尺形 UVW 加 NO。又，AK 等于 LM 加 NO，所以余下的 AB
等于 ST，即等于 LN 上的正方形。所以，LN 是 AB 的边。可以证
明 LN 是一条中项线段的第二余线。

因为已经证明 AI 和 FK 是中项面，且分别等于 LP 和 PN 上的
正方形，所以 LP 和 PN 上的正方形都是中项面。所以，LP 和 PN
是中项线段。又因为 AI 与 FK 是可公度的【命题 6.1、10.11】，所

以 *LP* 上的正方形与 *PN* 上的正方形是可公度的。又因为已经证明 *AI* 与 *EK* 是不可公度的，所以 *LM* 与 *MN* 不可公度，即 *LP* 上的正方形与 *LP*、*PN* 所构成的矩形不可公度。所以，*LP* 与 *PN* 是长度不可公度的【命题 6.1、10.11】。所以，*LP* 与 *PN* 是仅正方可公度的中项线段。可以证明它们所构成的面是中项面。

因为已经证明 *EK* 是中项面，且等于 *LP*、*PN* 所构成的矩形，所以 *LP*、*PN* 所构成的矩形是中项面。所以，*LP* 和 *PN* 是仅正方可公度的中项线段，且它们所构成的矩形是中项面。所以，*LN* 是一条中项线段的第二余线【命题 10.75】，且它是矩形 *AB* 的边。

所以，*AB* 的边是一条中项线段的第二余线。这就是该命题的结论。

命题 94

如果一个矩形由一条有理线段和一条第四余线所构成，那么该矩形的边是次要线段。

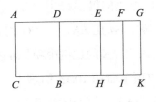
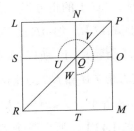

已知有理线段 *AC* 和第四余线 *AD* 所构成的矩形是 *AB*。可证 *AB* 的边是次要线段。

设 *DG* 是 *AD* 的附加线段。所以，*AG* 和 *DG* 是仅正方可公度的有理线段【命题 10.73】。*AG* 与已知的有理线段 *AC* 是长度可公度的，且整个 *AG* 上的正方形与附加线段 *DG* 上的正方形的差是与 *AG* 长度不可公度的某条线段上的正方形【定义 10.14】。因为 *AG* 上的正方形与 *GD* 上的正方形的差是与 *AG* 长度不可公度的某条线段上的正方形，所以如果在与 *AG* 重合的线段上，有一个缺少一个正方形的矩形等于 *DG* 上的正方形的四分之一，那么 *AG* 被分为长度不可公度的两部分【命题 10.18】。设 *E* 平分 *DG*。在与 *AG* 重合的线段上作一个缺少正方形并等于 *EG* 上的正方形的矩形，设该矩形为 *AF* 和 *FG* 所构成的矩形，所以 *AF* 与 *FG* 是长度不可公度的。分别过点 *E*、*F* 和 *G* 作 *EH*、*FI* 和 *GK* 与 *AC* 和 *BD* 平行。因为 *AG* 是有理线段，且与 *AC* 是长度可公度的，所以整个 *AK* 是有理的【命题 10.19】。又因为 *DG* 与 *AC* 是长度不可公度的，且它们都是有理线段，所以 *DK* 是中项面【命题 10.21】。又因为 *AF* 与 *FG* 是长度不可公度的，所以 *AI* 与 *FK* 是不可公度的【命题 6.1、10.11】。

作 *LM* 等于 *AI*，从 *LM* 中截取与其有公共角 *LPM* 的 *NO* 等于 *FK*，所以正方形 *LM* 和 *NO* 的对角线在同一直线上【命题 6.26】。设 *PR* 是它们的对角线，并完成余下的作图。因为 *AF* 和 *FG* 所构成的矩形等于 *EG* 上的正方形，所以由比例得，*AF* 比 *EG* 等于 *EG* 比 *FG*【命题 6.17】。但 *AF* 比 *EG* 等于 *AI* 比 *EK*，且 *EG* 比 *FG* 等于 *EK* 比 *FK*【命题 6.1】，所以 *EK* 是 *AI* 和 *FK* 的比例中项【命题 5.11】。*MN* 是正方形 *LM* 和 *NO* 的比例中项【命题 10.13 引理】，且 *AI* 等于 *LM*，*FK* 等于 *NO*，所以 *EK* 等于 *MN*。但 *DH* 等于 *EK*，*LO* 等于 *MN*【命题 1.43】，所以整个 *DK* 等于折尺形 *UVW* 加 *NO*。因为整个 *AK* 等于正方形 *LM* 与 *NO* 的和，其中 *DK* 等于折尺形 *UVW* 与正方形 *NO* 的和，所以余下的 *AB* 等于 *ST*，即等于 *LN* 上的正方形。所以，*LN* 是 *AB* 的边。可以证明 *LN* 是称为次要线段的无理线段。

因为 *AK* 是有理的，且等于正方形 *LP* 和 *PN* 的和，所以 *LP* 上的正方形与 *PN* 上的正方形的和是有理的。又因为 *DK* 是中项面，

且 *DK* 等于 *LP* 和 *PN* 所构成的矩形的二倍，所以 *LP* 和 *PN* 所构成
矩形的二倍是中项面。又因为已经证明 *AI* 与 *FK* 是不可公度的，所
以 *LP* 上的正方形与 *PN* 上的正方形是不可公度的。所以，*LP* 和 *PN*
是正方不可公度的线段，且它们上的正方形的和是有理的，它们所
构成的矩形的二倍是中项面。所以，*LN* 是称为次要线段的无理线段
【命题 10.76】，且它是 *AB* 的边。

所以，*AB* 的边是次要线段，这就是该命题的结论。

命题 95

如果一个矩形由一条有理线段和一条第五余线所构成，那么该
矩形的边是一个有理面中项面差的边。

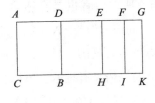 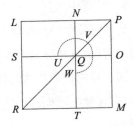

已知有理线段 *AC* 与第五余线 *AD* 所构成的矩形是 *AB*。可证矩
形 *AB* 的边是有理面中项面差的边。

设 *DG* 是 *AD* 的附加线段。所以，*AG* 和 *DG* 是仅正方可公度的
有理线段【命题 10.73】，附加线段 *GD* 与已知的有理线段 *AC* 是长
度可公度的，且整个 *AG* 上的正方形与附加线段 *DG* 上的正方形的
差是与 *AG* 长度不可公度的某条线段上的正方形【定义 10.15】。所以，
如果在与 *AG* 重合的线段上，有一个缺少一个正方形的矩形等于 *DG*
上的正方形的四分之一，那么 *AG* 被分为长度不可公度的两部分【命
题 10.18】。设点 *E* 平分 *DG*，且在与 *AG* 重合的线段上有一个缺少

一个正方形的矩形等于 EG 上的正方形，设该矩形是 AF 与 FG 构成的矩形。所以，AF 和 FG 是长度不可公度的。因为 AG 与 CA 是长度不可公度的，且它们都是有理线段，所以 AK 是中项面【命题 10.21】。又因为 DG 是有理线段，且与 AC 是长度可公度的，所以 DK 是有理的【命题 10.19】。

作正方形 LM 等于 AI，从 LM 中截取 NO 等于 FK，角 LPM 是公共角，所以正方形 LM 和 NO 的对角线在同一条直线上【命题 6.26】。设 PR 是它们的对角线，并完成其余的作图。与前面命题相似，可以证明 LN 是矩形 AB 的边。可以证明 LN 是有理面中项面差的边。

因为已经证明 AK 是中项面，并且等于 LP 和 PN 上的正方形和，所以 LP 与 PN 上的正方形的和是中项面。又因为 DK 是有理面，且等于 LP 与 PN 所构成矩形的二倍，所以后者也是有理的。又因为 AI 与 FK 是不可公度的，所以 LP 上的正方形与 PN 上的正方形是不可公度的。所以，LP 与 PN 是正方不可公度的，且它们上的正方形和是中项面，且它们所构成的矩形的二倍是有理的。所以，余下的 LN 是称为有理面中项面差的边的无理线段【命题 10.77】，且它是矩形 AB 的边。

所以，矩形 AB 的边是一个有理面中项面差的边。这就是该命题的结论。

命题 96

如果一个矩形由一条有理线段和一条第六余线所构成，那么该矩形的边是两中项面差的边。

已知有理线段 AC 与第六余线 AD 所构成的矩形是 AB。可证矩形 AB 的边是两中项面差的边。

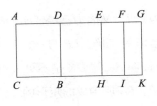
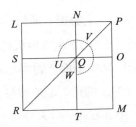

　　设 *DG* 是 *AD* 的附加线段。所以，*AG* 和 *GD* 是仅正方可公度的有理线段【命题 10.73】，且它们都与已知的有理线段 *AC* 是长度不可公度的，整个线段 *AG* 上的正方形与附加线段 *DG* 上的正方形的差是与 *AG* 长度不可公度的某线段上的正方形【定义 10.16】。因为 *AG* 上的正方形与 *GD* 上的正方形的差是与 *AG* 长度不可公度的某条线段上的正方形，所以如果在与 *AG* 重合的线段上，有一个缺少正方形的矩形等于 *DG* 上的正方形的四分之一，那么 *AG* 被分为长度不可公度的两部分【命题 10.18】。设点 *E* 平分 *DG*。设在与 *AG* 重合的线段上，有一个缺少正方形的矩形等于 *EG* 上的正方形。设该矩形为 *AF* 与 *FG* 所构成的矩形，所以 *AF* 与 *FG* 是长度不可公度的。*AF* 比 *FG* 等于 *AI* 比 *FK*【命题 6.1】，所以 *AI* 与 *FK* 是不可公度的【命题 10.11】。又因为 *AG* 和 *AC* 是仅正方可公度的有理线段，*AK* 是中项面【命题 10.21】。*AC* 和 *DG* 是长度不可公度的有理线段，*DK* 也是中项面【命题 10.21】。*AG* 和 *GD* 是仅正方可公度的，所以 *AG* 与 *GD* 是长度不可公度的。*AG* 比 *GD* 等于 *AK* 比 *KD*【命题 6.1】。所以，*AK* 与 *KD* 是不可公度的【命题 10.11】。

　　设正方形 *LM* 等于 *AI*，从 *LM* 中截取 *NO* 等于 *FK*，所以正方形 *LM* 和 *NO* 的对角线在同一条直线上【命题 6.26】。设 *PR* 是它们的对角线，完成余下的作图，所以与上面类似，可以证明 *LN* 是矩形 *AB* 的边，可以证明 *LN* 是两中项面差的边。

　　因为已经证明 *AK* 是中项面，且等于 *LP* 和 *PN* 上的正方形的和，

所以 *LP* 和 *PN* 上的正方形和是中项面。又因为已经证明 *DK* 是中项面，且等于 *LP* 与 *PN* 所构成的矩形的二倍，*LP* 与 *PN* 所构成的矩形的二倍也是中项面。因为已经证明 *AK* 与 *DK* 是不可公度的，所以 *LP* 与 *PN* 上的正方形的和与 *LP*、*PN* 所构成的矩形的二倍是不可公度的。又因为 *AI* 与 *FK* 是不可公度的，所以 *LP* 上的正方形与 *PN* 上的正方形是不可公度的。所以，*LP* 和 *PN* 是正方不可公度的，且它们上的正方形的和是中项面，它们所构成的矩形的二倍是中项面，并且它们上的正方形的和与它们所构成的矩形的二倍是不可公度的。所以，*LN* 是称为两中项面差的边的无理线段【命题 10.78 】，且它是矩形 *AB* 的边。

所以，矩形 *AB* 的边是两中项面差的边。这就是该命题的结论。

命题 97

在一条与有理线段重合的线段上作一个矩形，使其等于一条余线上的正方形，那么由此产生的宽是第一余线。

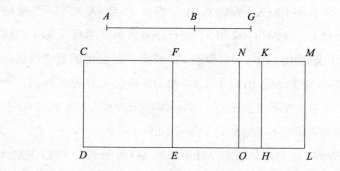

已知 *AB* 是余线，*CD* 是有理线段。设在与 *CD* 重合的线段上，有等于 *AB* 上的正方形的矩形 *CE*，由此产生的宽是 *CF*。可证 *CF* 是一条第一余线。

BG 是 *AB* 的附加线段，所以 *AG* 和 *GB* 是仅正方可公度的有理线

段【命题 10.73】。设在与 CD 重合的线段上，有矩形 CH 等于 AG 上的正方形，作 KL 等于 BG 上的正方形，所以整个 CL 等于 AG 和 GB 上的正方形的和，其中 CE 等于 AB 上的正方形，所以余下的 FL 等于 AG 与 GB 所构成的矩形的二倍【命题 2.7】。设点 N 平分 FM，过 N 作 NO 平行于 CD，所以 FO 和 LN 都等于 AG 与 GB 所构成的矩形。又因为 AG 与 GB 上的正方形的和是有理的，且 DM 等于 AG 和 GB 上的正方形的和，所以 DM 是有理的。它与有理线段 CD 重合，CM 是宽，所以 CM 是有理的，且与 CD 是长度可公度的【命题 10.20】。又因为 AG 与 GB 所构成的矩形的二倍是中项面，且 FL 等于 AG 与 GB 所构成的矩形的二倍，所以 FL 是中项面。它与有理线段 CD 重合，FM 是宽，所以 FM 是有理的，且与 CD 是长度不可公度的【命题 10.22】。因为 AG 和 GB 上的正方形的和是有理的，且 AG 与 GB 所构成的矩形的二倍是中项面，所以 AG 和 GB 上的正方形的和与 AG、GB 所构成的矩形的二倍是不可公度的。CL 等于 AG 和 GB 上的正方形的和，且 FL 等于 AG 与 GB 所构成的矩形的二倍。所以，DM 与 FL 是不可公度的。又，DM 比 FL 等于 CM 比 FM【命题 6.1】，所以 CM 与 FM 是长度不可公度的【命题 10.11】。它们都是有理线段，所以 CM 和 MF 是仅正方可公度的有理线段。所以，CF 是一条余线【命题 10.73】。可以证明它是一条第一余线。

因为 AG 与 GB 所构成的矩形是 AG 和 GB 上的两正方形的比例中项【命题 10.21 引理】，且 CH 等于 AG 上的正方形，KL 等于 BG 上的正方形，NL 等于 AG 与 GB 所构成的矩形，所以，NL 是 CH 和 KL 的比例中项。所以，CH 比 NL 等于 NL 比 KL。但 CH 比 NL 等于 CK 比 NM，且 NL 比 KL 等于 NM 比 KM【命题 6.1】，所以 CK 与 KM 所构成的矩形等于 NM 上的正方形，即 FM 上的正方形的四分之一【命题 6.17】。又因为 AG 上的正方形与 GB 上的正方形是可公度的，

CH 与 *KL* 也是可公度的，*CH* 比 *KL* 等于 *CK* 比 *KM*【命题 6.1】，所以 *CK* 与 *KM* 是长度可公度的【命题 10.11】。因为 *CM* 和 *MF* 是两条不相等的线段，且在与 *CM* 重合的线段上，*CK* 和 *KM* 构成的缺少一个正方形的矩形等于 *FM* 上的正方形的四分之一，且 *CK* 与 *KM* 是长度可公度的，所以 *CM* 上的正方形与 *MF* 上的正方形的差是与 *CM* 长度可公度的某条线段上的正方形【命题 10.17】。*CM* 与已知的有理线段 *CD* 是长度可公度的。所以，*CF* 是一条第一余线【定义 10.11】。

综上，在一条与有理线段重合的线段上作一个矩形，使其等于一条余线上的正方形，那么由此产生的宽是第一余线。这就是该命题的结论。

命题 98

在一条与有理线段重合的线段上作一个矩形，使其等于中项线段的第一余线上的正方形，那么由此产生的宽是第二余线。

已知 *AB* 是一条中项线段的第一余线，且 *CD* 是一条有理线段。设在与 *CD* 重合的线段上，有矩形 *CE* 等于 *AB* 上的正方形，*CF* 是宽。可证 *CF* 是一条第二余线。

设 *BG* 是 *AB* 的附加线段。所以，*AG* 和 *GB* 是仅正方可公度的中项线段，它们所构成的矩形是有理的【命题 10.74】。设在与 *CD* 重合的线段上，有矩形 *CH* 等于 *AG* 上的正方形，*CK* 是宽，且 *KL* 等于 *GB* 上的正方形，*KM* 是宽，所以整个 *CL* 等于 *AG* 和 *GB* 上的正方形的和，所以 *CL* 也是中项面【命题 10.15、10.23 推论】。它与有理线段 *CD* 重合，*CM* 是宽，所以 *CM* 是有理的，且与 *CD* 是长度不可公度的【命题 10.22】。因为 *CL* 等于 *AG* 和 *GB* 上的正方形的和，其中 *AB* 上的正方形等于 *CE*，所以余下的 *AG* 与 *GB* 所构成的矩形的二倍等于 *FL*【命题 2.7】。*AG* 与 *GB* 所构成的矩形的二倍是有理的，所

以 *FL* 是有理的。它与有理线段 *FE* 重合，*FM* 是宽，所以 *FM* 也是有理的，且与 *CD* 是长度可公度的【命题 10.20】。因为 *AG* 和 *GB* 上的正方形和，即 *CL*，是中项面，且 *AG* 与 *GB* 所构成的矩形的二倍，即 *FL*，是有理的，所以 *CL* 与 *FL* 是不可公度的。*CL* 比 *FL* 等于 *CM* 比 *FM*【命题 6.1】，所以 *CM* 与 *FM* 是长度不可公度的【命题 10.11】。它们都是有理线段，所以 *CM* 和 *MF* 是仅正方可公度的有理线段。所以，*CF* 是一条余线【命题 10.73】。可以证明它是一条第二余线。

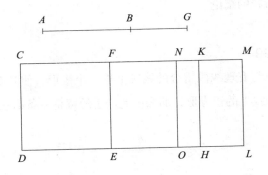

设 *N* 平分 *FM*，过 *N* 作 *NO* 平行于 *CD*，所以 *FO* 和 *NL* 都等于 *AG* 与 *GB* 所构成的矩形。因为 *AG* 与 *GB* 所构成的矩形是 *AG* 和 *GB* 上的两正方形的比例中项【命题 10.21 引理】，且 *AG* 上的正方形等于 *CH*，*AG* 与 *GB* 所构成的矩形等于 *NL*，*BG* 上的正方形等于 *KL*，所以 *NL* 是 *CH* 和 *KL* 的比例中项，所以 *CH* 比 *NL* 等于 *NL* 比 *KL*【命题 5.11】。但 *CH* 比 *NL* 等于 *CK* 比 *NM*，且 *NL* 比 *KL* 等于 *NM* 比 *MK*【命题 6.1】，所以 *CK* 比 *NM* 等于 *NM* 比 *KM*【命题 5.11】。所以，*CK* 与 *KM* 所构成的矩形等于 *NM* 上的正方形【命题 6.17】，即等于 *FM* 上的正方形的四分之一。因为 *AG* 上的正方形与 *BG* 上的正方形是可公度的，*CH* 与 *KL* 是可公度的，即 *CK* 与 *KM* 是可公度的。因为 *CM* 和 *MF* 是两条不相等的线段，且在较大的与 *CM* 重合的线段上，有 CK 与 KM 所构成的缺少一个正方形的矩形等于 MF 上的正方形的四分之一，且 CM 被分为可公度的两段，所以 CM 上的正方形与 MF 上的正方形的差是与 CM 长度可公度的某条线段上的正方形【命题 10.17】。附加线段 FM 与已知有理线段 CD 是长度可公度的。所以，CF 是一条第二余线【定义 10.12】。

综上，在一条与有理线段重合的线段上作一个矩形，使其等于中项线段的第一余线上的正方形，那么由此产生的宽是第二余线。这就是该命题的结论。

命题 99

在一条与有理线段重合的线段上作一个矩形，使其等于中项线段的第二余线上的正方形，那么由此产生的宽是一条第三余线。

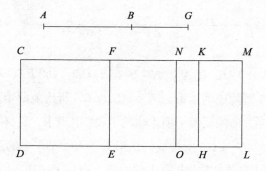

已知 AB 是一条中项线段的第二余线，CD 是有理线段。设在与 CD 重合的线段上，有矩形 CE 等于 AB 上的正方形，CF 是宽。可证 CF 是一条第三余线。

设 BG 是 AB 的附加线段，所以 AG 和 GB 是仅正方可公度的中项线段，且它们所构成的矩形是中项面【命题 10.75】。设在与 CD 重合的线段上，有矩形 CH 等于 AG 上的正方形，CK 是宽。设在与

KH 重合的线段上，有矩形 KL 等于 BG 上的正方形，KM 是宽，所以整个 CL 等于 AG 和 GB 上的正方形的和。所以，CL 是中项面【命题 10.15、10.23 推论】。它与有理线段 CD 重合，CM 是宽，所以 CM 是有理线段，且与 CD 是长度不可公度的【命题 10.22】。又因为整个 CL 等于 AG 和 GB 上的正方形的和，其中 CE 等于 AB 上的正方形，所以余下的 LF 等于 AG 和 GB 所构成的矩形的二倍【命题 2.7】。设点 N 平分 FM，作 NO 平行于 CD，所以 FO 和 NL 都等于 AG 和 GB 所构成的矩形。AG 和 GB 所构成的矩形是中项面，所以 FL 是中项面。它与有理线段 EF 重合，FM 是宽，所以 FM 是有理的，且与 CD 是长度不可公度的【命题 10.22】。因为 AG 和 GB 是仅正方可公度的，所以 AG 与 GB 是长度不可公度的，所以 AG 上的正方形与 AG、GB 所构成的矩形是不可公度的【命题 6.1、10.11】。但 AG 和 GB 上的正方形的和与 AG 上的正方形是可公度的，且 AG 与 GB 所构成的矩形的二倍与 AG、GB 所构成的矩形是可公度的，所以 AG 和 GB 上的正方形的和与 AG、GB 所构成的矩形的二倍是不可公度的【命题 10.13】。但 CL 等于 AG 和 GB 上的正方形的和，且 FL 等于 AG 与 GB 所构成的矩形的二倍，所以 CL 与 FL 是不可公度的。CL 比 FL 等于 CM 比 FM【命题 6.1】。所以，CM 与 FM 是长度不可公度的【命题 10.11】。又，它们都是有理线段，所以，CM 和 MF 是仅正方可公度的有理线段。所以 CF 是一条余线【命题 10.73】。可以证明它是一条第三余线。

因为 AG 上的正方形与 GB 上的正方形是可公度的，所以 CH 与 KL 是可公度的，所以 CK 与 KM 是长度可公度的【命题 6.1、10.11】。因为 AG 与 GB 所构成的矩形是 AG 和 GB 上的两正方形的比例中项【命题 10.21 引理】，且 CH 等于 AG 上的正方形，KL 等于 GB 上的正方形，NL 等于 AG 与 GB 所构成的矩形，所以 NL

也是 *CH* 和 *KL* 的比例中项。所以，*CH* 比 *NL* 等于 *NL* 比 *KL*。但 *CH* 比 *NL* 等于 *CK* 比 *NM*，且 *NL* 比 *KL* 等于 *NM* 比 *KM*【命题 6.1】，所以 *CK* 比 *MN* 等于 *MN* 比 *KM*【命题 5.11】。所以，*CK* 与 *KM* 所构成的矩形等于 *MN* 上的正方形，即等于 *FM* 上的正方形的四分之一【命题 6.17】。因为 *CM* 和 *MF* 是两条不相等的线段，且在与 *CM* 重合的线段上，有某个缺少一个正方形的矩形等于 *FM* 上的正方形的四分之一，且 *CM* 被分为可公度的两段，所以 *CM* 上的正方形与 *MF* 上的正方形的差是与 *CM* 长度可公度的某条线段上的正方形【命题 10.17】。*CM* 和 *MF* 都与已知的有理线段 *CD* 是长度不可公度的。所以，*CF* 是一条第三余线【定义 10.13】。

综上，在一条与有理线段重合的线段上作一个矩形，使其等于中项线段的第二余线上的正方形，那么由此产生的宽是一条第三余线。这就是该命题的结论。

命题 100

在一条与有理线段重合的线段上作一个矩形，使其等于一条次要线段上的正方形，那么由此产生的宽是一条第四余线。

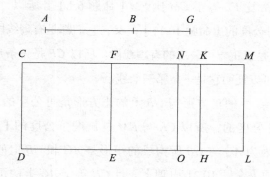

已知 *AB* 是次要线段，*CD* 是有理线段。在与有理线段 *CD* 重合

的线段上，有矩形 *CE* 等于 *AB* 上的正方形，由此产生的宽是 *CF*。可证 *CF* 是一条第四余线。

　　设 *BG* 是 *AB* 的附加线段，所以 *AG* 和 *GB* 是正方不可公度的，且 *AG* 和 *GB* 上的正方形的和是有理的，*AG* 与 *GB* 所构成的矩形的二倍是中项面【命题 10.76】。在与 *CD* 重合的线段上，作 *CH* 等于 *AG* 上的正方形，*CK* 是宽；*KL* 等于 *BG* 上的正方形，*KM* 是宽；所以整个 *CL* 等于 *AG* 和 *GB* 上的正方形和。*AG* 和 *GB* 上的正方形的和是有理的，所以 *CL* 是有理的。它与有理线段 *CD* 重合，*CM* 是宽，所以 *CM* 是有理的，且与 *CD* 是长度可公度的【命题 10.20】。因为整个 *CL* 等于 *AG* 与 *GB* 上的正方形的和，其中 *CE* 等于 *AB* 上的正方形，所以余下的 *FL* 等于 *AG* 与 *GB* 所构成的矩形的二倍【命题 2.7】。设点 *N* 平分 *FM*，过 *N* 作 *NO* 平行于 *CD*、*ML*，所以矩形 *FO* 和 *NL* 都等于 *AG* 与 *GB* 所构成的矩形。因为 *AG* 与 *GB* 所构成的矩形的二倍是中项面，且等于 *FL*，所以 *FL* 是中项面。它与有理线段 *FE* 重合，*FM* 是宽，所以 *FM* 是与 *CD* 长度不可公度的有理线段【命题 10.22】。因为 *AG* 和 *GB* 上的正方形的和是有理的，且 *AG* 与 *GB* 所构成的矩形的二倍是中项面，所以 *AG* 和 *GB* 上的正方形的和与 *AG*、*GB* 所构成的矩形的二倍是不可公度的。*CL* 等于 *AG* 和 *GB* 上的正方形的和，*FL* 等于 *AG* 与 *GB* 所构成的矩形的二倍，所以 *CL* 与 *FL* 是不可公度的。*CL* 比 *FL* 等于 *CM* 比 *MF*【命题 6.1】，所以 *CM* 与 *MF* 是长度不可公度的【命题 10.11】。它们都是有理线段，所以 *CM* 和 *MF* 是仅正方可公度的有理线段。所以，*CF* 是一条余线【命题 10.73】。可以证明它是一条第四余线。

　　因为 *AG* 和 *GB* 是正方不可公度的，所以 *AG* 上的正方形与 *GB* 上的正方形是不可公度的。*CH* 等于 *AG* 上的正方形，*KL* 等于 *GB* 上的正方形，所以，*CH* 与 *KL* 是不可公度的。*CH* 比 *KL* 等于 *CK*

比 KM【命题 6.1】，所以，CK 与 KM 是长度不可公度的【命题 10.11】。又因为 AG 与 GB 所构成的矩形是 AG 和 GB 上的两正方形的比例中项【命题 10.21 引理】，且 AG 上的正方形等于 CH，GB 上的正方形等于 KL，AG 与 GB 所构成的矩形等于 NL，所以 NL 是 CH 和 KL 的比例中项。所以，CH 比 NL 等于 NL 比 KL。CH 比 NL 等于 CK 比 NM，NL 比 KL 等于 NM 比 KM【命题 6.1】，所以，CK 比 MN 等于 MN 比 KM【命题 5.11】。所以，CK 与 KM 所构成的矩形等于 MN 上的正方形，即等于 FM 上的正方形的四分之一【命题 6.17】。因为 CM 和 MF 是两条不相等的线段，且在与 CM 重合的线段上，有 CK 与 KM 所构成的缺少一个正方形的矩形等于 MF 上的正方形的四分之一，且 CM 被分为不可公度的两段，所以 CM 上的正方形与 MF 上的正方形的差是与 CM 长度不可公度的某条线段上的正方形【命题 10.18】。整个 CM 与已知的有理线段 CD 是长度可公度的。所以，CF 是一条第四余线【定义 10.14】。

综上，一个次要线段上的正方形……

命题 101

在一条与有理线段重合的线段上作一个矩形，使其等于有理面中项面差的边上的正方形，那么由此产生的宽是一条第五余线。

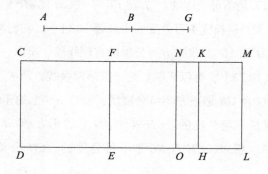

已知 *AB* 是有理面中项面差的边，*CD* 是有理线段。设在与 *CD* 重合的线段上，有矩形 *CE* 等于 *AB* 上的正方形，由此产生的宽是 *CF*。可证 *CF* 是一条第五余线。

设 *BG* 是 *AB* 的附加线段，所以线段 *AG* 和 *GB* 是正方不可公度的，且它们上的正方形的和是中项面，它们所构成的矩形的二倍是有理面【命题 10.77】。设在与 *CD* 重合的线段上，有矩形 *CH* 等于 *AG* 上的正方形，且 *KL* 等于 *GB* 上的正方形，所以整个 *CL* 等于 *AG* 和 *GB* 上的正方形的和。*AG* 和 *GB* 上的正方形的和是中项面，所以 *CL* 是中项面。它与有理线段 *CD* 重合，*CM* 是宽，所以 *CM* 是与 *CD* 长度不可公度的有理线段【命题 10.22】。因为整个 *CL* 等于 *AG* 和 *GB* 上的正方形的和，其中 *CE* 等于 *AB* 上的正方形，所以余下的 *FL* 等于 *AG* 与 *GB* 所构成的矩形的二倍【命题 2.7】。设点 *N* 平分 *FM*。过 *N* 作 *NO* 平行于 *CD*、*ML*，所以 *FO* 和 *NL* 都等于 *AG* 与 *GB* 所构成的矩形。因为 *AG* 与 *GB* 所构成的矩形的二倍是有理的，且等于 *FL*，所以 *FL* 是有理的。它与有理线段 *EF* 重合，*FM* 是宽，所以 *FM* 是与 *CD* 长度可公度的有理线段【命题 10.20】。因为 *CL* 是中项面，*FL* 是有理面，所以 *CL* 与 *FL* 是不可公度的。*CL* 比 *FL* 等于 *CM* 比 *MF*【命题 6.1】，所以 *CM* 与 *MF* 是长度不可公度的【命题 10.11】。它们都是有理的，所以 *CM* 和 *MF* 是仅正方可公度的有理线段。所以，*CF* 是一条余线【命题 10.73】。可以证明它是一条第五余线。

与前面的命题相似，可以证明 *CK*、*KM* 所构成的矩形等于 *NM* 上的正方形，即等于 *FM* 上的正方形的四分之一。又因为 *AG* 上的正方形与 *GB* 上的正方形是不可公度的，且 *AG* 上的正方形等于 *CH*，*GB* 上的正方形等于 *KL*，所以 *CH* 与 *KL* 是不可公度的。*CH* 比 *KL* 等于 *CK* 比 *KM*【命题 6.1】，所以，*CK* 与 *KM* 是长度不可公

度的【命题 10.11】。因为 *CM* 和 *MF* 是两条不相等的线段，且在与
CM 重合的线段上，有缺少一个正方形的矩形等于 *FM* 上的正方形
的四分之一，且 *CM* 被分为不可公度的两段，所以 *CM* 上的正方形
与 *MF* 上的正方形的差是与 *CM* 长度不可公度的某条线段上的正方
形【命题 10.18】。附加线段 *FM* 与已知的有理线段 *CD* 是可公度的。
所以，*CF* 是一条第五余线【定义 10.15】。这就是该命题的结论。

命题 102

在一条与有理线段重合的线段上作一个矩形，使其等于两中项
面差的边上的正方形，那么由此产生的宽是一条第六余线。

已知 *AB* 是两中项面差的边，*CD* 是有理线段。设在与 *CD* 重合
的线段上，有矩形 *CE* 等于 *AB* 上的正方形，由此产生的宽是 *CF*。
可证 *CF* 是一条第六余线。

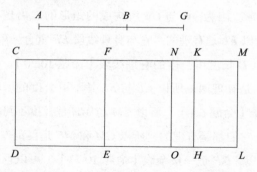

BG 是 *AB* 的附加线段，所以 *AG* 和 *GB* 是正方不可公度的，且
它们上的正方形的和是中项面，*AG* 与 *GB* 所构成的矩形的二倍是中
项面，且 *AG* 和 *GB* 上的正方形的和与 *AG*、*GB* 所构成的矩形的二
倍是不可公度的【命题 10.78】。设在与 *CD* 重合的线段上，有矩形
CH 等于 *AG* 上的正方形，*CK* 是宽，且 *KL* 等于 *BG* 上的正方形，
所以整个 *CL* 等于 *AG* 和 *GB* 上的正方形的和。所以，*CL* 是中项面。

它与有理线段 CD 重合，CM 是宽，所以 CM 是有理的，且与 CD 是长度不可公度的【命题 10.22】。因为 CL 等于 AG 和 GB 上的正方形的和，其中 CE 等于 AB 上的正方形，所以余下的 FL 等于 AG 与 GB 所构成的矩形的二倍【命题 2.7】。AG 与 GB 所构成的矩形的二倍是中项面，所以 FL 是中项面，且它与有理线段 FE 重合，FM 是宽，所以 FM 是与 CD 长度不可公度的有理线段【命题 10.22】。又因为 AG 和 GB 上的正方形的和与 AG、GB 所构成的矩形的二倍是不可公度的，且 CL 等于 AG 和 GB 上的正方形的和，FL 等于 AG 与 GB 所构成的矩形的二倍，所以 CL 与 FL 是不可公度的。CL 比 FL 等于 CM 比 MF【命题 6.1】，所以 CM 与 MF 是长度不可公度的【命题 10.11】。它们都是有理线段，所以 CM 和 MF 是仅正方可公度的有理线段。所以，CF 是一条余线【命题 10.73】。可以证明它是一条第六余线。

因为 FL 等于 AG 与 GB 所构成的矩形的二倍，设 N 平分 FM，过 N 作 NO 平行于 CD，所以 FO 和 NL 都等于 AG 与 GB 所构成的矩形。又因为 AG 和 GB 是正方不可公度的，所以 AG 上的正方形与 GB 上的正方形是不可公度的。但 CH 等于 AG 上的正方形，KL 等于 GB 上的正方形，所以 CH 与 KL 是不可公度的。且 CH 比 KL 等于 CK 比 KM【命题 6.1】，所以 CK 与 KM 是长度不可公度的【命题 10.11】。又因为 AG 与 GB 所构成的矩形是 AG 和 GB 上的两正方形的比例中项【命题 10.21 引理】，且 CH 等于 AG 上的正方形，KL 等于 GB 上的正方形，NL 等于 AG 与 GB 所构成的矩形，所以 NL 是 CH 和 KL 的比例中项。所以，CH 比 NL 等于 NL 比 KL。与前面的命题同理，CM 上的正方形与 MF 上的正方形的差是与 CM 长度不可公度的某条线段上的正方形【命题 10.18】。且它们都与已知的有理线段 CD 是不可公度的。所以，CF 是一条第六余线【定义

【10.16】。这就是该命题的结论。

命题 103

与一条余线是长度可公度的线段是余线，且同级。

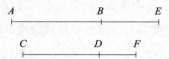

已知 AB 是一条余线，CD 与 AB 是长度可公度的。可证 CD 也是一条余线，且与 AB 是同级的。

因为 AB 是一条余线，设 BE 是它的附加线段，所以 AE 和 EB 是仅正方可公度的有理线段【命题10.73】。使 BE 与 DF 的比等于 AB 与 CD 的比【命题6.12】，所以一个比一个等于所有前项的和比所有后项的和【命题5.12】。所以，整个 AE 比 CF 等于 AB 比 CD。AB 与 CD 是长度可公度的，所以 AE 与 CF 是长度可公度的，且 BE 与 DF 是长度可公度的【命题10.11】。AE 和 BE 是仅正方可公度的有理线段，所以 CF 和 FD 是仅正方可公度的有理线段【命题10.13】。所以，CD 是余线。可以证明它与 AB 是同级的。

因为 AE 比 CF 等于 BE 比 DF，所以由其更比例得，AE 比 EB 等于 CF 比 FD【命题5.16】。所以，AE 上的正方形与 EB 上的正方形的差是与 AE 或者长度可公度或者长度不可公度的某条线段上的正方形。所以，如果 AE 上的正方形与 EB 上的正方形的差是与 AE 长度可公度的某条线段上的正方形，那么 CF 上的正方形与 FD 上的正方形的差是与 CF 长度可公度的某条线段上的正方形【命题10.14】。如果 AE 与已知的有理线段长度可公度，那么 CF 也与该有理线段是长度可公度的【命题10.12】；如果 BE 与已知的有理线段可公度，那么 DF 也与该有理线段可公度；且如果 AE 和 EB 都与已知的有理线段不可公度，那么 *CF* 和 *FD* 也都与该有理线段不可公度【命题 10.13】。如果 *AE* 上的正方形与 *EB* 上的正方形的差是与 *AE* 长度不可公度的某条线段上的正方形，那么 *CF* 上的正方形与 *FD* 上的正方形的差是与 *CF* 长度不可公度的某条线段上的正方形【命题 10.14】。如果 *AE* 与已知的有理线段是长度可公度的，那么 *CF* 也与该有理线段是可公度的【命题 10.12】；如果 *BE* 与已知的有理线段是可公度的，那么 *DF* 也与该有理线段是可公度的；如果 *AE* 和 *EB* 与已知的有理线段是不可公度的，那么 *CF* 和 *FD* 也与该有理线段是不可公度的【命题 10.13】。

所以，*CD* 是一条余线，并与 *AB* 同级【定义 10.11—10.16】。这就是该命题的结论。

命题 104

与一条中项线段的余线是长度可公度的线段，也是一条中项线段的余线，且它们同级。

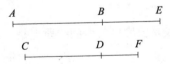

已知 *AB* 是一条中项线段的余线，且 *CD* 与 *AB* 是长度可公度的。可证 *CD* 也是一条中项线段的余线，且它与 *AB* 同级。

因为 *AB* 是一条中项线段的余线，设 *EB* 是它的附加线段，所以 *AE* 和 *EB* 是仅正方可公度的中项线段【命题 10.74、10.75】。使 *AB* 比 *CD* 等于 *BE* 比 *DF*【命题 6.12】，所以 *AE* 与 *CF* 是长度可公度的，且 *BE* 与 *DF* 是长度可公度的【命题 5.12、10.11】。又，*AE* 和 *EB* 是仅正方可公度的中项线段，所以 *CF* 和 *FD* 也是仅正方可公度的中项线段【命题 10.23、10.13】。所以，*CD* 是一条中项线段的余线【命题 10.74、10.75】。可以证明它与 *AB* 同级。

因为 *AE* 比 *EB* 等于 *CF* 比 *FD*【命题 5.12、5.16】，但 *AE* 比 *EB* 等于 *AE* 上的正方形比 *AE* 与 *EB* 所构成的矩形，所以 *CF* 比 *FD* 等于 *CF* 上的正方形比 *CF* 与 *FD* 所构成的矩形，所以 *AE* 上的正方形比 *AE* 与 *EB* 所构成的矩形等于 *CF* 上的正方形比 *CF* 与 *FD* 所构成的矩形【命题 10.21 引理】，其更比例为，*AE* 上的正方形比 *CF* 上的正方形等于 *AE* 与 *EB* 所构成的矩形比 *CF* 与 *FD* 所构成的矩形。*AE* 上的正方形与 *CF* 上的正方形是可公度的。*AE*、*EB* 所构成的矩形与 *CF*、*FD* 所构成的矩形也是可公度的【命题 5.16、10.11】。如果 *AE* 与 *EB* 所构成的矩形是有理的，则 *CF* 和 *FD* 所构成的矩形也是有理的【定义 10.4】；如果 *AE* 与 *EB* 所构成的矩形是中项面，则 *CF* 与 *FD* 所构成的矩形是中项面【命题 10.23 推论】。

所以，*CD* 是一条中项线段的余线，且与 *AB* 是同级【命题 10.74、10.75】。这就是该命题的结论。

命题 105

与一条次要线段是长度可公度的线段也是一条次要线段。

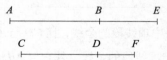

已知 *AB* 是一条次要线段，*CD* 与 *AB* 是长度可公度的。可证 *CD* 也是一条次要线段。

作与前面的命题一样的图。因为 *AE* 和 *EB* 是正方不可公度的【命题 10.76】，所以 *CF* 和 *FD* 也是正方不可公度的【命题 10.13】。因为 *AE* 比 *EB* 等于 *CF* 比 *FD*【命题 5.12、5.16】，所以 *AE* 上的正方形比 *EB* 上的正方形等于 *CF* 上的正方形比 *FD* 上的正方形【命题

6.22】。所以，其合比例为，*AE* 和 *EB* 上的正方形的和比 *EB* 上的正方形等于 *CF* 和 *FD* 上的正方形的和比 *FD* 上的正方形【命题5.18】。*BE* 上的正方形与 *DF* 上的正方形是可公度的【命题10.104】，所以 *AE* 和 *EB* 上的正方形的和与 *CF* 和 *FD* 上的正方形的和是可公度的【命题5.16、10.11】。又，*AE* 和 *EB* 上的正方形的和是有理的【命题10.76】，所以 *CF* 和 *FD* 上的正方形的和也是有理的【定义10.4】。又因为 *AE* 上的正方形比 *AE* 与 *EB* 所构成的矩形等于 *CF* 上的正方形比 *CF* 与 *FD* 所构成的矩形【命题10.21 引理】，且 *AE* 上的正方形与 *CF* 上的正方形是可公度的，所以 *AE*、*EB* 所构成的矩形与 *CF*、*FD* 所构成的矩形是可公度的。又，*AE* 与 *EB* 所构成的矩形是中项面【命题10.76】，所以 *CF* 与 *FD* 所构成的矩形是中项面【命题10.23 推论】。所以，*CF* 和 *FD* 是正方不可公度的，且它们上的正方形的和是有理的，它们所构成的矩形是中项面。

所以，*CD* 是次要线段【命题10.76】。这就是该命题的结论。

命题 106

与一条有理面中项面差的边长度可公度的线段是有理面中项面差的边。

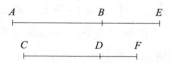

已知 *AB* 是有理面中项面差的边，*CD* 与 *AB* 是长度可公度的。可证 *CD* 也是有理面中项面差的边。

设 *BE* 是 *AB* 的附加线段，所以 *AE* 和 *EB* 是正方不可公度的线段，且 *AE* 与 *EB* 上的正方形的和是中项面，它们所构成的矩形是有理的【命题10.77】。作与前面的命题一样的图，所以与前面的命题相似，

可以证明 CF 和 FD 的比等于 AE 与 EB 的比，且 AE 与 EB 上的正方形的和与 CF 和 FD 上的正方形的和是可公度的，且 AE、EB 所构成的矩形与 CF、FD 所构成的矩形也是可公度的；所以，CF 和 FD 是正方不可公度的线段，CF 和 FD 上的正方形的和是中项面，它们所构成的矩形是有理的。

所以，CD 是有理面中项面差的边【命题 10.77】。这就是该命题的结论。

命题 107

与两中项面差的边长度可公度的线段是两中项面差的边。

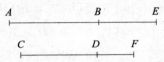

已知 AB 是两中项面差的边，CD 与 AB 是长度可公度的。可证 CD 也是两中项面差的边。

设 BE 是 AB 的附加线段，作与前面的命题一样的图，所以 AE 和 EB 是正方不可公度的线段，它们上的正方形的和是中项面，且它们所构成的矩形也是中项面，更有它们上的正方形的和与它们所构成的矩形是不可公度的【命题 10.78】。如前面所证，AE 和 EB 分别与 CF 和 FD 是长度可公度的，且 AE 和 EB 上的正方形的和与 CF 和 FD 上的正方形的和是可公度的，AE、EB 所构成的矩形与 CF、FD 所构成的矩形是可公度的；所以，CF 和 FD 是正方不可公度的线段，它们上的正方形的和是中项面，它们所构成的矩形是中项面，且它们上的正方形的和与它们所构成的矩形是不可公度的。

所以，CD 是两中项面差的边【命题 10.78】。这就是该命题的结论。

命题 108

从一个有理面减去一个中项面，剩下的面的边是两条无理线段之一，或者是一条余线，或者是一条次要线段。

从有理面 *BC* 中减去中项面 *BD*。可证余下的面 *EC* 的两条无理线段中的一条，或者是一条余线，或者是一条次要线段。

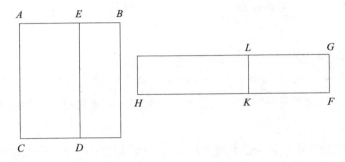

作有理线段 *FG*，并在与 *FG* 重合的线段上，作矩形 *GH* 等于 *BC*，从 *GH* 中截取 *GK* 等于 *DB*，所以余下的 *EC* 等于 *LH*。因为 *BC* 是有理面，*BD* 是中项面，且 *BC* 等于 *GH*，*BD* 等于 *GK*，所以 *GH* 是有理面，*GK* 是中项面。它们都与有理线段 *FG* 重合，所以 *FH* 是有理线段，且与 *FG* 是长度可公度的【命题 10.20】。*FK* 是有理线段，且与 *FG* 是长度不可公度的【命题 10.22】，所以 *FH* 与 *FK* 是长度不可公度的【命题 10.13】。所以，*FH* 和 *FK* 是仅正方可公度的有理线段。所以，*KH* 是一条余线【命题 10.73】，且 *KF* 是它的附加线段。所以，*HF* 上的正方形与 *FK* 上的正方形的差是与 *HF* 长度可公度或不可公度的某条线段上的正方形。

首先，设两线段上的正方形的差是与 *HF* 长度可公度的某条线段上的正方形。整个 *HF* 与已知的有理线段 *FG* 是长度可公度的。所以，*KH* 是一条第一余线【定义 10.11】。由一条有理线段和一条第一余线所构成的矩形的边是一条余线【命题 10.91】，所以 *LH* 的边，

即 *EC* 的边是一条余线。

如果 *HF* 上的正方形与 *FK* 上的正方形的差是与 *HF* 长度不可公度的某条线段上的正方形，因为整个 *FH* 与已知的有理线段 *FG* 是长度可公度的，所以 *KH* 是一条第四余线【定义 10.14】。由一条有理线段和一条第四余线所构成的矩形的边是一条次要线段【命题 10.94】。这就是该命题的结论。

命题 109

从一个中项面减去一个有理面，剩下的面的边是两条无理线段之一，或者是一条中项线段的第一余线，或者是有理面中项面差的边。

已知从中项面 *BC* 中减去有理面 *BD*。可证余下的面 *EC* 的边是两条无理线段之一，或者是一条中项线段第一余线，或者是一条有理面中项面差的边。

作有理线段 *FG*，设在与它重合的线段上，有类似的面，所以 *FH* 是有理的，且与 *FG* 是长度不可公度的，且 *KF* 也是有理的，与 *FG* 是长度可公度的。所以，*FH* 和 *FK* 是仅正方可公度的有理线段【命题 10.13】。所以，*KH* 是一条余线【命题 10.73】，*FK* 是它的附加线段。所以，*HF* 上的正方形与 *FK* 上的正方形的差或者是与 *HF* 长度可公度的某条线段上的正方形，或者是与 *HF* 长度不可公度的某条线段上的正方形。

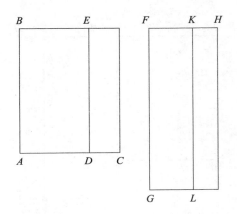

　　如果 HF 上的正方形与 FK 上的正方形的差是与 HF 长度可公度的某线段上的正方形，附加线段 FK 与已知的有理线段 FG 是长度可公度的，则 KH 是一条第二余线【定义 10.12】。又，FG 是有理的，所以 LH 的边，即 EC 的边，是一条中项线段的第一余线【命题 10.92】。

　　如果 HF 上的正方形与 FK 上的正方形的差是与 HF 长度不可公度的某条线段上的正方形，附加线段 FK 与已知有理线段 FG 是长度可公度的，KH 是一条第五余线【定义 10.15】。所以，EC 的边是有理面中项面差的边【命题 10.95】。这就是该命题的结论。

命题 110

　　从中项面减去一个与原中项面不可公度的中项面，余下的面的边是两条无理线段之一，或者是一条中项线段的第二余线，或者是一条两中项面差的边。

　　已知在之前的作图中，BD 是与原中项面不可公度的中项面，且 BD 是从原中项面 BC 中截取的。可证 EC 的边是两条无理线段之一，或者是一条中项线段的第二余线，或者是两中项面差的边。

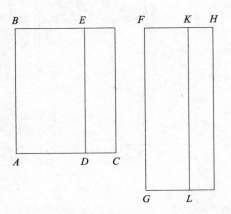

因为 *BC* 和 *BD* 是中项面，且 *BC* 和 *BD* 是不可公度的，所以 *FH* 和 *FK* 是有理线段，且都与 *FG* 是长度不可公度的【命题 10.22】。因为 *BC* 和 *BD* 是不可公度的，即 *GH* 和 *GK* 是不可公度的，*HF* 与 *FK* 也是长度不可公度的【命题 6.1、10.11】，所以 *FH* 和 *FK* 是仅正方可公度的有理线段。所以，*KH* 是一条余线【命题 10.73】，且 *FK* 是它的附加线段。所以，*FH* 上的正方形与 *FK* 上的正方形的差或者是与 *FH* 长度可公度的某条线段上的正方形，或者是与 *FH* 长度不可公度的某条线段上的正方形。

所以，如果 *FH* 上的正方形与 *FK* 上的正方形的差是与 *FH* 长度可公度的某条线段上的正方形，且 *FH* 和 *FK* 与已知的有理线段 *FG* 都是长度不可公度的，则 *KH* 是一条第三余线【定义 10.13】。*KL* 是一条有理线段。一条有理线段与一条第三余线所构成的矩形是无理的，且它的边是无理线段，称作中项线段的第二余线【命题 10.93】。所以，*LH* 的边，即 *EC* 的边，是一条中项线段的第二余线。

如果 *FH* 上的正方形与 *FK* 上的正方形的差是与 *FH* 长度不可公度的某条线段上的正方形，*HF* 和 *FK* 都与 *FG* 是长度不可公度的，则 *KH* 是一条第六余线【定义 10.16】。由一条有理线段和一条第六余线所构成的矩形的边是两中项面差的边【命题 10.96】。所以，*LH* 的边，即 *EC* 的边是两中项面差的边。这就是该命题的结论。

命题 111

余线不同于二项线段。

已知 *AB* 是一条余线。可证 *AB* 与一条二项线段是不同的。

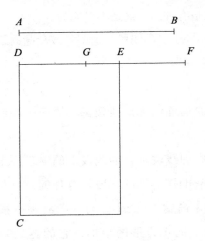

如果可能，设它们相同。作有理线段 *DC*。在与 *CD* 重合的线段上，作矩形 *CE* 等于 *AB* 上的正方形，*DE* 是宽。因为 *AB* 是一条余线，所以 *DE* 是一条第一余线【命题 10.97】。设 *EF* 是它的附加线段，所以 *DF* 和 *FE* 是仅正方可公度的有理线段，*DF* 上的正方形与 *FE* 上的正方形的差是与 *DF* 长度可公度的某条线段上的正方形，且 *DF* 与已知的有理线段 *DC* 是长度可公度的【定义 10.10】。又因为 *AB* 是二项线段，所以 *DE* 是一条第一二项线段【命题 10.60】。设 *DE* 被 *G* 分为它的两段，*DG* 较大，所以 *DG* 和 *GE* 是仅正方可公度的有理线段，且 *DG* 上的正方形与 *GE* 上的正方形的差是与 *DG* 长度可公度的某条线段上的正方形，且较大段 *DG* 与已知的有理线

段 *DC* 是长度可公度的【定义 10.5】。所以，*DF* 与 *DG* 是长度可公度的【命题 10.12】。所以，余下的 *GF* 与 *DF* 也是长度可公度的【命题 10.15】。因为 *DF* 与 *GF* 是可公度的，且 *DF* 是有理的，所以 *GF* 也是有理的。因为 *DF* 与 *GF* 是长度可公度的，*DF* 与 *EF* 是长度不可公度的，所以 *FG* 与 *EF* 也是长度不可公度的【命题 10.13】。所以，*GF* 和 *FE* 是仅正方可公度的有理线段。所以，*EG* 是一条余线【命题 10.73】。它也是有理的。这是不可能的。

综上，余线不同于二项线段。这就是该命题的结论。

推论

余线和所有它后面的无理线段都不同于中项线段，且彼此不相同。

因为一条与有理线段重合的线段上的等于一条中项线段上的正方形的矩形，它的作为宽的线段是有理的，且与原有理线段是长度不可公度的【命题 10.22】。与一条有理线段重合的线段上的等于一条余线上的正方形的矩形，它的宽是第一余线【命题 10.97】。与一条有理线段重合的线段上的等于一条中项线段的第一余线上的正方形的矩形，它的宽是第二余线【命题 10.98】。与一条有理线段重合的线段上的等于一条中项线段的第二余线上的正方形的矩形，它的宽是第三余线【命题 10.99】。与一条有理线段重合的线段上的等于一条次要线段上的正方形的矩形，它的宽是第四余线【命题 10.100】。与一条有理线段重合的线段上的等于一条有理面中项面差的边上的正方形的矩形，它的宽是第五余线【命题 10.101】。与一条有理线段重合的线段上的等于一条两中项面差的边上的正方形的矩形，它的宽是第六余线【命题 10.102】。因为前面提到的宽都与第一个宽是不同的，且它们彼此也不相同，与第一个宽不同是因为第一个宽是有理的，彼此不同是因为它们不同级，显然无理线段彼此是不相同的。已经证明了余线不同于二项线段【命题 10.111】，且这些余线之后的无理线段上的矩形与有理线段重合，由此产生的宽是相应的余线；二项线段后的作为宽的无理线段是相应级的二项线段，所以余线后的无理线段是不同的，二项线段后的无理线段也是不同的。所以，共有 13 种无理线段：

中项线段，

二项线段，

第一双中项线段，

第二双中项线段，

主要线段，

有理面与中项面之和的边，

两中项面和的边，

余线，

中项线段的第一余线，

中项线段的第二余线，

次要线段，

有理面中项面差的边，

两中项面差的边。

命题 112[①]

在一条与二项线段重合的线段上，有一个等于一条有理线段上

---

① 海伯格认为，本命题和随后的命题是早期对原文的补充部分。

的正方形的矩形，由此产生的宽是余线，它的两段与二项线段的两段是长度可公度的，且它们两段的比值相同。而且，余线与二项线段是同级的。

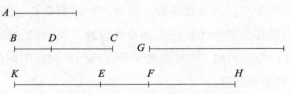

已知 A 是一条有理线段，BC 是一条二项线段，其中 DC 是它的两段中的较大段。BC 与 EF 所构成的矩形等于 A 上的正方形。可证 EF 是余线，且它的两段与 CD 和 DB 是长度可公度的，且比值相等，并且 EF 与 BC 是同级的。

设 BD 与 G 所构成的矩形等于 A 上的正方形。因为 BC 与 EF 所构成的矩形等于 BD 与 G 所构成的矩形，所以 CB 比 BD 等于 G 比 EF【命题 6.16】。又，CB 大于 BD，所以 G 大于 EF【命题 5.16、5.14】。设 EH 等于 G，所以 CB 比 BD 等于 HE 比 EF。所以，由其分比例得，CD 比 BD 等于 HF 比 FE【命题 5.17】。使 HF 比 FE 等于 FK 比 KE，所以整个 HK 比整个 KF 等于 FK 比 KE。比例中的前项之一比后项之一等于所有前项的和比所有后项的和【命题 5.12】。FK 比 KE 等于 CD 比 DB【命题 5.11】，所以 HK 比 KF 等于 CD 比 DB【命题 5.11】。又，CD 上的正方形与 DB 上的正方形是可公度的【命题 10.36】，所以 HK 上的正方形与 KF 上的正方形是可公度的【命题 6.22、10.11】。HK 上的正方形比 KF 上的正方形等于 HK 比 KE，因为 HK、KF 和 KE 这三条线段是成比例的【定义 5.9】，所以 HK 与 KE 是长度可公度的【命题 10.11】。所以，HE 与 EK 也是长度可公度的【命题 10.15】。又因为 A 上的正方形等于 EH 与 BD 所构成的矩形，且 A 上的正方形是有理的，所以 EH 和 BD 所构成的矩形也是有理的。它与有理线段 BD 重合，所以 EH 是有理线段，且与 BD 是长度可公度的【命题 10.20】。所以，与 EH 是长度可公度的线段 EK 也是有理的【定义 10.3】，且与 BD 是长度可公度的【命题 10.12】。因为 CD 比 DB 等于 FK 比 KE，且 CD 和 DB 是仅正方可公度的线段，所以 FK 和 KE 也是仅正方可公度的【命题 10.11】。又，KE 是有理线段，所以 FK 也是有理线段。所以，FK 和 KE 是仅正方可公度的有理线段。所以，EF 是一条余线【命题 10.73】。

又，CD 上的正方形与 BD 上的正方形的差或者是与 CD 长度可公度的某条线段上的正方形，或者是与 CD 长度不可公度的某条线段上的正方形。

如果 CD 上的正方形与 DB 上的正方形的差是与 CD 长度可公度的某条线段上的正方形，那么 FK 上的正方形与 KE 上的正方形的差是与 FK 长度可公度的某条线段上的正方形【命题 10.14】。如果 CD 与已知的有理线段是长度可公度的，那么 FK 也与已知的有理线段是长度可公度的【命题 10.11、10.12】。如果 BD 与已知的有理线段是可公度的，那么 KE 也与已知的有理线段是可公度的【命题 10.12】。如果 CD 或者 DB 与已知的有理线段是长度不可公度的，那么 FK 和 KE 也一样。

如果 CD 上的正方形与 DB 上的正方形的差是与 CD 长度不可公度的某条线段上的正方形，那么 FK 上的正方形与 KE 上的正方形的差是与 FK 长度不可公度的某条线段上的正方形【命题 10.14】。如果 CD 与已知的有理线段是长度可公度的，那么 FK 也是这样【命题 10.11、10.12】。如果 BD 与已知的有理线段是长度可公度的，那么 KE 也是这样【命题 10.12】。如果 CD、DB 与已知的有理线段是长度不可公度的，那么 FK、KE 也是一样的。所以，FE 是一条余线，

且它的两段 *FK* 和 *KE* 与二项线段的两段 *CD* 和 *DB* 是长度可公度的，它们的比值相同，*FE* 与 *BC* 是同级的【定义 10.5—10.10】。这就是该命题的结论。

命题 113

在一条与余线重合的线段上，有一个等于一条有理线段上的正方形的矩形，由此产生的宽是二项线段，且它的两段与余线的两段是长度可公度的，它们两段的比值相同，而且二项线段与余线是同级的。

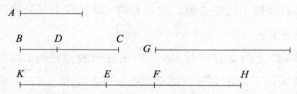

已知 *A* 是有理线段，*BD* 是余线。*BD* 与 *KH* 所构成的矩形等于 *A* 上的正方形，这样在与余线 *BD* 重合的线段上，有等于有理线段 *A* 上的正方形的矩形，由此产生的宽是 *KH*。可证 *KH* 是一条二项线段，它的两段与 *BD* 的两段是长度可公度的，且它们的比值相等，*KH* 与 *BD* 是同级的。

设 *DC* 是 *BD* 的附加线段，所以 *BC* 与 *CD* 是仅正方可公度的有理线段【命题 10.73】。设 *BC* 与 *G* 所构成的矩形等于 *A* 上的正方形。又，*A* 上的正方形是有理的，所以 *BC* 与 *G* 所构成的矩形是有理的，且它与有理线段 *BC* 重合。所以，*G* 是有理的，且与 *BC* 是长度可公度的【命题 10.20】。因为 *BC* 与 *G* 所构成的矩形等于 *BD* 与 *KH* 所构成的矩形，所以，由比例可得，*CB* 比 *BD* 等于 *KH* 比 *G*【命题 6.16】。*BC* 大于 *BD*，所以 *KH* 大于 *G*【命题 5.16、5.14】。作 *KE* 等于 *G*，所以 *KE* 与 *BC* 是长度可公度的。因为 *CB*

比 BD 等于 HK 比 KE，所以，由换比例得，BC 比 CD 等于 KH 比 HE【命题 5.19 推论】。设 KH 比 HE 等于 HF 比 FE，所以余下的 KF 比 FH 等于 KH 比 HE，即等于 BC 比 CD【命题 5.19】。又，BC 与 CD 是仅正方可公度的，所以 KF 和 FH 是仅正方可公度的【命题 10.11】。因为 KH 比 HE 等于 KF 比 FH，KH 比 HE 等于 HF 比 FE，所以 KF 比 FH 等于 HF 比 FE【命题 5.11】。第一个比第三个等于第一个上的正方形比第二个上的正方形【定义 5.9】。KF 比 FE 等于 KF 上的正方形比 FH 上的正方形。KF 上的正方形与 FH 上的正方形是可公度的。这是因为 KF 和 FH 是正方可公度的，所以 KF 与 FE 是长度可公度的【命题 10.11】。所以，KF 与 KE 是长度可公度的【命题 10.15】。又，KE 是有理的，且与 BC 是长度可公度的，所以 KF 是有理的，且与 BC 是长度可公度的【命题 10.12】。又，因为 BC 比 CD 等于 KF 比 FH，由更比例可得，BC 比 KF 等于 DC 比 FH【命题 5.16】。又，BC 与 KF 是长度可公度的，所以 FH 与 CD 是长度可公度的【命题 10.11】。又，BC 和 CD 是仅正方可公度的有理线段，所以 KF 和 FH 是仅正方可公度的有理线段【定义 10.3、命题 10.13】。所以，KH 是二项线段【命题 10.36】。

如果 BC 上的正方形与 CD 上的正方形的差是与 BC 长度可公度的某条线段上的正方形，那么 KF 上的正方形与 FH 上的正方形的差是与 KF 长度可公度的某条线段上的正方形【命题 10.14】。如果 BC 与已知的有理线段是长度可公度的，那么 KF 也与已知的有理线段是长度可公度的【命题 10.12】。如果 CD 与已知的有理线段是长度可公度的，那么 FH 也是一样的【命题 10.12】。如果 BC、CD 与已知的有理线段是长度不可公度的，那么 KF、FH 也是一样的【命题 10.13】。

如果 *BC* 上的正方形与 *CD* 上的正方形的差是与 *BC* 长度不可公度的某条线段上的正方形，那么 *KF* 上的正方形与 *FH* 上的正方形的差是与 *KF* 长度不可公度的某条线段上的正方形【命题 10.14】。如果 *BC* 与已知的有理线段是长度可公度的，则 *KF* 与已知的有理线段是长度可公度的【命题 10.12】。如果 *CD* 与已知的有理线段是可公度的，那么 *FH* 也是一样的【命题 10.12】。如果 *BC*、*CD* 与已知的有理线段是长度不可公度的，那么 *KF*、*FH* 也是一样的【命题 10.13】。

所以，*KH* 是一条二项线段，它的两段 *KF* 和 *FH* 与余线的两段 *BC* 和 *CD* 是长度可公度的，且它们各自的比值相等。而且，*KH* 与 *BC* 是同级的【定义 10.5—10.10】。这就是该命题的结论。

命题 114

如果一个矩形由一条余线和一条二项线段所构成，且二项线段的两段与余线的两段是可公度的，且它们的比值相等，那么该矩形的边是有理的。

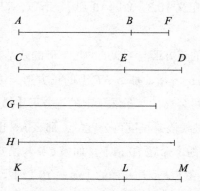

已知余线 *AB* 和二项线段 *CD* 所构成的矩形是 *AB*、*CD*，其中 *CE* 是 *CD* 的两段中的较大段，二项线段的两段 *CE* 和 *ED* 与余线的

两段 *AF* 和 *FB* 是可公度的，且它们的比值相等。设 *AB* 与 *CD* 所构成的矩形的边是 *G*。可证 *G* 是有理线段。

作有理线段 *H*。在与 *CD* 重合的线段上，作一个矩形等于 *H* 上的正方形，*KL* 为宽。所以，*KL* 是一条余线，且它的两段 *KM* 和 *ML* 分别与二项线段的两段 *CE* 和 *ED* 是可公度的，且它们的比值相同【命题 10.112】。但 *CE* 和 *ED* 分别与 *AF* 和 *FB* 也是可公度的，且比值相同，所以 *AF* 比 *FB* 等于 *KM* 比 *ML*。所以，由其更比例可得，*AF* 比 *KM* 等于 *BF* 比 *LM*【命题 5.16】。所以，余下的 *AB* 比余下的 *KL* 等于 *AF* 比 *KM*【命题 5.19】。*AF* 与 *KM* 是可公度的【命题 10.12】，所以 *AB* 与 *KL* 是可公度的【命题 10.11】。*AB* 比 *KL* 等于 *CD* 与 *AB* 所构成的矩形比 *CD* 与 *KL* 所构成的矩形【命题 6.1】，所以 *CD* 与 *AB* 所构成的矩形与 *CD* 与 *KL* 所构成的矩形是可公度的【命题 10.11】。*CD* 与 *KL* 所构成的矩形等于 *H* 上的正方形，所以 *CD* 和 *AB* 所构成的矩形与 *H* 上的正方形是可公度的。*G* 上的正方形等于 *CD* 与 *AB* 所构成的矩形，所以 *G* 上的正方形与 *H* 上的正方形是可公度的。*H* 上的正方形是有理的，所以 *G* 上的正方形是有理的。所以，*G* 是有理线段，且它是 *CD* 与 *AB* 所构成的矩形的边。

综上，如果一个矩形由一条余线和一条二项线段所构成，且二项线段的两段与余线的两段是可公度的，且它们的比值相等，那么该矩形的边是有理的。

推　论

从这里，也可以很明显地得到，无理线段所构成的矩形也可能是有理面。这就是该命题的结论。

命题 115

中项线段可以产生无穷多条无理线段，且没有一条无理线段与之前的线段是相同的。

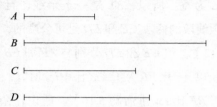

设 A 是一条中项线段。可证 A 能产生无穷多条无理线段，且任何一条都与之前的线段是不同的。

作有理线段 B。设 C 上的正方形等于 B 与 A 所构成的矩形，所以 C 是无理的【定义 10.4】。无理线段和有理线段所构成的矩形是无理的【命题 10.20】，且 C 与之前的线段都不同。这是因为在一条与有理线段重合的线段上，没有一个等于之前任意线段上的正方形的矩形，产生的作为宽的线段是一条中项线段。设 D 上的正方形等于 B 与 C 所构成的矩形，所以 D 上的正方形是无理的【命题 10.20】。所以，D 是无理线段【定义 10.4】。D 与之前的线段都不同。这是因为在一条与有理线段重合的线段上，没有一个等于之前任意线段上的正方形的矩形，所产生的宽是 C。相似地，将这样的排列无尽地继续下去，很明显，一条中项线段会产生无穷多条无理线段，且任意一条都与之前的线段不同。这就是该命题的结论。

第11卷　简单立体几何

定　义

1. 立体是有长、宽、高的图形。

2. 立体的边界是面。

3. 当一条直线与同一平面的所有与它相交的直线成直角时，这条直线就与这个面成直角。

4. 两个相交平面中的一个平面上的直线与它们的交线成直角，并且这些直线也与另一个平面成直角时，这两个平面相交成直角。

5. 从一条与平面相交的直线上的任意一点向平面作垂线，则这条直线与连接交点和垂足的连线所成的角是直线与平面的倾角。

6. 从两个相交平面的交线上的同一点分别在两平面内作交线的垂线，这两条垂线所夹的锐角是两平面的倾角。

7. 一对平面的倾角等于另一对平面的倾角，称它们有相似的倾角。

8. 彼此不相交的平面是平行平面。

9. 由相等数量的相似平面构成的立体图形称作相似立体图形。

10. 由相等数量的相似且相等的平面构成的立体图形称作相似且相等的立体图形。

11. 不在同一平面内多于两条并交于一点的所有直线构成的图形

称为立体角。换句话说，不在同一个平面内并多于两个又交于一点的平面角构成的图形称为一个立体角。

12. 几个交于一点的面与另外一个面构成的图形，这个面与交点之间的部分称为棱锥。

13. 棱柱体由几个平面组成，其中有两个平面是相对、相等、相似且平行的，其他平面均是平行四边形。

14. 固定一个半圆的直径，使半圆绕直径旋转到开始的位置，所围成的图形就是球体。

15. 球的轴是半圆绕成球时的固定不动的直径。

16. 球心与半圆的圆心是同一点。

17. 球的直径是任何过球心的端点在球面上的线段。

18. 固定一个直角三角形的一条直角边，使三角形绕该直角边旋转到开始的位置，所围成的图形就是圆锥体。如果该直角三角形中固定的直角边等于另一条直角边，则旋转所围成的圆锥体是直角圆锥；如果固定的直角边小于另一直角边，则该圆锥体是钝角圆锥；如果固定的直角边大于另一直角边，则该圆锥体是锐角圆锥。

19. 圆锥的轴是绕成圆锥的直角三角形的固定不动的直角边。

20. 圆锥的底是直角三角形的另一条直角边绕轴所形成的圆面。

21. 固定一个矩形的一边，使矩形绕该边旋转到开始的位置，所围成的图形就是圆柱体。

22. 圆柱的轴是绕成圆柱的矩形的固定不动的边。

23. 圆柱的底是矩形绕成圆柱时，相对的两边旋转成的两个圆面。

24. 当圆锥或圆柱的轴和底面的直径成比例时，称这些圆锥或圆柱是相似圆锥或相似圆柱。

25. 立方体是由六个相等的正方形围成的立体图形。

26. 正八面体是由八个全等的等边三角形围成的立体图形。

27. 正二十面体是由二十个全等的等边三角形围成的立体图形。

28. 正十二面体是由十二个相等的等边且等角的五边形围成的立体图形。

命　题

命题 1[①]

一条直线不可能一部分在平面内，另一部分在平面外。

因为，如果可能，设直线 ABC 的一部分 AB 在平面内，另一部分 BC 在平面外。

在平面内，延长直线 AB，[②] 设延长的部分为 BD，所以 AB 是两条直线 ABC 和 ABD 的共同部分。这是不可能的。因为如果以 B 为圆心，AB 为半径作圆，那么直径 ABD 和 ABC 所截的圆弧是不相等的。

综上，一条直线不可能一部分在平面内，另一部分在平面外。这就是该命题的结论。

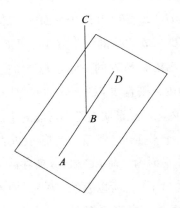

---

① 本卷的前三个命题的证明并不严谨。这些命题应该被看作公理。

② 此命题实际上假定了正在讨论的命题的有效性。

命题 2

如果两条直线彼此相交，那么这两条直线在同一个平面内，且每个由相交线构成的三角形也在同一个平面内。

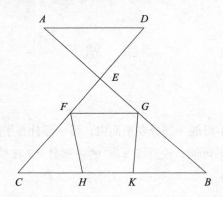

已知两条直线 *AB* 和 *CD* 相交于点 *E*。可证 *AB* 和 *CD* 在同一个平面内，且每个由两条直线的相交线构成的三角形也在同一个平面内。

分别在 *EC* 和 *EB* 上任取点 *F* 和 *G*。连接 *CB*、*FG*。作 *FH* 和 *GK* 与 *BC* 相交。首先证明三角形 *ECB* 在同一个平面内。如果三角形 *ECB* 的一部分 *FHC* 或 *GBK* 在一个平面内，其他部分在另一个平面内，那么直线 *EC*、*EB* 之一的一部分在原平面内，另一部分在另一个平面。如果三角形 *ECB* 的一部分 *FCBG* 在原平面内，剩下的部分在另一个平面内，则直线 *EC*、*EB* 的一部分在原平面内，另一部分在另一个平面内。已经证明这是不可能的【命题 11.1】。所以，三角形 *ECB* 在同一个平面内。不管三角形 *ECB* 在哪个平面，*EC* 和 *EB* 都与其在同一个平面内，而 *EC* 和 *EB* 所在的平面也是 *AB* 和 *CD* 所在的平面【命题 11.1】，所以直线 *AB* 和 *CD* 在同一个平面内，且由相交线构成的每个三角形也都在同一个平面内。这就是该命题的结论。

命题 3

如果两个平面相交，那么它们公共的部分是一条直线。

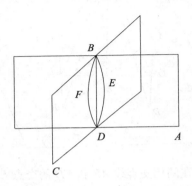

已知两平面 AB 和 BC 相交，设它们公共部分为线 DB。可证 DB 是一条直线。

如果不是，设在平面 AB 内从 D 到 B 连接的直线是 DEB，且 DFB 是平面 BC 内的直线，所以两条直线 DEB 和 DFB 有相同的端点，很明显，它们围成一个面。这是不可能的。所以，DEB 和 DFB 不是直线。相似地，可以证明除 DB 外没有连接 D 和 B 的直线，而 DB 正是平面 AB 和 BC 的公共部分。

综上，如果两个平面相交，那么它们公共的部分是一条直线。这就是该命题的结论。

命题 4

如果一条直线过两相交直线的交点，并与两直线成直角，那么该直线与两相交直线所在的平面成直角。

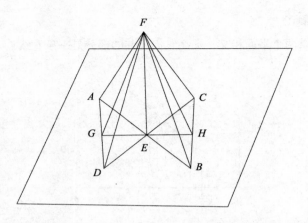

已知直线 *EF* 在两相交直线 *AB* 和 *CD* 的交点 *E* 处与两直线成直角。可证 *EF* 与 *AB* 和 *CD* 所在的平面也成直角。

取 *AE*、*EB*、*CE* 和 *ED* 彼此相等，在 *AB* 和 *CD* 所在的平面内，过 *E* 作任意直线 *GEH*。连接 *AD*、*CB*。设点 *F* 是 *EF* 上任意一点，连接 *FA*、*FG*、*FD*、*FC*、*FH* 和 *FB*。

因为直线 *AE* 和 *ED* 分别等于直线 *CE* 和 *EB*，且它们的夹角也相等【命题 1.15】，所以底边 *AD* 等于 *CB*，三角形 *AED* 等于三角形 *CEB*【命题 1.4】。因此，角 *DAE* 等于角 *EBC*。又，角 *AEG* 等于角 *BEH*【命题 1.15】，所以三角形 *AEG* 和 *BEH* 有两对角对应相等，并有一条边对应相等，即两等角之间的边 *AE* 等于 *EB*。所以，余下的边对应相等【命题 1.26】。所以，*GE* 等于 *EH*，*AG* 等于 *BH*。因为 *AE* 等于 *EB*，*FE* 是两直角处的公共边，所以底边 *FA* 等于 *FB*【命题 1.4】。同理，*FC* 等于 *FD*。因为 *AD* 等于 *CB*，*FA* 等于 *FB*，两边 *FA* 和 *AD* 分别等于两边 *FB* 和 *BC*，且已经证明底边 *FD* 等于 *FC*，所以角 *FAD* 等于角 *FBC*【命题 1.8】。又因为已经证明 *AG* 等于 *BH*，*FA* 等于 *FB*，两边 *FA* 和 *AG* 分别等于两边 *FB* 和 *BH*，且已经证明角 *FAG* 等于 *FBH*，所以底边 *FG* 等于 *FH*【命题 1.4】。又，

GE 等于 *EH*，*EF* 是公共边，两边 *GE* 和 *EF* 分别等于两边 *HE* 和 *EF*。底边 *FG* 等于 *FH*。所以，角 *GEF* 等于角 *HEF*【命题 1.8】。所以，角 *GEF* 和 *HEF* 是直角【定义 1.10】。所以，*FE* 与 *GH* 成直角，其中 *GH* 是 *AB* 和 *AC* 所在平面上的任意一条过 *E* 的直线。相似地，可以证明 *FE* 与所有在同一平面内与其相交的直线成直角【定义 11.3】，所以 *FE* 与平面成直角。又，该平面经过直线 *AB* 和 *CD*，所以 *FE* 与 *AB* 和 *CD* 所在的平面成直角。

综上，如果一条直线过两相交直线的交点，并与两直线成直角，那么该直线与两相交直线所在的平面成直角。这就是该命题的结论。

命题 5

如果一条直线过三条相交直线的交点，并与三条直线成直角，那么这三条直线在同一个平面内。

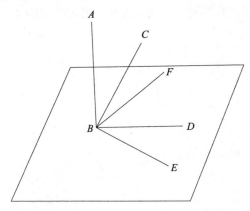

已知直线 *AB* 过三条直线 *BC*、*BD* 和 *BE* 的交点 *B*，且与这三条直线都成直角。可证 *BC*、*BD* 和 *BE* 在同一个平面内。

假设它们不在同一个平面内，如果可能，设 *BD* 和 *BE* 在同一个平面内，*BC* 在另一个平面内。过 *AB* 和 *BC* 作一个平面，这个平面与原平面有一条交线【定义 11.3】。设该交线为 BF。所以，三条直线 AB、BC 和 BF 在同一个平面内，即经过 AB 和 BC 的平面。又因为 AB 与 BD 和 BE 均成直角，所以 AB 与经过 BD 和 BE 的平面成直角【命题 11.4】。经过 BD 和 BE 的平面是原平面，所以 AB 与原平面成直角，所以 AB 也与原平面内所有与其相交的直线成直角【定义 11.3】。又，BF 在原平面内，且与 AB 相交，所以，角 ABF 是直角。角 ABC 也是直角，所以角 ABF 等于角 ABC，且它们在同一个平面内。这是不可能的。所以，BC 不在平面外。所以，三条直线 BC、BD 和 BE 在同一个平面内。

综上，如果一条直线过三条相交直线的交点，并与三条直线成直角，那么这三条直线在同一个平面内。这就是该命题的结论。

命题 6

如果两条直线与同一平面成直角，那么这两条直线互相平行。[①]

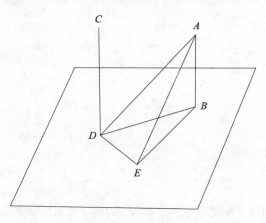

已知两直线 AB 和 CD 都与已知平面成直角。可证 AB 平行于

---

① 换句话说，在同一平面内的这两条直线，向两端无限延长，永远都不会相交。

CD。

设两直线与已知平面的交点分别为点 B 和 D。连接 BD。在已知平面内，作 DE 与 BD 成直角，并使 DE 等于 AB。连接 BE、AE 和 AD。

因为 AB 与已知平面成直角，所以所有与 AB 相交的平面内的直线都与 AB 成直角【定义 11.3】。又，BD 和 BE 在已知平面内，且都与 AB 相交，所以角 ABD 和 ABE 都是直角。同理，角 CDB 和 CDE 也都是直角。又因为 AB 等于 DE，BD 是公共边，即两边 AB 和 BD 分别等于两边 ED 和 DB，且它们的夹角都是直角，所以底边 AD 等于 BE【命题 1.4】。因为 AB 等于 DE，AD 等于 BE，即两边 AB、BE 分别等于两边 ED、DA，且底边 AE 是公共边，所以角 ABE 等于角 EDA【命题 1.8】。角 ABE 是直角。所以，角 EDA 也是直角。所以，ED 与 DA 成直角。它也与 BD 和 DC 都成直角。所以，ED 与直线 BD、DA 和 DC 在它们的公共交点处成直角。所以，直线 BD、DA 和 DC 在同一个平面内【命题 11.5】。DB 和 DA 在哪个平面，AB 就在哪个平面。因为任何三角形在同一个平面内【命题 11.2】，所以直线 AB、BD、DC 在同一个平面内。又，角 ABD 和 BDC 都是直角，所以 AB 平行于 CD【命题 1.28】。

综上，如果两条直线与同一平面成直角，那么这两条直线互相平行。这就是该命题的结论。

命题 7

如果在两条平行线上各任取一点，则这两点的连线与这两条平行线在同一平面内。

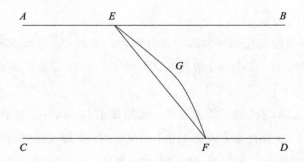

已知 AB 和 CD 是平行线，在这两条直线上分别取任意点 E 和 F。可证点 E 和 F 的连线与这两条平行线在同一平面内。

假设不是这样，如果可能，设连接点 E 和 F 的直线 EGF 在平面外，过 EGF 作一平面，所以该平面与两条平行直线所在的平面相交于一条直线【命题 11.3】。设交线为 EF，所以两直线 EGF 和 EF 围成一个面。这是不可能的。所以，连接点 E 和 F 的直线不在平面外。所以，点 E 和 F 的连线在经过平行线 AB 和 CD 的平面内。

综上，如果在两条平行线上各任取一点，则这两点的连线与这两条平行线在同一平面内。这就是该命题的结论。

命题 8

如果两条直线平行，其中一条直线与一个平面成直角，那么另一条直线也与该平面成直角。

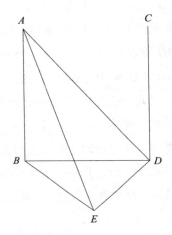

　　已知 *AB* 和 *CD* 是两条平行线，设其中的 *AB* 与已知平面成直角。可证另一条直线 *CD* 也与该平面成直角。

　　设 *AB* 和 *CD* 与已知平面的交点分别是 *B* 和 *D*。连接 *BD*。则 *AB*、*CD* 和 *BD* 在同一平面内【命题 11.7】。在已知平面内，作 *DE* 与 *BD* 成直角，使 *DE* 等于 *AB*，并连接 *BE*、*AE* 和 *AD*。

　　因为 *AB* 与已知平面成直角，所以，*AB* 与平面上所有与其相交的直线都成直角【定义 11.3】，所以角 *ABD* 和 *ABE* 是直角。因为直线 *BD* 与平行线 *AB* 和 *CD* 相交，所以角 *ABD* 与 *CDB* 的和等于两直角的和【命题 1.29】。又，角 *ABD* 是直角，所以角 *CDB* 也是直角，所以 *CD* 与 *BD* 成直角。又因为 *AB* 等于 *DE*，*BD* 是公共边，所以两边 *AB* 和 *BD* 分别等于两边 *ED* 和 *DB*。角 *ABD* 等于角 *EDB*，因为它们都是直角，所以底边 *AD* 等于 *BE*【命题 1.4】。又因为 *AB* 等于 *DE*，*BE* 等于 *AD*，所以两边 *AB*、*BE* 分别等于两边 *ED*、*DA*。底边 *AE* 是公共边。所以，角 *ABE* 等于角 *EDA*【命题 1.8】。又，角 *ABE* 是直角，所以角 *EDA* 也是直角，所以 *ED* 与 *AD* 成直角，且它与 *DB* 也成直角。所以，*ED* 与经过 *BD* 和 *DA* 的平面成直角【命题 11.4】。所以，*ED* 与所有在平面 *BDA* 内并与其相交的直线都成直角。*DC* 在平面 *BDA* 内。因为 *AB* 和 *BD* 都在平面 *BDA* 内【命题 11.2】，*AB* 和 *BD* 所在的平面就是 *DC* 所在的平面，所以 *CD* 也与 *DE* 成直角。又，*CD* 与 *BD* 成直角，所以 *CD* 与两条直线 *DE* 和 *DB* 都成直角，且垂足为三条直线的相交点 *D*。所以，*CD* 与经过 *DE* 和 *DB* 的平面成直角【命题 11.4】。又，经过 *DE* 和 *DB* 的平面是已知平面，所以 *CD* 与已知平面成直角。

综上，如果两条直线平行，其中一条直线与一个平面成直角，那么另一条直线也与该平面成直角。这就是该命题的结论。

命题 9

两条直线平行于同一条与它们不共面的直线，这两条直线彼此平行。

已知 *AB* 和 *CD* 都与和它们不共面的 *EF* 平行，可证 *AB* 与 *CD* 平行。

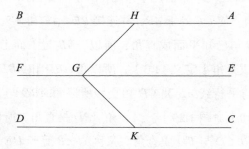

在 *EF* 上任取一点 *G*。在经过 *EF* 和 *AB* 的平面内，作 *GH* 与 *EF* 成直角。再在经过 *FE* 和 *CD* 的平面内，作 *GK* 与 *EF* 成直角。

因为 *EF* 与 *GH* 和 *GK* 都成直角，所以 *EF* 与经过 *GH* 和 *GK* 的平面成直角【命题 11.4】。*EF* 平行于 *AB*，所以 *AB* 也与经过 *HGK* 的平面成直角【命题 11.8】。同理，*CD* 也与经过 *HGK* 的平面成直角，所以 *AB* 和 *CD* 都与经过 *HGK* 的平面成直角。如果两条直线与同一

平面成直角，那么这两条直线互相平行【命题 11.6】。所以，AB 与
CD 平行。这就是该命题的结论。

命题 10

如果两条相交直线平行于另两条相交直线，且它们不在同一平
面内，那么它们的夹角相等。

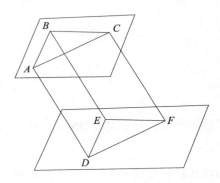

已知两条相交直线 AB 和 BC，且它们分别平行于不在同一平面
的另两条相交的直线 DE 和 EF。可证角 ABC 等于角 DEF。

分别截取 BA、BC、ED 和 EF，使它们彼此相等。连接 AD、
CF、BE、AC 和 DF。

因为 BA 平行且等于 ED，所以 AD 平行且等于 BE【命题 1.33】。
同理，CF 也平行且等于 BE，所以 AD 和 CF 都平行且等于 BE。平
行于同一直线的不在同一平面的直线相互平行【命题 11.9】，所以
AD 平行且等于 CF。又，AC 和 DF 与它们相交，所以 AC 也平行且
等于 DF【命题 1.33】。又因为两边 AB 和 BC 分别等于两边 DE 和
EF，且底边 AC 等于 DF，所以角 ABC 等于角 DEF【命题 1.8】。

综上，如果两条相交直线平行于另两条相交直线，且它们不在
同一平面内，那么它们的夹角相等。这就是该命题的结论。

命题 11

过平面外的一个给定点作已知平面的垂线。

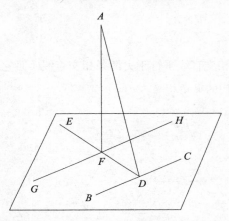

已知 A 是平面外一点，并给定已知平面。作过点 A 并垂直于已知平面的直线。

在已知平面内作任意直线 BC，过点 A 作 BC 的垂线 AD【命题 1.12】。如果 AD 也垂直于已知平面，那么 AD 就是要作的直线。如果不是这样，那么过点 D 在已知平面内作 DE 垂直于 BC【命题 1.11】，再过 A 作 DE 的垂线 AF【命题 1.12】，过点 F 作 GH 平行于 BC【命题 1.31】。

因为 BC 与 DA 和 DE 都成直角，所以 BC 与经过 EDA 的平面成直角【命题 11.4】。又，GH 平行于 BC。如果两条平行线中的一条与一个平面成直角，那么另一条直线也与同一平面成直角【命题 11.8】。所以，GH 也与经过 ED 和 DA 的平面成直角。所以，GH 与经过 ED 和 DA 的平面内的所有与 GH 相交的直线都成直角【定义 11.3】。AF 在经过 ED 和 DA 的平面内，并与 GH 相交，所以 GH 与 FA 成直角，即 FA 也与 HG 成直角。AF 与 DE 成直角，所以 AF 与 GH 和 DE 都成直角。如果一条直线过两相交直线的交点，并与这两条直线成直角，那么该直线与经过两条直线的平面成直角【命题11.4】，所以 *FA* 与经过 *ED* 和 *GH* 的平面成直角。又，经过 *ED* 和 *GH* 的平面就是已知平面，所以 *AF* 与已知平面成直角。

综上，直线 *AF* 是过平面外一点 *A*，垂直于已知平面的直线。这就是该命题的结论。

命题 12

过平面内一点，作与平面成直角的直线。

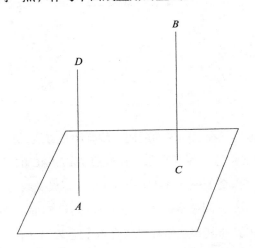

已知给定平面，*A* 是平面上一点。作过点 *A* 与已知平面垂直的直线。

在平面外任取一点 *B*，过 *B* 作已知平面的垂线 *BC*【命题 11.11】。过点 *A* 作 *BC* 的平行线 *AD*【命题 1.31】。

因为 *AD* 和 *CB* 是两条平行线，且 *BC* 与已知平面成直角，所以 *AD* 也与已知平面成直角【命题 11.8】。

综上，*AD* 就是过已知平面内一点 *A* 且与该平面成直角的直线。这就是该命题的结论。

命题 13

过该平面内一点在平面的同一侧，不能作两条不同的直线都与这个平面成直角。

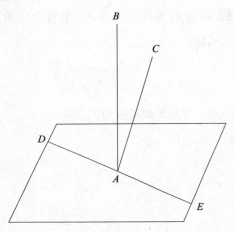

如果可能，设在已知平面的同一侧有两条直线 *AB* 和 *AC* 都过已知平面内的点 *A* 与平面成直角。作经过 *BA* 和 *AC* 的平面，它经过点 *A* 与已知平面交于一条直线【命题 11.3】。设交线为 *DAE*。所以，*AB*、*AC* 和 *DAE* 在同一平面内。因为 *CA* 与已知面成直角，所以它与已知平面内且与其相交的直线成直角【定义 11.3】。又，*DAE* 在已知平面内，并且与 *CA* 相交，所以角 *CAE* 是直角。同理，角 *BAE* 也是直角，所以角 *CAE* 等于角 *BAE*。它们在同一平面内。这是不可能的。

综上，过该平面内一点在平面的同一侧，不能作两条不同的直线都与这个平面成直角。这就是该命题的结论。

命题 14

与同一直线成直角的平面互相平行。

已知任意直线 *AB* 与平面 *CD* 和 *EF* 都成直角。可证两平面互相平行。

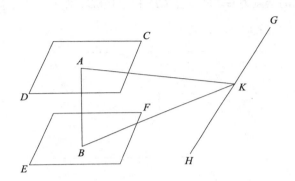

如果不平行，则延展两平面，它们会相交。设两平面相交于一条直线【命题 11.3】。设交线为 *GH*。在 *GH* 上任取一点 *K*。连接 *AK* 和 *BK*。

因为 *AB* 与平面 *EF* 成直角，所以 *AB* 与 *BK* 也成直角，*BK* 是平面 *EF* 延伸后平面内的直线【定义 11.3】。所以，角 *ABK* 是直角。同理，角 *BAK* 也是直角，所以在三角形 *ABK* 中，角 *ABK* 和 *BAK* 都是直角。这是不可能的【命题 1.17】。所以，平面 *CD* 和 *EF* 在延展后不会相交。所以，平面 *CD* 和 *EF* 互相平行【定义 11.8】。

综上，与同一直线成直角的平面互相平行。这就是该命题的结论。

命题 15

如果两条相交线分别平行于另外两条相交线，且它们不在同一平面内，那么过相交线的平面互相平行。

已知两条相交线 *AB* 和 *BC* 分别平行于不在同一平面内的另外两条相交线 *DE* 和 *EF*。可证延展经过 *AB*、*BC* 的平面和经过 *DE*、*EF*

的平面，它们不会相交。

过点 B 作经过 DE 和 EF 的平面的垂线 BG【命题 11.11】，设它与平面的交点为 G。过 G 作 GH 平行于 ED，作 GK 平行于 EF【命题 1.31】。

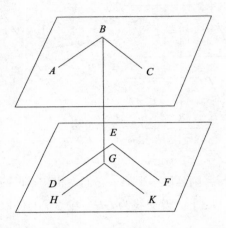

因为 BG 与经过 DE 和 EF 的平面成直角，所以它与所有经过 DE 和 EF 的平面内的与其相交的直线都成直角【定义 11.3】。又，GH 和 GK 在经过 DE 和 EF 的平面内，且与 BG 相交，所以角 BGH 和 BGK 都是直角。又因为 BA 平行于 GH【命题 11.9】，所以角 GBA 和 BGH 的和等于两直角和【命题 1.29】。又，角 BGH 是直角，所以角 GBA 也是直角。所以，GB 与 BA 成直角。同理，GB 也与 BC 成直角。因为直线 GB 与两相交线 BA 和 BC 成直角，所以 GB 与经过 BA 和 BC 的平面成直角【命题 11.4】。同理，BG 与经过 GH 和 GK 的平面也成直角。又，经过 GH 和 GK 的平面经过 DE 和 EF，且已经证明 GB 与经过 AB 和 BC 的平面成直角。与同一直线成直角的平面互相平行【命题 11.14】。所以，经过 AB 和 BC 的平面平行于经过 DE 和 EF 的平面。

综上，如果两条相交线分别平行于另外两条相交线，且它们不在同一平面内，那么过相交线的平面互相平行。这就是该命题的结论。

命题 16

如果两个互相平行的平面与另一个平面相交，则交线互相平行。

已知平面 *AB* 和 *CD* 互相平行，且与平面 *EFGH* 相交。设 *EF* 和 *GH* 是交线。可证 *EF* 平行于 *GH*。

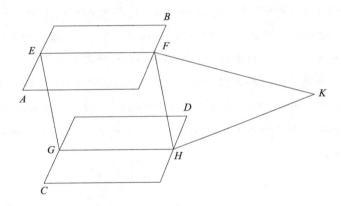

如果不平行，则延长 *EF* 和 *GH* 会在 *F*、*H* 端或 *E*、*G* 端相交。首先，设两条直线相交于 *K*。因为 *EFK* 在平面 *AB* 内，所以 *EFK* 上所有的点都在平面 *AB* 内【命题 11.1】。又，*K* 是 *EFK* 上的一点，所以 *K* 在平面 *AB* 内。同理，*K* 也在平面 *CD* 内，所以平面 *AB* 和 *CD* 在延展后会相交。但是它们不会相交，因为已知它们互相平行，所以直线 *EF* 和 *GH* 在 *F*、*H* 的方向延长不会相交。相似地，可以证明直线 *EF* 和 *GH* 在 *E*、*G* 方向延长也不会相交。在两方都不相交的直线互相平行【定义 1.23】，所以 *EF* 平行于 *GH*。

综上，如果两个互相平行的平面与另一个平面相交，则交线互相平行。这就是该命题的结论。

命题 17

如果两条直线被平行平面所截，则所截的线段有相等的比。

已知两条直线 *AB* 和 *CD* 被互相平行的平面 *GH*、*KL* 和 *MN* 所截，截点分别为 *A*、*E*、*B* 和 *C*、*F*、*D*。可证线段 *AE* 比 *EB* 等于 *CF* 比 *FD*。

连接 *AC*、*BD* 和 *AD*，设 *AD* 与平面 *KL* 相交于点 *O*，连接 *EO* 和 *OF*。

因为两个平行平面 *KL* 和 *MN* 与平面 *EBDO* 相交，它们的相交线 *EO* 和 *BD* 互相平行【命题11.16】。同理，平面 *GH* 和 *KL* 相互平行，并与平面 *AOFC* 相交，所以它们的交线 *AC* 和 *OF* 互相平行【命题11.16】。因为线段 *EO* 平行于三角形 *ABD* 的一边 *BD*，所以，有比例，*AE* 比 *EB* 等于 *AO* 比 *OD*【命题6.2】。又因为线段 *OF* 平行于三角形 *ADC* 的一边 *AC*，所以，有比例，*AO* 比 *OD* 等于 *CF* 比 *FD*【命题6.2】。已经证明 *AO* 比 *OD* 等于 *AE* 比 *EB*，所以 *AE* 比 *EB* 等于 *CF* 比 *FD*【命题5.11】。

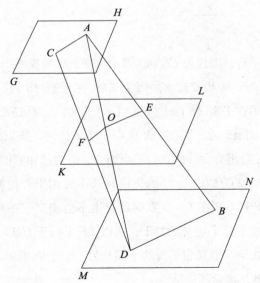

总之，如果两条直线被平行平面所截，则所截的线段有相等的比。这就是该命题的结论。

命题 18

如果一条直线与一个平面成直角，那么经过该直线的所有平面都与该平面成直角。

设直线 AB 与已知平面成直角。可证所有经过 AB 的平面都与已知平面成直角。

作经过 AB 的平面 DE。设 CE 是平面 DE 和已知平面的交线。在 CE 上任取一点 F。在平面 DE 内，过 F 作 FG 与 CE 成直角【命题 1.11】。

因为 AB 与已知平面成直角，所以 AB 与已知平面内所有与其相交的直线都成直角【定义 11.3】。所以，AB 与 CE 成直角。所以，角 ABF 是直角。又，角 GFB 也是直角，所以，AB 平行于 FG【命题 1.28】。又，AB 与已知平面成直角，所以 FG 也与已知平面成直角【命题 11.8】。两平面相交，当其中一个平面内与交线成直角的线与另一平面也成直角，那么两个平面成直角【定义 11.4】。又，在平面 DE 内的直线 FG 与两平面的交线 CE 成直角，且已经证明它与参考面也成直角，所以平面 DE 与已知平面成直角。相似地，也可以证明所有经过 AB 的平面都与已知平面成直角。

综上，如果一条直线与一个平面成直角，那么经过该直线的所有平面都与该平面成直角。这就是该命题的结论。

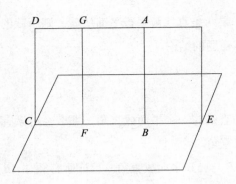

命题 19

如果两个相交平面与另一个平面成直角，那么前两个平面的交线也与这个平面成直角。

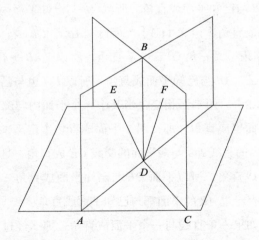

已知两平面 *AB* 和 *BC* 都与已知平面成直角，且它们的相交线是 *BD*。可证 *BD* 与已知平面成直角。

如果不是，过点 *D* 在平面 *AB* 内作 *DE* 与直线 *AD* 成直角，在平面 *BC* 内作 *DF* 与 *CD* 成直角。

因为平面 *AB* 与已知平面成直角，平面 *AB* 内的 *DE* 与交线 *AD*

成直角，所以 DE 与已知平面成直角【定义 11.4】。相似地，可以证明 DF 也与已知平面成直角，所以过点 D，在已知平面的同一侧，有两条不同的直线与该平面成直角。这是不可能的【命题 11.13】。所以，除了平面 AB 和 BC 的交线 DB，没有其他线经过点 D 与已知平面成直角。

综上，如果两个相交平面与另一个平面成直角，那么前两个平面的交线也与这个平面成直角。这就是该命题的结论。

命题 20

如果一个立体角由三个平面构成，那么任意两个平面角的和大于第三个平面角。

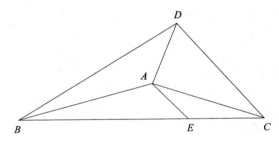

已知三个平面角 BAC、CAD 和 DAB 构成立体角 A。可证角 BAC、CAD 和 DAB 中的任意两个角的和大于第三个角。

如果 BAC、CAD 和 DAB 三个角相等，那么很明显，任意两个角的和都大于第三个角。如果这三个角不相等，设角 BAC 大于角 CAD 和 DAB。在经过 BAC 的平面内，AB 为一边，点 A 为顶点，作角 BAE 等于角 DAB。使 AE 等于 AD。过点 E 作 BEC，使其与直线 AB 和 AC 分别交于点 B 和 C。连接 DB 和 DC。

因为 DA 等于 AE，AB 是公共边，两边 AD 和 AB 分别等于两边 EA 和 AB。又，角 DAB 等于角 BAE，所以底边 DB 等于 BE【命题 1.4】。

因为两边 *BD* 和 *DC* 的和大于第三边 *BC*【命题 1.20】，已知 *DB* 等
于 *BE*，所以余下的 *DC* 大于 *EC*。又因为 *DA* 等于 *AE*，*AC* 是公共边，
且底边 *DC* 大于 *EC*，所以角 *DAC* 大于角 *EAC*【命题 1.25】。已经
证明角 *DAB* 等于角 *BAE*，所以角 *DAB* 和 *DAC* 的和大于角 *BAC*。
相似地，可以证明其余的角也是，任意两个平面角的和大于第三
个角。

综上，如果一个立体角由三个平面构成，那么任意两个平面角
的和大于第三个平面角。这就是该命题的结论。

命题 21①

构成一个立体角的所有平面角的和小于四个直角和。

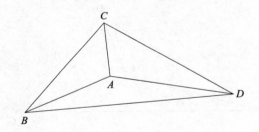

已知立体角 *A* 由平面角 *BAC*、*CAD* 和 *DAB* 构成。可证角
BAC、*CAD* 和 *DAB* 的和小于四个直角和。

分别在直线 *AB*、*AC* 和 *AD* 上任取点 *B*、*C* 和 *D*，连接 *BC*、*CD*
和 *DB*。因为立体角 *B* 由三个平面角 *CBA*、*ABD* 和 *CBD* 构成，所
以任意两个角的和大于第三个角【命题 11.20】。所以，角 *CBA* 与
ABD 的和大于角 *CBD*。同理，角 *BCA* 与 *ACD* 的和大于角 *BCD*，
且角 *CDA* 与 *ADB* 的和大于角 *CDB*，所以六个角 *CBA*、*ABD*、

---

① 该命题只证明了由三个平面构成立体角的情况。但对于由三个以上平面构成的立
   体角，该命题结论都是如此。

BCA、*ACD*、*CDA* 和 *ADB* 的和大于角 *CBD*、*BCD* 和 *CDB* 的和。
但角 *CBD*、*BDC* 和 *BCD* 的和等于两直角和【命题 1.32】，所以角
CBA、*ABD*、*BCA*、*ACD*、*CDA* 和 *ADB* 的和大于两直角和。又因为
三角形 *ABC*、*ACD* 和 *ADB* 的每一个的三个角的和都等于两直角和，
所以角 *CBA*、*ACB*、*BAC*、*ACD*、*CDA*、*CAD*、*ADB*、*DBA* 和 *BAD*
等于六个直角和，其中有六个角 *ABC*、*BCA*、*ACD*、*CDA*、*ADB* 和
DBA 的和大于两直角和。所以，剩下的角 *BAC*、*CAD* 和 *DAB* 构成
的立体角的平面角的和小于四个直角和。

综上，构成一个立体角的所有平面角的和小于四个直角和。这
就是该命题的结论。

命题 22

如果有三个平面角，其中任意两个角的和大于第三个角，如果
夹这些角的两边都彼此相等，那么连接相等线段的端点的三条线段
可以构成一个三角形。

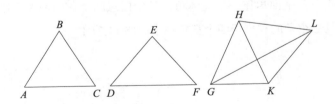

已知角 *ABC*、*DEF* 和 *GHK* 是三个平面角，其中任意两个角
的和大于第三个角，即角 *ABC* 与 *DEF* 的和大于角 *GHK*，角 *DEF*
与 *GHK* 的和大于角 *ABC*，且角 *GHK* 与 *ABC* 的和大于角 *DEF*。
设 *AB*、*BC*、*DE*、*EF*、*GH* 和 *HK* 都彼此相等。连接 *AC*、*DF* 和
GK。可证能作一个三边等于 *AC*、*DF*、*GK* 的三角形，即 *AC*、*DF*
和 *GK* 中的任意两条的和都大于第三条。

如果角 *ABC*、*DEF* 和 *GHK* 彼此相等，那么很明显，*AC*、*DF*
和 *GK* 也彼此相等，那么 *AC*、*DF* 和 *GK* 就可以构成一个三角形。
如果三个角不相等，以 *HK* 为边，点 *H* 为顶点，作角 *KHL* 等于角
ABC。使 *HL* 等于 *AB*、*BC*、*DE*、*EF*、*GH* 或者 *HK*。连接 *KL* 和
GL。因为两边 *AB* 和 *BC* 分别等于 *KH* 和 *HL*，角 *B* 等于角 *KHL*，所
以底边 *AC* 等于 *KL*【命题 1.4】。又因为角 *ABC* 与 *GHK* 的和大于
角 *DEF*，且角 *ABC* 等于角 *KHL*，所以角 *GHL* 大于角 *DEF*。又因为
两边 *GH* 和 *HL* 分别等于两边 *DE* 和 *EF*，角 *GHL* 大于角 *DEF*，所
以底边 *GL* 大于 *DF*【命题 1.24】。但 *GK* 与 *KL* 的和大于 *GL*【命题 1.20】。
所以，*GK* 与 *KL* 的和大于 *DF*。*KL* 等于 *AC*。所以，*AC* 与 *GK* 的和
大于 *DF*。相似地，可以证明 *AC* 与 *DF* 的和大于 *GK*，且 *DF* 与 *GK*
的和大于 *AC*。所以，以 *AC*、*DF* 和 *GK* 为边一定能构成一个三角形。
这就是该命题的结论。

命题 23

用三个平面角作一个立体角，其中任意两个角的和大于第三个
角，且三个角的和小于四个直角和【命题 11.21】。

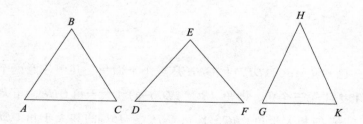

已知有三个平面角 *ABC*、*DEF* 和 *GHK*，其中任意两个角的和
大于第三个角，且三个角的和小于四个直角和。用平面角 *ABC*、
DEF 和 *GHK* 作一个立体角。

截取 *AB*、*BC*、*DE*、*EF*、*GH* 和 *HK*，使其彼此相等。连接
AC、*DF* 和 *GK*。则以 *AC*、*DF* 和 *GK* 为边，可以作一个三角形【命
题 11.22】。作这样一个三角形 *LMN*，其中 *AC* 等于 *LM*，*DF* 等于
MN，且 *GK* 等于 *NL*。作三角形 *LMN* 的外接圆【命题 4.5】。设其
圆心为 *O*。连接 *LO*、*MO* 和 *NO*。

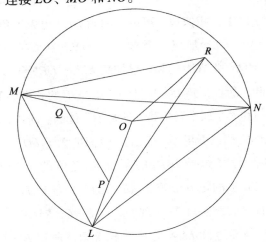

可证 *AB* 大于 *LO*。如果不是这样，则 *AB* 或者等于或者小于
LO。首先，设它们相等。因为 *AB* 等于 *LO*，*AB* 等于 *BC*，且 *OL* 等
于 *OM*，所以两线段 *AB* 和 *BC* 分别等于 *LO* 和 *OM*。已知底边 *AC*
等于 *LM*，所以角 *ABC* 等于角 *LOM*【命题 1.8】。同理，角 *DEF*
等于角 *MON*，且角 *GHK* 等于角 *NOL*，所以三个角 *ABC*、*DEF* 和
GHK 的和等于角 *LOM*、*MON* 和 *NOL* 的和。但三个角 *LOM*、*MON*
和 *NOL* 的和等于四个直角和，所以角 *ABC*、*DEF* 和 *GHK* 的和也等
于四个直角和。而已知它们的和小于四个直角和。这是不可能的。
所以，*AB* 不等于 *LO*。可以证明 *AB* 也不小于 *LO*。如果可能，设
OP 等于 *AB*，*OQ* 等于 *BC*，连接 *PQ*。因为 *AB* 等于 *BC*，所以 *OP*
等于 *OQ*。所以，剩下的 *LP* 也等于 *QM*。所以，*LM* 平行于 *PQ*【命

题 6.2】。且三角形 *LMO* 与 *PQO* 是等角的【命题 1.29】，所以 *OL* 比 *LM* 等于 *OP* 比 *PQ*【命题 6.4】，由更比例，所以，*LO* 比 *OP* 等于 *LM* 比 *PQ*【命题 5.16】。又，*LO* 大于 *OP*，所以 *LM* 也大于 *PQ*【命题 5.14】。*LM* 等于 *AC*，所以 *AC* 也大于 *PQ*。因为两边 *AB* 和 *BC* 分别等于两边 *PO* 和 *OQ*，且底边 *AC* 大于 *PQ*，所以角 *ABC* 大于角 *POQ*【命题 1.25】。相似地，可以证明角 *DEF* 也大于角 *MON*，且角 *GHK* 大于角 *NOL*，所以三个角 *ABC*、*DEF* 和 *GHK* 的和大于三个角 *LOM*、*MON* 和 *NOL* 的和。已知角 *ABC*、*DEF* 和 *GHK* 的和小于四个直角和。所以，角 *LOM*、*MON* 和 *NOL* 的和更小于四个直角和。而它们的和等于四个直角和。这是不可能的。所以，*AB* 不小于 *LO*。已经证明它们也不相等。所以，*AB* 只能大于 *LO*。

过点 *O* 作与经过圆 *LMN* 的平面成直角的直线 *OR*【命题 11.12】。使 *OR* 上的正方形等于 *AB* 上的正方形比 *LO* 上的正方形大的部分的面积【命题 11.23 引理】。连接 *RL*、*RM* 和 *RN*。

因为 *RO* 与经过圆 *LMN* 的平面成直角，所以 *RO* 与 *LO*、*MO* 和 *NO* 都成直角。又因为 *LO* 等于 *OM*，*OR* 是公共边，且与 *LO* 和 *OM* 都成直角，所以底边 *RL* 等于 *RM*【命题 1.4】。同理，*RN* 也等于 *RL* 和 *RM*，所以三条线段 *RL*、*RM* 和 *RN* 彼此相等。已知 *OR* 上的正方形等于 *AB* 上的正方形比 *LO* 上的正方形大的部分，所以 *AB* 上的正方形等于 *LO* 和 *OR* 上的正方形的和。*LR* 上的正方形等于 *LO* 和 *OR* 上的正方形的和。这是因为角 *LOR* 是直角【命题 1.47】。所以，*AB* 上的正方形等于 *RL* 上的正方形。所以，*AB* 等于 *RL*。但 *BC*、*DE*、*EF*、*GH* 和 *HK* 都等于 *AB*，且 *RM* 和 *RN* 也都等于 *RL*。所以，*AB*、*BC*、*DE*、*EF*、*GH* 和 *HK* 都等于 *RL*、*RM* 和 *RN*。又因为两边 *LR* 和 *RM* 分别等于两边 *AB* 和 *BC*，且已知 *LM* 等于 *AC*，所以角 *LRM* 等于角 *ABC*【命题 1.8】。同理，角

MRN 等于角 *DEF*，角 *LRN* 等于角 *GHK*。

综上，立体角 *R* 由角 *LRM*、*MRN* 和 *LRN* 构成，其中角 *LRM*、*MRN* 和 *LRN* 分别等于已知角 *ABC*、*DEF* 和 *GHK*。这就是该命题的结论。

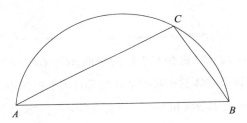

引理

作 *OR* 上的正方形等于 *AB* 上的正方形与 *LO* 上的正方形差的面积。作线段 *AB* 和 *LO*，设 *AB* 较大，在 *AB* 上作半圆 *ABC*。作半圆 *ABC* 的拟合线段 *AC* 等于 *LO*，它不大于直径 *AB*【命题 4.1】。连接 *CB*。因为角 *ACB* 在半圆 *ACB* 上，所以角 *ACB* 是直角【命题 3.31】。所以，*AB* 上的正方形等于 *AC* 和 *CB* 上的正方形的和【命题 1.47】。所以，*AB* 上的正方形比 *AC* 上的正方形大的部分是 *CB* 上的正方形。*AC* 等于 *LO*。所以，*AB* 上的正方形比 *LO* 上的正方形大的部分是 *CB* 上的正方形。如果取 *OR* 等于 *BC*，那么 *AB* 上的正方形比 *LO* 大的部分就是 *OR* 上的正方形。

命题 24

如果一个立体由六个互相平行的平面构成，那么该立体相对的平面相等且为平行四边形。

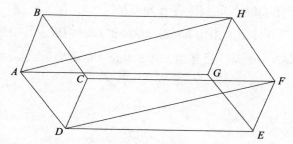

　已知立体 CDHG 由相互平行的平面 AC、GF、AH、DF、BF、AE 构成。可证该立体的相对的平面相等且为平行四边形。

　因为两平行面 BG 和 CE 被平面 AC 所截，则它们的交线互相平行【命题 11.16】。所以，AB 平行于 DC。又因为两平行面 BF 和 AE 被平面 AC 所截，它们的交线互相平行【命题 11.16】，所以 BC 平行于 AD。又已经证明 AB 平行于 DC，所以 AC 是平行四边形。相似地，可以证明 DF、FG、GB、BF 和 AE 都是平行四边形。

　连接 AH 和 DF。因为 AB 平行于 DC，BH 平行于 CF，所以两相交线 AB 和 BH 分别平行于另两条与它们不在同一平面上的相交线 DC 和 CF。所以，它们的夹角相等【命题 11.10】。所以，角 ABH 等于角 DCF。又因为两边 AB 和 BH 分别等于两边 DC 和 CF 【命题 1.34】，且角 ABH 等于角 DCF，所以底边 AH 等于 DF，三角形 ABH 等于三角形 DCF【命题 1.4】。平行四边形 BG 是三角形 ABH 的二倍，平行四边形 CE 是三角形 DCF 的二倍【命题 1.34】，所以平行四边形 BG 等于平行四边形 CE。相似地，可以证明 AC 等于 GF，AE 等于 BF。

　综上，如果一个立体由六个互相平行的平面构成，那么该立体相对的平面相等且为平行四边形。这就是该命题的结论。

命题 25

如果一个平行六面体被一个平行于一对相对面的平面所截，那么底比底等于立体比立体。

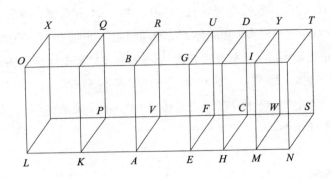

已知平行六面体 *ABCD* 被平面 *FG* 所截，且 *FG* 平行于两个相对的面 *RA* 和 *DH*。可证底 *AEFV* 比 *EHCF* 等于立体 *ABFU* 比 *EGCD*。

向两边延长 *AH*。取线段 *AK* 和 *KL* 等于 *AE*，线段 *HM* 和 *MN* 等于 *EH*。补充完成平行四边形 *LP*、*KV*、*HW* 和 *MS*，以及补形立体 *LQ*、*KR*、*DM* 和 *MT*。

因为线段 *LK*、*KA* 和 *AE* 彼此相等，所以平行四边形 *LP*、*KV* 和 *AF* 也彼此相等，平行四边形 *KO*、*KB* 和 *AG* 彼此相等，且 *LX*、*KQ* 和 *AR* 也彼此相等。因为它们是相对的面【命题 11.24】。同理，平行四边形 *EC*、*HW* 和 *MS* 彼此相等，*HG*、*HI* 和 *IN* 彼此相等，*DH*、*MY* 和 *NT* 彼此相等，所以在立体 *LQ*、*KR* 和 *AU* 中，有三个面对应相等。但每个立体中的三个面与其相对的面也彼此相等【命题 11.24】，所以三个立体 *LQ*、*KR* 和 *AU* 彼此相等【定义 11.10】。同理，三个立体 *ED*、*DM* 和 *MT* 彼此相等，所以底 *LF* 是底 *AF* 的多少倍，立体 *LU* 就是立体 *AU* 的多少倍。同理，底 *NF* 是 *FH* 的多少倍，立

体 *NU* 就是 *HU* 的多少倍。如果底 *LF* 等于 *NF*，那么立体 *LU* 也等于 *NU*。① 如果底 *LF* 大于 *NF*，那么立体 *LU* 大于 *NU*。如果 *LF* 小于 *NF*，那么 *LU* 小于 *NU*。所以，有四个量，两个底 *AF*、*FH* 和两个立体 *AU*、*UH*，且已经得到底 *AF* 和立体 *AU* 的同倍量，即底 *LF* 和立体 *LU*，以及底 *HF* 和立体 *HU* 的同倍量，即底 *NF* 和立体 *NU*。已经证明如果底 *LF* 大于底 *FN*，那么立体 *LU* 大于立体 *NU*；如果 *LF* 等于 *FN*，那么 *LU* 等于 *NU*；如果 *LF* 小于 *FN*，那么 *LU* 小于 *NU*。所以，底 *AF* 比 *FH* 等于立体 *AU* 比 *UH*【定义 5.5】。这就是该命题的结论。

命题 26

在给定直线上，以给定点为顶点，作一个立体角，使其等于已知的立体角。

已知 *A* 是给定线段 *AB* 上的一点，在 *D* 点处由角 *EDC*、*EDF* 和 *FDC* 构成一个已知的立体角。在线段 *AB* 上，以 *A* 为顶点，作一个立体角等于 *D* 点的立体角。

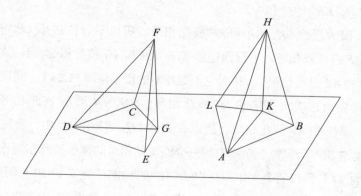

① 这里，欧几里德认为，如果 $LF \gtreqless NF$，那么 $LU \gtreqless NU$。这是很容易证明的。

在 *DF* 上任取一点 *F*，过 *F* 作经过 *ED* 和 *DC* 的平面的垂线【命题 11.11】，设在平面上的交点为 *G*，连接 *DG*。以 *AB* 为边，*A* 为顶点，作角 *BAL* 等于角 *EDC*，角 *BAK* 等于角 *EDG*【命题 1.23】。使 *AK* 等于 *DG*。过点 *K* 作 *KH* 与经过 *BAL* 的平面成直角【命题 11.12】。设 *KH* 等于 *GF*。连接 *HA*。可以证明 *A* 处由平面角 *BAL*、*BAH* 和 *HAL* 构成的立体角等于 *D* 处由平面角 *EDC*、*EDF* 和 *FDC* 构成的立体角。

截取 *DE*，使其与 *AB* 相等，连接 *HB*、*KB*、*FE* 和 *GE*。因为 *FG* 与已知平面成直角，所以它与所有在平面内与它相交的直线都成直角【定义 11.3】。所以，角 *FGD* 和 *FGE* 都是直角。同理，角 *HKA* 和 *HKB* 也是直角。又因为两边 *KA* 和 *AB* 分别等于两边 *GD* 和 *DE*，且它们的夹角相等，所以底边 *KB* 等于 *GE*【命题 1.4】。又，*KH* 等于 *GF*，且它们成直角，所以 *HB* 等于 *FE*【命题 1.4】。又因为两边 *AK* 和 *KH* 分别等于两边 *DG* 和 *GF*，且它们成直角，所以底边 *AH* 等于 *FD*【命题 1.4】。又，*AB* 等于 *DE*。所以，两边 *HA* 和 *AB* 分别等于两边 *DF* 和 *DE*。底边 *HB* 等于 *FE*。所以，角 *BAH* 等于角 *EDF*【命题 1.8】。同理，角 *HAL* 等于角 *FDC*，角 *BAL* 等于角 *EDC*。

综上，在给定线段 *AB* 上以 *A* 为顶点的立体角等于 *D* 处的立体角。这就是所要求的作法。

命题 27

在已知线段上作已知平行六面体的相似且有相似位置的平行六面体。

已知 *AB* 是给定线段，*CD* 是给定平行六面体。在给定线段 *AB* 上作与给定平行六面体 *CD* 的相似且有相似位置的平行六面体。

在线段 *AB* 上，以点 *A* 为顶点作由角 *BAH*、*HAK* 和 *KAB* 构成的立体角等于 *C* 处的立体角【命题 11.26】，即角 *BAH* 等于角 *ECF*，角 *BAK* 等于角 *ECG*，角 *KAH* 等于角 *GCF*。使 *EC* 比 *CG* 等于 *BA* 比 *AK*，*GC* 比 *CF* 等于 *KA* 比 *AH*【命题 6.12】。所以，就有首末项比，*EC* 比 *CF* 等于 *BA* 比 *AH*【命题 5.22】。完成平行四边形 *HB* 和补形立体 *AL*。

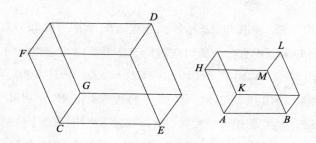

因为 *EC* 比 *CG* 等于 *BA* 比 *AK*，且夹等角 *ECG* 与 *BAK* 的边成比例，所以平行四边形 *GE* 与平行四边形 *KB* 相似。同理，平行四边形 *KH* 与平行四边形 *GF* 相似，且 *FE* 与 *HB* 相似，所以立体 *CD* 中有三个平行四边形与立体 *AL* 中的三个平行四边形相似。但前面三个与它们对面的平行四边形是相等且相似的，后面三个和它们对面的平行四边形是相等且相似的，所以立体 *CD* 与立体 *AL* 相似【定义 11.9】。

综上，在已知线段 *AB* 上作出了与已知平行六面体 *CD* 相似且有相似位置的立体 *AL*。这就是该命题的结论。

命题 28

如果一个平行六面体被相对面上对角线所在的平面所截，那么这个平行六面体被平面二等分。

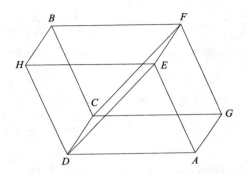

已知平行六面体 *AB* 被相对面上的对角线 *CF* 和 *DE* 所在的平面 *CDEF*① 所截，可证立体 *AB* 被平面 *CDEF* 平分。

因为三角形 *CGF* 等于三角形 *CFB*，且 *ADE* 等于 *DEH*【命题 1.34】，平行四边形 *CA* 等于平行四边形 *EB*，因为它们是相对的面【命题 11.24】，*GE* 等于 *CH*，所以两个三角形 *CGF*、*ADE* 和三个平行四边形 *GE*、*AC* 和 *CE* 构成的棱柱等于由两个三角形 *CFB*、*DEH* 和三个平行四边形 *CH*、*BE* 和 *CE* 构成的棱柱。因为这两个棱柱是由同样多个两两相等的面组成的【定义 11.10】，② 所以整个立体 *AB* 被平面 *CDEF* 平分。这就是该命题的结论。

命题 29

同底等高的两个平行六面体，且立在底面同一侧的棱的端点在同一直线上，则这两个平行六面体彼此相等。

---

① 这里，已经假设两条对角线在同一平面上。这是很容易证明的。
② 但是，严格来说，相似的排列方式并不足以说明两个棱柱是相似的，而是一个是另一个的镜像。

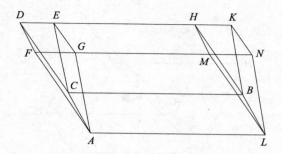

　　已知平行六面体 CM 和 CN 在同一个底面 AB 上，且它们的高相等，设立在底边的侧棱 AG、AF、LM、LN、CD、CE、BH 和 BK 的端点分别在两条直线 FN 和 DK 上。可证立体 CM 等于立体 CN。

　　因为 CH 和 CK 是平行四边形，CB 等于 DH 和 EK【命题 1.34】。所以，DH 也等于 EK。同时减去 EH。所以，余下的 DE 等于 HK。所以，三角形 DCE 等于三角形 HBK【命题 1.4、1.8】，且平行四边形 DG 等于平行四边形 HN【命题 1.36】。同理，三角形 AFG 等于三角形 MLN。平行四边形 CF 等于平行四边形 BM，CG 等于 BN【命题 11.24】。因为它们是相对的面，所以由两个三角形 AFG、DCE 和三个平行四边形 AD、DG 和 CG 组成的棱柱体与由两个三角形 MLN、HBK 和三个平行四边形 BM、HN 和 BN 构成的棱柱体相等。两个棱柱体同时加上以平行四边形 AB 为底，相对面是 GEHM 的立体，所以整个平行六面体 CM 等于整个平行六面体 CN。

　　综上，同底等高的两个平行六面体，且立在底面同一侧的棱的端点在同一直线上，则这两个平行六面体彼此相等。这就是该命题的结论。

命题 30

同底等高的平行六面体，且立在底面同一侧的棱的端点不在同一条直线上，则平行六面体彼此相等。

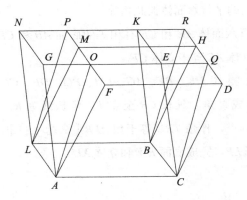

已知平行六面体 CM 和 CN 在同一个底面 AB 上，且它们的高相等，设立在底边的侧棱 AF、AG、LM、LN、CD、CE、BH 和 BK 的端点不在同一直线上。可证立体 CM 等于立体 CN。

延长 NK 和 DH 相交于 R。延长 FM 和 GE 至 P 和 Q。连接 AO、LP、CQ 和 BR。所以，以平行四边形 $ACBL$ 为底，相对面为 $FDHM$ 的立体 CM 与以平行四边形 $ACBL$ 为底，相对面为 $OQRP$ 的立体 CP 彼此相等。因为它们在同一底面 $ACBL$ 上且等高，侧棱 AF、AO、LM、LP、CD、CQ、BH 和 BR 的端点分别在两条直线 FP 和 DR 上【命题 11.29】。以平行四边形 $ACBL$ 为底面，相对面为 $OQRP$ 的立体 CP，与以平行四边形 $ACBL$ 为底，相对面为 $GEKN$ 的立体 CN 彼此相等。因为，它们在同一底面 $ACBL$ 上且等高，侧棱 AG、AO、CE、CQ、LN、LP、BK 和 BR 的端点分别在两条直线 GQ 和 NR 上【命题 11.29】，所以立体 CM 等于立体 CN。

综上，同底等高的平行六面体，且立在底面同一侧的棱的端点不在同一条直线上，则平行六面体彼此相等。这就是该命题的结论。

命题 31

等底同高的平行六面体彼此相等。

已知平行六面体 *AE* 和 *CF* 有相等的底面 *AB* 和 *CD*，且有相同的高。可证立体 *AE* 等于立体 *CF*。

首先设侧棱 *HK*、*BE*、*AG*、*LM*、*PQ*、*DF*、*CO* 和 *RS* 与底面 *AB* 和 *CD* 成直角。延长 *CR* 至点 *T*，延长线为 *RT*。以 *RT* 为一边，点 *R* 为顶点，作角 *TRU* 等于角 *ALB*【命题 1.23】。使 *RT* 等于 *AL*，*RU* 等于 *LB*。完成底面 *RW* 和立体 *XU*。

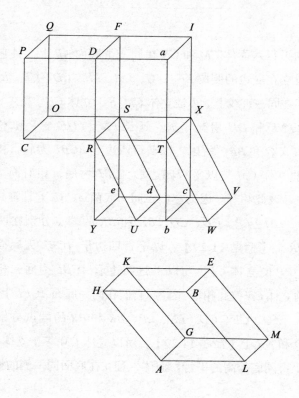

因为两边 *TR* 和 *RU* 分别等于两边 *AL* 和 *LB*，且它们的夹角相等，所以平行四边形 *RW* 与平行四边形 *HL* 相等且相似【命题 6.14】。又因为 *AL* 等于 *RT*，*LM* 等于 *RS*，且它们的夹角是直角，所以平行四边形 *RX* 与平行四边形 *AM* 相等且相似【命题 6.14】。同理，*LE* 与 *SU* 相等且相似，所以立体 *AE* 的三个平行四边形与立体 *XU* 的三个平行四边形相等且相似。但前面的三个相当且相似于三个对面的平行四边形，后面的三个相等且相似于它们对面的平行四边形【命题 11.24】，所以整个平行六面体 *AE* 与整个平行六面体 *XU* 彼此相等【定义 11.10】。延长 *DR* 和 *WU* 交于点 *Y*。过 *T* 作 *aTb* 平行于 *DY*。延长 *PD* 至 *a*。完成立体 *YX* 和 *RI*。所以，以平行四边形 *RX* 为底面，其相对面为 *Yc* 的立体 *XY*，与以平行四边形 *RX* 为底，其相对面为 *UV* 的立体 *XU* 彼此相等。因为它们有相同的底 *RX* 且等高，侧棱 *RY*、*RU*、*Tb*、*TW*、*Se*、*Sd*、*Xc* 和 *XV* 的端点分别在两条直线 *YW* 和 *eV* 上【命题 11.29】。立体 *XU* 等于 *AE*，所以立体 *XY* 等于立体 *AE*。又因为平行四边形 *RUWT* 等于平行四边形 *YT*。因为它们在同底 *RT* 上，且在相同的平行线 *RT* 和 *YW* 之间【命题 1.35】。平行四边形 *RUWT* 等于平行四边形 *CD*，因为它等于 *AB*，所以平行四边形 *YT* 等于 *CD*。又，*DT* 是另一个平行四边形，所以底 *CD* 比 *DT* 等于 *YT* 比 *DT*【命题 5.7】。又因为平行六面体 *CI* 被平行于 *CI* 相对面的 *RF* 所截，所以底 *CD* 比 *DT* 等于立体 *CF* 比 *RI*【命题 11.25】。同理，因为平行六面体 *YI* 被 *RX* 所截，且 *RX* 平行于 *YI* 的相对面，所以底 *YT* 比 *TD* 等于立体 *YX* 比 *RI*【命题 11.25】。但底 *CD* 比 *DT* 等于 *YT* 比 *DT*，所以立体 *CF* 比 *RI* 等于立体 *YX* 比 *RI*。所以，立体 *CF* 和 *YX* 与 *RI* 的比相等【命题 5.11】。所以，立体 *CF* 等于立体 *YX*【命题 5.9】。但已经证明 *YX* 等于 *AE*，所以 *AE* 等于 *CF*。

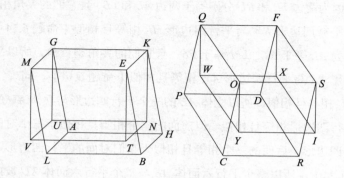

其次，设侧棱 AG、HK、BE、LM、CO、PQ、DF 和 RS 与底面 AB 和 CD 不成直角。可以证明立体 AE 等于立体 CF。分别过点 K、E、G、M、Q、F、O 和 S 作已知平面的垂线 KN、ET、GU、MV、QW、FX、OY 和 SI，设它们与已知平面的交点为 N、T、U、V、W、X、Y 和 I。连接 NT、NU、UV、TV、WX、WY、YI 和 IX。所以，立体 KV 等于立体 QI。因为它们在相等的底面 KM 和 QS 上且同高，立在底面的侧棱与底面成直角（前面已证明）。但立体 KV 等于立体 AE，QI 等于 CF，因为它们在相同的底面上且同高，立在底面的侧棱的端点不在同一直线上【命题 11.30】，所以立体 AE 等于立体 CF。

综上，等底同高的平行六面体彼此相等。这就是该命题的结论。

命题 32

等高的平行六面体的比等于其底的比。

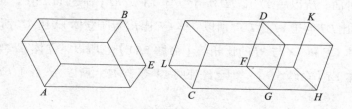

已知 *AB* 和 *CD* 是等高的两个平行六面体。可证平行六面体的比等于其底的比，即底 *AE* 比 *CF* 等于立体 *AB* 比 *CD*。

在 *FG* 处作 *FH* 等于 *AE*【命题 1.45】。在已完成的底面 *FH* 上作一个补形平行六面体 *GK*，使其与 *CD* 等高。所以，立体 *AB* 等于立体 *GK*。因为它们是在相等的底面 *AE* 和 *FH* 上，且高相等【命题 11.31】。因为平行六面体 *CK* 被平行于一对相对面的平面 *DG* 所截，所以底 *CF* 比 *FH* 等于立体 *CD* 比 *DH*【命题 11.25】。又，底 *FH* 等于 *AE*，立体 *GK* 等于 *AB*，所以底 *AE* 比 *CF* 等于立体 *AB* 比 *CD*。

综上，等高的平行六面体的比等于其底的比。这就是该命题的结论。

命题 33

相似六面体的比等于其对应边的三次方比。

已知 *AB* 和 *CD* 互为相似平行六面体，且 *AE* 与 *CF* 相对应。可证立体 *AB* 比 *CD* 等于 *AE* 与 *CF* 的三次方比。

在直线 *AE*、*GE* 和 *HE* 的延长线上分别作 *EK*、*EL* 和 *EM*，使 *EK* 等于 *CF*，*EL* 等于 *FN*，*EM* 等于 *FR*。完成平行四边形 *KL* 和补形平行六面体 *KP*。

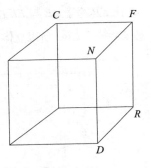

两边 *KE* 和 *EL* 分别等于两边 *CF* 和 *FN*，角 *KEL* 等于角 *CFN*，角 *AEG* 等于角 *CFN*，这是因为立体 *AB* 与 *CD* 互为相似平行六面体，所以平行四边形 *KL* 等于且相似于平行四边形 *CN*。同理，平行四边形 *KM* 等于且相似于平行四边形 *CR*，*EP* 等于且相似于 *DF*，所以立体 *KP* 的三个平行四边形与立体 *CD* 的三个平行四边形相等且相似。前三个平行四边形与它们的相对面相等且相似，后三个平行四边形也与其相对面相等且相似【命题 11.24】，所以整个立体 KP 与整个立体 CD 相等且相似【定义 11.10】。完成平行四边形 GK。分别以平行四边形 GK 和 KL 为底，以 AB 的高为高，完成立体 EO 和 LQ。因为立体 AB 和 CD 相似，所以 AE 比 CF 等于 EG 比 FN，又等于 EH 比 FR【定义 6.1、11.9】。又，CF 等于 EK，FN 等于 EL，且 FR 等于 EM，所以 AE 比 EK 等于 GE 比 EL，又等于 HE 比 EM。但 AE 比 EK 等于平行四边形 AG 比 GK，且 GE 比 EL 等于 GK 比 KL，HE 比 EM 等于 QE 比 KM【命题 6.1】，所以平行四边形 AG 比 GK 等于 GK 比 KL，又等于 QE 比 KM。但 AG 比 GK 等于立体 AB 比 EO，GK 比 KL 等于立体 OE 比 QL，且 QE 比 KM 等于立体 QL 比 KP【命题 11.32】，所以立体 AB 比 EO 等于 EO 比 QL，又等于 QL 比 KP。如果四个量成比例，那么第一个量与第四个量的比是第一个量与第二个量的三次方比【定义 5.10】，所以立体 AB 比 KP 等于 AB 与 EO 的三次方比。但 AB 比 EO 等于平行四边形 AG 比 GK，又等于线段 AE 比 EK【命题 6.1】，所以立体 AB 比 KP 等于 AE 与 EK 的三次方比。又，立体 KP 等于立体 CD，线段 EK 等于 CF，所以立体 AB 比 CD 等于对应边 AE 与 CF 的三次方比。

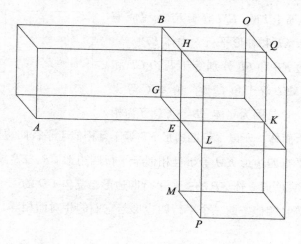

502

综上，相似六面体的比等于其对应边的三次方比。这就是该命题的结论。

推 论

所以，由此命题可以得到，如果四条线段成连比例，那么第一条线段比第四条线段等于第一条线段上的平行六面体比第二条线段上的与之相似且有相似位置的平行六面体，因为第一条线段比第四条线段等于第一条线段与第二条线段的三次方比。

命题 34[①]

相等的平行六面体的底与高互成反比，且底和高互成反比的平行六面体彼此相等。

已知 AB 和 CD 是彼此相等的平行六面体。可证平行六面体 AB 和 CD 的底与高互成反比，即底 EH 比 NQ 等于立体 CD 的高比立体 AB 的高。

首先，设侧棱 AG、EF、LB、HK、CM、NO、PD 和 QR 都与其底面成直角。可以证明底 EH 比 NQ 等于 CM 比 AG。

如果底面 EH 等于底 NQ，且立体 AB 等于 CD，则 CM 等于 AG。等高的平行六面体的比等于其底的比【命题 11.32】。那么底 EH 比 NQ 等于 CM 比 AG。很明显，平行六面体 AB 和 CD 的底与高互成反比。

---

① 该命题认为（a）如果两个平行六面体相等，等底则等高，且（b）如果两个相等的平行六面体的底不相等，那么底越小的立体的高越大。

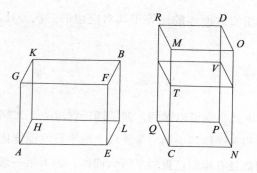

设底 EH 不等于 NQ，且设 EH 较大。又，立体 AB 等于立体 CD，所以，CM 大于 AG。使 CT 等于 AG。在底 NQ 上，以 CT 为高，完成平行六面体 VC。因为立体 AB 等于 CD，CV 是另一个立体，且等量与同一量的比相等【命题 5.7】，所以立体 AB 比 CV 等于立体 CD 比 CV。但立体 AB 比 CV 等于底 EH 比 NQ。因为立体 AB 和 CV 的高相等【命题 11.32】。立体 CD 比立体 CV 等于底面 MQ 比 TQ【命题 11.25】，又等于 CM 比 CT【命题 6.1】，所以底面 EH 比 NQ 等于 MC 比 CT。因为 CT 等于 AG，所以底面 EH 比 NQ 等于 MC 比 AG。所以，平行六面体 AB 和 CD 的底和高互成反比。

其次，设平行六面体 AB 和 CD 的底与高互成反比，即底 EH 比 NQ 等于立体 CD 的高比立体 AB 的高。可以证明立体 AB 等于立体 CD。设所有立在底面的侧棱与底面成直角。如果底面 EH 等于 NQ，且底 EH 比 NQ 等于立体 CD 的高比立体 AB 的高，所以立体 CD 的高等于立体 AB 的高。等底同高的平行六面体彼此相等【命题 11.31】。所以，立体 AB 等于立体 CD。

设底 EH 不等于 NQ，且设 EH 较大，所以立体 CD 的高比立体 AB 的高大，即 CM 大于 AG。使 CT 等于 AG，作相似立体 CV。因为底 EH 比 NQ 等于 MC 比 AG，且 AG 等于 CT，所以底 EH 比 NQ 等于 CM 比 CT。但底 EH 比 NQ 等于立体 AB 比

CV。因为立体 AB 和 CV 有相同的高【命题 11.32】，又，CM 比 CT 等于底 MQ 比 QT【命题 6.1】，又等于立体 CD 比 CV【命题 11.25】，所以立体 AB 比立体 CV 等于立体 CD 比立体 CV。所以，AB 和 CD 与 CV 的比相等。所以，立体 AB 等于立体 CD【命题 5.9】。

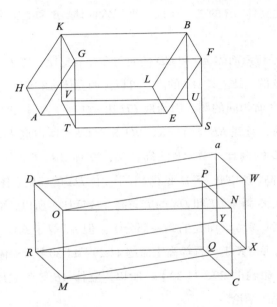

设立在底面上的侧棱 FE、BL、GA、KH、ON、DP、MC 和 RQ 与底面不成直角。过点 F、G、B、K、O、M、R 和 D 分别作经过 EH 和 NQ 的平面的垂线，垂线与平面的交点为 S、T、U、V、W、X、Y 和 a。完成立体 FV 和 OY。在这种情况下，可以证明若立体 AB 等于 CD，则它们的底与高互成反比，即底 EH 比 NQ 等于立体 CD 的高比立体 AB 的高。

立体 AB 等于立体 CD，AB 等于 BT。因为它们在同一底面 FK 上，且等高【命题 11.29、11.30】。又，立体 CD 等于 DX。这是因为它们在相同的底面 RO 上，且等高【命题 11.29、11.30】，所以立体

BT 等于立体 DX。所以，底 FK 比 OR 等于立体 DX 的高比立体 BT 的高（参考该命题的第一部分）。又，底 FK 等于 EH，底 OR 等于 NQ，所以底 EH 比 NQ 等于立体 DX 的高比立体 BT 的高。又，立体 DX、BT 分别与立体 DC、BA 等高，所以底 EH 比 NQ 等于立体 DC 的高比立体 AB 的高。所以，平行六面体 AB 和 CD 的底与高互成反比。

再设平行六面体 AB 和 CD 的底与高互成反比，即 EH 比 NQ 等于立体 CD 的高比立体 AB 的高。可以证明立体 AB 等于立体 CD。

作与之前相同的图。因为底 EH 比 NQ 等于立体 CD 的高比立体 AB 的高，且底 EH 等于 FK，NQ 等于 OR，所以底 FK 比 OR 等于立体 CD 的高比立体 AB 的高。又，立体 AB、CD 分别与立体 BT、DX 等高，所以底 FK 比底 OR 等于立体 DX 的高比立体 BT 的高。所以，平行六面体 BT 和 DX 的底与高互成反比。所以，立体 BT 等于立体 DX（参考该命题的第一部分）。但 BT 等于 BA。这是因为它们在同一底 FK 上，且等高【命题 11.29、11.30】。立体 DX 等于立体 DC【命题 11.29、11.30】。所以，立体 AB 等于立体 CD。这就是该命题的结论。

命题 35

如果有两个相等的平面角，过它们的顶点分别在平面外作直线，且该直线与组成平面角的两条直线所夹的角分别相等，如果在所作平面外的两条直线上各任取一点，过该点作向原角所在平面的垂线，则垂线与平面的交点和角顶点的连线与面外直线的夹角相等。

已知 BAC 和 EDF 是两个相等的直线角。过点 A 和 D 作 AG 和 DM，使其分别与原直线的夹角相等，即角 MDE 等于角 GAB，角 MDF 等于角 GAC。分别在 AG 和 DM 上任取一点 G 和 M。过点 G

和 *M* 分别作经过 *BAC* 和 *EDF* 的平面的垂线。设它们与平面的交点分别为 *L* 和 *N*。连接 *LA* 和 *ND*。可证角 *GAL* 等于角 *MDN*。

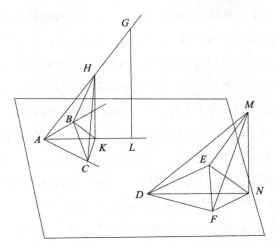

作 *AH* 等于 *DM*。过点 *H* 作 *HK* 平行于 *GL*。*GL* 是经过 *BAC* 的平面的垂线，所以 *HK* 也是经过 *BAC* 的平面的垂线【命题 11.8 】。过点 *K* 和点 *N*，作直线 *AC*、*DF*、*AB* 和 *DE* 的垂线 *KC*、*NF*、*KB* 和 *NE*。连接 *HC*、*CB*、*MF* 和 *FE*。因为 *HA* 上的正方形等于 *HK* 和 *KA* 上的正方形的和【命题 1.47 】，且 *KC* 和 *CA* 上的正方形的和等于 *KA* 上的正方形【命题 1.47 】，所以 *HA* 上的正方形等于 *HK*、*KC* 和 *CA* 上的正方形的和。又，*HC* 上的正方形等于 *HK* 和 *KC* 上的正方形的和【命题 1.47 】，所以 *HA* 上的正方形等于 *HC* 和 *CA* 上的正方形的和。所以，角 *HCA* 是直角【命题 1.48 】。同理，角 *DFM* 也是直角，所以角 *ACH* 等于角 *DFM*。又，角 *HAC* 等于角 *MDF*，所以三角形 *MDF* 和三角形 *HAC* 有两个角分别相等，且其中一条边相等，即等角所对的边 *HA* 等于 *MD*。所以，它们余下的边彼此对应相等【命题 1.26 】。所以，*AC* 等于 *DF*。相似地，可以证明 *AB* 等

于 *DE*。因为 *AC* 等于 *DF*，*AB* 等于 *DE*，所以两边 *CA* 和 *AB* 分别等于两边 *FD* 和 *DE*。但角 *CAB* 等于角 *FDE*，所以底 *BC* 等于 *EF*，且三角形 *ACB* 等于三角形 *DFE*，余下的角也都彼此对应相等【命题1.4】，所以角 *ACB* 等于角 *DFE*。又，直角 *ACK* 等于直角 *DFN*，所以余下的角 *BCK* 等于角 *EFN*。同理，角 *CBK* 也等于角 *FEN*，所以三角形 *BCK* 和 *EFN* 有两个角分别相等，且一条边也相等，即两等角之间的边 *BC* 等于 *EF*，所以它们余下的边也彼此对应相等【命题 1.26】，所以 *CK* 等于 *FN*。又，*AC* 等于 *DF*，所以两边 *AC* 和 *CK* 分别等于两边 *DF* 和 *FN*，且它们的夹角都是直角，所以底 *AK* 等于 *DN*【命题 1.4】。因为 *AH* 等于 *DM*，所以 *AH* 上的正方形等于 *DM* 上的正方形。但 *AK* 和 *KH* 上的正方形的和等于 *AH* 上的正方形，因为角 *AKH* 是直角【命题 1.47】。又，*DN* 和 *NM* 上的正方形的和等于 *DM* 上的正方形，因为角 *DNM* 是直角【命题 1.47】，所以 *AK* 与 *KH* 上的正方形的和等于 *DN* 与 *NM* 上的正方形的和，其中 *AK* 上的正方形等于 *DN* 上的正方形。所以，余下的 *KH* 上的正方形等于 *NM* 上的正方形。所以，*HK* 等于 *MN*。因为两边 *HA* 和 *AK* 分别等于两边 *MD* 和 *DN*，且已经证明底 *HK* 等于 *MN*，所以角 *HAK* 等于角 *MDN*【命题 1.8】。

综上，如果有两个相等的平面角，则满足该命题的条件。这就是该命题的结论。

推 论

所以，由此命题可以得到，如果有两个相等的平面角，过两个角的顶点分别作平面外的相等线段，且该线段与组成平面角的两条直线所夹的角分别相等，则若过该线段的端点作角所在平面的垂线，则两条垂线彼此相等。这就是该命题的结论。

命题 36

如果有三条线段成比例，那么由这三条线段构成的平行六面体等于中项上所作的等边且与前面的平行六面体等角的平行六面体。

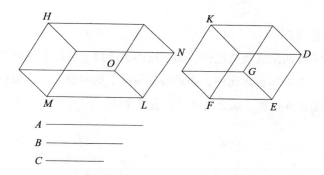

已知线段 A、B 和 C 成比例，即 A 比 B 等于 B 比 C。可证由 A、B 和 C 构成的平行六面体等于在 B 上作的等边且与前面的立体等角的立体。

作由 DEG、GEF 和 FED 构成的 E 处的立体角。使 DE、GE 和 EF 等于 B。完成平行六面体 EK。使 LM 等于 A，在线段 LM 上，以点 L 为顶点，作由 NLO、OLM 和 MLN 构成的立体角，且使其等于点 E 的立体角【命题 11.23】，使 LO 等于 B，LN 等于 C。因为 A 比 B 等于 B 比 C，且 A 等于 LM，B 等于 LO、ED，C 等于 LN，所以 LM 比 EF 等于 DE 比 LN。所以，夹等角 NLM 和 DEF 的边互成反比。所以，平行四边形 MN 等于平行四边形 DF【命题 6.14】。又因为角 DEF 和 NLM 是两个平面直线角，这两个平面外的线段 LO 和 EG 也彼此相等，且这两条线段与原平面角两边的夹角相等，所以过点 G 和 O 分别作经过 NLM 和 DEF 的平面的垂线也彼此相等【命题 11.35 推论】。所以，立体 LH 和 EK 是等高的。等底同高的平行六面体彼此相等【命题 11.31】，所以立体 HL 等于立体 EK。HL 是

由 *A*、*B* 和 *C* 构成的立体，*EK* 是由 *B* 构成的立体，所以由 *A*、*B* 和 *C* 构成的平行六面体等于在 *B* 上的等边且与前面的立体等角的立体。这就是该命题的结论。

命题 37[①]

如果有四条线段成比例，那么这四条线段上的相似且有相似位置的平行六面体也成比例。如果每条线段上的相似且有相似位置的平行六面体成比例，那么这些线段也成比例。

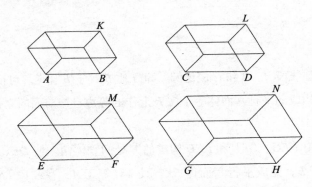

已知 *AB*、*CD*、*EF* 和 *GH* 是成比例的四条线段，即 *AB* 比 *CD* 等于 *EF* 比 *GH*。分别在 *AB*、*CD*、*EF* 和 *GH* 上作相似且有相似位置的平行六面体 *KA*、*LC*、*ME* 和 *NG*。可证 *KA* 比 *LC* 等于 *ME* 比 *NG*。

因为平行六面体 *KA* 与 *LC* 相似，所以 *KA* 与 *LC* 的比等于 *AB* 与 *CD* 的三次方比【命题 11.33】。同理，*ME* 比 *NG* 等于 *EF* 与 *GH* 的三次方比【命题 11.33】。又因为 *AB* 比 *CD* 等于 *EF* 比 *GH*，所以 *AK* 比 *LC* 等于 *ME* 比 *NG*。

---

① 该命题认为如果两个比值相等，那么前者的三次方等于后者的三次方，反之亦然。

再设立体 *AK* 比 *LC* 等于 *ME* 比 *NG*。可以证明线段 *AB* 比 *CD* 等于 *EF* 比 *GH*。

因为 *KA* 比 *LC* 等于 *AB* 与 *CD* 的三次方比【命题 11.33】，且 *ME* 比 *NG* 等于 *EF* 与 *GH* 的三次方比【命题 11.33】，*KA* 比 *LC* 等于 *ME* 比 *NG*，所以 *AB* 比 *CD* 等于 *EF* 比 *GH*。

综上，四条成比例的线段满足该命题的条件。这就是该命题的结论。

命题 38

如果二等分一个立方体相对面的边，过二等分点作平面，这些平面的交线与立方体的对角线相互平分。

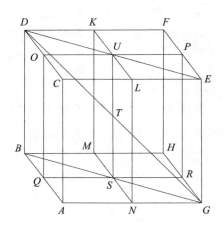

已知立方体 *AF* 的相对面 *CF* 和 *AH* 的边被点 *K*、*L*、*M*、*N*、*O*、*Q*、*P* 和 *R* 平分。过分点作平面 *KN* 和 *OR*。并设 *US* 是两平面的相交线，*DG* 是立方体 *AF* 的对角线。可证 *UT* 等于 *TS*，*DT* 等于 *TG*。

连接 *DU*、*UE*、*BS* 和 *SG*。因为 *DO* 平行于 *PE*，内错角 *DOU* 等于 *UPE*【命题 1.29】。因为 *DO* 等于 *PE*，*OU* 等于 *UP*，且它

们的夹角相等，所以底 *DU* 等于 *UE*，且三角形 *DOU* 等于三角形 *PUE*，余下的角都彼此相等【命题 1.4】。所以，角 *OUD* 等于角 *PUE*。由此，*DUE* 是一条直线【命题 1.14】。同理，*BSG* 也是一条直线，且 *BS* 等于 *SG*。又因为 *CA* 与 *DB* 平行且相等，*CA* 与 *EG* 平行且相等，所以 *DB* 与 *EG* 也平行且相等【命题 11.9】。又，直线 *DE* 和 *BG* 与它们相交，所以 *DE* 平行于 *BG*【命题 1.33】。所以，角 *EDT* 等于角 *BGT*，因为它们是内错角【命题 1.29】。又，角 *DTU* 等于角 *GTS*【命题 1.15】，所以三角形 *DTU* 和 *GTS* 中有两个角彼此相等，并有一条边彼此相等，即等角所对的边 *DU* 等于 *GS*。这是因为它们分别是 *DE* 和 *BG* 的一半，所以两三角形余下的边彼此相等【命题 1.26】，所以 *DT* 等于 *TG*，*UT* 等于 *TS*。

综上，如果二等分一个立方体相对面的边，过二等分点作平面，这些平面的交线与立方体的对角线相互平分。这就是该命题的结论。

命题 39

如果有两个等高的棱柱体，其中一个以平行四边形为底，另一个以三角形为底，且平行四边形是三角形的二倍，那么这两个棱柱体相等。

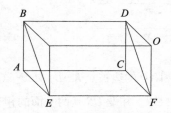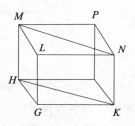

已知 *ABCDEF* 和 *GHKLMN* 是两个等高的棱柱体，前者的底为平行四边形 *AF*，后者的底为三角形 *GHK*，且平行四边形 *AF* 是三角形 *GHK* 的二倍。可证棱柱 *ABCDEF* 与 *GHKLMN* 相等。

在两棱柱上补充形成立体 *AO* 和 *GP*。因为平行四边形 *AF* 是三角形 *GHK* 的二倍，且平行四边形 *HK* 也是三角形 *GHK* 的二倍【命题 1.34】，所以平行四边形 *AF* 等于平行四边形 *HK*。又，等底同高的平行六面体彼此相等【命题 11.31】，所以立体 *AO* 等于立体 *GP*。又，棱柱体 *ABCDEF* 是立体 *AO* 的一半，棱柱体 *GHKLMN* 是立体 *GP* 的一半【命题 11.28】，所以棱柱体 *ABCDEF* 等于棱柱体 *GHKLMN*。

综上，如果有两个等高的棱柱体，其中一个以平行四边形为底，另一个以三角形为底，且平行四边形是三角形的二倍，那么这两个棱柱体相等。这就是该命题的结论。

第12卷　立体几何中的比例问题

命　题

命题 1

圆内接相似多边形的比等于圆直径上的正方形的比。

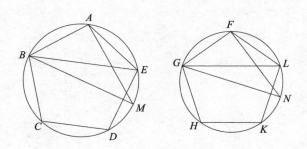

已知 *ABC* 和 *FGH* 是圆，*ABCDE* 和 *FGHKL* 是圆内接相似多边形，*BM* 和 *GN* 分别是两圆的直径。可证 *BM* 上的正方形比 *GN* 上的正方形等于多边形 *ABCDE* 比多边形 *FGHKL*。

连接 *BE*、*AM*、*GL* 和 *FN*。因为多边形 *ABCDE* 与多边形

FGHKL 相似，角 *BAE* 等于角 *GFL*，且 *BA* 比 *AE* 等于 *GF* 比 *FL*【定义 6.1】。所以，三角形 *BAE* 和 *GFL* 有一个角对应相等，即角 *BAE* 等于角 *GFL*，且夹等角的两边成比例。所以，三角形 *ABE* 与三角形 *FGL* 是等角的【命题 6.6】。所以，角 *AEB* 等于角 *FLG*。但角 *AEB* 等于角 *AMB*，这是因为它们在同一圆弧上【命题 3.27】。又，角 *FLG* 等于角 *FNG*，所以角 *AMB* 等于角 *FNG*。直角 *BAM* 等于直角 *GFN*【命题 3.31】。所以，余下的角也彼此相等【命题 1.32】。所以，三角形 *ABM* 和三角形 *FGN* 是等角的。所以，有比例，*BM* 比 *GN* 等于 *BA* 比 *GF*【命题 6.4】。但 *BM* 上的正方形比 *GN* 上的正方形等于 *BM* 与 *GN* 的二次方比，且多边形 *ABCDE* 比多边形 *FGHKL* 等于 *BA* 与 *GF* 的二次方比【命题 6.20】，所以 *BM* 上的正方形比 *GN* 上的正方形等于多边形 *ABCDE* 比多边形 *FGHKL*。

综上，圆内接相似多边形的比等于圆直径上的正方形的比。这就是该命题的结论。

命题 2

圆的比等于其直径上的正方形的比。

已知 *ABCD* 和 *EFGH* 是圆，*BD* 和 *FH* 分别是它们的直径。可证圆 *ABCD* 比圆 *EFGH* 等于 *BD* 上的正方形比 *FH* 上的正方形。

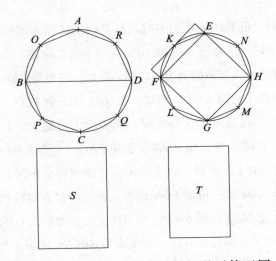

　　假设 *BD* 上的正方形比 *FH* 上的正方形不等于圆 *ABCD* 比圆
EFGH，那么 *BD* 上的正方形比 *FH* 上的正方形等于圆 *ABCD* 比另
一个或者大于圆 *EFGH*，或者小于 *EFGH* 的面积。首先，设这个面
积为小于圆 *EFGH* 的 *S*。使正方形 *EFGH* 为圆 *EFGH* 的内接正方形
【命题 4.6】，所以内接正方形大于圆 *EFGH* 的一半。如果过点 *E*、
F、*G* 和 *H* 作圆的切线，那么正方形 *EFGH* 等于圆外切正方形的一
半【命题 1.47】，且圆小于外切正方形，所以内接正方形 *EFGH* 大
于圆 *EFGH* 的一半。作弧 *EF*、*FG*、*GH* 和 *HE* 的二等分点分别为
K、*L*、*M* 和 *N*，连接 *EK*、*KF*、*FL*、*LG*、*GM*、*MH*、*HN* 和 *NE*，
所以三角形 *EKF*、*FLG*、*GMH* 和 *HNE* 都大于三角形所对应的弓形
的一半。如果过点 *K*、*L*、*M* 和 *N* 作圆的切线，完成线段 *EF*、*FG*、
GH 和 *HE* 上的平行四边形，那么每个三角形 *EKF*、*FLG*、*GMH* 和
HNE 都是它们所对应的平行四边形的一半，而它们所对应的弓形小
于该平行四边形。所以，三角形 *EKF*、*FLG*、*GMH*、*HNE* 大于它
们所在弓形的一半。所以，继续二等分余下的弧，并连接等分点，
一直这样做，可以得到所有弓形的和小于圆 *EFGH* 比面积 *S* 多的部

分。因为我们已经在第十卷的第一个定理中证明了，如果有两个不相等的量，则从较大的量中每次减去大于其一半的量，继续下去，最终会得到某个小于较小量的量【命题 10.1】。设这样的弓形已经得到，即圆 $EFGH$ 的 EK、KF、FL、LG、GM、MH、HN 和 NE 上的弓形的和小于圆 $EFGH$ 比面积 S 大的部分，所以余下的多边形 $EKFLGMHN$ 大于面积 S。设内接于圆 $ABCD$ 的多边形 $AOBPCQDR$ 与 $EKFLGMHN$ 相似，所以 BD 上的正方形比 FH 上的正方形等于多边形 $AOBPCQDR$ 比多边形 $EKFLGMHN$【命题 12.1】。但 BD 上的正方形比 FH 上的正方形等于圆 $ABCD$ 比面积 S，所以圆 $ABCD$ 比面积 S 等于多边形 $AOBPCQDR$ 比多边形 $EKFLGMHN$【命题 5.11】，所以其更比例，圆 $ABCD$ 与其内接多边形的比等于面积 S 与多边形 $EKFLGMHN$ 的比【命题 5.16】。又，圆 $ABCD$ 大于其内接多边形，所以面积 S 也应该大于多边形 $EKFLGMHN$。但面积 S 小于该多边形。这是不可能的。所以，BD 上的正方形与 FH 上的正方形的比不等于圆 $ABCD$ 与某个小于圆 $EFGH$ 的面积的比。相似地，可以证明，FH 上的正方形与 BD 上的正方形的比也不等于圆 $EFGH$ 与某个小于圆 $ABCD$ 的面积的比。

所以，BD 上的正方形与 FH 上的正方形的比不等于圆 $ABCD$ 与任何一个大于圆 $EFGH$ 的比。

假设可能，设成比例的较大的面积为 S，所以该反比例为，FH 上的正方形比 DB 上的正方形等于面积 S 比圆 $ABCD$【命题 5.7 推论】。但面积 S 比圆 $ABCD$ 等于圆 $EFGH$ 比某个小于圆 $ABCD$ 的面积（参见引理），所以 FH 上的正方形比 BD 上的正方形等于圆 $EFGH$ 比某个小于圆 $ABCD$ 的面积【命题 5.11】。这已经证明是不可能的。所以，BD 上的正方形比 FH 上的正方形不等于圆 $ABCD$ 比某个大于圆 $EFGH$ 的面积。已经证明没有成比例的小于圆 $EFGH$ 的面积，

所以 *BD* 上的正方形比 *FH* 上的正方形等于圆 *ABCD* 比圆 *EFGH*。

综上，圆的比等于其直径上的正方形的比。这就是该命题的结论。

引 理

如果面积 *S* 大于圆 *EFGH*，则可以证明面积 *S* 比圆 *ABCD* 等于圆 *EFGH* 比某个小于圆 *ABCD* 的面积。

设面积 *S* 比圆 *ABCD* 等于圆 *EFGH* 比面积 *T*。可以证明面积 *T* 小于圆 *ABCD*。因为面积 *S* 比圆 *ABCD* 等于圆 *EFGH* 比面积 *T*，所以，其更比例为，面积 *S* 比圆 *EFGH* 等于圆 *ABCD* 比面积 *T*【命题 5.16】。但面积 *S* 大于圆 *EFGH*，所以圆 *ABCD* 大于面积 *T*【命题 5.14】，所以面积 *S* 比圆 *ABCD* 等于圆 *EFGH* 比某个小于圆 *ABCD* 的面积。这就是该引理的结论。

命题 3

任何一个以三角形为底的棱锥体，可以被分成以两个相等且与原棱锥相似又以三角形为底的三棱锥，以及其和大于原棱锥一半的两个相等的棱柱。

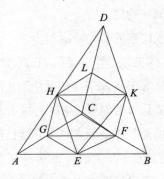

已知有一个棱锥体，其底为 *ABC*，顶点为 *D*。可证棱锥 *ABCD*

被分为两个相等且相似的以三角形为底的棱锥，且与原棱锥相似，以及其和大于原棱锥一半的两个相等的棱柱。

　　分别做 AB、BC、CA、AD、DB 和 DC 的二等分点 E、F、G、H、K 和 L。连接 HE、EG、GH、HK、KL、LH、KF 和 FG。因为 AE 等于 EB，AH 等于 DH，所以 EH 平行于 DB【命题 6.2】。同理，HK 平行于 AB，所以 $HEBK$ 是平行四边形，所以 HK 等于 EB【命题 1.34】。但 EB 等于 EA，所以 AE 等于 HK。又，AH 等于 HD，所以两边 EA 和 AH 分别等于两边 KH 和 HD。又，角 EAH 等于角 KHD【命题 1.29】，所以底边 EH 等于 KD【命题 1.4】。所以，三角形 AEH 等于且相似于三角形 HKD【命题 1.4】。同理，三角形 AHG 等于且相似于三角形 HLD。又因为彼此相交的两直线 EH 和 HG 平行于彼此相交的两直线 KD 和 DL，且不在同一平面上，则它们的夹角相等【命题 11.10】，所以角 EHG 等于角 KDL。又因为两条线段 EH 和 HG 分别等于 KD 和 DL，且角 EHG 等于角 KDL，所以底边 EG 等于 KL【命题 1.4】。所以，三角形 EHG 等于且相似于三角形 KDL。同理，三角形 AEG 等于且相似于三角形 HKL，所以以三角形 AEG 为底，点 H 为顶点的棱锥与以三角形 HKL 为底，点 D 为顶点的棱锥相等且相似【定义 11.10】。因为 HK 平行于三角形 ADB 的一条边 AB，三角形 ADB 与三角形 DHK 等角【命题 1.29】，且它们的边成比例，所以三角形 ADB 与三角形 DHK 相似【定义 6.1】。同理，三角形 DBC 与三角形 DKL 也相似，三角形 ADC 与 DLH 相似。因为彼此相交的两条线段 BA 和 AC 分别平行于另两条不在同一平面的相交线段 KH 和 HL，且它们的夹角相等【命题 11.10】，所以角 BAC 等于角 KHL。又，BA 比 AC 等于 KH 比 HL，所以三角形 ABC 与三角形 HKL 相似【命题 6.6】。所以，以三角形 ABC 为底，点 D 为顶点的棱锥体与以三角形 HKL

为底，点 D 为顶点的棱锥体相似【定义 11.9】。但已经证明以三角形 HKL 为底，点 D 为顶点的棱锥体与以三角形 AEG 为底，点 H 为顶点的棱锥体相似，所以棱锥体 $AEGH$ 和 $HKLD$ 都与整个棱锥体 $ABCD$ 相似。

因为 BF 等于 FC，平行四边形 $EBFG$ 是三角形 GFC 的二倍【命题 1.41】，又因为如果有两个等高的棱柱分别以平行四边形和三角形为底，且平行四边形是三角形的二倍，则这两个棱柱相等【命题 11.39】，所以由三角形 BKF、EHG 和平行四边形 $EBFG$、$EBKH$、$HKFG$ 围成的棱柱与由三角形 GFC、HKL 和平行四边形 $KFCL$、$LCGH$、$HKFG$ 围成的棱柱相等。很明显，两个棱柱，即以平行四边形 $EBFG$ 为底，以线段 HK 为对棱的棱柱，和以三角形 GFC 为底，以三角形 HKL 为对面的棱柱，都大于以三角形 AEG 和 HKL 为底，点 H 和 D 为顶点的棱锥。因为，如果连接线段 EF 和 EK，那么以平行四边形 $EBFG$ 为底，以 HK 为对棱的棱柱，大于以三角形 EBF 为底，点 K 为顶点的棱锥。但以三角形 EBF 为底，点 K 为顶点的棱锥，等于以三角形 AEG 为底，点 H 为顶点的棱锥。这是因为它们是由相等且相似的面组成。所以，以平行四边形 $EBFG$ 为底，以线段 HK 为棱的棱柱，大于以三角形 AEG 为底，点 H 为顶点的棱锥。又，以平行四边形 $EBFG$ 为底，以线段 HK 为棱的棱柱，等于以三角形 GFC 为底，以三角形 HKL 为对面的棱柱。以三角形 AEG 为底，点 H 为顶点的棱锥，等于以三角形 HKL 为底，点 D 为顶点的棱锥。所以，两个棱柱的和大于分别以三角形 AEG 和 HKL 为底，点 H 和 D 为顶点的棱锥的和。

综上，以三角形 ABC 为底，点 D 为顶点的棱锥可以分为两个相等的棱锥和两个相等的棱柱，且两个棱柱的和大于整个棱锥的一半。这就是该命题的结论。

命题 4

如果有两个等高棱锥，都以三角形为底，将这两个棱锥都分成两个与原棱锥相似的相等的棱锥和两个相等的棱柱，那么一个棱锥的底比另一个棱锥的底等于一个棱锥内所有棱柱的和比另一个棱锥内同样个数的所有棱柱的和。

已知有两个等高棱锥，分别以三角形 ABC 和 DEF 为底，以点 G 和 H 为顶点。将每个棱锥分为两个与原棱锥相似的相等的棱锥和两个相等的棱柱【命题 12.3 】。可证底 ABC 比 DEF 等于棱锥 $ABCG$ 中的棱柱的和比棱锥 $DEFH$ 中的棱柱的和。

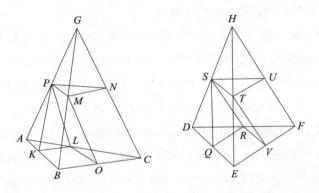

因为 BO 等于 OC，AL 等于 LC，所以 LO 平行于 AB，三角形 ABC 与三角形 LOC 相似【命题 12.3 】。同理，三角形 DEF 与三角形 RVF 相似。因为 BC 等于 CO 的二倍，EF 是 FV 的二倍，所以 BC 比 CO 等于 EF 比 FV。在 BC 和 CO 上作相似且有相似位置的直线形 ABC 和 LOC，并在 EF 和 FV 上作相似且有相似位置的直线形 DEF 和 RVF。所以，三角形 ABC 比三角形 LOC 等于三角形 DEF 比三角形 RVR【命题 6.22 】。所以，其更比例为，三角形 ABC 比三角形 DEF 等于三角形 LOC 比三角形 RVF【命题 5.16 】。但三角形 LOC 比三角形 RVF 等于以三角形 LOC 为底，以三角形 PMN 为对面的棱柱比以三角形 *RVF* 为底，以 *STU* 为对面的棱柱（参见引理），所以三角形 *ABC* 比三角形 *DEF* 等于以三角形 *LOC* 为底，以 *PMN* 为对面的棱柱比以三角形 *RVF* 为底，以 *STU* 为对面的棱柱。又，上述棱柱的比等于以平行四边形 *KBOL* 为底，以线段 *PM* 为棱的棱柱比以平行四边形 *QEVR* 为底，以线段 *ST* 为棱的棱柱【命题 11.39、12.3】，所以一个以平行四边形 *KBOL* 为底，以 *PM* 为棱的棱柱与一个以 *LOC* 为底，以 *PMN* 为对面的棱柱的和与以 *QEVR* 为底，以线段 *ST* 为对棱的棱柱及以三角形 *RVF* 为底，以 *STU* 为对面的棱柱的和的比相同【命题 5.12】。所以，底 *ABC* 比底 *DEF* 等于上述第一对棱柱的和比第二对棱柱的和。

相似地，如果棱锥 *PMNG* 和 *STUH* 被分为两个棱柱和两个棱锥，那么底 *PMN* 比 *STU* 等于棱锥 *PMNG* 中的两个棱柱的和比棱锥 *STUH* 中两个棱柱和。但底 *PMN* 比 *STU* 等于底 *ABC* 比 *DEF*。因为三角形 *PMN* 和 *STU* 分别等于三角形 *LOC* 和 *RVF*，所以底 *ABC* 比 *DEF* 等于四个棱柱的和比四个棱柱的和【命题 5.12】。相似地，如果将余下的棱锥分为两个棱锥和两个棱柱，则底 *ABC* 比 *DEF* 等于棱锥 *ABCG* 内的所有棱柱的和比棱锥 *DEFH* 内所有棱柱的和。这就是该命题的结论。

引理

以下的内容还需要证明：三角形 *LOC* 比三角形 *RVF* 等于以三角形 *LOC* 为底，以 *PMN* 为对面的棱柱比三角形 *RVF* 为底，以 *STU* 为对面的棱柱。

在上图中，过点 *G* 和 *H* 分别作平面 *ABC* 和 *DEF* 的垂线。很明显两垂线相等，因为已知两棱锥是等高的。因为线段 *GC* 和过 *G* 的垂线被平行平面 *ABC* 和 *PMN* 所截，且所截的部分成比例【命题

11.17】。又，平面 *PMN* 平分 *GC* 于点 *N*，所以平面 *PMN* 也平分从
G 到平面 *ABC* 的垂线。同理，平面 *STU* 平分从 *H* 到平面 *DEF* 的垂线。
过 *G* 和 *H* 到平面 *ABC* 和 *DEF* 的垂线相等，所以从三角形 *PMN* 到
平面 *ABC* 的垂线等于从三角形 *STU* 到 *DEF* 的垂线。所以，以三角
形 *LOC* 和 *RVF* 为底，以 *PMN* 和 *STU* 为对面的棱柱是等高的。所以，
由上述等高棱柱补充完成的平行六面体的比等于它们的底的比【命
题 11.22】。两个平行六面体的一半也有同样的比【命题 11.28】。
所以，底 *LOC* 比 *RVF* 等于上述棱柱的比。这就是该引理的结论。

命题 5

以三角形为底的等高的棱锥的比等于其底的比。

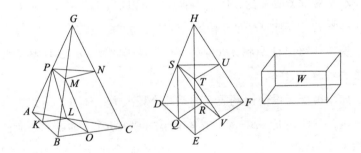

已知两等高棱锥分别以三角形 *ABC* 和 *DEF* 为底，点 *G* 和 *H* 为
顶点。可证底 *ABC* 比 *DEF* 等于棱锥 *ABCG* 比棱锥 *DEFH*。

如果底 *ABC* 比 *DEF* 不等于棱锥 *ABCG* 比棱锥 *DEFH*，那么底
ABC 比 *DEF* 等于棱锥 *ABCG* 比某个或者小于或者大于棱锥 *DEFH* 的
立体。首先，设比例成立的是较小的立体 *W*。设棱锥 *DEFH* 被分为
两个与整个棱锥相似的相等棱锥和两个相等的棱柱，所以两个棱柱
的和大于整个棱锥的一半【命题 12.3】。将上述两个棱锥再按类似
的方式继续分下去，直到从棱锥 *DEFH* 中分出某些小于棱锥 *DEFH*

与立体 W 的差的棱锥【命题 10.1】。设最终的两个棱锥为 $DQRS$ 和 $STUH$，所以在棱锥 $DEFH$ 中余下的两个棱柱的和大于立体 W。相似地，用分割棱锥 $DEFH$ 的方式和次数分割棱锥 $ABCG$，所以底 ABC 比 DEF 等于棱锥 $ABCG$ 里棱柱的和比棱锥 $DEFH$ 里棱柱的和【命题 12.4】。但底 ABC 比 DEF 等于棱锥 $ABCG$ 比立体 W，所以棱锥 $ABCG$ 比立体 W 等于棱锥 $ABCG$ 里棱柱的和比棱锥 $DEFH$ 里棱柱的和【命题 5.11】，所以其更比例是，棱锥 $ABCG$ 比它里面的棱柱的和等于立体 W 比棱锥 $DEFH$ 里的棱柱的和【命题 5.16】。又，棱锥 $ABCG$ 大于它里面的棱柱的和，所以立体 W 也应该大于棱锥 $DEFH$ 里的棱柱的和【命题 5.14】。但已经证明 W 小于棱锥 $DEFH$ 里棱柱的和。这是不可能的。所以，底 ABC 比 DEF 不等于棱锥 $ABCG$ 比某个小于棱锥 $DEFH$ 的立体。相似地，可以证明底 DEF 比 ABC 也不等于棱锥 $DEFH$ 比某个小于棱锥 $ABCG$ 的立体。

所以，可以证明底 ABC 比 DEF 不等于立体 $ABCG$ 比某个大于棱锥 $DEFH$ 的立体。

如果可能，设使比例成立的是某个较大的立体 W。所以，其反比例是，底 DEF 比 ABC 等于立体 W 比棱锥 $ABCG$【命题 5.7 推论】。立体 W 比棱锥 $ABCG$ 等于棱锥 $DEFH$ 比某个小于棱锥 $ABCG$ 的立体【命题 12.2 引理】，这一点在前面已经证明了。所以，底 DEF 比底 ABC 等于棱锥 $DEFH$ 比某个小于棱锥 $ABCG$ 的立体【命题 5.11】。已经证明这是不可能的。所以，底 ABC 比 DEF 不等于棱锥 $ABCG$ 比某个大于棱锥 $DEFH$ 的立体。已经证明比某个小于棱锥 $DEFH$ 的立体是不可能的。所以，底 ABC 比 DEF 等于棱锥 $ABCG$ 比棱锥 $DEFH$。这就是该命题的结论。

命题 6

以多边形为底的等高棱锥体的比等于它们的底的比。

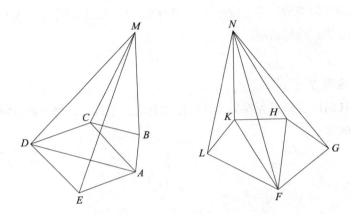

已知两等高棱锥分别以多边形 *ABCDE* 和 *FGHKL* 为底，点 *M* 和 *N* 为顶点。可证底 *ABCDE* 比 *FGHKL* 等于棱锥 *ABCDEM* 比棱锥 *FGHKLN*。

连接 *AC*、*AD*、*FH* 和 *FK*。因为 *ABCM* 和 *ACDM* 以三角形为底，且等高，所以它们的比等于它们底的比【命题 12.5】。所以，底 *ABC* 比底 *ACD* 等于棱锥 *ABCM* 比棱锥 *ACDM*。所以，其合比例为，底 *ABCD* 比 *ACD* 等于棱锥 *ABCDM* 比棱锥 *ACDM*【命题 5.18】。但底 *ACD* 比 *ADE* 等于棱锥 *ACDM* 比棱锥 *ADEM*【命题 12.5】，所以其首末比例为，底 *ABCD* 比 *ADE* 等于棱锥 *ABCDM* 比棱锥 *ADEM*【命题 5.22】；合比例为，底 *ABCDE* 比底 *ADE* 等于棱锥 *ABCDEM* 比棱锥 *ADEM*【命题 5.18】。相似地，可以证明底 *FGHKL* 比底 *FGH* 等于棱锥 *FGHKLN* 比棱锥 *FGHN*。又因为以三角形为底的 *ADEM* 和 *FGHN* 高相等，所以底 *ADE* 比底 *FGH* 等于棱锥 *ADEM* 比棱锥 *FGHN*【命题 12.5】。但底 *ADE* 比 *ABCDE* 等于棱锥 *ADEM* 比棱锥 *ABCDEM*，所以其首末比例为，底 *ABCDE* 比底 *FGH*

等于棱锥 ABCDEM 比棱锥 FGHN【命题 5.22】。又，底 FGH 比底 FGHKL 等于棱锥 FGHN 比棱锥 FGHKLN，所以首末比例为，底 ABCDE 比 FGHKL 等于棱锥 ABCDEM 比棱锥 FGHKLN【命题 5.22】。这就是该命题的结论。

命题 7

任何以三角形为底的棱柱可以被分成三个以三角形为底且彼此相等的棱锥。

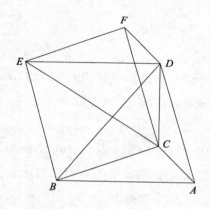

已知一个以三角形 ABC 为底且其对面为三角形 DEF 的棱柱。可证棱柱 ABCDEF 可以被分为三个彼此相等且以三角形为底的棱锥。

连接 BD、EC 和 CD。因为 ABED 是平行四边形，且 BD 是对角线，所以三角形 ABD 等于三角形 EBD【命题 1.34】。所以，以三角形 ABD 为底，点 C 为顶点的棱锥等于以三角形 DEB 为底，点 C 为顶点的棱锥【命题 12.5】。但以三角形 DEB 为底，点 C 为顶点的棱锥与以三角形 EBC 为底，点 D 为顶点的棱锥相同。因为它们包含了相同的面，所以以三角形 ABD 为底，点 C 为顶点的棱锥等于以

三角形 *EBC* 为底，点 *D* 为顶点的棱锥。又因为 *FCBE* 是平行四边形，*CE* 是对角线，所以三角形 *CEF* 等于三角形 *CBE*【命题 1.34】。所以，以三角形 *BCE* 为底，点 *D* 为顶点的棱锥等于以三角形 *ECF* 为底，点 *D* 为顶点的棱锥【命题 12.5】。已经证明以三角形 *BCE* 为底，点 *D* 为顶点的棱锥等于以三角形 *ABD* 为底，点 *C* 为顶点的棱锥，所以以三角形 *CEF* 为底，点 *D* 为顶点的棱锥等于以三角形 *ABD* 为底，点 *C* 为顶点的棱锥。所以，棱柱 *ABCDEF* 被分为三个以三角形为底且彼此相等的棱锥。

　　以三角形 *ABD* 为底，点 *C* 为顶点的棱锥与以三角形 *CAB* 为底，点 *D* 为顶点的棱锥相同，因为它们包含相同的面。已经证明以三角形 *ABD* 为底，点 *C* 为顶点的棱锥是以三角形 *ABC* 为底，*DEF* 为对面的棱柱的三分之一，所以以三角形 *ABC* 为底，点 *D* 为顶点的棱锥也是同样以三角形 *ABC* 为底，*DEF* 为对面的棱柱的三分之一。

推 论

　　从这里，很明显可以得到，任何棱锥都是与其同底等高的棱柱的三分之一。这就是该命题的结论。

命题 8

　　以三角形为底的相似棱锥的比等于它们对应边的三次方比。

　　已知分别以三角形 *ABC* 和 *DEF* 为底，点 *G* 和 *H* 为顶点的相似且有相似位置的棱锥。可证棱锥 *ABCG* 比棱锥 *DEFH* 等于 *BC* 与 *EF* 的三次方比。

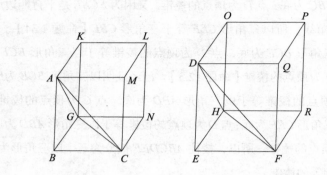

作平行六面体 *BGML* 和 *EHQP*。因为棱锥 *ABCG* 与棱锥 *DEFH*
相似，所以角 *ABC* 等于角 *DEF*，且角 *GBC* 等于角 *HEF*，角 *ABG*
等于角 *DEH*。*AB* 比 *DE* 等于 *BC* 比 *EF*，又等于 *BG* 比 *EH*【定义
11.9】。因为 *AB* 比 *DE* 等于 *BC* 比 *EF*，夹等角的两边成比例，所
以平行四边形 *BM* 与平行四边形 *EQ* 相似。同理，*BN* 与 *ER* 相似，
BK 与 *EO* 相似，所以三个平行四边形 *MB*、*BK* 和 *BN* 分别与平行四
边形 *EQ*、*EO*、*ER* 相似。但三个平行四边形 *MB*、*BK* 和 *BN* 都与
其相对面相等且相似，且三个面 *EQ*、*EO*、*ER* 也都与其相对面相
等且相似【命题 11.24】，所以立体 *BGML* 与 *EHQP* 包含个数相等
的相似且有相似位置的平面。所以，立体 *BGML* 与立体 *EHQP* 相
似【定义 11.9】。相似平行六面体的比等于对应边的三次方比【命
题 11.33】，所以立体 *BGML* 与立体 *EHQP* 的比等于对应边 *BC* 与
EF 的三次方比。立体 *BGML* 比立体 *EHQP* 等于棱锥 *ABCG* 比棱锥
DEFH，这是因为棱柱是平行六面体的一半【命题 11.28】，并是棱
锥的三倍【命题 12.7】，所以棱锥是平行六面体的六分之一。所以，
棱锥 *ABCG* 与棱锥 *DEFH* 的比是 *BC* 与 *EF* 的三次方比。这就是该
命题的结论。

推 论

从这里，可以很明显地得到，以多边形为底的相似棱锥的比等于它们对应边的三次方比。因为，如果把它们分成以三角形为底的棱锥，相似多边形也会被分为数量相等的相似三角形，且对应三角形的比等于整体的比【命题 6.20】。前一个棱锥中的以三角形为底的棱锥比后一个棱锥中的以三角形为底的棱锥，等于前一个里所有以三角形为底的棱锥的和比后一个里所有以三角形为底的棱锥的和【命题 5.12】，即等于前一个棱锥的多边形的底比后一个棱锥的多边形的底。以三角形为底的棱锥的比等于对应边的三次方比【命题 12.8】。所以，以多边形为底的相似棱锥的比等于它们对应边的三次方比。

命题 9

以三角形为底的相等的棱锥，底与高互成反比；底与高互成反比的棱锥彼此相等。

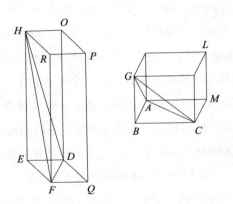

已知两个相等的棱锥分别以三角形 *ABC* 和 *DEF* 为底，以点 *G* 和 *H* 为顶点。可证棱锥 *ABCG* 和 *DEFH* 的底与高互成反比，即底

ABC 比底 DEF 等于棱锥 $DEFH$ 的高比 $ABCG$ 的高。

作平行六面体 $BGML$ 和 $EHQP$。因为棱锥 $ABCG$ 等于棱锥 $DEFH$，且立体 $BGML$ 是棱锥 $ABCG$ 的六倍（见前面的命题），立体 $EHQP$ 是棱锥 $DEFH$ 的六倍，所以立体 $BGML$ 等于立体 $EHQP$。相等的平行六面体的底和高互成反比【命题 11.34】，所以底 BM 比 EQ 等于立体 $EHQP$ 的高比立体 $BGML$ 的高。但底 BM 比底 EQ 等于三角形 ABC 比三角形 DEF【命题 1.34】，所以三角形 ABC 比三角形 DEF 等于立体 $EHQP$ 的高比立体 $BGML$ 的高【命题 5.11】。但立体 $EHQP$ 的高与棱锥 $DEFH$ 高相同，立体 $BGML$ 的高与棱锥 $ABCG$ 的高相同，所以底 ABC 比底 DEF 等于棱锥 $DEFH$ 的高比棱锥 $ABCG$ 的高。所以，棱锥 $ABCG$ 与 $DEFH$ 的底与它们的高互成反比。

设棱锥 $ABCG$ 和 $DEFH$ 的底与它们的高互成反比，所以底 ABC 比底 DEF 等于棱锥 $DEFH$ 的高比棱锥 $ABCG$ 的高。可证棱锥 $ABCG$ 等于棱锥 $DEFH$。

在相同的作图中，因为底 ABC 比底 DEF 等于棱锥 $DEFH$ 的高比棱锥 $ABCG$ 的高，底 ABC 比底 DEF 等于平行四边形 BM 比平行四边形 EQ【命题 1.34】，所以平行四边形 BM 比平行四边形 EQ 等于棱锥 $DEFH$ 的高比棱锥 $ABCG$ 的高【命题 5.11】。但棱锥 $DEFH$ 的高与平行六面体 $EHQP$ 的高相同，棱锥 $ABCG$ 的高与平行六面体 $BGML$ 的高相同，所以底 BM 比底 EQ 等于平行六面体 $EHQP$ 的高比平行六面体 $BGML$ 的高。底与高互成反比的平行六面体彼此相等【命题 11.34】，所以平行六面体 $BGML$ 等于平行六面体 $EHQP$。又，棱锥 $ABCG$ 是 $BGML$ 的六分之一，棱锥 $DEFH$ 是平行六面体 $EHQP$ 的六分之一，所以棱锥 $ABCG$ 等于棱锥 $DEFH$。

综上，以三角形为底的相等的棱锥，底与高互成反比；底与高

530

互成反比的棱锥彼此相等。这就是该命题的结论。

命题 10

圆锥是与其同底等高的圆柱的三分之一。

已知一个圆锥与圆柱同底，即圆 *ABCD*，它们的高相等。可证圆锥是圆柱的三分之一，即圆柱是圆锥的三倍。

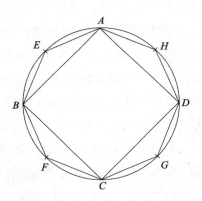

如果圆柱不是圆锥的三倍，那么圆柱或者大于圆锥的三倍，或者小于圆锥的三倍。首先，设它大于圆锥的三倍。设正方形 *ABCD* 内接于圆 *ABCD*【命题 4.6】，所以正方形 *ABCD* 大于圆 *ABCD* 的一半【命题 12.2】。在正方形 *ABCD* 上作一棱柱，使它的高等于圆柱的高，所以所作的棱柱大于圆柱的一半，这是因为如果作圆 *ABCD* 的外切正方形【命题 4.7】，那么圆 *ABCD* 的内接正方形是外切正方形的一半，且它们上的平行六面体等高。等高的平行六面体的比等于它们底的比【命题 11.32】，所以正方形 *ABCD* 上的棱柱是圆 *ABCD* 外切正方形上的棱柱的一半。圆柱小于圆 *ABCD* 外切正方形上的棱柱，所以在正方形 *ABCD* 上，与圆柱等高的棱柱大于圆柱的一半。设点 *E*、*F*、*G*、*H* 分别平分弧 *AB*、*BC*、*CD* 和 *DA*。

连接 *AE*、*EB*、*BF*、*FC*、*CG*、*GD*、*DH* 和 *HA*。已经证明了三角形 *AEB*、*BFC*、*CGD* 和 *DHA* 都大于圆 *ABCD* 的弓形的一半【命题 12.2】。在三角形 *AEB*、*BFC*、*CGD* 和 *DHA* 每个上作与圆柱等高的棱柱，所以所作的每个棱柱都大于对应弓形上的柱体的一半，因为如果分别过点 *E*、*F*、*G* 和 *H* 作 *AB*、*BC*、*CD* 和 *DA* 的平行线，并作 *AB*、*BC*、*CD* 和 *DA* 上的平行四边形，并在其上作与圆柱等高的平行六面体，那么在三角形 *AEB*、*BFC*、*CGD* 和 *DHA* 上的棱柱是每个立体的一半。弓形上的柱体的和小于平行六面体的和。所以，三角形 *AEB*、*BFC*、*CGD* 和 *DHA* 上的棱柱的和大于弓形上的柱体的和的一半。所以，如果余下的弧被平分，连接平分点，并在每个三角形上作与圆柱等高的棱柱，重复此过程，那么最终会有弓形上的柱体的和小于圆柱大于三倍圆锥的部分【命题 10.1】。设已经得到弓形，设为 *AE*、*EB*、*BF*、*FC*、*CG*、*GD*、*DH* 和 *HA*。所以，余下的以多边形 *AEBFCGDH* 为底，与圆柱等高的棱柱大于圆锥的三倍。但以多边形 *AEBFCGDH* 为底并与圆柱等高的棱柱是以多边形 *AEBFCGDH* 为底并与圆锥有同一顶点的棱锥的三倍【命题 12.7 推论】，所以以多边形 *AEBFCGDH* 为底并与圆锥有同一顶点的棱锥大于以圆 *ABCD* 为底的圆锥。但该棱锥还小于圆锥。因为圆锥包含棱锥。这是不可能的。所以，圆柱不大于圆锥的三倍。

可以证明圆柱也不小于圆锥的三倍。

如果可能，设圆柱小于圆锥的三倍，所以相反，圆锥大于圆柱的三分之一。设正方形 *ABCD* 内接于圆 *ABCD*【命题 4.6】，所以正方形 *ABCD* 大于圆 *ABCD* 的一半。在正方形 *ABCD* 上作与圆锥同顶点的棱锥，所以该棱锥大于圆锥的一半。在前面已经证明，如果作圆的外切正方形【命题 4.7】，那么正方形 *ABCD* 是该外切正方形的一半【命题 12.2】。如果在两个正方形上作高与圆锥相等的平行六面体，也可以称为棱柱，那么正方形 *ABCD* 上的棱柱是外切正方形上的棱柱的一半。因为它们的比等于底的比【命题 11.32】，所以它们的三分之一也存在相同的比的关系。所以，以正方形 *ABCD* 为底的棱锥是圆外切正方形上的棱锥的一半【命题 12.7 推论】。圆外切正方形上的棱锥大于圆锥。因为棱锥包含圆锥，所以以正方形 *ABCD* 为底，以圆锥顶点为顶点的棱锥大于圆锥的一半。设点 *E*、*F*、*G* 和 *H* 分别平分弧 *AB*、*BC*、*CD* 和 *DA*。连接 *AE*、*EB*、*BF*、*FC*、*CG*、*GD*、*DH* 和 *HA*，所以三角形 *AEB*、*BFC*、*CGD* 和 *DHA* 都大于圆 *ABCD* 的每个弓形的一半【命题 12.2】。在三角形 *AEB*、*BFC*、*CGD* 和 *DHA* 的每个上都作以圆锥顶点为顶点的棱锥，所以，以同样的方式，每个所作的棱锥都大于它的弓形上的圆锥的一半。所以，如果余下的弧都被平分，连接平分点，并在每个三角形上作以圆锥的顶点为顶点的棱锥，重复该过程，那么最终会得到弓形上的圆锥的和小于圆锥大于圆柱的三分之一的部分【命题 10.1】。设这些弓形已经得到，并设它们为 *AE*、*EB*、*BF*、*FC*、*CG*、*GD*、*DH* 和 *HA* 上的弓形，所以余下的以多边形 *AEBFCGDH* 为底，以圆锥的顶点为顶点的棱锥大于圆柱的三分之一。但以多边形 *AEBFCGDH* 为底，以圆锥顶点为顶点的棱锥是以多边形 *AEBFCGDH* 为底，与圆柱等高的棱柱的三分之一【命题 12.7 推论】，所以以多边形 *AEBFCGDH* 为底，与圆柱等高的棱柱大于以圆 *ABCD* 为底的圆柱。但棱柱也小于圆柱。因为圆柱包含棱柱。这是不可能的。所以，圆柱不小于圆锥的三倍。已经证明它也不大于圆锥的三倍。所以，圆锥是圆柱的三分之一。

　　综上，所有圆锥是与其同底等高的圆柱的三分之一。

命题 11

等高的圆锥或等高的圆柱体的比等于它们底的比。

已知有分别以圆 *ABCD* 和 *EFGH* 为底的等高的圆锥和圆柱，它们的轴分别为 *KL* 和 *MN*，底面直径分别为 *AC* 和 *EG*。可证圆 *ABCD* 比 *EFGH* 等于圆锥 *AL* 比圆锥 *EN*。

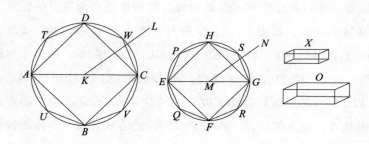

假设不是这样，那么圆 *ABCD* 比圆 *EFGH* 等于圆锥 *AL* 比某个小于或者大于圆锥 *EN* 的立体。首先，设使比例成立的是比 *EN* 小的立体 *O*。设立体 *X* 等于圆锥 *EN* 与立体 *O* 的差，所以圆锥 *EN* 等于立体 *O* 和 *X* 的和。设 *EFGH* 是圆 *EFGH* 的内接正方形【命题 4.6】，所以该正方形大于该圆的一半【命题 12.2】。在正方形 *EFGH* 上，作与圆锥等高的棱锥，所以这个棱锥大于圆锥的一半，这是因为如果作圆的外切正方形【命题 4.7】，且在它上作与圆锥等高的棱锥，那么内接棱锥是外切棱锥的一半。因为它们的比等于它们底的比【命题 12.6】。圆锥小于外切棱锥。点 *P*、*Q*、*R* 和 *S* 平分弧 *EF*、*FG*、*GH* 和 *HE*。连接 *HP*、*PE*、*EQ*、*QF*、*FR*、*RG*、*GS* 和 *SH*，所以三角形 *HPE*、*EQF*、*FRG* 和 *GSH* 都大于它们所在的弓形的一半【命题 12.2】。在三角形 *HPE*、*EQF*、*FRG* 和 *GSH* 上作与圆锥等高的棱锥，所以所作的棱锥都大于它们所在的弓形上的圆锥的一半【命题 12.10】。将余下的弧都二等分，连接等分点，在每个三

534

角形上作与圆锥等高的棱锥，继续作下去，最终会得到某些弓形圆锥，其和小于立体 *X*【命题 10.1】。设最终的弓形是 *HPE*、*EQF*、*FRG* 和 *GSH*，所以余下的以多边形 *HPEQFRGS* 为底的棱锥，与圆锥等高，大于立体 *O*【命题 6.18】。设内接于圆 *ABCD* 的多边形 *DTAUBVCW* 与多边形 *HPEQFRGS* 相似且有相似的位置。在该多边形上作与圆锥 *AL* 等高的棱锥。因为 *AC* 上的正方形比 *EG* 上的正方形等于多边形 *DTAUBVCW* 比多边形 *HPEQFRGS*【命题 12.1】，且 *AC* 上的正方形比 *EG* 上的正方形等于圆 *ABCD* 比圆 *EFGH*【命题 12.2】，所以圆 *ABCD* 比 *EFGH* 等于多边形 *DTAUBVCW* 比多边形 *HPEQFRGS*。因为圆 *ABCD* 比圆 *EFGH* 等于圆锥 *AL* 比立体 *O*，且多边形 *DTAUBVCW* 比多边形 *HPEQFRGS* 等于以多边形 *DTAUBVCW* 为底，*L* 为顶点的棱锥比以多边形 *HPEQFRGS* 为底，以 *N* 为顶点的棱锥【命题 12.6】，所以圆锥 *AL* 比立体 *O* 等于以多边形 *DTAUBVCW* 为底，*L* 为顶点的棱锥比以多边形 *HPEQFRGS* 为底，*N* 为顶点的棱锥【命题 5.11】。所以，由其更比例得，圆锥 *AL* 比它的内接棱锥等于立体 *O* 比圆锥 *EN* 的内接棱锥【命题 5.16】。但圆锥 *AL* 大于它的内接棱锥，所以立体 *O* 大于圆锥 *EN* 的内接棱锥【命题 5.14】。但它也小于圆锥 *EN* 的内接棱锥。这是不合理的。所以，圆 *ABCD* 比圆 *EFGH* 不等于圆锥 *AL* 比某个小于圆锥 *EN* 的立体。相似地，可以证明圆 *EFGH* 比圆 *ABCD* 也不等于圆锥 *EN* 比某个小于圆锥 *AL* 的立体。

　　可以证明圆 *ABCD* 比圆 *EFGH* 也不等于圆锥 *AL* 比某个大于圆锥 *EN* 的立体。

　　如果可能，设符合这个比的是较大的立体 *O*，所以由其反比例可得，圆 *EFGH* 比圆 *ABCD* 等于立体 *O* 比圆锥 *AL*【命题 5.7 推论】。但立体 *O* 比圆锥 *AL* 等于圆锥 *EN* 比小于圆锥 *AL* 的某个立体【命题

12.2引理】，所以圆 *EFGH* 比圆 *ABCD* 等于圆锥 *EN* 比小于圆锥 *AL* 的某个立体。这已经证明是不可能的。所以，圆 *ABCD* 比圆 *EFGH* 不等于圆锥 *AL* 比大于圆锥的某个立体。已经证明没有符合这个比而小于立体 *EN* 的立体。所以，圆 *ABCD* 比圆 *EFGH* 等于圆锥 *AL* 比圆锥 *EN*。

但圆锥比圆锥等于圆柱比圆柱，因为圆柱是圆锥的三倍【命题 12.10】，所以圆 *ABCD* 比圆 *EFGH* 等于它们上的等高的圆柱的比。

综上，等高的圆锥或等高的圆柱体的比等于它们底的比。这就是该命题的结论。

命题 12

相似圆锥或相似圆柱的比等于它们的底的直径的三次方比。

已知有相似的圆锥或圆柱，它们的底是圆 *ABCD* 和 *EFGH*，底面的直径是 *BD* 和 *FH*，圆锥和圆柱的轴分别是 *KL* 和 *MN*。可证以圆 *ABCD* 为底，以 *L* 为顶点的圆锥比以圆 *EFGH* 为底，以 *N* 为顶点的圆锥等于 *BD* 与 *FH* 的三次方比。

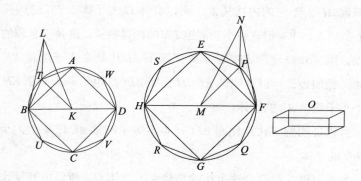

如果圆锥 *ABCDL* 比圆锥 *EFGHN* 不等于 *BD* 与 *FH* 的三次方比，那么圆锥 *ABCDL* 与某个小于或者大于圆锥 *EFGHN* 的立体的

比等于 BD 与 FH 的三次方比。首先，设有这个比的是小于圆锥 $EFGHN$ 的立体 O。正方形 $EFGH$ 是圆 $EFGH$ 的内接正方形【命题 4.6】，所以正方形 $EFGH$ 大于圆 $EFGH$ 的一半【命题 12.2】。在正方形 $EFGH$ 上作与圆锥等高的棱锥，所以所作的棱锥大于圆锥的一半【命题 12.10】。设点 P、Q、R 和 S 分别是弧 EF、FG、GH 和 HE 的二等分点。连接 EP、PF、FQ、QG、GR、RH、HS 和 SE，所以三角形 EPF、FQG、GRH 和 HSE 大于圆 $EFGH$ 上的对应的弓形的一半【命题 12.2】。在每个三角形 EPF、FQG、GRH 和 HSE 上作与圆锥同顶点的棱锥。所以，所作的每个棱锥大于它们所在的弓形上的圆锥的一半【命题 12.10】。所以，如果将余下的弧再二等分，连接等分点，在每个三角形上作与圆锥有相同顶点的棱锥，并重复这样作，最终会得到某些弓形圆锥的和小于圆锥 $EFGHN$ 大于立体 O 的部分【命题 10.1】。设这样得到 EP、PF、FQ、QG、GR、RH、HS 和 SE 上的弓形圆锥，所以余下的以多边形 $EPFQGRHS$ 为底，以 N 为顶点的棱锥大于立体 O。设内接于圆 $ABCD$ 的多边形 $ATBUCVDW$ 与多边形 $EPFQGRHS$ 相似且有相似的位置【命题 6.18】。在多边形 $ATBUCVDW$ 上作与圆锥同顶点的棱锥。设 LBT 是以多边形 $ATBUCVDW$ 为底，以 L 为顶点的棱锥中的一个三角形面。设 NFP 是以多边形 $EPFQGRHS$ 为底，以 N 为顶点的棱锥的一个三角形面。连接 KT 和 MP。因为圆锥 $ABCDL$ 与圆锥 $EFGHN$ 相似，所以 BD 比 FH 等于轴 KL 比 MN【定义 11.24】。BD 比 FH 等于 BK 比 FM。所以 BK 比 FM 等于 KL 比 MN。由其更比例得，BK 比 KL 等于 FM 比 MN【命题 5.16】。夹等角 BKL 与 FMN 的边成比例，所以三角形 BKL 与三角形 FMN 相似【命题 6.6】。又因为 BK 比 KT 等于 FM 比 MP，且它们所夹的角 BKT 等于 FMP，这是因为无论角 BKT 占以 K 为圆心的四个直角的多少，角 *FMP* 就占以 *M* 为圆心的四个直角的多少。因为夹等角的边成比例，所以三角形 *BKT* 与三角形 *FMP* 相似【命题 6.6 】。又因为已经证明 *BK* 比 *KL* 等于 *FM* 比 *MN*，*BK* 等于 *KT*，*FM* 等于 *PM*，所以 *TK* 比 *KL* 等于 *PM* 比 *MN*。它们所夹的角 *TKL* 和 *PMN* 相等，因为它们都是直角，且夹等角的边成比例，所以三角形 *LKT* 与三角形 *NMP* 相似【命题 6.6 】。因为三角形 *LKB* 和 *NMF* 相似，所以 *LB* 比 *BK* 等于 *NF* 比 *FM*。又因为三角形 *BKT* 与 *FMP* 相似，所以 *KB* 比 *BT* 等于 *MF* 比 *FP*【定义 6.1 】，所以由其首末比例可得，*LB* 比 *TB* 等于 *NF* 比 *PF*【命题 5.22 】。又因为三角形 *LTK* 与 *NPM* 相似，*LT* 比 *TK* 等于 *NP* 比 *PM*，因为三角形 *TKB* 与 *PMF* 相似，*KT* 比 *TB* 等于 *MP* 比 *PF*，所以由其首末比例得，*LT* 比 *TB* 等于 *NP* 比 *PF*【命题 5.22 】。且已经证明 *TB* 比 *BL* 等于 *PF* 比 *FN*，所以由其首末比例可得，*TL* 比 *LB* 等于 *PN* 比 *NF*【命题 5.22 】。所以，三角形 *LTB* 和 *NPF* 的边成比例。所以，三角形 *LTB* 和 *NPF* 是等角的【命题 6.5 】。所以，它们是相似的【定义 6.1 】。所以，以三角形 *BKT* 为底，以 *L* 为顶点的棱锥与以三角形 *FMP* 为底，以 *N* 为顶点的棱锥相似。因为它们包含相等数量的相似面【定义 11.9 】。以三角形为底的相似棱锥的比等于对应边的三次方比【命题 12.8 】，所以棱锥 *BKTL* 比棱锥 *FMPN* 等于 *BK* 与 *FM* 的三次方比。相似地，连接由点 *A*、*W*、*D*、*V*、*C* 和 *U* 到圆心 *K* 的线段，连接由点 *E*、*S*、*H*、*R*、*G* 和 *Q* 到圆心 *M* 的线段，在这些形成的三角形上作与圆锥有相同顶点的棱锥，可以证明每对相似棱锥的比等于边 *BK* 与对应边 *FM* 的三次方比，即 *BD* 与 *FH* 的三次方比。前项之一比后项之一等于所有前项的和比所有后项的和【命题 5.12 】。所以，棱锥 *BKTL* 比棱锥 *FMPN* 等于整个以多边形 *ATBUCVDW* 为底，以 *L* 为顶点的棱锥比整个以多边形 *EPFQGRHS* 为底，以 *N* 为顶点的棱锥。所以，以多边形 *ATBUCVDW* 为底，以 *L* 为顶点的棱锥比整个以多边形 *EPFQGRHS* 为底，以 *N* 为顶点的棱锥等于 *BD* 与 *FH* 的三次方比。已知以圆 *ABCD* 为底，以 *L* 为顶点的圆锥比立体 *O* 等于 *BD* 与 *FH* 的三次方比。所以，以圆 *ABCD* 为底，以 *L* 为顶点的圆锥比立体 *O* 等于以多边形 *ATBUCVDW* 为底，以 *L* 为顶点的棱锥比以多边形 *EPFQGRHS* 为底，以 *N* 为顶点的棱锥。所以，由其更比例可得，以圆 *ABCD* 为底，以 *L* 为顶点的圆锥比以多边形 *ATBUCVDW* 为底，以 *L* 为顶点的内接棱锥，等于立体 *O* 比以多边形 *EPFQGRHS* 为底，以 *N* 为顶点的棱锥【命题 5.16】。前面提到的圆锥大于它的内接棱锥，因为圆锥包含着棱锥，所以立体 *O* 大于以多边形 *EPFQGRHS* 为底，以 *N* 为顶点的棱锥。但它也小于该棱锥。这是不可能的。所以，以圆 *ABCD* 为底，以 *L* 为顶点的圆锥比小于以圆 *EFGH* 为底，以 *N* 为顶点的圆锥的某个立体，不等于 *BD* 与 *FH* 的三次方比。相似地，可以证明，圆锥 *EFGHN* 比某个小于圆锥 *ABCDL* 的立体不等于 *FH* 与 *BD* 的三次方比。

可以证明圆锥 *ABCDL* 比某个大于圆锥 *EFGHN* 的立体不等于 *BD* 与 *FH* 的三次方比。

如果可能，设大于圆锥 *EFGHN* 的立体为 *O*，所以其反比例为，立体 *O* 比圆锥 *ABCDL* 等于 *FH* 与 *BD* 的三次方比【命题 5.7 推论】。立体 *O* 比圆锥 *ABCDL* 等于圆锥 *EFGHN* 比某个小于圆锥 *ABCDL* 的立体【命题 12.2 引理】。所以，圆锥 *EFGHN* 比某个小于圆锥 *ABCDL* 的立体等于 *FH* 与 *BD* 的三次方比。这是不可能的。所以，圆锥 *ABCDL* 比某个大于圆锥 *EFGHN* 的立体不等于 *BD* 与 *FH* 的三次方比。已经证明与一个小于圆锥 *EFGHN* 的立体的比不等于这个比。所以，圆锥 *ABCDL* 比圆锥 *EFGHN* 等于 *BD* 与 *FH* 的三次方比。

圆锥比圆锥等于圆柱比圆柱。因为同底等高的圆柱是圆锥的三倍【命题 12.10】。所以，圆柱比圆柱也等于 *BD* 与 *FH* 的三次方比。

综上，相似圆锥或相似圆柱的比等于它们的底的直径的三次方比。

命题 13

如果一个圆柱被平行于底面的平面所截，那么所形成的圆柱的比等于它们的轴的比。

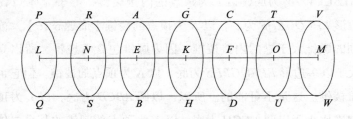

已知圆柱 *AD* 被平面 *GH* 所截，且 *GH* 平行于圆柱的两底面 *AB* 和 *CD*。设平面 *GH* 与轴相交于点 *K*。可证圆柱 *BG* 比圆柱 *GD* 等于轴 *EK* 比轴 *KF*。

向两端延长轴 *EF* 至点 *L* 和 *M*。在轴 *EL* 上取 *EN* 和 *NL* 等于轴 *EK*，在轴 *KM* 上取 *FO* 和 *OM* 等于轴 *FK*。在轴 *LM* 上作圆柱 *PW*，使其底是圆 *PQ* 和 *VW*。过点 *N* 和 *O* 作平行于 *AB*、*CD* 的平面并平行于圆柱 *PW* 的底。设以 *N* 和 *O* 为圆心的圆为 *RS* 和 *TU*。因为轴 *LN*、*NE* 和 *EK* 彼此相等，所以圆柱 *QR*、*RB* 和 *BG* 的比等于它们底的比【命题 12.11】。但它们的底相等，所以圆柱 *QR*、*RB* 和 *BG* 彼此相等。因为轴 *LN*、*NE* 和 *EK* 彼此相等，圆柱 *QR*、*RB* 和 *BG* 彼此相等，且前者的数量等于后者的数量，所以轴 *KL* 是轴 *EK* 的多少倍，圆柱 *QG* 就是圆柱 *GB* 的多少倍。同理可得，轴 *MK* 是轴 *KF* 的多少倍，圆柱 *WG* 就是圆柱 *GD* 的多少倍。如果轴 *KL* 等于轴 *KM*，那么圆柱 *QG* 等于圆柱 *GW*；如果轴 *KL* 大于轴 *KM*，则圆柱 *QG* 也大于圆柱 *GW*；如果轴 *KL* 小于轴 *KM*，则圆柱 *QG* 也小于圆柱 *GW*。所以，有四个量，轴 *EK*、*KF* 和圆柱 *BG*、*GD*，且已经确定了轴 *EK* 和圆柱 *BG* 的同倍量，即轴 *LK* 和圆柱 *QG*，并确定了轴 *KF* 和圆柱 *GD* 的同倍量，即轴 *KM* 和圆柱 *GW*。已经证明如果轴 *KL* 大于轴 *KM*，那么圆柱 *QG* 大于圆柱 *GW*；如果轴 *KL* 等于轴 *KM*，那么圆柱 *QG* 等于圆柱 *GW*；如果轴 *KL* 小于轴 *KM*，则圆柱 *QG* 也小于圆柱 *GW*。所以，轴 *EK* 比轴 *KF* 等于圆柱 *BG* 比圆柱 *GD*【定义 5.5】。这就是该命题的结论。

命题 14

等底的圆锥或圆柱的比等于它们的高的比。

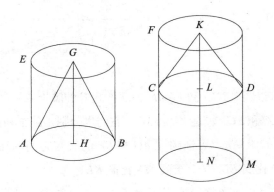

已知 *EB* 和 *FD* 是等底上的圆柱，底为圆 *AB* 和 *CD*。可证圆柱 *EB* 比 *FD* 等于轴 *GH* 比 *KL*。

延长轴 *KL* 至点 *N*。设 *LN* 等于轴 *GH*。作以 *LN* 为轴的圆柱 *CM*。因为圆柱 *EB* 和 *CM* 等高，所以它们的比等于它们底的比

【命题 12.11】。它们的底彼此相等，所以圆柱 EB 和 CM 彼此相等。又因为圆柱 FM 被平行于它的底面的平面 CD 所截，所以圆柱 CM 比圆柱 FD 等于轴 LN 比轴 KL【命题 12.13】。圆柱 CM 等于圆柱 EB，轴 LN 等于 GH，所以圆柱 EB 比圆柱 FD 等于轴 GH 比 KL。圆柱 EB 比圆柱 FD 等于圆锥 ABG 比圆锥 CDK【命题 12.10】，所以轴 GH 比轴 KL 等于圆锥 ABG 比圆锥 CDK，又等于圆柱 EB 比圆柱 FD。这就是该命题的结论。

命题 15

相等的圆锥或相等的圆柱的底和高成反比，如果圆锥或圆柱的底与高互成反比例，则二者相等。

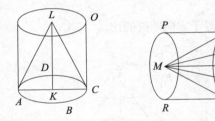

已知有以圆 ABCD 和 EFGH 为底的相等的圆锥或圆柱，底的直径分别是 AC 和 EG，轴是 KL 和 MN，它们也分别是圆锥和圆柱的高。完成圆柱 AO 和 EP。可证圆柱 AO 和 EP 的底与它们的高成反比，即底 ABCD 比底 EFGH 等于高 MN 比高 KL。

因为高 LK 或者等于或者不等于高 MN。首先，设高相等。圆柱 AO 等于圆柱 EP。等高的圆柱或圆锥的比等于它们底的比【命题 12.11】，所以底 ABCD 等于底 EFGH。所以，其反比例为，底 ABCD 比底 EFGH 等于高 MN 比高 KL。设高 LK 不等于高 MN，MN 较大。从高 MN 上截取 QN 等于 KL。过点 Q 作平行于圆 EFGH

和 *PR* 的平面 *TUS* 截圆柱 *EP*。作以圆 *EFGH* 为底，*NQ* 为高的圆柱 *ES*。因为圆柱 *AO* 等于圆柱 *EP*，所以圆柱 *AO* 比圆柱 *ES* 等于圆柱 *EP* 比圆柱 *ES*【命题 5.7】。但圆柱 *AO* 比圆柱 *ES* 等于底 *ABCD* 比底 *EFGH*。因为圆柱 *AO* 和 *ES* 等高【命题 12.11】。圆柱 *EP* 比圆柱 *ES* 等于高 *MN* 比高 *QN*。因为圆柱 *EP* 被平行于它的底面的平面截取【命题 12.13】，所以底 *ABCD* 比底 *EFGH* 等于高 *MN* 比 *QN*【命题 5.11】。高 *QN* 等于高 *KL*，所以底 *ABCD* 比 *EFGH* 等于高 *MN* 比 *KL*。所以，圆柱 *AO* 和 *EP* 的底与高成反比。

再设圆柱 *AO* 和 *EP* 的底与高成反比，即底 *ABCD* 比 *EFGH* 等于高 *MN* 比 *KL*。可证圆柱 *AO* 等于圆柱 *EP*。

作与之前相同的图，因为底 *ABCD* 比底 *EFGH* 等于高 *MN* 比高 *KL*，且高 *KL* 等于 *QN*，所以底 *ABCD* 比 *EFGH* 等于高 *MN* 比 *QN*。但底 *ABCD* 比底 *EFGH* 等于圆柱 *AO* 比 *ES*。因为它们是等高的【命题 12.11】，高 *MN* 比高 *QN* 等于圆柱 *EP* 比圆柱 *ES*【命题 12.13】，所以圆柱 *AO* 比圆柱 *ES* 等于圆柱 *EP* 比 *ES*【命题 5.11】。所以，圆柱 *AO* 等于圆柱 *EP*【命题 5.9】。该命题的结论同样适用于圆锥。这就是该命题的结论。

命题 16

有两个同心圆，求作内接于大圆的边数为偶数的等边多边形，且它不与小圆相切。

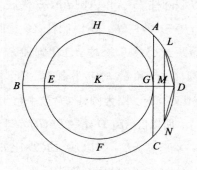

已知 *ABCD* 和 *EFGH* 是同心圆，圆心为 *K*。求作内接于大圆 *ABCD* 的边数是偶数的等边多边形，且它不与小圆 *EFGH* 相切。

过圆心 *K* 作直线 *BKD*。过点 *G* 作直线 *GA* 与线段 *BD* 成直角，延长 *AG* 至点 *C*。所以，*AC* 与圆 *EFGH* 相切【命题 3.16 推论】。所以，平分弧 *BAD*，重复平分下去，最终会得到小于 *AD* 的弧【命题 10.1】。设最终的弧为 *LD*。过 *L* 作 *LM* 垂直于 *BD*，延长至点 *N*。连接 *LD* 和 *DN*。所以，*LD* 等于 *DN*【命题 3.3、1.4】。因为 *LN* 平行于 *AC*【命题 1.28】，且 *AC* 与圆 *EFGH* 相切，所以 *LN* 与圆 *EFGH* 不相切。所以，*LD* 和 *DN* 与圆 *EFGH* 不相切。如果继续在圆 *ABCD* 上作等于线段 *LD* 的弦【命题 4.1】，那么会有一个内接于圆 *ABCD* 的偶数边的等边多边形，且它不与小圆 *EFGH* 相切。[①] 这就是该命题的结论。

命题 17

有两个同心球，求作大球的内接多面体，使它与小球面不相切。

---

① 注意以弦 *LN* 为边的多边形也与内圆不相切。

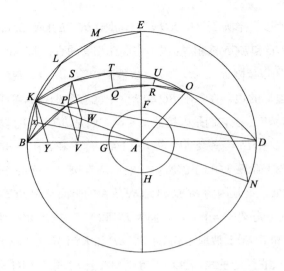

已知有两个同心球，且球心为 *A*。求作与小球不相切的大球的内接多面体。

作一个过球心的平面，所以切面是圆。因为球体是半圆绕直径旋转而成的【定义 11.14】，所以在任何位置都可以得到半圆，经过半圆的平面在球面上截出一个圆。显然，它是较大圆，因为球体的直径就是半圆和圆的直径，并且大于其他所有经过圆或者球体的线段【命题 3.15】。设 *BCDE* 是大球内的一个圆，*FGH* 是小球内的一个圆。设它们有成直角的两条直径 *BD* 和 *CE*，且圆 *BCDE* 和 *FGH* 是同心圆。设大圆 *BCDE* 中有一个偶数条边的内接等边多边形，它不与小圆 *FGH* 相切【命题 12.16】，设在 *BE* 象限的边为 *BK*、*KL*、*LM* 和 *ME*。连接 *KA*，延长至 *N*。过点 *A* 作 *AO* 垂直于圆 *BCDE* 所在的平面。它与较大球体的表面相交于 *O*。过 *AO*、*BD* 和 *KN* 作平面。根据前面的证明，它们在较大的球体上截取的圆较大。设 *BOD* 和 *KON* 分别是直径 *BD* 和 *KN* 上的半圆。因为 *OA* 与圆 *BCDE* 所在的平面成直角，所以所有经过 *OA* 的平面都与经过圆 *BCDE* 的平面成直角【命题

11.18】。所以，半圆 *BOD*、*KON* 与经过圆 *BCDE* 的平面成直角。半圆 *BED*、*BOD* 和 *KON* 都相等，因为它们在相等的直径 *BD* 和 *KN* 上【定义 3.1】，所以象限 *BE*、*BO* 和 *KO* 也彼此相等。所以，在象限 *BE* 中有多少多边形的边，在象限 *BO* 和 *KO* 中就有多少条弦等于弦 *BK*、*KL*、*LM* 和 *ME*。设它们是内接的，并设它们是 *BP*、*PQ*、*QR*、*RO*、*KS*、*ST*、*TU* 和 *UO*。连接 *SP*、*TQ* 和 *UR*。过 *P* 和 *S* 作圆 *BCDE* 所在平面的垂线【命题 11.11】。所以，它们落在圆 *BCDE* 与平面 *BD* 和 *KN* 的交线处，这是因为 *BOD* 和 *KON* 所在的平面与圆 *BCDE* 的平面是成直角的【定义 11.4】。设它们为 *PV* 和 *SW*。连接 *WV*。因为从等半圆 *BOD* 和 *KON* 上截取了相等的弦 *BP* 和 *KS*【定义 3.28】，且 *PV* 和 *SW* 是经过它们的垂线，所以 *PV* 等于 *SW*，且 *BV* 等于 *KW*【命题 3.27、1.26】。整个 *BA* 等于整个 *KA*，所以余下的 *VA* 等于余下的 *WA*。所以，*BV* 比 *VA* 等于 *KW* 比 *WA*。所以，*WV* 平行于 *KB*【命题 6.2】。又因为 *PV* 和 *SW* 都与圆 *BCDE* 所在的平面成直角，所以 *PV* 平行于 *SW*【命题 11.6】。已经证明它们相等。所以，*WV* 和 *SP* 是相等且平行的【命题 1.33】。因为 *WV* 平行于 *SP*，*WV* 平行于 *KB*，所以 *SP* 也平行于 *KB*【命题 11.1】。连接 *BP* 和 *KS*。所以，四边形 *KBPS* 在同一平面上，这是因为如果两条直线平行，在它们每一条上任取一点，那么这些点的连线与这两条平行线在同一平面上【命题 11.7】。同理，四边形 *SPQT* 和 *TQRU* 的每一个也都在同一个平面上，且三角形 *URO* 在同一个平面上【命题 11.2】。如果从点 *P*、*S*、*Q*、*T*、*R* 和 *U* 连接到 *A*，那么在弧 *BO* 和 *KO* 之间构成一个多面体，它是由四边形 *KBPS*、*SPQT*、*TQRU* 和三角形 *URO* 为底，以 *A* 为顶点的棱锥。如果我们在边 *KL*、*LM* 和 *ME* 上作与 *BK* 上同样的图，并在余下的三个象限中作同样的图，那么会得到一个球体的内接多面体，它是上述四边形和三角形 *URO* 以及与它们对应的其他四边形和三角形为底并以 *A* 为顶点的棱锥构成的。

可以证明上述的多面体不与圆 FGH 所在的小球体相切。

过点 A 作平面 $KBPS$ 的垂线 AX，且它与平面的交点为 X【命题 11.11】。连接 XB 和 XK。因为 AX 与四边形 $KBPS$ 所在的平面成直角，所以它与在四边形内的所有与它相交的直线都成直角【定义 11.3】。所以，AX 与 BX 和 XK 都成直角。AB 等于 AK，AB 上的正方形等于 AK 上的正方形。AX 和 XB 上的正方形的和等于 AB 上的正方形，因为 X 处的角是直角【命题 1.47】。AX 和 XK 上的正方形的和等于 AK 上的正方形【命题 1.47】，所以 AX 和 XB 上的正方形的和等于 AX 和 XK 上的正方形的和。从两边都减去 AX 上的正方形。所以，余下的 BX 上的正方形等于余下的 XK 上的正方形。所以，BX 等于 XK。相似地，可以证明连接 XP、XS，它们都等于 BX 和 XK。所以，以 X 为圆心，以 XB 或 XK 为半径的圆经过 P 和 S，且四边形 $KBPS$ 是圆内接四边形。

因为 KB 大于 WV，WV 等于 SP，所以 KB 大于 SP。KB 等于 KS 和 BP。所以，KS 和 BP 都大于 SP。因为四边形 $KBPS$ 在圆内，且 KB、BP 和 KS 彼此相等，PS 小于它们，BX 是圆的半径，所以 KB 上的正方形大于 BX 上的正方形的二倍。[①] 过 K 作 BV 的垂线 KY。[②] 因为 BD 小于 DY 的二倍，且 BD 比 DY 等于 DB 与 BY 所构成的矩形比 DY 与 YB 所构成的矩形。在 BY 上作一个正方形，在 YD 上作以 BY 为短边的矩形，所以 DB 与 BY 所构成的矩形小于 DY 与 YB 所构成的矩形的二倍。连接 KD，DB 与 BY 所构成的矩形等于 BK 上的正方形，DY 与 YB 所构成的矩形等于 KY 上的正方形【命题 3.31、6.8 推论】，所以 KB 上的正方形小于 KY 上的正方形的二

---

① 因为 KB、BP 和 KS 都大于内接正方形的边，内接正方形的边的长度是 $\sqrt{2}BX$。
② 注意，实际上点 Y 和 V 是相同的。

倍。但 KB 上的正方形大于 BX 上的正方形的二倍，所以 KY 上的正方形大于 BX 上的正方形。因为 BA 等于 KA，BA 上的正方形等于 AK 上的正方形，且 BX 和 XA 上的正方形的和等于 BA 上的正方形，KY 和 YA 上的正方形的和等于 KA 上的正方形【命题 1.47】，所以 BX 和 XA 上的正方形的和等于 KY 和 YA 上的正方形的和，其中 KY 上的正方形大于 BX 上的正方形。所以，余下的 YA 上的正方形小于 XA 上的正方形。所以，AX 大于 AY。所以，AX 更大于 AG。[①] 又，AX 是多面体的一个面上的垂线，且 AG 是较小球体的表面的垂线。所以，多面体与小球的球面不相切。

综上，对已知二同心球作出了一个多面体，它内接于大球而与小球的球面不相切。这就是该命题的结论。

推论

如果相似于球体 BCDE 中的多面体，并内接于另一个球体，那么球体 BCDE 的内接多面体与另一个球体的内接多面体的比等于球体 BCDE 的直径与另一个球体的直径的三次方比。这两个立体可以被分为相同数量的相似的棱锥。相似棱锥的比等于对应边的三次方比【命题 12.8 推论】。所以，以四边形 KBPS 为底，点 A 为顶点的棱锥与另一球体内的有相似位置的棱锥的比，等于对应边的三次方比，也就是以 A 为球心的球的半径 AB 与另一个球体的半径的三次方比。前项之一比后项之一等于所有前项的和比所有后项的和【命题 5.12】。所以，以 A 为球心的球体内的整个多面体与另一个球体内的整个多面体的比等于半径 AB 与另一个球体的半径的三次方比，也就是直径 BD 与另一个球体的直径的比。这就是该命题的结论。

---

① 这个结论是以命题 12.16 里的多面体的边与内圆不相切为依据的。

命题 18

球体的比等于它们直径的三次方比。

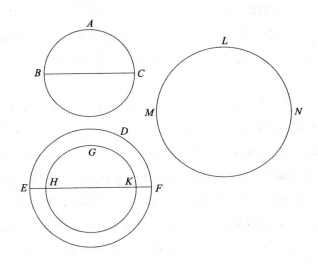

已知球体 ABC 和 DEF，BC 和 EF 分别是它们的直径。可证球体 ABC 与球体 DEF 的比等于 BC 与 EF 的三次方比。

假设球体 ABC 与球体 DEF 的比不等于 BC 与 EF 的三次方比，那么球体 ABC 与某个或者小于或者大于球体 DEF 的球体的比等于 BC 与 EF 的三次方比。首先，设使比例成立的是比球体 DEF 小的球体 GHK。设在较大的球体 DEF 中有一个内接多面体，它与小球体 GHK 不相切【命题 12.17】。在球体 ABC 中有一个多面体相似于球体 DEF 的内接多面体，所以球体 ABC 的内接多面体与球体 DEF 的内接多面体的比等于 BC 与 EF 的三次方比【命题 12.17 推论】。球体 ABC 与球体 GHK 的比等于 BC 与 EF 的三次方比。所以，球体 ABC 比球体 GHK 等于球体 ABC 的内接多面体比球体 DEF 的内接多面体。所以，其更比例为，球体 ABC 与它的内接多面体的比等于球体 GHK 与球体 DEF 的内接多面体的比【命题 5.16】。球体 ABC

大于它的内接多面体，所以球体 *GHK* 也大于球体 *DEF* 的内接多面体【命题 5.14】。但它也小于球体 *DEF* 中的多面体，因为它被球体 *DEF* 的内接多面体包含着，所以球体 *ABC* 与一个小于球体 *DEF* 的球体的比不等于直径 *BC* 与 *EF* 的三次方比。相似地，可以证明球体 *DEF* 与一个小于球体 *ABC* 的球体的比也不等于 *EF* 与 *BC* 的三次方比。

可以证明球体 *ABC* 与一个大于球体 *DEF* 的球体的比也不等于 *BC* 与 *EF* 的三次方比。

如果可能，设能有这个比的大球体为 *LMN*，所以其反比例为，球体 *LMN* 与球体 *ABC* 的比等于直径 *EF* 与 *BC* 的三次方比【命题 5.7 推论】。因为如之前已经证明的，*LMN* 大于 *DEF*，所以球体 *LMN* 比球体 *ABC* 等于球体 *DEF* 比某个小于球体 *ABC* 的球体【命题 12.2 引理】。所以，球体 *DEF* 与小于球体 *ABC* 的球体的比等于 *EF* 与 *BC* 的三次方比。这已经证明是不可能的。所以，球体 *ABC* 与大于球体 *DEF* 的球体的比不等于 *BC* 与 *EF* 的三次方比。已经证明小于球体 *DEF* 的球体也不能使比例成立。所以，球体 *ABC* 与球体 *DEF* 的比等于 *BC* 与 *EF* 的三次方比。这就是该命题的结论。

第13卷 正多面体

命　题

命题 1

如果一条线段分为中外比，那么较大线段与原整条线段一半的和上的正方形是原线段一半上的正方形的五倍。

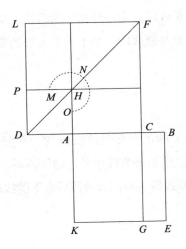

已知线段 *AB* 被点 *C* 为分为成中外比的两段，且 *AC* 是较大段。线段 *AD* 是 *CA* 的延长线，且 *AD* 等于 *AB* 的一半。可证 *CD* 上的正方形是 *DA* 上的正方形的五倍。

分别在 *AB* 和 *DC* 上作正方形 *AE* 和 *DF*。完成 *DF* 的作图。设 *FC* 经过 *G*。因为 *AB* 被 *C* 分成中外比的两段，所以 *AB*、*BC* 所构成的矩形等于 *AC* 上的正方形【定义 6.3、命题 6.17】。*CE* 是 *AB*、*BC* 所构成的矩形，*FH* 是 *AC* 上的正方形，所以 *CE* 等于 *FH*。又因为 *BA* 是 *AD* 的二倍，且 *BA* 等于 *KA*，*AD* 等于 *AH*，所以 *KA* 是 *AH* 的二倍。*KA* 比 *AH* 等于 *CK* 比 *CH*【命题 6.1】，所以 *CK* 是 *CH* 的二倍。*LH* 加 *HC* 是 *CH* 的二倍【命题 1.43】，所以 *KC* 等于 *LH* 加 *HC*。又已经证明 *CE* 等于 *HF*，所以整个正方形 *AE* 等于折尺形 *MNO*。又因为 *BA* 是 *AD* 的二倍，所以 *BA* 上的正方形是 *AD* 上的正方形的四倍，即 *AE* 是 *DH* 的四倍。又，*AE* 等于折尺形 *MNO*，所以，折尺形 *MNO* 是 *AP* 的四倍，所以整个 *DF* 是 *AP* 的五倍。又，*DF* 是 *DC* 上的正方形，*AP* 是 *DA* 上的正方形，所以 *CD* 上的正方形是 *DA* 上的正方形的五倍。

综上，如果一条线段分为中外比，那么较大线段与原整条线段一半的和上的正方形是原线段一半上的正方形的五倍。这就是该命题的结论。

命题 2

如果一条线段上的正方形是该线段的一部分上的正方形的五倍，该部分线段的二倍被分为成中外比的两段时，那么成中外比的两段中，较大段是原线段去掉部分线段后余下的线段。

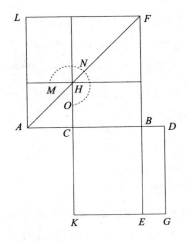

已知线段 *AB* 上的正方形是它的部分线段 *AC* 上的正方形的五倍，且 *CD* 是 *AC* 的二倍。可证如果 *CD* 被分为成中外比的两段，那么较大段是 *CB*。

分别在 *AB* 和 *CD* 上作正方形 *AF* 和 *CG*。完成 *AF* 的作图。作延长线 *BE*。因为 *BA* 上的正方形是 *AC* 上的正方形的五倍，所以 *AF* 是 *AH* 的五倍。所以，折尺形 *MNO* 是 *AH* 的四倍。又因为 *DC* 是 *CA* 的二倍，所以 *DC* 上的正方形是 *CA* 上的正方形的四倍，即 *CG* 是 *AH* 的四倍。已经证明折尺形 *MNO* 是 *AH* 的四倍，所以折尺形 *MNO* 等于 *CG*。又因为 *DC* 是 *CA* 的二倍，且 *DC* 等于 *CK*，*AC* 等于 *CH*，所以 *KC* 是 *CH* 的二倍，*KB* 也是 *BH* 的二倍【命题6.1】。又，*LH* 加 *HB* 是 *HB* 的二倍【命题1.43】，所以 *KB* 等于 *LH* 与 *HB* 的和。又已经证明整个折尺形 *MNO* 等于整个 *CG*，所以余下的 *HF* 也等于余下的 *BG*。*BG* 是 *CD*、*DB* 所构成的矩形。因为 *CD* 等于 *DG*，且 *HF* 等于 *CB* 上的正方形，所以 *CD*、*DB* 所构成的矩形等于 *CB* 上的正方形。所以，*DC* 比 *CB* 等于 *CB* 比 *BD*【命题6.17】，且 *DC* 大于 *CB*（见引理）。所以，*CB* 大于 *BD*【命题5.14】。所以，如果

线段 *CD* 被分为中外比，那么较大段是 *CB*。

综上，如果一条线段上的正方形是该线段的一部分上的正方形的五倍，该部分线段的二倍被分为成中外比的两段时，那么成中外比的两段中，较大段是原线段去掉部分线段后余下的线段。这就是该命题的结论。

引 理

证明 *AC* 的二倍（即 *DC*）大于 *BC*。

假设 *AC* 的二倍不大于 *BC*，如果可能，设 *BC* 是 *CA* 的二倍。所以，*BC* 上的正方形是 *CA* 上的正方形的四倍。所以，*BC* 和 *CA* 上的正方形的和是 *CA* 上的正方形的五倍。已知 *BA* 上的正方形是 *CA* 上的正方形的五倍。所以，*BA* 上的正方形等于 *BC* 和 *CA* 上的正方形的和。这是不可能的【命题 2.4】。所以，*CB* 不等于 *AC* 的二倍。类似地，我们可以证明 *AC* 的二倍不小于 *CB*。因为这更不可能了。

所以，*AC* 的二倍大于 *CB*。这就是该命题的结论。

命题 3

如果一条线段被分为中外比，那么较小段与较大段一半的和上的正方形是较大段一半上的正方形的五倍。

已知某线段 *AB* 被分为中外比，*C* 为中外比分割点。设 *AC* 是较大段，且 *D* 平分 *AC*。可证 *BD* 上的正方形是 *DC* 上的正方形的五倍。

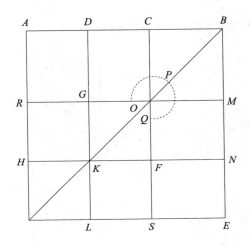

　　在 *AB* 上作正方形 *AE*。设图已作好。因为 *AC* 是 *DC* 的二倍，所以 *AC* 上的正方形是 *DC* 上的正方形的四倍，即 *RS* 是 *FG* 的四倍。又因为 *AB*、*BC* 所构成的矩形等于 *AC* 上的正方形【定义 6.3、命题 6.17】，且 *CE* 等于 *AB*、*BC* 所构成的矩形，所以 *CE* 等于 *RS*。*RS* 等于 *FG* 的四倍。所以，*CE* 也是 *FG* 的四倍。又因为 *AD* 等于 *DC*，*HK* 也等于 *KF*，所以正方形 *GF* 等于正方形 *HL*。所以，*GK* 等于 *KL*，即 *MN* 等于 *NE*。所以，*MF* 等于 *FE*。但 *MF* 等于 *CG*。所以，*CG* 等于 *FE*。两边同时加 *CN*。所以，折尺形 *OPQ* 等于 *CE*。但已经证明 *CE* 等于 *GF* 的四倍。所以，折尺形 *OPQ* 是 *FG* 的四倍。所以，折尺形 *OPQ* 加正方形 *FG* 等于 *FG* 的五倍。但是，折尺形 *OPQ* 加正方形 *FG* 等于正方形 *DN*。*DN* 是 *DB* 上的正方形，*GF* 是 *DC* 上的正方形。所以，*DB* 上的正方形是 *DC* 上的正方形的五倍。这就是该命题的结论。

命题 4

　　如果一条线段被分为中外比，那么原线段和较小线段上的正方形的和是较大线段上的正方形的三倍。

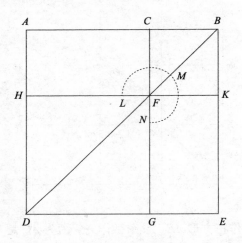

已知 AB 是线段，设 C 将它分为成中外比的两段，且 AC 为较大段。可证 AB 和 BC 上的正方形的和是 CA 上的正方形的三倍。

作 AB 上的正方形 $ADEB$，完成余下的作图。因为 AB 被 C 分为成中外比的两段，且 AC 为较大段，所以 AB、BC 所构成的矩形等于 AC 上的正方形【定义 6.3、命题 6.17】。AK 是 AB、BC 所构成的矩形，HG 是 AC 上的正方形，所以 AK 等于 HG。又因为 AF 等于 FE【命题 1.43】，两边同时加 CK，所以整个 AK 等于整个 CE，所以 AK 加 CE 是 AK 的二倍。但 AK 加 CE 等于折尺形 LMN 加正方形 CK，所以折尺形 LMN 加正方形 CK 是 AK 的二倍。已经证明 AK 等于 HG，所以折尺形 LMN 与正方形 CK、HG 的和等于正方形 HG 的三倍。折尺形 LMN 与正方形 CK、HG 的和是整个正方形 AE 与 CK 的和，这就是 AB 和 BC 上的正方形的和，且 GH 是 AC 上的正方形，所以 AB 和 BC 上的正方形的和是 AC 上的正方形的三倍。这就是该命题的结论。

命题 5

如果一条线段被分为成中外比的两段，将较大线段加到原线段上构成新线段，那么整个新线段也被分为成中外比的两段，且原线段是新线段的较大段。

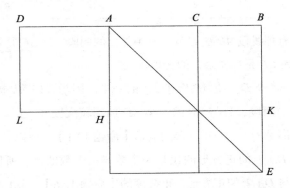

已知线段 *AB* 被点 *C* 分为成中外比的两段，且 *AC* 是较大段。作 *AD* 等于 *AC*。可证线段 *DB* 被 *A* 分为成中外比的两段，且线段 *AB* 是较大段。

作 *AB* 上的正方形 *AE*，并完成余下的作图。因为 *AB* 被 *C* 分为成中外比的两段，所以 *AB*、*BC* 所构成的矩形等于 *AC* 上的正方形【定义 6.3、命题 6.17】。*CE* 是 *AB*、*BC* 所构成的矩形，*CH* 是 *AC* 上的正方形，所以 *CE* 等于 *HC*。*HE* 等于 *CE*【命题 1.43】，且 *DH* 等于 *HC*，所以 *DH* 也等于 *HE*。两边都加 *HB*，所以整个 *DK* 等于整个 *AE*。又，*DK* 是 *BD* 与 *DA* 所构成的矩形。这是因为 *AD* 等于 *DL*，且 *AE* 是 *AB* 上的正方形，所以 *BD*、*DA* 所构成的矩形是 *AB* 上的正方形。所以，*DB* 比 *BA* 等于 *BA* 比 *AD*【命题 6.17】。*DB* 大于 *BA*。所以，*BA* 也大于 *AD*【命题 5.14】。

所以，*DB* 被 *A* 分为成中外比的两段，且 *AB* 是较大段。这就是该命题的结论。

命题 6

如果一条有理线段被分为成中外比的两段，那么每段都是称作余线的无理线段。

已知有理线段 AB 被 C 分为成中外比的两段，且 AC 是较大段。可证 AC 和 CB 是称作余线的无理线段。

延长 BA 至 D，使 AD 等于 BA 的一半。因为线段 AB 被 C 分为成中外比的两段，且将 AB 的一半 AD 加到较大段 AC 上，所以 CD 上的正方形是 DA 上的正方形的五倍【命题 13.1】。所以，CD 上的正方形与 DA 上的正方形的比是一个数与一个数的比。所以 CD 上的正方形与 DA 上的正方形是可公度的【命题 10.6】。DA 上的正方形是有理的。因为 AB 是有理的，DA 是 AB 的一半，所以 DA 也是有理的。所以，CD 上的正方形也是有理的【定义 10.4】。所以，CD 也是有理的。又因为 CD 上的正方形与 DA 上的正方形的比不等于一个平方数与一个平方数的比，所以 CD 与 DA 是长度不可公度的【命题 10.9】。所以，CD 和 DA 是仅正方可公度的有理线段。所以，AC 是一条余线【命题 10.73】。又因为 AB 被分为成中外比的两段，且 AC 是较大段，所以 AB 与 BC 所构成的矩形等于 AC 上的正方形【定义 6.3、命题 6.17】。所以，在与有理线段 AB 重合的线段上，有一个等于余线 AC 上的正方形的矩形，BC 是宽。在与有理线段重合的线段上，有一个等于余线上的正方形的矩形，由此产生的宽是第一余线【命题 10.97】。所以，CB 是第一余线。已经证明 CA 是一条余线。

综上，如果一条有理线段被分为成中外比的两段，那么每段都是称作余线的无理线段。

命题 7

　　如果一个等边五边形有三个相邻或者不相邻的角相等，那么该五边形是等角的。

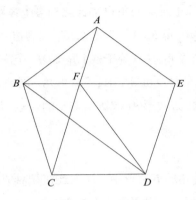

　　已知等边五边形 *ABCDE* 有三个相邻的角 *A*、*B*、*C* 彼此相等。可证五边形 *ABCDE* 是等角的。

　　连接 *AC*、*BE* 和 *FD*。因为线段 *CB* 和 *BA* 分别与线段 *BA* 和 *AE* 相等，且角 *CBA* 等于角 *BAE*，所以底边 *AC* 等于底边 *BE*，且三角形 *ABC* 等于三角形 *ABE*，余下的等边对应的角也都彼此相等【命题 1.4】，即角 *BCA* 等于角 *BEA*，角 *ABE* 等于角 *CAB*，且边 *AF* 等于边 *BF*【命题 1.6】。已经证明整个 *AC* 等于整个 *BE*，所以余下的 *FC* 等于余下的 *FE*。*CD* 等于 *DE*，所以两边 *FC* 和 *CD* 分别等于两边 *FE* 和 *ED*，且 *FD* 是它们的公共边。所以，角 *FCD* 等于角 *FED*【命题 1.8】。已经证明角 *BCA* 等于角 *AEB*，所以整个角 *BCD* 等于整个角 *AED*。已知角 *BCD* 等于 *A*、*B* 处的角，所以角 *AED* 也等于 *A*、*B* 处的角。相似地，可以证明角 *CDE* 等于 *A*、*B*、*C* 处的角。所以，五边形 *ABCDE* 是等角的。

　　设已知等角不相邻，即 *A*、*C*、*D* 处的角相等。可证在这种情

下五边形 *ABCDE* 也是等角的。

连接 *BD*。因为两边 *BA* 和 *AE* 分别等于两边 *BC* 和 *CD*，且它们所夹的角相等，所以底边 *BE* 等于底边 *BD*，三角形 *ABE* 等于三角形 *BCD*，余下的等边对应的角也都彼此相等【命题1.4】。所以，角 *AEB* 等于角 *CDB*。角 *BED* 等于角 *BDE*，因为边 *BE* 等于边 *BD*【命题1.5】。所以，整个角 *AED* 等于整个角 *CDE*。已知角 *CDE* 等于 *A*、*C* 处的角。所以，角 *AED* 也等于 *A*、*C* 处的角。同理，角 *ABC* 等于 *A*、*C*、*D* 处的角。所以，五边形 *ABCDE* 是等角的。这就是该命题的结论。

命题 8

在一个等边等角的五边形中，顺次连接相对的两角，则连线相交成中外比，且较大段与五边形的边相等。

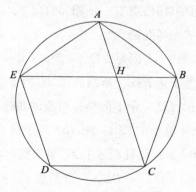

在等边等角的五边形 *ABCDE* 中，顺次作 *A*、*B* 处的角的对角线 *AC* 和 *BE* 相交于点 *H*。可证 *AC* 和 *BE* 的每一条都被点 *H* 分为成中外比的两段，且每个的较大段都等于五边形的边。

作五边形 *ABCDE* 的外接圆 *ABCDE*【命题4.14】。因为线段 *EA* 和 *AB* 分别等于线段 *AB* 和 *BC*，且它们所夹的角都彼此相等，所以底边 *BE* 等于底边 *AC*，三角形 *ABE* 等于三角形 *ABC*，且余下的等边对应的角也都彼此相等【命题 1.4】。所以，角 *BAC* 等于角 *ABE*。所以，角 *AHE* 等于角 *BAH* 的二倍【命题 1.32】。又，角 *EAC* 也等于角 *BAC* 的二倍，这是因为弧 *EDC* 是弧 *CB* 的二倍【命题 3.28、6.33】。所以，角 *HAE* 等于角 *AHE*。所以，线段 *HE* 等于线段 *EA*，即等于线段 *AB*【命题 1.6】。线段 *BA* 等于 *AE*，角 *ABE* 等于角 *AEB*【命题 1.5】。已经证明角 *ABE* 等于角 *BAH*，所以角 *BEA* 也等于角 *BAH*。角 *ABE* 是三角形 *ABE* 和 *ABH* 的公共角。所以，余下的角 *BAE* 等于余下的角 *AHB*【命题 1.32】。所以，三角形 *ABE* 与三角形 *ABH* 是等角的。所以，有比例，*EB* 比 *BA* 等于 *AB* 比 *BH*【命题 6.4】。又，*BA* 等于 *EH*，所以 *BE* 比 *EH* 等于 *EH* 比 *HB*。又，*BE* 大于 *EH*，所以 *EH* 大于 *HB*【命题 5.14】。所以，*BE* 被 *H* 分为成中外比的两段，且较大段 *HE* 等于五边形的边。相似地，可以证明 *AC* 也被 *H* 分为成中外比的两段，它的较大段 *CH* 等于五边形的边。这就是该命题的结论。

命题 9

如果将同圆的内接六边形的一边和内接十边形的一边相加，那么这两条边的和可以分为成中外比的两段，且它的较大段是内接六边形的一边。[①]

[①] 如果圆的半径是单位半径，那么六边形的边是 1，且十边形的边是 $(1/2)(\sqrt{5}-1)$。

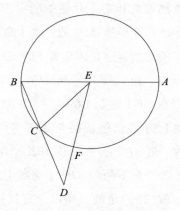

　　已知 ABC 是圆。设 BC 是内接于圆 ABC 的正十边形的边，CD 是内接六边形的边，且它们在同一直线上。可证整个线段 BD 被 C 分为成中外比的两段，且 CD 是较大段。

　　设点 E 是圆心【命题 3.1】，连接 EB、EC 和 ED，且延长 BE 至 A。因为 BC 是等边十边形的一边，所以弧 ACB 等于弧 BC 的五倍。所以，弧 AC 是弧 CB 的四倍。弧 AC 比 CB 等于角 AEC 比角 CEB【命题 6.33】，所以角 AEC 是角 CEB 的四倍。又因为角 EBC 等于角 ECB【命题 1.5】，所以角 AEC 等于角 ECB 的二倍【命题 1.32】。又，线段 EC 等于 CD，这是因为它们的每一条都等于圆 ABC 的内接六边形的一边【命题 4.15 推论】，角 CED 也等于角 CDE【命题 1.5】，所以角 ECB 是 EDC 的二倍【命题 1.32】。已经证明角 AEC 是角 ECB 的二倍，所以角 AEC 是角 EDC 的四倍。已经证明角 AEC 是角 BEC 的四倍，所以角 EDC 等于角 BEC。又，角 EBD 是三角形 BEC 和 BED 的公共角，所以余下的角 BED 等于余下的角 ECB【命题 1.32】。所以，三角形 EBD 与三角形 EBC 是等角的。所以，可得比例，DB 比 BE 等于 EB 比 BC【命题 6.4】。又，EB 等于 CD，所以 BD 比 DC 等于 DC 比 CB，且 BD 大于 DC。所以，DC 也大于 CB【命题 5.14】。

所以，线段 *BD* 被 *C* 分为成中外比的两段，且 *DC* 是较大段。这就是该命题的结论。

命题 10

一个内接于圆的等边五边形一边上的正方形等于同圆的内接六边形一边上的正方形与内接十边形一边上的正方形的和。[①]

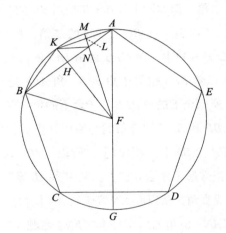

已知圆 *ABCDE*。设等边五边形 *ABCDE* 内接于圆 *ABCDE*。可证五边形 *ABCDE* 一边上的正方形等于同圆内接六边形一边上的正方形与内接十边形一边上的正方形的和。

设 *F* 为圆心【命题 3.1】。连接 *AF* 并延长至点 *G*。连接 *FB*。过 *F* 作 *AB* 的垂线 *FH*，且 *FH* 与圆交于 *K*。连接 *AK* 和 *KB*。再过 *F* 作 *AK* 的垂线 *FL*，且 *FL* 交圆于 *M*。连接 *KN*。

因为弧 *ABCG* 等于弧 *AEDG*，弧 *ABC* 等于 *AED*，所以余下的弧 *CG* 等于余下的弧 *GD*。*CD* 是五边形的边，所以 *CG* 是十边形的边。

---

① 如果圆的半径是单位半径，那么五边形的边是 $(1/2)\sqrt{10-2\sqrt{5}}$ 。

又因为 FA 等于 FB，且 FH 垂直于 AB，所以角 AFK 等于角 KFB【命题 1.5、1.26】。所以，弧 AK 等于 KB【命题 3.26】。所以，弧 AB 是弧 BK 的二倍。所以，线段 AK 是十边形的边。同理，弧 AK 是 KM 的二倍。又因为弧 AB 是弧 BK 的二倍，且弧 CD 等于弧 AB，所以弧 CD 是弧 BK 的二倍。弧 CD 也是弧 CG 的二倍，所以弧 CG 等于弧 BK。但 BK 等于 KM 的二倍，因为 KA 是 KM 的二倍，所以弧 CG 是 KM 的二倍。但实际上，弧 CB 是弧 BK 的二倍，这是因为弧 CB 等于 BA，所以整个弧 BG 是 BM 的二倍，所以角 GFB 是角 BFM 的二倍【命题 6.33】。角 GFB 是角 FAB 的二倍，因为角 FAB 等于角 ABF，所以角 BFN 也等于角 FAB。角 ABF 是三角形 ABF 和 BFN 的公共角，所以余下的角 AFB 等于余下的角 BNF【命题 1.32】。所以，三角形 ABF 和 BFN 是等角的。所以，由成比例可得，线段 AB 比 BF 等于 FB 比 BN【命题 6.4】。所以，AB、BN 所构成的矩形等于 BF 上的正方形【命题 6.17】。又因为 AL 等于 LK，LN 是公共边，且与 KA 成直角，所以底 KN 等于底 AN【命题 1.4】。所以，角 LKN 等于角 LAN。但角 LAN 等于角 KBN【命题 3.29,1.5】。所以，角 LKN 等于角 KBN。且 A 处的角是三角形 AKB 和 AKN 的公共角。所以，余下的角 AKB 等于余下的角 KNA【命题 1.32】。所以，三角形 KBA 与三角形 KNA 是等角的。所以，由成比例可得，线段 BA 比 AK 等于 KA 比 AN【命题 6.4】。所以，BA、AN 所构成的矩形等于 AK 上的正方形【命题 6.17】。已经证明 AB、BN 所构成的矩形等于 BF 上的正方形。所以，矩形 AB、BN 加矩形 BA、AN，即 BA 上的正方形【命题 2.2】，等于 BF 上的正方形加 AK 上的正方形。且 BA 是五边形的边，BF 是六边形的边【命题 4.15 推论】，AK 是十边形的边。

综上，一个内接于圆的等边五边形一边上的正方形等于同圆的内接六边形一边上的正方形与内接十边形一边上的正方形的和。

命题 11

如果一个等边五边形内接于一个圆，且该圆的直径是有理的，那么该五边形的边是称作次要线段的无理线段。

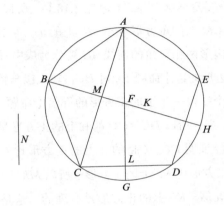

已知等边五边形 *ABCDE* 内接于圆 *ABCDE*，且圆的直径是有理的。可证五边形 *ABCDE* 的边是称作次要线段的无理线段。

设点 *F* 为圆心【命题 3.1】。连接 *AF* 和 *FB*，并分别延长至点 *G* 和 *H*。连接 *AC*。设 *FK* 等于 *AF* 的四分之一，且 *AF* 是有理的，所以 *FK* 是有理线段。又，*BF* 是有理线段，所以整个 *BK* 是有理线段。又因为弧 *ACG* 等于弧 *ADG*，其中 *ABC* 等于 *AED*，所以余下的 *CG* 等于余下的 *GD*。如果连接 *AD*，那么 *L* 处的角是直角，且 *CD* 是 *CL* 的二倍【命题 1.4】。同理，*M* 处的角也是直角，且 *AC* 是 *CM* 的二倍。因为角 *ALC* 等于角 *AMF*，角 *LAC* 是三角形 *ACL* 和 *AMF* 的公共角，所以余下的角 *ACL* 等于余下的角 *MFA*【命题 1.32】。所以，三角形 *ACL* 与三角形 *AMF* 是等角的。所以，由成比例可得，*LC* 比 *CA* 等于 *MF* 比 *FA*【命题 6.4】。我们将两个前项扩大二倍，

所以 *LC* 的二倍比 *CA* 等于 *MF* 的二倍比 *FA*。*MF* 的二倍比 *FA* 等于
MF 比 *FA* 的一半，所以 *LC* 的二倍比 *CA* 等于 *MF* 比 *FA* 的一半。我
们取两后项的一半，所以 *LC* 的二倍比 *CA* 的一半等于 *MF* 比 *FA* 的
四分之一。且 *DC* 是 *LC* 的二倍，*CM* 是 *CA* 的一半，*FK* 是 *FA* 的四
分之一，所以 *DC* 比 *CM* 等于 *MF* 比 *FK*。由其合比例可得，*DC* 和
CM 的和比 *CM* 等于 *MK* 比 *KF*【命题 5.18】，所以 *DC*、*CM* 的和
上的正方形比 *CM* 上的正方形等于 *MK* 上的正方形比 *KF* 上的正方
形。又因为五边形两相对角的连线 *AC* 被分为成中外比的两段，且
较大段等于五边形的边【命题 13.8】*DC*，较大段与整个一半的和上
的正方形是整个线段一半上的正方形的五倍【命题 13.1】，且 *CM*
是整个 *AC* 的一半，所以 *DC*、*CM* 的和上的正方形是 *CM* 上的正方
形的五倍。已经证明 *DC*、*CM* 的和上的正方形比 *CM* 上的正方形
等于 *MK* 上的正方形比 *KF* 上的正方形，所以 *MK* 上的正方形是 *KF*
上的正方形的五倍。*KF* 上的正方形是有理的。这是因为它的直径
是有理的。所以，*MK* 上的正方也是有理的。所以，*MK* 也是有理的。
又因为 *BF* 是 *FK* 的四倍，所以 *BK* 是 *KF* 的五倍。所以，*BK* 上的
正方形是 *KF* 上的正方形的二十五倍。*MK* 上的正方形是 *KF* 上的正
方形的五倍。所以，*BK* 上的正方形是 *KM* 上的正方形的五倍。所以，
BK 上的正方形比 *KM* 上的正方形不等于某个平方数比某个平方数。
所以，*BK* 与 *KM* 是长度不可公度的【命题 10.9】。它们每个都是有
理线段，所以 *BK* 和 *KM* 是仅正方可公度的有理线段。如果从一条
有理线段减去一条与整个线段是仅正方可公度的有理线段，那么余
下的线段是无理线段，称作余线【命题 10.73】，所以 *MB* 是余线，
且 *MK* 是附加线段。可以证明它也是第四余线。设 *N* 上的正方形等
于 *BK* 上的正方形与 *KM* 上的正方形的差，所以 *BK* 上的正方形与
KM 上的正方形的差是 *N* 上的正方形。因为 *KF* 与 *FB* 是长度可公度

的，由其合比例可得，*KB* 与 *FB* 是长度可公度的【命题 10.15】。但 *BF* 与 *BH* 是长度可公度的，所以 *BK* 与 *BH* 也是长度可公度的【命题 10.12】。因为 *BK* 上的正方形是 *KM* 上的正方形的五倍，所以 *BK* 上的正方形比 *KM* 上的正方形等于 5 比 1。所以，由其换比例可得，*BK* 上的正方形比 *N* 上的正方形等于 5 比 4【命题 5.19 推论】，不是一个平方数比一个平方数。所以，*BK* 与 *N* 是长度不可公度的【命题 10.9】。所以，*BK* 上的正方形与 *KM* 上的正方形的差是与 *BK* 长度不可公度的某条线段上的正方形。因为整个 *BK* 上的正方形与附加线段 *KM* 上的正方形的差是与 *BK* 长度不可公度的某条线段上的正方形，且整个 *BK* 与已知的有理线段 *BH* 是长度可公度的，所以 *MB* 是第四余线【定义 10.14】。一条有理线段和一条第四余线所构成的矩形是无理的，它的正方形的边是无理的，称作次要线段【命题 10.94】。*AB* 上的正方形等于 *HB*、*BM* 所构成的矩形，这是因为连接 *AH* 后，三角形 *ABH* 与三角形 *ABM* 是等角的【命题 6.8】，且有成比例可得，*HB* 比 *BA* 等于 *AB* 比 *BM*。

所以，五边形的边 *AB* 是一条称作次要线段的无理线段。[①] 这就是该命题的结论。

命题 12

如果一个等边三角形内接于一个圆，那么该三角形的一边上的正方形是圆的半径上的正方形的三倍。

已知圆 *ABC*，设等边三角形 *ABC* 内接于圆【命题 4.2】。可证三角形 *ABC* 一边上的正方形是圆 *ABC* 半径上的正方形的三倍。

---

① 如果圆的半径是单位半径，那么五边形的边是 $(1/2)\sqrt{10-2\sqrt{5}}$。但是，这个长度写成"次要线段"的形式（见命题 10.94）为：$(\rho/\sqrt{2})\sqrt{1+k/\sqrt{1+k^2}}-(\rho/\sqrt{2})\sqrt{1-k/\sqrt{1+k^2}}$，且 $\rho=\sqrt{5/2}$，$k=2$。

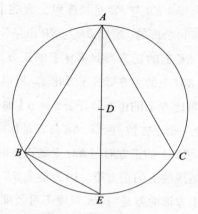

设 D 是圆 ABC 的圆心【命题 3.1】。连接 AD 并延长至 E。连接 BE。

因为三角形 ABC 是等边的,所以弧 BEC 是圆周 ABC 的三分之一。所以,弧 BE 是圆周的六分之一。所以,线段 BE 是六边形的边。所以,它等于半径 DE【命题 4.15 推论】。因为 AE 是 DE 的二倍,所以 AE 上的正方形是 ED 上的正方形的四倍,即 BE 上的正方形。AE 上的正方形等于 AB 和 BE 上的正方形的和【命题 3.31、1.47】。所以,AB 和 BE 上的正方形的和是 BE 上的正方形的四倍。所以,由其分比例可得,AB 上的正方形是 BE 上的正方形的三倍。BE 等于 DE。所以,AB 上的正方形是 DE 上的正方形的三倍。

综上,如果一个等边三角形内接于一个圆,那么该三角形的一边上的正方形是圆的半径上的正方形的三倍。这就是该命题的结论。

命题 13

求作一个正棱锥(即正四面体)内接于已知球体,并证明球体直径上的正方形是棱锥一边上的正方形的一倍半。

568

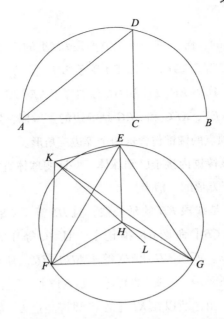

　　已知 *AB* 是已知球体的直径，设点 *C* 分割线段 *AB* 为 *AC* 和 *CB*，使 *AC* 是 *CB* 的二倍【命题 6.10】。在 *AB* 上作半圆 *ADB*。过点 *C* 作 *CD* 与 *AB* 成直角。连接 *DA*。设圆 *EFG* 的半径等于 *DC*，设等边三角形 *EFG* 内接于圆 *EFG*【命题 4.2】。设圆的圆心为点 *H*【命题 3.1】。连接 *EH*、*HF* 和 *HG*。过点 *H* 作 *HK* 与圆 *EFG* 所在的平面成直角【命题 11.12】。设 *HK* 上截取 *HK* 等于线段 *AC*。连接 *KE*、*KF* 和 *KG*。因为 *KH* 与圆 *EFG* 所在的平面成直角，所以 *KH* 与圆 *EFG* 所在的平面内所有与它相交的直线成直角【定义 11.3】。*HE*、*HF* 和 *HG* 都与 *KH* 相交。所以，*HK* 与 *HE*、*HF* 和 *HG* 都成直角。又因为 *AC* 等于 *HK*，*CD* 等于 *HE*，且它们所夹的角是直角，所以底 *DA* 等于底 *KE*【命题 1.4】。同理，*KF* 和 *KG* 都等于 *DA*。所以，线段 *KE*、*KF* 和 *KG* 彼此相等。又因为 *AC* 是 *CB* 的二倍，所以 *AB* 是 *BC* 的三倍。*AB* 比 *BC* 等于 *AD* 上的正方形比 *DC* 上的正方形，这个后面会给出证明（见引理），所以 *AD* 上的正方形是

DC 上的正方形的三倍。FE 上的正方形是 EH 上的正方形的三倍【命题 13.12】，DC 等于 EH，所以 DA 等于 EF。但已经证明 DA 等于 KE、KF 和 KG，所以 EF、FG 和 GE 分别等于 KE、KF 和 KG。所以，三角形 EFG、KEF、KFG 和 KEG 是等边的。所以，以三角形 EFG 为底，点 K 为顶点的棱锥包含这四个等边三角形。

所以，令该棱锥内接于已知球体，并证明球体直径上的正方形是棱锥边上的正方形的一倍半。

设线段 HL 是线段 KH 的延长线，且 HL 等于 CB。因为 AC 比 CD 等于 CD 比 CB【命题 6.8 推论】，且 AC 等于 KH，CD 等于 HE，CB 等于 HL，所以 KH 比 HE 等于 EH 比 HL。所以，KH 和 HL 所构成的矩形等于 EH 上的正方形【命题 6.17】。且角 KHE 和 EHL 的每一个都是直角，所以在 KL 上作半圆将经过 E。如果我们连接 EL，那么角 LEK 是直角，所以三角形 ELK 与三角形 ELH 和 EHK 都是等角的【命题 6.8、3.31】。所以，如果 KL 固定不动，使半圆旋转到开始的位置，它也一定经过点 F 和 G。因为如果连接 FL 和 LG，则 F 和 G 处的角是直角。且棱锥内接于已知球体。因为球体的直径 KL 等于已知球体的直径 AB，这是因为 KH 等于 AC，HL 等于 CB。

可以证明球体的直径上的正方形是棱锥边上的正方形的一倍半。

因为 AC 是 CB 的二倍，所以 AB 是 BC 的三倍。所以，由换比例可得，BA 是 AC 的一倍半。BA 比 AC 等于 BA 上的正方形比 AD 上的正方形，所以 BA 上的正方形也是 AD 上的正方形的一倍半。BA 是已知球体的直径，AD 等于棱锥的边。

综上，这个球体直径上的正方形是棱锥一边上的正方形的一倍半。[①] 这就是该命题的结论。

---

① 如果圆的半径是单位半径，那么棱锥（即正四面体）的边是 $\sqrt{8/3}$。

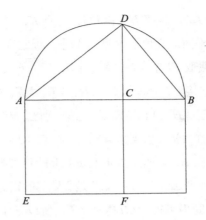

引　理

求证 AB 比 BC 等于 AD 上的正方形比 DC 上的正方形。

作半圆，并连接 DB。设 EC 是 AC 上的正方形。作平行四边形 FB。因为三角形 DAB 与 DAC 是等角的【命题6.8、6.4】，有成比例可得，BA 比 AD 等于 DA 比 AC，所以 BA 与 AC 所构成的矩形等于 AD 上的正方形【命题6.17】。AB 比 BC 等于 EB 比 BF【命题6.1】。EB 是 BA 与 AC 所构成的矩形，因为 EA 等于 AC，BF 是 AC 与 CB 所构成的矩形，所以 BA 与 AC 所构成的矩形等于 AD 上的正方形，AC、CB 所构成的矩形等于 DC 上的正方形。垂线 DC 是底 AC 和 CB 的比例中项，因为角 ADB 是直角【命题6.8 推论】。所以，AB 比 BC 等于 AD 上的正方形比 DC 上的正方形。这就是该命题的结论。

命题 14

作一个球体的内接正八面体，如之前的命题，并证明该球体的直径上的正方形是该八面体一边上的正方形的二倍。

设 AB 是已知球体的直径，设 C 将它平分。在 AB 上作半圆 ADB。过 C 作 CD 与 AB 成直角。连接 DB。作正方形 $EFGH$，使它

的每条边都等于 *DB*。连接 *HF* 和 *EG*。过点 *K*，作线段 *KL* 与正方形 *EFGH* 所在的平面成直角【命题 11.12】。设它穿过平面到另一侧的线段是 *KM*。截取 *KL* 和 *KM*，使它们都等于 *EK*、*FK*、*GK* 和 *HK* 中的任意一条。连接 *LE*、*LF*、*LG*、*LH*、*ME*、*MF*、*MG* 和 *MH*。

　　因为 *KE* 等于 *KH*，角 *EKH* 是直角，所以 *HE* 上的正方形是 *EK* 上的正方形的二倍【命题 1.47】。又因为 *LK* 等于 *KE*，且角 *LKE* 是直角，所以 *EL* 上的正方形是 *EK* 上的正方形的二倍【命题 1.47】。又已经证明 *HE* 上的正方形是 *EK* 上的正方形的二倍，所以 *LE* 等于 *EH*。同理可得，*LH* 等于 *HE*，所以三角形 *LEH* 是等边的。相似地，可以证明以正方形 *EFGH* 的边为底，以点 *L* 和 *M* 为顶点的余下的三角形均为等边三角形。所以，一个由八个等边三角形构成的八面体作好了。

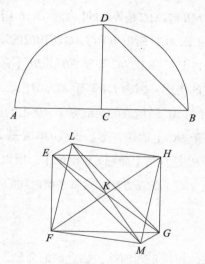

　　令它内接于已知球体，并证明该球体的直径上的正方形是八面体边上的正方形的二倍。

　　因为线段 *LK*、*KM* 和 *KE* 彼此相等，所以 *LM* 上的半圆经过 *E*。

同理可得，如果 *LM* 是固定不动的，旋转半圆到开始的位置，那么它将经过点 *F*、*G* 和 *H*，八面体内接于球体。可以证明它内接于已知球体。因为 *LK* 等于 *KM*，*KE* 是公共边，且它们所夹的角是直角，所以底 *LE* 等于 *EM*【命题 1.4】。又因为角 *LEM* 是直角，因为它所对的弧是半圆【命题 3.31】，所以 *LM* 上的正方形是 *LE* 上的正方形的二倍【命题 1.47】。又因为 *AC* 等于 *CB*，*AB* 是 *BC* 的二倍，*AB* 比 *BC* 等于 *AB* 上的正方形比 *BD* 上的正方形【命题 6.8、定义 5.9】，所以 *AB* 上的正方形是 *BD* 上的正方形的二倍。已经证明 *LM* 上的正方形是 *LE* 上的正方形的二倍。*DB* 上的正方形等于 *LE* 上的正方形。因为 *EH* 等于 *DB*，所以 *AB* 上的正方形等于 *LM* 上的正方形。所以，*AB* 等于 *LM*。且 *AB* 是已知球体的直径。所以，*LM* 等于已知球体的直径。

综上，在已知球体内作出了正八面体，并证明了球体直径上的正方形是八面体边上的正方形的二倍。[①] 这就是该命题的结论。

命题 15

像作棱锥一样，作一个球体的内接立方体；并证明球体的直径上的正方形是立方体一边上的正方形的三倍。

已知 *AB* 是已知球体的直径，*C* 分割 *AB*，使 *AC* 是 *CB* 的二倍。在 *AB* 上作半圆 *ADB*。过 *C* 作 *CD* 与 *AB* 成直角。连接 *DB*。作边长等于 *DB* 的正方形 *EFGH*。分别过点 *E*、*F*、*G* 和 *H* 作 *EK*、*FL*、*GM* 和 *HN* 与正方形 *EFGH* 所在的平面垂直。截取 *EK*、*FL*、*GM* 和 *HN*，使它们分别等于 *EF*、*FG*、*GH* 和 *HE*。连接 *KL*、*LM*、*MN* 和 *NK*。所以，包含六个相等正方形的立方体作好了。

---

① 如果以球体的半径作为单位，那么八面体的边长是 $\sqrt{2}$。

令它内接于已知球体，并证明球体的直径上的正方形是立方体一边上的正方形的三倍。

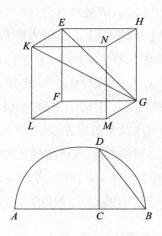

连接 *KG* 和 *EG*。角 *KEG* 是直角，*KE* 与平面 *EG* 成直角，显然 *KE* 与线段 *EG* 也成直角【定义 11.3】，所以 *KG* 上的半圆经过点 *E*。又因为 *GF* 与 *FL* 和 *FE* 都成直角，所以 *GF* 与平面 *FK* 也成直角【命题 11.4】。所以，如果连接 *FK*，那么 *GF* 与 *FK* 也成直角。所以，在 *GK* 上的半圆经过点 *F*。相似地，它也经过立方体余下的角的顶点。如果 *KG* 固定不动，将它上的半圆旋转到开始转动的位置，那么立方体将内接于一个球体。可以证明它也内接于已知球体。因为 *GF* 等于 *FE*，*F* 处的角是直角，所以 *EG* 上的正方形是 *EF* 上的正方形的二倍【命题 1.47】。*EF* 等于 *EK*。所以，*EG* 上的正方形是 *EK* 上的正方形的二倍。所以，*GE* 和 *EK* 上的正方形的和，即 *GK* 上的正方形【命题 1.47】，是 *EK* 上的正方形的三倍。又因为 *AB* 是 *BC* 的三倍，且 *AB* 比 *BC* 等于 *AB* 上的正方形比 *BD* 上的正方形【命题 6.8、定义 5.9】，所以 *AB* 上的正方形是 *BD* 上的正方形的三倍。已经证明 *GK* 上的正方

形是 *KE* 上的正方形的三倍。*KE* 等于 *DB*。所以，*KG* 等于 *AB*。*AB* 是已知球体的直径，所以 *KG* 等于已知球体的直径。

综上，作出一个球体的内接立方体，同时证明了球体的直径上的正方形是立方体一边上的正方形的三倍。[①]这就是该命题的结论。

命题 16

作一个球体的内接二十面体，并证明二十面体的边长是称作次要线段的无理线段。

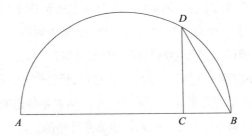

已知 *AB* 是给定球体的直径，设 *C* 分割 *AB*，使 *AC* 是 *CB* 的四倍【命题 6.10】。在 *AB* 上作半圆 *ADB*。过 *C* 作 *CD* 与 *AB* 成直角。连接 *DB*。作圆 *EFGHK*，使它的半径等于 *DB*。作圆 *EFGHK* 的内接等边且等角的五边形 *EFGHK*【命题 4.11】。设点 *L*、*M*、*N*、*O* 和 *P* 分别平分弧 *EF*、*FG*、*GH*、*HK* 和 *KE*。连接 *LM*、*MN*、*NO*、*OP*、*PL* 和 *EP*。所以，五边形 *LMNOP* 是等边的，且 *EP* 是圆内接十边形的边。分别经过点 *E*、*F*、*G*、*H* 和 *K* 作线段 *EQ*、*FR*、*GS*、*HT* 和 *KU* 等于圆 *EFGHK* 的半径，并且与圆所在的平面成直角。连接 *QR*、*RS*、*ST*、*TU*、*UQ*、*QL*、*LR*、*RM*、*MS*、*SN*、*NT*、*TO*、*OU*、*UP* 和 *PQ*。

---

① 如果设球体的半径为单位，那么立方体的边长为 $\sqrt{4/3}$。

因为 *EQ* 和 *KU* 都与同一平面成直角，所以 *EQ* 平行于 *KU*【命题 11.6】。又，它们彼此相等，相等且平行的线段的同侧端点的连线彼此相等且平行【命题 1.33】，所以 *QU* 等于且平行于 *EK*。*EK* 是圆 *EFGHK* 的内接等边五边形的边，所以 *QU* 也是圆 *EFGHK* 的内接等边五边形的边。同理可得，*QR*、*RS*、*ST* 和 *TU* 都是圆 *EFGHK* 的内接等边五边形的边，所以五边形 *QRSTU* 是等边的。

边 *QE* 是圆 *EFGHK* 的内接六边形的边，*EP* 是十边形的边，角 *QEP* 是直角，所以 *QP* 是圆的内接五边形的边。因为圆的内接五边形的边上的正方形等于同圆的内接六边形和十边形边上的正方形的和【命题 13.10】，所以，同理可得，*PU* 是五边形的边。*QU* 也是五边形的边，所以三角形 *QPU* 是等边的。同理可得，三角形 *QLR*、*RMS*、*SNT* 和 *TOU* 也都是等边的。因为已经证明 *QL* 和 *QP* 是五边形的边，*LP* 也是五边形的边，所以三角形 *QLP* 是等边的。同理可得，三角形 *LRM*、*MSN*、*NTO* 和 *OUP* 也都是等边的。

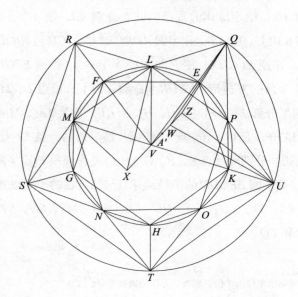

设 V 是圆 $EFGHK$ 的圆心【命题 3.1】。过点 V 作 VZ 与圆所在的平面垂直。并延长 VZ 到圆的另一侧成 VX。从 XZ 上截取 VW 等于六边形的边，VX 和 WZ 都等于十边形的边。连接 QZ、QW、UZ、EV、LV、LX 和 XM。

因为 VW 和 QE 都与圆所在的平面成直角，所以 VW 平行于 QE【命题 11.6】。且它们彼此相等。所以，EV 和 QW 彼此相等且平行【命题 1.33】。又，EV 是六边形的边，所以 QW 也是六边形的边。又因为 QW 是六边形的边，WZ 是十边形的边，角 QWZ 是直角【定义 11.3、命题 1.29】，所以 QZ 是五边形的边【命题 13.10】。同理可得，UZ 也是五边形的边，这是因为，如果连接 VK 和 WU，那么它们是相等且相对的。又，VK 是六边形的边，也是圆的半径【命题 4.15 推论】，所以 WU 是六边形的边。WZ 是十边形的边，且角 UWZ 是直角，所以 UZ 是五边形的边【命题 13.10】。QU 也是五边形的边，所以三角形 QUZ 是等边的。同理可得，余下的以线段 QR、RS、ST 和 TU 为底边，点 Z 为顶点的三角形都是等边的。又因为 VL 是六边形的边，VX 是十边形的边，且角 LVX 是直角，所以 LX 是五边形的边【命题 13.10】。同理可得，如果连接 MV，MV 是六边形的边，那么 MX 是五边形的边。因为 LM 也是五边形的边，所以三角形 LMX 是等边的。类似地，可以证明余下的以线段 MN、NO、OP 和 PL 为底边，点 X 为顶点的三角形都是等边的。所以，由二十个等边三角形构成的二十面体作好了。

令该二十面体内接于已知球体，证明二十面体的边是称作次要线段的无理线段。

因为 VW 是六边形的边，WZ 是十边形的边，所以 VZ 被 W 分为成中外比的两段，且 VW 是较大段【命题 13.9】。所以，

ZV 比 *VW* 等于 *VW* 比 *WZ*。*VW* 等于 *VE*，*WZ* 等于 *VX*，所以 *ZV* 比 *VE* 等于 *EV* 比 *VX*。又，角 *ZVE* 和 *EVX* 都是直角，所以如果连接线段 *EZ*，那么角 *XEZ* 是直角，因为三角形 *XEZ* 和 *VEZ* 是相似的【命题6.8】。同理可得，因为 *ZV* 比 *VW* 等于 *VW* 比 *WZ*，且 *ZV* 等于 *XW*，*VW* 等于 *WQ*，所以 *XW* 比 *WQ* 等于 *QW* 比 *WZ*。同理，如果连接 *QX*，那么 *Q* 处的角是直角【命题6.8】，所以在 *XZ* 上的半圆经过 *Q*【命题3.31】。如果保持 *XZ* 不动，使该半圆绕 *XZ* 旋转到它开始转动的位置，那么它将经过点 *Q*，且经过二十面体上所有余下的顶点。所以，二十面体内接于该球体。可以证明它也内接于已知球体。设 *VW* 被 *A'* 平分。因为线段 *VZ* 被 *W* 分为成中外比的两段，*ZW* 是较小段，所以 *ZW* 加较大段一半，即 *ZA'* 上的正方形是较大段一半上的正方形的五倍【命题13.3】。所以，*ZA'* 上的正方形是 *A'W* 上的正方形的五倍。*ZX* 是 *ZA'* 的二倍，*VW* 是 *A'W* 的二倍，所以 *ZX* 上的正方形是 *WV* 上的正方形的五倍。因为 *AC* 是 *CB* 的四倍，所以 *AB* 是 *BC* 的五倍。*AB* 比 *BC* 等于 *AB* 上的正方形比 *BD* 上的正方形【命题6.8、定义5.9】，所以 *AB* 上的正方形是 *BD* 上的正方形的五倍。已经证明 *ZX* 上的正方形是 *VW* 上的正方形的五倍。*DB* 等于 *VW*。因为它们都等于圆 *EFGHK* 的半径，所以 *AB* 等于 *XZ*。*AB* 是已知球体的直径，所以 *XZ* 等于已知球体的直径。所以，这个二十面体内接于已知球体。

可以证明二十面体的边是称作次要线段的无理线段。因为球体的直径是有理的，且它上的正方形是圆 *EFGHK* 半径上的正方形的五倍，所以圆 *EFGHK* 的半径是有理的，所以它的直径也是有理的。如果一个等边五边形内接于直径是有理线段的圆，那么该五边形的边是称作次要线段的无理线段【命题13.11】。又，五边形 *EFGHK*

的边是二十面体的边，所以二十面体的边是称作次要线段的无理线段。

推 论

由此可以得到，球体直径上的正方形是内接二十面体所得到的圆的半径上的正方形的五倍，球体的直径是内接于同圆的六边形一边和十边形的两边的和。[①]

命题 17

与前面的命题一样，作球体的内接十二面体，并证明十二面体的边是称作余线的无理线段。

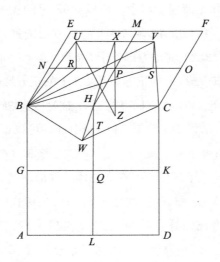

已知之前提到的立方体的两个平面 *ABCD* 和 *CBEF* 成直角，

且点 G、H、K、L、M、N 和 O 分别平分边 AB、BC、CD、DA、EF、EB 和 FC。连接 GK、HL、MH 和 NO。设点 R、S 和 T 分别将 NP、PO 和 HQ 分为成中外比的两段，且它们各自的较大段分别是 RP、PS 和 TQ。分别过点 R、S 和 T 作 RU、SV 和 TW 与立方体的平面成直角，并使它们分别等于 RP、PS 和 TQ。连接 UB、BW、WC、CV、VU。

先证明五边形 $UBWCV$ 是一个平面上等边等角的五边形。连接 RB、SB 和 VB。因为线段 NP 被 R 分为成中外比的两段，RP 是较大段，所以 PN 和 NR 上的正方形的和是 RP 上的正方形的三倍【命题 13.4】。又，PN 等于 NB，PR 等于 RU，所以 BN 和 NR 上的正方形的和是 RU 上的正方形的三倍。BR 上的正方形等于 BN 和 NR 上的正方形的和【命题 1.47】。所以，BR 上的正方形是 RU 上的正方形的三倍。所以，BR 和 RU 上的正方形的和是 RU 上的正方形的四倍。又，BU 上的正方形等于 BR 和 RU 上的正方形的和【命题 1.47】。所以，BU 上的正方形是 UR 上的正方形的四倍。所以，BU 是 RU 的二倍。VU 也是 UR 的二倍，这是因为 SR 是 PR 的二倍，即 RU 的二倍，所以 BU 等于 UV。相似地，可以证明 BW、WC、CV 的每一个都等于 BU 和 UV，所以五边形 $BUVCW$ 是等边的。可以证明它在同一个平面上。在立方体的外部，过 P 作 PX 平行于 RU 和 SV。连接 XH 和 HW。可以证明 XH、HW 在同一直线上。因为 HQ 被 T 分为成中外比的两段，QT 是较大段，所以 HQ 比 QT 等于 QT 比 TH。又，HQ 等于 HP，QT 等于 TW，又等于 PX。所以，HP 比 PX 等于 WT 比 TH。HP 平行于 TW。它们都与平面 BD 成直角【命题 11.6】，且 TH 平行于 PX。它们都与平面 BF 成直角【命题 11.6】。三角形 XPH 和 HTW 对应边成比例，如果使它们的角的顶点重合，使相应的边平行，那么余下的两条边在同一直线上【命题 6.32】，所以 *XH* 与 *HW* 在同一条直线上。每一条直线都在同一个平面内【命题 11.1】，所以五边形 *UBWCV* 在一个平面上。

接着证明它是等角的。

因为线段 *NP* 被 *R* 分为成中外比的两段，*PR* 是较大段，所以 *NP* 与 *PR* 的和比 *PN* 等于 *NP* 比 *PR*，又 *PR* 等于 *PS*，所以 *SN* 比 *NP* 等于 *NP* 比 *PS*，所以 *NS* 被 *P* 分为成中外比的两段，*NP* 是较大段【命题 13.5】。所以，*NS* 和 *SP* 上的正方形的和是 *NP* 上的正方形的三倍【命题 13.4】。*NP* 等于 *NB*，*PS* 等于 *SV*。所以，*NS* 和 *SV* 上的正方形的和是 *NB* 上的正方形的三倍。所以，*VS*、*SN* 和 *NB* 上的正方形的和是 *NB* 上的正方形的四倍。*SB* 上的正方形等于 *SN* 和 *NB* 上的正方形的和【命题 1.47】。所以，*BS* 和 *SV* 上的正方形的和，即 *BV* 上的正方形（角 *VSB* 是直角），是 *NB* 上的正方形的四倍【定义 11.3、命题 1.47】。所以，*VB* 是 *BN* 的二倍。*BC* 是 *BN* 的二倍。所以，*BV* 等于 *BC*。因为两边 *BU* 和 *UV* 分别等于两边 *BW* 和 *WC*，且底 *BV* 等于 *BC*，所以角 *BUV* 等于角 *BWC*【命题 1.8】。相似地，可以证明角 *UVC* 等于角 *BWC*，所以角 *BWC*、*BUV* 和 *UVC* 彼此相等。如果一个等边五边形中有三个角彼此相等，则该五边形是等角的【命题 13.7】，所以五边形 *BUVCW* 是等角的。已经证明它是等边的。所以，五边形 *BUVCW* 是等边且等角的，且它在立方体的一条边 *BC* 上。所以，如果在立方体的十二条边上都作相同的五边形，就可以得到由十二个等边且等角的五边形构成的立体，称作十二面体。

所以，需要证明它内接于已知球体，且十二面体的边是称作余线的无理线段。

作 *XP* 的延长线 *XZ*。所以，*PZ* 与立方体的对角线相交，且相互平分。这已经在第 11 卷倒数第二个命题中证明了【命题 11.38】。设它们相交于 *Z*，所以 *Z* 是立方体外接球体的圆心，*ZP*

是立方体边长的一半。连接 *UZ*。因为线段 *NS* 被 *P* 分为成中外比的两段，较大段是 *NP*，所以 *NS* 和 *SP* 上的正方形的和是 *NP* 上的正方形的三倍【命题 13.4】。又，*NS* 等于 *XZ*，这是因为 *NP* 等于 *PZ*，*XP* 等于 *PS*。但 *PS* 也等于 *XU*，因为它等于 *RP*。所以，*ZX* 和 *XU* 上的正方形的和是 *NP* 上的正方形的三倍。*UZ* 上的正方形等于 *ZX* 和 *XU* 上的正方形的和【命题 1.47】。所以，*UZ* 上的正方形是 *NP* 上的正方形的三倍。立方体外接球体的半径上的正方形是立方体一边的一半上的正方形的三倍。前面已经说明了将立方体内接于一个球体的作法，并证明了该球体的直径上的正方形是立方体一边上的正方形的三倍【命题 13.15】。如果整体上的正方形是整体上的正方形的三倍，那么整体一半上的正方形是整体一半上的正方形的三倍。*NP* 是立方体一边的一半。所以，*UZ* 等于立方体的外接球体的半径。*Z* 是立方体外接球体的球心。所以，点 *U* 在球体的表面上。相似地，可以证明十二面体余下的角的顶点也都在球体的表面上。所以，十二面体内接于已知球体。

可以证明十二面体的边是称作余线的无理线段。

因为 *NP* 被分为成中外比的两段，*RP* 是较大段；*PO* 被分为成中外比的两段，*PS* 是较大段，所以 *NO* 被分为成中外比的两段，*RS* 是整个 *NO* 的较大段。*NP* 比 *PR* 等于 *PR* 比 *RN*，且二倍之后等式也成立。因为部分与部分的比等于它们对应的同倍量的比【命题 5.15】，所以 *NO* 比 *RS* 等于 *RS* 比 *NR* 与 *SO* 的和。*NO* 大于 *RS*，所以 *RS* 也大于 *NR* 和 *SO* 的和【命题 5.14】。所以，*NO* 被分为成中外比的两段，*RS* 是较大段。*RS* 等于 *UV*。所以，*UV* 是 *NO* 的较大段。因为球体的直径是有理的，且它上的正方形是立方体的边 *NO* 上的正方形的三倍，所以边 *NO* 是有理线段。如果一个有理线段被分为成中外比的两段，那么两段都是称作余线的无理线段。

所以，UV 是十二面体的一边，是一条称作余线的无理线段【命题 13.6】。

推　论

所以，由此可以得到，当立方体的一边被分为成中外比的两段时，十二面体的边是立方体的边的较大段。[①] 这就是该命题的结论。

命题 18

作前面提到的五种图形的边，并作比较。[②]

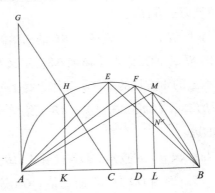

已知 AB 是给定球体的直径。设它被 C 分成 AC 等于 CB，被 D 分成 AD 是 DB 的二倍。在 AB 上作半圆 AEB。分别过 C 和 D 作 CE 和 DF 与 AB 成直角。连接 AF、FB 和 EB。因为 AD 是 DB 的二倍，所以 AB 是 BD 的三倍。所以，代换后，BA 是 AD 的一倍半。又，

---

① 如果以外接球体的半径为单位，那么立方体的边长为 $\sqrt{4/3}$，十二面体的边长为 $(1/3)\left(\sqrt{15}-\sqrt{3}\right)$。

② 如果以给定球体的半径为单位，那么棱锥（即四面体）、八面体、立方体、二十面体和十二面体的边长满足下面的不等式：$\sqrt{8/3} > \sqrt{2} > \sqrt{4/3} > (1/\sqrt{5})\sqrt{10-2\sqrt{5}} > (1/3)\left(\sqrt{15}-\sqrt{3}\right)$。

BA 比 AD 等于 BA 上的正方形比 AF 上的正方形【定义 5.9】。因为三角形 AFB 和 AFD 是等角的【命题 6.8】，所以 BA 上的正方形是 AF 上的正方形的一倍半。该球体的直径上的正方形是棱锥一边上的正方形的一倍半【命题 13.13】。AB 是球体的直径，所以 AF 等于棱锥的边。

又因为 AD 是 DB 的二倍，所以 AB 是 BD 的三倍。AB 比 BD 等于 AB 上的正方形比 BF 上的正方形【命题 6.8、定义 5.9】，所以 AB 上的正方形是 BF 上的正方形的三倍。球体直径上的正方形是立方体边上的正方形的三倍【命题 13.15】，AB 是球体的直径，所以 BF 是立方体的边。

又因为 AC 等于 CB，所以 AB 等于 BC 的二倍。AB 比 BC 等于 AB 上的正方形比 BE 上的正方形【命题 6.8、定义 5.9】，所以 AB 上的正方形是 BE 上的正方形的二倍。球体直径上的正方形是八面体边上的正方形的二倍【命题 13.14】，AB 是给定球体的直径，所以 BE 是八面体的边。

过 A 作 AG 与线段 AB 成直角。设 AG 等于 AB。连接 GC。过 H 作 HK 垂直于 AB。因为 GA 是 AC 的二倍。GA 等于 AB，且 GA 比 AC 等于 HK 比 KC【命题 6.4】。所以，HK 是 KC 的二倍。所以，HK 上的正方形是 KC 上的正方形的四倍。所以，HK 和 KC 上的正方形的和，即 HC 上的正方形【命题 1.47】，是 KC 上的正方形的五倍。HC 等于 CB。所以，BC 上的正方形是 CK 上的正方形的五倍。因为 AB 是 CB 的二倍，AD 是 DB 的二倍，所以余下的 BD 是 DC 的二倍。所以，BC 是 CD 的三倍。所以，BC 上的正方形是 CD 上的正方形的九倍。BC 上的正方形是 CK 上的正方形的五倍。所以，CK 上的正方形大于 CD 上的正方形。所以，CK 大于 CD。设 CL 等于 CK。过 L 作 LM 与 AB 成直角。连接 MB。因为 BC 上的正方形是 CK 上

的正方形的五倍，*AB* 是 *BC* 的二倍，*KL* 是 *CK* 的二倍，所以 *AB* 上
的正方形是 *KL* 上的正方形的五倍。球体直径上的正方形是二十面
体所作的圆的半径上的正方形的五倍【命题 13.16 推论】。*AB* 是球
体的直径。所以，*KL* 是二十面体所作的圆的半径。所以，*KL* 是之
前提到的圆的内接六边形的边【命题 4.15 推 w 论】。又因为球体的
直径是之前提到的圆的内接六边形一边和十边形的两边的和，*AB* 是
球体的直径，*KL* 是六边形的边，*AK* 等于 *LB*，所以 *AK* 和 *LB* 都是
二十面体所作的圆的内接十边形的边。*LB* 是十边形的边。*ML* 是六
边形的边，它等于 *KL*，也等于 *HK*，因为它们与圆心的距离相等。
HK 和 *KL* 都是 *KC* 的二倍。所以，*MB* 是圆内接五边形的边【命题
13.10、1.47】。五边形的一边是二十面体的一边【命题 13.16】，所
以，*MB* 是二十面体的边。

因为 *FB* 是立方体的一边，*N* 将它分为成中外比的两段，*NB* 是
较大段，所以 *NB* 是十二面体的边【命题 13.17 推论】。

因为已经证明球体的直径上的正方形是棱锥一边 *AF* 上的正方
形的一倍半，是八面体一边 *BE* 上的正方形的二倍，是立方体一边
FB 上的正方形的三倍，所以球体直径上的正方形有六部分，棱锥边
上的正方形有四部分，八面体边上的正方形有三部分，立方体边上
的正方形有两部分。所以，棱锥一边上的正方形是八面体一边上的
正方形的一又三分之一倍，是立方体边上的正方形的二倍。且八面
体一边上的正方形是立方体一边上的正方形的一倍半，所以前面提
到的三个图形，即棱锥、八面体和立方体的边的比是有理的。余下
的两个图形，即二十面体和十二面体的边的比不是有理的，与前面
的三个图形的边的比也不是有理的。因为它们是无理线段：一条是
次要线段【命题 13.16】，另一条是余线【命题 13.17】。

可以证明二十面体的边 *MB* 大于十二面体的边 *NB*。

因为三角形 *FDB* 与 *FAB* 是等角的【命题 6.8】，由成比例可得，*DB* 比 *BF* 等于 *BF* 比 *BA*【命题 6.4】。因为三条线段成连比例，第一条比第三条等于第一条上的正方形比第二条上的正方形【定义 5.9、命题 6.20 推论】，所以 *DB* 比 *BA* 等于 *DB* 上的正方形比 *BF* 上的正方形。所以，由其反比例可得，*AB* 比 *BD* 等于 *FB* 上的正方形比 *BD* 上的正方形。*AB* 是 *BD* 的三倍，所以 *FB* 上的正方形是 *BD* 上的正方形的三倍。*AD* 上的正方形是 *DB* 上的正方形的四倍。因为 *AD* 是 *DB* 的二倍，所以 *AD* 上的正方形大于 *FB* 上的正方形。所以，*AD* 大于 *FB*。所以，*AL* 更大于 *FB*。*AL* 被分为成中外比的两段，*KL* 是较大段，因为 *LK* 是六边形的边，*KA* 是十边形的边【命题 13.9】。*FB* 被分为成中外比的两段，*NB* 是较大段，所以 *KL* 大于 *NB*。*KL* 等于 *LM*，所以 *LM* 大于 *NB*，*MB* 大于 *LM*。所以，二十面体的边 *MB* 大于十二面体的边 *NB*。这就是该命题的结论。

可以证明，除上面提到的五种图形，没有其他的由等边且等角且彼此相等的面构成的图形。

因为一个立体角不能由两个三角形或者两个平面构成【定义 11.11】。棱锥的角由三个三角形构成，八面体的角由四个三角形构成，二十面体的角由五个三角形构成。一个立体角不能由六个等边且等角并有同一个顶点的三角形构成。因为等边三角形的一个角是一个直角的三分之二，六个角加起来等于四个直角。这是不可能的。因为立体角是由其和小于四个直角的角构成的【命题 11.21】。同理，六个以上的平面角不能构成一个立体角。立方体的角由三个正方形构成，但由四个正方形构成的立体角是不存在的，因为它们的和是四个直角。十二面体的角由三个等边且等角的五边形构成。但四个等边五边形不能构成立体角。因为等边五边形的角是直角的一又五分之一，所以四个这样的角大于四个直角。这是不可能的。同理可得，其他等边多边形也不能构成立体角。

综上，除上面提到的五种图形，没有其他的由等边且等角且彼此相等的面构成的图形。这就是该命题的结论。

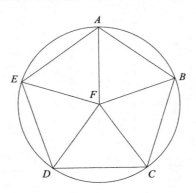

引 理

证明等边且等角的五边形的角是一个直角的一又五分之一。

设 *ABCDE* 是等边且等角的五边形，圆 *ABCDE* 是它的外接圆【命题 4.14】，圆心是 *F*【命题 3.1】。连接 *FA*、*FB*、*FC*、*FD* 和 *FE*，所以它们分别平分 *A*、*B*、*C*、*D* 和 *E* 处的角【命题 1.4】。因为 *F* 处的五个角的和等于四个直角，且它们彼此相等，所以任意一个角，如角 *AFB*，是一个直角的五分之四。所以，在三角形 *ABF* 中，余下的角 *FAB* 与 *ABF* 的和是直角的一又五分之一【命题 1.32】。角 *FAB* 等于角 *FBC*。所以，五边形的一个整体角 *ABC* 是一个直角的一又五分之一。这就是该命题的结论。